HANDBUCH

für

STEINKOHLENGAS - BELEUCHTUNG

von

N. H. Schilling,

Ingenieur und Director der Gasbeleuchtungs-Gesellschaft in München.

Mit einer Geschichte der Gasbeleuchtung

von

Professor Dr. F. Knapp.

Zweite umgearbeitete und vermehrte Auflage.

Mit 70 lithographirten Tafeln und 310 in den Text eingedruckten Holzschnitten.

München, 1866.
Verlag von Rudolph Oldenbourg.

Vorwort

zur ersten Auflage.

Bei der von Jahr zu Jahr wachsenden Bedeutung der Gasbeleuchtung ist ein Handbuch für diesen Industriezweig längst zum Bedürfniss geworden. Abgesehen von dem „vollständigen Handbuch der Gasbeleuchtungskunst von C. W. Tabor, Frankfurt a|M. 1822", einem Werke deutschen Fleisses aus einer Zeit, wo wir noch gar keine Gas-Industrie in Deutschland hatten, welches also nur historisches Interesse bieten kann, be-sitzen wir in unserer Literatur wohl manche werthvolle Einzelbeiträge, so z. B. die Dar-stellung von Prof. Dr. Knapp in seiner „Chemischen Technologie", die einschlägigen Arbeiten von Prof. R. Bunsen, die Beschreibung der Gasanstalt zu Magdeburg von v. Unruh, manche Abhandlungen der Professoren K. Karmarsch und Dr. F. Heeren, zahlreiche Mittheilungen im „Journal für Gasbeleuchtung" und in anderen Zeitschriften. Aber ein Gesammtwerk fehlt uns, und die Lücke, so viel in meinen Kräften stand, aus-zufüllen, war der Zweck, den ich bei der Abfassung des vorliegenden Buches vor Augen gehabt habe.

Wohl weiss ich, dass unter den Gastechnikern Deutschlands durch umfangreichere Kenntnisse und ausgedehntere Erfahrung Mancher besser als ich im Stande gewesen wäre, das Handbuch zu schreiben, und wahrlich, ich hätte gerne darauf verzichtet, wenn mir vor 11 Jahren, als ich in dieses Fach eintrat, ein derartiges Werk zur Verfügung ge-standen hätte. Gleich den meisten meiner Fachgenossen bin auch ich — mit Beihülfe von S. Clegg's englischem Handbuch und ausländischer Journal-Literatur — lediglich auf meine eigene Praxis und auf gute Freunde angewiesen gewesen. Die Praxis hat mich durch die einzelnen Branchen des Betriebes hindurch geführt, und guter Freunde, die mir mit Rath und That beigestanden, habe ich Mancher in dankbarer Erinnerung zu gedenken. Ich habe erfahren, gelernt, gesammelt; aus dem auf diese Weise Erworbenen ist allmählig der Inhalt dieses Buches erwachsen.

Die Eintheilung in einen chemisch-physikalischen und einen technischen Theil hat sich aus der Art ergeben, wie ich von jeher gewohnt gewesen bin, meine betreffenden Notizen überhaupt zu sondern, und sie bedarf wohl keiner Rechtfertigung. Es war meine Absicht, noch einen dritten administrativen Theil hinzuzufügen, aber bei der geringen Zeit, die mir meine anderweitigen Geschäfte für literarische Thätigkeit übrig lassen, habe ich davon vorläufig wieder abstehen müssen, um nicht das Erscheinen des Buches noch weiter hinauszuschieben.

I*

Der erste Theil bespricht in vier Capiteln zunächst das Rohmaterial für die Steinkohlengasfabrication, ferner den Prozess der Bereitung und Reinigung des Gases, seine Anwendung und schliesslich die sich ergebenden Nebenproducte und ihre Benutzung.

Im umfangreicheren zweiten Theil wird der ganze Complex der mechanischen und baulichen Anlagen besprochen, aus denen eine Gasanstalt zusammengesetzt ist. Bei allen einzelnen Apparaten sind die Hauptmomente ihrer geschichtlichen Entwickelung in kurzer Zusammenfassung vorangestellt; im Uebrigen bin ich bemüht gewesen, mit Ausscheidung einer Masse von Ueberflüssigem, nur practisch bewährte Einrichtungen und Verfahren aufzunehmen, und diese in solcher Ausführlichkeit darzustellen, dass jede wesentliche Frage, welche bei der Herstellung wie beim Betriebe einer Gasanstalt entsteht, dem gegenwärtigen Stande der Technik gemäss ihre Erledigung findet.

Dem Ganzen ist eine kurze „Geschichte der Gasbeleuchtung" aus der gediegenen Feder des Herrn Prof. Dr. Knapp vorausgeschickt, welche der Verfasser die Güte gehabt hat, mir für diesen Zweck zur Verfügung zu stellen.

Es dürfte auffallen, dass der Benutzung des Holzes (resp. des Torfes) für die Leuchtgasbereitung nur beiläufig Erwähnung geschehen ist. Ich habe verzichtet, darauf einzugehen, weil ich hoffe, dass der Erfinder dieses interessanten und wichtigen Nebenzweiges unserer Industrie, Herr Professor M. Pettenkofer, uns mit einem selbstständigen Werk darüber bereichern wird.

Wo es mir thunlich schien, ohne der Pedanterie zu verfallen, habe ich mich überall deutscher Bezeichnungen und Ausdrücke bedient. Manche ausländische, zumal englische Namen haben sich jedoch bei uns in der Praxis eingebürgert, und sind schwer durch deutsche zu ersetzen; diese habe ich beibehalten zu müssen geglaubt.

Als Gewicht ist durchgehends, wo nicht ausdrücklich ein anderes bezeichnet, das deutsche Zollgewicht zu verstehen. Dass ich als Maasseinheit den englischen Fuss gewählt habe, wird bei dem Mangel an einem einheitlichen deutschen Fuss seine Rechtfertigung in dem Umstande finden, dass wir ohnehin in unserer Gasindustrie grossentheils nach englischem Maasse zu rechnen gewohnt sind. Temperaturangaben liegt die hunderttheilige Scala von Celsius zu Grunde.

Allen Freunden, die mir durch Beiträge oder sonstwie behülflich waren, nochmals meinen Dank.

Und so übergebe ich meine Arbeit dem Publikum, und empfehle sie seiner Nachsicht, in soweit jedes Erstlingswerk nachsichtiger Beurtheilung bedarf.

München, im November 1860.

N. H. Schilling.

Vorwort

zur zweiten Auflage.

Für die Bearbeitung der vorliegenden zweiten Auflage meines Handbuches habe ich mir die doppelte Aufgabe gestellt, einmal alle wesentlichen neueren Fortschritte und Verbesserungen in unserem Fache in die Darstellung aufzunehmen, und sodann die Lücken und Mängel der ersten Auflage, soweit ich sie bis jetzt erkennen konnte, nach Kräften auszufüllen und zu verbessern.

Der erste Theil meiner Aufgabe war mir der verhältnissmässig leichtere. Seitdem die Geheimnissthuerei aus unserem Fache verschwunden ist, und jede Frage von Wichtigkeit sowohl in den Jahresversammlungen der Fachmänner, als im Journal für Gasbeleuchtung zur offenen und allseitigen Besprechung gelangt, wird jeder Fortschritt sofort zum Gemeingut, und man braucht nur den Vorgängen unbefangen zu folgen, um ein Bild der stetigen Entwickelung unseres Faches vor Augen zu behalten. Mit besonderem Dank habe ich übrigens hier namentlich zweier specieller Beiträge zu gedenken, mit denen es mir vergönnt war, die gegenwärtige Auflage des Buches zu schmücken, der „Beschreibung und Zeichnung der neuen Gasanstalt in Frankfurt a.|M. von dem Erbauer und jetzigem Director der Anstalt, Herrn Simon Schiele" und der „Beschreibung und Zeichnung eines in diesem Jahre ausgeführten grossen Telescop-Gasbehälters in Berlin, gleichfalls von dem Erbauer, dem leider viel zu früh verstorbenen Director, Baumeister Herrn A. Schnuhr."

Dass die erste Auflage meines Buches manche Lücken und Mängel enthält, davon kann Niemand mehr überzeugt sein, als ich. Wohlwollende Freunde haben mich auch in dieser Richtung auf Manches aufmerksam gemacht. Vor allen Dingen habe ich es nöthig gefunden an manchen Stellen weit mehr in's Detail einzugehen, als dies früher der Fall war, man wird dies zumeist in den Capiteln über die Gasbehälter und über die Leitungsröhren bestätigt finden. Die Beleuchtungsapparate waren in der ersten Auflage ganz übergangen worden, ich habe sie diesmal in einem besonderen Capitel behandelt auch über die bauliche Anlage der Fabriken und die Disposition der Apparate in den Gebäuden habe ich mich ausführlicher verbreitet.

Der Umfang des Buches ist bedeutend gewachsen, der Text ist von 31 auf 51 Bogen, die Zahl der Tafeln von 42 auf 70, diejenige der Holzschnitte von 157 auf 310 gestiegen. Die Ausstattung ist die gleiche, wie früher, und es hat die Aner-

VI

kennung, welche dieselbe allgemein gefunden hat, mich überzeugt, dass ich in dieser Beziehung dem Herrn Verleger nur dankbar sein kann.

Meine Absicht, diesmal dem Buche den schon früher beabsichtigten dritten administrativen Theil hinzuzufügen, habe ich leider wieder nicht zur Ausführung bringen können. Ich behalte es mir vor, diesen Theil in einem besonderen Heft nachzuliefern.

München, im November 1865.

N. H. Schilling.

Inhalts-Verzeichniss.

II.
Technischer Theil.
Fünftes Capitel: Die Retortenöfen mit der Vorlage.

Sechstes Capitel: Die Condensatoren und Waschapparate.

Fünfzehntes Capitel: Die Beleuchtungs-Apparate.

Druckfehler.

Man bittet zu lesen

Seite 40, Zeile 1 — Ausschluss statt Anschluss.

„ 46, letzte Zeile — $1 : \dfrac{1}{1 \pm 0{,}00367 \cdot x}$ statt $: 1 \dfrac{1}{1 \pm 0{,}00367 \cdot x}$

„ 61, Zeile 35 — nachstehenden statt nebenstehenden.

„ 92, Anmerkung Zeile 33 — Abhandlung statt Behandlung.

„ 138, Zeile 14 — 2000 statt 2000°.

„ 181, Zeile 28 — er statt es.

„ 221 Zeile 5 — Tafeln XLVII und XLVIII statt XLVI und XLVII.

„ 256, Zeile 26 — ⅝ Zoll Dicke statt 5 Zoll Dicke.

„ 283, Zeile 17 — Nullpunct statt Mittelpunct.

„ 316, Zeile 15 — 10′ Höhe und $3\frac{1}{2}$′ Durchm. statt 8′ Höhe und 3′ Durchmesser.

„ 351, Zeile 16 — Eingangs- oder Umgangs-Ventil statt Umgangsventil.

Auf Tafel XXIX, Seite 186. Fig. 1 sind die Buchstaben a und b umzuwechseln.

Zur Geschichte der Gasbeleuchtung.

Von Prof. **Dr. Knapp** in München.

Beleuchtungswesen vor der Einführung des Leuchtgases.

Nach streng wissenschaftlichen Grundsätzen existirt nur eine Art Beleuchtung, nemlich die Gasbeleuchtung, denn alle Beleuchtung, (galvanisches Licht etwa ausgenommen) geht von einer Flamme aus; die Flamme ist ein in Verbrennung begriffener Strom von Gas, und die Lampen, die Kerzen sind nur ebensoviele einzelne Fälle der Gasbeleuchtung. —

Die Aufgabe der Beleuchtung setzt sich daher stets zusammen aus der Verwandlung des Leuchtstoffes in Gas und aus der Verbrennung des gebildeten Gases zum Behuf der Lichtentwicklung. In der Gasbeleuchtung im gewöhnlichen, engern Sinne des Wortes sind beide Geschäfte, die Erzeugung von Gas und seine Verbrennung, in Raum und Zeit weit von einander getrennt; das heute vor den Thoren der Stadt erzeugte Gas wird morgen oder übermorgen auf dem Marktplatz gebrannt; in der Kerze und in der Lampe sind jene beiden Dinge in der innigsten Wechselwirkung so gut als völlig verschmolzen. —

Die Flamme, d. h. das Feuer, welches das Licht entwickelt, ist zugleich das Feuer, welches den Brennstoff in Gas verwandelt; ein und dieselbe Thätigkeit (die Verbrennung) macht die Flamme leuchtend und besorgt auch ihre Speisung mit neuem Gas.

Die Flamme lebt im eminentesten Sinne des Wortes von Hand zu Mund, aber zugleich im Sinne der stetigsten Wirthschaftlichkeit, — alles durch eine bewunderungswürdige Selbstregulirung im Gleichgewicht gehalten. Die Flamme der Lampen und Kerzen ist daher ein wahrer Mikrokosmus einer Gasbeleuchtungsanstalt, deren Retortenhaus in dem engen Raum eines Dochtendes so sicher und geräuschlos arbeitet, dass man sein Dasein viele Jahrhunderte lang nicht gewahr worden. Es ist daher sehr treffend bemerkt, wenn Dumas (der Chemiker) sagt: hätte man von Anfang an das Gas gehabt, so würde der, der die erste Kerze gemacht, als der geniale Kopf gefeiert worden sein, dem es gelungen ist, den Mechanismus der Gasanstalten in dem Raum eines Fingerhutes zu concentriren.

So erscheint die Sache freilich nur vom wissenschaftlichen Princip aus. In der That ist die Erfindung einer mit Oel oder Talg gespeisten Flamme ihrer wunderbaren Complication ungeachtet von der Natur zum Greifen nahe gelegt, giebt sich geradezu von selbst, während die jetzige Gasbeleuchtung ungemein viel Erfindungskraft und Aufwand an Scharfsinn voraussetzt.

Im classischen Alterthum bewegt sich der Fortschritt an der Hand des Luxus auf der kurzen Bahn von der Kienfackel zur Oellampe. — So vollendet und bewunderungswürdig meist die Schönheit der Form, so niedrig ist die Stufe der technischen Vollkommenheit, die die antike Lampe einnimmt; sie hat vor der Lampe des Grönländers oder Eskimo in diesem Betracht nicht mehr voraus, als das Baumöl vor dem Thran. Die Lampe jener Völkerstämme ist nur die in's Arktische übersetzte Lampe des Römers und Griechen. Sie kennt so wenig wie jene eine Dochtstellung, eine Zugregulirung; sie hat den Oelbehälter da, wo er den hinderlichsten Schatten wirft. —

1

Weit später als die Lampen sind die Kerzen aufgetaucht. Noch zur Zeit des Dominikaners Flamma im Anfang des 13. Jahrhunderts waren Talgkerzen ein übertriebener Luxus, und Wachskerzen unbekannt; obgleich die Kunst, das Wachs zu bleichen, schon den Phöniciern und Griechen geläufig war. Plinius erwähnt das gebleichte Wachs unter dem Namen „cera punica" und Dioscorides beschreibt das Blättern und Aushängen an die Sonne, — aber von Kerzen wissen sie nichts. — Noch im 14. Jahrhundert war das Wachs so kostbar, dass es als ein ansehnliches Gelübde galt, wenn ein Herzog von Burgund (1361) dem heiligen Antonius für die Gesundheit seines Sohnes soviel Wachs bot, als dieser schwer war. Erst im spätern Mittelalter gewann der Gebrauch der inzwischen aufgekommenen Wachskerzen, ähnlich wie der gläsernen Fensterscheiben, durch den Cultus der katholischen Kirche Hebung, Verbreitung und unglaubliche Ausdehnung. In der Schloss- und Stiftskirche zu Wittenberg z. B. wo man jährlich 900 Messen las, wurden jährlich 35,750 Pfd. Wachslichter verbraucht

Später besonders im 18. Jahrhundert ersetzte der Luxus der Höfe den Abgang einigermassen, den die Wachslichter-Consumtion durch die Reformation erlitten hatte. So war zu jener Zeit der Verbrauch am Berliner Hof so ausserordentlich, dass eine Unterschlagung von 6000 Thaler Werth jährlich längere Zeit unbemerkt bleiben konnte. So brannte man zu Dresden 1779, also in der üppigen Zeit August's, bei einem einzigen Hoffest 14000 Wachslichter. —

Es gehört zu dem Wesen einer Kerze, dass der Docht im gleichen Maasse, wie der Leuchtstoff, verzehrt wird. — Da nun bei dem gewöhnlichen Gang der Dinge die umhüllende Flamme den Luftsauerstoff nicht zu dem Dochtende zulässt, so kann dessen rechtzeitige Verzehrung nicht stattfinden, das allzulange Dochtende bedeckt sich mit Schnuppen und schwächt die Intensität der Lichtentwicklung auf's äusserste, so dass man es von Zeit zu Zeit schneuzen muss, wie besonders bei Talgkerzen der Fall ist.

Richtet man die Dochte so ein, dass sie sich in Folge der Flechtung, d h. einer gewissen Spannung ihrer Fasern beim Abbrennen krümmen, so dass das Ende stets aus der Flamme hervorsieht und von der Luft verzehrt wird, so ist der Uebelstand vermieden. Unglücklicherweise ist Talg so leicht schmelzbar, dass die daraus gemachten Kerzen bei jener Einrichtung des Dochtes schief brennen und ablaufen. Diese sinnreiche Einrichtung ist daher erst mit der Einführung des Wachses (sowie des Wallraths und des durch Chorreul 1820 bekannt gewordenen Stearins) zulässig geworden.

Ausser den erwähnten Verbesserungen weist die Geschichte des Beleuchtungswesens Jahrhunderte hindurch keinen nennenswerthen Fortschritt nach, bis durch die Erfindung der jetzt sogenannten Argand'schen Brenner eine Epoche machende Wendung, zunächst für die mit Oel gespeisten Lampen, eintrat.

Diese Erfindung geht auf eine höchst wichtige, durchdachte und ingeniese Vervollkommnung in der Speisung der Flamme mit Luft hinaus.

Die Quantität Licht, welche die Flamme einer Lampe entwickelt, hängt nemlich zunächst von der Stellung des Dochtes, also von der Quantität Leuchtmaterial ab, welche in einer gegebenen Zeit durch den Docht der Verwandlung in Gas zugeführt und als solches verbrannt wird. Bei der niedrigsten Stellung des Dochtes einer Lampe ist die Flamme sehr niedrig, blau und höchstens schwach leuchtend; mit der Hebung des Dochtes aus dem Oel entwickelt sich die Flamme in Höhe und Kraft bis zu einem gewissen Maximum, über welches hinaus jede höhere Stellung des Dochtes zwar eine grössere Consumtion von Oel, aber keine Steigerung, vielmehr eine Abnahme der Leuchtkraft bewirkt; die von der Flamme selbst erzeugte Luftzufuhr ist nemlich alsdann nicht mehr ausreichend, die Zufuhr an Leuchtstoff leuchtkräftig zu verzehren; die Flamme erscheint als Folge unvollständiger Verbrennung trüb und rauchend.

Von diesen Grundsätzen aus ist es leicht, den Sinn der Argand'schen Brenner zu verstehen. Er liegt in zwei Punkten: in dem röhrenförmigen Docht und in dem künstlichen Luftzug. Der hohle Docht machte es Argand möglich, einerseits eine verhältnissmässig sehr grosse Menge des Leuchtmaterials zur Verbrennung zu bringen, und andererseits dahin, wo die Luftzufuhr einer gewöhnlichen Flamme nicht mehr vordringen kann und der Rauch entsteht, — also in die Axe der Flamme — einen zweiten Luftzug zu legen. Indem er die Flamme zwischen den äussern und innern Luftzug in die Mitte nimmt, und beide durch einen

Kamin (Zugrohr) hinreichend verstärkt, gewinnt er bei einer sehr vermehrten Angriffs-Oberfläche also Ausdehnung der Flamme, durch den Kamin zugleich eine sehr vermehrte Licht-Itensität derselben. Argand's Brenner ist im Beleuchtungswesen dasselbe, was die Rauchverzehrer im Feuerungswesen sind, er macht es möglich, aus einer einzigen Flamme eine Lichtmenge zu erzeugen, die sonst nur durch Vermehrung der Anzahl der Lichtquellen möglich, und eine Stetigkeit und Unabhängigkeit von zufälligen Störungen durch Luftbewegung, die vorher ungekannt war.

Die Erfindung dieser Brenner durch Aimé Argand in Paris fällt in die Zeit des 18. Jahrhunderts, in der das französische Königthum im Begriff war, mit Ludwig XVI. seinen letzten Athemzug zu thun — ins Jahr 1789. — Erst nachdem Argand die anfänglich benutzten, über die Flamme gestellten Zugröhren von Eisenblech gegen gläserne vertauschte, welche die Flammen umgebend einschliessen, und so seiner Erfindung ihren wahren praktischen Werth verliehen hatte, gelangte seine Erfindung zu Ansehen, und erfreute sich sogar der Protection Ludwig XVI. Dennoch entging Argand dem gewöhnlichen Schicksal aller Wohlthäter des Menschengeschlechtes nicht, denn weder er noch seine Familie hat je irgend einen Nutzen von seiner Erfindung gehabt, ja der Undank der Zeit nannte die neuen Lampen nicht nach dem Erfinder, sondern nach einem seiner Gehilfen, Namens Quinquet wie dies u. a. Reybas in folgenden Versen andeutet.

Voyez Vous cette lampe, où, muni d'un cristal,
Brille un cercle de feu, qu'anime l'air vital.
Tranquille avec éclat, ardent sans fumée,
Argand la mit au jour, et Quinquet l'a nomée.

Der Geschäftsnachfolger Argand's erfand die parabolischen Hohlspiegel zu Beleuchtungszwecken. Der vortreffliche Gedanke, den Oelbehälter in den Fuss der Lampen zu verlegen, wo sein Schatten an eine völlig unschädliche Stelle fällt und das Oel durch einen Mechanismus (Uhrwerk) zum Brennen gehoben wird, — dieser Gedanke, der allen bessern Lampen-Constructionen gemein ist, war Argand und seiner Umgebung fremd; er trat zum erstenmal im Jahr 1800 in der von einem Franzosen Carcel erfundenen und nach ihm benannten Uhrlampe auf.

Die schöne Erfindung der Brenner mit doppeltem Luftzug steht im Zusammenhang mit der eben damals sehr fortgeschrittenen Entwicklung der Ansicht über Verbrennung (Feuer) und über Gase.

Nach der Anschauung des Alterthums war das Feuer nicht als eine Erscheinung chemischer Reaction, sondern als ein besonderer Stoff unabänderlich gegebener Natur angesehen. So wenig es Jemand einfallen konnte, das Wasser nässer, so wenig konnte es damals Jemand beikommen, das Feuer feuriger, d. h. leuchtender oder heisser machen zu wollen. — Das Gegentheil dieser Anschauung ist zuerst durch Stahl's Verbrennungstheorie im Anfange des vorigen Jahrhunderts, welche um 1770 den Höhepunkt ihrer Anerkennung erreichte, zur wissenschaftlichen Geltung gekommen; man erkannte, dass das Feuer ein Phaenomen sei. Wahrscheinlich von der äussern Erscheinung der Flamme ausgehend glaubte man, das Phänomen der Verbrennung bestehe darin, dass dem brennenden Körper irgend etwas entströme, dass ein gewisses Etwas von ihm weggehe. Ueber die Natur dieses Etwas «des Phlogiston» sind die Gelehrten weder jemals klar noch einig gewesen; sie legten ihm — nicht als Befund von Beobachtungen, sondern aus der Nothwendigkeit, sein Dasein mit der Erscheinung in Einklang zu bringen, — sonderbare Eigenschaften, sogar eine negative Schwere bei. Soviel hatte man immerhin klar erkannt, dass das Feuer jedenfalls aus einem chemischen Akt, sei es aus einer Scheidung, sei es aus einer Bindung von Stoffen, hervorgehe. — Gestützt auf die unwiderlegbare Thatsache, dass die brennenden Körper anstatt etwas abzugeben, vielmehr etwas auf- und an Gewicht zunehmen, drang im Jahre 1772 Lavoisier mit der Beweisführung durch, dass die Verbrennung nur eine mit Licht- und Wärme-Erscheinung sich vollziehende Verbindung der Körper mit Sauerstoff sei, was wenigstens für die Fälle des täglichen Lebens als richtig besteht.

Man gewann damit eine vollkommene Einsicht in das Verhältniss des brennenden Körpers zum Luftsauerstoff und zur Luft, und brachte sie Hand in Hand mit der inzwischen sehr erweiterten und fortgeschrittenen Erkenntniss der Natur der Gase, zur praktischen Anwendung im Beleuchtungswesen.

Die jetzige Wissenschaft hat den Namen «Gas» von v. Helmont (1577--1644), dem Begründer der pneumatischen Chemie für luftförmige Körper angenommen, aber woher dieser die Bezeichnung geschöpft, was die Etymologie des Worts und sein begrifflicher Ursprung sein mag, ob von dem Griechischen »χαος» oder, wie andere wollen, von dem deutschen «Gischt», darüber hat sie sich bis jetzt nicht Zeit genommen, Rechenschaft abzulegen. Nachdem man anfangs die verschiedenen Luftarten oder Gase als ebensoviele Arten atmosphärischer Luft betrachtet, um 1770 die entzündlichen Gase als eine eigene Classe unterschieden hatte, so gestalteten die Arbeiten von Stephan Hales (Vegetable Statics 1727), Cavendish (Experiments on factitious air 1766), Priestley (um 1773), Lavoisier (von 1774 an), der den Ausdruck «Gas» zuerst in die antiphlogistische Chemie einführte, im letzten Viertel des 18. Jahrhunderts allmählig den Begriff von Gas dahin um, dass man es als einen bestimmten physikalischen Zustand der verschiedenartigsten Körper fassen lernte.

Die Einführung des Leuchtgases.

Wie diese Forschungen und Beobachtungen nach der Seite des Phänomens der Verbrennung Einfluss auf die Erfindung des Argand'schen Brenners gehabt haben, sind sie nach der Seite der Natur der gasförmigen Körper zum Ausgangspunkt der eigentlichen Gasbeleuchtung geworden. — Die Gasbeleuchtung im engern Sinne ist nach der Eingangs gegebenen Definition, rein technisch genommen, diejenige Art der Beleuchtung, bei welcher die Entwicklung des brennbaren Gases zum Behuf der Lichtentwicklung, in Ort und Zeit weit aus einanderliegen; und eben diese Trennung in Ort und Zeit ist ausserordentlich prägnant. So lange man das Gas aus einem Leuchtstoff, sowie es sich entwickelt, sofort mit Docht verbrennt, so muss dieser Leuchtstoff, wie man sich auszudrücken pflegt, «rein» sein, d. h. er darf bei der Zersetzung durch Hitze keinen heterogenen festen Rückstand hinterlassen, der sich im Docht zwischen Erzeugung und Verbrennung des Gases lagert und den Gang der Sache stört. Daher sind nur Fette und ähnliche Stoffe von hohem Handelswerth bei Lampen und Kerzen zu gebrauchen. Bei dem Leuchtgas ist jedes Material zulässig, welches ein brauchbares Gas gibt, gleichviel ob es einen Rückstand hinterlässt oder nicht, und es wird sogar möglich, ans dem rohsten und wohlfeilsten Material, wenn dieser Rückstand nutzbar ist, neben dem Gas noch ein zweites Produkt zu erzielen, welches sich an dem Ertrag namhaft betheiligt (so die Coke bei den Steinkohlen, die Kohlen beim Holz).

Zu diesem grossen Vorzug kommt hinzu, dass man das entwickelte Gas, eben weil man es als solches verbrennt, den Bedingungen der höchsten Lichtentwicklung mit weit weniger Schwierigkeit nahe bringen kann. Beide Momente, die Zulässigkeit des wohlfeilsten und überall sich findenden Materials, welche die Gasbeleuchtung zur billigsten Beleuchtungsweise macht, einerseits, sowie die grosse Lichtergiebigkeit andrerseits, welche sie zugleich zur besten Beleuchtungsweise macht, würden ihr schon an sich einen ansehnlichen Rang in den Erfindungen anweisen; aber ein drittes Moment, nemlich dass die Gasbeleuchtung nach ihrer gegenwärtigen Bedeutung den Umfang ganzer Gemeinwesen in dem Beleuchtungsgeschäft nach den Grundsätzen der Association zusammenbegreift, verweist sie entschieden unter die Erfindungen höherer Ordnung.

Solche Erfindungen pflegen nach der Natur der Dinge nicht mit einemmal als geharnischte Minerven aus dem Kopf eines Erfinders hervorzutreten. Ganz gewiss war dies nicht bei der Gasbeleuchtung der Fall, die sich von einem engen Begriff stufenweise zu einem grossen Gedanken emporgeschwungen hat. Auch kann die Geschichte dieses Zweigs füglich nichts sein wollen, als die Entwicklungs-Geschichte der Idee, die Beleuchtung aus dem billigsten Material mit der höchsten Lichterzeugung als eine gemeinsame Angelegenheit ganzer socialer Körper zu organisiren.

Vermittelt durch die Fortschritte der pneumatischen Chemie knüpft sich die Geschichte des Leuchtgases in ihrem Anfang an die der Steinkohlen und ihrer Anwendung; sie findet in diesem Zusammenhang den Schauplatz ihrer anfänglichen Entwicklung auf dem Boden Grosbritanniens.

Die Natur selbst gab in dieser Richtung, wie bei dem heiligen Feuer von Baku, deutliche Winke. Im Jahre 1659 berichtete Ph. Shirley der Royal Society in London über eine Quelle von brennbarem Gas bei Wigau in Lancashire und 1733 beschreibt Lowther den Ausbruch von brennendem Gas aus einem Brunnenschacht. Alsbald nahm die Wissenschaft Akt von dem Zusammenhang der Steinkohle und des brennenden Gases. Nachdem im Anfang der achtziger Jahre des 17. Jahrhunderts der als Chemiker berühmt gewordene Leibarzt uud Professor Becher von München mit der Zersetzung der Steinkohle in England sich beschäftigt und St. Hales 1727 in seinen «Vegetable Statiks» Versuche darüber und eine «Elastic inflammable air of coal» beschrieben hatte, legte 1739 Dr. Clayton, Dean von Kildare, entscheidende und ausführliche Beobachtungen über diesen Gegenstand in den Philosoph. Transactions nieder. Er untersuchte jenen Brunnen in Lancashire, erwies den Zusammenhang des Vorhandenseins der Steinkohle mit der Gasbildung im Boden, und nahm daraus Veranlassung zu einer Untersuchung, ob nicht brennbares Gas künstlich aus der Kohle erzeugt werden könne. — Es gelang ihm durch Destillation der Steinkohle in einer Retorte über freiem Feuer und es geht aus der Beschreibung der Einzelnheiten des Experiments hervor, wie sehr richtig er zu beobachten verstand:

»At first«, so berichtet er, »came over only phlegm, afterwards a black oil, which J could no ways »condence. Once J observed that the spirit which issued out caught fire at the flame of a candle and »continued burning with violence as it issued out as a stream«.

Bei diesen und ähnlichen Versuchen, die sich nunmehr ziemlich häufen, entwickelte und verbrannte man Gas aus Steinkohlen zu Zwecken der Theorie als reines Experiment, etwa sowie man heut zu Tage Diamanten in Vorlesungen verbrennt, ohne den leisesten Hintergedanken einer Nutzanwendung. Aber es waren zwei wichtige Thatsachen ein für allemal gewonnen, nämlich: dass die Steinkohle durch Destillation eine reichliche Menge Gas giebt, und dass dieses Gas fähig ist, mit helleuchtender Flamme zu brennen.

Einen Schrit weiter ging Lord Dundonald im Jahr 1786 auf seinem Landsitz Culross-Abbey. Die Lectüre einer Schrift über die Zersetzungsprodukte der Steinkohle richtete sein Augenmerk auf die flüchtigen Produkte bei den auf seinen Gütern im Betrieb stehenden Coaks-Oefen. Er verband eine Reihe solcher Oefen mit einer gemeinschaftlichen Kühlvorrichtung, worin sich der Theer sammelte, und von den gasförmigen Produkten schied. Nach einiger Zeit fingen die Arbeiter an, das auf einem aufgekitteten Rohr entweichende angezündete Gas zur Erleuchtung bei der Arbeit brennen zu lassen. Sr. Lordschaft fand daran so sehr Gefallen, dass er zuweilen transportable Gefässe mit jenem Gas füllen liess, um dieses in seinem Landhaus anzuzünden. Hierin liegt zwar eine Anwendung des Gases zum Beleuchten, aber in dem Sinn nicht sowohl einer Stellvertretung von Lampen und Kerzen, als vielmehr einer Art Illumination oder Feuerwerk. — In der That war die Anwendung des aus Steinkohlen erzeugten Gases bis dahin nicht vielmehr als ein wissenschaftliches Princip. Aber die Zeit war herangekommen, wo es dahin drängte, dieses Princip der Anwendung in's praktische Leben und somit seiner culturgeschichtlichen Mission näher zu bringen.

Dieser Gedanke entstand ziemlich gleichzeitig im vorletzten Jahrzehnt des vergangenen Jahrhunderts, etwas früher in Frankreich, etwas später in England und beschäftigte gänzlich unabhängig von einander zwei hervorragende Köpfe, beide Ingenieurs, beide von grossem Scharfsinn, aber sehr ungleicher Begabung für das Sachliche: Philipp le Bon in Paris und William Murdoch in England. Der erstere, von dem weiter unten ausführlicher die Rede sein wird, brachte sein Vorhaben in einer Form zur Ausführung, die der Sache keine Gewähr für den Bestand gab und nur ein vorübergehendes Interesse lieh. Um so mehr war das Genie des englischen Ingenieurs mit seinem praktischen Sinn und Takt für Ausführungen dazu angethan, so massenhafte Schwierigkeiten zu bewältigen, wie sie entgegenzutreten pflegen, wenn es sich darum handelt, ein wissenschaftliches Princip mit einer zur praktischen Ausbeutung geeigneten Form zu bekleiden, zum Segen der Welt, die in der Regel nichts eiliger und nichts nachdrücklicher zu thun hat, als sich dieser Wohlthat aus Leibeskräften entgegen zu stemmen. William Murdoch, den sein Beruf bei den Minen von Cornwall hielt, wohnte in den 90. Jahren in Redruth, wo er sich mit dem Clayton'schen Experiment beschäftigte, Steinkohlengas in Schweinsblasen zu sammeln und aus daran befestigten Röhren brennen zu lassen: er fasste eine solche Liebhaberei dafür, dass er sich dieser Blasen des Nachts beim Heimreiten auf dem Pferde statt der Laterne bediente. Auch bei den Probefahrten eines von ihm construirten Dampfwagens zum Befahren gewöhnlicher Strassen mussten die Blasen mit Gas herhalten, so dass Murdoch von dem Landvolk der Umgegend als eine Art Magier angesehen wurde.   Im weitern und ernstlicheren Verfolg seiner Operationen mit Steinkohlengas gelang es ihm 1792, die Beleuchtung eines Wohnhauses mit Gas in regelmässig laufenden Betrieb zu Stande zu bringen.   Der Erfolg war günstig genug, um ihm dem Muth zu geben, seine Beleuchtung auf grössere Etablissements auszudehnen.

Man muss sich erinnern, dass unmittelbar vor der Zeit, von der wir reden, eben die weltgeschichtliche Umgestaltung der Dampfmaschinen durch J. Watt zu Stande gekommen war.   Jm Jahre 1769 hatte dieser grosse Mechaniker sein erstes Patent erhalten und sich nach dem Rücktritt Dr. Roebucks, der ihn grossmüthig mit Geldvorschüssen unterstützte, 1773 mit Boulton von Birmingham associirt, worauf beide die Maschinenfabrik der Firma Boulton & Watt auf den Hügeln von Soho in der Nähe dieser Stadt gründeten. — Watt schon 30 Jahre früher in Glasgow als Universitäts-Mechaniker mit Robinson mit dem Problem der Dampflocomotiven beschäftigt gewesen, erhielt Kunde von Murdoch's Dampfwagen; Murdoch von Watt und seinem Etablissement in Soho, welches ihm der geeignete Boden erschien, um seine Idee über die Gasbeleuchtung zu verwirklichen.   Durch eine jener wunderbaren Schickungen, wie man sie mehr im Gebiet der Romandichtung als des realen Lebens zu suchen gewohnt ist, folgten beide einander persönlich nicht bekannte Männer dem Drang, sich gegenseitig aufzusuchen.   Sie brachen gleichseitig jeder von seinem Wohnort auf, erreichten beide an demselben Tag das halbwegs gelegene Nachtquartier, kehrten in ein- und demselben Wirthshaus ein, und entdeckten als Reisende an der »fireside« plaudernd, dass jeder das Reiseziel des andern war.   Das Resultat dieser merkwürdigen Zusammenkunft, sowie des eingehenden Verständnisses ihrer tiefen gegenseitigen Entwürfe war zunächst die Uebersiedelung Murdochs und damit die Verlegung der Versuche über Gasbeleuchtung im Grossen nach Soho-foundry mit dem Plan, diese Beleuchtungsart für dieses Etablissement einzuführen. — Murdoch stellte zwar im Jahre 1798 einen Apparat zur Erzeugung von Gas in Soho auf, aber man stiess auf Schwierigkeiten, welche erst nach jahrelanger Anstrengung überwunden wurden. Gewiss ist nach dem Zeugniss des ältern Clegg (damals zu Soho als Lehrling), dass 1802 noch die alte Lampenbeleuchtung im Gange war, während man zur Feier des gerade zu Amiens mit den Franzosen geschlossenen Friedens das Gas zum erstenmale in Gestalt von zwei Flammensonnen (Bengal-lights) öffentlich producirte.   Erst ein Jahr darauf wurde die Oelbeleuchtung auf immer von der Gasbeleuchtung in Soho verdrängt, und von diesem Jahr also 1803 ist die Einführung der Gasbeleuchtung in's praktische Leben zu datiren.   Jm Jahr 1805 folgte die mechanische Spinnerei von Phillips & Lee in Salford und die von Henry Lodge bei Halifax, letztere unter Leitung des schon erwähnten Clegg's, des bekannten Schülers Murdochs.   Nach den Mittheilungen Murdochs an die Royal Society unter dem Titel: »An account of the Application of the Gas from coal to economical purposes by Mr. Murdoch, communicated by the Reight Hon. Sir Joseph Banks Bart.« bestanden die Apparate, wie er sie in Soho foundry und bei Philipps & Lee construirte, aus eisernen Retorten — (zuerst senkrecht stehende enge Kessel mit Oeffnung am Boden zum Entleeren der Coke; dann schräg im Feuer liegende Cylinder mit beiden verschliessbaren Enden aus dem Ofen hervorstehend; endlich wagrecht gelagerte Cylinder mit einem Hals, wie jetzt — aus Behältern zum Aufsammeln des Gases, die schon Gasometer genannt werden, worin das Gas zugleich gewaschen und gereinigt wurde, aus Haupt- (mains) und Nebenleitungen (ramifications) und Brennern mit Hahnen. Die Brenner waren zweierlei, nemlich Argand'sche (upon the principle of Argand) zu einer Lichtstärke von 4, und dreifach gebohrte dreistahlige (cockspur) von 2½ 6r Talgkerzen. — Bei Philipps & Lee bestand die Beleuchtung aus 271 Argand- und 633 cockspur-Brennern mit einer gesammten Lichtstärke von 2000 6r Talgkerzen bei einer Consumtion von 1250 Cubikfuss in der Stunde. — Man rechnete auf 2500 Cubikfuss Gas 7 ctw. Zersetzungs (cannel coal)- und ⅓ davon an Heizungskohle, wobei 11—12 Gallons Theer von 1 ctw. gewonnen wurden. Wie man sieht, weist der Apparat von Murdoch bereits alle Hauptzüge des gegenwärtig üblichen aus, aber mit wesentlichen Mängeln. Man verstand nemlich damals das Gas noch nicht zu messen, ferner wusste man noch nicht die bei gewöhnlicher Temperatur verdichtbaren mitgerissenen theerartigen Dämpfe, noch die im Gas enthaltenen, verunreinigenden permanenten Gase (Kohlensäure, Schwefelwasserstoff etc.)

abzuscheiden. — Aus dieser Veranlassung setzte sich stets in den Leitungen Theer ab, so dass man in regelmässigen Abständen Abzugs-Heber anbringen musste, und war der Gebrauch des Gases mit einem üblen Geruch und einer unangenehmen Reizung der Athemwerkzeuge verbunden. — In Fabriken konnte man sich zur Noth darüber wegsetzen, wo man mehr Hilfsmittel zur Hand hat, und keine besondern Ansprüche an die Reinheit der Luft macht; aber mit den Begriffen von Wohnräumen und Salons waren diese Dinge nicht vereinbar. Nach dem Stand der damaligen Gas-Industrie hatte jedes zu beleuchtende Gebäude seine eigene Gasfabrik, so dass nur bei grössern Etablissements eine Rentabilität möglich war. Die Anwendung des Gases in die Umfangsmauern derselben gebannt, war noch überdies seiner Unreinheit wegen innerhalb dieser Grenze auf gewisse Kategorien eingeschränkt.

Ehe wir untersuchen, wie es diese Schranke überwand, und von einem zweiten Stadium der Beleuchtung einzelner Häuser in ein höheres überging, ist es nothwendig, zuvor einen Blick auf die Geschichte der Strassenbeleuchtung zu werfen.

Die öffentliche Beleuchtung der Städte ist nicht aus dem Bestreben nach Eleganz und Comfort, sondern aus der bittersten Noth der Unsicherheit der Strassen und Gassen, aus rein polizeilicher Veranlassung hervorgegangen. Diese Unsicherheit hatte besonders an grossen Orten und Residenzen mit deren wachsendem Umfang eine Höhe erreicht, welche eine Abhilfe schlechterdings nothwendig machte. Man fand die Abhilfe zuerst einfach darin, dass man die Einwohner von Polizei wegen zwang, zu gewissen Stunden Laternen (d. h. Kerzen in einem Gehäuse mit Hornscheiben) vor die Fenster zu setzen. Dies ist die ursprüngliche Form der Strassenbeleuchtung, sie ist wenigstens in Europa (in den syrischen Städten Edessa und Antiochia kommt sie schon im 5. Jahrhundert mit Bestimmtheit vor) keineswegs sehr alt und tritt am frühesten in Paris auf Man weiss sicher, dass Paris noch im Jahre 1442 völlig ohne öffentliche Beleuchtung war, im Jahre 1524 dagegen bringt schon ein arrêt vom Parlament das Ausstellen von Lichtern vor die Fenster: »en la manière accoustumée« in Erinnerung; 1558 nachdem man diese Beleuchtung unzureichend gefunden, wurden »fallots ardents« (Pech- oder Kienpfannen) an den Enden und in der Mitte der Strassen angeordnet. Im Anfang der Regierung Ludwig XIV. war die Strassenbeleuchtung noch immer so defect, dass besondere Gesellschaften auf Speculation entstanden, welche gegen eine Vergütung den Spätlingen mit Fackeln oder Laternen heimleuchteten. Die eigentliche regelmässige Beleuchtung von Paris ist am 2. September 1667 von Gabriel Niklas de la Reynie, k. Polizei-Lieutenant, eingeführt worden. Es folgten bald die niederländischen Städte Amsterdam (1669), Haag (1678), dann die deutschen Städte Hamburg (1675), Wien (1687), Berlin (1682), noch später die englischen Städte London etc. 1736—39, am spätesten Birmingham (1773).

Es kann daher bei der Jugend der Strassenbeleuchtung überhaupt, (sie war in Birmingham zur Zeit der ersten Versuche in Soho foundry erst 25 Jahre alt), sowie bei der Neuheit des Gases und der davon unzertrennlichen Unreinheit nicht befremden, wenn wir sehen, dass die Bestrebungen Murdochs und seiner Anhänger sich lediglich um die Erleuchtung einzelner Etablissements drehend, dem Gedanken einer nach den Principien der Association organisirten öffentlichen Beleuchtung, die das Bedürfniss des Gemeinwesens und der Privaten zu einem einheitlichen Unternehmen zusammenfasst, — völlig fern standen. — Dieser Gedanke war in der That für das Maas der damaligen Anschauungen und Gewohnheiten so schwindelnd, dass nur der Schwindel und die Charlatanerie den leichtsinnigen Muth zur Ausführung bringen konnte; der Geist jener Zeit, der Geist der Abentheuerer, der Glücksjäger, der Spielwuth, der gerade damals in der Blüthe stand, konnte nicht verfehlen, sich der neuen Erfindung der Gasbeleuchtung mit ihrer brillanten Erscheinung über kurz oder lang zu bemächtigen. In der That zählt dieser Zeitgeist unter die mächtigsten Beförderer der neuen Kunst, denn die waltende Hand der Geschichte gefällt sich nicht selten darin, das Schlechte im Dienste des Guten zu gebrauchen.

Die Triebfeder der maaslosen Speculationswuth, welche sich auf das Leuchtgas aus Kohle in dieser Periode seiner Geschichte warf, war ein Deutscher, Namens Winsor. Um aber sein Auftreten und sein Treiben besser zu verstehen, ist es nunmehr an der Zeit, jenen ersten Bestrebungen im Gaswesen auf französischem Boden zu folgen. Dort hatten in den 90r. Jahren fortgesetzte Studien über die Verkohlung des Holzes dem

Ingenieur des ponts et chaussées Philipp Le Bon die Thatsachen wiederholt vor Augen geführt, dass Holz
in der Hitze ein mit leuchtender Flamme brennendes Gas nebst verdichtbaren theerartigen Produkten und
Kohlen gibt, die zur Erzeugung von Wärme und somit von Kraft dienen können. Aus diesen Thatsachen, die
Le Bon vermöge seiner theoretischen Bildung mit wissenschaftlicher Klarheit und Sachkenntniss aufzufassen
verstand, schöpfte er die Idee, einen Apparat zu construiren, welcher für ökonomische Zwecke zugleich Wärme,
Kraft und Licht, statt letztes allein, aus dem Holz entwickeln sollte. Dieser Apparat, die sogenannte Thermolampe, kam 1796 zuerst in seinem Hotel in Paris, dann in Havre zur Ausführung, wo er ihn auf den Betrieb der Leuchtthürme ausdehnte, wurde 1798 der Akademie der Wissenschaften vorgelegt und 1799 patentirt.
Eine über sein System verfasste Brochüre, worin er die Thermolampe definirt als einen »appareil qui chauffe
»eclaire avec économie, et offre avec divers produits précieux une force motrice applicable à toute espèce des
»machines«; und hinzufügt: «Tout ce pui est susceptible de se faire méchaniquement est l'object de mon ap-
»pareil et la simultanéïté de tant d'effects précieux rendait la depence très petite, le nombre possible d'ap-
»plications infini», — enthält zahlreiche Lichtblicke über industrielle Probleme, deren Lösung in einer spätern
Epoche von fast prophetischem Scharfblick zeigt und den Beweis von einem weit über den mittlern hervorragenden Geist liefert. Allein Le Bon war, wie schon bemerkt, ein Mann mehr der systematischen Erkenntniss und wissenschaftlichen Schule, mehr des Wissens als der Anwendung und Ausführung; ihm erschien ein
Project so gut als praktisch durchgeführt, sobald es nur nach wissenschaftlichen Principien sich als wahr erwiesen. Le Bon versprach alles, Licht, Wärme, Kraft auf einmal und leistete davon in keinem Einzelnen
Genügendes; die Grösse seiner Ideen hinderte ihn, die technischen Schwierigkeiten gehörig zu würdigen, an
denen Unternehmungen der Art nur zu leicht scheitern. Diese Schwierigkeiten waren zum Theil sehr belang-
reiche; es konnte z. B. sein Gas aus Holz nach den damaligen Kenntnissen von den Bedingungen der trocknen
Destillation nur von einer nicht mehr zulässigen Schwäche der Leuchtkraft sein uud war bei den mangelhaften Mitteln der Reinigung zugleich von sehr schlechtem Geruch. — Erst in der letzten Periode seines Unternehmens, und dies in mehr untergeordneter Weise, hat Le Bon die Steinkohlen als Material der Gaserzeugung zur Anwendung gebracht.

Le Bon war sehr thätig, unternehmend und aufopfernd (er setzte sein ganzes Vermögen zu), dabei
ein solider ehrenhafter Charakter und Verächter aller Marktschreierei. So lag es ebenso in den technischen
Fehlern Le Bon's — besonders in der Wahl des undankbaren Materials — als in den Vorzügen seines Cha-
rakters in einer verderbten Zeit und in seiner Bildung, dass es ihm in keiner Weise gelang, die Theilnahme
des Publicums in Frankreich für sein Unternehmen zu gewinnen, wo damals ohnehin die Revolution alle
anderweitigen Interessen verstummen machte. An Hoffnungen und Mitteln herabgekommen, zog sich Le Bon
als Holzessigfabrikant nach Versaille zurück. Man fand ihn eines Morgens (1802) erschossen, ob durch
Meuchel- oder Selbstmord ist nicht gewiss, auf den Elysäischen Feldern von Paris.

Das Verbindungsglied zwischen diesen französischen Anfängen der Gasbeleuchtung und den britischen
abzugeben, war ein deutscher Hofrath, J. A. Winzler von Znaim in Mähren bestimmt. Es ist nicht bekannt, was ihn ursprünglich, so weit entfernt vom Schauplatz des Gaswesens an die neue Industrie brachte.
Man weiss nur soviel, dass er sich zu einer Zeit, wo man in Deutschland davon noch keine Notiz genommen
hatte, von Frankfurt am Main zu Le Bon nach Paris begab, um dessen Apparat fungiren, oder mit seinen
eigenen Worten zu reden, »um Rauch statt Wachs brennen zu sehen«. — Später bereiste er verschiedene
deutsche Städte, Altona, Hamburg, Braunschweig, Bremen, Wien etc. und gab Vorlesungen oder vielmehr
Vorstellungen mit Gasbeleuchtungsexperimenten gegen Entrée, etwa wie fahrende Künstler, die Panoramen,
Planetarien, Elektrisirmaschinen zeigen, oder, was moderner ist, als Photographen reisen. Er übersetzte den
Bericht von Le Bon an die Academie der Wissenschaften in's Deutsche, gab eine Schrift:

»Description de la plus ingenieuse et de la plus importante decouverte nationale depuis des siècles.
Lumière imperiale anglaise pour chauffer les poêles et les fours, au moyen de laquel on obtient un benefice
de plus de 1000 Pct. en lumière, chaleur et autres produits précieux pour les Manufactures anglaises, le
commerce et la navigation ainsi, qu'il est prouvé par un detail exact des profits et des pertes, qui s'y

rapportant» heraus, und ist derselbe unermüdliche Projectenmacher, der alsbald unter dem englisirten Namen J. A. W i n s o r 1803—4 in London auftauchte, wo er öffentliche Vorstellungen im Lyceumtheater gab, und sich dabei so ziemlich als Erfinder der Gasbeleuchtung gerirte, obwohl er nachher in dem Patent, welches er 1805 nahm, M u r d o c h und L e B o n als solche keineswegs läugnet.

Dieser gewandte Abentheuerer, ohne praktische und wissenschaftliche, aber voll Kenntniss der Welt, Rührigkeit, Unverschämtheit, unermüdlicher Suada und seltener Ausdauer fasste den Entschluss, die neue Erfindung des Weiteren im Süden Englands auszubeuten, während die Technik des neuen Zweigs unter M u r- d o c h und seinen Schülern im Norden geräuschlos, aber rasch und erfolgreich fortschreitet. Ohne eigene Mittel, wie er war, bot ihm die damalige waghalsige Speculationswuth der Engländer den natürlichen Anhaltspunkt, das Geld anderer Leute nutzbar zu machen. Er lud noch in demselben Jahr (1805) zur Bildung einer Aktien- gesellschaft ein, der ersten Gascompagnie, und blies im Prospectus dazu mit vollen Backen in die Posaune. Mehr in dem Sinn marktschreierischer Uebertreibung, die sich mit dem Gedanken beruhigt, »alles das wird sich schon machen«, als im Sinn eines klar bewussten Gedankens von grösster Tragweite gab W i n s o r seinen Operationen als Zielpunkt die Beleuchtung ganzer Stadttheile, aber es steht fest, dass die Gasbeleuchtung von da an ihre jetzige Richtung, die Mutter ihrer bewundernswerthen Entfaltung empfangen hat. Den Actionären wurden in jenem Prospect nicht weniger als £ 570 Gewinn auf £ 5 Einlage (also 11400 pCt.!) zugesagt, der Regierung die zuverlässige Aussicht auf eine Steinkohlensteuer von £ 11 Millionen jährlichem Ertrag er- öffnet. Der Angriff, den dieses Programm auf die Taschen der Kapitalisten machte, auf's wirksamste unter- stützt durch seine Vorträge im Lyceumtheater, verfehlte seine Wirkung nicht. In kurzer Zeit war ein Kapital von £ 50,000 gezeichnet. Nichts war jedoch leichter vorauszusehen, als dass man auf den ersten Anprall an den sachlichen Schwierigkeiten scheitern musste. Diese erschienen in der That höchst bedeutend, wenn man bedenkt, dass das gesammte Gaswesen damals noch eine völlig neue Sache und ohne Analogie war, dass alle einzelnen Glieder des Apparats des fabrikmässigen Betriebs mit einem luftförmigen Körper (Retorten, Gaso- meter, Leitungsröhren etc.) erst erfunden, noch nach allen Seiten verbessert werden mussten; dass sie an- fangs nur mit den grössten Mühen und Kosten und oft gar nicht zu beschaffen waren, weil ihre billige Her- stellung Maschinen und Einrichtungen erheischte, für die Niemand Geld anlegen wollte. Andrerseits zählte die Gesellschaft, W i n s o r nicht ausgenommen, keinen einzigen diesem Unternehmen gewachsenen Techniker, denn der Neid hatte die einzigen Personen, welche damals die Befähigung durch praktische Ausführungen be- thätigt hatten und eine Fabrik nach der andern erleuchteten, wohlweislich ausgeschlossen. Alsbald war die zusammengeschossene Summe erfolglos verpufft: W i n s o r vermochte zwar seine Anhänger zu einer starken Nachzahlung zu bereden, indem er ihnen vorstellte, dass es gelungen sei, dem Steinkohlengas nicht nur seinen widrigen Geruch zu nehmen, sondern sogar demselben einen Wohlgeruch zu ertheilen, ja dass es gelungen sei, demselben die Schädlichkeit für die Augen so vollständig zu entziehen, dass es die Aerzte bereits seiner heilsamen Eigenschaften wegen häufig zum Einathmen verordneten, — aber auch diese Nachzahlung wurde verexperimentirt, wie das erste Kapital, beides ohne die geringste bleibende Verbesserung der Gasbeleuchtung.

Nachdem W i n s o r den versammelten Aktionären erklärt hatte, es sei ihm nicht gestattet worden, die neue Beleuchtung auf die verschiedenen Hauptpunkte Londons auszudehnen, beschliesst man, in Pall Mall als Schaustellung einige Gas-Lampen zu unterhalten. Dies geschah, und zwar 1808, in welchem Jahr die Strassenbeleuchtung mit Gas überhaupt beginnt.

Zu den bereits beleuchteten, innern sachlichen Schwierigkeiten gesellten sich noch weit bedenklichere äussere, welche sich theils mit dem bisherigen Auftreten der Gesellschaft, theils mit der neuen Wendung der Dinge erhoben, die W i n s o r dadurch herbeiführte, dass er den Schauplatz der öffentlichen Discussion über die Gasbeleuchtung, welche angeregt zu haben sein Verdienst ist, in die Schranken des Parlaments verlegte. Er begann nemlich 1809, um der Sache einen neuen Werth und neuen Boden zu geben, beim Parlament ein Privilegium für London zu Gunsten seiner Gesellschaft zu betreiben, die damit einer Umgestaltung in eine »London & Westminster Chartered Gaslight & Coke-Compagnie« unterworfen werden sollte. Die Verhandlungen über dieses Privileg sind besonders geeignet, einen Blick in die damalige Auffassung der Sache und jene äussern Schwierigkeiten des Unternehmens zu gestatten. Der Begriff von Leuchtgas war in den Köpfen der Laien d. h. fast der ganzen damaligen Welt, unzertrennlich verschmolzen mit dem Begriff von Feuersgefahr, von Entzündlichkeit, Explosion u. dgl., man hatte eine instinctmässige Angst vor der nahen Berührung mit einem Stoffe, den man sich nur als eine Art luftförmiges Schiesspulver vorstellen konnte. Ja man war so wenig vertraut mit dem Begriff von Gasen, dass man nicht nur Brennbarkeit und Explosibilität, sondern auch Brennbarkeit und Hitze verwechselte; man konnte sich nicht denken, dass ein Stoff, der aus glühenden Retorten kommt, und so leicht brennt, anders als heiss sein könne. Man sah damals Gentlemen mit behandschuhter Hand auf der Strasse, vorsichtig die Gasröhren berühren, um den vermeintlichen Hitzgrad zu prüfen; der Baumeister des Parlamentshauses verlangte aus gleichem Grund 4—5′ Abstand der Gasröhren von der Holztäfelung der Wand etc. Die gelehrte Welt theilte diese Furcht des grossen Publicums nicht, aber sie verfiel desto mehr einer andern Ausschreitung; sie überschätzte nemlich die Schwierigkeiten, welche mit der öffentlichen Beleuchtung zu überwinden waren, freilich weil sie sie besser als das gemeine Volk zu beurtheilen verstand, so sehr, dass sie die Sache geradezu für unmöglich erklärte. — »Will man etwa«, rief Sir H. Davy aus, als man ihm von der Absicht sprach, ganze Stadttheile mit Gas zu beleuchten, — »will man denn den »Dom von St. Paul zum Gasometer machen?« Webster, ein damaliger angesehener gelehrter Schriftsteller, sagt in seinen Elements of Chemistry 1811: »es ist zwar wahr, dass man dem Gas mit Kalk viel von seinem »Geruch nehmen kann, sowie dass die Nebenprodukte Kohle und Theer einen gewissen Werth besitzen, aber »die meisten wissenschaftlich gebildeten Männer sind dennoch dahin einig, dass die Beleuchtung mit Gas eine »Spielerei ohne Nutzen ist, weder für Publicum noch Unternehmer«. — Mit jener Furcht im Publicum, sowie mit den Vorurtheilen der Gelehrten alliirte sich als der Dritte im Bunde der Eigennutz der von der Oelbeleuchtung lebenden Gewerbtreibenden, vom Laternenputzer bis zum Oelhändler en gros und erhoben ihr Geschrei. Alles dies gewann doppelten Nachdruck durch die Entrüstung, welche die schamlose Aufschneiderei Winsors allmählich gegenüber den geringfügigen Resultaten hervorgerufen hatte. Die Stimmung des grossen Haufens schwankte von der tiefsten Ebbe zur höchsten Fluth, je nachdem obige Einflüsse und Gegner, — zu denen sich noch Murdoch & Watt gesellt hatten, um den Vortheil ihrer Erfindung zu reclamiren — über die Suada Winsors mehr oder weniger überwogen. Als das Haus der Gemeinen sich am 5. Mai 1809 mit der Untersuchung der Frage über das Privileg beschäftigte, hatte Winsor die Stimmung des Publicums, selbst seinen frühern Gegner Accum, so sehr auf seine Seite gebracht, dass dieser als Experte das Gas für geruchlos erklärte; er setzte alle mit der Gasbereitung nützlicher Weise verbundenen Vortheile der Theer- und Cokegewinnung, sowie die Bedeutung der ammoniakalischen Flüssigkeiten für die Landwirthschaft und zwar mit grösster Umsicht auseinander, wie sie die jetzige Gasindustrie in allen Hauptpunkten bestätigt, aber umsonst. Die Misstimmung hatte im Parlament zu weit Platz gegriffen, man erklärte das Unternehmen als »visionary projects« u. dgl., und die Bill fiel. Erst bei einer wiederholten Commissions-Untersuchung und Debatte im Jahre 1810 gelang es, sie durchzubringen. Die als chartered Gas-Compagnie mit 5 Mill. Capital restituirte Gesellschaft stellte ihre Gaswerke unter die gemeinschaftliche Leitung von Winsor, Accum (Verfasser des ersten Werks über Gasbeleuchtung), und Hargraves. Man arbeitete fort — anfangs mit gleichem Erfolg, wie früher und nutzlosem Geldaufwand, der die Gesellschaft nochmals der Auflösung nahe brachte, — bis man 1813 sich durch den Ingenieur Sam. Clegg (einen praktisch befähigten und im Gaswesen erfahrnen Schüler Murdochs) verstärkte, welcher 1808 bei der Einrichtung der Gasbeleuchtung in Stonyhurst College in Lancashire dieser Kunst durch die Einführung der Apparate zur Reinigung des Gases mittelst Kalkmilch und durch die Construction der ersten Gasuhren 1815 einen hochwichtigen Dienst leistete. Er hatte kurz zuvor die neue Beleuchtung im Geschäftslokal des Buchhändlers Ackermann in London eingerichtet, und nahm sofort die Gaswerke in Peter Street Station Westminster in Angriff.

Die mit dieser Acquisition eingetretene günstige Wendung genügte zwar, den gehabten Schaden des Betriebs zu decken, nicht aber einen Gewinn daraus zu erzielen. — Man hatte sich auf der schmalen Linie zwischen diesen beiden fortbewegt bis 1816 und man fühlte, dass man nicht fortbestehen könne, wenn das Privilegium nicht in ein solches für ganz Grossbritannien verwandelt würde. Als die Gasprivilegiumsfrage diesesmal vor dem Parlament verhandelt wurde, war der Stand der Sache im Ganzen viel günstiger; in der öffentlichen Stimmung war ein starker Umschwung eingetreten, man hatte sich, besonders von Seiten der Kaufleute von der Nützlichkeit, von Seiten der Polizei von der ausserordentlichen Wichtigkeit für die öffentliche Sicherheit, sowie überhaupt von der Ausführbarkeit überzeugt und war bereit, dafür Zeugnisse auszustellen. Nur die alte Furcht vor der Gefährlichkeit des Gases war noch ziemlich ungeschwächt: Die Feuerassekuranz discutirte die Frage, was die Folgen sein würden, wenn aus Versehen irgendwo ein Hahn offen bliebe; die Commission des Hauses der Gemeinen fand es bedenklich, Gasbehälter (Gasometer) von mehr als 6000 Cf. zuzulassen. Clegg beschwichtigte die erstere durch eigens erfundene Sicherheitshähne — Hähne, die dazu bestimmt waren, das Gas weniger vor dem Feuer, als vielmehr vor der Assecuranz zu schützen; — und suchte die Besorgnisse der Commission durch ein experimentum crucis zum Schweigen zu bringen. Als nemlich jene Commission unter Sir Jos. Banks an Ort und Stelle die Gefahren beim etwaigen Leckwerden des Gasometers besprach, forderte der entschlossene Ingenieur Clegg einen Pickel, schlug ein Loch in die Wand des Gasometers und hielt zum nicht geringen Entsetzen der Anwesenden ein Licht an den herauszischenden Gasstrom. — Dies hatte soweit den gewünschten Erfolg; man ging leidlich voran und beleuchtete im December 1813 die Westminsterbrücke, als sich in demselben Jahr unglücklicher Weise eine ernstliche Explosion in Peter Street ereignete, die die Gebäude der Nachbarschaft und Clegg selbst ernstlich beschädigte, indem von einer undichten Stelle der Kalkreiniger ein Strom von Gas mit Luft gemischt, mit dem Zug der Oefen nach dem Retortenfeuer gelangte. Damit stieg die Angst auf's Neue und höher, wie je zuvor; die Panik erfasste selbst die untersten Laternenanzünder, so dass Clegg notorisch genöthigt war, die Laternen auf der Westminsterbrücke einige Abende hindurch eigenhändig anzuzünden. Die Bill bezüglich der Ausdehnung des Privilegs wäre ohne Rettung verloren gewesen, aber die blühende Unverschämtheit Winsors, mit der er den aus dem Missgeschick in Peter Street Station erwachsenen Einwürfen vor der Commission des Parlaments entgegentrat, that auch diesmal Wunder. Am 1. Juli 1816 ging die Bill durch und die Gasgesellschaft erhielt das Patent über ganz Grossbritannien. — Der erste Stadttheil Londons, der mit der Gesellschaft auf Vertauschung der Oellampen gegen Gaslaternen contrahirte, war die Pfarrei St. Margareths in Westminster am 1. April 1814, welches Datum dasjenige der Einführung der öffentlichen Erleuchtung der Städte überhaupt ist.

Die Einführung und Entwicklung der Gasindustrie in Deutschland.*)

Von England kam die Gasbeleuchtung in den 20r Jahren nach Deutschland herüber. Es hatten sich hier wohl schon früher wissenschaftliche Männer mit der Herstellung und Benutzung des Steinkohlengases befasst; namentlich beschäftigte sich Lampadius in Freiberg vielfach damit, und stellte eine Reihe von Versuchen auf dem Amalgamirwerk an, aber ohne praktischen Erfolg. In Wien studirte man noch 1817 im Polytechnikum, und machte Experimente im Kleinen, während die Gasbeleuchtung schon Jahre lang in England in lebensfähiger Form bestand. Eine englische Gesellschaft, die Imperial-Continental-Gasassociation war es, welche der Gasindustrie in Deutschland Eingang verschaffte, indem sie 1826 die Stadt Hannover, und noch in demselben Jahre Berlin mit Steinkohlengas beleuchtete. Es währte jedoch nicht lange, bis auch der deutsche Geist auf dem neuen Felde seine bis dahin in stiller Entwicklung begriffenen Bestrebungen zur selbstständigen Ausführung zu bringen begann, und zwar gleichzeitig an zwei von einander ganz unabhängigen Punkten, in Dresden durch den Commissionsrath Blochmann, und in Frankfurt a./M. durch Knoblauch und Schiele. Blochmann hatte sich schon während seines Aufenthaltes in Bayern mit der Gasbeleuchtung beschäftigt, und 1817 für das Münchener Theater, wie für die dortige Maffei'sche Tabakfabrik eine Gasbeleuchtung vorbereitet, deren Ausführung nur durch seinen Weggang unterblieb, nach seiner Uebersiedelung nach Dresden errichtete er in seinem Atelier dort eine kleine Anstalt, mittelst welcher er dieses Atelier und

*) Vom Verfasser hinzugefügt.

seine Wohnung mit Gas beleuchtete. Im Jahre 1825 kam der General Concrève, nachdem derselbe den Contract in Berlin abgeschlossen hatte, in gleicher Absicht nach Dresden, der König Friedrich August verweigerte aber seine Zustimmung. Auf die Bemühungen einiger einflussreichen Personen hin, gab endlich der König nach, und beauftragte Blochmann, eine Einrichtung zu treffen, um das königliche Schloss und die umliegenden Plätze mit Gas zu beleuchten. Am 23. April 1828 bei der stattfindenden Illumination zu Ehren der Geburt des jetzigen Kronprinzen fand die Einweihung der Gasbeleuchtung statt.

Knoblauch und Schiele, beide geborne Frankfurter, hatten in dem in der Nähe Frankfurts gelegenen Niederrad schon einige Jahre lang Versuche zur Darstellung von Oelgas angestellt, als sie nach unsäglichen Mühen und Schwierigkeiten gleichfalls in dem Jahre 1828 die Gasanstalt in Frankfurt zu Stande brachten, welche in veränderter Form noch heute mit bestem Erfolge besteht.

Während Knoblauch und Schiele ihre Thätigkeit und Mittel auf das eine von ihnen unternommene Werk concentrirten, brachte Blochmann nach und nach eine ganze Reihe von Anstalten zur Ausführung und es ging eine ganze Fachschule von ihm aus. Die nächste Stadt, in welcher die Gasbeleuchtung durch ihn eingerichtet wurde, war in den Jahren 1837 und 1838 Leipzig, darnach folgten in den 40r Jahren die städtischen Gasanstalten in Berlin, die Anstalt in Breslau, Prag, später durch seinen Sohn und Schwiegersohn, sowie durch andere seiner Schüler eine ganze Reihe grösserer und kleinerer Städte. Die städtischen Gasanstalten in Berlin haben noch eine besondere Bedeutung in der Geschichte unserer Gasindustrie dadurch, dass sie zum ersten Male die junge deutsche Gastechnik mit der englischen in unmittelbare Concurrenz brachten. Der englischen Gesellschaft war vom Jahre 1825 ab auf 21 Jahre das ausschliessliche Privilegium der Gaslieferung ertheilt worden, aber schon 1836 wurde von Seiten der städtischen Behörden der Wunsch nach einer Aenderung im Beleuchtungswesen erkannt, und grosse Misshelligkeiten, welche sich theils auf eine grössere Ausdehnung der Röhrenleitungen, besonders aber auf den für die Privatflammen hohen Preis des Gases bezogen, führten dazu, dass im Jahre 1843 Blochmann mit der Anfertigung der Pläne, und 1844 mit dem Bau der neuen Werke beauftragt wurde, die denn auch unter specieller Leitung seines Sohnes im Frühjahre 1845 begonnen, und am 1. Januar 1847 eröffnet wurden.

Inzwischen waren auch an anderen Orten neue, thätige Kräfte aufgestanden.

Im Jahre 1842 wurde durch Schäuffelen die Heilbronner Gasanstalt erbaut, vom Jahre 1844 datirt die Eröffnung der durch T. J. Schaurte erbauten Anstalt in Deutz, und 1847 übernahmen Spreng und Sonntag die Gasanstalt in Karlsruhe. Die letztere Anstalt war im Jahre 1846 durch die Engländer Barlow & Manby gebaut, schlechter Geschäfte halber aber alsbald öffentlich versteigert und an eine französische Gesellschaft abgetreten worden; diese Gesellschaft prosperirte auch nicht, und cedirte die Aktien an die von Spreng & Sonntag gebildete »Badische Gesellschaft für Gasbereitung.« Die Ausdehnung und das Gedeihen, zu welchem diese thätigen Männer nach und nach eine ganze Reihe von Unternehmungen, ausser Karlsruhe und Mainz, Mannheim, Freiburg, Bruchsal und Nürnberg gebracht haben, ist bekannt. Ja, ihre Thätigkeit erstreckte sich über die Grenzen Deutschlands hinaus: Sonntag leitete die ersten Unternehmungen in Pesth, von wo aus unter Maier-Kapferer und Stephani, dem jetzigen Oberleiter, die jetzige »Allgemeine österreichische Gasgesellschaft« in's Leben trat.

Auch den ausländischen Unternehmungsgeist sehen wir in jener ersten Zeit an verschiedenen Orten in Thätigkeit. Die schon erwähnte Imperial-Continental-Gasassociation verschaffte sich Eingang in Aachen, in Köln und Wien, und, während in Berlin die städtischen Anstalten errichtet wurden, um den übertriebenen Ansprüchen jener Gesellschaft entgegenzutreten, gestattete man ihr in Frankfurt a./M. 1844, neben der bestehenden Anstalt, dem verdienstvollen Werk Knoblauch uud Schiele's, eine Concurrenzanstalt zu errichten. In Elberfeld wurde 1839 die Gasbeleuchtung von Belgien aus eingeführt, in Triest von einer französischen Gesellschaft, in Hamburg liess eine aus Deutschen und Engländern zusammengesetzte Gesellschaft die Werke durch die englischen Ingenieure Malams, Crosskill & Cons. erbauen, welche letzteren auch bis zum Jahre 1850 den Betrieb führten. Augsburg, eine Unternehmung des Banquiers Ch. F. Kohler aus Genf, wurde von dem Schweizer Ingenieur Wolfsberger eingerichtet, wie auch später München. Nach einer im Jahre 1862 erschienenen statistischen Zusammenstellung*) waren bis 1850 folgende 24 Gasanstalten im Betriebe:

Aus dem Jahre:

1826 Hannover und Berlin,

1828 Dresden und Frankfurt a. M.,

1837—1838 Leipzig,

1839 Aachen und Elberfeld,

1840 Köln,

1842 Heilbronn,

1844 Deutz,

1845 Baden und Stuttgart,

1846 Karlsruhe, Hamburg und Triest,

1847 Breslau, Koblenz, Freiburg i./S., Nürnberg, Offenbach und Prag,

1848 Augsburg und Stettin.

Das Eröffnungsjahr der Wiener Anstalt ist mir nicht bekannt. Im Jahre 1849 ist keine Anstalt eröffnet worden, was offenbar in den damaligen politischen Verhältnissen und in dem Druck, der auf der ganzen Industrie lastete, seine Erklärung findet.

Alle weiteren Gasanstalten stammen aus den letzten 15 Jahren. Aufgezählt und nach den Eröffnungsjahren, soweit dieselben in den statistischen Angaben enthalten sind, geordnet, ergeben sich aus dem Jahre:

1850 3 Anstalten: Cassel, Freiburg i./B., München,

1851 3 Anstalten: Güstrow, Hanau, Mannheim,

1852 7 Anstalten: Bayreuth, Braunschweig, Cannstadt, Gera, Heidelberg, Königsberg, Lauenburg,

1853 5 Anstalten: Danzig, Eupen, Magdeburg, Oldenburg, Zwickau,

1854 11 Anstalten: Annaberg, Bremen, Chemnitz, Coburg, Crefeld, Gaudenzdorf, Görlitz, Hof, Lübeck, Mainz, Weimar,

1855 13 Anstalten: Altenburg, Bamberg, Biebrich, Darmstadt, Elmshorn, Frankfurt a./O., Gotha, Ludwigsburg, Mölln, Paderborn, Pforzheim, Schwerin, Würzburg,

1856 27 Anstalten: Anclam, Bergedorf, Bielefeld, Bingen, Bochum, Brieg, Bruchsal, Crimmitzschau, Dessau, Essen, Giessen, Gladbach-Rheydt, Glogau, Hagen, Halle, Kiel, Luckenwalde, Merane, Mühlheim a. d. Ruhr, Plauen, Posen, Potsdam, Rostock, Segeberg, Stargard, Uelzen, Wiesmar,

1857 37 Anstalten: Altona, Celle, Dirschau, Döbeln, Dortmund, Erfurt, Eutin, Grossenhain, Guben, Heide, Itzehoe, Kempten, Landsberg a. d. W., Liegnitz, Löbau, Meissen, Montjoie, Neumünster, Neuss, Neustadt, Neustrelitz, Oldesloe, Pinneberg, Ratibor, Ratzeburg, Regensburg, Röbel, Saarbrücken und St. Johann, Schweinfurt, Sommerfeld, Sondershausen, Stralsund, Tilsit, Ulm, Werdau, Witten,

1858 31 Anstalten: Aschaffenburg, Aussig, Bautzen, Düren, Erlangen, Fürstenwalde, Fürth, Glauchau, Greifswalde, Hamm, Harburg, Kaiserslautern, Kreuznach, Lahr, Landshut, Linz, Lüdenscheid, Lüneburg, Naumburg a. d. S., Neuwied, Nordhausen, Osnabrück, Pilsen, Prenzlau, Ruhrort, Smichow, Sorau, Spandau, Uetersen, Wandsbeck, Zittau,

1859 19 Anstalten: Ansbach, Cleve, Detmold, Elbing, Frankenberg, Hirschberg, Innsbruck, Langenberg, Leisnig, Meiningen, Pirna, Reichenbach, Reichenberg, Salzburg, Solingen, Thorn, Viersen, Wittstock, Wurzen,

---

*) Statistische Mittheilungen über die Gasanstalten Deutschlands, unter Mitwirkung des „Vereines der Gasfachmänner Deutschlands" herausgegeben von der Redaction des Journals für Gasbeleuchtung. München, 1862 bei R. Oldenbourg.

1860 13 Anstalten: Bromberg, Dülken, Leer, Mayen, Neisse, Passau, Pilsen, Reutlingen, Schaffhausen, Speier, Trient, Werden, Zweibrücken,

1861 30 Anstalten: Amberg, Andernach, Apolda, Beuthen, Bielitz, Botzen, Charlottenburg, Colberg, Constanz, Cottbus, Durlach, Emden, Geldern, Gleiwitz, Göppingen, Göttingen, Halberstadt, Hildesheim, Kehl, Kitzingen, Laibach, Landau, Memel, Münden, Neustadt a. d. Haardt, Offenburg, Rendsburg, Sonneberg, Teplitz, Wolfenbüttel,

1862 30 Anstalten: Boppard, Brandenburg a. d. Havel, Cöslin, Eisenach, Hersfeld, Hückeswagen, Jena, Ingolstadt, Limburg a. d. Lahn, Klagenfurt, Grünstadt, Frankenthal, Jauer, Marburg, Oppeln, Ravensburg, Ronsdorf, Schwäbisch-Gemünd, Siegen, Siegburg, Sigmaringen, Soest, Stolp, Straubing, Tübingen, Uerdingen, Varel, Verden, Weissenburg, Wittenberg,

1863 37 Anstalten: Bensheim, Bernburg, Biberach, Buchholz, Culmbach, Donauwörth, Eichstädt, Finsterwalde, Frankenstein, Fulda, Gaildorf, Glatz, Kaufbeuern, Kochem, Kronach, Leobschütz, Limbach, Lissa, Memmingen, Nördlingen, Ohlau, Quedlinburg, Rastatt, Reichenbach i. Schl., Reichenhall, Remscheid, Rosenheim, Rottenburg a./N., Saargemünd, Sagan, Schwabach, Schweidnitz, Stollberg, Oberrad, Weissenburg a. S., Wesel, Waldenburg.*)

Eigentlich durchgeschlagen hat somit die Gasbeleuchtung in Deutschland erst in den mittleren 50r Jahren. Wenn auch in den Jahren 1859 und 1860 der Fortschritt sich wieder verringerte, so waren daran eben wieder nur die politischen Verhältnisse Schuld, in den letzteren Jahren ist der Zuwachs wieder so beträchtlich gewesen als je. Auch finden wir seit den 50r Jahren fast ausschliesslich deutsches Capital vertreten und deutsche Techniker.

Im Jahre 1852 trat L. A. Riedinger mit seiner ersten Gasanstalt in Bayreuth hervor, und legte den Grund zu dem grossen Rufe, den er, nachdem er jetzt mehr als 50 Gasanstalten im In- und Auslande erbaut hat, überall geniesst. In demselben Jahre begann Kühnell mit der Eröffnung von Königsberg die bedeutende Reihe von Bauten, die ihm unsere Industrie im Laufe der Zeit zu verdanken hat. Im Jahre 1853 wendete v. Unruh sich mit dem Bau der Anstalt in Magdeburg unserem Fache zu, und erwarb sich namentlich durch die Begründung der deutschen Continental-Gasgesellschaft in Dessau, welche er 1854 mit in's Leben rief, grosse Verdienste. Diese Gesellschaft besitzt gegenwärtig 13 Anstalten. Der Stammbaum der Blochmann'schen Schule gewann auch von Jahr zu Jahr mehr Verzweigung. Der Sohn, wie der Schwiegersohn Dr. Jahn erbauten ausser den grossen Werken, die sie in den ersten Jahren unter der Oberleitung des Vaters und Schwiegervaters ausgeführt hatten, in den 50r Jahren selbstständig eine bedeutende Anzahl von Gaswerken. Auch manche andere Schüler, wie Firle, Gruner, Schmidt, Lorenz, Franke u. A. haben eine grössere Anzahl von Städten mit Gasbeleuchtung versehen, der zu früh verstorbene Firle hat allein in 6 Jahren 12 Gaswerke für ganze Städte und 8 kleinere für industrielle Etablissements gebaut. W. Kornhardt gehört ebenfalls seit Jahren zu den beschäftigsten und angesehensten Fachgenossen, die sich mit der Erbauung von Gasanstalten befassen. Von der badischen Gesellschaft für Gasbeleuchtung hat sich namentlich E. Spreng, der Sohn eines der Gründer jener Gesellschaft, durch Ausführung selbstständiger Unternehmungen hervorgethan, eine Anzahl von Anstalten aus den letzten Jahren stammen von ihm her. Von Frankfurt aus hat sich der Sohn Knoblauch's gleichfalls den neuen Unternehmungen zugewendet, von dem Sohne Schiele's stammen die Anstalten in Hanau und Crefeld, sowie die neue Anstalt in Frankfurt a./M. Im südwestlichen Deutschland haben Raupp & Dölling jetzt 6 oder 7 Gaswerke gebaut, von O. Kellner stammt eine grössere Anzahl Gasanstalten, namentlich am Rhein, so auch von C. Mayer; Franke, Ritter, Brand, Heiden, Richter haben gleichfalls in Rheinpreussen und Westphalen, wie im Hannöver'schen eine Anzahl Anstalten gebaut. Thurston hat in der Gegend von Hamburg mehrere Städte eingerichtet. Ich kann nicht alle die Namen nennen, die hier genannt zu werden verdienten, wollte

---

*) Die Angaben für die letzten beiden Jahre machen nur annähernd auf Genauigkeit Anspruch, da sie nicht auf directen Erhebungen beruhen.

ich aller der Männer gedenken, welche sich durch ihre erfolgreiche Thätigkeit ein Verdienst um die Ausbreitung unserer Gasbeleuchtung erworben haben.

Die Betheiligung, welche seit dem Jahre 1850 das Ausland an der Entwicklung unserer Gasbeleuchtung genommen hat, ist ausserordentlich gering.

Von den etwa 350 Gasanstalten, die wir wohl gegenwärtig in Deutschland haben, verwenden weitaus die meisten Steinkohlen als Rohmaterial. 1862 berechnete sich der gesammte Kohlenbedarf auf etwa 7½ Millionen Centner per Jahr, wovon damals noch etwa 46% von England, und zwar aus dem Newcastler Becken, eingeführt wurden. Von den inländischen Kohlen kamen etwa 1⅓ Millionen Centner jährlich auf Westphalen, etwa ½ Million auf Zwickau und ebensoviel auf Saarbrücken, etwa ¼ Million auf Schlesien, 165,000 Ctr. auf den Plauenschen Grund bei Dresden, 100,000 Ctr. auf das Pilsener Becken und geringe Quantitäten auf Stockheim in Nordbayern und Osnabrück. In Wien benützt man ziemlich bedeutende Mengen mährischer Kohlen. Mit der ausgedehnten Einführung des billigen Frachtsatzes auf den Eisenbahnen steht zu erwarten, dass in Norddeutschland die westphälischen Kohlen nach und nach mehr Platz gewinnen, und die englische Kohle zurückgedrängt werden wird.

Neben den Steinkohlengasanstalten besitzen wir den Angaben der Statistik gemäss noch 20 Holz-Gasfabriken. Der Erfinder der Holzgasbeleuchtung ist unser Landsmann Prof. Pettenkofer. Er war es, der zuerst die sämmtlichen Bedingungen genau erkannte, unter denen sich ein hell leuchtendes Holzgas erzeugen und anwenden lässt. Diese Bedingungen sind erstens die Temperatur, bis zu welcher Holzdämpfe erhitzt werden müssen, um nach der Condensation eine hinreichende Menge schwerer Kohlenwasserstoffe im Gase zu haben, zweitens die Entfernung der Kohlensäure, weil diese in der Flamme den Kohlenstoff verzehrt, welcher sonst ausgeschieden und vorübergehend weissglühend wird, und drittens die gehörige Weite und Oeffnung der Brenner. Bei den zahlreichen Versuchen, Leuchtgas aus Holz darzustellen, ist vielleicht auch schon vor Pettenkofer die eine oder die andere dieser Bedingungen erfüllt worden, aber Pettenkofer war der erste, der sie alle drei in ihrem Zusammenhange erkannte, und darin besteht sein Verdienst, darin die Erfindung, resp. die Entdeckung der Holzgasbeleuchtung. Nachdem im Winter 18⁴⁸/₄₉ durch Versuche im Kleinen die Richtigkeit des Principes festgestellt worden war, brachte Pettenkofer mit Unterstützung von zwei Freunden zuerst auf dem damals neuerbauten Bahnhofe in München seine Erfindung zur praktischen Ausführung; die regelmässige Beleuchtung des Bahnhofes mit Holzgas begann am 18. März 1851, und wurde seitdem eine Reihe von Jahren ohne Unterbrechung fortgeführt, bis endlich die Raumbedürfnisse des gesteigerten Verkehrs die Entfernung der kleinen Anstalt gebieterisch verlangten, und aus Mangel an Platz für eine neue eigene Fabrik der Anschluss an die für die Stadt München bestehende Steinkohlengasanstalt erfolgte. Grosses Verdienst um die weitere Ausbreitung der Holzgasbeleuchtung in andern Städten hat sich L. A. Riedinger erworben, indem die meisten derartigen Gasanstalten von ihm in's Leben gerufen worden sind. Im Jahre 1852 erbaute derselbe Bayreuth, 1854 Koburg, Würzburg, Darmstadt, 1856 Zürich, Giessen, 1857 St. Gallen, Ulm, Kempten, Regensburg, 1858 Erlangen, Luzern, Aarau, Landshut, 1859 Salzburg, Innsbruck, Chur, Trient, 1860 Passau, Solothurn, Reutlingen u. s. f. (Einige dieser Städte sind seitdem auf Steinkohlen übergegangen.) Die Ausbildung der Pettenkofer'schen Erfindung zu einem praktischen Industriezweig ist Riedingers Werk.

In Holstein arbeiteten früher zwei kleine Gasanstalten mit Torf, Uetersen ist indess bereits auf Steinkohlen übergegangen, und Heide ist jetzt auch vielleicht schon nachgefolgt.

Die Rolle, welche früher das Oel oder das amerikanische Harz unter den Gasbereitungsmaterialien gespielt hat, scheint jetzt durchweg von dem schottischen Boghead-Schiefer eingenommen zu sein. Wir haben eine Fabrik, die ausschliesslich mit Boghead arbeitet, Harburg bei Hamburg, wo die Hydrocarbür-Fabrik von Noblée & Comp. das Gas als Nebenprodukt gewinnt. Frankfurt a. M. arbeitet, wie schon erwähnt, zur Hälfte mit Boghead, Braunschweig und Bremen mit einem Zusatz von einigen 20% zu gewöhnlichen Steinkohlen — statt des früheren sogenannten Patentgases — auch Hanau, und in geringerem Maasse viele andere Anstalten setzen Boghead zu.

Was die innere Entwicklung der bei der Fabrikation zur Anwendung kommenden Verfahren und Apparate betrifft, so wird davon im Verlaufe dieses Buches bei den einzelnen Kapiteln ausführlicher die Rede sein; im Allgemeinen wird uns jeder Unparteiische das Zeugniss geben, dass wir hinter dem Auslande keineswegs zurückgeblieben sind.*) Der wesentlichste Fortschritt, der überhaupt gemacht worden ist, die Anwendung der Thonretorten und des Exhaustors statt der frühern eisernen Retorten, ist, wenigstens soweit es die Thonretorten betrifft, längst allgemein zur Anwendung gekommen, und die Leistungen unserer Oefen dürfen sich sowohl, was die absolute Leistung, als was die ökonomischen Anforderungen betrifft, mit den Leistungen anderswo üblicher Oefen vollkommen messen. Die Anwendung der Laming'schen Masse statt des Kalkes zur Reinigung ist als ein wesentlich billigeres Verfahren bei uns allgemein verbreitet, allgemeiner als in England, obgleich es von dort her stammt. Wenn ausserdem von radikalen Umwälzungen in der Gasfabrikation auch nicht eigentlich die Rede sein kann, so ist doch Vieles geschehen, was die einzelnen Theile des Betriebes einer grösseren Vervollkommnung entgegen geführt hat. Die Details sind wesentlich ausgearbeitet, der Betrieb ist rationeller und ökonomischer geworden. Die gründliche Durchbildung einer Aufgabe ist einmal so recht ein Vorwurf für den deutschen Geist, übrigens sind wir auch durch die Kleinheit unserer Verhältnisse und durch manche andere weniger günstige Umstände auf die grösste Sorgfalt und Oekonomie hingewiesen, während dies z. B. in England viel weniger der Fall ist, wo Constructionen und Verfahrungsarten zweckmässig erscheinen können, die bei uns nachtheilig oder ganz unanwendbar sein würden. Und dann hat ohne Zweifel auch der freundschaftliche persönliche Verkehr unter den deutschen Gastechnikern, zu dem der »Verein der Gasfachmänner Deutschlands« Veranlassung gegeben hat, seine guten Früchte getragen. Der Meinungsaustausch über die verschiedenartigen Fragen des Faches, welcher in den Jahresversammlungen gepflogen wird, und der sich schriftlich auch im Laufe des Jahres durch das Organ des Vereins fortsetzt, hat die Entwicklung und namentlich auch das Verständniss in unserer Industrie wesentlich gefördert. Die Darstellung der zum Gasbetriebe erforderlichen Materialien, Apparate, Geräthe und Utensilien aller Art, von der Retorte und dem feuerfesten Stein angefangen bis zur zierlichen Gaslampe und zur Gasuhr hat seit einer Reihe von Jahren in Deutschland eine Reihe blühender Fabriketablissements in's Leben gerufen, so dass wir, wenn wir wollen, alle unsere Bedürfnisse im Inlande befriedigen können. Ich will nicht untersuchen, ob wir in allen Richtungen mit dem Auslande vollständig concurriren können, es kommen hier manche Verhältnisse in Betracht, die nicht in der Hand der Fabrikanten liegen. Der Erfolg beweist, dass der deutsche Fleiss auch in dieser Richtung eine ehrenwerthe Stellung errungen hat, der auch das Ausland seine Anerkennung nicht versagt.

Ein Blick schliesslich auf die administrativen Verhältnisse unserer deutschen Gasanstalten zeigt vor allem die erfreuliche Thatsache, dass wir bis jetzt nur zwei Städte haben, in denen das Geschäft einer Concurrenz unterworfen ist, und zwar einer Concurrenz zwischen deutschen und englischen Unternehmern. Das Wesen der Gasbeleuchtung besteht darin, dass sich die Bewohner einer Stadt in Bezug auf ihre Beleuchtungsgeschäfte vereinigen und die Vortheile, welche die Gasbeleuchtung gewähren kann, sind aus diesem Grunde um so grösser, je vollkommener die ihr zu Grunde liegende Idee der Association entwickelt ist. Wohin eine völlig freie Concurrenz führen kann, das hat London gezeigt. Obgleich London fast doppelt so viel Gas braucht, als alle deutschen Städte zusammengenommen, so hat man doch dahin kommen müssen, die freie Concurrenz aufzuheben, weil sie zu unhaltbaren Verhältnissen geführt hatte. Das ungeheure Kapital, welches durch die mehrfachen Leitungen nutzlos in der Erde lag, vertheuerte den Betrieb, der Umstand, dass keine Anstalt von vorneherein ihr Absatzgebiet übersehen konnte, hatte zur Folge, dass man sowohl die Fabrik- als die Röhrenanlagen völlig planlos herstellen musste, dass man also nicht nur theuere Anlagen, sondern auch unzweckmässige Anlagen erhielt, wovon die abnormen Druckverhältnisse, die zu den umfassendsten

---

*) Man vergleiche die Bemerkungen über den Stand der englischen und französischen Gasindustrie von W. Oechelhäuser, Generaldirector der deutschen Continental-Gasgesellschaft in Dessau. Journ. für Gasbel. 1861. Seite 13 u. f.

Klagen führten, allein schon Zeugniss geben. Das fortwährende Aufgraben in den Strassen behufs der vervielfachten Gasausströmungen oder des Auswechselns von Consumenten machte den Betrieb lästig, und da schliesslich die Gesellschaften ihre Röhren nicht mehr auseinander kannten, und eine der anderen Röhren anbohrte, trat noch Confusion im Betrieb hinzu. Das Parlament musste die Sache in die Hand nehmen, jeder Anstalt ihr bestimmtes arrondirtes Gebiet anweisen, und die Concurrenz ist factisch aufgehoben. Die Gasbeleuchtung verlangt ihrer innersten Natur nach einen monopolisirten Betrieb, und wenn die Verhältnisse auch nicht so grell zu Tage treten, wie in London, ein Uebelstand ist die Concurrenz jedesmal. Ich weiss wohl, dass das Wort »Monopol« im Allgemeinen beim Publikum einen gar bösen Klang hat, man muss aber wohl unterscheiden zwischen einem unbedingten und einem bedingten Monopol. Die Schattenseiten des Systems liegen lediglich in den Uebergriffen, welche das unbedingte Monopol gestattet. Wenn aber die Bedürfnisse, welche das Beleuchtungswesen einer Stadt überhaupt in sich fasst, von vornherein festgestellt werden, wenn die Befriedigung dieser Bedürfnisse, soweit es der Natur der Sache nach möglich ist, zum Gegenstande eines Vertrages gemacht wird, wenn die Bestimmungen dieses Vertrages durch eine unpartheiische, gewissenhafte Controle aufrecht erhalten werden, wo sind dann Uebergriffe möglich? Und solche Verträge existiren an allen Orten, wo Privatunternehmer oder Privatgesellschaften zum Betriebe der Gasanstalten ausschliessliche Privilegien besitzen. Sowohl die Leistungen, welche den Gemeinden, als diejenigen, welche den Privaten gewährt werden müssen, sind in den Verträgen präcisirt, die Bedingungen, unter welchen die Röhrenausdehnungen vorzunehmen sind, und unter denen näher oder entfernter gelegenen Privaten die Betheiligung an der Gasbeleuchtung gestattet werden muss, Vorschriften über Leuchtkraft und Reinheit des Gases, über Aufstellung und Besorgung der Strassenlaternen, über den Preis des Gases u. s. f., und eine Reihe von Conventionalstrafen ist stipulirt, für den Fall, dass die Unternehmer einer oder der anderen ihrer eingegangenen Verpflichtungen nicht nachkommen. Die Zeit, für welche unter solchen Beschränkungen den Unternehmern das ausschliessliche Recht, die öffentlichen Strassen und Plätze für ihre Leitungsröhren benützen zu dürfen, (und darin besteht das privilegium exclusivum) zugestanden zu werden pflegt, beträgt im Allgemeinen 25 bis 50 Jahre, dehnt sich aber in einzelnen Städten auch bis zu 99 Jahren aus. Unter den älteren, mit Gasbeleuchtung versehenen Städten in Deutschland sind manche, in denen die Concessionen der Gesellschaften sich bereits ihrem Ende nähern. In München, wo das Privilegium ausnahmsweise nur auf 15 Jahre ertheilt, und schon im vorigen Jahre abgelaufen war, hat die Gemeinde mit derselben Gesellschaft einen neuen Vertrag auf weitere 36 Jahre abgeschlossen.

Wo die Verwaltung der Gasanstalten sich in den Händen der städtischen Behörden befindet, fällt natürlich die Aufstellung eines Vertrages weg, indem ja die Behörde die von der Bürgerschaft gewählte Stelle repräsentirt, die das Interesse der Stadt und des Publikums vertritt. Es wird aber weitaus die kleinere Zahl Anstalten in Deutschland von den Gemeinden betrieben, im Jahre 1862 gab es unter 266 Anstalten 66 Gemeindeanstalten und 200 Privatunternehmen.

I.

Chemisch-physikalischer Theil.

Erstes Capitel.

Die Steinkohlen als Material für die Gasbereitung.

Allgemeine Bedingungen, denen ein Körper entsprechen muss, um als Material zur Darstellung von Leuchtgas dienen zu können. Oeconomische Rücksichten. Gas aus Oelen und Fetten, aus Holz, Torf und Braunkohlen. Die Steinkohlen bilden das eigentliche Material, auf welches wir von der Natur im Grossen angewiesen sind. Zusammenhang der Steinkohlen mit der vegetabilischen Welt durch Zusammensetzung, Eigenschaften und Vorkommen. Die Umwandlung der Holzfaser in Steinkohle. Eintheilung der Steinkohlen nach ihrem Aussehen und ihrem Verhalten im Feuer. Keine dieser Eintheilungen bezeichnet ihren Werth für die Gasbereitung. Relation zwischen der chemischen Zusammensetzung der Steinkohlen und ihrem Gasgehalt. Gehalt an Asche und Schwefel. Gaskohlen in Deutschland. Das Becken an der Ruhr und seine wichtigsten Kohlengruben für die Gasindustrie. Zollverein, Hibernia, Holland, Vereinigte Hannibal, Vereinigte Dorstfeld, König Leopold u. s. w. Hauptsächlichste Eigenschaften der westphälischen Gaskohlen. Das Kohlenbecken an der Saar. Die Gruben Heinitz (Dechen) Duttweil, St. Ingbert. Characteristik der Saarkohlen. Das Zwickauer Kohlengebiet mit den Gruben des Erzgebirgischen Steinkohlenbauvereines, des Zwickauer Steinkohlenbauvereines, Schader Steinkohlenbauvereines u. s. w. Die Gaskohlen aus dem Plauenschen Grund bei Dresden. Windbergschacht des Pottschappler Actienvereines und Oppeltschacht der kgl. Sächsischen Werke zu Zauckerode. Schlesische Kohlenreviere. Wrangelschacht, Bradeschacht. Gaskohlen in Mähren. Hermenegildezeche, Michaelizeche, Jaklowetzer Grube und Josephizeche. Pilsener Kohlenbecken. St. Pankrazzeche, Mantauer Werke u. s. w. Kohlen in Stockheim (Bayern). Englische Gaskohlen. Ertrag dieser Kohlen an Gas und Coke. Verfahren, den Ertrag zu bestimmen. Versuche im kleinen Maassstabe haben keinen Werth. Untersuchungsverfahren, welches, wenn auch nicht in seiner Ausdehnung, so doch in seinen Verhältnissen dem grossen Betriebe sich anschliesst, und welches sich daher zur Erledigung localer Fragen gut eignet. Beschreibung der dazu gehörigen Vorrichtungen und Apparate. Auch beim grossen Betriebe erhält man zunächst immer nur Resultate von localem Werthe. Vollgültige Zahlen resultiren nur aus den Betriebsdurchschnitten solcher Anstalten, die auf der gegenwärtigen Höhe der Gasindustrie stehen. Nicht nur das quantitative Erträgniss der Kohlen, sondern auch die Qualität der aus ihnen erhaltenen Producte bestimmt ihren Werth für die Gasbereitung. Die Kohlenwasserstoffe im Gase und ihre Bedeutung für die Leuchtkraft. Eine quantitative Gasanalyse, als das radikalste Verfahren, um die Natur eines Leuchtgases zu ermitteln, ist bis jetzt nicht ausführbar. Aushülfsverfahren, um die höheren Kohlenwasserstoffverbindungen summarisch zu bestimmen. Das Absorptionsverfahren mittelst Chlor und Brom führt zu grossen Irrthümern. Das specifische Gewicht ist innerhalb gewisser Grenzen annäherungsweise maassgebend für die Leuchtkraft. Ermittelung des specifischen Gewichtes. Verschiedene Apparate. Das gewöhnlichste und unmittelbarste Verfahren zur Bestimmung der Leuchtkraft eines Gases ist die photometrische Messung. Princip der Photometrie, namentlich des Bunsen'schen Verfahrens. Anordnung des photometrischen Apparats. Beschaffenheit und Eintheilung der Photometerstange. Tränken des Schirmes, Vorrichtungen zur Aufnahme der Gasflamme und der Normalflamme, Gasuhr, Regulator und Druckmesser. Beschaffenheit eines Photometerzimmers. Man ist bei photometrischen Beobachtungen bedeutenden Fehlerquellen ausgesetzt, und zwar vornehmlich beim Herstellen der Normalflamme, wie auch beim Einstellen des Schirmes und bei der Wahl der Brenner für die Gasflamme. Pariser Photometer. Erdmann'scher Gasprüfer. Apparat zur Abschätzung der Leuchtkraft nach der Flammenhöhe. Die Qualität der Coke. Verfahren von Thompson, um ihren Brennwerth annähernd zu bestimmen.

Die Steinkohlen bilden nicht das einzige, aber das weitaus überwiegende Material, dessen man sich zur Darstellung von Leuchtgas bedient. Ihr massenhaftes Vorkommen, und ihre daraus resultirende Wohlfeilheit haben wenigstens seither keinen anderen Stoff in grösseren Verhältnissen neben ihnen aufkommen lassen, und bei der stets fortschreitenden Verbesserung unserer Transportmittel ist auch, soweit menschliche Voraussicht reicht, nicht zu besorgen, dass sie jemals aus ihrer bevorzugten Stellung verdrängt werden. Abstrahirt man von den öconomischen Rücksichten, und fasst nur ihre Natur ins Auge, so stehen sie freilich keineswegs am ersten Platz in der Reihe der Gas gebenden Körper; und man könnte sogar behaupten, dass wir einen Rückschritt gemacht haben, indem wir uns von unsern alten Beleuchtungsmaterialien weg den Steinkohlen zuwandten, wenn wir nicht mit Hülfe der Chemie und der Technik dahin gelangt wären, die Schwierigkeiten, welche aus der unvollkommenen Natur der Kohlen entspringen, zu überwinden, und ihre öconomischen Vortheile glänzend zur Geltung zu bringen. Wir wollen zur nähern Würdigung dessen zuerst einen Blick auf das Gebiet werfen, welches uns von der Natur überhaupt für unsere Leuchtgas-Materialien angewiesen ist, und dazu die allgemeinen Bedingungen betrachten, denen alle diese Körper entsprechen müssen.

Unter Verbrennung im allgemeinsten Sinne des Wortes versteht die Chemie den Process der Verbindung irgend eines Körpers mit dem Sauerstoff; im engeren Sinne begreift man darunter nur diejenigen Verbindungsprozesse obiger Art, bei denen eine Feuererscheinung, d. h. gleichzeitige Entwickelung von Licht und Wärme auftritt. Diese letztere Bedingung ist von dem Temperaturgrade abhängig, unter welchem die Verbindung vor sich geht. Eine gewisse Wärme wird bei jeder chemischen Verbindung, also auch bei jeder Verbindung eines Körpers mit dem Sauerstoff, frei; die entwickelte Temperatur ist indess nicht immer hoch genug, um den sich verbindenden Körper zum Glühen zu bringen, d. h. zu entzünden, und in diesem Falle tritt keine Lichtentwickelung ein. Es ist bekannt, dass z. B. Kohlen sich unter gewissen Umständen erhitzen; der chemische Prozess, der diese Erhitzung veranlasst, ist ein Verbrennungsprocess im allgemeinen Sinne des Wortes. Steigert sich die Temperatur so hoch, dass die Kohlen sich entzünden, d. h. dass gleichzeitig mit der Wärme-Entwickelung auch eine Lichterscheinung eintritt, so beginnt die Verbrennung im engeren Sinne des Wortes, die wir auch im gewöhnlichen Leben unter diesem Namen kennen. Je nach dem Aggregatszustand, in welchem sich ein verbrennender Körper befindet, ist die bei der Verbrennung stattfindende Feuererscheinung verschieden. Gasförmige Körper verbrennen unter Entwickelung einer Flamme, d. h. eines im glühenden Zustande befindlichen Gasstroms, der sich nach hydrostatischen Gesetzen dadurch bildet, dass die leichteren heissen Gaspartikelchen durch die umgebenden schwereren in die Höhe getrieben werden. Feste und flüssige Körper verbrennen nur dann mit Flamme, wenn sie vorher durch die Verbrennungshitze ganz oder theilweise in den luftförmigen Aggregatszustand übergeführt worden sind, wie dies z. B. bei unsern alten Beleuchtungsmaterialien, Talg, Wachs, Oel u. s. w. der Fall ist. Beim Verbrennen feuerbeständiger Körper, z. B. der reinen Kohle tritt keine Flammenbildung ein. Die Lichtentwickelung, welche neben dem Freiwerden von Wärme den Verbrennungsprocess im engeren Sinne des Wortes charakterisirt, ist ebenfalls je nach dem Aggregatszustand des verbrennenden Körpers verschieden, aber in umgekehrter Weise, wie die Flammenbildung. Die Gase, also die flammengebenden Körper, sind als solche nur wenig oder gar nicht leuchtend; die festen Körper verbrennen stets unter deutlicher Lichtentwicklung, die durch eine entsprechende Erhöhung der Verbrennungshitze zu einem ausserordentlich hohen Grade gesteigert werden kann. Die Flamme des Wasserstoffgases ist dem Auge kaum sichtbar, diejenige des weit dichteren Kohlenoxyds nur schwach leuchtend. Kohle, ein fester Körper, verbrennt selbst bei dunkler Rothglühhitze schon unter deutlicher Lichtentwickelung. Die Intensität steigert sich mit dem Grade der Glühhitze, und wird ausserordentlich gross, wenn man die Kohle z. B. in einem Strome von Knallgas verbrennt, in welchem sie zum höchsten Weissglühen gebracht wird. Erscheint eine Flamme, also ein Gasstrom, leuchtend, so ist es nicht das Gas an sich, welches diese Erscheinung hervorbringt, sondern es sind feste Körper, die in ihm glühen, und ihm die leuchtende Eigenschaft ertheilen. Man macht die Flamme des Wasserstoffgases leuchtend, indem man Platin in ihr zum Glühen bringt (Gillard's Brenner), man erzeugt ein Licht, welches die Augen blendet, indem man Wasserstoff mit reinem Sauerstoffgase verbrennt, und in den Culminationspunkt der Hitze einen festen Körper, einen Kalkkegel bringt, der dort zum heftigen Weissglühen gelangt (Drummond's Licht). Und ein fester Körper ist es auch, welcher der Flamme unseres Leuchtgases ihr starkes Leuchtvermögen ertheilt; ein fester Körper, der nicht von Aussen in die Flamme eingebracht wird, sondern der sich ohne fremde Beihülfe in Folge chemischer Zersetzung im Momente der Verbrennung in fester Form daraus abscheidet, durch die Verbrennungshitze der übrigen Masse zum Weissglühen gebracht wird, dann selbst verbrennt, und als gasförmiges Produkt wieder entweicht. Dieser Körper ist der Kohlenstoff. Kohlenstoff, in unendlich feinen Partikelchen vertheilt, wie wir ihn als Russ daraus auffangen können, wenn wir z. B. eine Glasplatte in den leuchtenden Theil der Flamme bringen. Der Kohlenstoff besitzt die höchst glückliche Eigenschaft, dass er nur in seinen Verbindungen gasförmig, an und für sich aber ein fester, unschmelzbarer, feuerbeständiger Körper ist. Seine Verbindung mit dem Wasserstoff bildet das Gas, welches die günstigen Eigenschaften in sich vereinigt, die zu einer selbstthätigen Lichtentwickelung erforderlich sind. Beim Entzünden scheidet sich der Kohlenstoff aus, nimmt momentan seine ihm eigne feste Aggregatsform an, gelangt zum Weissglühen, und schmückt den sonst fast gar nicht leuchtenden Gasstrom mit blendendem Lichtglanz. Die Dauer des Glühens ist zwar für jedes Kohlenstoffpartikelchen nur momentan, denn dieses verbrennt mit dem Sauerstoff zu Kohlensäure und tritt als solche in den gasförmigen Zustand zurück, aber der Prozess der Ausscheidung ist so continuirlich, wie derjenige der Verbrennung, und die Lichtentwicklung wird dadurch constant.

Aus dieser Darstellung erkennen wir, dass die Grundaufgabe der Leuchtgasbereitung in der Herstellung gasförmiger Kohlenwasserstoffe besteht, und dass als Material zur Gaserzeugung derjenige Körper seiner Natur nach am besten geeignet sein muss, welcher die Elemente dieser Verbindungen im richtigsten Verhältniss und am reinsten in sich trägt. Dieser Körper ist nicht die Steinkohle. Die Steinkohle entspricht keiner der beiden Anforderungen. Sie besitzt viel zu wenig Wasserstoff, um all ihren Kohlenstoff vergasen zu können, daher die Coke als Rückstand bei der Gasfabrikation, und enthält ausser dem Kohlenstoff und Wasserstoff noch andere Bestandtheile, welche das Gas verschlechtern und verunreinigen, daher die Nothwendigkeit eines Reinigungsverfahrens, ohne welches das Gas gar nicht zu gebrauchen ist. Suchen wir nach dem absolut besten Gasbereitungs-Material, so kommen wir auf dieselben Stoffe zurück, die wir seit Jahrhunderten vor den Steinkohlen zu diesem Zweck im Kleinen angewandt haben, nemlich auf die Oele und Fette. Das Gas dieser Stoffe ist nicht allein weit reicher, als das Steinkohlengas, sondern es bedarf keiner Reinigung, und kann gebraucht werden, wie es sich bildet. Wäre der Kostenpunkt nicht, so würden wir sie ohne Zweifel nach wie vor als Beleuchtungsmaterialien verwenden, der Preis allein beschränkt die Zahl der Oelgasfabriken auf wenige Orte, wo besondere locale Verhältnisse zu diesem Zwecke zusammenwirken.

Die Steinkohlengasbeleuchtung hat uns einen Körper für Beleuchtungszwecke dienstbar gemacht, mit dem sich in öconomischer Beziehung kein anderes Material messen kann. Der Preis des Holzes ist nur local hinreichend niedrig, um seine Anwendung zur Gasbereitung zu gestatten, zumal die Kosten der Reinigung sich beim Holzgase weit höher stellen, als beim Steinkohlengase. Beim Torf kommt zu dessen localen Vorkommen eine gleich theure Reinigung und geringerer Werth der Nebenprodukte, wie beim Holz. Die Anwendung der Braunkohle ist noch nicht eigentlich über den Versuch hinausgegangen. Die geringe Ausbeute an Gas wie an Coke hat ihre Anwendung selbst da nicht gestattet, wo sie local zu sehr billigem Preise zu haben ist. Mit diesen Körpern aber ist eigentlich die Reihe der Stoffe geschlossen, von deren Anwendung in grösserem Maasstabe überhaupt die Rede sein kann. Wer unter ihnen in einem einzelnen Fall den Vorzug verdient, ist lediglich Sache der Calculation, im Grossen und Ganzen aber sind nur die Steinkohlen ins Auge zu fassen, und so wird auch im Verlaufe dieses Buches nur von der Steinkohlengasbeleuchtung die Rede sein.

Die Steinkohlen stehen durch die Braunkohlen und den Torf mit der organischen Welt im Zusammenhang und bekunden durch die regelmässige Uebergangsfolge, welche sowohl in der Zusammensetzung, als in den physikalischen Eigenschaften und den Lagerungsverhältnissen stattfindet, ihre Abstammung von der Pflanzenfaser.

Das Holz hat, nach Abzug der Asche, etwa 40 bis 50 Prozent Kohlenstoff, die Steinkohle zwischen 75 und 90 Prozent. Zwischen beiden stehen der Torf und die Braunkohle, ersterer schliesst sich an das Holz

an mit 50 bis 60 Prozent; letztere steht den Steinkohlen zunächst mit 60 bis 75 Prozent. Jenseits der Steinkohlen (im engeren Sinne des Wortes) setzt sich die Reihe dieser Körper noch um ein Glied fort mit dem
Anthracit, welcher 90 bis 96 Prozent Kohlenstoff enthält. Der Prozentgehalt an flüchtigen Bestandtheilen
(Wasserstoff, Sauerstoff und Stickstoff) nimmt im Allgemeinen ab mit der Zunahme des Kohlenstoffgehaltes,
so dass die Holzarten die meisten, die Anthracite die wenigsten flüchtigen Bestandtheile besitzen. Dies bezieht
sich am wesentlichsten auf den Sauerstoff, der im Holze zwischen 40 bis 50 Prozent beträgt, während er in
manchen Anthraciten fast ganz verschwindet. Weniger schwankend ist der Wasserstoffgehalt, der beim Holz,
Torf, bei den Braun- und Steinkohlen durchschnittlich 4 bis 6 Prozent beträgt, höchstens bis auf 10 Prozent
steigt, und in den Anthraciten unter 4 Prozent hinabsinkt. Der Stickstoff ist in sehr geringer Menge vertreten,
sein Gehalt steigt selten höher, als 2 bis 3 Prozent.

Aehnlich, und entsprechend der chemischen Zusammensetzung, verhält es sich mit den physikalischen Eigenschaften dieser Körper. Sie sind sämmtlich brennbar, und werden daher auch unter dem Namen »Brennstoffe« zusammengefasst, aber ihre Entzündbarkeit und ihre Eigenschaft, mit Flamme zu brennen, steht mit ihrem Ge-
halte an flüchtigen Bestandtheilen in geradem Verhältniss, und nimmt somit vom Holz bis zum Anthracit
fortwährend ab. Das specifische Gewicht der Hölzer, aus welchen unsere Wälder bestehen, kann (in trockenem
Zustande) im Durchschnitt zu etwa 0,7 angenommen werden, das specifische Gewicht des Torfes übersteigt
selten 1,0; dasjenige der Braunkohle beträgt 1,2 bis 1,4; der Steinkohle 1,2 bis 1,5; des Anthracits 1,4 bis
1,7. Das äussere Aussehen der Steinkohlen ist zwar von demjenigen des Holzes sehr verschieden, aber ein
deutlicher Uebergang lässt sich auch hier in den Mittelgliedern nachweisen. In der Torfsubstanz ist die
Pflanzenfaser noch deutlich erkennbar. Von den Braunkohlen haben manche eine deutliche Holztextur, manche
sogar noch die äussere vegetabilische Form, bei anderen dagegen ist beides nicht mehr erkennbar, und sie
gehen in ihrem Aussehen vollkommen in die Steinkohle über. Letztere zeigt nur hie und da unter dem Mi-
kroskope bei gehöriger Vorbereitung vegetabilische Textur, und bildet im Uebrigen dichte, schieferige oder
faserige, oft parallelepipedisch abgesonderte Massen von muscheligem bis unebenem oder faserigem Bruch.
Der Anthracit lässt niemals eine Holztextur mehr erkennen. Die Farbe des Anthracits ist eisenschwarz bis
grauschwarz, diejenige der Steinkohle schwärzlichbraun, pechschwarz, gräulichschwarz bis sammetschwarz; bei
den Braunkohlen geht sie vom Schwarz ins Braun über, und schliesst sich dann mit dem Torf wieder an das
Holz an. In allen physikalischen Eigenschaften findet sich eine analoge Uebergangsfolge wieder, wie bei der
chemischen Zusammensetzung.

Dieselbe Folge treffen wir, wenn wir das Vorkommen der Körper ins Auge fassen. Der Torf bildet
sich augenscheinlich durch eine stets sich wiederholende Vegetation und darauf folgende Vermoderung vorzugsweise von Moosen, wodurch ein Torflager fortwährend anwächst. Als unerlässliche Bedingung zu diesem Vorgang ist Feuchtigkeit erforderlich. Man findet sehr grosse Torflager fast in allen Becken, wo die Gewässer
nicht gehörigen Abfluss haben. Die Braunkohlen finden sich meist in der tertiären Gebirgsformation mit Sandstein (Molasse) Mergel und Thon vor, und bilden dort oft ziemlich mächtige Schichten, in welchen man oft
noch die Form der Baumstämme und die Früchte der Bäume wiederfindet. Wo sie im jüngeren, aufgeschwemmten
Lande vorkommen, gehen sie gewöhnlich schon in ein sehr bituminöses Holz oder in eine sehr erdige Kohle
über. Die Steinkohlen bilden in dem älteren Flötzgebirge eine eigene Formation »die Steinkohlenformation«,
sind in den alten rothen Sandstein eingelagert, und wechseln in mehr oder weniger mächtigen Schichten mit
Schieferthon, Kohlenkalk und Sandstein ab. Wo sich Steinkohlen in jüngeren Formationen, im Muschelkalk,
im Keuper-, Lias- und Quadersandstein vorfinden, nähern sie sich schon mehr den Braunkohlen, und gehen
auch wohl in diese über. Der Anthracit bildet den untersten Theil des Steinkohlengebirges.

Ueber die Vorgänge, welche Statt gefunden haben mögen, um die Holzfaser in Steinkohle zu verwandeln, herrschen unter den Geologen immer noch verschiedene Ansichten, die anzuführen die Grenzen des
vorliegenden Werkes überschreiten würde. Fasst man im Allgemeinen die Verhältnisse jener Epoche der Erd-
bildungsgeschichte, welcher die Steinkohlen angehören, ins Auge, so ergiebt sich, dass dieselben dem Gedeihen
eines ungeheuren Pflanzenwuchses überaus günstig sein mussten. Bei der verhältnissmässig geringen Festigkeit

der damaligen Erdrinde mussten ferner Niveauveränderungen an einzelnen Theilen der Oberfläche häufige Erscheinungen sein, und man kann es begreiflich finden, dass eine Vegetation nach einer mehr oder weniger langen Periode ihres Gedeihens unter Wasser gesetzt, dadurch einem bedeutenden Druck preisgegeben, und allmählig von den Sand-, Thon- und Kalkablagerungen bedeckt wurde, welche durch die Gewalt des Wassers von den nahen Gebirgsformationen weggeschwemmt worden waren. Man hat vielfach angenommen, dass Holzmassen, die durch Strömungen von anderen Theilen der Oberfläche herbeitrieben, und sich in ruhigen Buchten ablagerten, auch einen Beitrag zum Bildungs-Material der Kohlenflötze abgegeben haben, es ist indessen wahrscheinlich, dass der grösste Theil des Materials auf derselben Stelle gewachsen ist, wo man es jetzt als Steinkohle wiederfindet. Von der ungeheuren Masse vegetabilischen Materials, wie von der Zeitdauer, die zur Kohlenbildung nöthig war, kann man sich freilich schwer einen Begriff machen, wenn man bedenkt, dass ein jetziger Hochwald von 25 Jahren kaum im Stande sein würde, eine Steinkohlenschichte von $\frac{1}{3}$ Zoll zu geben, und dass man z. B. im Aveyronbecken in Frankreich ein Kohlenflötz vorgefunden hat, welches eine Mächtigkeit von 30 Meter oder $98\frac{1}{2}$ Fuss engl. hat.

Dem äusseren Aussehen nach pflegt man gewöhnlich folgende Steinkohlensorten zu unterscheiden:

1) die **Pechkohle**, Glanzkohle, von pechschwarzer Farbe, glänzend, ausgezeichnet grossmuschlig, sehr spröde und leicht zersprengbar;

2) die **Schieferkohle**, aus mehr oder weniger dicken Lagen bestehend, meistens mit Pechkohle abwechselnd, graulich und braunschwarz, öfters bunt angelaufen, weniger glänzend als die vorhergehende. Sie ist die allbekannte, am häufigsten vorkommende Art;

3) die **Cannelkohle**, (cannel- oder candle-coal), fest und compact, minder leicht zersprengbar, gräulich-, sammet- bis pechschwarz, schwach fettglänzend und mit flachmuschligem, fast ebenem Bruch;

4) die **Grobkohle**, eine mit sehr viel erdigen Theilen gemengte Kohle von unvollkommener schiefriger Structur, unebenem, oft sehr körnigem Bruch, wenig glänzend oder nur schimmernd;

5) die **Russkohle**, eine unreine, staubartige, aus locker verbundenen, zerreiblichen Theilen bestehende Varietät von graulicher bis dunkelschwarzer Farbe.

Nach ihrem Verhalten im Feuer unterscheidet man gewöhnlich:

1) die **Backkohlen**, die leicht entzündlich und mit heller Flamme brennend, beim Erhitzen weich werden, sich aufblähen, zusammen backen und aufgeschwollene, zusammengeschmolzene Coke geben;

2) die **Sinterkohlen**, die schwerer entzündlich sind, mit mehr bläulicher Farbe brennen, nicht aufschwellen, nicht schwinden, und nur äusserlich zusammensintern;

3) die **Sandkohlen**, die sehr schwer entzündlich sind, beim Brennen nur äusserst wenig Flamme entwickeln, und unverändert ihre Gestalt behalten, bis sie allmählig verglimmen.

Die Franzosen unterscheiden:

1) Houilles grasses maréchales,

2) Houilles grasses dures ou à longue flamme,

3) Houilles flenu,

4) Houilles sèches à longue flamme.

Die Engländer haben:

1) Fat, bituminous, blazing, caking coals,

2) Dry coals,

3) Very dry coals — Steam coals,

4) Non bituminous coals.

Zu einer Classification der Steinkohlen nach ihrem relativen Werth für die Gasbereitung lässt sich weder das äussere Aussehen derselben noch ihr Verhalten im Feuer mit einiger Sicherheit benutzen. Man kann höchstens sagen, dass die Cannelkohlen im Allgemeinen das meiste und das beste Gas, aber geringe bis unbrauchbare Coke geben, während sich bei den eigentlichen Backkohlen die Gasausbeute verringert, wenn der Ertrag an Coke steigt. Die eigentliche Gaskohle scheint auf der Grenze zwischen der Backkohle und der Sinterkohle zu liegen.

Auch die chemische Zusammensetzung giebt uns nur sehr unzureichende Anhaltspunkte.*) Der Kohlenstoff ist jederzeit in solchem Mengenverhältniss vorhanden, dass nach dem Vergasungsprocess noch ein

---

*) Ueber die chemische Zusammensetzung der preussischen Kohlen besitzen wir folgende, unter Leitung des Prof. Dr. W. Heintz ausgeführte Elementar-Analysen von W. Baer:

Bezeichnung der Kohlen.	Kohlenstoff.	Wasserstoff.	Sauerstoff.	Stickstoff.	Asche
A. Saarbrücker-Revier.					
Gerhard-Grube, Beust-Flötz	72,38	4,46	15,05	—	8,11
„ „ Heinrich-Flötz	70,20	4,70	13,27	—	11,83
Heinitz-Grube, Blücher-Flötz	80,53	5,06	11 91	—	2,50
„ „ Aster-Flötz	78,97	5,10	13,22	—	2,71
Duttweiler Grube, Natzmer-Flötz	83,63	5,19	9,06	0,60	1,52
„ „ Beier-Flötz	81,29	5,30	8,54	—	4,87
B. Inde-Revier bei Eschweiler.					
James-Grube, Flötz Grosskohl	89,48	4,29	3,98	—	2,25
Centrum-Grube, Flötz Grosskohl	83,69	4,07	7,00	1,25	3,99
„ „ Flötz Gyr	90,62	4,50	1,31	—	3,57
„ „ Flötz Fornegel	84,06	4,27	2,22	—	9,45
C. Worm-Revier bei Aachen.					
Neulauerweg-Grube, Flötz Grossathwerk	89,32	3,80	2,71	—	4,17
„ „ Flötz Furth	88,59	4,10	4,39	—	2,92
Ath-Grube, Flötz Grosslangenberg	90,41	4,03	4,11	—	1,45
D. Bergamts-Revier Essen.					
Zeche Sälzer und Neuack, Flötz Röttgersbank	85,62	4,65	5,93	1,71	2,09
„ Victoria Mathias. Flötz Anna	86,43	5,32	5,67	—	2,58
„ Kunstwerk, Flötz Sonnenschein	89,58	4,30	4,04	—	2,08
„ Hundsnocken, Flötz Hitzberg	88,23	3,86	3,69	—	4,22
E. Bergamts-Revier Bochum					
Zeche Engelsburg Flötz Stennmannsbank	85,90	4,56	4,77	1,56	3,21
„ Friedrich Wilhelm, Flötz Siebenhandsbank	82,22	5,00	7,71	—	5,07
„ Präsident, Flötz Präsident	79,72	4,62	11,56	0,84	3,26
„ Franziska Tiefbau, hangendes Flötz	77,10	4,55	11,79	—	6,56
„ Louise Tiefbau. Flötz Nr. 8	78,05	5,05	12,92	—	3,98
F. Bergamts-Revier Ibbenbühren.					
Zeche Schafberg, Flötz Alexander	82.02	4,16	4,53	—	9.29
„ Glücksburg, Flötz Flottwell	77,25	4,02	8,14	—	10,59
„ „ Flötz Franz	72,66	4,05	9,24	—	14,05
„ Laura bei Minden	74,81	4,35	8,76	—	12,08
G. Wettiner-Revier.					
Löbejüner-Grube, Oberflötz. 1. Sorte	81,88	3,68	3,65	—	10,79
Wettiner-Grube, Oberflötz Neutzer-Zug	77,53	5,13	5,30	—	12,04
H. Waldenburger-Revier.					
Segen Gottes-Grube, 8. Flötz	82,02	5,22	10,25	—	2,51
David-Grube, Hauptflötz	79,18	4,55	11,08	—	5,19
Comb. Graf Hochberg-Gruben, 2. Flötz	70,87	5,63	14,35	—	9,15
Fuchs-Grube, 8. Flötz	79.30	5,06	10,56	—	5,08
Glückhilf-Grube, 2. Flötz	80,82	5,10	9,51	—	4,57
Neue Heinrich-Grube, 2. Flötz	80,82	4,96	8,14	—	6,08
I. Oberschlesisches Revier.					
Eugeniens Glück-Grube, Carolinen-Flötz	73,20	4,93	19,11	—	2,76
Morgenroth-Grube, Morgenroth-Flötz	74,57	4,82	16.14	—	4.47
Königs-Grube, Heintzmanns-Flötz	73,48	4,95	18.64	-	2,93

Ueberschuss desselben in der Coke zurückbleibt. Selbst die in dieser Beziehung an der äussersten Grenze stehende Boghead-Kohle kann von den 65,34 Gewichtstheilen Kohlenstoff, die sie enthält, nur 36,7 Theile ver-

Bezeichnung der Kohlen	Kohlenstoff	Wasserstoff	Sauerstoff.	Stickstoff.	Asche
Königs-Grube, Gerhard-Flötz	79,51	4,87	12,96	—	2,66
Louisen-Grube, Ober-Flötz	70,02	4,99	14,87	—	10,12
„ „ Unter-Flötz	70,79	5,32	19,34	—	4,55
Fausta-Grube, Fausta-Flötz	77,25	4,58	13,35	—	4,82
„ „ Clara-Flötz	76,63	4,98	13,92	—	4,47
Hoym-Grube, Hoym-Flötz	72,96	4.38	12,12	—	10,54
Leo-Grube, Leo-Flötz	78,22	4,89	12,95	—	3,94
Königin Louisen-Grube, Pochhammer-Flötz . . .	77,25	4,98	13,86	—	3,91
„ „ „ Heinitz-Flötz	73,91	4,85	15,10	2,49	3,65
„ „ „ Reden-Flötz	82,72	5,05	10,67	—	1,56
Leopold-Grube, Leopold-Flötz	76,21	5,03	13,50	—	5,26

NB. Da die in den Steinkohlen vorkommende Menge des Stickstoffs gewöhnlich nur unbedeutend ist, so ist auf je 10 Elementar-Analysen nur eine Stickstoffbestimmung gemacht. Aus diesem Grunde sind bei den Steinkohlen, von welchen der Stickstoffgehalt nicht bestimmt worden ist, die Angaben des Sauerstoffgehaltes alle um ein Geringes zu hoch.

Ueber die chemische Zusammensetzung der sächsischen Steinkohlen hat Prof. W. Stein in Dresden Analysen geliefert, die in folgender Tabelle zusammengestellt sind:

Bezeichnung und Fundort der Kohlen.	Trockne aschenhaltige Kohle.						Gesammtmenge des Schwefels in der trockenen Kohle.	Wassergehalt.
	Kohlenstoff.	Wasserstoff.	Sauerstoff.	Stickstoff.	schädlicher verflüchtigter Schwefel	Asche.		
Hainichen-Ebersdorfer Formation oder die Sächsische Culmkohle.								
Berthelsdorf, niederer Windmühlenschacht	55,984	3 878	11,334	0.233	—	28,571	2,269	3;257
Ebersdorf Maschinenschacht	38,807	2,846	12,508	0,113	—	45,726	0,707	2,764
Zwickauer Becken								
3½ elliges Pechkohlenflötz, Oberhohndorf .	79,702	5.285	10,517	0,262	1,258	2,976	1,670	4,584
2 elliges Pechkohlenflötz, Oberhohndorf . .	78,471	4,768	14,734	0,288	0,853	1,886	0,884	5.375
Scherbenkohlflötz Oberhohndorf	82.420	4,503	11,607	0,435	0,298	0,737	1,213	4,751
Lehkohlflötz, Oberhohndorf	75,184	4,869	10,745	0,231	1,095	7,876	2,036	6,201
Zachkohlenflötz, Oberhohndorf	75,509	3,441	10,993	0,289	1,186	8,582	2.352	6,097
Schichtenkohle, Oberhohndorf	66,699	4,065	10,935	0,180	0,730	17,391	1 632	6,523
Russkohlenflötz, Bockwa	80,777	4,826	6,012	0,246	1,074	7,065	2,166	6,613
Dreckschichten, Bockwa	70,908	5,342	15,231	0,268	0,156	8,095	0,505	6,779
Schichtenkohle, Planitzer Werk	81,234	4,430	9,858	0,215	0,008	4,255	0,550	4,855
Tieferes Planitzer Flötz, obere Abtheilung	79,687	5,176	6,324	0,342	6,032	2 439	6,302	5,989
„ „ „ tiefere Abtheilung	83,688	6,169	7,270	0.112	2,122	2,339	2 331	7,666
Neufundflötz, Planitz	78,820	5,265	4,046	0.356	2,843	8,670	3,730	5,158
Russkohlenflötz Planitz	81,437	3,516	8,075	0,285	3,771	2,916	4 160	4,882
Gewaschene Kohle, Planitzer Werk . . .	83,605	5,270	4,891		1,121	5,108	1,679	—
Ludwigflötz, Segen Gottes-Schacht, Zwickau	77,211	5,149	13,321	0,242	1,437	2,640	1,789	6,382
Tieferes Flötz, „ „ „ „	81,410	5.222	5,735	0,345	2,338	4,950	2,955	5,601
Oberes Flötz, „ „ „ „	84,449	4,532	1,195	0,087	1 268	8,469	2 275	5,806
Ludwigflötz, Segen Gottes-Schacht. Zwickau (gewaschene Kohle)	75,924	2,976	13,057	0,409	0,434	7,200	1 639	—
Oberes Flötz, Hoffnungschacht, Zwickau .	76,113	5,546	12,966	0,440	1,754	3,181	2,304	7,257
Pechkohlenflötz, Hoffnungschacht Zwickau	78,367	4,465	10,956	0,156	1,459	4 597	1,853	6,328
Russkohlenflötz, Hoffnungschacht, Zwickau	79,128	4,135	11,955	0,576	0,557	3,649	0,905	5,820
Waschkohle, Hoffnungschacht, Zwickau .	71,752	4.059	14.367	0,091	0,506	9,225	1,282	—

gasen, und es bleiben noch 28,64 Prozent als Ueberschuss zurück. Unter übrigens gleichen Umständen liegt die Annahme nahe, das die wasserstoffreichste Kohle für die Gasbereitung die werthvollste sein muss. Nun aber enthalten die Kohlen neben dem Kohlenstoff und Wasserstoff auch noch Sauerstoff in oftmals nicht un-

Bezeichnung und Fundort der Kohlen.	Trockne aschenhaltige Kohle.						Gesammtmenge des Schwefels in der trockenen Kohle.	Wassergehalt.
	Kohlenstoff.	Wasserstoff.	Sauerstoff.	Stickstoff.	schädlicher verflüchtigter Schwefel.	Asche.		
Oberes Flötz, Bürgergewerkschaftsch., Zwickau	72,271	4,164	10,727	0,338	—	12,500	0,877	5,076
Niederes Flötz, „ „	75,258	4,085	16,067	0,201	1,322	3,067	1,707	6,303
Russkohle Vereinsglückschacht, Zwickau	77,014	4,225	13,176	0,270	0,386	4,929	0,959	5,194
Tiefes Flötz, Vereinsglückschacht, Zwickau	76,592	4,119	12,874	0,331	0,086	5,998	0,815	5,072
Waschkohle, „ „	75,649	5,049	9,519	0,296	0,904	8,538	1,802	—
Schichtenkohle, Auroraschacht, Zwickau .	77,024	4,931	10,041	0,382	0,281	6,341	0,699	5,690
Neues tiefes Flötz, Vereinsglücksch., Zwickau	80,246	4,010	10,979	0,495	2,700	1,570	2,990	5,907
Pechkohle vom Albrechtsch , Niederwürschnitz	77,418	4,650	11,730	0,228	1,048	4,926	1,680	7,532
Unterste Abth. d. C-Flötzes, östl. v. Albrechtsch								
westl. v. d. Tagesstrecke Niederwürschnitz	80,499	4,094	12,839	0,116	0,312	1,250	0,342	6,447
Russkohle vom Albrechtsch., „	76,655	5,412	7,206	0,353	0.239	10,135	1,060	6,440
B-Flötz, Höselschacht, „	80,375	6,097	9,446	0,323	1,619	2,140	1,865	8,111
C-Flötz, Höselschacht, „	80,490	4,103	10,621	0,203	0,947	3,636	1,097	9,109
A-Flötz, Maschinenschacht „	68,253	3,640	11,053	0,078	1,103	15,873	2,304	8,485
Zweites Flötz, Gühne'sches Werk „	72,347	4,166	11,988	0,624	2,542	8,333	2,654	7,147
Drittes Flötz, Meinertschacht „	76,033	4,353	16,050	0,127	0,123	3 314	0,127	8,484
Tiefes Flötz, Rachelschacht „	71,537	3,236	16,075	0,107	—	9,045	0,809	12,660
Neues Flötz, Carlschacht, Lugau . .	78,879	3,303	9,521	0,199	2,402	5,696	2,756	8,782
Kohlen von Flöha und Gückelsberg								
Kohle von Gückelsberg	82,412	2,256	3,105	0,037	—	12,190	0,630	4,173
Struthwald, Thiemes-Werk, Flöha . .	38,206	1,278	5,927	0,104	—	54,483	0,685	2,181
Oberes Flötz, Sandsteinbruch, Flöha . .	37,772	1,885	4,334	0,099	—	56,000	0,680	3,719
Kohle von beiden Flötzen zusammen .	43,175	1,758	4,459	0,197	0,298	50,113	1,308	—
Flötz im untern Kohlensandstein d. Forstbachgr.	38,384	1,546	2,555	0,315	0 361	56,839	2.180	3,217
Anthracitische Kohle, Grube Morgenstern	82,422	2,659	10.388	0,032	0,192	4 315	0,192	—
Anthracit, Schönfeld	61,469	1,340	7,998	0,064	0,292	28,837	0,292	—
Plauen'sche Formation.								
Weicher Schiefer von Hänichen (Gaskohle)	71,258	3,882	11,478	0,493	0,282	12,607	1,149	4,212
Mittelkohle „ „	60,293	3,384	5,101	0,453	—	30,769	1,064	4,083
Waschkohle „ „	76,426	3,271	11,881	0,435	1,311	6,976	2,092	-
Weicher Schiefer von Potschappel . . .	66,696	3,481	15,046	0,225	0,031	14,521	0.796	3,376
Kalkkohle „ „	64,843	4,257	5,847	0,409	0,728	23,916	0,953	3,490
Gaskohle „ „	74,472	4,989	8,249	0,371	0,170	11,749	1,795	—
Nusskohle ,. „	66,284	3,650	14,645	0,167	—	15,254	1.649	—
Glasschiefer, Moritzschacht, Gittersee . .	62,511	3,447	12,968	0,155	1,285	19,634	4,114	2.542
Weicher Schiefer, Moritzschacht, Gittersee	73,362	4,742	11,696	0,210	0,049	9,941	0,767	2,845
Harter Schiefer „ „	49,584	3,452	10,211	0,222	0,215	36,363	2,763	2,387
Weicher Schiefer, Wilhelminenschacht, Burgk	69,565	4,313	10,734	0,181	2,164	13,043	4,810	3,900
Harter Schiefer (grau) „ „	45,225	2,637	13,568	0,160	2,994	35,416	7,880	3.591
„ „ (schwarz) „ „	56,986	3,751	13,316	0,120	0,310	25,517	3,957	2.690
Waschkohle, Wilhelminenschacht, Burgk.	77,142	4,377	6,739	0,430	0,455	10,857	1,295	—
Weicher Schiefer, Augustusschacht „	69,148	3,509	8,962	0,275	0,042	18,064	0,260	1,540
Grauer harter Schiefer Augustusschacht .,	50,400	3,069	7,791	0,162	0,790	37,788	3,778	2,490
Schwarzer harter Schiefer, „ „	55,212	3,081	8,239	0,118	2,430	31.020	5,891	1,930
Waschkohle, Augustusschacht, Burgk. .	68,916	3,502	4,780	0,333	0,795	21,674	1,892	—
Weicher Schiefer, Oppeltschacht, Kgl. Werke	68,388	4,415	11,522	0,100	0,285	15,290	1,364	4,284
Harter Schiefer, „ „ „	59,365	4,023	11,465	0,147	0,363	24,637	3,298	4,929
Waschkohle, „ „, „	74,825	4,341	5,864	0,310	1,737	12,923	6,645	—
Drittes Flötz (Fuchs), Königl Werke . .	25,844	1,850	11,544	0,310	0,691	59,761	6,645	3,496

bedeutenden Mengen. Sobald solche Kohlen der Hitze ausgesetzt werden, und der Vergasungsprocess beginnt verbindet sich ein Theil des Sauerstoffs mit dem Wasserstoff zu Wasser, ein anderer Theil mit dem Kohlenstoff zu Kohlensäure und Kohlenoxydgas. Dieser Sauerstoffgehalt ist daher für die Leuchtgasentwickelung schädlich. Erst derjenige Wasserstoff, welcher übrig bleibt, nachdem der Sauerstoff aus den Kohlen entfern ist, wird zur Bildung von Kohlenwasserstoffen verwendet, und verleiht den Kohlen im Wesentlichen ihren Werth Prof. Stein nimmt an, dass drei Viertheile des ganzen Sauerstoffgehaltes an den Wasserstoff gehen, und giebt für die von ihm untersuchten sächsischen Kohlen folgende Zahlen:

Benennung und Fundort der Kohle.	Zusammensetzung der wasser-freien Kohle				Verfügbarer Wasserstoff.	Gasmenge aus 1 Pfd. Kohlen in Cubikfuss sächs.	Spec. Gewicht	Cokeausbeute in Prozenten.
	Asche.	Kohlenst.	Wasserst.	Sauerstoff und Stickstoff.				
Kohlen aus dem Zwickauer Becken.								
Pechkohle aus d. 2ell. Pechkohlenflötze zu Oberhohndorf	1,847	80,304	6,499	11,350	5,435	4,4	0,616	50
Desgleichen aus dem 3½ elligen Flötze . . .	4,030	70,817	6,106	19.047	4,321	3,9	0,601	50
Beste Gaskohle aus beiden Flötzen	1,171	93,153	5,221	0,445	5,178	4,8	0,709	55
Schichtenk. v. Hoffnungs-Flötze d. Hoffnungsschachtes	4 087	71,240	5,179	19,494	3,352	4,8	0,549	55
Pechkohle aus d. unt. Abthl. des tiefen Planitzer Flötzes	5,704	79,545	5,520	9,231	4,655	3,0	0,626	60
Schmiedek. aus d. ob. Abthl. des tiefen Planitzer Flötzes	4,438	79,662	4,968	10,932	3,943	3,0	0,509	60
Kohle vom Amandus-Flötze	1,106	84,507	6 837	7,550	6,129	4,5	0,623	55
Kohle vom 2. Flötze des Bürgergewerkschaft-Schachtes	4,964	83,606	4,484	6,946	3.835	4,1	0,614	56
Kohle v. oberen Flötze d. Bürgergewerkschaftschachtes	11,619	79,895	5,382	3,104	5,091	3,7	0,611	55
Kohle aus dem Plauen'schen Becken.								
Gaskohle vom Hänichener-Schacht	12,071	72,017	4,670	11 242	3,616	3,7	0,611	62,5
Weicher Schiefer vom Oppeltschachte	12,759	72,142	5,693	9.406	4,812	4,3	0,609	55
Gaskohle vom Moritzschachte in Gittersee . .	14,595	70,902	4,641	9,862	3,717	3,6	0,581	60
Gaskohle vom Reinholdsschachte an dem Windberge	8,956	73,838	4,780	12,426	3,615	3,6	0,595	68,75
Kohle vom Döhlener Kunstschachte	7,437	85,203	5,717	1,643	5,563	4,0	0,598	56,25
Kohle vom Augustusschachte in Burgk . . , .	11,897	76,513	4,697	10,893	3,655	3,9	0,578	68,75
Kohle vom Wilhelminenschachte	10,211	74,010	4,316	11,463	3,242	3,7	0,611	67,5
Kohle vom Albertschachte	13,808	71,092	4,672	10,428	3.645	3,4	5,566	61,25
Gaskohle vom Windbergschachte	3,496	78,954	4,335	13,215	3,221	4,2	0,613	65

Es ist nicht zu verkennen, dass die durch unmittelbare Versuche ermittelten Gasmengen und der angenommene, sogenannte verfügbare Wasserstoff einigermassen parallel laufen, aber welchen Grund hat Prof. Stein, gerade drei Viertheile des Sauerstoffs für die Wasserbildung zu rechnen? Ist das Verhältniss überhaupt constant? Wenn dies wäre, wie kommt es denn, dass englische Cannelkohlen, von denen einige Sorten in ihrer chemischen Zusammensetzung fast identisch mit deutschen Kohlensorten sind, sowohl quantitativ wie qualitativ eine grössere Gasausbeute liefern, wie diese?

Zwei Punkte von untergeordneter, wenn gleich nicht unwichtiger Bedeutung sind es, über welche uns die chemische Analyse Auskunft giebt; es sind dies der Aschen- und Schwefelgehalt. Beide Bestandtheile sind für die Gasfabrikation negativer Natur, ersterer, weil er die Gasausbeute verringert, letzterer, weil er das Gas verunreinigt, und zu seiner Entfernung die Anwendung eines mehr oder weniger umfangreichen Reinigungsverfahrens nöthig macht. Die Aschenbestandtheile der Kohle, welche als fremde Beimengungen derselben zu betrachten, mit ihrer Natur in keinem Zusammenhange stehen, sind im Wesentlichen: Kieselerde, Thonerde, Eisen, Kalk, Magnesia, Kali und Natron; der Schwefel, den alle Kohlen in grösserem oder geringerem Maasse enthalten, geht zum Theil mit dem Gase fort, zum Theil bleibt er gleichfalls in der Asche zurück. In den meisten Aschen bildet die Kieselerde und die Thonerde die Hauptmasse, in anderen gewinnt das Eisen die Oberhand; die übrigen Bestandtheile sind meist nur in sehr geringen Mengen vorhanden.

Die Ermittelung der Aschenmenge geschieht einfach dadurch, dass man ein abgewogenes Quantum der Kohle in einer an beiden Enden offene Röhre verbrennt. Der Kohlenstoff wird verzehrt, und weggeführt, die unverbrennliche Asche bleibt im Rückstande.

Bei der Untersuchung auf Schwefel kommt es nach dem oben Gesagten darauf an, den Theil desselben zu ermitteln, der mit den flüchtigen Bestandtheilen fortgeht. Dies erreicht man, indem man den Schwefelgehalt, der in der Coke zurückbleibt, von dem Gesammtgehalt der Kohle subtrahirt. Die Untersuchung zerfällt daher in zwei Theile, einen für die Kohle, und einen für die Coke.

Man mischt zuerst 100 Gewichtstheile fein pulverisirter Kohle mit einem Ueberschuss von kohlensaurem Natron und Salpeter, und bringt die Mischung in einer offenen Kelle über ein freies Feuer, so dass die Luft freien Zutritt hat. Nachdem die Verbrennung aufgehört hat, nimmt man die Kelle vom Feuer und lässt sie abkühlen. Die auflöslichen Theile werden mit Wasser ausgezogen, und die Auflösung filtrirt. Die abfiltrirte Flüssigkeit wird mit Salpetersäure, und dann mit einem Ueberschuss von salpetersaurem Baryt versetzt, wodurch sich ein Präcipitat von schwefelsaurem Baryt bildet. Der Niederschlag wird sorgfältig gewaschen, getrocknet und gewogen. Jede 117 Gewichtstheile zeigen 16 Gewichtstheile Schwefel an, und hieraus berechnet man den Gehalt in Prozenten.

Zur Herstellung der Coke nimmt man wieder 100 Gewichtstheile Kohlen, bringt sie in einen Tiegel, dessen Deckel in der Mitte mit einer kleinen Oeffnung versehen ist, und setzt das Ganze der Rothglühhitze aus, bis alles Ausströmen von Gasen durch diese Oeffnung im Deckel aufhört. Ist dies der Fall, so wird der Tiegel vom Feuer genommen und abgekühlt, alsdann die Coke herausgenommen und abgewogen.

Die weitere Behandlung der Coke stimmt genau mit dem Verfahren für die Kohlen überein.

Es ist nicht immer gesagt, dass die schwefelreichsten Kohlen auch das schwefelreichste Gas geben müssen; die Erfahrung zeigt sogar sehr oft das Gegentheil. Man erklärt dies aus dem Umstande, dass sich der Schwefel theilweise in freiem Zustande in den Kohlen vorfindet, während er anderntheils an Eisen gebunden als Eisenkies vorhanden ist. Wahrscheinlich geht er je nach dem Zustande, der vorwaltet, leichter oder schwerer in die flüchtigen Verbindungen über.

Die Vorräthe von Steinkohlen, welche unter unserer Erdoberfläche aufgespeichert liegen, sind unermesslich. Bleiben wir zunächst bei Deutschland stehen, so ist es vor allen Dingen Preussen, welches grosse Schätze davon besitzt. Die Kohlenreviere in Westphalen, das Saarbrücker Kohlenbecken in der Rheinpfalz am südlichen Fusse des Hundsrück, das Waldenburger Revier in Schlesien und einige kleinere Lager bei Wettin und Löbejün im Saalkreise liefern grosse Quantitäten; erstere nicht nur für Deutschland, sondern auch für die östlichen Districte Frankreichs, und concurriren sogar mit der englischen Kohle in Holland. In Sachsen ist das Zwickauer Becken von Wichtigkeit; Böhmen hat zwei Steinkohlenbezirke, den einen an der schlesischen Grenze, der mit dem Waldenburger Revier zusammenhängt, den andern im westlichen Theile des Landes. Mähren fördert Kohlen bei Ostrau, Bayern in der Nähe von Kronach, Baden liefert kleine Quantitäten, Hannover hat einige Flötze im Deister, Süntel, Osterwald und um Osnabrück.

Das westphälische oder Ruhr-Becken ist eines der bedeutendsten Kohlenbecken des ganzen europäischen Continents, und erstreckt sich vom Rheine aus durch die Regierungskreise von Duisburg und Essen in Rheinpreussen bis durch die Kreise von Bochum, Dortmund und Hamm in Westphalen, ohne dass die nördlichen und östlichen Grenzen bis jetzt überhaupt erreicht worden wären. Für den Flächenraum, wo die flötzreiche Abtheilung zu Tage liegt, kann man etwa 7½ Quadratmeilen annehmen; wenn man aber das ganze Terrain berücksichtigt, auf welchem man durch Bohrversuche auf Kohlenflötze gekommen ist, so dürfte dasselbe einen doppelt so grossen Flächeninhalt erreichen. Unter den zur Zeit bekannten vier Hauptmulden ist die von Essen die wichtigste, weil sie die tiefste bekannte Partialmulde, und in dieser die hangendsten aufgeschlossenen Flötze enthält, welche die vortrefflichen Gaskohlen liefern. Auf der Grube »Zollverein« hat die hangende Etage oder die Etage der Gaskohlen 7 bauwürdige Flötze mit einer Gesammtmächtigkeit von 330 Zoll reiner Kohle, die wichtigsten darunter sind die Flötze 4, 6 und 11. Ein Gebirgsmittel von etwa 180 Lachter Mächtigkeit trennt die hangende Etage von der nächst tieferen, der mittleren der ganzen Formation, deren höchste Flötze durch die Baue von Victoria-Matthias, Graf Beust, Elisabeth u. s. w. aufgeschlossen sind. Die hangendsten Flötze der mittleren Etage führen auch noch backende Kohlen, die sich theilweise zur Gasbereitung eignen, die liegendsten hingegen Sinterkohlen. Die unterste, liegende Etage der Formation, die in der Essener Mulde wenig, desto mehr aber in der Hauptmulde von Bochum aufgeschlossen ist, führt meist nur magere oder Sandkohlen, die sich nur bisweilen den Sinterkohlen nähern. Ausser dem »Zollverein« liefern namentlich auch die »Hibernia«, »Holland«, beide bei Gelsenkirchen und »Vereinigte Hannibal« bei Marmelshagen vortreffliche Kohlen aus der hangendsten Etage. Auf »Hibernia« sind es hauptsächlich die Flötze 4 und 6, auf »Holland« die Flötze »Rudolph«, »Friedrich« und »Heinrich«, auf »Vereinigte Hannibal« die Flötze 2 (»Arnold«), 3 (»Johann«) und 5 (»Hannibal«), welche die besten Gaskohlen geben. Auf »König Leopold« soll man ein 10zölliges Flötz mit sehr fester, matt glänzender Cannelkohle getroffen haben, doch ist mir über die weiteren Eigenschaften dieser Kohle bis jetzt nichts bekannt geworden. Die Hauptmulde von Bochum enthält zahlreiche Partialmulden, und von den drei Etagen der Formation sind hier bis jetzt nur die zwei unteren bekannt. Im westlichen Theile ist die Qualität der Kohle dieselbe, wie in der Hauptmulde von Essen; die liegende Etage führt Sandkohlen, die mittlere in der unteren Abtheilung Sinterkohlen, in der oberen Backkohlen. Nach Osten nimmt jedoch die Eigenschaft zu backen derart zu, dass die mageren Flötze anfangen, sich der Sinterkohle zu nähern, dass die Sinterkohlen in mässig backende Kohlen übergehen, und die hangendsten Backkohlenflötze ziemlich ergiebig an Leuchtgas werden. Letzteren Fall repräsentiren die Flötze von »Vereinigt Dorstfeld«, welche ohne Zweifel unter dem Niveau der Zollvereins-Gruppe liegen. Dem äusseren Aussehen nach gehören die westphälischen Gaskohlen zu den dünnschieferigen Schieferkohlen (Blätterkohlen). Matte Schichten wechseln mit Schichten glänzender Pechkohle, auch finden sich hie und da Lager der harzlosen Faserkohlen, die ganz das Aussehen von Holzkohlen haben; selten aber sind die Schichten von beträchtlicher Stärke, sondern vielfach so dünn, dass man sie mit blossem Auge kaum mehr unterscheiden kann, und dadurch gewinnen dann die Kohlen oft ein fast homogenes Aussehen von fast eisengrauer, matter Färbung, welches nur hie und da durch eine deutlichere Schichtung unterbrochen wird. Die Kohlen sind so mürbe, haben eine so geringe Cohäsion, dass sie schon bei der Förderung wenig in grösseren Stücken fallen, und einen weiten Transport nicht vertragen können, ohne fast gänzlich zu feiner oder klarer Kohle zu werden. Werden sie, wie das leider bei der Beförderung in offenen Wägen auf den Eisenbahnen häufig vorkommt, auf dem Transport nass, so trocknen sie auf dem Lager schwer wieder ab. Die Zollvereinskohle namentlich soll die Eigenschaft haben, dass sie sich bei längerem Lagern leicht entzündet, was ihrem Gehalt an Schwefelkies und der Beschaffenheit der darin vorkommenden Bergmittel (ein sehr hygroscopischer Thon) zugeschrieben wird, während eine Entzündung bei Hibernia und Hannibal nicht vorkommt. Nach den Erfahrungen des Director Schiele (Journ. f. Gasbel. Jahrgang 1860 S. 322) ist die Zollvereinskohle auch dadurch von den übrigen verschieden, dass sie sich, frisch aus der Grube verwendet, weit weniger vortheilhaft verarbeitet, als wenn sie zuvor zwei bis drei Monate gelagert hat, während Hibernia und namentlich Hannibal eine längere Lagerung nicht vertragen können, ohne beträchtlich an Güte zu verlieren.

Ein sehr wichtiges Lager von Kohlen findet sich zwischen Saarbrücken und Kreuznach. Es gehört theils zu Preussen, theils zu Bayern (Rheinpfalz), theils zum Grossherzogthum Oldenburg (Birkenfeld), theils zu Hessen-Homburg (Maisenheim) und theils zum überrheinischen Hessen-Darmstadt. Man hat auch in Frankreich bei Klein-Rosseln eine Fortsetzung des Kohlenbeckens aufgefunden, doch ist dieselbe von keiner Bedeutung. Das ganze Gebiet umfasst eine Fläche von 55 Quadratmeilen, doch werden 26½ Meilen hievon durch Porphyr, Melaphyr und rothen Sandstein eingenommen, auch ist der ganze nördliche Theil sehr arm an Kohlen und findet sich das eigentliche ergiebige Revier nur im Südwesten an den Ufern der Saar in einer Flächenausdehnung von nicht 3 Quadratmeilen. Der preussische Theil enthält die drei Districte Saarbrücken, Saarlouis und Ottweiler, und in diesen die bekannten Gruben »Duttweil«, »Heinitz« u. s. w. mit zusammen 240 Fuss Kohlen in 77 bauwürdigen Flötzen. Abweichend vom Ruhrbassin enthält hier die unterste, liegende Etage die Backkohlen und Gaskohlen, die mittlere Etage Kohlen mit langer Flamme und die oberste hangendste Sinterkohlen und Sandkohlen. Der bayerische Theil des Kohlenfeldes bei St. Ingbert im Bezirk von Blieskastel enthält nur die untersten Flötze und liefert gleichfalls gute Gaskohlen, bei Bexbach ist dagegen nur die mittlere Flötzgruppe vertreten. Die Saarbrücker Gaskohle ist eine eigentliche Schieferkohle, und unterscheidet sich von der westphälischen schon durch ihr Aussehen. Sie ist deutlich geschichtet, auch fällt sie in grösseren Stücken von ziemlicher Festigkeit, so dass sie einen beträchtlichen Transport vertragen kann, ohne so viel klare Kohle zu geben, wie die westphälische.

Das Zwickauer Kohlengebiet ist schon seit dem Jahre 1348 bekannt, wurde jedoch seit dem Jahre 1841 in einer weit umfassenderen Ausdehnung unter dem rothen Sandstein aufgeschlossen. Die eigentliche, alte Zwickauer Mulde hat eine sehr geringe Ausdehnung, aber einen grossen Reichthum an Kohlen. Am rechten Muldenufer kennt man 9 Flötze mit 78 Fuss Kohlen, am linken Muldenufer 9 Flötze mit 96 Fuss Kohlen. Weit ausgedehnter sind die Lager unter dem rothen Sandstein, dort erstreckt sich das Bassin von Zwickau bis nach Chemnitz und hat eine Flächenausdehnung von etwa 6 Quadratmeilen. Das wichtigste Flötz des Zwickauer Beckens für die Gasbereitung ist das hangendste oder sogenannte 3½ellige Pechkohlenflötz in Oberhohndorf am rechten Muldenufer. Es liefert eine deutlich geschichtete Schieferkohle, in der die glänzenden Lager von Pechkohle vorherrschen, zuweilen so überwiegend, dass sie zu einer reinen Pechkohle wird. Sie ist in ihrem Aussehen der Saarbrücker Kohle ähnlich, aber glänzender, fester, fällt in grossen Stücken (Stückkohlen) und kann sowohl den Transport als ein längeres Lagern ohne wesentlichen Nachtheil vertragen. Selbstentzündungen sind mir nicht bekannt. Unter dem obigen ersten 3½elligen Pechkohlenflötz folgt noch ein zweites 1½ bis 2¼elliges, welches jedoch an Qualität dem ersten nachsteht, dann folgen das Scherbenkohlenflötz, das Lehkohlenflötz, beide noch sogenannte Pechkohlen von untergeordneter Qualität führend, ferner das Zachkohlenflötz, das Schichtenkohlenflötz und mehrere mächtige Flötze von Russkohle, welche für die Gasindustrie nicht mehr zu verwenden sind. Die hauptsächlichsten Gruben, aus welchen die Gaskohlen bezogen werden, sind diejenigen des »Erzgebirgischen Steinkohlenbauvereins«, des »Zwickauer Steinkohlenbau-Vereins«, der »Bürgergewerkschaft«, die Gruben »Frisch-Glück« und »Bescheert-Glück«, des »Augustus-Schacht,« des »Schader Steinkohlenbauvereins« und einige andere im Oberhohndorfer-Revier. Die beste Sorte wird als Pech-Stückkohle bezeichnet, d. h. als eine Pechkohle in grossen Stücken, doch ist sie, wie schon erwähnt, keine reine Pechkohle, sondern eine mit Lagern von Russkohle mehr oder weniger untermischte Schieferkohle, auch pflegt man selten die Stückkohlen allein zu liefern, sondern vermischt sie mit der zweitgrossen Sorte, der sogenannten »Würfelkohle«. Ein Uebelstand der Zwickauer Kohle ist der, dass sie sehr häufig mit Gebirgsmittel (Scheeren) von Thon verunreinigt sind, wodurch die Ausbeute an Gas und Coke beeinträchtigt wird. Es giebt Kohlen, die, in grossen Stücken geliefert, ein sehr schönes Aussehen haben, und wenn man die Coke aus den Retorten zieht, so findet man diese Thonschiefer in Masse darin. Dieser Umstand findet sich natürlich in gewissen Gruben vorherrschend, aber er kommt auch zeitenweise, je nach den Verhältnissen des Abbaues, in solchen Gruben vor, die sonst im Allgemeinen eine ziemlich reine Kohle liefern

Nicht sehr verschieden von den Zwickauer Kohlen sind die Kohlen aus dem Plauen'schen Grund bei Dresden. Es sind gleichfalls deutlich geschichtete Schieferkohlen, nur bedeutend weicher als die Zwickauer, auch sind die Schichten der Pechkohle weniger vorherrschend, als bei letzteren. Die Sorten, welche in der Gasindustrie, namentlich in der Dresdener Anstalt, Verwendung finden, sind aus dem »Windbergschachte« des »Pottschappler Actien-Vereines« in der Nähe von Potschappel, und aus dem »Oppeltschachte« der königlich-sächsischen Steinkohlenwerke Zaukerode.

In Schlesien sind zwei Kohlenreviere zu unterscheiden, das niederschlesische am östlichen Abhang des Riesengebirges in den Kreisen Landshut, Waldenburg und Glotz, welches sich nach Böhmen hineinzieht, und das oberschlesische in den Kreisen Ratibor, Rybnik, Pless, Beuthen und Tost im Regierungsbezirk Oppeln. Von den niederschlesischen sind es die Backkohlen von Waldenburg, welche in der Gasindustrie die meiste Verwendung finden; in Breslau z. B. verwendet man die Kohlen aus dem »Wrangelschacht,« Glückhilfgrube im Hermsdorfer Revier, und diejenigen aus dem »Bradeschacht« oder dem sogenannten »Fuchsstollen« im Weisssteiner Revier. Die Kohle von beiden Sorten ist, sobald sie in Stücken gefördert wird, ziemlich erheblich mit Adern von Schiefer durchsetzt, und wird desshalb, soviel als möglich, mehr in Würfelform verarbeitet. Beide Sorten backen gut, namentlich aber die Kohle aus dem Wrangelschacht. Die backende Eigenschaft besitzen die oberschlesischen Kohlen in weit geringerem Grade, auch bedürfen sie weit weniger Reinigung als die letzteren.

In Mähren werden die Kohlen von Mährisch-Ostrau für die Gasindustrie verwandt. Sie gehören einer elliptisch geformten Mulde an, die von der Oder bei Hruschau bis Karwin eine Länge von 1 ½ Meilen und eine Breite von ungefähr 1 Meile hat. Man kennt dort 60 Flötze mit einer Mächtigkeit von 1 Fuss bis 4½ Klafter, wovon etwa die Hälfte abgebaut werden. Die besten Gaskohlen liefern die Gruben »Hermenegilde-Zeche« bei Polnisch-Ostrau, »Michaeli-Zeche« in Michalkowitz, beide der Kaiser Ferdinand Nordbahn-Gesellschaft gehörig, die »Jaklowetzer Grube« des Freiherrn von Rothschild bei Polnisch-Ostrau und die »Josephi-Zeche« von Joseph Zwierzina's Erben ebendaselbst.

Böhmen hat in der Nähe von Pilsen eine elliptisch geformte Steinkohlenmulde von etwa 10 Quadratmeilen Flächenraum, welche für die Gasindustrie von einiger Bedeutung zu werden verspricht. Der Abbau ist erst in der Entwicklung begriffen, seitdem durch die Eröffnung der Böhmischen Westbahn der Absatz der Kohlen auf weitere Entfernung möglich geworden ist, und es lässt sich noch nicht sagen, wie weit die Besitzer es verstehen werden, mit den anderen, namentlich den Zwickauer Kohlen, zu concurriren. Unter den Gruben, welche die meiste Beachtung verdienen, ist vor Allem die Pankraz-Zeche bei Nirschan im Bezirk Staab zu rechnen, welche zwei Sorten Kohle fördert, die unter dem Namen Schwarzkohlen und Plattenkohlen verkauft werden. Die Schwarzkohle ist eine deutlich geschichtete Schieferkohle, ähnlich wie die Zwickauer, nur etwas mürber, und noch etwas weniger backend, die Plattenkohle dagegen ist eine Cannelkohle von schieferigem Bruch, grauem Aussehen und grosser Härte. Gegenwärtig sind 3 Flötze aufgeschlossen, von denen das hangendste 36 Zoll Mächtigkeit hat, nemlich 24 bis 28 Zoll Schwarzkohle, 2 bis 3 Zoll Letten als Zwischenmittel und 8 bis 12 Zoll Plattenkohle; das zweite Flötz ist 5 bis 7 Fuss mächtig, mit und ohne Letten-Zwischenmittel, das liegendste Flötz hat 24 bis 28 Zoll Mächtigkeit und keine Zwischenmittel. Ferner sind zu erwähnen die Kohlenbaue der v. Lindheim'schen Erben in Mantau, die eine mehr backende Kohle liefern, und gegenwärtig für eine grössere Production hergerichtet werden, sowie die Baue von Albrecht und Seifert in Mies bei Wilkischen, von denen man sich eine sehr reine Kohle verspricht.

Die bayerischen Steinkohlen, welche in den v. Swaine'schen Gruben in Stockheim bei Kronach gewonnen und namentlich als Zusatz zu anderen Kohlen von einigen Gaswerken verwandt werden, gehören zu den Russkohlen, und fallen fast gar nicht in grösseren Stücken, sondern als klare, pulverige Kohle. Die einzelnen, grösseren Stücke lassen eine Schichtung fast gar nicht erkennen, sondern haben ein fast homogenes Aussehen von bräunlich schwarzer Farbe, matten Glanz, färben stark ab und sind sehr mürbe. Die Eigenschaft zu backen ist ihnen in hohem Grade eigen.

Die englischen Kohlen, welche in Norddeutschland zur Gasbereitung verwandt werden, kommen meist aus Newcastle (Old Pelton Main, New Pelton Main, Burnhope, Pelaw u. s. w.), als Zusatz finden die schottischen und Newcastle Cannel-Kohlen Anwendung, namentlich Boghead, Leversons Wallsend, Ramsay und Wigan.

Die westphälischen Gaskohlen liefern per Zoll Zentner 490—500 c' engl. Gas. Die Coke-Ausbeute ist verschieden. Zollvereinskohle giebt nur etwa 120 Volumprozente und geringe Coke, während Hibernia- und Hannibal-Kohle 150 Volumprozente Coke von sehr guter Qualität liefert. Dem Gewichte nach beträgt die Coke der letzteren Sorten etwa 70 Prozent. Die Heinitzkohle von Saarbrücken ergiebt 470 bis 480 c' engl. Gas per Zoll Centner und dem Gewichte nach reichlich 50 Prozent Coke. Die Zwickauer Gaskohlen liefern etwa 435 bis 445 c' engl. Gas per Centner und zwischen 50 und 60 Gewichtsprozent Coke. Für die Kronacher oder Stockheimer Kohle kann man etwa 400 c' engl., und für die Deisterkohle, welche in Hannover theilweise verwendet wird, nur 350 c' engl. Gas per Zoll Centner rechnen. Die Pelton-Main Kohle von Newcastle ergiebt 500 c' engl. Gas und 70 Gewichtsprozent Coke. Die einzelnen Sorten der Newcastle-Kohlen sind nicht wesentlich von einander verschieden, übrigens kommen unter der Bezeichnung Pelton-Kohlen auch Kohlen aus anderen Gruben in den Handel. Die Cannelkohlen geben die höchste Gasausbeute, die sich bei der Boghead bis zu 760 c′ engl. per Zoll Centner steigert, aber ihr Cokeerträgniss ist quantitativ wie qualitativ dafür um so geringer. *)

Folgende Tabelle enthält die Namen der wichtigsten englischen Gaskohlen nebst deren Zusammensetzung nach den im Journal of Gas-Lighting veröffentlichten Untersuchungen:

Namen der Kohlen.	Specifisches Gewicht.	In 100 Theilen.		Asche Prozent.	Schwefel in		
		Gase	Coke.		Kohlen.	Coke.	Asche
Boghead cannel	1,221	68,4	31,6	22,8	0,53	0,08	0,45
Kirkness cannel	1,208	60,0	40,0	13,5	1,40	0,58	0,82
Capeldrae cannel	1,227	54,5	45,5	10,5	0,65	0,20	0,45
Old Wemyss cannel	1,326	52,5	47,5	15,1	1,30	0,60	0,70
Lesmahago cannel	1.222	49,6	50,4	9,1	2,25	1,14	1,09
Knightswood cannel	—	48,5	51,5	2,4	1,10	0,61	0,49
Arniston cannel	1,197	45,5	54,5	4,18	1,70	0,95	0,75
Wigan cannel	1.271	37,0	63,0	3,00	1,25	0,60	0,65
Ramsays cannel. Newcastle	1,290	36,8	63,2	6,6	1,75	0,94	0,81
Lochgelly cannel	1,320	33,5	66,5	13,1	0,75	0,25	0,50
Pelton main coal	1,270	28,4	71,6	1,41	1,10	0,62	0,48
Pelton main cannel	1,320	31,5	68,5	9,4	0,95	0,49	0.46
Leverson's Wall's end	1,278	34,9	65,1	4,9	1,30	0,65	0,65
Leverson's Wall's end cannel	1,320	30,8	69,2	9,35	1,00	0,50	0,50
Washington coal	1,260	31,25	68,75	2,2	1,30	0,67	0,63
Washington cannel	1,326	27.40	72,60	9,37	1,10	0,56	0,55
Pelaw main coal	1 271	30,3	69,7	2,6	1,2	0,7	0,5
Urpeth coal	1,271	28,7	71,3	1,35	1,0	0,6	0,4
New Pelton coal	1,265	30,2	69,8	1,75	1,1	0,56	0,54
Deans Primrose	1,261	29,25	70,75	2,4	1,4	0,71	0,69
Stavely (Derbyshire)	1,275	40,9	59,1	2,7	1,2	0,8	0,4
Elsecar Low Pit (Yorkshire)	1,258	37,0	63,0	1,1	1,2	0,63	0,57
Grigleston Cliff soft (Yorkshire)	1,255	35,6	64,4	1,6	1,4	0,75	0,65
Silkston Nr. 1 (Yorkshire)	1,260	34,1	65,9	2,78	1,3	0,8	0,5
Silkston Nr. 2 (Yorkshire)	1,259	38,0	62,0	2 55	1,1	0,6	0,5
Silkston Nr 3 (Yorkshire)	1,262	35,2	64,3	2,3	1,45	0,75	0,7
Arley (Lancashire)	1,270	33,7	66,3	3,6	1,2	0,6	0,6
Heathern (Staffordshire)	1,280	42,9	57,1	1,75	1,5	0,7	0,8
Coal-Pit Heath, (Gloucestershire)	1,370	30,1	69,9	5,8	4,1	2,2	1,9
Radstock, (Somersetshire)	1,275	38,25	61,75	3,5	3,1	1,8	1,3
Rhonda S. Wales	1,278	22,8	77,2	2,7	2,3	1,2	1,1
West Hartley	1,269	35,8	64,2	4,7	1,1	0,6	0,5
Hastings Hartley	1,278	36,5	63,4	2,0	0,95	0,5	0,45
Gosforth	1.260	35,0	65,0	1,0	1,1	0,5	0,6
South Pearch	1,266	27,8	72,2	1,8	1,2	0,6	0,6
Garesfield (Butes)	1,290	28,3	71,7	3.2	0,9	0,4	0,5
Garesfield (Cowans)	1,259	29,4	70,6	0 95	0,85	0,4	0,45
South Tyne	1.339	36,3	63,7	3,9	2,1	1,1	1,0
Blankinsopp	1,298	38,0	62,0	5,1	1,6	0,8	0,8
Woodthorpe, S. Yorkshire	1 347	33,1	66,9	10,5	1,2	0,7	0,5
Soape House Yorkshire	1,258	35,0	65,0	0,8	0,75	0,4	0,35
Mortomley, Yorkshire	1 220	37,0	63,0	1,6	1,1	0,6	0,5
Cumberland Nr. 1	1,294	25,5	74,5	2,1	1,3	0,7	0,6
Cumberland Nr. 2	1,275	25,6	74,4	1,4	1,1	0,6	0,5
Cumberland Nr. 3	1,290	30,9	69 1	4,0	1,7	0,8	0,9
Ruabon, Nant Seam N. Wales	1,269	37,9	62,1	1,4	1,1	0,7	0,4
Ruabon, Top yard Seam	1,269	37,5	62,5	2,5	1,4	0,8	0,6
Ruabon, Main coal	1,284	41,5	58,5	1,0	0,85	0,45	0,4
Ruabon, Yard seam	1,271	34,0	66,0	1,4	1,1	0,6	0,5
Nailsea, Somersetshire	1,312	23,1	76,9	2,1	2,2	1,1	1,1

*) Siehe den Aufsatz „Untersuchungen über Gaskohlen von N. H Schilling." Journal für Gasbeleuchtung Jahrg. 1863. S. 120 u. f.

Die belgischen Kohlen, die am besten im Bassin von Mons vorkommen, sowie die französischen Kohlen haben für die deutsche Gasindustrie wenig oder gar keine Bedeutung.

Die hier angegebenen Zahlen für den Gas- und Coke-Ertrag der verschiedenen Steinkohlensorten sind Mittelwerthe aus Betriebs-Resultaten gut arbeitender Gasanstalten. Es liegt auf der Hand, dass für Zwecke der praktischen Gasindustrie wirkliche Betriebsresultate die einzigen sind, welche maassgebenden Werth besitzen; die Verhältnisse eines kleineren Versuchs lassen eine Menge Umstände unberücksichtigt, die in der grossen Praxis von wesentlichem Einfluss sind. Wir müssen die Bemerkung mit ganz besonderem Nachdruck aussprechen, denn über diesen Gegenstand herrschen vielfach die mangelhaftesten Ansichten, und gerade von wissenschaftlichen Männern sind Angaben aufgestellt worden, die nicht im Geringsten den Werth besitzen, den sie beanspruchen. Betrachten wir zunächst die Verhältnisse allgemein, so ist es leicht begreiflich, dass die Kohle einer und derselben Grube niemals so homogen ist, dass man von einem für einen kleinen Versuch ausgewählten Stücke behaupten hönnte, es repräsentire die Durchschnittsqualität. Man möge aus einer grösseren Quantität eine beliebige Probe herausgreifen, oder aus verschiedenen Stellen einer Grube Proben mit einander mischen, oder was immer für ein Verfahren anwenden, um einem Durchschnitt möglichst nahe zu kommen, man wird nie auch nur annähernd mit der Sicherheit zu Werke gehn, als wenn

Nachstehende Tabelle ist dem Werke von S. Hughes über Gaswerke entnommen:

Bezeichnung der Kohlen.	c′ Gas pro Ton Kohle.	Specif. Gew. des Gases.	Autor.	Bezeichnung der Kohlen.	c′ Gas pro Ton Kohle.	Specif Gew. des Gases.	Autor.
1) Newcastle-Kohlen.				Scotch Parrot	11,147	0,410	Clegg.
English caking coal	8,000	0,420	Dr. Fyfe	Ramsay's Newcastle cannel	11 120	0,410	,,
Newcastle coal	11,648	0,475	J. Hedley.	Lesmahago cannel	10,987	0,400	,,
Pelaw, Newcastle	11,424	0,444	,,	Lesmahago cannel	10,400	0,400	,,
Pelton, Newcastle	11,424	0,437	,,	Ramsay's Newcastle cannel	10,400	0,410	,,
Blenkinsopp, Carlisle	11,200	0,521	,,	,, ,, ,,			
Newcastle	8,500	0,412	London 1837.	,, ,, ,,			
Pelton	11,000	0,430	L. Thompson.				
Leverson	10,800	0,425	,,	Lesmahago cannel	11,500		Dr. Fyfe.
Washington	10,000	0,430	,,	Welsh cannel	9,500	0,490	,,
Pelaw	11,000	0,420	,,	Wigan cannel	9.500	0,640	,,
New-Pelton	10,500	0,415	,,	Wemyss cannel	9,746	0,567	,,
Deans-Primrose	10,500	0,430	,,	Wemyss cannel	11,681	0,540	A Wright.
Garesfield	10,500	0,398	,,	Wigan cannel	9,878	0,650	,,
Gosforth	10,000	0,402	,,	Knightswood cannel	9,016	0,604	,,
West-Hartley	10,500	0,420	,,	Boghead cannel	9,333	0,598	Dundee Gaswks.
Hastings-Hartley	10,300	0.421	,,	Lesmahago cannel	9,667	0,731	Dr. Leeson, Dr.
Blenkinsopp	9,700	0,450	,,	Lesmahago cannel			Miller & Palmer.
Berwick & Craister's Wall's End	12,507	0,470	Clegg	Capeldrae cannel	11,312	0,737	J. Hedley.
Pelaw Main	12,400	0,420	,,	Arniston cannel	11,424	0,737	,,
Rupell's Wall's End	12,000	0,418	,,	Ramsay cannel	11,200	0,606	,,
Ellison's Main	11,200	0,416	,,	Wemyss cannel	10,976	0,670	A. Wright.
Felling Main	11,200	0,410	,,	Kirkness cannel	10,192	0,691	,,
Pearith's Wall's End	9,408	0,478	A Wright	Knightswood cannel	13,200	0,550	,,
Deans Primrose	9,720	0,590	,,	Wigan (Incehall)	11,400	0,528	,,
Benton Main	15,000	0,752	J Evans.	Pelton cannel	11,500	0,520	J. Hedley.
Eden Main	13,500	0,642	,,	Leverson's cannel	11,600	0,523	,,
Heaton Main	13,200	0,618	,,	Washington cannel	10,500	0,500	,,
2) Parrot- oder Cannel-Kohlen.	14,400	0,577	,,	Wigan cannel	14,453	0,640	Clegg.
	12,600	0,626	,,	Wigan cannel	14,267	0,610	,,
	10,300	0,548	,,	Scotch cannel	14,000	0,580	,,
Yorkshire Parrot	14,300	0,580	,,	Scotch cannel	13,813	0,500	,,
Wigan cannel	12,800	0,562	,,				

man das Durchschnittsergebniss aus dem grossen Verbrauch einer Gasanstalt nimmt.   Die Einwirkung der Hitze auf ein Quantum Kohlen von einigen Pfunden ist eine ganz andere, als wenn man eine Retorte mit 150 bis 200 Pfund und darüber ladet.   Sind die Kohlen in einer dünnen Lage ausgebreitet, so hat die Hitze fast gar keine Masse zu durchdringen, und alle Kohlenstücke werden fast gleichzeitig von demselben Hitzegrad getroffen.   Liegen dagegen die Kohlen in grösserer Masse in der Retorte, so ist die äusserste Partie derselben schon längst der höchsten Temperatur ausgesetzt gewesen, wenn dieselbe Hitze auch die Mitte trifft.   Die in der Mitte sich entwickelnden Destillationsprodukte müssen eine schon theilweise abdestillirte, im höchsten Hitzegrad befindliche Schicht durchstreichen, bis sie in den obern Raum der Retorte und von da in die Vorlage gelangen.   Welchen Unterschied dies in der Quantität und Natur der sich ergebenden Produkte macht, ist uns viel zu wenig bekannt, als dass wir die Resultate des einen Verfahrens ohne Weiteres auch für das andere als gültig annehmen dürfen.   Man könnte geneigt sein, die Resultate des kleinen Versuches über die Erfahrungs-Resultate zu stellen und gewissermassen das Experiment im Laboratorium als einen idealen Fabrikbetrieb anzusehen.   Die hunderterlei negativen Einflüsse, welche sich beim grossen Betriebe geltend machen — als Undichtigkeit der Retorten, Verlust beim Reinigen derselben von Graphit, Einfluss von Wind und Wetter auf die Temperatur der Oefen, vorkommende Reparaturen, hie und da Nachlässigkeiten u s. w. — dies Alles lässt sich beim kleinen Experiment vermeiden.   Wirklich hat man auch schon im Laboratorium Resultate erzielt, gegen welche die grosse Praxis im Rückstand bleibt.   Gewöhnlich aber ist dies nicht der Fall.   Und der Grund liegt darin, dass man meist Nebensachen pedantisch Rechnung trägt, die Hauptsache aber übersieht, nemlich die Temperatur der Retorten.   Schon der Umstand, dass man bei kleinen Versuchen meistens Eisen-Retorten anwendet, reicht hin, um ihnen allen Werth zu nehmen; denn die Temperatur, welche man mit Eisenretorten erreichen kann, bleibt hinter derjenigen zurück, welche seit Anwendung der Thonretorten als die vortheilhafteste von der Praxis ermittelt worden ist.

Ein Verfahren, welches zwar nicht in seiner Ausdehnung, aber doch in seinen Verhältnissen dem grossen Betriebe nahe kommt, besteht darin, dass man das Aufsteigerohr, welches das Gas von der Retorte in die Vorlage leitet, oben schliesst, und kurz vor dem Abschluss ein Zweigrohr anbringt, welches zu einem Condensations- und Reinigungs-Apparat und dann in eine Gasuhr und einen Gasometer führt, so dass man das in dieser Retorte entwickelte Gas, obgleich es im wirklichen Betriebe erzeugt wird, doch für sich auffängt, abkühlt, reinigt, misst und untersucht.   Beispielshalber will ich hier eine derartige Vorrichtung und das Verfahren näher beschreiben, wie ich es für eine Reihe von Untersuchungen über die Natur verschiedener Gaskohlen angewendet habe.

Zur Destillation der Kohlen wurde die mittlere Retorte eines im regelmässigen Betriebe stehenden Ofens mit 5 Retorten benützt.   Die Retorte war eine aus der Fabrik von A. Keller in Gent bezogene ◠ förmige Thonretorte von 19 Zoll engl. lichter Weite, 16 Zoll Höhe und 8 Fuss Länge, die kurz vorher in den Ofen eingesetzt war, und weder Sprünge oder Risse zeigte, noch Graphit angesetzt hatte.   Vom Mundstück der Retorte stieg das Gas durch ein 5zölliges Aufsteigerohr in die Höhe, die Verbindung mit der Hydraulik war jedoch durch einen Wechsel unterbrochen, und vom oberen Theile des Aufsteigerohrs trat das Gas seitlich in ein 2zölliges schmiedeeisernes Rohr ein, welches in ziemlich starker Neigung auf 46 Fuss Länge bis an das Ende des Retortenhauses geführt war.   Hier mündete dieses Rohr in einen weiteren Condensationsapparat, der aus 4 Stück 2zölligen schmiedeeisernen Röhren von je 12 Fuss Länge bestand.   Die gesammte Kühlfläche vom Aufsteigerohr an gerechnet war 49 ☐ Fuss und demnach für einen Durchgang von 300 bis 400c' per Stunde, wie er bei den Versuchen stattfand, vollkommen ausreichend.   Die Condensationsflüssigkeit floss durch unten angebrachte Syphonröhren selbständig in untergestellte Gefässe ab, vor dem Condensator war auf dem Leitungsrohr ein Manometer angebracht, um etwaige Unregelmässigkeiten in den Apparaten sofort wahrnehmen zu können.   An den Condensator schloss sich ein mit Coke gefüllter Scrubber von 2c' Inhalt an, diesem folgte ein Reinigungsgefäss von 34 Zoll engl. lichter Länge, 24 Zoll Breite und 26 Zoll Tiefe, in zwei Hälften getheilt, und in jeder Hälfte mit zwei Horden versehen.   Die erste Hälfte des Kastens, welche das Gas passirte, war mit 2 c' Laming'scher Masse, die zweite Hälfte mit 1½ c'

Kalkhydrat beschickt, und das Material genügte vollkommen, um das jedesmal durchgehende Gas, im höchsten Falle 1100 c', zu reinigen. Hinter dem Reinigungskasten war eine gewöhnliche Gasuhr für 50 Flammen, mit einem eingelassenen Thermometer zur Beobachtung der Temperatur, aufgestellt und von der Auslassöffnung der Gasuhr ging das Gas durch ein weiteres Leitungsrohr in die grosse Hydraulik der Anstalt, wo der Druck, da die Anstalt mit einem Exhaustor arbeitet, auf Null gehalten ward, und wo es sich mit dem Gase des grossen Betriebes vermischte. Um von dem erzeugten Gase eine Probe zur weiteren Untersuchung desselben abzusondern, wurde ein kleiner Exhaustor angewandt, der in Figur 1 abgebildet ist, und einen einfach wirkenden Glockenexhaustor bildet.

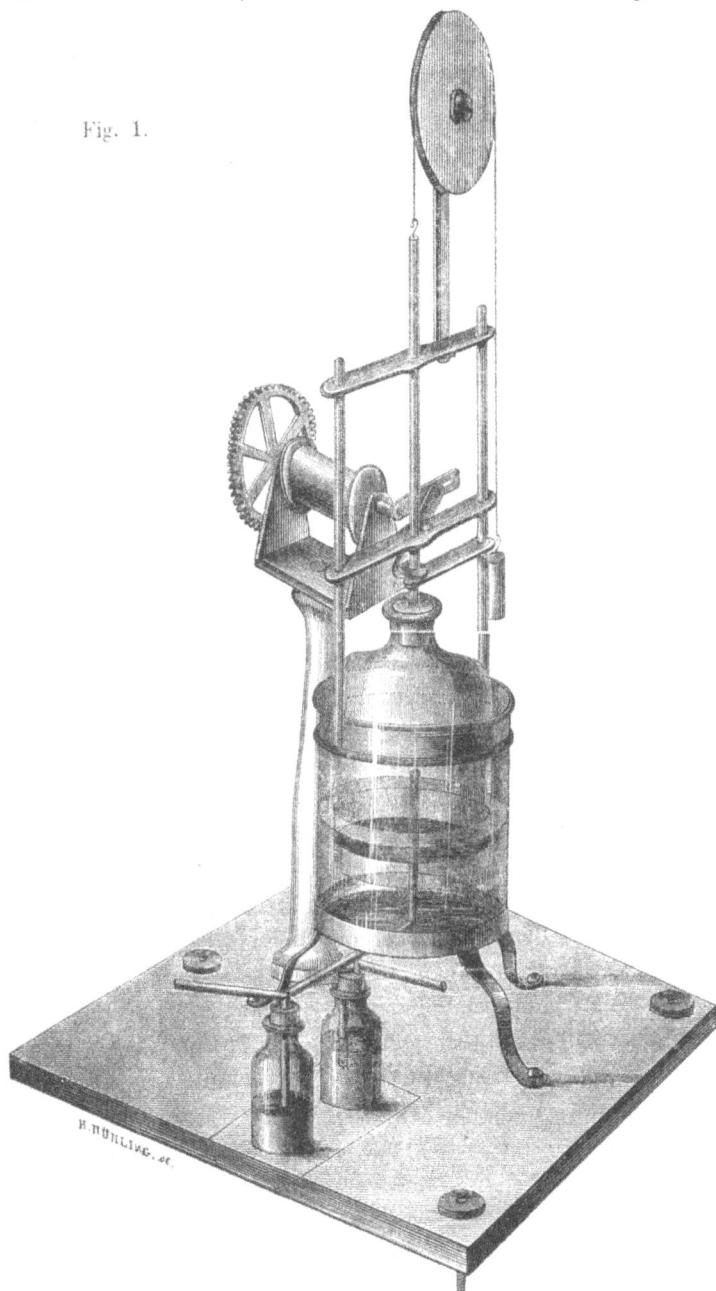

Fig. 1.

Die Glocke selbst bestand aus Glas und hielt 5 Zoll Durchmesser, das Gefäss, in welchem die Glocke geht, ist in der Zeichnung der grösseren Deutlichkeit wegen auch aus Glas, es bestand jedoch in Wirklichkeit aus Blech. Die Bewegung der Glocke ist durch eine Kurbel vermittelt, die ihrer Länge nach geschlitzt ist; dieser Schlitz gestattet die Regulirung der Hubhöhe, so dass man es in der Hand hat, das Lieferungsquantum des Exhaustors innerhalb gewisser Grenzen zu vermehren oder zu vermindern. Die Geradführung und Balancirung der Glocke ergibt sich zur Genüge aus der Zeichnung. Der Wasserverschluss für das Saugen und Drücken ist durch zwei kleine, theilweise mit Wasser gefüllte und mit Gummistopseln verschlossene Gläser bewirkt. Das vordere dieser Gläser enthält das von links kommende Eingangsrohr, welches durch einen guten Gummischlauch mit dem Ausgangsrohr aus der Gasuhr verbunden war, durch welches somit Gas zuströmte, das durch die Gasuhr bereits gemessen war. Dieses Eingangsrohr geht durch den Gummistöpsel in das Glas hinein, und taucht um ein Geringes in die darin befindliche Sperrflüssigkeit ein. Durch den Stöpsel desselben Glases geht noch ein zweites, kurzes, nicht eintauchendes Rohr, welches mit dem Innern der Exhaustorglocke in Verbindung steht. Macht die Glocke ihre aufsteigende Bewegung, d. h. saugt sie, so entsteht im Raume des vorderen Glases ein verdünnter Raum, das Sperrwasser im Glase hebt sich, bis das eintauchende Rohr leer ist, und das im Eingangsrohr stehende Gas tritt um den untern Rand dieses Rohres herum durch das Wasser hindurch in den obern Raum des Glases und von da durch das zweite Rohr weiter unter die Glocke des Exhaustors. Macht die Glocke des Exhaustors ihre niedergehende Bewegung, d. h. drückt sie, so entsteht im Raume des vordersten Glases ein Ueberdruck, der das Wasser aus diesem Raume in das Eintauchrohr in die Höhe treibt, und den Zufluss des Gases absperrt. Ein ähnliches Verhältniss findet in dem hinteren Glase statt. Hier geht von dem Rohr, welches das einströmende Gas in die Exhaustorglocke führt, ein Zweigrohr ab, durch den Gummistöpsel hindurch, und taucht in das Sperrwasser ein, während ein zweites nicht eintauchendes Rohr, welches nur eben durch den Stöpsel hindurch reicht, das vom Exhaustor abgesogene Gas weiter zu einem kleinen Gasbehälter führt, mit welchem es durch einen zweiten guten Gummischlauch in Verbindung gebracht worden ist. Saugt die Glocke, so entsteht in dem eintauchenden Rohre ein verdünnter Raum, das Wasser aus dem Raume des Glases tritt darin in die Höhe, und die Communication für das Gas ist unterbrochen. Drückt dagegen die Exhaustorglocke, so wird durch den entstehenden Ueberdruck das Sperrwasser aus dem eintauchenden Rohre verdrängt, und das Gas steigt um dessen unteren Rand herum durch das Wasser in den Raum des Glases in die Höhe (gerade so wie im vorderen Glase beim Saugen) und gelangt von da durch das Ableitungsrohr in den schon vorhin erwähnten Gasbehälter. Dieser Moment ist in der Abbildung dargestellt. Während des Saugens ist also die Communication im hinteren Glase unterbrochen, während des Drückens im vorderen. Es ist klar, dass das Gasquantum, was der Exhaustor bei jedem Gange liefert, ausser von den Dimensionen der Glocke und der Hubhöhe auch von den Wasserständen im Exhaustorgefäss selbst, von den Wasserständen in den Sperrgläsern und von dem Druck im Ein- und Ausgangsrohr abhängt. Im Exhaustor selbst ist während des Aufsteigens oder Saugens der innere Wasserspiegel höher als der äussere, während des Niedergehens oder Drückens umgekehrt der äussere höher als der innere. Damit aber diese Differenz in den Wasserständen oder das Volum, was der Exhaustor bei jedem Gange liefert, sich stets gleich bleibe, ist es nöthig, dass auch die Widerstände, welche die Niveau-Differenz veranlassen, keine Aenderung erleiden. Beim Saugen ist die Niveaudifferenz im Exhaustor bedingt durch den Druck, welcher im Eingangsrohr stattfindet, und durch die Höhe der Eintauchung im vordersten Glase, beim Drücken ist sie bedingt durch den Druck im Gasbehälter, und durch die Eintauchung im hinteren Glase. Die Eintauchungen in den beiden Sperrgläsern bleiben sich für die ganze Dauer eines Versuches gleich, indem, wenn die Gläser gefüllt sind, Wasser weder entfernt noch hinzugefügt wird. Um aber auch den Einfluss des Druckes am Eingang und Ausgang constant zu halten, habe ich bei allen Versuchen sorgfältig darauf gesehen, dass zunächst durch den Exhaustor der Anstalt der Druck in der Hydraulik resp. im Eingangsrohr regelmässig auf Null gehalten wurde, und als sich später gegen den Herbst hin bei vergrösserter Production dennoch kleine Schwankungen, namentlich sogleich nach den frischen Chargirungen, zu zeigen begannen, sperrte ich die Verbindung mit der Hydraulik ab, und liess das Gas durch ein aus dem Fenster des Retortenhauses hinausgeleitetes Rohr frei in die Atmosphäre entweichen. Der Druck im Ausgangsrohr

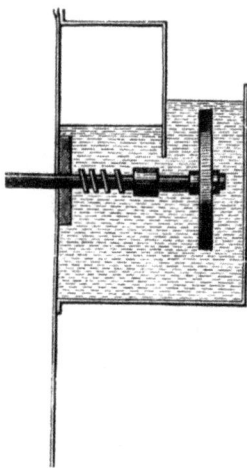

wurde sehr leicht dadurch constant und auf Null erhalten, dass ich den kleinen Gasbehälter, der die Lieferungen des Exhaustors aufnahm, nach einem am Eingangsrohr desselben angebrachten Manometer balancirte. Unter diesen Umständen war ich sicher, dass jeder Gang des Exhaustors, resp. jede Kurbelumdrehung in gleiches Quantum Gas in den Gasbehälter ablieferte. Für die Bewegung des Apparats habe ich die Trommel der Gasuhr benützt, durch welche das produzirte Gas gemessen wurde. Wie in Figur 2 dargestellt, trägt die Welle, an welcher die Kurbel des Exhaustors sitzt, an ihrem anderen Ende ein Zahnrad. Ein genau gleiches Zahnrad wurde auf dem vorderen Ende der Gasuhrentrommelwelle aufgesetzt, und der Vorderkasten der Uhr in der Weise verändert, wie es in nebenstehender Skizze angedeutet ist, so dass ich das Zahnrad des Exhaustors einfach in das Zahnrad der Uhrtrommel einhängen konnte, um die Bewegung der Trommel auf den Exhaustor derart zu übertragen, dass jeder Trommelumdrehung ein Hub des Exhaustors entsprach. Um die Stellung der Räder gegeneinander vollständig zu reguliren, war das Stativ des Exhaustors mit 3 Stellschrauben versehen Ich erreichte damit, dass von dem Gasquantum, welches eine Trommel-Umdrehung lieferte, ein bestimmter und sich immer gleich bleibender Theil in den Gasbehälter abgesogen wurde. Genau genommen, kann man zwar einwenden, dass dieser Theil in seiner Qualität nicht der Durchschnittsqualität der ganzen bei einer Trommelumdrehung gelieferten Gasmenge entspreche, indem er nur während der ersten Hälfte der Trommel-Umdrehung abgesogen wurde, hiegegen ist jedoch zu bedenken, dass der Verlauf eines Destillationsversuches bei einer Gesammtproduction von 800 bis 900 c′ Gas 320 bis 360 Trommel-Umdrehungen erforderte; bei einer so grossen Zahl können die Schwankungen, die in der einzelnen Umdrehung liegen, nicht mehr in Betracht kommen. Der Gasbehälter hatte einen Rauminhalt von 11 c′ engl., und war früher zum Prüfen von Gasmessern benützt worden; seine Einrichtung braucht nicht näher beschrieben zu werden.

Die zu vergasenden Kohlen, die sich sämmtlich in trockenem Zustande befanden, wurden, falls mehr als faustgrosse Stücke darunter waren, zerschlagen, alsdann abgewogen, in einem genau 2 Cubikfuss englisch haltenden und mit Untereintheilung versehenen Kübel gemessen, und alsdann in einer gewöhnlichen Clegg'schen Lademulde vor den Ofen gebracht. Vorher schon war das zweizöllige schmiedeeiserne Rohr von der Stelle an, wo es von dem Aufsteigerohr abzweigte, bis zu dem reichlich 1 Fuss davon entfernt sitzenden Wechsel untersucht und sorgfältig gereinigt worden, weil sich dieses Stück gewöhnlich etwas mit Theer versetzt hatte. Der Scrubber war mit frischer Coke, der Reinigungskasten mit frischem Material beschickt, der Wasserstand der Gasuhr controllirt, der Exhaustor eingehängt, und der Gasbehälter an seine Stelle gebracht. Nachdem die Coke der vorhergehenden Chargirung sorgfältig aus der Retorte gezogen, und die Verbindung mit der Hydraulik abgesperrt worden, wurde die Versuchsladung eingetragen und der Deckel geschlossen. Die Gasuhr, deren Stand vorher notirt worden war, fing sofort zu gehen und mit ihr der Exhaustor zu arbeiten an. Die Verbindung des Exhaustors mit dem Gasbehälter stellte ich jedoch erst her, nachdem ich annehmen konnte, dass die Luft, welche durch das Füllen der Apparate in diese hineingelangt, durch das entwickelte Gas verdrängt war. Alsdann wurde der Gummischlauch über die Eingangsmündung des Gasbehälters gezogen, der Wechsel des letzteren geöffnet, der Druck der Gasbehälterglocke, sowie derjenige im Ausgangsrohr der Gasuhr controllirt, ob er an beiden Stellen genau Null betrug, und der Versuch hatte begonnen. Der Stand der Gasuhr, sowie die Temperatur des durch die Uhr gehenden Gases wurde von Viertelstunde zu Viertelstunde beobachtet und notirt, der Fortgang des Versuches im Allgemeinen, der Druck u. s. w. wurde übrigens keinen Augenblick ausser Acht gelassen. Es war nicht selten, dass im Verlaufe eines Versuches Unregelmässigkeiten vorfielen, und dass der Versuch dadurch verunglückte. Ausser den rein zufälligen Ursachen waren es namentlich zwei Umstände, welche die Störungen veranlassten, einmal die Schwankung, welche bei stärkerem Betriebe gegen den Herbst hin in der Vorlage entstand, und dann die Ablagerung von Theer in dem zweizölligen Condensationsrohre zunächst des Aufsteigerohrs. Es ist schon erwähnt worden, dass dieses Rohr jedesmal vor dem Beginn eines Versuches gereinigt wurde; einmal, nachdem eine kleine Abänderung an dem Aufsteigrohr hatte vorgenommen werden müssen, und das erste kurze Stück des Condensationsrohres bis an den Wechsel, ohne dass ich darauf Acht gegeben, eine fast horizontale Lage erhalten hatte, ergab sich plötzlich ein bedeutender Nachlass in der Production, und das horizontale Stück zeigte sich nach Vollendung des Versuches soweit verlegt, dass ein Eisendraht von ½ Zoll Durchmesser kaum durchgeschoben werden konnte. Nachdem die Verstopfung beseitigt und das Rohr wieder vollkommen gereinigt war, wiederholte ich denselben Versuch noch zweimal, und erhielt jedesmal dasselbe Resultat; nachdem alsdann das Rohr wieder in das frühere Gefälle gebracht worden war, traten keine Verstopfungen weiter ein, und die Versuche ergaben wieder die früheren Resultate.

Wenn nach Verlauf von durchschnittlich 4 bis 5 Stunden die Gasentwickelung aufgehört hatte, so wurde der Gasbehälter geschlossen, der Exhaustor ausgehängt, die Retorte geöffnet, die Coke in einen eisernen Karren geleert und an einen reinen Platz auf den Hof gefahren, dort auf einen Haufen gebracht und unter einer Glocke aus Eisenblech luftdicht abgesperrt. Alsdann wurde der Reinigungskasten geleert und notirt, wie weit die Laming'sche Masse schmutzig geworden war, und die Condensationsflüssigkeit mit

Anschluss der im Scrubber an der Coke hängen gebliebenen gewogen. Das im Gasbehälter gesammelte Gas wurde im Photometerzimmer auf seine Qualität weiter untersucht.

Es eignet sich dieses Verfahren besonders dazu, Fragen von localer Bedeutung rasch zu erledigen. Man kann durch dasselbe ermitteln, welche Resultate verschiedene Kohlen unter den auf einer gewissen Anstalt herrschenden Betriebsverhältnissen geben, wenn man zu dem Versuch einen Ofen auswählt, der den mittleren Zustand der Oefen auf dieser Fabrik repräsentirt. Und da die Aufgaben in der Praxis gewöhnlich darin bestehen, den relativen Werth der Materialien für gleiche Verhältnisse zu bestimmen, so ist das Verfahren für die Praxis von ganz wesentlichem Werth. Man muss sich übrigens wohl hüten, den Resultaten einen mehr als localen Werth beizulegen, wenn man sich nicht zuvor davon überzeugt hat, ob die Betriebsverhältnisse der betreffenden Anstalt mit denjenigen anderer Anstalten übereinstimmen.

Zu allgemein gültigen Zahlen gelangt man nur von einer grossen Basis aus. Der allgemeine Ausdruck: Eine Kohle giebt so und so viel Gas u. s. w. soll heissen: Die Kohle giebt dies Resultat als grossen Durchschnitt in unseren bestproducirenden Gasanstalten. In einzelnen Fällen, wo verschiedene günstige Umstände zusammen wirken, gelingt es wohl ausnahmsweise, günstigere Resultate zu erzielen; diese können aber für den grossen Calcul nicht in Betracht kommen.

Es ist indess nicht nur das quantitative Erträgniss der Kohlen, welches denselben ihren relativen Werth verleiht, sondern auch die Qualität der erhaltenen Produkte verlangt in Anschlag gebracht zu werden.

Wie ermittelt man die Qualität des Gases?

Wir haben Eingangs dieses Capitels erkannt, dass es der Kohlenwasserstoff ist, welchem das Gas seine leuchtende Eigenschaft verdankt. Unter diesem Ausdruck ist aber keineswegs ein einzelner Körper zu verstehen. Die chemische Vereinigung zweier Stoffe findet bekanntlich meist in mehrfachen, bestimmten Verhältnissen statt, und die daraus entstehenden Verbindungen haben verschiedene, bestimmte, physikalische und chemische Eigenschaften. So ist es auch mit der Vereinigung des Kohlenstoffs und des Wasserstoffs. Unter der Bezeichnung »Kohlenwasserstoff« ist eine Anzahl von Verbindungen begriffen, die sich je nach den verschiedenen Verhältnissen, in denen diese beiden Stoffe darin enthalten sind, wesentlich von einander unterscheiden.

Das leichte Kohlenwasserstoffgas, Grubengas, Sumpfgas — carbureted hydrogen, gaz hydrogène protocarboné — ist die kohlenstoffärmste Verbindung obiger Art. Es hat die Formel $C_2 H_4$, das specifische Gewicht 0,55314, und enthält in 100 Gewichtstheilen 75 Theile Kohlenstoff und 25 Theile Wasserstoff; dem Volumen nach ist 1 Raumtheil desselben aus ½ Raumtheil Kohlenstoff und 2 Raumtheilen Wasserstoff verdichtet. Sein Kohlenstoffgehalt ist zu gering, um eine vortheilhafte Ausscheidung desselben in der Flamme zu gestatten; es verbrennt daher mit sehr wenig leuchtender Flamme und ist als Bestandtheil des Gases für die Leuchtkraft desselben direct von sehr geringem oder keinem Werth.

Weit kohlenstoffreicher als das Grubengas ist die folgende Gruppe von Kohlenwasserstoffverbindungen, die man unter dem Namen »schwere Kohlenwasserstoffe« und unter der Formel $C_n H_n$ zusammenfasst. Diese enthalten dem Gewichte nach 85,71 Prozent Kohlenstoff und nur 14,29 Prozent Wasserstoff und verbrennen dieses grossen Kohlenstoffgehaltes wegen unter höchst lebhafter Lichtentwickelung. Sie sind mithin für das Leuchtgas von weit grösserem Werth, der um so höher wird, je grösser zugleich ihre Dichtigkeit wird, die sich bei ihnen nahezu verhält, wie 1 : 1½ : 2.

Das ölbildende Gas, Elayl, doppeltes Kohlenwasserstoffgas — olifiant gas, gaz oléfiant oder hydrogène bicarboné — von der Formel $C_4 H_4$ und dem specifischen Gewicht 0,96775 ist aus 1 Raumtheil Kohlenstoff und 2 Raumtheilen Wasserstoff zu 1 Volumen verdichtet. Es hat also den doppelten Kohlenstoffgehalt des Grubengases und verbrennt mit hell leuchtender Flamme.

Das Propylen hat die Formel $C_6 H_6$ und das specifische Gewicht 1,478 oder 1,498 und ist aus 1½ Raumtheilen Kohlenstoff und 3 Raumtheilen Wasserstoff zu 1 Raumtheil verdichtet.

Das Ditetryl, Butylen von der Formel $C_8 H_4$ und dem specifischen Gewicht 1,9348 besteht in 1 Raumtheil aus 2 Raumtheilen Kohlenstoff und 4 Raumtheilen Wasserstoff.

Vermuthlich sind im Gase noch dichtere Kohlenwasserstoffe von der Formel $C_n H_n$ enthalten, aber sie sind bis jetzt noch nicht einmal qualitativ nachgewiesen worden.

In neuerer Zeit hat Berthelot einen Bestandtheil des Gases von der Formel $C_4 H_2$, des Acetylen gefunden, welches aus 1 Raumtheil Kohlenstoff und 1 Raumtheil Wasserstoff verdichtet ist. Es ist ein farbloses, in Wasser ziemlich lösliches Gas von unangenehmen, eigenthümlichen Geruch, welches, wenn es auch nur in dem sehr geringen Mengenverhältnisse von kaum einigen Zehntausendstel vorhanden, nach Berthelot doch auf den Geruch wie auf die leuchtenden Eigenschaften des Gases nicht ohne Einfluss ist.

Neben den gasförmigen Kohlenwasserstoffen überhaupt enthält das Gas auch noch Kohlenwasserstoffdämpfe, einen Theil der Produkte, die sich zumeist in den Condensationsvorrichtungen zu Theer verdichten. Diese Dämpfe werden von der eigentlichen Masse des Gases suspendirt erhalten und sind ihres grossen Kohlenstoffgehaltes wegen für die Leuchtkraft von der allerwesentlichsten Bedeutung. Namentlich sind es Dämpfe von Benzol und Naphtalin, die man im Gase nachgewiesen hat. *)

Das Benzol von der Formel $C_{12} H_6$ besteht in 100 Gewichtstheilen aus 92,31 Theilen Kohlenstoff und 7,69 Theilen Wasserstoff.

Das Naphthalin, bei gewöhnlicher Temperatur ein fester Körper, hat die Formel $C_{20} H_8$, und besteht in 100 Gewichtstheilen aus 93,75 Theilen Kohlenstoff und 6,25 Theilen Wasserstoff.

Wenn auch im Allgemeinen die Bedingungen zur Lichtentwickelung schon durch die Verbindung des Kohlenstoffs mit dem Wasserstoff überhaupt gegeben sind, so erhält diese Verbindung doch für die praktischen Zwecke der Beleuchtung erst von da ab Werth, wo ihr Kohlenstoffgehalt denjenigen des Grubengases, 75 Prozent, übersteigt. Die schweren Kohlenwasserstoffe nebst den Kohlenwasserstoffdämpfen, die wir unter der Bezeichnung »höhere Kohlenwasserstoffe« zusammenfassen wollen, sind die eigentlichen Träger der Leuchtkraft im Gase, und ihre qualitative Bedeutung steigt mit ihrem Kohlenstoffgehalt.

Eine quantitative Gasanalyse würde offenbar das radikalste Verfahren sein, um den Werth eines Leuchtgases zu ermitteln. Die Ausführung einer derartigen Analyse gehört jedoch bis jetzt noch in das Reich der frommen Wünsche. Schon oben ist angeführt, dass wir die höheren Kohlenwasserstoffe im Gase vermuthlich noch nicht einmal alle dem Namen nach kennen, über ihr Mengenverhältniss besitzen wir fast gar keine Kenntniss.

---

*) Pitschke hat Untersuchungen über das Steinkohlengas mit besonderer Rücksicht auf seine Leuchtkraft ausgeführt. Das von der englischen Gesellschaft in Berlin gelieferte Gas gab ihm in wiederholten Versuchen bei dem Zusammenleiten mit Chlor nur eine unbedeutende Menge Chlorelayl, und er hielt den Gehalt an ölbildendem Gase in diesem Gase nur für gering. Ein Benzolgehalt des Leuchtgases liess sich beim Durchleiten des letzteren durch rauchende Salpetersäure an der Bildung von Nitrobenzol, dessen Identität sorgfältig constatirt wurde, nachweisen, auch mittelst Durchleiten des Leuchtgases durch von Zeit zu Zeit ersetzten Aether, der dann bei dem Verdunsten mit Naphtalin verunreinigtes Benzol hinterliess und mittelst Durchleiten des über Chlorcalcium gestrichenen Leuchtgases durch eine auf — 18° abgekühlte, spiralförmig gewundene Glasröhre von 30' Länge, wo sich Benzol und Naphtalin, namentlich ersteres in nicht unbedeutender Quantität, abschieden. Das durch 4 Waschflaschen mit rauchender Salpetersäure geleitete und so von Benzol befreite, dann durch 2 Waschflaschen mit Kalilauge geleitete und hier von salpetriger Säure befreite Gas hatte den dem Leuchtgase sonst eigenthümlichen Geruch und seine Leuchtkraft verloren; es brannte mit blauer Flamme, wie das Grubengas; es gab mit Chlor eine geringe Menge von Chlorelayl. Dieses seiner Leuchtkraft beraubte Gas musste mit mehr als 12 Prozent reinem Elaylgas versetzt werden, um ihm die ursprüngliche Leuchtkraft wieder zu geben. Als das so erhaltene Gasgemenge durch rauchende Salpetersäure geleitet wurde, zeigte sich nicht die geringste Verminderung der Leuchtkraft. Pitschke schliesst aus diesen Versuchen, dass das Gas seine Leuchtkraft dem Benzol verdanke, wobei eine Mitwirkung des Naphtalins wohl nicht auszuschliessen sei; das Elayl sei hiegegen durchaus nicht von der Bedeutung für die Leuchtfähigkeit des Gases, als bis jetzt angenommen wurde. (Journal für praktische Chemie, Bd. LXVII, Seite 415.)

Aushülfsweise ist man darauf bedacht gewesen, den quantitativen Werth der Licht gebenden Bestandtheile im Gase wenigstens summarisch dadurch zu ermitteln, dass man den Gehalt derselben an Kohlenstoff bestimmt hat. Die sehr concentrirte Schwefelsäure besitzt die Eigenschaft, sämmtliche höheren Kohlenwasserstoffverbindungen aus dem Leuchtgase zu absorbiren und giebt daher ein Mittel ab, dieselben von dem leichten Kohlenwasserstoffgase, sowie von den übrigen Bestandtheilen des Leuchtgases zu trennen. Besonders vollständig erfolgt die Trennung, wenn man nach Prof. Bunsen's Anleitung eine mit einem Platindraht versehene Coke-Kugel mit einer möglichst gesättigten, jedoch noch flüssigen Lösung von wasserfreier Schwefelsäure in concentrirter wasserhaltiger tränkt und diese Kugel in ein mit Gas gefülltes Eudiometer einbringt. Um den Kohlenstoffgehalt der auf diese Weise volumetrisch, d. h. aus der an der Scala des Eudiometers abzulesenden Volumenverminderung, bestimmten höheren Kohlenwasserstoffverbindungen zu ermitteln, verbindet man vorstehendes Absorptionsverfahren mit zwei Verbrennungs-Analysen, indem man einmal ein ursprüngliches Gasquantum und darauf ein gleiches Quantum, aus welchem man die höheren Kohlenwasserstoffe vorher entfernt, mit überschüssigem Sauerstoff verbrennt und die bei der letzten Verbrennung erzeugte Kohlensäure von der bei der ersten erhaltenen subtrahirt. Das Verbrennen der Gase geschieht gleichfalls im Eudiometer, und zwar mittelst des elektrischen Funkens; die Volumenbestimmung der Kohlensäure durch Aetzkali, welches dieselbe bindet. Nennt man

A. das Volumen der von 100 Raumtheilen des ursprünglichen Gases beim Verbrennen erzeugten Kohlensäure, und

B. das Volumen der von den, nach Entfernung der höheren Kohlenwasserstoffverbindungen zurückgebliebenen Gasbestandtheilen gebildeten Kohlensäure,

so ist das Volumen der durch die höheren Kohlenwasserstoffverbindungen erzeugten Kohlensäure

$$= A - B.$$

Nun ist aber 1 Volumen Kohlensäure aus ½ Volumen Kohlendampf und 1 Volumen Sauerstoff verdichtet, somit ist die Menge des in den höheren Kohlenwasserstoffverbindungen enthaltenen Kohlenstoffs

$$= \frac{A - B}{2}$$

und da ein Vol. ölbildendes Gas aus 1 Vol. Kohlenstoff und 2 Vol. Wasserstoff verdichtet ist, so giebt dieser Ausdruck auch zugleich diejenige Menge ölbildenden Gases an, welches denselben Kohlenstoffgehalt hat, wie die in 100 Raumtheilen Leuchtgas enthaltenen höheren Kohlenwasserstoffe zusammengenommen.

Man bestimmt demnach mit dem Kohlenstoffgehalt der Licht gebenden Kohlenwasserstoffe zugleich deren Aequivalent an ölbildendem Gase.

In früheren Zeiten beschränkte man sich behufs der Bestimmung der höheren Kohlenwasserstoff-Verbindungen lediglich auf das Absorptionsverfahren und wandte als absorbirendes Mittel statt der Schwefelsäure das Chlor, später das Brom an, welche beiden Körper die betreffenden Verbindungen zu ölartigen Flüssigkeiten, Chlorelayl, Bromelayl verdichten. Dass man durch diese Methoden auf sehr bedeutende Irrthümer verfallen musste, wenn man von ihren Resultaten allein Schlüsse auf die Leuchtkraft des Gases zog, liegt auf der Hand. Es ist indess interessant zu vergleichen, in welchem Grade das Verhältniss der Condensationsprozente von denjenigen der äquivalenten Prozente an ölbildendem Gase abweicht, wie verschieden also die Zusammensetzung der höheren Kohlenwasserstoffe in verschiedenen Gasen ist.

Wir entnehmen den vor mehreren Jahren von Prof. Frankland in Manchester veröffentlichten Gasanalysen folgende zwei Rubriken:

Gas aus	schwere (höhere) Kohlenwasserstoffe	entsprechend ölbildendem Gase.
Newcastle Kohlen (Pelton)	3,87	7,16
,, ,, ,, ...	3,05	6,97
,, ,, ,, ...	3,56	7,21
,, ,, ,, ...	3,53	7,70

Gas aus	schwere (höhere) Kohlenwasserstoffe.	entsprechend ölbildendem Gase.
Hulton Cannel	5,50	9,96
Wigan Cannel (Incehall)	10,81	15,13
Newcastle Cannel	9,68	16,94
Methyl-Cannel	14,48	18,53
Newcastle-Cannel	13,06	22,98
Lesmahago-Cannel	16,31	28,30
Boghead-Cannel	24,50	31,11

Der Prozentgehalt der durch Condensation bestimmten Kohlenwasserstoffe ist in der ersten, derjenige des äquivalenten ölbildenden Gases in der zweiten Rubrik enthalten. Vergleicht man nun z. B. das Gas aus Lesmahago Cannel mit demjenigen aus Boghead-Cannel, so sieht man, dass sich die Menge ihrer höheren Kohlenwasserstoffe verhält wie 16 : 24, während sich ihr Werth verhält wie 28 : 31.

Dieses Beispiel liefert einen schlagenden Beweis, wie unzuverlässig das alleinige Absorptionsverfahren, und wie wünschenswerth es ist, dass uns die Chemie mit einer eingehenden Arbeit über die höheren Kohlenwasserstoffe bereichere.

Ein weiteres Mittel zur Beurtheilung der Qualität eines Gases ist das specifische Gewicht. Es findet dies Mittel in der Praxis ausgedehnte Anwendung, und ist von wesentlichem Werth, aber es gehört zu jenen gefährlichen Mitteln, die innerhalb gewisser Grenzen richtig sind, bei denen aber eine klare Kenntniss und Würdigung dieser Grenzen vorausgesetzt werden muss, wenn man sich auf die Resultate verlassen soll. Wir werden dies an einem Beispiele deutlicher sehen, und wollen zu dem Ende dieselbe von Prof. Frankland näher untersuchte Gasreihe wieder betrachten, von der er nicht nur die specifischen Gewichte, sondern auch die Leuchtkraft auf directem Wege bestimmt hat. Er fand für Gas aus

	Specif. Gewicht.	Leuchtkraft.
Newcastle Kohlen (Pelton)	0,4152	2,82
„ „ „	0,4082	2,60
„ „ „	0,3761	2,82
„ „ „	0,3916	2,88
Hulton Cannel	0,4353	2,86
Wigan Cannel	0,5186	4,48
Newcastle Cannel	0,5669	4,52
Methyl Cannel	0,5462	5,41
Newcastle Cannel	0,6009	6,88
Lesmahago Cannel	0,6649	6,98
Boghead Cannel	0,6941	7,41

Hier ist eine annähernde Uebereinstimmung der Verhältnisse nicht zu verkennen. Die folgende Tabelle weist nun ferner den Antheil nach, den die Hauptbestandtheile der Gase an dem specifischen Gewicht haben:

	schwere Kohlenwasserstoffe.	Grubengas.	Kohlenoxydgas.	Wasserstoffgas.
1) Gas aus Newcastle Pelton Kohlen	0,0694	0,1808	0,1250	0,0350
2) „ „ „ „ „	0,0676	0,2282	0,0710	0,0333
3) „ „ „ „ „	0,0699	0,1940	0,0718	0,0359
4) „ „ „ „ „	0,0747	0,1939	0,0868	0,0363
5) „ „ Hulton Cannel „	0,0966	0,2207	0,0798	0,0320
6) „ „ Wigan „ „	0,1468	0,2309	0,0977	0,0252
7) „ „ Newcastle „ „	0,1643	0,2276	0,1517	0,0233

6*

	schwere Kohlen-wasserstoffe.	Grubengas.	Kohlenoxydgas.	Wasserstoffgas.
8) Gas aus Methyl-Cannel-Kohlen . . .	0,1797	0,2131	0,1300	0,0233
9) „ „ Newcastle „ „ . . .	0,2229	0,2816	0,0761	0,0181
10) „ „ Lesmahago Cannel „ . . .	0,2745	0,2311	0,1375	0,0188
11) „ „ Boghead „ „ . . .	0,3018	0,3211	0,0638	0,0074

Aus dieser Tabelle geht hervor, dass es wirklich der Gehalt an schweren Kohlenwasserstoffen ist, der in diesen Gasen vorzugsweise das specifische Gewicht modificirt. Das Grubengas steht mit seinem Einfluss in zweiter Reihe, die Schwankung seines Gewichtes ist eine bedeutend geringere und läuft überdies mit derjenigen der schweren Kohlenwasserstoffe parallel. Sein Einfluss ist also auf das Resultat nicht ungünstig. Das Kohlenoxydgas hat an der Zusammensetzung des specifischen Gewichts einen durchaus unregelmässigen Antheil, die Schwankung in seinem Gewicht ist indess von keinem grossen Umfange und wenn man ihm auch die Ungenauigkeit der Resultate hauptsächlich zuschreiben muss, so kann er diesen doch einen gewissen praktischen Werth nicht nehmen. Der Wasserstoff hat den geringsten Einfluss auf das specifische Gewicht, obgleich sein Gehalt zwischen 10,54 und 51,24 Prozenten schwankt. Diess erklärt sich daraus, dass er an und für sich ein sehr geringes specifisches Gewicht besitzt.

Mit dem Gase aus Pelton Kohlen ohngefähr stimmt im specifischen Gewicht das Gas aus den westphälischen (Hibernia) Kohlen überein. Dagegen liefern die Saarkohlen ein Gas von etwa 0,45 und die Zwickauer ein solches von circa 0,5 specifischem Gewicht — ohne dass die Leuchtkraft der letzteren Gasarten grösser wäre. Diese drei Kohlensorten lassen sich also nach ihrem specifischen Gewicht nicht vergleichen. Ständen uns ihre quantitative Analyse zu Gebote, so würden wir den Grund klar vor Augen haben. So viel ist gewiss, dass ihre chemische Zusammensetzung eine verschiedene sein muss Wir lernen aber aus diesem Beispiele, dass man die Methode der specifischen Gewichtsbestimmung nur bei Gasen anwenden darf, von deren analoger Zusammensetzung man überzeugt ist, oder als secundäres Verfahren, nachdem man sich von der Relation zwischen Gewicht und Leuchtkraft vorher auf dem Wege des directen Versuches Kenntniss verschafft hat.

Das specifische Gewicht eines Gases ist der Quotient aus dem Gewichte eines gewissen Volumens Gas, dividirt durch das Gewicht eines gleich grossen Volumens Luft. Dabei ist verstanden, dass sich Gas und Luft in vollkommen trockenem Zustande befinden und dass Messungen und Wägungen auf gleiche thermometrische und barometrische Verhältnisse bezogen werden. Man weiss, dass sich Gas um $\frac{1}{490}$ seines Volumens bei 0 Grad für jeden Grad Fahrenheit oder um 0,00367 seines Volumens für jeden Grad Celsius ausdehnt, und nimmt an, dass sowohl die thermometrische als die barometrische Volumenveränderung eine gleichmässige sei. Da bei einer Temperatur von 0° C und 30 Zoll engl. Barometerstand 1 Gran atmosphärischer Luft ein Volumen von 3,05 c" engl. einnimmt, so kann man das specifische Gewicht auch definiren als das absolute Gewicht, welches 3,05 c" Gas in Gran ausgedrückt besitzen.

Das genaueste Verfahren zur Bestimmung des specifischen Gewichtes besteht ohne Zweifel darin, dass man von einem bestimmten Volumen Gas und demselben Volumen atmosphärischer Luft die absoluten Gewichte durch Wägung bestimmt und dann das erstere durch das letztere dividirt. Die Ausführung der dazu erforderlichen Manipulationen indess ist so umständlich und schwierig, dass sie nur von sehr geübten Händen im Laboratorium geschehen kann und wir verzichten darauf, hier näher darauf einzugehen.

Für den praktischen Gebrauch sind verschiedene Apparate und Methoden in Anwendung gebracht worden, die in ihrer Behandlung keine Schwierigkeiten bieten, deren Resultate aber dafür auch nur in minder hohem Grade auf Genauigkeit Anspruch machen können.

So erwähne ich z. B. des englischen Collodiumballons, der, wenn er mit Gas gefüllt ist, gerade 1000 c" enthalten soll, und der mittelst Gewichten, die man in eine angehängte Schale legt, so balancirt wird, dass er gerade in der Luft schwebt. Der Ballon wird zuerst zusammengefaltet, so dass er luftleer ist. In diesem Zustande wiegt man ihn mit der Schale. Dann füllt man ihn mit Gas, schliesst die Oeffnung und legt so viel Gewicht auf die Schale, dass der Ballon nicht steigt, addirt dies Gewicht zu dem ersten Gewicht des Ballons und der Schale und berechnet aus der so gefundenen Zahl, unter gleichzeitiger Berücksichtigung

Fig. 3.

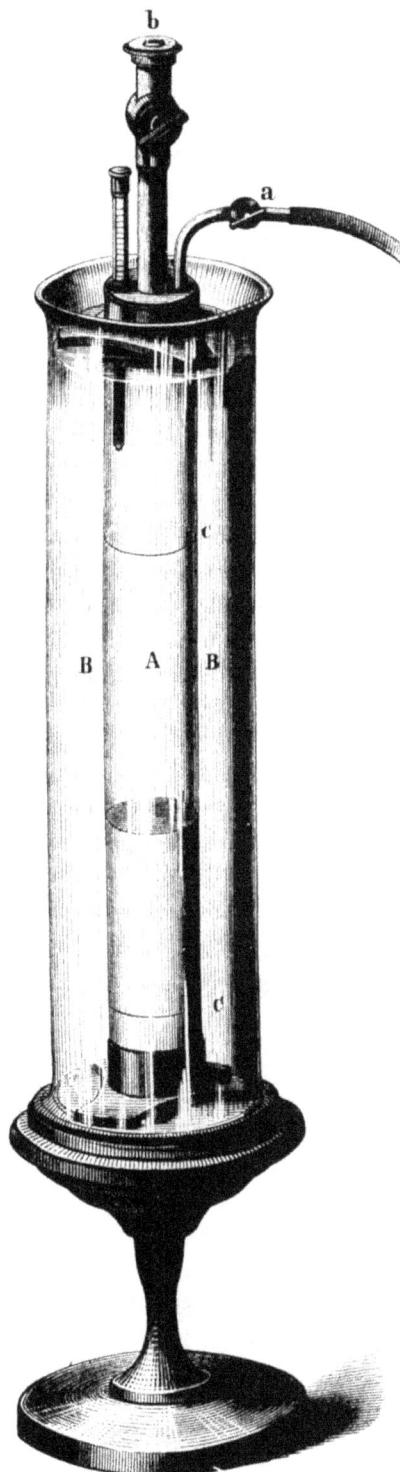

des Barometerstandes und der Temperatur vermittelst einer beigegebenen Tabelle das specifische Gewicht. Die Hauptschwäche dieses Verfahrens liegt in dem Umstande, dass sich der räumliche Inhalt des aufgeblasenen Ballons schwer ganz genau bestimmen lässt. Der Erfinder benutzt einen Messingreif von bestimmtem Durchmesser als Maassstab und nimmt den Inhalt als richtig an, wenn der Ballon, ohne gepresst zu werden, durch diesen Reif hindurch geht.

Das einfachste Verfahren zur specifischen Gewichtsbestimmung abstrahirt von der eigentlichen Wägung und gründet sich auf den Satz, dass das Gewicht zweier Gase, die aus engen Oeffnungen in dünner Platte strömen, sich nahezu verhält, wie die Quadrate ihrer Ausströmungszeiten. Hat ein Gas vom specifischen Gewichte s die Ausströmungszeit t, und ein anderes vom specifischen Gewichte s die Ausströmungszeit t_1, so ist die Relation zwischen der Ausflusszeit und dem specifischen Gewichte ausgedrückt durch

$$\frac{s_1}{s} = \frac{t_1^2}{t^2}.$$

Wird s oder das specifische Gewicht des einen Gases, resp. der atmosphärischen Luft = 1 gesetzt, so erhält man das specifische Gewicht des andern Gases aus der Formel

$$s_1 = \frac{t_1^2}{t^2}.$$

Zur Ausführung des Verfahrens hat man kleine Gasometer angewandt, aus denen man zuerst atmosphärische Luft und dann Gas ausströmen lässt. Die Glocke des Gasometers wird jedesmal bis zu einem bestimmten Punkte der vorhandenen Scala gehoben und passirt im Sinken die Zahlen bis zu Null hinunter. Indem man die Zeitpunkte, zu welchen dies geschieht, notirt, erhält man eine Anzahl von Beobachtungen, aus denen man das Mittel zur Berechnung des specifischen Gewichtes als den wahren Werth annimmt. Der Hauptübelstand der Gasometerapparate besteht darin, dass man es immer mit einer gewissen mechanischen Reibung zu thun hat, die ihren unregelmässigen Einfluss auf die Resultate ausübt.

Angeregt durch Bunsens »Gasometrische Methoden« habe ich einen Apparat construirt, der vor allen übrigen wesentliche Vorzüge zu haben scheint. Beistehende Figur giebt ein Bild desselben. A ist eine cylinderförmige Glasröhre von 1½" innerem Durchmesser und etwa 18" Länge. Das obere Ende derselben ist in einen Messingdeckel eingekittet, durch welchen das Einströmungsrohr a einmündet und der in seiner Mitte das Ausströmungsrohr b trägt, während zugleich ein Thermometer durch ihn hindurch geht und mit seinem untern Ende in den Cylinder hineinreicht. Das Einströmungsrohr ist ein Messingrohr von ¼" innerer Weite, oberhalb umgebogen und mit feinem Hahn versehen. Es wird durch einen übergeschobenen Gummischlauch mit der festen Gasleitung in Verbindung gebracht. Das Ausströmungsrohr b ist ½″ weit und oben mittelst einer Platte von Platinblech geschlossen. Im Centrum dieser Platte befindet sich eine mittelst einer sehr feinen Nadel hergestellte und nachher ausgehämmerte Oeffnung, welche dem Gas als Ausströmungsöffnung dient. Das Rohr hat einen Hahn, durch welchen einmal der Cylinder abgeschlossen, zweitens die Verbindung zwischen dem Cylinder und der Ausströmungsöffnung, drittens die Verbindung zwischen dem Cylinder und der atmosphärischen Luft hergestellt werden kann. B B ist ein cylinderförmiges Gefäss von 5″ innerer Weite, welches so weit voll Wasser gefüllt wird, dass dieses bis nahe an den obern Rand tritt, sobald der innere Cylinder mit Luft oder Gas gefüllt in denselben hineingebracht wird. Dieser Wasserstand ist durch eine Marke am Glase bezeichnet. Der innere Cylinder hat zwei Marken c c, deren Entfernuug von einander 1′ beträgt und von denen c um 2½″ von dem unteren Rande des Cylinders entfernt ist.

Die Manipulation mit diesem Apparate ist folgende. Man taucht zunächst den mit atmosphärischer Luft gefüllten Cylinder A in das mit Wasser richtig gefüllte Gefäss B ein und stellt es auf dem Boden desselben vertical auf. Eine am Cylinder angebrachte Führung sichert die Stellung desselben und dient zugleich dazu, ihn durch ihr Gewicht zu beschweren, weil man ihn sonst niederhalten müsste. Das Wasser wird bis zu einer gewissen Höhe in den Cylinder eintreten, aber noch unterhalb der Marke c bleiben. Nun öffnet man den Hahn im Abflussrohr, so dass die Luft aus der Oeffnung in der Platinplatte entweicht. Das Wasser tritt langsam in dem Messcylinder in die Höhe. Sobald es die Marke c passirt, fängt man nach einer Sekundenuhr zu beobachten an. Ich lasse die Markstriche um die ganze Glaswandung horizontal herumgehen, um schärfer beobachten zu können, was um so nothwendiger ist, als man durch eine Wasserschicht hindurch sehen muss. Die Luft braucht etwa 4 Minuten, bis das Wasser zur oberen Marke aufsteigt; der Zeitpunkt, wo es dieselbe passirt, wird wieder notirt, zugleich wird der Stand des Thermometers abgelesen. der Ausflusshahn geschlossen und die erste Beobachtung ist fertig. Weiter wird zunächst die Verbindung des Einflussrohres mit der Gasleitung durch ein Kautschukrohr hergestellt, der Einlasshahn geöffnet und Gas eingelassen, indem man den Cylinder langsam aus dem Wasser heraushebt. Ist er beinahe gefüllt, so giebt man dem Auslasshahn die Stellung, welche die Verbindung des Cylinders mit der atmosphärischen Luft herstellt und treibt den ganzen Inhalt durch diese Oeffnung hinaus, indem man den Cylinder wieder in das Wasser eintaucht. Dieses Füllen und Leeren wiederholt man mehrere Mal, um alle atmosphärische Luft, die vom ersten Versuch oberhalb des Wasserspiegels übriggeblieben war, zu entfernen. Dann füllt man noch einmal, schliesst den Auslasshahn und stellt den Cylinder wieder auf den Boden des Gefässes. Nach Oeffnen des Auslasshahnes strömt das Gas aus der Oeffnung in der Platinplatte aus, ebenso wie vorher die atmosphärische Luft. Man beobachtet wieder die Zeitpunkte, wo das Wasser die beiden Marken passirt, notirt den Thermometerstand und hat damit die zur specifischen Gewichtsbestimmung nöthigen Daten gesammelt.

Beispielsweise sei die Ausströmungszeit, welche die atmosphärische Luft gebraucht habe

$$t = 285 \text{ Secunden}$$

und die Ausströmungszeit für das Gas

$$t_1 = 209 \text{ Secunden,}$$

so ist das (uncorrigirte) specifische Gewicht des Gases

$$s_1 = \frac{t_1{}^2}{t^2} = \frac{43681}{81225} = 0{,}538.$$

Der Einfluss der Temperatur bleibt noch zu berücksichtigen. Das Gas dehnt sich für jeden Grad Celsius um 0,00367 seines Volumens bei 0 Grad aus. Ist die Temperatur des Gases eine andere, wie diejenige der Luft, so verhält sich die abgelesene Ausströmungszeit zu der corrigirten (d. h. zu derjenigen, die man abgelesen haben würde, wenn das Gas die Temperatur der atmosphärischen Luft gehabt hätte) wie

$$: 1 \frac{1}{1 \pm 0{,}00367 \cdot x}$$

Hier bezeichnet x die Anzahl Grade am Celsius-Thermometer, um welche die Temperatur abweicht. Demnach ergiebt sich das corrigirte specifische Gewicht durch die Formel

$$s_t = \frac{t_1{}^2}{(1 \pm 0{,}00367 \ x) \ t^2}$$

Ist das Gas kälter, als die atmosphärische Luft, so gilt das Plus-Zeichen, im entgegengesetzten Falle das Minus-Zeichen.

Wäre im obigen Beispiel das Gas um 3 Grad wärmer gewesen, als die Luft, so würde das corrigirte specifische Gewicht desselben sein

$$s_t = \frac{43681}{(1 - 0{,}00367 \times 3) \times 81225} = 0{,}544.$$

Das gewöhnlichste und unmittelbarste Verfahren zur Bestimmung der Leuchtkraft eines Gases ist die photometrische Messung oder die Vergleichung einer Gasflamme mit einer als constant angenommenen Normalflamme mittelst des Photometers.

Das Princip der Photometrie ist einfach folgendes. Man denke sich eine Lichtquelle im Centrum einer Hohlkugel. Da die Lichtstrahlen sich nach allen Seiten gleichmässig verbreiten, so wird die innere Oberfläche der Hohlkugel, die sämmtliche von dieser Lichtquelle ausgehenden Lichtstrahlen auffängt, überall gleichmässig beleuchtet sein. Je grösser der Radius der Hohlkugel ist, auf eine um so grössere Oberfläche verbreiten sich die Strahlen, um so weniger hell wird also jeder einzelne Punkt der Oberfläche beleuchtet sein. Die Summe der ausgesandten Lichtstrahlen bleibt sich gleich, die Oberfläche verschiedener Kugeln verhält sich aber bekanntlich, wie die Quadrate der Halbmesser; ebenso verhält sich auch die Intensität, mit welcher jeder einzelne Punkt beleuchtet ist. Und demgemäss wird allgemein die Intensität der Beleuchtung in dem Grade schwächer, in welchem das Quadrat der Entfernungen zwischen der Lichtquelle und dem beleuchteten Gegenstande wächst. Denkt man sich zwei Flächen von zwei verschiedenen Lichtquellen gleich stark beleuchtet, so verhält sich die Leuchtkraft der Lichtquellen, wie die Quadrate ihrer Entfernungen von den beleuchteten Flächen. Werfen zwei Lichtquellen gleich intensive Schatten, so verhält sich ihre Leuchtkraft, wie die Quadrate ihrer Entfernungen von dem schattengebenden Gegenstand. Auf ersterem Princip beruht das gegenwärtig allgemein eingeführte Bunsen'sche, auf letzterem das ältere Rumford'sche Photometer.

Das Bunsen'sche Photometer besteht aus einem theilweise getränkten Papierschirm. Dieser Schirm wird zwischen die zu vergleichenden Flammen gebracht und so gestellt, dass man den getränkten Theil des Papiers nicht mehr von dem ungetränkten unterscheiden kann. Diese Stellung bezeichnet den Punkt, wo beide Seiten des Schirmes gleich hell beleuchtet sind und die Quadrate der Entfernungen zwischen dem Schirm und den beiden Flammen, durch einander dividirt, geben die Zahl, welche das Verhältniss der Lichtstärken dieser Flammen ausdrückt. Das Verschwinden des getränkten Flecks auf dem Schirm erklärt sich aus Folgendem. Die von den beiden Lichtquellen ausgehenden Strahlen werden von dem Papierschirm theilweise reflectirt, theilweise durchgelassen, und zwar von dem getränkten Theile des Schirmes in anderer Weise, wie von dem ungetränkten. Bei ungleicher Beleuchtung ist die Summe der reflectirten und durchgelassenen Strahlen für den getränkten Theil des Schirmes eine andere, als für den ungetränkten. Gleich wird sie in dem Augenblick, wo beide Seiten gleich beleuchtet sind und in diesem Moment muss für unser Auge der Fleck verschwinden. Freilich lässt man hiebei, genau genommen, ausser Acht, dass ein dritter Theil der Lichtstrahlen vom Papier absorbirt wird und zwar wieder anders vom getränkten Theile des Schirmes, als vom ungetränkten, woher es auch kommt, dass das Verschwinden des Flecks niemals auf beiden Seiten zugleich ein vollständiges ist. Man müsste streng genommen sagen, der Schirm ist so zu stellen, dass der Fleck auf beiden Seiten desselben gleich schwach beleuchtet erscheint, und in der That muss man dies beobachten, sobald die Tränkung des Papiers über einen gewissen Grad der Durchscheinbarkeit hinausgeht. Ist das Papier nur in geringem Grade durchscheinend, so ist die Wirkung der verschieden absorbirten Lichtstrahlen für das Auge unbemerkbar und der Fleck im Schirm verschwindet anscheinend völlig.

Die weitere Anordnung des photometrischen Apparates ist etwa folgende. Die beiden zu vergleichenden

Fig. 4.

Flammen werden an den beiden Enden einer mit einer Scala versehenen Stange angebracht, auf welcher letzteren sich der besprochene Papierschirm hin und her bewegen lässt. Die Gasflamme, die Normalflamme und der Fleck des Papierschirmes liegen in einer horizontalen Linie. Es wird Vorsorge getroffen, dass alles Licht, ausser den directen Strahlen der beiden zu vergleichenden Flammen, von dem Schirm fern gehalten bleibt. Der Consum der Gasflamme wird durch eine genaue Gasuhr gemessen und entweder durch einen Regulator constant erhalten oder nach einem genauen Druckmesser regulirt. Fig. 4 zeigt eine auf diese Weise eingerichtete Photometerstube, wie ich sie bei photometrischen Arbeiten benutze.

Der Photometerstange giebt man, zumal wenn man sie aus Holz herstellt, häufig einen T förmigen Querschnitt; in diesem Falle muss man ihre obere Fläche entweder mit matter schwarzer Farbe anstreichen oder Schirme anbringen, dass keine reflectirten Lichtstrahlen auf den Beobachtungsschirm fallen. Am besten ist es, die Stange, wie in Fig. 5 und 6 angegeben, auf die Kante zu stellen. Man kann ihr dann einen quadratischen Querschnitt geben, muss sie aber nicht zu schwach machen, weil sie sich sonst zu leicht durchbiegt, und bringt die Theilung auf den zwei oberen Seitenflächen an. Die Länge der Stange wird sehr verschieden angenommen; ich halte es am zweckmässigsten, sie 10 Fuss lang zu machen. Als Theilung kann man eine gewöhnliche Zoll-Theilung anbringen und dann die Intensitäten aus den Entfernungen berechnen; bequemer ist es aber, eine Scala herzustellen, auf welcher man die Lichtstärken unmittelbar abliest.

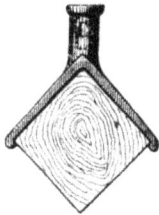

Fig. 5.

Fig. 6.

Bezeichnet man mit g die Leuchtkraft der Gasflamme, mit k die Leuchtkraft des Normal-Lichtes, so ist bei einer Länge der Stange von 10 Fuss x die Entfernung des Normal-Lichtes vom Schirm, 10—x die Entfernung der Gasflamme vom Schirm.

$$g : k = (10 - x)^2 : x^2$$

$$g = \frac{(10 - x)^2}{x^2} \cdot k$$

oder wenn man k = 1 setzt:

$$g = \frac{(10 - x)^2}{x^2}, \text{ und}$$

$$x = \frac{10}{g - 1} (\sqrt{g} - 1)$$

oder wenn man setzt:

$$g - 1 = (\sqrt{g} - 1) \times (\sqrt{g} + 1),$$

so erhält man

$$x = \frac{10}{\sqrt{g} + 1}$$

Mittelst dieser Formel sind für die Werthe von g von 1 bis 50 die zugehörigen Entfernungen x der Normalkerze vom Schirm berechnet.

Tabelle für die Eintheilung einer zehnfüssigen Photometerstange.

Lichtstärken.	Entfernung von der Kerze.	Lichtstärken.	Entfernung von der Kerze.	Lichtstärken.	Entfernung von der Kerze.	Lichtstärken.	Entfernung von der Kerze.
1,0	5,000	1,4	4,580	1,8	4,271	2,2	4,027
1,1	4,881	1,5	4,495	1,9	4,205	2,3	3,974
1,2	4,774	1,6	4,415	2,0	4,142	2,4	3,923
1,3	4,673	1,7	4,341	2,1	4,083	2,5	3,874

Lichtstärken.	Entfernung von der Kerze.	Lichtstärken.	Entfernung von der Kerze.	Lichtstärken.	Entfernung von der Kerze.	Lichtstärken.	Entfernung von der Kerze.
2,6	3,828	7,1	2,729	11,6	2,270	16,2	1,990
2,7	3,783	7,2	2,715	11,7	2,262	16,4	1,980
2,8	3,741	7,3	2,701	11,8	2,255	16,6	1,971
2,9	3,700	7,4	2,688	11,9	2,247	16,8	1,961
3,0	3,660	7,5	2,675	12,0	2,240	17,0	1,952
3,1	3,622	7,6	2,662	12,1	2,233	17,2	1,943
3,2	3,586	7,7	2,649	12,2	2,226	17,4	1,934
3,3	3,550	7,8	2,637	12,3	2,219	17,6	1,925
3,4	3,516	7,9	2,624	12,4	2,212	17,8	1,916
3,5	3,483	8,0	2,612	12,5	2,205	18,0	1,908
3,6	3,451	8,1	2,600	12,6	2,198	18,2	1,899
3,7	3,421	8,2	2,588	12,7	2,191	18,4	1,891
3,8	3,391	8,3	2,577	12,8	2,185	18,6	1,882
3,9	3,362	8,4	2,565	12,9	2,178	18,8	1,874
4,0	3,333	8,5	2,554	13,0	2,171	19,0	1,866
4,1	3,306	8,6	2,543	13,1	2,165	19,2	1,858
4,2	3,279	8,7	2,532	13,2	2,158	19.4	1,850
4,3	3,254	8,8	2,521	13,3	2,152	19,6	1,843
4,4	3,228	8,9	2,511	13,4	2,146	19,8	1,835
4,5	3,204	9,0	2,500	13,5	2,139	20,0	1,828
4,6	3,180	9,1	2,490	13,6	2,133	20,2	1,820
4,7	3,157	9,2	2,480	13,7	2,127	20,4	1,813
4,8	3,134	9,3	2,469	13,8	2,121	20,6	1,806
4,9	3,112	9,4	2,460	13,9	2,115	20,8	1,798
5,0	3,090	9,5	2,450	14,0	2,109	21,0	1,791
5,1	3,069	9,6	2,440	14,1	2,103	21,2	1,784
5,2	3,049	9,7	2,431	14,2	2,097	21,4	1,778
5,3	3,028	9,8	2,421	14,3	2,091	21,6	1,771
5,4	3,009	9,9	2,412	14,4	2,086	21,8	1,764
5,5	2,989	10,0	2,403	14,5	2,080	22,0	1,757
5,6	2,971	10,1	2,393	14,6	2,074	22,2	1,751
5,7	2,952	10,2	2,385	14,7	2,069	22,4	1.744
5,8	2,934	10,3	2,376	14,8	2,063	22,6	1,738
5,9	2,916	10,4	2,367	14,9	2,058	22,8	1,732
6,0	2,899	10,5	2,358	15,0	2,052	23,0	1,725
6,1	2,882	10,6	2,350	15,1	2,047	23,2	1,719
6,2	2,865	10,7	2,341	15,2	2,041	23,4	1,713
6,3	2,849	10,8	2,333	15,3	2,036	23,6	1,707
6,4	2,833	10,9	2,325	15,4	2,031	23,8	1,701
6,5	2,817	11,0	2,317	15,5	2,026	24,0	1,695
6,6	2,802	11,1	2,309	15,6	2,020	24,2	1,689
6,7	2,787	11,2	2,301	15,7	2,015	24,4	1,684
6,8	2,772	11,3	2,293	15,8	2,010	24,6	1,678
6,9	2,757	11,4	2,285	15,9	2,005	24,8	1,672
7,0	2,743	11,5	2,277	16,0	2,000	25,0	1,667

Lichtstärken.	Entfernung von der Kerze.	Lichtstärken.	Entfernung von der Kerze.	Lichtstärken.	Entfernung von der Kerze.	Lichtstärken.	Entfernung von der Kerze.
25,2	1,661	30,0	1,544	34,8	1,450	39,6	1,371
25,4	1,656	30,2	1,540	35,0	1,446	39,8	1,368
25,6	1,650	30,4	1,535	35,2	1,442	40,0	1,365
25,8	1,645	30,6	1,531	35,4	1,439	40,5	1,358
26,0	1,640	30,8	1,527	35,6	1,435	41,0	1,351
26,2	1,634	31,0	1,523	35,8	1,432	41,5	1,344
26,4	1,629	31,2	1,518	36,0	1,429	42,0	1,337
26,6	1,624	31,4	1,514	36,2	1,425	42,5	1,330
26,8	1,619	31,6	1,510	36,4	1,422	43,0	1,323
27,0	1,614	31,8	1,506	36,6	1,419	43,5	1,317
27,2	1,609	32,0	1,502	36,8	1,415	44,0	1,310
27,4	1,604	32,2	1,498	37,0	1,412	44,5	1,304
27,6	1,599	32,4	1,494	37,2	1,409	45,0	1,297
27,8	1,594	32,6	1,490	37,4	1,405	45,5	1,291
28,0	1,589	32,8	1,487	37,6	1,402	46,0	1,285
28,2	1,585	33,0	1,483	37,8	1,399	46,5	1,280
28,4	1,580	33,2	1,479	38,0	1,396	47,0	1,273
28,6	1,575	33,4	1,475	38,2	1,393	47,5	1,267
28,8	1,571	33,6	1,471	38,4	1,390	48,0	1,261
29,0	1,566	33,8	1,468	38,6	1,386	48,5	1,256
29,2	1,562	34,0	1,464	38,8	1,383	49,0	1,250
29,4	1,557	34,2	1,460	39,0	1,380	49,5	1,245
29,6	1,553	34,4	1,457	39,2	1,377	50,0	1,239
29,8	1,548	34,6	1,453	39,4	1,374		

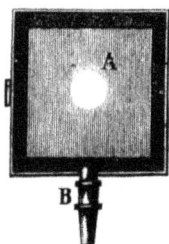

Fig. 7.

Fig. 7 zeigt den Schirm A, wie er im Blechrahmen a a eingespannt ist. Der Rahmen ist doppelt, an der hinteren Seite mit einem Charnier und an der vorderen mit einer Klemme versehen, so dass man ihn auseinander schlagen, das Papier dazwischen legen und einklemmen kann. Unten hat der Rahmen einen etwas konisch zulaufenden Fuss B, mittelst dessen er in die Hülse des Sattels c Fig. 5 und 6 eingesetzt wird. Die Form des Sattels ist aus den Figuren hinlänglich ersichtlich; er hat auf jeder Seite einen Zeiger c, der genau in der Ebene des Schirmes liegt.

Das Tränken des Schirmes geschieht auf folgende Weise. Man löst Spermaceti in Alkohol auf, so dass es bei gewöhnlicher Temperatur erstarrt, bei der geringsten Wärme aber flüssig wird, und befeuchtet mit dieser Masse (aber nicht zu stark) einen flanellenen Lappen. Dann legt man das zu präparirende Papier, am besten ein feines, weisses Zeichnungspapier, auf eine mässig warme Platte, hält die Stelle in der Mitte, die nicht transparent werden soll, mittelst eines Uhrglases bedeckt und bestreicht den übrigen Theil mit dem feuchten Lappen. Hie und da fertigt man die Schirme auch aus dreifachem Papier. In die Mitte legt man Zeichnungspapier mit einem kreisrunden oder sternförmigen Ausschnitt, und an jede Seite desselben ein weisses feines Postpapier. Diese Schirme bieten nur in so ferne eine Schwierigkeit in der Anfertigung, als es nicht leicht zu erreichen ist, dass die drei Papiere überall fest an einander anliegen.

Die Vorrichtungen, welche zur Aufnahme der beiden zu vergleichenden Flammen dienen, werden mittelst genau schliessender Blechhülsen D und E, Fig 8 und 9 auf die Enden der Photometerstange aufgeschoben. Hiebei ist es selbstverständlich, dass die Mittelpunkte der Flammen auch die Anfangs- und Endpunkte der Stange bilden müssen. In Fig. 8 ist d das Rohr, welches das Gas zum Brenner führt;

7*

Fig. 10.

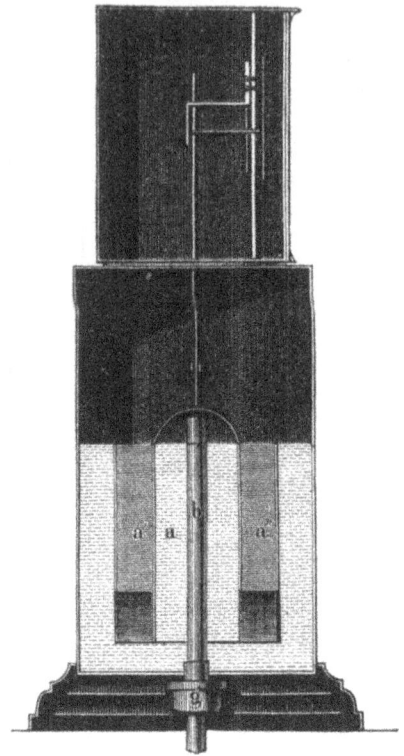

Fig. 12.

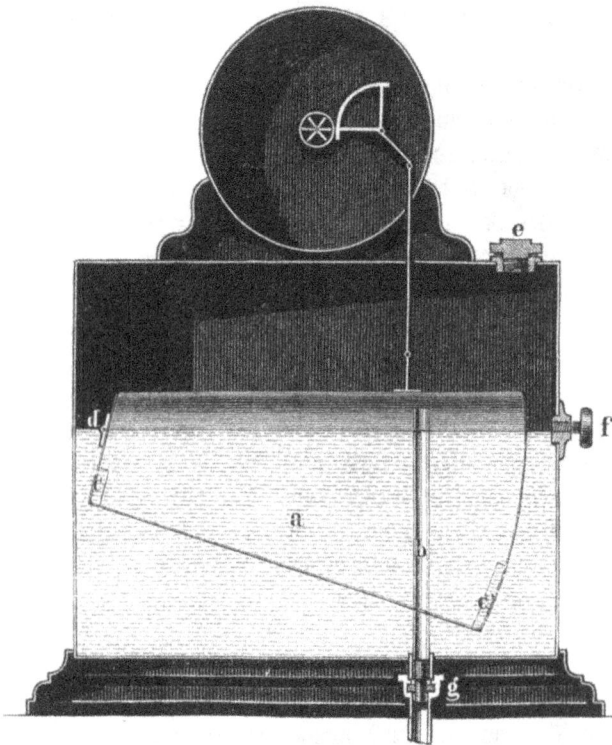

Fig. 11.

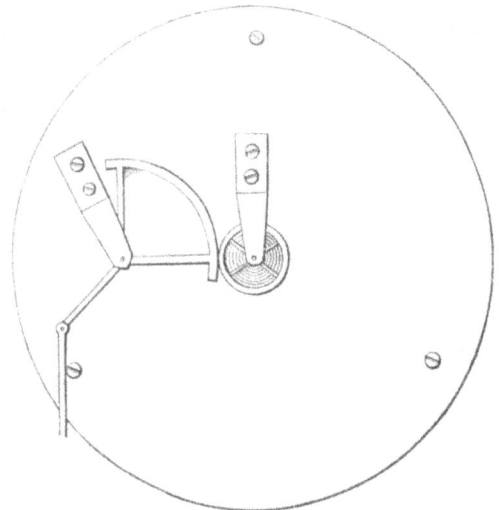

Fig. 13.

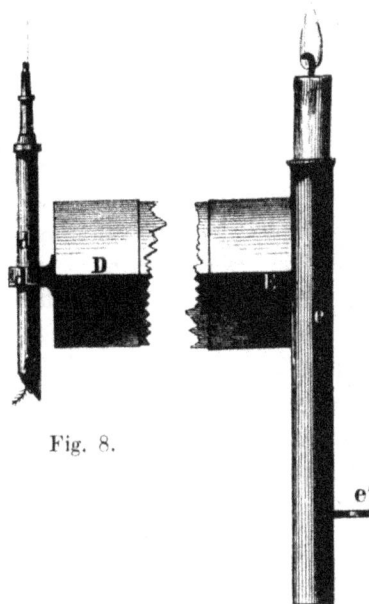

d' ist ein an der Blechhülse befindlicher Ring, welcher über dieses Rohr übergeschoben wird. In der Fig. 9 ist e ein an der Blechhülse E befestigter gewöhnlicher Leuchter, in welchem die Normalkerze mittelst des Schiebers e' stets in der richtigen Höhe erhalten werden kann.

Die Gasuhr, welche das der Gasflamme zuströmende Leuchtgas misst, ist in ihrer Einrichtung der Hauptsache nach von den gewöhnlichen, später zu beschreibenden Gasuhren nicht verschieden: ihr Zählerwerk ist indess vielfach so eingerichtet, dass man den Consum der Flamme pro Stunde nach Beobachtung von einer Minute abliest. Oberhalb der Uhr ist ein Hahn mit Mikrometerschraube angebracht, durch welchen man den Gaszufluss zum Brenner regulirt. Es ist zweckmässig, diesen Regulirhahn in einiger Entfernung von dem Brenner anzubringen, damit das Gas, was durch die Verengung des Hahns in seiner Bewegung gestört wird, nachher noch Raum hat, eine regelmässige Strömung wieder anzunehmen. Es ist eine leicht zu beobachtende Thatsache, dass man eine unruhige Flamme erhält, wenn man das Gas unmittelbar unter dem Brenner durch einen halb geschlossenen Hahn strömen lässt.

Der Regulator, dessen man sich bedient, um die einmal regulirte Flamme constant zu erhalten, unterscheidet sich in seiner wesentlichen Einrichtung nicht von den grossen Regulatoren, die wir später

Fig. 8.

Fig. 9.

kennen lernen werden, wesshalb ich auch darauf verzichte, hier eine Beschreibung desselben zu geben. So lange er correct arbeitet, lässt sich gegen seine Anwendung Nichts sagen; aber es kommt nicht selten vor, dass sein Spiel träge wird, ohne dass man ein äusseres Mittel hätte, dies sofort zu bemerken. Durch diesen Umstand ist man bei seiner Anwendung nicht sicher, man hat keine hinlängliche Controle, sondern ist darauf beschränkt, sich von Zeit zu Zeit durch Versuche von dem Zustand des Apparats zu überzeugen.

Ich wende statt des Regulators einen Druckmesser an, den ich eigens zu diesem Zwecke construirt habe und der durch einen Zeiger auf einem mit Zahlen versehenen Zifferblatt Hundertstel eines Zolles mit Genauigkeit angiebt. Fig. 10 zeigt die Vorderansicht, Fig. 11 den Längendurchschnitt, Fig. 12 den Querdurchschnitt und Fig. 13 die mechanische Uebertragung der Bewegung vom Schwimmer auf den Zeiger im oberen Theil des Apparates, von rückwärts gesehen. Die ersten drei Figuren sind in ¼, die letzte ist in ½ natürlicher Grösse gezeichnet. Im Allgemeinen besteht der Apparat aus 2 Theilen, nemlich aus einem unteren, viereckigen, bis zu einer gewissen Höhe mit Wasser gefüllten Kasten, in welchem ein, um eine horizontale Achse drehbarer Schwimmer durch den Druck des von unten einströmenden Gases gehoben wird, und aus einem oberen Theil in Form eines liegenden Cylinders, in welchem sich die mechanische Anordnung und das Zeigerwerk befindet.

Der Schwimmer besteht aus drei einzelnen, neben einander liegenden Behältern aus starkem Weissblech, von denen die beiden äusseren a' und a'', Fig. 12, gänzlich geschlossen sind, während der mittlere a unten offen ist. Die beiden ersteren dienen als Luftkasten und halten dem Gewicht des Schwimmers das Gleichgewicht, so dass er im ungehobenen Zustand, also frei im Wasser schwimmend, bis zu seiner oberen Fläche eintaucht, der letztere ist dem Gase zugänglich und bietet die Fläche dar, auf welche der Druck seine Wirkung ausübt. Während die beiden Luftkasten oben flach sind, ist der mittlere Behälter halb cylinderförmig gewölbt und bildet einen Dom, in welchen das Einlassrohr b, Fig. 11 und 12, hineinragt. Dieses Rohr steht etwa ½ Zoll aus dem Wasserspiegel heraus und würde, wenn die cylindrische Wölbung nicht vorhanden wäre, dem Schwimmer nicht gestatten, bis zu seinem Ruhepunkt einzutauchen. Alle drei Behälter sind, wie erwähnt, aus starkem Weissblech hergestellt, an ihren äusseren Berührungskanten zusammengelöthet und mit gutem Eisenlack angestrichen.

Als ich die ersten Versuche zur Herstellung des Instrumentes machte, war mein Augenmerk darauf gerichtet, eine möglichst grosse Hebung des Schwimmers zu erzielen; ich construirte daher letzteren aus leichtem Blech, machte die Luftkasten dem entsprechend klein und brachte sie unten an, so dass sie nicht mit aus dem Wasser herausgehoben wurden. Hier stiess ich jedoch auf Schwierigkeiten. Die Adhäsion des Wassers am Blech oder die Reibung des Blechs im Wasser war so gross, dass die Bewegung des Schwimmers weit hinter der Empfindlichkeit zurückblieb, die für ein Messinstrument erforderlich war. Fortgesetzte Versuche zwangen mich, die Luftkasten nicht allein ganz in die Höhe gehen und mit aus dem Wasser heraustreten zu lassen, sowie sie aus dem stärksten Weissblech zu machen, was ich haben konnte, sondern ich musste sie auch noch grösser machen, als sie zur Balancirung des Schwimmers nöthig waren und musste durch Bleiplatten c und c′, Fig. 11, die normale Eintauchungslinie wieder herstellen. Die Bleiplatten brachte ich so tief an, dass sie nicht aus dem Wasser heraustreten, um den gleichmässigen Gang des Schwimmers nicht zu beeinträchtigen. Endlich kam ich zu dem Punkt, wo die Bewegung mit der grössten Genauigkeit vor sich ging, wo der Zeiger bei einem Druck zwischen 0 und 1 Linie die erforderliche Empfindlichkeit zeigte und beim gänzlichen Herauslassen des Gases immer genau auf den Nullpunkt zurückkehrte.

Die Führung des Schwimmers wird durch eine horizontale messingene Achse d, Fig. 11, bewirkt, welche in zwei an den Wänden des äusseren Kastens befestigten Lagern läuft. Diese Einrichtung verursacht keine merkliche Reibung und entspricht ihrem Zwecke vortrefflich.

Das viereckige Gehäuse, in welchem der Schwimmer liegt, hat zwei Schrauben, e und f, Fig. 10 und 11, in denen die erstere zum Einfüllen von Wasser, die letztere zum Reguliren des Wasser-Niveaus dient, und steht in einem Fussgestell von Blech, in welchem die Verschraubung g, Fig. 11 und 12, Platz findet, die das Rohr b mit der Gasleitung verbindet.

Vermittelst einer dünnen, schmalen Messingstange, welche durch einen Schlitz im Deckel des Gehäuses geht, wird die Bewegung des Schwimmers auf einen Rechen und von da auf das Zeigerwerk im oberen Theile des Apparats übertragen. Das Nähere der Anordnung ergiebt sich aus Fig. 12 und 13. Der Rechen greift in ein fein gezahntes Rad und dieses theilt dem an derselben Welle sitzenden Zeiger seine Bewegung mit. Rechen und Rad müssen mit vorzüglicher Genauigkeit gearbeitet sein, da die kleinste Reibung der Empfindlichkeit des Instrumentes Eintrag thut. An der Achse des Rades ist eine Spiralfeder angebracht, welche die Zähne desselben immer nach einer und derselben Richtung gegen die Zähne des Rechens drückt und jedes Schlottern verhindert. Die Genauigkeit, mit welchem der Uebertragungsmechanismus gearbeitet sein muss, ist eine Schwierigkeit, welche der allgemeineren Anwendung des Apparats bisher hindernd im Wege gestanden hat.

Die Theilung des Zifferblattes umfasst bei dem in der Zeichnung dargestellten Apparat im Ganzen 1″ Wasserdruck. Hiemit ist nicht gesagt, dass man das Instrument nicht auch für einen grösseren Druck einrichten kann; man braucht nur die Dimensionen der einzelnen Theile des Schwimmers darnach abzuändern. Den Endpunkt der Scala habe ich zuerst durch eine Reihe von vergleichenden Versuchen mit allen verschiedenen mir zu Gebote stehenden Manometern ermittelt. Die Theilung selbst ist sehr einfach, da die vertikale Hebung des Schwimmers eine gleichmässige ist.

Die Vorzüge, welche dieser Druckmesser vor dem Regulator für die photometrischen Messungen besitzt, sind

1) die grosse Genauigkeit desselben,

2) die leichte Art, mit der sich der Apparat jederzeit überwachen lässt, indem man nur das Gas aus demselben herauszulassen und zu sehen braucht, ob der Zeiger auf Null zurückfällt. Geschieht dies, so ist der Wasserstand richtig und man ist sicher, dass man richtig beobachtet. Um das Gas jederzeit herauslassen zu können, ist es gut, einen Dreiweghahn im Zuflussrohr anzubringen, d. h. einen Hahn, der nicht nur öffnet und schliesst, sondern auch die Communication zwischen dem Apparat und der atmosphärischen Luft herzustellen im Stande ist.

Dass man die Mühe hat, die Zuflussregulirung durch Stellung des Hahns mit der Hand zu besorgen, während der Regulator dies Geschäft selbstthätig ausführt, kann gegen die erwähnten beiden Vortheile nicht in Betracht kommen.

Neuerdings liefert S. Elster eine Art sehr empfindlicher Druckmesser, welche für den allgemeinen praktischen Gebrauch vor dem von mir construirten Vorzüge zu haben scheint. Derselbe ist in Fig. 14 und 15

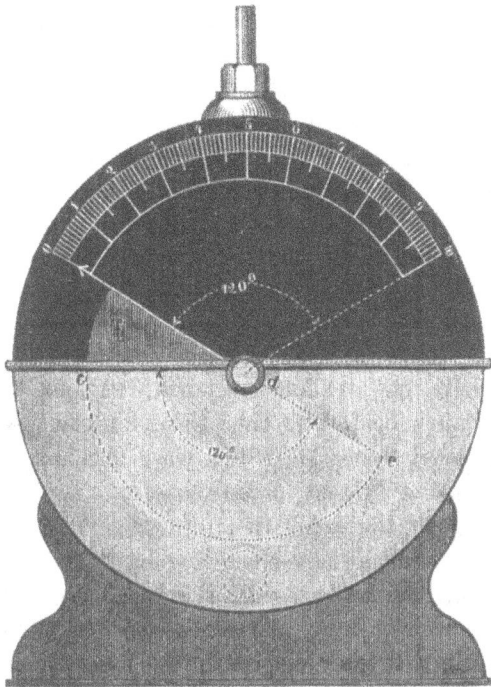

Fig. 14.

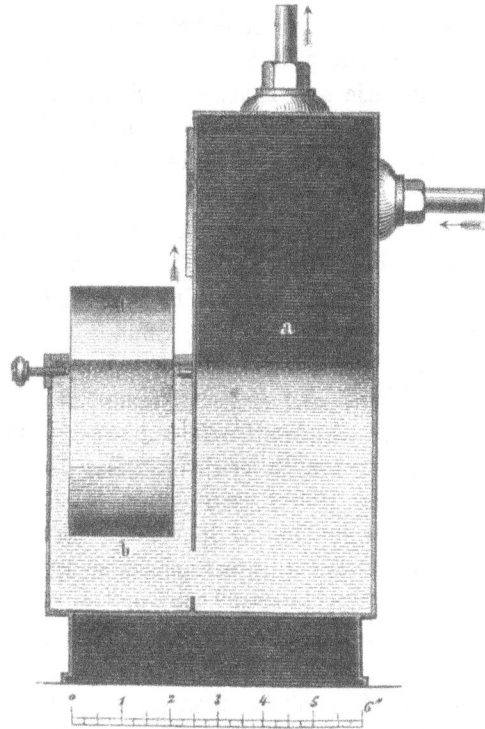

Fig. 15.

abgebildet, und besteht aus zwei Behältern a und b, in welch' letzterem ein hohler Blech-Schwimmer von der Form eines halben Cylinders so angebracht ist, dass seine Drehungsachse im Wasserspiegel liegt. Beim Druck von 1 Zoll Wasserhöhe wird aus dem Behälter a soviel Wasser nach b gedrückt, als der Raum c d e des um seine Achse drehbaren Schwimmers beträgt. Da nun dieser in allen Lagen schwimmt, so hebt sich nicht das Wasser im Raume b, sondern der Schwimmer dreht sich bei 1 Zoll Druck um 120 Grad, und zeigt den Gasdruck in etwa zwölffacher Multiplication, so dass $\frac{1}{10}$ Linie Druck bequem abgelesen werden kann. Zum richtigen Gebrauch ist nur erforderlich, dass man den Wasserstand so regulirt, dass der Zeiger auf Null einsteht, wenn Gleichgewicht stattfindet. Die Reibung im Apparat ist äusserst gering, und beschränkt sich auf die Drehung zwischen zwei Spitzen.

Es ist schon erwähnt worden, dass keine anderen Lichtstrahlen auf den Beobachtungsschirm des Photometers fallen dürfen, als die directen Strahlen der beiden zu vergleichenden Flammen. Dass das Tageslicht ausgeschlossen werden muss, braucht kaum angedeutet zu werden.

Man hat geltend zu machen gesucht, dass in der Praxis die Wirkung einer jeden Flamme durch die von den Wänden des beleuchteten Raumes reflectirten Strahlen erhöht werde. Daher müsse man, wenn man zwischen Produzenten und Consumenten zu entscheiden habe, die Lichtmessung in einem gewöhnlichen Zimmer vornehmen. Diese Einwendung ist indess nur eine scheinbare. Man fragt sich: Wie gross ist die Leuchtkraft einer Flamme im Vergleich zu der einer Normalflamme, wenn diese an der Stelle der ersteren angebracht sein würde? Unter dieser Bedingung aber, dass beide Flammen an derselben Stelle gedacht werden müssen, sind auch beide Flammen gleichen Verhältnissen ausgesetzt, und wenn die Gasflamme in ihrer Leuchtkraft um vielleicht 10 Prozent erhöht worden wäre, so würde die Normalflamme ebenfalls um 10 Prozent erhöht werden. Es bleibt sich also gleich, ob man den Einfluss des Reflexes von den Wänden berücksichtigt oder nicht.

Das photometrische Verfahren erscheint auf den ersten Blick sehr einfach; in Wirklichkeit aber ist es gar nicht leicht, zuverlässige Beobachtungen mit dem Photometer zu machen, zum mindesten werden Unmassen von Beobachtungen gemacht, die keinen Werth haben. Es rührt das meist davon her, dass man sich über den Grad der Genauigkeit, mit welchem man arbeitet, selbst nicht klar ist.

Zunächst müssen wir zugeben, dass von einer eigentlichen Messung bei der Photometrie überhaupt nicht die Rede sein kann, weil wir nur nach dem Augenmaas abschätzen. Es gehört eine längere, sorgfältige Uebung dazu, den Schirm mit einiger Sicherheit stellen zu können und die gewandtesten Beobachter werden sich von einer gewissen Schwankung nicht frei machen können. Man hat wohl auf allerlei Hülfsmittel gesonnen, sich das Einstellen zu erleichtern, aber damit sehr wenig gewonnen. Die vielfach verbreitete Spiegelvorrichtung, bei welcher man nicht den Schirm selbst, sondern die Spiegelbilder desselben beobachtet, hat gar keinen Sinn, man setzt sich sogar noch, falls die Spiegel nicht sehr gut und richtig gearbeitet sind, vermehrten Fehlern aus. Eine wesentliche Schwierigkeit liegt, wenigstens für den Ungeübten, in der verschiedenen Färbung der Lichtstrahlen. Die Strahlen des Gaslichtes sind blau, diejenigen des Kerzen- oder Lampen-Lichtes braun. Wenn nun auch dadurch, dass ein Theil der Strahlen von jeder Seite durch den Schirm dringt, eine gewisse Vermischung der Farben stattfindet, so ist diese doch bei Weitem nicht vollkommen und die dem Gaslicht zugekehrte Seite des Schirmes bleibt für das Auge bläulich, während die Kerzenseite bräunlich erscheint. Man kann annehmen, dass ein guter Beobachter ohne Nebenvorrichtungen, indem er den Schirm unter einem Winkel von etwa 45 Grad direct beobachtet, bei einer zehnfüssigen Photometerstange bis zu 10 oder 12 Lichtstärken hinauf auf 3 bis 4 Prozent genau einstellt. Hat man höhere Lichtstärken zu bestimmen, so ist es gut, zwei oder noch mehr Normalkerzen anzuwenden, weil man dadurch der verhältnissmässig engeren Theilung am oberen Ende der Photometerstange entgeht.

Ein Punkt, gegen den vielfach gesündigt wird, betrifft die Herstellung einer richtigen Gasflamme, d. h. die Herstellung einer Flamme, bei welcher das Gas unter den seiner Natur entsprechenden Verhältnissen verbrannt wird. Es ist nicht genug, dass man durch einen beliebigen Brenner ein bestimmtes Quantum Gas consumirt; sondern die Verbrennung soll auch in der Weise vor sich gehen, dass die Leuchtkraft, welche das Gas zu entwickeln im Stande ist, wirklich zur Entwickelung gelangt. Welche Umstände dabei näher zu berücksichtigen sind, soll später, wo von den Brennern die Rede sein wird, eingehender erörtert werden, hier will ich nur auf die Bedeutung der Sache im Allgemeinen aufmerksam gemacht haben und auf die Nothwendigkeit hinweisen, dass man bei Lichtversuchen, sofern sie allgemeinen Werth haben und die Leuchtkraft wirklich ausdrücken sollen, die ein Gas zu entwickeln im Stande ist, vorher die Brennersorte ermitteln muss mit welcher man für dieses Gas die volle Leuchtkraft erzielt.

Die schwächste Seite der ganzen Photometrie betrifft die Normalflammen. Wir besitzen keine Normalflammen. Keine Kerze und keine Lampe giebt für einen bestimmten Consum ein bestimmtes Licht, ja die Leuchtkraft der Flammen verändert sich fortwährend und man ist nicht einmal im Stande, dieselbe für eine gewisse kürzere Zeitdauer constant zu erhalten. Wissenschaftliche Männer haben allerlei Verbesserungen in Vorschlag gebracht, aber uns ist mit keinem Licht gedient, zu dessen Herstellung erst chemische Operationen nöthig sind. So hat man die Flamme des reinen, aus Alcohol dargestellten, ölbildenden Gases als Normalflamme vorgeschlagen; aber bis nicht eine Vorrichtung hergestellt sein wird, mittelst welcher jeder Laie sich dieselbe ohne Weiteres mit Sicherheit verschaffen kann, wird sie wenig Aussicht auf praktische Anwendung haben. Am allgemeinsten verbreitet ist der Gebrauch der Kerzen. Früher wandte man meist Wachskerzen an, doch sind jetzt ziemlich allgemein Stearin-Paraffin- oder Spermacetikerzen eingeführt.

Wachskerzen geben die schlechtesten Normalflammen. Die Beschaffenheit des Wachses ist sehr bedeutenden Schwankungen unterworfen, die Leuchtkraft der Kerzen ist daher nicht allein nach verschiedenen Jahrgängen, verschiedenen Gegenden, verschiedenen Fabriken verschieden, sondern man ist nicht leicht im Stande, aus einem und demselben Paket zwei Wachskerzen heraus zu nehmen, die eine gleiche Leuchtkraft besitzen. Dazu kommt noch ein weiterer Uebelstand, die häufig vorkommende mangelhafte Verbrennung der Dochte. Wachskerzen haben einen, aus lose neben einander liegenden Fäden bestehenden Docht, der sich unregelmässig umlegt und oft einen mehr oder weniger grossen Kohlenknopf an seinem Ende absetzt, durch den die Flamme beeinträchtigt wird. Das Umlegen des Dochtes soll durch das eigene Gewicht desselben bewirkt werden; dies ist aber bei der kleinsten Unregelmässigkeit in den Fäden oder bei einer zufällig vorhandenen, gedrehten Lage derselben nicht vermögend, den Widerstand zu überwinden, der Docht bleibt mehr oder weniger gerade stehen und ragt nach und nach in den obern Theil der Flamme hinein, wo die Absetzung der Kohle vor sich geht. Wenn man den Docht im Anfang der Versuche zur Seite biegt, so hält er sich gewöhnlich länger, als wenn man ihn unberührt lässt, doch kann man sich gleichwohl nicht darauf verlassen. Auch mit dem Putzen erhält man die Flammen nicht constant. Putzt man ein Geringes mehr ab, als gerade nöthig ist, so beeinträchtigt man wiederum die Helle, und das Licht hat sich erst zu erholen, bis es auf's Neue in seinen früheren Zustand gelangt.

Anders verhält es sich mit Stearin-, Spermaceti- und Paraffinkerzen. Es ist nicht nur das Material dieser Kerzen bei weitem gleichmässiger, als das Wachs, sondern sie haben auch einen geflochtenen Docht, der sich mit mehr Regelmässigkeit umlegt und dessen Ende im unteren Theile der Flamme verbrennt. Die Versuche, Wachskerzen mit geflochtenen Dochten herzustellen, haben seither zu keinem Resultat geführt. Nach Versuchen von Prof. Pettenkofer giebt namentlich eine Sorte Stearinkerzen, welche aus einem Stearin von 76 bis 76,6 Prozent Kohlenstoffgehalt angefertigt sind, und in einer Stunde 10,2 bis 10,6 Gramm Stearin in ruhiger Luft ohne zu russen und ohne geputzt zu werden, verbrennen, ein ziemlich constantes Licht. In England ist als amtliche Normalkerze eine Spermacetikerze von 120 Grains stündlichem Consum vorgeschrieben.

Ueber das Verhältniss der Leuchtkraft zwischen Spermacetikerzen und Wachskerzen findet man begreiflicherweise die verschiedensten Ansichten. L. Thompson nimmt an, dass 10 Spermacetikerzen in der Helle gleich 12 Wachskerzen sind, wonach also erstere um 20 Prozent heller brennen. Croll ist der Ansicht, dass Spermacetikerzen um ¼ bis ⅓ heller sind, als Wachskerzen. Peclet giebt ihnen einen Vorzug von 6 Prozent. Dr. Ure stellt die Lichthellen gleich und Dr. Fyfe fand Wachs sogar 10 Prozent heller als Spermaceti.

Das unvollkommenste Verfahren, eine Normalkerzenflamme genauer zu bezeichnen, besteht darin, dass man die Zahl Kerzen angiebt, die auf 1 Pfund oder Paket gehen, und dass man etwa höchstens noch die Länge derselben anführt. Man sagt, eine Gasflamme von so und so viel Consum per Stunde hat so viel Leuchtkraft, als so und so viele Wachskerzen, von denen 4, 5 oder 6 auf ein Pfund gehen und von denen das Stück eine Länge von so und so viel Zollen hat.

Ein wesentlich besseres Verfahren ist dasjenige, nach welchem man die Normalkerze wägt, den Consum derselben per Stunde bestimmt und die Leuchtkraft auf einen bestimmten Normal-Consum reduzirt. Man nimmt dabei an, dass die Leuchtkraft dem Consum direct proportional sei.

Eine hübsche Vorrichtung, um die Normalkerze zu wägen, ist von Keates angegeben und in Fig 16 abgebildet. A A ist ein Waagebalken von ungleich langen Armen, B das Lager für die Schneide, auf welcher er läuft, C der Zeiger für die Scala D, F eine Schneide am Ende des Balkens, G die Arretirung für den Balken während des Experiments, H die Normalkerze, I der Kerzenhalter, K die Stellschraube für die Kerze, L Stahlarme, mittelst welcher der Kerzenhalter auf der Schneide F ruht, N ein Messingdraht, an welchem die Schale N und das Gegengewicht O hängt, P P ein Stück der Photometerscala. Der Gebrauch des Apparates ist sehr einfach. Einige Minuten, bevor das photometrische Experiment gemacht werden soll, bringt man die Kerze in ihre richtige Höhe, zündet sie an, und wartet bis ihre Flamme die normale Grösse hat. Ist dies erreicht, so schiebt man das Gewicht auf dem langen Arm des Balkens vorsichtig nach der Mitte zu, so dass der kurze Arm das Uebergewicht bekommt, und der Zeiger nach rechts ausschlägt. Mit dem weiteren Brennen der Kerze wird dieselbe wieder leichter, der kurze Arm hebt sich allmählig wieder und der Zeiger rückt regelmässig wieder dem Nullpunct entgegen. Der Moment, wo der Nullpunkt wirklich erreicht wird, wo also der Waage-

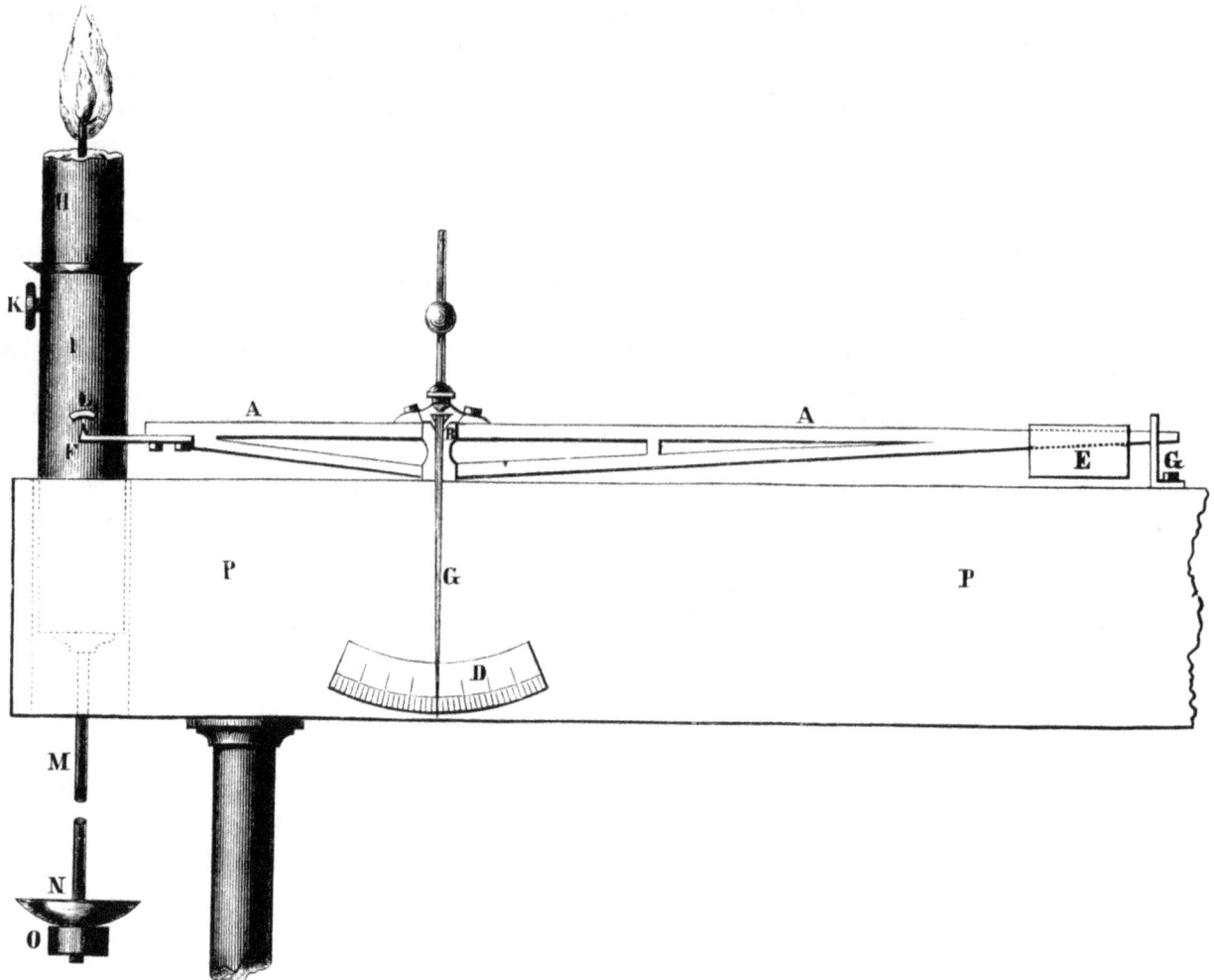

Fig. 16.

balken horizontal steht, wird notirt, und von hier ab beginnt die Rechnung für den Consum der Kerzen-flamme. Um den Kerzenhalter nicht immer auf den Schneiden ruhen zu lassen, ist eine einfache Arretirung angebracht, welche in der Zeichnung nicht sichtlich ist, und mittelst welcher man den Kerzenhalter um $\frac{1}{10}$ Zoll über seine Unterstützung hinaufhebt. Wenn die photometrischen Beobachtungen beendigt sind, wird die Kerzenflamme rasch und vorsichtig ausgelöscht, und der Moment, wo dies geschieht, wiederum notirt. Der Kerzenhalter wird wieder auf die Waage herunter gelassen, und so viel Gewicht in die Schaale N ein-gelegt, dass der Zeiger wieder auf Null einsteht. Das Gewicht entspricht dem Kerzenmaterial, welches während der notirten Zeit verbrannt ist.

Ein weiterer guter Anhaltspunkt ist die Höhe der Kerzenflammen, die man für einen Consum von 120 Gran in der Stunde füglich auf $1\frac{5}{4}$ Zoll engl. annehmen kann.

Nur unter Anwendung aller Vorsichtsmassregeln gelingt es, sich für kurze Zeit eine einigermassen normale Flamme zu verschaffen. Will man nicht fortwährend von ihr abhängig sein, so stellt man eine Gasflamme von gleicher Lichtstärke her und substituirt diese. Es ist selbstverständlich, dass man für einen gleichmässigen Consum dieser Gasflamme entweder durch einen Regulator oder einen Druckmesser Sorge zu tragen hat.

Die Experimentalgasuhr steht in diesem Fall am Ende der Photometerstange, und auf ihr ist eine drehbare Vorrichtung so angebracht, dass man sowohl die Normalkerze als die Gasflamme vor die Stange rücken kann. Zuerst wird die Normalkerze angezündet, der Gashahn geschlossen gehalten, und die Gasflamme am anderen Ende der Photometerstange so regulirt, dass sie mit der Kerzenflamme genau gleiche Leuchtkraft hat. Ist dies erreicht, so hat man dadurch die Normalgasflamme von der Stärke der Kerzenflamme hergestellt, und man bringt dann statt der letzteren, die man auslöscht, die auf der Gasuhr an der drehbaren Vorrichtung sitzende Gasflamme vor die Stange, regulirt ihren Consum durch die Gasuhr, und verfährt wie gewöhnlich.

Der Verlauf eines photometrischen Versuches ergiebt sich aus dem Vorstehenden der Hauptsache nach von selbst. Auch auf die Nothwendigkeit, selbst unter Anwendung aller möglichen Sorgfalt und Vorsicht, eine grössere Anzahl von Versuchen zu machen und aus ihnen das Mittel zu nehmen, braucht kaum andeutungsweise hingewiesen zu werden. Wer die vorstehend berührten Schwierigkeiten ihrer richtigen Bedeutung nach auffasst, wird sich auf dem schwankenden Boden des photometrischen Verfahrens nicht zu sicher fühlen, um nicht alle Hülfsmittel in Anwendung zu bringen, die uns zur Elimination von Fehlern an die Hand gegeben sind; wer die Schwierigkeiten nicht zu würdigen versteht oder nicht würdigen will, ist dem Humbug verfallen, der besonders in der Sphäre der Speculation mit photometrischen Angaben getrieben wird.

In Paris wurde ein photometrischer Apparat eingeführt, der sich von den oben beschriebenen unterscheidet. Zunächst dient als Normallicht statt der Kerzenflamme die Flamme einer Carcel'schen Lampe, Fig. 17, deren Maasverhältnisse in folgender Art genau festgestellt wurden.

Aeusserer Durchmesser des Dochtrohres . . . . 23,5 Millimeter.
Innerer Durchmesser des Dochtrohres (oder des inneren Luftzugrohres) 17,0 „
Durchmesser des äusseren Luftzugrohres . . . . 45,5 .,
Höhe des Glascylinders . . . . 290,0 .,
Entfernung der Verengung des Cylinders vom Fusse desselben . . . 61,0 .,
Aeusserer Durchmesser des Cylinders unmittelbar unter der Verengung 47,0 ,.
Aeusserer Durchmesser des Cylinders am oberen Ende . . . . . 34,0 .,
Mittlere Dicke des Glases . . . . 2,0 „

Als Docht wird ein mittlerer Docht, sogenannter Leuchtthurmdocht, angewandt. Das Geflecht besteht aus 75 Fäden. Ein Stück von der Länge eines Decimeters wiegt 3,6 Gramm. Die Dochte werden an einem trockenen Orte aufbewahrt, oder wenn das Local feucht ist, in einer Büchse, welche zwischen einem Doppelboden gebrannten Kalk enthält. Letzterer ist zu erneuern, bevor er sich vollkommen löscht Um die Lampe zum Versuch herzurichten, zieht man zunächst einen neuen Docht ein, und schneidet denselben scharf über dem Dochtrohr ab. Dann füllt man die Lampe vollkommen bis zur Gallerie hinauf mit gereinigtem Rüböl, pumpt das Oel auf, zündet die Lampe an, wobei man Anfangs den Docht 5 oder 6 Millimeter hoch hervortreten lässt, und setzt den Cylinder auf. Zur Regulirung des Oelconsums dreht man den Docht bis zu einer Höhe von 10 Millimetern heraus, und bringt den Cylinder in eine solche Höhe, dass sich die Verengung desselben 7 Millimeter über dem Niveau des Dochtes befindet. Um diese Bedingungen herzustellen, bringt man die untere Spitze eines kleinen, am Dochthalter befindlichen Apparats mit dem Docht und die obere Spitze mit der auf dem Cylinder angebrachten Marke in's Niveau. Die Lampe soll 42 Gramm Oel in der Stunde verzehren, und es ist von Wichtigkeit, sie so zu reguliren, dass dieser Consum genau erreicht wird, denn Versuche*) haben dargethan,

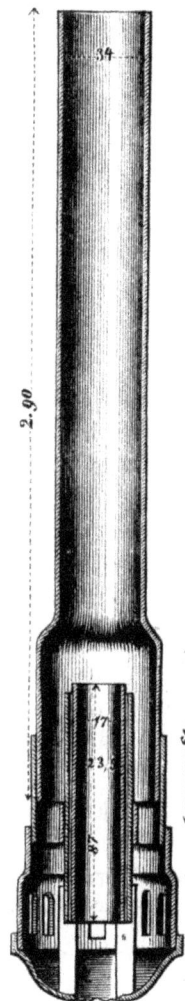

Fig. 17.

*) Etude sur les divers becs employés pour l'éclairage au gaz par M. M. Paul Audouin et Paul Bérard. Annales de Chimie et Physique, 3. série, t. LXV. 1862

8*

dass, ein nahezu constantes Verhältniss zwischen der Leuchtkraft und dem Consum der Oelflamme nur bei diesem stündlichen Oelverbrauch von 42 Gramm per Stunde stattfindet. Bei einem Mehr- oder Minderverbrauch von über 4 Gramm erhält man falsche Resultate.

Auch der Brenner, aus dem das Gas verbrannt wird, ist genau vorgeschrieben. Es ist ein Porzellan-Argandbrenner mit 30 Löchern von Bengel in Paris, Fig. 18, mit Korb und ohne Metallaufsatz auf dem Cylinder.

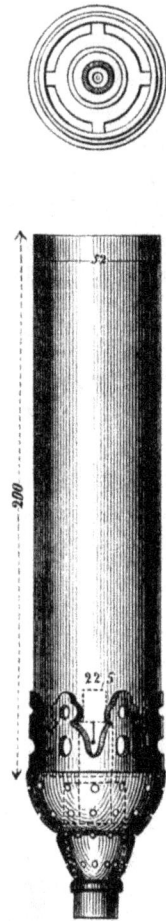

Fig. 18.

Höhe des Brenners	80	Millimeter.
Entfernung vom Beginn der Gallerie bis zum oberen Ende des Brenners	31	,,
Höhe des cylindrischen Theiles des Brenners	46	,,
Aeusserer Durchmesser des Porzellancylinders	22,5	,,
Innerer Durchmesser des Porzellancylinders (Luftzug)	9	,,
Durchmesser des Kreises, auf welchem sich die Löcher befinden	16,5	,,
Mittlerer Durchmesser der Löcher	0,6	,,
Höhe des Glascylinders	200	,,
Dicke des Glases	3	,,
Aeusserer Durchmesser des Cylinders oben	52	,,
Aeusserer Durchmesser des Cylinders unten	49	,,
Zahl der Löcher im Korbe	109	,,
Durchmesser der Löcher im Korbe	3	,, *)

An dem Stativ des Brenners befindet sich ein Manometer, an welchem man den Druck abliest. Letzterer soll nicht mehr als 2 bis 3 Millimeter Wasser betragen.

Um nun die Flammen des Gasbrenners und der Carcellampe mit einander zu vergleichen, wendet man den photometrischen Apparat an, der auf Tafel 1 und 2 scizzirt ist. Auf einem Gestell, welches von einem starken Unterbau getragen wird, und mittelst Stellschrauben genau horizontal gestellt werden kann, befindet sich die Oellampe auf einer Waage, die Gaslampe mit den betreffenden Zuführungsröhren, die Gasuhr mit darüber angebrachter Secundenuhr, dann in einer Röhre, welche die directen Strahlen der beiden Flammen vom Auge des Beobachters abhält, der Photometerschirm, auf welchem die beiden Lichtquellen verglichen werden. Neben dem Apparat steht ein kleiner Gasometer, aus welchem die Gasflamme gespeist wird. Das Princip des Photometers von Foucauld besteht darin, dass zwei Theile eines Schirmes von einer Seite her durch die directen Strahlen der zwei zu vergleichenden Lichtquellen beleuchtet werden, und zwar so, dass die zwei erleuchteten Stellen genau und ohne Dazwischentreten jedes sichtbaren Halbschattens, einander berühren. Die Empfindlichkeit des Verfahrens hängt ab von dem mehr oder weniger vollständigen Verschwinden jeder wahrnehmbaren Gränze zwischen beiden Stellen in dem Augenblick, wo beiderseits die Beleuchtung gleich intensiv wird. Der Schirm sitzt an dem, dem Beobachter zugewandten Ende, einer Röhre (oder eines viereckigen Kastens), welche der Länge nach von einer in ihrer eigenen Ebene beweglichen Zwischenwand in zwei gleiche Fächer geschieden ist. Der Schirm vertritt die Stelle der matt geschliffenen Tafel in der Camera obscura; zuerst machte man ihn auch aus matt geschliffenem Glas, es zeigte sich jedoch bald, dass er zu durchsichtig war, und das Licht nicht genug zerstreute, dann wählte man Papier, was aber den Nachtheil zeigte, dass die Ungleichheit seiner Textur die Differenzen verwischte, welche das Auge auf einem feineren und gleichartigeren Stoffe noch wahrzunehmen im Stande ist. Die besten Schirme werden aus einer Lage von Stärkmehl hergestellt, welches im Wasser suspendirt, sich in der

---

*) Diese Bezeichnung des Brenners ist jedenfalls viel rationeller, als die Bezeichnung des „Parliamentary standard Argand burners" in England, von dem es nur heisst, dass er 15 Löcher und ein 7 Zoll langes Zugglas haben soll.

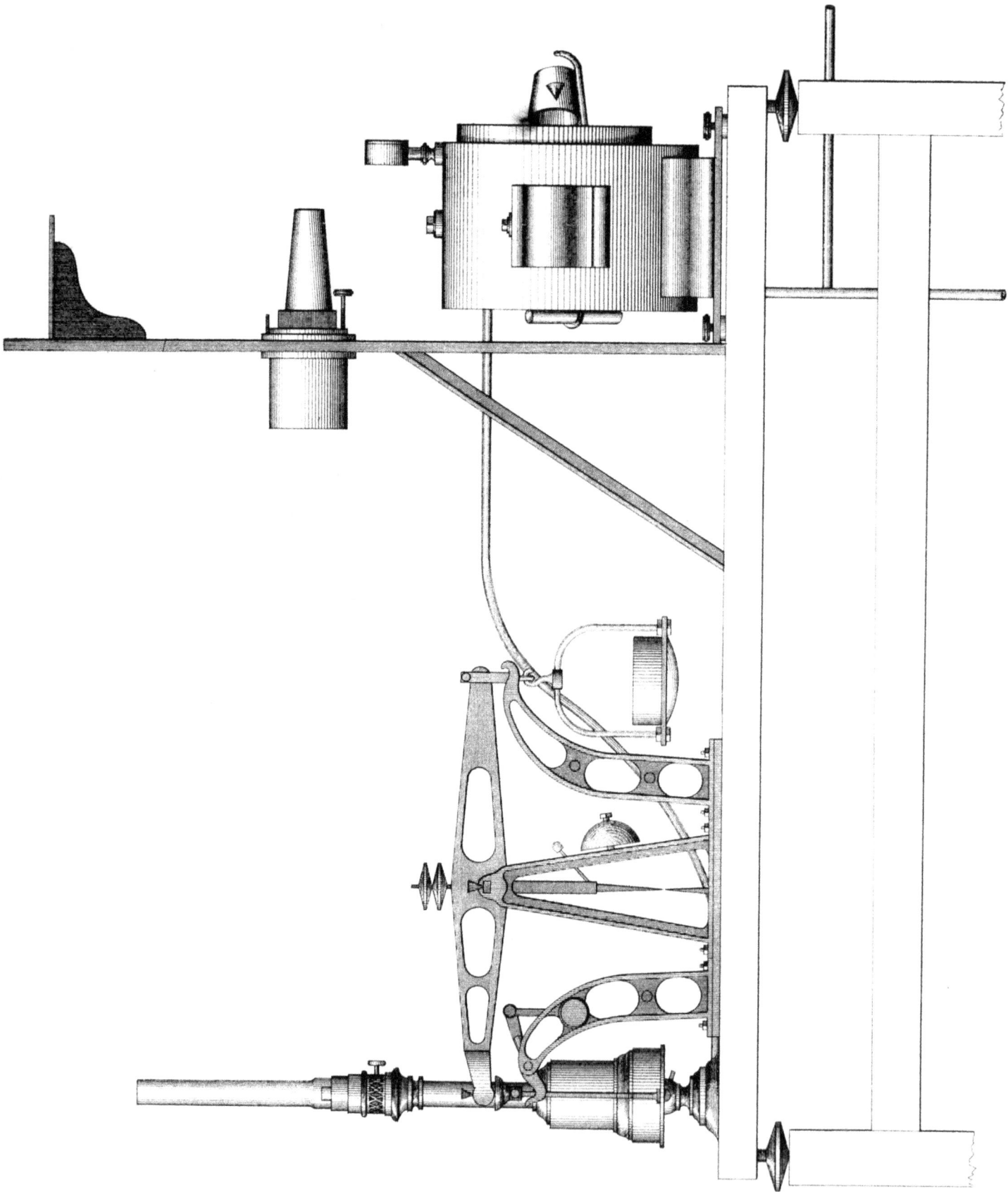

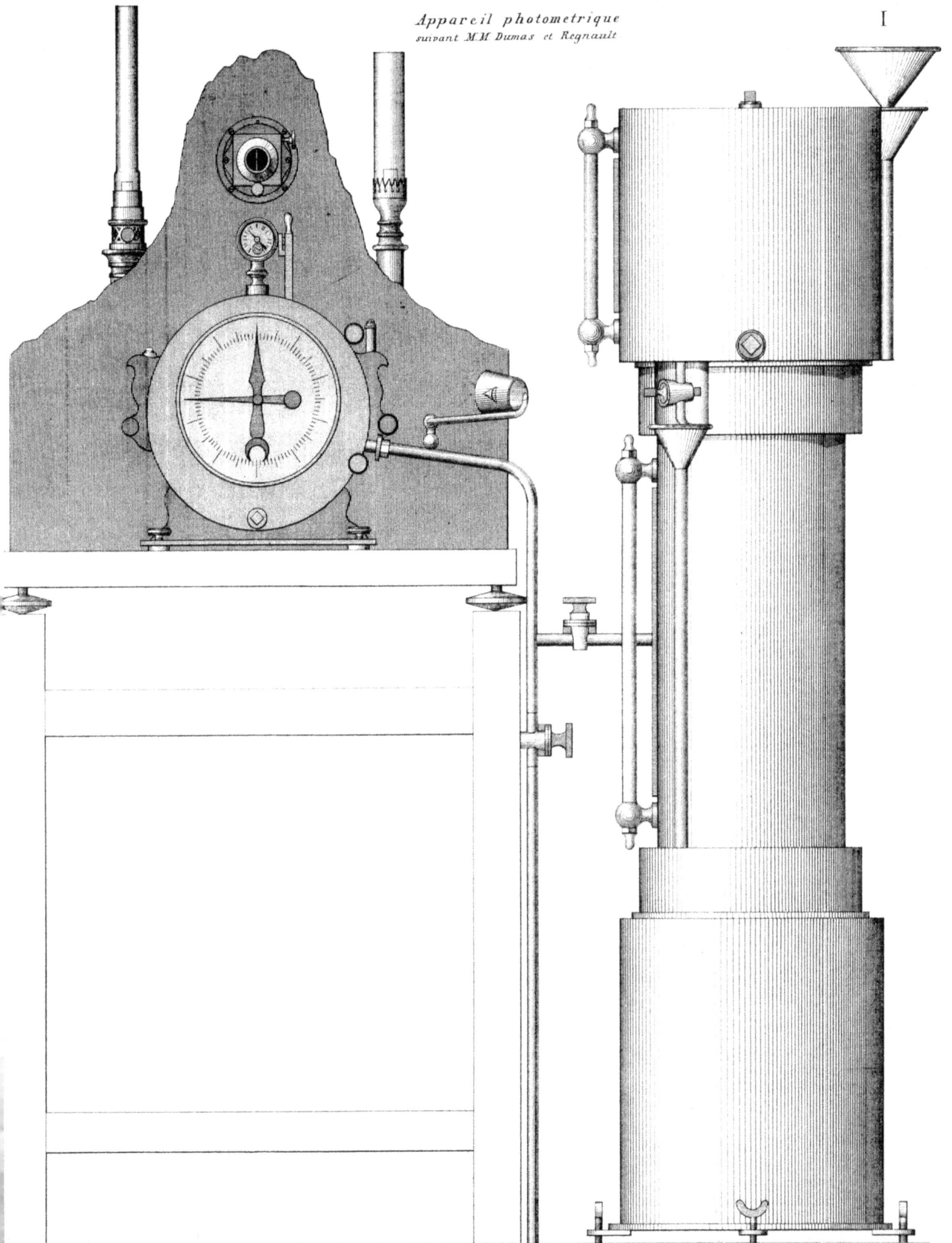

Appareil photometrique
suivant M.M Dumas et Regnault

I

Ruhe auf einer Fläche Spiegelglas absetzt. Ein solcher Schirm besitzt alle erforderlichen Eigenschaften, man kann ihm dasselbe Zerstreuungsvermögen geben, welches das Papier besitzt, und überdies bietet er dem Auge die erwünschte Feinheit und Gleichartigkeit. Das den Lichtquellen zugewendete Ende des Photometerrohrs ist offen, hier fallen die Strahlen der beiden Lichtquellen gesondert in ihr respectives Fach. Das Rohr ist symmetrisch so gestellt, dass die Mittelwand den Winkel zwischen den beiderseitigen Lichtstrahlen, welche gegen die Mitte des Schirmes convergiren, halbirt. Bei dieser Stellung kommt es nun, dass die Schatten der Zwischenwand, welche die Licht-Quellen auf die ihnen entgegengesetzte Seite des Schirmes werfen, durch einen hellen Raum getrennt sind, oder aber, dass im Gegensatze davon die beiden Schatten in einander greifen; immer aber ist die innere Grenze derselben scharf bezeichnet. Nun ist die Mittelwand in ihrer eigenen Ebene verschiebbar, man giebt ihr also mittelst einer nach Aussen reichenden Schraube diejenige Stellung, in welcher sich die Schatten gerade berühren. In dieser Stellung beobachtet man die Beleuchtung der Flächen, und verändert mittelst einer an der Gasuhr befindlichen Mikrometerschraube die Grösse und den Consum der Gasflamme so lange, bis beide Flächen vollkommen hell erscheinen.

Die Oellampe steht, wie schon erwähnt, auf einer Waage. Bevor der eigentliche Versuch beginnt, tarirt man dieselbe mittelst Schroten, und bringt dann auf die Schaale, auf welcher sich die Lampe befindet, ein kleines Supplementärgewicht. Indem die Lampe fortbrennt, verringert sich durch den Oelconsum ihr Gewicht, und es kommt der Zeitpunkt, wo die Waage wieder in's Gleichgewicht kommt, und der Zeiger derselben auf Null einspielt. Der Zeitpunkt wird selbstthätig vom Apparat angegeben, indem die Einrichtung getroffen ist, dass der Zeiger bei seiner senkrechten Stellung einen Hammer auslöst, der auf eine Glocke niederfällt. Sobald dies geschieht, zieht man einen Hebel an, der den Zeiger der Gasuhr wie denjenigen des Secundenzählers in Bewegung setzt, und der Versuch beginnt. Indem man den Schirm beobachtet, regulirt man durch die Mikrometerschraube an der Gasuhr die Gasflamme so, dass beide Flammen vollkommen gleich hell sind, und erhält dies Verfahren während des ganzen Versuches aufrecht. Mittlerweile legt man auch ein Gewicht von 10 Gramm in die Waagschale, welche die Lampe trägt, und stellt die Communication zwischen dem Waagbalken und der Glocke wieder her. Sobald 10 Gramm Oel in der Lampe verbrannt sind, kommt der Waagbalken wieder in's Gleichgewicht, der Zeiger löst den Hammer wieder aus, dieser fällt auf die Glocke, man arretirt die Zeiger der Gasuhr und Secundenuhr, und der Versuch ist beendet. Man erhält als Resultat die Gasquantität, welche den verbrannten 10 Gramm Oel entspricht, und kann nach der beobachteten Zeit berechnen, wie sich der beobachtete Consum zu dem als normal angenommenen Consum von 42 Gramm per Stunde verhält. Die amtliche Vorschrift in Paris verlangt, dass 42 Gramm Oel 105 Liter Gas entsprechen sollen.

Einen Apparat zur Werthbestimmung des Leuchtgases, welchem das Princip zu Grunde liegt, dass die Leuchtkraft proportional sei dem Quantum atmosphärischer Luft, welche dem Gase beigemischt werden muss, um dessen Leuchtkraft zu vernichten, hat Prof. O. L. Erdmann erfunden. In nebenstehenden Figuren, und zwar in Fig. 19 in perspectivischer Ansicht, in Fig 20 im Durchschnitt ist dieser »Gasprüfer« dargestellt.*) Er hat in der Hauptsache die Einrichtung einer Bunsen'schen Lampe, deren 18 Millimeter weites, 195 Millimeter langes Rohr a, unterhalb der Stelle, wo die Luft sich mit dem Gase mischen soll, zu einem 96 Millimeter weiten, 11 Millimeter hohen Hohlcylinder b b sich erweitert. Um die Luft eintreten zu lassen, ist in der Wand dieses Hohlcylinders ein nahe um den halben Umfang laufender 1 Millimeter weiter Schlitz angebracht. Ueber den weiten Cylinder ist ein Ring d aufgeschliffen, welcher, wie der Cylinder, von einem nahe ¾ Millimeter weiten, ebenfalls um den halben Kreisumfang laufenden, überall gleich weiten Spalte unterbrochen ist. So kann mittelst des durch den Handgriff c drehbaren Ringes der Schlitz im Cylinder geschlossen oder beliebig weit geöffnet und der Luft Zutritt gegeben werden. Auf der oberen Fläche des weiten Cylinders ist eine um den halben Umfang laufende Kreistheilung angebracht.

---

*) Vergleiche Journal für Gasbeleuchtung, Jahrg. 1860, S. 343.

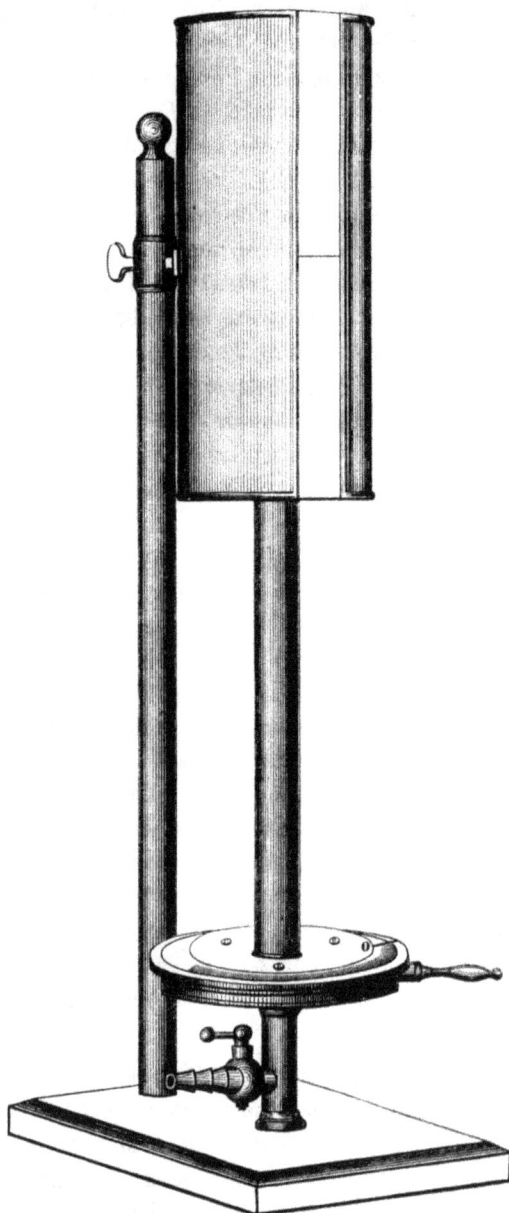

Der drehbare Ring aber ist mit einer Marke versehen, welche auf Null eingestellt wird, wie Fig. 21 zeigt. Dreht man dann den Ring, so dass die Marke sich an der Theilung hinbewegt, so öffnet sich der Schlitz und man kann an der Scala die Grade ablesen, um welche die Oeffnung erfolgt ist. Ueber dem Brennerrohr ist ein 80 Millimeter weiter und 20 Centimeter hoher Cylinder von geschwärztem Messingblech mittelst einer Stellschraube befestigt. In die vordere Seite desselben ist eine 30 Millimeter breite Glasplatte eingesetzt zur Beobachtung der Flamme. In 10 Centimeter Höhe ist vorn in der Glasplatte eine Linie und derselben genau gegenüber in der inneren Wand des Cylinders eine zweite Linie eingerissen, um die Höhe der Flamme genau reguliren zu können. f und g stellen das Rohr, durch welches das Gas in das Brennrohr einströmt, von der Seite und von oben gesehen, in natürlicher Grösse dar. Der Cylinder hat nur den Zweck, die Flamme ruhig brennen zu lassen. Um die Flamme ganz ruhig zu machen, und damit die sichere Einstellung zu erleichtern, ist unterhalb des Cylinders ein Trichter von nicht zu eng gewebter Drahtgaze so angebracht, dass die Luft nur durch die Maschen desselben zur Flamme gelangen kann. Ist die Drahtgaze zu dicht gewebt, so wird die Flamme zitternd. Der Trichter greift mit seinem oberen Rande etwas über den unteren Rand des Cylinders, sowie es nebenstehende Figur 21 darstellt. Er ist unten mittelst eines Ringes auf dem Brennerrohre verschiebbar, so dass man ihn, um zur Flamme zu gelangen, etwa einen Zoll weit niederschieben kann. Die Maschen des Gewebes sind auf der Figur absichtlich zu gross gezeichnet, damit die Zeichnung deutlicher erscheint.

Der Gebrauch des Apparates geschieht nun nach Erdmann in folgender Weise. Nachdem man die Marke des Ringes auf Null der Scala gestellt hat, wird der Apparat an einem möglichst dunklen Orte durch einen Gummischlauch mit der Gasröhre verbunden, worauf man das zu prüfende Gas in den Apparat einströmen lässt, anzündet, und die Flamme so regulirt, dass ihre Spitze genau die in 10 Centimeter Höhe angebrachte Linie trifft. Hiebei stellt man, um den Fehler der Parallaxe zu vermeiden, das Auge so, dass die Linie im Glase genau die gegenüber auf der Innenseite des Cylinders angebrachte Linie deckt. Nachdem die Einstellung erfolgt ist, dreht man den Ring mittelst des Handgriffes sehr langsam von Rechts nach Vorn und Links. Indem man hiedurch den Spalt öffnet, drängt die einströmende Luft in den ersten Augenblicken die Flamme hoch empor. Bald sieht man, wie bei weiter fortgesetzter, langsamer Drehung, wobei man immer kleine Pausen macht, die Flamme ihre Leuchtkraft verliert. Nur über dem inneren, blauen Kegel zeigt sich noch eine leuchtende Spitze. Auf diese richtet man jetzt seine Aufmerksamkeit. Bei einer gewissen Oeffnung des Spaltes verschwindet die letzte Spur derselben. Die helle Contour der inneren Flamme, welche nach oben in die leuchtende Spitze überging, rundet sich jetzt ab, und die Flamme erscheint scharf begrenzt. Dreht man von diesem Punkt aus wieder rückwärts, so zeigt

Fig. 19

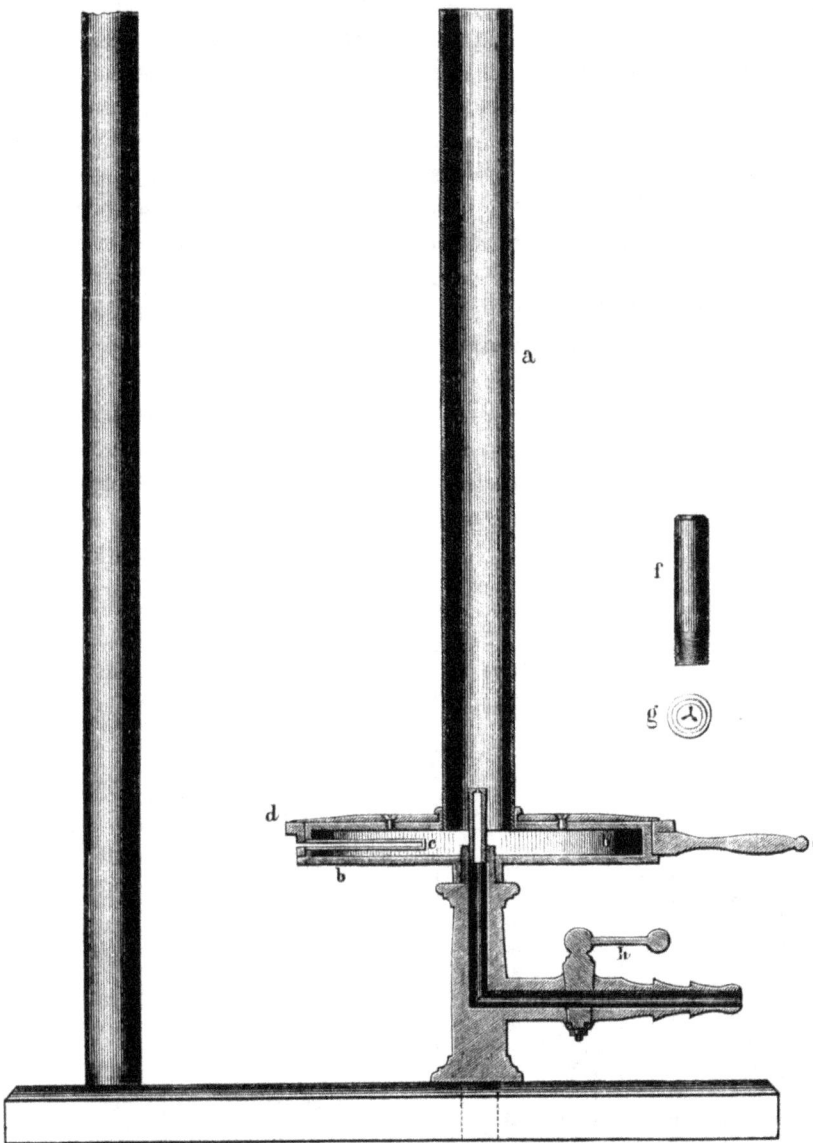

Fig 20.

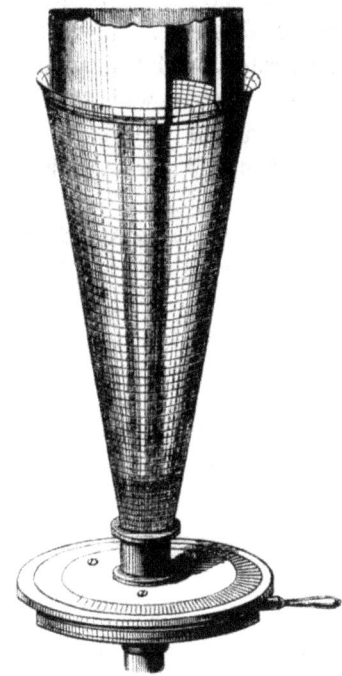

Fig. 21.

sich bald wieder am oberen Theile des blauen Kegels ein weisslicher Schein oder ein leuchtendes Spitzchen. Der durch einige Versuche leicht zu findende Punkt, von welchem aus die geringste Drehung rückwärts einen weissen Schein über dem blauen Kegel hervorbringt, muss festgehalten werden. Nachdem man ihn erreicht hat, zündet man ein Wachsstöckchen an, und liest die Zahl der Grade ab, um welche man den Spalt hat öffnen müssen, um die Leuchtkraft der Flamme zu zerstören. Nachdem die erste Ablesung erfolgt ist, dreht man den Ring zurück, bis er auf Null steht, und controllirt dann zunächst die Höhe der Flamme. Dies fordert längere Zeit, denn bei der Enge der Oeffnung, aus welcher das Gas in den Brenner einströmt, vergehen mehrere Minuten, bis die Flamme ihre ursprüngliche Höhe wieder erlangen kann. Ist die Einstellung der Höhe richtig befunden oder berichtigt worden, so dreht man den Ring rasch soweit, dass die Marke auf die bei der ersten Ablesung gefundene Zahl zu stehen kommt. Jetzt lässt man einige Zeit vergehen, und sieht, ob die Flamme keine leuchtende Spitze mehr zeigt. Ist dies nicht der Fall, so geht man sehr langsam zurück, um sich zu überzeugen, dass die erste Ablesung kein zu hohes Resultat ergeben hat. Der Gebrauch des Apparates ist bei einiger Aufmerksamkeit leicht einzuüben, und die Messungen geben bei mehrmaliger Wiederholung immer sehr nahe übereinstimmende Resultate.

Der zunächst liegende Mangel, an dem der Erdmann'sche Gasprüfer leidet, ist die Art und Weise, in welcher die zur Mischung gelangenden Gas- und Luftmengen quantitativ regulirt werden. Der Gasstrom wird durch die Flammenhöhe, die Luftmenge durch den Einströmungsquerschnitt gemessen, es liegt aber auf der Hand, dass bei Gasen von verschiedener Beschaffenheit dadurch nach keiner von beiden Richtungen hin ein wirklicher Maasstab geboten werden kann. Bei einer Reihe von mir angestellten Versuchen gebrauchte beispielsweise die Flamme eines kohlenstoffarmen Gases (aus Stockheimer Kohlen) 2,11 c' pro Stunde, um die Marke des Prüfers zu erreichen, während die Flamme des kohlenstoffreichen Bogheadgases nur 0,67 c' gebrauchte. Eine Luftzuströmung von 3,8 bis 4 c' per Stunde erforderte bei einem Gase, welches aus westphälischer Kohle dargestellt war, eine Schlitzöffnung von 28°, bei Gas aus der Lesmahago-Cannel-Kohle eine Schlitzöffnung von einigen 40°, und bei Bogheadgas eine solche von mehr als 60°. Um die zu mischenden Gas- und Luftmengen wirklich quantitativ zu bestimmen, ist die Anwendung von Gasuhren oder graduirten Gasbehältern unerlässlich.

Aber auch selbst dann, wenn man für wirklich gleiche Gasquantitäten die erforderlichen Luftmengen durch Messung auf diese Weise bestimmt, stimmen die Resultate des Gasprüfers nur ganz entfernt mit denjenigen Resultaten überein, die man mittelst directer photometrischer Messung erhält. Ich habe verschiedene Gase in dieser Richtung untersucht, indem ich sie einmal am Bunsen'schen Photometer mit der Londoner Normalspermacetikerze von 120 Grains Consum per Stunde verglich, sodann am Gasprüfer die Gradöffnung bestimmte, welche dem mittelst einer Gasuhr gemessenen Consum entsprach, und schliesslich das Quantum

Bezeichnung der Kohlen.	Am Photometer ergaben		Am Erdmann'schen Prüfer ergaben		Es brauchten zur Entleuchtung		1 c' engl. Gas			Spec. Gewicht des Gases.
							entspricht		braucht zur Entleucht.	
	c' engl. Gas	Sperma-cetikerzen	c' engl. Gas	Grade	c' engl. Gas	c' engl. Luft	Grains Spermaceti	Graden a. Erdm. Prüfer	c' engl. Luft	
Westphalen 1. Zollverein, Flötz 4	4,9	7,0	1,81	30	1,71	3,94	172	16,6	2,30	0,46
2. " Flötz 6	4,8	6,25	1,89	29,5	1,85	4,13	156	15,6	2,23	0,40
3. " Flötz 11	4,8	5,0	1,92	28	1,92	3,98	125	14,6	2,07	0,41
4. Hibernia Flötz 4	5,5	7,5	1,80	28	1,81	3,88	164	15,5	2,14	0,42
5. " Flötz 6	5,0	9,0	1,80	30	1,64	3,68	216	16,7	2,24	0,42
6. Ver. Hannibal, Flötz 2	4,4	6,5	1,82	29	1,73	3,67	178	15,9	2,12	0,45
7. " Flötz 3	5,1	7,0	1,75	29	1,72	3,89	165	16,6	2,26	0,44
8. " Flötz 5	5,9	11,0	1,81	31	1,65	3,83	224	17,1	2,32	0,42
9. Holland	5,1	6,5	1,85	29	1,79	3,89	153	15,7	2,17	0,47
Saarbrücken 10. Heinitz	5,15	9,0	1,82	28,5	1,81	4,00	210	15,7	2,20	0,415
11. St. Ingbert	4,9	10,5	1,75	29,5	1,78	4,02	256	16,9	2,26	0,415
12. Altenwald	5,55	10,0	1.79	28	1,79	3,81	216	15,6	2,10	0,40
13. Duttweil, Mellinschacht	5,26	10,0	1,78	28,5	1.75	3,86	228	15,8	2,20	0.405
14. " Skaleyschacht	5.56	11,0	1,80	29	1,75	4,13	237	16,1	2,36	0,40
15. Dechen	5,42	9,5	1,78	29	1,77	4,02	212	16,3	2,27	0,40
Zwickau 16. Frisch Glück, Oberhohndorf	4,775	10,5	1,656	30,5	1,652	3,90	264	18,4	2,36	0,45
" " "	4,9	9,5	1,85	30	1,70	4,00	233	16,2	2,35	0,44
" " "	4,44	11,0	1,56	31	1,51	3,81	300	19,9	2,52	0,48
17. O. Schader Aug.-Sch.	5,40	8,5	1,80	27	1,74	3,81	190	15,0	2,18	0 43
" "	4,82	10,0	1,65	29,5	1,64	3,91	248	17,9	2,38	0,45
18. Zwick. Bürgergewerkschaft, Hilfe Gottesschacht	4,32	9,5	1,70	30	1,65	3,98	264	17,7	2,41	0,43
19. Zwick. Bürgerschacht	4,72	10,0	1,60	29,5	1,61	3,96	254	18,4	2,46	0,45
20. Kästners Sch. Oberh.	4,70	9,5	1,76	29	1,75	3,92	242	16,5	2,24	0,47
Niederschl. 21. Wrangelschacht	6,8	7,25	1,94	27,5	1,91	3,875	128	14,2	2,03	0,44
"	5,5	5,5	2,01	27,5	1,98	3,96	120	13,7	2.00	0,43
22. Bradeschacht	5,8	7,25	1,89	29	1,85	3,876	150	15,3	2,09	0,43
"	5,16	7,0	1,92	29	1,82	3,94	163	16,3	2,16	0,43
Sachsen Plauensch Grund 23. Windbergschacht	5,30	8,5	1,85	28	1,81	3,89	192	15,1	2,15	0,426
24. Oppeltschacht	5,95	7,5	1,85	26,5	1,88	3,81	151	14,3	2,03	0,44

Bezeichnung der Kohlen.	Am Photometer ergaben		Am Erdmann'schen Prüfer ergaben		Es brauchten zur Entleuchtung		1 c' engl. Gas			Spec. Gewicht des Gases.
							entspricht	braucht zur Entleucht.		
	c' engl. Gas	Sperma-oetikerzen	c' engl. Gas	Grade	c' engl. Gas	c' engl. Luft	Grains Spermaceti	Graden a. Erdm Prüfer	c' engl. Luft	
Böhmen, Pilsener Becken { 25. Schwarzkohle, Pankraz-Z.	5,2	5,0	2,0	27	1,80	3,77	115	13,5	2,09	0,46
26. Plattenkohle "	4,0	18,0	1,02	41	1,08	3,85	540	40,2	3,56	0,52
27. Kohle v. Klauber & S.	5,5	3,5	2,0	27	2,0	3,94	76	13,5	1,97	0,64
Bayern { 28. v. Swaine in Stockheim	4,9	3,0	2,11	26	2,11	3,96	73,5	12,3	1,88	0,38
29. Antinlohe, Tegernsee	5,65	6,0	1,81	26	1,77	3,84	127	14,3	2,17	0,52
Gross-britannien { 30. Old Pelton Main	5,5	7,5	1,89	29,5	1,85	3,99	164	15,6	2,15	0,39
31. Lesmahago Cannel	3,0	13,5	1,05	44	1,1	3,876	540	41,9	3,52	0,55
32. Boghead	2,04	14	0,69	60	0,67	3,346	824	87	4,99	0,66

Luft direct ermittelte, welches das Gas zu seiner Entleuchtung bedurfte. Vorstehende Tabelle enthält die gewonnenen Resultate. Die ersten 6 Rubriken zeigen die Beobachtungszahlen, die drei folgenden Rubriken enthalten die Resultate auf den Consum von 1 c' Gas pro Stunde reduzirt, so dass sie, auf eine gleiche Basis gebracht, sich mit einander vergleichen lassen. Abstrahirt man von den Cannelkohlen, so bewegen sich die erhaltenen Zahlen innerhalb folgender Grenzen:

1) die photometrisch gemessene Leuchtkraft zwischen 73 und 264 Grains Spermaceti;

2) die Gradzahl am Erdmann'schen Prüfer zwischen 12,3 und 18,4 Grad;

3) die Luftmenge, welche zur Entleuchtung erfordert wurde, zwischen 1,88 und 2,46 c'. Während also die photometrische Leuchtkraft zwischen 1 und 3½ schwankt, bewegt sich die Gradzahl am Erdmann'schen Prüfer nur zwischen 1 und 1½, und die Luftmenge zwischen 1 und 1⅓. Bei der Richtigkeit des Erdmann'schen Princips, dass also die Luftmenge, welche das Gas zu seiner Entleuchtung braucht, einen Maasstab abgeben soll für dessen Leuchtkraft, muss die Luftmenge, die in den Versuchen für je 1 c' Gas gefunden worden ist, parallel laufen mit der photometrischen Leuchtkraft, die sich für dasselbe Gasquantum ergeben hat. Ich habe in dem nebenstehenden Diagramm versucht, die Sache graphisch darzustellen. Ich habe sowohl für die photometrische Leuchtkraft, als für die Luftmenge, und zugleich auch beiläufig für die Gradöffnung (alles auf 1 c' Gasconsum pro Stunde bezogen) eine und dieselbe Scala angenommen, und diese in 20 Theile eingetheilt. Ein Theilstrich der Scala entspricht also der photometrischen Leuchtkraft von · 9,55 Grains

Nummern der Versuche.

30. 29. 27. 3. 21. 24. 9. 2. 22. 4. 32. 7. 1. 6. 23. 10. 15. 5. 12. 8. 13. 14. 20. 17. 19. 11. 16. 18.

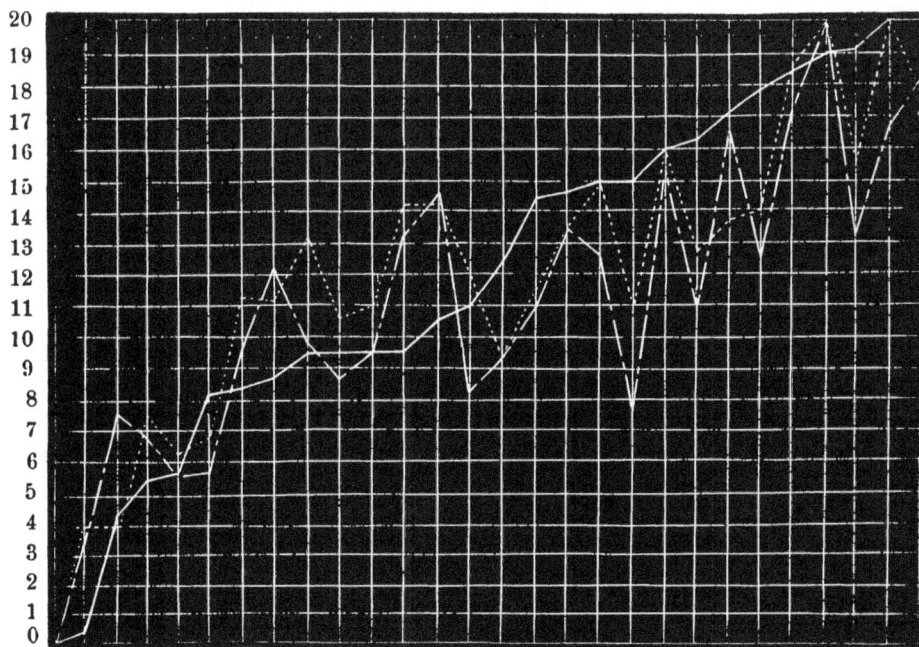

Fig. 22.

Spermaceti, 0,029 c′ Luftconsum und 0,305 Grad am Erdmann'schen Prüfer. Die photometrische Leuchtkraft ist durch eine volle Linie, die Luftmenge durch Striche und Puncte, die Gradzahl durch eine punctirte Linie angegeben.

Man sieht, dass die Linien kaum eine Annäherung zum Parallelismus zeigen. Sie steigen nur im Grossen und Ganzen mit einander aufwärts, im Uebrigen zeigen sie grosse Unregelmässigkeiten. Es liesse sich einwenden, ob diese Unregelmässigkeiten nicht von Beobachtungsfehlern herrühren? Die Genauigkeit, die man bei photometrischen Messungen erreicht, lässt sich zu ½ Kerze auf 5 c′ Gasconsum, also zu $\frac{1}{10}$ Kerze = 12 Grains Spermaceti pro 1 c′ annehmen, das würde für obige Scala 1¼ Theilstrich oder reichlich ½ Theilstrich auf- und abwärts sein. Beim Einstellen des Erdmann'schen Gasprüfers glaube ich die Genauigkeit bei einem Consum von etwa 2 c′ Gas zu ½ Grad oder bei 1 c′ zu ¼ Grad annehmen zu dürfen, das würde für die Scala ¾ Theilstriche betragen. Diese Fehler sind nicht so gross, dass sie die vorhandenen Schwankungen erklären können. Ich vermuthe vielmehr, dass die Ungenauigkeit im Princip ihren Grund hat. Schon Prof. Erdmann sagt selbst: »Der Sauerstoff tritt zunächst und vorzugsweise an den freien in der Flamme schwebenden und die Leuchtkraft derselben bedingenden Kohlenstoff« — (Journ. f. Gasbel. Jahrg. 1860 S. 344) und später ebendaselbst Seite 380: »Das Sumpfgas veranlasst einen Fehler, indem ein Gas von 10% grösserem Gehalt an Sumpfgas wie ein anderes, dadurch um 2° zu viel am Gasprüfer zeigt. Nur an schweren Kohlenwasserstoffen sehr reiche, bei niederer Temperatur dargestellte Gase werden einen 40% übersteigenden Gehalt an Sumpfgas enthalten können, und in diesem Falle etwas zu hochgrädig am Gasprüfer erscheinen. Die geringhaltigen, bei sehr hoher Temperatur erzeugten Gase dagegen, insoferne sie unter 40% Sumpfgas enthalten, würden etwas zu geringen Gehalt am Prüfer zeigen.« Prof. Erdmann nimmt nach den bekannten Analysen an, dass der Gehalt an Sumpfgas in der Regel zwischen 35 und 45% schwanke, also im Mittel 40% betrage; wir besitzen aber von den wenigsten Gasen, wenigstens von den aus deutschen Kohlen erzeugten, wirklich Analysen, und dürfte sehr die Frage sein, ob die in meinen Versuchen vorliegenden Gase der obigen Annahme entsprechen. Was weiter den Wasserstoffgehalt betrifft, so fallen namentlich bei schlechten Gasen die Versuche am Prüfer besser aus, als die photometrischen Messungen. 70 Vol. Leuchtgas von 36° mit 30 Wasserstoff zeigten nach Erdmann 26,5°, während sie hätten 25,2° zeigen sollen, 60 Leuchtgas von 36° mit 40 Wasserstoffgas zeigten 24° statt der berechneten 21,6°. Versuche mit ölbildendem Gase und Wasserstoff zeigten, dass diese Gemenge im Verhältniss zu viel Sauerstoff zur Verbrennung von Wasserstoff verbrauchten. Commissionsrath Blochmann weist in einer Mittheilung »über Photometrie und die Beziehungen der einzelnen Bestandtheile des Leuchtgases zur Lichtentwickelung«, Journ. f. Gasbel. Jahrg. 1863 S. 213 darauf hin, dass nicht allein die Zusammensetzung der nicht leuchtenden Gase von grossem Einfluss auf die Lichtentwickelung ist, sondern dass auch die schweren Kohlenwasserstoffe durch ihren Kohlenstoffgehalt keinen Maassstab für die Leuchtkraft abgeben. Dieselbe Menge Kohlenstoff hat nach ihm im Benzol die dreifache Lichtentwickelung, wie im Aethylen oder ölbildenden Gase, und nahezu die anderthalbfache des Amylens. Ich habe über diese Verhältnisse kein Urtheil, aber ich führe sie an zur Unterstützung meiner schon oben ausgesprochenen Vermuthung überhaupt, dass die scheinbaren Unregelmässigkeiten, die meine Versuche zeigen, nicht so sehr in Beobachtungsfehlern, als in der Natur, in der chemischen Zusammensetzung der Gase begründet sind, und dass wir ohne quantitative Gasanalyse, und zwar solcher Analyse, die uns nicht nur den Kohlenstoffgehalt der höheren Kohlenwasserstoffe summarisch, sondern den Procentgehalt aller dazu gehörigen Bestandtheile gesondert angibt, bei der Anwendung des Erdmann'schen Gasprüfers die allergrösste Vorsicht zu gebrauchen haben. Möge uns die Chemie, vielleicht mit Hülfe der Spectral-Analyse bald weitere Aufklärung in dieser Richtung bringen!

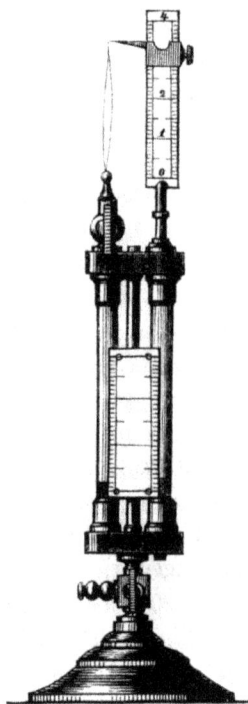

Fig. 23.

Ein Instrument, welches zur ohngefähren Abschätzung der Leuchtkraft für den täglichen Gebrauch sehr bequem ist, zeigt Fig. 23. Dasselbe besteht im Wesentlichen aus einem Manometer, einem Gasbrenner und einer Scala, an welcher man mittelst eines Schiebers die Höhe der Gasflamme abliest. Als Maassstab für die Leuchtkraft des Gases dient hier die Höhe der Flamme, nachdem vorher der Druck, resp. die Ausströmungsgeschwindigkeit nach dem Manometer regulirt worden ist. Je kohlenstoffreicher, resp. je leuchtender ein Gas ist, desto höher ist bei gleichem Druck und gleicher Ausströmungsöffnung die Flamme. Will man den Druck möglichst genau reguliren, so wendet man statt des gewöhnlichen Manometers einen bereits beschriebenen multiplicirenden Druckmesser an.

Ausser der Leuchtkraft des Gases ist noch die Qualität der Coke für den Werth der Kohlen von Bedeutung. Bei dem Londoner Gasingenieur A. Wright sah ich vor mehreren Jahren einen von L. Thompson erfundenen Apparat zur Bestimmung des Brennwerthes für Coke, der in Fig. 24 abgebildet ist. Es wird in demselben die Coke unter Wasser in Sauerstoff verbrannt, und aus der Temperaturzunahme, die das Wasser dabei erleidet, schliesst Thompson auf die Heizkraft des Materials. Als Verbrennungsapparat dient ein kleines, cylinderförmiges Gefäss von etwa 1″ im Durchmesser und 3″ Länge aus starkem Kupferblech. Dasselbe wird mit einer Mischung des fein pulverisirten Brennmaterials und eines oder mehreren, Sauerstoff abgebenden, Salzen (chlorsaurem Kali oder salpetersaurem Kali) gefüllt. Man nimmt 30 Gran Coke und etwa 300 Gran von dem Salz und sorgt für eine vollständige Vermischung, damit keine Coke unverbrannt zurückbleibt. In den oberen Theil der Masse steckt man einen Zünddraht von etwa $\frac{1}{2}$″ Länge, hergestellt aus Baumwollenfaden, den man in einer gesättigten Lösung von salpetersaurem Bleioxyd kocht. Ueber diesen Cylinder stülpt man einen zweiten, weiteren, etwa 2″ im Durchmesser und 6″ hoch, den Condensationscylinder. Derselbe trägt auf seinem oberen geschlossenen Ende ein dünnes, mit einem Hahn versehenes Rohr und ist an seinem unteren Ende mit kleinen, seitlichen Oeffnungen versehen, aus welchen die Verbrennungsproducte entweichen. Beide Cylinder stehen auf einer Bleiplatte, ersterer lose, letzterer wird durch eine Feder festgehalten, um dem Druck der ausströmenden Verbrennungsproducte widerstehen zu können. Das Ganze bringt man in ein Glasgefäss, was mit 15157 Gran Wasser gefüllt ist. Der Zünddraht, den man vorher angezündet hat, ist in kurzer Zeit heruntergebrannt und die Verbrennung der Cokemasse beginnt. Die entwickelte Hitze theilt sich vom Condensator aus dem Wasser mit, die gebildeten Verbrennungsproducte drängen durch die unteren Oeffnungen, steigen als Blasen durch das Wasser auf und erhalten dies in fortwährender Bewegung. Der Hahn an dem Luftrohr, welches so lang sein muss, dass es aus dem Wasser

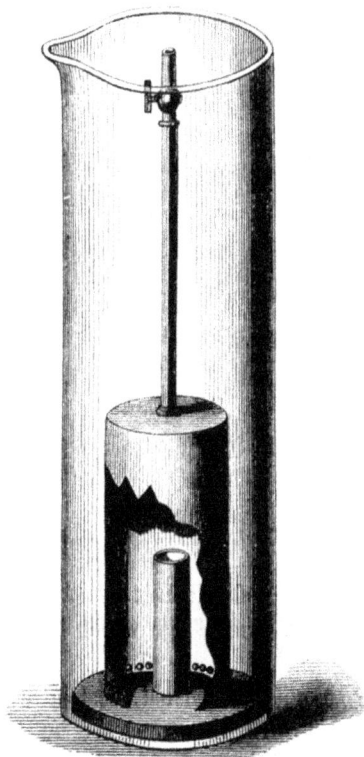

Fig. 24.

hervorragt, ist zuerst geschlossen, wird aber nach erfolgter Verbrennung geöffnet, um das Wasser in den Condensator treten zu lassen. Schliesslich rührt man das Wasser beim Herausnehmen des Apparats nochmals um und liest die Temperatur desselben ab. Die Temperaturzunahme in Graden Celsius zeigt das Gewichts-Multiplum Wasser an, was die Coke zu verdampfen vermag.

Der Apparat ist offenbar eine Nachbildung der calorimetrischen Apparate, bei denen die Substanzen in einem Strom von Sauerstoffgas verbrannt werden, aber mit dem Unterschied, dass statt des gasförmigen Sauerstoffs nur eine Sauerstoff abgebende Substanz benutzt wird. Das chlorsaure Kali zersetzt sich durch die bei der Verbrennung der Coke entstehende Wärme in Chlorkalium und Sauerstoff, diese Zersetzung geht aber auch nicht ohne eine Veränderung des Wärmezustandes vor sich, indem Wärme frei wird, und

9 *

der Einfluss dieser Wärme scheint nach einer Reihe dazu angestellter Versuche so bedeutend zu sein, dass der Werth des Apparates dadurch in Frage gestellt wird. Folgende Zahlen weisen dies näher nach: Es wurden z. B. angewandt 15150 × 3 = 45450 Gran Wasser (die Wassermenge wurde um das Dreifache vermehrt, wesshalb sämmtliche gefundenen Temperaturerhöhungen mit der Zahl 3 zu multipliciren sind, damit sie der Thompson'schen Berechnungsweise entsprechen) und 30 Gran = 1,827 Gramm Cokepulver.

Bezeichnung der Coke	Angewandte Menge von chlorsaurem Kali Gramm	Beobachtete Temperaturerhöhung des Wassers
Saarbrücken-Duttweil Skaleyschacht 2,8% Aschengehalt	20	2,0° Cels.
	30	2,4 ,,
	40	3,2 ,,
	50	3,9 ,,
	60	unentzündbar
Westphalen, Hibernia Flötz IV 1,9 % Aschengehalt	30	2,9° Cels.
	40	3,2 ,,
Zwickau, Oberhohndorf-Schader Augustusschacht 10,4 % Aschengehalt	30	2,4 ,,
	40	3,3 ,,
Oberschlesien, Bradeschacht 4,6 % Aschengehalt	30	2,6 ,,
	40	3,2 ,,
Sachsen, Plauen'scher Grund, Windbergschacht 16,5 % Aschengehalt	30	2,6 ,,
	40	3,3 ,,
Lesmahago Cannel 15,2 % Aschengehalt	30	2,7 ,,
	40	3,3 ,,
Boghead 70,2 % Aschengehalt	20	1,6 ,,
	30	unentzündbar

Die beobachtete Temperaturerhöhung war also in 6 Fällen trotz der Verschiedenheit des Aschengehalts bei Anwendung von 40 Gramm chlorsaurem Kali 3,2° oder 3,3° und die Wärmemenge wuchs bei jeder einzelnen Sorte mit der Vermehrung des Oxydationsmittels.

Die eigentliche Probe im grossen Maassstabe, der man die Coke zu unterwerfen hat, besteht darin, dass man ihren Werth für die Heizung der Retortenöfen ermittelt. Dieser Werth wird zunächst bestimmt durch das Quantum, welches man in 24 Stunden verbraucht, um eine gleiche Temperatur der Retorten zu erhalten, ausserdem ist auch die Menge und das Verhalten der Schlacken und Asche in Betracht zu ziehen.

Theer und Ammoniakwasser können in den meisten Fällen vernachlässigt werden, da ihr Werth nicht so sehr variirt, dass der Unterschied einen wesentlichen Einfluss auf den Calcul üben könnte, wo es übrigens darauf ankommt, sie einer Berücksichtigung zu unterziehen, hat die Ausführung der betreffenden Untersuchungen auch durchaus keine Schwierigkeiten.

Zweites Capitel.

Die Bereitung und Reinigung des Gases.

Der Process der Gasbereitung ist eine trockene Destillation. Zusammenstellung der sämmtlichen Destillations-Producte und deren Eintheilung. Feuchtigkeit der Kohlen und deren Einfluss auf die Gasbildung Destillationstemperatur. Dauer der Destillation. Man darf die meisten Kohlen nicht vollständig abtreiben. Verschiedenheit der Kohlen in dieser Beziehung. Fortgang der Vergasung während der verschiedenen Zeiträume der Destillation. Hoher Druck in den Retorten beeinträchtigt die Gasausbeute, der Exhaustor befördert dieselbe. Das übergehende Gasgemenge, welches wir mit dem Namen „Leuchtgas" bezeichnen, enthält ausser den eigentlich leuchtenden Bestandtheilen auch noch andere, die es theils verdünnen, theils verunreinigen. Die verdünnenden Bestandtheile tragen indirect zur Erhöhung der Leuchtkraft bei. Es sind ausser dem schon besprochenen Grubengas der Wasserstoff und das Kohlenoxyd Die Kohlensäure ist nachtheilig für die Leuchtkraft des Gases. Ihre quantitative Bestimmung. Das Ammoniak, seine Eigenschaften und quantitative Bestimmung. Der Schwefelwasserstoff ist wegen seiner Verbrennungsproducte schädlich. Nachweisung desselben. Seine quantitative Bestimmung ist für die Praxis nicht einfach genug. Schwefelkohlenstoff. Die Vorschläge von Bowditch zu seiner Entfernung. Verfahren, um den Schwefel in den Verbrennungsproducten zu bestimmen. Apparate von Wright, Evans und Dr Letheby. Die wässerigen und öligen Dämpfe, welche mit dem Gase aus den Retorten aufsteigen, verdichten sich in der Vorlage und in den Kühlapparaten meist zu Ammoniakwasser und Theer. Der zweckmässigste Grad der Abkühlung. Die Wirkung des Condensators wird vervollständigt durch den Scrubber. Das Waschen des Gases. Die chemische Reinigung. Reaction verschiedener Körper im Allgemeinen. Bisher angewandte Reinigungsmittel. Vorgang bei der Kalkreinigung. Ausnützung desselben. Vorschrift für seine Bereitung. Quantum, welches man zur Reinigung von 1000 c' Gas braucht. Man hat versucht, dem ausgenützten Kalk seinen Geruch zu nehmen Das Eisenoxyd nimmt dem Gase nur den Schwefelwasserstoff. Die Erfindung der Eisenoxydreinigung ist Laming streitig gemacht. Vorgang bei der Anwendung. Natürliches Eisenoxyd. Manganoxyd von Laming versucht. Die Reinigung mit Gyps und salzsaurem Kalk. Die sogenannte Laming'sche Masse. Vorgänge bei deren Anwendung und Regeneration. Bereitung der Masse. Vortheile bei der Laming'schen Reinigung. Quantum, welches man zur Reinigung von 1000 c' Gas braucht. Die Entfernung des Ammoniaks durch Säuren.

Um aus den Steinkohlen das Leuchtgas zu bereiten, unterwirft man dieselben der trockenen Destillation, d. h. man setzt sie in luftdicht verschlossenen Retorten der Glühhitze aus. Es tritt eine Zersetzung ein, und da kein neuer Stoff von Aussen hinzutreten kann, so entwickeln sich unter Mitwirkung des in den Kohlen hygroscopisch enthaltenen Wassers und etwa der atmosphärischen Luft, die vom Anfang an in der Retorte eingeschlossen ist, eine Reihe von neuen Producten, die lediglich aus den Bestandtheilen der Kohle (Kohlenstoff, Wasserstoff, Sauerstoff, Stickstoff, Schwefel, Eisen und erdigen Theilen) zusammengesetzt sind, und, wie bei allen Körpern organischen Ursprungs, theils als Gase, theils in flüssiger Form auftreten, während ein fester Rückstand in der Retorte zurückbleibt. Man erhält:

    1) das Leuchtgas,
    2) flüssige Producte:
      a) den Theer,
      b) das Ammoniakwasser,
    3) die Coke als festen Rückstand.

Folgendes Schema giebt eine Uebersicht der entstehenden Producte, soweit sie bekannt sind:

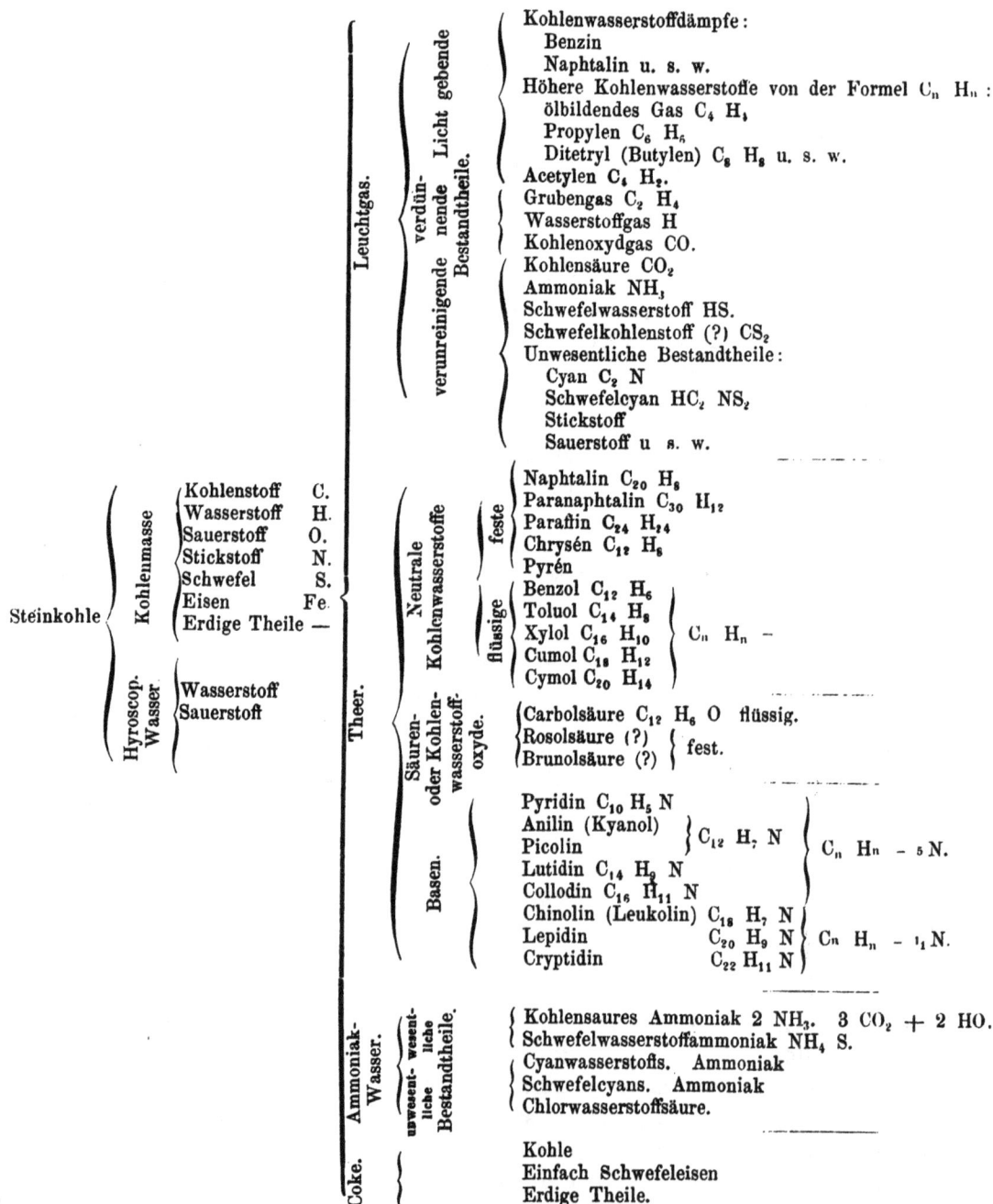

Steinkohle

Kohlenmasse:
- Kohlenstoff C.
- Wasserstoff H.
- Sauerstoff O.
- Stickstoff N.
- Schwefel S.
- Eisen Fe.
- Erdige Theile —

Hyroscop. Wasser:
- Wasserstoff
- Sauerstoff

Leuchtgas. — verdünnende Licht gebende / verunreinigende Bestandtheile.

Kohlenwasserstoffdämpfe:
- Benzin
- Naphtalin u. s. w.

Höhere Kohlenwasserstoffe von der Formel $C_n H_n$:
- ölbildendes Gas $C_4 H_4$
- Propylen $C_6 H_6$
- Ditetryl (Butylen) $C_8 H_8$ u. s. w.

- Acetylen $C_4 H_2$.
- Grubengas $C_2 H_4$
- Wasserstoffgas H
- Kohlenoxydgas CO.
- Kohlensäure CO_2
- Ammoniak NH_3
- Schwefelwasserstoff HS.
- Schwefelkohlenstoff (?) CS_2

Unwesentliche Bestandtheile:
- Cyan $C_2 N$
- Schwefelcyan $HC_2 NS_2$
- Stickstoff
- Sauerstoff u. s. w.

Theer.

Neutrale Kohlenwasserstoffe:

feste:
- Naphtalin $C_{20} H_8$
- Paranaphtalin $C_{30} H_{12}$
- Paraffin $C_{24} H_{24}$
- Chrysén $C_{12} H_8$
- Pyrén

flüssige:
- Benzol $C_{12} H_6$
- Toluol $C_{14} H_8$
- Xylol $C_{16} H_{10}$ } $C_n H_n$ -
- Cumol $C_{18} H_{12}$
- Cymol $C_{20} H_{14}$

Säuren- oder Kohlenwasserstoffoxyde:
- Carbolsäure $C_{12} H_6 O$ flüssig.
- Rosolsäure (?)   } fest.
- Brunolsäure (?)

Basen:
- Pyridin $C_{10} H_5 N$
- Anilin (Kyanol)   } $C_{12} H_7 N$
- Picolin
- Lutidin $C_{14} H_9 N$
- Collodin $C_{16} H_{11} N$ } $C_n H_n - 5 N$.
- Chinolin (Leukolin) $C_{18} H_7 N$
- Lepidin $C_{20} H_9 N$ } $C_n H_n - 11 N$.
- Cryptidin $C_{22} H_{11} N$

Ammoniak-Wasser. — wesentliche / unwesentliche Bestandtheile.

- Kohlensaures Ammoniak $2 NH_3$. $3 CO_2 + 2 HO$.
- Schwefelwasserstoffammoniak NH_4 S.
- Cyanwasserstoffs. Ammoniak
- Schwefelcyans. Ammoniak
- Chlorwasserstoffsäure.

Coke.

- Kohle
- Einfach Schwefeleisen
- Erdige Theile.

Wir sind über den Verlauf der chemischen Vorgänge, die in einer Gasretorte Statt haben, ohne hinreichende Kenntniss, um die Frage, wie sich das hygroscopische Wasser in den Kohlen an der Gasbildung betheiligt, mit Bestimmtheit beantworten zu können. Als gewiss kann man annehmen, dass der erste Theil des Wassers, der sich aus dem äusseren Theile der Kohlenmasse zunächst entwickelt, ganz oder grösstentheils in Dampfform entweicht und sich unverändert in den Condensationsapparaten wieder absetzt. Wahrscheinlich ist es aber ferner, dass der im Innern der Kohlenmasse befindliche Theil der Feuchtigkeit bei der geringen Leitungsfähigkeit der Kohlen erst dann ausgetrieben wird, wenn die äussere Partie schon einen hohen Temperaturgrad erreicht hat, vielleicht theilweise vercokt worden ist. In diesem Falle müssen die sich entwickelnden Dämpfe durch und über eine Schichte ziehen, in der sie grösstentheils zersetzt werden; es bilden sich Wasserstoff, Kohlenoxyd und Kohlensäure, von denen die ersten beiden das Gas verdünnen, der letztere aber schädlich ist und ein umfangreicheres Reinigungsverfahren erforderlich macht.

Nachtheilig ist die Feuchtigkeit der Kohlen noch in anderer Beziehung. Die Bildung des Dampfes absorbirt eine enorme Quantität Wärme, sie stört dadurch die Bildung der permanenten Gase, zumal der höheren Kohlenwasserstoffverbindungen, die sich gleichzeitig entwickeln sollen, und verringert Quantität wie Qualität der Gasausbeute, während der Ertrag an Theer verhältnissmässig grösser wird.

Sehr fette, bituminöse Steinkohlen verlieren schon bei einer Temperatur von 50° C. an Gas,[*] die Gasentwickelung wird merklich von 100° an und nimmt dann zu bis 330° oder bis zu derjenigen Temperatur, bei welcher sich Spuren der eigentlichen Zersetzung zu zeigen beginnen. Der Gewichtsverlust der Steinkohlen bis zu dieser Temperatur wurde zu 1 bis 2 Procent beobachtet. Noch unter der dunklen Rothglühhitze bekommt man schon flüssige Producte nebst Kohlenwasserstoffgasen; je höher die Temperatur steigt, desto mehr wird von den ursprünglich in Dampfform entwickelten Producten in permanentes Gas übergeführt, desto mehr tritt daher die Production an flüssigen Bestandtheilen zurück und die Gaserzeugung in den Vordergrund. Wird die Temperatur zu hoch gesteigert, so zersetzen sich die höheren Kohlenwasserstoffe wieder in ihre Bestandtheile, der Kohlenstoff setzt sich als sogenannter Graphit an den Wandungen der Retorte ab, der Wasserstoff verflüchtigt sich und es verschlechtert sich die Qualität des Gases. Man war bisher auch der Meinung, dass Schwefelkies, der in den Steinkohlen enthalten ist, bei einem sehr hohen Hitzegrad leichter zur Bildung von Doppelt-Schwefelkohlenstoff Veranlassung gebe, während er bei geringerer Temperatur zu einfach Schwefeleisen und freiem Schwefel zersetzt werde, wovon der letztere sich mit einem Theil des in den Kohlen enthaltenen Wasserstoffs zu Schwefelwasserstoff verbinde. Das Einfach-Schwefeleisen bleibe in der Retorte und werde nur durch lang anhaltende hohe Hitze in Doppelt-Schwefelkohlenstoff und metallisches Eisen zerlegt, wovon ersteres entweiche, letzteres in der Coke zurückbleibe. Nach den neueren Untersuchungen scheint es jedoch, als wenn diese Annahme nicht richtig sei, man hat in dem Gase, welches bei hoher Hitze erzeugt ist, nicht mehr Schwefelkohlenstoff gefunden, als in an anderem bei geringerer Hitze dargestellten. Die Wissenschaft sagt uns, dass die Zersetzung der höheren Kohlenwasserstoffe schon bei der Kirschrothglühhitze stattfindet, wonach also dies die höchste zulässige Temperatur sein muss. Man hat daher auch früher die Retorten nicht über diesen Temperaturgrad erhitzt, besonders so lange man sich gusseiserner Retorten bediente. Seit Einführung der Thonretorten jedoch hat man den Hitzegrad bedeutend gesteigert, und bei einer in quantitativer Beziehung reicheren Ausbeute, Gas von gleich guter Qualität erzeugt, wie früher. Dieser anscheinende Widerspruch hebt sich, wenn man berücksichtigt, dass die Temperatur der Retorten nicht dieselbe Temperatur ist, der die sich entwickelnden Destillationsproducte unmittelbar ausgesetzt sind. Nur der geringste Theil der letzteren kommt direct mit den Wandungen der Retorte in Berührung und auch diese sind während der Hauptepoche der Gasentwickelung nicht so heiss, wie sie beim Leeren erscheinen, da sie durch den Vergasungsprocess fortwährend abgekühlt werden. Der sogenannte Graphitabsatz in den Retorten zeigt uns, dass in dem Theil des Gases, welcher direct mit den Wandungen in Berührung kommt,

[*] Vergl. Journal für Gasbeleuchtung, Jahrg. 1858. S. 121.

wirklich eine Zersetzung stattfindet, so dass, wenn das ganze Innere der Retorte sich in demselben Temperaturgrad befände, die Hitze offenbar zu hoch sein würde. Die grosse Masse des sich entwickelnden Gases entweicht früher aus der Retorte, bevor sie die Hitze der Retortenwände erreicht, es muss daher von dem
Temperaturgrade der letzteren ein Abzug gemacht werden, wenn man den richtigen Temperaturgrad bezeichnen
will, bei welchem der Vergasungsprocess im Innern vor sich geht. Der praktische Gasmacher heizt seine
Retorten so stark, dass er, sobald sie geleert sind, gerade noch die Umrisse des Bodens deutlich erkennen
kann (allzugrosse Hitze erzeugt ein Flimmern, was das Auge genirt). Ebenso muss er durch die Schaulöcher
seines Ofens, bei ruhigem Feuer, alle Umrisse im Innern noch klar erkennen können. Findet sich beim
Oeffnen der Retorten eine mehr wie unbedeutende Theerlage im Mundstück, so ist der Ofen nicht heiss
genug. Diese Temperatur ist eine orangefarbene Glühhitze, die zwischen der Kirschrothglühhitze und der
Weissglühhitze mitten inne steht.

Ueber die zweckmässigste Zeitdauer der Destillation lässt sich im Allgemeinen wenig sagen. Je
höher die Temperatur der Retorten und je kleiner die Ladung, desto kürzer ist die Zeit, innerhalb welcher
die Kohlen ihren Gasgehalt hergeben. Wenn man übrigens die Destillation so lange fortsetzt, bis die Gasentwicklung
vollständig aufhört, so erhält man, abgesehen von den Cannelkohlen, meist ein Gas von so geringer Leuchtkraft, dass man für practische Beleuchtungszwecke es nicht gebrauchen kann. Ich habe eine Reihe von Versuchen in dieser Richtung angestellt*), und dabei ergab sich beim völligen Abtreiben der Kohlen gegenüber
den Resultaten der grossen Praxis

	eine höhere Gasausbeute von	eine geringere Leuchtkraft von
bei den Zwickauer Kohlen	18%	14%
„ „ Saarbrücker Kohlen	18%	21%
„ „ Böhmischen Kohlen	25%	30%
„ „ Old Pelton Main Kohlen	24%	38%
„ „ Westphälischen Kohlen	15%	40%
„ „ Niederschlesischen Kohlen	20%	42%
„ „ Stockheimer Kohlen	29%	62%

Man ist also gezwungen, den Destillationsprocess in seiner letzten Periode abzubrechen, und zwar muss man,
wie die vorstehende Tabelle zeigt, bei einigen Kohlensorten in dieser Richtung weit vorsichtiger zu Werke
gehen, als dies bei anderen nöthig ist, wenn man ein brauchbares Gas erzeugen will. Cannelkohlen können
das vollständige Abtreiben am besten vertragen. Welches der Grund dieser Erscheinung sein mag, ist nicht
wohl anzugeben. Im Grossen und Ganzen scheint es, dass diejenigen Kohlen, bei denen die Leuchtkraft des
Gases am meisten verliert, zugleich die backendsten Kohlen sind, während die Zwickauer und auch die
Saarbrücker keine eigentlichen Backkohlen sind, und die Cannelkohlen am allerwenigsten in diese Kategorie
gehören. Ob aber das Backen der Kohle und die in Rede stehende Eigenschaft in causalem Zusammenhange zu einander stehen? Unsere Kenntnisse über das Backen der Kohle sind noch sehr mangelhaft; die
Elementaranalyse giebt keinen Aufschluss, sondern man vermuthet, dass die Ursache des Backens in der Beschaffenheit der aus den Elementarbestandtheilen zusammengesetzten, die Kohlenmasse bildenden Körper
liegt, insoferne sich die aus demselben bei der Destillation entstehenden theerartigen Producte in flüchtige
Theile und festen Kohlenrückstand zersetzen, und der letztere gewissermassen den Kitt bildet, welcher die
unzusammenhängenden Bestandtheile der Coke verbindet. Es ist zu vermuthen, dass die Beschaffenheit und
der Gehalt der organischen Verbindungen, welche als unbestimmtes Gemenge die Steinkohle bilden, und
welche sich bei der Destillation verschieden verhalten, der Grund der fraglichen Erscheinungen ist; die Natur
der verschiedenen Verbindungen ist aber bis jetzt nicht näher bekannt.

Abgesehen davon, dass man also den Vergasungsprocess in der grossen Praxis nicht bis zu seiner
gänzlichen Vollendung fortsetzen darf, ist die Zeitdauer, welche die Kohlen unter sonst gleichen Verhältnissen

---

*) Untersuchungen über Gaskohlen von N. H. Schilling. Journ. für Gasbel. Jahrg. 1863. S. 120.

Bezeichnung der Kohlen	Viertelstunde 1	2	3	4	5	6	7	8	9	10	11	12	13	14	15	16	17	18	19	20	Stunde 1	2	3	4	5
1. Zollverein, Flötz 4	10,42	10,42	6,82	6,82	6,82	6,08	6,08	6,08	6,08	5,58	5,58	5,58	5,46	3,60	2,85	2,61	1,86	1,26	—	—	34,48	25,06	22,82	14,52	3,12
2. „ „ Flötz 6	9,33	9,56	6,11	4,95	6,11	4,95	5,07	4,49	4,38	4,38	5,07	5,07	5,53	4,38	4,49	4,49	3,34	3,34	3,34	1,62	29,95	20,62	18,90	18,89	11,64
3. „ „ Flötz 11	8,96	7,82	6,78	6,78	7,24	5,52	4,94	5,06	4,94	4,48	5,63	5,52	4,94	3,90	4,48	3,33	3,33	3,33	2,30	0,72	30,34	22,76	20,57	16,65	9,68
4. Hibernia, Flötz 4	9,66	9,66	7,13	7,03	6,48	5,38	5,38	6,48	4,94	4,48	4,94	4,94	4,94	3,90	3,73	2,60	2,19	2,19	2,19	1,54	33,48	23,72	20,09	16,79	5,92
5. „ „ Flötz 6	8,04	7,50	7,50	7,50	7,50	6,96	5,38	6,95	6,41	6,41	5,38	4,94	4,24	3,26	3,73	2,60	2,60	1,63	0,57	—	30,54	28,91	22,39	13,36	4,80
6. „ Hannibal, Flötz 2	5,07	7,95	6,80	7,50	6,80	6,80	7,50	7,38	7,37	7,38	6,80	6,11	5,71	4,49	3,34	1,73	1,64	—	—	—	26,62	28,81	27,66	15,27	1,64
7. „ „ Flötz 3	6,90	6,90	6,80	6,90	6,90	6,90	6,90	6,90	8,07	5,73	5,73	5,73	5,73	4,56	3,39	2,92	1,75	1,19	—	—	27,60	27,60	25,26	16,60	2,94
8. „ „ Flötz 5	8,07	6,92	6,23	6,80	8,76	6,81	6,81	6,81	5,64	5,77	5,77	5,77	5,64	5,07	4,04	2,31	1,74	—	—	—	28,02	29,19	23,99	17,06	1,74
9. „ Holland	8,87	8,38	8,26	8,26	5,95	7,17	7,24	6,90	5,17	5,22	5,22	4,74	4,13	4,13	4,13	2,43	2,09	—	—	—	33,77	26,24	23,08	14,82	2,09
10. Heinitz	9,07	9,53	8,91	9,07	8,14	7,77	7,73	6,00	6,64	5,95	5,46	4,89	3,61	4,13	3,14	1,39	1,09	—	—	—	36,58	29,42	20,24	12,67	1,09
11. St. Ingbert	9,42	8,56	7,58	6,61	6,72	6,28	7,21	6,28	7,17	6,33	6,22	5,46	4,53	3,61	3,25	3,25	2,71	2,27	1,32	—	32,17	24,70	21,11	15,82	6,20
12. Altenwald	8,33	8,89	8,00	7,44	7,67	6,56	6,00	6,11	5,85	5,63	5,56	5,55	5,22	4,00	3,11	2,44	1,56	1,01	—	—	32,66	26,34	23,66	14,77	2,57
13. Duttwell, Mellinschacht	7,53	6,93	8,24	8,36	7,05	7,05	7,05	6,57	6,21	6,09	5,85	5,04	4,66	3,11	2,39	2,39	2,03	—	0,60	—	31,06	27,72	23,65	12,55	5,02
14. „ Skaleyschacht	9,63	8,75	7,99	8,21	8,31	8,75	8,21	8,09	8,31	8,86	6,13	4,27	2,63	1,42	0,44	2,17	1,55	—	—	—	34,58	33,36	27,57	4,49	—
15. Dechen	10,48	0,61	10,10	10,01	8,18	6,91	5,63	6,25	5,63	4,99	4,99	3,71	3,84	3,84	2,17	2,30	—	—	—	—	40,01	26,97	19,32	12,15	1,55
16. Frisch Glück, Oberbohnd.	8,78	18,65	10,63	10,63	10,63	10,38	10,13	9,39	8,28	6,18	6,00	1,98	1,25	—	—	—	—	—	—	—	38,07	40,53	20,15	1,25	—
17. Oberh. Schad. Ver, Augustuss.	8,00	6,75	6,58	6,12	7,25	8,50	6,75	8,00	6,63	6,63	6,00	6,00	6,12	4,25	2,38	1,25	—	—	1,25	—	28,87	30,50	26,63	14,00	—
18. „ „ „ „	7,59	6,58	6,84	6,84	7,21	7,34	7,21	6,96	7,21	6,84	6,58	6,58	5,95	5,69	3,67	1,30	—	—	—	—	27,59	28,72	27,08	16,61	—
19. Zwick. Bürgergewerksch., Hilfe Gottes-Schacht	9,12	9,13	9,87	9,50	9,50	9,75	9,63	9,13	8,37	8,00	4,50	2,25	1,25	1,59	3,44	2,80	1,26	—	—	—	37,62	38,01	23,12	1,25	—
Zwick. Bürgergewerksch., Hilfe Gottes-Schacht	6,50	5,99	6,50	6,88	7,13	7,39	8,03	7,39	7,51	7,01	6,37	6,24	4,97	4,59	3,44	—	—	—	—	—	25,87	29,94	27,13	15,80	1,26
20. Küstn. Schacht, Oberbohnd.	8,98	8,31	8,85	8,71	9,11	9,12	9,11	9,25	7,64	6,17	6,03	4,02	2,68	1,34	0,68	—	—	—	—	—	34,85	36,59	23,86	4,70	—
21. Wrangelsch., Glückhilfgrube	8,63	7,36	7,49	7,48	7,36	7,99	7,99	8,00	7,11	6,22	5,58	4,70	4,70	3,68	2,54	2,28	0,89	—	—	—	30,96	31,34	23,61	13 20	0,89
	7,89	8,52	8,78	10,51	10,69	10,69	10,69	9,29	8,14	6,11	1,91	1,14	0,89	0,89	0,30	—	—	—	—	—	35,70	41,36	20,61	2,33	—
22. Bradeschacht, Fuchsstollen	11,61	8,79	8,78	8,91	7,67	8,79	7,10	6,65	7,22	4,96	4,40	4,39	3,27	3,27	2,25	1,69	1,25	—	—	—	37,09	30,21	20,97	10,48	1,25
	11,09	8,54	8,08	8,08	8,54	6,81	6,81	6,35	6,81	5,66	3,66	4,62	3,93	2,89	2,31	1,73	1,73	2,09	—	—	35,79	28,51	22,75	10,86	2,09
23. Windbergs., Potsch.	9,87	8,93	9,29	8,81	8,87	8,11	8,76	6,93	7,52	5,76	6,35	4,58	4,00	2,94	2,11	2,11	2,09	—	—	—	34,90	30,67	24,21	10,22	—
24. Oppeltsch., Zauker.	9,89	9,08	9,70	7,73	7,93	7,24	6,78	6,42	9,04	5,86	5,63	5,01	5,01	3,90	2,07	2,07	0,59	—	—	—	34,90	27,95	22,13	14,43	0,59
25. Mant. Oberpfalz Nr. 1	8,26	9,01	9,04	8,39	8,39	7,73	7,73	6,00	5,23	5,23	5,23	4,58	4,46	2,61	1,97	1,35	—	—	—	—	34,73	30,27	24,61	10,39	—
26. „ „ Nr. 2	11,39	10,18	9,57	8,36	9,57	8,36	8,36	6,30	7,15	5,94	4,73	4,12	2,91	1,82	1,24	—	—	—	—	—	39,50	32,59	21,94	5,97	—
27. Schwarzkohle, St. Pankraz-zeche,	—	—	—	—	—	—	—	—	—	—	—	—	—	—	—	—	—	—	—	—	—	—	—	—	—
28. Plattenkohle	7,89	6,58	7,16	7,89	8,48	8,46	9,36	9,36	7,75	7,74	4,97	4,24	4,24	1,46	1,48	—	—	—	—	—	29,52	35,68	27,62	7,18	—
29. Kohlen v Klauber u. Sohn.	9,70	8,51	8,51	8,51	9,48	8,51	8,51	7,43	6,36	6,36	5,28	5,28	4,20	2,05	1,31	—	—	—	—	—	35,23	33,93	23,28	7,56	—
30. v. Swalue in Stockheim	8,25	6,44	6,44	5,15	5,67	5,15	5,67	5,67	4,51	5,15	5,16	5,15	6,31	5,67	6,31	5,02	3,87	4,41	—	—	26,28	22,16	19,97	23,31	8,28
31. Antlohe, Tegernsee, Braun-kohlen	8,92	6,34	5,81	5,38	5,90	4,73	4,73	4,73	4,73	5,81	5,80	6,34	5,81	5,21	5,01	4,95	4,50	2,58	1,61	0,91	26,45	20,09	22,68	21,18	9,60
32. Old Petiov Main	13,15	9,55	9,55	9,75	9,74	8,97	7,99	7,60	6,63	6,14	4,83	3,31	1,85	0,99	0,98	—	—	—	—	—	42,00	34,30	19,88	3,82	—
33. Lesmahago Cannel	11,30	9,12	9,11	9,94	10,40	10,40	9,48	9,03	7,20	4,92	4,10	2,28	1,36	1,36	—	—	—	—	—	—	39,47	39,31	18,50	2,72	—

zu ihrer Entgasung bedürfen, auch an und für sich je nach ihrer Natur etwas verschieden. Die Cannelkohlen entgasen im Allgemeinen am schnellsten, die Backkohlen um so langsamer, je mehr die Eigenschaft zu backen ihnen eigen ist. Vorstehende Tabelle zeigt den bei meinen Versuchen beobachteten Fortgang der Destillation, ausgedrückt in Prozenten der Gesammtausbeute bei einer Ladung von 150 Zollpfund in einer Thonretorte von ⌂ Form, 19 × 16 Zoll im Querschnitt und 8 Fuss lang.

Für den Gang der Destillation ist der in der Retorte stattfindende Druck, also auch die Anwendung der Exhaustoren nicht ohne Einfluss. Eine hohe Spannung der in der Retorte sich entwickelnden Dämpfe beeinträchtigt die Gasausbeute nicht allein dadurch, dass durch die etwaigen undichten Stellen der Retorte ein verhältnissmässig grösserer Theil des Gases entweicht, sondern es wird auch die Bildung permanenter Gase an und für sich mehr oder minder beeinträchtigt. Ich erwähne hier eines Falles, der mir in dieser Beziehung sehr instructiv gewesen ist. Eine Fabrik, welche sonst per Retorte in 24 Stunden aus Saarbrücker Kohlen mehr als 4000 c' Gas zu machen gewohnt ist, hatte einen Theil ihrer Oefen umgebaut und brachte mit diesen neuen Oefen in 40 Retorten kaum 70,000 c' Gas fertig, obgleich die Retorten sehr gut heiss waren, die Kohlen vollkommen ausstanden, und ein Entweichen von Gas aus den Retorten nicht zu beobachten war. Der einzige auffallende Umstand war der, dass sich die Aufsteigeröhren unaufhörlich verstopften, und der Theer in der Vorlage so dick wurde, dass er kaum noch zum Abfliessen gebracht werden konnte. Der Grund lag in einer unzweckmässigen Anordnung der für jeden Ofen gesonderten Vorlagen, indem man die Abzugsröhren seitlich derart angebracht hatte, dass bei der Schwankung der Sperrflüssigkeit der Abzug des Gases wie durch Wellenschlag von der in das Abzugsrohr hinein spülenden Sperrflüssigkeit unterbrochen werden musste. Es wurden also die dampfförmigen Destillationsproducte in der Hydraulik, in den Aufsteigeröhren und in den Retorten zurückgehalten, und die Destillation geschah in einer Atmosphäre von gespannten Dämpfen. Der Ausfall in der Production, der fast 4000 c' in der Stunde betrug, konnte nicht durch die Retorten entwichen sein, ein solches Quantum Gas hätte man bemerken müssen; es ist vielmehr anzunehmen, dass die Bildung der permanenten Gase durch die in den Retorten stattfindende Spannung selbst beeinträchtigt wurde.

Die Exhaustoren saugen das sich entwickelnde Gas aus den Retorten und heben den Druck auf, der unter gewöhnlichen Umständen stattfindet. Dadurch wird nicht nur vermieden, dass das Gas längere Zeit mit den zu heissen Wandungen der Retorte in Berührung bleibt und sich zersetzt, sondern die Gasentwickelung selbst wird auch beschleunigt. Früher wandte man fast durchgängig sechsstündige Destillationszeiten an; in neuerer Zeit, seitdem die oben erwähnten beschleunigenden Einflüsse der höheren Temperatur und des Exhaustors zur Geltung gelangt sind, hat man sie auf 5 Stunden und auf 4 Stunden reducirt. Bei sechsstündigem Betrieb und grösseren Ladungen gewinnt man den Vortheil, dass die Retorten durch das seltenere Oeffnen derselben weniger abgekühlt werden, als beim vierstündigen Betrieb. Principiell erscheinen zwar kleine Ladungen vortheilhafter, als grosse, weil die Hitze sie mehr gleichmässig und rascher durchdringen kann, und nicht die sich im Innern zuletzt entwickelnden Verbindungen theilweise wieder zersetzt werden, indem sie durch und über die äusseren schon abdestillirten Schichten hindurchstreichen müssen. In der Praxis nimmt man auf diesen Umstand keine Rücksicht, sondern macht die Ladungen so gross, dass sie in der gegebenen Zeit gerade ausstehen. Bei fünfmaliger Beschickung in 24 Stunden ladet man Retorten von mittlerer Grösse mit 180 bis 250 Pfund und darüber. Von englischen oder überhaupt von Kohlen, die sich stark aufblähen, kann man so viel laden, dass die Coke in der Retorte wenig gepresst wird; man erhält auf diese Weise eine Coke von etwas besserer Qualität. Bei vierstündiger Beschickung ladet man 150 bis 200 Pfd. Doch sind dies nur beiläufige Angaben und wird jeder Gasingenieur sehr bald praktisch selbst ermitteln, welche Zeitdauer und Ladung unter den obwaltenden Verhältnissen das beste Resultat geben.

Betrachtet man nach dem oben mitgetheilten Schema die gasförmigen Bestandtheile näher, welche unter der Collectivbezeichnung »Leuchtgas« aus der Retorte entweichen, so findet man dieselben in drei Classen abgetheilt, nemlich in

1) Licht gebende,
2) verdünnende,
3) verunreinigende Bestandtheile.

Die ersteren sind, soweit sie bekannt, bereits früher aufgeführt und in ihren Haupteigenschaften beschrieben, es sind die höheren Kohlenwasserstoffe und die Kohlenwasserstoffdämpfe. Im Gase der gewöhnlichen Pechkohlen oder Backkohlen beträgt der Gesammtgehalt an höheren Kohlenwasserstoffen nur etwa 4 bis 8 Volumprocente, im Gase der Cannelkohlen steigert er sich bedeutend höher, aber selbst in dem brillant leuchtenden Boghead-Cannel-Gase beträgt er nicht den vierten Theil der ganzen Masse. Die verdünnenden Bestandtheile, also diejenigen, welche die eigentliche Masse des Leuchtgases bilden, sind das Grubengas oder leichte Kohlenwasserstoffgas, welches gleichfalls schon besprochen worden ist, ferner das Wasserstoffgas und das Kohlenoxydgas. Sie sind nicht so werthlos, als sie auf den ersten Blick scheinen, denn sie sind erforderlich, um die Kohlenwasserstoffdämpfe suspendirt zu erhalten, und tragen dadurch zur Erhöhung der Leuchtkraft bei. Es ist eine bekannte Thatsache, dass nicht leuchtende Gase dadurch leuchtend gemacht werden können, dass man sie mit Kohlenwasserstoffdämpfen sättigt; der Werth der obigen drei Gase als Träger solcher Dämpfe ist daher keineswegs zu unterschätzen.

Das Wasserstoffgas — hydrogen, hydrogène — ist ein chemisch einfacher Stoff vom specifischen Gewicht 0,06927, mithin $14\frac{1}{2}$ Mal leichter, als atmosphärische Luft, und überhaupt der leichteste Körper, den wir kennen. Seine Flamme, fast ganz ohne Leuchtkraft, zeichnet sich durch eine sehr hohe Temperatur aus.

Das Kohlenoxyd — carbonic oxide, oxyde de carbone — ist eine Verbindung des Sauerstoffs mit dem Kohlenstoff und besteht dem Gewichte nach in 100 Theilen aus 42,86 Theilen Kohlenstoff und 57,14 Theilen Sauerstoff. Dem Raume nach ist 1 Volumen Kohlenoxyd aus $\frac{1}{2}$ Volumen Kohlenstoff und $\frac{1}{2}$ Volumen Sauerstoff zusammengesetzt. Es hat die Formel CO, das specifische Gewicht 0,96741, und verbrennt mit einer sehr wenig leuchtenden Flamme

Nach Analysen, die uns von Dr. Frankland vorliegen, schwankt der Wasserstoffgehalt des Leuchtgases etwa zwischen 10 und 50 Prozent, das Kohlenoxyd macht zwischen 5 und 15 Prozent aus.

Unter den verunreinigenden Bestandtheilen des Gases sind es vor allen Dingen die Kohlensäure, das Ammoniak und der Schwefelwasserstoff, welche die Aufmerksamkeit des Gastechnikers in Anspruch nehmen.

Die Kohlensäure, — carbonic acid, acide carbonique — von der Formel CO_2 und dem specifischen Gewicht = 1,52021 besteht in 100 Gewichtstheilen aus 27,27 Kohlenstoff und 72,73 Sauerstoff. Ein Volumen desselben ist verdichtet aus $\frac{1}{2}$ Volumen Kohlenstoff und 1 Volumen Sauerstoff Die Kohlensäure ist nicht allein selbst nicht brennbar, sondern sie unterhält auch den Verbrennungsprocess nicht, und brennende Körper verlöschen in ihr. Für die Leuchtkraft des Gases ist sie von der allernachtheiligsten Wirkung. Der gebundene Sauerstoff der Kohlensäure wirkt in der Leuchtgasflamme ähnlich wie der Sauerstoff der atmosphärischen Luft. Man kann die Leuchtkraft des Gases bekanntlich ganz aufheben, wenn man dasselbe zuvor mit atmosphärischer Luft mischt. Bei der Zersetzung der Kohlenwasserstoffe findet dann der sich ausscheidende Kohlenstoff sofort den zu seiner Verbrennung erforderlichen Sauerstoff vor, und gelangt nicht zum Glühen, d. h. nicht zur Lichtentwickelung. Diese Erscheinung findet z. B. bei den Gas-Kochapparaten statt. Die Kohlensäure hat die nemliche Wirkung, nur noch im erhöhten Grade. 1 c' Kohlensäure hat $\frac{1}{3}$ c' Sauerstoff, 1 c' Luft dagegen nur etwa $\frac{1}{5}$ c' Sauerstoff; 2 Prozent Kohlensäure sind desshalb ebenso schädlich für die Leuchtkraft eines Gases, als 5 Prozent atmosphärische Luft.

Um die Kohlensäure im Leuchtgase nachzuweisen, bedient man sich nach Prof. Pettenkofer eines Eudiometers von nachstehender Form Dasselbe enthält 100 Raumtheile Gas, von denen indess nur die untersten 25 auf der Scala angegeben zu sein brauchen, und wird in einer seiner Länge entsprechenden Wanne zuerst vollständig mit Wasser, und darauf bis zum Nullpunct mit dem zu untersuchenden Gase gefüllt. Hat das Gas die Temperatur des Arbeitslocales angenommen, und bleibt das Wasserniveau unverändert stehen, so bringt man in den unteren gebogenen Theil des Glases ein Stück kaustisches Kali von der Grösse einer Erbse lässt dies sich auflösen, schliesst die Oeffnung mit dem Daumen, und bringt das

Gas mit der Kalilauge dadurch in innige Berührung, dass man die Enden des Glases abwechselnd auf und abwärts bewegt. Es versteht sich von selbst, dass das offene Ende der Röhre vollständig mit Wasser gefüllt sein muss, so dass man beim Aufsetzen des Daumens keine atmosphärische Luft unter das Gas hineinbringt; auch muss man sich, ehe man den Daumen wieder loslässt, vorher überzeugen, dass kein Gas zwischen ihm und dem Wasser steht, sondern dass dies alles wieder in das Rohr selbst zurückgebracht ist. Beim Loslassen des Daumens tritt das Wasser im Eudiometer in die Höhe, und nach kurzer Zeit, wenn der Einfluss der Wärme, welche durch die chemische Verbindung erzeugt ist, wieder nachgelassen hat, liest man an der Scala unmittelbar den Prozentgehalt des Gases an Kohlensäure ab.

Im ungereinigten Gase der Zwickauer Kohlen habe ich bis 4 Prozent, im Gase der Saarbrücker Heinitzkohle bis 3 Procent und in jenem der westphälischen Hiberniakohle bis 2 Prozent Kohlensäure gefunden. Dass der Gehalt übrigens mit der Art der Fabrikation wechselt, bedarf kaum der Erwähnung.

Das Ammoniak, — ammonia, ammoniaque — ist eine Verbindung des Stickstoffs mit dem Wasserstoff von der Formel NH_3 und dem specifischen Gewicht 0,58957. Hundert Gewichtstheile bestehen aus 82,39 Stickstoff und 17,61 Wasserstoff; 1 Volumen desselben ist verdichtet aus ½ Volumen Stickstoff und 1½ Volumen Wasserstoff. Das Ammoniak ist in der atmosphärischen Luft nicht verbrennlich, greift metallische Gegenstände an, ist aber in sanitätlicher Beziehung weit weniger schädlich, als der Bestandtheil, den wir als dritten anzuführen haben, der Schwefelwasserstoff. Man weist das Ammoniak quantitativ in folgender Weise nach. Eine Flasche mit zwei Hälsen wird halb mit destillirtem Wasser gefüllt, und in dieses 49 Gewichtstheile (Gran) concentrirte gewöhnliche Schwefelsäure (spec. Gewicht = 1,845) hineingegeben. Dieses Gewicht Schwefelsäure sättigt 17 Gewichtstheile Ammoniak. Man giesst soviel Lackmustinktur hinzu, dass die Flüssigkeit eine schöne rothe Farbe bekommt. Eine Glasröhre, die durch den Stöpsel der einen Oeffnung bis fast auf den Boden reicht, wird mit dem zu untersuchenden Gase, eine zweite Glasröhre, die aber nur eben durch den Stöpsel hindurchreicht, mit einer Experimentir-Gasuhr verbunden. Man lässt das Gas durch den

Fig. 25. Apparat strömen, bis die Flüssigkeit eine blauviolette Färbung angenommen hat, und liest an der Gasuhr die Gasmenge ab, welche zur Sättigung der Schwefelsäure erforderlich war, und welche demgemäss die 17 Gewichtstheile Ammoniak enthalten hatte.

Der Schwefelwasserstoff, — sulphureted hydrogen, acide sulfhydrique, hydrogène sulfuré — hat die Formel SH und das spec. Gewicht = 1,17488. Hundert Gewichtstheile bestehen aus 94,19 Schwefel und 5,81 Wasserstoff. 1 Volumen ist verdichtet aus ⅙ Volumen Schwefeldampf und 1 Volumen Wasserstoffgas. Der Schwefelwasserstoff verbrennt mit blauer Flamme, ist aber seiner Verbrennungsprodukte wegen ein höchst schädlicher Bestandtheil des Gases. Er liefert nemlich schweflige Säure (resp. Schwefelsäure), ein Gas, welches nicht allein zum Einathmen durchaus untauglich ist, indem es Husten und Erstickungszufälle erzeugt, sondern welches auch dem Wachsthum der Pflanzen schadet, viele Farben bleicht und zerstörend auf Metalle wirkt, indem es die Oberflächen derselben in Schwefelmetalle verwandelt. Man kann den Schwefelwasserstoff sehr leicht im Gase entdecken mittelst basisch essigsauren Bleioxyds, sogenannten Bleizuckers. Mit diesem bildet er nemlich einen schwarzen, in verdünnten Säuren, in Alkalien, alkalischen Schwefelmetallen und Cyankalium unlöslichen Niederschlag von Schwefelblei. Man wendet das Reagens an, indem man ungeleimtes Papier damit tränkt, und dasselbe im feuchten Zustand in den Gasstrom hält. Man kann sich indess auch sehr bequem, und zur Vermeidung jedes Gasgeruchs des folgenden kleinen Apparates bedienen. Zwei cylinderförmige Gläser werden in einander gestellt (Fig. 26) und der Zwischenraum zwischen beiden mit Wasser vollgegossen. Ueber das innere Glas fasst ein messingener Deckel etwa 2" tief über. In diesem sind zwei Röhren eingelassen, das Einlassrohr und das Auslassrohr. Der über den Deckel hervorragende Theil des Einlassrohrs besteht aus ⅜zölligem Messingrohr, ist mit einem Hahn versehen, und oben gebogen, so dass er

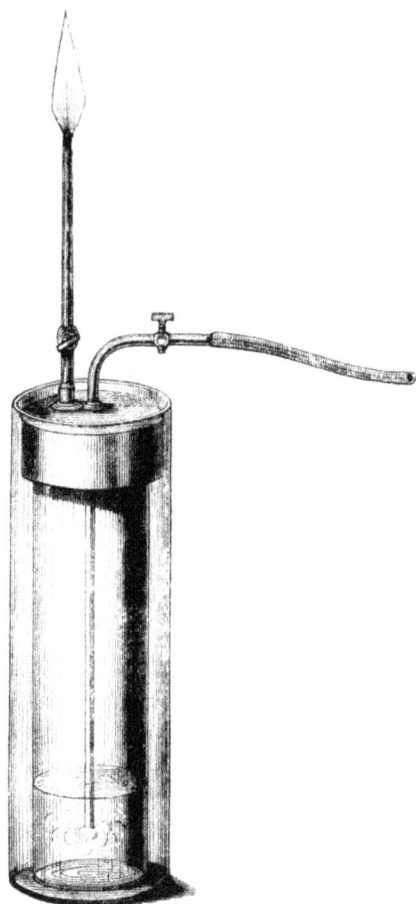

Fig. 26.

mittelst eines Kautschukrohrs mit einer Gasleitung in Verbindung gebracht werden kann. In seinem, im Deckel festgelötheten Ende ist eine Glasröhre eingekittet, welche nahezu bis auf den Boden des inneren Glasgefässes reicht. Das Auslassrohr besteht wieder aus einem ⅛zölligen Messingrohr. Zur Anstellung einer Probe giesst man in das mittlere Gefäss essigsaures Bleioxyd, lässt das Gas durch das Einlassrohr einströmen und zündet es oben am Ausströmungsrohr an.

Die quantitative Bestimmung des Schwefelwasserstoffs ist nicht so einfach. Nach Bunsen schlämmt man reinen Braunstein zu einem möglichst feinen und gleichförmigen Pulver, das man mit destillirtem Wasser zu einem dünnen Brei befeuchtet, und in eine mit Oel abgeriebene Kugelform bringt, in der sich ein am Ende mehrfach umgebogener Platindraht befindet. Durch Trocknen auf einer nicht zu heissen Stelle der Sandcapelle erhält man auf diese Art ohne alles weitere Bindemittel eine feste Braunsteinkugel, welche sich leicht aus der Form herausnehmen lässt. Die Kugel wird wiederholt mit einer concentrirten Phosphorlösung von syrupsdicker Consistenz befeuchtet, jedoch nur bis zu dem Grade, dass sie noch hinlänglich Festigkeit behält, um durch das Quecksilber in das Eudiometer geführt werden zu können. Unter Beobachtung dieser Vorsichtsmassregeln zersetzt der Braunstein den Schwefelwasserstoff schnell und vollständig.

Es ist bereits erwähnt worden, dass sich unter gewissen Verhältnissen auch noch eine andere Schwefelverbindung im Gase bilden kann, nemlich der Schwefelkohlenstoff. Der Schwefelkohlenstoff ist eine Verbindung des Schwefels mit dem Kohlenstoff von der Formel CS_2. Hundert Gewichtstheile desselben enthalten 84,2 Theile Schwefel und 15,8 Theile Kohlenstoff. Er bildet unter gewöhnlichen Umständen an und für sich eine wasserhelle, leichtbewegliche Flüssigkeit von 1,293 specifischem Gewicht, welche bei 47° C. siedet. Der Schwefelkohlenstoff verbrennt, wie der Schwefelwasserstoff, an der Luft mit blauer Flamme und liefert schweflige Säure und Kohlensäure, ist also in ähnlicher Weise, wie jener durch seine Verbrennungsproducte schädlich. Man kann ihn nach dem von Professor A. Vogel angegebenen Verfahren im Gase nachweisen, wenn man dieses nach vorheriger Entfernung des Schwefelwasserstoffs mittelst Kalilauge durch eine Lösung von kaustischem Kali in absoluten Alkohol leitet. Von dieser Lösung dampft man einen Theil etwas ab und setzt zu der kochenden Lösung alsdann essigsaures Bleioxyd. Wenn Schwefelkohlenstoff vorhanden war, so wird man einen Niederschlag von Schwefelblei erhalten.

Die Entfernung des Schwefelkohlenstoffs aus dem Leuchtgase ist bisher ein practisch ungelöstes Problem gewesen, obgleich man sich namentlich in neuerer Zeit mehrfach mit dieser Frage beschäftigt hat. Im Jahre 1860 veröffentlichte ein englischer Geistlicher, W. R. Bowditch in Wakefield, eine Brochüre »On coal gas,« worin er zwei Mittel in Vorschlag brachte, nemlich Thon und heissen Kalk. Thon sollte nach ihm das Gas nicht allein von Ammoniak befreien, ohne der Leuchtkraft zu schaden, er sollte weiter die im gewöhnlichen Gase noch enthaltenen Theerbestandtheile, und den in diesen enthaltenen Schwefel entfernen; er sollte hauptsächlich aber auch die Schwefelverbindungen im Gase, die durch kein anderes der gewöhnlichen Reinigungsmittel angegriffen werden, aufschliessen, in der Art, dass er den Schwefel aus diesen Verbindungen ausscheidet, und seine Verbindung mit Wasserstoff veranlasst, in welcher Verbindung er als Schwefelwasserstoff leicht auf gewöhnlichem Wege entfernt werden kann. Bowditch beruft sich auf folgendes Experiment: Er leitet Gas, welches von Schwefelwasserstoff völlig frei ist, und auf Bleipapier nicht reagirt, durch einen mit Thon gefüllten Reiniger, beim Austritt aus demselben wird das Bleipapier, welches vorher weiss blieb, wieder schwarz gefärbt. Er lässt dann dasselbe Gas durch mehrere, durch ein Dutzend solcher Apparate gehen, nachdem immer zwischen je zwei derselben ein Kalkreiniger eingeschaltet ist, und der im ersten Thonkasten gebildete Schwefelwasserstoff wird im darauffolgenden Kalkkasten entfernt; im zweiten Thonkasten erzeugt sich wieder Schwefelwasserstoff, der von dem nächsten Kalkkasten weggenommen wird u. s. f. Die Menge des gebildeten Schwefelwasserstoffs wird bei jedem Thonkasten geringer, und am Ende hört die Reaction ganz auf. So die Behauptungen von Bowditch. Ich muss die Richtigkeit und den Zusammenhang dieses Experimentes, sowie den Werth des darauf basirten Vorschlages auf sich beruhen lassen. da es mir nicht gelungen ist, mit irgend einem der mir zur Verfügung stehenden Thone (von der reinen Thonerde an bis zum gemeinen Lehm) bei Anwendung von gewöhnlichem Steinkohlengase irgend eine Färbung des Bleipapiers zu erhalten. Was das zweite von Bowditch vorgeschlagene Reinigungsmittel, heissen Kalk, betrifft, so ist es eine längst bekannte Thatsache, dass Aetzbaryt, Strontian, Kalk, Eisen, Kupfer, Mangan, Zinn in der Glühhitze den Schwefelkohlenstoff wohl zerlegen, man wandte diese Mittel indess nicht an, weil in solcher Hitze die höheren Kohlenwasserstoffe zugleich mit zerlegt werden, und das Gas seine Leuchtkraft einbüssen würde. Zur Prüfung des Verfahrens von Bowditch wurde folgender chemischer Versuch angestellt. Es wurde gebrannter Kalk mit Wasser gelöscht, das überschüssige Wasser durch Erhitzen entfernt, und das feinere Pulver abgesiebt. In ein spiralförmig gewundenes Glasrohr wurden darauf die Kalkstückchen gebracht, einer Temperatur von 140—160° C. im Luftbade ausgesetzt und ein langsamer Strom von Steinkohlengas darüber geleitet, welches zur Entfernung jeder möglichen Verunreinigung durch Schwefelwasserstoff zuvor mit Aetzkalilauge behandelt worden war. Der Schwefelkohlenstoff zersetzte sich auf Kosten des Wassers im Kalkhydrate zu Schwefelwasserstoff, und schon nach Durchleitung von 2 c' Gas zeigte das vorgelegte Bleipapier eine deutliche Schwärzung. Der Kalk war durch die in der Hitze ausgeschiedene Kohle und Theer schwärzlich gefärbt. Bowditch nimmt an, der hiebei entstehende Theer sei schon im Gase fertig gebildet enthalten, aber nach dem, was man aus den Versuchen von Magnus über das Verhalten der schweren Kohlenwasserstoffe bei höherer Temperatur weiss, ist es gerathener. anzunehmen, dass er sich bei der Temperatur des Luftbades erst bilde. Der grösste Theil der Kohlenwasserstoffe ist jedoch unzersetzt geblieben, da die Flamme des über den Kalk gegangenen Gases noch eine beträchtliche Leuchtkraft hatte. Das Verhalten des Kalkhydrates wurde zur quantitativen Bestimmung des Schwefelkohlenstoffes benutzt, indem 23,76 Liter (auf 0° C. und 760 Millimeter Barometerstand reducirt) über schwefelsäurefreies, glühendes Kalkhydrat geleitet wurden. Der gebildete Schwefelwasserstoff wurde durch eine Bleilösung absorbirt und als schwefelsaures Bleioxyd gewogen. Dieses betrug 0,0025 Gran, welchen 0,000314 Schwefelkohlenstoff entsprechen. Ein anderer Theil des Schwefelkohlenstoffs zersetzte sich mit dem Kalkhydrat zu Schwefelcalcium Dieses wurde mit Salzsäure zersetzt und der entweichende Schwefelwasserstoff ebenso als schwefelsaures Bleioxyd bestimmt. Dieses betrug in diesem Falle 0,020 Gran, welchem 0,00251 Gran Schwefelkohlenstoff entsprechen. In Summa waren also in 23,76 Liter des untersuchten Gases 0,002824 Gran Schwefelkohlenstoff enthalten. Das specifische Gewicht des Gases war 0,473. Mithin wogen 23,76 Liter Gas 14,53 Gran, und der Prozentgehalt an Schwefelkohlenstoff betrug 0,020%. — Soweit mir bekannt ist, haben die Vorschläge von Bowditch in der Praxis bis jetzt keine eigentliche Anwendung gefunden.

Die neuesten Untersuchungen über den Schwefelkohlenstoff im Gase und seine Beseitigung sind von Th Barlow und Dr. Letheby in London und von A. Ellisen in Paris ausgeführt worden. Sie weisen die bereits ausgesprochene Thatsache nach, dass die Grösse des Schwefelgehaltes in den Kohlen nicht in directem Verhältniss steht mit dem Schwefelgehalt im Gase, sie zeigen ferner, dass die Verschiedenheit der Temperatur resp der Zeitdauer bei der Destillation von keinem practisch nachweisbaren Einfluss ist, dass es ferner keinen Unterschied macht, ob man Thonretorten oder Eisenretorten anwendet, und gelangen zu dem Schluss, dass ein practisch anwendbares Mittel zur Entfernung des Schwefelkohlenstoffes aus dem Gase nicht existirt. Barlow setzt noch einige Hoffnung auf die Versuche, das Gas mit grossen Mengen Ammoniakwassers unmittelbar vor der Condensation zu waschen.

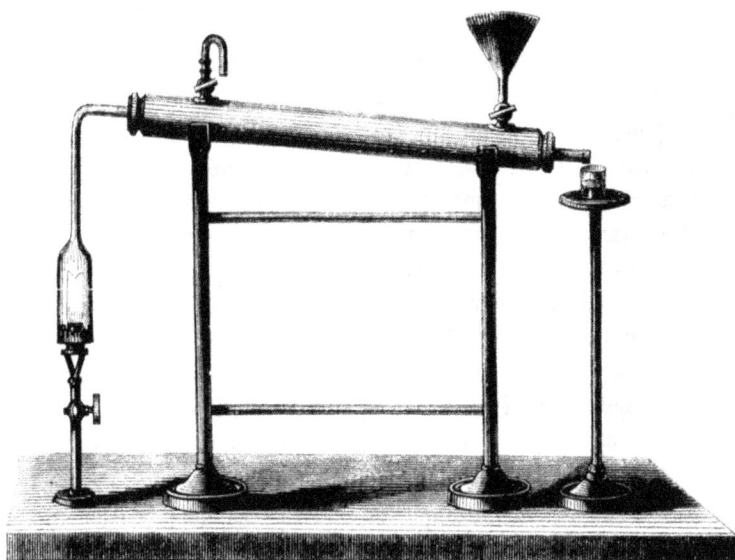

Fig. 27.

Für den Gasingenieur ist es bequem, die Schwefelverbindungen eines Gases in den Verbrennungsproducten nachzuweisen. Zu dem Ende verbrennt man nach A. Wright das zu untersuchende Gas, wie Fig. 27 zeigt, in einem Argandbrenner, dessen Zugglas sich oben zu einer halbzölligen Röhre verengt, in einiger Höhe umgebogen, und von da mit einer Neigung abwärts durch ein mit kaltem Wasser gefülltes Gefäss geführt ist. Innerhalb des Kühlgefässes verdichten sich die unter den Verbrennungsproduckten befindlichen Wasserdämpfe, das so gebildete Wasser absorbirt die etwa gebildete schweflige Säure, sowie das schwefelsaure Ammoniak, was bei gleichzeitiger Anwesenheit von Ammoniak entsteht, und indem man die condensirten Producte auffängt, und mit einigen Tropfen salpetersaurem Baryt versetzt, geben sich die kleinsten Spuren Schwefels durch die Bildung eines weissen Niederschlags von schwefelsaurem Baryt zu erkennen.

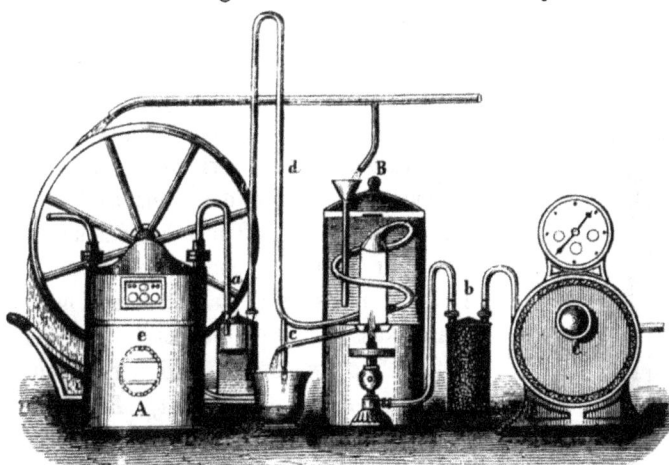

Fig. 28.

Ein anderer Apparat für denselben Zweck von F. J. Evans ist in Fig. 28 abgebildet. A ist eine trockene Gasuhr, welche durch ein Uhrwerk oder ein Wasserrad getrieben wird, so dass sie als Pumpe wirkt, und das Gas durch das Eingangsrohr einsaugt, und es durch das Auslassrohr hinausdrückt. B ist ein Condensator, in dessen Mitte sich ein Cylinder von Weissblech befindet, ähnlich wie ein 7zölliger Glascylinder für einen gewöhnlichen Argandbrenner. Der Cylinder ist am oberen Ende trichterförmig zusammengezogen und läuft in ein ⁵/₈zölliges Zinnrohr aus, welches spiralförmig gewunden im Condensator liegt und unten in das Rohr c mündet, von wo das schwanenhals-förmig gebogene Rohr d zum Eingang der Gasuhr führt. Am unteren Ende des Cylinders ist ein tassenförmiger Rand mit einem Abflussrohr angebracht, um alle Feuchtigkeit zu sammeln, die sich im Apparat niederschlägt. Ein Bunsen'scher Kochbrenner wird mit einer Schaale von Weissblech so umgeben, dass der Brenner durch die Mitte der Schaale dicht hindurchgeht, und die Verbrennung unmittelbar oberhalb der Schaale stattfindet. Er wird dann durch Röhren mit dem Ausgang des Experimental Gasmessers C in Verbindung gebracht. Das Gas, was man untersuchen will, muss diesen Gasmesser passiren, und es ist gut, zwischen letzterem und dem Condensator einen kleinen Scrubber einzuschalten, den man mit Kieselstücken, welche zuvor mit schwacher Schwefelsäure angefeuchtet sind, füllt. Bei a ist eine weitere Woulf'sche Flasche eingeschaltet, welche eine Lösung von kaustischem Kali enthält. Der Condensator wird mit kaltem Wasser gefüllt, die Tasse am Brenner mit Salmiakgeist. Wenn der Gaszähler A in mässige Bewegung gesetzt ist, so zieht er zunächst die Luft durch den Apparat, alsdann bringt man den Brenner unter den Condensator, so dass die Flamme in den Cylinder hinaufgeht, und die Verbrennungsproducte durch die spiralförmigen Röhren abgesogen werden. Die Condensationsproducte, welche am untersten Theile der Röhren abfliessen, werden in einer Vorlage aufgefangen. Um den Stand des Salmiakgeistes in der Brennertasse stets constant zu erhalten, lässt man diesen durch eine kleine syphonartig gebogene Röhre in Tropfen zufliessen. So lässt man den Apparat 7 bis 8 Tage in Thätigkeit, regulirt den Consum auf etwa ½ c′ per Stunde, bis man im Ganzen einen Verbrauch von etwa 100 c′ erreicht hat. Der Wasserstoff des Gases verbindet sich mit dem Sauerstoff der Luft zu Wasser, der Kohlenstoff zu Kohlensäure, und der etwa vorhandene Schwefel und das Ammoniak bilden schwefelsaures Ammoniak. Die flüssigen Producte der Verbrennung betragen 350 bis 400 Grains für jeden Cubikfuss verbranntes Gas. Dieselben werden mit reiner Salpetersäure gesättigt, um zunächst die Kohlensäure zu entfernen, bei welcher Manipulation man etwas Wärme anwendet. Dann wird die Flüssigkeit mit einem Ueberschuss von salpetersaurem Baryt oder Chlorbarium behandelt, wodurch ein weisser schwerer Niederschlag entsteht, der filtrirt, mit Wasser gewaschen, getrocknet und gewogen wird. 117 Gewichtstheile des Niederschlags zeigen 16 Gewichtstheile Schwefel an. Das angewandte Ammoniak in der Brennertasse hat den Zweck, die schweflige Säure zu binden, die bei der Verbrennung entsteht. Die Ammoniakdämpfe verbinden sich mit der schwefligen Säure und werden dadurch condensirt.

Einen dritten ähnlichen Apparat von Dr. Letheby zeigt Figur 29. Das Gas geht wieder zuerst durch einen Gaszähler, und alsdann durch eine Flasche mit Kieseln, die mit Schwefelsäure angefeuchtet sind. (20 Gewichtstheile concentrirter Schwefelsäure und 30 Theile Wasser). Die Flüssigkeit hat ein specifisches Gewicht von etwa 1,397, und werden 100 Theile derselben neutralisirt durch 54 Theile kohlensaures Natron oder durch 17 Theile Ammoniak.) Das Einlassrohr reicht nur 1 Zoll durch den Kork, das Auslassrohr reicht nahezu auf den Boden. Nachdem das Gas auf diese Weise von Ammoniak befreit ist, wird es im

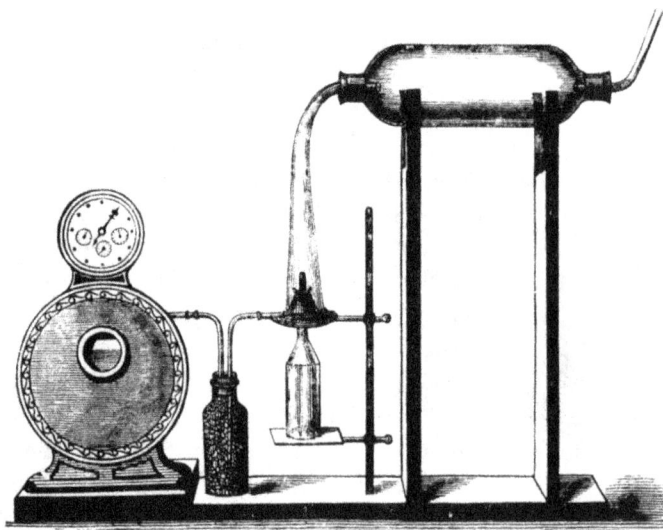

Fig. 29.

Verhältniss von ½ c′ per Stunde in einem Leslie-Brenner verbrannt, welcher unter einem langen, trichterförmigen Rohr angebracht ist. Das Rohr ist mit einem grossen Glascondensator in Verbindung, am entgegengesetzten Ende des Condensators ist ein 4 Fuss langes Glasrohr angebracht, und zwar aufwärts gebogen, so dass alle etwa in demselben sich niederschlagende Flüssigkeit in den Condensator zurückläuft. Das Ammoniak wird der Flamme in folgender Weise zugeführt: Eine weithalsige Flasche mit stärkstem Salmiakgeist wird unmittelbar unter den Brenner gestellt, und ein Trichter, den Becher nach unten, mit seinem kurzen Rohrende durch die Mitte des Brenners geführt, so dass das Ende etwa 2 Zoll über dem Brenner

vorsteht. Der natürliche Zug des Apparates reicht hin, das Ammoniak zu verdunsten nnd es den Verbrennungsproducten zuzuführen.

Sonstige im Leuchtgase noch nachgewiesene Bestandtheile, als Cyan, Schwefelcyan, Stickstoff, Sauerstoff u. s. w. sind in äusserst geringen Mengen vorhanden und haben für den praktischen Betrieb keine weitere Bedeutung.

Das aus allen vorstehenden Bestandtheilen zusammengesetzte Gasgemenge, begleitet von öligen und wässerigen Dämpfen steigt aus den Gasretorten in die Vorlage auf. Von den Dämpfen verdichtet sich schon hier ein Theil, der grössere Theil in den weiteren Kühlapparaten, von wo er als Theer und Ammoniakwasser in die Theergruben abfliesst, während das Gas seinen Weg weiter fortsetzt.

Ueber den Temperaturgrad, bis zu welchem man die Abkühlung der Destillationsproducte treiben soll, ist man nicht ganz einig. Wahrscheinlich lässt sich auch eine bestimmte, allgemein gültige Grenze gar nicht angeben, da die Natur des Gases sehr bedeutenden Schwankungen unterworfen ist. So hat man namentlich beobachtet, dass die Kohlenwasserstoffdämpfe im Gase der englischen Newcastle Kohlen schon bei höherer Temperatur condensirt werden, als diejenigen in dem Gas aus Cannel-Kohlen.

Man kann annehmen, dass die mittlere Bodentemperatur 10 bis 12° C. beträgt. Wenn also Gas, was nicht bis auf diese Temperatur abgekühlt war, durch ein in der Erde liegendes Röhrennetz geleitet wird, so wirkt dies, wie ein grosser Condensator, und es setzen sich noch nachträglich flüssige und feste Producte ab, die nicht allein bei der Calculation der Leckage ins Gewicht fallen, sondern von denen das feste Naphtalin auch leicht zur Verstopfung von Röhren und Laternenbrennern Veranlassung giebt. Um eine solche nachträgliche Condensation zu vermeiden, ist es gut, die Abkühlung gleich von vornherein wenigstens auf die Temperatur von 12° C. zu treiben. Dies ist aber dann eine praktische Unmöglichkeit, so oft die Temperatur der Luft bis nahezu auf diese Höhe steigt. Im Sommer gelangt das Gas wärmer aus dem Condensator, als im Winter. Bei kälterer Lufttemperatur soll man darauf achten, dass man die untere Grenze der Condensation nicht überschreitet, und kann etwa 10° C. als diese Grenze annehmen, wenn man mit Gas aus Backkohlen arbeitet.

In neuerer Zeit vervollständigt man die Wirkung des Condensators gewöhnlich dadurch, dass man das Gas durch einen mit Coke gefüllten Apparat gehen lässt. Bei der innigen Berührung, in welche das Gas mit der Coke gebracht wird, setzt sich der Rest der theerigen Producte ab, und wenn man überdiess noch die Coke von oben feucht erhält, so wird nicht allein die Absonderung des Theers um so vollständiger, sondern man erreicht dann auch zugleich eine Waschung des Gases, indem ein Theil des im Gase enthaltenen Ammoniaks vom Wasser absorbirt wird.

Häufig nimmt man zur theilweisen Entfernung der Ammoniakverbindungen im Gase die Waschung desselben in eigenen Apparaten vor und benutzt dazu entweder kaltes Wasser oder Dampf. Der Prozess ist eine blosse Absorption und um so vollständiger, je inniger die Berührung und je kälter das Wasser ist. Bei Anwendung von Dampf ist die Zertheilung des Wassers zwar eine äusserst zweckmässige; aber die Condensation muss nachher sehr vollkommen sein, wenn das Ammoniak wirklich aufgenommen werden soll. Bei Anwendung von kaltem Wasser sucht man die Zertheilung durch mechanische Vorrichtungen zu erreichen. Eine Anordnung zu diesem Zweck, von dem englischen Ingenieur Goldsworthy Gurney, besteht darin, dass man einen Wasserstrahl unter einem Druck von mindestens 15 Pfund auf den Quadratzoll gegen eine kleine Platte von etwa einem Zoll im Durchmesser strömen lässt. Das Wasser zerstäubt nach allen Seiten und kommt mit dem durchströmenden Gase in möglichst innige Berührung.

Man will andererseits die Erfahrung gemacht haben, dass ein starkes Waschen des Gases mit Wasser der Leuchtkraft desselben schadet, indem auch ein Theil der Kohlenwasserstoffdämpfe mit condensirt wird. Wo man einen Cokereiniger (Scrubber) anwendet, abstrahirt man daher vielfach von jeder weiteren Waschung und begnügt sich damit, die Coke, durch welche das Gas hindurch strömen muss, feucht zu halten.

Nachdem die Entfernung aller wässerigen und theerigen Dämpfe erreicht ist, bleiben der Hauptsache nach noch drei Bestandtheile aus dem Gase zu entfernen, die Kohlensäure, der Schwefelwasserstoff und das Ammoniak. Die übrigen verunreinigenden Bestandtheile haben, wie schon früher erwähnt, für den praktischen Betrieb keine eigentliche Bedeutung. Zwei von diesen Körpern sind Säuren, einer ist eine Basis; sie bestehen also nicht in freiem Zustande neben einander, sondern — so weit sie zur gegenseitigen Sättigung ausreichen — als Verbindungen. Wären die quantitativen Verhältnisse zur gegenseitigen Sättigung gerade richtig vorhanden, so würde man ausschliesslich kohlensaures Ammoniak und Schwefelwasserstoff-Ammoniak haben und der Reinigungsprocess würde ein sehr einfacher sein, da beide Salze erfahrungsgemäss schon durch Behandlung mit kaltem Wasser ausgewaschen werden können. Es ist aber leider viel zu wenig

Ammoniak im Gase enthalten, und so ist man gezwungen, zu einer wirklich chemischen Reinigung seine Zuflucht zu nehmen.

Von den beiden zu entfernenden Säuren verbindet sich die Kohlensäure vorzugsweise leicht mit Alkalien und alkalischen Erden, während der Schwefelwasserstoff eine besondere Verwandtschaft zu den Metallen hat. Wendet man ein Erdensalz z. B. schwefelsauren Kalk, (Gyps) zur Reinigung an, so zersetzt sich dieses mit dem kohlensauren Ammoniak und es bilden sich schwefelsaures Ammoniak und kohlensaurer Kalk. Die überschüssige Kohlensäure, sowie das Schwefelwasserstoff-Ammoniak bleiben unberührt und die Reinigung ist nur eine theilweise Bei Anwendung eines Metallsalzes, z. B. des schwefelsauren Eisenoxydes (Eisenvitriol) zersetzt sich dieses Salz mit dem Schwefelwasserstoff-Ammoniak; es bildet sich wieder schwefelsaures Ammoniak und der Schwefel des Schwefelwasserstoffs erzeugt mit dem Eisen Schwefeleisen. Man erreicht also durch Anwendung eines Salzes niemals eine vollständige Reinigung und ist gezwungen, dem Gase einen basischen Stoff darzubieten, welcher die überschüssige Säure zu binden im Stande ist. Je nachdem dieser basische Stoff ein nicht metallischer oder ein metallischer ist, wirkt er nun wieder verschieden. Nicht metallische Basen, z. B. Kalk, verbinden sich zunächst mit der Kohlensäure, zersetzen sich indess auch mit dem Schwefelwasserstoff und entfernen dies gleichzeitig aus dem Gase, indem auch eine Verbindung des Schwefels mit dem Grundstoff der Basis entsteht. Metallische Basen zersetzen sich nur mit dem Schwefelwasserstoff des Gases und lassen die Kohlensäure unberührt. Aus dieser Darstellung ergiebt sich der Leitfaden für den Reinigungsprocess.

Wollten wir die ganze Reihe der in Vorschlag gebrachten und patentirten Materialien durchgehen, so würden wir keine Base und kein Salz übergehen können, dessen Kostenpreis sich einigermassen in den Grenzen der Zulässigkeit bewegt. Wir würden namentlich erwähnen müssen:

1) als nicht metallische Basen: Kalk, Baryt, Strontian, Magnesia;
2) als metallische Basen: die Oxyde von Eisen, Mangan, Zink, Blei, Kupfer und Antimon;
3) als nicht metallische Salze: die schwefelsauren und salzsauren Salze der unter 1 genannten Basen;
4) als metallische Salze: die schwefelsauren und salzsauren Verbindungen der unter 2 genannten Metalloxyde.

Von allen diesen Körpern haben sich indess nur einige wenige wirklichen Eingang in die Praxis verschafft und diese sind: der kaustische Kalk, Eisenoxyd, schwefelsaurer Kalk, eine Verbindung des schwefelsauren Kalks mit Eisenoxyd (Laming'sches Pulver) und etwa noch salzsaures Mangan.

Die Kalkreinigung ist nahezu so alt, wie die Gasbeleuchtung selbst, und wurde schon im Jahre 1806 von dem Engländer S. Clegg in der Weise angewandt, dass er Kalk in die Gasometergruben brachte und die dadurch erzeugte Kalkmilch durch eine Rührvorrichtung in Bewegung erhielt. Die Mängel dieser Einrichtung führten bald zur Anwendung von besonderen Reinigungsapparaten und das Reinigungsverfahren gelangte in technischer Beziehung bald zu derjenigen Stufe der Ausbildung, auf der es noch steht. In chemischer Beziehung hat sich der Kalk bis jetzt als unübertroffen bewährt, und man ist von allen Abschweifungen immer wieder zu ihm zurückgekehrt. Bei der Einwirkung des unreinen Gases auf den Kalk bilden sich kohlensaurer Kalk, Schwefelcalcium, und ein variabler Betrag von Ammoniak wird mechanisch in der Kalkmasse suspendirt erhalten. Schon seit längerer Zeit zieht man es vor, den Kalk als Pulver in trocknen Reinigungsapparaten anzuwenden, während man sich früher der Kalkmilch bediente. Die letztere verdient zwar in öconomischer Beziehung dem Kalkhydrat vorgezogen zu werden, aber die Aufbewahrung und Beseitigung des ausgenutzten Materials ist unbequemer, und giebt leicht zu Belästigungen für Nachbarschaft und Publikum Veranlassung. Wo man darauf bedacht sein muss, den üblen Geruch auf ein Minimum zu reduciren, thut man gut, auch den Ammoniakgehalt im Gase vor der Kalkreinigung zu reduziren, denn das Schwefelcalcium zersetzt sich bei der Anwesenheit von Ammoniak sehr rapide, während an und für sich seine Zersetzung sehr langsam vor sich geht. Das Ammoniak nimmt nemlich Kohlensäure aus der Luft auf und reagirt augenblicklich auf das feuchte Schwefelcalcium, indem sich kohlensaurer Kalk und Schwefelwasserstoff-Ammoniak bildet, welch' letzteres dem Gaskalk seinen penetranten unangenehmen Geruch verleiht. Dagegen will man die Bemerkung gemacht haben, dass die Wirkung des Kalkhydrats auf das Gas vollständiger ist bei der Anwesenheit von Ammoniak im Gase, als wenn dieses zuvor entfernt ist. Niemals wird die ganze Masse des angewandten Kalkes wirklich gesättigt; es bleibt stets ein Theil — vielleicht der fünfte Theil — in kaustischem Zustande zurück. Man kann ihn nicht so fein vertheilen, dass alle seine Atome mit dem Gase in Berührung kommen; es bilden sich Knollen, die in ihrem Innern nicht angegriffen werden und der Benützung entgehen. Und den Kalk ganz trocken als feines Pulver anzuwenden, geht aus dem Grunde nicht, weil sonst das Gas ihn fortbläst und einige Stellen der Hürden ganz davon entblösst, durch die es dann ungereinigt hindurch geht. Der Feuchtigkeitsgrad, in welchem man den Kalk anwendet, ist von der allergrössten Wichtigkeit. In vielen Anstalten ist es Regel, den Kalk so zu löschen, dass derselbe einerseits nicht stäubt, andrerseits auch nicht an den Fingern hängen bleibt. Dies wird auch von den Arbeitern gerne befolgt, weil es die bequemste Art zu löschen ist. Aber solcher Kalk ist zu trocken; zuerst giebt er im Kasten einen bedeutenden Druck, aber sowie der Umstand eingetreten ist, der vorhin angedeutet wurde, dass nemlich das Gas den Kalk an den trockensten Stellen fortgeblasen hat, so verliert sich der Druck wieder und das Gas geht ungereinigt durch. Es lässt sich zwar nicht für ein bestimmtes Quantum Kalk die erforderliche Menge Wasser genau angeben; aber der Arbeiter kann nicht weit fehl gehen, wenn er auf folgende Weise verfährt. Er breite seinen Kalk wo möglich auf einem steinernen, feuchten Boden aus, mache um ihn herum einen kleinen Damm von bereits gelöschtem Kalk, damit das Wasser nicht abläuft, und gebe dann reichlich Wasser, nicht mit der Brause, sondern mit Eimern. Die Stücke müssen schon vorher möglichst zerstossen sein, dadurch erreicht man ein gleichmässigeres Löschen. Alsdann rühre der Arbeiter die Masse gut durcheinander, gebe, wo er noch eine trockene Stelle entdeckt, Wasser nach, bis das Ganze zu einem dicken, gleichmässig feuchten Brei geworden ist, bringe es auf einen Haufen und lasse es bis zum nächsten Tage liegen. Die Arbeit ist natürlich beschwerlicher, der Kalk klebt am Geschirr und an den Füssen fest, ebenso bleibt er an den Fingern hängen, was er nach dem gewöhnlichen Verfahren nicht soll. Am nächsten Tage ist der Kalk bedeutend trockener geworden und zur Anwendung geeignet, vorausgesetzt, dass er nicht zu heiss in Haufen gebracht wurde, was ihm schadet. Der Arbeiter rühre ihn nochmals durch oder schaufele ihn um und zerkleinere die etwaigen grösseren Stücke. Somit erhält man eine schwere, unverbundene Masse; die Stücke bilden kleine Klumpen, aber die Masse im Ganzen hängt nicht zusammen. Beim Eintragen in die Reinigungsapparate ist darauf zu achten, dass jeder Korb voll behutsam auf den Rost geschüttet werde; die Lagen werden 2 bis 3″ hoch gemacht. Stücke von der Grösse einer Wallnuss werden auf diese Weise noch ausgenutzt.

Was die Quantität Kalk betrifft, die für ein gewisses Quantum Gas erforderlich ist, so ist dieselbe je nach Qualität des Kalkes, wie des Gases, verschieden, und findet man darüber sehr verschiedene Angaben. Folgende Zahlen geben den monatlichen Durchschnittsverbrauch in Zollpfunden pro 1000 c′ englisch an, wie derselbe 9 Monate lang auf einer grossen deutschen Anstalt beobachtet wurde:

Es waren zur Reinigung von 1000 c′ engl. Gas aus Newcastle Kohlen durchschnittlich erforderlich

im Juli	. .	0,076 c′ engl.	=	4,56	Zollpfd.
im August	. .	0,091 ,,	,, =	5,44	,,
im September	.	0,076 ,,	,, =	4,56	,,
im October	. .	0,096 ,,	,, =	5,76	,,
im November	.	0,071 ,,	,, =	4,24	,,
im December	.	0,091 ,,	,, =	5,44	,,
im Januar	. .	0,089 ,,	,, =	5,36	,,
im Februar	.	0,112 ,,	,, =	6,72	,,
im März	. .	0,080 ,,	,, =	4,80	,,
im Durchschnitt		0,087 c′ engl.	=	5,21	Pfd. Zollgew.

Hierunter ist ungelöschter Kalk zu verstehen. Durch das Löschen vergrössert sich das Volumen etwa in dem Verhältniss von 7 zu 11 bis 7 zu 14.

Den ausgenutzten Kalk verwendet man mit Vortheil in der Landwirthschaft, und zwar auf solchem Boden, welcher von Natur arm an Kalk ist. Man darf ihn zu diesem Zweck aber nicht frisch verwenden, sondern muss ihn längere Zeit an der Luft liegen lassen. Frischer Gaskalk enthält Schwefelverbindungen, welche Schwefelwasserstoff abgeben, und dadurch schädlich auf die Vegetation wirken; erst nach reichlicher Einwirkung der atmosphärischen Luft wird das Schwefelcalcium in schwefligsauren und dann in schwefelsauren Kalk (Gyps) verwandelt, der als Düngemittel von Werth ist. Nach einer Analyse von Dr. Völcker enthielt ein Gaskalk, der lange gelagert hatte, und zur Düngung verwendet wurde, nachdem er bei 100° C. getrocknet war

an Wasser und organischen Substanzen	7,24 %
Eisenoxyd und Thonerde mit Spuren von Phosphorsäure	2,49 „
Schwefelsauren Kalk (Gyps)	4,64 „
Schwefligsauren Kalk	15,19 „
Kohlensauren Kalk	49,40 „
Kaustischen Kalk	18,23 „
Magnesia und Alkalien	2,53 „
Unlösliche kieselhaltige Bestandtheile	0,28 „
	100,00 %

Graham giebt folgende Analyse eines trockenen Gaskalkes:

Unterschwefligsauren Kalk . . . . , ...	12,30 %
Schwefligsauren Kalk	14,57 „
Schwefelsauren Kalk	2,80 „
Kohlensauren Kalk	14,48 „
Kaustischen Kalk	17,72 „
Schwefel	5,14 „
Sand	0,71 „
Wasser	32,28 „
	100,00 %

Der Gaskalk ist namentlich für Klee, Esparsette, Luzerne, Erbsen, Bohnen, Wicken und Rüben von guter Wirkung. Auch Weideland, welches von Natur kalkarm ist, kann man damit düngen, namentlich Moorwiesen lassen sich wesentlich verbessern, wenn man den Gaskalk in Form von Compost darauf bringt, den man etwa ein Jahr auf dem Haufen liegen gelassen, und vor dem Gebrauch mehrmals umgestochen hat. Bei gepflügtem Land bringt man den Gaskalk auf die Stoppeln, breitet ihn gleichmässig aus, und lässt ihn 3 bis 4 Wochen liegen, ehe man das Land pflügt; auf Wiesengrund bringt man ihn im Dezember oder Januar, und breitet ihn aus. Ueberall darf man ihn nur zu solchen Zeiten anwenden, wo die Vegetation ruht, also im Herbst oder Winter. Die Wirksamkeit des Gaskalkes beruht einmal auf dem Umstande, dass er den festen Lehmboden lockerer und leichter, den leichten sandigen Boden dagegen fester macht. Dann gewährt er den Pflanzen directe Nahrung durch seinen Gehalt an Kalk und Schwefelsäure, beschleunigt die Aufschliessung der Mineralien im Boden und bewirkt die raschere Zerstörung der organischen Substanzen, welche von der vorhergehenden Erndte im Boden übrig geblieben sind und ihre Verwandlung in Nahrung für die Pflanzen.

Nächst dem Kalk verdient das Eisenoxyd als Reinigungsmaterial aufgeführt zu werden. Wie schon angedeutet, unterscheidet sich das Eisenoxyd in seiner Wirkung vom Kalke wesentlich dadurch, dass es die Kohlensäure im Gase nicht mit entfernt, wesshalb auch eine nachträgliche Reinigung mit Kalk vorgenommen werden muss, sobald der Kohlensäuregehalt des rohen Gases überhaupt von Bedeutung ist.

Es wurde zuerst in Frankreich, dann in England 1835 von Phillips angewandt und zwar in nassen Reinigungsapparaten. Darauf liess sich im Jahre 1840 A. Croll die Benutzung desselben auf trockenem Wege patentiren; auch gab dieser ein Verfahren an, das Material nach seinem Gebrauche wieder zu regeneriren, indem man es in einem Ofen 2 bis 3 Stunden lang rösten und auf diese Weise den aufgenommenen Schwefel austreiben sollte. Beide Erfindungen hatten noch wenig praktischen Werth. Wenn auch Crolls Röstverfahren den ersten Impuls zum wiederholten Gebrauch des Materials gab, so waren doch die Kosten des Regenerationsverfahrens viel zu bedeutend. Laming hat das Verdienst, die Eisenreinigung lebensfähig gemacht zu haben, indem er sich 1849 das Verfahren patentiren liess, das Material durch den Sauerstoff der atmosphärischen Luft zu regeneriren. Freilich ist durch einen Jury-Ausspruch vom 14. August 1858 das Recht dieser Erfindung einem Fabrikanten Hills zugesprochen worden;*) aber der Grund dieses Ausspruchs scheint nur in dem geschrobenen Wortlaut des Laming'schen Patentes seinen Grund zu haben und in der Fachwelt wird Laming stets als der Erfinder der Eisenreinigung angesehen bleiben. Der Vorgang bei der Reinigung ist folgender: Das Eisenoxyd zersetzt sich mit dem Schwefelwasserstoff des Gases und es bildet sich Schwefeleisen nebst Wasser und etwas freiem Schwefel. An die atmosphärische Luft gebracht, entsteht zunächst schwefelsaures Eisenoxydul und bei längerem Liegen basisch schwefelsaures Eisenoxyd. Bei dem Uebergange des Schwefeleisens in schwefelsaures Eisenoxydul scheidet sich aus dem 1½ Schwefeleisen ¼ Aequivalent Schwefel aus. Bringt man das schwefelsaure Eisenoxyd mit dem schmutzigen Gas wieder in Berührung, so bemächtigt sich das Ammoniak des Gases der Schwefelsäure unter Ausscheidung von Eisenoxydhydrat und das Material wirkt wieder, wie das ursprünglich angewendete.

Um das Eisenoxyd poröser und für das Gas durchdringlicher zu machen, sowie auch, um die Berührungsfläche zu vergrössern, vermischt man es mit Sägespähnen.

In neuerer Zeit hat das natürliche Eisenoxyd, welches man als Wiesenerz oder Rasenerz findet, da, wo es billig zu beschaffen ist, ganz besondere Aufnahme gefunden. Das Erz wird getrocknet, zerkleinert, gesiebt und dann entweder für sich oder mit Sägespähnen vermischt angewandt; im ersteren Fall erhält man etwas mehr Druck in den Kästen als im letzteren Falle. Die Regeneration geht sehr rasch vor sich, schneller, als bei der weiter unten zu besprechenden Laming'schen Masse. Ein Centner Rasenerz reinigte in Berlin **) 105,000 c′ Gas, nachdem es zuvor sieben Mal gebraucht worden war, und sich der Effect allmählig gesteigert hatte.

Nach einem Patent vom Juni 1859 will Laming gefunden haben, dass das Manganoxydhydrat, welches man erhält, wenn man Manganoxydulhydrat an der Luft oxydiren lässt, ein noch bedeutend kräftigeres Reinigungsmittel sei und sich eben so leicht regeneriren lasse, als das Eisenoxyd.

Von den nicht metallischen Salzen, die man zur Gasreinigung anwendet, wollen wir hier nur den schwefelsauren und salzsauren Kalk besonders erwähnen. Der Gyps war namentlich in Frankreich, Belgien, theilweise auch in England in Gebrauch. Das kohlensaure Ammoniak geht, wie schon erwähnt, mit ihm eine Wechselverbindung ein und es bilden sich kohlensaurer Kalk und schwefelsaures Ammoniak. Man pflegt den Gyps in fein pulverisirtem Zustande mit einem porösen Material, am liebsten mit Kohlenlösche (breeze) so zu vermischen, dass dem Gase ein leichter Durchgang gestattet ist, und das Gemisch dann in gewöhnlichen Kalkreinigern auf Rosten auszubreiten. Wo man natürlichen Gyps haben kann, verdient dieser den Vorzug; man bereitet ihn indess auch künstlich, entweder durch Behandlung des gewöhnlichen Gaskalkes mit atmosphärischer Luft in der Rothglühhitze oder durch directe Behandlung von Kalkmilch mit Schwefelsäure. In Frankreich wendet man den alten Gypsmörtel an, wie er beim Abbrechen von alten Gebäuden zu haben ist. Dieser wird zuerst gemahlen, dann mit etwas Wasser und schwacher Schwefelsäure angefeuchtet, um die Kohlensäure, die etwa durch Einwirkung der atmosphärischen Luft entstanden ist, auszutreiben, und zuletzt auch mit Coke oder Kohlenlösche gemischt, um ihn möglichst zu zertheilen. Dies letztere Verfahren ist in

*) Näheres hierüber ist nachzulesen im Journal für Gasbeleuchtung, 1858, S. 109.
**) Journal für Gasbeleuchtung, Jahrgang 1863, S. 270 und 385; auch Jahrgang 1862, S. 336.

Paris zuerst von d'Arcet oder von de Cavaillon eingeführt worden. — Letzterer beansprucht die Erfindung für sich. In England wurde es schon im Jahre 1841 in den Gaswerken von Vauxhall, London, angewandt. Es hat eine Schattenseite, dass nemlich die Einwirkung des Gases auf den Gyps keine sehr rasche ist und dass man daher mehrere Reinigungsapparate hinter einander anwenden muss, wenn man einer vollständigen Wirkung gewiss sein will.

Salzsaurer Kalk hat den Vorzug, dass seine Wirkung eine weit lebhaftere ist. Dass man als Producte der Zersetzung bei seiner Anwendung salzsaures Ammoniak anstatt des schwefelsauren erhält, bedarf kaum der Erwähnung.

Höchst sinnreich ist die von Laming eingeführte, combinirte Anwendung eines Kalksalzes mit Eisenoxyd in einem und demselben Material. Durch diese Combination wird es möglich, nicht allein das Eisenoxyd, sondern auch das Kalksalz immer wieder durch den Sauerstoff der Luft zu regeneriren. Ein Kalksalz allein, wenn es durch die Einwirkung des unreinen Gases in kohlensauren Kalk verwandelt worden. ist als solches gegen den Einfluss der Atmosphäre indifferent und keiner weiteren Benützung mehr fähig; bei gleichzeitiger Anwesenheit von Schwefeleisen jedoch, welches sich durch die Einwirkung vom Gase auf das Eisenoxyd bildet und welches sich an der atmosphärischen Luft zunächst in schwefelsaures Eisenoxydul und weiter in basisch schwefelsaures Eisenoxyd verwandelt, setzt es sich mit letzterem um und es bildet sich wieder schwefelsaurer Kalk, der zu neuer Reinigung brauchbar ist. Wir wollen die chemischen Vorgänge des Processes von Anfang an verfolgen. Um das Material (bekannt als Laming'sches Pulver) zu bereiten, bringt man Eisenvitriol und Aetzkalk zusammen und erzeugt unter Mitwirkung der atmosphärischen Luft und einiger Feuchtigkeit daraus schwefelsauren Kalk und Eisenoxydhydrat. Der Schwefelwasserstoff des Gases bildet mit dem Eisenoxydhydrat 1¼ Schwefeleisen, die dem Eisenoxyd entsprechende Schwefelungsstufe, und Wasser. Das im Gase enthaltene kohlensaure Ammoniak zersetzt sich mit dem schwefelsauren Kalk zu schwefelsaurem Ammoniak und kohlensaurem Kalk. Derjenige Theil der Kohlensäure, der nicht an Ammoniak gebunden war, sowie das Ammoniak, welches mit dem Schwefelwasserstoff verbunden war, bleiben im Gase zurück.

Man erhält nach folgendem Schema:

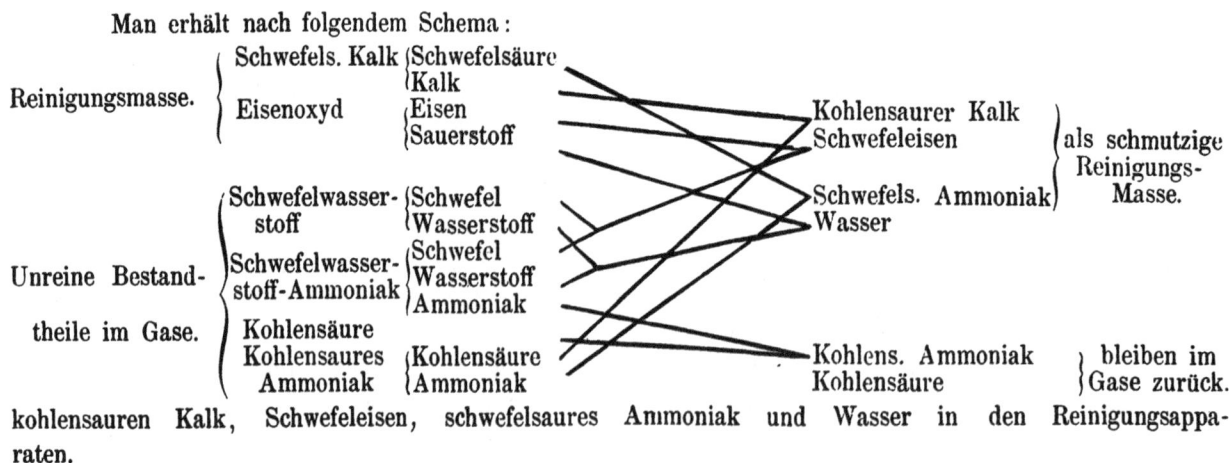

kohlensauren Kalk, Schwefeleisen, schwefelsaures Ammoniak und Wasser in den Reinigungsapparaten.

Setzt man die so veränderte Masse der atmosphärischen Luft aus, so oxydirt das Schwefeleisen zunächst unter Ausscheidung von freiem Schwefel zu schwefelsaurem Eisenoxydul; dies setzt sich mit dem kohlensauren Kalk zu schwefelsaurem Kalk und Eisenoxydul um, was sich dann leicht weiter zu Eisenoxyd oxydirt, während die Kohlensäure frei wird. Man erhält also nebst freiem Schwefel und einem kleinen Betrag schwefelsauren Ammoniaks und unter Vernachlässigung des theilweise verdunstenden Wassers im Wesentlichen wieder das ursprüngliche Material: schwefelsauren Kalk und Eisenoxyd.

Schmutzige Reinigungs- Masse.
- Kohlensaurer Kalk { Kohlensäure / Kalk
- Schwefeleisen { Schwefel / Eisen
- Schwefelsaures Ammoniak
- Wasser
- Sauerstoff der atmosphärischen Luft.

Schwefelsäure

- verflüchtigt sich.
- schwefelsaurer Kalk.
- freier Schwefel.
- Eisenoxyd.
- schwefelsaures Ammoniak.
- verdunstet zum Theil.

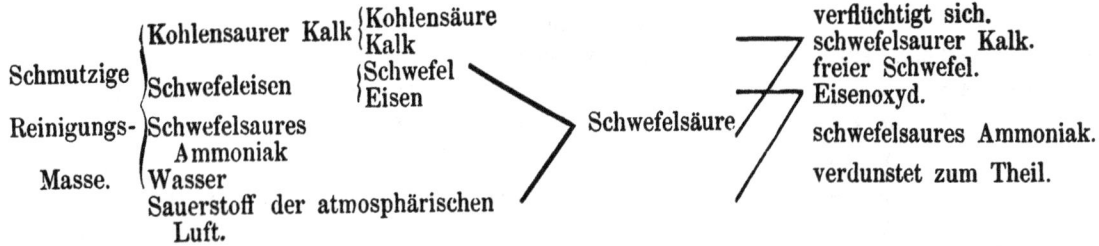

Das allmählige Nachlassen in der Wirksamkeit des Materials scheint theilweise in der Ansammlung des ausgeschiedenen Schwefels, theilweise darin seinen Grund zu haben, dass die einzelnen Atome im Laufe der Zeit von einer theerigen. schmierigen Hülle überzogen werden, welche den Zutritt des Gases mehr oder weniger absperrt.   In einem Material, welches in der Münchener Anstalt vielleicht hundert und einige Mal regenerirt worden war, fand Prof. Pettenkofer 37,3 Prozent Schwefel. In England wird dieser Schwefel aus dem Material wieder gewonnen.   Hills nimmt bei Lieferung frischer Masse die ausgenutzte alte als theilweise Zahlung zurück.

Die Bereitung der Masse geschieht auf folgende Weise: Man löscht den Kalk mit nur so viel Wasser, dass er zu einer staubig pulverigen Masse wird, und wirft ihn darauf durch ein feines Sieb. Dann sichtet man Sägespähne, etwa 1 Pfund, oder weniger, auf ein gleiches Gewicht Kalk und löst auf je 1 Pfund Kalk 1 Pfund grünen Eisenvitriol in Wasser auf.   Der Kalk wird mit den Sägespähnen durchgearbeitet und man darf es nicht an Aufmerksamkeit fehlen lassen, dass die Vermengung möglichst innig werde. Sowie man eine kleine Parthie davon fertig hat, begiesst man diese aus einer Giesskanne mit der Eisenvitriollösung und arbeitet vom Neuem durch. In dieser Weise fährt man fort, bis die ganze Masse verarbeitet ist und lässt sie dann an der Luft liegen. Nach 24 Stunden wird sie eine braune Farbe angenommen haben und dies ist das Zeichen, dass die Zersetzung vor sich gegangen und dass sie zur Benutzung fertig ist.

Wendet man statt des Eisenvitriols Eisenchlorid an und zwar dem Gewichte nach 2 Theile (trockenes Eisenchlorid auf 1 Theil Kalk), so erhält man das erste Mal Chlorcalcium statt schwefelsauren Kalkes. Nach der ersten Regeneration aber bildet sich auch hier wiederum Gyps, während sich eine kleine Quantität Chlorammonium (statt des schwefelsauren Ammoniaks) dem Reinigungsmaterial beimengt.*)

Der Vorwurf, den man der Laming'schen Masse, gegenüber dem Kalk, für die Gasreinigung wohl gemacht hat, dass sie die Leuchtkraft des Gases etwas beeinträchtige, scheint durch die Praxis nicht gerechtfertigt. Es ist allerdings richtig, dass die Laming'sche Masse nur einen Theil der im Gase enthaltenen kohlensäure entfernt, während Kalk dieselbe vollständig zu beseitigen im Stande ist, allein es bleibt auch bei der Laming'schen Reinigung gewöhnlich nur sehr wenig Kohlensäure mehr zurück. Untersuchungen von J. Reichmann, (Journal für Gasbeleuchtung 1861, S. 202) weisen nach, dass das mit Kalk vollkommen von Kohlensäure befreite Gas eine geringere Leuchtkraft besass, als ein anderes Gas von weniger als ein Procent Kohlensäuregehalt, welches mit Laming'scher Masse gereinigt war. Es dürfte übrigens nicht immer

---

*) Nach einer Analyse von T. L Phipson (Journal für Gasbeleuchtung, 1864, S. 233) fand derselbe in der Reinigungsmasse, nachdem dieselbe einige Zeit der Luft ausgesetzt gewesen war, freien Schwefel, Eisenoxyd, schwefelsauren Kalk, einige in Alkohol lösliche Kohlenwasserstoffe, grünes und blaues Eisencyanür-Cyanid, Schwefelcyancalcium, Schwefelcyanammonium, Chlorammonium, Ferrocyanwasserstoffsäure (die das Gemisch sauer macht) und Wasser. Eine annähernde Analyse ergab:

Wasser	14,00
Schwefel	60,00
in Alkohol unlösliche organische Stoffe	3,00
in Alkohol lösliche organische Stoffe, Schwefelcyancalcium, Chlorammonium, Kohlenwasserstoffe etc.	1,50
Sand und Thon	8,00
Kohlensaurer Kalk, Eisenoxyd etc.	13.50
	100,000

gelingen, auf letzterem Wege das Gas bis auf diesen Grad von Kohlensäure zu reinigen, und in diesen Fällen eine nachträgliche Reinigung mit Kalk zu empfehlen sein. Die technischen und öconomischen Vortheile, welche die Laming'sche Masse bietet, sind sehr wesentlich. Ihre Anwendung ist nicht allein ausserordentlich bequem, sondern auch sehr wohlfeil, da man dasselbe Material lange Zeit brauchen kann, und ganz besonders günstig ist auch der Umstand, dass das Material bei seiner grossen Porosität fast gar keinen Druck verursacht, während die festeren Kalkschichten dem Gase oft einen Widerstand von mehreren Zollen Wasserhöhe entgegensetzen.

Das Quantum Laming'scher Masse, welches für eine bestimmte Gasmenge erforderlich ist, lässt sich natürlich ebenso wenig bestimmen, als die Menge Kalk bei der Kalkreinigung. Man kann im Allgemeinen annehmen, dass dasselbe für 1000 c' Gas, wenn die Reinigungsapparate gross genug sind, zwischen ½ und 1 c' schwankt. Dabei wird das Material 1 Fuss dick und darüber eingetragen, ohne dass ein wesentlicher Druck dadurch veranlasst wird.

v. Unruh sagt in seiner Beschreibung der Gasanstalt zu Magdeburg über die Mengenverhältnisse seiner Reinigungsmasse, die aus salzsaurem Kalk und Eisenoxyd besteht, Folgendes:

Es fragt sich, wie viel Cubikfuss Gas mit einem frisch gefüllten Kasten gereinigt werden können? und hierauf lässt sich allgemein nicht antworten, weil die Beschaffenheit der Kohle, namentlich die Beimengung von Schwefelkies, sehr verschieden ist. Um einen Anhalt zu haben, wurde das ungereinigte Gas aus Pelton-Main Kohle von Dr. Meitzendorf auf seinen Gehalt an Schwefelwasserstoff untersucht und mit einer für die Technik völlig hinreichenden Genauigkeit gefunden, dass 1000 c' Gas 6,44 c' Schwefelwasserstoff enthielten. (L. Thompson giebt den Schwefelwasserstoffgehalt des Newcastle-Kohlen-Gases zu 8 c' auf 1000 c' Gas an, neben 1½ c' Ammoniak und 25 c' Kohlensäure.) Befinden sich nun in 100 Pfund concentrirter Salzsäure 38,38 Pfund wirkliche wasserfreie Salzsäure und werden jene 100 Pfund, wie damals geschah, mit 100 Pfund Waser vermischt und auf Eisenspähne gegossen, fleissig umgerührt, und — wenn möglich — etwas erwärmt, so erhält man nach Verlauf einer gewissen Zeit eine Eisenchlorürauflösung, in welcher 64,72 Pfund Eisenchlorür enthalten sind. Zur Füllung eines Reinigers von den hiesigen Dimensionen (8' Länge, 4' Breite und 4⅓' Höhe) wurden 320 Pfund fein gepochter, kohlensaurer Kalk und 160 Pfund Sägespähne verwendet. Dieses Gemisch nahm die oben angegebene Quantität Eisenchlorürauflösung auf und enthielt also ebenfalls 64,72 Pfund Eisenchlorür. Ein Pfund davon zersetzt 2,69 c' Schwefelwasserstoff; folglich müssten 64,72 Pfund zur Zersetzung von 174,4 c', d. h. zur Reinigung von 27,000 c' Gas hinreichen, wenn die Technik im Grossen die angegebenen Verhältnisse immer inne halten könnte. In der That reinigte ein frisch gefüllter Kasten 25 bis 30,000 c' Gas vollkommen

Man hat vielfach über den Umstand geklagt, dass sich die Masse bei der Regeneration leicht erhitzt und dadurch unbrauchbar wird. Es scheint jedoch dieser Uebelstand vermieden werden zu können, wenn man die Masse nicht bis auf's Aeusserste schmutzig werden lässt und eine kleine Erhöhung des Arbeitslohnes durch häufigeres Wechseln nicht scheut, um die chemische Reaction nicht bis auf den allerhöchsten Grad zu steigern.

Wir haben nun noch mit wenig Worten der Entfernung des Ammoniaks aus dem Gase durch Anwendung von Säuren zu gedenken. Namentlich die Schwefelsäure ist vielfach in Vorschlag gebracht worden, um entweder den ganzen Gehalt an Ammoniak von vornherein, oder den nach der vorgehenden Reinigung noch übrig bleibenden Theil aus dem Gase auszuziehen. Man hat verdünnte Säure statt Wasser in den Waschapparaten gebraucht; man hat auch Sägespähne damit getränkt und diese in den gewöhnlichen Kalkreinigern verwandt. Nach einem Patent von Sugden und Marriot werden Sägespähne mit Schwefelsäure von 43˚ Beaumé angefeuchtet und das Gemisch einer Temperatur von 250˚ Fahrenheit (120˚ C.) ausgesetzt; die bei dieser Hitze gebildete Kohle absorbirt die Säure und es bildet sich eine trockene, leichte, poröse Masse, die man in gewöhnlichen Kalkreinigern verwenden kann. Die Säure ist übrigens nur in dem Fall anwendbar, wenn nachher ausschliesslich mit Kalk oder Eisenoxyd und Kalk (einer Basis) gereinigt wird. Kommt ein Salz zur Anwendung, also ein Kalksalz oder das Laming'sche Pulver, so darf keine Säure zuvor benutzt werden.

Drittes Capitel.

Die Anwendung des Gases.

Die Erscheinung der Lichtentwicklung. Man unterscheidet an einer Flamme drei Theile. Vorgänge in jedem dieser Theile. Landolt's Ansichten über die Natur der Flamme. Neuere Forschungen von Dr. O. Kersten. Keine Brennervorrichtung und keine Flammenform ist im Stande, allen Kohlenstoff, der sich theoretisch ausscheiden sollte, zum Leuchten zu bringen. Arbeiten von S. Elster über Leuchtkraft. Einfluss der atmosphärischen Luft, welche in die Flamme hinein diffundirt. Eine massive Flamme ist unvortheilhaft. Der Einlochbrenner. Einen grösseren Nutzeffect geben die flachen, abgeplatteten Flammen. Schnitt- oder Fledermausbrenner und Loch- oder Fischschwanzbrenner. Die Brenneröffnungen und der Druck, unter dem das Gas ausströmt, müssen der Natur des Gases angemessen sein. Versuche von Regnault & Dumas. Relativer Werth der Schnitt- und Lochbrenner für die Strassenbeleuchtung. Für Zimmerbeleuchtung sind beide nicht sonderlich geeignet. Der Zwillingsbrenner. Der Sparbrenner. Verbesserter Dubourg'scher Brenner. Eigenschaften und Wesen der Argandflamme. Versuche über die chemischen Vorgänge in derselben. Man kann bei ihr den Luftzutritt reguliren. Verschiedene Sorten von Argandbrennern und ihre Luftzuströmung. Brenner mit abgelenktem Luftzug. Druck, den sie erfordern. Nutzeffect der verschiedenen Brennerkategorien für verschiedenes Gas. Versuche von Regnault & Dumas. Wie lassen sich die Bedingungen zur Erzielung eines möglichst grossen Nutzeffectes beim practischen Betriebe erfüllen? Die Wahl der Brenner verursacht keine Schwierigkeit. Der Druck ist nicht im ganzen Röhrennetz gleichmässig zu halten, sondern er modificirt sich je nach der Höhenlage der Röhren und nach der Reibung an den Wandungen. Wäre der Consum und mit ihm die Reibung eine constante Grösse, so könnte man beide Einflüsse compensiren. Bei den Veränderungen und Unregelmässigkeiten im Consum ist man gezwungen, weite Röhrenleitungen zu wählen, und auf eine Benützung der Reibung zu verzichten. Gründe, warum man nicht einen Ueberschuss an Druck geben, und den einzelnen Consumenten die Regulirung desselben überlassen darf. Das beste Verfahren besteht darin, einen hinreichenden Minimaldruck an den niedrigsten Stellen der Anlage zu Grunde zu legen und den Druck in den hoch gelegenen Theilen des Röhrennetzes durch Anbringung von Abschlussventilen zu reduciren. Mit einer guten Auswahl von Brennern und einem entsprechenden, möglichst gleichmässigen Druck sind bei einer genügenden Qualität des Gases an und für sich alle Ansprüche erfüllt, die ein Publikum an eine Gasanstalt vernünftiger Weise stellen kann. Leider sind immer noch nicht alle Vorurtheile gegen die Gasbeleuchtung überwunden. Das Gas ist weniger feuergefährlich, als andere Beleuchtungsmaterialien. Gutachten von Prof. Frankland über die Frage, ob sich Gas durch rothglühendes Eisen entzünden kann. Verbrennungswärme der Gasflamme. Der Schwefel im Gase. Einfluss desselben auf empfindliche Farben. Die Beleuchtung von Gemäldegallerien mit Gas. Auch in Betreff der Kohlensäureentwicklung ist das Gas vortheilhaft. Die Wohlfeilheit der Gasbeleuchtung wird nur von denen verkannt, die auf die grössere Leuchtkraft des Gases keine Rücksicht nehmen. Annähernde Relation zwischen dem Leuchtwerth des Gases und demjenigen anderer Materialien. Versuche von der technischen Section in Hamburg über Gas, Camphin, Oel und Wachs. Tabellen von Director Karmarsch und Prof. Heeren über die Leuchtkraft von Kerzen und Lampen. Versuche von C. Zinken über die Leuchtkraft der Destillationsproducte der Braunkohlen. Versuche von Dr. Marx. Die Leuchtkraft verschiedener Gasarten unter sich. Die Gase aus westphälischen, Saarbrücker- und Zwickauerkohlen sind in Betreff der Leuchtkraft nicht wesentlich verschieden. Gas aus englischen Kohlen. Versuche von Barlow und Frankland. Die Anwendung des Gases zum Heizen und Kochen. Princip der Heizflamme. Heiz- und Kochbrenner nach Elsner und nach Bunsen. Versuche von J. H. Schilling. Erfahrungen über die Beheizung von Kirchen mit Gas.

Die Lichtentwickelung einer Flamme beruht, wie wir wissen, auf dem Umstande, dass der Kohlenstoff aus den höheren Kohlenwasserstoffverbindungen in fester Form ausgeschieden wird, und momentan zum Glühen gelangt. Er unterliegt dabei freilich alsbald der Verbrennung, aber da die Ausscheidung continuirlich fortbesteht, also immer neuer Kohlenstoff zugeführt wird, so ist die Erscheinung für das Auge constant.

Lässt man Gas aus einer Röhre ausströmen, so erhält man bei gehöriger Regulirung der Ausflussmenge eine kegelförmige Flamme, wie sie in Fig. 30 dargestellt ist. An dieser Flamme unterscheidet man deutlich drei Theile. Der äussere Mantel, auch Schleier genannt, ist durchsichtig und von blassblauer Farbe, hinter demselben befindet sich der mittlere, undurchsichtige, leuchtende Theil, dessen Farbe von blendendem Weiss nach Innen zu mehr und mehr in Roth übergeht. Den innersten und untersten Theil der Flamme bildet ein kurzer, durchsichtiger Kegel, dessen Temperatur so niedrig ist, dass man ein Stückchen Papier, auf einen Draht gespiesst in denselben hineinhalten kann, ohne dass es braun wird.

Diese drei Theile der Flamme entsprechen offenbar den chemischen Vorgängen, welche im Innern Statt haben. Der Process der Verbrennung geht unter Mitwirkung des Sauerstoffes vor sich, der von allen Seiten frei an die Flamme herantritt. Derselbe findet mithin am lebhaftesten in der äusseren Schichte der Flamme statt, und seinen Vorgang repräsentirt der Mantel

Fig. 30.

oder Schleier. Durch die im Mantel erzeugte Hitze wird rückwärts auch das Innere der Flamme erhitzt; es zersetzen sich dort die höheren Kohlenwasserstoffe, und scheiden den festen glühenden Kohlenstoff aus, der das Leuchten bedingt. Dies ist der mittlere, undurchsichtige Theil der Flamme. Der untere durchsichtige Kegel ist unzersetztes Gas, welches noch nicht die nöthige Temperatur erlangt hat. Erst mit zunehmender Höhe macht sich die Zersetzung durch den dort beginnenden leuchtenden Ring bemerklich, der nach Innen hin immer stärker wird und bald das ganze Innere der Flamme erfüllt.

Untersuchungen über die Natur und Reihenfolge der chemischen Vorgänge, welche im Innern einer Gasflamme vorgehen, besitzen wir zunächst von Landolt (Poggendorf's Annalen, Band XCIX, S. 389). Landolt construirte einen Brenner, aus welchem er die Flammengase in verschiedenen Höhen absaugen und diese dann einer chemischen Analyse unterwerfen konnte. Der Brenner bestand aus einer messingenen Büchse mit einer oberen 7 Millimeter weiten Oeffnung, bis in welche eine fast eben so dicke, mit dem unteren Boden der Büchse verbundene Messingröhre sich erhob, so dass das Leuchtgas durch die feine, ringförmige Spalte ausströmen konnte; durch die Messingröhre wurde eine feine Saugeröhre in die Flamme zum Ableiten des darin befindlichen Gases eingeschoben, und der Zutritt von Luft zwischen jener Röhre und der Saugeröhre durch ein beide umschliessendes Kautschukrohr verhindert. Die Flamme war durch einen bis 20 Millimeter über den Brenner herabreichenden Glascylinder vor Luftströmungen geschützt und hatte, wenn sie frei brannte, eine Höhe von 95 bis 100 Millimeter. Landolt fand, dass der Wasserstoff für zunehmende Höhen der Flammen am schnellsten abnimmt, etwas langsamer verschwindet das Sumpfgas, und noch langsamer die schweren Kohlenwasserstoffe, deren Verbrennung erst in den höheren Theilen der Flamme vor sich geht. Die Kohlensäure nimmt nach den oberen Theilen der Flamme hin nicht in dem Maasse zu, als man erwarten sollte, was Landolt dem Umstande zuschreibt, dass ein Theil derselben wahrscheinlich durch die Einwirkung der in der Flamme ausgeschiedenen Kohle unter Bildung von Kohlenoxyd zersetzt wird. Auch die Beobachtung, dass der Wasserstoff, der im unteren Theil der Flamme sehr rasch abnimmt, in einem etwas höher gelegenen Theile wieder wächst, erklärt Landolt durch einen Zersetzungsprocess, der aus der Einwirkung der freien Kohle auf den Wasserdampf hervorgeht.

Neuere Forschungen von Dr. O. Kersten (Journ. f. Gasbel. Jahrg. 1862, S. 84) bestreiten die Ergebnisse der Landolt'schen Arbeit als unrichtig, und treten namentlich der seither allgemein verbreiteten Annahme entgegen, dass bei der Zersetzung der Kohlenwasserstoffverbindungen zuerst der Wasserstoff verbrenne, und in dem brennenden Wasserstoff der ausgeschiedene Kohlenstoff zum Glühen komme. Kersten geht von der Anschauung aus, dass die Vorgänge, die das Leuchten der Flamme bedingen, nicht im Innern von unten nach oben, sondern von aussen nach innen vor sich gehen, dass also nicht die Gase, die man aus dem Innern der Flamme absaugt, ein richtiges Bild derselben zu geben im Stande sind, sondern dass man, wenn dies möglich wäre, die Saugröhre vom Mittelpuncte aus durch den leuchtenden Theil und dann iu den blauen Schleier führen müsste, um die Gasproben zu schöpfen. Kersten abstrahirt gänzlich von der Analyse der wirklichen Flammengase, und schlägt den umgekehrten Weg ein, indem er die Verhältnisse auf synthetischem Wege nachzubilden versucht. Betrachten wir die Flamme, sagt Kersten, in Hinsicht auf die Vorgänge beim Leuchten und auf die Frage, ob dabei der Wasserstoff wirklich eher verbrennt, als der Kohlenstoff, so haben wir wesentlich dreierlei zu berücksichtigen: einen sauerstofffreien Gasstrom, eine sauerstoffhaltige Atmosphäre und einen Mantel um die Gassäule, in den eine zur vollständigen Verbrennung ungenügende Menge Sauerstoff eingedrungen ist, und in welchem das eigentliche Leuchten stattfindet. Letzterer Theil ist nun der uns eigentlich interessirende; in ihm ist wesentlich Wasserstoff, Grubengas, Elaylgas (als Typus der sich ähnlich verhaltenden leuchtenden Kohlenwasserstoffe) vorhanden, gemengt mit Luft, Alles auf hohe Temperatur erhitzt. Mengt man nun Grubengas und Elayl mit einer ungenügenden Menge Sauerstoff, und setzt dies einer hohen Temperatur aus, so hat man die Verhältnisse in möglichst einfacher Weise nachgeahmt, und kann hoffen, dieselben Vorgänge wie in der Flamme zu erhalten. Die Erhitzung kann man entweder mittelst Durchleiten durch eine glühende Röhre erreichen, oder wohl einfacher und besser durch Verpuffen mit electrolytischem Knallgas. Findet hiebei ein Ausscheiden von Kohlenstoff und eine Verminderung des Volums um das Dreifache des im Knallgas und in der Luft enthaltenen Sauerstoffs weniger dem Volum des verwendeten Gruben- oder Elaylgases statt, so wird blos Wasserstoff verbrannt sein (weil Elayl und Grubengas in der Weissglühhitze ihr doppeltes Volum durch Zerlegung in Wasserstoff und Kohlenstoff annehmen), findet aber eine Volumvermehrung statt (durch Bildung von Kohlenoxydgas und Freiwerden der in einem Volumen Elaylgas condensirten 2 Volum Wasserstoff), so wird zuerst der Kohlenstoff verbrannt sein. Aus allen Versuchen, die Kersten in dieser Weise angestellt hat, ergiebt sich, dass ehe ein Theilchen Wasserstoff verbrannte, aller Kohlenstoff zu Kohlenoxydgas verbrannt war, und dass sich der dann übrige Sauerstoff in Kohlenoxydgas und Wasserstoff theilte. Demnach modificirt Kersten die bisherige Vorstellung über die Natur der leuchtenden Flamme in folgender Weise: »Im Innern der Flamme findet keine Verbrennung statt, nur in dem Schleier und in dem Theile des leuchtenden Mantels, der ihm zunächst liegt, denn es ist unmöglich, dass durch eine Schicht glühenden Wasserstoffs und Kohlenstoffs eine Spur von Sauerstoff eindringen kann. Die sich im Innern befindenden Verbrennungsproducte sind bloss durch Diffussion dahin gekommen. Die ganze Hitze der Flamme stammt also vom Schleier, der Verbrennungszone her; die Temperatur des Flammeninnern und des Mantels nimmt natürlich nach oben stark zu, und daher ist der leuchtende Theil, in welchem der Kohlenstoff durch die Hitze ausgeschieden wird, unten eine ganz dünne Hülle des dunkeln Kegels, weiter oben aber, wo die Temperatur, bei der die Kohlenwasserstoffe in Kohlenstoff und Wasserstoff zerfallen, sich bis in die Mitte erstreckt, erfüllt er das ganze Innere, so dass man hier eine massiv leuchtende Flamme hat. Indem dann der freie Kohlenstoff dem sauerstoffreichen Schleier sich nähert, verbrennt er zu Kohlenoxydgas, und hauptsächlich während dieser Verbrennung leuchtet er, und zwar desto stärker, je lebhafter sie ist, sowie Kohle, die in einem Luftstrome verbrennt, immer stärker leuchtet, je heftiger derselbe ist, und im Sauerstoffstrome am stärksten leuchtet. Es verbrennt also erst im Schleier Kohlenoxyd und Wasserstoff zugleich; dass dieser Schleier am untersten Theile der Flamme noch nicht einen leuchtenden Mantel bildet, ist sehr natürlich, weil da die ganze Masse der inneren Gase noch zu kalt ist, als dass in einiger Entfernung von dem Feuersaume ein, wenn auch nur schmaler Ring, so weit erwärmt werden könnte, dass eine Ausscheidung von Kohlenstoff aus den Kohlenwasserstoffen stattfände.«

Keine Brennervorrichtung und keine Flammenform ist im Stande, allen Kohlenstoff, der sich der chemischen Zusammensetzung des Leuchtgases gemäss in fester Form theoretisch ausscheiden könnte, practisch zum Leuchten zu bringen *) Wenn auch die zur Flamme hintretende athmosphärische Luft zunächst im

---

*) Man hat sich damit beschäftigt, die theoretische Leuchtkraft der verschiedenen Leuchtmaterialien zu bestimmen. S. Elster (Beitrag zur Kenntniss der Leuchtkraft der Leuchtmaterialien von S. Elster, Journ. für Gasbeleuchtung.

Mantel an den im Innern ausgeschiedenen Kohlenstoff tritt, und hier verbrennt, so gelangt doch eine mehr oder minder grosse Quantität derselben durch· Diffusion in das Flammeninnere, und verhindert hier den sich ausscheidenden Kohlenstoff am Leuchten. Sobald nemlich die Zersetzung des Gases in Gegenwart des Sauerstoffes der atmosphärischen Luft geschieht, tritt im Moment der Zersetzung auch sofort die Verbrennung

Jahrgang 1862, Seite 384 u s. w.) geht von der Annahme aus, dass derjenige Kohlenstoffgehalt des Gases, welcher übrig bleibt, wenn man von dem Gesammtgehalt denjenigen Theil in Abzug bringt, der in der Flamme durch den Sauerstoff zur Bildung von Kohlenoxydgas und durch den an Kohle gebundenen Wasserstoff zur Bildung von Grubengas erforderlich ist, den Maasstab für die wirkliche Leuchtkraft abgiebt.

Der Sauerstoff, der in einem Leuchtmaterial vorhanden ist, wird bei dem im Ueberschuss gegenwärtigen Kohlenstoff in der Flamme zu Kohlenoxyd gebunden und die höheren Kohlenwasserstoffe werden unter Ausscheidung des überflüssigen Kohlenstoffs zu Grubengas reducirt. Da aber das Grubengas an und für sich keine namhafte Leuchtkraft mehr besitzt, sondern so zu sagen nur den Grund bildet, auf welchem die Leuchtkraft errichtet werden kann, so kann von keinem Leuchtmaterial mehr leuchtender Kohlenstoff ausgeschieden werden, als über die Bildung von Kohlenoxyd und Grubengas vorhanden ist. Und dieser Ueberschuss ist desshalb die theoretische Leuchtkraft aus der Analyse.

Beim wirklichen Verbrennen der Leuchtmaterialien kommt nicht die ganze theoretische Leuchtkraft zur Wirkung, sondern es geht ein Theil derselben dadurch verloren, dass die umgebende Luft durch Diffusion in die Flamme eindringt und hier dasselbe bewirkt, was deren Sauerstoffgehalt im Leuchtmaterial veranlassen würde. — E l s t e r wendet nach dem Principe des E r d m a n n'schen Gasprüfers einen Luftmischungsapparat an, um das Verhältniss zwischen dem practischen Leuchtwerth und der theoretischen Leuchtkraft näher zu bestimmen. Sein Gasprüfer besteht in einem sehr genauen Gasbehälter, in welchem Gas mit Luft gemengt, und durch Versuche die Menge Luft bestimmt wird, welche 100 Volumen Gas bedürfen zum Verschwinden des gelben Lichtscheines in einem siebförmigen Brenner bei sehr geringem Gasdrucke. Er beginnt damit, zuerst das zu untersuchende Gas zu decarburiren, indem er ihm mittelst Schwefelsäure die höheren Kohlenwasserstoffe entzieht und bestimmt, welches Quantum Luft dieses Gas bedarf, bis der gelbe Lichtschein verschwindet. — Die Luftmischung des gewöhnlichen decarburirten Leuchtgases ergab auf 100 Volumen Gas 150 Volumen Luft. N e n n t m a n n u n d i e L i c h t w i r k u n g , w e l c h e e i n Z u s a t z v o n 1% ö l b i l d e n d e m G a s e d e m d e c a r b u r i r t e n G a s e i n e i n e m b e s t i m m t e n B r e n n e r e r t h e i l t , e i n e K e r z e , so müssen für 1% ölbildendes Gas 6,5% Luft zugesetzt werden, um die Leuchtkraft des sich aus dem einen Procent ölbildenden Gase bei Weissglühhitze ausscheidenden Kohlenstoffes oder die Leuchtkraft einer Kerze zu vernichten

Da nun dieselbe Menge weissglühenden Kohlenstoffes in irgend einem Leuchtmaterial bei gleichem Brenner die gleiche Lichtwirkung hervorbringt, und gleiches Luftquantum erfordert, um als CO zu verbrennen, so kann man das gewöhnliche Zwölfkerzengas als eine Mischung unbekannter Gase ansehen, welche beim Verbrennen einen weissglühenden Kohlenstoffgehalt von 12% ölbildendem Gase ausscheiden und daher eine Luftmischung auf 100 Volumen Gas von $(88 \times 1,5 + 12 \times 6,5) = 210$ Volumen Luft verlangen. Für jede Kerze mehr beträgt die Luftmischung daher 5mal mehr, wie dies auch die directen Versuche bestätigen

Indem des Weiteren auf die Behandlung selbst verwiesen werden muss, möge hier nur noch die Vorstellung E l s t e r s über die Vorgänge im Innern der Flamme, sowie die Tabelle Platz finden, in welcher derselbe die Ersatzwerthe für 1000 c' engl. des normalen Zwölfkerzengases zusammengestellt hat.

Die Vorgänge im Innern einer leuchtenden Flamme fasst E l s t e r, wie folgt, zusammen:

1) der Kohlenstoff bemächtigt sich alles Sauerstoffes des Gemisches zur Bildung von Kohlenoxyd im Innern der Flamme und hindert in dieser Weise die Leuchtkraft.

2) der freie Wasserstoff, sowie der dem Sauerstoffgehalt zur Bildung von Wasser entsprechende, verbrennt nicht im Innern der Flamme, sondern nur im Mantel der Flamme durch Zutritt des Sauerstoffs der Luft von Aussen.

3) der ausgeschiedene, weissglühende Kohlenstoff verbrennt in einer Hülle des verbrennenden Wasserstoffs und bildet der letztere eine Durchgangsstation für den von aussen eingetretenen Sauerstoff.

4) Es beschränkt daher der Wasserstoff sowohl bei Beginn der Verbrennung die directe Mischung des diffundirenden Sauerstoffes der Luft mit dem Kohlenstoff des Gases, als er während der Verbrennung desselben den Zutritt von Sauerstoff zum weissglühenden Kohlenstoff ermöglicht, um denselben zu Kohlensäure überzuführen.

ein, und dem sich ausscheidenden Kohlenstoff bleibt keine Zeit, als glühender fester Körper zu leuchten. Nur derjenige Kohlenstoff gelangt zum selbständigen Glühen, der, ohne im Flammeninnern den zur Verbrennung nöthigen Sauerstoff zu finden, bis an die äussere Fläche der Flamme hinaustreten muss, bevor er dem Sauerstoff begegnet. Aber auch abgesehen von diesem Uebelstand der in die Flamme hinein diffundirenden atmosphärischen Luft giebt es noch weitere Umstände, welche den practischen Nutzeffect der Flamme beeinträchtigen. Betrachten wir nochmals die in Fig. 30 dargestellte Flamme, so leuchtet ein, dass sie schon ihrer Form wegen nur einen geringen Theil ihrer Leuchtkraft zur practischen Geltung bringen kann. Die glühenden

---

5) Diese das Leuchtvermögen conservirende Wirkung des Wasserstoffs, d. h. die mehr oder weniger gehinderte Diffusion der Luft in der Flamme, veranlasst den Nutzeffect der verschiedenen Brenner bei demselben Leuchtmaterial in dem Maasse, dass anfänglich 5 Volumen Luft 2 Volumen Kohlenstoff am Leuchten hindern, zur völligen Entleuchtung im Gasprüfer aber 33% mehr Luftzutritt geschätzt werden können.

6) Der zu Kohlenwasserstoffen gebundene Wasserstoff wird im Innern der Flamme zu Grubengas übergeführt und in Letzterem verbrannt, wiederum der Kohlenstoff in einer Hülle verbrennenden Wasserstoffs.

7) Meine Versuche über die Leuchtkraft des Grubengases ergeben im günstigsten Falle per c' eine Kerze, wenn 1 c' ölbildendes Gas zu 20 Kerzen angenommen wird, mithin nur 5% eines gleichen Volumens ölbildenden Gases, oder 10% gleichen Gewichtes weissglühenden Kohlenstoffs des ölbildenden Gases. Es kann daher die Leuchtkraft des Grubengases, wie bisher üblich ist, ausser Acht gelassen werden und das decarburirte Gas kann als aller höheren Kohlenwasserstoffe beraubt betrachtet werden, wenn per c' decarburirten Gases, enthaltend bis 40% Grubengas, nur eine Leuchtkraft von 0,4 Kerzen im günstigsten Falle erreicht wird.

Wir sind hiernach berechtigt, die Leuchtkraft aller Leuchtmaterialien festzustellen, indem wir uns das Leuchtmaterial in der Flamme zerlegt denken in Kohlenoxydgas, freien Wasserstoff, Grubengas und die Leuchtkraft veranlassenden ausgeschiedenen festen Kohlenstoff und hierbei voraussetzen, dass sämmtlicher Sauerstoff in der leuchtenden Flamme in CO zerlegt wird, und dass der freie Wasserstoff dem vorhandenen O zur Bildung von Wasser entspricht und der übrige Wasserstoff zu Kohlenwasserstoffen gebunden ist.

Tabelle

über den Ersatzwerth von 1000 c' engl. des normalen Zwölfkerzengases = 2400 Spermaceti-Normalkerzen

Art des Brenners.	Chemische Formel	Procentische Zusammensetzung.	Leucht. Kohlenst. in 100 Gew.- Theilen. %	Theoret. Ersatzw Pfd.	Nutz-effect.	Pract. Ersatz-werth Pfd.
Benzin im Leuchtgase im best. offenen Brenner	$C_{12} H_6$	92,3 C + 7,7 H	69,2	2,4	1,00	2,4
Naphtalin　　　　,,　　　　,,　　　　,,	$C_{20} H_4$	93,75 C + 6,25 H	75,2	2,22	1,00	2,22
Chrysen　　　　,,　　　　,,　　　　,,	$C_{28} H_{10}$	94,74 C + 5,26 H	78,9	2,1	1,00	2,1
Oelbildendes Gas　　,,　　　,,　　　,,	$C_4 H_4$	85,7 C + 14,3 H	42,8	3,68	0,45	8,6
Allylen　　　　,,　　　　,,　　　　,,	$C_3 H_2$	90 C + 10 H	60	2,76	0,45	6,13
Acetylen　　　　,,　　　　,,　　　　,,	$C_4 H_2$	92,3 C + 7,7 H	69,2	2,4	0,45	5,32
Terpentinöl und Petrolen　　　　,,	$C_{20} H_{16}$	88,23 C + 11,77 H	52,92	3,13	0,45	6,96
Terpentinöl als Camphin in einzeln. Strahlen	$C_{20} H_{16}$	88,23 C + 11.77 H	52,92	3,13	0,22	14
Wallrath in Normalkerzen 6 per Pfd.	$C_{16} H_{16} O_1$	80 C + 13,3 H + 6,66 O	37,5	4,43	0,118	37,2
Stearinsäure　　　　,,　　　　,,	unbestimmt	75,3 C + 12,6 H + 12,1 O	33	5	0,118	42,5
Bestes weisses Wachs　　,,	,,	79,5 C + 13,25 H + 7,25 O	36,8	4,51	0,118	38,22
Gewöhnlich gelbes Wachs　,,	,,	70,97 C + 12,07 H + 16,960	26,21	6,33	0,118	53,64
Paraffinkerzen	$C_n H_n$	85,7 C + 14,3 H	42,8	3,68	0,118	31,19
Rindertalg in Kerzen	unbestimmt	78,10 C + 11,7 H + 9,30 O	39	4,25	0,118	36,75
Hammelstalg in Normalkerzen	$C_{112} H_{106} O_{12}$	76,55 C + 13 H + 10,45 O	35,5	4,67	0,118	39,57
Cellulose als Papier brennend	$C_{12} H_{10} O_{10}$	52,65 C + 5,25 H + 42,10 O	21,15	7,85	unbest.	
Aether in einzelnen Strahlen	$C_4 H_5 O$	64,84 C + 13,51 H + 22,640	16,21	10,30	0,22	46,82
Rüböl	$C_{36} H_{34} O_4$	76,6 C + 12,05 H + 11,350	36,18	4,6	0,172	26,66
Brennöl	unbestimmt	72,2 C + 13,36 H + 9,43 O	33,6	4,94	0,172	28,72
Wasserhelles Photogen	$C_n H_n$	85,7 C + 14,3 H	42,8	3,68	0,172	21,40
Alkohol	$C_4 H_6 O_2$	52,65 C + 13,17 H + 34,180	w. Grubeng	—	0,107	—
Leuchtspiritus in einzelnen Strahlen	$C_{20} H_{16} + 4 C_4 H_6 O_2$		10,54	15,4	0,22	70

Kohlenstoffpartikelchen sind undurchsichtig, es ist also nur eine Schicht von gewisser Dicke, die zur wirklichen Lichtentwickelung gelangt, was hinter dieser Schicht im Innern glüht, geht für den Nutzeffect verloren. Ferner ist auch die Intensität der Glühhitze bei einer so massiven Flamme eine ungünstige. Je heller weiss-glühend die Kohle, also je heisser die Flamme, desto intensiver ist das von ihr ausgehende Licht. Durch die unnöthig statthabende Verbrennung der inneren Kohlentheilchen aber wird eine unnöthige Menge Verbrennungsproducte und besonders viel unnöthiger Stickstoff in den oberen Theil der Flamme gebracht, und das veranlasst eine unverhältnissmässige Abkühlung. Es wird also einmal überhaupt nur ein Theil des Materials verwerthet, das in der Flamme enthalten ist, und zudem geschieht die Verwerthung in einer unvollkommenen, mangelhaften Art.

Auf ähnliche Verhältnisse trifft man, wenn man das Gas, anstatt aus einem Rohr, aus einer kleinen Oeffnung ausströmen lässt, wie dies bei den sogenannten Einlochbrennern oder Cigarrenbrennern geschieht. Die Flamme erweitert sich bis etwa zur Mitte ihrer Höhe, und zieht sich von dort nach oben wieder zusammen. Der innere Kegel der vorigen Flamme, der lediglich durch deren breite Basis veranlasst war, fehlt hier. Sie hat unten eine blaue Farbe, ist durchsichtig, und erst in einiger Höhe geht die Lichtentwickelung vor sich. Hier tritt nun aber wieder derselbe Uebelstand ein, wie bei der vorigen Flamme; der grosse Querschnitt oder die Dicke der Flamme verhindert sowohl, dass sämmtliche ausgeschiedene Kohlenpartikelchen zum höchsten Grad des Glühens gebracht werden, als dass ihre Lichtentwicklung zur Geltung kommt; der Nutzeffect der Flamme ist mithin wiederum ein geringer.

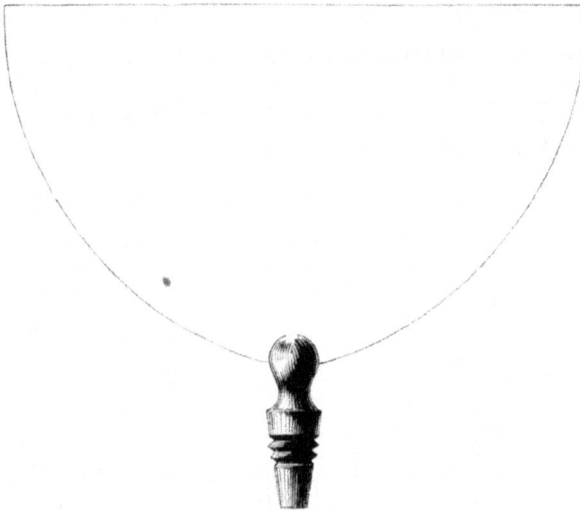

Fig. 31.

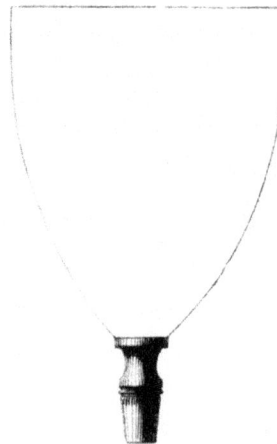

Fig. 32.

Den Uebelstand der zu massiven Flamme zu vermeiden, ist der Zweck der sogenannten Schnitt- oder Fledermausbrenner und der Loch- oder Fischschwanzbrenner. Diese geben flache, abgeplattete Flammen, die bei gleichem Inhalt einen weit grösseren Umfang haben. Die Fledermausflamme von der Form Fig. 31 wird erzeugt, indem man das Gas aus einem Brenner ausströmen

lässt, dessen Ende mit einem senkrechten Schlitz versehen ist; die Fischschwanzflamme, Fig. 32, bildet sich aus einem Brenner, der zwei unter einem Winkel gebohrte Oeffnungen hat, so dass die Strahlen sich unmittelbar oberhalb des Brenners treffen. Dabei steht die Ebene der Flamme senkrecht auf der Ebene der Oeffnungen.

Es ist nicht gleichgültig, welche Weite man den Schnitten oder Löchern dieser Brenner giebt, sondern die Oeffnung muss der Natur des Gases, sowohl in Betreff seines Kohlenstoffgehaltes, als in Betreff seines specifischen Gewichtes entsprechen. Betrachtet man die Sache rein mechanisch, und nennt

Q irgend eine Ausflussmenge,

a irgend einen Ausströmungsquerschnitt,

v die Ausströmungsgeschwindigkeit,

so ist allgemein

$$Q = a.\ v.,$$

d. h. die Ausströmungsmenge ist gleich dem Ausströmungsquerschnitt multiplicirt mit der Geschwindigkeit.

Für v hat man ferner den bekannten Ausdruck:

$$v = \sqrt{2gh}$$

wo h die Fallhöhe und g die Acceleration bezeichnet.

Die Fallhöhe lässt sich auch durch die Manometerhöhe, d. h. durch die Höhe der Flüssigkeitssäule, die dem Gase das Gleichgewicht hält, und durch das specifische Gewicht ausdrücken: und zwar ist, wenn man den sich ergebenden Coefficienten mit M bezeichnet

$$h = M \frac{h}{s}$$

Hier ist

h der Druck am Manometer,

s das specifische Gewicht des Gases.

Durch Substitution und Einschliessung alles Constanten in den Coefficienten M erhält man also

$$Q = M \, a \, \sqrt{\frac{h^1}{s}}$$

d. h. die Gasmenge, welche durch einen Brenner geliefert wird, ist direct proportional dem Querschnitt der Brenneröffnung, direct proportional der Quadratwurzel aus dem Druck und umgekehrt proportional der Quadratwurzel aus dem specifischen Gewicht.

Oder:

Weite Brenneröffnungen, hoher Druck und geringes specifisches Gewicht befördern die Gasausströmung; enge Brenneröffnung, geringer Druck und hohes specifisches Gewicht beschränken dieselbe.

Brenneröffnung und Druck wirken parallel, Brenneröffnung und specifisches Gewicht einander entgegengesetzt.

Zur Erzielung einer Flamme mit bestimmtem Gasconsum kann man bei gleichem specifischen Gewicht die Brenneröffnung vergrössern und den Druck verringern oder umgekehrt;

bei gleichem Druck die Brenneröffnung vergrössern und ein Gas von höherem specifischen Gewicht nehmen oder umgekehrt;

bei gleichen Brenneröffnungen den Druck verstärken und ein Gas von höherem specifischen Gewicht wählen, oder umgekehrt.

Oder:

Bei gleichem specifischen Gewicht entspricht dem weiteren Brenner ein schwächerer Druck, dem engeren Brenner ein stärkerer Druck;

bei gleichem Druck entspricht dem schwereren Gase ein weiterer Brenner, dem leichten Gase ein engerer Brenner;

bei gleichen Brenneröffnungen entspricht dem schwereren Gase ein stärkerer Druck, dem leichteren Gase ein geringerer Druck.

Diese rein mechanischen Verhältnisse müssen nun aber noch modificirt werden:

erstens wegen der in die Flamme hinein diffundirenden atmosphärischen Luft, und

zweitens nach dem Kohlenstoffgehalt, der bei verschiedenen Gasen sehr verschieden ist.

Es ist schon weiter oben bemerkt worden, dass immer etwas atmosphärische Luft in die Flamme hinein diffundirt, und dort einen Theil des sich ausscheidenden Kohlenstoffs am Leuchten hindert. Dieser Uebelstand steigert sich mit der Geschwindigkeit, mit welcher das Gas ausströmt, resp. mit dem Druck, unter welchem das Gas gehalten wird. Will man also den Nutzeffect einer Flamme möglichst heben, so muss man die Diffussion auf ein Minimum zu beschränken suchen, d. h. das Gas unter einem möglichst niedrigen Druck ausströmen lassen. Der zulässige niedrigste Druck ist derjenige, bei welcher die Flamme noch gerade ihre straffe Form behält, ohne zu flackern oder zu russen.

Auch das specifische Gewicht eines Gases und das Gewicht seiner Verbrennungsproducte scheint für die Vermischung des Gases mit Luft nicht gleichgültig zu sein. Schweres Gas mit schweren Verbrennungsproducten reibt sich im Verhältniss mehr an der umgebenden Luft, als leichtes, bei ihm ist daher auch die Mischung bedeutender. Bei Cannelgas ist diese grössere Mischung allerdings nicht von wesentlichem Einfluss, der Kohlenstoffgehalt desselben ist so gross, dass die Flamme davon nicht besonders alterirt wird; beim Holzgas dagegen ist sie von Bedeutung, und ein Grund mit, wesshalb man dort weite Brenneröffnungen anzuwenden hat.

Was den Kohlenstoffgehalt betrifft, so liegt auf der Hand, dass bei reicheren Gasen ein verhältnissmässig geringerer Gasstrom dazu gehört, den für die Lichtentwicklung vortheilhaftesten Kohlenstoff zu liefern, als bei ärmeren Gasen. Das Q in der obigen Formel wird eine Function vom Kohlenstoffgehalt des Gases in der Weise, dass es wachsen muss, wenn der Kohlenstoffgehalt geringer wird, und abnehmen, wenn der Kohlenstoffgehalt steigt.

Unter Berücksichtigung aller vorstehenden Verhältnisse reduciren sich die obigen Vorschriften, welche die rein mechanische Betrachtung ergiebt, auf folgenden Satz, der auch durch die Praxis bestätigt wird.

Je reicher ein Gas an Kohlenstoff, oder je geringer bei gleichem Kohlenstoffgehalt sein specifisches Gewicht ist, desto kleiner die Ausflussöffnung, die es verlangt; und umgekehrt, je kohlenstoffärmer oder je schwerer ein Gas bei gleichem Kohlenstoffgehalt ist, desto grösser die Ausflussöffnung. In allen Fällen aber muss die Ausflussöffnung so weit sein, dass man den möglichst niedrigen Druck anwenden kann, um die gewünschte Flammengrösse zu erreichen.

Weiter Brenner, schwacher Druck!

Stände uns für jedes Gas die Kenntniss seines Kohlenstoffgehaltes zu Gebote, so würde man unter gleichzeitiger Berücksichtigung seines specifischen Gewichtes die erforderliche Brennerweite, sowie den Druck wahrscheinlich durch eine Formel mathematisch ausdrücken können; der empirische Weg genügt indess vollkommen, um für ein gegebenes Gas den entsprechenden Brenner zu bestimmen. Es hat gar keine Schwierigkeit, Brenner von verschiedenen Weiten bei verschiedenem Druck durchzuprobiren, und photometrisch zu bestimmen, bei welchen Verhältnissen der grösste Lichteffect stattfindet.*) Im Allgemeinen wird man finden,

---

*) Interessante Versuche in dieser Richtung wurden im Auftrage der französischen Regierung unter Leitung von Regnault & Dumas ausgeführt, und von Audouin und Berard in den Annales de Chimie et de Physique, 3. Serie, Nr. LXV, veröffentlicht Von den Schnittbrennern wurden zunächst 10 verschiedene Sorten untersucht, bei denen die Weite des Brennerkörpers um je 0.5 Millimeter differirte und von 4,5 bis 9 Millimeter betrug, und wobei jede Sorte wieder 10 einzelne Brenner umfasste, deren Schnittweite von 0,1 Millimeter angefangen immer um 0,1 Millimeter zunahm. In allen Versuchen wurde die grösste Leuchtkraft mit dem Brenner von 0,7 Millimeter Schnittweite erzielt. Derselbe gab bei gleichem Consum die vierfache Leuchtkraft des Brenners mit 0,1 Millimeter Schnittweite und zwar bei einem Druck von 2 bis 3 Millimeter. In der Weite des Brennerkörpers stellte sich heraus, dass einem verschiedenen Gasconsum auch ein verschiedener Durchmesser entspricht; für einen Consum von 120 Liter (4,2379 c' engl.) soll diese Weite 6 Millimeter, für 150 Liter (5,2794 c' engl.) 7,5 Millimeter, für 200 bis 250 Liter 8 bis 8¼ Millimeter betragen. Von den sogenannten Einloch-Brennern wurden 6 Sorten in die Versuche gezogen, bei denen die Oeffnung von 0,5 bis 3,5 Millimeter immer um 0,5 Millimeter zunahm. Jede dieser verschiedenen Sorten ergab für eine gleiche Flammenhöhe nahezu den gleichen Consum Im Allgemeinen wächst die Leuchtkraft mit der Weite der Oeffnung und bei derselben Oeffnung mit dem Consum, resp. mit dem Druck, bis die Flamme eine Höhe erreicht, wo sie russt. Nach den Versuchen ergaben sie das Maximum ihrer Leuchtkraft bei 2 Millimeter Weite der Oeffnung, 30 Centimeter Flammenhöhe und 123 Liter (4,34 c' engl.) Consum per Stunde. In der Praxis, wo man sie anwendet, um Kerzenflammen nachzuahmen, benützt man dieselbe Brennersorte am besten mit 10 Centimeter Flammenhöhe und 34 Liter (1,2 c' engl.) Consum per Stunde. Die Einloch-Brenner mit weiteren Oeffnungen können nur einen sehr schwachen Druck vertragen, sonst fangen sie zu russen an. Um die Eigenschaften der Fischschwanz- oder Zweiloch-Brenner zu studiren, wurden zwei Einlochbrenner auf beweglichen Röhren angewandt, so dass man die Erzeugungsflammen sowohl einzeln für sich betrachten, als auch

dass für Gas aus gewöhnlichen Steinkohlen die Schnitt- wie die Lochbrenner ihren grössten Nutzeffect bei einem Consum von 4 his 6 c' per Stunde und bei einem Druck von 0,4 bis 0,5 Zoll Wasserhöhe erreichen. Man darf sich durch die Bezeichnung der Fabrikanten, welche den Consum der Brenner durch Hohlkehlen (die tieferen bedeuten gewöhnlich 4 c', die feineren 1 c') an den Brennern bezeichnen, nicht irre machen lassen, weil dieser Bezeichnung meist ein viel zu hoher Druck zu Grunde liegt, sondern man wird finden, dass man in Wirklichkeit weit höhere Nummern zu wählen hat, als diese Bezeichnungen angeben. (Für 5 c' z. B. je nach dem specifischen Gewicht des Gases 7 bis 9 Cubikfuss-Brenner.) Man wird ferner finden, dass dem einen Gase überhaupt der Schnittbrenner besser entspricht, während für ein anderes der Lochbrenner geeigneter ist. Meiner Erfahrung gemäss giebt bei kohlenstoffreicheren Gasen der letztere, bei ärmeren der erstere einen höheren Nutzeffect. Auch wird man bemerken, dass die Wirkung sämmtlicher Brenner sehr rasch abnimmt, so wie sich der Consum derselben von dem gefundenen, vortheilhaftesten Normalconsum auf- oder abwärts entfernt. Es sind diese Versuche allen Gasanstalten nicht genug an's Herz zu legen.

Ihre ausgedehnteste Anwendung finden die Schnitt- und Lochbrenner in der Strassenbeleuchtung und überhaupt da, wo sie dem Wind und Zug ausgesetzt sind. Für ersteren Zweck haben die Fischschwanzbrenner einen Vorzug, der unter Umständen von Belang sein kann. Dieselben sind nemlich bei veränderlichem Druck einer weit geringeren Schwankung in der Flammengrösse und im Consum unterworfen, wie die Schnittbrenner. Folgende Tabelle weist den Consum beider Brennersorten für verschiedenen Druck nach, wie er sich aus einer grösseren Reihe von desshalb angestellten Versuchen ergeben hat.*)

1. Fledermausbrenner.

Druck.	Consum in Cubikfuss per Stunde.									
$^1/_{10}$ Zoll	—	—	—	—	—	—	—	—	—	—
$^2/_{10}$,,	—	—	—	—	1,38	1,75	2,05	2,27	2.50	2,63
$^3/_{10}$,,	—	—	—	—	1,93	2,41	2,82	3,16	3,45	3,73
$^4/_{10}$,,	—	—	—	—	2,43	3,03	3,50	3,96	4,35	4,80
$^5/_{10}$,,	—	—	—	—	2,90	3,59	4,17	4,74	5.25	5,81
$^6/_{10}$.,	—	—	—	—	3,33	4,10	4,79	5,45	6,09	6,76
$^7/_{10}$.,	—	—	—	—	3,78	4.58	5,40	6,14	6,83	7,62
$^8/_{10}$,.	—	—	—	—	4,22	5.06	5,98	6,80	7.58	8,43
$^9/_{10}$,,	—	—	—	—	4.62	5,52	6,50	7,40	8,27	9,22
$^{10}/_{10}$.,	1	2	3	4	5,0	6.0	7,0	8,0	9,0	10,0

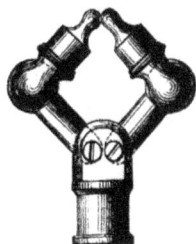

gegen einander neigen und so den Zweilochbrenner herstellen konnte, wie es die nebenstehende Figur veranschaulicht. Bei den engsten Brenneröffnungen war die Leuchtkraft der vereinigten Flammen nicht wesentlich grösser, als diejenige der beiden einzelnen Flammen zusammengenommen. Bei Anwendung weiterer Oeffnungen trat jedoch die grössere Helligkeit der vereinigten Flammen immer deutlicher hervor, bei den weitesten der angewandten Brenner wurde die Flamme unregelmässig, und nahm die Leuchtkraft im Verhältniss zum Consum aus diesem Grunde wieder ab. Das Maximum der Leuchtkraft fand bei 1,7 bis 2 Millimeter Weite der Brenneröffnung und einem Consum von 200 Liter (7,06 c' engl.) per Stunde statt. Für einen Consum von 100 bis 150 Liter (3,53 bis 5,29 c' engl.) sind Brenner mit 1,5 Millimeter Oeffnung anzuwenden. Der vortheilhafteste Druck muss reichlich 3 Millimeter betragen, also etwas stärker sein, wie bei den Schnittbrennern; ist er schwächer, so erhält man eine unregelmässige oder unstäte Flamme.

*) Journal für Gasbeleuchtung, Jahrgang 1858, S. 6.

2. Fischschwanzbrenner.

Druck.	Consum in Cubikfuss per Stunde.									
$\frac{1}{10}$ Zoll	—	—	—	—	—	—	—	2,23	2,60	2,98
$\frac{2}{10}$ „	—	—	—	1,51	1,93	2,31	2,77	3,20	3,62	4,16
$\frac{3}{10}$ „	—	—	—	1,90	2,47	2,97	3,48	4,01	4,53	5,20
$\frac{4}{10}$ „	—	—	—	2,28	2,95	3,51	4,07	4,68	5,30	6,01
$\frac{5}{10}$ „	—	—	—	2,62	3,36	4,0	4,63	5,32	6,0	6,75
$\frac{6}{10}$ „	—	—	—	2,95	3.75	4,43	5,14	5,92	6,67	7,44
$\frac{7}{10}$ „	—	—	—	3,23	4,10	4,85	5,62	6,47	7,32	8,12
$\frac{8}{10}$ „	—	—	—	3,52	4,43	5,25	6,08	7,0	7,90	8,75
$\frac{9}{10}$ „	—	—	—	3,75	4,71	5,62	6,54	7,49	8,43	9,36
$\frac{10}{10}$ „	1	2	3	4,0	5,0	6,0	7,0	8,0	9,0	10,0

Für Zimmerbeleuchtung, zumal beim Arbeiten, sind die offenen Brenner weniger zweckmässig, weil sie ein unruhiges, flackerndes Licht geben. Diesem Uebelstande kann man in Etwas abhelfen, indem man nach Prof. Heeren über der Flamme einen Schirm in solcher Höhe anbringt, dass der obere Rand der Flamme sich etwas oberhalb der schrägen Seitenwand des Schirmes, also innerhalb seines cylindrischen Halses, befindet.

Fig. 33.

Fig. 34.

Der sogenannte Zwillingsbrenner, Fig. 33 oder 34, ist eine Combination von zwei Schnittbrennern, welche unter einem grösseren oder geringeren Winkel gegen einander geneigt und mit engeren Schnitten versehen sind, als bei der einzelnen Anwendung zulässig wäre. Die zwei platten Flammen legen sich anscheinend an einander und bilden eine einzige Fledermausflamme von gewöhnlicher Form und bedeutender Leuchtkraft. Versuche stellen heraus, dass bei einem geringeren, als dem eigentlich normalen Consum der Fledermausbrenner die Zwillingsbrenner einen vortheilhaften Effect geben, dass der letztere jedoch verschwindet, sobald dieser normale Consum von 4 bis 5 c′ per Stunde erreicht wird.

Auch bei grösseren Flammen beobachtet man, dass der untere dunkle Theil derselben kleiner ist, als wenn man einfache Brenner anwendet, so dass jene anscheinend heller sind; aber der obere leuchtende Theil der Flamme steht in seiner Intensität hinter der einfachen Flamme zurück. Die photometrische Messung ergab die Leuchtkraft beider Flammen bei 4 c′ per Stunde gleich, bei 5 c′ Consum war die einfache Flamme im Vortheil. Dabei ist noch zu bemerken, dass der Druck, den diese Brenner verlangen, grösser ist, als der Druck bei einfachen Brennern.

Eine andere Combination von zwei offenen Brennern, gleichviel ob Schnitt- oder Lochbrenner, ist der sogenannte Sparbrenner, Fig. 35. Derselbe besteht aus einem engen unteren und einem weiten oberen Brenner, von denen der erste innerhalb einer Hülse angebracht ist, während letzterer den oberen Theil der Hülse abschliesst. Der kleine Brenner lässt nur so viel Gas durch, als man eben consumiren will, und dies würde, unmittelbar verbrannt, einen sehr geringen Nutzeffect geben. Dadurch, dass sich das Gas oberhalb des Brenners noch wieder sammelt, und erst aus dem oberen, weiten Brenner verbrannt wird, erhält die Flamme mehr Masse und entwickelt bedeutend mehr Leuchtkraft. Der kleine Brenner wirkt wie ein Regulirhahn; da übrigens dieser ohnehin an jeder Lampe vorhanden ist,

Fig. 35.

Fig. 36.

so ist der Apparat ein ziemlich überflüssiger. Man muss sich nur das gesagt sein lassen, dass man niemals Gas aus zu engen Brennern verbrennen darf, und, wo man kleine Flammen herstellen will, immer grössere Brenner anwenden muss, deren Zuströmung auf die eine oder andere Weise regulirt wird.

Um die Diffusion der atmosphärischen Luft in die Flamme auf ein Minimum zu beschränken, hat man gleichfalls unter der Bezeichnung »Sparbrenner« noch andere Brenner construirt, welche mit einer verstellbaren Hülse umgeben sind, um den Zutritt der Luft zum untersten Theil der Flamme abzuhalten. Fig. 36 ist die Abbildung eines solchen sogenannten verbesserten Dubourg'schen Brenners in natürlicher Grösse, bei welchem der Brenner selbst in der Ansicht, die Hülse im Durchschnitt gezeichnet ist. Folgende Tabelle stellt die Resultate zweier Versuchsreihen dar, welche mit dem Brenner angestellt worden sind.

Lochbrenner.

Nr. des Brenners	Consum per Stunde c' engl.	Druck in Zollen engl.	Leuchtkr. in Stearinkerzen von 10,6 Gran Cons. p. St.	Anzahl Umdrehungen der Hülse über dem unteren Flammenrand.	Leuchtkr. pro 1 c' Gas
1	1,8	0,95	0,45	0	0,25
1	1,8	0,95	0,9	1	0,5
1	1,9	0,95	1,5	2	0,79
1	1,9	0,95	2,2	3	1,16
1	1,9	0,95	2,8	4	1,47
1	1,9	0,95	3,5	5	1,84
2	2,6	0,90	1,4	0	0,56
2	2,6	0,90	1,5	1	0,57
2	2,75	0,90	2,8	2	1,03
2	2,75	0,90	4,1	3	1,51
2	2,75	0,90	5,3	4	1,96
2	2,76	0,90	6,1	5	2,25
3	3,03	0,90	2,3	0	0,76
3	3,12	0,90	3,2	1	1,03
3	3,20	0,90	4,5	2	1,40
3	3,27	0,90	5,5	3	1,67
3	3,26	0,90	6,8	4	2,12
3	3,26	0,90	7,0	5	2,18
4	3,53	0,90	3,5	0	1,00
4	3,82	0,90	4,0	1	1,05
4	3,75	0,90	5,3	2	1,42
4	3,66	0,90	7,0	3	1,94
4	3,66	0,90	7,8	4	2,16
5	4,60	0,90	8,1	0	1,76
5	4,70	0,90	9,5	1	2,02
5	4,75	0,88	10,0	2	2,12
5	4,70	0,90	11,0	3	2,34
5	4,62	0,90	10,5	4	2,28

Schnittbrenner.

Nr. des Brenners	Consum per Stunde c' engl.	Druck in Zollen engl.	Leuchtkr. in Stearinkerzen von 10,6 Gran Cons. p. St.	Anzahl Umdrehungen der Hülse über dem unteren Flammenrand.	Leuchtkr. pro 1 c' Gas
6	2,23	0,88	1,2	0	0,51
6	2,17	0,88	1,1	1	0,50
6	2,38	0,88	2,1	2	0,88
6	2,49	0,88	3,4	3	1,36
6	2,33	0,88	4,6	4	1,97
6	2,50	0,88	4,6	5	1,84
6	2,50	0,88	4,6	6	1,84
6	2,50	0,88	4,6	7	1,84
7	2,88	0,89	2,3	0	0,79
7	3,05	0,89	3,3	1	1,08
7	3,16	0,81	4,5	2	1,42
7	3,18	0,80	6,0	3	1,89
7	3,26	0,79	7,0	4	2,21
7	3,27	0,78	7,0	5	2,14
7	3,28	0,78	7,0	6	2,13
8	2,90	0,85	2,3	0	0,79
8	2,96	0,85	2,8	1	0,94
8	3,15	0,80	5,0	2	1,58
8	3,25	0,79	6,1	3	1,87
8	3,30	0,79	7,1	4	2,15
8	3,26	0,78	7,0	5	2,14
8	3,25	0,77	6,3	6	1,93
8	3,25	0,76	5,7	7	1,75
9	3,60	0,63	4,2	0	1,16
9	3,70	0,61	5,4	1	1,45
9	3,72	0,59	7,7	2	2,07
9	3,75	0,58	8,1	3	2,15
9	3,75	0,58	8,4	4	2,24
9	3,75	0,55	8,2	5	2.18
9	3,75	0,55	7,4	6	1,97
9	3,75	0,55	6,5	7	1,73
10	3,47	0,63	4,0	0	1,15
10	3,50	0,63	4,1	1	1,17
10	3,50	0,59	6,1	2	1,74
10	3,60	0,56	7,0	3	1,94
10	3,62	0,52	8,0	4	2,21
10	3,65	0,51	8,2	5	2,25

13*

Die Versuche sind namentlich deswegen interessant, weil sie den Einfluss der atmosphärischen Luft, welche in die Flamme hinein diffundirt, in Zahlen-Verhältnissen darstellen. Man sieht bei jedem einzelnen Brenner, bei welcher Stellung der Hülse derselbe das Maximum seiner Leuchtkraft besitzt, und wie rasch diese Leuchtkraft abnimmt, sobald man die Hülse niedriger schraubt, also der Luft mehr Zutritt gewährt. Auch vom vortheilhaftesten Punkt aufwärts nimmt die Leuchtkraft wieder ab, der Luftzutritt wird mangelhaft, die Flamme verliert ihre straffe, regelmässige Form, und bei der Stellung der Hülse, womit die Versuche schliessen, fängt sie an zu russen, und lässt sie sich überhaupt nicht mehr photometrisch bestimmen. Ein eigentlicher Sparbrenner ist dieser Brenner übrigens auch nicht, denn derselbe Lichteffect, und mehr als das, lässt sich auch mit einem gewöhnlichen Brenner erreichen, wenn man die Ausströmungsöffnung verhältnissmässig weiter wählt, und das Gas unter schwachem Druck ausströmen lässt. Der Dubourg'sche Brenner ist, wie alle übrigen sogenannten Sparbrenner (und deren giebt es eine grosse Zahl) ein an und für sich viel zu enger Brenner, bei dem man den Mangel der engen Ausströmungsöffnung durch andere Vorrichtungen wieder zu verbessern sucht.

Eine Flamme eigenthümlicher Art ist die Argandflamme. Der Argandbrenner besteht eigentlich aus einer Menge einzelner Strahlenbrenner, indem auf der ringförmigen Deckplatte desselben eine Anzahl Löcher (die gebräuchlichsten Argandbrenner haben 32 oder 40 Löcher) gebohrt sind, aus denen das Gas ausströmt. Diese Löcher liegen indess so nahe an einander, dass die Flammen sich sogleich über der Ausströmungsöffnung vereinigen und eine einzige röhrenartige Flamme bilden. Es wird jeder einzelnen Flamme ein Theil des Umfangs entzogen und eine platte Flamme erzeugt, zu welcher der Luft der Zutritt nur von zwei Seiten, von Aussen und Innen, gestattet ist. (Es giebt auch Argandbrenner, bei denen die einzelnen Löcher durch einen ringförmigen Schlitz vertreten sind, diese Construction hat jedoch verhältnissmässig wenig Anwendung gefunden). Die Lichtintensität einer derartig erzeugten Flamme ist weit grösser, als diejenige ihrer einzelnen Erzeugungsflammen zusammengenommen, doch bedarf sie zur Regulirung des hinzutretenden Luftstromes eines Zugglases. Das Zugglas befördert die Strömung der Luft bei der Flamme, wie der Schornstein beim Ofen und verhindert zugleich, dass die Flamme durch eine zu grosse an sie hinantretende Menge Luft über das unvermeidliche Maass abgekühlt wird. Die Beförderung der Luftströmung ist namentlich nothwendig für die innere Seite der Flamme; nimmt man das Zugglas von einer Argandflamme ab, so hört augenblicklich die röhrenartige Form derselben auf, der mittlere Raum schliesst sich oben, es findet so gut als gar keine innere Luftströmung mehr statt und es erscheint eine russende, flackernde Flamme. Je enger und höher das Glas ist, desto lebhafter ist im Allgemeinen der Zug; beide Dimensionen haben jedoch ihre Grenzen, wenn man nicht wieder die Lichtintensität der Flamme beeinträchtigen will.

Ueber die chemischen Vorgänge in einer Argandflamme sind von Landolt Versuche ausgeführt worden.[*] Derselbe hat nemlich in verschiedenen Höhen das Gas aus einer solchen Flamme abgesogen und analysirt. Folgende Tabelle giebt für jeden Versuch die Zusammensetzung des angewandten Leuchtgases (L) und des aus der Flamme bei D Millimeter Höhe über der Ausströmungsöffnung entnommenen Gases (F) in Volumprozenten.

	0^{mm}		10^{mm} (= 0,394")		20^{mm} (= 0,788")		30^{mm} (= 1,182")		40^{mm} (= 1,576")		50^{mm} (= 1,97)	
	L.	F.	L.	F.	L.	F.	L.	F.	F.	L.	L.	F.
Wasserstoff	39,30	20,34	41,04	12,45	44,00	2,23	44,00	4,99	41,37	3,43	41,37	2,59
Sumpfgas	40,56	30,31	40,71	25,14	38,40	11,52	38,40	6,92	38,30	2,82	38,30	0,79
Kohlenoxyd	4,95	6,59	7,64	11,71	5,73	5,71	5,73	4,68	5,56	5,26	5,56	5,45
Oelbildendes Gas . . .	4,04	3,80	5,10	3,59	4,13	1,86	4,13	1,55	5,00	0,90	5,00	0 60

[*] Poggendorfs Annalen. Bd. XCIX. S. 389.

	0^{mm}		10^{mm} ($= 0,394'$)		20^{mm} ($= 0,788''$)		30^{mm} ($= 1,182''$)		40^{mm} ($= 1,576'$)		50^{mm} ($= 1,97''$)	
	L.	F.	L.	F.	L.	F.	L.	F.	L.	F.	L.	F.
Ditetryl	3,15	2,75	2,18	2,65	3,14	1,34	3,14	1,00	4,34	0,77	4,34	0,58
Sauerstoff	—	0,59	—	0,65	—	0,19	—	—	—	—	—	—
Stickstoff	8,00	26,40	2,75	32,20	4,23	57,25	4,23	59,18	5,43	64,01	5,43	66,59
Kohlensäure	—	1,74	0,58	1,95	0,37	4,11	0,37	4,81	—	5,62	—	7,01
Wasserdampf	—	7,48	—	9,66	—	15,79	—	16,87	—	17,19	—	16,39

Bei photometrischen Bestimmungen, welche Lichtstärke den verschiedenen Theilen der Gasflamme zukommt, fand Landolt, dass der am stärksten leuchtende Theil der Flamme etwas oberhalb der Stelle liegt, wo der dunkle Kegel aufhört; bei einer 100 Millimeter (3,94") hohen Gasflamme, in welcher der dunkle Kegel etwa bis zu 65 Millimeter (2,56") reichte, lag der am stärksten leuchtende Theil bei 70 Millimeter (2,758") Höhe, und, die Lichtstärke dieses Theiles $= 100$ gesetzt, ergab sich die von anderen Theilen der Flamme am Rande (Jr) oder in der Mitte (Jm) derselben bei D Millimeter Höhe über dem Brenner:

D $80^{mm} = 3,152''$; $70^{mm} = 2,758''$; $60^{mm} = 2,364''$; $50^{mm} = 1,97''$; $40^{mm} = 1,576''$; $30^{mm} = 1,182''$;

Jr $\quad$ 66 $\qquad$ 100 $\qquad$ 77 $\qquad$ 47 $\qquad$ 20 $\qquad$ 4

Jm $\quad$ 66 $\qquad$ 100 $\qquad$ 59 $\qquad$ 24 $\qquad$ 5 $\qquad$ —

Der wesentliche Vorzug, den die Argandbrenner besitzen, besteht darin, dass man es bei ihnen in der Hand hat, den Luftzug nach Bedürfniss zu verstärken oder zu schwächen, während bei den offenen Brennern die ganze Flamme dem unbeschränkten Luftzutritt von jeder Seite ausgesetzt ist. Sowohl der äussere, als der innere Luftstrom kann durch die Grösse der Einströmungsöffnungen und durch die Höhe des Zugglases regulirt werden. Erstere bestimmen den Querschnitt, letztere die Geschwindigkeit.

Sehen wir uns unter den gebräuchlichen Argandbrennern näher um, so finden wir sie auch in Betreff der Luftzuströmung sehr verschieden construirt. Den freiesten Luftzug haben die sogenannten »Schattenlosen Brenner« — so genannt, weil sie ihres geringen Brennerkörpers wegen einen nur kleinen Schatten geben;

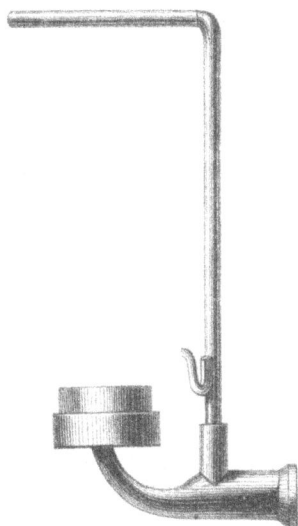

Fig. 36. Sie eignen sich weniger für ein kohlenstoffärmeres Gas, als für solches aus Cannelkohlen, geben aber auch für dieses nicht den grösstmöglichsten Nutzeffect; ihre Luftzuströmung ist zu reichlich. Einen beschränkteren Luftzug haben die Brenner, Fig. 37 und 38, die für das Gas aus unseren deutschen Kohlen meist das beste Resultat liefern. Die sogenannten Oeconomiebrenner, sowie die Dumasbrenner, Fig. 39, welche den Luftzug auf's Aeusserste

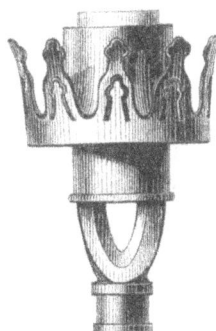

Fig. 38.

Fig. 36. $\qquad$ Fig. 37. $\qquad$ Fig. 39.

beschränken, geben meist eine rothe, russige Flamme, zumal wenn sich, wie das bei längerem Gebrauche leicht geschieht, die Oeffnungen durch Staub noch mehr verlegen. Bei Brennern mit reichlichem Luftzutritt ist es nöthig, relativ grössere Gasquantitäten zur Verbrennung zu bringen, um sie so vortheilhaft als möglich zu benutzen; die letztgenannten Brenner erzeugen auch mit kleinem Consum noch eine verhältnissmässig grosse Flamme — wesshalb auch die Bezeichnung »Oeconomiebrenner.« Die Intensität leidet freilich in demselben Maasse, wie man die Grösse der Flamme steigert.*)

Es kommt übrigens nicht nur auf die Menge Luft an, die man zulässt, sondern auch auf die Art und Weise, wie dies geschieht. Anstatt den Luftstrom parallel mit der Flamme aufsteigen zu lassen, hat man auch entweder den äusseren Luftzug in der unteren Gegend der Flamme einwärts abgelenkt und ihn dadurch gewaltsam an den Flammenkörper hingedrängt, oder man hat umgekehrt dem inneren Luftzug eine auswärts gehende Richtung ertheilt und dadurch dieselbe Wirkung erzielt. Ein Brenner der ersteren Art ist in Fig. 40 abgebildet; in Fig. 41 ist das erste Verfahren mit dem zweiten combinirt. Das Ablenken des äusseren Luftstroms nach Innen ist durch eine Kröpfung des Zugglases erreicht, dasjenige des innern Luftstroms nach Aussen durch eine Metallplatte, an der sich die Luft bricht, und dem eine der Form der Flamme folgende Ausbauchung des Glases entspricht. Beide Anordnungen geben, vorzüglich bei kohlenstoffreichem Gase, ein vortreffliches photometrisches Resultat.

Während die offenen Brenner zu ihrer vortheilhaftesten Lichtentwickelung einen ziemlich übereinstimmenden Druck erfordern, der bei Gas aus gewöhnlichen Kohlen 0,4 bis 0,5 Zoll Wasserhöhe beträgt, ist der Druck, den die verschiedenen Argandbrenner nöthig haben, sehr verschieden. Den geringsten Druck brauchen die Oeconomiebrenner und die Dumasbrenner, den grössten diejenigen mit abgelenktem Luftzug. Bei Anwendung eines Gases aus Newcastle (Pelton main) Kohlen gaben die ersteren schon bei 0,1 Zoll ihren grössten Nutzeffect, die offenen Argandbrenner Fig. 37 und 38 brauchen 0,2 bis 0,3 Zoll, diejenigen Fig. 40 und 41 das Doppelte.**)

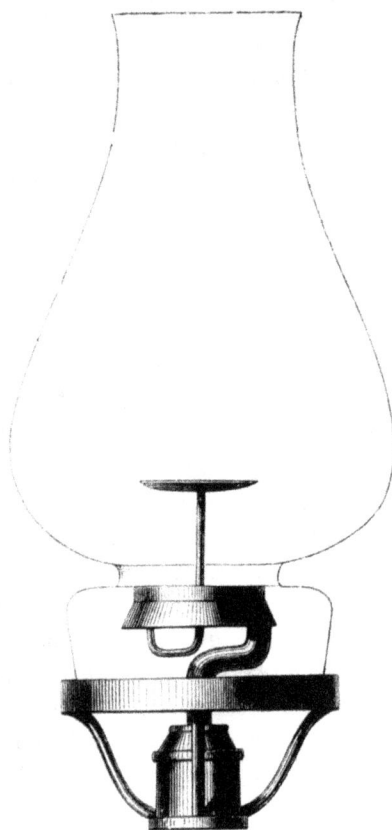

Fig. 40.   Fig. 41.

---

*) Von der Relation zwischen der Grösse der Flamme und ihrer Leuchtkraft kann man sich leicht durch einen Versuch überzeugen, wenn man unter einem Brenner mit reichlichem Luftzutritt eine Vorrichtung anbringt, durch die man den letzteren beschränken kann. Man kann die Flamme durch alle Phasen der Intensität und Grösse hindurch führen; sie wird das Maximum ihrer Leuchtkraft erlangen und dann immer rother und grösser werden, bis sie zuletzt oben aus dem Glas herausschlägt und ihren Kohlenstoff meist als Russ auswirft, ohne ihn zur Lichtentwickelung zu bringen.

**) Die weiter oben S. 96 angeführten Versuche von Regnault und Dumas erstrecken sich auch auf die Argandbrenner. Es wurden 16 verschiedene Arten derselben angewandt, und ergab sich zunächst der Porzellanbrenner von Bengel in Paris mit 30 Löchern von 0,6 Millimeter Durchmesser als derjenige, welcher für die Leuchtkraft der Normalflamme (einer Carcel'schen Lampe) den geringsten Gasverbrauch 126 Liter = 4,448 c' engl. hatte, während der Consum für dieselbe Leuchtkraft bei den verschiedenen Brennern überhaupt um mehr als 100 Prozent

Man ist auch auf die Idee gekommen, das Gas vor seinem Ausströmen zu erwärmen und hat zu diesem Ende Brenner construirt, bei welchen von dem unteren, soliden Kranz aus eine Menge an einander liegender, nach oben convergirender, kleiner Röhrchen von etwa 1″ Länge ausgehen, und wo das Gas anstatt aus der mit Löchern versehenen Deckplatte aus diesen einzelnen Röhrchen, die sehr heiss werden, ausströmt. Bei den Brennern von Monier streicht die Luft erst zwischen dem Glascylinder und der Kuppel hindurch, bevor sie durch den Glaskorb zum Brenner gelangt. Der Effect aller dieser Brenner ist indessen kein günstiger gewesen und man hat sie desshalb wieder aufgegeben.

Ergeben sich aus dem Vorstehenden im Allgemeinen die Bedingungen für eine zweckmässige Benutzung des Gases, so erübrigt noch die Beantwortung der Frage, wie weit sich diesen Bedingungen beim grossen Betriebe genügen lässt. Die Wahl der richtigen Brennersorten ist für jedes Gas leicht vorzunehmen und wenn auch Schwankungen im Kohlenstoffgehalt und in dem specifischen Gewichte des Gases unvermeidlich sind, so wird man doch sich selbst und dem Publikum gerecht werden, wenn man die ermittelten Normal-

schwankte. Die Hauptfactoren, welche den Effect des Argandbrenners bedingen, sind der Durchmesser der Löcher oder des Schnittes, die Anzahl der Löcher, die Vertheilung der Luft und die Höhe des Zugglases. Was die Durchmesser der Löcher betrifft, so gilt hier wesentlich dasselbe, was von den Lochbrennern gesagt ist. Der Lichteffect steigert sich bis zu einem gewissen Grade mit der Weite der Oeffnungen, bis die Flammen russig werden und flackern. Für einen Brenner von Bengel, der anstatt aus Porzellan aus Kupfer hergestellt war, und bei welchem die 30 Löcher (von 0,45 bis 1,35 Millimeter) jedesmal um 0,1 Millimeter erweitert wurden, zeigte sich der grösste Lichteffect bei 0,6 bis 0,8 Millimeter Weite der Löcher. Was die Anzahl der Löcher betrifft, so ist es vortheilhaft, dieselbe möglichst gross zu machen. Für Argandbrenner, welche keine Löcher, sondern einen vollständigen Schnitt haben, entspricht das Maximum der Leuchtkraft einer Schnittweite von 0,6 bis 0,7 Millimeter. Ein Zugglas von 25 Centimeter Höhe verursachte bei gleicher Leuchtkraft 5 bis 7% Mehrconsum gegen ein Glas von 20 Centimeter Höhe. Zur Ermittelung des Luftstroms, welchen ein Argandbrenner braucht, wurde zunächst ein Brenner construirt, bei dem man sowohl den äusseren wie den inneren Luftstrom gesondert aus zwei graduirten Gasometern zuführen konnte, wie die nebenstehende Figur zeigt. Bei einem gleichen Gasverbrauch variirte die Leuchtkraft im Verhältniss von 1 zu 2,59, während die Luftzuführung zwischen 1 und 1,47 schwankte. Das Maximum der Leuchtkraft wurde bei 570 Liter äusserem und 125 Liter innerem Luftzufluss auf 107 Liter Gasconsum, also bei einem Verhältniss der Luft zu Gas von 6,5 zu 1 erhalten. Die schönste Flamme dagegen ergab sich erst bei 7,5 Liter Luft auf 1 Liter Gas. Die Versuche über den Luftverbrauch wurden noch auf eine zweite Weise durch Messung der Verbrennungsproducte wiederholt. Man wandte ein Blechrohr von 15 Centimeter Weite und 80 Centimeter Höhe an, von dessen oberen Ende ein Bleirohr abzweigte und in einen Condensator von 20 Liter Inhalt führte. Hinter dem Condensator war eine Gasuhr und hinter dieser schliesslich ein Aspirator, resp. ein mit Gegengewichten bis zum Saugen balancirter Gasbehälter angebracht. Das untere Ende der Röhre war mit einer Kupferplatte geschlossen, bis auf eine Oeffnung in der Mitte, in welcher das obere Ende des Zugglases luftdicht befestigt war. Die Resultate zeigen gegen die nach dem ersten Verfahren erhaltenen wesentlichen Abweichungen. Während man das erstemal eine schöne Flamme bei 7,5 Liter Luft auf 1 Liter Gas erhalten hatte, fand man jetzt für dasselbe Gasquantum 10,6 Liter Luft. Weitere Versuche zeigten, dass bei einem und demselben Brenner der Luftverbrauch durchaus nicht mit dem Gasverbrauch proportional steigt und fällt. Bei einem Verhältniss des Gasconsums von 1 : 2 war das Verhältniss des Luftverbrauches nur 1 : 1,7. Auch wurde dargethan, dass bei verschiedenen Brennern, wenn man sie auf das Maximum ihrer Leuchtkraft bringt, das Verhältniss des Luftverbrauches ein sehr verschiedenes ist. Dasselbe variirt von 6 bis 12 Liter auf 1 Liter Gas. Auch das Verhältniss zwischen dem äusseren und dem inneren Luftstrom ist bei verschieden construirten Argandbrennern verschieden. Eine allgemeine Regel über den Luftverbrauch lässt sich somit nicht aufstellen. Schliesslich wurde noch ermittelt, dass das angewandte Gas in 94 Theilen mit 6 Theilen atmosphärischer Luft vermischt nur die halbe Leuchtkraft und in 80 Theilen mit 20 Theilen Luft vermischt gar keine Leuchtkraft mehr hatte.

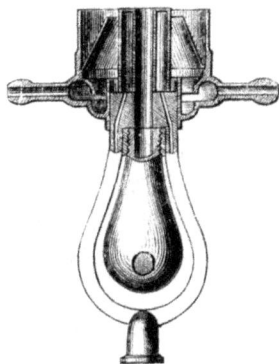

verhältnisse im Auge behält und keine Brenner zulässt, die wesentlich davon abweichen. In Betreff des Druckes lässt sich ein Durchschnittszustand schwieriger erreichen. Der Druck, welcher von der Fabrik aus gegeben wird, erleidet Modificationen je nach den Niveauverschiedenheiten der Röhrenanlage und nach der Reibung, die an den Wandungen der Röhren stattfindet. Die verschiedene Höhenlage des Röhrennetzes übt ihren Einfluss in der Art, dass der Druck bei jeder Steigung der Röhren wächst, dagegen bei jeder Senkung fällt. Jedem höher gelegenen Punkt entspricht ein stärkerer Druck, und zwar beträgt dies bei Gas von ca. 0,4 specifischem Gewicht auf jede 10′ Terrainsteigung $\frac{5}{100}$ bis $\frac{1}{10}$″ Druckvermehrung. Die Reibung des Gases an den Röhrenwandungen wirkt stets vermindernd auf den Druck und hängt von der Geschwindigkeit des Gases, d. h. von dem zu liefernden Quantum einerseits und dem Querschnitt der Röhren andrerseits ab. Wäre der Consum eine constante Grösse, so würde man die Mittel zur Herstellung eines bestimmten Druckes einfach in Händen haben. Man würde zwei Factoren besitzen, von denen der eine positiv, der andere negativ wäre, und könnte die Dimensionen der Röhren so einrichten, dass die Reibung den ohnehin constanten Einfluss der Terrainsteigung compensiren müsste. Leider ist aber der Consum sehr grossen Veränderungen unterworfen. Einmal kann man annehmen, dass derselbe während längerer Zeitepochen wächst und es wäre bei der Herstellung einer Röhrenanlage höchst verkehrt, wenn man auf diesen Zuwachs keine Rücksicht nehmen und die Dimensionen nicht grösser wählen wollte, als sie der nächste Bedarf erfordert. Im Gegentheil ist die Wahl weiter Röhren nicht genug anzuempfehlen; die Uebelstände, welche aus gegentheiligen Anlagen entstanden sind, haben Gedeihen und Existenz ganzer Gasunternehmungen in Frage gestellt. Der allmählige Zuwachs des Consums ist es aber nicht allein, der den Einfluss der Reibung unserer Berechnung entzieht; zu allermeist sind es die täglichen Schwankungen, die wohl einestheils mit einer gewissen Regelmässigkeit sich wiederholen, in gewissem Grade aber durchaus unregelmässig sind und nicht voraus berücksichtigt werden können. Abends wird der Druck auf der Fabrik vor dem Beginn der Beleuchtung gegeben, für eine kurze Zeit findet gar kein Consum, also keine Reibung statt und der Druck im Röhrennetz beträgt ein Maximum. Sowie die Beleuchtung eintritt, fängt die Reibung an, ihre reduzirende Wirkung auszuüben und der Druck erreicht in nicht gar langer Zeit sein Minimum. Wenn nachher die Läden geschlossen werden, die Theater aufhören zu beleuchten und der Privatconsum sich nur noch wesentlich auf die Wirthshäuser und Vergnügungslocalitäten beschränkt, später auch der Consum der Laternen reduzirt wird, steigt der Druck wieder in die Höhe. Diese Verhältnisse kehren allabendlich unter gewissen Modificationen wieder. Nicht so die Schwankung, die durch den Umstand entsteht, dass nicht jeden Abend die sämmtlichen an der Leitung überhaupt vorhandenen Brenner benutzt werden. Heute ist ein Local schwach beleuchtet, morgen stark; heute findet an der einen Stelle des Röhrennetzes der grösste Consum statt, morgen an der anderen; das alterirt jedesmal die Druckverhältnisse in einer Weise, die sich nicht im Voraus berücksichtigen lässt. Besonders, wo man es mit grossen Consumenten zu thun hat, ist man in dieser Beziehung Unregelmässigkeiten ausgesetzt, gegen die es kein Mittel giebt, sich zu wahren.

     Unter allen Umständen lässt sich, wie einleuchtet, nichts weiter erreichen, als dass man den Druck innerhalb gewisser Grenzen hält, die sich von dem eigentlichen Normaldruck nicht wesentlich entfernen. Man könnte fragen, warum man nicht lieber einen Ueberschuss an Druck giebt, und es den einzelnen Consumenten überlässt, denselben durch theilweise Schliessung des Haupthahnes bis auf das vortheilhafteste Maass zu beschränken? Aus zwei Ursachen nicht. Einmal ist jeder Ueberschuss an Druck ein Verlust für die Gasanstalt, und zweitens gewährt er den Consumenten keineswegs den Vortheil, den man erwarten sollte. Mit dem Druck vermehrt sich auch die Leckage, also jede Linie, die man mehr giebt, als nöthig, ist eine Verschwendung im Interesse des Gasunternehmens. Und die Consumenten sind viel zu wenig achtsam auf die Erfordernisse ihrer Beleuchtung, grösstentheils auch viel zu wenig vertraut mit denselben, als dass sie wirklich die Reduction des Druckes in der richtigen Weise vornähmen. Ich habe Verhältnisse kennen gelernt, wo das Publikum an einen Druck von 1½ bis 2 Zoll gewöhnt war. Wer überhaupt daran dachte, diesen Druck zu mässigen, der suchte es durch Anwendung enger und kleiner Brenner zu erreichen, und machte so die Sache schlimmer, anstatt einen Vortheil daraus zu ziehen. Und dabei war die Gewohnheit, die Flammen in einer gespreizten Form zu sehen und das Gas mit einem gewissen Ton ausströmen zu hören, so eingewurzelt, dass ich bei einem Versuch, den Druck auf ein vortheilhafteres Maass zurückzuführen, auf die ärgste Opposition stiess. Man sollte niemals einen stärkeren Druck geben, als dass er zur Zeit des grössten Consums an den ungünstigsten Stellen der Leitung noch gerade über der untersten zulässigen Grenze bleibt. Bei Gas aus gewöhnlichen Steinkohlen kann man diese Grenze füglich in der Weise bezeichnen, dass der Druck in der Röhrenleitung oder vor der Gasuhr nicht unter 6½ Zehntel Zoll betragen darf. Man kann 1½ Zehntel für die Bewegung der Gasuhren und 1 Zehntel Verlust in den Hausleitungen rechnen, demnach bleiben also 4 Zehntel für das Gas an den Brennern, ein Druck, der freilich nicht für alle Brennersorten genügt, der aber unter Berücksichtigung des Umstandes, dass die Brenner von höherem Druck füglich durch andere ersetzt werden können, sowie dass wirklich in der Höhenlage der Röhren nur sehr wenige Flammen liegen, und bei den höher gelegenen ohnehin eine Vermehrung des Druckes Statt findet — als in der Billigkeit liegend angenommen werden kann. Es ist jedem Gasingenieur zu empfehlen, an einer solchen ungünstigsten Stelle einen selbstregistrirenden Druckmesser aufzustellen, und nach dessen Angaben seinen Druck auf der Fabrik einzurichten. Dem Einfluss des sich allabendlich nach und nach reduzirenden Consums begegnet man durch allmählige Abnahme des Fabrikdruckes; auch in dieser Beziehung wird man gut thun, den in der Stadt stehenden Druckmesser zu Rathe zu ziehen, und die Abnahme in solcher Weise vorzunehmen, dass die Druckcurve auf dem Apparat einer geraden Linie möglichst nahe kommt. Was die durch Terrainsteigungen in der Röhrenanlage veranlassten Druckzunahmen betrifft, so ist bereits erwähnt worden, dass man darauf verzichten muss, dieselben durch enge Röhren compensiren zu wollen. Aber nichts destoweniger kann man zu ihrer Reduction viel beitragen, wenn man am Fusse der Anhöhen Abschlussventile in den Leitungen anbringt, und durch diese den Querschnitt bis auf ein gewisses Maass verengt. Durch Anbringung solcher Ventile habe ich in einem District den Druck von 10 bis 11 Zehntel Zoll auf 8 Zehntel Zoll reduzirt, und bin von der Zweckmässigkeit dieser Maassregel so fest überzeugt, dass ich sie nicht nur für neue Anlagen, bei denen es sich um wesentliche Niveauunterschiede handelt, sondern auch für bestehende nachdrücklichst empfehle.

Hat man für die Anwendung zweckmässiger Brenner und für die gehörige Regulirung der Druckverhältnisse in der vorstehenden Weise gesorgt, so sind die wesentlichen Bedingungen erfüllt, welche die möglichst vortheilhafte Benutzung des Gases gestatten. Und wenn dabei das Gas an und für sich rein und von entsprechender Leuchtkraft ist, so sind zugleich alle Ansprüche befriedigt, die ein vernünftiges Publikum an eine Gasanstalt stellen kann.

Die Vorurtheile, gegen welche die Gasbeleuchtung zu kämpfen hat, nehmen wohl nach und nach ab, sind aber immer noch stark genug, um den Gasanstalten vielfache Schwierigkeiten zu bereiten. Kaum in einer einzigen Stadt Deutschlands dürfte die Gasbeleuchtung bereits das ganze Terrain gewonnnen haben, welches ihr der Natur der Sache nach zukommt. In vielen, selbst grösseren Orten ist sie von den Wohnlokalitäten noch fast gänzlich ausgeschlossen, und wird höchstens in den Corridors und Küchen derselben geduldet. Wirthshäuser, Theater, Läden und Geschäftslokalitäten bilden ausser den Strassenlaternen den eigentlichen Kern der Consumenten. Es kann nicht meine Absicht sein, auf eine Darstellung der hemmenden Rücksichten einzugehen, welche in der Gewohnheit und dem kleinlichen Egoismus ihren Grund haben. Jeder Gasingenieur kennt sie aus eigener Erfahrung. Aber auch da, wo man die Absicht findet, den Fortschritten der Industrie zu entsprechen, stösst man auf eine Menge irriger und übertriebener Ansichten, die von der technischen Seite wenigstens zu berühren hier nicht unterlassen werden darf.

Die Explodirbarkeit und Feuersgefährlichkeit des Gases hält noch Manchen von der Einführung desselben ab. Allerdings kann sich bei einer gewissen Mischung des Gases mit der atmosphärischen Luft ein explosives Gemenge — sogenanntes Knallgas — bilden, welches aus 1 Volumen Sauerstoff und 2 Volumen Wasserstoff besteht, und es sind Fälle vorgekommen, wo dadurch wirklich Explosionen herbeigeführt worden sind. Im Journal für Gasbeleuchtung sind mehrere derartige Fälle mitgetheilt, wenn man ihnen übrigens näher nachgeht, so wird man finden, dass jedesmal eine Nachlässigkeit oder eine Versäumniss von irgend einer Seite zu Grunde lag, und dass es thöricht sein würde, dem Gase desshalb eine besondere Gefährlichkeit zuschreiben zu wollen. Das Gas giebt sich durch seinen penetranten Geruch sofort selbst zu erkennen, und wenn man nur einfach die Warnung befolgen wollte, kein Lokal, in welchem es nach Gas riecht, mit brennendem Licht zu betreten, so würde man schwerlich jemals von Explosionen oder Feuerschäden durch Gas hören. Ja das Gas ist weniger gefährlich, als irgend ein anderes Beleuchtungsmaterial. Das beweist Nichts deutlicher, als der Umstand, dass englische Assecuranzen Gebäude mit Gasbeleuchtung zu denselben und sogar zu niedrigeren Prämien versichern, als solche, die keine Gaseinrichtung haben. Was gewährt nicht allein schon das für eine Sicherheit, dass die Gasflammen sich nicht von einer Stelle zur anderen tragen lassen. Wie viele Brände sind früher durch Umherleuchten mit Kerzen oder Lampen entstanden! Und wie viele Menschenleben hat die Behandlung der Camphin-, Hydrocarbür-, Photogen-, Petroleum- etc. Lampen schon gekostet, während die Behandlung der Gasflammen auch nicht die geringste Gefahr bietet. Wie viel Gas in einem Raum von gewisser Grösse ausströmen muss, um ein explodirbares Gemisch zu erzeugen, lässt sich nicht sagen, da die Vermischung des Gases mit der Luft immer nur eine partielle ist, und es also rein dem Zufall überlassen bleibt, ob gerade an irgend einer Stelle sich das zur Explodirbarkeit erforderliche Verhältniss herstellt. Bei einer Mischung von 4 Volumen atmosphärischer Luft mit 1 Volumen Gas bildet sich noch kein Knallgas, vielmehr brennt eine solche angezündet einfach ab. Bei Vermischung von 5 Volumen atmosphärischer Luft und mehr auf 1 Volumen Gas kann sich das explodirende Gemenge bilden, während wieder eine Vermischung mit viel bedeutenderen Mengen atmosphärischer Luft durchaus unschädlich ist. In England wurde jüngst die Frage angeregt, ob es möglich sei, explosive Gasmischungen durch rothglühendes Eisen zu entzünden. Prof. Frankland sagt: Steinkohlengas kann selbst unter den günstigsten Umständen nicht entzündet werden bei einer Temperatur, die niedriger ist, als um Eisen bei Tageslicht in einem hellen Locale sichtbar rothglühend zu machen. Diese Temperatur ist jedoch bedeutend niedriger, als jene, bei welcher Rothglühhitze in der freien Luft sichtbar ist. Die hohe Entzündungs-Temperatur des Gases ist wesentlich durch seinen Gehalt an ölbildendem Gase und leuchtenden Kohlenwasserstoffen bedingt. Die Entzündungstemperatur der Gasmischungen in Kohlenbergwerken ist noch bedeutend höher, als die der entsprechenden Mischungen mit gewöhnlichem Kohlengas; Hitzegrade, welche in Bergwerken vollständig sicher sind, könnten Kohlengasmischungen entzünden, die Sicherheit der Sicherheitslampen ist daher auch grösser in den schlagenden Wettern, als in Kohlengasmischungen. Explosive Mischungen von Gas mit atmosphärischer Luft können durch Funken von Metall oder Stein entzündet werden. Es kann daher eine Explosion durch den Schlag mit einem Geräth gegen einen Stein, durch den Hufschlag eines Pferdes auf dem Pflaster u. s. w. verursacht werden. Dieselben explosiven Mischungen können auch durch einen Körper von verhältnissmäsig niedrigerer Temperatur entzündet werden, wenn als Medium ein anderer Körper vorhanden ist, dessen Entzündungstemperatur niedriger als die des Kohlengases ist. So wird Schwefel oder eine schwefelhaltige Substanz weit unter der sichtbaren Rothglühhitze entzündet, und auch die Berührung von nicht ganz rothglühendem Eisen mit sehr leicht brennbaren Körpern, wie Baumwollfasern, kann eine Flamme veranlassen, an der sich eine Gasmischung entzündet.

Vielfach hört man noch Bedenken über den Einfluss des Gaslichtes und der beim Gebrauch sich entwickelnden Verbrennungsproducte auf die Gesundheit. Die Ansicht, dass das Gaslicht die Augen mehr angreife, als ein anderes Licht, ist aus leicht begreiflichen Gründen falsch. Wer früher bei zwei Wachskerzen zu arbeiten pflegte, hat jetzt eine Gasflamme von 12 bis 15 Wachskerzen Helle, auch werden die Arbeiten mehr und mehr der Art, dass sie eine grössere Anstrengung der Augen nothwendig machen. Wenn man sich mit demselben Licht begnügen würde, wie früher, so würde man auch die Augen nicht mehr verderben. Was vom Licht gilt, gilt auch wesentlich von der Wärme, die sich beim Verbrennen des Gases entwickelt, und über die man besonders in niedrigen Lokalitäten klagen hört, wenn daselbst nicht für entsprechende Ventilation gesorgt ist. Bei gleicher Lichtintensität ist die Verbrennungswärme des Gases nicht höher als diejenige von Wachs, Baumöl oder Rüböl. Die Schwankungen in der Verbrennungswärme rühren hauptsächlich von den verdünnenden Bestandtheilen her, von denen das Grubengas das unvortheilhafteste ist. Das Gewicht Wasser, welches durch 1 c′ von 0 bis 100° C. erhitzt wird, beträgt bei

1 c′ Grubengas . . 6,71 Pfund
1 „ Wasserstoff . . 2,22 „
1 „ Kohlenoxyd . . 2,16 „

oder es wird die Temperatur von 1 Pfund Wasser erhöht

durch 1 Pfund Wasserstoff um 34462° C.
„ 1 „ Grubengas „ 13063° „
„ 1 „ Kohlenoxyd „ 2403° „

1 Pfund Wachs, Baumöl oder Rüböl erhitzt 90 bis 95 Pfund Wasser von 0—100° C.

Zieht man noch in Rechnung, dass 1 c′ ölbildendes Gas 10,74 Pfund Wasser von 0—100° C, oder dass 1 Pfund dieses Gases 1 Pfund Wasser um 11858° C. erhitzt, so kann man von jedem Gase, dessen Zusammensetzung man kennt, seine Verbrennungswärme theoretisch berechnen.

Von grosser Wichtigkeit in sanitätlicher Beziehung ist für den Gebrauch des Gases dessen Reinheit, d. h. besonders die Reinheit von Schwefelverbindungen. Bei Anwesenheit von Schwefel bildet sich schweflige Säure, resp. Schwefelsäure, und wenn gleichzeitig Ammoniak zugegen ist, schwefelsaures Ammoniak, Producte, die sowohl der Gesundheit nachtheilig sind, als auch metallische Gegenstände angreifen. Es ist zwar bereits früher erwähnt, dass der Schwefelkohlenstoff ein Körper ist, den man durch kein Reinigungsverfahren aus dem Gase entfernen kann, und wir müssen daher zugeben, dass in manchem Gase ohnstreitig eine Spur dieser Schwefelverbindung enthalten ist, aber wir brauchen nur die betreffenden Quantitätsverhältnisse näher in's Auge zu fassen, um uns über den nachtheiligen Einfluss derselben gänzlich zu beruhigen, und einzusehen, dass alles Geschrei, welches man darüber erhoben hat, blinder Lärmen war. In London will Dr. Letheby gefunden haben, dass 100 c′ Gas durchschnittlich 20 Gran Schwefel enthielten.*) (Böttger — Jahresbericht des Frankfurter phys. Vereins für 18⁵²/₅₃. 25 — fand im gereinigten Steinkohlengase keinen Schwefelkohlenstoff. Angenommen, dieser bedeutende Gehalt sei richtig gewesen, so ergeben die 20 Gran bei der Verbrennung 40 Gran schwefliger Säure. Letztere nehmen einen Raum von kaum 1/30 c′ ein, es würden also mehr als 3000 c′ Gas erforderlich sein, um 1 c′ solcher Säure zu erzeugen. Diese Quantität Gas giebt aber bei der Verbrennung zugleich etwas weniger als eine gleiche Quantität Kohlensäure, und man kann annehmen, dass die schweflige Säure mit ihrem etwa 2000fachen Volumen Kohlensäure verdünnt sein würde. Nun ist die Kohlensäure in jedem Raum ziemlich gleichmässig vertheilt und erreicht niemals einen Gehalt von 1/2 Prozent der ganzen im Raume enthaltenen Luft. Sobald sie ihr normales Maass von 1/2 auf 1000 übersteigt, wird die Auswechslung eine sehr rasche. Wir wollen annehmen, die Luft in einem Raume sei so mit den Producten der Gasverbrenung beladen, dass sie 0,4 Prozent Kohlensäure enthalte; alsdann würde ihr Gehalt an schwefliger Säure immer erst 1/500,000 betragen. Um 1 c′ schwefliger Säure zu fassen, würde ein Raum von 500,000 c′ nöthig sein. Angenommen, dass durch die natürliche Ventilation gar keine Verbrennungsprodukte abgeführt würden, müssten in diesem Raume 600 Brenner eine Stunde oder 120 Brenner 5 Stunden lang brennen. Nun ist aber der Einfluss der Ventilation so bedeutend, dass nach Verlauf der resp. Brennzeit vielleicht nicht der 20ste oder 10te Theil der Verbrennungsprodukte mehr im Lokal vorhanden ist; es würden demnach zur Erzeugung von 1 c′ schwefliger Säure vielleicht 1000 bis 1500 Flammen während 5 Stunden brennen müssen. Hienach liegt klar auf der Hand, dass der Gehalt einer Atmosphäre an schwefliger Säure von 1 : 500,000 wahrscheinlich niemals, jedenfalls aber nur in den allerungünstigsten Fällen Statt haben kann, und dass alle Behauptungen über ein reichliches Vorkommen gänzlich aus der Luft gegriffen sind.

Es ist auch die Frage erörtert worden, ob der im Leuchtgase enthaltene Schwefelgehalt einen nach-

---

*) Der Chemiker F. Versmann in London fand in 100 c′ Gas von der Commercial Gas Company 2,64 bis 6,70 Gran Schwefel, und in 100 c′ Gas von der Chartered Company 8,40 bis 10,43 Gran.

theiligen Einfluss auf empfindliche Farben, namentlich bei Seidenwaaren, äussere, und hat Director S c h i e l e das Verdienst, im Jahre 1860 durch unwiderlegbare Zeugnisse dargethan zu haben, dass auch die in dieser Richtung gehegten Bedenken gänzlich ungegründet sind. Schon früher hatte man in Basel Versuche zu gleichem Zwecke angestellt, und zwar in folgender Weise. Man hatte Bänder und Seidenstrengen von verschiedenen Farben in die Nähe des Gaslichtes zweier Flammen gebracht, welche während drei Wochen täglich 6 bis 8 Stunden brannten. Ein anderer Theil der gleichen Bänder und Seidenstrengen war während eben dieser Zeit in einem nicht mit Gas erleuchteten Zimmer der gewöhnlichen Luft und dem Tageslicht ausgesetzt. Bei der Vergleichung stellte sich heraus, dass zwar die dem Gase ausgesetzten Farben an Reinheit und Frische verloren hatten, dass dies aber bei den unter dem Einflusse der gewöhnlichen Luft und des Tageslichtes befindlichen Bändern und Strengen in gleichem Grade der Fall war und dass eine nachtheilige Einwirkung des Steinkohlen-Gaslichtes bei keiner Farbe zu erkennen war.*) S c h i e l e hat 33 verschieden gefärbte Seidenproben in ähnlicher Weise theils dem Tageslicht, theils den Verbrennungsproducten des gereinigten, sowie auch solchen des ungereinigten Gases ausgesetzt, indem er von jeder Probe eine Fitze in dunkles Papier eingeschlagen, in einem dunklen Schrank aufbewahrte, eine andere Fitze in einem von Gas nie erleuchteten Zimmer dem Tageslichte aussetzte, eine dritte Fitze so über einer gewöhnlichen gereinigten Gasflamme anbrachte, dass sie dem Lichte, der Hitze und den Verbrennungsproducten unmittelbar ausgesetzt war, und endlich eine vierte Fitze in gleicher Weise an einer Gasflamme anbrachte, die mit ganz ungereinigtem Gase gespeist wurde. Der Abstand der Fitzen von der Gasflamme betrug nur 4 Zoll, und die Zeitdauer des Versuches für sämmtliche Muster 100 Stunden. Da die ungereinigte Gasflamme in's Freie gesetzt werden musste, so wurde dieselbe mit einem Holzkasten von etwa 25 c' Inhalt umgeben, so dass die Seide lange Zeit der Einwirkung von Hitze und schwefliger Säure ausgesetzt blieb. Ein Vergleich sämmtlicher Proben ergab, dass sogar das ungereinigte Steinkohlengas nur in wenigen vereinzelten Fällen einen Einfluss auf die Farben ausgeübt hatte, und dass da, wo eine merkbare Einwirkung des reinen Gases auf die Farben vorlag, diese immer weit schwächer und unbedeutender war, als die des gewöhnlichen schwachen Wintertageslichtes. Weiter hatte S c h i e l e die Seidenfabrikanten in Crefeld, welche sich meist seit Jahren der Steinkohlengasbeleuchtung bedienen, veranlasst, sich über die ihrerseits gemachten Erfahrungen auszusprechen. Die im Journal für Gasbeleuchtung, Jahrgang 1861, S. 10 veröffentlichten Zeugnisse umfassen Fabrikanten seidener Stoffe, Färber, Appreteure, Händler, und schliesslich zwei Anstalten, welche nur mit Rohseide zu thun haben, die »Condition«, welche das Handelsgewicht der Rohseide feststellt, und die »Zwirnerei«, welche den rohen Faden zum vervielfachten Faden zusammendreht. Bei dem Fabrikanten lagert die Rohseide, wie die gefärbte Seide; er lässt die Kette scheeren, und windet den Einschlag auf Spulen, er lässt die Kette winden, und lagert dann den fertigen Seidenstoff in seinen Räumen. Der Färber bekommt die Rohseide, kocht sie, wenn nöthig, ab und färbt sie. Er behandelt die Seide nass, und in seinen Localen, gerade da, wo die Farbe frisch aufgetragen wird, ist es sehr feucht, d. h. die Atmosphäre mit Dampf erfüllt. Wenn irgendwo, so hätte hier das Gas Gelegenheit, schädlich einzuwirken. Die Färber sind theilweise auch Drucker, und bringen Zeichnungen auf die Ketten. Die Seide ist dadurch oft und in feinster Vertheilung und grösster Anspannung der Gaslicht-Atmosphäre ausgesetzt. Die Appreteure lassen die Stoffe, selbst die feinsten, oft nur 3 bis 4 Zoll hoch über Hunderte von Gasflämmchen weggehen. Sämmtliche Fabrikanten sprechen sich einstimmig in dem Sinne aus, dass sie bei mehrjährigem Gebrauche des Steinkohlengaslichtes keinerlei nachtheiligen Einfluss auf ihre Waaren oder deren Farben beobachtet haben. Sie bedauern sogar theilweise, die Gasbeleuchtung nicht auch an den Webstühlen, die ausserhalb der Stadt liegen, benutzen zu können, um dadurch den fatalen Einflüssen des Lampenrusses auf die Frische der verwebten Stoffe zu steuern.

Ueber die Frage, ob es zulässig sei, Gemäldegallerieen mit Steinkohlengas zu beleuchten, haben die Professoren F a r a d a y, H o f f m a n n, T y n d a l l, Capitän F o w k e s und R e d g r a v e in London ein Gut-

---

*) Rathschlag an E. E. Grossen Stadtrath vom Präsidenten des Stadtraths, Herrn B i s c h o f in Basel, dd. 14. Sept. 1859.

achten abgegeben. Sie haben Versuche gemacht, indem sie Bleiweis, vegetabilische Farben und Mineralfarben verschiedenster Art mit gekochtem Leinöl und mit Copallack behandelt auftrugen, und die bemalten Flächen, nachdem sie trocken, theils mit Mastixfirniss, theils mit Glas, theils mit Mastix und Glas bedeckten, und theilweise ganz unbedeckt liessen. Sechzehn solcher Proben wurden nahezu 2 Jahre in verschiedenen Localen aufbewahrt, die theilweise mit Gas beleuchtet waren, theilweise nicht. Sie zeigten keine Veränderung, die der Einwirkung des Gases zugeschrieben werden konnte, (ein einziges Bild hatte durch die Hitze gelitten, indem es absichtlich sehr nahe über einer Gasflamme angebracht gewesen war); die Veränderung der weissen Farbe, welche auf sieben Proben zu bemerken war, muss entweder der städtischen Atmosphäre oder dem Mangel an Ventilation zugeschrieben werden. Wenn die Flammen in einiger Entfernung von den Bildern angebracht, und die Räume zur Beseitigung der Hitze gut ventilirt werden, so kann nach der Erklärung der Commission die Beleuchtung der Gallerieen mit Gas gar kein Bedenken haben.

Die eigentlichen Verbrennungsproducte des Gases, wie jedes anderen Beleuchtungsmaterials, sind Kohlensäure und Wasser. Würde das Gas eine grössere Menge Kohlensäure entwickeln, als Oel oder Fette, so hätte die Aeusserung, die man mitunter noch aussprechen hört, dass es die Luft verderbe, einen Grund; wir brauchen übrigens auch hier nur wieder die Mengenverhältnisse näher zu betrachten, um zu der Ueberzeugung zu gelangen, dass das Gas in dieser Beziehung weit vortheilhafter ist, als irgend ein anderes Material. Dem Gewichte nach bestehen

$$
\begin{array}{lll}
\text{100 Theile Wachs aus} & \text{. . . . .} & \text{80,275 Theilen Kohlenstoff} \\
\text{,, ,, ,, ,,} & \text{. . . .} & \text{13,809 ,, Wasserstoff} \\
\text{,, ,, ,, ,,} & \text{. . . .} & \underline{\text{5,916 ,, Sauerstoff}} \\
& & \text{100,000} \\
\text{100 Theile Wallrath (Spermaceti) aus} & & \text{81,560 Theilen Kohlenstoff} \\
\text{,, ,, ,, ,, ,,} & & \text{12,862 ,, Wasserstoff} \\
\text{,, ,, ,, ,, ,,} & & \underline{\text{5,578 ,, Sauerstoff}} \\
& & \text{100,000} \\
\text{100 Theile Baumöl aus} & \text{. . . .} & \text{77,21 Theilen Kohlenstoff} \\
\text{,, ,, ,, ,,} & \text{. . . .} & \text{13,36 ,, Wasserstoff} \\
\text{,, ,, ,, ,,} & \text{. . . .} & \underline{\text{9,43 ,, Sauerstoff}} \\
& & \text{100,00}
\end{array}
$$

Das Gas aus Newcastle Pelton Main Kohlen enthält nach der Analyse von Prof. Frankland

$$
\begin{array}{lll}
\text{schwere Kohlenwasserstoffe} & \text{. .} & \text{3,87 Vol.} = \text{7,16 Vol. ölb. Gas} \\
\text{Grubengas} & \text{. . . .} & \text{32,87 ,,} \\
\text{Kohlenoxyd} & \text{. . . .} & \text{12,89 ,,} \\
\text{Wasserstoffgas} & \text{. . .} & \text{50,05 ,,} \\
\text{Kohlensäure} & \text{. . .} & \underline{\text{0,32 ,,}} \\
& & \text{100,00}
\end{array}
$$

	Vol. C.	Vol. H.	Vol. O.
7,16 Vol. ölb. Gas sind verdichtet aus . . .	7,16 +	14,32	
32,87 ,, Grubengas ,, ,, ,, . . .	16,43 +	65,74	
12,89 ,, Kohlenoxyd ,, ,, ,, . . .	6,45		+ 6,45
50,05 ,, Wasserstoff ,, ,, ,, . . .		50,05	
mithin bilden sich bei der Zersetzung	Vol. 30,04 C +	130,11 H +	6,45 O.

Bei der Bildung von Kohlensäure und Wasser werden aus der Luft an Sauerstoff genommen

$$
\begin{array}{ll}
& \text{60,08 Vol.} \\
\text{minus} & \text{6,45 ,,} \\
\hline
& \text{53,63 ,, + 65,05 Vol. oder zusammen 118,68 Vol.}
\end{array}
$$

100 c′ Pelton-Gas liefern mithin als Verbrennungsproducte

60,08 c′ Kohlensäure

130,11 „ Wasserdampf

und setzen dabei 446,46 „ Stickstoff aus der atmosphärischen Luft frei.

Eine Pelton-Gasflamme von 5 c′ Consum per Stunde hat mindestens dieselbe Leuchtkraft, wie 12 Wachskerzen von je 120 Gran Consum per Stunde. Also

100 c′ Pelton-Gas = 28800 Gran Wachs. In diesen 28800 Gran sind enthalten

23119 Gran Kohlenstoff

3977 „ Wasserstoff

1704 „ Sauerstoff

28800 Gran

1 c′ Kohlenstoff wiegt 444,86 Gran

1 „ Wasserstoff „ 36,98 „

1 „ Sauerstoff „ 594,92 „

mithin entsprechen obige Gewichtsmengen

51,97 c′ Kohlenstoffdampf

107,54 „ Wasserstoff

2,86 „ Sauerstoff

Diese Volumina nehmen zur Bildung von Kohlensäure und Wasser aus der Luft

154,85 c′ Sauerstoff

und bilden

103,94 „ Kohlensäure

107,54 „ Wasserdampf

Die in beiden Fällen gebildete Kohlensäure verhält sich also wie

60,08 : 103,94

oder wie 1,0 : 1,73.

Wiederholt man dieselbe Rechnung für anderes Gas oder andere Kerzen - und Lampenmaterialien, so wird man zu ähnlichen Resultaten gelangen. Unter allen Umständen wird das Gas, natürlich auf eine gleiche Leuchtkraft reduzirt, die geringste Quantität Kohlensäure liefern, d. h. die Luft am wenigsten verderben.

Man hat Versuche ausgeführt, die das bestätigen. Gasflammen und die Flammen von verschiedenen Beleuchtungsmaterialien wurden zuerst auf ihre Leuchtkraft geprüft und dann bei gleicher Leuchtkraft in einem und demselben geschlossenen Raum atmosphärischer Luft verbrannt. Nachstehende Tabelle giebt die Zeitdauer an, welche die verschiedenen Flammen gebrauchten, um den Gehalt an Sauerstoff zu verzehren:

Rüböl	erlosch in	71 Minuten.
Baumöl	„ „	72 „
Russischer Talg	„ „	75 „
Wallrath	„ „	76 „
Stearinsäure	„ „	77 „
Wachslicht	„ „	79 „
Wallrathlicht	„ „	83 „
Gas (von 13 Kerzen Helle) erlosch in	98 „
Cannel Gas (von 28 Kerzen) „ „	152 „

Man erkennt also, dass die sogenannten Schattenseiten der Gasbeleuchtung sämmtlich verschwinden, sobald man nur die richtige Beleuchtung darauf fallen lässt. Es können hier nicht die Fälle in Betracht kommen, in welchen Unkenntniss und nachlässiger Betrieb abseiten der Gasanstalten dem Publikum gerechte Veranlassung zu Klagen geben; der Gasbeleuchtung als solcher an und für sich ist kein Vorwurf zu machen, und man muss staunen über die Macht des Vorurtheils, wenn man die Mittel übersieht, welche den ungeheuren und in die Augen springenden Vorzügen derselben noch immer das Feld schwierig zu machen suchen.

Die verhältnissmässige Billigkeit der Steinkohlengasbeleuchtung wird nur von denen verkannt, die auf die grössere Leuchtkraft des Gases keine Rücksicht nehmen. Man hört im Publikum klagen, dass die Gasbeleuchtung kostspieliger sei, als die frühere Oelbeleuchtung. Ganz richtig. Weil man jetzt die Locale vielleicht ums Doppelte oder Dreifache heller beleuchtet, wie früher. Wenn man Flammen von gleicher Leuchtkraft vergleicht, so wird sich überall, auch bei den ungünstigsten Preisverhältnissen, ein Vortheil auf Seiten der Gasbeleuchtung herausstellen. Die Leuchtkraft kann im Grossen und Ganzen etwa in folgender Weise verglichen werden:

1000 c′ Gas aus gewöhnlichen Steinkohlen (Backkohlen) geben eben so viel Licht, als

41 Pfund Wallrath (Spermaceti) Lichter;

44   ,,   Wachslichter;

46   ,,   Stearinlichter;

50   ,,   Talglichter;

32   ,,   Rüböl.

Diese Angaben sind zwar nur als Annäherungswerthe zu betrachten, da sich absolute Zahlen aus Gründen, die nach dem Vorstehenden füglich nicht näher entwickelt zu werden brauchen, überall nicht aufstellen lassen. Man kann aber unter Beifügung der localen Preise für die Materialien doch einen ungefähren Schluss auf die Kostenverhältnisse machen. Kosten z. B. 1000 c′ Gas 6 Gulden, 1 Pfund Rüböl 20 Kreuzer, so verhalten sich die Beleuchtungskosten dafür wie:

9 : 16.

Also ist das Oel fast noch doppelt so theuer, als das Gas.

Es mögen hier noch einige anderweitige Versuchsresultate Platz finden, die sich auf diesen Gegenstand beziehen. So wenig denselben einerseits mehr als ein localer, beschränkter Werth beizulegen ist, so dienen sie doch alle dazu, in der Hauptsache das zu bestätigen, was über die Wohlfeilheit der Gasbeleuchtung gesagt worden ist.

Die technische Section der Gesellschaft zur Beförderung der Künste und nützlichen Gewerbe in Hamburg liess durch einen aus ihrer Mitte gewählten Ausschuss eine vergleichende Prüfung des Brennwerthes von Camphin (ein Gemisch von Alkohol und verändertem Terpentinöl), Gas, Oel und Wachs anstellen. *)

Etwa zwei Stunden vor Beginn der Versuche waren die verschiedenen Lampen in Ordnung gebracht und angezündet worden. Zur Ermittlung des Consums wurden die Lampen sammt Füllung vor dem Anzünden sowohl, als nach beendigter Untersuchung genau gewogen. Der Gang bei der Untersuchung war der, dass in den beiden ersten Malen sämmtliche Lampen mittelst des Wright'schen Photometers gegen eine Gasflamme verglichen und die Rumford'sche Methode zum Vergleich angewendet wurde. Die bei den Versuchen angewandte Gaslampe war mit einem Oeconomiebrenner versehen und ergab bei einem Druck von 0,6″ vor dem Brenner und einem Consum von 5 c′ per Stunde eine Lichthelle = 17½ Wachskerzen (letztere 13″ lang, 6 Stück auf ein Pfund.

Um die Lichthelle von 1 Normalwachskerze während 12 Stunden zu erlangen, sind die Kosten im Durchschnitt

für eine Gasflamme . . . . 3,83 Pfennige.

  ,, die Camphinlampe 6,80   ,,

  ,, ,, Carcel-Oellampe 9,28   ,,

  ,, ,, Normal-Wachskerze 82,80   ,,

---

*) Journal für praktische Chemie 1851. Nro 5.

Zur Hervorbringung einer und derselben Lichthelle verhalten sich also die obigen Erleuchtungsarten wie annähernd:

Gas.	Camphin.	Carcel.	Wachskerzen.
16	29	39	346

Das weniger günstige Resultat hinsichtlich des Kostenpreises bei der Carcel-Oellampe bessert sich bei mässigen Oelpreisen; denn es war bei den vergleichenden Untersuchungen der zur Zeit hohe Oelpreis von 6 Schilling per Pfund zu Grunde gelegt.

Karmarsch und Heeren*) machen über die Leuchtkraft verschiedener Kerzen und Lampen folgende Angaben:

1. Leuchtkraft verschiedener Kerzen.

Gattungen der Kerzen.	Consum in 100 Stunden preuss. Loth.	Durchschnittliche Helligkeit, jene eines Wachslichtes, 4 Stück auf das Pfund, zu 100 gesetzt.
Talg 6 auf das Pfund	61	81
Stearinsäure 4 auf das Pfund	68	98
„ 5 „ „ „	65	92
„ 6 „ „ „	63	89
„ 8 „ „ „	59	82
Wachs 4 „ „ „	60	100
„ 6 „ „ „	55	92
„ 8 „ „ „	49	83
Wallrath 4 „ „ „	66	118
„ 5 „ „ „	59	100
„ 6 „ „ „	55	96

2. Leuchtkraft verschiedener Lampen.

Bezeichnung der Lampen.	Dimensionen der Dochte in rheinl. Linien	Lichtstärke auf die Helligkeit einer geputzten Talgkerze (6 im Pfunde) als Einheit bezogen.	Oelverbrauch per Stunde. Gran.	Oelverbrauch für die Helligkeit einer Talgkerze per Stunde. Gran.	Oelverbrauch für eine Linie des Dochtes. Gran.
A. Voller runder Docht.					
Küchenlampe (sinkendes Niveau)	3,6 dick	0,5	115	230	—
B. Flache Dochte.					
Lampe mit seitwärts angebrachtem einfachem Oelbehälter (sinkendes Niveau)	8,6 breit	1,67	200	120	23,2
Ebensolche (ohne Zugglas)	9,1 „	1,25	155	124	17
Flaschenlampe (intermittirendes Niveau) . .	8,2 „	1,17	181	155	22,1
Ebensolche	9,6 „	1,68	235	140	24,5
C. Halbrunde Dochte.					
Kranzlampe (sinkendes Niveau)	14,1 „	3,2	340	106	24,1
Flaschenlampe (intermittirendes Niveau) . .	14,8 „	3,3	350	106	23,6

*) Technisches Wörterbuch von Director Dr. K. Karmarsch und Prof. Dr Fr. Heeren. 1856.

Bezeichnung der Lampen.	Dimensionen der Dochte in rheinl. Linien.		Lichtstärke auf die Helligkeit einer geputzten Talgkerze (6 im Pfunde) als Einheit bezogen.	Oelverbrauch per Stunde. Gran.	Oelverbrauch für die Helligkeit einer Talgkerze per Stunde. Gran.	Oelverbrauch für eine Linie des Dochtes. Gran.
D. Hohle Dochte.	Durchmesser.	Umfang.				
Astrallampe (sinkendes Niveau)	7,6	23,9	2,9	438	151	18,3
Ebensolche „ „	8,5	26,7	3,67	465	127	17,4
Sinumbralampe „ „	7,7	24 2	3,7	410	111	16,9
Ebensolche „ „	10,0	31,4	5,2	610	117	19,4
Flaschenlampe (intermittirendes Niveau) . .	5,4	16,9	3,8	296	78	17,5
Ebensolche „ „ . . .	6,75	21,2	2,9	258	89	12,1
Ebensolche „ „ . . .	8,4	26,4	8,4	706	84	26,7
Ebensolche „ „ . . .	10,0	31,4	8 0	706	88	22,5
Ebensolche „ „ . . .	10,0	31,4	5,1	500	98	15,9
Ebensolche „ „ . . .	10,5	33,0	6,4	607	95	18,4
Ebensolche „ „ . . .	10.5	33,0	8,4	742	88	22,5
Ebensolche, mit der Ruhl - Benkler'schen Einrichtung	5,25	16,5	2,7	277	102	16,8
Ebensolche, desgleichen	6,75	21.2	4,5	427	95	20,1
Ebensolche, desgleichen	7,5	23,5	5,6	525	94	22,3
Ebensolche, desgleichen	9,0	28,3	6,7	645	96	22,8
Ebensolche, desgleichen	10,5	33,0	9,9	891	90	27,0
Lampe mit festem Oelgefässe und Luftzulassungshahn (intermittirendes Niveau)	7,9	24,8	7,2	575	80	23,2
Aërostatische Lampe, nach Girard	7,8	24,5	6,0	570	95	23,3
Hydrostatische Lampe nach Thilorier . . .	5,4	16,9	4,2	283	67	16,7
Ebensolche	6,4	20,1	7,0	523	75	26,0
Ebensolche	8,2	25,7	7,5	601	80	23,4
Ebensolche	9,5	29,8	7,8	585	75	19.6
Ebensolche	10,0	31,4	10,1	840	83	26,7
Uhrlampe nach Carcel	9,0	28,3	7,6	640	84	22,6
Ebensolche	9,0	28,3	9,3	690	74	24,4
Kolbenlampe	10,5	30,0	7,6	695	91	21,1

Bei allen Versuchen ist raffinirtes Rüböl gebrannt worden. Die Angaben über die Lichtstärke und über den Oelverbrauch per Stunde sind als Durchschnittszahlen für eine Brennzeit von 5 bis 7 Stunden zu verstehen, während welcher der Docht weder geputzt, noch gestellt worden ist. Um die Resultate beider Tabellen mit einander vergleichen zu können, hat man nur zu berücksichtigen, dass der Consum einer Talgkerze von 0,61 Loth oder 146 Gran per Stunde in der Leuchtkraft den Oelmengen entspricht, welche in der vorletzten Spalte der zweiten Tabelle für die verschiedenen Lampengattungen angezeigt sind. Das Aequivalent für 146 Gran Talg sind ferner durchschnittlich

117 Gran Wachs,
139 „ Stearinsäure,
112 „ Wallrath.

C. Zinken gelangt bei seinen Versuchen über die Leuchtkraft der Destillationsproducte der Braunkohle zu folgenden Resultaten*):

Normalkerze: Ein Paraffinlicht von 21 Millimeter Durchmesser und einem Consum an Material

---

*) Journal für Gasbeleuchtung, Jahrgang 1860, S. 140.

von 122,4 bis 124,9 Milligr. pro Minute beim Brennen, aus der Fabrik der sächsisch-thüringischen Actiengesellschaft für Braunkohlenverwerthung zu Gerstewitz bei Weissenfels.

A. Paraffinlichter aus der Fabrik der sächsisch-thüringischen Actiengesellschaft für Braunkohlenverwerthung zu Gerstewitz bei Weissenfels.

Nro.	Durchmesser. Millim.	Länge Millim.	Gewicht Gramm.	Consum pro Minute Milligr.	Leucht-kraft.	
1	kaum 19	255	61,750	121,6	0,944	Sämmtlich sehr schöne elegante
2	unten 19,5	257	63,326	111,4	0,910	Kerzen.
3	„ 19,5	257	63,824	114,6	0,931	
4	„ 23	283	93,329	130,3	1,086	rel. stärkerer Docht
5	„ 23	283	95,158	114,3	0,979	
6	„ 21	—	96,990	124,4	1,000	sehr regelmässige Lichtentwicklung,
7	„ 21	—	88,330	135,7	—	spritzte stark wegen Feuchtigkeit
8	„ 21	310	85,300	124,9	1,000	des Dochtes; brannte unruhig.
9	„ 21	—	73,050	122,4	1,000	
10	„ 31,5	—	139,500	165,2	1,247	
11	„ 43	—	181,416	168,7	1,401	

B. Paraffinlichter von der Georgshütte bei Aschersleben.

12	unten 19	268	57,374	94,9	0,844	rosenroth gefärbt.
13	„ 21	270	78,202	96,0	0,831	
14	„ 22	310	95,490	100,9	0,883	

C. Paraffinlichter von Göhler & Comp. in Aschersleben.

15	unten 19	228	55,494	108,1	0,744	
16	„ 19	228	55,708	110,9	0,744	
17	„ 20	271	72,990	145,1	0,818	
18	„ 20	271	72,492	149,9	0,818	
19	„ 21	—	88,220	165,3	0,958	
20	„ 21	—	88,408	170,1	0,958	

D. Paraffinlichter von F. L. Bauermeister & Comp. in Bitterfeld.

21	unten 19	302	62,490	119,8	0,944	
22	„ 21	—	82,950	115,1	0,837	sehr weiss und hart I. Sorte.
23	„ 21	—	82,750	112,1	0,890	
24	„ 19	250	60,650	119,9	0,780	hellgrau II. Sorte.
25	„ 19	250	61,600	134,6	0,979	
26	„ 19	250	60,700	142,2	1,028	grau, fettig anzufühlen III. Sorte.

E. Paraffinlichter von Günther & Comp. in Gross-Mühlingen.

27	unten 21,5	269	79,156	109,0	0,762	weiss.
28	„ 21,5	269	79,488	110,1	0,749	
29	„ 22	304	—	125,1	0,965	detto.
30	„ 22	304	—	121,5		

F. Paraffinlichter von Wiesmann & Comp., Augustenhütte bei Bonn.

31	unten 21	264	73,980	127,0	0,838	
32	„ 21	264	73,720	134,7	0,910	

G. Stearinlichter von Overbeck & Comp. in Dortmund.

33	unten 20	298	87,050	171,6	1,028	sehr wechselnde Flamme.

H. Photogen von der Georgshütte bei Aschersleben.

Nro.	Specifisches Gewicht des Photogens.	Consum pro Min. Milligr.	Leucht-kraft.	Verbrauch an Photogen pro Leuchtkraft eines Normal-lichtes und pro Minute.	
34	0,830	188,8	1,96	96,3	hellgelb; riecht mässig stark.
35	0,830	126,9	1,36	93,3	

J. Photogen von Göhler & Comp. in Aschersleben.

| 36 | 0,815 | 263,6 | 2,85 | 92,5 | hellgelb; von schwachem Geruch. |
| 37 | 0,815 | 179,2 | 1,89 | 104,3 | |

K. Photogen von Günther & Comp. in Gross-Mühlingen.

| 38 | 0,835 | 269,3 | 2,70 | 99,7 | hellgelb; von ziemlich schwachem Geruch. |
| 39 | 0,835 | 204,9 | 2 04 | 100,4 | |

L. Photogen der Fabrik der sächsisch-thüringischen Actiengesellschaft für Verwerthung von Braunkohlen zu Gerstewitz bei Weissenfels.

40	0,815	272,6	2,84	95,9	schwachgelb; riechend, I. Sorte.
41	0,815	248,2	2,08	119,3	
42	0,815	263,2	2,15	122,5	dunkelgelb; stark riechend, II. Sorte.
43	0,815	245,8	1,95	126,0	

M. Photogen von Robert Doms in Lemberg.

| 44 | 0,800 | 328,4 | 3,68 | 89,2 | wird aus Erdöl destillirt. |
| 45 | 0,800 | 320,4 | 3,35 | 95,6 | |

N. Photogen von F. L. Bauermeister & Comp. in Bitterfeld.

| 46 | 0,805 | 343,7 | 3,90 | 88,1 | schwachgelb, wenig riechend. |
| 47 | 0,805 | 323,7 | 3,64 | 88,9 | |

O. Photogen von Wiesmann & Comp., Augustenhütte bei Bonn.

| 48 | 0,830 | 282,9 | 2,82 | 100,3 | weingelb; stark riechend. |
| 49 | 0,830 | 232,2 | 2,03 | 114,3 | |

P. Solaröl von der Georgshütte bei Aschersleben.

50	0,860	477,2	7,4	64,4	gelb: riechend.
51	0,860	368,3	4,2	87,6	
52	0,860	268,6	2,5	107,4	

Q. Solaröl von Göhler & Comp. in Aschersleben.

53	0,850	483,0	7,4	65,2	gelb; riechend.
54	0,860	476,5	7,3	65,2	
55	0,850	359,8	4,2	85,6	
56	0,850	276,6	2,3	120,0	

R. Solaröl von Günther & Comp. in Gross-Mühlingen.

| 57 | 0,865 | 472,3 | 8,3 | 56.9 | gelb; schwach riechend. |
| 58 | 0,865 | 265,2 | 4,1 | — | |

S. Solaröl aus der Fabrik der sächsisch-thüringischen Actiengesellschaft für Verwerthung von Braunkohlen zu Gerstewitz bei Weissenfels.

59	0,850	540,6	11,4	47,4	hell braungelb; schwach riechend, I. Sorte.
60	0,850	404,1	6,7	60,2	
61	0,860	491,9	7,6	64,7	braun; stark riechend, II. Sorte.
62	0,860	353,4	4,9	72,1	

15*

Nro.	Specifisches Gewicht des Photogens.	Consum pro Min. Milligr.	Leuchtkraft.	Verbrauch an Photogen pro Leuchtkraft eines Normallichtes und pro Minute.	
	T. Solaröl von R. Doms in Lemberg.
63	0,850	499,5	6,8	73,4	} citronengelb; riechend.
64	0,850	360,5	5,8	62,1	
	U. Mineralöl von R. Doms in Lemberg.
65	0,825	802,4	8,1	99,0	Destillationsproduct des Erdöls.
66	0,825	538,2	6,5	82,8	Die Lampen waren zu seiner Verbrennung
67	0,825	448,1	3,7	121,0	unvortheilhaft.
68	0,825	271,0	1,9	142,0	
	V. Solaröl von F. L. Bauermeister & Comp. in Bitterfeld.
69	0,840	510,0	7,9	64,5	} hellgelb; riecht sehr schwach.
70	0,840	318,0	5,0	63,6	
	W. Solaröl von Wiesmann & Comp., Augustenhütte bei Bonn.
71	0,870	460,0	7,2	63,8	} citronengelb; stark riechend.
72	0,870	311,1	4,7	66,2	
	X. Rüböl von Pfaff & Weiss in Halle a., S.
73	0,910	545,9	7,4	72,7	
74	0,910	531,4			

Die Versuche sind mit einem Photometer von Babinet ausgeführt, bei welchem die Intensität durch Farbenschätzung bestimmt wird.

Die Photogenlampen waren aus der Fabrik von F. Weber in Halle, und zwar eine grössere und eine kleinere. Die Einrichtung derselben war die gewöhnliche mit breitem Dochte und einer über demselben befindlichen Messingkappe, mit einem den Dimensionen des Dochtes entsprechenden Schlitze. Der über der Kappe stehende Glascylinder war ausgebaucht und niedrig. Der Docht der grösseren Lampe hatte eine Breite von 24 Millimeter, der kleineren eine solche von 15 Millimeter. Die zur Beobachtung gezogenen Flammen waren möglichst gross und hell.

Für Solaröl wurden drei verschiedene Lampen benutzt:

eine Lampe von Stobwasser in Berlin mit Argand'schem Brenner, einem Dochtraum von 16 Millimeter innerem und 21 Millimeter äusserem Durchmesser, also von 2,5 Millim. Weite. Der stellbare Glascylinder war unterhalb der Einschnürung im Lichten weit 49 Millimeter, in derselben 22,5 Millimeter und in dem oberhalb desselben befindlichen Theile von 210 Millimeter Länge 26 Millimeter im Lichten weit;

eine Lampe von F. Weber in Halle a. S. von gleicher Construction. Der Dochtraum hatte 11 Millimeter inneren und 17 Millimeter äusseren Durchmesser. Der eingeschnürte Cylinder hatte unten eine lichte Weite von 36 Millimeter, in der Einschnürung von 21 Millimeter und im oberen Theile, der 230 Millimeter lang war, eine lichte Weite von 24 Millimeter;

eine Lampe von Stobwasser, mit Argand'schem Brenner, mit Dochtraum von 10 Millimeter innerem und 15 Millimeter äusserem Durchmesser, also 5 Millimeter Weite und mit geschnürtem Cylinder.

Die erstere dieser drei Lampen wurde benutzt bei den Versuchen Nr. 50, 53, 54, 57, 59, 61, 63, 65, 69, 71;

die zweite bei Nr. 51, 55, 60, 62, 64, 66, 70, 72;

und die dritte bei Nr. 52, 56, 58.

Dr. Marx hat neuere Versuche angestellt, und auch das amerikanische Erdöl in dieselben mit hineingezogen.*)

Zur Vergleichung der verschiedenen Leuchtstoffe diente als Einheit die Flamme einer Stuttgarter Normalwachskerze, wie solche zu den photometrischen Gasuntersuchungen angewendet wird. Von diesen Kerzen gehen vier auf's Pfund, das in Wirklichkeit 469 Gram wog und 1 fl. 30 kr kostete. Der Durchmesser der cylindrischen Kerze misst 22 Millimeter. Die Kerze wurde, wie es in Stuttgart bei den photometrischen Gasuntersuchungen üblich ist, mit einer Flammenhöhe von 18 württembergischen Linien oder 51,5 Millimetern gebrannt, dabei beträgt der stündliche Consum 7,75 Grm.

Die bei den Versuchen angewendeten Stearinkerzen waren aus der Fabrik von Münzing in Heilbronn: es wurden solche benützt, von denen fünf, und solche, von denen vier im Pfundpacket sind. Das Nettogewicht des Pfunds Fünfer war 481,5 Grm., das der Vierer 479,5 Grm. Die Länge des nahezu cylindrischen Theiles der Fünfer-Kerze betrug 280 Millimeter, Conuslänge 18 Millimeter, oberer Durchmesser der Kerze 20 Millimeter, unterer Durchmesser 22 Millimeter. Die Länge der Vierer-Kerze ohne den Conus war gleich 321 Millimetern, Conuslänge 20 Millimeter, oberer Durchmesser der Kerze 21 Millimeter, unterer Durchmesser 23 Millimeter. Die Fünfer-Kerze brannte ziemlich constant mit einer Flammenhöhe von 18 Linien bei einer stündlichen Consumtion von 9,95 Grm., die Vierer-Kerze dagegen mit etwas niedrigerer Flamme (17 Linien) und consumirte stündlich 9,5 Grm. Das Pfundpacket dieser Stearinkerzen kostet im Detail 39 kr.

Ferner wurden Paraffinkerzen verwendet, von welchen vier Kerzen im Halbpfundpacket waren; dieselben wogen 247 Grm., und kosteten 54 kr. Länge einer Kerze ohne Conus 230 Millimeter, Conuslänge 18 Millimeter, oberer Durchmesser der Kerze 19 Millimeter, unterer Durchmesser 20 Millimeter. Sie brannte mit einer Flammenhöhe von 18 Linien und verbrauchte stündlich 7,2 Grm.

Das zur Anwendung gebrachte rectificirte Erdöl hatte ein specifisches Gewicht = 0,808 bei 14½° R.; es wurde in Stuttgart die Maass (1,837 Liter) zu 1 fl. verkauft und diese wog 2,96 Pfund.

Das Photogen (sächsisches Braunkohlenöl) wurde etwas schwerer befunden wie das vorige, sein specifisches Gewicht war nämlich 0,810; die Maass desselben wog 2,97 Pfund und kostete dieselbe 1 fl. 30 kr.

Das Schieferöl war von Reutlingen, hatte ein specifisches Gewicht = 0,817 bei 14½° R. und wog 3,00 Pfd. per Maass, welche im Detail in Stuttgart mit 1 fl. bezahlt wird.

Das Photogen und ebenso das Schieferöl wurden aus Lampen gebrannt, wie sie für diese Oele verkauft werden; der platte Docht der Lampen war 11 Millimeter breit und die Flamme verzehrte beim Brennen von Photogen stündlich 14,3 Grm.; beim Brennen von Schieferöl 14,5 Grm. Das Erdöl wurde aus einer Erdöllampe von derselben Construction wie die obigen Lampen gebrannt, nur waren die Luftzugöffnungen derselben etwas grösser. Die Dochtbreite war auch = 11 Millimeter und die stündliche Consumtion an Erdöl betrug 15,1 Grm.

Für das gewöhnliche Lampenöl (Rüböl) wurde eine Moderatorlampe angewendet, bei welcher der mittlere Durchmesser des Dochtrings 17 Millimeter betrug. Die Lampe verzehrte stündlich 19,9 Grm. Das Pfund Rüböl zu 500 Grm. kostete im Detail 19 kr.

Das Leuchtgas, aus Fledermausbrennern von Speckstein gebrannt, wurde bei einem stündlichen Consum von 4,5 c′ engl. bei einem Druck von 21 Millimeter Wassersäule, unmittelbar unter dem Brenner während des Brennens gemessen, und bei einem Druck von 8 Millimetern versucht. 1000 c′ engl. kosteten 6 fl.

---

*) Journal für Gasbeleuchtung, Jahrgang 1863, Seite 16.

Aus diesen Angaben und aus den angestellten photometrischen Messungen lässt sich nun folgende Tabelle zusammenstellen:

	Consum per Stunde in Grm und engl. Cubikfuss.	Diese kosten per Stunde Kreuzer	Sie geben dabei eine Lichtstärke in Kerzen gleich	Demnach kostet das Licht von einer Kerze per Stunde in Kreuzern
Stuttgart. Normalwachskerze . .	7,75 Grm.	1,48	1,0	1,48
Vierer-Stearinkerze	9,5 „	0,77	0,9	0,85
Fünfer-Stearinkerze	9,95 „	0,81	1,0	0,81
Paraffinkerze	7,2 „	1,57	1,1	1,42
Amerikanisches Erdöl . . .	15,1 „	0,61	3,2	0,19
Photogen	14,3 „	0,68	3,0	0,23
Schieferöl	14,5 „	0,58	3,0	0,19
Rüböl	19,9 „	0,76	2,8	0,27
Leuchtgas bei 21 Millimeter Druck	4,5 c′	1,62	6	0,27
Leuchtgas bei 8 Millimeter Druck	4,5 „	1,62	10	0,16

Was die Leuchtkraft verschiedener Gase unter sich anlangt, so glaube ich nicht, dass man für die drei hauptsächlichsten deutschen Kohlensorten (Westphälische, Saarbrücker und Zwickauer) wie diese Gase in der Praxis bei zweckmässiger Beschränkung des Destillationsprocesses (vergl. Seite 72) dargestellt werden, einen wesentlichen Unterschied annehmen darf. Bei Anwendung richtiger Brenner und richtigen Druckes wird die Schwankung sich so ziemlich innerhalb solcher Grenzen halten, wie sie auch bei einem und demselbem Gase vorkommen und wie sie durch Verhältnisse der Production, Reinigung, Aufbewahrung etc. bedingt sind. Auch von dem Gase aus Newcastler Backkohlen dürfte es sich kaum unterscheiden. Anders ist es freilich mit dem Gas aus Cannelkohlen. Cannelgas ist unzweifelhaft reicher, als die genannten deutschen Gasarten, und dieser Vorzug steigert sich bei einigen Sorten, z. B. beim Boghead-Gase auf ein höchst erhebliches Maass.

Nach Versuchen von Th. G. Barlow beträgt die Leuchtkraft eines Cubikfusses in Gran Spermaceti ausgedrückt bei Gas aus

Newcastle Backkohlen (Pelton Main)	232 Gran Spermaceti.
ditto ditto	208—311 „ „
Newcastle Cannelkohlen	596 „ „
ditto ditto	590 „ „
ditto ditto	632 „ „
Wigan-Cannelkohlen (Ince-Hall)	466 „ „
ditto ditto ditto	409 „ ·„
ditto ditto ditto	523 „ „
Lochgelly Cannelkohlen	427 „ „
ditto ditto	451 „ „
Boghead Cannelkohlen	1097 „ „
ditto ditto	1275 „ ·„
ditto ditto	957 „ „

Versuche von Dr. Frankland weisen für 1 c′ Gas nach bei

Wigan Cannelkohlen	531 Gran Spermaceti.
Boghead Cannelkohlen	1028 „ „

Lesmahago Cannelkohlen	861 Gran Spermaceti.	
Methyl Cannelkohlen	668 ,,	,,
Newcastle Cannelkohlen (Ramsay's)	587 ,,	,,
Wigan Cannelkohlen (Balcarres)	478 ,,	,,
Newcastle Backkohlen (Pelton)	357 ,,	,,

Zum Schlusse ist hier noch einer weiteren Anwendung des Gases zu gedenken, die freilich bis jetzt nicht im grossen Maasse Terrain gewonnen, der aber eine Zukunft bevorsteht, wenn es möglich sein wird, durch Zusammenwirken erleichternder Umstände das Gas künftig noch billiger darzustellen und abzugeben. Es ist dies die Anwendung **zum Heizen und Kochen.** Man hat den Uebelstand der gewöhnlichen Gasflammen, an kalten Gefässen Russ abzusetzen, bereits beseitigt, auch ihre Heizkraft bedeutend gesteigert, indem man das Gas, bevor es zur Verbrennung kommt, mit atmosphärischer Luft mischt. Die Ursache des Russabsetzens beruht in der Abscheidung des in der leuchtenden Flamme nicht sogleich zur Verbrennung kommenden Kohlenstoffs. Wird nun dem Gase vor seiner Verbrennung atmosphärische Luft beigemischt, so findet der Kohlenstoff sofort den zu seiner Verbrennung erforderlichen Sauerstoff vor, es findet keine Kohlenablagerung, folglich auch kein Leuchten statt. Dass die so erzeugte Flamme heisser ist, erklärt Prof. Heeren aus dem Umstande, dass die volle Wärmemenge, welche die Flamme entwickelt, hier den Verbrennungsproducten verbleibt, und als geleitete Wärme dem zu erwärmenden Gegenstand zu Gute kommt, während bei der leuchtenden Flamme ein Theil der Wärme durch Strahlung verloren geht.*)

Die Vorrichtungen, welche man zur Darstellung der Heizflamme anwendet, sind wesentlich zweierlei Art. Entweder man lässt das Gas nach dem Princip von W. Elsner in Berlin (Erstes Patent desselben in Oesterreich 1848, in Preussen 1849) in einem seitlich geschlossenen, unten offenen Raum unter einem feinen Metallgewebe seine Vermischung mit Luft vollziehen, oder man lässt nach dem Princip von Prof. Bunsen in Heidelberg das Gas in eine einfache Röhre treten, und sich dort mit der atmosphärischen Luft mischen, die unten durch besondere Oeffnungen in diese Röhre eintritt. Im ersteren Fall verbrennt man das Gemisch oberhalb des Drahtgewebes, im letzteren Fall ohne Drahtgewebe am oberen Ende der Röhre.

Fig. 43.

In Fig. 43 ist ein Elsner'scher Kochapparat, ein sogenannter Schnellsieder abgebildet, in welchem das Gas innerhalb des sich nach oben verengenden konischen Mantels von Eisenblech entweder aus einer einzigen Oeffnung (bei den kleinen Sorten), oder aus einem mit Löchern versehenen hohlen Ring (bei den grösseren) austritt, sich mit der frei von unten zutretenden Luft mischt, und dann durch das oben eingespannte Drahtnetz dringt, wo es, angezündet, mit nicht leuchtender und nicht russender, aber mit sehr heisser Flamme verbrennt. Die Ursache der Erscheinung, dass das Gas nur über und nicht unter dem Drahtgewebe brennt, liegt, wie bei der Davy'schen Sicherheitslampe darin, dass das Gas durch das enge Drahtgewebe abgekühlt wird.

Von dem einfachen Schnellsieder ausgehend, hat Elsner seine Apparate den Bedürfnissen der Küche, der Werkstatt und dem Laboratorium anzupassen versucht, sowie Heizvorrichtungen in Form von Oefen und Kaminen construirt. Auf seinem Preiscourant finden sich Back-, Koch- und Bratheerde in allen möglichen Grössen, Kaffeebrenner, Apparate für Buchbinder und Lederarbeiter, für Blumenmacher,

---

*) Technisches Wörterbuch von Director Dr. K. Karmarsch und Prof. Dr. Fr. Heeren, 1856.

Hutmacher, Schneider, Friseure, für chemische Laboratorien u. A. in den verschiedensten, sehr geschickt combinirten Anordnungen und Grössen.

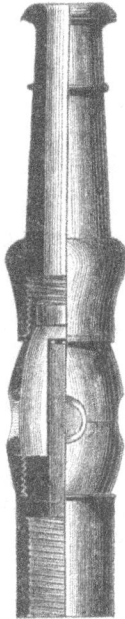

Fig. 44.

Fig. 45.

Der Bunsen'sche Brenner ist compendiöser, als der Elsner'sche. In Fig. 44 ist eine Art desselben halb in Ansicht, halb im Durchschnitt dargestellt. Fig. 45 zeigt eine andere Art in Ansicht. Der Brenner enthält in beiden Anordnungen ein inneres, enges Rohr, aus dessen mit Löchern oder Schnitten versehenen oberen Platte das Gas ausströmt, und ein weiteres äusseres Rohr, das eigentliche Brennerrohr, dessen Weite und Höhe zur Gasausströmung in einem bestimmten Verhältniss steht, welches unten, unterhalb der Mündung des Gasrohres, mit seitlichen Oeffnungen versehen ist, durch welche die atmosphärische Luft eintritt. Nachdem sich die Luft mit dem Gase im Raume des Brennerrohres vermischt hat, tritt die Mischung am oberen Ende desselben aus, und wird dort entweder aus der freien Röhre, wie in Fig. 44 oder aus einem brausenförmigen Kopf, wie in Fig. 45, verbrannt. Die Brenner der letztern Art werden von v. Schwarz in Nürnberg sehr hübsch in Speckstein ausgeführt. Der Kopf soll den Zweck haben, dass das Gas über eine grössere Oberfläche vertheilt, ruhiger ausströmt. Bei einer Combination der beiden Systeme von Brennern bringt man unter dem Kopf des Bunsen'schen Brenners noch ein Drahtgewebe an.

Eine Reihe von Versuchen über den relativen Effect der gebräuchlichen Arten Kochbrenner hat mein Bruder J. H. Schilling angestellt und im Juliheft des Journals für Gasbeleuchtung von 1860 veröffentlicht. Die Resultate dieser Versuche sind in nachstehender Tabelle zusammengestellt:

	Höhe des Kesselbodens über der Brennerplatte engl. Zoll	Druck engl. Zoll.	Consum per Stunde Hamburger Cubikfuss.	Zeit, um 2,46 Pfd. Wasser von 15—80° R zu erwärmen.	Consum während der Erwärmung von 15—80° R.	Consum, mit dem man das Wasser noch im Kochen erhalten kann.
v. Schwarz's in Nürnberg grosse Brenner mit Drahtgewebe unter der durchbrochenen Kopfplatte.	2⅛	5.5	4.3	21'17"	1.500	
	1¹¹/₁₆	5.5	4.3	17'46"	1.273	0.75
	1½	5.5	4.3	19'01"	1.363	
	2	2.1	4.0	24'23"	1.626	

	Höhe des Kessel-bodens über der Bren-nerplatte engl. Zoll.	Druck engl. Zoll.	Consum per Stunde Hamburger Cubikfuss.	Zeit, um 2,46 Pfd. Wasser von 15—80° R. zu erwärmen.	Consum während der Erwär-mung von 15—80°R	Consum, mit dem man das Wasser noch im Ko-chen erhal-ten kann.
	1¾	2.1	3.9	23'35"	1.233	
	1½	2.2	3.4	20'49"	1.179	
	1¼	6.1	6.3	13'18"	1.499	
	"	5.2	6.0	12'59"	1.300	
	"	4.0	5.3	15'15"	1.347	
v. Schwarz's Speckstein Brenner grösste Sorte mit 37 Löchern in 2 Reihen.	"	2.8	4.5	15'58"	1.197	0.75
	"	1.9	4.0	21'18"	1.420	
	"	1.5	3.25	24'06"	1.305	
	"	0.4	2.2	40'44"	1.494	
	1 "	4.75	5.8	12'53'	1.245	
	"	3.3	4.9	16'43"	1.365	
	"	2.0	4.2	18'39"	1.305	
	"	1.3	3.1	26'34"	1.373	
	"	1.2	1.9	41'24"	1.31l	
v. Schwarz's Speckstein Brenner grösste Sorte mit 54 Löchern ungleich vertheilt.	1½	3.2	4.45	17'35"	1.304	
	1¼	3.2	4.8	16'40"	1.333	0.7
	1	3.3	4.7	19'22"	1.517	
v. Schwarz's Speckstein Brenner kleinste Sorte mit 35 Löchern in 2 Reihen.	1⅛	1.15	2.0	65'03"	1.17	
	1¼	3.2	3.65	20'58"	1.275	
	1	5.8	3.55	23'24"	1.384	0.6
	"	3.2	2.6	32'59"	1.429	
v. Schwarz's Speckstein Brenner kleinste Sorte mit 42 Löchern ungleich vertheilt.	"	1	1.6	51'33"	1.375	
	1¼	5.8	3.65	20'50"	1.267	
	1	5.8	3.7	23'37"	1.734	0.6
	"	2.1	2.2	35'06"	1.300	
v. Schwarz's Bunsen'sche Röhre.	1½	4.5	3.4	25'44"	1.458	
	"	3.3	3.2	27'44"	1.476	
	"	2.3	2.25	39'00"	1.463	0.5
	1¼	4.5	3.4	21'33"	1.221	
	"	1.3	1.8	39'37"	1.189	
	1 "	2.1	2.55	42'36"	1.810	
Elsner's in Berlin Gas-Koch-Apparat mit 2½ Zoll Durchmesser Brennerfläche.	3½	1.3	8.6	13'42"	1.964	
	3¼	1.3	8.5	13'29"	1.906	
	3	1.3	8.6	13'06"	1.933	
	2¼	1.3	8.65	11'15"	1.622	
	2½	1.3	8.6	11'11"	1.603	
	2	1.3	8.6	11'30"	1.648	
Gas-Koch-Apparat nach Bunsen'schem Princip von G. Schnath in Hannover.	3¼	0.25	4.5	25'00"	1.875	
	2¾	0.25	4.4	22'09"	1.624	
	1¾	1.3	4.05	18'46"	1.266	
	1½	1.3	4.00	19'38"	1.309	
	1¼	1.3	4.3	17'01"	1.219	
	1¼	0.8	2.65	27'32"	1.216	
	1	0.8	2.40	32'49"	1.313	

Als Kochgefäss diente ein dünner, 0,8 Pfund schwerer Kessel von der Form eines Kegels, in dessen oben abgestumpfter und cylindrisch verlängerter Spitze ein Thermometer mit reichlich 1''' Spielraum so tief eingelassen wurde, dass der Quecksilberknopf noch 1½'' vom Boden des Gefässes entfernt blieb und der Stand des Thermometers direct von Aussen abgelesen werden konnte, ohne dasselbe zu berühren. Für jeden Versuch wurden genau 2,46 Pfund Zollgewicht Wasser in den Kessel gefüllt, so dass derselbe beinahe voll

Schilling, Handbuch für Gasbeleuchtung. 16

war und nur noch Raum übrig blieb für die voraussichtliche Ausdehnung des Wassers beim Erwärmen, um nicht den Fortgang der Erwärmung durch die Verdunstung des überfliessenden Wassers zu beeinträchtigen. Trotz dieser Vorsicht konnten die Beobachtungen erst bei 15° R. beginnen, da das durch die Verbrennung des Gases gebildete Wasser in nicht unbedeutender Menge an dem kalten Kessel niederschlug und die Versuche ungenau machte.

Es geht hervor, dass bei allen Brennersorten die Grösse der angewandten Flamme nur geringes Gewicht hat, dass dagegen die Höhe des Kessels über dem Brenner von wesentlicher Bedeutung ist. Wenn bei der Anlage darauf gewissenhaft Rücksicht genommen wird, so mag der Consument seine Flammengrösse nach der disponiblen Zeit einrichten, es wird das Gas stets auf gleich vortheilhafte Weise verwendet. Der Gang der Wärmezunahme verringert sich mit der Erhöhung der Temperatur und zwar in einer sehr gleichmässigen Weise.

Ueber die Anwendung der Gasheizung zur Erwärmung von Kirchen besitzen wir ausführliche Erfahrungen. In der Katharinenkirche in Hamburg wurde die Anlage im Herbste 1856 durch W. Elsner ausgeführt. Die Kirche hat einen cubischen Raum von 1,100,000 c′ und erhielt 8 Kamine, jeden mit 32 Brennern von $11\frac{1}{2} \times 1\frac{1}{2}$ Zollengl. Heizfläche, also eine gesammte Heizfläche von $30\frac{2}{3}$ Quadratfuss. Der Consum aller 256 Brenner beträgt circa 3200 Hamburger c′ per Stunde bei einem Druck von 5 Zehntel Zoll Wasser. Eine Reihe von Beobachtungen ergaben, dass die Kirche bei 4 Grad Reaum. Kälte auswendig und 3 Grad Reaum. Wärme inwendig nach $1\frac{1}{2}$ Stunden auf 10 Grad Wärme gebracht war mit   4750 c′ Hamburger Gas.

5 Stunden zur Erhaltung der 10 Grad erforderten   5100 „   „   „

Ein Sonn- oder Festtag beanspruchte mithin

im Ganzen   9850 „   „   „

oder   8178 „   engl.   „

Ueber die Kirchen in Berlin hat der Betriebs-Director der dortigen städtischen Gasanstalten, Baumeister Schnuhr in der Erbkam'schen Zeitschrift für Bauwesen, Jahrgang XI. S. 649 Folgendes mitgetheilt:

Die Domkirche in Berlin hat 560,000 c′ Raum Inhalt, zur Heizung acht kastenförmige Oefen aus Eisenblech mit je 24 Sieben à 11 Zoll lang, $1\frac{1}{2}$ Zoll breit, oder in Summa 3168 ☐ Zoll Rostfläche, also pro 1000 c′ Raum, 5,7 ☐ Zoll Rostfläche. Als Gasverbrauch für einmalige Heizung (3 Stunden) sollen 2700 c′, oder zum Anheizen pro 1000 c′ Raum 3,4 c′ Gas und zur Unterhaltung der Temperatur 0,7 c′ Gas pro Stunde erforderlich sein.

Die Parochialkirche in Berlin hat 450,000 c′ Raum-Inhalt, bei 60 Fuss hoher gewölbter Decke 4 kastenförmige Oefen von Eisenblech, jeder mit 15 Rosten von 12 Zoll Länge und $1\frac{1}{4}$ Zoll Breite, oder in Summa 1080 ☐ Zoll Rostfläche, also pro 1000 c′ Raum 2,4 ☐ Zoll Rostfläche; die Zahl der Gasausströmungsöffnungen unter den Sieben ist 1680. Der Gasconsum für die Heizung ist jährlich etwa 71,500 c′, also 17,875 c′ pro Ofen, oder 160 c′ pro 1000 c Rauminhalt, oder 66 c′ pro Quadratzoll Rostfläche.

Die Französische Kirche auf dem Gensdarmenmarkt in Berlin hat bei 40 Fuss Höhe bis zur Decke 300,000 c′ Rauminhalt und zur Heizung 4 kastenförmige Oefen von Eisenblech, $3\frac{1}{4}$ Fuss lang, $1\frac{1}{4}$ Fuss breit und $3\frac{1}{4}$ Fuss hoch; in jedem Ofen sind 15 Stück 9 Zoll lange, $\frac{3}{4}$ Zoll weite Messingröhren mit je 25 kleinen Löchern, die Siebfläche jedes Rostes ist 12 Zoll lang, $1\frac{1}{2}$ Zoll breit, daher ist in Summa 1080 ☐ Zoll Rostfläche vorhanden, oder pro 1000 c′ Raum 3,6 ☐ Zoll. Die Heizung ist seit dem 18. Dezember 1857 in Gebrauch. Man ist mit den Resultaten unzufrieden, und dies hat hauptsächlich seinen Grund darin, dass die Decke, aus Brettern hergestellt, welche im Laufe der Zeit bedeutend zusammengetrocknet sind, klaffende Fugen zeigt und daher eine grosse Ventilation verursacht. Der Gasverbrauch beträgt durchschnittlich jährlich 72,000 c′, also per 1000 c′ Raum jährlich 240 c′, pro Ofen 18,000 c′ und pro ☐ Zoll Rostfläche 66 c′ Gas. Das einmalige Heizen während 4 Stunden erforderte 3400 c′ Gas oder pro 1000 c′ Raum und Stunde 11,3 c′ Gas; dabei blieb bei 6 Grad äusserer Kälte die innere Temperatur auf Null und stieg auf den Emporen bis zu 5 Grad Wärme.

Die Philippus-Apostel-Kirche in Berlin hat etwa 90,000 c' Rauminhalt, 2 Stück Gasöfen von Eisenblech, 4½ Fuss hoch, 3⅔ Fuss lang, 2 Fuss breit mit je 7 Rosten von 15 Zoll Länge, 2 Zoll Breite, also in Summa 420 Quadratzoll Rostfläche, oder pro 1000 c' Raum 4,3 ☐ Zoll Rostfläche. Dieselbe ist seit dem 22. Januar 1853 mit Gas geheizt worden. Der jährliche Gasverbrauch ist durchschnittlich für die Heizung 37,000 c' Gas, oder pro 1000 c' Raum 410 c' Gas und pro ☐ Zoll Rostfläche 88 c' Gas gewesen. Hiebei ist zu bemerken, dass die Decke von dem Dach gebildet wird, dessen Theile sichtbar sind, und dass der Gottesdienst wöchentlich dreimal Statt findet. Das einmalige Heizen (3 Stunden) erforderte 580 c' Gas oder pro 1000 c' Raum 6,4 c' Gas.

Bei allen diesen Kirchen geschieht die Heizung durch Siebbrenner. In Berlin sind noch mehrere andere Kirchen, wie die Gertraudtenkirche, die beiden Invalidenhauskirchen u. s. w. mit derartigen Gasheizungen versehen; die vorstehenden Beispiele genügen übrigens, um für die Praxis Anhaltspuncte zu geben. Fasst man die obigen Resultate zusammen, so ergiebt sich pro 1000 c' Rauminhalt die Rostfläche zwischen 2,4 und 5,7 Quadratzoll, es wird nach Schnuhr's Ansicht rathsam sein, das letztere Maass beizubehalten und also zwischen 5 und 6 Quadratzoll Rostfläche pro 1000 c' Raum anzunehmen. Die erhaltene Grösse wird auf die Oefen dergestalt vertheilt, dass in jedem derselben nicht unter 7 und nicht über 32 Roste sich befinden. Im Allgemeinen wird die Aufstellung mehrerer Oefen für die schnelle Vertheilung der Wärme nur günstig wirken, daher werden pro Ofen 12 bis 18 Roste zu wählen sein. Das einmalige Heizen erforderte pro 1000 c' Raum und Stunde zwischen 5,1 und 11,3 c' Gas. Man wird je nach der Construction des Raumes und nach localen Verhältnissen die entsprechende Quantität veranschlagen müssen. Der jährliche Gasverbrauch pro 1000 c' Raum betrug nach obigen Angaben zwischen 160 und 410 c' Gas oder pro ☐ Zoll Rostfläche zwischen 66 und 88 c', und wird derselbe sich theils nach der Construction des Raums, theils nach der Dauer und der mehr oder weniger häufigen Wiederholung der einzelnen Benutzungen richten.

Weitere Kirchen in Berlin sind mit combinirten Brennern (Kopfbrennern) geheizt, und sind dabei folgende Resultate erreicht worden.

Die St. Marienkirche in Berlin hat 500,000 c' Rauminhalt, eine gewölbte Decke in 46 Fuss Höhe, und seit dem 8. Dezember 1859 zehn runde gusseiserne Gasöfen mit je drei Kopfbrennern, Fig. 46. Die Aufstellung der Oefen ist nicht günstig, da sie zu nahe an den Umfassungswänden stehen; die Heizung hat theils desshalb, theils weil zu kleine Gasmesser und Rohrleitungen verwendet sind, nicht befriedigt. Die Gasheizung hat jährlich 219,400 c' Gas consumirt, oder pro 1000 c' Raum 438 c' und pro Kopfbrenner jährlich 7310 c'. Das einmalige Heizen (4 Stunden) erforderte 4900 c' Gas, oder pro 1000 c' Raum und pro Stunde 2,4 c', wobei, bei einer Kälte von 1 Grad äusserlich, im Innern unten eine Wärme von 5 Grad erzielt wurde.

Die St. Nikolaikirche in Berlin hat auch einen Raum-Inhalt von 500,000 c', ebenfalls gewölbte Decken bei 48 Fuss Höhe, und 10 Gasöfen mit je 3 Kopfbrennern zur Heizung; aber die Aufstellung der Oefen ist eine für die Erwärmung günstigere, daher befriedigt diese Heizung bis jetzt, obgleich Rohrleitung und besonders die Gasmesser ebenfalls zu klein gewählt sind. Die Heizung ist seit dem 19. Dezember 1860 in Gebrauch und hat jährlich 158,200 c' Gas, pro Brenner 5273 c' Gas und pro 1000 c' Raum 316 c' Gas erfordert.

Hieraus ergeben sich nun folgende Resultate: Der jährliche Gasverbrauch pro Brenner ist 5273 bis 7310 c', also durchschnittlich 6300 c' Gas und pro 1000 c' Raum 316 bis 438 c', also durchschnittlich 377 c' gewesen. Die Heizung mit Kopfbrennern erscheint hienach etwas theurer, als

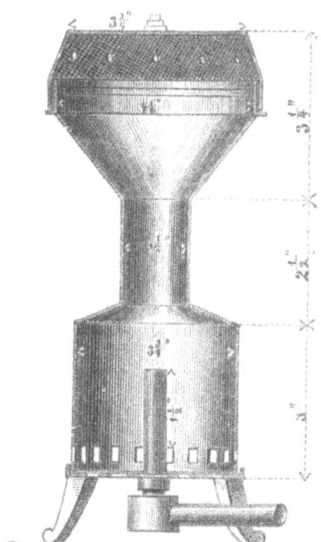

Fig. 46.

16*

die mit Siebbrennern, doch dürfte sich der Unterschied ausgleichen, wenn man bedenkt, dass in den beiden angeführten Beispielen mit Kopfbrennern theils die Oefen ungünstig stehen, theils die Kirchen höher als die Mehrzahl der anderen sind, theils die Resultate vom ersten Jahr genommen sind, wo man noch nicht auf Ersparung an Gas hingearbeitet haben wird. Ueberdiess haben die Kopfbrenner den Vortheil, dass sie weniger Grundfläche für die Aufstellung der Oefen erfordern.

Beim Entwurf eines Projectes zur Gasheizung mit Kopfbrennern für Kirchen und ähnliche Räume wird man pro 1000 c' Raum 3 c' Gas pro Stunde rechnen müssen und die Zahl der Brenner finden, wenn man mit 40 in den gefundenen Gasconsum pro Stunde dividirt; diese Anzahl Brenner vertheilt man zweckmässig zu drei auf einen Ofen und stellt diese möglichst von den Umfassungswänden ab.

Die Vortheile der Gasheizung, besonders für Kirchen, sind nun: die Möglichkeit, in kurzer Zeit bedeutende Wärmemengen entwickeln, also schnell heizen zu können, Einfachheit in der Behandlung der Oefen, Leichtigkeit in der Regulirung der Wärme durch Stellung der Hähne, Vermeidung jeder Feuersgefahr, da die Flammen in bestimmten eisernen Kasten oder Oefen ohne Rauch, Russ oder Asche-Rückstände verbrennen, leichte Bedienung durch die Kirchendiener, Vermeidung der Schornsteinanlagen, welche bei Kirchen in der Ansicht immer einen störenden Eindruck machen, Ersparung von Räumen zur Anbringung der Ofenanlagen und für Aufbewahrung des Feuerungsmaterials, wie der Zinsen für die Beschaffung desselben, endlich verhältnissmässig billige Einrichtungskosten, besonders wenn in schon bestehenden Kirchen beim Bau derselben keine Rücksicht auf künftige Heizung genommen ist.

Diesen Vortheilen gegenüber bietet die Gasheizung jedoch auch verschiedene Nachtheile. Zu denselben gehört besonders ein beim Betreten der mit Gas geheizten Kirche sofort bemerkbarer unangenehmer Geruch, welchen die Verbrennung der in der Luft schwebenden Staubtheilchen erzeugt. Von den Verbrennungsproducten schlägt sich der Wasserdampf an den kalten Fensterscheiben, an den Wänden, auf den Metallen und dem Holzwerk als Wasser nieder; es leidet die Orgel in Folge dieser Wasserausdünstung, theils lässt der Leim des Leders los, theils verziehen sich die hölzernen Pfeifen, so dass man bereits aus diesem Grunde angefangen hat, angelegte Gasheizungen in Kirchen wieder zu beseitigen; die Kirchengefässe, Leuchter, und andere Silbergeräthe laufen an, und müssen häufiger denn sonst geputzt werden.

Alle diese Nachtheile würden vermieden werden, wenn man die Verbrennungsproducte nicht in die Luft der Kirche, sondern in die äussere Atmosphäre führen würde; wenn man also die Oefen mehr als Wärmesammler construiren und die Verbrennungsproducte in langen Metallröhren soweit fortleiten würde, bis sie fast alle Wärme an die Luft der Kirche abgesetzt haben. Dann würde aber die Heizung mit Gas noch theurer werden, und nicht so schnell wirken.

Viertes Capitel.

Die Nebenproducte der Gasfabrikation.

Die drei Nebenproducte der Gasfabrikation sind: Theer, Ammoniakwasser und Coke. Characteristische Eigenschaften des Theers. Zur Gasbereitung lässt er sich nicht mit Vortheil verwenden, wohl aber unter Umständen zum Heizen der Retorten. Dachpappe und Dachfilz. Theeranstrich für Holz, Mauerwerk und Eisen. Anwendung des Theers in der Landwirthschaft und in der Medizin. Die Destillationsproducte des Theers. Zusammenstellung derselben nach ihrem Siedepunkt. Eigenschaften und Darstellung derselben. Die Carbol-, Brunol- und Rosol-Säure, das Anilin und Leukolin von Runge 1834 dargestellt und beschrieben. Das Picolin von Anderson 1846. Pyridin, Lutidin, Collodin, Lepidin und Cryptidin von Williams. Naphtalin, Paranaphtalin, Chrysen und Pyren nach Laurent. Das Benzol, Toluol, Cumol und Cymol von Mansfield 1819 dargestellt und später von Ritthausen bestätigt und mit dem Xylol vermehrt. Das Paraffin von Reichenbach findet sich nur im Gastheer aus Cannelkohlen. Die Industrie stellt bei der Destilllation zunächst zwei Producte her, von denen das eine leichter, das zweite schwerer ist, als Wasser. Als Rückstand bleibt das Theerpech. Verfahren. Verarbeitung des leichten Theeröls auf Benzol. Anwendung des Benzols. Das Nitrobenzol und seine Anwendung. Verarbeitung des Nitrobenzols auf Anilin. Verschiedene Verfahren. Farbstoffe aus dem Anilin. Das Anilinviolett nach Perkins, Bolley, Beale, Kirkham, Kay, Price, Williams, Smith, Dale, Caro (Mauve, Indisin, Violin, Rosolan, Tyralin, Anileïn, Phenamein) Violet Impérial nach Girard & de Laire. Das Anilinroth (Rosanilin, Fuchsin, Azalein, Magenta, Solferino, Rosein) nach Hofmann, Rénard & Frank Gerber-Keller, Lauth & Depouilly, Medlock, Williams, Laurent & Casthelaz (Erythrobenzol). Das Anilingelb (Chrysanilin) nach Nicholson, Schiff. Anilingrün (Emeraldin). Anilinschwarz nach Wood und Wright. Anilinbraun (Havannabraun) nach de Laire. Anilinblau nach Girard & de Laire, Persoz de Luynes & Salvétat (Bleu de Paris und Bleu de Lyon) nach Lauth, Kopp, Gros-Renaud & Schäfer (Bleu de Mulhouse). Das Färben mit den Anilinfarben ist einfach und billig. Die Anilinfarben gestatten ein beliebiges Nüanciren. Haltbarkeit der Anilinfarben. Giftigkeit derselben. Die Pikrinsäure. Das Steinkohlentheerkreosot. Verarbeitung des schweren Theeröls auf Russ. Anwendung des Theerpechs. Das Ammoniakwasser und seine Zusammensetzung. Bestimmung seines Ammoniakgehaltes. Apparat von Dr. Rose zu seiner Verarbeitung.

Die drei Nebenproducte, welche sich bei der Gasfabrikation ergeben, sind: der Theer, das Ammoniakwasser und die Coke. Die ersteren beiden sammeln sich in der Vorlage und in den Condensations-Apparaten, die Coke bleibt als Destillationsrückstand in den Retorten zurück.

Der Steinkohlentheer.

Der Steinkohlentheer ist ein höchst complicirter, merkwürdiger Körper. Er bildet eine ziemlich dickflüssige, ölige Masse von dunkelbrauner bis schwarzer Farbe und einem charakteristischen Geruch. Sein Gewicht ist grösser, als dasjenige des Wassers; er sondert sich von selbst von dem Ammoniakwasser ab, mit welchem er gleichzeitig in einem und demselben Gefäss aufgefangen wird. Uebrigens schwanken seine Eigenschaften innerhalb ziemlich weiter Grenzen. Je nach der Beschaffenheit der angewandten Kohlen wie nach der Destillationstemperatur ändert sich die ganze Natur des Theers, den man erhält; auch ist die Ausbeute in quantitativer Beziehung eine in hohem Grade verschiedene. Im Allgemeinen kann man annehmen, dass Cannelkohlen eine grössere Quantität und auch werthvolleren Theer geben, als Backkohlen, und dass das Durchschnittsergebniss bei letzteren etwa 4 bis 5% beträgt. Niedrige Destillationstemperatur befördert die Theerentwicklung — freilich auf Kosten der Gasausbeute. Weiter charakteristisch ist es, dass der Gastheer — ausser wo man Cannelkohlen anwendet — fast gar kein Paraffin enthält, dagegen viel Naphtalin, während der Theer, den man in Photogenfabriken bei niedriger Temperatur zur Darstellung der flüssigen und festen Kohlenwasserstoffe erzeugt, meist sehr reich an Paraffin ist.

Unter den Anwendungen des Theers ist zunächst eine zu erwähnen, die seit vielen Jahren mit grosser Ausdauer versucht worden, bis jetzt aber zu keinem öconomischen Resultat geführt hat. Es ist dies seine Verwendung zur Gasbereitung. Es existiren eine Menge von Patenten, die das Problem gelöst haben wollen, aber keines von ihnen hat in die grössere Praxis Eingang finden können.

Als Heizmaterial für die Gasöfen hat man den Theer vielfach mit Vortheil verwandt. Die Dessauer Continental-Gasgesellschaft hat diese Feuerungsmethode seit einer Reihe von Jahren auf mehreren ihrer Anstalten eingeführt, und in der Gasanstalt zu Bremen hat namentlich der dortige Ingenieur Horn das Verdienst, die bezügliche Einrichtung zu einer Vollkommenheit ausgebildet zu haben, die bis jetzt noch nirgends erreicht sein dürfte. Die Einrichtung der Bremer Theerfeuerung wird in einem späteren Capitel dieses Buches beschrieben werden, hier sei nur bemerkt, dass 1 Pfund Theer dort reichlich 2 Pfund Coke ersetzt, und dass die Verbrennung vollständig rauchlos erfolgt. Der Director der Gasanstalt in Gaudenzdorf, G. Fähndrich, der auch gegenwärtig in zwei Anstalten ausschliesslich Theerheizung eingeführt hat, macht darauf aufmerksam, dass die Qualität des angewandten Theers auf die Resultate sehr von Einfluss sei. Bei Verwendung von dickem Theer habe er ungünstige Resultate gehabt, es ersetzte 1 Pfund Theer kaum 1 Pfund Coke, — bei dünnflüssigem Theer dagegen ersetzte 1 Pfund Theer bis zu 3¼ Pfund Coke. Man solle den dickflüssigen Theer desshalb vom dünnflüssigen sondern, und ersteren hauptsächlich zur Anfeuerung verwenden. Eine geringe Menge Wassers im Theer sei nicht nachtheilig. Auch habe er gefunden, dass das in einem bestimmten Gewicht Theer enthaltene Oel nahezu dasselbe leiste, als der Theer selbst.

Seit längerer Zeit hat der Theer ferner eine sehr umfangreiche Verwendung bei der Fabrikation der Dachpappe (Theerpappe, Steinpappe), sowie des Dachfilzes gefunden, bei welcher die zur Bedachung bestimmten Materialien einfach mit Theer getränkt werden. Die vorzüglichste Dachpappe ist bis jetzt die Quadrat- oder Tafelpappe, die wie gewöhnliches Handpapier mit der Hand geschöpft und in der Luft getrocknet, in möglichst wasserfreiem Theer gesotten wird. Die Maschinen- oder Rollpappe, nach Art des Maschinenpapiers hergestellt, und durch Walzen gepresst, wird durch heissen Theer gezogen und dann nochmals gepresst, um den übrigen Theer zu entfernen. Die Imprägnirung geschieht hier bei Weitem nicht so vollkommen, als bei der Tafelpappe. Der Dachfilz wird auf trockenem Wege aus den Abfällen der Flachsspinnerei hergestellt und ebenfalls durch Theer gezogen: die Verbindung des Theers mit diesem Filze ist eine sehr lose, so dass derselbe bald von der Luft ausgesogen und locker wird. Ein gutes Theerpappendach ist eine vortreffliche Eindeckung, man darf aber nicht unterlassen, es während der ersten Jahre oftmals zu theeren, so dass sich eine dicke Kruste darauf bildet. Wo man schlechte Erfahrungen gemacht hat, liegt die Schuld immer daran, dass man mit dem Theer gespart hat.*)

Die Anwendung des Theers zum Anstrich für Holz, Mauerwerk und Metall ist allgemein bekannt. Für Holz ist er am wenigsten zu empfehlen; dagegen eignet er sich vortrefflich zum Schutz von Mauerwerk gegen Feuchtigkeit, wenn man ihn vorher entwässert. Auf Metall trägt man ihn am besten heiss auf; er bildet dann einen glänzenden, lackartigen Ueberzug.

In der Landwirthschaft wird der Theer als Mittel gegen Ungeziefer empfohlen. Man mischt Erde mit etwa 4% Theer, und umgiebt die zu schützenden Pflanzen mit Schichten von diesem Gemisch. Schnecken und Insecten sollen dadurch vollständig abgehalten werden. Auch gegen die Kartoffelfäule soll der Theer ein wirksames Schutzmittel sein. In Schottland begiesst man den Dünger für die Kartoffelfelder schichtenweise mit Theer, man hat auch Erde mit 2% Theer gemischt, und in dieser Erde Kartoffel gebaut.

Aerzte wollen Wunden, welche bereits in Fäulniss und Brand übergegangen waren, durch Auftragen einer Mischung von Gyps und Theer geheilt haben.

Da der Theer eine Menge flüchtiger Substanzen von verschiedenen Siedepunkten enthält, so gehen bei seiner Destillation Flüssigkeiten von beständig wechselnder Zusammensetzung über, in der Weise, dass im Destillat die flüchtigeren Bestandtheile an Menge beständig ab, die minder flüchtigen beständig zunehmen. Folgendes ist eine Uebersicht der wesentlichsten Substanzen nebst Angabe ihrer Zusammmensetzung und ihres Siedepunktes:

Benzol	$C_{12} H_6$	siedet bei	80—81°
Toluol	$C_{14} H_8$	,, ,,	110°
Pyridin	$C_{10} H_5 N$	,, ,,	115° (120)
Xylol	$C_{16} H_{10}$	,, ,,	126°
Picolin	$C_{12} H_7 N$	,, ,,	133°
Cumol	$C_{18} H_{12}$	,, ,,	148°
Lutidin	$C_{14} H_9 N$	,, ,.	154°
Cymol	$C_{20} H_{14}$	,, ,,	171°
Collodin	$C_{16} H_{11} N$	,, ,,	179°
Anilin	$C_{12} H_7 N$	,, ,,	182°
Carbolsäure	$C_{12} H_6 O_2$	,, ,,	184°
Naphtalin	$C_{20} H_8$	,, ,,	212 (220)°
Leucolin	$C_{18} H_7 N$	,, ,,	239°
Lepidin	$C_{20} H_{11} N$	,, ,,	255°
Cryptidin	$C_{22} H_{13} N$	,, ,,	274°
Paranaphtalin	$C_{30} H_{12}$	,, ,,	300°
Paraffin	$C_{24} H_{24}$	,, ,,	370°

Die Rosolsäure und Brunolsäure sind meines Wissens nur ein einziges Mal nachgewiesen worden. Die ersten gründlichen Belehrungen über die Natur des Theeres verdanken wir Runge aus dem Jahre 1834. Er beschrieb namentlich die drei in dem Theer vorhandenen Säuren, die Carbolsäure, Rosolsäure und Brunolsäure, sowie von den basischen Bestandtheilen das Anilin und Leucolin. Die Carbolsäure ist farblos, krystallisirt bei niedriger Temperatur in langen Prismen; die Krystalle schmelzen erst bei + 35° und sieden bei 184°. Specifisches Gewicht = 1,06. Hat einen eigenthümlichen, dem Bibergeil ähnlichen Geruch und einen brennend ätzenden Geschmack, reizt die Haut und ist sehr giftig. Ist als Säure sehr schwach. Man stellt sie

---

*) „Die Eindeckung mit Theerpappe" von L. Degen. München 1859 bei Ch. Kaiser.

aus Steinkohlentheer dar*), indem sie vorzüglich zwischen 150 und 200° übergeht. Das Destillat dieser Periode wird mit einer heissgesättigten Lösung von Kalihydrat und mit festem gepulvertem Kalihydrat versetzt; wodurch es zu einer weissen, teigartigen Masse erstarrt; auf nachherigen Zusatz von Wasser scheidet sich ein Oel aus, während das carbolsaure Kali in Wasser gelöst bleibt. Die wässrige Lösung wird mit Salzsäure versetzt, die Carbolsäure, welche sich ausscheidet, mit Wasser gewaschen, über Chlorcalcium getrocknet und endlich wiederholt rectificirt. Die Brunolsäure bildet eine asphaltähnliche, glasige, glänzende Masse, die sich leicht zu Pulver zerreiben lässt. Sie wird bei der Darstellung von Carbolsäure erhalten, indem 12 Theile Steinkohlentheeröl, 2 Theile Kalk und 50 Theile Wasser gemischt unter öfterem Umschütteln sich überlassen werden. Der Kalk verbindet sich mit der Carboläure, welche durch Salzsäure als ein braunes Oel aus der Flüssigkeit gefällt wird. Diese unreine Carbolsäure wird mit Wasser gewaschen und mit Wasser vermischt der Destillation unterworfen, bis etwa ein Drittheil des Oeles übergegangen ist. Das Uebergehende ist Carbolsäure, während der schwarze, zähe Rückstand aus zwei Säuren, der Brunolsäure und der Rosolsäure besteht. Er wird mit Wasser so lange gekocht, als noch ein Geruch nach Carbolsäure vernehmbar ist, hierauf in sehr wenig Alkohol gelöst und mit Kalkmilch vermischt. Es entsteht eine schöne rosenrothe Lösung von rosolsaurem Kalk, während ein brauner Niederschlag von brunolsaurem Kalk zu Boden fällt. Derselbe wird durch Salzsäure zersetzt und mit Kalkmilch wieder niedergeschlagen, wodurch eine Beimengung von Rosolsäure wieder entfernt wird, welche gelöst bleibt. Die Brunolsäure wird dann in kaustischer Natronlauge gelöst, mit Salzsäure wieder gefällt, gewaschen und in Alkohol gelöst und dieser verdunstet. Die Rosolsäure ist eine harzige, pulverisirbare Masse von orangegelber Farbe, löslich in Alkohol, unlöslich in Wasser. Zu ihrer Darstellung kann man entweder das zur Gewinnung der Brunolsäure angegebene Verfahren einschlagen oder man behandelt das Steinkohlentheeröl mit Kalkmilch, verdampft die rohe Kalkverbindung im Wasserbade bis fast zur Syrupsdicke und vermischt mit etwa ⅓ Alkohol. Nach einigen Tagen scheiden sich an den Wandungen des Gefässes hochroth gefärbte Krystalle von rosolsaurem Kalk ab, welche man durch wiederholtes Auflösen in Wasser, Abdampfen, Zerlegen mit Essigsäure und Wiederauflösen in Kalkmilch reinigt. Zuletzt wird die Rosolsäure durch Essigsäure aus dem Kalksalze abgeschieden. Das Anilin ist eine wasserhelle, leicht bewegliche Flüssigkeit von ölartiger Beschaffenheit, schwachem, nicht unangenehmen, weinartigen Geruch und aromatisch brennenden Geschmack. Wird bei − 20° noch nicht fest, verdampft bei allen Temperaturen. Specifisches Gewicht = 1,02. Aus dem sogenannten schweren Oel des Steinkohlentheers gewinnt man es, wenn man dieses mit concentrirter Salzsäure schüttelt und dasselbe dann mit einem Ueberschuss von Kalkhydrat destillirt. Das Destillat ist meist Anilin und Leucolin. Man löst es wieder in Salzsäure und zerlegt die concentrirte Lösung durch Kalihydrat. Das auf die Oberfläche steigende Oel wird mit der Pipette abgenommen und von Neuem destillirt, indem man die Vorlage wechselt, sobald das Destillat mit unterchlorigsaurem Kalk keine blaue Färbung mehr hervorbringt. Das in der ersten Vorlage gesammelte Oel besteht grösstentheils aus Anilin; es enthält aber auch Ammoniak, Picolin und Leucolin. Um das Anilin vollkommen rein zu erhalten, löst man das Gemenge in einer heissen alcoholischen Lösung von Oxalsäure. Beim Erkalten scheiden sich Nadeln von oxalsaurem Anilin aus. Wenn man dies Salz durch ein Alkali zersetzt, die abgeschiedene Base durch geschmolzenes Kalihydrat entwässert und wieder destillirt, so erhält man das Anilin rein. Das Leucolin ist eine farblose Flüssigkeit von unangenehmen, an Bittermandelöl erinnerndem Geschmack, von specifischem Gewicht = 1,081. Um es darzustellen wird das schwere Theeröl mit concentrirter Salzsäure eine Zeit lang geschüttelt und die erhaltene Lösung, nachdem sie filtrirt ist, in einem kupfernen Destillirapparate mit einem Ueberschuss von Kalkmilch gemischt und destillirt. Das Destillat enthält Ammoniak, Picolin, Anilin und Leucolin, und ist stets noch mit indifferenten

*) Dieses und die folgenden Darstellungs-Verfahren sind meist dem Handwörterbuch der reinen und angewandten Chemie von Dr. J. v Liebig, Dr. J. C. Poggendorff und Dr. Fr. Wöhler entnommen.

Oelen gemischt, die man abscheidet, indem man die concentrirte Lösung mit Aether behandelt oder die verdünnte Lösung eine Zeit lang im Sieden erhält. Wird sie alsdann eingedampft und mit Kalihydrat versetzt, so steigen die Blasen als homogene Oelschicht auf die Oberfläche der gebildeten Chlorkaliumlösung. Unterwirft man dieses Oel der Destillation, so gehen zuerst etwas Ammoniak und Picolin, wenn solche vorhanden, alsdann Anilin und endlich bei ziemlich hoher Temperatur das Leucolin über. Da die Siedepunkte des Anilins 182° und des Leucolins 239° ziemlich weit auseinander liegen, so gelingt es, beide Körper durch Destillation von einander zu trennen.

Eine weitere, mit dem Anilin isomere Substanz, das Picolin, ist im Jahre 1846 von Anderson dargestellt worden. Dies ist ein farbloses, dünnflüssiges, leicht bewegliches Oel vom spec. Gew. = 0,95, es riecht durchdringend und etwas aromatisch, bei grosser Verdünnung ist der Geruch eigenthümlich ranzig, und hängt an den Händen und Kleidern hartnäckig an. Bleibt noch bei — 18° flüssig. Der Steinkohlentheer wird destillirt, und das zuerst übergehende Oel mit concentrirter Schwefelsäure geschüttelt. Beim Stehen scheidet sich ein wenig gefärbtes Oel ab, und darunter ein schwarzes Magma. Dieses wird in Wasser gelöst, und das Filtrat mit Ammoniak gesättigt, wobei sich Nichts abscheidet. Wird die Flüssigkeit dann destillirt, so gehen die Basen mit den ersten Portionen Wasser über, und sondern sich in der Vorlage als eine ölige in dem Wasser zu Boden sinkende Schicht aus, welche dickflüssig und von dunkelbrauner Farbe ist; dieselbe enthält Picolin, Anilin und andere basische Körper. Um die letzteren zu trennen, wird das ganze Destillat von Oel und Wasser nochmals vorsichtig rectificirt, bis etwa ¼ des Oeles übergegangen ist. Dieses wird mit Schwefelsäure übersättigt, dass es sehr sauer reagirt, wobei alles Pyrrhol mit den Wasserdämpfen fortgeht, während die übrigen Basen in dem wässerigen Rückstand bleiben. Wird der letztere mit Kalihydrat übersättigt und destillirt, so finden sich die Basen theils in dem übergegangenen Wasser, theils darauf schwimmend. Aus dem wässrigen Destillat scheidet sich auf Zusatz von Kalihydrat eine weitere ölige Schicht ab; diese wird über geschmolzenem kaustischem Kali getrocknet, so lange dasselbe noch feucht wird, und dann rectificirt. Es wird als Destillat ein farbloses Oel erhalten; das zuerst übergehende ist reines Picolin, später geht auch Anilin mit über, doch ist dies leicht zu entdecken, weil es mit Chlorkalklösung eine blaue Färbung erhält.

Ferneres Verdienst um die Kenntniss der Theerbasen hat Williams. Er wies namentlich die weiteren Basen der Pyridin- und Leucolin-Reihe, das Pyridin, Lutidin, Collodin, und das Lepidin und Cryptidin nach. Es würde hier zu weit führen, das Darstellungsverfahren für alle diese Stoffe mitzutheilen, und kann um so eher davon abgestanden werden, als die Quantitäten, in denen die Stoffe vorkommen, so äusserst gering sind, dass sich eine praktische Bedeutung derselben zunächst nicht als wahrscheinlich annehmen lässt.

Der Hauptforscher für die neutralen Stoffe im Steinkohlentheer war Mansfield im Jahr 1849. Vor ihm war das Naphtalin bekannt, das Paranaphtalin von Dumas entdeckt und von Laurent weiter untersucht, auch hatte Laurent bereits über das Chrysen und Pyren Mittheilungen gemacht. Das Naphtalin, ein in quantitativer Hinsicht höchst wesentlicher Bestandtheil des Theers, ist ein farbloser, durchsichtiger, krystallinischer Körper von 1,05 spec. Gewicht und brennend aromatischem Geschmack. Es ist unlöslich in kaltem Wasser; mit heissem Wasser gekocht, wird dieses milchig, und das Filtrat hat einen schwachen Geruch und Geschmack nach Naphtalin. Es löst sich wenig in kaltem und wasserhaltigem Weingeist, leicht in siedendem, starkem Alkohol. Aus verdünnten Lösungen krystallisirt es meistens in dünnen Tafeln oder Blättchen. In Aether, flüchtigen und fetten Oelen ist es leicht löslich. Es schmilzt bei 79°; an der Luft verdampft es schon bei gewöhnlicher Temperatur in geringer Menge. Man stellt es leicht her. Aus dem ersten leichten Oel schon scheidet sich ein Theil desselben bei — 10° ab, das darauf folgende dickflüssigere Destillat erstarrt schon bei gewöhnlicher Temperatur in Folge seines grossen Naphtalingehaltes, und aus diesem gewinnt man es auch durch nochmaliges Destilliren bei nicht zu hoher Temperatur. Das Paranaphtalin ist gleichfalls ein fester Körper, der bei 180° schmilzt, bei 300° siedet, und unzersetzt sublimirt, aus siedendem Alkohol schlägt es sich in Flocken nieder. Es geht nach dem Naphtalin über, und man stellt es aus dem Destillat dar, indem man dasselbe in Terpentinöl löst, und es aus dieser Lösung bei einer Temperatur von 10° auskrystallisiren lässt. Das Chrysen ist nach Laurent ein reines gelbes Pulver ohne Geruch und Geschmack. Es ist das letzte Destillationsproduct. Man destillirt in einer Retorte ⅘ vom Theer ab, füllt das zurückbleibende Fünftel in eine kleine Retorte und destillirt auf's Neue. In dem dickflüssigen Destillat scheiden sich allmählig Schuppen von Pyren aus, es wird entfernt, und stärker erhitzt, bis der Inhalt der Retorte in Kohle verwandelt ist. In dem Hals der Retorte und theilweise in der Vorlage findet man eine rothgelbe Substanz, die, indem man den abgeschnittenen Retortenhals inwendig mit Aether befeuchtet, mit einem Draht sich ablösen lässt. Sie besteht aus Chrysen, verunreinigt durch dickes Brandöl, Pyren und einem rothen Körper. Man zerreibt es mit Aether, welcher diese Substanzen aufnimmt und Chrysen zurücklässt, welches durch Waschen mit Aether auf dem Filtrum gereinigt wird. Es schmilzt bei 230—235°, und erstarrt beim Erkalten zu einer aus platten Nadeln verwebten Masse, die dunkler gefärbt ist als ungeschmolzenes Chrysen. Ist unlöslich in Wasser und Alkohol, und fast unlöslich in Aether. Mit concentrirter Schwefelsäure färbt es sich rothbraun und stellenweise violett, und löst sich beim Erhitzen mit schön dunkelgrüner Farbe darin auf.

Mansfield wies die Gegenwart von Benzol, Toluol, Cumol und Cymol im Steinkohlentheer nach. Das Benzol (Benzin) ist eine klare farblose Flüssigkeit von eigenem, angenehm ätherischem Geruch von 0,85 spec. Gewicht, leicht entzündlich, mit leuchtender Farbe brennbar. Bei 0° erstarrt es zu einer krystallinischen Masse, ähnlich dem weissen Wachs, die bei 7° wieder liquid wird. Im Wasser nahezu unlöslich, in Aether und Alkohol leicht löslich. Von Kalium, den concentrirten Säuren und Alkalien wird es nicht verändert. Mit wasserfreier Schwefelsäure und rother rauchender Salpetersäure geht es Verbindungen ein. Man stellt es dar, indem man das unter 90° übergehende Destillat mit etwa ¹⁄₁₀ seines Volumens starker Salpetersäure und nachher mit Schwefelsäure behandelt, um alle vorhandenen basischen Substanzen zu entfernen, den braunen Farbstoff zu oxydiren und diejenigen neutralen Oele zu entfernen, welche sich mit Schwefelsäure verbinden. Das Benzol widersteht der Einwirkung der Schwefelsäure. Die Salpetersäure unterstützt die Entfernung der oxydirbaren Substanzen, und macht durch Bildung von Nitrobenzol zugleich den Geruch angenehmer. Nach der Trennung von der Säure ist das Oel noch einmal zu destilliren, wobei wieder die unter 90° übergehende Flüssigkeit zurückbehalten wird. Das Destillat muss hierauf mit Vitriolöl versetzt, vollkommen farblos bleiben und die Säure darf keine dunklere Farbe annehmen, als strohgelb; sollte die Farbe dunkler sein, so muss der Prozess wiederholt werden. Das Oel wird hierauf mit Wasser und zuletzt mit einer alkalischen Lösung gut gewaschen. Zur weiteren Reinigung benutzt man am besten das Gefrieren desselben. Man kann es einer Temperatur von — 20° aussetzen (welche man leicht durch eine Mischung von Eis und Salz erhält) den festen Theil abfiltriren, auspressen und schliesslich durch Chlorcalcium trocknen. Das Toluol ist gleichfalls farblos und dünnflüssig und hat das spec. Gewicht 0,84. Es riecht ätherartig, schmeckt brennend; ist in Wasser unlöslich, luftbeständig, entzündlich. Aehnlich in Farbe, Geschmack und Geruch ist das Cumol. Das Cymol ist gleichfalls farblos, von citronenartigem Geruch und 0,86 spec. Gewicht.

Die von Mansfield ausgeführten Versuche wurden später 1854 namentlich von Ritthausen wiederholt und bestätigt. Das leichte Theeröl wurde, nach vorheriger Reinigung von flüchtigen Basen mittelst verdünnter Schwefelsäure, durch oft wiederholte fractionirte Destillation zerlegt. Die so erhaltenen einzelnen Flüssigkeiten von constantem Siedepunkt bräunten sich nach einiger Zeit, von den die Bräunung verursachenden Verunreinigungen wurden sie durch wiederholtes Schütteln und Destilliren mit trockenem Aetzkali und nochmalige wiederholte Rectification befreit. Er erhielt so bei 80—81° siedendes Benzol, bei 110 bis 110,5° siedendes Toluol, und bei 139—140° siedendes Cumol; am reichlichsten schien das Toluol vorhanden zu sein, in geringer Menge das Cumol, in noch geringerer das Benzol. Ausser einer sehr kleinen Menge Cymol gelang es Ritthausen, auch das Xylol, eine dem Cymol ausserordentlich ähnliche Substanz darzustellen.

Das Paraffin, ein von Reichenbach 1830 entdeckter, und von Young 1850 in die Industrie eingeführter, höchst interessanter Körper findet sich nur in dem aus Cannelkohlen dargestellten Gastheer. Es ist eine sehr indifferente Substanz, welche daher auch ihren Namen trägt (parum affinis). Es krystallisirt in zarten Nadeln und Blättern von weisser Farbe, ist vollkommen geruch- und geschmacklos, weich und zerreiblich und fühlt sich weich und fettig an. Sein spec. Gewicht ist = 0,87. Es schmilzt bei 47° zu einem farblosen Oele, welches zu einer blätterig krystallinischen Masse, dem Wallrath ähnlich, erstarrt. In Wasser ist es unlöslich. 100 Theile siedenden Alkohols lösen 3,5 Theile desselben, welche sich aber beim Erkalten fast vollständig wieder abscheiden; in Aether und Oelen dagegen ist seine Löslichkeit weit bedeutender. Concentrirte Schwefelsäure, gewöhnliche Salpetersäure und Chlor sind ohne Wirkung auf das Paraffin. Um es aus Steinkohlentheer darzustellen, zerstört und verkohlt man die meisten beigemengten Substanzen durch Erhitzen mit concentrirter Schwefelsäure und lässt die ganze Masse bei einer Temperatur von 50°—60° einige Zeit stehen, worauf sich das Paraffin an der Oberfläche als eine ölige, beim Erkalten erstarrende Schicht abscheidet. Nach wiederholtem Auspressen zwischen Fliesspapier krystallisirt man es aus siedendem Weingeist um, woraus es sich beim Erkalten in fettglänzenden Nadeln abscheidet.

Kehren wir nach dieser kurzen Abschweifung aus dem Laboratorium zu unserm Fabrikbetriebe zurück. Die Industrie stellt sich nicht die Aufgabe, die genannten einzelnen Bestandtheile rein aus dem Theer zu gewinnen, sondern sie begnügt sich damit, Gruppen derselben abzuscheiden, und stellt zunächst meist nur zwei Destillate her, von denen das eine leichter, das andere schwerer ist als Wasser.

Die Destillation geschieht in grossen eisernen Retorten, welche über freiem Feuer erhitzt werden. Die zuerst übergehenden Stoffe sind Ammoniak und andere permanente Gase; bei steigender Temperatur geht Wasser beladen mit verschiedenen Ammoniakverbindungen über, begleitet von einem stinkenden gelben oder braunen Oele, das auf der Oberfläche des Wassers schwimmt. Dieses ölartige Destillat nimmt allmählig an Menge und Schwere zu, während das Wasser in immer geringerer Menge auftritt und bald ganz verschwindet. Nach einiger Zeit destillirt ein Oel über, das im Wasser untersinkt, worauf die Vorlage gewechselt wird. Wenn etwa 20% des Theers übergegangen sind, wird die Destillation unterbrochen. Der gebliebene Rückstand wird, so lange er noch warm ist, aus der Retorte abgelassen. Er gesteht beim Erkalten zu einer spröden, glasartigen Masse, welche den Namen »Theerpech oder künstlicher Asphalt« führt.

Man erhält durch solche Destillation drei verschiedene Producte:

      1) das leichte Theeröl,
      2) das schwere Theeröl, und als Rückstand
      3) das Theerpech (Asphalt).

Das leichte Theeröl wird behufs weiterer Reinigung durch Einleiten von Wasserdampf rectificirt. Das Destillat wird mit Schwefelsäure geschüttelt und das in der Ruhe sich wieder über der Schwefelsäure sammelnde Oel abgegossen, sodann mit ein wenig Kalilauge versetzt, um etwa vorhandene Säure abzustumpfen und auf's Neue rectificirt. Das Oel muss dann seinen widrigen Geruch verloren haben und beständig farblos bleiben. Ist dies nicht der Fall, so muss man dieselbe Procedur noch einmal wiederholen. Das so gereinigte Oel wird zum Brennen in Camphinlampen, sowie zum Auflösen von Asphalt, Kautschuk und anderen Harzen verwandt.

Die Behandlung mit Schwefelsäure hat zum Zweck, die basischen Bestandtheile des rohen Oels, sowie das Naphtalin zu entfernen, während durch die Kalilauge etwa vorhandene Carbolsäure (Brunolsäure und Rosolsäure?) gebunden wird. Das auf die angegebene Weise gereinigte Oel stellt ein Gemenge von verschiedenen Kohlenwasserstoffen dar; es enthält Benzol, Toluol, Xylol, Cumol und Cymol.

Wenn auch die genannten Körper eine grosse Aehnlichkeit mit einander haben, so zeichnet sich doch das Benzol durch mehrere Eigenschaften vortheilhaft vor den übrigen aus, wesshalb man dasselbe, wenn es in grösserer Menge im Oele enthalten ist, aus diesem abscheidet. Das Gemenge beginnt bei ohngefähr 90° zu sieden; die entweichenden Dämpfe zeigen dieselbe qualitative Zusammenstellung wie die ursprüngliche

17*

Flüssigkeit, und nur die quantitative Zusammensetzung erscheint geändert, indem die flüchtigeren Körper, wie das Benzol, in dem zuerst übergehenden Antheil überwiegen. Der Siedepunkt steigt ununterbrochen bis auf 170° und gleichzeitig nimmt in den entweichenden Dämpfen die Menge der flüchtigeren Bestandtheile beständig ab, die der minder flüchtigen zu. Die Apparate, welche zur Darstellung des Benzols dienen, sind dem Princip nach identisch mit denen, welche zur Spiritusfabrikation gebraucht werden. Durch zweckmässig eingerichtete Refrigeratoren werden aus den entweichenden Dämpfen zunächst die schwerer flüchtigen Bestandtheile condensirt, um wieder zur ursprünglichen Masse zurück zu gelangen, und zwar so, dass die in den letzten Theil des Abkühlungsapparates gelangenden Dämpfe nahezu reines Benzol darstellen, welches hier erst verdichtet und aufgefangen wird.

Auf einer mir bekannten Theerölfabrik ist zur Darstellung von Benzin für Carburationsversuche zwischen der Destillirblase und dem Kühlfass eine Kufe mit Wasser eingeschaltet, welches durch einen unterhalb stehenden kleinen Dampfkessel erwärmt wird. Durch dieses Wasser hindurch geht in möglichst langen Windungen das Bleirohr, in welchem die Oeldämpfe aufsteigen, um sich dann, wenn sie durch dieses Rohr, das also immer die Temperatur des Wassers haben muss, hindurch gegangen sind, im Kühlfasse zu verdichten. Da nun die Temperatur in der Kufe nie über 100° steigen kann, so können auch keine solchen Producte übergehen, deren Siedepunkt über 100° liegt, diejenigen ausgenommen, welche mechanisch mit übergerissen werden. Damit dies möglichst vermieden wird, muss die Kufe gross und das Bleirohr sehr lang sein.

Die Anwendung des Benzins ist vielfältig. Zunächst besitzt es, wie bereits erwähnt worden ist, die Eigenschaft, manche Stoffe, z. B. Harze, Wachs, Fette, ätherische Oele, Kautschuk und Guttapercha leicht und in grosser Menge aufzulösen. Daher hat es seinen Weg in die Kunstwäschereien gefunden, die in neuester Zeit wirklich Vorzügliches leisten und ihren Ruf grossentheils dem Benzin verdanken. Die Wäsche geht nicht allein sehr rasch von Statten, sondern es leidet auch weder der Glanz, noch die Appretur der Stoffe; auch brauchen die Kleidungsstücke nicht erst zertrennt zu werden. Kleinere Stücke taucht man einfach in Benzin ein und trocknet sie darauf; grössere werden mit einem mit Benzin angefeuchteten Lappen abgerieben. Ebenso vorzüglich ist das Benzin zum Entfernen einzelner Flecke, nur muss man darauf bedacht sein, dass der mit Benzin getränkte Fleck mit einem reinen Lappen von Wolle oder Leinwand so in Berührung gebracht wird, dass der aufgelöste Schmutz in dasselbe eindringen kann. In der Galvanoplastik benutzt man das Benzin, indem man Wachs oder Harz darin auflöst und diejenigen Theile der Form damit bedeckt, welche nicht mit Metall überzogen werden sollen. Auch kann man damit Papier, selbst ziemlich dickes Schreibpapier, durchscheinend machen, ohne dass dasselbe die Eigenschaft verliert, Dinte, Tusche und Bleifeder anzunehmen, so dass man sich mit Leichtigkeit jedes Papier zum Durchzeichnen bereiten kann, wenn man dasselbe mittelst eines mit Benzin befeuchteten Lappens tränkt. Die Landwirthe zeichnen bekanntlich ihre Schafe mit Theer, weil dieser dem Einfluss der atmosphärischen Luft gut widersteht. Bei der Schur lässt sich dieser Theer mit Benzin leicht wegbringen, so dass weder die übrige Wolle beschmutzt wird, noch die betreffenden Stellen brauchen weggeworfen zu werden. Für Uhrmacher und Mechaniker ist das Benzin ein Mittel, um ranzig gewordenes Oel aus den Lagern und von den Zapfen der Maschinentheile zu entfernen. Für alle Auflösungen hat das Benzin, besonders dem Terpentinöl gegenüber, den grossen Vorzug, dass es leicht verfliegt, ohne einen Geruch zu hinterlassen. Das Terpentinöl verwandelt sich namentlich durch Aufnahme des atmosphärischen Sauerstoffs sehr leicht und verharzt, wodurch es allen Gegenständen einen anhaltend unangenehmen Geruch mittheilt, da das entstandene Product nicht mehr flüchtig ist. Ausserdem werden selbst die zartesten Gewebe nicht im Geringsten vom Benzin affizirt, sondern sehen selbst neue oft viel schöner aus, wenn dieselben vor dem Verkauf mit Benzin gewaschen werden, wie dies z. B. in England namentlich mit Teppichen häufig geschieht, damit das bei der Fabrikation in das Gewebe gedrungene Fett wieder entfernt werde und die Farben in ihrer ganzen Pracht hervortreten. Die dritte Eigenschaft, welche dem Benzin Absatz verschafft, ist diejenige, dass es vermöge seiner grossen Flüchtigkeit im Stande ist, kohlenstoffärmere Gasarten, selbst atmosphärische Luft, leuchtend zu machen, indem man diese mit seinen Dämpfen sättigt. Die Gas-Carburation, die namentlich von Paris aus cultivirt wird, beruht auf der Anwendung des Benzins. *) Und zwar wird für diesen Zweck das flüchtigste Benzin am höchsten geschätzt; dasjenige, was gewöhnlich im Handel vorkommt, ist fast gar nicht zu gebrauchen, da es sich nur zum geringsten Theile verflüchtigt, während die Hauptmasse unthätig zurückbleibt und für die Carburation werthlos ist.

Mit rother, rauchender Salpetersäure geht das Benzin eine Verbindung ein, indem ein Aequivalent Wasserstoff durch Untersalpetersäure N O_4 ersetzt wird. Man sättigt die Salpetersäure in kaltem Zustande mit Benzin, und versetzt die ölartige klare Flüssigkeit von granatrother Farbe mit viel Wasser. Der sich bildende specifisch schwerere Körper setzt sich am Boden des Gefässes ab, und wird durch Wasser und Soda von der anhängenden Säure befreit. Das entstehende Product heisst Nitrobenzin und ist ein ölartiger Körper von eigenthümlichem, dem Bittermandelöl ähnlichem Geruch, der in der Parfümerie, Seifen- und Liqueurfabrikation ausgedehnte Verwendung findet. In Frankreich verkauft man es unter dem Namen Houille de Mirbane oder Essence de Mirbane. Ein Product, welches man als Rückstand bei der Rectification des Nitrobenzins erhält, liefert mit Alkohol zusammen eine neue ätherartige Substanz von angenehmen Ananasgeruch, die man gleichfalls schon zur Aromatisirung von Eis, Bonbons u. s. w. anwendet.

Seit man gelernt hat, aus dem Anilin jene schönen Farben darzustellen, welche in neuerer Zeit eine so ungeheure Bedeutung gewonnen, ist das Nitrobenzin als Ausgangspunct für die Fabrikation des Anilins von grösster Wichtigkeit geworden. Nitrobenzin lässt sich nemlich durch reducirende Körper in Anilin umwandeln. Nach Bechamp werden 2 Theile Nitrobenzin, 2 Theile Essigsäure und 3 Theile Eisenfeile mit einander destillirt; nach Zinin behandelt man eine mit Ammoniak gesättigte weingeistige Auflösung von Nitrobenzin mit Schwefelwasserstoff. Wöhler lässt zu einer in einer Retorte siedenden Auflösung von arseniger Säure in starker Natronlauge tropfenweise Nitrobenzin treten und behandelt das Destillat mit weingeistiger Oxalsäure. Vohl schlägt vor die Reduction des Nitrobenzols durch Lösung von Traubenzucker in concentrirter Kalilauge zu bewirken. Nach Kremer lässt sich Nitrobenzol durch Wasser und Zinkstaub, ohne Mitwirkung von Säure oder Alkali, in Anilin umwandeln. Wagner bringt Kupferoxydul-Ammoniak als Reductionsmittel in Vorschlag. Von allen Methoden hat diejenige von Bechamp in der Praxis die ausgedehnteste Anwendung gefunden. Man lässt die Eisenfeile und die Essigsäure auf Nitrobenzol einwirken, unter starkem Aufbrausen und Freiwerden von Wärme bilden sich Eisenoxyd und essigsaures Anilin und hieraus gewinnt man das reine Anilin durch Destillation mit Kalkhydrat.

Das Anilin hat die Eigenschaft, bei Luftzutritt seine Farbe zu ändern; es nimmt Sauerstoff auf, wird gelb und mit der Zeit braun; die weissen Salze des Anilins werden im feuchten Zustande an der Luft rosenroth, in Berührung mit oxydirenden Körpern giebt das Anilin, wie seine Salze violette, rothe und blaue Farben. So z. B. färben Chlorkalk oder unterchlorigsaure Alkalien die kleinste Menge Anilin veilchenblau, bei Zusatz einer Säure hochroth. Rauchende Salpetersäure verwandelt das Anilin unter gewissen Umständen in einen rothen, blauen oder grünen Körper. Chromsäure erzeugt nach der Concentration bald dunkelblaue, bald dunkelgrüne, bald schwarze Niederschläge. In gleicher Weise entstehen auch durch Chlor, chlorsaures Kali und Salzsäure etc. sehr charakteristische Farbenreactionen, welche alle in der Wissenschaft schon lange bekannt waren, aber so lange für die Praxis keine Bedeutung hatten, als man es nicht verstand, die Farbenveränderungen zu fixiren.

Das Anilinviolett **) wurde zuerst durch Perkins, Assistent bei Prof. Hofmann in London, im Jahre 1856 entdeckt, und mittelst doppeltchromsauren Kalis und Schwefelsäure aus dem Anilin dargestellt. Sein Verfahren, 1858 für England patentirt, bildete den Anfang der eigentlichen neuen Farbenindustrie.

---

*) Näheres über Carburation siehe Journal für Gasbeleuchtung.

**) Nach dem Bericht von Prof. Hofmann über die chemischen Producte der Londoner Ausstellung.

Später tauchten bald auch andere Darstellungsverfahren auf, Bolley, Beale und Kirkham empfahlen, eine verdünnte Chlorkalklösung auf eine kalte und gleichfalls verdünnte Lösung von salzsaurem Anilin einwirken zu lassen, Kai und Price schlugen vor, das Anilinsalz in Gegenwart einer Säure, ersterer mit Braunstein, letzterer mit Bleisuperoxyd zu oxydiren, Williams nahm übermangansaures Kali, Smith rothes Blutlaugensalz, Smith versuchte die wässerige Lösung eines Anilinsalzes mit Chlor- oder freier unterchloriger Säure, Dale und Caro mit Natrium-Kupferchlorid zu oxydiren. Als die wichtigsten dieser Oxydationsmittel haben sich in der Praxis das doppeltchromsaure Kali, der Chlorkalk und das Chlorkupfer herausgestellt. Von diesem Anilinviolett (Mauve, Indisin, Violin, Rosolan, Tyralin, Anileïn, Phenameïn) unterscheidet sich das Violet Imperial, welches Girard und de Laire durch Einwirkenlassen von doppelt chromsaurem Kali auf ein Gemenge von gleichen Gewichtstheilen Anilin und trocknem salzsaurem Rosanilin bei 180° darstellen. Eine weitere violette Farbe wird nach Nicholson durch vorsichtiges Erhitzen von Anilinroth bis auf 200—215° erhalten.

Das Anilinroth (Rosanilin, Fuchsin, Azaleïn, Magenta, Solferino, Roseïn) wurde zuerst von Prof. Hofmann in London hergestellt, indem er Anilin mit zweifach Chlorkohlenstoff erhitzte. Später sind auch für diese Farben viele andere Darstellungsmethoden aufgefunden und patentirt worden. Rénard und Franc wenden Zinnchlorid an, Gerber-Keller salpetersaures Quecksilberoxyd, Lauth und Depouilly Salpetersäure, Medlock Arsensäure, Williams phosphorsaures oder essigsaures Quecksilberoxyd u. s. w. Laurent und Casthelaz stellen die Farbe unter dem Namen Erythrobenzol direct aus dem Nitrobenzol dar.

Bei der Darstellung der rothen Farben aus Anilin bildet sich immer nur eine verhältnissmässig geringe Menge von Rosanilin; gleichzeitig entsteht stets eine harzige Substanz, aus welcher Nicholson einen prächtigen gelben Farbstoff, das Chrysanilin oder Anilingelb isolirte. Es ist ein gelbes Pulver, löst sich kaum im Wasser, leicht dagegen in Alkohol und Aether, und ist eine organische Base, die mit Säuren krystallisirbare Salze bildet. Die Darstellung des Chrysanilins ist sehr einfach. Der Rückstand von der Bereitung des Rosanilins wird mit Wasserdämpfen behandelt; sobald sich eine gewisse Menge der Base gelöst hat, fällt man durch Salpetersäure das Chrysanilin als schwerlösliches Nitrat. Schiff stellt das Anilingelb dar, indem er Antimonsäure- und Zinnsäurehydrat auf Anilin einwirken lässt.

Unter vielen Bedingungen giebt Anilin blaue Farbstoffe, die unter dem Einflusse gewisser Agentien in grüne Körper übergehen können. Es ist schwierig, mit Anilinsalzen umzugehen, ohne Efflorescenzen von blauer oder grüner Farbe sich bilden zu sehen. Anilin giebt eine schöne indigoblaue Farbe, wenn man dasselbe mit chlorsaurem Kali unter Zusatz von Salzsäure behandelt, ebenso auch durch die Einwirkung von chloriger Säure. Die frühesten Abhandlungen über Anilin von Fritzsche und Hofmann erwähnen häufig diese blaue Färbung. Dieselbe wird hervorgebracht durch Wasserstoffsuperoxyd (Lauth), durch Eisenchlorid und Ferridcyankalium (Kopp), durch Salzsäure und Mangansuperoxyd oder salpetersaures Eisenoxyd und Salzsäure (Scheurer-Kestner). Ein Product dieser Art wurde specieller von Calvert, Lowe und Clift untersucht, und Azurin genannt. Die meisten dieser blauen Körper haben die Eigenschaft, mit Säuren zusammengebracht, eine grüne Farbe (Anilingrün oder Emaraldin) anzunehmen, die durch Alkalien wieder in Blau übergeht.

Mischt man zu dem chlorsauren Kali ein Metallsalz, so erscheint die grüne Nuance so dunkel, dass sie auf den Namen Schwarz Anspruch hat. Wood und Wright wenden zu diesem Behufe Eisenoxydsalze an. Anilinschwarz wird auch durch die combinirte Einwirkung von chlorsaurem Kali und schwefelsaurem Kupferoxyd erzeugt.

Das Anilinbraun (Havannabraun) stellt man nach dem Patente von de Laire durch Erhitzen eines Gemenges von Anilinviolett oder Anilinblau mit salzsaurem Anilin bis auf 240° C. dar. Die Masse wird auf dieser Temperatur erhalten, bis ihre Farbe plötzlich in Braun übergeht.

Blaue Theerfarben von einem permanenteren Charakter, als die vorstehenden, und von unendlich grösserer Wichtigkeit in technischer Hinsicht, werden nach anderen Methoden erhalten. Die erste Reaction, welche Ainilnblau giebt, wurde durch die beiden Chemiker, Girard und de Laire entdeckt; Persoz, de Luynes und Salvetat haben später ähnliche Verfahren beschrieben. Die wichtigste Reaction, durch welche die genannten Chemiker die Anilinindustrie bereicherten, besteht darin, Rosanilinsalze oder ein Gemenge von Körpern, das Rosanilin zu bilden vermag, einige Stunden lang mit überschüssigem Anilin zu erhitzen. Das so erhaltene Blau ist unter dem Namen Bleu de Paris und Bleu de Lyon bekannt. Im festen Zustande erscheint das Anilinblau kupferglänzend, ohne die Beimischung von grün und gelb, welche das Anilinviolett und das Anilinroth characterisirt, obgleich in letzterem das Grün, in ersterem das Gelb vorherrscht. Fernere Darstellungsmethoden des Anilinblau sind aus Rosanilin und Aldehyd (Lauth), aus Rosanilin und rohem Holzgeist (Kopp), aus Rosanilin und alkalischer Schellacklösung nach Gros-Renaud und Schäfer, wodurch das sogenannte Bleu de Mulhouse sich bildet.

Ein Hauptvorzug*) der Anilinfarben vor anderen Farbstoffen liegt in dem bequemen, billigen Färben, und in dem leichten, beliebigen Nüanciren, welches sie gestatten.

Man theilt alle Farbstoffe nach der Art und Weise, wie sie auf Zeugen befestigt werden können, ein in substantive und adjective Farbstoffe. Unter substantiven Farbstoffen versteht man solche, welche die Eigenschaft haben, sich unmittelbar auf der Faser fixiren zu lassen, die hierzu nicht der Hülfe eines Mordants (einer Beize) bedürfen, z. B. Indigocarmin.

Die adjectiven Farbstoffe sind diejenigen, deren Fixirung nur durch Hülfe einer Beize, welche mit dem Farbstoff eine unlösliche und gefärbte Verbindung eingeht, geschehen kann; z. B. Krapp, Blauholz.

Die Anilinfarben verhalten sich der Seide und Wolle gegenüber als substantive Farbstoffe, sie färben Wolle und Seide direct, ohne dass sie vorher eine Beize erhalten haben.

Den Pflanzenfasern, wie Leinwand und Baumwolle gegenüber, sind sie adjective Farbstoffe. Der Grund liegt darin: Die Anilinfarbstoffe, stickstoffhaltig, haben die Eigenschaft, mit den stickstoffhaltigen Proteïnsubstanzen, wie Eiweiss, Kleber, Käsestoff, unlösliche Verbindungen zu bilden. Die zwei von den meist verwendeten Fasern aus dem Thierreiche, Wolle und Seide, gehören selbst zu den Proteïnstoffen, und diese braucht man daher, um sie zu färben, nur mit der Farbstoff-Auflösung in Berührung zu bringen, wo sie dann den Farbstoff herausziehen und sich mit ihm verbinden.

Die Baumwoll- und Leinenfaser muss vorher gebeizt werden.

Das Färben von Seide und Wolle geht ganz leicht vor sich, es hat durchaus keine Schwierigkeiten. Die Anilinfarbstoffe, die man im Handel jetzt vollkommen rein entweder in Lösung, oder en pâte, als teigförmige Masse, oder en poudre, im trocknen Zustande bezieht, werden zuerst in Weingeist gelöst und dann mit Wasser etwas verdünnt. Von diesen Auflösungen setzt man dann dem Wasserbade so viel hinzu, bis die gehörige Nüance erreicht ist. In der Regel setzt man auch etwas Säure, wie Schwefelsäure, Essigsäure oder Weinsteinsäure hinzu; ein zu grosser Zusatz von Säure schadet, indem der Farbstoff dann nicht gehörig angezogen wird, und auch öfters das Feurige der Farbe leidet. In den meisten Fällen wird heiss ausgefärbt; doch kann man z. B. mit Fuchsin auch kalt färben. Ist die gehörige Nüance erreicht, nimmt man den gefärbten Stoff heraus, wäscht ihn mit reinem Wasser ab und trocknet.

Das Färben von Baumwolle und Leinwand ist etwas schwieriger, als das von Wolle und Seide. Wie schon oben bemerkt, muss die Leinen- und Baumwollenfaser zuerst gebeizt werden; als Beizmittel wendet man Proteïnstoffe, wie Kleber, Albumin oder Käsestoffe an. Man löst z. B. den Käsestoff in Salmiakgeist und Wasser auf, netzt den Stoff vollkommen damit, lässt ihn ein verdünntes Bad in Essigsäure passiren, und färbt dann mit der Farblösung. Man hat auch eine Oelbeize in Anwendung gebracht, indem man in ein Porzellangefäss 1 Pfund Olivenöl bringt, diesem nach und nach 4 Loth Schwefelsäure und 1½ Loth Weingeist hinzusetzt, diese Mischung mit 10 Pfund Wasser verdünnt, und darein die Baumwolle bringt. Nach dem Beizen wird dieselbe abgewunden und in gelinder Wärme getrocknet. Die getrocknete Baumwolle wird

*) Dr. Feichtinger über die Anilinfarben, Journ. für Gasbel., Jahrgang 1865, S. 52 u. f.

dann in handwarmen, mit etwas Soda versetzten Wasser genetzt und darauf handwarm mit der Farbstofflösung ausgefärbt. Nach dem Färben spült man nicht, sondern trocknet gleich.

Auch eine Gerbstofflösung wurde mit Vortheil als Beize angewendet.

Man kann Zeuge auch mit den Anilinfarben bedrucken. Zum Druck auf Seide oder Wolle wird die Lösung des Farbstoffes einfach mit Gummiwasser verdickt. Zum Drucke auf Baumwolle wird Albumin zugesetzt. Für Halbwolle ist eine Mischung von Tragantschleim mit Leimwasser und Albumin (etwa in den Verhältnissen: 5 Tragantschleim, 5 Leimwasser, 1 Albumin) nothwendig.

Hieraus ist ersichtlich, dass das Färben, namentlich von Seide und Wolle, eine höchst einfache Arbeit ist und im Vergleiche mit dem frühern Färben wenig Zeit und wenig Mühe erfordert. Früher wurde die Wolle z. B. grün gefärbt, indem man dieselbe zuerst in der Regel blau färbte, dann in der Siedhitze mit Alaun oder Weinstein mordancirte und endlich in einem siedenden Wau oder Gelbholzbade ausfärbte oder man verfuhr umgekehrt, man begann mit dem Mordanciren und Gelbfärben, und schloss mit dem Ausfärben in einer heissen Indigküpe.

Früher waren also, um Wolle grün zu färben, eine Reihe von Operationen nothwendig, während diess jetzt mit einer einzigen Arbeit abgemacht werden kann.

Die Anilinfarbstoffe können aber auch zur Färbung von vielen andern Körpern verwendet werden, z. B. zum Färben von Schmuckfedern, Haaren, Bein, Horn, Holz etc.

Neben dem bequemen und einfachen Färben ist dasselbe auch billig. Auf den ersten Blick, bei Vergleichung der Preise der Anilinfarben mit denen von anderen Farbstoffen, scheint dies allerdings nicht der Fall zu sein, aber bedenkt man, dass die Farbstoffe überaus ergiebig sind, dass sich die Auflösung beim Färben fast gänzlich erschöpft, dass dann das Färben so wenig Arbeit erfordert, so reducirt sich der hohe Preis der Anilinfarben wesentlich.

Ein weiterer Vorzug der Anilinfarben besteht in dem beliebigen Nüanciren. Letzteres hat man ganz in der Gewalt, je nachdem man mehr oder weniger von der Lösung der Anilinfarbstoffe dem Wasserbade zusetzt, desto dunkler oder heller wird die Farbe.

Was die Farben selbst betrifft, so besitzen dieselben namentlich auf Seide eine Lebhaftigkeit, einen Glanz und eine Schönheit, wie sie mit andern Farbstoffen niemals erreicht werden kann. Namentlich färbt Fuchsin die Seide prachtvoll roth, ohne Beimischung von Violett, und mit Recht wird behauptet, dass in der ganzen Färberei an Lebhaftigkeit, Intensität und Reinheit kein Farbstoff mit dem Fuchsin zu vergleichen ist; es ist die schönste rothe Farbe auf Seide. Von eben solcher Schönheit und Feuer ist auch das Anilin-Violett, Blau und Grün. Namentlich zeichnet sich letzteres durch seine Lieblichkeit und Schönheit vor allen anderen grünen Farben aus. Sein Werth wird aber noch dadurch erhöht, dass es bei künstlichem Licht fast noch schöner grün als bei Tageslicht erscheint, während alle bekannten, durch Mischung von Blau und Gelb erzeugten grünen Farben bei künstlichem Lichte matt und mehr blau aussehen. Durch diese günstige Eigenschaft zeichnet sich das Anilingrün vor allen andern grünen Farben, mit Ausnahme des höchst giftigen Schweinfurtergrüns, aus.

Man hört nun öfters, dass die Schönheit der Anilinfarben vergänglich sei, dass sie unächte Farben seien, die ihre Frische und Glanz bald verlieren. Hiezu ist zu bemerken, dass die Anilinfarben, wenn sie auch keine vollkommen ächten Farbstoffe sind, immerhin viel haltbarer sind, als manche in der Färberei für Seide früher verwendeten zarten Farben, wie z. B. das Safflorroth, mit welchem früher das schönste Roth auf Seide hervorgebracht wurde. Aus der Erfahrung weiss man schon längst, dass eine Farbe um so weniger haltbar ist, je schöner sie ist, und zu den schönsten Farbstoffen gehören unstreitig die Anilinfarbstoffe.

Auf der Baumwollenfaser sind die Anilinfarben äusserst wenig haltbar, daher sie hier auch nicht viel in Anwendung kommen, und auch viele Fabrikanten von der ferneren Verwendung schon wieder abgestanden sind.

Die Anilinfarben vertragen ein Waschen mit kaltem Wasser, aber nicht mit heissem Wasser, Seife oder Soda, denn dadurch wird der Farbstoff gelöst.

Die Anilinfarben sind in neuester Zeit auch als giftige Farben verschrieen worden und man hat vor dem Tragen der mit Anilinfarbstoffen gefärbten Zeuge gewarnt. Man ist soweit gegangen, zu erzählen, dass eine Dame beim Liegen auf einem Zeuge, der mit einem Anilinfarbstoffe gefärbt war, von krankhaften Zufällen befallen wurde. Dies ist ungegründet; es kann allerdings das Fuchsin und die aus demselben bereiteten andern Anilinfarbstoffe im rohen Zustande Arsenik enthalten, weil zur Umwandlung des Anilins in Fuchsin Arseniksäure benützt wird. Arsensäure dient als oxydirende Substanz, wodurch die Arsensäure zum Theil durch Abgabe von Sauerstoff in arsenige Säure (weissen Arsenik) verwandelt wird. Letztere ist bekanntlich eine sehr giftige Substanz, die rohe Farbmasse enthält daher immer neben dem rothen Farbstoff arsenige Säure und Arseniksäure.

Das Anilinroth wird aber in dem rohen Zustande nicht von den Fabrikanten verkauft, sondern es wird in den Anilinfabriken der reine Farbstoff durch eine Reihe von Operationen in krystallisirtem Zustande abgeschieden und dadurch wird alles Arsenik entfernt. Es ist möglich, dass unreine Produkte vorkommen, d. h. es kann ein Fuchsin eine geringe Menge von arseniger Säure enthalten, wenn die Reinigung des Farbstoffs nicht bis zur vollständigen Entfernung aller arsenigen Säure durchgeführt wurde, diese kleine Menge hat aber keine Gefahr für die Zeuge, denn die Faser nimmt aus einer arsenikhaltigen Farblösung keinen Arsenik auf; Dr. Feichtinger hat einer Auflösung von Fuchsin absichtlich arsenige und Arsenik-Säure zugesetzt, und daraus Wolle ausgefärbt; die gefärbte Wolle wurde gut mit Wasser gewaschen, und im Marsh'schen Apparate auf Arsenik geprüft, aber es war nicht möglich, nur eine Spur zu finden. Dabei ist noch zu bemerken, dass die Färber das reine Fuchsin verwenden müssen, um schöne Farben zu erhalten. Man hat auch nie gehört, dass Färber eine üble Einwirkung beim Färben mit Anilinfarben verspürt hätten; wie übel wären diese daran, die fortwährend mit Anilinfarben in Berührung kommen.

Anders aber verhält es sich, wenn man Anilinfarben zum Färben von Liqueuren, Conditoreiwaaren oder überhaupt für Nahrungsmittel verwendet; hier ist es nothwendig, sich zu überzeugen, ob die Farben frei von Arsenik sind; hier sollte eine Untersuchung nie unterlassen werden.

Ausser den besprochenen Farben stellt man schon seit langer Zeit aus dem schweren Theeröl auch eine gelbe dar; die Pikrinsäure, auch Nitrophenylsäure oder Kohlenstickstoffsäure genannt. Man fängt zu diesem Behufe die Antheile des Oeles, welche zwischen 150 und 200° übergehen, und welche vorzugsweise Carbolsäure enthalten, gesondert auf. Man giebt in eine geräumige Porzellanschale 3—4 Theile Salpeter-Säure von 1,33 spec. Gewicht, erwärmt dieselbe bis 60°, und setzt dann nach und nach 4—5 Theile jenes Oeles langsam (um das Uebersteigen zu verhüten) hinzu. Sodann versetzt man die Masse noch mit 3—4 Theilen Salpetersäure und erhitzt bis zum Sieden. Die erhaltene Lösung wird langsam zuletzt im Wasserbade bis zur Syrupconsistenz eingedampft, worauf sie beim Erkalten zu einer weichen harzartigen Masse erstarrt. Diese wird mit kaltem Wasser abgewaschen, dann in kochendem Wasser gelöst, und zu der erhaltenen Lösung ein Wenig äusserst verdünnter Schwefelsäure hinzugefügt. Dadurch wird ein Harz ausgeschieden, welches durch Filtriren entfernt wird. Beim Erkalten krystallisirt dann die Pikrinsäure aus der Flüssigkeit heraus, und kann durch Umkrystallisiren noch weiter gereinigt werden. Die Pikrinsäure findet namentlich für Seide und Wolle Verwendung. Sie wird in wässeriger Lösung ohne vorherige Anwendung einer Beize gebraucht.

Ein weiteres Product, welches aus dem schweren Theeröl fabrikmässig dargestellt wird, ist das sogenannte Steinkohlentheerkreosot, nichts anderes als die Carbolsäure, von der das Darstellungs-Verfahren bereits angegeben worden ist. Die fäulnisswidrigen Eigenschaften des Kreosots sind bekannt. So wendet man auch das Steinkohlentheerkreosot an zum Imprägniren von Holzwerk, zur Conservirung von Leichnamen, so wie der Häute von Thieren behufs Ausstopfen derselben, und in der Färberei und Kattundruckerei, indem man die Extracte von Gerbematerialien damit versetzt, die sich dann beliebig lange aufbewahren lassen. Zum Conserviren des Holzes wird übrigens das Kreosot nicht einmal rein dargestellt, sondern man wendet gewöhnlich nur das Oel an, in welchem es enthalten ist (150—200°) und nennt dieses Oel darnach Kreosotöl.

Auch wird das schwere Theeröl zur Darstellung von Lampenschwarz verwendet. Man verbrennt dasselbe zu dem Zweck in einer Reihe mit einander communicirender Lampen. Der dabei gebildete Russ wird vermöge des vorhandenen schwachen Luftzuges durch mehrere mit einander in Verbindung stehende Kammern geleitet, wo er sich absetzt, und nach einiger Zeit gesammelt wird.

Das dritte Product der Theerdestillation, das Theerpech (Asphalt) wird theilweise wie der natürliche Asphalt zur Strassenpflasterung benutzt, indem man es schmilzt, und mit Kalk und Sand mischt. Auch dient es zur Erzeugung von Kienruss, sowie zur Darstellung mannigfacher Firnisse, welche als Lösungsmittel leichtes oder schweres Theeröl enthalten, und endlich zur Fabrikation der Briquettes oder gepressten Kohlenziegel. Die Verarbeitung der beim Sortiren der Kohlen sich ergebenden staubförmigen Abgänge zu künstlichen Brennstoffen hat in den letzten Jahren weniger in Deutschland, als namentlich in Belgien, Eingang gefunden; in Charleroy bestehen z. B. fünf Briquettes-Fabriken, welche täglich 2000° Centner Kohlensteine produziren sollen.*) Man benutzt wohl auch den Steinkohlentheer als solchen, um unter Anwendung eines starken Druckes die Staubkohle zu Ziegeln zu verbinden, aber das Steinkohlenpech ist dem Theer als Bindemittel weit vorzuziehen. Man unterscheidet weiches und hartes Pech; das erstere wird durch Mundwärme weich, das letztere bleibt spröde. Die mit Gastheer dargestellten Briquettes entwickeln bei der ersten Einwirkung des Feuers Oele und eine Menge empyreumatischer Körper, die sich, wenn die nöthige Luft oder Hitze fehlt, als schwarzer durchdringender Rauch verflüchtigen. Die mit hartem Pech dargestellten Briquettes unterliegen dieser vorhergehenden Destillation nicht, die Gase entwickeln sich erst allmählig bei hoher Temperatur, sie gelangen zur Verbrennung, wie sie entstehen, und zwar verbrennen sie vollkommen mit einer lebhaften und intensiven Flamme. Die mit Pech erzeugten Briquettes haben auch eine sehr bedeutende Festigkeit, während es bei den Theerbriquettes schon vorgekommen ist, dass sie in Schiffsräumen erweichten und festklebten, so dass ihre Verwendung dadurch unmöglich wurde.

Das Ammoniakwasser.

Das Ammoniakwasser ist sowohl seiner Natur als Verwendung nach ein weit einfacherer Körper, als der Theer. Es besteht in der Hauptsache aus anderthalbkohlensaurem Ammoniak und Schwefelwasserstoff-Ammoniak. Sonstige Bestandtheile, als cyanwasserstoffsaures Ammoniak, schwefelcyansaures Ammoniak, Salzsäure, vielleicht gar Spuren von Jodwasserstoff und Bromwasserstoff sind für den Fabrikbetrieb von keiner Bedeutung.

Der Prozentgehalt an Ammoniak ist es, der einem Gaswasser seinen Werth giebt; es ist daher von Wichtigkeit, sich über diesen Gehalt Rechenschaft zu geben. Man hat verschiedene Untersuchungsmethoden in Anwendung gebracht, die einfachste dürfte indess diejenige bleiben, nach welcher man im Kleinen mit genau abgewogenen Quantitäten dieselbe Procedur verfolgt, die man im Grossen zur Ausbeutung des Wassers anwendet, nach welcher man also eine bestimmte Portion Wasser mit Salzsäure oder Schwefelsäure versetzt, dann zur Trockne eindampft, und aus der Menge des erhaltenen Salzes den Ammoniakgehalt berechnet.

100 Gewichtstheile Salmiak . . . . enthalten 33,7 Theile Ammoniak.
100   „   „   schwefelsaures Ammoniak . . .   „   39,4   „   „

Vor dem Versuche muss man das betreffende Wasser längere Zeit der Ruhe überlassen, damit sich die darin suspendirten theerartigen Bestandtheile möglichst ablagern.

---

*) De la fabrication de combustibles agglomérés ou briquettes de charbon pour les usages industriels. Etude sur les usines d'agglomération du bassin de Chaleroy par J. Franquoy. Mémoire couronné par l'association des ingenieurs sortis de l'école de Liège.

Ein anderes Untersuchungsverfahren ist folgendes. Man versetzt eine Portion des Wassers mit überschüssiger Salzsäure, und kocht das Ganze einige Minuten lang, um sowohl die Kohlensäure, als den Schwefelwasserstoff auszutreiben. Die erhaltene Salmiaklösung destillirt man mit überschüssigem Aetzkalk in eine möglichst kalt gehaltene Vorlage. Die Salzsäure verbindet sich mit dem Kalk zu salzsaurem Kalk, und das Ammoniak geht mit dem Wasser allein über. Von dem erhaltenen reinen Destillat sättigt man ein abgewogenes Quantum mittelst Schwefelsäure von bestimmter Stärke, und schliesst von der angewendeten Säuremenge auf die Menge Ammoniak, die man mit ihr neutralisirt hat. Zur Beobachtung des Sättigungspunktes färbt man die Flüssigkeit zuerst mit Lackmustinktur blau, und fährt mit dem Zugeben der Schwefelsäure fort, bis die blaue Farbe verschwindet und eine rothe an ihre Stelle tritt. Die Probesäure nimmt man zweckmässig von solcher Stärke, dass 10 Cubikcentimeter 1 Gramm Ammoniak anzeigen. Verwendet man dann 100 Gramme (statt deren man auch ohne beträchtlichen Fehler 100 Cubikcentimeter abmessen kann) Gaswasser zur Probe, so zeigt 1 Cubikcentimeter verbrauchter Schwefelsäure, die man aus einer Burette (Messröhre) abfliessen lässt, $1/10$ Prozent Ammoniak.

Um das Ammoniak aus dem Gaswasser entweder in Form von schwefelsaurem Ammoniak, oder von Salmiak oder von Salmiakgeist zu gewinnen, wendet man verschiedene Verfahren und Apparate an. Der von Dr. Roose in Schöningen bei Braunschweig angegebene Apparat hat in neuester Zeit aus dem Grund den Vorzug vor den früheren Apparaten erhalten, weil bei ihm darauf Rücksicht genommen ist, dass die empyreumatischen Oele, welche sonst durch ihr Entweichen in die Atmosphäre die Nachbarschaft belästigen konnten, hier absorbirt und unschädlich gemacht werden. Fig. 47 giebt eine Skizze desselben nach dem »Handbuche der chem. Technologie von Prof. Dr. Bolley, S. 149 u. f.« A ist ein durch directe Feuerung erhitzter Kessel, B und C sind Vorwärmer, welche durch die Condensationsröhren d e f erwärmt werden,

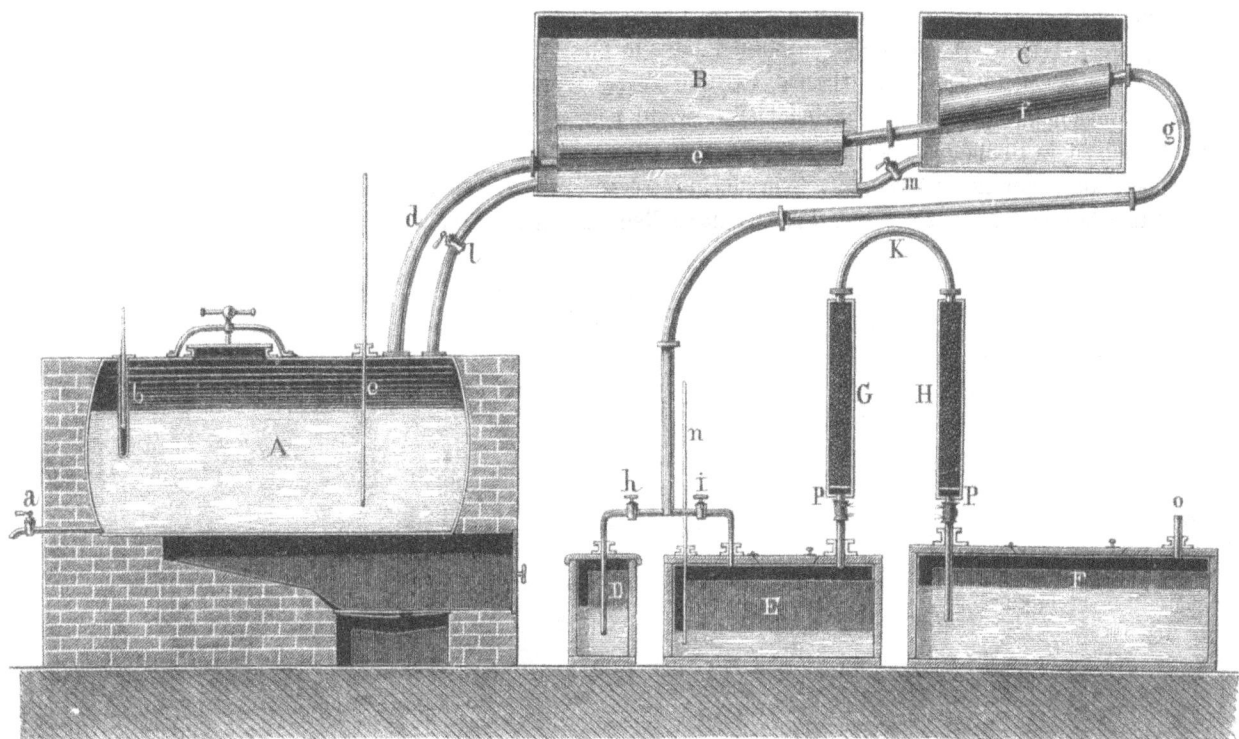

Fig. 47.

D E F Absorptionsgefässe, welche durch das Rohr l mit den Condensatoren communiciren, und von welchen die beiden letzteren durch die Filter G und H mit einander verbunden sind. Der vorgewärmte Inhalt von B und C kann in den Kessel A abgelassen werden, wenn man die Wechsel l und m öffnet. Die zu destillirende Flüssigkeit im Kessel A wird mit einem Drittel ihres Volumens gelöschtem Kalk vermischt, die Mischung durch eine Stange, welche durch eine Stopfbüchse von Aussen in den Kessel hineinreicht, und an ihrem Ende ein Kettenstück trägt, umgerührt. Die Gasfilter G und H bestehen aus Cylindern von Weissblech, welche mit einem durchlöcherten Boden P versehen und mit frisch ausgeglühter Holzkohle gefüllt sind, damit die aus dem Gefässe E austretenden Gase ihrer letzten empyreumatischen Beimengungen beraubt werden. Solche Gasfilter hält man zum Wechseln 3 bis 4 Paar vorräthig gefüllt. Das aus dem geheizten Kessel entweichende Gas tritt mit Wasserdämpfen gemischt durch d nach dem Condensationsrohre e und aus diesem nach f g, wodurch ein Antheil Wasserdampf verdichtet nach A zurückgeführt wird. Um die Temperatur der Flüssigkeit im Kessel zu messen, ist das Thermometer in eine mit Messingfeilspähnen gefüllte Blechhülse b eingesenkt. Ist an dieser das Quecksilber auf 93,75° C. gestiegen, so öffnet man den Hahn h und schliesst den bis dahin offen gehaltenen Hahn i, so dass das aus g austretende Ammoniakgas in die in dem Bleigefäss D enthaltene Säure einströmt. Man wechselt nun rasch die Filter G und H, durch welche bis dahin das aus A kommende Gas gereinigt wurde, und ersetzt diese durch frischgefüllte, schliesst dann den Hahn h und lässt das Gas wiederum durch i nach E G H F treten. Das Wechseln der Gefässe geschieht wieder, wenn die Temperatur in A auf 96,25° C., 98,125° C. und 100° C. gestiegen ist; man unterbricht die Operation, wenn die Temperatur in A 102,5° C. erreicht hat, dann ist aus der Kalkflüssigkeit das Ammoniakgas vollständig entfernt; man lässt diese durch a ablaufen und sodann den Inhalt der Vorwärmer B C nach A fliessen, um diesen mit Kalk zu mischen und gleichfalls der Bearbeitung zu unterwerfen. Während der Inhalt des Kessels A sich allmählig auf 102 bis 103° C. erwärmt, steigt die Temperatur im Vorwärmer B auf 85° C., in C auf 25 bis 31° C. Durch die gläsernen Sicherheitsröhren c n in A und E ist ein Zurücksteigen der Flüssigkeiten verhindert, wie eine constante Controle für die Grösse des Gasdruckes geboten.

Je nachdem man Schwefelsäure, Salzsäure oder Wasser in die Vorlagen bringt, erhält man schwefelsaures Ammoniak, Salmiak oder Salmiakgeist. Will man die Salze in fester Form darstellen, so muss man die Lösungen in Bleipfannen abdampfen, das sich ausscheidende feste Salz ausschöpfen, und abtropfen lassen. Nachher kann man es mittelst einer Schraubenpresse zu Ziegeln pressen, und in dieser Form in den Handel bringen, oder man kann ein reines Product darstellen, indem man das Salz nochmals sublimirt.

II.

Technischer Theil.

Fünftes Capitel.

Die Retortenöfen mit der Vorlage.

Die ersten Destillationsapparate von M u r d o c h. Anlage von C l e g g bei A c k e r m a n n in London. Die ersten Erfahrungen im grösseren Maasstabe auf der Anstalt der Chartered Gas Company. Oefen von W i n s o r. Das Princip der Circulationsheizung 7 bis 8 Jahre lang verfolgt. R a c k h o u s e legte die Retorten zuerst frei in einen gewölbten Ofen. M a l a m wendet elliptische Retorten statt der kreisrunden an. Viereckige Retorten. Die ⌒ förmigen Retorten gewinnen nach und nach die Oberhand. Ofen von C l e g g mit 5 eisernen ⌒ Retorten. Abänderung des C l e g g'schen Ofens. In neuerer Zeit sind die eisernen Retorten durch die Thonretorten verdrängt worden. Die ersten Thonretorten wurden durch G r a f t o n eingeführt. Abänderung von S p i n n e y. Uebergang auf die gegenwärtigen Formen und Dimensionen. Vorurtheile, welche sie zu überwinden hatten. Anordnungen verschiedener Art zur Erzielung einer vollkommneren Destillation.

Eigenschaften, Herstellung und Vorzüge der Thonretorten. Formen, Dimensionen, Gewicht und Preis derselben. Fabriken, aus welchen die deutschen Gasanstalten ihre Retorten beziehen. Das Mundstück der Retorten und deren Befestigung. Verschluss der Retorten. Man baut Oefen mit einer bis zu dreizehn Retorten. Statistische Notiz über die deutschen Gasöfen. Beschreibung eines Ofens mit einer, mit zwei und mit drei Retorten. Oefen derselben Gattung von W. K o r n h a r d t. Dreier-Ofen nach A. K e l l e r. Eine vierte Anordnung eines Dreier Ofens. Beschreibung eines Ofens mit fünf Retorten. Der K o r n h a r d t'sche Fünfer-Ofen. Eine dritte Anordnung des Fünfer-Ofens. Ein Ofen mit sechs Retorten. Ein anderer Sechser-Ofen. Umänderung eines Ofens mit fünf Retorten in einen solchen mit sieben Retorten. Der K o r n h a r d t'sche Siebener Ofen.

Vom Feuerraum und seinen Grössenverhältnissen. Rost und Roststäbe. Aschenheerd. Einfluss der Rostfläche und Schichthöhe auf die Verbrennung. Behandlung des Feuers. Das Schlacken des Feuers. Die Herstellung des Feuerraumes und der Weg des Feuers durch den Ofen. Anordnung der Retorten. Das Abstützen derselben. Fuchs und Rauch-Canal. Regulirung des Zuges durch Register. Arbeitsgeräthe und Bedienung des Ofens. Das Füllen und Leeren der Retorten. Das Ausflicken derselben. Reinigen des Feuers und des Ofens. Das Ausbrennen des Graphits aus den Retorten. Theerfeuerung auf den Anstalten der deutschen Continental-Gasgesellschaft. Frühere Anordnung dieser Feuerung. Verbesserungen, die seitdem eingeführt worden sind. Gasofen mit Theerfeuerung in der Gasanstalt zu Bremen, und Resultate desselben. Feuerung mit Hohofengasen auf dem k. württemb. Hüttenamt Wasseralfingen.

Die Vorlage schon in den ersten Jahren der Gasbeleuchtung von C l e g g angewandt. Form der Vorlagen. Solche von Schmiedeeisen Doppelter Zweck der Vorlagen. Vorgänge in denselben und daraus sich ergebende Dimensionen und Eintauchung. Verbundene und getrennte Vorlagen. Anordnung derselben. Verbindungsröhren mit den Retorten. Abführung von Gas und Condensationsproducten aus der Vorlage.

Die erste Retorte, welche von M u r d o c h, dem Erfinder der Gasbeleuchtung, in der Fabrik von
B o u l t o n & W a t t zu Soho angewendet wurde, bestand in nichts Anderem, als einem gusseisernen Tiegel,
senkrecht in ein Feuer gehängt, mit gleichfalls gusseisernem Deckel und einem seitlichen Abzugsrohr für
die Destillationsproducte nahe unter dem oberen Rande. Fig. 48 gibt ein Bild dieser Vorrichtung, wie es
uns von dem Schüler M u r d o c h s, dem berühmten Clegg, aufbewahrt ist. Der grosse Uebelstand, dass
nach Vollendung der Destillation die Coke nur höchst mühsam herauszubringen war, führte bald zu dem in

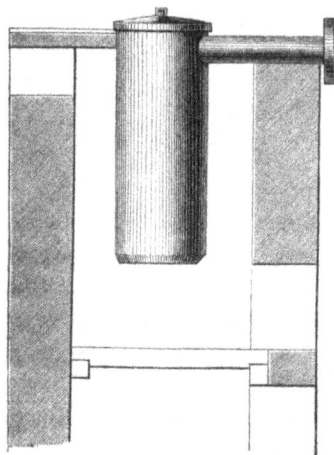

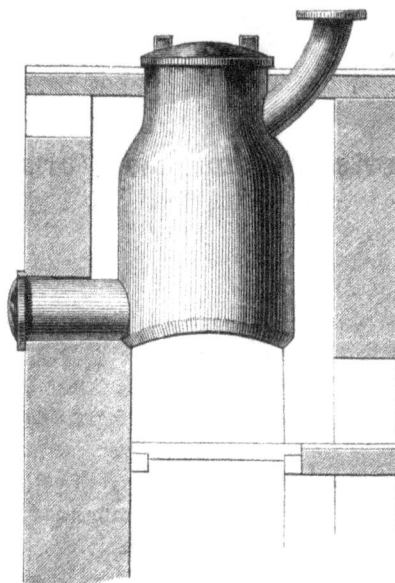

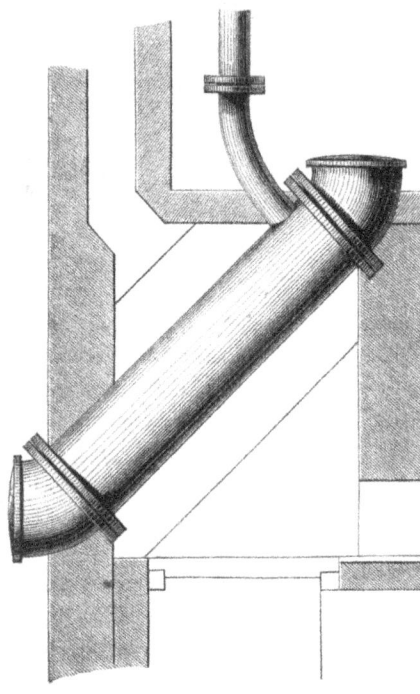

Fig. 48.   Fig. 49.

Fig. 50.

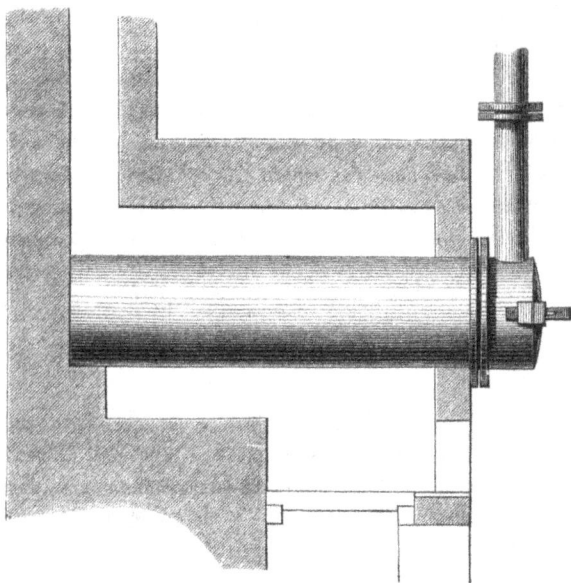

Fig. 51.

Fig. 49 angegebenen unteren seitlichen Ansatzrohr, auch
scheint M u r d o c h nach der Form des Tiegels zu urtheilen, daran gedacht zu haben, dem Feuer eine vergrösserte Berührungsfläche zu bieten. Es dauerte übrigens
nicht lange. als derselbe M u r d o c h den wichtigsten
Schritt vom Experimente zum Fabrikbetrieb that, indem
er sich vom Schmelztiegel zur cylindrischen Retorte
wandte. Wir sehen den Uebergang in Fig. 50. Die
Retorte liegt schräge, ragt mit beiden Enden aus dem
Ofen hervor, um oben mit Kohlen beschickt, unten von
Coke geleert zu werden. Fig. 51 endlich zeigt uns den
Ausgang der M u r d o c h'schen Anordnung, und wir finden
im Wesentlichen bereits unsere ganze gegenwärtige Einrichtung, die horizontale Retorte mit Mundstück, Deckel
und Aufsteigrohr. Der erste Erfinder gelangte also im
Laufe weniger Jahre bereits auf den Standpunkt, den
wir im Grossen und Ganzen noch heutiges Tages als
Grundlage für unsere Constructionen festhalten.

Im Jahre 1812 setzte S. Clegg beim Buchhändler Ackermann in London die erste Gasanlage in Betrieb, welche die Hauptstadt aufzuweisen hatte. Wir haben durch Accum ein Bild dieser Anlage, und sehen, dass dieselbe zwei cylindrische Retorten horizontal neben einander gelegt enthielt, welche durch ebensoviele an der Hinterseite des Ofens liegende Feuer geheizt wurden. Ackermann schreibt in einem Briefe an Accum über diese Retorten: Ich fülle sie zusammen mit 240 Pfund halb Cannel- und halb Newcastle-Kohlen, und gewinne daraus 1000 c' Gas. Um diese Quantität zu erhalten, feuere ich, wenn die Retorten ganz kalt sind, mit 100 bis 110 Pfund gemeinen Kohlen; aber wenn die Retorten einmal in Arbeit sind, so bedarf ich nur 25 Pfund für jede Retorte.

Bekanntlich hat im Jahre 1810 unter dem Namen »Chartered Gas Company« die erste Gasgesellschaft Londons ihr Privilegium vom Parlament erhalten; die Anstalt dieser Gesellschaft wurde für die nächsten Jahre die Schule der Gastechnik, in der die ersten und wichtigsten grösseren Erfahrungen gesammelt wurden. Winsor, der Hauptagent, und im Verein mit Accum und Hargraves Leiter der Gesellschaft, hatte im Jahre 1810 ein Patent auf einen Retortenofen genommen, von dem Fig. 52 und 53 ein ungefähres Bild geben.

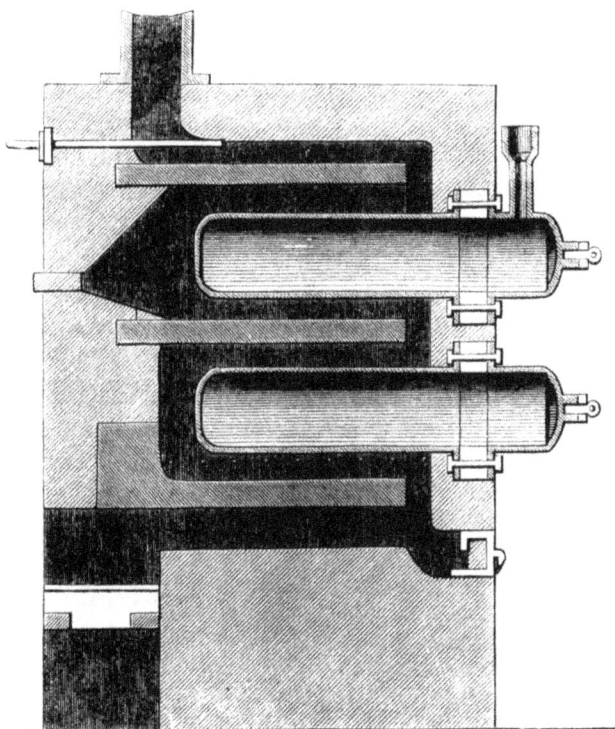
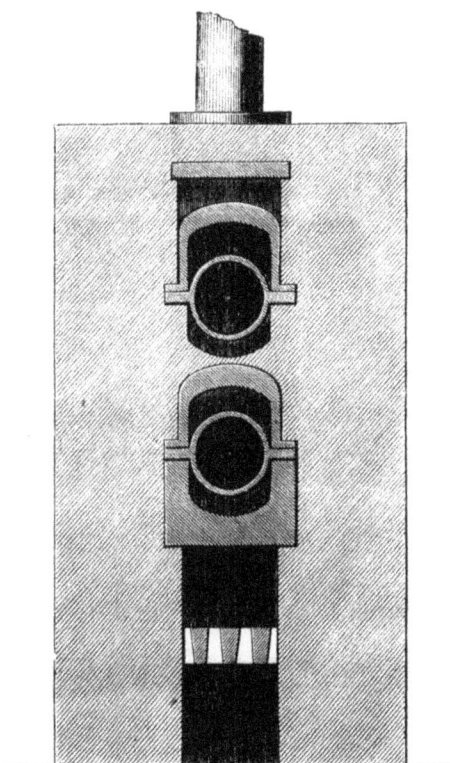

Fig. 52.   Fig. 53.

Zwei cylindrische Retorten liegen über einander, und werden durch ein an der Rückseite des Ofens liegendes Feuer geheizt. Jede Retorte hat seitliche Ansätze, die in das Mauerwerk des Ofens hineinreichen, und mittelst deren sie aufliegt. Das seitliche Mauerwerk schliesst dicht an die Retorten an, so dass dort dem Feuer kein Durchgang gestattet ist, dagegen sind durch die besondere Form der die Retorten umgebenden Hülsen unterhalb, hinten und oberhalb Canäle hergestellt, die das Feuer passiren muss, so zwar, dass es am Boden entlang nach rückwärts streift, dann hinter der Retorte aufsteigt, und oberhalb wieder nach vorne zurückgeführt wird. Die breiten Ringe, die wir zwischen den Retorten und Mundstücken bemerken, sollten, wie hier beiläufig bemerkt sein mag, dazu dienen, die Hitze von den Mundstücken abzuhalten.

Es ist zwar nicht gewiss, ob die ersten Oefen der Anstalt genau nach diesem Patent ausgeführt worden sind, unzweifelhaft ist es aber, dass das Princip beibehalten wurde, das Feuer um jede einzelne Retorte der Länge nach circuliren zu lassen. So machte man denn sehr bald die Erfahrung, dass die unterste Retorte in kürzester Zeit zerstört wurde, während man die obere nicht auf den Temperaturgrad zu bringen vermochte, der zur zweckmässigen Destillation der Kohlen erforderlich war. Die Reparaturkosten der Oefen waren colossal, und die Destillation unvortheilhaft. Um eine Ersparung an Heizmaterial zu erreichen, versuchte man auch 3 und 4 Retorten in einen Ofen zu setzen, da man aber das Princip der Circulation beibehielt, so gelangte man auch hier zu keinen günstigen Resultaten. Nach der Aussage von Peckston in seinem Werke über Gasbeleuchtung vom Jahre 1819 wurden 96 Retorten zu je drei, und später 180 Retorten zu je vier gesetzt, aber man fand nicht nur die Setzungskosten, sondern auch die Kosten der Destillation weit grösser, die Hitze ungleichmässig, so dass wenn der hintere Theil schon weiss glühte, die Retorten 18″ vom Mundstück ab noch schwarz waren, die Destillation war unvollständig, man erhielt weniger Gas, und die Retorten waren in ⅓ der Zeit, die sie sonst dauerten, verbrannt.

Auffallender Weise kam man erst nach einem Zeitraum von 7 bis 8 Jahren von der Einrichtung der Circulations-Heizung zurück. Man hatte sich augenscheinlich die Heizung der Dampfkessel zum Muster genommen gehabt, wo es sich weder um einen hohen Temperaturgrad, noch um eine gleichmässige Erhitzung handelte wie bei der Retortenheizung, wo man also die heissen Verbrennungsproducte nach Belieben so oft um den Kessel herumführen konnte, dass sie mit einer verhältnissmässig geringen Temperatur in den Schornstein traten. Selbst der geniale Clegg, der im Jahre 1813, als die Verhältnisse der jungen Gasgesellschaft bereits ihrer Auflösung wieder nahe waren, die Leitung der Anstalt übernahm, hielt daran fest und erreichte mit seinen Oefen nur geringe Erfolge. Diejenige Einrichtung, bei welcher man sich nach Peckston's Ausspruch am besten stand, waren die Oefen mit zwei Retorten, bei denen man die Circulation auf ein etwas geringeres Maass reducirt hatte. Die Fig. 54 und 55 geben ein ohngefähres Bild eines solchen Ofens. Vom Feuerraum aus, der an der Rückseite des Ofens liegt, geht ein Canal unter der untersten Retorte entlang, und theilt sich nahe am Mundstück derselben in zwei Aeste, durch welche die Hitze aufsteigt, und zwischen die beiden Retorten gelangt. Hier streicht sie

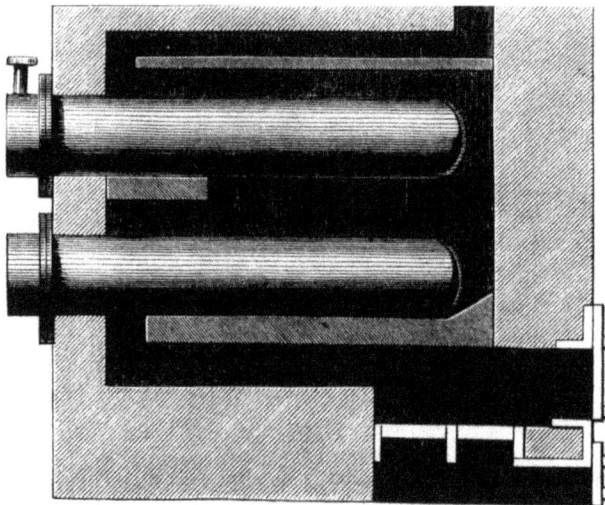

Fig. 54.

Fig. 55.

wieder nach hinten, tritt hinter den obersten Retorten zum zweiten Mal aufwärts, bestreicht den Obertheil der letzteren Retorte nochmals seiner ganzen Länge nach, und tritt von da durch einen weiteren Canal in den Schornstein. Die Retorten waren, wie Peckston mittheilt, 6′ lang, 1′ weit und 1,13″ dick im Metall, aus zweimal geschmolzenem Eisen gegossen und 1000 Pfund schwer. Man brauchte auf 100 Pfund Kohlen 20 Pfund Heizmaterial, und die Retorten dauerten 8 bis 10 Monate aus.

Rackhouse scheint gegen Ende des Jahres 1817 der erste gewesen zu sein, der die Retorten ganz frei, ohne alle Circulir-Canäle in einem geschlossenen Raum der Wirkung des Feuers aussetzte. Er baute nach diesem Princip zuerst einen Ofen mit einer Retorte, dann einen solchen mit zwei, drei, vier und fünf Retorten, bis er zu dem Resultat gelangte, dass der Betrieb mit dem letzteren der vortheilhafteste sei. Sein Fünfer-Ofen, von welchem Fig. 56 einen Querdurchschnitt giebt, brachte das ganze Ofenbausystem entschieden auf die richtige Fährte. Wir sehen die drei unteren Retorten auf eisernen Trägern ruhen, die oberen zwei mittelst eiserner Bügel am Mauerwerk des Ofens aufgehängt, so dass sie sämmtlich ihrer ganzen Länge nach vom Feuer umspielt werden. Der wichtigste Punkt, eine gleichmässige Erhitzung, war bei dieser Einrichtung erreicht und es giebt noch heutzutage viele Ingenieure, welche die ganz freie Lage der Retorten für die allein

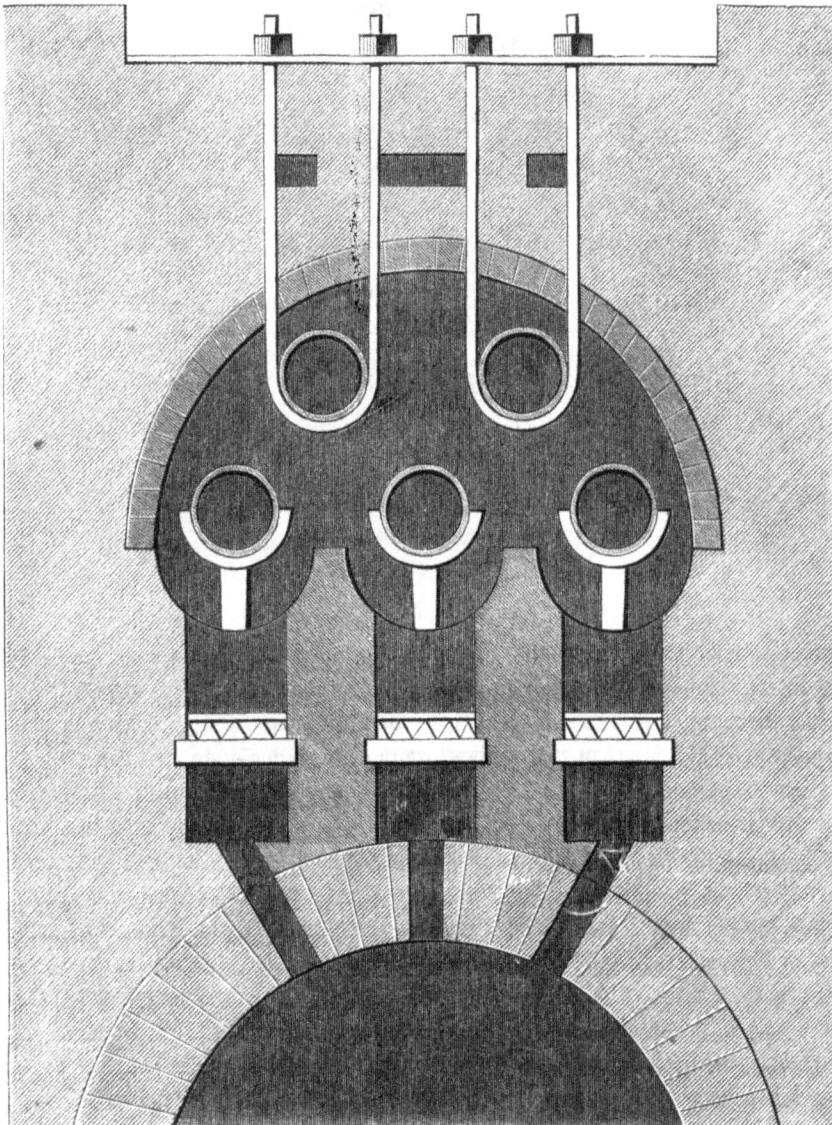

Fig. 56.

richtige halten und entschieden an ihr fest hängen. Abweichend ist nur die Anwendung der drei Feuerungen, die man an dem Rackhouse'schen Ofen bemerkt, während man gegenwärtig meist nur eine einzige Feuerung anwendet, die man unter die mittlere Retorte legt.

Nach der Behauptung von Peckston war es James Malam, der den Ofen von Rackhouse einer wesentlichen Verbesserung unterwarf. Die Fig. 57 und 58 geben ein Bild des Malam'schen Ofens.

Fig. 57.

Wir finden an demselben gleichfalls 5 Retorten, ganz freiliegend, und drei Feuer, die Verbesserung liegt in der Form der Retorten, sie haben einen elliptischen Querschnitt statt des bisherigen kreisrunden. Das Zweckmässige dieser Abänderung liegt auf der Hand, es dürfte indess zu weit gegangen sein, wollte man das Verdienst derselben ausschliesslich Malam zuschreiben, wenn er auch der erste war, der im Jahre 1819 zuerst 50 solcher Retorten auf der Anstalt der Chartered Gas Company, deren Leitung er nach dem Rücktritt Cleggs 1818 übernommen hatte, zur Anwendung brachte. Schon unter Cleggs Leitung war man zu der Einsicht gekommen, dass eine möglichst gleichmässige Vertheilung der Kohlen in der Retorte von wesentlichem Vortheil für die Gasentwicklung sei, und hatte Versuche mit rechteckigen und ⌒ förmigen Querschnitten gemacht, die diesem Zweck ohne Zweifel besser entsprechen, als die elliptischen, deren Erfolg übrigens durch secundäre Nachtheile wieder in den Schatten gestellt zu sein scheint. Peckston beschreibt viereckige Retorten von 20″ Breite, 13″ Höhe und 6′ Länge, mit einer Verstärkungsrippe auf dem Boden von etwa 3″ Höhe. Man setzte sechs solcher Retorten neben einander auf eine Unterlage von feuerfesten Steinen, und heizte sie mit einem einzigen seitwärts angelegten Feuer in der Weise, dass man die Hitze zuerst unter und dann über den Retorten hin streichen liess. Sie wurden bei sechsstündigem Betriebe mit 1½ Bushel oder etwa 115 bis 120 Pfund Steinkohlen beschickt, gaben 3,7 c′ Gas pro Pfund, brauchten 25 Prozent Heizmaterial und dauerten etwa ein Jahr. Als Nachtheile stellte sich namentlich ausser den höheren Anschaffungskosten der

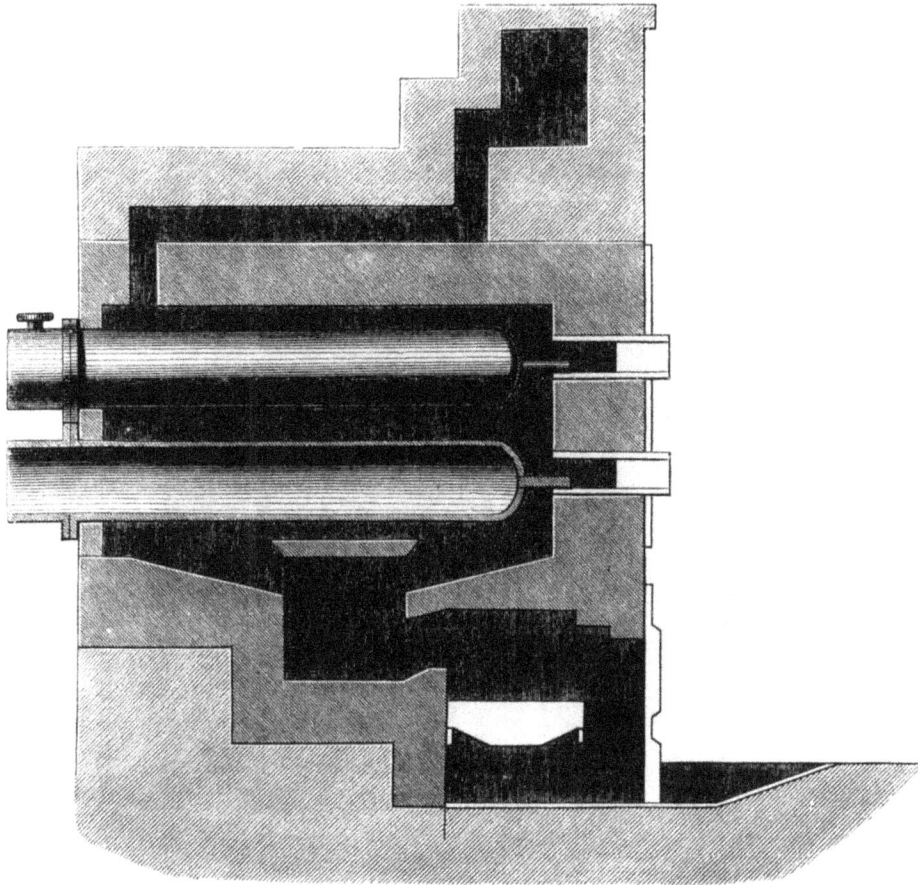

Fig. 58.

Uebelstand heraus, dass sie sich sehr leicht verwarfen, und sehr ungleich angegriffen wurden. Von den ⌒ förmigen Retorten, die man 6 bis 7′ lang, 18″ weit und 6 bis 8″ hoch machte, theilt uns Peckston die Erfahrung mit, dass sie zwar eben so viel geleistet haben, als die elliptischen Retorten, dass sie aber weit weniger dauerhaft seien, weil das Feuer die unteren Kanten zu sehr angreife. Von den ovalen Retorten wird grosses Aufheben gemacht, und behauptet, dass sie in 4 Stunden eben soviel leisten, als cylindrische in 8 Stunden.

Wie lange es gedauert haben mag, dass die elliptischen und die ⌒ förmigen Retorten um den Rang stritten, ist aus den Angaben der englischen Autoren nicht mit Sicherheit zu entnehmen. Wahrscheinlich entschied man sich erst dann für die letzteren, als man gelernt hatte, dieselben auf Unterlagen von feuerfesten Steinen aufzulegen und ihre dem Feuer zumeist exponirten Stellen durch Platten aus demselben Material zu schützen. Man war wohl schon früher auf die Idee gekommen, überhaupt Schutzvorrichtungen anzubringen, aber man hatte sie aus Eisen hergestellt und damit natürlich Nichts gewonnen. Versuche, die Retorten mit einer Glasur zu überziehen, hatten gleichfalls zu keinem Resultat geführt. Einen Ofen der oben bezeichneten Art mit ⌒ Retorten und feuerfesten Schutzplatten finden wir in Cleggs Werk über Gasbeleuchtung vom Jahre 1841; es ist dies der allgemein bekannte Ofen, der seitdem als Muster in viele

Bücher und Abhandlungen übergegangen ist, Fig. 59 und 60. Der Feuerraum und Herd ist mit einem kleinen Gewölbe von ½ Stein Dicke umgeben, durch dessen seitliche Oeffnungen das Feuer in den eigent-

Fig. 59.

lichen Ofenraum gelangt. Zwischen je zwei Oeffnungen in diesem Gewölbe sind von diesem aus durch die ganze Breite des Ofens Quermauern aufgeführt, auf denen die zur unmittelbaren Unterlage für die untersten Retorten dienenden feuerfesten Platten aufliegen. Und zwar ist der ganze Raum des Ofens auf diese Weise mit Platten abgedeckt bis auf einen schmalen Streifen von 2¼″ Breite auf jeder Seite, durch welchen das Feuer in den oberen Theil des Ofens hinein gelangt. Von den unteren drei Retorten sind die äussersten beiden an der Seite, wo sie von der gepressten Flamme getroffen werden, durch aufrechte Platten aus feuerfestem Thon geschützt; die oberen beiden Retorten liegen frei auf Pfeilern. Der Clegg'sche Ofen ist der verbesserte Rackhouse'sche mit zweckmässig geschützten ⌒ Retorten statt freiliegender cylindrischer und mit einer einzigen Feuerung an der Vorderseite statt dreier Feuerungen an der Rückseite.

Die Anordnung der Feuerung an der Vorderseite des Ofens hatte Clegg schon während seiner Thätigkeit im Dienst der Chartered Company versucht, musste aber darüber sehr viele Vorwürfe erfahren, weil man die Feuerleute einer unerträglichen Hitze ausgesetzt glaubte. Die Rücksicht für die Arbeiter ging

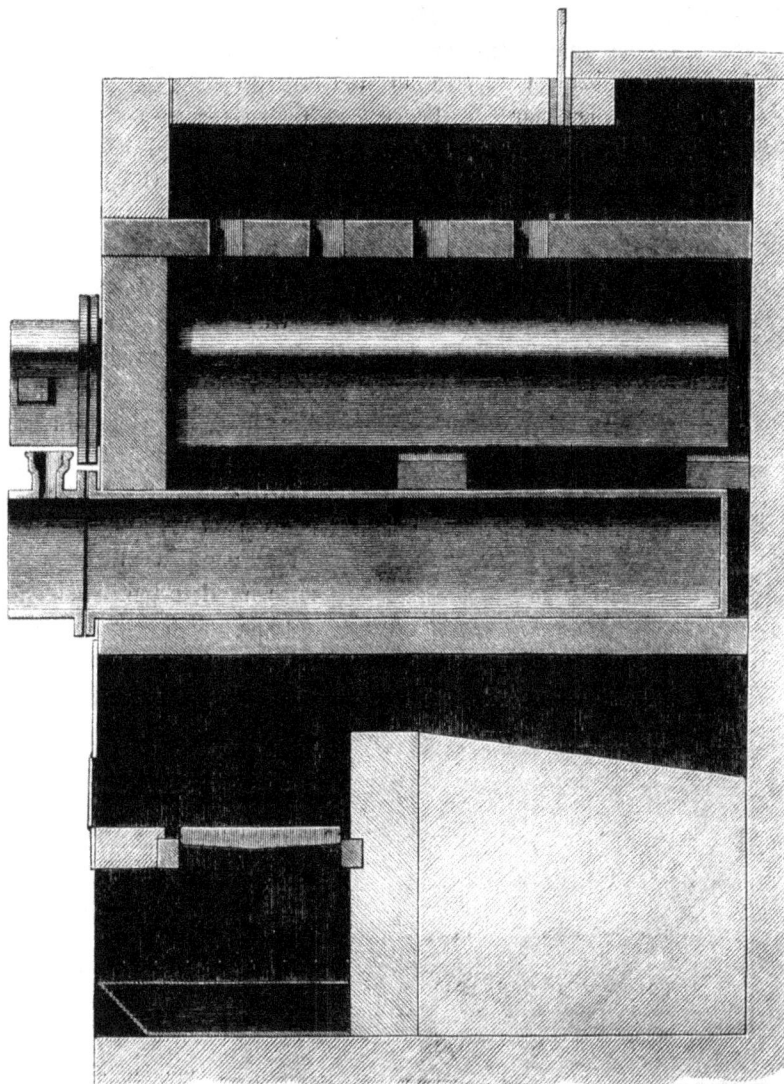

Fig. 60.

so weit, dass man Anfangs sogar vor den Mündungen der Retorten einen gemauerten mit dem Schornstein
in Verbindung stehenden Canal anbrachte, in welchen man die glühende Coke hinabfallen liess, und aus
dem man sie erst nach dem Ablöschen herausnahm, um keinen Rauch im Retortenhause zu haben. Unter
den vielen Vorurtheilen indess, welche die Gasbeleuchtung glücklich besiegt hat, waren auch diese, und es
fiel später Niemandem mehr ein, in der Weglassung aller derartigen Vorsichtsmassregeln eine Rücksichts-
losigkeit gegen die Arbeiter zu erblicken.

     Der Clegg'sche Ofen hat seither eigentlich nur eine einzige wesentliche Abänderung mehr erlitten.
Bei der Abführung der Verbrennungsproducte aus dem obersten Theile des Ofens in den Schornstein macht
das Feuer den kürzesten Weg, den es machen kann, direct von unten nach oben, und der Nutzeffect des
Brennmaterials ist ein möglichst geringer. Man hat es practisch gefunden, die Abzugscanäle tiefer anzubringen, und zwar meist in der Rückwand des Ofens auf der Höhe der untersten Retorten, und hat von
ihnen aus Canäle durch die ganze Länge des Ofens bis fast zur Vorderwand vorgeführt, so dass die heisse

Luft von dem eigentlichen Ofenraum aus nahe am Mundstück der Retorten in diese Canäle eintritt, und erst diese durchstreichen muss, bevor sie zum Fuchs, und von da zum Schornstein gelangt. Es ist wohl zu verstehen, dass diese Canäle durchaus nicht zu verwechseln sind mit den Circulationsvorrichtungen, von denen weiter oben die Rede war; man zwingt nur das Feuer, auch den vorderen Theil des Ofens zu erhitzen, während es ohne die Canäle anf dem kürzesten Wege vom Feuerraum zu den Abzugsöffnungen strömen, und die vordere Hälfte der Retorten, zumal der obersten, kalt lassen würde. Die Fig. 61 und 62 zeigen uns einen auf diese Weise eingerichteten Ofen. Der Feuerraum mit dem dahinter liegenden Herd ist mit einem kleinen Gewölbe überbaut, durch dessen seitliche Oeffnungen die heissen Verbrennungsproducte in den eigentlichen Ofen gelangen. Die untersten drei Retorten liegen durchweg auf einer Unterlage von feuerfesten Platten, und sind an den Aussenseiten auch durch aufrecht gestellte Platten geschützt, wie dies beim Clegg'schen Ofen beschrieben ist. Zwischen den mittleren und den beiden seitlichen Retorten sind je fünf sattelförmige Steine angebracht, und mit Platten abgedeckt, so dass unter denselben zwei Canäle gebildet werden, von denen jeder an seinem vorderen Ende nur eine Oeffnung nach oben hat, am hinteren Ende aber mit dem Fuchs, d. h. mit dem Abzugscanal, in Verbindung steht. Auf einem jeden solchen Canal sind zwei möglichst weit von einander abstehende kleine Unterstützungswände aufgeführt, welche den oberen Retorten zur Auflage dienen. Die äussere dieser Wände ist massiv, die innere dreimal durchbrochen. Nachdem also das Feuer zwischen den beiden äussersten der unteren Retorten und der Ofenwand aufwärts gestiegen ist, kann es nicht, wie beim Clegg'schen Ofen, die oberen Retorten frei umspielen, sondern — zurückgehalten durch die zwei massiven kleinen Unterstützungsmauern muss es über die beiden oberen Retorten hinüber treten, um am Scheitel des Gewölbes zusammen zu stossen. Von dort zwischen die beiden Retorten hinunter gelangt, kommt es durch die in den inneren Unterstützungsmauern ausgesparten Oeffnungen unter den Boden derselben Retorten,

Fig. 61.

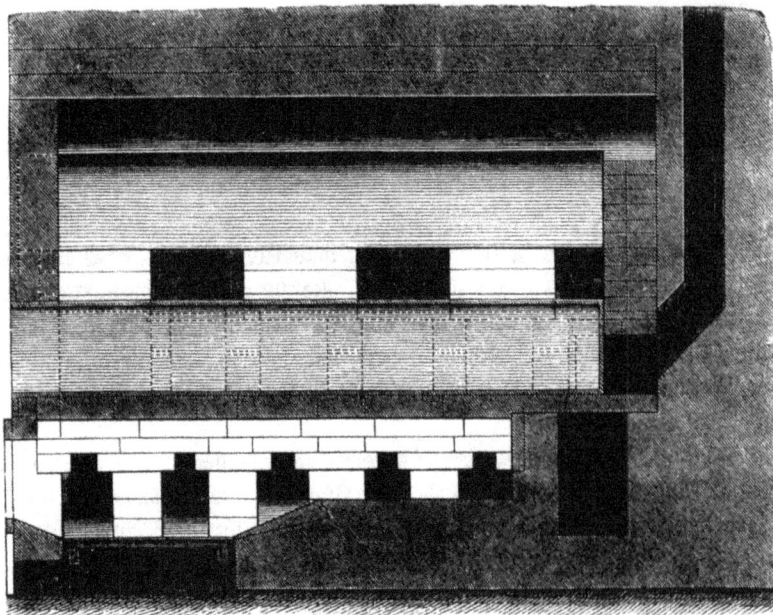

Fig. 62.

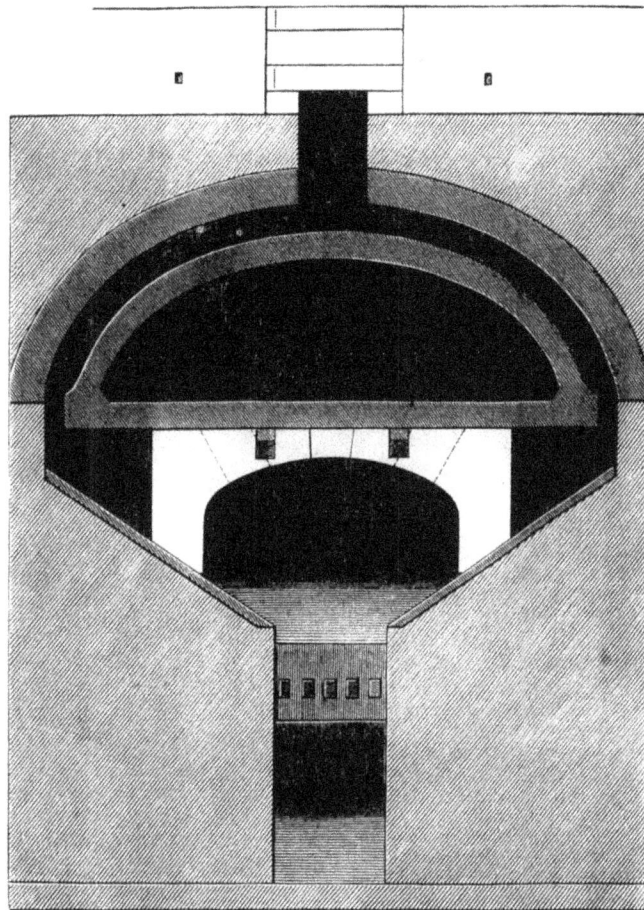

Fig. 63.

muss diesen der Länge nach bestreichen, und tritt endlich am Vorderende durch die daselbst gelassenen einzigen Oeffnungen in die Abzugscanäle hinunter, die dann zum Fuchs und zum Schornstein führen.

Im Vorstehenden haben wir ausschliesslich die aus Gusseisen hergestellten Retorten mit den dafür angewandten Ofenconstructionen betrachtet; indem wir uns der neuesten Zeit zuwenden, müssen wir die Chamotte-Retorten einführen, die seit einer Reihe von Jahren die eisernen vollständig verdrängt haben.

Es war im Jahre 1820, als sich zuerst Grafton in Edinburg ein Patent auf die Anwendung von Retorten aus feuerfestem Thon geben liess. Seine Retorten, Fig. 63 und 64 waren 5′ weit und 18″ hoch. Sie wurden aus kurzen Längen von etwa 16″ zusammengesetzt, mit feuerfestem Thon verkittet, ihre Gesammtlänge betrug etwa 7′. Er destillirte in einer solchen Retorte 7 Centner Kohlen in sechsstündigen Chargirungen. Später wurde die Grafton'sche Retorte von Spinney in der Weise modificirt, dass er sie aus einzelnen feuerfesten Steinen aufbaute und ihren Querschnitt nach der in Fig. 65 angedeuteten Form veränderte. Er machte den Boden und die Seiten aus Newcastle Steinen, den oberen Theil aus Steinen von Stourbridge vermischt mit circa 10 Procent scharfem Flusssand und Pfeifenthon, durch welchen Zusatz er das Zerspringen verhindern wollte. Sämmtliche Steine hatten in ihren Verbindungsflächen Nuten, die behufs der Dichtung mit feuerfestem Thon ausgefüllt wurden. Die Dimensionen der Retorte im Lichten waren 3′ 2″ Weite, 8″ gerade Höhe der Seiten und 6″ Höhe des oberen Gewölbes.

Nach längerer Erfahrung kam man allmählig von den grossen Retorten zurück, und führte statt ihrer ähnliche Dimensionen und Formen ein, wie man sie für Eisenretorten passend gefunden hatte. Auch lernte man die Retorten aus einem einzigen Stück herstellen, so dass Ziegelretorten nur noch ausnahmsweise

Fig. 64.

Fig. 65.

vorkamen, wie es noch heut zu Tage der Fall ist. Die Fig. 66 und 67 zeigen einen Ofen mit drei Thonretorten aus den vierziger Jahren. Die Retorten sind 7' 6" lang, die unteren beiden ⌒ förmigen 15"

Fig. 66.

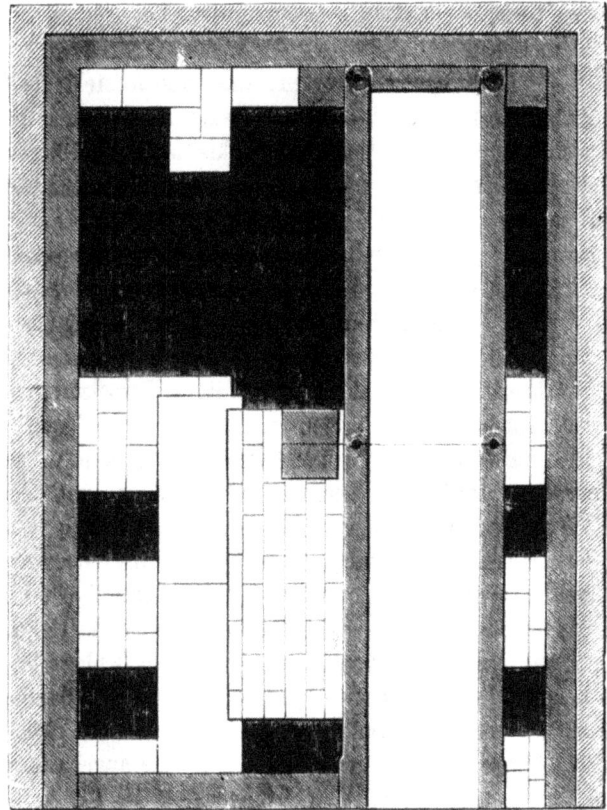

Fig. 67.

weit und 14" hoch, die obere cylindrische 15" im Durchmesser. Wir finden hier dieselbe Einrichtung, wie beim Clegg'schen Ofen mit gusseisernen Retorten wieder, dass die Hitze aus dem oberen Theil des Ofens abgeführt wird. Der Feuerungsraum ist mit einem Bogen flach überwölbt.

Sowie die Thonretorten in Schottland erfunden wurden, so erhielten sie daselbst auch zuerst Verbreitung, und es galt lange Zeit hindurch als ausgemacht, dass sie überhaupt nur für schottische Cannelkohlen geeignet seien. In London war der Streit über ihre Vorzüge und Nachtheile noch in den ersten fünfziger Jahren nicht entschieden. So waren z. B. in der South Metropolitan Gasanstalt, Old Kent road im Januar 1851 erst zwei Oefen mit je 5 Thonretorten im Gange. Ihre Billigkeit und längere Dauer konnte Niemand läugnen, sie kosteten im Ankauf um ein Bedeutendes weniger, als die eisernen, und dauerten 2 bis 3 Jahre aus, während man jene kaum auf 1 Jahr gebracht hatte. Aber die Unbequemlichkeit, welche mit ihrer Anwendung verbunden war, die Schwierigkeit, sie dicht und von Graphit rein zu halten, die Idee, dass in Folge einer stärkeren Kohlenabscheidung die Qualität des Gases verschlechtert werde, ferner dass sie einen grösseren Bedarf an Heizmaterial erforderen, Alles dies, und noch mehr die Gewohnheit hielt ihre Verbreitung lange zurück. Wesentlich zu ihrer Förderung trug die Einführung des Exhaustors bei, den schon Grafton als nothwendig erkannt und anzuwenden versucht hatte, durch ihn wurde nicht allein der

20*

Gasverlust um ein Wesentliches reduzirt, sondern auch der Graphitabsatz auf ein Minimum verringert. Bei uns in Deutschland sind die Thonretorten erst seit Mitte des vorigen Jahrzehntes recht eigentlich in Aufnahme gekommen, haben sich aber verhältnissmässig rasch Anerkennung verschafft. Sie werden gegenwärtig selbst in den kleinsten Gasanstalten mit Vortheil gebraucht, und für jeden, der nicht hinter den Fortschritten der Technik gänzlich zurückgeblieben ist, haben die eisernen Retorten kein anderes Interesse mehr, als das historische.

Es ist zu bemerken, dass die vorstehende Skizze nur die allernothdürftigsten Umrisse eines Bildes giebt, dessen Detail eine ungeheure Ausdehnung gewinnen würde. Die mitgetheilten Anordnungen haben nicht nur eine zahllose Menge kleinerer Modificationen erfahren, so dass strenge genommen, fast jeder einzelne Gastechniker auch seine eigene Construction gehabt hat, sondern es sind auch eine Menge von Apparaten ins Leben gerufen worden, welche auf wesentlich neuen, zum Theil sehr sinnreichen Principien beruhen. Wenn seither kein einziger derselben Lebensfähigkeit bewiesen hat, so ist damit nicht gesagt, ob nicht eine oder die andere zu Grunde liegende Idee einmal von Bedeutung werden wird.

Schon in den ersten Jahren der fabrikmässigen Gasbereitung hatte man auf Anordnungen gesonnen, bei welchen man entweder durch Verminderung des gleichzeitig destillirten Kohlenquantums, durch grössere Berührungsflächen, oder durch weitere Zersetzung der sich zuerst bildenden dampfförmigen Producte eine vollkommenere Destillation erzielen wollte. Clegg hatte eine Vorrichtung construirt, in welcher er ein aus Eisenblech bestehendes Band ohne Ende, welches mittelst eines Fülltrichters fortwährend mit Kohlen belegt wurde, durch eine Retorte hindurchführte, man hatte den Retorten ausgebauchte Böden gegeben, sie mit Rippen versehen, Lowe liess die in einer frisch beschickten Retorte sich entwickelnden Producte noch durch eine zweite schon halb abdestillirte Füllung einer zweiten Retorte streichen, Brunton füllte seine Retorte in der Weise, dass er mittelst einer mechanischen Vorrichtung zur Zeit etwa den dritten Theil der Ladung an einem Ende vorschob, so dass die entwickelten Dämpfe den schon weiter abdestillirten Theil der übrigen Ladung passiren musste, um nach dem andern Ende hin zu gelangen (ein Verfahren, welches Bower in neuerer Zeit bei kleineren Anstalten wieder aufgenommen hat — siehe Journal f. Gasbel. Jahrg. I, Seite 4) andere verlegten den Ausgang für das Gas an das hintere Ende der Retorten, und liessen es dann entweder in Röhren oder in einem auf der Retorte angebrachten Canal nochmals deren ganze Länge passiren — genug, es giebt eine Menge Vorrichtungen, deren Erfolg nur an Nebenumständen gescheitert zu sein scheint, die offenbar mehr oder weniger richtige Principien vertreten, und von denen sich erwarten lässt, dass ihre weitere Verfolgung für die Zukunft noch wesentliche Fortschritte im Gasbereitungsverfahren herbeiführen werde. Da ein specielles Eingehen auf dieselben indess für den Zweck dieses Buches zu weit führen würde, und auch der Sache nach mehr in das Gebiet des technischen Journals gehört, so möge diese kurze Andeutung genügen, und wenden wir uns nun zur Beschreibung unseres gegenwärtigen Ofenbaues.

Das Material, aus welchem man die Thonretorten herstellt, ist eine Mischung von feuerfestem Thon und Chamotte. Ersterer muss vorzüglich von Eisen und Kalk frei, in hohem Grade feuerbeständig, dem Schwinden und Reissen wenig unterworfen und sehr plastisch sein. Man muss in seiner Auswahl sehr vorsichtig sein, da auch die besten Thonlager mit Adern von geringerer und unbrauchbarer Qualität durchzogen sind.*) Die Chamotte stellt man her, indem man entweder Chamottesteine und Kapselscherben zwischen Walzen

*) Ueber Thonretortenfabrikation von Director Geith. Journal für Gasbeleuchtung, 1863, S. 262.

mahlt, und siebt, so dass die grossen Stücke etwa noch die Grösse einer Erbse haben, oder indem man sie aus dem obigen Thon, der vorher durch Zerfallen an der Luft und Sieben die richtige Körnung erhalten hat, in Kapseln, wie sie in der Porzellanfabrikation üblich sind, eigens brennt. Die erstere Art giebt eine weniger reine Chamotte, als die letztere. Der Thon wird je nach seiner Beschaffenheit entweder sogleich getrocknet, und verarbeitet, oder man lässt ihn von 1 bis zu 5 und 6 Jahren, auch noch länger, an der Luft verwittern. Die künstliche Trocknung des Thones ist in den meisten Fällen nöthig, da die feuerfesten Thone häufig die Eigenschaft haben, sich in grubenfrischem Zustande nicht zu lösen, was nach dem Trocknen und Uebergiessen mit Wasser, bei ruhigem Stehenlassen während eines Zeitraumes von circa 24 Stunden dann meistens in vollkommener Weise erfolgt. Der Thon wird nach dem Trocknen grob gemahlen und auf einer sehr rein ge-haltenen Tenne mit der Chamotte sorgfältig vermischt. Der Chamottezusatz ist nothwendig, um die Masse dem Temperaturwechsel widerstehen zu machen, ohne die Strengflüssigkeit des Thones zu beeinträchtigen. Die Quantität der zuzusetzenden Chamotte richtet sich nach der Fettigkeit des Thons; man nimmt auf 1 Theil Thon von ½ bis 1,2 und sogar 3 Theile Chamotte; ein zu grosser Zusatz macht die Retorte mürbe, so dass sie nicht die erforderliche absolute Festigkeit besitzt, ein zu geringer Zusatz setzt die Retorte dem Reissen und Springen aus. Das richtige Mischungsverhältniss ist von der allergrössten Wichtigkeit, und auf ihm be-ruht wesentlich mit das Gelingen der Fabrikation. Nachdem die Mischung vorgenommen ist, wird der Thon in einen sogenannten Sumpf gebracht, mit Wasser übergossen, und mehrere Tage bis zur völligen freiwilligen Lösung des Thons stehen gelassen und dann in einem sogenannten Thonschneider zwei bis dreimal tüchtig durch-gearbeitet. Weiter wird er in Lagen von 4 Zoll ausgebreitet und von Arbeitern mit blossen Füssen in einer regelmässigen Weise so lange getreten, bis er die erfahrungsmässig nöthige Elasticität hat und zur Verarbeitung geeignet ist. Das Kneten mit den Füssen wird für sehr wesentlich gehalten. Ist der Thon auf diese Weise genügend vorbereitet, so wird er an kühlen Orten aufgespeichert, und von da in die Fabrikationslocale gebracht, wo er zuerst noch in grosse viereckige Klumpen geformt, tüchtig geworfen und mit einem Holz-schlegel geschlagen wird, um alle Luftblasen zu entfernen. Hierauf fängt der Arbeiter an, den Boden der Retorte nach einer Chablone anzufertigen, ist dieser in sorgfältiger Weise hergestellt, so bringt er ihn in den untersten Theil der Form. Diese Form besteht meistens aus Holz, und wird aus circa 1 Zoll starken und 2 Zoll breiten Brettstücken aufeinander geleimt und geschraubt. Die ganze Form besteht aus 4 bis 6 Theilen der Höhe nach und ist jeder dieser Theile wieder in 2 Hälften zerschnitten. Die einzelnen Theile werden beim allmähligen Aufbau der Retorte mittelst Flanschen und Schrauben mit einander verbunden. Man stellt die Formen auch aus Gyps her, in diesem Fall werden die einzelnen Theile an aussen angebrachten und eingelassenen Stäben mittelst Ketten und Stricken verbunden. Nachdem also der Arbeiter den Boden der Retorte in den untersten Theil der Form eingebracht hat, fängt derselbe an, die Wände aufzubauen. Zu diesem Behufe nimmt er von den gleichmässig dick abgeschnittenen und auf allen Seiten rauh gemachten, etwa 2 Hand grossen Thonstücken, und fängt an, dieselben mit einem eisernen Hammer, der auf der einen Seite die Form des dicken Theiles eines Eies und auf der andern eine platte Bahn hat, mittelst kräftiger Schläge mit dem Boden zu verbinden und an die Formwand anzuschlagen. Die Holzform giebt nur den äusseren Umfang der Retorte, und der Thon wird also von innen gegen dieselbe gebracht. Um die richtige Wandstärke zu erhalten, bedient sich der Arbeiter einer Chablone und des Richtscheits, die er von Zeit zu Zeit anlegt. Er sorgt auch während des Aufbauens dafür, dass die inneren Flächen die nöthige Glätte und Sauberkeit erhalten. Ist der erste Formtheil von circa 18 Zoll Höhe fertig, so wird der zweite Theil der Form aufgesetzt und in ganz gleicher Weise bis zur Vollendung der Retorte fortgefahren. Die Kopfform wird sofort abgenommen, und die anderen Stücke nach und nach innerhalb 5 bis 8 Tagen, sobald die Thon-wand im Stande ist, sich selbst zu tragen. Nachdem die Trocknung entsprechend vorgeschritten ist, werden die Bolzenlöcher eingeformt, und die Glättung der inneren und äusseren Flächen vorgenommen. Besonders die inneren Flächen müssen wiederholt mit grösster Sorgfalt und vielem Fleisse geglättet werden. Ist ein ganzes Arbeitslocal mit Retorten angefüllt, und sind diese alle geglättet und fertig gemacht, so wird dieses

Local, das eine gute unterirdische Heizung, sowie eine kräftige Ventilation haben muss, ganz langsam nach etwa 4 Wochen angefangen zu heizen und nach und nach eine höhere Temperatur bis zur vollkommensten Austrocknung der Retorten gegeben. Wenn die vollständige Trocknung erfolgt ist, so werden die Retorten gebrannt. Die Form der Brennöfen ist sehr verschieden, man hat sie rund, ähnlich den sogenannten französischen Porzellanöfen oder viereckig und brennt 6 bis 36 Retorten in einem Ofen. Ein äusserst gleichmässiger und dabei sehr scharfer Brand trägt zur guten Qualität der Retorten ungemein bei. Der Brand muss mit grosser Vorsicht sowohl in der Anfeuerung als in der Abkühlung gehandhabt werden.

Ob es vortheilhaft ist, die inneren Wandungen der Thonretorten noch mit einer Glasur zu überziehen, um sie möglichst glatt zu machen, darüber sind die Ansichten noch nicht vollständig geläutert, doch werden solche glasirte Retorten aus der Fabrik von F. S Oest W⁼ & Comp. in Berlin von competenter Seite sehr gelobt.

Die Hauptvorzüge der Thonretorten vor den eisernen lassen sich kurz dahin zusammen fassen, dass sie im Ankauf billiger, im Betrieb von längerer Dauer sind und durch den Umstand, dass man bei ihnen einen weit höheren Hitzegrad in Anwendung bringen kann, bei gleich guter Qualität des Gases quantitativ eine grössere Ausbeute liefern. Der Punkt betreffs der Qualität des Gases ist lange Zeit verkannt worden. Man glaubte, gerade weil man einen höheren Hitzegrad anwende und weil sich an den Wänden der Thonretorten ein bedeutend stärkerer Graphitabsatz zeigte, als bei Eisenretorten, so müsse das entwickelte Gas von schlechterer Qualität sein. Dr. Fyfe, ein sonst um die Gasindustrie verdienter Mann, berechnete den Unterschied der Qualität in Zahlen nach dem Gewicht der Graphitstücke, die man aus den Retorten herauszog.

Es ist schon früher gesagt worden, dass es ganz verkehrt ist, die Temperatur der Retorten, die wir zu Gesicht bekommen, wenn wir laden, für dieselbe Temperatur zu halten, in welcher die Destillation der Kohlen vor sich geht. Es wird nicht allein durch die Erhitzung der Kohlen bis auf die Destillationstemperatur, sondern auch durch den Gasbildungsprocess selbst eine ganz bedeutende Quantität Wärme consumirt und eine fortwährende Abkühlung der Retorten veranlasst. Die Chemie sagt uns, dass die Kirschrothglühhitze derjenige Hitzegrad ist, bei welchem die Gasbildung in der vortheilhaftesten Weise vor sich geht; um aber die eigentliche Masse der Kohlen dieser Temperatur auszusetzen, müssen wir die Retorten weit stärker erhitzen, d. h. also mit andern Worten, erst mit den Thonretorten war es überhaupt möglich, die Bedingungen für die vortheilhafteste Entwicklung des Gases herzustellen, die Temperatur der Eisenretorten war zu gering. Allerdings setzt sich in den ersteren mehr Kohle ab, als in den letzteren. Die Zersetzung der höheren Kohlenwasserstoffe in den Gasschichten, die mit den Retortenwänden in unmittelbare Berührung kommen, musste in einem um so höheren Grade stattfinden, je mehr die Temperatur der Wände die Rothgluth überstieg. Aber trotzdem war das durch Zersetzung beeinträchtigte Gas immer noch eben so gut, als das in Eisenretorten erzeugte, weniger zersetzte, weil es eben unter günstigeren Verhältnissen gebildet war, also einen Theil seiner Qualität jenem gegenüber vergeben konnte. Die Erfahrung hat nachgewiesen, dass die Leuchtkraft des Gases aus Thonretorten derjenigen des in Eisenretorten erzeugten Gases nicht im Geringsten nachsteht.

Der Graphitabsatz in den Retorten ist übrigens auch durch Anwendung des bereits erwähnten Exhaustors bedeutend reduzirt worden, wie dies auf der Hand liegt, da das Gas um so weniger zersetzt wird, je schneller man es aus den Retorten entfernt.

Die wesentlichsten Querschnitte, die man den Thonretorten giebt, sind der rein ⌢ förmige, Fig. 68, oder besser dieser mit abgerundeten Kanten Fig. 69, der vom Feuer nicht so angegriffen wird, dann der elliptische Fig. 70 und eine Combination des elliptischen mit dem ⌢ förmigen, wo die Ellipse den Boden und ein Halbkreis die Wölbung bildet, Fig. 71, selten der kreisrunde Querschnitt Fig. 72. Die ⌢ förmige Retorte gewährt den Kohlen eine naturgemässe gleichförmige Lage, und ist in dieser Beziehung die vorzüglichste; sie steht dagegen in Betreff der Dauerhaftigkeit der elliptischen und überhaupt allen solchen nach, die keine Kanten sondern ausschliesslich gekrümmte Flächen haben. Die Weite der Retorten wechselt etwa zwischen 16 und 22", die Höhe zwischen 12 und 18", ihre Länge beträgt 7 bis 9', und wenn sie durch-

Fig. 68.

Fig. 69.

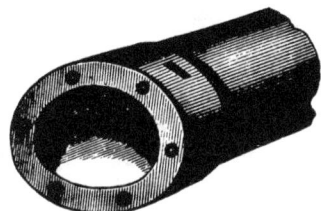

Fig. 72.

Fig. 71.

Fig. 70.

gehend sind, das Doppelte. Durchgehende Retorten sind gewöhnlich aus drei Stücken zusammengesetzt. Die Wandstärke beträgt 2 bis 3″. Wo man die Retorten in einfachen Reihen setzt, versieht man den hinteren Boden derselben wohl auch mit einer Oeffnung, die man beim Betriebe mittelst eines Chamotte-Pfropfens geschlossen hält, beim Ausbrennen des Graphits aber öffnet. Das Gewicht einer ⌒ Retorte von 18″ Weite 12″ Höhe und 8′ Länge beträgt etwa 10 Centner und der Preis derselben 24 Thaler. Im Ganzen variirt das Gewicht für die oben angegebene Maasse zwischen 9 und 15 Centner und ihr Preis zwischen 20 und 36 Thalern.

Die Verschiedenheit sowohl der Formen als der Dimensionen bei den in deutschen Gasanstalten gebräuchlichen Thonretorten ist schon oftmals Gegenstand von Erörterungen gewesen, und lässt es sich namentlich der Verein der Gasfachmänner Deutschlands angelegen sein, eine grössere Uebereinstimmung in dieser Beziehung anzubahnen. Nahezu jede Gasanstalt hat ihre besondere Retorte, es ist dadurch der Retortenfabrikant gezwungen, beinahe für jede Anstalt eine neue Form anzufertigen, er kann desshalb auch unmöglich von jeder einzelnen Sorte Vorrath halten. Bestellungen brauchen zu ihrer Ausführung sehr lange Zeit, und wenn sie rascher ausgeführt werden müssen, so leidet die Qualität und Haltbarkeit der Retorten darunter. Alle diese Missstände liessen sich heben, wenn man sich über gewisse Formen und Dimensionen vereinigen würde, die etwa das Mittel aus den bestehenden einzelnen Gruppen sind, und wenn man allmählig auf diese Normalformen übergehen würde.

Von den Fabriken, welche den deutschen Gasanstalten ihre Retorten liefern, mögen hier folgende angeführt sein:

1) Deutsche Fabriken:

Didier F. in Podejuch bei Stettin,

Eckhardstein, G. Erben in Berlin,

Eintracht, Gesellschaft für feuerfeste Producte in Oberhausen,

Forsbach, P. C. in Mülheim am Rhein,

Geith, J. R. in Coburg,

Gesundheits-Geschirrmanufactur, Kgl. in Berlin,

March in Charlottenburg,

Margarethenhütte bei Bautzen in Sachsen,

Oest, F. S. W== & Comp. in Berlin,
Oettingen, Fürst, Kunstziegelei zu Königsaal,
Vygen, H. J. & Comp. in Duisburg.
2) Auswärtige Fabriken:
Boucher, Th. in St. Ghislain (Belgien),
Bosquet & Comp. in Lyon,
Cowen, J. & Comp. in Newcastle on Tyne,
Pastor, Bertrand & Comp. in Andenne (Belgien)
Stephenson & Comp. in Newcastle on Tyne,
Sugg & Comp. (früher A. Keller) in Gent.

Jede Retorte hat an ihrem offenen Ende eine Verstärkung zur Aufnahme der Schraubenbolzen und Muttern, mittelst welcher das gusseiserne Mundstück an ihr befestigt wird. Das Mundstück ist eine aus dem Ofen herausragende mit einem Deckel verschliessbare Verlängerung der Retorte, von deren oberem Theil das aufsteigende Rohr ausgeht, welches die entwickelten Destillationsproducte in die Vorlage leitet, Fig. 73.

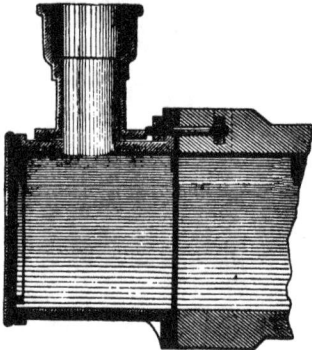

Fig. 73.

Bei grossen Retorten ist es vielfach üblich, den Mundstücken eine verjüngte Gestalt zu geben. Diese Anordnung ist indess, wenn die Verengung mehr als etwa 2 Zoll beträgt, unzweckmässig, weil sie das Entleeren der Retorten erschwert, zumal wenn man Kohlen hat, die sich stark aufblähen. Das Ziehen solcher Retorten ist nicht allein zeitraubend und mühsam, sondern die Coke wird auch beim Durchpressen durch den engeren Querschnitt zerbröckelt, und man erhält unverhältnissmässig viel Lösche. Am besten ist es, dem Mundstück genau oder doch nahezu den Querschnitt der Retorte zu geben. Seine Länge braucht nicht mehr zu betragen, als dass die Flansche des Aufsteigrohrs bequem darauf Platz hat. Die Flansche an seinem hinteren Ende passt genau auf die vordere Fläche der Retorte. Die Verbindung geschieht mittelst Schraubenbolzen, deren hinteres Ende durch die in den Retortenansatz eingelassenen Muttern gehalten wird, während man sie an ihrem vorderen Ende durch andere aufgesetzte Muttern anzieht. Ich nehme ³/₄ zöllige Bolzen, gebe der hinteren Mutter eine Breite von 2 Zoll, eine Höhe von 2¹/₄ Zoll, und setze das Loch nur ³/₄ Zoll von der unteren Kante entfernt, also nicht in die Mitte der Mutter, um die Retorte nach innen zu so wenig als möglich zu schwächen. Diese Mutter wird eingelassen, dabei wird darauf gesehen, dass das Loch, was in die Retorte gemeisselt wird, nur die durchaus nöthige Grösse bekommt, dann wird der Bolzen, der an seinen beiden Enden Gewinde hat, eingeschraubt, und vorne eine gewöhnliche sechseckige Mutter vorgesetzt. Man hat statt der inneren Mutter auch vielfach einseitige Haken oder T förmige Ansätze angewandt, doch halte ich die oben beschriebene Anordnung desshalb für die beste, weil dabei die Retorte am wenigsten geschwächt wird. Die Fuge zwischen Mundstück und Retorte wird mit Kitt ausgefüllt, und zwar in der Weise, dass man zuerst mittelst zwischengesteckter Keile einen Abstand von ¹/₄ bis ³/₄ Zoll herstellt, dann den Raum mit Kitt ausfüllt, die Schrauben fest anzieht, und schliesslich von Innen und Aussen nochmals verstemmt. Die Dichtung der Fugen ist eine höchst wichtige Arbeit, und kann nicht zu sorgfältig hergestellt werden.

Für die Bereitung des Kitts existiren eine Menge verschiedener Recepte. Meistens nimmt man gewöhnlichen Eisenkitt mit einem Zusatz von feuerfestem Thon, und feuchtet dies mit Wasser oder mit Essig an, es dürfte auch wohl kaum rationell sein, etwas Anderes anzuwenden, denn einzeln genommen, ist der Eisenkitt das zweckmässigste Dichtungsmaterial für Gusseisen, und der feuerfeste Thon dasselbe für die Retorte; da man nun das Gusseisen mit dem Thon verbinden soll, so liegt es nahe, dass man ein Gemisch von beiden Kittmaterialien dazu anwendet, wenn man auch zugeben muss, dass es immerhin nur ein Nothbehelf bleibt, und man eigentlich keinen Kitt hat, der sich gleichmässig fest mit den beiden heterogenen

Körpern, dem Gusseisen und dem Thon verbindet. Ich nehme 8 Pfund Eisenbohrspähne, 4 Loth Salmiak, 2 Loth Schwefel, 1 Pfund Chamotte und 1 Pfund feuerfesten Thon, vermenge die Materialien trocken mit einander, und mache sie mit Wasser zu einem steifen Brei an. Diese Mischung ist so, dass sie gerade noch anzieht und hart wird, dass sie aber nicht treibt; ich habe nemlich gefunden, dass, sowie man einen schärferen Kitt anwendet, man leicht in Gefahr kommt, die Retorte zu zersprengen. Zur besseren Verbindung mit der Retorte ist es gut, die vordere Fläche derselben vorher aufzurauhen. Eine Holzschablone von der inneren Form der Retorte wird gegen die Fuge vorgeschoben, und dann der Kitt von Aussen eingebracht. Einige Ingenieure wenden auch statt der Flanschenverbindung eine Muffenverbindung an, doch ist diese Anordnung von verschiedenen Anstalten, die sie früher besassen, wieder aufgegeben worden, weil die Muffen an der dem Feuer zugekehrten Seite leicht verbrennen, die Retorten längs deren innerer Kante leicht abbrechen, die Undichtigkeiten kaum zu vermeiden und während des Betriebes gar nicht zu verbessern sind.

Das auf dem Mundstück aufsitzende Rohrende, welches zur Aufnahme des weiteren Aufsteigerohrs dient, ist mitunter gleich mit dem Mundstück zusammen gegossen, gewöhnlich aber aufgeschraubt, Fig. 74.

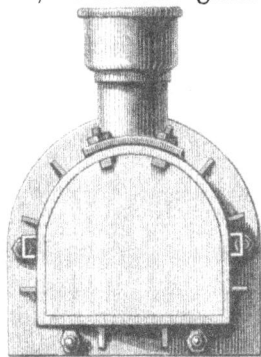
Fig. 74.

Die erstere Anordnung ist desswegen nicht zu empfehlen, weil es beim Betriebe vorkommt, dass man dasselbe Mundstück für eine andere Retorte verwenden muss, welche ein längeres oder kürzeres Rohr verlangt. Kann man das Rohr abschrauben, so lässt es sich nach Belieben wechseln, ja man kann das Mundstück im Nothfall auch für seitliche Retorten mit schrägem Aufsatzrohr verwenden, wenn man das obere Loch mit einer Blechplatte schliesst. Beim Aufschrauben hat man wieder zweierlei Verfahren. Entweder schneidet man Gewinde in das Mundstück, und setzt die Schrauben von oben ein, oder man bohrt Löcher, steckt Schraubenbolzen von unten durch und zieht sie durch Muttern von oben an. Letztere Art ist die beste. Mutterschrauben sind leichter zu lösen, und wenn sie beim Losnehmen beschädigt werden, so kann man sie eben einfach durch neue ersetzen. Die lichte Weite des Rohres nimmt man zu 5 oder 6" an.

Zum Verschluss der Retorte dient der sogenannte Retortendeckel, dessen Anordnung in den Figuren 75 und 76 dargestellt ist. Entweder sind am Mundstück seitwärts zwei Ohren angegossen, durch welche zwei schmiedeeiserne Schienen hindurch gesteckt sind und hinten durch Splinte festgehalten werden, oder die Schienen sind am Retortenkopf mittelst je zwei Schrauben befestigt. Sie haben an ihrem vorderen Ende längliche Oesen, durch welche eine Querschiene hindurch gesteckt wird. Letztere hat in ihrer Mitte eine Schraube mit Handhebe, durch deren Anziehen man den Deckel gegen die Retorte presst. Der Deckel Fig. 73 im Durchschnitt und Fig. 77 in der Vorderansicht, besteht im Wesentlichen aus einer gusseisernen Platte von ½" Dicke, aussen mit einer kreuzförmigen Verstärkung, und seitwärts mit Führungen versehen, mittelst welcher letzteren er über die

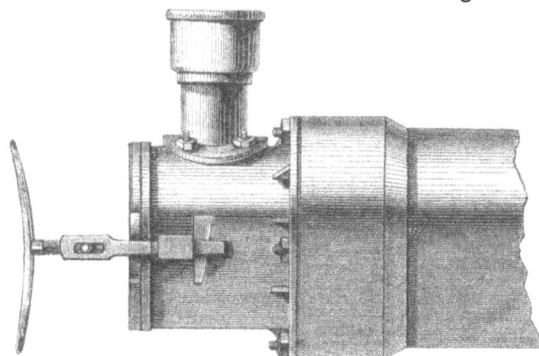
Fig. 75.

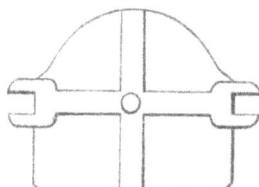
Fig. 77.

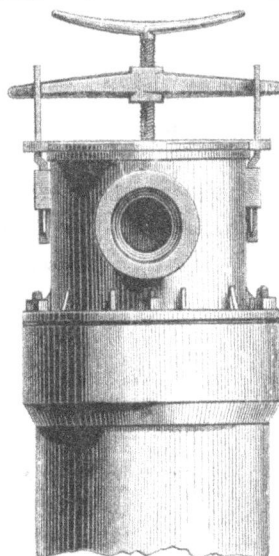
Fig. 76.

schmiedeeisernen Schienen übergeschoben wird. Auf der Innenseite ist er mit einem Rand von etwa ³/₄″ Höhe versehen, dessen äussere Fläche etwas conisch zuläuft und etwa ¼″ von der Kante des Mundstücks absteht. Die erforderliche luftdichte Verbindung zwischen dem Deckel und dem Mundstück wird dadurch bewerkstelligt, dass man den Rand des Deckels mit einem Kitt bestreicht, den man entweder aus dem gebrauchten Reinigungskalk, aus Lehm oder aus sonst einem zur Hand befindlichen, möglichst billigen Bindematerial macht. In neuerer Zeit wendet man statt der gusseisernen Deckel, welche ein ziemlich bedeutendes Gewicht haben, solche von Eisenblech an. Ich lasse sie gegenwärtig aus einem ³/₈ Zoll starken Kesselblech herstellen, Fig. 78, welches in der Mitte nach Aussen zu aufgetrieben wird. Der um ⁵/₈ Zoll nach Innen

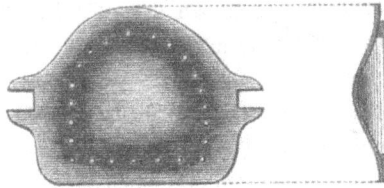

vorstehende Rand wird aus Winkeleisen hergestellt, und am Deckel selbst mittelst Nieten befestigt. Solche Deckel sind nicht allein viel leichter, als die gusseisernen, sondern man hat auch noch den Vortheil, dass man sie leicht repariren kann, wenn, was namentlich öfters vorkommt, die Ohren beschädigt werden.

Ein anderer Retortenverschluss ist in den Figuren 79 und 80 dargestellt. Die an der Seite des Mundstückes liegenden Schienen bilden

Fig. 78.

an ihrem vorderen Ende aufwärts gekrümmte Haken zur Aufnahme einer Querstange. Auf dieser Querstange in der Mitte rechtwinklig befestigt ist eine andere Stange, deren gegen die Retorte gewandtes Ende abwärts hakenförmig gekrümmt ist, während der abgewendete längere Arm an seinem Ende eine massive Eisenkugel trägt. Die Kugel drückt

 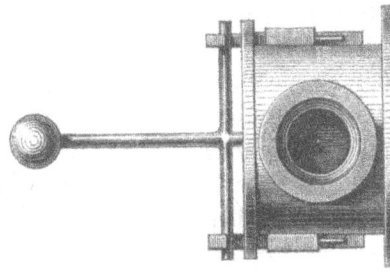

Fig. 79.   Fig. 80.

den langen Arm abwärts und presst den kurzen gebogenen Arm gegen den Deckel, so dass durch diesen Druck, den man durch Anbringung von grösserem Gewicht beliebig verstärken kann, der gewünschte Verschluss bewerkstelligt wird.

Die Anzahl Retorten, welche man in einen Ofen einlegt, steigt von 1 bis zu 12 und 13; mehr als 7 Retorten gehören indess schon zu den Seltenheiten. In London, wo die Anstalten meistens auf eine verhältnissmässig kleine Grundfläche beschränkt sind, hat man zur Ersparung an Platz dahin gestrebt, soviel Retorten als möglich in einem Ofen unterzubringen, ja man hat die Ofenhallen zu diesem Zweck in zwei Etagen abgetheilt; für unsere deutschen Anstalten sind jedoch diese Verhältnisse nicht maassgebend, und mehr als 7 Retorten in einem Ofen kommen, wie gesagt, nur ausnahmsweise vor. Nach der Statistik der deutschen Gasanstalten vom Jahre 1862 befanden sich damals in 145 Anstalten:

30	Oefen	mit	1	Retorte
49	″	″	2	″
200	″	″	3	″
16	″	″	4	″
202	″	″	5	″
178	″	″	6	″
201	″	″	7	″
4	″	″	8	″
2	″	″	9	″

Der Oefen mit 1, 2 und 3 Retorten bedienen sich die kleinen Anstalten, deren Production im Sommer durch eine Retorte gedeckt wird; sobald der Gasbedarf grösser ist, steigert man auch die Zahl der

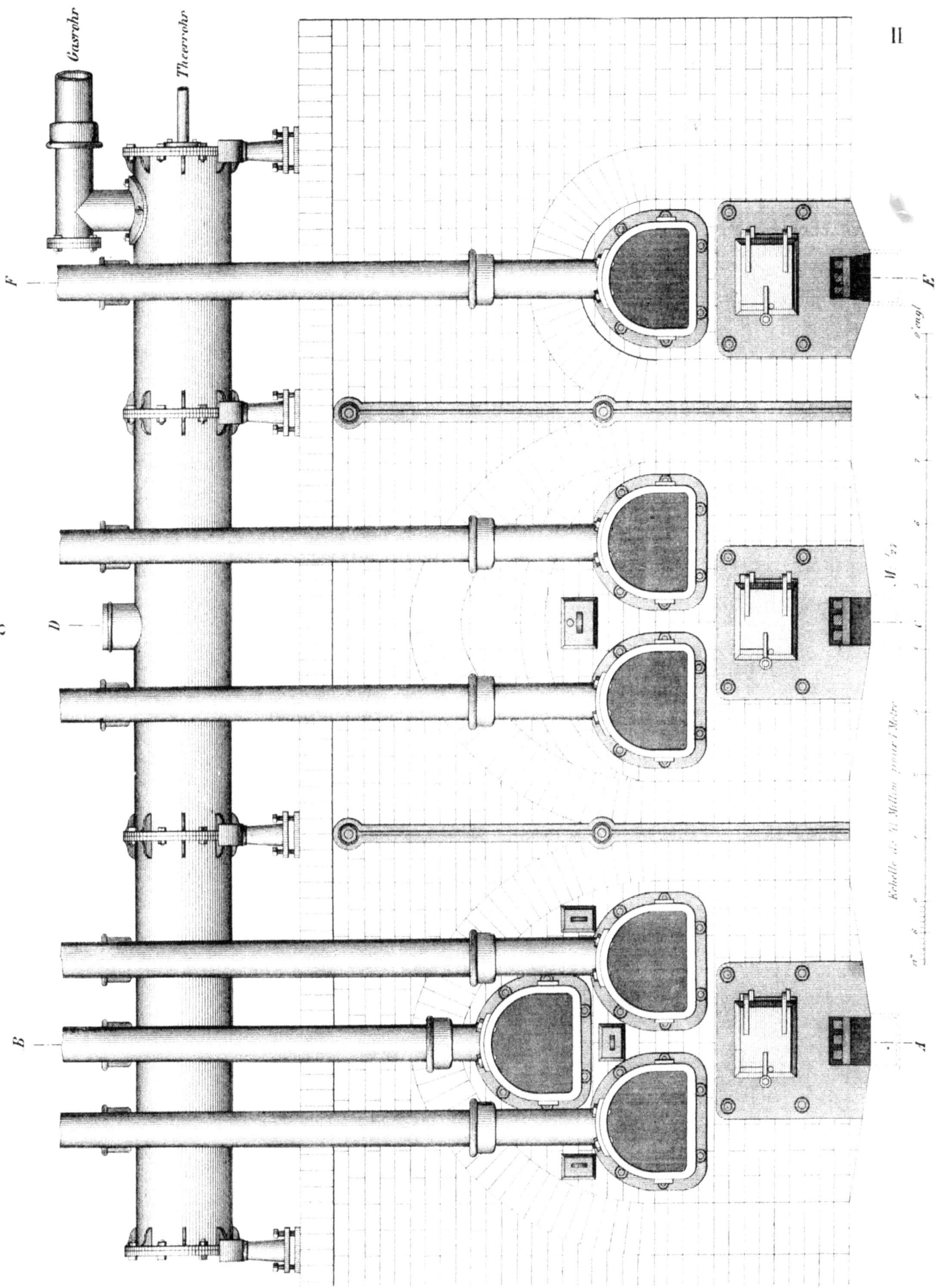

Fig. 1.

Gasrohr

Theerrohr

II

B

D

F

A

E

Échelle de 1 Millim. pour 1 Mètre.

Fig 2.

Schnitt nach G H. Fig.3 4 u 5.

Coupe suivant GH des Fig.3 4 et 5

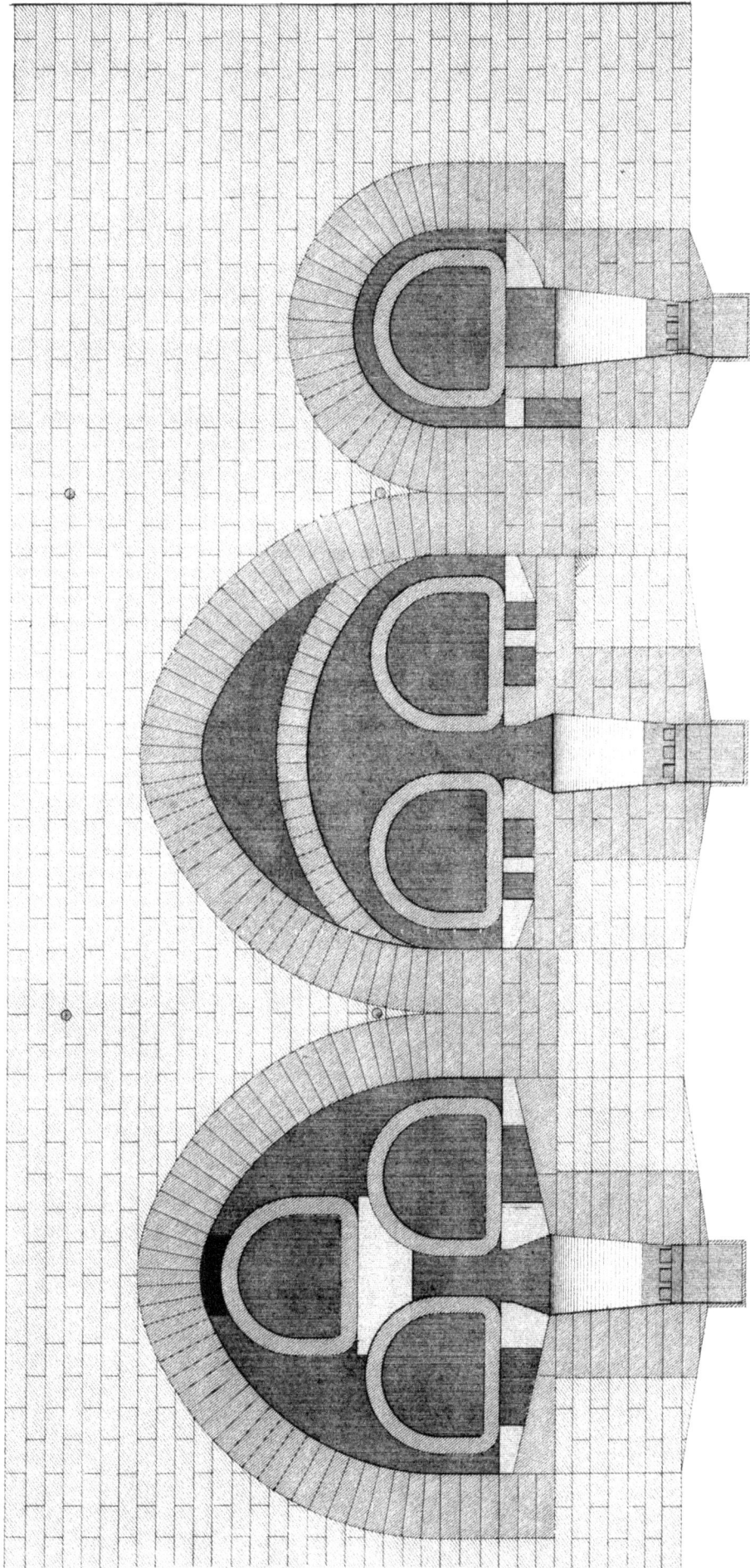

Echelle de 0 Millim pour 1 Mètre

III

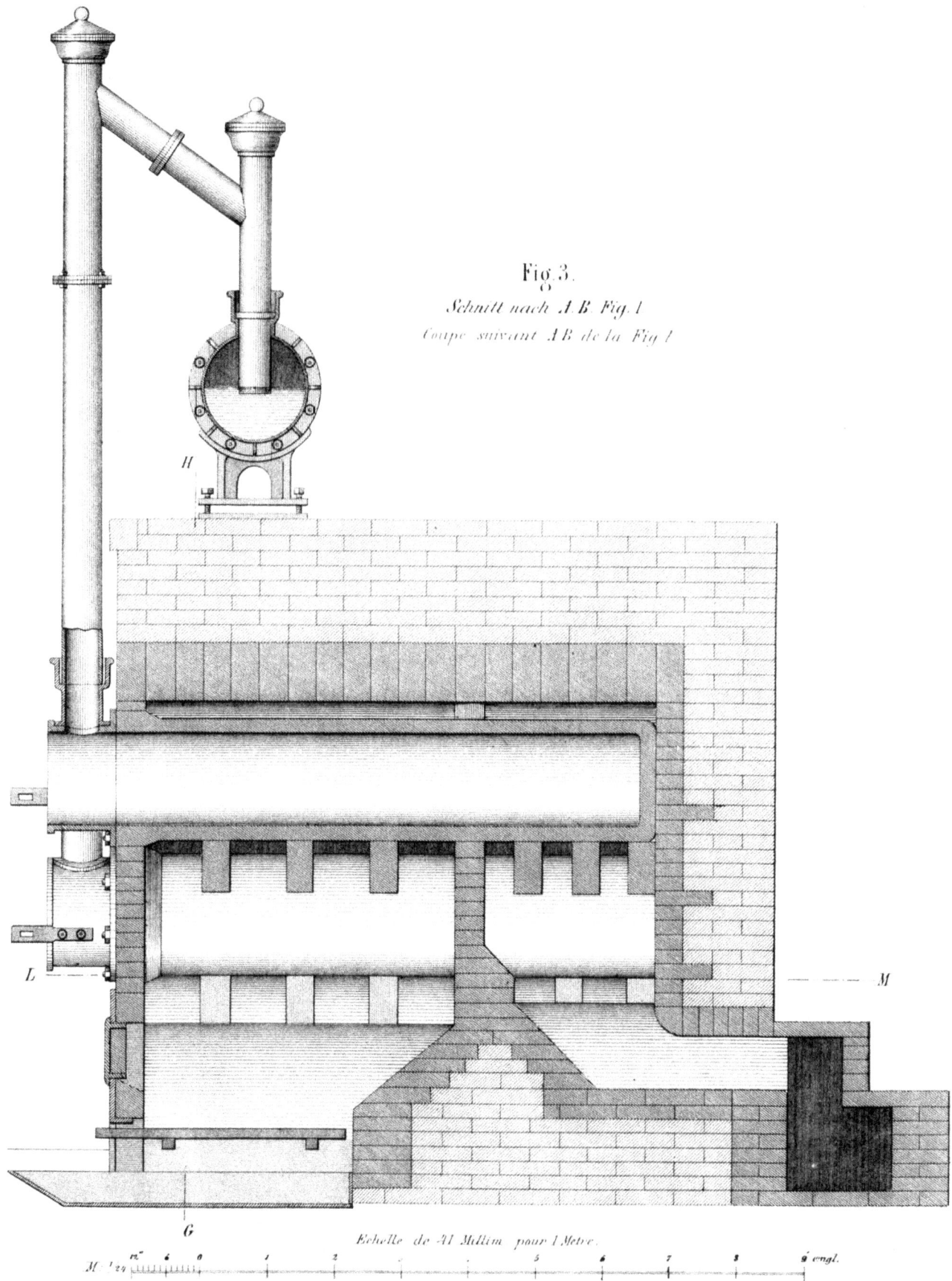

IV

Fig. 3.

Schnitt nach A.B. Fig.1

Coupe suivant A.B. de la Fig.1

H

L

M

G

Echelle de 41 Millim. pour 1 Metre.

V

Fig. 4.

Schnitt nach CD Fig.1. Coupe suivant CD de la Fig.1

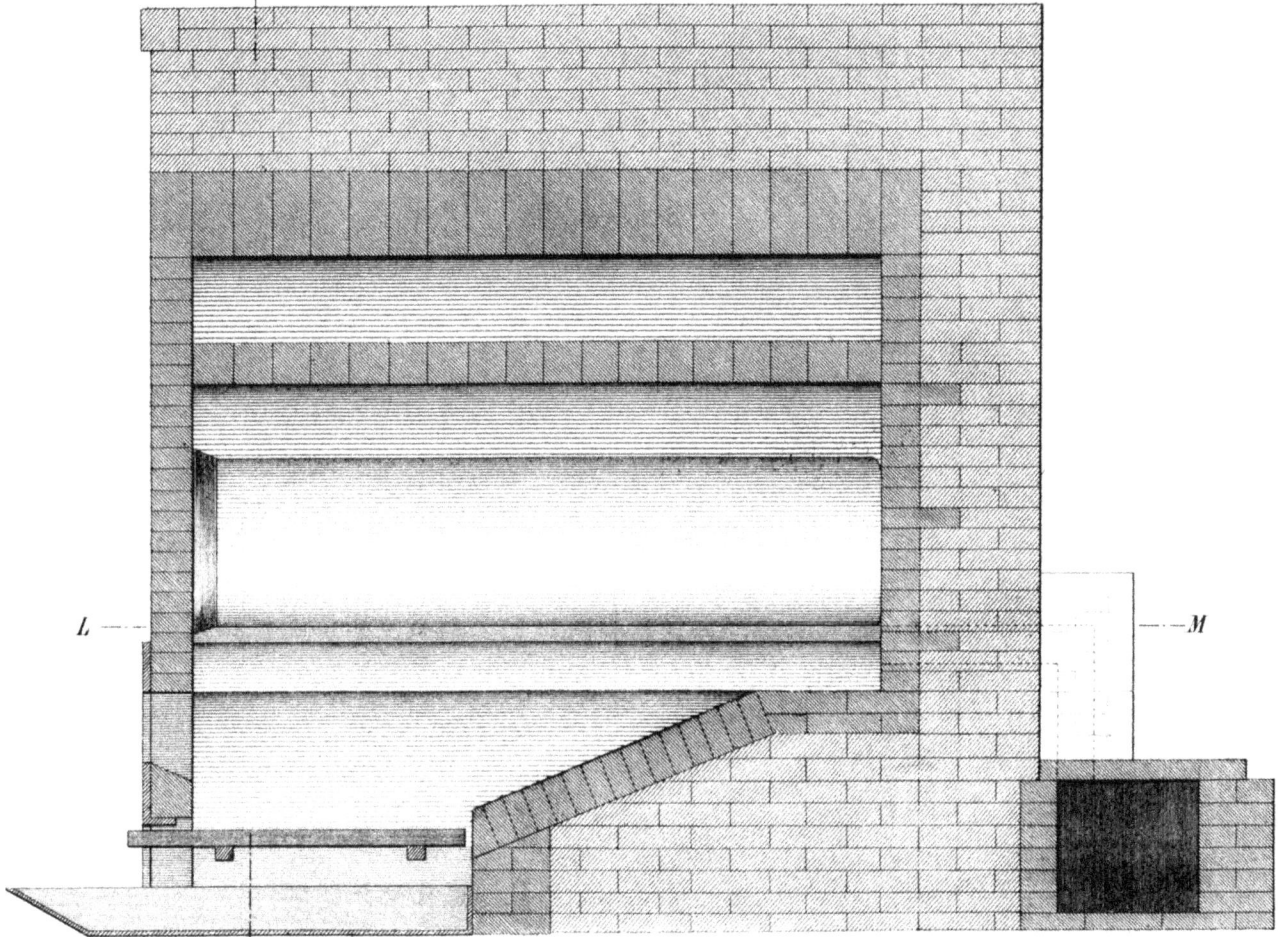

H

L — — —

M — —

G

Fig. 5.

H Schnitt nach EF Fig.1. Coupe suivant EF de la Fig.1

L — — —

M — —

G

Echelle de 41 Millim. pour 1 Metre.

M.¹ 24   3" 6   9   0   1   2   3   4   5   6   7   8   9' engl.

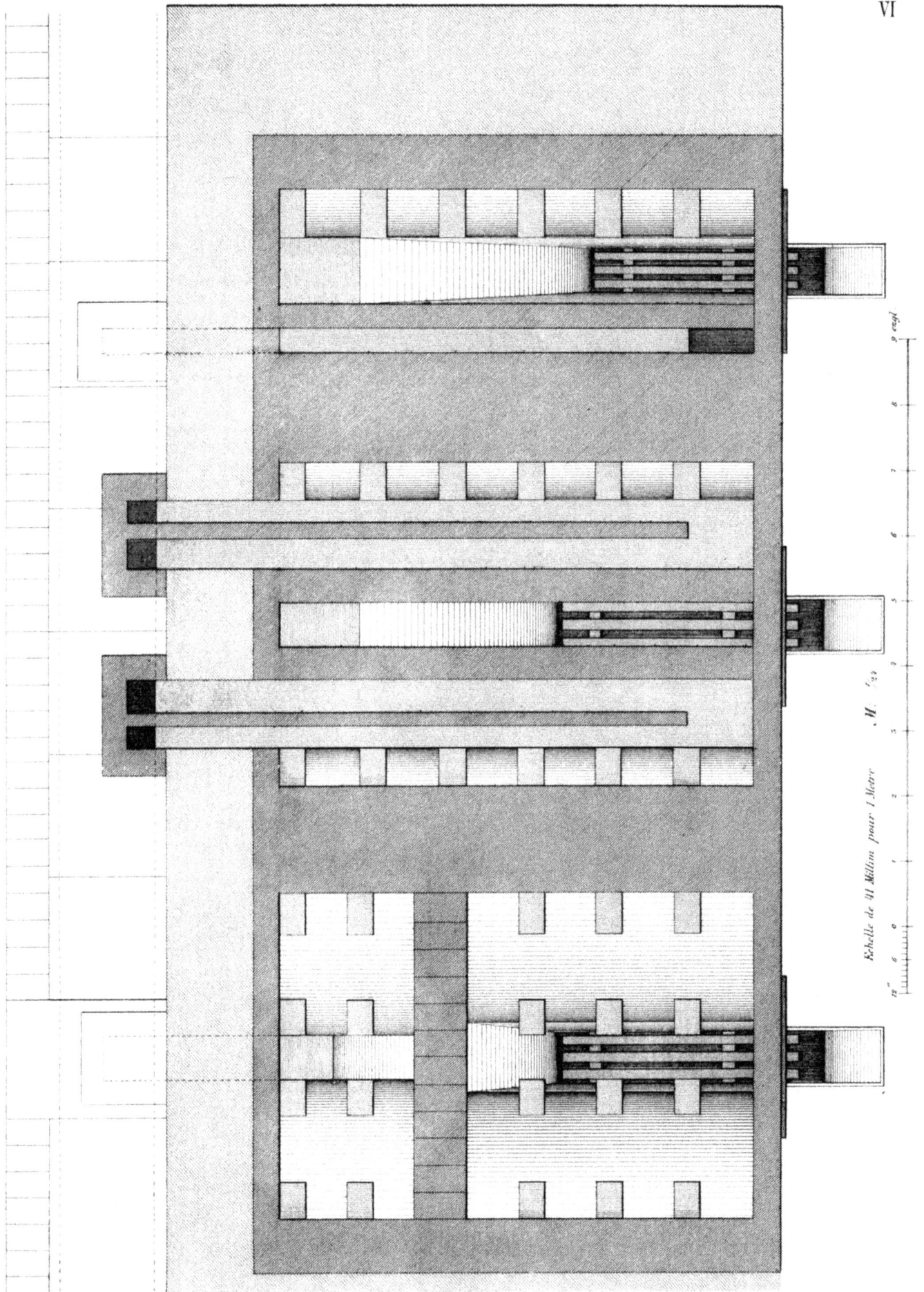

Schnitt nach IK Fig 2 u LM Fig 3, 4 u 5   Coupe suivant IK de la Fig 2 et LM des Fig 3, 4 et 5

VI

Echelle de 91 Millim pour 1 Metre . M. ⅟₂₉

Retorten, die man in die Oefen einlegt. So lange der Sommerbetrieb überhaupt mit einem einzigen Ofen besorgt werden kann, bildet dieser Ofen auch die untere Grenze für die Disposition der Retorten, und wählt man die übrigen Oefen so, dass man dem steigenden Zuwachs bis zum vollen Winterbetrieb möglichst bequem folgen kann; in grösseren Anstalten bilden die Oefen mit 5, 6 und 7 Retorten die eigentliche Normal-construction, weil sie nach den bisherigen Erfahrungen in ihrem Ertrag absolut die besten Resultate geben. Früher fanden die Oefen mit 5 Retorten die allgemeinste Anwendung, sie wurden jedoch bald verdrängt durch die Oefen mit 7 Retorten, in neuerer Zeit kommen die Sechser-Oefen stark in Aufnahme, weil man behauptet, dass man eine gleichmässigere gesteigerte Temperatur und eine grössere Leistungsfähigkeit er-reicht, wenn man die beim Siebener-Ofen unmittelbar über dem Feuer liegende Retorte beseitigt, und dem Feuer freien Spielraum zu seiner Entwicklung gestattet.*)

Auf Tafel II bis VI sind 3 Oefen dargestellt, von welchen der erste eine Retorte, der zweite zwei, der dritte drei Retorten enthält. Die drei Oefen haben eine gemeinschaftliche Vorlage und einen gemein-schaftlichen Feuercanal, und bilden die Anlage für eine Fabrik, welche im Sommer 5000 c′, im Winter 18,000 c′ Gas pro 24 Stunden zu liefern hat. Die Retorten sind alle von gleicher Form, im Lichten 19 Zoll weit, 16 Zoll hoch und 7 Fuss 9 Zoll lang. Ihre Wandstärke beträgt 2½ Zoll. Sie sind so angeordnet, dass sie (mit Ausnahme natürlich der oberen Retorte im Dreierofen) sämmtlich in gleicher Höhe, 2 Fuss 6 Zoll über dem Niveau des Fussbodens liegen. Die Gewölbe, welche den Ofenraum bilden, schliessen sich soviel als möglich den Retorten an; beim Einer-Ofen ist dasselbe kreisförmig und 30 Zoll weit, so dass um den ganzen Obertheil der Retorte herum ein freier Raum von 3 Zoll Breite bleibt; beim Ofen mit 2 Retorten hat es einen gedrückten Querschnitt, und eine Weite von 5 Fuss, beim Dreier-Ofen ist es spitz, in allen Fällen bleibt zwischen den Wänden des Gewölbes und den Retorten ein Raum von 3 Zoll; zwischen den Retorten beträgt der Zwischenraum 6 Zoll. Die Gewölbe bestehen aus 10 zölligem feuerfesten Mauerwerk, und sind theilweise aus gewöhnlichen, theilweise aus eigens geformten Gewölbsteinen hergestellt. Beim Zweier-Ofen ist das eigentliche 10 zöllige Gewölbe gleich für einen Dreier-Ofen eingerichtet, und das gedrückte Gewölbe für ersteren nur einen halben Stein stark in letzteres hineingebaut, um nach Belieben diesen Ofen in einen Dreier-Ofen verwandeln zu können, sobald ein weiterer Betrieb dies nöthig machen sollte.

Der Feuerraum hat für den Ofen mit einer Retorte eine Länge von 2 Fuss 6 Zoll und eine Breite von 8 Zoll, also eine Rostfläche von 240 Quadratzoll, nach oben erweitert er sich bis zu einer Breite von 12 Zoll. Für den Zweier-Ofen hat der Rost dieselbe Grösse wie für den Dreier-Ofen, nemlich eine Länge von 3 Fuss 1 Zoll, eine Breite von 9 Zoll, d. i. eine Fläche von 333 Quadratzoll. Der Rost besteht bei allen Oefen aus schmiedeeisernen Stäben von 1½ bis 2 Zoll im Quadrat Querschnitt, welche lose auf einge-mauerten gusseisernen Rostbalken aufliegen. Unterhalb des Rostes ist überall ein gusseiserner Aschenkasten angebracht, der mit seinem vorderen abgeschrägten Ende aus dem Ofen heraustritt, und hinten bis zur Hinterwand des Feuerraumes reicht. Diese Hinterwand ist nur bis zur Höhe von 4 Zoll über den Rost-balken vertikal aufgeführt, von da an setzt sie sich in Form eines abgeschrägten Heerdes bis zur Hinterwand des Ofens fort, so dass das Feuer sich über diesen ganzen Heerd ausbreiten, und in den hinteren Theil des Ofens gelangen kann. Die Gestelle der Feuerthüren haben eine Höhe von 2 Fuss 7 Zoll, eine Breite von 2 Fuss 6 Zoll nnd eine Stärke von 1¼ Zoll. Die eigentliche Schüröffnung in denselben ist 1 Fuss breit und 10 Zoll hoch, ihre Unterkante liegt 10 Zoll über den Rostbalken. Die untere Oeffnung für den Luft-zug hat die gleiche Breite von 1 Fuss und eine Höhe von 8 Zoll. Die Roststangen, welche nach vorne ver-längert sind, treten unmittelbar unter der oberen Kante dieser Oeffnung aus dem Ofen heraus, und stehen um ein Paar Zoll vor der Thür vor. Die Schürthür ist mit einem feuerfesten Stein ausgesetzt, mittelst eines ⅝ zölligen schmiedeeisernen Bolzens am Gestell befestigt; eine auf der entgegengesetzten Seite am Gestell angebrachte Falle hält sie geschlossen. Der Rahmen ist mittelst je 4 Mauerbolzen von ¾ Zoll Stärke an

---

*) Ueber Ofenconstructionen von Generaldirector W. O e c h e l h ä u s e r. Journ. f. Gasbel., Jahrg. 1862, S. 312.

dem Mauerwerk des Ofens festgehalten. In dem Ofen mit einer Retorte trifft das aus dem Feuerraum aufsteigende und sich über den hinteren schrägen Heerd ausbreitende Feuer den mittleren Theil des Retortenbodens auf seiner ganzen Länge und auf einer Breite von 12 Zoll, und wendet sich dann rechts gegen die
Seitenwand des Ofens. Auf der massiven rechten Seitenwand des Feuerraums sind 5 Pfeiler von 6 Zoll
Höhe, 9 Zoll Breite und 5 Zoll Dicke zur Unterstützung der Retorte aufgemauert, zwischen diesen Pfeilern
sind aber 10 Zoll breite, durch Abschrägung des Bodens ansteigende Oeffnungen gelassen, und durch diese
geht das Feuer hindurch, an der Seitenwand der Retorte aufwärts, über die ganze Retorte hinüber und an
der linken Seite derselben wieder hinunter bis zur Tiefe des Retortenbodens. Von hier aus gelangt es in
einen viereckigen Canal von 4 Zoll Breite und 10 Zoll Höhe, und von diesem weiter in den hinter dem
Ofen liegenden grossen Rauchcanal und in den Schornstein. Der Canal im Ofen ist in dem massiven Mauerwerk der linken Seitenwand des Feuerraums ausgespart, und oben mit Platten abgedeckt, bis auf eine
Oeffnung von 1 Fuss Länge unmittelbar hinter der Vorderwand des Ofens. Die Retorte liegt an der linken
Seite ihrer ganzen Länge nach auf, so dass kein Feuer vom Feuerraum aus hier durchdringen kann, das über
die Retorte gezogene und abwärts steigende Feuer trifft die obere Decke des Canals, und muss auf dieser
bis zur vorderen Oeffnung entlang, bis es in den Canal selbst hinein gelangen kann. Es ist nicht unzweckmässig, auch hinten zunächst der Hinterwand des Ofens noch eine zweite Oeffnung anzubringen, und einen
Schieber durch die Hinterwand hindurchgehen zu lassen, mittelst dessen man diese Oeffnung mehr oder
weniger schliessen kann. Im Falle nemlich das hintere Ende der Retorte nicht so warm wird, als das
vordere, weil man alles Feuer nach der vorderen Oeffnung hinzieht, macht man in diesem Fall auch die
hintere Oeffnung mehr oder weniger auf, und hat es in der Hand, das Feuer gleichmässig zu vertheilen, und
die Retorte auf ihrer ganzen Länge gleichmässig zu erhitzen. Es muss aber, wie gesagt, die hintere Oeffnung
ihren besonderen Schieber haben.

Beim Ofen mit zwei Retorten ist der Gang des Feuers ein anderer. Der Feuerraum liegt, weil
auch in der Mitte des Ofens, nicht unterhalb einer Retorte, sondern zwischen denselben. Das Feuer steigt
bis zur ganzen Höhe des Ofens senkrecht auf, und wendet sich dann theils rechts, theils links über die
Retorten weg, steigt getheilt zwischen den Seitenwänden des Ofens und den äusseren Seitenwänden der
Retorten hinab, und wird durch Canäle weggeführt, die unterhalb der Retorten liegen. Im oberen Theile
des Feuerraums ist das Mauerwerk von 12 Zoll bis auf 8 Zoll zusammengezogen, um die Kanten der Retorten
gegen die Einwirkung der Stichflammen zu schützen, beide Retorten liegen ihrer ganzen Länge nach auf
diesem Mauerwerk auf, und kein Feuer kann hier direct in den Canal hinein gelangen. Zur Unterstützung
der Retorten, zunächst der Ofenwände, sind auf dem soliden Untermauerwerk, welches, soweit es nicht mit
dem Feuer in Berührung kommt, aus gewöhnlichen Backsteinen hergestellt ist, 5 Pfeiler von je 6 Zoll Breite,
5 Zoll Höhe und 5 Zoll Dicke aufgemauert, welche nach der Länge des Ofens gerechnet, 6 Oeffnungen von
je 10 Zoll Länge lassen, durch die das abwärts ziehende Feuer unter die Retorten hinunter gelangt. Der
unter jeder Retorte liegende Canal hat eine Gesammtbreite von 12½ Zoll, ist aber durch eine 2½ Zoll starke
Scheidewand in zwei Hälften von ungleichem Querschnitt abgetheilt, welche nur zunächst der Vorderwand
des Ofens auf eine Länge von 1 Fuss mit einander communiciren. Der äussere Theil des Canals hat nur
eine Breite von 4 Zoll, der innere dagegen eine solche von 6 Zoll. Beide Theile sind von einander getrennt
durch die Rückwand des Ofens bis in den Rauchcanal geführt, und hat jeder davon seinen besonderen
Schieber. Der Zweck dieser Anordnung ist folgender. Das Feuer, welches zwischen Ofenwand und Retorte
hinunter tritt, gelangt durch die beschriebenen 6 Oeffnungen in den äusseren Theil des Canals. Hier wird
soviel von demselben, als zur gleichmässigen Erhitzung des hinteren Endes der Retorte erforderlich ist
durch den äusseren Fuchs, dessen Schieber nur wenig geöffnet sein darf, nach hinten gezogen, der andere
Theil muss nach vorne, und durch die Communicationsöffnung zunächst der Vorderwand in die andere innere Hälfte
des Canals eintreten, und wird in diesem nochmals auf die ganze Länge der Retorte unter dieser hinweggeführt.

VII

Coupe horizontale suivant A B des Fig 1 et 2.

Horizontal-Durchschnitt nach A. B. Fig. 1 u. 2.

Fig. 4.

Fig 3.

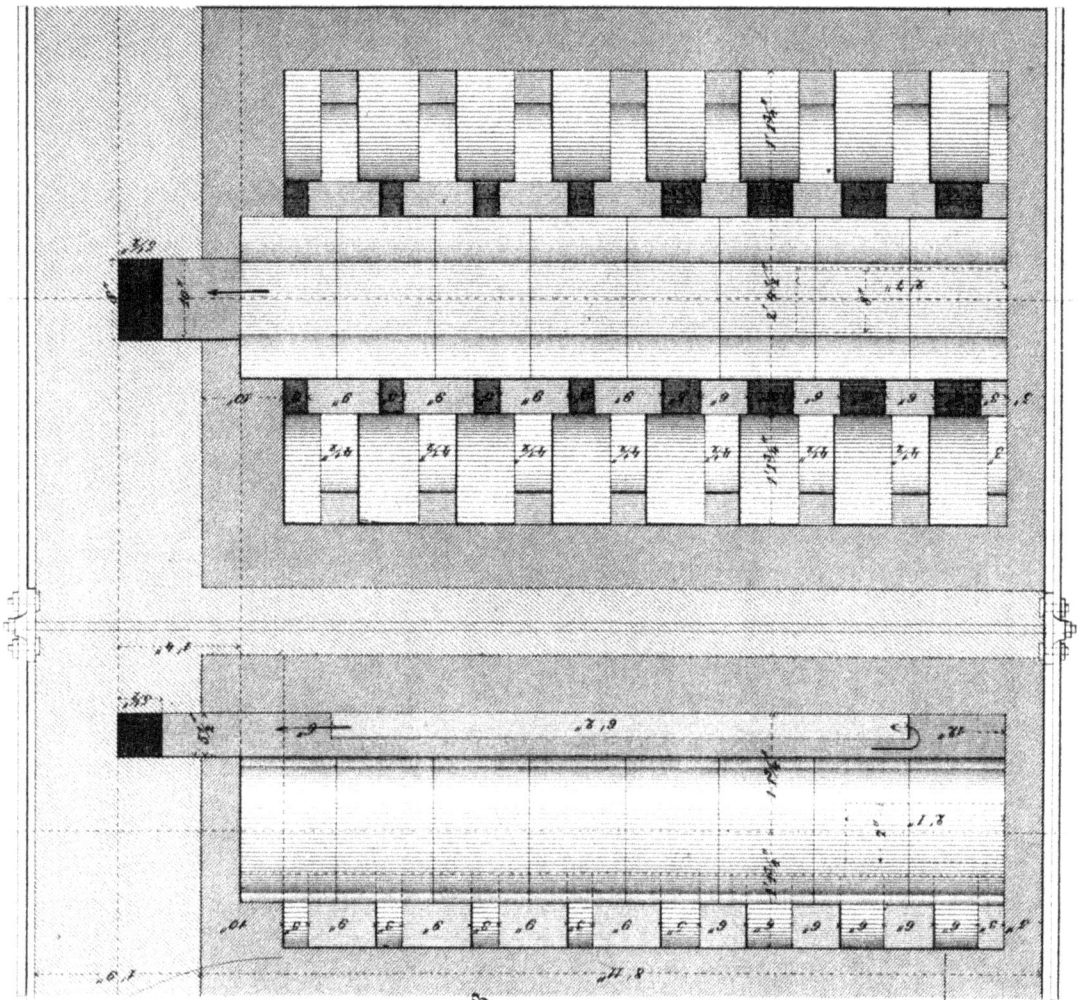

Coupe verticale suivant E F des Fig. 3 et 4.

Vertikal-Durchschnitt nach E.F. Fig 3. u. 4.

Fig. 1.

Fig. 2.

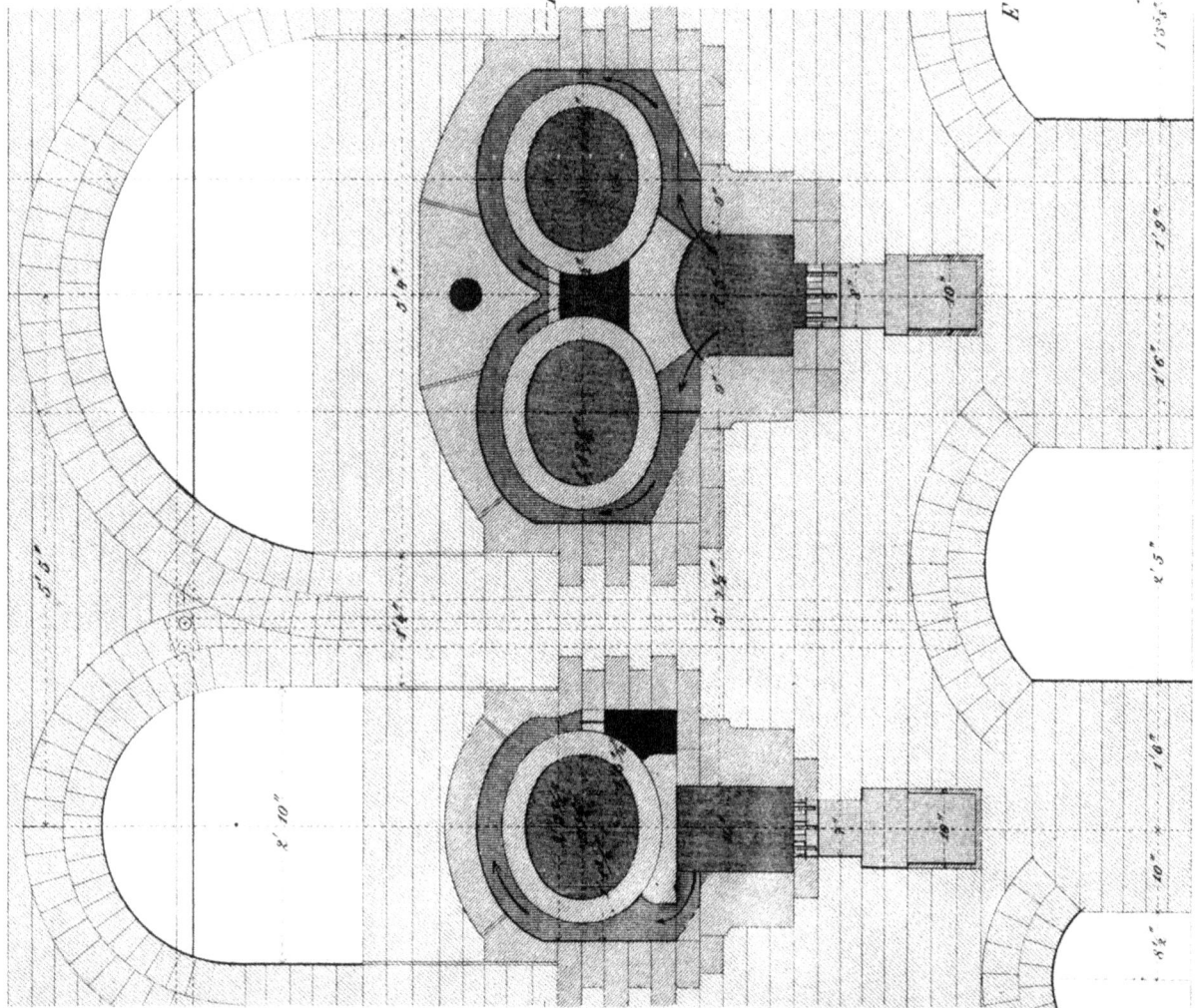

Echelle de 41 Millim pour 1 Metre

Der Ofen mit drei Retorten hat wieder eine ganz andere Einrichtung. Hier ist der Ofenraum auf nahezu ⅔ seiner Länge von vorne gerechnet durch eine Querwand getheilt, welche den vorderen Theil des Ofens vom hinteren Theil bis auf eine Oeffnung von 1 Fuss Breite und 3 Zoll Höhe unmittelbar unter dem Scheitel des Gewölbes vollständig absperrt. Die beiden unteren Retorten liegen auf Pfeilern, resp. auf einzelnen Unterstützungssteinen auf, von denen im Vordertheil des Ofens je 3, im Hintertheil desselben je 2 angebracht sind. Zwischen diesen Steinen hindurch kann das aus dem Feuerrungsraum aufsteigende Feuer den Vordertheil der Retorten frei umspielen, indem es sich theils rechts, theils links wendet, theils zwischen beiden Retorten frei in die Höhe steigt. Die obere Retorte wird durch Sattelsteine getragen, welche auf den beiden unteren Retorten aufliegen. Nachdem das Feuer die unteren Retorten umspielt hat, trifft es die obere, welche eben so frei liegt, und gelangt dann unter den Scheitel des Gewölbes, wo es durch die in der Mittelwand frei gelassene und bereits beschriebene Oeffnung in den hinteren Theil des Ofens übertritt. Hier geht es nun den umgekehrten Weg von oben nach unten abwärts, und tritt schliesslich, nachdem es die hinteren Enden der Retorten umspielt hat, durch eine am tiefsten Punct liegende Fuchsöffnung in den Rauchcanal hinaus. Der Schieber liegt auch hier auf dem Rauchcanal.

Die Vorderwand eines jeden der drei beschriebenen Oefen ist durch eine 5zöllige Mauer aus feuerfesten Steinen gebildet; die Hinterwand ist durch eine 15zöllige Wand aus gewöhnlichen Backsteinen verstärkt, um nicht zu viel Wärme durch die Strahlung der dünnen feuerfesten Mauer zu verlieren. In beiden Wänden sind an passenden Stellen Schaulöcher angebracht, durch welche man den Gang des Ofens beobachtet und die etwaige Reinigung der Retorten von Russ, sowie kleinere Reparaturen an denselben vornehmen kann.

Die Gewölbe der Oefen sind durch Mauerwerk aus gewöhnlichen Backsteinen in Lehm von ziemlicher Höhe abgedeckt, auch ist die Anlage an beiden Enden durch ein gleiches Mauerwerk von 2 Fuss Breite verstärkt, um den Verlust an Wärme durch Strahlung möglichst zu beschränken. Endlich ist das Ganze durch Anker zusammengehalten, von denen die einen jedesmal auf der Scheide zwischen zwei Oefen angebracht sind, während die Längsverankerung oben auf den Oefen liegt.

Jede Retorte hat ein Mundstück von 1 Fuss Länge, welches in der bereits weiter oben beschriebenen Weise mit den Retorten verbunden ist. Auf den Mundstücken sind zunächst Rohrstutzen mit Muffen angebracht, und in diesen stehen die längeren Aufsteigeröhren, welche mittelst Flanschen mit den oberen Sattelröhren verbunden sind. Die Sattelröhren bestehen aus zwei, gleichfalls mittelst Flanschen verbundenen Theilen, der eine Theil bildet das oberste Stück des Aufsteigrohrs mit einem abwärts geneigten Abgang nach der Hydraulik hin, der andere bildet das Tauchrohr, dessen aufwärts gestelltes Seitenrohr sich an den vorigen Abgang anschliesst. Beide Röhren sind oben mittelst gusseiserner Pfropfen verschlossen. Die Oeffnung im Mundstück der Retorte und der kurze Rohrstutzen haben 6 Zoll lichte Weite, das Aufsteigerohr verjüngt sich von 6 Zoll auf 5 Zoll, das ganze Sattelrohr ist 5 Zoll weit. Die Hydraulik besteht aus einem gusseisernen Rohr von 18 Zoll Weite mit aufgegossenen Muffen, in welche die mit einem Rand versehenen Tauchröhren hinein gedichtet werden. Die Hydraulik besteht aus drei mittelst Flanschen verbundenen Theilen, deren Länge in der Weise mit der Breite der Oefen correspondirt, dass die Verbindungen genau auf die Scheidung der Oefen treffen. Für den Zweierofen, für den eine spätere Umänderung in einen Dreier vorgesehen ist, ist auch die Muffe auf der Hydraulik schon vorhanden, und vorläufig mit einem Pfropfen verschlossen. Am Ende der Hydraulik gehen zwei Röhren ab, die grössere leitet das Gas fort, die kleinere entfernt die Condensationsproducte.

Ein etwas abweichendes System für den Bau von Oefen mit 1, 2 und 3 Retorten von dem Director der Gasanstalt in Stettin, W. Kornhardt, ist auf Taf. VII und VIII abgebildet. Die Form der Retorten ist durchweg elliptisch, und zwar haben die dem Feuer zunächst ausgesetzten Retorten 2¼ Zoll, die anderen 2¼ Zoll Wandstärke. Die grosse Axe der Ellipse hat 17½ Zoll, die kleine 14 Zoll. Eine wesentliche Eigenthümlichkeit bildet das Gewölbe. Dasselbe ist aus grossen, eigens dazu construirten Formsteinen hergestellt, die sich der Form der Retorten in solcher Weise anschliessen. dass der Abstand zwischen diesen und dem Gewölbe überall nahezu gleich ist und nirgends im Ofen ein überflüssiger Raum entsteht. Beim Einerofen ist der Gang des Feuers der gleiche, wie bei dem oben beschriebenen Ofen derselben Grösse. Beim Zweierofen dagegen vertheilt sich das Feuer gleich nach rechts und links und tritt dann oberhalb zwischen beiden Retorten wieder zusammen, wo es nach vorne gezogen und in einem zwischen den Retorten angebrachten Canal abgeleitet wird. Beim Dreierofen ist unter einer der beiden untersten Retorten der Feuerraum, unter der anderen der Abzugscanal angebracht, zu welchem das Feuer in der durch Pfeile angedeuteten Richtung hingelangt, und in den es wieder unmittelbar hinter der Vorderwand eintritt. Der Raum zwischen der oberen Retorte oder zwischen der an der rechten Seite liegenden ist abgesperrt, so dass das Feuer seinen Weg um die obere Retorte herumnehmen muss. Durch Anbringung einer weiteren Retorte. auf der rechten Seite des Ofens kann derselbe in einen Viererofen umgewandelt werden, wie dies in der Zeichnung auch durch punctirte Linien angedeutet ist.

Einen Ofen mit drei Retorten nach A. Keller in Gent zeigt Tafel IX. A A A sind die Retorten, von denen die beiden unteren neben einander und 6" von einander entfernt liegen, während die dritte in der Mitte darüber in einer Höhe von 1' 9" von Boden zu Boden angebracht ist. Die unteren Retorten liegen ihrer ganzen Länge nach auf 3zölligen Platten, die obere auf besonders geformten Tragsteinen auf.

Diese Tragsteine sind 2" dick und zu beiden Seiten abwärts mit fussartigen Ansätzen versehen, mittelst welcher sie auf den unteren Retorten aufstehen und zugleich den Raum unter der oberen Retorte von dem äusseren Ofenraum absperren. Sie sind durch die ganze Länge des Ofens angebracht bis auf 9" von der Vorderwand, wo sie fehlen und eine Oeffnung bilden, durch welche das Feuer unter die Retorte hinunter treten kann. Das Feuer, welches vom Feuerraum durch seitliche Oeffnungen in den unteren Theil des Ofens gelangt, tritt dann zwischen den unteren Retorten und dem Ofengewölbe durch eine Oeffnung von 6" Breite auf der ganzen Länge des Ofens aufwärts, kann aber unter die obere Retorte nicht anders gelangen, als durch die schon erwähnte 9" lange Oeffnung zunächst der vorderen Ofenwand. Der Fuchs B liegt mit dem unter der oberen Retorte gebildeten Canal auf gleicher Höhe und leitet die Verbrennungsproducte von letzterem weiter in den Schornstein. Der Feuerungsraum C ist 1' 6" breit, seiner ganzen Länge nach überwölbt und auf jeder Seite mit 5 Oeffnungen von je 60 $\square$" Querschnitt versehen, durch welche das Feuer in den Ofen gelangt. Der Rost ist auf 9" Breite zusammengezogen und 2' 6" lang, hat also 1⅝ $\square$' Fläche. Er besteht aus drei gusseisernen Stäben, die vorne und hinten auf Querstäben aufliegen. Hinter dem Rost ist das Mauerwerk höher aufgeführt und ein Herd gebildet, der um 1' 4½" vom Gewölbe des Feuerraums absteht. Die vertikalen Wände des Ofenraumes haben eine Höhe von 3' 6", der Durchmesser des Gewölbes 2' 9", also die ganze Breite des Ofens 5' 6."

Ein Ofen mit 5 Retorten ist auf den Tafeln X bis XIII dargestellt. A A A A A sind die 5 Retorten, von denen drei unten die eine Reihe, die andern zwei darüber die zweite Reihe bilden. Die Retorten sind im Lichten 18" breit, 14½" hoch und 7' 9" lang. Ihre Wanddicke ist 2¾". Der Abstand der Retorten von einander in horizontaler Linie beträgt 6", in vertikaler Linie von Boden zu Boden 1' 9". Das aus zwei Reihen feuerfester Steine hergestellte Ofengewölbe hat einen Radius von 3' 8½", der Mittelpunct seines Querschnittes liegt auf der Höhe der inneren Bodenfläche der unteren Retorten, der senkrechte Theil des Ofenmauerwerks bis zum Anfang des Gewölbes hat eine. Höhe von 3' 6". Zwischen dem Gewölbe und den äussersten Retorten bleibt 3" Platz.

Der Feuerraum B hat eine Länge von 2' 3" und eine Breite von 1', also eine Fläche von 324 $\square$". Er ist aus zweierlei besonders geformten Steinen aufgebaut, die einen davon bilden die Widerlager, die anderen die Decksteine. Die ersteren stehen fest geschlossen an einander, die letzteren liegen aber nur abwechselnd und bilden auf jeder Seite 4 Oeffnungen von je 12½ $\square$" Querschnitt, durch welche das Feuer in den vorderen Theil des Ofens entweicht. Der Rost besteht aus 4 schmiedeisernen Stäben von je 1½" im Quadrat Querschnitt und 2' 4" Länge. Er wird hinten von einer beiderseits im Mauerwerk eingelassenen Querstange, vorne von einem Ansatz der Feuerthür getragen. Das hintere Ende des Feuerraums ist durch einen massiven Klotz Mauerwerk bis auf eine Höhe von 1′ 3″ schräge abgeschlossen. Auf dieser Höhe setzt sich ein flacher Herd D von der Breite des Feuerraums unter der ganzen Länge der Retorte bis zur Rückwand des Ofens hin fort, so dass das Feuer von ihm aus seitwärts in den hinteren Theil des Ofens gelangen kann. Das dem Feuer zunächst ausgesetzte Mauerwerk ist, wie sich aus dem Längenschnitt Taf. XI ersehen lässt, aus feuerfesten Steinen hergestellt, der übrige Klotz besteht aus gewöhnlichen Backsteinen. Zur Unterstützung der oberhalb liegenden Retorte befinden sich über dem Herd noch drei weitere oben beschriebene Decksteine. Die Feuerthüre besteht aus einem Rahmen von Gusseisen, der mittelst 6 in dem Mauerwerk des Ofens eingelassenen Mutterschrauben festgehalten wird. Dieser Rahmen hat zwei Thüren, die obere grössere zum Einbringen des Heizmaterials, die untere kleinere zum Herausnehmen der Roststäbe und Schlacken beim Reinigen der Feuer. Zu beiden Seiten des Feuerraums und zwar unmittelbar hinter den Widerlagersteinen sind in der Höhe von 1′ 3″ über dem Rost die Canäle F F angebracht, deren vordere Oeffnung mittelst vorgesteckter Schieber beliebig regulirt werden kann, und von denen auf jeder Seite 4 abwärts geneigte Zweigcanäle von je 2½″ im Quadrat ausgehen und in den Feuerraum ausmünden. Diese Vorrichtung dient dazu, im Fall man Kohlen oder ein anderes flammengebendes Brennmaterial anwendet, oberhalb des Rostes nochmals Luft zuzuführen und auf diese Weise eine möglichst rauchfreie Feuerung zu erzeugen. Der ganze übrige untere Ofenraum ist auf die Höhe der Widerlagsteine mit massivem Mauerwerk ausgefüllt und zwar sind die beiden obersten Schichten von feuerfesten Steinen, die übrigen von gewöhnlichen Backsteinen.

Die mittlere Retorte liegt nicht unmittelbar auf den 7 Decksteinen auf, sondern diese sind vorher mit 2½zölligen Platten G abgedeckt. In einer Entfernung von 6″ von der mittleren Retorte ist auf jeder Seite derselben die Wand H H von 2 Steinen Höhe aufgeführt, die verhindert, dass das Feuer von der Mitte aus unter die seitlichen Retorten gelangt. Als weitere Unterlage für die seitlichen Retorten dienen die beiden Mauerschichten J J von gleicher Höhe, die dicht an der Ofenwand anliegend 6″ unter die Retorten hinunter reichen und einen Canal K von 1′ Breite unter den letzteren freilassen. Um das Feuer, welches zwischen den Ofenwänden und den äussersten Retorten von oben herunter kommt, in den Kanal K hineinzuleiten, reicht das Mauerwerk J nur bis 1′ hinter der vorderen Ofenwand und ist dort, soweit es ausserhalb der Retorten liegt, mit einer Abschrägung versehen. Die auf diese Weise gebildeten Einmündungsöffnungen von 1′ Breite und 6″ Höhe sind mit Schiebern L aus feuerfesten Steinen versehen. Zur weiteren Unterstützung für die Böden der äusseren Retorten sind in jedem Canal noch 4 einzelne Steine aufgestellt, wie dies in den Fig. 4 und 6 angegeben ist.

Am hinteren Ende der Canäle K K gehen diese in die senkrechten Canäle M M von gleichem Querschnitt über, welche die abziehenden Verbrennungsproducte in den Hauptcanal N und von diesem in den Schornstein führen.

Zur Unterstützung der beiden oberen Retorten sind zwischen den unteren zunächst auf jeder Seite 5 Sattelsteine O angebracht, welche genau der Form der Retorten angemessen, auf diesen ruhen. Auf diesen Satteln sind die Steine P aufgebaut, welche die inneren Seiten der oberen Retorten tragen. Die äusseren Seiten der Retorten sind ihrer ganzen Länge nach durch die geschlossenen Steine Q unterstützt, welche sich hakenförmig um die Kanten der Retorten umlegen, und dem Feuer den seitlichen Ausgang versperren. Die 5 Sattel R zwischen den oberen Retorten, sowie die 5 Sattel S auf jeder Seite zwischen dem Ofengewölbe und den unteren Retorten dienen dazu, diesen mehr Halt zu geben. Zwischen dem Ofengewölbe und den oberen Retorten sind auf den Zeichnungen keine weiteren Sattel angegeben, doch ist es nicht unzweckmässig, zumal wenn man ohne Exhaustor arbeitet, auch diese von den unteren Satteln S aus aufzubauen.

Die Mundstücke der Retorten sind in nichts Wesentlichem verschieden von denen, die bereits früher beschrieben sind. Die Aufsteigröhren, die sich von 6″ nach oben hinauf zu 4″ verjüngen, sind von zweierlei Länge, je nachdem sie für die oberen oder unteren Retorten gehören. Die ersteren sind 6′ 3″, die letzteren 8′ lang. Oben sind sie durch Flanschenverbindungen von 2″ Breite und 4 Schraubenbolzen mit den fünf

zugehörigen Sattelstücken verbunden, welche nach der auf dem Ofenmauerwerk stehenden Vorlage hinüber-
führen. Die Form der Sattelröhren ist auf Tafel X und XI dargestellt. Die beiden vertikalen Theile derselben sind oben durch Deckel geschlossen, ausserdem ist aber auch das knieförmige Verbindungsrohr an
seinem höchsten Puncte mit einem kurzen Ansatze versehen, der mit einer Deckplatte zugeschraubt ist. Der
Verschluss der vertikalen Röhren ist auf folgende Weise hergestellt. An jedem Rohr sind zwei aufwärts
stehende Schrauben befestigt, so dass sie mit ihrem Gewinde über das Rohr hinausstehen; über diese Schrauben wird der mit zwei entsprechenden Löchern in ohrenförmigen Ansätzen versehene Deckel übergeschoben,
und dann durch aufgesetzte Schraubenmuttern angezogen. Zur weiteren Dichtung bestreicht man den Deckel,
der desswegen nach Innen einen vorstehenden Rand hat, mit demselben Kalk, den man zum Dichten der Retortendeckel anwendet.

Die Vorlage hat die $\smile$ Form, und ist aus Längen von abwechselnd 6' und 2' 9" zusammengesetzt,
so dass die grössere Länge sämmtliche Röhren aufnimmt, während die kleinere als Verbindung dient. Jedes
Stück ist aus zwei Theilen gegossen, aus dem trogförmigen Untertheil und aus dem oberen Deckel. Alle
Verbindungen sind Flanschenverbindungen von 2½" Breite mit Verstärkungsrippen zwischen den Schrauben.
Die Weite der Vorlage beträgt 1' 6", die Tiefe 2'. Das mittlere Stück hat 5 Oeffnungen im Deckel, durch
welche ebensoviele mit Flanschen versehene Eintauchröhren in dasselbe eingesetzt werden. Die Flanschen
sind so angebracht, dass die Röhren 1' 6" in die Vorlage hineinragen, und 2¼" in die darin befindliche
Flüssigkeit eintauchen. Zur Unterstützung der Vorlage dienen kurze gusseiserne Säulen mit genau an-
schliessendem sattelförmigen Oberstück, die auf dem Ofenmauerwerk befestigt sind.

Schliesslich bemerken wir noch auf Taf. X an der Stirne des Ofens eine gusseiserne Querschiene und
auf seiner Scheide gusseiserne Säulen, welche mit ihrem Obertheil diese Schiene halten. Die Säulen correspondiren mit anderen Säulen an der Rückwand des Ofens und durch jedes Paar hindurch gehen 1½"
starke schmiedeiserne Anker, die an jedem Ende mit Mutterschrauben angezogen werden und das Mauerwerk
des Ofens zusammen halten.

Der ganze Ofen ist 8' 9" breit, 8' 9" hoch und 8' 6" tief.

Ein Ofen mit 5 Retorten nach Kornhardt'schem System ist auf Taf. XIV abgebildet. Er entwickelt
sich unmittelbar aus dessen Dreierofen Taf. VIII, in der Zeichnung ist durch punctirte Linien auch noch angedeutet, wie sich aus dem Fünfer- ein Siebener-Ofen machen lässt.

Ein anderer Ofen mit 5 Retorten ist auf der Tafel XV dargestellt. Fig. 1 ist ein Querdurchschnitt
desselben nach der Linie C D in Fig. 2 und Fig. 2 ein Längenschnitt nach der Mitte oder der Linie A B,
Fig. 1. Hier liegen die Retorten in drei Reihen über einander, unten zwei, A A, senkrecht darüber wieder
zwei, A' A', und die fünfte A" in der Mitte über diesen. Die Retorten selbst sind nicht $\frown$ förmig, sondern
sie stehen zwischen diesen und den elliptischen, ihr Boden ist nach einem grösseren Radius gewölbt, als ihr
Obertheil. Sie sind 19" breit, 13" hoch und 8' 6" lang. Der Abstand der Retorten von einander in horizontaler Linie beträgt bei den untersten zwei 1', bei den darüber liegenden beiden 10", zwischen der Wandung
des Ofens und den ersteren bleiben 3½", zwischen ihr und den letzteren 4½" Zwischenraum. Das Ofengewölbe hat einen Radius von 2' 9", der senkrechte Theil des Ofenmauerwerks bis zum Anfang des Gewölbes
ist 5' 5" hoch.

Der Rost hat eine Breite von 10" und eine Länge von 2' 3", also 270 ☐" Fläche. Unmittelbar
oberhalb des Rostes erweitert sich der Feuerraum auf 1' 7" und ist bis zu einer Höhe von 1' 6" über den
Rostbalken in seinen Seitenwänden von gewöhnlichen feuerfesten Steinen aufgemauert. Die Hinterwand des
Feuerraums steigt schräge an und setzt sich so bis fast nach der Hinterwand des Ofens fort. Von der
erwähnten Höhe von 1' 6" über den Rostbalken an zieht sich der Feuerraum durch besonders geformte,
abgeschrägte Steine wieder zusammen und endigt in der Höhe von 2' 3" mit einer Oeffnung von 6" Breite,
welche sich der ganzen Länge nach durch den Ofen erstreckt und durch welche das Feuer in den eigentlichen
Ofenraum gelangt. Der Durchgang zwischen den Retorten A und A' ist durch zwischengemauerte Steine

Horizontal - Durchschnitt nach C. D. Fig. 7.
Coupe horizontale suivant C D, Fig. 7.

Fig. 8.

Vertikal - Durchschnitt nach E. F. Fig. 8.
Fig. 7. Coupe verticale suivant E F, Fig. 8.

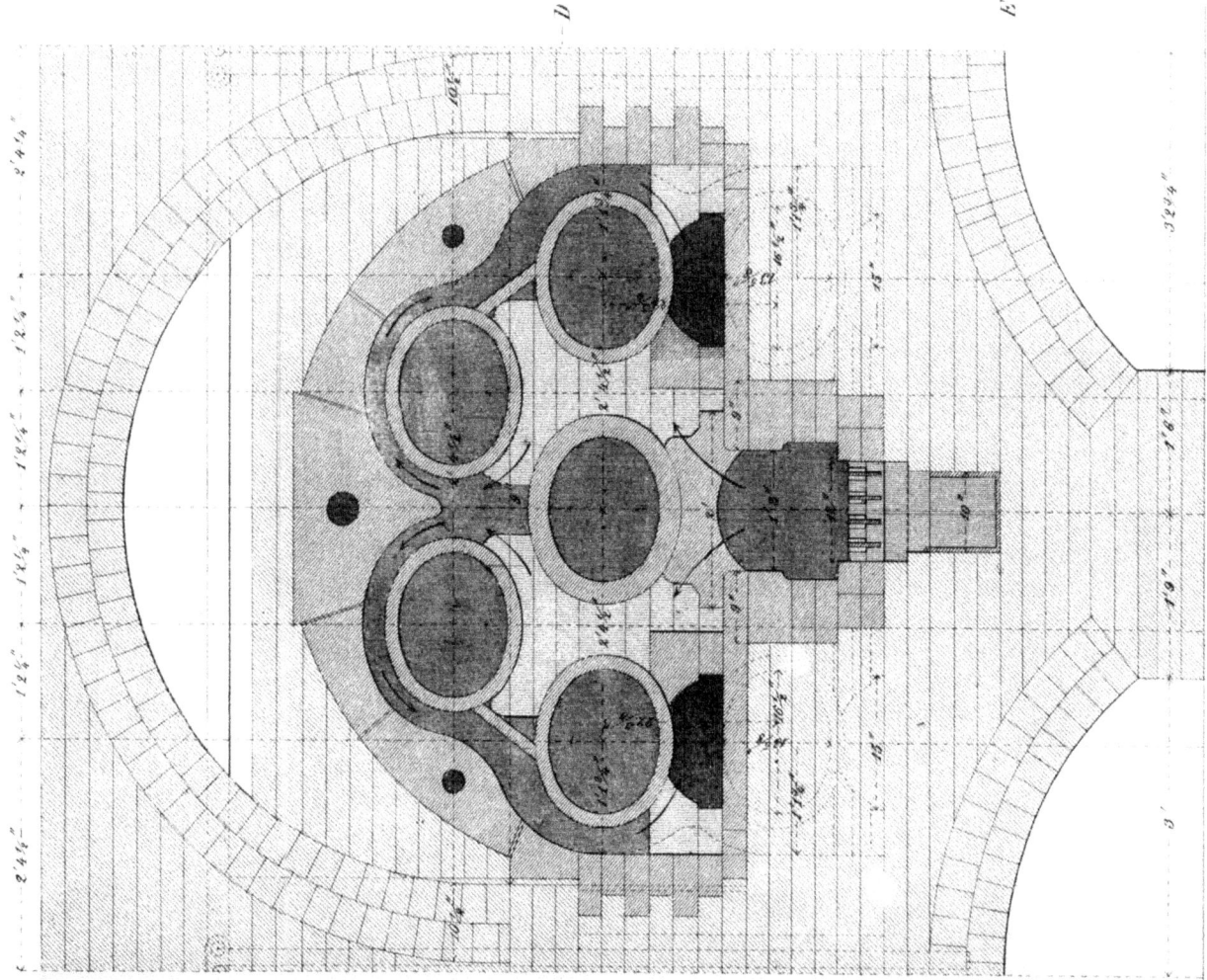

XIV

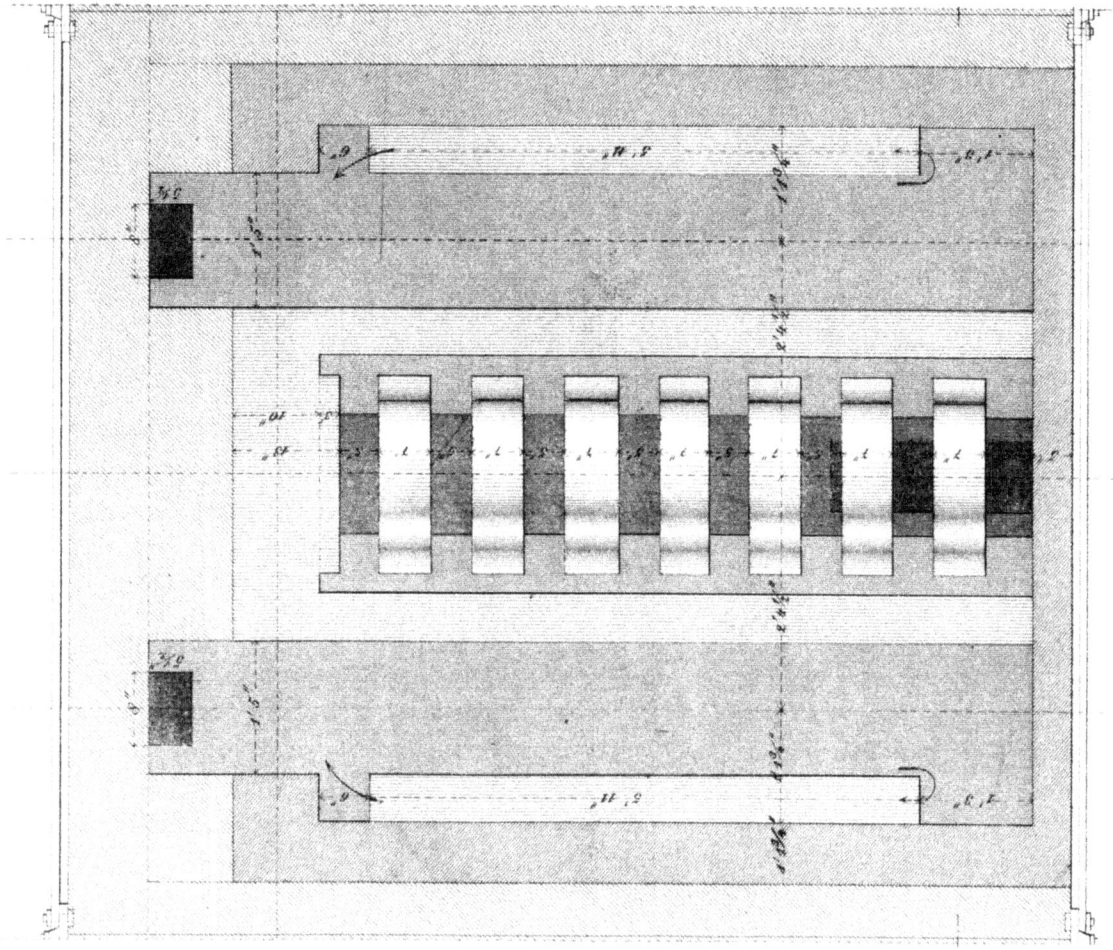

Echelle de 41 Millim. pour 1 Mètre.

Fig. 1.

Querdurchschnitt nach C D. Fig. 2. Coupe transversale suivant C D. Fig. 2.

B

A"

A' A'

A A

C C

A

Fig. 2.

Längenschnitt nach A B. Fig. 1. Coupe longitudinale suivant A B. Fig. 1.

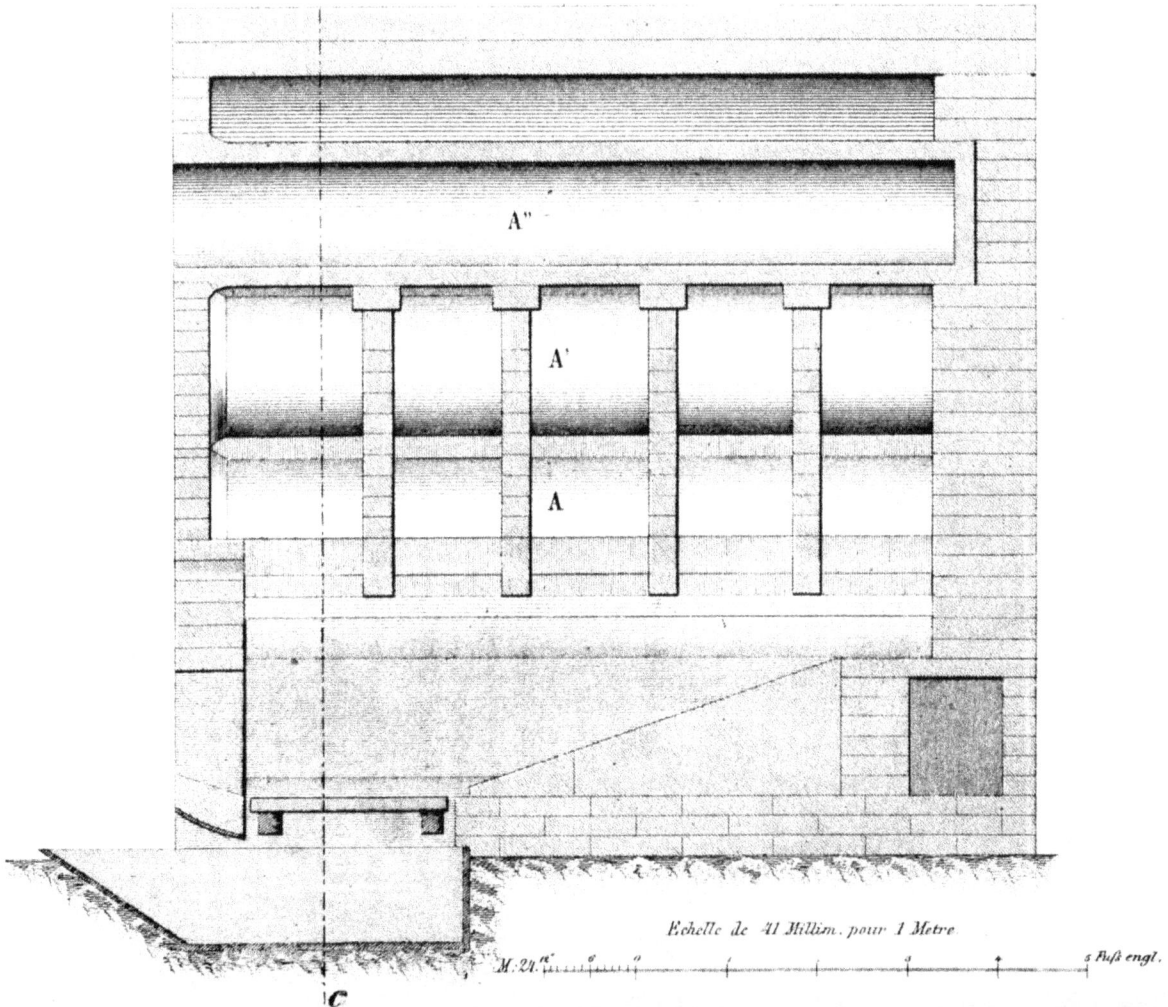

A"

A'

A

Echelle de 41 Millim. pour 1 Metre

M. 24. 5 Fuß engl.

C

Fig.1.

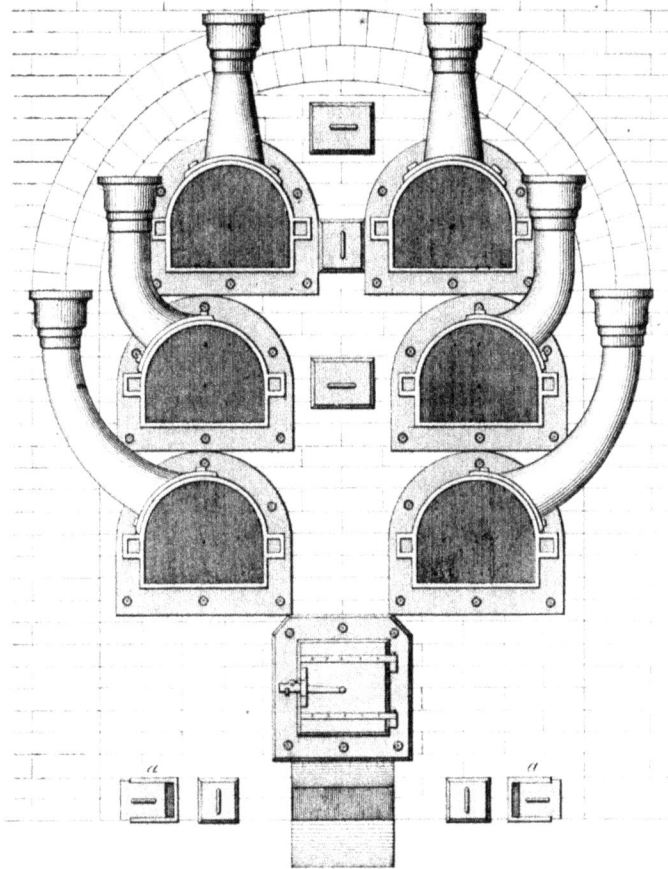

Fig 2.

Schnitt nach A B Fig. 3.   Coupe suivant A B. Fig.3

Echelle de 41 Millim. pour 1 Métre.

M¹ 1/24

Fig. 3.

Schnitt nach CD. Fig. 2.

Coupe suivant CD. Fig. 2.

Fig. 4.

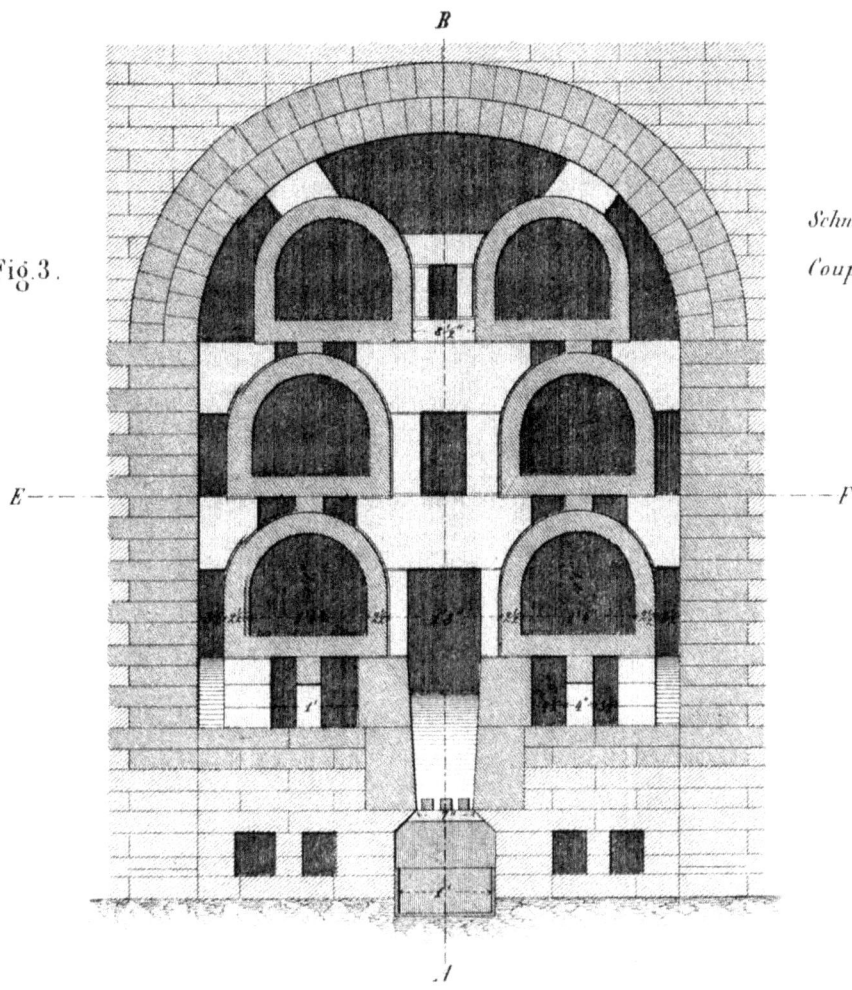

Schnitt nach EF. Fig. 3.   *Coupe suivant EF. Fig. 3.*

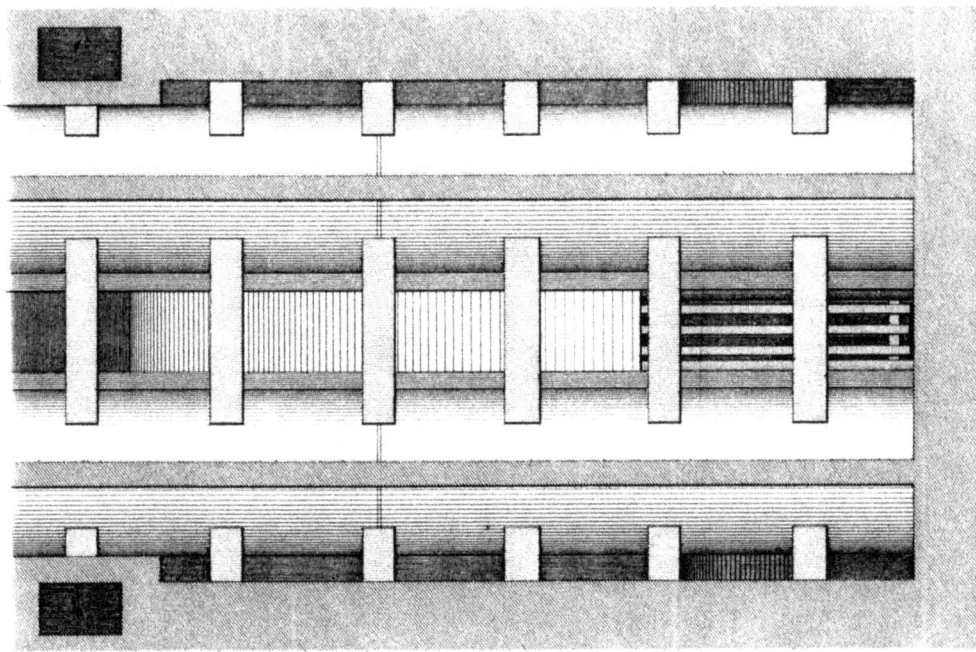

Echelle de 41 Millim. pour 1 Metre.

Fig. 1.

Fig. 1.

XVIII

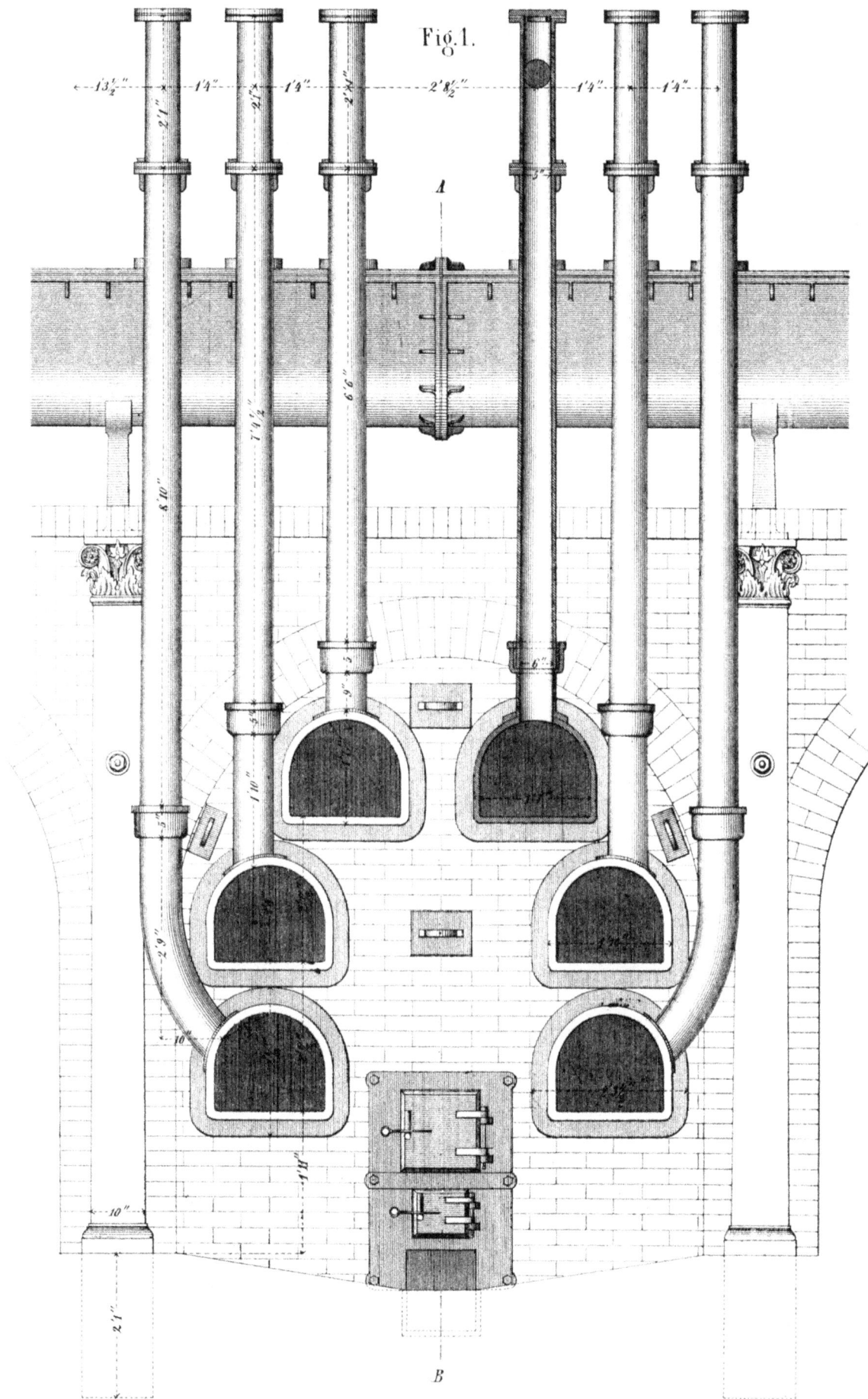

A

B

Echelle de 41 Millim. pour 1 Metre.

M: 1/24

XIX

Fig. 2.

Längenschnitt nach A.B. Fig. 1.
Coupe longitudinale suivant A.B. Fig. 1.

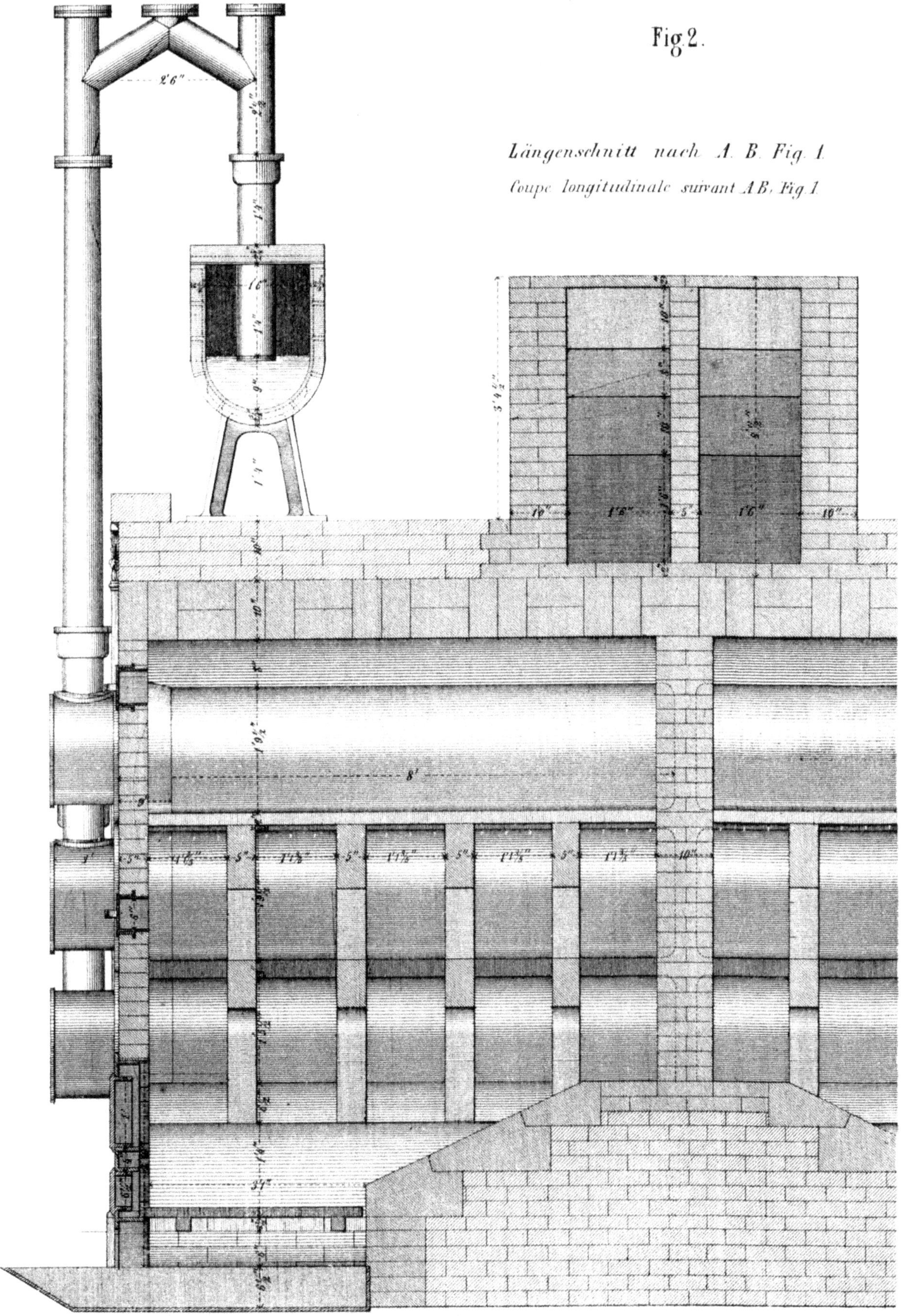

Fig. 3
Querschnitt nach I. K. Fig. 5.
Coupe transversale suivant I K, Fig. 5.

Fig. 4. Querschnitt nach G. H. Fig. 5.
Coupe transversale suivant G H, Fig. 5.

M: 1/24. Echelle de 41 Millim. pour 1 Meter

Fig. 5.

Grundrifs nach C. D. Fig. 3.

Plan suivant C D, Fig. 3.

G ———————————————————————————————— H

I ———————————————————————————————— K

Fig. 6. *Grundrifs nach E. F. Fig. 3.* *Plan suivant E F. Fig. 3.*

M. 1/24. *Echelle de 41 Millim. pour 1 Mètre.*

A A

B

C C

D D

a' 0 1 2 3 4 5 6 engl.

Echelle de 41 Millim. pour 1 Mètre.

abgeschlossen; das Feuer muss daher seinen Weg senkrecht aufwärts nehmen und gelangt so unter die oberste Retorte A'', unter deren Boden es sich in zwei Ströme nach links und rechts theilen muss. Aehnlich, wie in dem ersten Ofen, steigt es dann zwischen den Wänden des Ofenraums und den Aussenseiten der Retorten abwärts und tritt von da zunächst der Vorderwand des Ofens in die Canäle C C über, in denen es noch den Boden der unteren Retorten ihrer ganzen Länge nach bestreicht und dann weiter in den Rauchcanal und in den Schornstein abzieht. Der Aufbau der Retorten und ihre Unterstützung ist aus den Zeichnungen hinlänglich ersichtlich. Das wesentlich Empfehlende an dieser Construction ist die geringe Breite des Ofens, durch welche man sehr an Platz spart.

Der auf den Tafeln XVI und XVII dargestellte Ofen mit 6 Retorten hat in soferne mit dem eben beschriebenen Aehnlichkeit, als das Feuer in demselben einen ähnlichen Weg zu nehmen hat. Die Retorten liegen auch in drei Reihen über einander und zwar in jeder Reihe zwei, unterscheiden sich aber wesentlich dadurch von den bisherigen, dass sie durchgehen, also doppelte Länge haben, und von zwei Seiten beschickt werden. Sie sind 1' 4'' breite und 13'' hohe ⌒ Retorten, in ihren Wandungen 2½'' dick. Ihr Abstand von einander in vertikaler Linie beträgt von Boden zu Boden 1' 8'', in horizontaler Linie bei den obersten 8½'', bei den übrigen 1' 3''. Das Ofengewölbe ist nach einem Korbbogen mit drei Mittelpunkten gewölbt, 5' 3'' weit und 2' 3'' hoch; der senkrechte Theil des Ofenmauerwerks bis zum Anfang des Gewölbes hat eine Höhe von 5' 10''. Zwischen diesen Wänden und den Aussenflächen der Retorten ist 3½'' Zwischenraum.

Der Rost hat eine Breite von 7'' und 3' Länge, also 252 ☐'' Fläche. Unter dem Rost strömt durch die Oeffnungen b b b, Fig. 2, von jeder Seite vorgewärmte Luft in den Aschenfall ein. Diese Luft tritt durch die Oeffnungen a a, Fig. 1, in das warme Mauerwerk des Ofens und wird durch ein System von Canälen in diesem der ganzen Länge des Ofens nach hin und her geführt, wobei sie eine wesentlich höhere Temperatur annimmt und den Effect der Heizung steigert. Der Feuerraum erweitert sich von unten nach oben und hat in der Höhe der untersten Retorte 10'' Breite. Das Feuer tritt frei zwischen den Retorten in die Höhe, ist durch Sperrmauerwerk verhindert, seitwärts zwischen den Retorten hindurch zu schlagen, biegt oberhalb der obersten Retorte um und kehrt zwischen der Wand des Ofenraums und den Aussenseiten der Retorten nach abwärts zurück. Auf der Höhe der untersten Retorten wendet es sich nach vorne und tritt zunächst der Vorderwand in die unter diesen Retorten liegenden Canäle, von denen aus es in der Mitte des Ofens seitwärts in die Füchse geführt wird, die in der etwas vorspringenden Ofenwand angebracht sind. Die beiden Feuer dürfen unter den Retorten nicht auf einander stossen, sondern die Züge müssen getrennt sein; es erfordert jede Ofenseite 2 Züge von je ⅓ bis ½ ☐' Querschnitt, der ganze durchgehende Ofen mithin 4 Züge mit zusammen 1⅓ bis 2 ☐' Querschnitt. Das Uebrige ergiebt sich ohne weiteren Commentar aus den Zeichnungen.

Der auf Taf. XVIII bis XXI dargestellte Ofen mit 6 Retorten ist in den letzten Jahren in der Gasanstalt zu München zur ausschliesslichen Anwendung gekommen. Er unterscheidet sich von dem vorigen wesentlich durch seine grössere Breite, resp. dadurch, dass er dem Feuer in der Mitte des Ofens einen weit grösseren Raum darbietet. Man würde die siebente Retorte oberhalb des Feuerraums einlegen können, ohne die anderen Retorten verrücken zu müssen. Im Uebrigen sind die Zeichnungen ohne weitere Beschreibung verständlich.

Tafel XXII stellt den Querschnitt eines Ofens mit 7 Retorten dar, der aus dem Fünfer-Ofen erhalten ist, indem unterhalb der beiden seitlichen Retorten des ersteren neben dem Feuerraum noch zwei andere Retorten A A mehr angebracht sind. Es reichen die Widerlagersteine, aus denen die beiden Seitenwände des Feuerraums hergestellt sind, nicht alle bis zur Höhe des Decksteins hinauf, sondern zwischen je zwei hohen, mit Decksteinen B belegten Steinen C steht ein niedriger, D, der nur bis zur Höhe der untersten Retorten reicht. Auf diese Weise kann das Feuer durch eine Anzahl Oeffnungen direct an die nach Innen gekehrte Seite dieser Retorten anschlagen und dieselben erhitzen. Von dort steigt es aufwärts, ist durch Abschlusssteine verhindert, seitwärts durchzudringen, gelangt zwischen den beiden obersten Retorten unter das Gewölbe, biegt nach rechts und links um und geht dann zwischen Gewölbe und äusseren Retorten abwärts, bis es in die unterhalb der untersten Retorten liegenden Canäle tritt und von da weiter in den Schornstein abgeführt wird. Im Uebrigen ist die Anordnung dieselbe, wie sie auf Tafel X bis XIII für den Fünfer-Ofen dargestellt ist.

Ein weiterer Siebener-Ofen nach dem Kornhardt'schen System ist endlich noch auf Taf. XXIII dargestellt. Derselbe hat zwei nebeneinander liegende Feuerungen, und kann durch Hinzufügung zweier weiterer Retorten. die in der Zeichnung durch punctirte Linien angegeben sind, in einen Neuner-Ofen verwandelt werden.

Ein Haupttheil jeder Ofenanlage, wenn nicht der allerwichtigste, ist der Feuerraum, d. h. derjenige Raum, in welchem die Verbrennung des Heizmaterials, also die Entwicklung der zur Erhitzung der Retorten erforderlichen Wärme vor sich geht. Das Heizmaterial, fast in allen Gasanstalten die Coke, wird an der tiefsten Stelle des Feuerraums, auf dem Rost, ausgebreitet und durch die Zwischenräume seiner Stäbe, die Rostspalten, zieht die atmosphärische Luft ein, welche den zum Verbrennen erforderlichen Sauerstoff abgiebt.

Die Grösse des Rostes wird von verschiedenen Ingenieuren je nach Umständen sehr verschieden angenommen. Aus den oben aufgeführten Beispielen von Ofenanlagen ergeben sich beispielsweise folgende Rostflächen:

Für den Ofen mit einer Retorte auf Tafel II bis VI 30×8 Zoll $= 240 \square$ Zoll.

„	„	„	„	„	„	„	„ VII und VIII	25×7	„	$= 175$	„	„
„	„	„	„	zwei	„	„	„ II bis VI	37×9	„	$= 333$	„	„
„	„	„	„	„	„	„	„ VII und VIII	31×8	„	$= 248$	„	„
„	„	„	„	drei	„	„	„ II bis VI	37×9	„	$= 333$	„	„
„	„	„	„	„	„	„	„ VII und VIII	31×9	„	$= 279$	„	„
„	„	„	„	„	„	„	„ IX	30×9	„	$= 270$	„	„
„	„	„	„	fünf	„	„	„ X bis XIII	27×12	„	$= 324$	„	„
„	„	„	„	„	„	„	„ XIV	31×12	„	$= 372$	„	„
„	„	„	„	„	„	„	„ XV	27×10	„	$= 270$	„	„
„	„	„	„	sechs	„	„	„ XVI und XVII	36×7	„	$= 252$	„	„
„	„	„	„	„	„	„	„ XVIII bis XXI	37×8	„	$= 296$	„	„
„	„	„	„	sieben	„	„	„ XXIII	$2 \times 31 \times 9$	„	$= 558$	„	„

Der Generaldirector der deutschen Continental-Gas-Gesellschaft, W. Oechelhäuser giebt in seinen Bemerkungen über den Stand der englischen und französischen Gasindustrie (Journ. f. Gasbel. 1861 S. 13 u. f.) die Roste der englischen Anstalten für Siebener-Oefen im Allgemeinen zu 2 Fuss 6 Zoll Länge und zu 12 bis 16 Zoll Breite also zu 360 bis 480 $\square$ Zoll, die Roste der gleichen Oefen bei der Continental-Gesellschaft dagegen zu nur 2 Fuss Länge und 10 Zoll Breite, also zu 240 $\square$ Zoll Fläche an.

Es dürfte nicht wohl möglich sein, allgemein gültige Zahlenverhältnisse für die Rostflächen überhaupt aufzustellen, da hier die Qualität des Heizmaterials, die Stärke des Zuges und manche andere Umstände berücksichtigt werden müssen. Die richtige Rostfläche wird man dann erreicht haben, wenn man mit einem Minimum an Heizmaterial dem Ofen gerade den zur Vergasung zweckmässigsten Hitzegrad zu geben im Stande ist; wie gross diese Fläche aber sein muss, davon wird man sich unter Berücksichtigung der localen Verhältnisse durch Versuche überzeugen müssen.

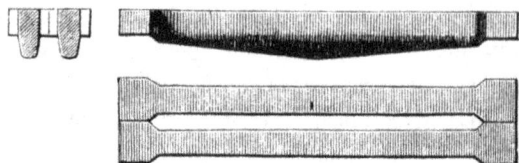

Fig. 81.

Die Roststäbe stellt man entweder aus Gusseisen oder aus Schmiedeeisen her. Letztere finden die meiste Anwendung. Gusseiserne Roststäbe macht man oben $1\frac{1}{4}$—$1\frac{1}{2}''$ breit und lässt sie nach unten verjüngt zugehen. Fig. 81 zeigt sie in Ansichten und Durchschnitt. Die Stäbe haben eine obere Breite von $1\frac{1}{4}''$ und verjüngen sich unten auf $\frac{1}{2}''$. Sie sind in der Mitte höher als an den Enden, haben dagegen an den Enden eine Breite von $1\frac{1}{4}''$, so dass sie, dicht aneinander gelegt, einen Zwischenraum von $\frac{1}{2}''$ zwischen den Stäben lassen. Schmiedeeiserne Roststäbe macht man am besten quadratisch und nicht

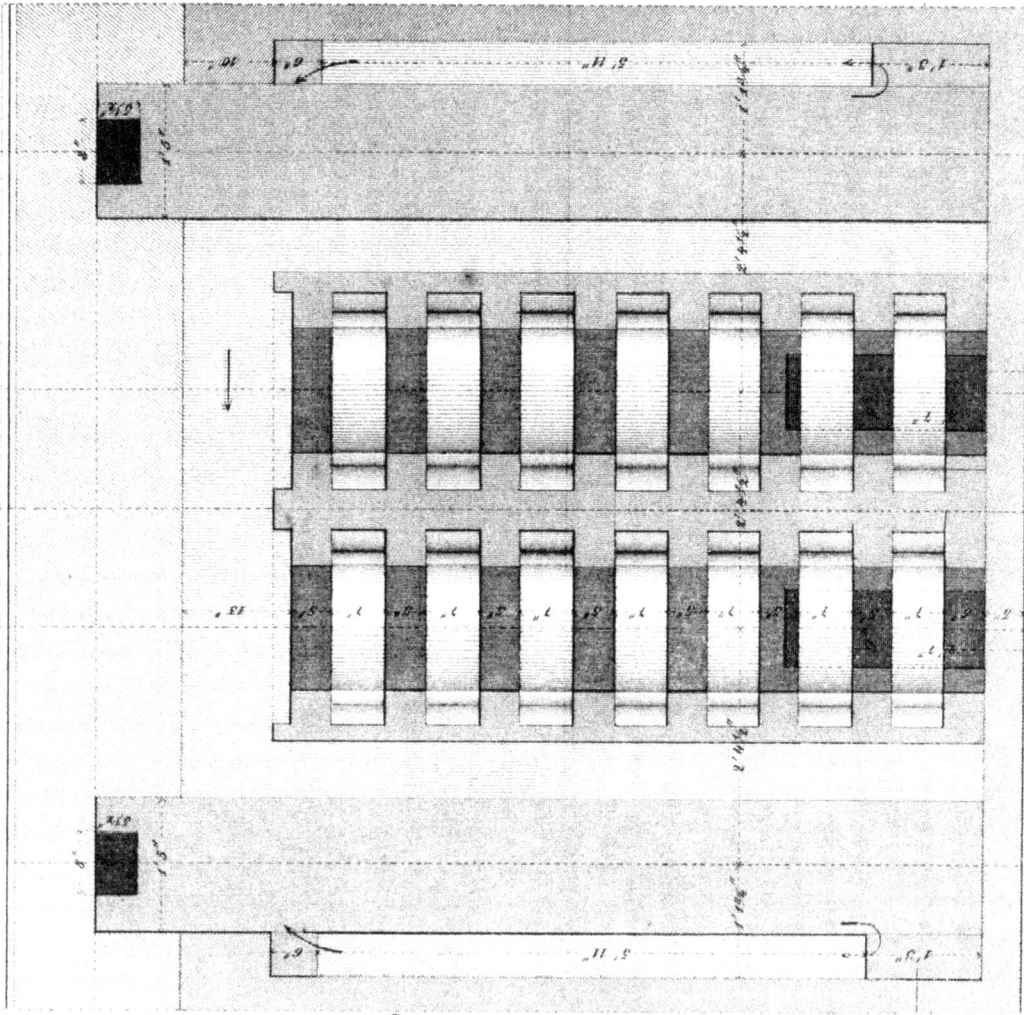

XXIII

Horizontal - Durchschnitt nach C. D. Fig. 9.
Coupe horizontale suivant C D. Fig. 9.

Fig. 10.

Vertikal - Durchschnitt nach E. F. Fig. 10.
Fig. 9. Coupe verticale suivant E F. Fig. 10.

Echelle de 1/1 Metre pour 1 Metre.

rund, weil man die ersteren wenden kann, während die runden Stäbe, sobald sie sich gebogen haben, immer eine und dieselbe Lage behalten. Das Wenden hat den Vortheil, dass die Roststäbe weit gleichmässiger vernutzt werden. Ueber die Stärke, die man den schmiedeeisernen Roststäben geben soll, existiren verschiedene Ansichten. Man macht sie in einigen Anstalten 2″ im Quadrat stark, in anderen geht man bis zu 1″ hinunter; am zweckmässigsten dürfte es sein, im Anfang, wo der Feuerraum noch seine richtige Breite hat, dünnere Roststäbe zu nehmen, und später, wenn das Seitenmauerwerk allmählig ausbrennt und der Raum grösser wird, dieselben gegen grössere zu vertauschen, oder von den kleineren einen mehr einzulegen. Stäbe von 1½″ Seite bewähren sich in der Praxis sehr gut. Wichtig ist es für alle Roststäbe, dass sie auf den Enden ganz frei aufliegen, und weder in der Länge noch in der Breite gespannt sind, weil sie sich in der Hitze weit stärker ausdehnen, als das Mauerwerk des Feuerraums, in welchem die Träger eingelassen sind.

Der Raum unter dem Roste heisst der Aschenherd, weil sich in demselben die von den Brennmaterialien zurückbleibenden Aschenbestandtheile ansammeln. Seine wichtigste Bestimmung ist übrigens die, dass er den Canal bildet, durch welchen die atmosphärische Luft zum Rost tritt. Den unteren Theil des Aschenherdes bildet meistens ein niedriger, vorne abgeschrägter Kasten von Gusseisen, der Aschenkasten, auch das Schiff genannt, der voll Wasser gehalten wird. Theilweise durch die strahlende Wärme, theilweise durch die vom Rost fallenden glühenden Cokestücke, die sich in dem Wasser ablöschen, wird eine sehr lebhafte Verdunstung des Wassers unterhalten. Die Dämpfe aber werden bei ihrem Durchgange durch die glühende Cokeschichte zersetzt und dienen dazu, die Verbrennung zu befördern. Ausserdem aber erhält das Wasser auch die Roststangen, indem es dieselben vor dem Schmelzen schützt, was geschehen würde, wenn die glühenden Cokestücke, die durch den Rost fallen, nicht abgelöscht würden.

Gewöhnlich strömt die Verbrennungsluft von vorne in den Aschenraum ein, man hat indess mit Vortheil Einrichtungen getroffen, dieselbe vorher zu erwärmen, und sie dann durch seitliche Oeffnungen einströmen zu lassen. Eine solche Einrichtung ist bei der Ofenanlage Tafel XVI vorhanden. Hier wird die Luft in einem System von Canälen, welche in dem unteren Mauerwerk angebracht sind durch die ganze Länge des Ofens hin- und zurückgeführt, bevor es durch die auf jeder Seite befindlichen 3 Oeffnungen in den Aschenraum austreten kann.

Die Dimensionen des Rostes, das Verhältniss der Rostspalten zu seiner ganzen Fläche, die Qualität des Heizmaterials und die Dicke der Materialschicht, die man auf demselben verbrennt, sind neben der Geschwindigkeit, mit welcher die Luft durchströmt, die Hauptfactoren, von denen die Verbrennung und der erzeugte Hitzegrad abhängt. Die Aufgabe besteht, wie schon früher erwähnt, darin, den zur zweckmässigen Destillation erforderlichen Temperaturgrad mit einem Minimum von Brennmaterial zu erzeugen. Leider sind die Verhältnisse der Praxis derart, dass man immer nach der einen oder der anderen Seite Opfer bringen muss. Eine vollständige Ausnutzung des Brennmaterials erreicht man der Theorie nach dann, wenn man die brennbaren Bestandtheile desselben vollständig in Kohlensäure und Wasser überführt, d. h. also in unserm Fall, wo nur die Coke in Betracht kommt, wenn man den Kohlenstoff derselben in Kohlensäure verwandelt. Um in der Praxis diese Umwandlung in Kohlensäure wirklich zum Ausgangspunct zu nehmen, müsste man dünne Materialschichten und langsame Luftzuströmung wählen, damit würde man aber die erforderliche Temperatur nicht erreichen, weil der Verbrennungsprocess zu langsam vor sich ginge. Man ist gezwungen, dem Luftzug eine gewisse Geschwindigkeit, und dem Material eine, dem entsprechende Schichthöhe zu geben; dadurch reduzirt man aber die unten gebildete Kohlensäure zum Theil wieder zu Kohlenoxyd, und opfert einen Theil des Materials auf. Der Theorie nach soll 1 Pfund Coke mit 85 Prozent Kohlenstoffgehalt 2,267 Pfund oder 28 c′ Sauerstoff, resp. 132 c′ atmosphärische Luft gebrauchen, in der Praxis rechnet man das Doppelte. Die Schichthöhe kann man für Gasöfen durchschnittlich zu 9″ bis 1′ annehmen.

Eine Hauptsache, worauf man bei der Heizung Acht zu geben hat, ist, dass das Material stets über den ganzen Rost in gleichmässiger Höhe vertheilt, und nie eine Stelle des Rostes bloss gelegt wird. So wie das letztere geschieht, ist der kalten Luft ein Zutritt in den Feuerraum geöffnet, der im höchsten Grade

22*

nachtheilig wirkt. Ferner ist es von grösster Wichtigkeit, dass der Rost von Schlacken möglichst rein gehalten werde. Die Schlacken verlegen einen Theil der Rostfläche, und hemmen den Zutritt der Luft, so dass eine unvollkommene Verbrennung entsteht. Ausserdem aber erhitzen sich die Roststäbe an den Stellen, wo die Schlacken liegen, sehr stark und sind einer verhältnissmässig rascheren Zerstörung ausgesetzt. Der Heizer muss die Zeit, innerhalb welcher ein Feuer verschlackt, beobachten, es ist dies je nach der Beschaffenheit der Coke sehr verschieden. Der Aschenfall wird so rein gehalten, dass sich die ganze Rostlage in dem darin befindlichen Wasser abspiegelt; es ist leicht an dem helleren oder dunkleren Schein zu bemerken, wo das Feuer verschlackt ist. Das erste Mittel, die Schlacke zu zerstören, besteht darin, dass man mit einer eisernen Stange von oben den Rost entlang fährt, und die Schlacke zerstösst. Es wird von Einigen empfohlen, dies Zerstossen der Schlacke von unten vorzunehmen, damit die Heizthür nicht geöffnet zu werden braucht; ich halte indess das Verfahren von oben besser. Wenn man von unten auf stösst, so geschieht es sehr häufig, dass man anstatt die Schlacke entzwei zu stossen, dieselbe nur hebt, und die Sache nur schlimmer macht, anstatt besser. Der nachtheilige Einfluss der Schlackendecke auf den Verbrennungsprocess dauert fort; die Roststäbe werden ausserordentlich stark angegriffen, und wenn man durch die Heizthür hineinsieht, so erscheint die Schichthöhe noch bedeutend, während unten der hohle Raum besteht, von dem man nichts weiss. Ein Feuer, was stark zuschlackt, muss oft und wenig zur Zeit gefeuert werden, ein solches, was weniger schlackt, kann stärker beschickt werden. Einmal, auch zweimal in 12 Stunden wird jedes Feuer gründlich gereinigt; es wird sämmtliche glühende Coke herausgenommen, und auf den hinteren schrägen Heerd zurückgeschoben, es werden die Roststäbe herausgezogen, die Schlacke mittelst eines eisernen Geschirrs sorgfältig von den Wänden des Feuerraums gelöst, die Roststäbe in richtigen Abständen und gewendet wieder eingelegt, und dann nach Umständen zuerst so wenig Coke aufgefeuert, dass dieselbe von der vom hinteren Heerd zurückgeholten Coke leicht in Brand kommt. Eine Erleichterung im Herausnehmen der Roststäbe gewährt die auf Taf. IV dargestellte Anordnung derselben. Man kann diese Stäbe, ohne die Ofenthür zu öffnen, von Aussen mit der Zange fassen und herausziehen, und mit ihnen reisst man zugleich auch den wesentlichsten Theil der Schlacke los. Zum Losstossen der an den Wänden des Heizraumes sitzen bleibenden Schlacke braucht man dann die Heizthür nur mehr sehr kurze Zeit zu öffnen, die Manipulation geht rascher und es kommt weniger kalte Luft in den Ofen, als wenn man die Roststäbe durch die Thür herausheben muss.

Die Arbeiter lassen gern die Feuer vor dem Reinigen stark abbrennen, um weniger von der Hitze belästigt zu werden, sie erschweren sich aber dadurch gerade ihre Arbeit und ruiniren den Heizraum. Am besten ist es, wenn noch ziemlich brennende Coke herausgenommen wird, weil alsdann die Schlacke noch flüssig ist, und leichter loslässt. Wenn die Arbeit übrigens nicht rasch beschafft wird, so kühlt die Schlacke ab und erstarrt, und man bricht leicht von dem Mauerwerk des Heizraums Einiges mit los. Wo die Schlacke zu hart geworden, thut man gut, erst wieder frisch aufzufeuern, und das Sitzenbleibende loszubrechen, wenn es wieder heisser geworden ist.

Der Raum oberhalb des Rostes, der eigentliche Feuerraum, muss ausser dem für das Brennmaterial erforderlichen Platz auch noch weiteren Platz für die sich entwickelnden Verbrennungsproducte enthalten, die dann von da in den Ofenraum gelangen. Früher pflegte man ihn oben durch ein Gewölbe abzuschliessen, und in diesem die Abzugsöffnungen auszusparen. Seit längerer Zeit ist man jedoch von dieser Anordnung zurückgekommen und lässt ihn oben offen, ja man hat das Princip, dem Feuer einen grossen freien Raum zu seiner Entwicklung zu gönnen, und auf diese Weise eine möglichst vollkommene Verbrennung zu erzielen, weiter verfolgt, und, wie dies bei der Beschreibung der Sechser-Oefen gezeigt worden, sogar die über dem Feuer liegende Retorte entfernt, um den Feuerraum, sozusagen, bis zur Höhe der oberen Retorten zu erweitern. Auch lässt man die Wände des Feuerraums gewöhnlich nicht senkrecht aufsteigen, sondern man erweitert den Raum nach oben, so dass man nur noch eine sichere Unterstützung für den Aufbau zur Auflage der oberen Retorten und einen sicheren Abschluss gegen den unter den untersten Retorten liegenden Canal übrig behält. Eine wesentliche Rücksicht, die man bei der Herstellung des Feuerraumes zu nehmen hat, besteht darin, dass man ihm eine möglichst grosse Dauerhaftigkeit zu geben suchen muss. In jedem Gasofen ist der Feuerraum derjenige Theil, der zuerst schadhaft wird, da aber das Erkaltenlassen und Wiederanfeuern des Ofens, ohne welches die Reparatur des Feuerraums nicht geschehen kann, möglichst vermieden werden muss, so muss man für diesen Theil nicht allein Chamottesteine von der besten Qualität verwenden, sondern man muss auch in der Construction darauf bedacht sein, die grösste Haltbarkeit zu erzielen. Jedes feuerfeste Mauerwerk wird zuerst an den Fugen angegriffen; von den Fugen aus greift die Zerstörung der Steine weiter, je mehr Fugen also der Feuerraum enthält, desto geringer wird unter übrigens gleichen Verhältnissen seine Haltbarkeit sein. Wäre es möglich, Steine von entsprechender Grösse in gehöriger Dichtigkeit herzustellen, und sie gleichmässig durchzubrennen, so würde man die Seitenwände des Feuerraums aus je einem einzigen solchen Stein herstellen, diess hat indess seine grossen Schwierigkeiten, und man wird am besten verfahren, wenn man etwa 2 Steine in der Länge und 2 Steine in der Höhe für jede Wand nimmt, diese Steine beim Versetzen glatt auf einander schleift, und auf diese Weise fast jede Fuge zu vermeiden sucht. Je nachdem man Coke von verschiedenen Kohlensorten zur Heizung verwendet, wird man eine verschiedene Dauerhaftigkeit des Feuerraums erreichen, bei englischer Coke wird dieselbe immer die beschränkteste sein, bei Coke von Saarbrücker Kohlen habe ich beispielsweise Feuerungen gehabt, die 12 und 14 Monate ohne Reparatur gegangen sind.

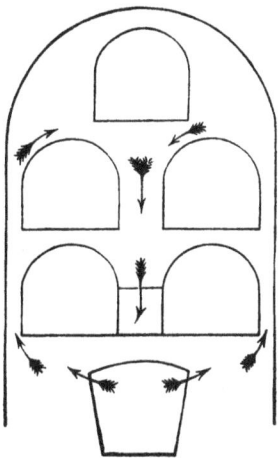

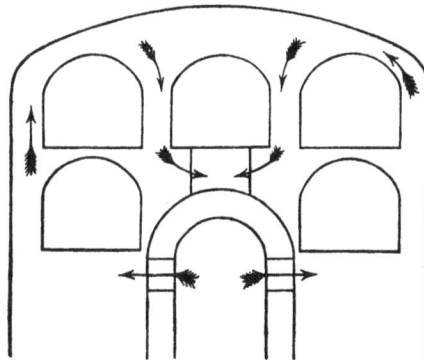

Fig. 83.

Fig. 82.

Der Weg, den man das Feuer durch den Ofen nehmen lässt, ist je nach der Anordnung der Retorten verschieden. Ich halte es für gut, das Feuer zuerst aufwärts, und nicht horizontal bis an die äussere Ofenwand zu leiten, weil der aufsteigende Weg der natürlichste ist. Die wesentlichsten Methoden sind in den bisherigen Figuren bereits dargestellt, etwas abweichende Anordnungen zeigen noch die Figuren 82 und 83. Sehr wesentlich ist es, darauf Bedacht zu nehmen, dass man alles Absperrungs-Mauerwerk recht stark anordnet, und sorgfältig herstellt, weil es sonst im Betriebe undicht wird, und dem Feuer einen Durchgang gestattet, der den Weg abkürzt, und einen Theil des Ofens kalt werden lässt. Bei der Anordnung der Retorten ist das Augenmerk darauf zu richten, dass man den Raum des Ofens möglichst ausfüllt, weil jeder überflüssige Raum nur Brennmaterial kostet und nichts nutzt. Ueber den Zwischenraum, den man zwischen den äusseren Retorten und dem Ofenmauerwerk lassen soll, sind die Meinungen nicht ganz übereinstimmend, am häufigsten nimmt man 3 Zoll an, doch wird von manchen Ingenieuren ein grösserer Abstand empfohlen, während Einzelne bis auf $2^1/_2$ und 2 Zoll hinuntergehen. Ich meine, namentlich in den Oefen, wo dem Feuer über dem Feuerraum zu seiner Entwickelung, d. h. zur vollständigen Vermischung der Luft mit den Feuergasen der erforderliche Raum angewiesen ist, kann es keinen Zweck haben, die äusseren Retorten um mehr als 3 Zoll von der Ofenwand abstehen zu lassen. Ob in anderen Fällen, wo das Feuer mit grosser Geschwindigkeit bis zum Scheitel des Ofens geführt wird, ein grösserer Raum hinterher von Vortheil sein kann, wage ich nicht zu entscheiden. Viele Ingenieure ziehen es, wie schon früher bemerkt, vor, ihre Retorten möglichst frei zu legen, und unterstützen sie zum Theil nur an beiden Enden. Wenn man mit einem Exhaustor arbeitet, also keinen Druck in den Retorten hat, so mag diese Anordnung Einiges für sich haben, aber ohne Exhaustor kann ich mich nicht damit befreunden. Jede Retorte drängt, sobald sie schadhaft wird, auseinander, desshalb ist es gut, wenn sie von Aussen gehalten wird. Entstehen dann

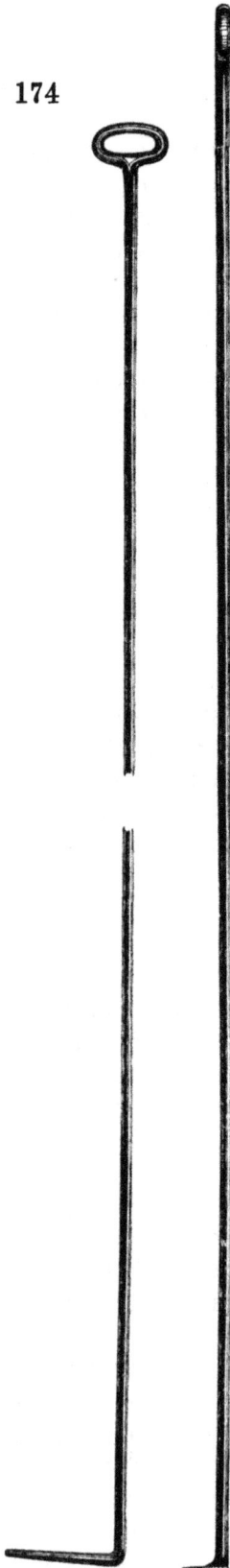

Risse, so kann man von Innen Thon in diese eindrücken, und die Retorte wieder ausflicken, ohne dass man zu fürchten braucht, die schadhaften Stellen hinaus zu werfen. Man kann Retorten im Gange erhalten, die total in Stücke zersprungen sind, und die gewiss auseinander gefallen sein würden, hätte man sie nicht durch Sattelsteine von Aussen zusammen gehalten. Und dass durch die Vermauerung der Retorten ein grösserer Aufwand an Brennmaterial nöthig werden soll, will mir auch nicht einleuchten. Da der Betrieb ein continuirlicher ist, so scheint es mir ziemlich gleichgültig, ob man die Steine mit heizt oder nicht. Der einzige Vortheil, den man ohne Zweifel hat, ist der, dass man die Ausgabe für die Sattelsteine spart, und etwas geringere Anlagekosten hat, was übrigens gegen die längere Dauer der Retorten verschwindet. Bei der Anordnung der Sattelsteine ist darauf zu sehen, dass man Oeffnungen lässt, durch welche es möglich ist, die Retorten ihrer ganzen Länge nach nicht nur zu beobachten, sondern auch durch passende Werkzeuge zu erreichen, um sie zu reinigen und zu flicken.

Was den Fuchs, oder den Canal betrifft, durch welchen die Verbrennungsproducte aus dem Ofen in den Haupt-Canal, und von da in den Schornstein gelangen, so ist bereits gesagt worden, dass man denselben nicht mehr im Scheitel des Gewölbes, sondern auf der Höhe der untersten Retorten anzubringen pflegt. Ueber die Dimensionen, welche man ihm zu geben hat, lassen sich bestimmte Angaben nicht wohl machen. Man giebt dem Fuchs eines Ofens mit 5 Retorten $3/4$ bis höchstens 1 $\square'$ Querschnitt, und wo man zwei hat, jedem derselben die Hälfte. Es ist besser, jedem Ofen zwei Füchse zu geben, um jede Seite desselben für sich reguliren zu können. Es kommt sehr häufig vor, dass eine Seite eines Ofens wärmer wird als die andere; hat man für jede Seite einen besonderen, mittelst Schieber zu regulirenden Fuchs, so kann man die Ungleichheit durch Stellung der Schieber wieder aufheben.

Den Haupt-Canal, welcher die Verbrennungsproducte einer ganzen Ofenreihe aufzunehmen, und zum Schornstein zu führen hat, legt man bei einfachen Ofenreihen hinter die Oefen, bei doppelten dagegen theils unter dieselben, gewöhnlich aber, und zweckmässiger auf dieselben hinauf. Letztere Anordnung ist hauptsächlich desshalb besser, weil sie einen bequemen Zugang während des Betriebes gestattet. Tritt in den Zügen eine Verstopfung ein, so braucht man nur oben vom Haupt-Canal die Deckplatte abzunehmen, und dann entweder mit einer Eisenstange die Schlacke zu lösen, oder man lässt eine an einer Kette befindliche Kugel hinunter, holt diese durch den unteren horizontalen Zug mittelst eines eisernen Hakens vor, und scheuert die Kette so lange hin und her, bis man auf diese Weise die Verstopfung entfernt hat.

Bei aufwärts steigenden Füchsen legt man die Register derselben gewöhnlich auf den Ofen hinauf, und zwar an die Stelle, wo sie in den Hauptcanal einmünden. Das Register des Hauptcanals, welches man am zweckmässigsten unmittelbar am Schornstein anbringt, ist von Gusseisen, und läuft in einem gusseisernen Gestell. Es ist oben durch ein Gegengewicht über einer Rolle balancirt, damit es sich leicht bewegen lässt. Die Register für die Füchse müssen von jedem erfahrenen Heizer gestellt werden können, das Hauptregister darf dagegen nicht ohne Wissen des Werkmeisters verändert werden. Es ist nicht selten vorgekommen, dass die Arbeiter viel Unheil damit angerichtet haben, namentlich bei den eisernen Retorten. Wenn sie Nachts ihre Feuer vernachlässigt hatten, so zogen sie Morgens das grosse Register auf. Dadurch wurden dann in kurzer

Fig. 84.

Fig. 85.

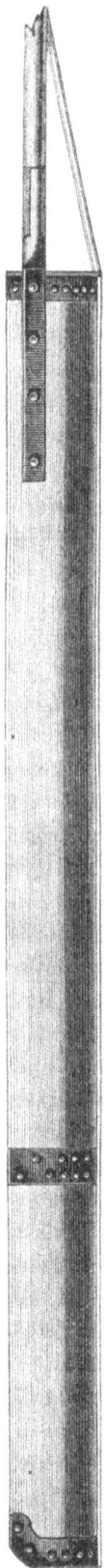

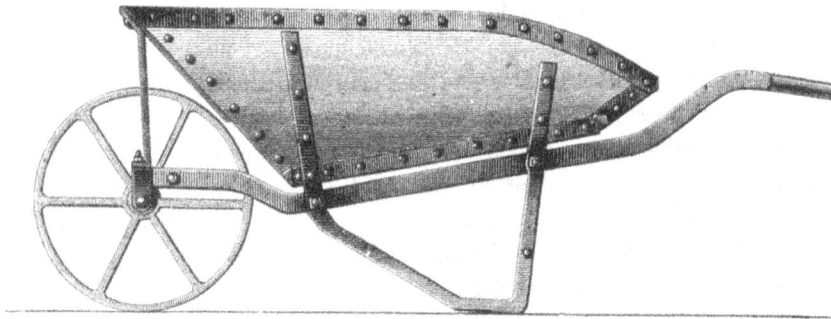

Fig. 86.

Fig. 87.

Fig. 88.

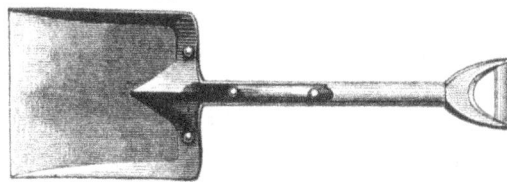

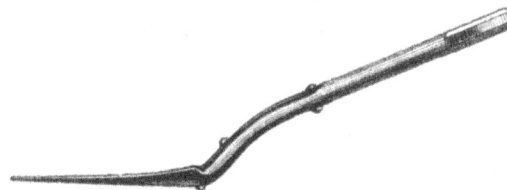

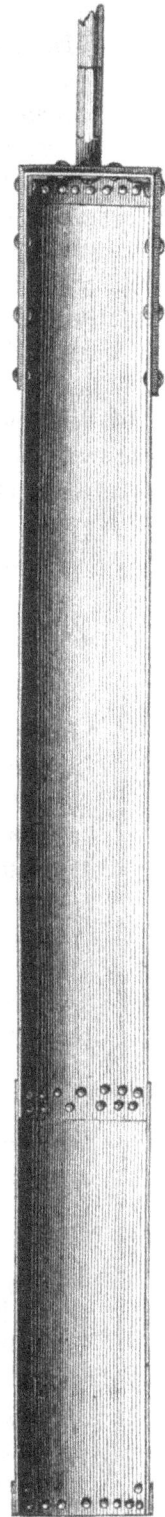

Fig. 91.

Fig. 92.

Fig. 90.

Fig. 89.

Zeit die Oefen wieder heiss, aber die Retorten litten auch in einigen Stunden mehr, als sonst in vielen Wochen. Man hat das Hauptregister, nachdem die kleinen Schieber auf halbe Oeffnung gestellt sind, so zu reguliren, dass man noch gerade die richtige Hitze in den Oefen behält. Bei den einzelnen Oefen wird dann durch weiteres Oeffnen oder Schliessen der kleinen Schieber eine möglichste Gleichmässigkeit hergestellt.

Das Geräthe oder Arbeitsgeschirr, welches man zum Betriebe eines Retorten-Ofens bedarf, ist im Wesentlichen in den Figuren 84 bis 103 dargestellt. Fig. 84 ist der Haken, der zum Ziehen, d. h. zum Herausziehen der Coke aus den Retorten gebraucht wird. Die Stange besteht aus 1 bis 1¼" starkem Rundeisen, der Haken selbst ist flach. Der Handgriff muss senkrecht auf der Richtung des Hakens stehen Der Arbeiter führt das Geschirr längs der Retortenwand ein, dreht, wenn er den Boden der Retorte erreicht hat, den Haken abwärts, so dass er hinter der Coke liegt, und zieht dann nach sich. Bei englischen und westphälischen Kohlen zieht ein guter Arbeiter, wenn die Retorten nicht zu viel Graphitansatz haben, den ganzen Inhalt fast auf einmal heraus. Ist aber die Coke bröcklig und klein, so braucht er länger. In diesem Fall ist es oft gerathen, statt des Hakens ein Geschirr, wie Fig. 85, anzuwenden, was eine grössere Fläche bietet. Denjenigen Theil der Coke, den man nicht zum Heizen des Ofens an derselben Stelle wieder verwendet, lässt man in untergestellte Karren von Eisenblech fallen und führt sie in diesen (Fig. 86 und 87) auf den Hof, wo man sie ablöscht. Die Einrichtung dieser Karren,

Fig. 93.

die sich sowohl ihrer Stabilität, als ihrer bequemen Handhabung wegen empfehlen, ist ohne Beschreibung aus den Zeichnungen deutlich. Nachdem die Retorte geleert ist, fährt man mit dem Geschirr Fig. 88 in die Aufsteigröhren und reinigt dieselben von etwaigem Russansatz. Die Beschickung der Retorte geschieht mittelst einer grossen Ladungsschaufel, welche die ganze Ladung auf einmal, also je nach Umständen bis zu 2 Ctr. Kohlen und darüber fasst, Fig. 89 bis 91. Die Schaufel ist aus Eisenblech, halbcylinderförmig, unten mit einer schmiedeisernen Laufschiene, und am Ende mit einem etwa 3' langen Stiel versehen, welcher letztere wieder eine gleichfalls 3' lange Querstange als Handhabe trägt. Zur Bedienung der Schaufel gehören drei Arbeiter. Der Arbeiter Nro. 1 steht an der Handhabe, die anderen beiden Nro. 2 und 3 füllen die Schaufel mittelst gewöhnlicher Kohlenschaufeln oder sogenannter Ballastschaufeln, Fig. 92. Alsdann hebt Nr. 1 auf, Nr. 2 steckt unter dem Vorderende das zur Seite liegende Trageisen, Fig. 93, hindurch, welches von Nr. 3 gefasst und mittelst dessen von beiden das Vorderende der Schaufel gehoben wird. So wird die Schaufel vor die Retorte gebracht und das Vorderende derselben in das Mundstück gesetzt. Nro. 1 schiebt hinein, dreht um und zieht wieder heraus; Nr. 2 und 3 fangen das Vorderende wieder auf dem Trageisen auf, die Schaufel wird wieder zum Kohlenhaufen zurückgebracht und die zweite Ladung beginnt in derselben Weise. Bei grossen Ladungen und wenn die Retorten schon einen stärkeren Graphitansatz haben, müssen beim Umdrehen der Schaufel die Arbeiter Nr. 2 und 3 hie und da mit Hand an die Handhabe anlegen. Die ganze Arbeit aber muss tempomässig geschehen und in möglichst kurzer Zeit ausgeführt werden. Sobald eine Ladung auf solche Weise in die Retorte gebracht ist, tritt ein Arbeiter Nr. 4 mit der Krücke, Fig. 85, hinzu und ebnet sie. Der Arbeiter Nr. 1 hat unterdess den Retortendeckel von der Deckelbank geholt und besorgt den Verschluss. In kleinen Anstalten, wo man nur eine kleine Anzahl Retorten zu bedienen hat, pflegt man die grosse Ladeschaufel nicht zu benützen, sondern die Retorten mittelst der gewöhnlichen Kohlenschaufel voll zu werfen. Bevor man eine Retorte öffnet, muss man das noch in derselben befindliche Gas entzünden, damit es nicht explodirt. Dies geschieht am einfachsten dadurch, dass man den Deckel, nachdem man vorher die Schraube entfernt hat, mittelst einer glühenden Lunte, Fig. 94, löst.

Aus Obigem geht hervor, dass man zur Bedienung eines Retortenofens im grösseren Betriebe 4 Arbeiter gebraucht. So ist es auch in der Praxis. Man rechnet für je zwei Feuer einen Heizer und lässt

Fig. 94.

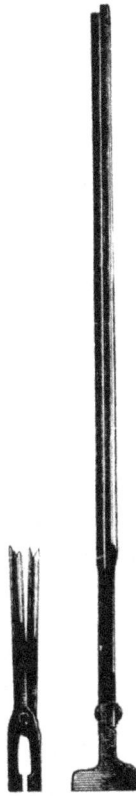

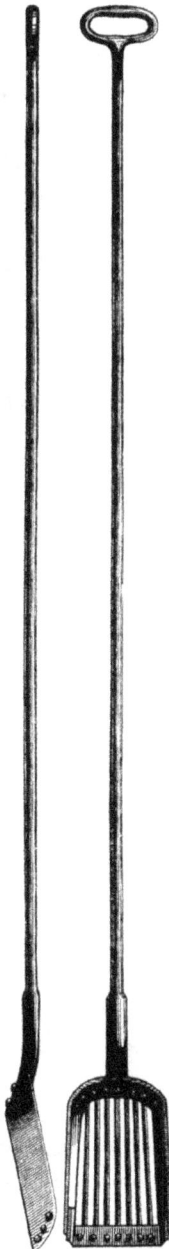

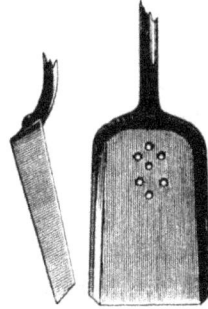

Fig. 99.

Fig. 95.

Fig. 96.

Fig. 97.

Fig. 98.

Fig. 101.

Fig. 102.

Fig. 100.

die 4 Heizer von 8 zusammenliegenden Feuern eine Parthie bilden. Diese werden durch 4 andere Heizer nach 12 Stunden abgelöst, so dass im Ganzen auf jedes Feuer 1 Mann kommt. Für je zwei Feuer ist das complete Heizgeschirr vorhanden und hat der Tagarbeiter dafür zu sorgen, dass der Nachtarbeiter dasselbe am gehörigen Ort und im guten Stande vorfindet und dass er demselben ein reines Feuer überliefert; ebenso hat er für die nächste Tour die Deckel zu seinem Feuer rein abzuliefern und den Kalk oder Lehm zum Schmieren derselben bereit zu stellen.

Ausser den Heizern sind Kohlenschieber erforderlich. Diese haben die erforderlichen Kohlen vor die Oefen zu liefern, beim Entleeren der Retorten die Coke abzulöschen und fortzuschaffen und allenfalls ein Reservefeuer, wenn ein solches gehalten wird, mit zu besorgen.

Man beschickt nie sämmtliche im Betriebe befindliche Retorten gleichzeitig, sondern immer nur etwa den dritten oder vierten Theil derselben auf einmal. Bei sechsstündigem Betriebe haben die Arbeiter gewöhnlich alle 2 Stunden eine Tour zu machen, bei vierstündigem Betriebe alle Stunde. Die Retorten müssen so vertheilt werden, dass man bei Fünfer-Oefen z. B. das eine Mal drei, das andere Mal zwei beschickt; auch muss man wo möglich zu vermeiden suchen, dass man bei Oefen in doppelter Reihe diejenigen Retorten gleichzeitig beschickt, die einander gegenüber liegen.

Bevor die Retorten geöffnet werden, müssen frische Deckel geschmiert sein und auf der Deckelbank bereit liegen; ebenso muss alles zum Ziehen und Füllen nöthige Geschirr am Platze stehen. Der Heizer Nro. 1 löst die Schraube und legt sie bei Seite; Nro. 2 hält die glühende Lunte vor die Oeffnung; Nro. 3 nimmt den Deckel weg und Nro. 4 reinigt das Aufsteigerohr. Unterdessen haben schon Nro. 1 und 2 mit dem Ziehen begonnen. Ist die erste Hälfte der Retorten geleert, so wird erst diese wieder gefüllt, damit die Retorten nicht zu sehr abkühlen; nachher wird die zweite Hälfte in derselben Weise bearbeitet.

Findet sich beim Leeren einer Retorte ein Loch oder Riss in derselben, was man sofort an der weit helleren Farbe erkennt, so muss man die Stelle mit Thon verstreichen. Man macht feuerfesten Thon, dem man auch wohl einen mehr oder weniger grossen Zusatz von Chamottemehl geben kann, mit wenig Wasser zu einem recht steifen Teig an, formt daraus einen Klumpen, den man nach Oben zuspitzt, und drückt diesen mittelst einer Schaufel, Fig. 95, in das Loch ein. Feine Risse kann man auch mit sehr dünnem Thon ausgiessen, den man zu diesem Zweck in einer Kelle mit langem Stiel einbringt. In den meisten Fällen ist es gut, sobald man ein Loch bemerkt, dasselbe mittelst einer scharfen Eisenstange vorher etwas zu reinigen, bevor man den Thon zur Dichtung einbringt. Man bekommt auf diese Weise, so zu sagen, eine reine Wunde, die sich viel besser verheilt, als wenn man den Graphit und die glasige Kruste am Rand sitzen lässt. Erhält eine Retorte ein grosses Loch, was sich auf die vorbeschriebene Weise nicht dichten lässt, so wird die Reparatur schwieriger. Man muss aus feuerfesten Steinen, Platten oder aus Bruchstücken alter Retorten ein Stück herzustellen suchen, welches in die offene Stelle, die man zuvor ebenfalls gründlich gereinigt hat, hineinpasst. Dabei muss man die Seitenflächen so abzuschrägen suchen, dass es, von Innen nach Aussen gedrückt, nicht durch das Loch hindurch geht. Ist dies geschehen, so schmiert man die Fugen, die ziemlich gross und unegal sein dürfen, mit Thon aus, giesst — falls das Loch im Boden war — noch dünnen Thon darüber und bringt die neue Ladung ein. Das muss man überhaupt nach jeder Reparatur nicht versäumen, dass man sofort die Ladung einbringt, um der Retorte Druck von Innen zu geben und den sofortigen Beginn der Graphitbildung zu veranlassen.

Das Flicken der Retorten ist eine Arbeit, die einer Gasanstalt viel Geld ersparen kann und jeder Werkmeister sollte sein Augenmerk ganz besonders darauf richten, es hierin zu einer möglichst grossen Fertigkeit zu bringen.

Das Geschirr, welches man zum Reinigen der Feuer gebraucht, ist in den Fig. 96 bis 99 dargestellt. Fig. 96 zeigt die Zange, mittelst deren man die Roststäbe herausnimmt, Fig. 97 die eiserne Stange mit welcher man die Schlacke losstösst, mit der Schaufel, Fig. 98, nimmt man die gröbere Coke, die man zum Auffeuern wieder mitbenutzt, aus dem Aschenkasten und mit der Schaufel, Fig. 99, endlich die feinere Coke und Asche.

Zum Reinigen der Züge und Retorten bedient man sich verschiedener Geräthe, wie Fig. 100 bis 102. Fig. 100 ist ein Haken, mit welchem man die Retorten in ihren Rundungen abkratzt und zwar hat man denselben nach links und nach rechts gebogen, je nachdem man ihn für die rechte oder linke Hälfte der Retorte anwendet. Fig. 101 und 102 dienen zum Reinigen der geraden Wandungen, Böden u. s. w.

Beim Anheizen eines neuen Ofens ging man früher mit sehr grosser Sorgfalt zu Werke; es hat sich indess gezeigt, dass man dadurch nicht viel erreicht. Risse und Sprünge sind unvermeidlich und entstehen bei dem einen Verfahren so gut, als bei dem andern. Ich heize ganz neue Oefen nur den ersten Tag schwach, während der zweiten 24 Stunden aber schon stärker, indem ich dann gleichzeitig eine Ladung Kohlen oder besser heisser Coke in die Retorten gebe. Nach den dritten 24 Stunden ist der Ofen zum Gebrauch fertig und es wird nur mehr die Vorsicht gebraucht, dass man die Ladungen noch etwas schwächer nimmt. Schon früher gebrauchte Oefen kann man nach Reparaturen in 2mal 24 Stunden wieder zum Gebrauch heiss haben. Wird ein Ofen ausser Gebrauch gesetzt, so schliesst man die Zugregister desselben, lässt die Deckel vor den Retorten sitzen und lässt ihn überhaupt langsam abkühlen.

Einige Schwierigkeit macht manchen Gasanstalten das Entfernen der durch Zersetzung der Kohlenwasserstoffe sich anlegenden Kohlen- oder Graphit-Kruste. Dieser Graphit ist auf der einen Seite sehr werthvoll für den Betrieb mit Thonretorten; denn er ist das natürliche Kittmaterial, durch welches die Dichtung der entstehenden Risse nachhaltig bewirkt wird; auf der anderen Seite wird er oft sehr lästig, wenn er sich in grösseren Massen ansetzt, weil man dann zu seiner künstlichen Entfernung Mittel anwenden muss. Es sind eine Menge verschiedener Verfahren zum Schlacken der Retorten in Vorschlag und zur Anwendung gebracht worden, ich halte nach meiner Erfahrung folgende Manipulation für die zweckmässigste. Wo man einfache Ofenreihen hat, versieht man den hinteren Boden einer jeden Retorte mit einer Oeffnung, die man während des Betriebes durch einen fest dahinter gestellten Stein verschliesst. Soll das Ausbrennen des Graphits vorgenommen werden, so entfernt man diesen Stein, zu dem man durch eine in der Hinterwand des Ofens ausgesparte Oeffnung muss hingelangen können, und macht also die Oeffnung in der Retorte frei. Dann nimmt man einen Meissel und arbeitet in den vor der Oeffnung sitzenden Graphitklotz gleichfalls ein Loch hinein, so dass man die Communication zwischen dem Innern der Retorte und der äusseren Luft herstellt. Den Deckel vor dem Mundstück der Retorte lässt man (nachdem man natürlich die Retorte zuvor von Coke geleert hat) sitzen, öffnet aber das obere Ende des Aufsteigerohrs, indem man den Deckel oder Pflock, der zum Verschluss desselben dient, entfernt. Auf diese Weise ist ein natürlicher Luftzug hergestellt, mittelst dessen der Graphit verbrennt. Geschieht die Verbrennung zu rapide, dass das Mundstück der Retorte rothglühend wird, so legt man den Deckel theilweise wieder auf das Aufsteigerohr, und hat es ganz in der Hand, den Luftzug zu reguliren. Den letzten Rest des etwa an einzelnen Stellen noch sitzen bleibenden Graphits entfernt man leicht auf mechanischem Wege mittelst geeigneter Eisenstangen. Bei doppelten Ofenreihen ist das Verfahren nur dann in ähnlicher Weise, resp. noch einfacher ausführbar, wenn die Retorten durchgehen. In diesem Falle löst man auf der einen Seite den Deckel des Mundstückes, auf der anderen Seite den Deckel des Aufsteigerohrs, und der gleiche Luftzug ist wieder hergestellt. Wo aber die Retorten nicht durchgehen, macht man folgende Vorrichtung. Man setzt aus feuerfesten Steinen einen Canal in die Retorten ein, indem man denselben vorne im Mundstück stückweise zusammen stellt, und die einzelnen Stücke mittelst eines geeigneten Werkzeuges nach hinten schiebt. Jedes Stück besteht aus zwei Steinen, welche nach ihrer langen Seite aufrecht gestellt, und zwei anderen Steinen, welche quer darüber gelegt werden; die Flächen, welche sich berühren, werden mit Lehm verstrichen, und so erhält man bei 10zölligen Steinen einen Canal von 5 Zoll Höhe und etwa 5 Zoll Breite. Hinten lässt man den Canal einige Zoll von dem Boden, resp. von dem Graphitklotz, der dort immer am stärksten ist, abstehen, vorne lässt man ihn bis zur Oeffnung des Mundstückes vorgehen. Den Raum zwischen dem Canal und den inneren Wandungen des Mundstückes setzt man vorne gleichfalls mit Steinen aus, und verschmiert diese mit Lehm,

23*

so dass nur die Oeffnung des Canals für den Zutritt der Luft offen bleibt. Die Luft zieht, wenn man zuvor noch wieder den oberen Deckel des Aufsteigerohrs geöffnet hat, durch den allerdings mehr oder weniger mangelhaft dichten Canal bis gegen den hinteren Boden der Retorte, verbrennt hier die Hauptmasse des Graphits und streicht dann zwischen Canal und Retortenwand wieder nach vorne, um durch das Aufsteige- rohr zu entweichen. Auch hier muss man Acht geben, dass das Retortenmundstück nicht glühend wird, und diesem Fall durch theilweises Schliessen entweder der unteren Eintrittsöffnung oder der oberen Oeffnung des Aufsteigerohrs vorbeugen. Die Dauer des Verbrennungsprocesses ist natürlich je nach der Masse des zu entfernenden Graphites und der Stärke des Luftzuges verschieden, gewöhnlich ist derselbe jedoch in ein bis höchstens zweimal 24 Stunden beendigt. Nachdem die Retorten gereinigt sind, werden die entstandenen Risse so gut als möglich mit feuerfestem Thon wieder gedichtet, dann giebt man zuerst eine schwache Ladung und lässt diese recht lange sitzen, wodurch sich eine neue Graphitkruste am schnellsten wieder ansetzt.

Wo man den Theer entweder in Verbindung mit Coke oder für sich allein zum Heizen der Retorten- öfen anwendet, ist es nothwendig, dafür eine besondere Vorrichtung zu treffen. Es ist mir nicht bekannt, wer eigentlich die Theerfeuerung zuerst zur Anwendung gebracht hat, jedenfalls ist sie aber seit langer Zeit in manchen deutschen Gasanstalten, und wahrscheinlich bereits früher in England mit mehr oder weniger Erfolg versucht worden. Die erste Mittheilung verdanken wir meines Wissens dem Generaldirector der deutschen Continental-Gasgesellschaft, W. Oechelhaeuser, im Journ. f. Gasbel. Jahrg. II, Seite 270, wo derselbe die Einrichtung, welche derzeit auf mehreren Anstalten seiner Gesellschaft im Betrieb war, folgendermassen beschreibt: Oben auf dem Ofen placirt man ein kleines blechernes oder gusseisernes Theerreservoir, das von Zeit zu Zeit nachgefüllt wird. In dem Reservoir befinden sich 1 oder 2 falsche Böden mit Löchern von etwa $\frac{1}{8}$ Zoll Durchmesser, um Unreinigkeiten zurückzuhalten. Vom Boden des Reservoirs geht senkrecht ein Rohr, welches am unteren Ende in einen seitwärts angebrachten kleinen Hahn ausläuft. Dieser Hahn regu- lirt die Theermenge, welche zur Verbrennung gelangen soll. Ein Eisendraht, den man durchsteckt, dient dazu, um von Zeit zu Zeit die Oeffnung zu reinigen und das Ansetzen dicken Theers zu verhindern. Aus diesem Hahn fliesst der Theer in eine schiefliegende offene Rinne. In diese Rinne wird gleichzeitig ein feiner Strahl Wasser, etwa wie eine Stricknadel dick, durch einen Spitzhahn zugeführt, der Theer wird dadurch verdünnt und Verstopfungen des unteren Zuleitungsrohres verhindert, in welches der mit Wasser verdünnte Theer nunmehr durch einen Trichter gelangt. Dieses Zuleitungsrohr ist von Schmiedeeisen und hat $1\frac{1}{3}'$ Länge und $1\frac{1}{4}''$ Weite. Es ist vorne und hinten offen, damit man leicht mit einem Stock durchfahren und dasselbe reinigen kann. Es ist oberhalb der Feuerthüre, in schräger Richtung nach dem Feuer zu etwa 25° einfallend, angebracht und steht ausserhalb des Gemäuers so weit vor, um an seiner oberen Fläche den schon erwähnten Trichter für die Aufnahme des Theers anbringen zu können. Im Feuerraum mündet dieses Rohr über einer Chamottsteinplatte, welche gleich vorn in gleicher Höhe mit der Oberkante der Feuerthüre ange- bracht ist. Diese Platte befindet sich stets durch die auf dem Roste verbrennende Coke in Weissglühhitze und zersetzt sofort den darauf tröpfelnden Theer, welcher nun in Dampfform über das Feuer hinzieht und dabei vollständig verbrennt. Das war 1859. Bei dieser Einrichtung erzeugte man damals mit $\frac{1}{2}$ bis einer Tonne (etwa 75 bis 150 Pfund) Coke und 4 bis $4\frac{1}{4}$ Centner Theer 16 bis 18,000 c' Gas in 24 Stunden, und es ersetzte 1 bis $1\frac{1}{4}$ Centner Theer eine preussische Tonne ($1\frac{1}{2}$ Centner) Coke.

Seit jener Zeit ist die Theerfeuerung wesentlich verbessert worden, und es gebührt namentlich dem Ingenieur der Bremer Gasanstalt Horn das Verdienst, dieselbe jetzt auf einen Stand gebracht zu haben, dass sie Nichts mehr zu wünschen übrig lässt. Man hat schon bald davon abstrahirt, neben dem Theer noch Coke zu verwenden, man hat auch bald die Luft theilweise schon von der Seite, statt von vorne, zugeführt (eine solche Anordnung ist in der ersten Auflage dieses Buches Fig. 84 bis 86 dargestellt), aber mir ist bis jetzt keine Einrichtung bekannt geworden, welche den Anforderungen, die an eine rationelle Theerfeuerung gestellt werden müssen, so vollständig und auf eine so einfache Weise genügt, wie der Bremer Ofen. Ein solcher Ofen ist auf Tafel XXIV und XXV näher dargestellt. Es ist ein Ofen mit 6 Retorten, und in Betreff

Fig.1.

Vorderansicht.

Vue de face.

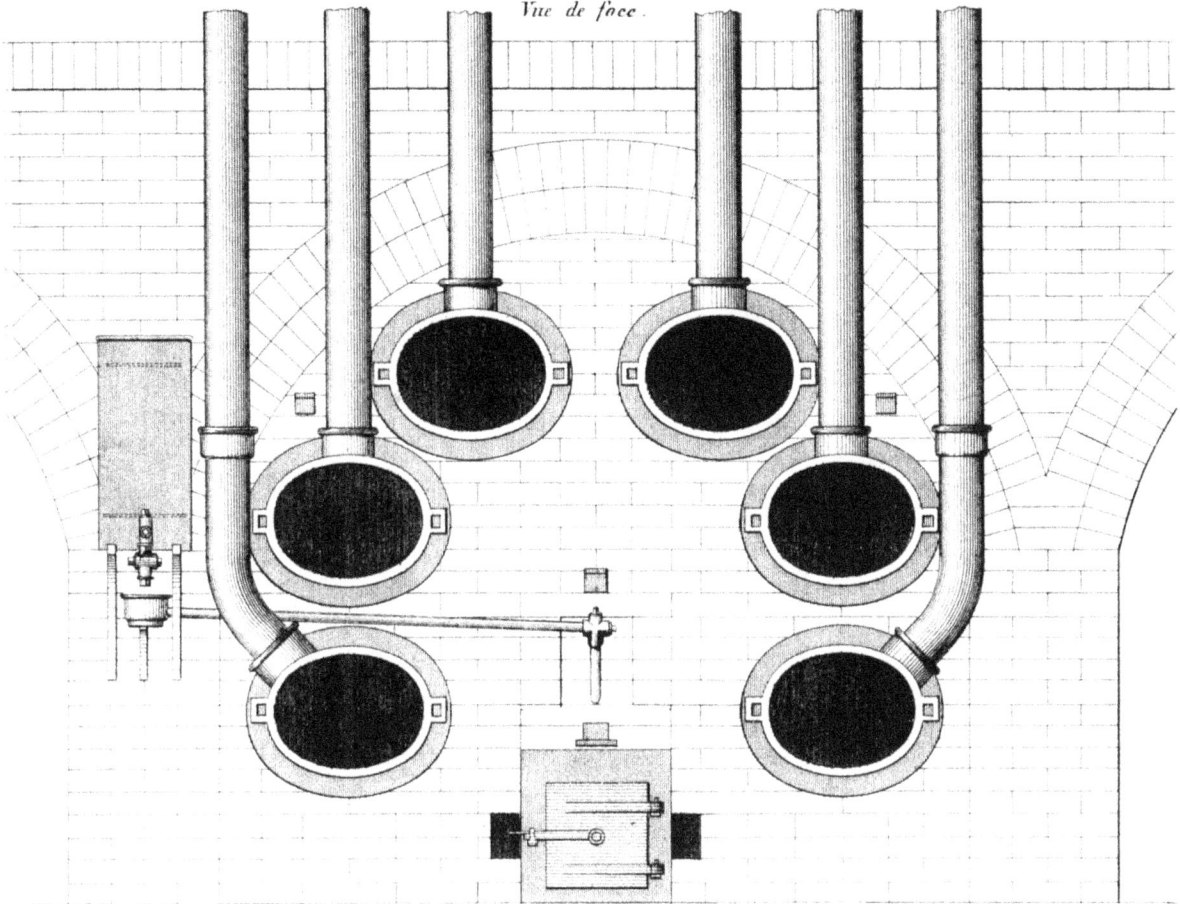

Fig 2 *Querschnitt nach CD Fig.3.* *Coupe transversale suivant CD. Fig.3.*

Echelle de 41 Millim pour 1 Metre

M. 1/24

XXV

Fig. 3.

Längenschnitt nach A B Fig. 2.
Coupe longitudinale suivant A B. Fig. 2.

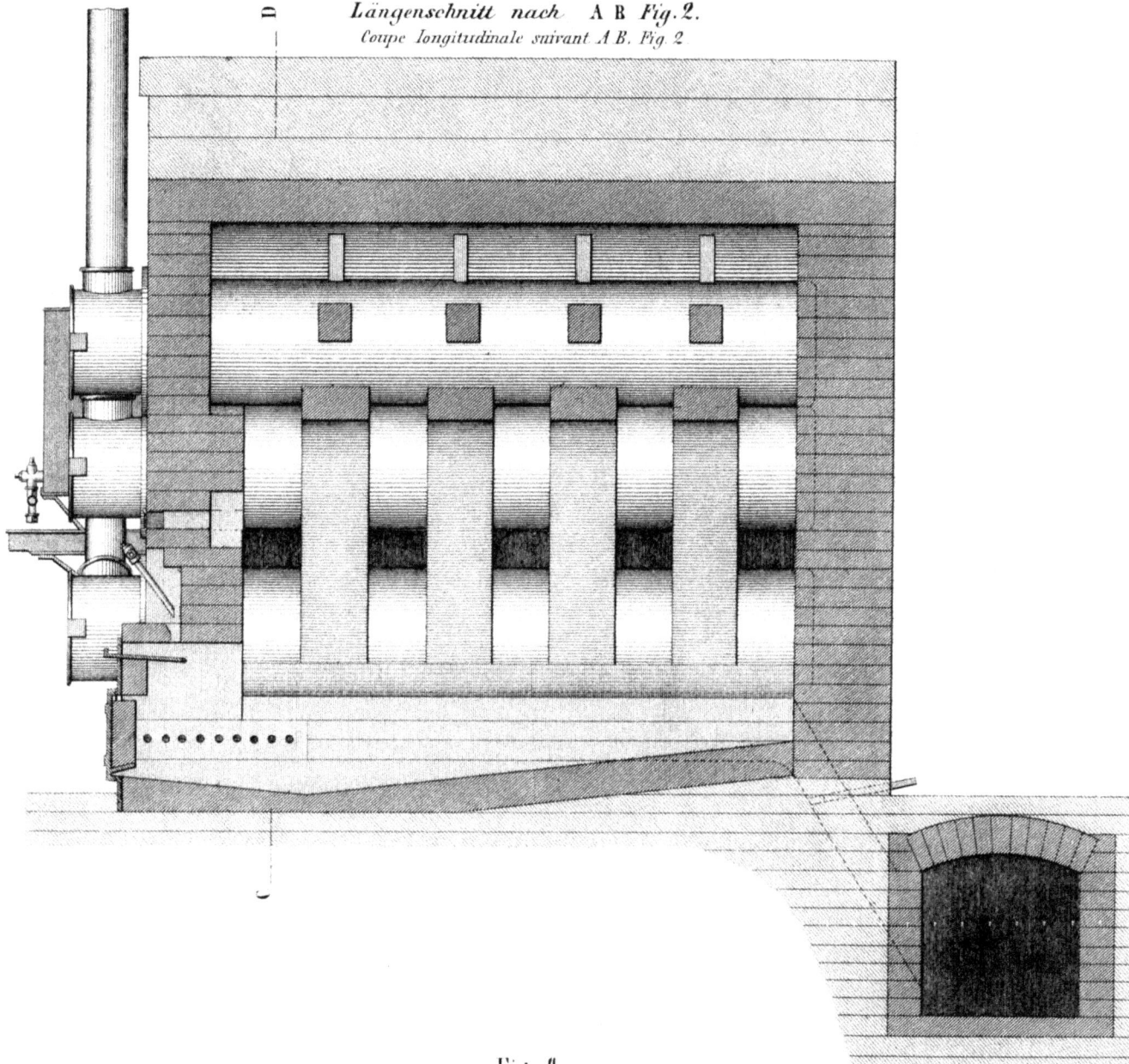

Fig. 4.

Ansicht des Theerablaufs von Oben.
Tuyau de descente du goudron vu d'en haut.

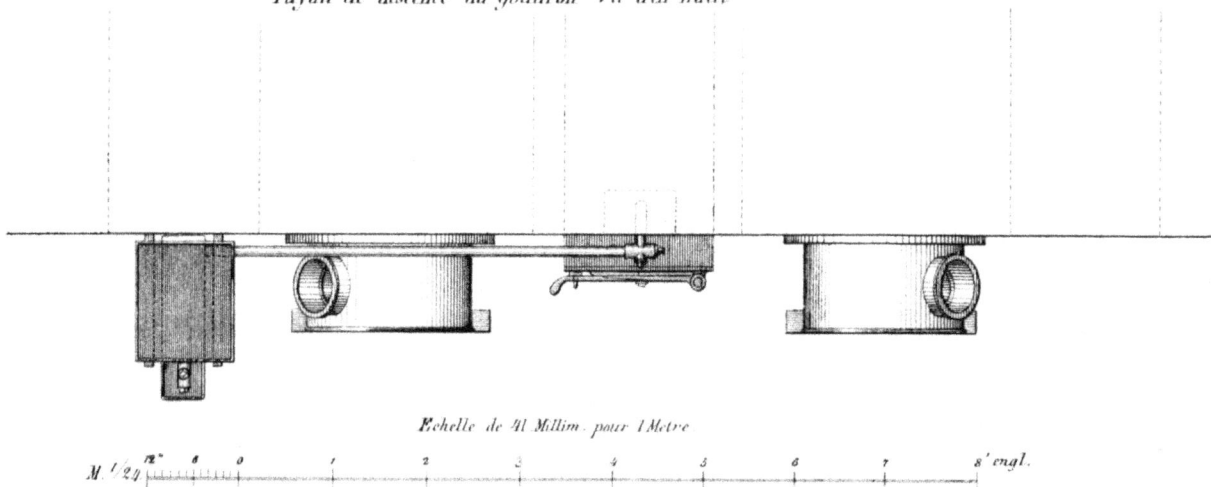

Echelle de 41 Millim. pour 1 Metre.

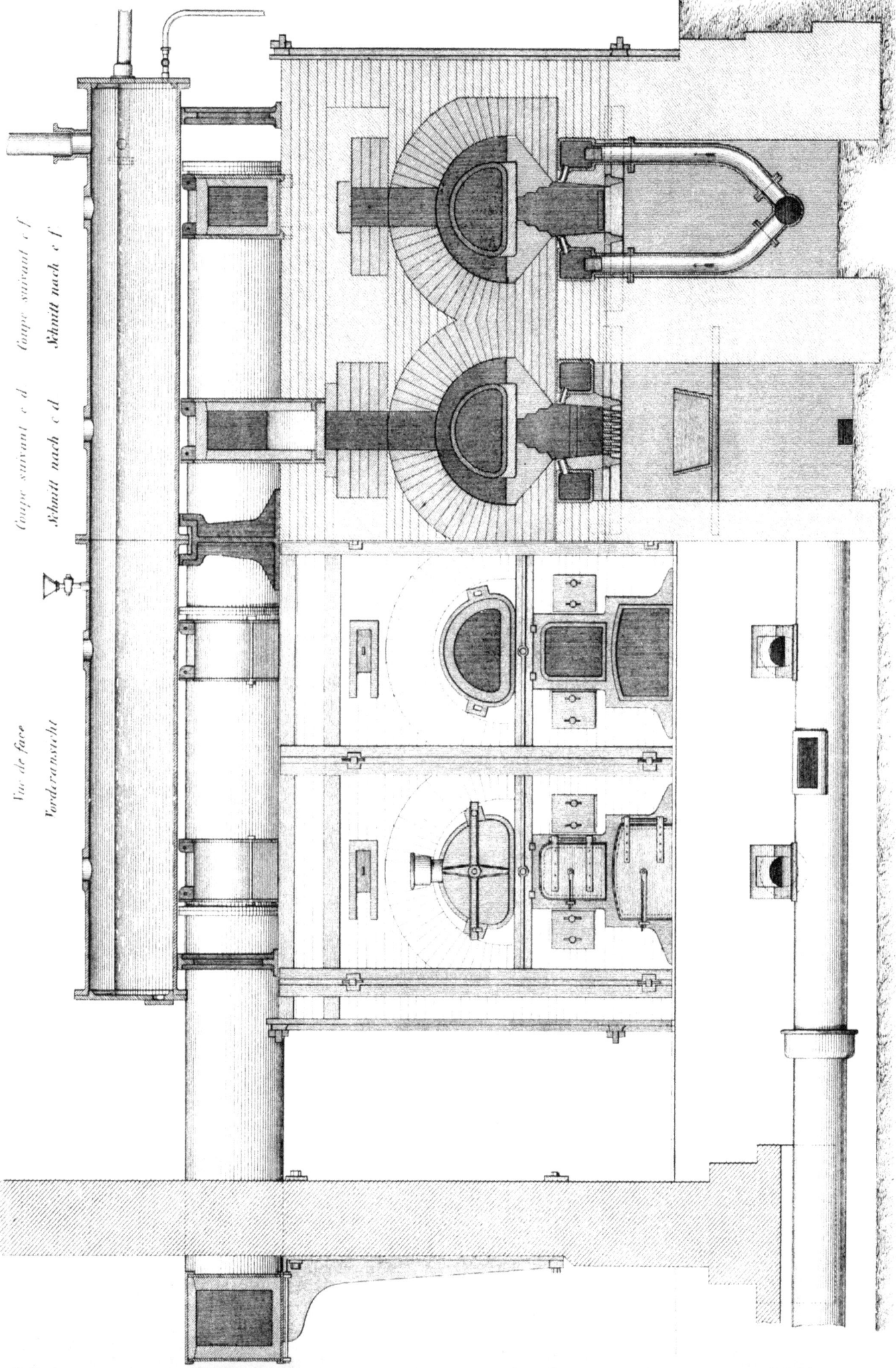

Coupe suivant c d   Coupe suivant e f

Schnitt nach c d   Schnitt nach e f

Vu de face

Vorderansicht

Maaßstab zu d u. e   Echelle de d et e

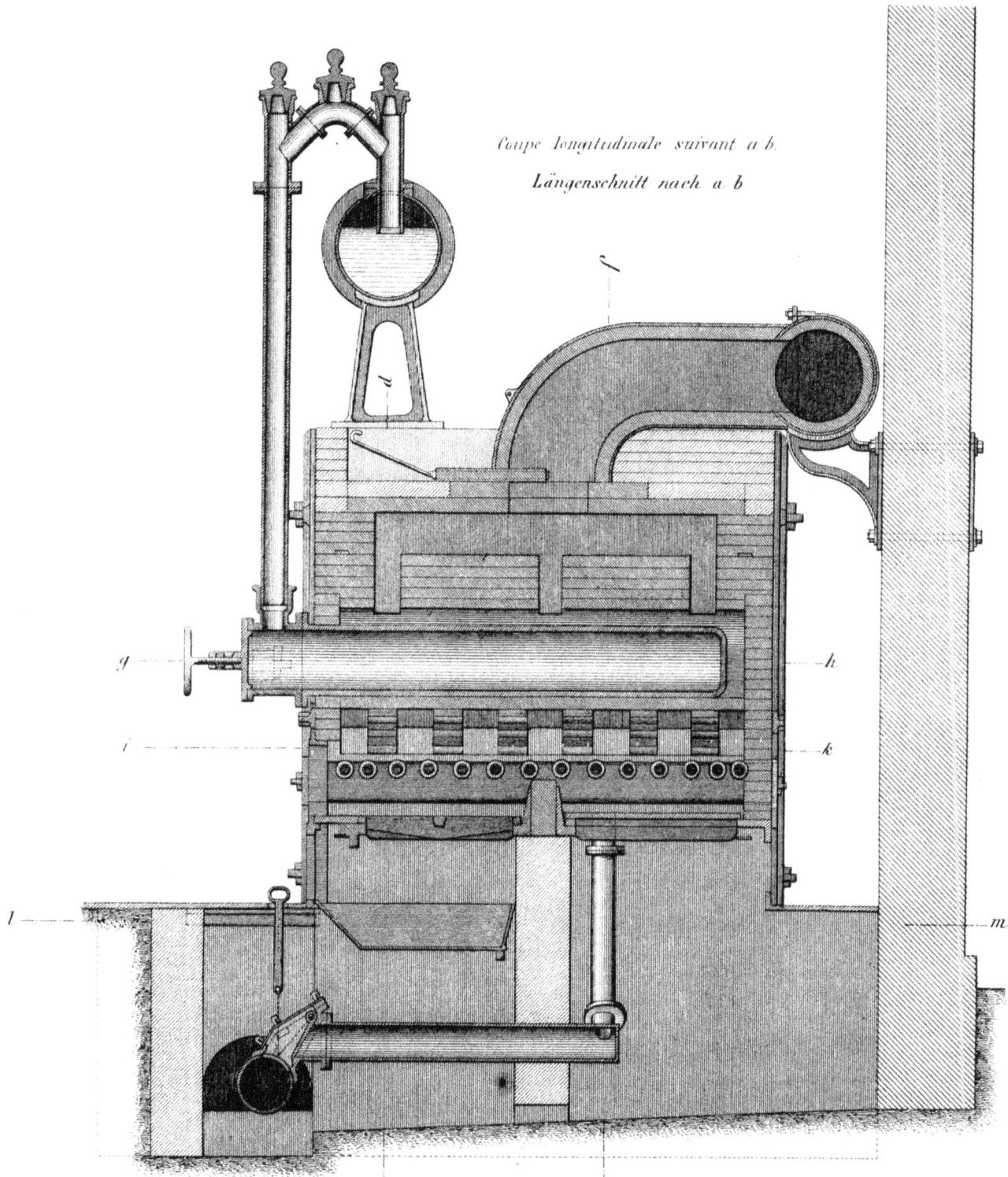

XXVII

Coupe longitudinale suivant a b.

Längenschnitt nach a b

Maaßstab ⅟30 d. n. Gr.

Echelle de ⅟30.

der Anordnung und des Einbaues der Retorten dieselbe Construction, mit welcher die Anstalten der Dessauer Gesellschaft so brillante Resultate liefern. Die beiden Hauptvorzüge, welche die Feuerung besitzt, bestehen in der zweckmässigen Luftzuführung und in der regelmässigen Zuführung des Theers, die Verbrennung ist vollständig rauchlos und es ersetzt 1 Centner Theer etwa 2 Centner Coke. Der Feuerraum ist durch die Feuerthüre bis auf die Oeffnung, durch welche das Theerrohr hindurch geführt ist, vollständig geschlossen. Es ist mithin auch kein Rost vorhanden, sondern nur eine aus feuerfesten Steinen hergestellte Sohle. Neben der Feuerthüre sieht man rechts und links die mittelst Schieber zu regulirenden Oeffnungen der Luftzuführungscanäle, welche eine Breite von 4 Zoll, eine Höhe von 6 Zoll haben, und hinter den Feuerungswangen liegen, durch welche sie mittelst seitlicher Abzweigungscanäle mit dem Feuerraum communiciren. Die Abzweigungscanäle sind 1¼ Zoll weit und in Entfernungen von je 3 Zoll angebracht. Die Luft tritt auf diese Weise sehr zweckmässig vertheilt und zugleich vorgewärmt in den Feuerungsraum ein. Der zu verbrennende Theer befindet sich in einem Gefäss vor den Zwischenpfeilern zwischen je zwei Oefen. Das Gefäss ist, wie früher, mit 2 durchlöcherten falschen Böden versehen, so dass der Theer durchgeseiht, und befreit von jeder Verunreinigung, welche den Ausfluss verstopfen könnte, unten in das Ablaufrohr eintritt. Dieses Ablaufrohr ist mit einem Hahn und am untersten Ende mit einer Messingkappe versehen, der Hahn wird vollständig geöffnet, und die Regulirung des Theerabflusses geschieht durch die Messingkappe, die in der Mitte ein rundes Loch von solcher Weite hat, dass der für den Ofen nöthige Theer gerade durchläuft. Der Bremer Ofen hat eine Kappe mit einem Loch von einer Linie Weite, wobei der Stand des Theers im Reservoir durchschnittlich 1 bis 1½ Fuss beträgt. Man hält sich mehrere solcher Kappen mit Oeffnungen von verschiedenem Durchmesser, die man nöthigenfalls leicht wechseln kann. Sie gewähren den Vortheil, dass der Arbeiter den Zufluss nicht beliebig, bald zu stark, bald zu schwach reguliren kann, und sollte sich je einmal die Oeffnung in der Kappe verstopfen, so ist sie leicht durch Hindurchstecken eines Drahtes zu reinigen. Der Theer strömt aus der Kappenöffnung frei aus in ein kleines untergestelltes Gefäss, so dass man die Ausströmung immer vor Augen hat, und gelangt dann durch ein seitlich abgeführtes einzölliges schmiedeeisernes Rohr nach dem durch die Vorderwand des Ofens hindurchgehenden etwa 1 bis 1½ Zoll im Durchmesser haltenden Einflussrohr. Es ist sehr wesentlich, den Theer auf diese Weise nur unter geringem Druck zuzuführen, denn nur so ist es möglich, den Zufluss gleichmässig und ohne Störung zu erhalten. Wenn der Theer das in den Ofen eintretende Einflussrohr verlässt, fällt es auf ein durch die Thür gestecktes Flacheisen, von hier aus auseinander spritzend in den Heerd, setzt sich in Flammen und verbrennt. Das Quantum Theer, was man zuführen muss, richtet sich nach der Quantität Gas, die man mit dem Ofen liefern will, oder nach der Hitze, die man ihm geben will. Horn giebt als Regel an, dass man soviel Theer zuführen soll, um auf dem Heerd eine 4 Zoll hohe Lage von glühender Theercoke zu erhalten. In Zwischenräumen von ½ oder ¾ Stunden muss man diese Coke durchstossen und wenden, dabei packt man die grösseren Stücke vorne an der Thür auf, während man die kleineren nach hinten schiebt. Der Heerd muss stets vollständig trocken bleiben, sonst ist zu viel Theer zugelaufen, resp. der Schieber vor dem Luftcanal zu wenig geöffnet. Beim Anfeuern eines neuen Ofens bringt man bloss etwas Holz auf der Heerdsohle in Brand, und lässt dann gleich den Theer zulaufen. Ein Centner Theer ersetzt in Bremen mindestens 2 Centner Coke, der Sechser-Ofen erzeugt, wenn Alles in guter Ordnung ist, in 24 Stunden 45 bis 50,000 c' Gas aus ⅘ westphälischen und ⅕ Boghead Kohle mit 800 Pfund Theer.

Schliesslich muss hier noch einer anderen eigenthümlichen Ofenanlage Erwähnung geschehen, bei welcher Hohofengase zur Feuerung verwandt werden; es ist dies die (im Journ. f. Gasbel. Jahrg. 1865, S. 13 beschriebene) Anlage auf dem k. württemb. Hüttenamte Wasseralfingen, die bereits seit 8 Jahren ununterbrochen im Betrieb ist, und sich während dieser Zeit stets bewährt hat, Taf. XXVI bis XXVIII. Der 20,1 Fuss lange, 8,6 Fuss breite und 8,6 Fuss hohe Ofen (württemb. Maas) enthält 4 gusseiserne Retorten von gewöhnlicher ⌒ Form, 2 Fuss breit, 12,5 Zoll hoch und 7,6 Fuss (ohne Mundstück) lang. Jede Retorte hat ihre besondere Feuerung, so dass je nach dem erforderlichen Gasquantum 1 bis 4 Retorten betrieben werden können. Jede Retorte liegt in einem besonderen überwölbten Raum von 3,14 Fuss Breite, 15,7 Zoll Höhe (in der Mitte) und 7,5 Fuss Länge im Lichten. Unter diesem Retortengewölbe liegt der Feuerraum von gleicher Länge, aber nur 12 Zoll Breite. Dieser Feuerraum ist durch eine in der Mitte liegende Feuerbrücke in zwei gleiche Theile getheilt; im vorderen Theile liegt der Rost 21 Zoll unter dem Retortenboden. Der hintere Theil des Feuerraums ist durch ein gusseisernes Plättchen zum grössten Theile bedeckt. Der Rost besteht aus 7 Stück 8 Linien dicken und 26,5 Zoll langen gusseisernen Roststäben, der freie Raum zwischen 2 Stäben beträgt 8 Linien. Vom Feuerraum steigt die Flamme jederseits durch 7 geneigte Canäle von je 12 Quadratzoll Querschnitt in den Ofenraum hinauf, wo sie zu beiden Seiten der Retorte im Boden münden. Oben im Gewölbe sind 3 Oeffnungen von zusammen 87 Quadratzoll Querschnitt (die mittlere etwas kleiner als die anderen). Diese drei Oeffnungen führen oben in einen Sammelraum von 8 Zoll Breite und 12 Zoll Höhe. In der Mitte seiner Länge ist oben in seiner Bedeckung eine 8 Zoll breite und 12 Zoll lange Oeffnung, die mit einem Schieber aus feuerfesten Steinen versehen ist. Von hier an werden die Verbrennungsproducte durch einen gebogenen viereckigen Canal zum Hauptabzugscanal geleitet. Dieser gebogene Canal ist aus 2 durch Schrauben verbundenen gusseisernen Seitenplatten gebildet, welche durch feuerfeste Steine canalförmig ausgemauert sind. Der Querschnitt dieses Canals beträgt 96 Quadratzoll. Der Hauptabzugscanal besteht aus einer runden 21 Zoll weiten gusseisernen Röhrenleitung, welche mit feuerfesten Steinen auf 16,5 Zoll Lichtweite (213,8 Quadratzoll Querschnitt) ausgemauert ist. Dieser Hauptcanal mündet in ein Kamin von 25 Zoll Weite, quadratisch = 625 Quadratzoll Querschnitt und 55 Fuss Höhe, das übrigens noch für eine andere nebenliegende Feuerung dient. Die Hohofengase werden durch eine Hauptgasröhre von 10 Zoll Weite zum Retortenofen geführt. Diese Röhre liegt an der vorderen Seite des Ofens entlang 33 Zoll unter dem Fussboden. Von dieser Hauptröhre aus gehen 4 Seitenröhren von 62 Linien unter die Retortenöfen. Zur Regulirung der Gasmenge ist jede derselben mit einer gut schliessenden Klappe versehen, die durch eine einfache Hebelvorrichtung von oben regulirt werden kann. Nahe in der Mitte des Ofens verzweigt sich jede Seitenröhre in zwei vertikale Aeste von je 44 Linien Weite. Diese 2 Zweigröhren sind oben an zwei horizontale gusseiserne Düsenkästen angeschlossen. Diese Düsenkästen liegen über dem Rost zu beiden Seiten des Feuerraums, sie haben rechtwinklige Querschnitte von 58 Linien Breite und 68 Linien Höhe im Lichten und eine Länge von 8,7 Fuss. Hinten und vorne sind sie durch Deckel verschlossen; ihre Entfernung beträgt von Mitte zu Mitte derselben 2,36 Fuss. Jeder dieser zwei Kästen hat an seiner oberen inneren Fläche je 14 Düsen von 11 Linien Weite (aus schmiedeeisernen Gasröhren) welche in die gusseisernen Kästen unter einem passenden Winkel eingeschraubt sind. Zum Schutze gegen Verbrennung sind diese Düsenkästen mit feuerfesten Steinen eingemauert. Bei 11 Linien Weite ist der Querschnitt einer Düse 0,95 Quadratzoll, die 28 Düsen haben somit einen Querschnitt von $28 \times 0,95 = 26,6$ Quadratzoll. Nachdem die Regulirklappe geöffnet ist, strömen die Hohofengase durch Seiten- und Zweigröhren in die Düsenkästen und durch die 28 Düsen in den Verbrennungsraum. Für eine gute Verbrennung ist es nothwendig, dass die zugeführte Gasmenge und Luftmenge im richtigen Verhältniss stehe. Die Gasmenge kann durch die oben erwähnte Klappe regulirt werden; die Luftmenge wird dadurch regulirt, dass der Rost und die hintere Deckplatte mehr oder weniger mit Asche etc. bedeckt wird. Zeigt sich die Erwärmung der Retorte an einer Stelle stärker, als an den übrigen, so ist leicht dadurch zu helfen, dass einzelne Düsen mit Thonpfropfen verstopft werden. Bei geringer Aufmerksamkeit kann auf diese Weise der Retorte eine sehr gleichförmige Erhitzung beigebracht werden. Zeitweise ist die disponible Menge von Hohofengasen so gering, dass sie nicht zur Heizung der Retortenöfen ausreicht; in diesem Fall wird gleichzeitig neben Gas noch mehr oder weniger Coke auf den Rost gegeben, oder auch das Gas ganz abgeschlossen und ausschliesslich mit Coke geheizt; dieser letztere Fall tritt jedoch selten ein. Die Hohofengase haben in den Düsenkästen eine sehr geringe Pressung von $\frac{1}{4}$ bis $2\frac{1}{2}$ Millimeter Wassersäule. Vergleichende Versuche ergeben, dass 1000 Cubikfuss Hohofengase ungefähr die gleiche Heizkraft entwickeln, wie $2\frac{1}{4}$ bis $3\frac{1}{2}$ Pfund Steinkohle; doch ist die Heizkraft dieser Gase ziemlich starken Schwankungen unterworfen, je nach dem Gange des Hohofens. Ferner wurde gefunden, dass man ziemlich richtige Verhältnisse für die Verbrennung erhält, wenn man bei der angegebenen Gaspressung auf je 1 Quadratzoll Gasöffnung, 1,2 Quadratzoll Luftöffnung und 2 Quadratzoll Kaminquerschnitt rechnet.

Die Vorlage oder Hydraulik scheint durch S. Clegg bereits in den ersten Jahren der Gasbeleuchtung in derselben Weise angeordnet worden zu sein, wie wir sie noch heutigen Tages anwenden. In der Zeichnung, welche uns Accum von der im Jahre 1812 durch Clegg ausgeführten Gasanlage bei Ackermann in London aufbewahrt hat, finden wir bereits eine cylindrische, horizontale, gusseiserne Vorlage, in welche die von den Retorten her kommenden beiden Röhren hineinreichen und von deren Ende aus Gas und condensirte Flüssigkeit durch ein von der oberen Hälfte abgeleitetes Rohr zusammen weiter geführt werden. Die cylindrischen Vorlagen sind lange im Gebrauch geblieben, man findet sie noch heute in den meisten Gasanstalten. Besser sind übrigens die ⌣ förmigen. Sie sind zugänglich, indem man sie durch Abschrauben der oberen horizontalen Platte öffnen kann; ihr Hauptvorzug besteht aber darin, dass, wenn man eine veränderte Rohrstellung vornehmen, z. B. statt 5 Retorten deren 7 in den Ofen legen, also statt 5 Eintauchröhren 7 auf der Hydraulik anbringen will, man nur einen neuen Deckel giessen zu lassen braucht und nicht gezwungen ist, die ganze Vorlage desswegen zu verwerfen. Man fertigt die Vorlagen auch hie und da aus Schmiedeeisen. Clegg erzählt uns von einer solchen in den Anstalten der Phönix-Gas-Company zu London, die 24½″ im Durchmesser hält, aus ⅜ zölligem Kesselblech zusammengenietet ist und vollkommen entsprechen soll.

Der Zweck der Vorlage ist ein doppelter; der eine ist durch die Bezeichnung »Vorlage«, der andere durch »Hydraulik« angedeutet. Als Vorlage soll der Apparat zunächst die aus den einzelnen Retorten übergehenden Destillationsproducte aufnehmen, als Hydraulik soll er für die von den Retorten her kommenden Röhren einen hydraulischen Verschluss bilden. Jedes gasdichte Gefäss kann als Vorlage dienen; aber für die Hydraulik kommen noch die Bedingungen hinzu, dass es bis zu einer gewissen constanten Höhe mit einer Sperrflüssigkeit angefüllt sein muss und dass die Zuleitungsröhren von den Retorten her in diese Flüssigkeit eintauchen müssen. Der Zweck des Verschlusses besteht darin, dass beim Oeffnen der Retorten das Gas verhindert sein soll, rückwärts zu entweichen.

Das Nähere der Anordnung ergiebt sich aus einer Betrachtung der Vorgänge, die in dem Apparat Statt haben. Das Niveau in den Eintauchröhren ist von dem Niveau in der Hydraulik selbst verschieden. Auf das erstere drückt das Gas von den Retorten her, auf das letztere dasjenige, was die Sperrflüssigkeit bereits passirt hat. Ist die Destillation im Gange, so muss das sich entwickelnde Gas den Druck der Sperrflüssigkeit überwinden, es drückt die letztere aus den Eintauchröhren heraus und das Niveau in der Vorlage selbst stellt sich um den Betrag der verdrängten Flüssigkeit höher. Wird die Destillation durch Oeffnen der Retorten unterbrochen, so hört der Druck von den Retorten her auf, und die Sperrflüssigkeit tritt in den Eintauchröhren so hoch in die Höhe, als sie von dem einseitigen Druck in der Vorlage im Gleichgewicht gehalten wird. Das Niveau in der Vorlage sinkt um den Betrag der in die Eintauchröhren eintretenden Flüssigkeit herunter. Hieraus sieht man, dass die Vorrichtung für den ganzen Verlauf der Destillation nicht nur keinen Zweck hat, sondern im Gegentheil nachtheilig wirkt, weil sie den Druck in den Retorten vermehrt. Und zwar vermehrt sie diesen Druck um so bedeutender, je tiefer die Eintauchung ist. Nur für die Zeit, zu welcher die Destillation unterbrochen ist, also die Retorten offen stehen, ist der Verschluss nothwendig, und hier muss die Eintauchung mindestens so viel betragen, dass die Sperrflüssigkeit in der Hydraulik nicht unter die Oeffnung der Eintauchröhren herunter fallen kann. Der in der Hydraulik stattfindende Druck ist also der eine wesentliche Factor, der für die Construction der Hydraulik berücksichtigt werden muss. Wo man mit einem Exhaustor arbeitet, beträgt dieser Druck freilich in den meisten Fällen Null oder nahezu Null und würde man nur ein Minimum der Eintauchung anzunehmen brauchen, wenn man nicht auf den Fall Bedacht zu nehmen hätte, dass der Exhaustor still steht. Für den Betrieb ohne Exhaustor addirt sich

der Druck in der Vorlage aus allen den einzelnen Druckhöhen zusammen, welche durch Condensator, Waschapparat, Scrubber, Reinigungsapparat, Stationsgasmesser, Gasbehälter und Röhrenleitung bis zum Gasbehälter
verursacht werden. Je nach Einrichtung und Dimensionen dieser Fabrikbestandtheile ist der Druck in verschiedenen Gasanstalten sehr verschieden, in einer und derselben Anstalt ändert er sich aber auch je nach der
Production und ist im Winter stärker, als im Sommer. Ein Maximal-Druck von 3″ ist sehr gering, 4″ findet
man in Fabriken mit weiten Apparaten und Röhren und mit Eisenoxydreinigung, seltener bei ausschliesslicher
Kalkreinigung. Die allermeisten Anstalten haben im Winter einen höheren Druck und steigert sich dieser
bei einigen sogar bedeutend hoch. Ich habe mehrfach Anstalten mit 9 und 10″ Druck auf der Vorlage ge-
sehen, es kommen jedoch noch höhere — freilich sehr unvortheilhafte — Druckhöhen vor. Neben der Druckhöhe ist es das Verhältniss vom Querschnitt der Sperrflüssigkeit in der Hydraulik zu dem Querschnitt der
Eintauchröhren, was den Effect des Apparats bedingt. Ist das Verhältniss z. B. wie 1 zu 10, so wird 1″
Eintauchung 10″ Abschluss entsprechen. Je grösser die Hydraulik, desto höher der Abschluss bei gleicher
Eintauchung oder desto kleiner die Eintauchung für gleichen Abschluss. Grosse Vorlagen sind vortheilhaft,
weil bei ihnen eine geringe Eintauchung genügt. Früher machte man die Eintauchung bis 6″, so giebt sie
z. B. Clegg in seinem allbekannten Gasofen an; später ging man auf 3 bis 4″ zurück. Mit 3″ Eintauchung
findet man noch eine Menge Gasanstalten. Die Anwendung der gegen den Druck besonders empfindlichen
Thonretorten hat dieses Maass allmählig weiter auf 2, 1½, 1″ zurückgebracht und neuerdings giebt es Anstalten, die mit ½ bis ¾″ Eintauchung arbeiten. Bei dieser geringen Eintauchung ist es allerdings doppelt
nothwendig, die genau horizontale Lage der Hydraulik stets unter Controle zu halten, und die Unterstützung
der Hydraulik so anzuordnen, dass man jederzeit — etwa durch Stellschrauben, wie dies auf Taf. IV angedeutet ist — die erforderliche Regulirung vornehmen kann. Unter 1 Zoll Tauchung hinunterzugehen, möchte
ich nach meiner persönlichen Erfahrung nicht empfehlen, da ich finde, dass die unvermeidlichen Schwankungen in
der Sperrflüssigkeit, welche der Betrieb, namentlich der volle Betrieb im Winter, ergiebt, keinen sicheren Verschluss
mehr gestatten, und selbst bei der Tauchung von 1 Zoll hie und da ein Zurückschlagen des Gases noch vorkommt.

Gewöhnlich lässt man eine einzige Vorlage über eine ganze Ofenreihe laufen, seltener giebt man
jedem einzelnen Ofen seine eigene Vorlage. Die erstere Anordnung hat den Vortheil, dass für die Eintauchung
die Summe der Theerflächen in sämmtlichen Vorlagen und in den Verbindungsröhren zur Benutzung kommt.

Man weist den Vorlagen sehr verschiedene Plätze an. Zuweilen liegen sie vor den Oefen auf
eigenen Trägern, gewöhnlich jedoch auf den Oefen selbst, nicht weit von der Vorderwand entfernt. Seltener
findet man sie an den Rückseiten der Oefen oder gar hinter denselben auf dem Fussboden oder ausserhalb
des Retortenhauses angebracht.

Je nach ihrer Lage sind natürlich auch die Verbindungsröhren zwischen Retorte und Vorlage verschieden angeordnet. Für alle Fälle hat man darauf zu sehen, dass das von den Retorten aufsteigende Rohr
nicht zu eng gemacht werde, 5 bis 6″ weit und oben zu nicht weniger als 4″ verjüngend, dass ferner das
Eintauchrohr so hoch über der Hydraulik heraus stehe, dass in keinem Fall Theer rückwärts in die Retorte
geworfen werden kann und dass das Verbindungsrohr oder Sattelrohr so angeordnet werde, dass sich die
ganze Röhrenverbindung bei vorkommenden Verstopfungen leicht reinigen lässt.

Vom Ende der Vorlage wird das Gas mit den condensirten Flüssigkeiten zugleich durch ein Rohr
abgeleitet, dessen inwendige Unterkante genau in der Niveauhöhe der Sperrflüssigkeit liegt. Wo man eine
doppelte Ofenreihe hat, sind die beiden Vorlagen am Ende durch ein solches Rohr verbunden. Hie und da
führt man das Gas für sich allein durch ein etwas höher angebrachtes Rohr ab, während ein kleineres in der
Niveauhöhe sitzendes Rohr den Theer und das Ammoniakwasser ableitet; es ist diese Anordnung übrigens
nicht allein überflüssig, sondern man hält sie sogar für nachtheilig, indem man glaubt, das Gas setzt bei
seiner längeren Berührung mit dem Theer weit mehr Naphtalin ab, als wenn es sofort davon getrennt wird. Viele
Gasingenieure empfehlen sogar, dem Leitungsrohr zwischen Vorlage und Condensator eine möglichst grosse
Länge zu geben.

XXVIII

Plan
Grundriſs.

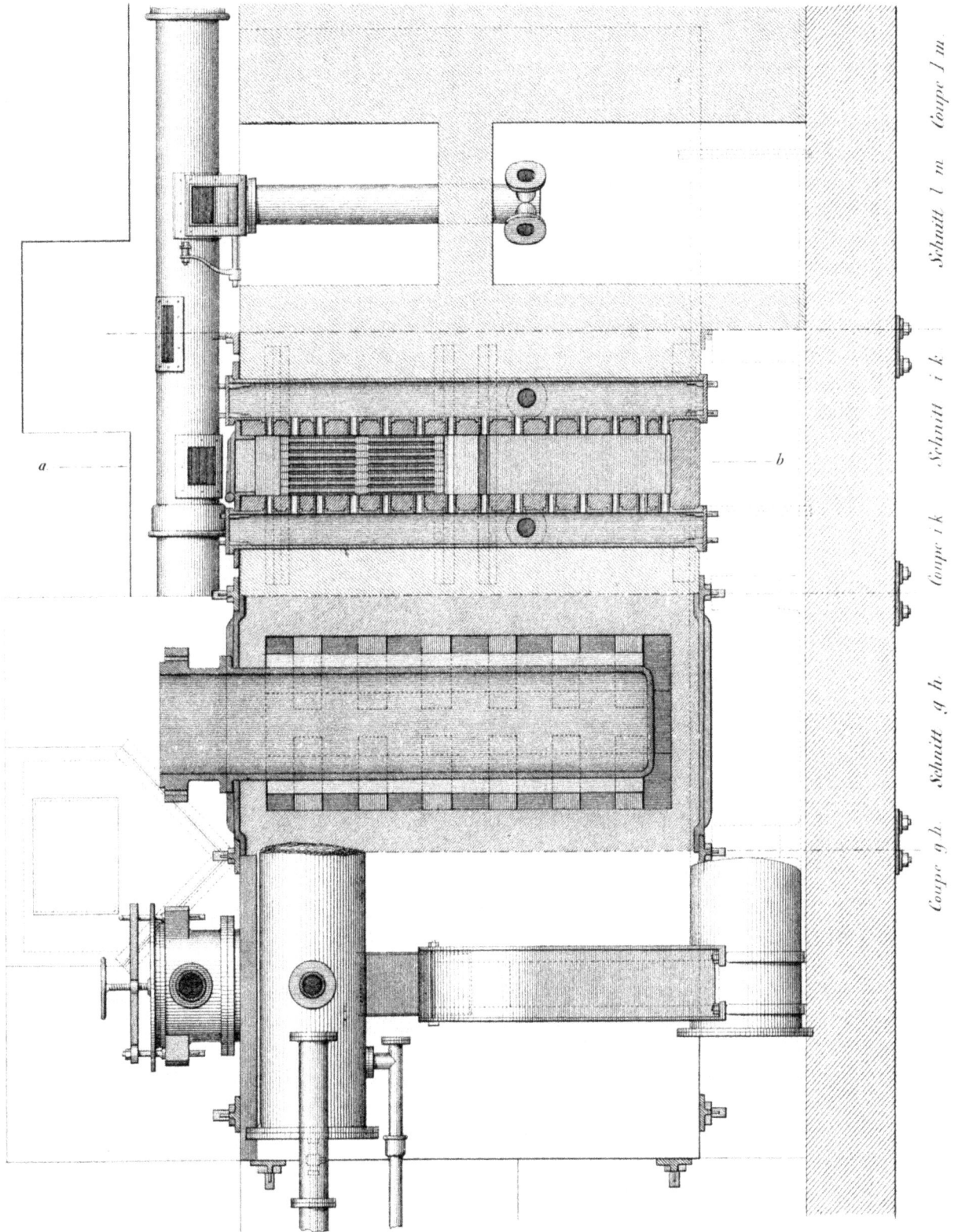

Maaßstab 1/30 d. n. Gr.
Echelle de 1/30.

Sechstes Capitel.

Die Condensatoren und Waschapparate.

Kühlvorrichtungen bei den ersten Gasanlagen von Clegg. Kühlröhren in der Gasbehältercysterne angebracht. Uebergang zur Luftcondensation. Vereinigte Benutzung von Luft und Wasser. Apparat von Perks, später durch Malam verändert. Beschreibung eines Luftcondensators, wie man ihn im Princip auf vielen Gasanstalten in Anwendung findet. Liegender Röhrencondensator. Luftcondensator mit innerem Luftzuge. Kühlapparat von Kornhardt nach Blochmann. Beschreibung eines Scrubbers. Abänderungen, wie man sie an verschiedenen Orten findet. Scrubber mit durchlöcherten Platten ohne Füllung. Vorrichtungen, um Wasser in die Scrubber einzuführen. Anwendung von verdünnter Schwefelsäure statt des Wassers. Die Benutzung des Ammoniakwassers in den Scrubbern. Scrubber nach Laming (eigentlich Washer). Beschreibung eines Waschapparates. Verschiedene Anordnungen, die auf gleichem Princip beruhen. Waschapparate, die keinen Druck verursachen. Apparat von Colladon. Apparat (Waschapparat und Scrubber) von S. Schiele. Combinirter Reinigungsapparat von Thurston.

Schon bei den ersten Anlagen, die Clegg ausführte, finden wir ausser der Vorlage noch besondere Vorrichtungen zur weiteren Abkühlung des Gases angebracht. So war bei dem Apparate, den er 1812 in London beim Buchhändler Ackermann aufstellte, das Ableitungsrohr von der Vorlage in die viereckige Cysterne des Gasbehälters, und in dieser zickzackförmig abwärts bis an den Boden geführt, wo es durch die Seitenwand wieder austrat und in dem Theerbehälter endigte. Eine grössere Anlage, von der sich gleichfalls eine Zeichnung in »Accums practical treatise on Gas-Light« findet, zeigt uns die Condensationsröhren fünfmal spiralförmig an dem Umfange des Gasbehälter-Bassins herumgeführt. Diese Anordnung ist offenbar vom gewöhnlichen Kühlfass und Schlangenrohr ausgegangen, sie zeigte sich jedoch bald unzweckmässig, und wurde wieder aufgegeben, weil sie nicht nur fliessendes oder doch sehr oft erneuertes Wasser erforderte, sondern bei vorkommenden Verstopfungen höchst unzugänglich war. Man verliess die Condensation unter Wasser und ging zur Luftcondensation über, indem man einfach die Verbindungsröhren zwischen Retorten und Vorlage, sowie zwischen Vorlage und Reinigungsapparat möglichst lang zu machen suchte. Die vorhandene Räumlichkeit war dabei für die Anordnung der Röhren maassgebend, man legte sie mit weniger oder mehr Gefälle an den Wänden der Gebäude entlang, oder führte sie auf und abwärts in ähnlicher Weise, wie es noch heut zu Tage zu geschehen pflegt und wie es in Fig. 103 beiläufig skizzirt ist. Später kam man auf die Benutzung des Wassers theilweise wieder zurück. Peckston beschreibt einen von Perks erfundenen Kühlapparat, der in der Hauptsache unseren heutigen Condensatoren gleich-

Fig. 103.

24

kommt, bis auf den Umstand, dass er ganz in einem grossen Bassin von Gusseisen eingeschlossen ist, das voll Wasser gehalten wird. Malam, der Nachfolger Cleggs an der Chartered Gasanstalt in London variirte die Perks'sche Anordnung in folgender Weise. Er construirte einen parallelepipedischen Kasten von 10' Länge, 4½' Breite und 5½' Tiefe aus gusseisernen Platten. Einen Fuss hoch über dem Boden setzte er einen zweiten Boden ein, und zwar mit einem leichten Gefälle von der einen Seite nach der anderen, damit die Condensationsflüssigkeit ablaufen konnte. Auf diesem zweiten Boden waren senkrechte Platten so aufgestellt, dass sie 3" weite und 4' tiefe Canäle bildeten, von denen je zwei und zwei durch Quercanäle mit einander verbunden waren. Auch waren je zwei und zwei Canäle oben durch einen gemeinschaftlichen Deckel luftdicht verschlossen, sowie gleichfalls der Anfang des ersten und das Ende des letzten Canals verschlossen war. Das Gas trat durch ein Zuführungsrohr ein, durchstrich die sämmtlichen Canäle und verliess den Apparat an der entgegengesetzten Seite. Der Kasten selbst war mit Wasser gefüllt, so dass die Canäle ganz im Wasser lagen. Hievon verschieden ist ein anderer Kühlapparat, der gleichfalls von Malam angegeben, das Gas mit dem Wasser in Berührung bringt, und auf diese Weise zugleich eine Waschung des Gases bewirkt. In einem gusseisernen Kasten von 9' Länge, 5' Breite und 4' Tiefe sind flache Gefässe von ebenfalls 5' Breite, 3" Tiefe und 8½' Länge horizontal übereinander und in 6 bis 8" Entfernung von einander angebracht. Drei Seiten sind an dem äusseren Kasten luftdicht befestigt, die vierte Seite steht einen halben Fuss von der vierten schmalen Seite des Kastens ab. Die dadurch entstehenden Oeffnungen sind abwechselnd auf entgegengesetzten Seiten angebracht, so dass im Innern des Kastens eine Reihe von hin und her gehenden Canälen entsteht. Jedes der eingesetzten Gefässe ist an einer Seite am Boden mit einer umgekehrt heberförmigen Röhre versehen, die durch die Seitenwand des Kastens nach Aussen führt, und durch welche man die sich sammelnde Condensationsflüssigkeit ablassen kann. Die Zuleitungsröhre des Gases ist im Boden des Kastens angebracht, die Ableitungsröhre im Deckel desselben. Ausserdem befindet sich im Deckel noch eine weitere Vorrichtung, durch die man Wasser einlassen kann, was dann von einer Tafel auf die andere fällt und unten abgelassen wird.

Ein Kühlapparat, wie man ihn im Princip auf vielen Gasanstalten in Anwendung findet, ist auf Tafel XXIX dargestellt. Er besteht aus einer Anzahl vertikaler Röhren, die unten auf horizontalen Kasten stehen, und oben durch Bogenröhren mit einander verbunden sind. Die Kasten A A sind durch Scheidewände in Fächer abgetheilt, von denen jedes zwei Röhren trägt, ein Zuleitungsrohr a und ein Ableitungsrohr b. Die Scheidewände sind nicht ganz bis auf den Boden der Kasten hinunter geführt, so dass die Sperrflüssigkeit, welche die einzelnen Fächer abschliesst, sich frei durch jeden Kasten bewegen kann. Das Niveau der Flüssigkeit wird regulirt durch die Abflussröhren c c, die übertretende Condensationsflüssigkeit fällt in den ausgemauerten Kasten B und wird vom Boden dieses Kastens aus durch ein im Boden mündendes Rohr in das Theerbassin geleitet. Die Wirkung des Apparates bedarf keiner weiteren Beschreibung. Das Gas tritt durch das Rohr C ein, das Ventil E ist offen, das Ventil F geschlossen; nachdem es alle Röhren durchlaufen hat, gelangt es durch das gleichfalls geöffnete Ventil G in das Ausflussrohr D, von wo es weiter geführt wird. Das Ventil F und das Verbindungsrohr zwischen Eingang und Ausgang ist desshalb angebracht, damit man für Fälle, wo an dem Apparat eine Reparatur nothwendig ist, denselben ausschalten und umgehen kann. Mitunter lässt man einen Theil der Condensationsröhren, nemlich diejenigen, welche für jede Abtheilung eines Kastens die Ausströmungsröhren bilden, etwas in die Sperrflüssigkeit eintauchen, so dass das Gas durch die letztere hindurch streichen muss. Diese Anordnung bietet zugleich neben der Condensation eine Waschung, verursacht aber natürlich, wie jede derartige Waschung, einen Druck, und wurde besonders da für rathsam gehalten, wo man mit dem Naphtalin viel zu schaffen hat. Man glaubte, dass das Naphtalin beim Durchstreichen durch die theerige Sperrflüssigkeit weit vollständiger zurückgehalten werde, als wenn man nachher mit reinem Wasser wäscht. Ich glaube aber kaum, dass diese Waschung im Condensator von erheblicher Wirkung sein kann, und halte in Betracht des Umstandes, dass die Vertheilung des Gases in der Flüssigkeit doch nur eine sehr unvollkommene ist, dieselbe für nicht empfehlenswerth, zumal

Fig. 2.

Fig. 1.

XXIX

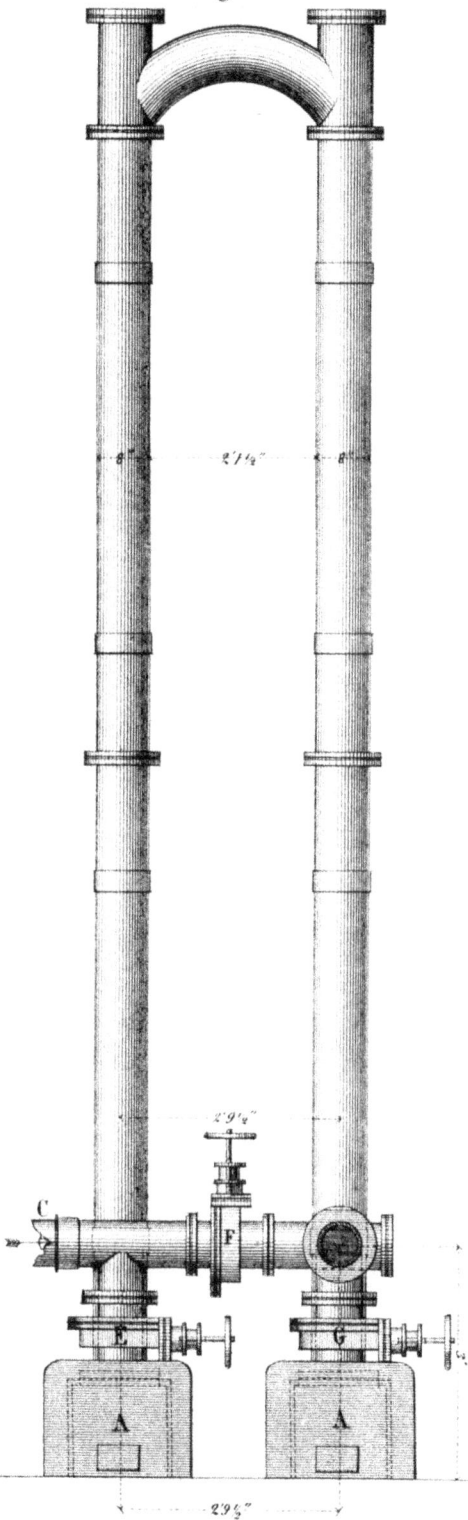

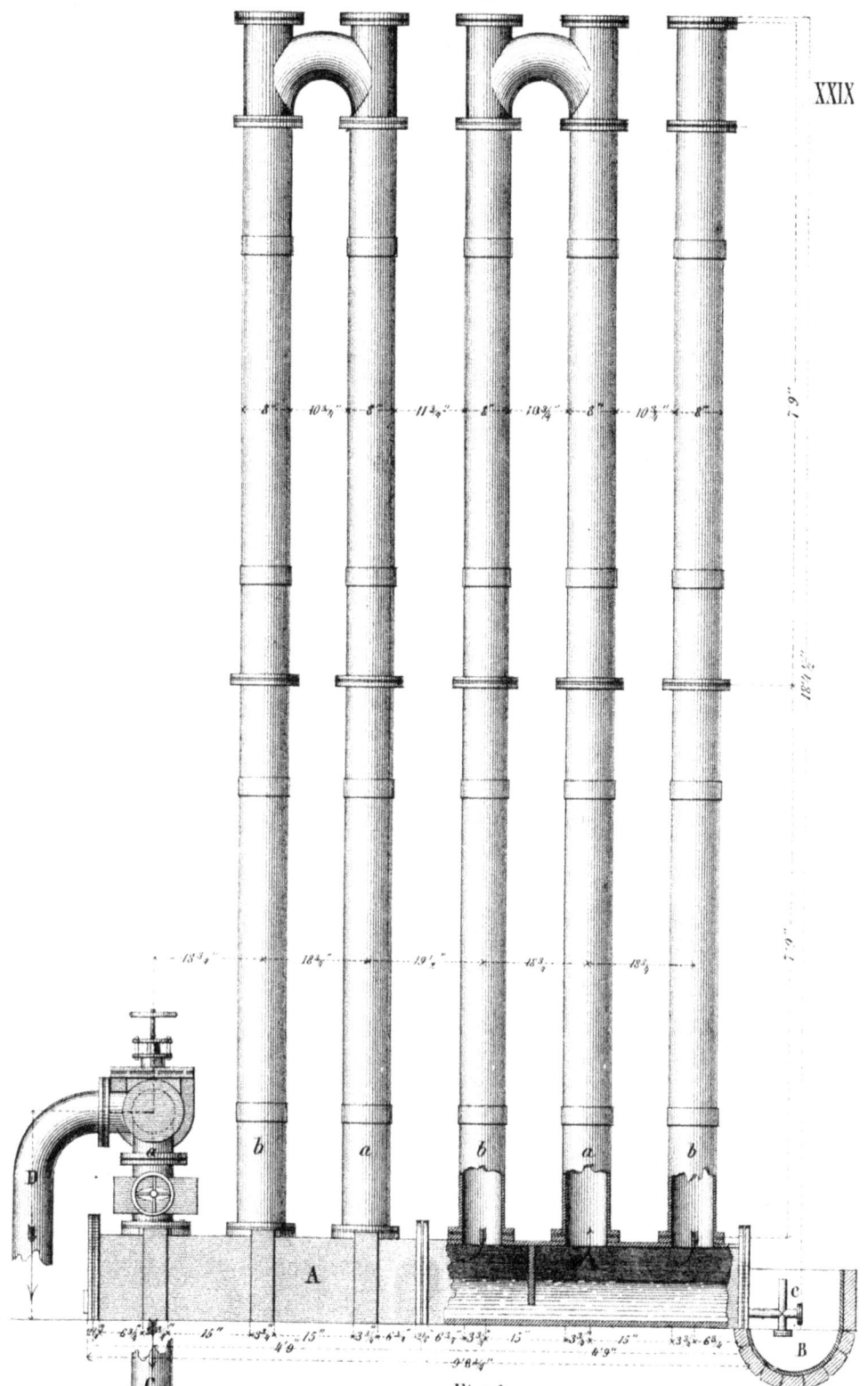

Echelle de 36 Millim. pour 1 Metre.

Fig. 3.

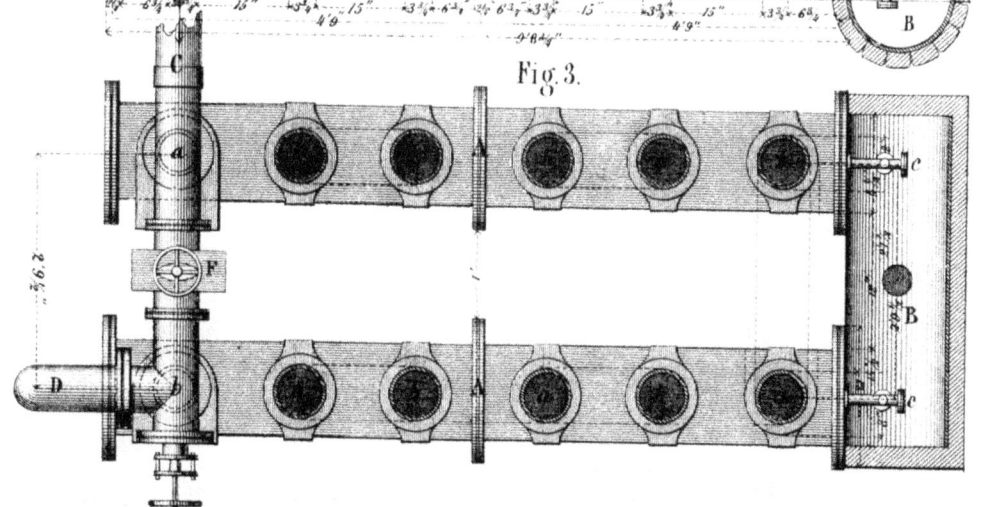

XXX

Fig 3.

Fig. 4.

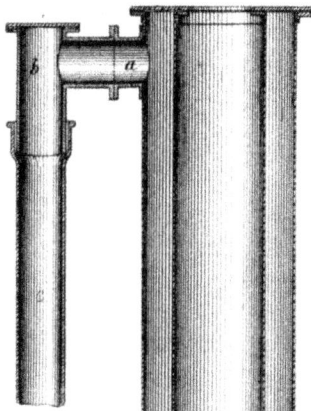

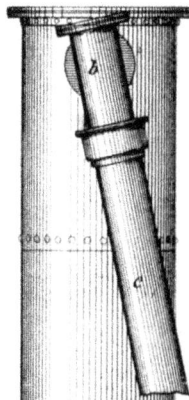

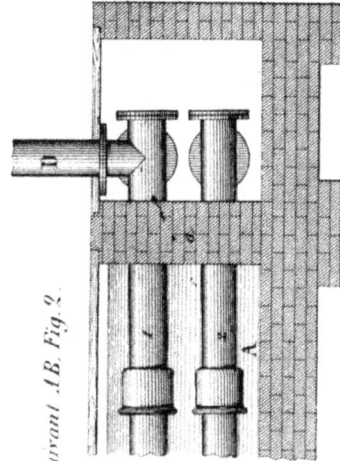

Coupe suivant AB. Fig. 2.

Schnitt nach AB Fig. 2.

Fig. 1.

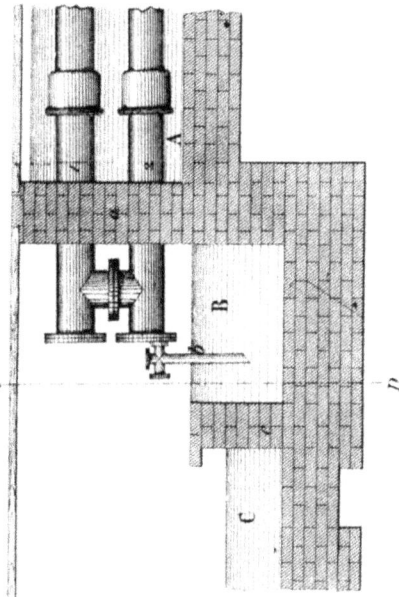

A B A

A

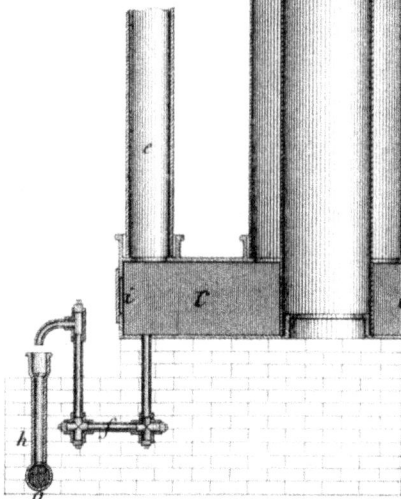

e

c

C

c

h

z

h

g

Fig. 5.

Schnitt nach CD Fig. 1.

Coupe suivant CD. Fig. 1.

Fig. 2.

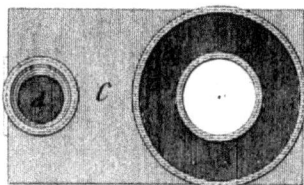

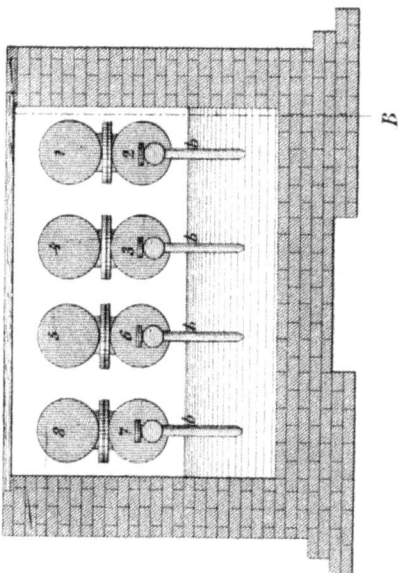

B

überall da, wo man darauf bedacht sein muss, Druckerhöhungen möglichst zu vermeiden. Die Weite, Länge und Anzahl der Röhren richtet sich natürlich nach der Quantität Gas, welche der Apparat durchzulassen bestimmt ist; manche Ingenieure rechnen 50 Quadratfuss Kühlfläche für je 1000 c′ Gas, welche den Apparat pro Stunde passiren sollen, diese Fläche wird indess in den seltensten Fällen genügen, man darf gerne das Doppelte rechnen, also 100 Quadratfuss Kühlfläche für je 1000 c′ pro Stunde oder noch besser 5 Quadratfuss für je 1000 c′ pro 24 Stunden.

In den Fig. 1 und 2 Taf. XXX ist ein liegender Röhrencondensator gezeichnet, der sich von dem vorhergehenden wesentlich dadurch unterscheidet, dass er statt von Luft von Wasser umgeben ist. Wo man fliessendes Wasser zu diesem Zweck zur Verfügung hat, ist seine Anordnung motivirt. Constructiv ist der Hauptunterschied zwischen ihm und dem vorstehend beschriebenen Luftcondensator wesentlich der, dass hier die Unterkasten wegfallen, dass somit alle Verbindungen zwischen den einzelnen Röhren mittelst Uebergangsröhren hergestellt werden, und die Condensationsproducte aus jedem Röhrenpaar gesondert abgelassen werden müssen. In dem dargestellten Apparat sind 4 Röhrenpaare angegeben, welche mit einem Gefälle von rechts nach links, also nach dem Bassin B zu gelegt sind. Sie liegen in dem gemauerten, wasserdichten Bassin A, welches mit Wasser gefüllt ist, nur die Enden stehen durch die Scheidemauern a a hindurch, so dass die Verschlüsse und die Verbindungsröhren zugänglich sind. Das Gas tritt durch D ein, geht das Rohr 1 entlang, tritt abwärts nach 2 über, und kehrt in diesem zurück. Von 2 gelangt es seitwärts nach 3, von diesem wieder aufwärts nach 4, und so passirt es alle Röhren bis 8, von wo es dann den Apparat verlässt, und weiter geführt wird. Bei der geneigten Lage der Röhren sammeln sich die Condensationsproducte von jedem übereinander liegenden Röhrenpaar am tiefsten Ende des untersten Rohrs, hier finden sich die Abflussröhren b b b b, welche in die im Bassin B gesammelte Flüssigkeit eintauchen, und dadurch gegen das Gas hydraulisch abgeschlossen sind. Das Bassin B ist gegen C hin, d. h. gegen das eigentliche Theerbassin hin durch eine kleine Mauer c eingefasst, welche den Zweck hat, das Niveau in B constant zu erhalten. Wenn man, wie gesagt, fliessendes Wasser hat, also das kalte Wasser leicht erneuern kann, so hat die liegende Wasserkühlung etwas für sich, und man kann die Kühlfläche kleiner annehmen, als bei der Luftkühlung. Uebrigens ist ein Nachtheil dieser liegenden Condensatoren, dass sie sich durch dicken Theer viel leichter verstopfen, als die stehenden.

Statt der einfachen Röhren hat man bei der Luftcondensation zur Erzielung einer grösseren Abkühlungsoberfläche mit Vortheil doppelte Röhren angewandt, so dass das Gas sich zwischen den beiden Röhren bewegt, während die Luft frei durch das mittlere Rohr hindurchstreicht. Es ist dies der sogenannte »ventilating condensor« von Kirkham, der nicht allein in England, sondern auch auf manchen Gasanstalten Deutschlands mit gutem Erfolg zur Anwendung gekommen ist. Fig. 3, 4 und 5 auf Taf. XXX zeigen denselben, wie ich ihn auf der Gasanstalt in München aufgestellt habe. Fig. 3 ist der Durchschnitt, Fig. 4 die vordere Ansicht eines Doppelrohrs, Fig. 5 zeigt den Unterkasten von oben gesehen. Die beiden Röhren A und B sind aus Kesselblech Nr. 3 der Dillinger Lehre (³/₁₆ Zoll stark = 7 Pfund pro Quadratfuss) hergestellt, das äussere Rohr ist 30 Zoll engl. weit und 18 Fuss lang, das innere 18 Zoll weit und 19¼ Fuss lang, oben ist der Zwischenraum zwischen den beiden Röhren durch eine aufgeschraubte gusseiserne ringförmige Platte geschlossen. Das äussere Rohr hat nahe am oberen Rand einen gusseisernen Stutzen a angenietet, durch welchen das Gas eintritt. An dem Stutzen ist das Winkelrohr b angeschraubt, und zwar in der in der Zeichnung angegebenen schrägen Richtung, da dieser Winkel das von der rechts nebenanstehenden Säule schräg aufwärts führende Zuleitungsrohr c aufzunehmen hat. Unten stehen die beiden Blechröhren in einem gusseisernen Kasten C, in dem sie mit Eisenkitt eingedichtet sind, das äussere Rohr passt in die entsprechende obere Muffe hinein, das innere Rohr fasst über den zugehörigen gegossenen unteren Rand, die letztere Dichtung muss von Innen vorgenommen werden. Gegen vorne hat der Kasten eine weitere obere Oeffnung d mit angegossener schräger Muffe, welche zur Aufnahme des Rohres e dient. Dies Rohr führt das Gas aus dem unteren Kasten schräg nach links aufwärts zur nächsten linken Säule. Alle Röhren, welche die Verbindung von einer Säule zur andern vermitteln, sind 8 zöllige Gussröhren. Zur Ableitung der sich am Boden des Apparats ansammelnden Condensationsflüssigkeit ist die aus 1½ zölligen schmiedeeisernen Röhren zusammengesetzte syphonartige Vorrichtung f angebracht. Dieser Syphon ergiesst die Flüssigkeit in ein Rohr g, welches vor der ganzen Säulenreihe, die in München für jedes der beiden vorhandenen Retorten-häuser aus 8 Doppelsäulen besteht, vorüber läuft, und vor jeder Säule mit einem aufwärts gestellten Auf-fangerohr h versehen ist. Jeder Kasten C hat an seiner vorderen und hinteren Seite eine mit Deckel ver-schliessbare Oeffnung i, so dass man nöthigenfalls jederzeit zum Innern des Kastens gelangen kann; ausser-dem ist in denselben noch ein Thermometer k eingelassen, an welchem man die Temperatur des durch-strömenden Gases abliest. Als Fundament dienen für jede Säule zwei steinerne Pfeiler, zwischen denen 18 Zoll Zwischenraum gelassen ist, so dass die Luft frei zu der Einströmungsöffnung des mittleren Luftrohres hinzutreten kann. Ein wesentlicher Umstand für die vortheilhafte Wirkung liegt darin, dass der Gang des Gases in den Säulen demjenigen der atmosphärischen Luft entgegengesetzt ist, das Gas streicht von oben nach unten, die Luft von unten nach oben, man kann desshalb, wenn der Apparat einigermassen zweckmässig aufgestellt wird, die Kühlfläche um etwas geringer annehmen, als beim gewöhnlichen Luftcondensator. Will man die Wirkung des inneren Luftzuges noch verstärken, so kann man dies, wenn man Gelegenheit hat, das innere Rohr bis in ein Kamin fortzusetzen, will man dagegen diesen Luftzug beschränken, so geschieht dies dadurch, dass man die obere Oeffnung mit einem aufgelegten Deckel ganz oder theilweise verschliesst.

Ein anderer Kühlapparat von dem Director der Gasanstalt in Stettin, W. Kornhardt, ist auf Tafel XXXI dargestellt und zwar in solcher Grösse, wie ihn derselbe für kleine Anstalten mit 3 bis 4 Millionen c' Jahresproduction anwendet. Derselbe rührt ursprünglich vom Commissionsrath Blochmann sen. her, der ihn früher anwendete, um die Wasserdämpfe im Gase vor seinem Eintritt in die Hauptröhren zu condensiren. Kornhardt hat ihn von dieser Stelle entfernt, ihn doppelt so hoch gemacht, und benutzt ihn jetzt als ersten und hauptsächlichsten Condensator für Theer und Ammoniakwasser vor dem Scrubber. Die Wirkung ist ausgezeichnet. Er ist mit einem Clegg'schen Hahn (siehe weiter unten) verbunden. Die Schaufeln bilden durch ihre elliptische Form einen zweiten cylindrischen Durchgang, wie der Grundriss zeigt, und nöthigen das Gas, an den Wänden der Cylinder zu gehen. Diese Cylinder können 20 bis 25' hoch und für die Grösse der Anstalt von verschiedenem Durchmesser sein. In Stettin sind sie für 200,000 c' preuss. tägl. Production 3' 6" weit und 20' hoch.

Zur Vervollständigung der Condensation wendet man in vielen Gasanstalten den Scrubber an. Ueber die theilweise mechanische, theilweise chemische Wirkung desselben ist bereits früher gesprochen, und erübrigt nur die mechanische Einrichtung desselben näher in's Auge zu fassen. Auf Tafel XXXII und XXXIII ist ein Scrubber dargestellt, den ich in der mechanischen Werkstatt von L. A. Riedinger in Augsburg für die Gasanstalt München habe anfertigen lassen. Derselbe bildet im Ganzen einen 8' langen, 4' breiten und 12' hohen Kasten aus Nr. 7 Kesselblech (²⁄₁₆"), der durch eine senkrechte Wand in zwei Theile A und B getheilt ist. Einen Fuss hoch vom Boden entfernt liegt ein Rost, und unterhalb des Rostes münden die beiden Röhren ein, das Zuleitungsrohr C und das Ableitungsrohr D, beide 8" im Lichten weit. Die An-ordnung des Rostes ist in Fig. 3 deutlich zu sehen. Auf jeder Seite der Scheidewand liegt auf einem Kranz von Winkeleisen, der an den vier Blechwänden festgenietet ist, ein in vier Felder getheilter Rahmen, und in jedem einzelnen Felde ein Rost — im Ganzen 8 Roste. Unmittelbar oberhalb des Rostes befindet sich in jeder schmalen Seitenwand des Apparates ein Mannloch von 2' Breite, und 1' Höhe, welche mit gusseisernen Platten zugeschraubt sind und dazu dienen, den Inhalt des Apparates herauszuziehen zu können. Die Scheide-wand ist um 8" niedriger, als der Scrubber selbst, so dass also eine Communication von 4' Breite und 8" Höhe zwischen den beiden Theilen des letzteren vorhanden ist. Im Deckel F F befinden sich zwei runde Mann-löcher von 2' Weite, ebenfalls mit gusseisernen Deckeln zugeschraubt, zum Einbringen des Materials. Ausser-dem mündet dort noch ein schmiedeeisernes Rohr G, welches mit dem in der Nähe stehenden Dampfkessel in Verbindung steht, und durch welches Dampf in den Apparat eingelassen werden kann. Am Boden sind

Fig. 1.

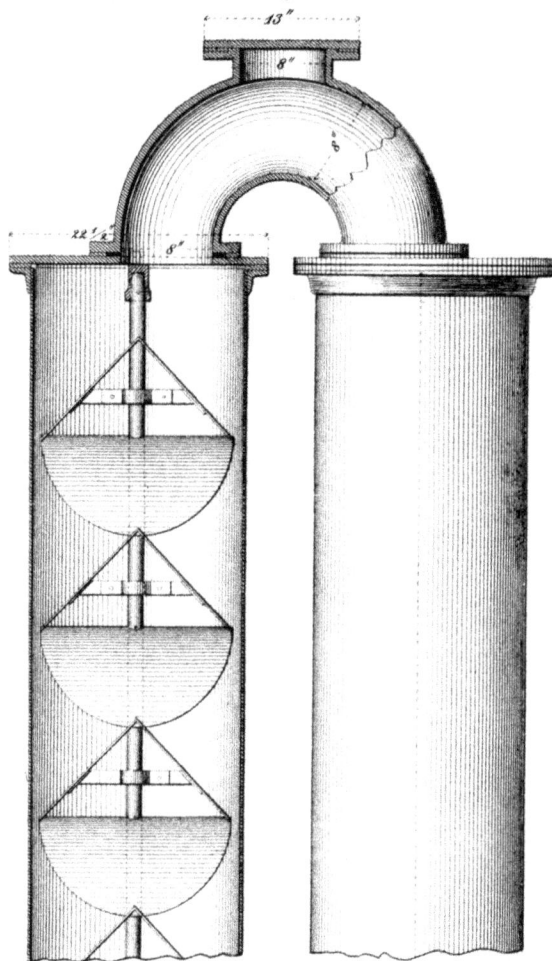

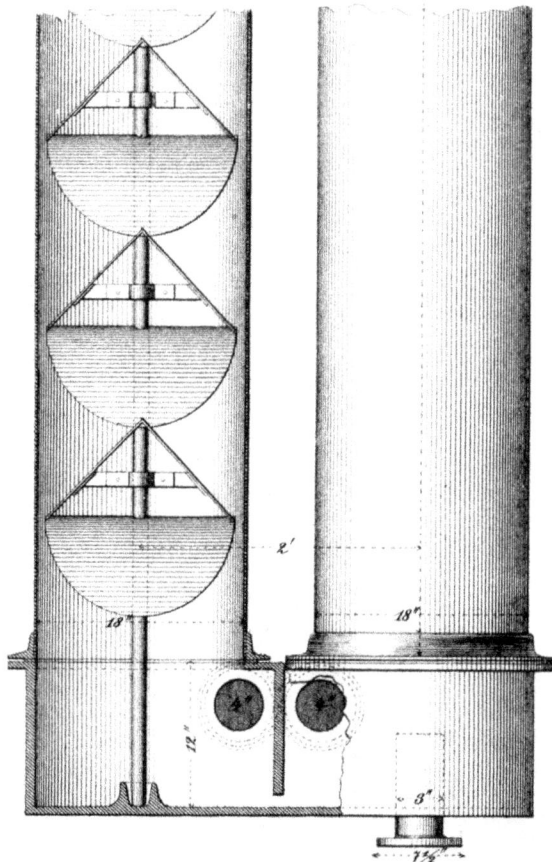

Fig. 2.

Verbindungs-Rohr mit den Deckeln.

Tuyau de communication des couvercles

XXXI

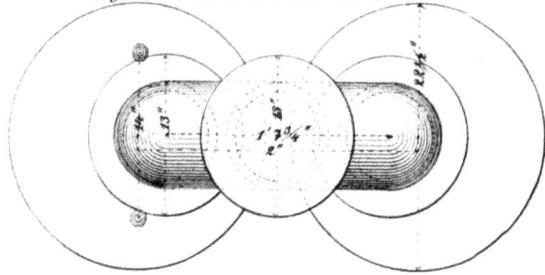

Fig. 3.

Coupe des cylindres

Durchschnitt der Cylinder,

Aufsicht der Schaufeln und des Untersatzes.

montrant les palettes et leurs supports

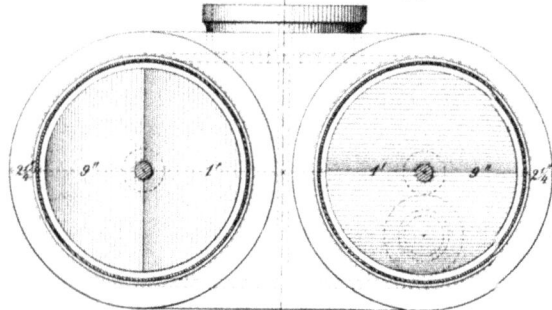

Fig. 4.

Coupe des supports

Durchschnitt des Untersatzes

Aufsicht.

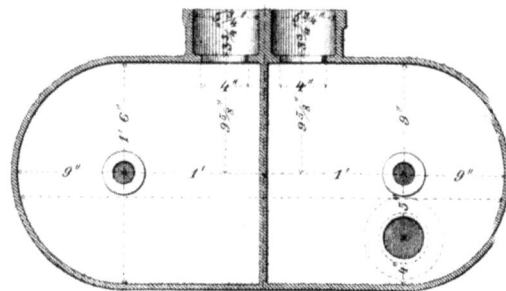

Fig. 5.   **Fig. 6.**

Barres de support des palettes

Haltung f. d. Schaufelstange.

Fig. 7.   **Fig. 8.**

Pièces de consolidation   Forme des palettes

Schaufel-Befestigung.   *Form der Schaufeln.*

XXXII

Fig. 1.

Schnitt nach A. B. Fig. 3.

Coupe suivant A B. Fig. 3.

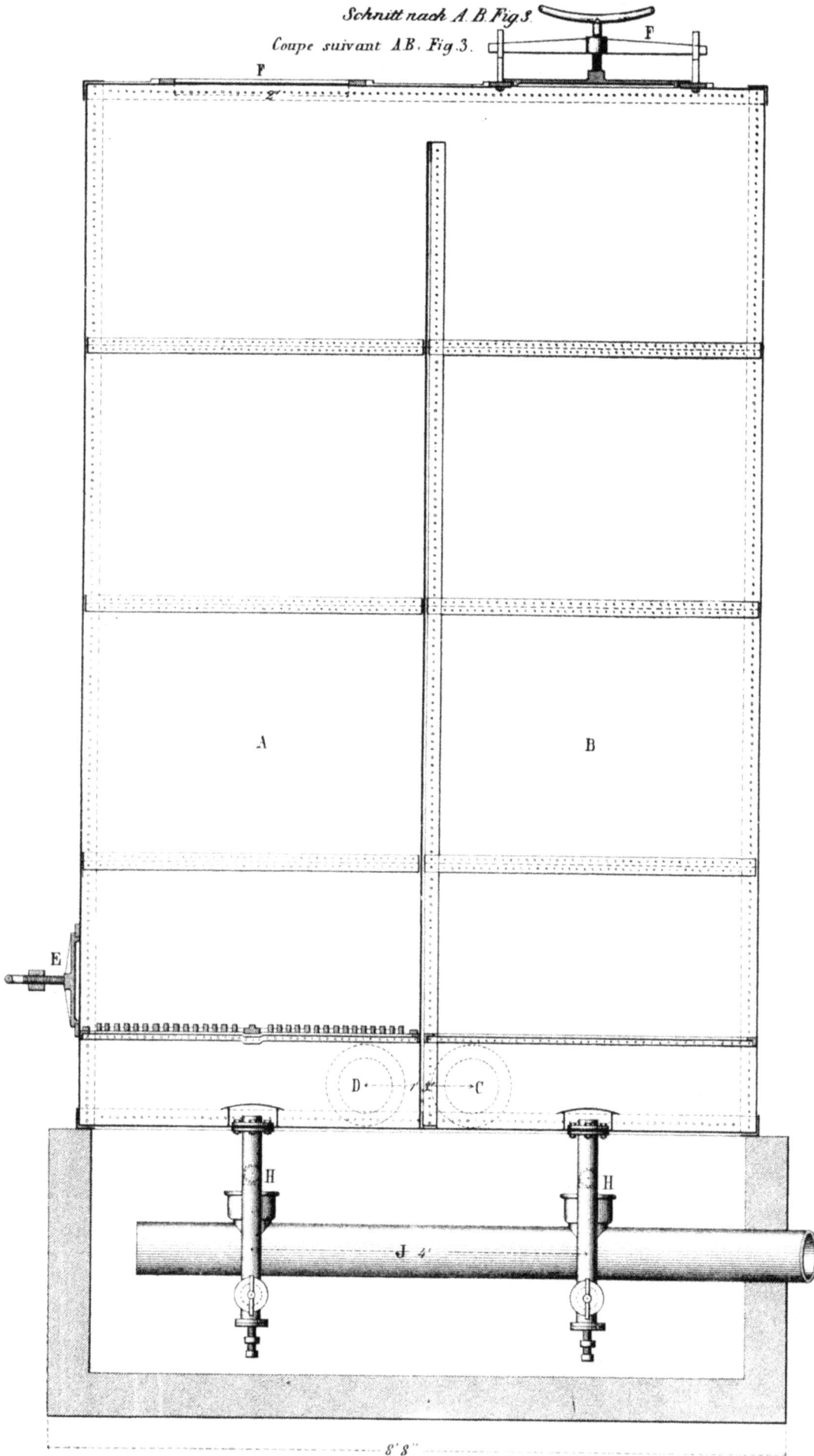

F

F

A

B

E

D ← → C

H

H

J 4'

Echelle de 5 Centim. pour 1 Mètre.

M. $\frac{1}{24}$ 6' engl.

8' 8"

Fig. 3.

A

C — — — — — — — — — — — — — — — D

B

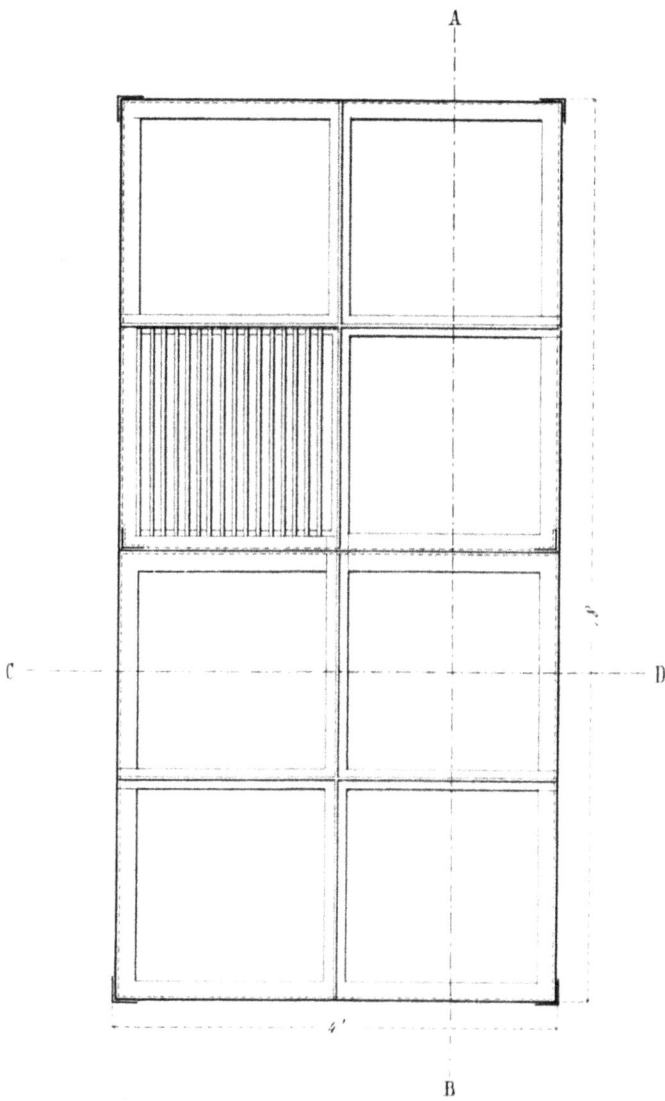

Fig. 2.

Schnitt nach C.D. Fig. 3.
Coupe suivant C.D. Fig. 3.

XXXIII

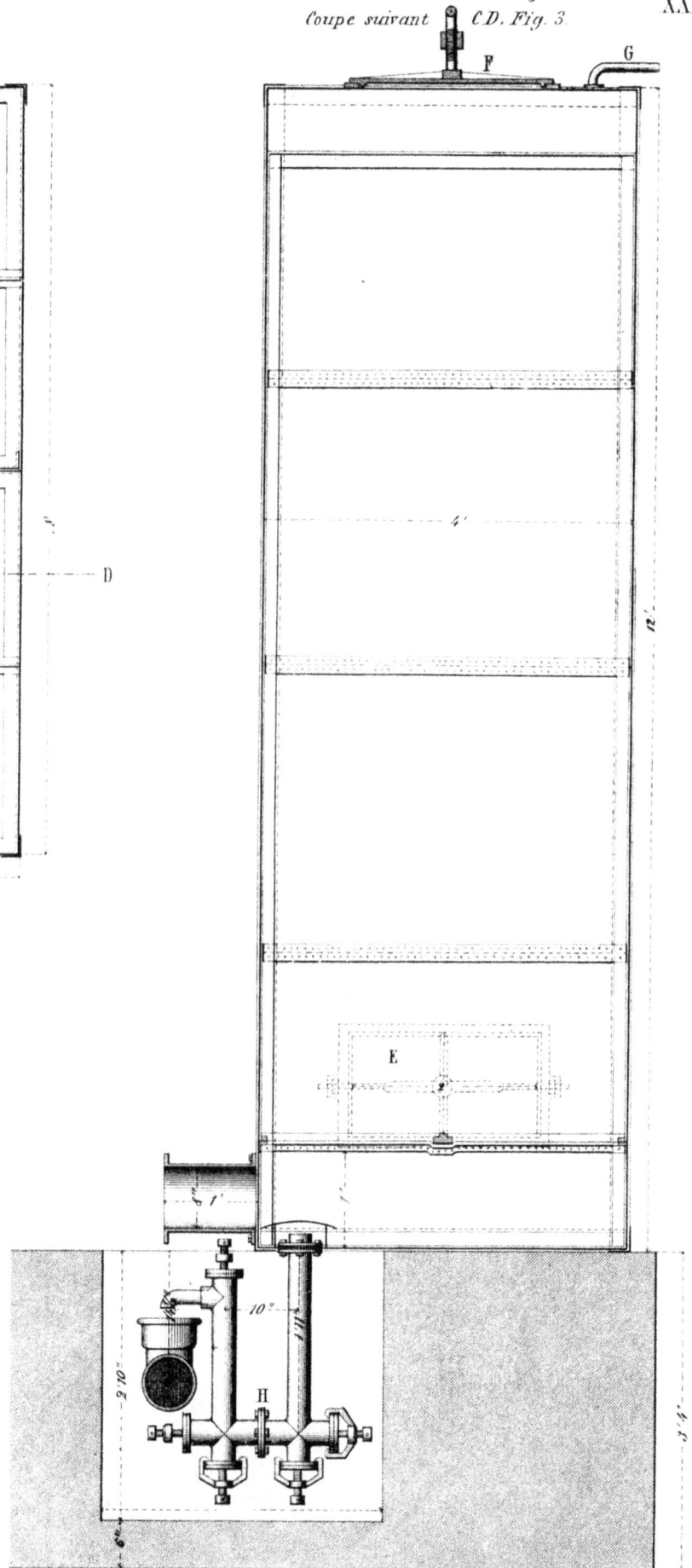

Echelle de 5 Centìm. pour 1 Mètre.

M. 1/24   12" 9 6 3 0   1   2   3   4   5   6' engl.

zwei gusseiserne Abflussröhren HH für die Entfernung der Condensationsproducte angebracht, deren Anordnung aus der Zeichnung hinlänglich verständlich ist. Die Flüssigkeiten laufen in ein 4zölliges Sammelrohr I, von wo sie in die Theercysterne abgeführt werden. Die Mündung der Abflussröhren im Boden des Apparates ist mit einem kleinen Dach von Eisenblech überdeckt, damit keine Cokestücke in dieselben hineinfallen können. Der ganze Raum des Apparates ist auf beiden Seiten vom Rost an bis zur ganzen Höhe der Scheidewand mit Cokestücken von der Grösse einer kleinen Faust gefüllt, so dass das Gas, welches durch die Einlassöffnung C einströmt, auf der Seite B in die Höhe steigen muss, oben über die Scheidewand tritt, und auf der anderen Seite A wieder hinunterzieht, bis es durch D entweicht. So oft der abfliessende Theer sehr dick wird und sich Spuren von Theer in der unteren Lage des dahinter stehenden Reinigungskastens zu zeigen beginnen, wird der Apparat ausgeschaltet und durch das Rohr G im Deckel Dampf eingelassen. Der Apparat erwärmt sich erst oben, dann allmählig immer tiefer und tiefer, der abfliessende Theer wird dünner, endlich erscheint das reine Wasser und die Reinigung ist vollendet. Im Winter bei einer Production von etwa 450,000 c' in 24 Stunden aus Saarbrücker Kohlen wird die Reinigung alle Woche einmal vorgenommen, das Füllmaterial, die Coke, bleibt ein ganzes Jahr im Apparat. Jedesmal, wenn man die Dampfreinigung beginnt, werden natürlich Ein- und Ausgangs-Ventil für das Gas abgesperrt, sowie man aber nach vollendeter Reinigung den Dampfhahn schliesst, muss man gleichzeitig eines der beiden Gasventile um ein Geringes öffnen, weil sonst durch die Abkühlung ein luftverdünnter Raum entstehen, und die Sperrflüssigkeit in den Syphons rückwärts in den Apparat hineingesaugt werden würde.

Statt dieses doppelten Scrubbers mit einem Gang aufwärts und einem anderen abwärts findet man auf den meisten Anstalten bloss einfache gusseiserne, in denen das Gas von unten nach oben steigt, und von dort durch ein abzweigendes gewöhnliches Rohr ausserhalb wieder hinunter geleitet wird. Man giebt diesen meist einen runden oder polygonalen Querschnitt, auch legt man mitunter mehrere Rostlagen ein, um die Coke nicht so dicht zusammenzupressen. Statt des festen Deckels mit Mannlöchern werden auch lose Deckel mit hydraulischem Verschluss angewendet. Einige Ingenieure bedienen sich statt der Coke als Füllmaterial scharfer Holzspähne oder Reissigbündel, Dorngestrüpp, Scherben von Glas und irdenem Geschirr, Drainröhren u. s. w. Der General-Director der deutschen Continental-Gas-Gesellschaft in Dessau, W. Oechelhaeuser, empfiehlt das Verfahren von Ingenieur A. King in Liverpool, welcher gar kein Füllmaterial anwendet, sondern nur in Entfernungen von je ½ bis 1 Fuss falsche Böden mit Löchern einsetzt. Diese Böden werden am besten aus dünnem Blech gemacht, die Löcher müssen möglichst eng sein, in den oberen Platten etwa 1 Zoll, in den mittleren ¾ Zoll, in den unteren ½ Zoll, der Querschnitt sämmtlicher Löcher muss mindestens das Dreifache des Verbindungsrohres betragen. Die Wirkung dieser Scrubber ist nach Oechelhaeuser eine sehr energische, was namentlich den Umständen zugeschrieben wird, dass sich einmal hier das Gas an den Böden stösst, also jeden Augenblick die Richtung des Stromes wechselt, während bei der Cokefüllung sich die meisten Canäle bald zusetzen, und nur einzelne Gänge für das Gas offen bleiben, sowie dass diese Scrubber dem Gase einen viel grösseren Raum darbieten, und einen weit längeren Aufenthalt im Apparat gestatten, als die mit Coke gefüllten Scrubber, welche schon durch die Masse der Coke zumeist ausgefüllt sind.

Es ist schon früher (S. 81) erwähnt worden, dass man, um die Wirkung der Scrubber zu vervollständigen, gewöhnlich mehr oder weniger Wasser in dieselben einführt. Namentlich wo man darauf bedacht sein muss, das Ammoniak möglichst aus dem Gase zu entfernen, wird auf die Anwendung von Wasser Werth gelegt. Man führt es durch ein syphonförmig (d. h. U förmig) gebogenes Rohr zu, lässt es oben durch den Deckel eintreten, und bringt inwendig unterhalb des Deckels eine Vorrichtung an, durch welche es möglichst gleichmässig über den ganzen Querschnitt des Apparates vertheilt wird. Diese letztere Vorrichtung besteht entweder in einer einfachen brausenartigen Erweiterung, oder aus einer durchlöcherten Platte, oder aus einer radial angeordneten Röhrenvorrichtung, bei welcher das Wasser aus einer Anzahl seitlich angebrachter feiner Löcher ausfliesst, und welche entweder durch die rückwirkende Kraft des ausfliessenden Wassers oder durch eine besondere äussere Vorrichtung in drehende Bewegung gesetzt wird. (Eine ähnliche Anordnung von Trewby ist im Journal für Gasbeleuchtung, Jahrg. 1864, S. 320 mitgetheilt, dieselbe scheint jedoch für den Zweck reichlich complicirt zu sein.) Das Quantum Wasser, was von verschiedenen Ingenieuren angewendet wird, ist ausserordentlich verschieden. Oechelhaeuser macht beim King'schen Scrubber mit den durchlöcherten Platten darauf aufmerksam, dass auch die Berührung des Wassers mit dem Gase hier eine viel vollständigere ist, wie beim Cokescrubber, und dass er auch aus diesem Grunde vorgezogen zu werden verdiene. In der Londoner Anstalt der Chartered-Gas-Company zu Horseferry-Road wird statt des Wassers verdünnte Schwefelsäure in den Scrubbern angewandt, die zu diesem Zweck ganz mit Blei ausgefüttert sind. Es bestehen dort drei separate Scrubberanlagen, die verdünnte Säure wird zuerst mit einem spec. Gewicht von 1,030 eingebracht, und dann so lange wiederholt aufgegeben, bis ihr Gewicht auf 1,210 gestiegen ist. Das Aufpumpen der Säure geschieht mittelst einer Pumpe, die durchweg aus Blei — dem nur, um es härter zu machen, etwas Antimon zugefügt ist — besteht. In neuester Zeit macht man in England Versuche, zur Entfernung des Doppelt-Schwefelkohlenstoffs aus dem Gase grosse Quantitäten von Ammoniakwasser in den Scrubbern anzuwenden (S. 78). Das Gas steigt dem Wasserstrom entgegen von unten nach oben durch den Apparat, und wird, da es noch heiss in den Apparat eintritt, plötzlich abgekühlt, wodurch sich das Ammoniak des im Gase enthaltenen Schwefels fast vollständig bemächtigen soll. In Birmingham stehen 3 derartige sogenannte Douche-Scrubber, jeder 25 Fuss hoch, 8 Fuss lang und 4 Fuss breit, die bei einer Gasproduction von 66,000 Cubikfuss per Stunde mit 1815 Gallons (291 Cubikfuss) Wasser stündlich gespeist werden.

Ein Scrubber von Laming, der aber eigentlich schon ein Waschapparat im engeren Sinne des Wortes ist, findet sich in der Specification von dessen Patent d. d. 3. Februar 1857 folgendermassen beschrieben: Ein kurzer Cylinder von etwa 3″ Länge und mehreren Fussen Durchmesser, auf dem einen Ende mit einer durchlöcherten Platte geschlossen, in der die Löcher etwa ¼″ im Durchmesser haben und ¾″ auseinander stehen, wird mit dem geschlossenen Ende nach unten, in einen gewöhnlichen Scrubber von so viel grösserer Weite gesetzt, dass eine horizontale Flansche von einigen Zollen, von dem oberen Rande des kurzen Cylinders abgehend, und luftdicht auf einem an der Innenseite des Scrubber sitzenden Ring von Winkeleisen befestigt, den Scrubber in zwei Behälter theilt, so dass das Gas nicht von einem Behälter in den andern gelangen kann, ohne durch die durchlöcherte Platte zu gehen. Ein zweiter kurzer Cylinder, auf einem Ende mit einer vollen (nicht durchlöcherten) Platte geschlossen, und von einer Weite, die zwischen der des ersten Cylinders und der des Scrubbers mitten inne liegt, wird so unter dem ersten Cylinder befestigt, dass, wenn er voll Wasser ist, die durchlöcherte Platte etwa einen Zoll in dieses eintaucht. In der unteren, nicht durchlöcherten Platte ist ein 2 bis 3″ weites, senkrechtes Rohr befestigt, welches nach oben, frei durch die durchlöcherte Platte hindurchgehend, etwa ½″ in den kleinen Cylinder hineinragt, während sein unteres Ende in ein mit Wasser gefülltes Gefäss eintaucht, und so hydraulisch geschlossen ist. Dies Rohr dient zum Abfluss für das überflüssige Wasser. Zwischen den Cylindern und den Platten muss genügend Raum vorhanden sein, dass das Gas frei durchströmen und durch die Löcher der oberen Platte aufsteigen kann. Man kann im Scrubber beliebig viele solche Plattenpaare anbringen, nur müssen die Abflussröhren dann so gestellt werden, dass sie abwechselnd senkrecht über einander stehen, so dass der hydraulische Schluss jedesmal in der nächst unteren vollen Platte angebracht werden kann. In grossen Scrubbern lässt man zwischen den Plattenpaaren 18 bis 24″ Zwischenraum, und versieht die vollen Platten mit Mannlöchern, so dass ein Arbeiter hineinsteigen und im Apparat arbeiten kann. Die durchlöcherten Platten werden dann aus einzelnen Stücken von solcher Grösse construirt, dass diese durch die Mannlöcher hindurchgehen und lose eingelegt werden können. Das Wasser tritt zwischen den obersten beiden Platten ein, steigt dann durch die durchlöcherte Platte so hoch, bis es durch das Abflussrohr auf das zweite Plattenpaar fliesst. Hier wiederholt sich derselbe Vorgang, und so fort bis zum Boden des Apparats hinunter. Das Gas steigt immer zwischen den beiden kurzen Cylindern abwärts, drängt das Wasser mehr oder weniger zurück, nimmt einen Theil des Raumes zwischen den Platten ein, und steigt dann durch die Löcher in der oberen Platte, und die noch darüber stehende Flüssigkeit aufwärts. Man kann das Wasser benützen, so lange es wirksam ist, wenn man den Zufluss von oben darnach regulirt. Der Theer muss möglichst vorher aus dem Gase entfernt sein, bevor dieses in den Scrubber gelangt. Es ist indess rathsam, in den Boden eines jeden Abschliessungsgefässes ein rechtwinklig gebogenes Rohr einzuschrauben, welches durch die Wand des Scrubbers hindurchgeht und dort mit einer Kappe geschlossen wird. Das Oeffnen dieser Kappe und gleichzeitiges Einlassen von Wasserdampf durch den Boden entfernt sehr rasch jede theerige Masse, die sich etwa abgesetzt hat.

Ein Waschapparat, wie er früher vielfach üblich, ist in Fig. 104 und 105 dargestellt. Ein vier-

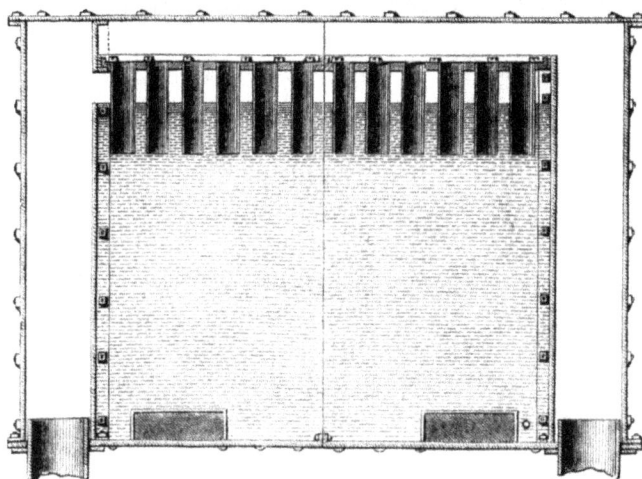

Fig. 104.

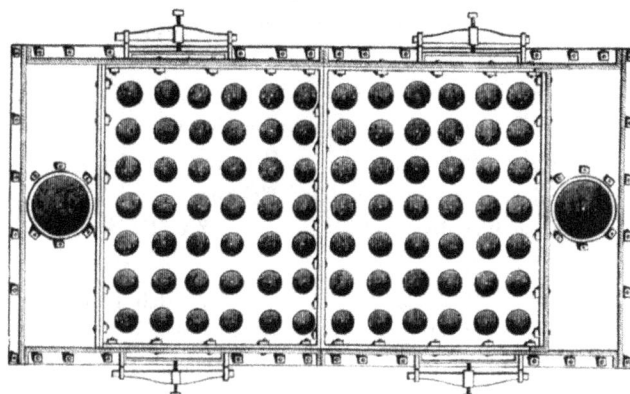

Fig. 105.

eckiger Kasten von Gusseisen hat zwei vertikale Scheidewände, von denen die eine bis auf einige Zoll unter den Deckel reicht und den Raum für das Einlassrohr bildet, während die andere Scheidewand einige Zoll tiefer unterbrochen ist, und den Raum für das Auslassrohr abgiebt Die obere Kante der ersten Scheidewand ist mit der zweiten Scheidewand durch eine horizontale gusseiserne Platte verbunden, und zwar wird in der letzteren gerade die obere Kante des Durchbruches abgeschnitten. Das Einlassrohr steht sonach mit dem Raum oberhalb der Platte, das Ausgangsrohr mit dem Raum unterhalb derselben in Verbindung. In die Platte selbst sind Löcher gebohrt, und ³/₄ bis 1¹/₄ zöllige schmiedeeiserne Röhren eingeschraubt, die so tief in den unteren Raum hineinreichen, dass, wenn letzterer bis zur Unterkante der Ausflussöffnung voll Wasser steht, sie 2 bis 3″ tief in dies Wasser eintauchen. Indem das Gas durch den Apparat strömt, wird es gezwungen, den Druck des Wassers, in welches die Röhren eintauchen, zu überwinden, und durch 2 bis 3″ Wasser hindurch zu streichen.

Es giebt viele verschiedene Waschapparate, deren Anordnung mehr oder weniger mit der oben beschriebenen Aehnlichkeit hat. Man hat gusseiserne Kästen mit einer vom Deckel herabgehenden Scheidewand welche letztere um einige Zoll in das Wasser, womit die Kästen gefüllt sind, eintauchen. Die Kästen sind dadurch in zwei Theile getheilt, und das Gas, was in einen dieser Theile eintritt, muss um die Unterkante der Scheidewand herum und durch das Wasser hindurch streichen, um zu dem am anderen Theile befindlichen Ausgangsrohr zu gelangen. Man stellt auch zwei viereckige Kasten in einander, von denen der innere unten offen, und beide gemeinschaftlich bis zu einer gewissen Höhe mit Wasser gefüllt sind. Etwa 2 bis 3 Zoll über dem Wasser-Niveau sind im innern Kasten Oeffnungen angebracht, durch welche das Gas hinaustreten muss, um aus dem oberen Theil des äusseren Kastens abgeleitet zu werden. Oder man macht die Waschapparate rund, und lässt das Gas durch ein bis über den Wasserspiegel aufwärts geführtes Rohr in der Mitte eintreten. Ueber das Einströmungsrohr stülpt sich eine oben geschlossene Kappe, deren unterer Rand mehr oder weniger in das Wasser eintaucht. Entweder tritt das Gas unmittelbar um diesen unteren Rand herum durch das Wasser in den oberen äusseren Raum, von dem das Ableitungsrohr weiter führt, oder in den meisten Fällen muss es von dem Rand aus noch unter einer an diesem letzteren befestigten ringförmigen Platte hinweg bis beinahe an die Peripherie des Apparates treten, bevor es aufwärts gelangen kann. Man macht diese Platte horizontal, abwärts und aufwärts geneigt, man durchlöchert sie, man versieht sie mit radialen Cannellirungen, man giesst eine Menge kleiner vorstehender Knacken an dieselbe an, so dass die Gasblasen sich an diesen stossen und jeden Augenblick ihre Richtung ändern müssen. Alle Vor-richtungen gehen darauf hinaus, das Gas durch eine mehr oder weniger hohe Wasserschicht hindurch zu treiben, und sind um so vollkommener, je mehr sie die Gasblasen dabei zertheilen, je inniger sie das Gas mit dem Wasser in Berührung bringen.

Weiter giebt es noch Waschapparate, bei denen darauf Rücksicht genommen ist, dass das Gas nicht nöthig hat, eine Wassersäule von bestimmter Höhe zu überwinden, bei denen also keine wesentliche Ver-mehrung des Druckes durch den Apparat Statt findet. Entweder wird das Wasser dem Gase in fein ver-theiltem Zustande entgegengebracht, wie bei den Waschern von Gurney (S. 81) und von Colladon oder es dient eine besondere mechanische Vorrichtung dazu, das Gas durch das Wasser hindurchzudrücken, wie bei dem Wascher (zugleich Exhaustor und Reiniger) von Blochmann. Der Waschapparat von Professor Colladon in Genf ist auf Taf. XXXIV Fig. 1 bis 3 abgebildet. Er besteht aus einem gusseisernen läng-lich viereckigen Gefäss a, mit einer angegossenen Tasse a', in welche letztere der Verschlussdeckel b hinein-passt. Das Eingangsrohr h befindet sich in der Mitte des Kastens, das Ausgangsrohr i am Ende desselben, und zwar so angebracht, dass es den für den beweglichen Theil des Apparates erforderlichen Raum möglichst wenig beschränkt. Dieser letztere bewegliche Theil, die sogenannte Glocke d d' ist ein aus Blech hergestellter, oben und an den Seiten geschlossener, dagegen unten und an den Enden offener Deckel, der aus zwei sym-metrischen unter einem stumpfen Winkel gegen einander geneigten Hälften d besteht, welche durch das ge-wölbte Mittelstück d' mit einander verbunden sind. Der Wölbung des Mittelstückes d' entspricht die Wölb-ung b' im Schlussdeckel. Die Glocke ist mit einer Reihe von Rechen versehen, die mit der schmalen Seite des Apparats parallel laufen, und so gestellt sind, dass die Stäbe des einen Rechens immer die Oeffnungen des vorhergehenden decken. Die Stäbe sind aus Bandeisen hergestellt, 8 Zoll lang, 1 Zoll breit und $\frac{1}{16}$ bis $\frac{1}{8}$ Zoll stark. Bei der in der Zeichnung angegebenen Stellung geht das Gas von dem Einströmungsrohr h durch die ausser Wasser befindlichen Rechen auf der rechten Seite der Glocke, wird dabei durch die Rechen-stäbe getheilt, und kommt, wenn der Rechen unmittelbar vorher aus dem Wasser herausgehoben ist, und das Wasser noch an allen einzelnen Stäben herunter läuft, mit dem Wasser in innige Berührung. Denkt man sich den linken Theil der Glocke aus dem Wasser gehoben, und den rechten Theil so eingesenkt, wie es jetzt der linke ist, so wird das Gas seinen Weg links nehmen, und wird auch hier wieder eine innige Be-rührung mit dem an den Rechenstäben hängen gebliebenen Wasser Statt finden. Dies abwechselnde Heben und Senken der beiden Theile der Glocken ist nun wirklich das Mittel, dessen sich Colladon bedient, um das Wasser und das Gas miteinander in möglichst innige Berührung zu bringen, die Glocke erhält eine schaukelnde Be-wegung, die Rechen werden fortwährend nass aus dem Wasser herausgezogen und das Gas streicht in mög-lichst feiner Vertheilung durch sie hindurch. Die Neigung, unter welcher die beiden Hälften der Glocke zu einander stehen, muss so gewählt sein, dass das Ende der einen Hälfte bereits über Wasser befindlich ist, sobald das andere eintaucht, weil sonst eine Unterbrechung des Gasstromes eintreten würde. Zur Vermitt-lung der schaukelnden Bewegung ist folgende Vorrichtung angeordnet. Die Glocke liegt mittelst zweier seit-licher Zapfen f auf den am Kasten a angeschraubten Lagern g im Gleichgewicht auf. Am unteren Theil des Kastens a ist der Rohrstutzen n angegossen, der ausserhalb das aufrechtstehende Blechrohr n' trägt. Dieser Röhrengang bildet den hydraulisch verschlossenen Canal, durch den das zur Vermittlung der Be-wegung dienende Gestänge o o' eingeführt ist. Der Stange o' wird durch irgend eine mechanische Kraft eine auf- und abgehende Bewegung ertheilt. Hat man eine Dampfmaschine, so hängt man sie etwa mittelst

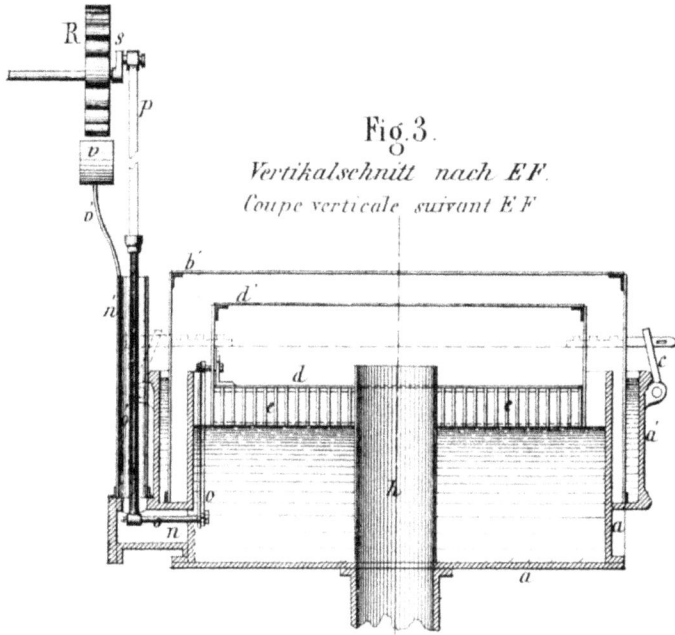

XXXIV

Fig. 3.

Vertikalschnitt nach EF.

Coupe verticale suivant EF.

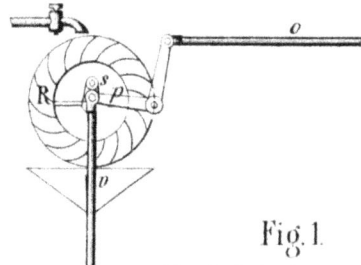

Fig. 1.

Vertikalschnitt nach CD.

Coupe verticale suivant CD.

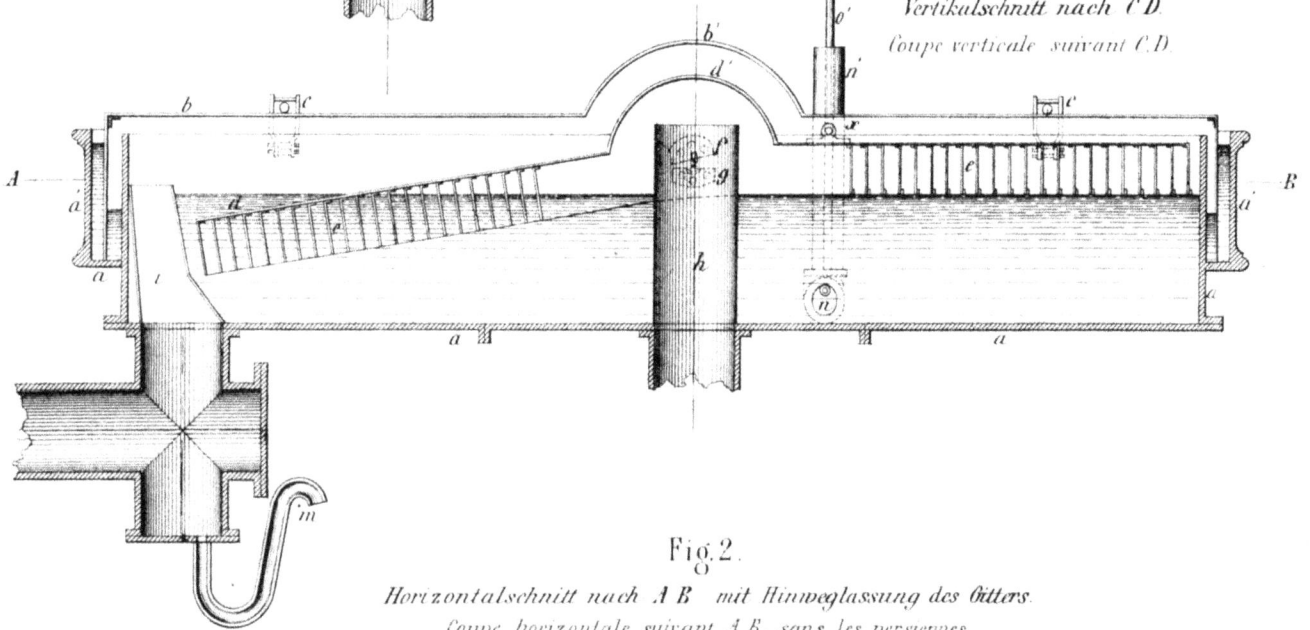

Fig. 2.

Horizontalschnitt nach AB mit Hinweglassung des Gitters.

Coupe horizontale suivant AB sans les persiennes.

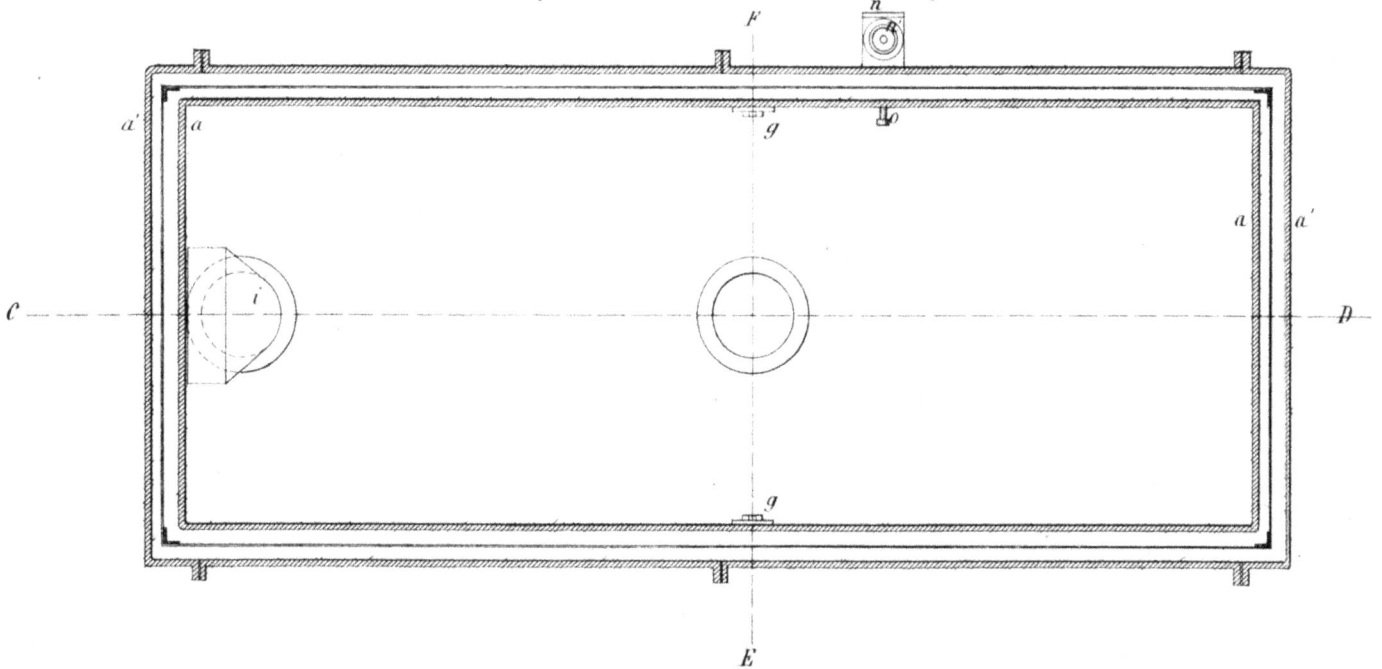

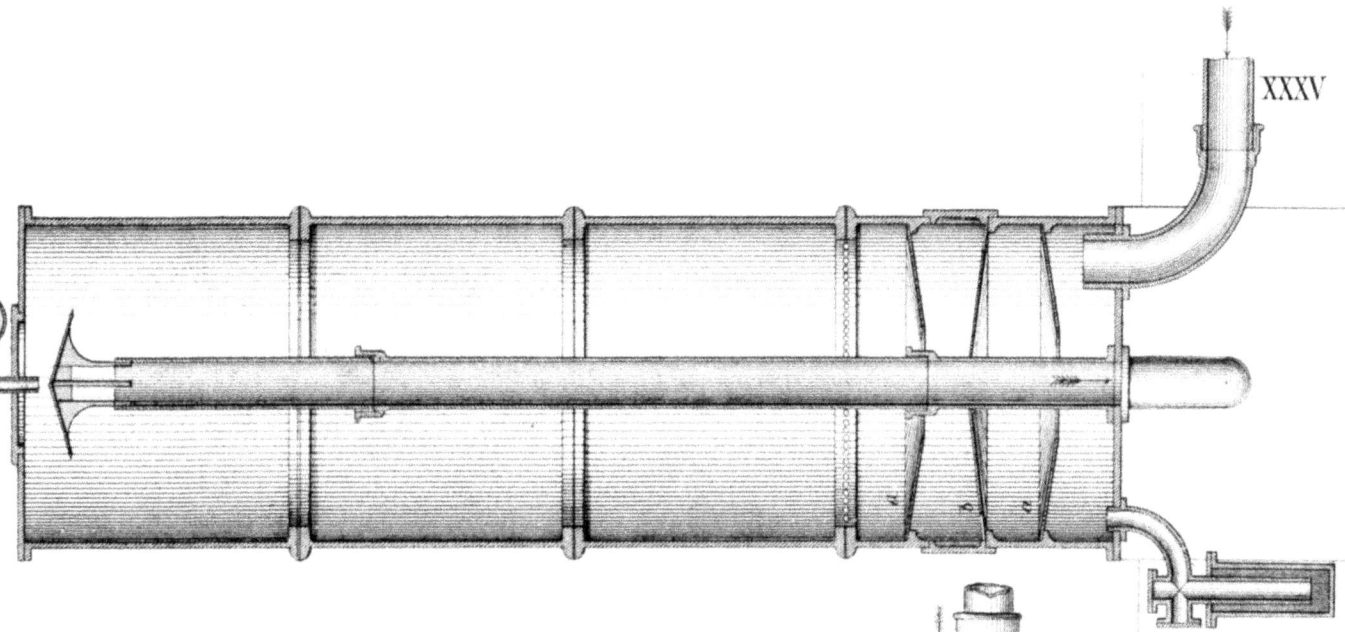

Fig. 2.

Coupe verticale

Durchschnitt

XXXV

Fig. 3.

Quersehnitt

Coupe transversale

Fig. 4.

Grund & riß Plan

Fig. 5.

Innere Vertheilungsplatte bei a

Plateaux de distribution interieurs a

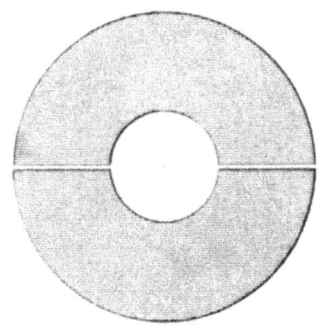

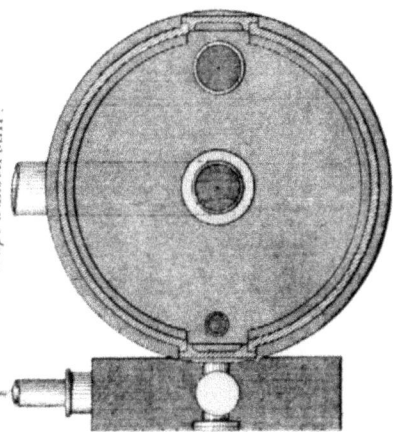

Fig. 6.

Innere Vertheilungsplatte bei b

Plateaux de distribution interieurs b

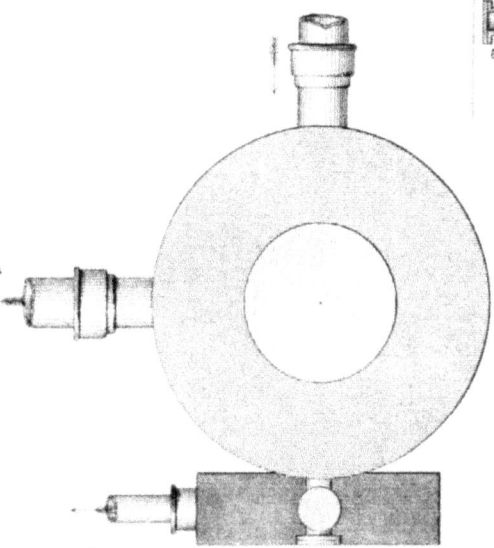

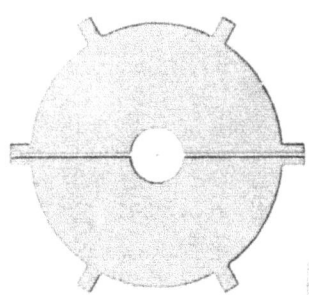

Echelle de 0.^m0 27 pour 1 Metre.

M ¹²⁄₀

Fig. 1.

Ansicht.

Elevation

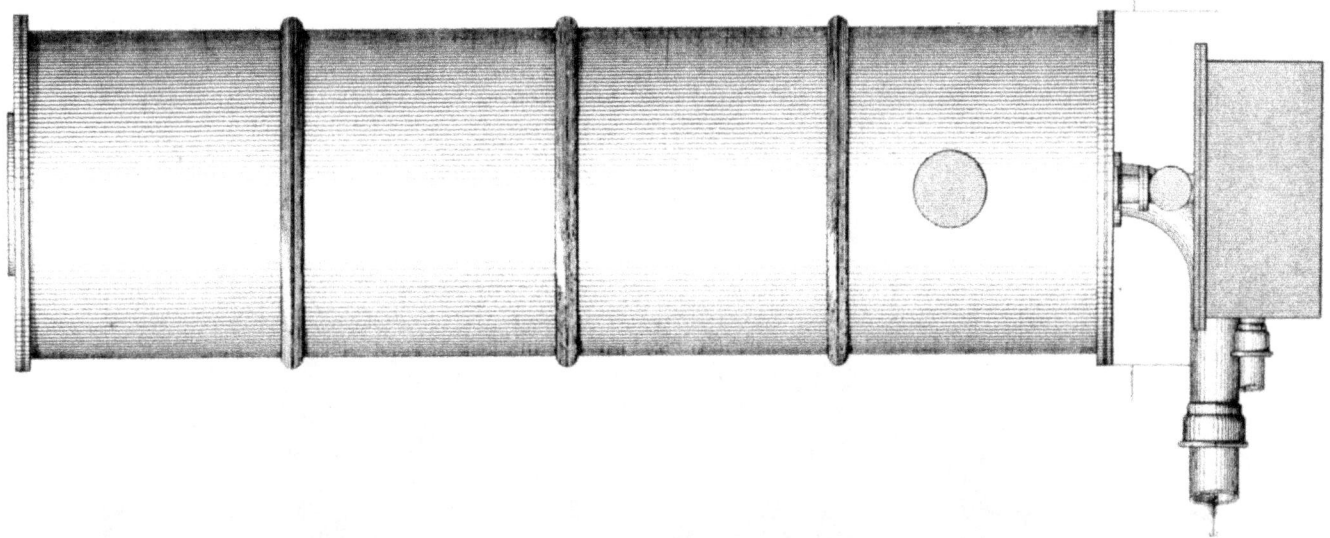

des Winkelhebels p q an diese an, andernfalls kann man ein kleines Wasserrad R benützen, an dessen Achse die Kurbel s angebracht ist. Das vom Rade ablaufende Wasser wird im Trichter v aufgefangen, und durch das Rohr v¹ in den Apparat geleitet, aus dem es, wenn das normale Niveau überschritten wird, in das Ausflussrohr i, und von diesem aus durch das Syphonrohr m abgeleitet wird. Die innere Stange o ist bei x mittelst einer Mutter an der Glocke festgeschraubt; will man die Glocke behufs Reinigung der Rechen herausnehmen, so braucht man nur diese Mutter zu lösen.

Der Director der Neuen Frankfurter Gasbereitungs-Gesellschaft in Frankfurt a./M., S. Schiele, wendet einen Apparat an, in welchem der Wascher mit dem Scrubber vereinigt ist. Derselbe ist auf Tafel XXXV dargestellt. Fig. 1 zeigt eine Ansicht desselben, Fig. 2 den Vertikaldurchschnitt, Fig. 3 den Horizontaldurchschnitt, Fig. 4 den Grundriss, Fig. 5 und 6 Details. Der Apparat besteht aus einem gusseisernen Cylinder, der aus 4 Stücken zusammengesetzt und oben und unten durch Endplatten geschlossen ist. Die oberen drei Viertheile werden als Scrubber benutzt und sind zu diesem Ende mit Dornen und Reisig gefüllt. In der Mitte des Apparats steht das gusseiserne Ausströmungsrohr für das Gas, welches oben mit einer aufgesetzten Haube versehen ist. Durch ein syphonartig gebogenes Rohr, welches durch den in der oberen Schlussplatte befindlichen Mannlochdeckel eingeführt ist, läuft Wasser zu, spritzt auf der Haube nach allen Seiten auseinander, und hält bei seinem Niedergange durch den Apparat das Füllmaterial des Scrubbers feucht. Den Boden des Scrubbers bildet ein siebförmiger Rost, durch welchen das Wasser nach unten in den Wascher abfliesst. Im Wascher befinden sich drei Vertheilungsplatten, von denen zwei, die obere und die untere bei a, eine Neigung nach der Mitte zu haben, während die mittlere bei b nach der Peripherie zu geneigt ist. Die ersteren haben eine Oeffnung in der Mitte, welche gross genug ist, um zwischen sich und dem Ausströmungsrohr noch einen ringförmigen Durchlass frei zu lassen, die nach aussen geneigte Vertheilungsplatte bei b schliesst in der Mitte am Rohr fest an, und lässt den Durchgang an der Peripherie frei. Jede der drei Platten besteht, wie Fig. 5 und 6 zeigen, aus zwei Hälften, um sie in den Apparat einlegen zu können. Das vom Scrubber durchträufelnde Wasser läuft somit auf der oberen Platte nach der Mitte zu, fällt hier auf die zweite Platte, muss auf dieser wieder nach der Peripherie hin laufen und fällt dann auf die unterste Platte, auf welcher es wieder nach innen hin geführt wird, bis es schliesslich auf den Boden des Apparates anlangt, von dem aus es durch einen in diesem angebrachten Syphon in den seitwärts tiefer stehenden Theerkasten abgeführt wird, um von hier aus in die Theergrube zu gelangen. Das Gas tritt durch ein am Boden einmündendes Rohr in den Apparat ein, also zuerst in den Wascher, macht hier gerade den entgegengesetzten Weg wie das Wasser, durchstreicht, nachdem es durch den Rost hindurch getreten ist, den Scrubber, und wird von oben durch das mittlere Abflussrohr abgeführt. Zwei seitliche Mannlöcher am Wascher gestatten zu diesem den Zutritt.

Der technische Director der Hamburger Gasanstalt, B. W. Thurston hat einen Condensator, Scrubber und Waschapparat in einen einzigen Apparat vereinigt, dem er den Namen »Combinirter Reinigungs-Apparat« beilegt. Derselbe ist in Fig. 106 und 107 abgebildet. Der untere oder waschende Theil desselben hat die Form eines Cubus, ist aus zusammengebolzten Platten von Gusseisen construirt, und inwendig durch Platten in Fächer zur Aufnahme des Wassers eingetheilt. Auf diesem Waschapparat und mit ihm verbunden, befinden sich zwei Cylinder aus Schmiedeeisen, einer in dem anderen. Der innere bildet den Scrubber, der Raum zwischen beiden den Condensator. Oben auf den Cylindern steht eine kleine Cysterne, von der aus der Scrubber und Waschapparat mit frischem Wasser versorgt werden. Das Gas wird in den Waschapparat am Boden eingeführt, und streicht über das Wasser, welches in den verschiedenen Fächern desselben enthalten ist; von dort geht es durch den Scrubber weiter aufwärts, und schliesslich durch den ringförmigen Condensationsraum wieder hinunter. Nach der Mittheilung des Erfinders bewährt sich der Apparat sowohl in Hamburg als auch in verschiedenen anderen von demselben erbauten Anstalten vortrefflich. Als ein besonderer Vorzug wird geltend gemacht, dass er einen kleinen Raum einnimmt, also dort, wo man auf Raumersparung

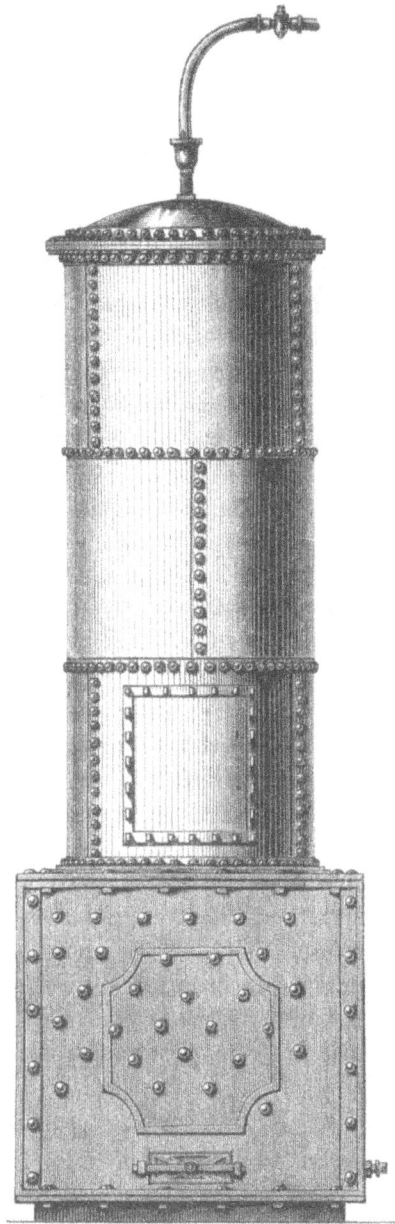

Fig. 106.

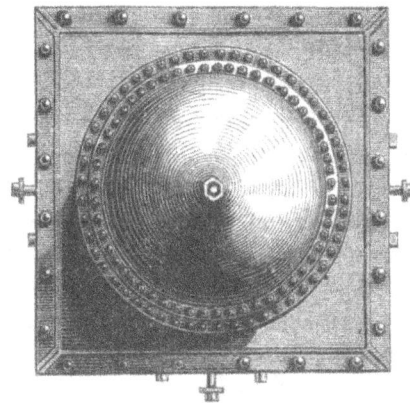

Fig. 107.

sehen muss, besondere Empfehlung verdient. Ein Apparat von 4' im Quadrat genügt für eine Production von 50,000 Cubikfuss in 24 Stunden.

Siebentes Capitel.

Der Exhaustor.

Der Erfinder der Thonretorten, Grafton, wird gewöhnlich auch als der Erfinder der Exhaustoren angesehen. Bericht desselben über seine Versuche. Einrichtung seines Exhaustors. Es existirt schon ein englisches Patent für einen Exhaustor aus dem Jahre 1824. Der nasse Kalkreiniger von R. Blochmann sen. wirkt auch als Exhaustor, und beruht auf demselben Princip, wie der Extractor von Grafton. Beiden Apparaten liegt die gleiche Idee zu Grunde, wie der Gasuhr von Clegg, die schon im Jahre 1819 bekannt wurde. Wesentlicher Zweck und Vortheile des Exhaustors. Die Einführung der Exhaustoren folgte derjenigen der Thonretorten allmählig nach. Beschreibung des im Jahre 1852 durch v. Unruh auf der Gasanstalt in Magdeburg aufgestellten Exhaustors nebst Regulator. Exhaustor von Pauwels und Dubochet in Paris. Glocken-Exhaustor von Methven. Vorzüge und Nachtheile der Glocken-Exhaustoren. Kolben-Exhaustoren nach Anderson. Rotirender Exhaustor von Beale. Leistungsfähigkeit desselben. Sonstige Eigenschaften. Ventilator-Exhaustor von C. Schiele. Bei den Glocken- und Kolben-Exhaustoren bedarf es keiner Sicherheitsvorrichtung für den Fall, dass der Apparat stehen bleibt; beim Beal'schen ist sie dagegen unerlässlich. Anwendung eines Clegg'schen Hahnes für den Ein- und Ausgang. Gewöhnlicher Regulator. Bypass-Regulator von S. Elster. Regulator von Pauwels und Dubochet. Beale's Regulator.

Der Erfinder der Thonretorten, Grafton, wird meistens auch als der Erfinder der Exhaustoren betrachtet. Der starke Graphitabsatz, der in seinen Retorten stattfand, veranlasste ihn, eine Reihe von Versuchen zur Beseitigung dieses Uebelstandes anzustellen, und die Beobachtung, dass dieser Absatz sich mehrte oder minderte, je nachdem das Gas sich unter einem grösseren oder geringeren Druck entwickelte, führte ihn zur Anwendung des Apparates, der sich seitdem als mit der Anwendung der Thonretorten auf's Engste verbunden erwiesen hat. Folgendes ist sein eigener Bericht über diese Versuche:

»Nach einer Reihe von Experimenten in der Gasanstalt zu Cambridge 1839, so berichtet Grafton, und vergeblichem Ausbieten eines bedeutenden Geldpreises habe ich nun selbst entdeckt, was die Ursache des starken Kohlenabsatzes in den Gasretorten ist und habe zugleich ein Mittel gefunden, einem Uebel zu begegnen, welches seither namhafte Verluste für die Gasanstalten veranlasst hat. Die höchsten wissenschaftlichen Autoritäten haben den Kohlenabsatz seither für die Folge des hohen Hitzegrades und einer zu grossen Ausdehnung der erhitzten Oberfläche gehalten.

Um zu ermitteln, wie weit die letztere Ansicht richtig sei, begann ich meine Versuche mit einer Anzahl Retorten von verschiedener Länge, indem ich die hinteren Enden mit Mauerwerk ausfüllte, die übrigen Dimensionen aber unverändert beibehielt.

Wiederholte Versuche mit diesen Retorten bei verschiedenen Temperaturen zeigten keine Abnahme des Graphitabsatzes; er sammelte sich nicht so rasch, aber schliesslich erhielt ich dieselbe Masse sowohl in den kurzen Retorten wie in den langen.

Ich bemerkte, dass die Substanz sich immer zuerst am Boden der Retorte ansetzte und dann allmählig nach dem vorderen Ende zu fortschritt. Am Boden geht die Destillation der Kohlen zuerst vor sich,

25*

es folgt hieraus, dass die besten Bestandtheile des Gases, nemlich die Kohlenwasserstoffe, die nicht entweichen können, zersetzt werden und die graphitartige Ablagerung bilden.

Dies veranlasste mich, zwei Retorten zu construiren, die an jedem Ende ein Aufsteigerohr hatten, so dass der Gasstrom sich in zwei gleiche Theile theilen konnte, und der Weg von 7' (der Länge der Retorten) den das Gas über die glühende Oberfläche zurückzulegen hatte, auf 3' 6" reduzirt war. Nach drei Monaten unausgesetzten Betriebes war der Graphitabsatz an dem Boden der Retorte bedeutend geringer, er sass dagegen oben unter der Decke und wuchs von da allmählig nach abwärts, verengte den Querschnitt und vermehrte den Bedarf an Feuerungsmaterial wie früher.

Der Widerstand, den das Gas bei diesen Experimenten auf seinem Wege durch die Reinigungs-apparate und in den Gasometern fand, betrug 9" Wasserhöhe, gemessen auf dem Mundstück der Retorte. Dabei war der Druck in so fern variabel, als die Gasometer im Winter anders belastet waren, wie im Sommer. Ich beobachtete, dass der Graphitabsatz im Sommer weniger stark war, als im Winter. Das veranlasste mich, den Druck auf die Höhe von 14" zu steigern. Die Retorte in diesem Experiment, wie in allen folgenden, war von feuerfesten Steinen in der Ofenform, 7' 9" lang, 5' weit und 16" hoch, die Ladung betrug 130 Pfd. Kohlen per Stunde oder 7 Centner in 6 Stunden. Am Ende der ersten Woche zeigte sich ein Graphitabsatz von 1" Dicke; einmal gebildet nahm er mit grosser Schnelligkeit zu, bis die ganze innere Fläche bis zu einem Fuss vom Mundstück damit bedeckt war; am hinteren Ende füllte er bald die ganze Retorte aus, und nach Verlauf von 2 Monaten hatte er die Retorte auf ¼ ihrer ganzen Länge ausgefüllt. An der Decke und auf den Seiten des übrigen Theiles der Retorte bildete er eine Schale von nicht mehr als 2 bis 3" Dicke, in 4 Monaten würde er die ganze Retorte ausgefüllt haben.

Ich liess die ganze Masse in 2 Stücke schlagen und herausnehmen, und fand das Gewicht derselben 1024 Pfund.

Die Gesammtquantität an Kohlen, die während der Zeit vergast worden war, betrug 67 Tons Wood-side Wallsend, eben so viel, als etwa auch in den früheren Versuchen verarbeitet worden war. Der Absatz betrug also dem Gewichte nach 1,2 Prozent der vergasten Kohlen, und war offenbar veranlasst durch die Pressung des Gases in der Retorte unmittelbar nach seiner Bildung.

Ich habe nun Mittel gefunden, den ganzen Druck aufzuheben, mit Ausnahme von ½", der für die Eintauchung in der Vorlage bleiben muss. Unter diesen modificirten Umständen fand sich zur Bestätigung meiner Ansicht in derselben Retorte, nachdem sie wieder 4 Monate lang mit Woodside-Kohlen betrieben worden war, kaum eine Spur von Graphit.«

Die Anordnung des Grafton'schen Exhaustors ist aus den Fig. 108 und 109 ersichtlich. Es ist ein

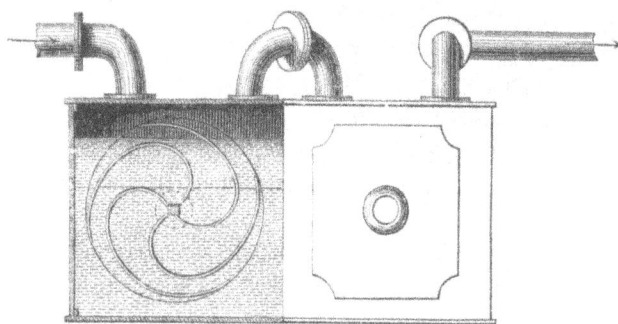 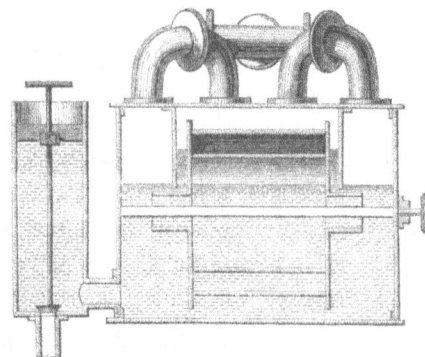

Fig. 108.   Fig. 109.

Schöpfrad mit 4 Schaufeln, welches sich ungefähr zu drei Viertheilen unter Wasser befindet. Indem dasselbe in der Richtung der Schaufeln gedreht wird, sinkt das Gas, welches zwischen je zwei Schaufeln oben aufge-nommen wird, allmählich bis zum Mittelpuncte des Rades hinab, und von hier aus entweicht es durch zwei seitliche Oeffnungen. Der Unterschied des Wasserstandes, welchen man im Durchschnitte sieht, giebt den Druck an, der vom Apparat aufgehoben wird.

Das Princip, auf welches Grafton die Anwendung seines Exhaustors stützt, ist so richtig, dass demselben kaum noch etwas hinzuzufügen ist; es scheint indess, als ob nicht gerade Grafton der Erste war, der überhaupt auf die Idee gekommen ist, das Gas aus den Retorten herauszusaugen. Unter den englischen Patenten findet sich eines aus dem Jahre 1824 auf den Namen S. Broadmeadow, in dessen Specification es heisst, dass das Gas mittelst eines Luftsaugeapparates (entweder eines Blasebalgs, einer Luftpumpe oder einer andern Form des Apparats) zwischen den Retorten und dem Gasbehälter aufgestellt, aus den Retorten direct oder indirect gesogen werden soll, um den grossen Verlust an Gas, der sonst Statt findet, zu verhindern. Auch kann, heisst es weiter, mittelst des Apparates zu dem Gase im Gasbehälter etwas atmosphärische Luft, etwa der achte Theil, hinzugepumpt werden. Die Luft reinigt das Gas, auch kann man sich Retorten mit dünneren Wandungen und anderer Destillationsapparate bedienen, die nicht so vollkommen dicht sind, als es bis daher nöthig war. Broadmeadow hat hier offenbar einen Exhaustor patentirt, hat auch wahrscheinlich seine Erfindung weiter verfolgt, indem er im folgenden Jahre 1825 dem ersten Patent ein zweites folgen liess, wo er seinen Apparat ausdrücklich als einen Glockenexhaustor beschreibt; er hat aber der angeführten Specification gemäss die Bedeutung des Apparates nur theilweise erkannt, indem er nichts weiter im Auge hatte, als den Gasverlust aus den Retorten zu verhindern.

Weiter muss hier auch noch erwähnt werden, dass Commissionsrath R. Blochmann sen. in Dresden einen Apparat, zunächst als nassen Kalkreiniger, angewandt hat, der dem Grafton'schen Extractor ähnlich construirt war, und von dem der Schwiegersohn Blochmann's, Commissionsrath Dr. Jahn in seinem Werk »die Gasbeleuchtung und die Darstellung des Leuchtgases, Leipzig 1862 bei W. Engelmann« Seite 51 behauptet, »dass der Grafton'sche Extractor offenbar als eine Nachahmung desselben zu betrachten sei.« Damit wäre die interessante Thatsache gegeben, dass wir eine Erfindung bisher den Engländern zugeschrieben hätten, die ursprünglich deutschen Ursprungs gewesen wäre. Es ist Schade, dass Jahn die Priorität der Blochmann'schen Erfindung nicht specieller nachgewiesen hat. In der von ihm angezogenen Broschüre »Gedrängte Uebersicht der Leistungen in der Ausführung der Gaswerke der Königl. Residenz Berlin (Berlin 1848)« findet sich der Zweck des Blochmann'schen Apparates als ein dreifacher angegeben; derselbe sollte dazu dienen:

1) die Kalktheilchen der Kalkmilch durch zweckmässig ausgeführte innere Vorrichtungen mit geringem Kostenaufwande fortwährend im suspendirten Zustande zu erhalten;

2) das Gas mit der Kalkmilch in möglichst innige und lange Berührung, ohne Erhöhung des Druckes zu bringen, welches in diesem Apparat in dem Grade Statt findet, dass das Gas bei einer doppelten Reinigung in jeder einzelnen Maschine einen 10 bis 12 Fuss langen Weg, ohne Erhöhung der Spannungsverhältnisse in der Kalkmilch, zu durchlaufen hat; endlich

3) als Nebenzweck, durch fortwährendes Saugen des Gases aus den vorhergehenden Apparaten den Druck auf den Retorten zu vermindern.

Die darauf folgende Beschreibung des Apparats ist unvollkommen, so dass sich daraus nichts Näheres ersehen lässt, dagegen heisst es an einer anderen Stelle in Betreff der Zeit, seit wann der Apparat angewandt worden ist: »Bereits vor 25 Jahren (das wäre 1823) construirte Blochmann solche Maschinen zur Reinigung mit Kalkmilch, die in ihrem Principe bis jetzt dieselben geblieben, in der Form aber durch mancherlei zweckmässige Abänderungen vervollkommnet sind.«

Jahn giebt in seinem bereits erwähnten Buche folgende Beschreibung: Der Blochmann'sche Reiniger ist, dem Principe nach, ein vereinigter Saug- und Wasch-Apparat. Er besteht aus einem gusseisernen viereckigen Kasten mit halbcylindrischem Boden a (Fig 110—112). An einer im Innern dieses Kastens befindlichen horizontalen Welle b, welche an der äusseren, vorderen Stirnseite desselben ein conisches Rad c mit dem Trieb d trägt, sitzen zwei schaufelradähnliche sogenannte Trommeln e e, welche durch sechs nach der Kreis-

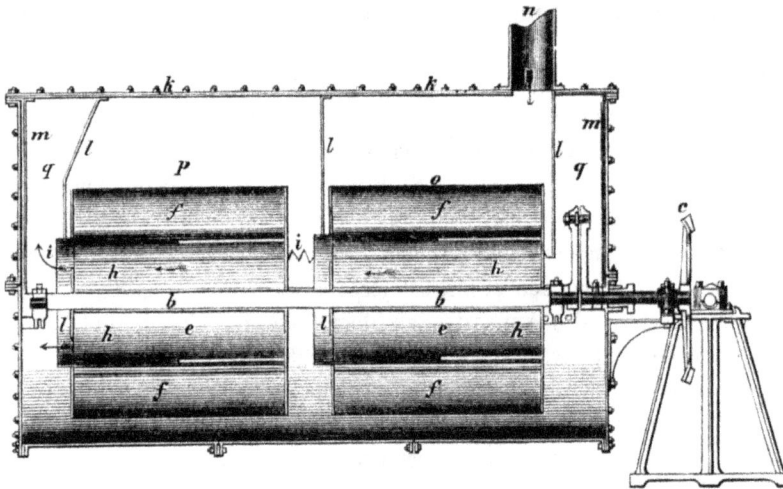

Fig. 110.

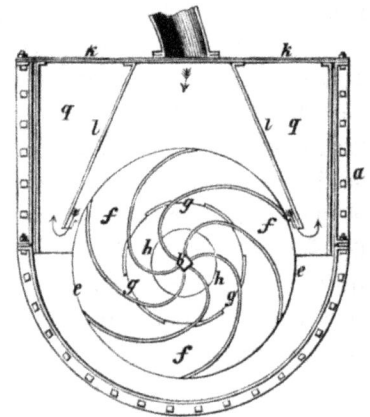

Fig. 111.

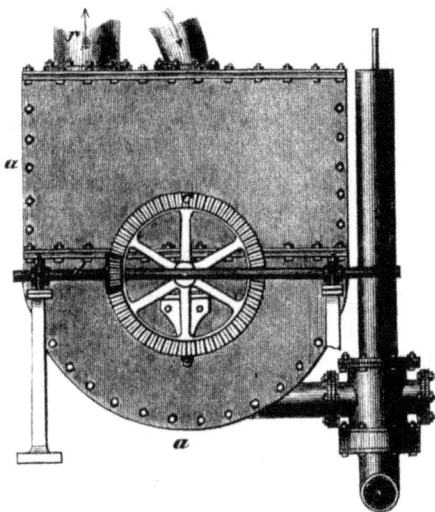

Fig. 112.

Evolvente gebogene Schaufeln in sechs gleiche Räume (Schöpfkästen) f getheilt sind. Jeder dieser sechs Räume steht durch eine, an der Basis befindliche Oeffnung g mit einem, in der Axe der Trommel liegenden Cylinder h in Verbindung, der, etwas länger als die Trommel selbst und gewissermassen einen Hals i bildend, ebenfalls in sechs gleiche Räume getheilt ist, die ihre Oeffnung am hinteren Ende der Trommel haben. Der Deckel k des Apparats trägt an der inneren Seite einen sargdeckelähnlichen, durch eine Scheidewand in zwei gleiche Räume getheilten Ansatz von Eisenblech l, der die Trommeln einschliesst und dessen unterer Rand ausgefranzt ist, während ein zweiter mantelartiger Ansatz m den hydraulischen Schluss des Deckels vermittelt. Der Apparat wird mit Kalkmilch so hoch gefüllt, dass die Trommeln etwa $\frac{2}{3}$ ihres Durchmessers in derselben liegen und der sargdeckelähnliche Ansatz etwa 2 Zoll in die Kalkmilch eintaucht. Zum Zwecke der Benützung des Reinigers werden die Trommeln auf geeignete Weise in rotirende Bewegung gesetzt. Das zu reinigende Gas tritt durch die Eingangsröhre n in den vorderen Trommelraum o und wird durch die rotirende Trommel, beziehentlich die über das Niveau heraufsteigenden Schöpfkästen aufgenommen und unter die Kalkmilch gedrückt. Am tiefsten Punkt angelangt, tritt das Gas in den mit der Abtheilung der Trommel correspondirenden Raum des inneren Cylinders und findet seinen Weg durch denselben nach der zweiten Abtheilung p des sargdeckelähnlichen Ansatzes. Hat es hier in gleicher Weise die zweite Trommel passirt, so gelangt es in den Zwischenraum q des letztgedachten und des mantelartigen Ansatzes und tritt aus diesem Raum durch die Abzugsröhre r aus dem Apparat heraus.

Nach dieser Beschreibung ist also der Blochmann'sche Apparat und derjenige von Grafton im Princip ganz derselbe. Nur die äussere Anordnung ist verschieden, und es füllt Blochmann ihn mit Kalkmilch, um ihn wesentlich als Reiniger und nur nebenher als Exhaustor zu benützen, während Grafton ihn mit Wasser füllt, und nur das Absaugen des Gases aus den Retorten als Zweck vor Augen hat. Geht man aber noch einen Schritt weiter, so ist das Princip, was beiden Apparaten zu Grunde liegt, wieder dasselbe, nach welcher Clegg seine Gasuhr construirte, deren Beschreibung er am 10. März 1819 der Society of Arts vorlegte, und würde somit die eigentliche Erfindung auf diesen zurückfallen, und die Erfindung Bloch-

XXXVI

Fig. 1.

Durchschnitt nach A B. Fig. 2.
Coupe suivant A B Fig. 2.

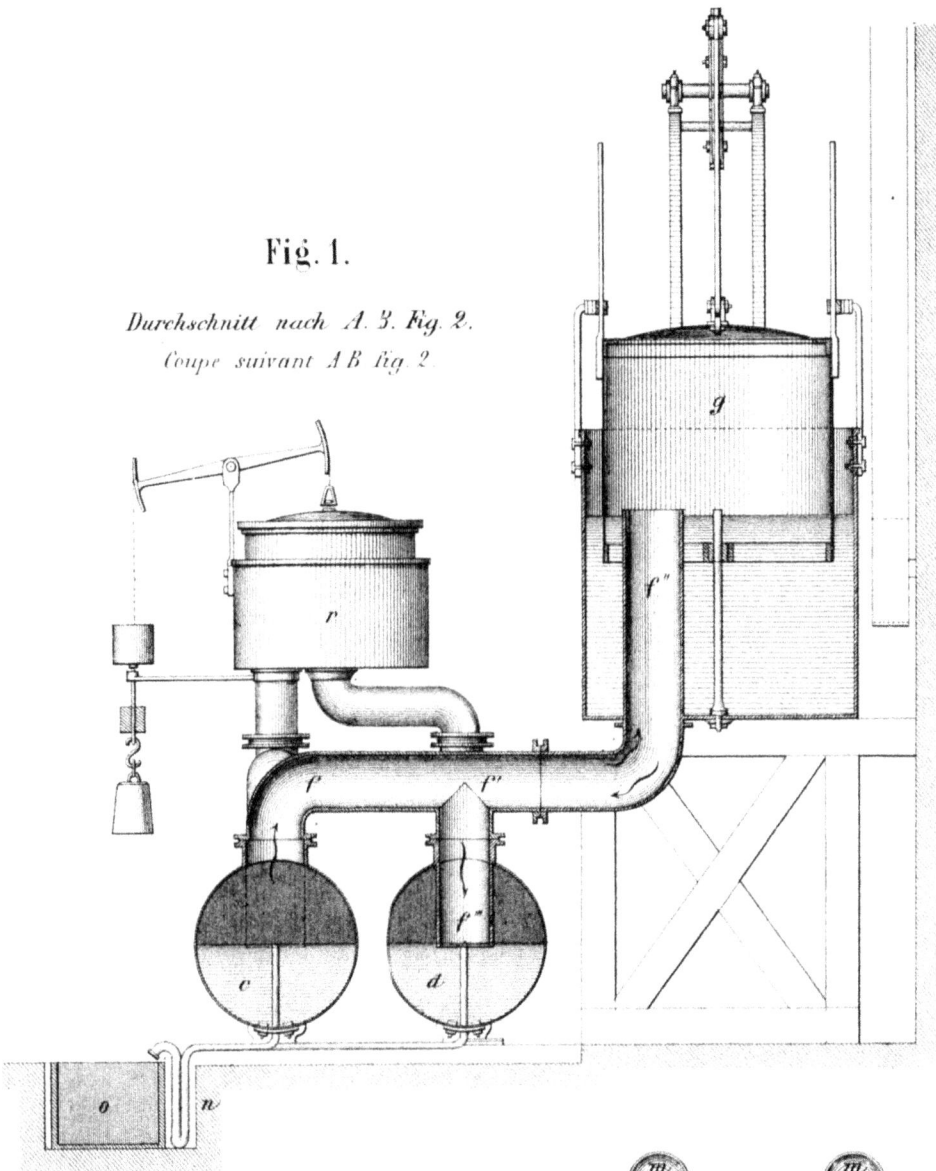

Fig. 2.

Grundriß.
Plan

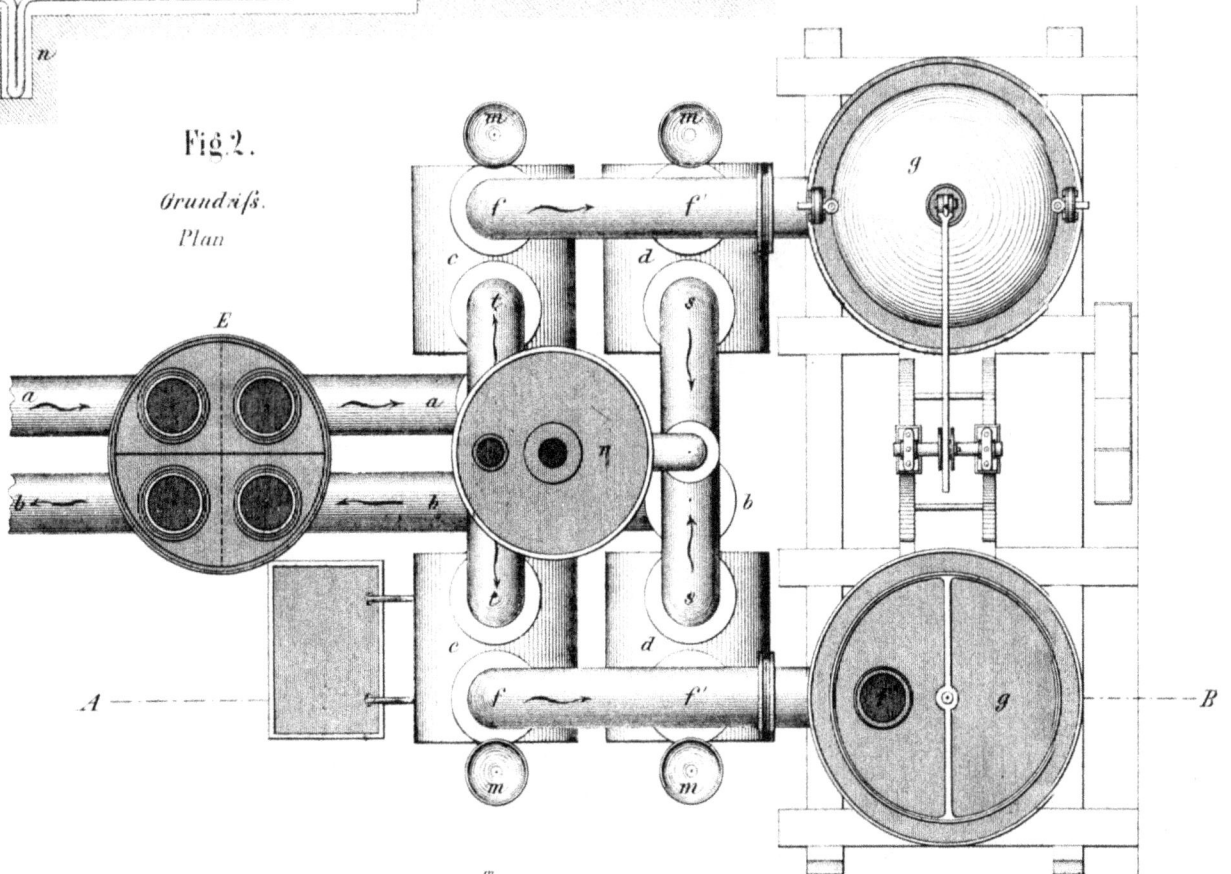

Echelle de 0,0.36 pour 1 Metre

Fig. 3.

Querschnitt.
Coupe transversale.

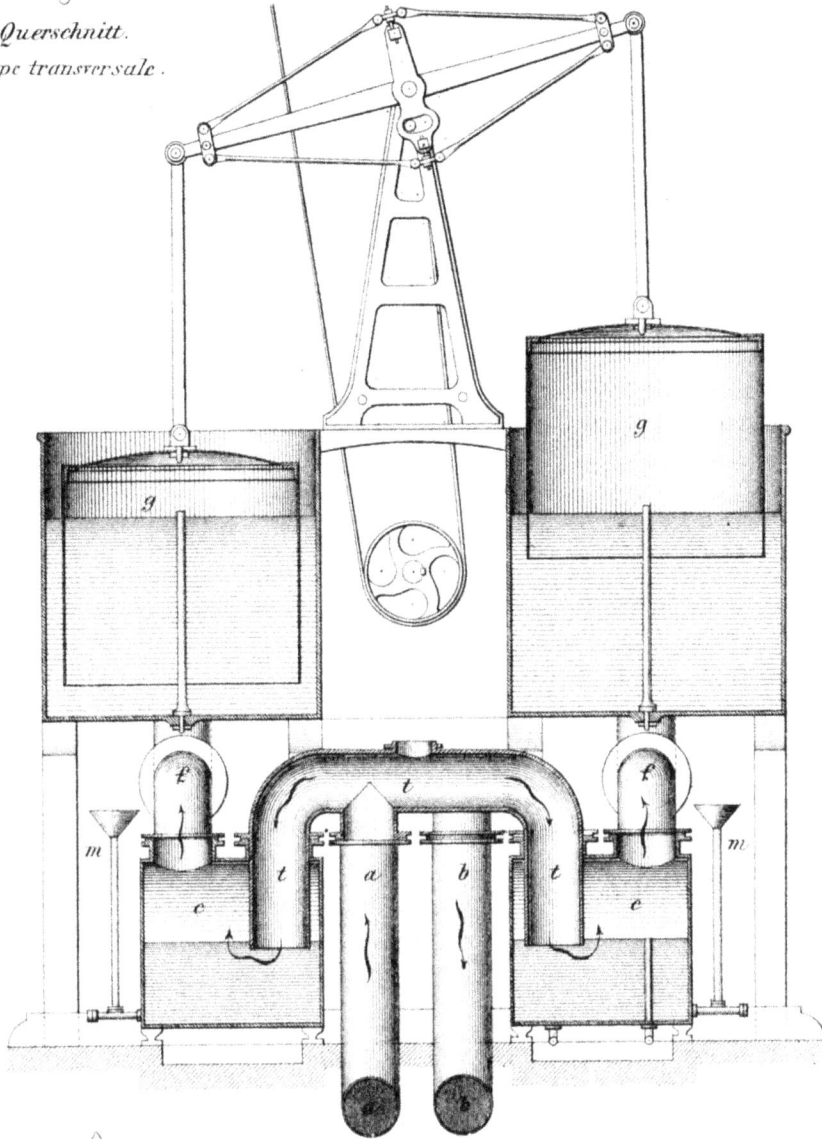

XXXVII

Fig. 4.

Regulator *Regulateur a balancier.*
im doppelten Maafsstabe.

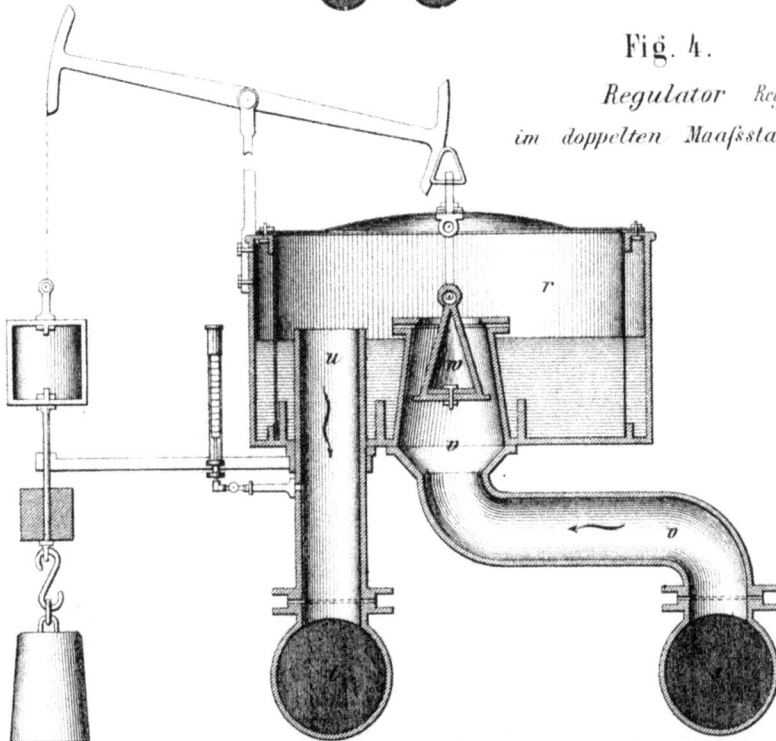

Echelle de 0,ᵐ036 pour 1 Metre.

mann's oder Grafton's sich darauf beschränken, dass sie die Bewegung der Trommel nicht durch Gas bewirken lassen, sondern durch einen besonderen äusseren Motor, sowie dass sie dem Apparat einen anderen Zweck geben, als Clegg.

Der nächste unmittelbare Gewinn, den man erreicht, wenn man mit einem Exhaustor arbeitet, besteht eben darin, dass man den Graphitabsatz bedeutend reduzirt, so dass er durchaus keine Last für den Betrieb mehr ist. Und da der Graphit ein Zersetzungsproduct der gasförmigen und dampfförmigen Körper ist, welche sich bei der Destillation der Kohlen in der Retorte bilden, so liegt auf der Hand, dass eine Verminderung des Graphits auch eine Steigerung der Ausbeute an Gas und Theer aus den Kohlen zur Folge haben muss. Weiter kommt noch hinzu, dass der Verlust an Gas, den man durch Undichtigkeiten in den Retorten erleidet, bei geringem Druck geringer sein muss, als er bei höherem Druck ohne Exhaustor ist. Ja es ist höchst wahrscheinlich, dass nicht nur durch Reduzirung des Graphitabsatzes und des Gasverlustes eine Erhöhung in der Ausbeute erzielt wird, sondern dass sich unter geringem Druck in der Retorte auch überhaupt mehr permanente Gase bilden, als bei stärkerem Druck (vergl. S. 74). Die Erfahrung zeigt, dass man in den meisten Fällen aus dem gleichen Gewicht Kohlen bis zu 10% und darüber mehr Gas macht, wenn man mit Exhaustor arbeitet; und auch der Theergewinn wird von Ingenieuren, die langjährige Erfahrungen darüber gesammelt haben, als nicht unbeträchtlich constatirt. Dadurch, dass man nicht nöthig hat, die Retorten so oft von Graphit zu reinigen, erhalten diese eine längere Dauer, überdies gewinnt man noch den Vortheil, dass man eine grössere Quantität Gas pro Retorte zu fabriziren im Stande ist, so dass sich die Betriebsarbeiterlöhne und die Ausgaben für Unterhaltung der Oefen erniedrigen. Alle diese Umstände machen die Einführung des Exhaustors für jede Gasanstalt von einiger Grösse wünschenswerth. Für alte Fabriken, deren Production meist über die den Apparaten und Röhren zu Grunde gelegten Verhältnisse hinausgeht, ist er unumgänglich nothwendig, wenn sie vortheilhaft arbeiten sollen.

Es ist bereits in einem früheren Capitel gesagt, dass die Thonretorten lange Zeit gebrauchten, bis sie sich allgemein Eingang verschafften; dass es den damit auf's Innigste zusammenhängenden Exhaustoren ebenso ergangen ist, kann nicht Wunder nehmen. Noch heute findet man sie nicht in der Allgemeinheit angewandt, wie sie es verdienen.

Einer der ersten eigentlichen Exhaustoren in Deutschland, von dem wir eine Beschreibung in der Zeitschrift für Bauwesen besitzen, wurde im Jahre 1852 durch v. Unruh auf der Gasanstalt zu Magdeburg aufgestellt. Wir entnehmen der Beschreibung Folgendes:

Zwei Durchschnitte und ein Grundriss des Apparates nebst einem Durchschnitt des Regulators sind in Tafel XXXVI und XXXVII gegeben und die gleichen Theile mit gleichen Buchstaben bezeichnet.

g g sind zwei oben geschlossene, unten offene Blechcylinder oder Glocken, welche durch die Dampfmaschine in einem entsprechenden Bassin von Gusseisen auf und nieder bewegt werden. Durch den Boden jedes Bassins tritt ein Rohr f f' f'' ein und mündet über den Spiegel des Wassers, womit das Bassin bis zu dieser Höhe gefüllt ist. Jedes Rohr f f' f'' verbindet zwei, zur Hälfte mit Wasser gefüllte Cylinder c und d mit einander, aber so, dass es beim Cylinder c nur auf dem Mundloch aufsitzt, bei d hingegen mittelst eines Stutzens f' f''' in das Wasser etwas eintaucht. Ausserdem sind die beiden Cylinder c c durch ein Rohr t t und die beiden Cylinder d d durch ein Rohr s s mit einander verbunden. Das Rohr t t taucht mit jedem Ende in den Wasserspiegel der Cylinder c c ein. Das Rohr s s sitzt nur auf den Mundlöchern der Cylinder d d auf, ohne einzutauchen. Endlich ist das Rohr t t mit dem Rohr a a verbunden, welches das Gas zuführt, das Rohr s s dagegen mit dem Rohr b b, welches das Gas weiter führt. Die Rohre t t und s s sind beide mit dem Regulator r verbunden. E ist der Hahn, durch welchen man den ganzen Apparat ein- und ausschaltet.

Betrachten wir nun zuerst die Wirkung auf der einen Seite, so ist klar, dass die Glocke g, wenn dieselbe hochgeht, saugend in dem Rohr f f' f'' wirkt. In Folge dessen wird das Wasser in dem Rohrstutzen f''' steigen und denselben verschlossen halten, so lange das Rohr noch in den Wasserspiegel des Cylinders d eintaucht. Im Cylinder c wirkt die Verdünnung gleichzeitig gerade umgekehrt: das Gas aus dem Rohr t ist noch nicht verdünnt, überwindet also den geringen Wasserverschluss, tritt in den Cylinder c und durch das Rohr f f' f'' in die Glocke g. Geht dieselbe nieder, so comprimirt sie das Gas in dem Rohre f f' f'', also auch in dem Cylinder c, drückt auf den Wasserspiegel in demselben und zwingt das Wasser in dem Saugerohr t zu steigen, verschliesst also dasselbe, so lange es noch eintaucht. Gleichzeitig ist die Wirkung in dem Rohrstutzen f''' umgekehrt; das comprimirte Gas wird jetzt hier den geringen Wasserverschluss überwinden und in den Cylinder d eintreten, von hier aber durch das nicht eintauchende Druckrohr s nach dem Ausgangsrohr b b gelangen.

Die Erscheinungen auf der anderen Seite sind genau dieselben, nur erfolgt hier das Drücken, während dort gesogen wird und umgekehrt.

Die ganze Vorrichtung ist also eine doppelt wirkende Saug- und Druckpumpe, oder wenn man will, es sind zwei Sauge- und Druckpumpen, ähnlich den hydraulischen Cylindergebläsen, nur sind die Ventile durch eintauchende Rohre ersetzt, welche ganz dem Princip der Vorlagen auf den Oefen entsprechen. Hier wie dort kann das Gas durch das eintauchende Rohr in den Cylinder, aber nicht aus diesem in jenes gelangen, vorausgesetzt, dass die Eintauchung des Rohrs und das Verhältniss seines Querschnittes zur Wasserfläche im Cylinder der Druckdifferenz entsprechen, welche zwischen beiden Räumen stattfindet.

Nun beträgt der Ueberdruck des Gases beim Eintritt in das Reinigungsgebäude, selbst nach Anhebung des Telescopcylinders höchstens $6^{1}/_{2}''$. Ferner kann nicht beabsichtigt werden, diesen Ueberdruck ganz fortzuschaffen, weil sonst beim Oeffnen der Retorten Luft durch dieselben in das Gasrohr eintreten könnte. Gesetzt, es soll $^{1}/_{2}''$ Ueberdruck verbleiben, so handelt es sich darum, $6''$ Wassersäulendruck von dem Eingangsrohr fortzusaugen und im Ausgangsrohr eben so viel Druck auszuüben, wodurch zugleich die Gasbehälter gehoben werden. Daher muss auch die Druckdifferenz in den Cylindern c c und d d und den eintauchenden Rohren, also auch die Wasserstandsdifferenz $6''$ betragen, wozu noch die Tiefe des eintauchenden Rohres, hier $1''$ kommt. Jeder Cylinder hat hier $4\square''$ Wasserspiegelfläche, das Rohr dagegen nur $8''$ Durchmesser. Das Verhältniss der Fläche ist also nahe 10 : 1, desshalb wird der Wasserspiegel im Cylinder nur $0,66''$ fallen, wenn derselbe im eintauchenden Rohr $6''$ steigt. Es genügt also, abgesehen von Schwankungen im Wasserspiegel $1''$ Eintauchung. Die Dimensionen der Pumpe und die Zahl der Hübe müssen nach dem Minimum der Gasproduction so bestimmt werden, dass niemals mehr Gas producirt werden kann, als die Pumpe fortzusaugen im Stande ist, weil man sonst den Druck auf die Retorten vermehren, statt vermindern würde. Ausserdem kommt der Umstand in Betracht, dass bei derselben Zahl von Retorten die Gasentwicklung keine gleichmässige, sondern sehr ungleich ist. In der ersten und zweiten Stunde nach der Beschickung entwickelt sich viel mehr Gas, als in der dritten und vierten oder fünften und sechsten. Es ist augenscheinlich schwer thunlich, den Gang der Pumpe dieser ungleichen Gasentwicklung anzupassen. Dieselbe auszugleichen, dient vielmehr der selbstthätige Regulator r, dessen gusseisernes Bassin durch das gerade Rohr u mit dem Saugrohr t t und durch das doppelt gekrümmte Rohr v v mit dem Druckrohr s s in Verbindung steht. Die Mündung von u ist oben offen, die von v conisch verengt gestaltet und mit einem unten abgedrehten Ringe versehen, in dessen kreisrunder Oeffnung ein Kegel w hängt, welcher an seiner Basis einen vortretenden Rand mit einer Gummischeibe trägt. Der Kegel ist mittelst eines Gelenkstückes an der Glocke befestigt, welche in dem mit Wasser bis nahe der Oberkante der Rohre u und v gefüllten Bassin steht. Geht die Glocke in die Höhe, so nimmt dieselbe den Kegel w mit hoch, verengt die Oeffnung von v immer mehr und schliesst dieselbe endlich ab, verschliesst also das Rohr v. Senkt sich die Glocke, so senkt sich auch der Kegel und es erweitert sich die Oeffnung von v. Die Glocke ist an einem zweiarmigen Hebel befestigt und so contrebalancirt, dass sie ihren höchsten Stand einnimmt, also v verschliesst, wenn in ihrem innern Raum derselbe Ueberdruck stattfindet, welchen man im Eingangsrohr a, also auch in t und u als Minimum behalten will.

Sind nun die Abmessungen der Pumpe, die Zahl der Hübe und die Hubhöhe so angeordnet, dass

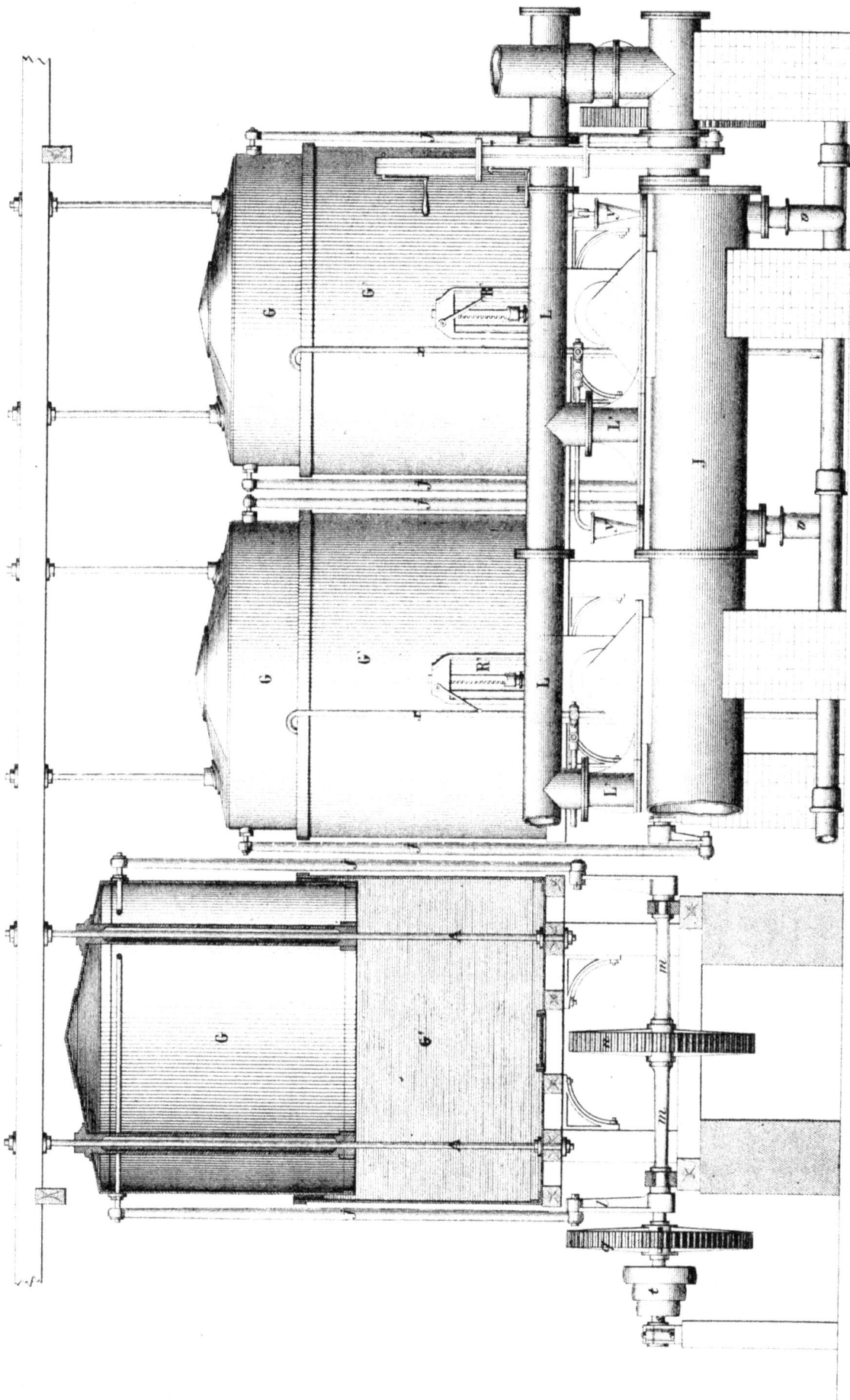

Fig.1.

XXXVIII

XXXIX

Fig. 3.

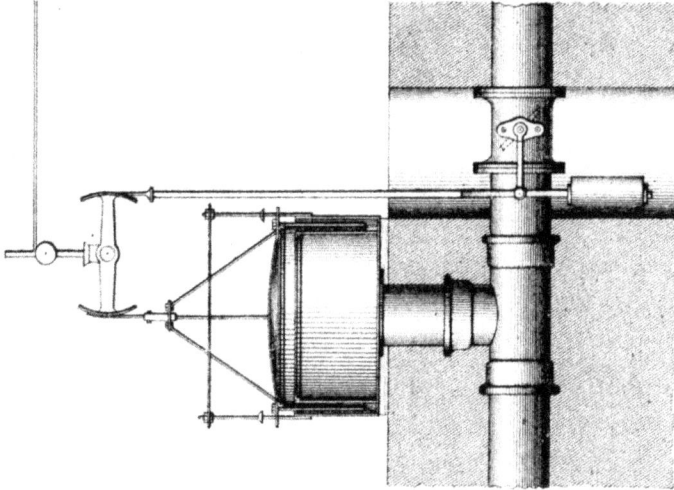

Fig. 2.

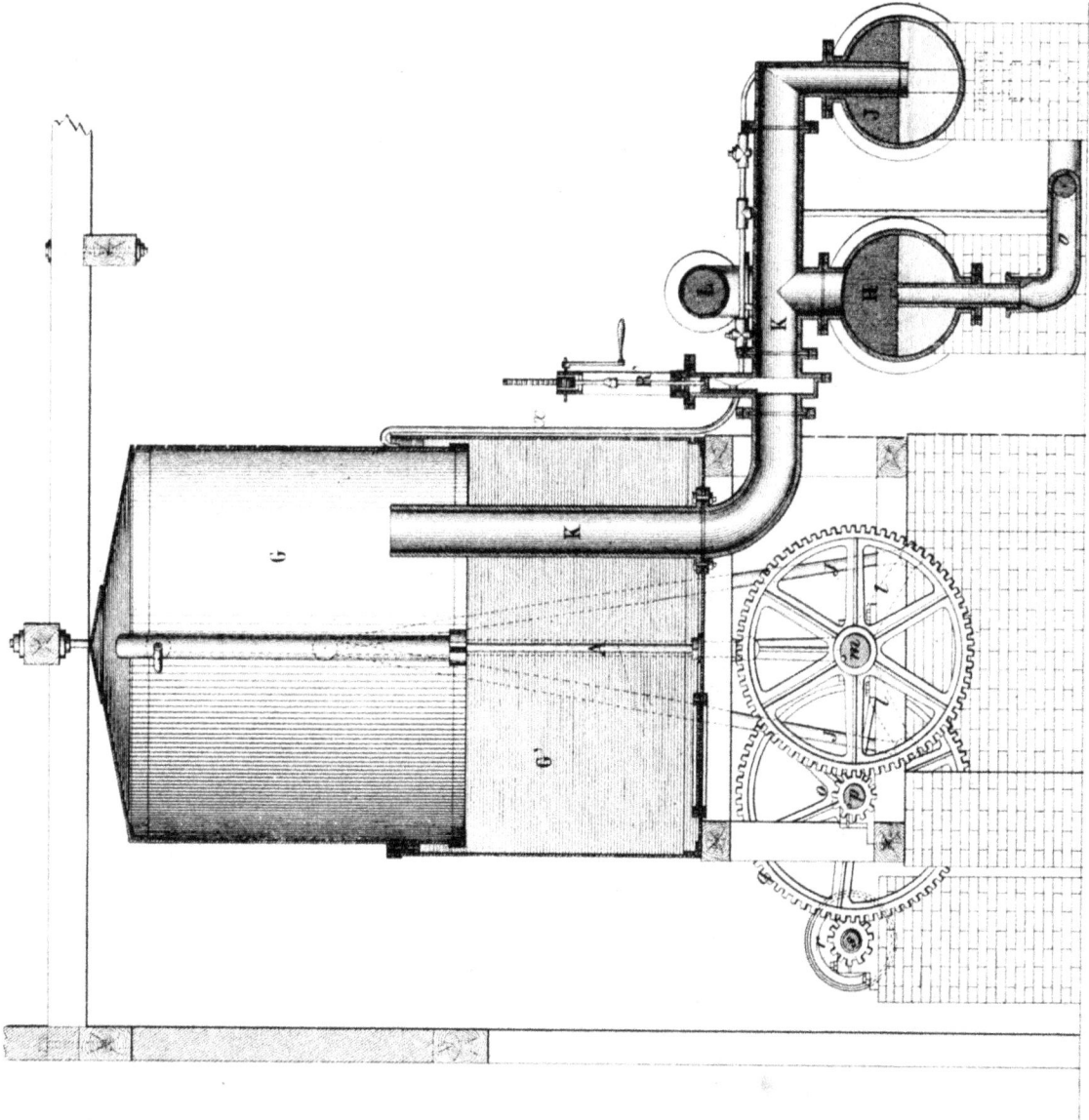

bei einer bestimmten Zahl von Retorten niemals ganz so viel Gas entwickelt werden kann, als die Pumpe fortschafft, so wird vor Beendigung des Hubes der bestimmte Minimal-Ueberdruck in a, t, u und in der Glocke noch etwas abnehmen. In demselben Augenblick geht dieselbe nieder und öffnet das Rohr v, bringt also das Druckrohr s mit dem Saugrohr t in Verbindung, und es strömt aus jenem so viel Gas nach diesem zurück, als daselbst zum vollen Hube noch fehlt. Dadurch wird der Minimaldruck in t, u und der Glocke wieder hergestellt, dieselbe hebt sich und schliesst durch den Kegel w das Rohr v wieder. Bei der grossen Ungleichheit der Gasproduction im Sommer und Winter ist es nothwendig, entweder die Zahl der Pumpenhübe oder die Hubhöhe der Gasproduction angemessen verändern zu können. Dieses lässt sich entweder durch Stufenscheiben (bei Riemenbetrieb) oder durch Verstellung des Krummzapfens am Vorgelege erreichen, wie aus der Zeichnung desselben ersichtlich ist. Der Hub lässt sich dadurch von 12 auf 18 oder 24″ verändern. Eine Erscheinung, die sich beim Betrieb sofort ergab, war die, dass der practische Nutzeffect des Apparates hinter dem theoretischen bedeutend zurückblieb. Während er bei 5,825 Wechseln pro Minute und 12″ Hub das Gas von 31 Retorten und mit 18″ Hub dasjenige von 46 Retorten saugen sollte, sog er im ersten Fall nur dasjenige von 23 und im zweiten das von 33 Retorten. Dieser Umstand erklärt sich daraus, dass bei der Dehnbarkeit des Gases die Entfernung zwischen den Glocken und den Eintauchröhren in den Cylindern c c, d d ganz so wirkt, wie der schädliche Raum bei den Wasserpumpen.

Das Contrebalanciren des Regulators geschieht sehr leicht nach dem Manometer am Rohr u. Man legt nach und nach soviel Gewichte auf, bis das Manometer auf den Minimaldruck sinkt, welcher in dem Saugrohr verbleiben soll. Da das Gas in den Cylindern c c, d d einen Zoll Wasserverschluss überwinden soll, so wirkt die Gaspumpe zugleich als ein Waschapparat, um so mehr, als das durch den Regulator aus dem Druckrohr nach dem Saugrohr zurückgegebene Gas denselben Weg noch einmal machen muss. Das Waschen würde aber sehr bald ohne Erfolg sein, wenn man das Wasser in den Cylindern nicht erneuern wollte; zu dem Ende sind dieselben mit hohen Füllrohren m m versehen, welche nahe am Boden einmünden, und mit Abflussrohren, deren Höhe im Innern der Cylinder dem richtigen Wasserstande entspricht, und die durch doppelte Biegung dem Wasser, aber nicht dem Gase den Abfluss gestatten. Die Abflussrohre münden in den Kasten a. Die Erneuerung des Wassers kann entweder periodisch oder durch stetigen Zu- und Abfluss geschehen. Im letzten Falle, wie hier der Fall ist, sind an den Cylindern Wasserstandsgläser, wie an Dampfkesseln angebracht.

Ein Exhaustor mit drei Glocken, der den Vortheil hat, dass er ruhiger und gleichmässiger arbeitet, als der oben beschriebene, wurde von Pauwels und Dubochet in einer Gasanstalt zu Paris aufgestellt, und findet sich beschrieben im »Bulletin de la Societé d'Encouragement«.

Der Apparat ist auf Tafel XXXVIII und XXXIX abgebildet. Fig. 1 ist eine Längenansicht, wobei man annimmt, dass die erste Glocke durchschnitten ist und Fig. 2 ein Querdurchschnitt. Die drei Glocken G G G von Schmiedeeisen befinden sich in den ebenfalls schmiedeeisernen Bassins G′ G′ G′, und werden mittelst einer Dampfmaschine in diesen auf und ab bewegt. Die Bewegung der Maschine überträgt sich zunächst mittelst Laufriemen auf die Stufenscheiben t und die Welle s; die an dieser Welle sitzenden Getriebe r drehen die Räder q, die Welle p und die Getriebe o; letztere greifen wieder in die Räder n an den Wellen m, und die an diesen Wellen sitzenden Kurbeln l und Kurbelstangen j ertheilen den Glocken die auf- und absteigende Bewegung. Zur Führung dienen schmiedeeiserne Stangen A A, an denen sich die Glocken mittelst dicht eingelassener durchgehender Hülsen auf- und abschieben. Von den beiden Röhren H und J ist das erstere das Saugrohr und das zweite das Druckrohr. Ersteres ist durch Scheidewände in drei Theile getheilt, von denen jeder einzeln durch einen Hals L′ mit dem von den Retorten herführenden Rohr L in Verbindung steht. Dieser Hals L′ reicht rückwärts in das Rohr H hinein, und taucht in die darin befindliche Sperrflüssigkeit ein. Von jedem Theil des Rohres H führt ein anderer kurzer Rohraufsatz in das zur Glocke gehörige Rohr K, welches durch den Boden des Bassins aufsteigt und sich bis über das Wasser-Niveau in demselben erhebt. Dasselbe Rohr K einer jeden Glocke setzt sich nach rückwärts fort und steht

durch einen anderen Ansatz mit dem gemeinschaftlichen Druckrohr J in Verbindung. Das Gas, welches durch L
von den Retorten hergeführt wird, überwindet beim Aufsteigen der Glocke den Druck der Sperrflüssigkeit,
tritt in H ein, und wird von hier durch K aufgesogen. Während dess ist das im Rohr J befindliche Gas
durch das an K sitzende Eintauchrohr abgesperrt. Beim Niedergehen der Glocke wird durch den Druck in
H die Sperrflüssigkeit in L' hinaufgedrückt, also die Einströmung abgesperrt gehalten, während in J der
Druck der Sperrflüssigkeit überwunden wird, und das Gas in den Raum dieses Rohres hinein gelangt. Das
Spiel des Apparates ist ganz dasselbe, wie wir es beim vorher beschriebenen Apparat kennen gelernt haben.
Sowohl das Saugrohr als das Druckrohr sind mit Abflussröhren v versehen, durch welche die überflüssige
Sperrflüssigkeit abläuft, und ein gleichmässiges Niveau erhalten wird. Die Röhren x, die Hähne und die
Trichter y haben den Zweck den Apparat mit Wasser zu versorgen. Durch die Schieberventile R' können
die Glocken einzeln nach Belieben ausgeschaltet oder angestellt werden. Ein Regulator von ähnlicher Construction, wie wir ihn bereits kennen, ist einerseits mit dem Rohr L, andererseits mit dem Druckrohr J
in Verbindung, und vermittelt selbstthätig, dass aus dem letzteren soviel Gas in ersteres zurückströmt, als zur
vollständigen Füllung der Glocken erforderlich ist, ohne dass in dem Zuleitungsrohr ein Unterdruck entsteht.

Ein anderer Glocken-Exhaustor mit Ventilklappen anstatt des Wasserabschlusses ist dem Ingenieur
der Imperial Gasanstalt in London, Methven patentirt, und im Artizan 1848 Nov. Nr. XXIII beschrieben.
Er besteht, wie Fig. 113 zeigt, aus drei schmiedeeisernen Glocken, die ähnlich wie die vorigen, aber in einem

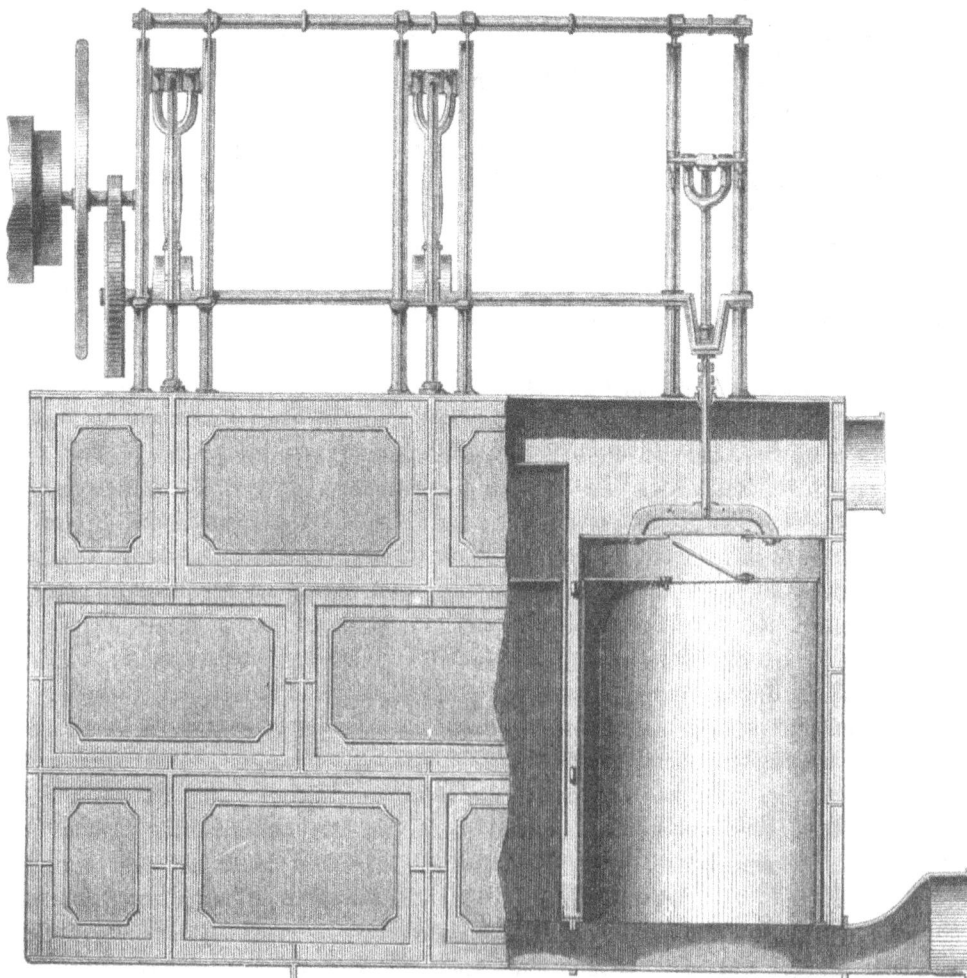

Fig. 113.

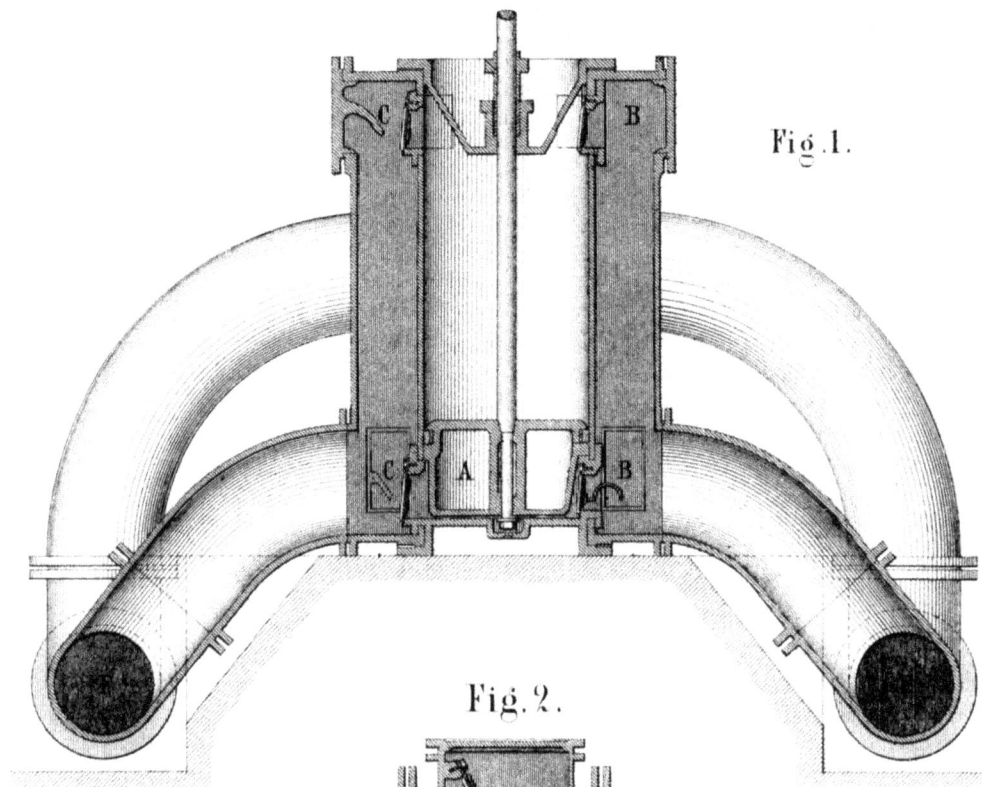

XL

Fig. 1.

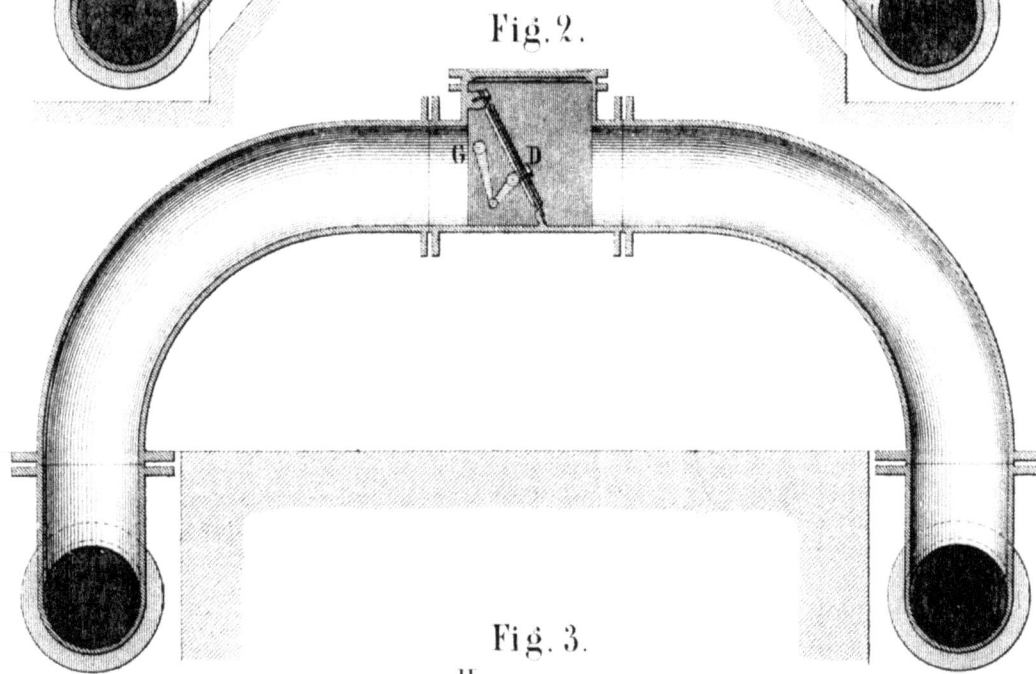

Fig. 2.

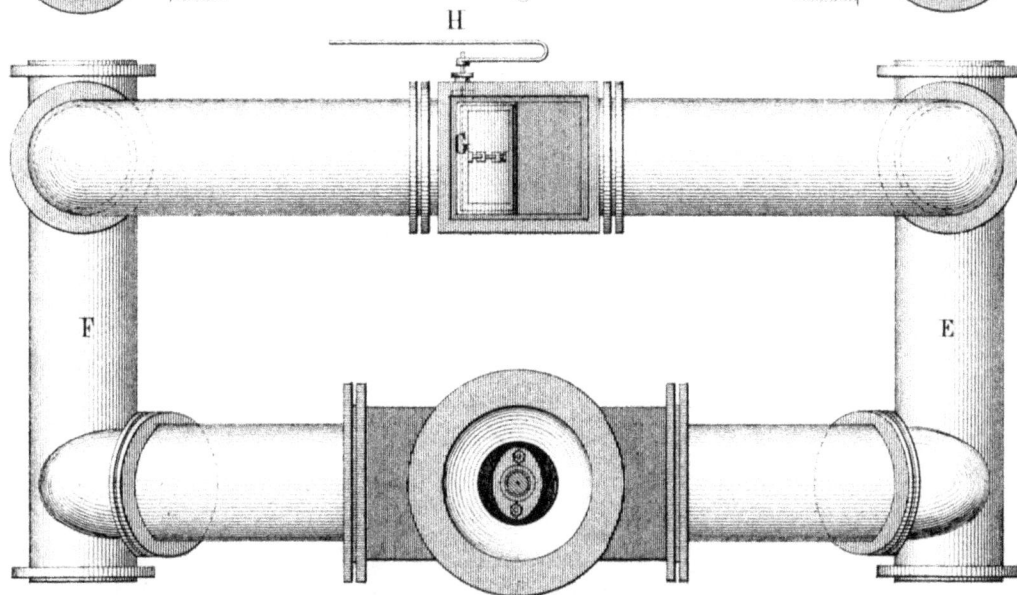

Fig. 3.

geschlossenen gusseisernen Bassin auf und ab bewegt werden. Die Glocken sitzen über anderen gusseisernen Cylindern von etwas geringerem Durchmesser, die oben geschlossen und mit Ventilklappen versehen mit dem von der Vorlage herführenden Zuflussrohr in Verbindung stehen, und beim Aufsteigen der Glocken das Gas durch die Klappen in diese austreten lassen, während sich beim Niedergang der Glocken die Klappen der Cylinder schliessen, und das Gas durch die im Deckel der Glocken angebrachten Klappen seinen Ausgang in den oberen Theil und von da durch das Auslassrohr weiter findet. Die Sperrflüssigkeit befindet sich nur in dem Raum zwischen den inneren Cylindern und den Wandungen des äusseren Gehäuses.

Ein wesentlicher Vorzug der Glocken-Exhaustoren ist der, dass sie eine sehr geringe Reibung haben, und daher auch eine sehr geringe Kraft zu ihrer Bewegung erfordern. Clegg erzählt in seinem Werk über Gasbeleuchtung von einem solchen Apparat auf der Anstalt der Commercial Company in London, der 60,000 Cubikfuss Gas per Stunde unter einem Druck von 30″ pumpte, dass derselbe nur eine Maschine von 3 Pferdekräften habe. Dagegen bedürfen sie einen bedeutend grösseren Platz als andere Exhaustoren, zumal als die Beale'schen, und sind auch in der Anschaffung kostspieliger.

Die Kolben-Exhaustoren nach dem Anderson'schen Princip sind von Stuttgart aus lebhaft empfohlen worden, und haben in einigen Gasanstalten Deutschlands Eingang gefunden. Der Director des Stuttgarter Gaswerkes, O. Kreusser, beschreibt sie im 3. Jahrgang des Journals für Gasbeleuchtung, Septemberheft, folgendermassen:

Der Kolben-Exhaustor, in seiner Form einer doppelt wirkenden Pumpe ähnlich, saugt beim Auf- und Niedergange des Kolbens A (Tafel XL) aus der Vorlage das in den Retorten producirte Gas durch die Klappenöffnungen B B an, und drückt es durch die Oeffnungen C C nach den Reinigern, resp. Gasbehältern. Mithin ist die Wirkung desselben mit der einer gewöhnlichen Pumpe für den Fall übereinstimmend, dass die Production in den Retorten gleich der Leistungsfähigkeit des Exhaustors ist; findet aber

1) momentan eine übergrosse Gasentwicklung statt, so dass der Exhaustor die entstehenden Gase nicht bewältigen kann, so werden sich durch den entstehenden Druck in den Retorten die Saug- und Druckklappen B B und C C so lange unabhängig von der Kolbenbewegung öffnen, bis in Folge der hiedurch möglichst freien Gasentweichung nach dem Gasbehälter der Druck sich entsprechend reduzirt hat.

Zur Vermeidung des Vacuumsaugens ist aber

2) die Klappe D mit der Saugrohrleitung E und dem Druckrohr F in der Weise in Verbindung gesetzt, dass dieselbe sich von der Druckrohrleitung nach dem Saugrohr hin öffnen kann. Die mit der Klappe verbundene Welle G trägt den doppelarmigen Hebel H, an den nach Bedürfniss ein Regulirungsgewicht gehängt werden kann.

Ist nun die Gasentwicklung so gering, dass der Exhaustor verhältnissmässig zu viel schafft, mithin die Spannung in den Retorten zu sehr vermindert wird, so wird ein Theil des Gases, welches bereits fortgeschafft war, indem es durch seinen Druck die Klappe D öffnet, in die Saugrohrleitung zurücktreten, und auf diese Weise das Gleichgewicht wieder herstellen.

Folgendes ist ein beigefügter Kostenanschlag für derartige Exhaustoren, wie sie von G. Kuhn, Maschinen-Kesselfabrik und Eisengiesserei in Stuttgart-Berg geliefert werden.

Ein gekuppelter Kolben-Exhaustor zu 40,000 c′ engl. in 24 Stunden . . . . . . fl. 1635.
Ein gusseisernes Gestell . . . . „ 495.
Ein gekuppelter Kolben-Exhaustor zu 300,000 c′ engl. in 24 Stunden für eisernes
Gestell . . . . „ 1290.
Ein eisernes Gestell . . . . „ 427.
Ein Kolben-Exhaustor zu 300,000 c′ engl. in 24 Stunden für Holzgestell . . . . „ 1320.
Ein Kolben-Exhaustor gekuppelt zu 120,000 c′ engl. in 24 Stunden für eisernes Gestell „ 1100.

26 *

Ein eisernes Gestell . . . . fl. 320.

Gasschieber, ein Stück zu 14″ . . . . „ 100.

„   „   „   „ 12″ . . . . „ 88.

„   „   „   „ 8″ . . . . „ 60.

Sämmtliche Exhaustoren ohne Röhren.

Die beliebtesten und allgemein verbreitetsten Exhaustoren sind die rotirenden von Beale. Die Figuren 1 und 2 auf Tafel XLI geben einen Längen- und einen Querschnitt derselben. In einem cylindrischen Gehäuse A befindet sich ein excentrisch angebrachter zweiter Cylinder B so, dass er unten das Gehäuse fast berührt. Dieser innere Cylinder hat an seinen Enden zwei in seiner Axe liegende Wellen, deren kleinere in einem Lager läuft, welches in der einen Endplatte des Exhaustors angebracht ist, während die zweite durch die an der anderen Endplatte sitzende Stopfbüchse hindurchgeht, aussen drei verstellbare Riemenscheiben trägt, und durch eine Stahlspitze geführt wird, welche in einem besonderen Lagerbock so befestigt ist, dass sie mittelst Schraubenmuttern nach Erforderniss gegen die Welle, die zu ihrer Aufnahme eine kleine conische Vertiefung hat, angedrückt werden kann. In dem inneren kleinen Cylinder schieben sich in entgegengesetzter Richtung zwei Platten C derart hin und her, dass sie den Raum des Exhaustors in zwei Theile theilen. Jede Platte hat an ihren äusseren Enden zwei seitliche Zapfen a a, welche von entsprechenden Löchern in den Führungsringen D D aufgenommen werden. Die Führungsringe sind zunächst der Peripherie in den Endplatten des Gehäuses eingelassene genau passende Metallringe, die sich concentrisch mit dem Gehäuse bewegen können, und durch die verschiebbaren Platten C, resp. durch den excentrischen mittleren Cylinder B herumgeschleift werden. Befindet sich der Apparat in der gezeichneten Stellung, so stehen die beiden Platten an beiden Seiten des inneren Cylinders gleich weit vor, erfolgt eine Drehung der Welle in der Richtung des Pfeiles, so schiebt sich die rechte Platte immer weiter nach oben heraus, die linke Platte dagegen immer weiter nach unten hinein, bis bei der vertikalen Stellung erstere den höchsten, letztere den tiefsten Stand erreicht hat; von da aus kehren sie allmählig in ihre erste Stellung zurück u. s. f. Die bessere Dichtung zwischen der Platte und den Wandungen des Gehäuses wird dadurch hergestellt, dass man in die Enden der Platten lose Schienen b b einsetzt, und diese mittelst dahintergelegter Federn an das Gehäuse andrückt. Das Spiel des Apparates ist leicht zu verstehen. Die gezeichnete Stellung stellt den Moment eines vollendeten Ganges dar. Der obere Raum des Exhaustors ist gefüllt, der Eingang wird abgesperrt, der Ausgang öffnet sich. Wie sich dann die Platte von der Einströmungsöffnung entfernt, drückt sie das Gas vor sich her, und zur Ausströmungsöffnung hinaus; hinterher strömt aber wieder Gas nach, und füllt den eben verlassenen Raum auf's Neue, bis die Drehung 180° erreicht hat, und ein neuer Gang vollendet ist. Die Wirkung des Apparates ist continuirlich, und nur in so fern variabel, als bei gleicher linearer Fortbewegung der Platte der Querschnitt derselben wechselt. Beim Aufsteigen nimmt er zu, beim Heruntergehen ab, ebenso muss der Effect bis zur vertikalen Stellung der Platte wachsen, dort erreicht er seinen Höhepunct, und fällt dann wieder zurück. Die Schwankung, welche auf diese Weise entsteht, ist übrigens unbedeutend, und für den Betrieb durchaus nicht störend; sie beträgt als Druck am Eingangsrohr gemessen bei regelmässigem Gange etwa ¼ bis ½″ Wasserhöhe.

Was die Leistungsfähigkeit der Beale'schen Exhaustoren anlangt, so kann man annehmen, dass sie bei gehörig exacter Ausführung und bei gutem Schluss der Platte gegen das Gehäuse einen Nutzeffect von etwa 70 bis 80% geben. Ferner nimmt man an, dass 60 bis 70 Umdrehungen per Minute die normale Geschwindigkeit ist, mit der man sie arbeiten lassen soll; Beale selbst nimmt übrigens eine grössere Geschwindigkeit, nemlich 100 Umdrehungen per Minute an. Der Kraftbedarf, den der Apparat beansprucht, ist verhältnissmässig gering und wird in den meisten Fällen nicht über 1 bis 2 Pferdestärken betragen. Dabei ist der Exhaustor einfach, nimmt wenig Raum ein, hat eine ausserordentlich geringe Abnutzung und bedarf sehr weniger Reparaturen. Man hat, wenn er von vorneherein gut gearbeitet war, höchstens einmal

Fig. 2.

Querschnitt.
Coupe transversale.

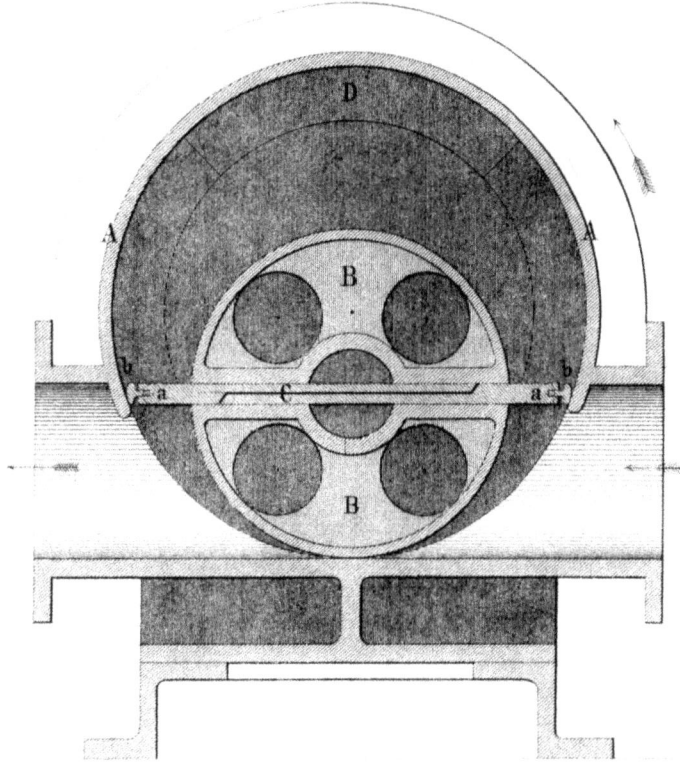

Fig. 1.

Längenschnitt. Coupe longitudinale.

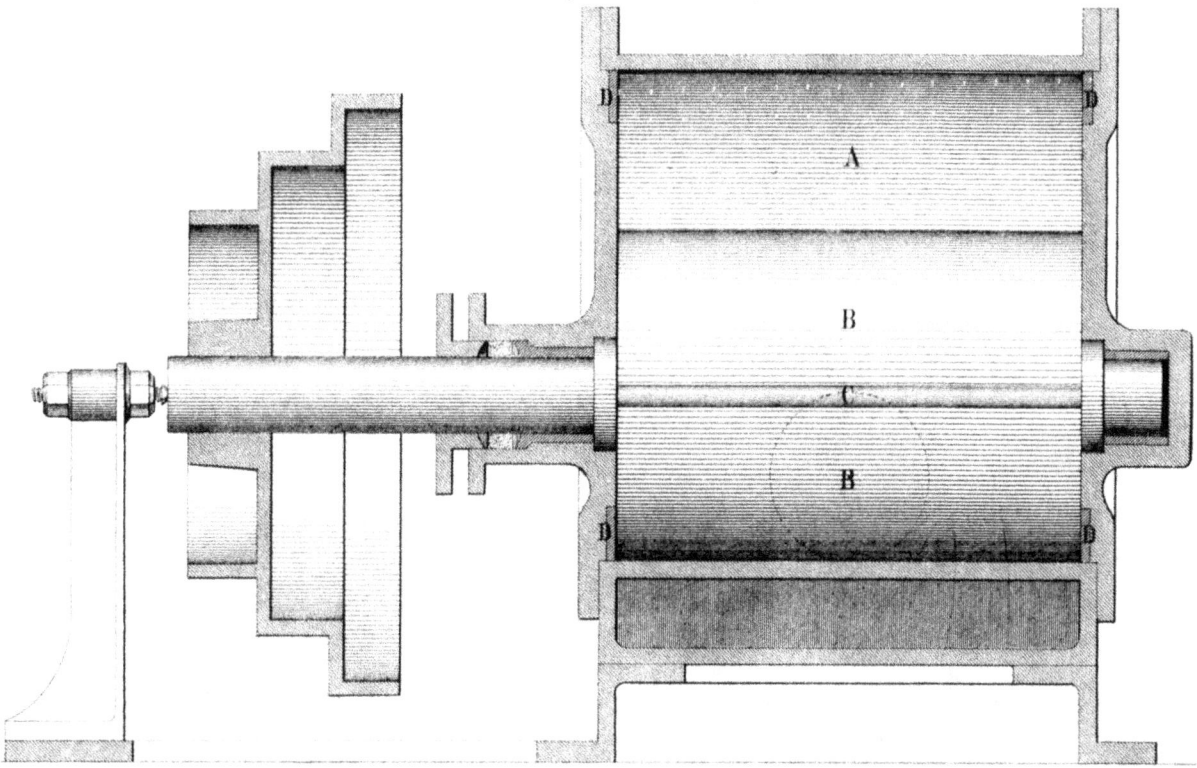

XLI

neue Federn hinter die Schienen in den Schiebeplatten einzulegen, und die Löcher neu auszubüchsen, welche die Zapfen der Platten führen, im Uebrigen geht der Apparat Jahre lang ohne den geringsten Anstand.

Schliesslich soll hier noch eines Exhaustors Erwähnung geschehen, der von dem Bruder unseres Fachgenossen Schiele, von dem Ingenieur C. Schiele construirt, in englischen Gasanstalten bereits mehrfach eingeführt ist, und jetzt auch in Deutschland angewandt werden soll. Es ist dies ein Ventilator von derselben Construction, wie sie dem Erfinder auf den Weltausstellungen zu Paris und London mit einem Preise gekrönt wurden, und wie sie seitdem zu verschiedenen Zwecken in allen Welttheilen verbreitet sind. Aus den Fig. 114 und 115 ist die Anordnung des Apparates ersichtlich. Er ist so einfach, dass er keiner

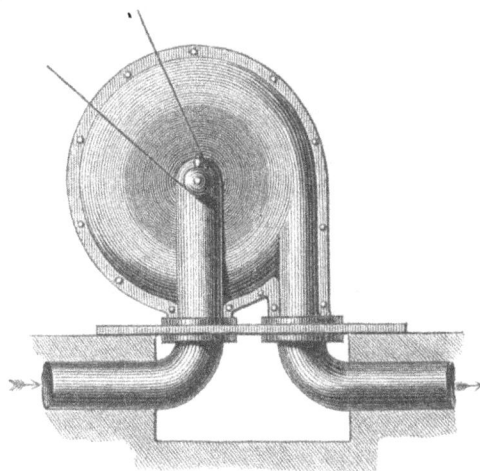

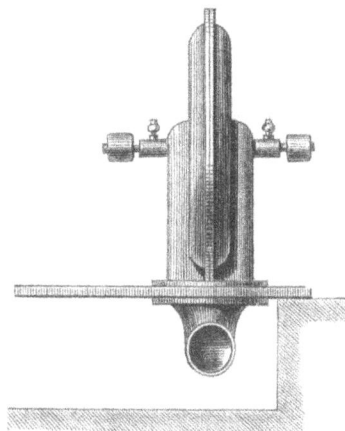

Fig. 114.   Fig. 115.

eigentlichen Beschreibung bedarf; wie bei den Centrifugalgebläsen die Luft, so wird hier das Gas in der Mitte nächst der Welle eingesogen, durch die rotirenden Flügel gegen die Peripherie gedrängt und dort durch ein zweites Rohr abgeleitet. Die Zahl der Umdrehungen der Achse, welche nebst den Lagern aus einer besonderen Metallmischung gefertigt wird, beträgt 1000 bis 1500 in einer Minute, und fördert ein Exhaustor bei einem Durchmesser der Oeffnung von

2 Zoll engl. pro Minute 176 c′ engl. oder pro Stunde 10560 c′ engl.
4 ,, ,, ,, ,, 883 ,, ,, ,, ,, ,, 52980 ,, ,,
8 ,, ,, ,, ,, 3531 ,, ,, ,, ,, ,, 211860 ,, ,,

Für kleinere Spannungen bis zu 14 Zoll engl. Wasserdruck reicht die Anwendung eines einzigen Exhaustors aus. Soll gegen einen Druck bis zu 28 Zoll engl. gearbeitet werden, so sind zwei Exhaustoren nach einander anzuwenden und zu kuppeln. Als besondere Vorzüge dieser Apparate werden noch folgende Eigenschaften hervorgehoben: Sie arbeiten vollkommen geräuschlos, und bringen nicht die geringste Erschütterung hervor, sie erhalten den Druck sowohl im Saugerohr wie im Druckrohr ausserordentlich constant, selbst bei unregelmässiger Gasentwickelung, was von der Leichtigkeit und Sicherheit herrührt, mit welcher durch die Gasspannung selbst die Regulirung des Exhaustorganges erzielt wird, sie bedürfen sehr wenig Kraft zu ihrem Betrieb, sie sind sehr dauerhaft und bedürfen höchst selten der Reparatur, sie sind so gebaut, dass sie leicht und rasch in die einzelnen Theile zerlegt und wieder zusammengesetzt werden können, endlich haben sie auch zwei Riemenrollen, damit man in dieser Richtung vor jeder Störung im Betriebe gesichert ist.

Bei den Glocken- und Kolben-Exhaustoren sind bereits zwei Regulirvorrichtungen erwähnt, die den Zweck haben, einen etwaigen Unterdruck im Zuleitungsrohr zu verhindern. Man ist im Allgemeinen den Eventualitäten ausgesetzt, dass der Exhaustor entweder zu viel oder zu wenig schafft, oder dass seine

Wirkung einmal ganz aufhört. Gewöhnlich richtet man die Geschwindigkeit so ein, dass der Apparat etwas mehr schafft, als produzirt wird, und dass durch den Regulator so viel Gas aus dem Ausgangsrohr in das Eingangsrohr zurückgelassen wird, als zum vollen Gang noch fehlt. Gegen das Stillestehen des Exhaustors braucht man bei der Glocken- oder Kolben-Construction keine besondere Vorkehrung zu treffen, weil in diesen Fällen das von den Retorten her andrängende Gas die Widerstände der vorhandenen Wasserschlüsse oder Klappen von selbst überwindet und ohne Weiteres hindurchströmt. Anders ist es bei den Beale'schen. Hier wird der Strom abgesperrt, und ein Umgangsrohr mit selbstthätiger Sicherheitsvorrichtung ist unerlässlich nothwendig. Es giebt Anstalten, wo diese Vorrichtung fehlt, und der Ein- und Ausgang mit festen Hähnen versehen ist, aber tritt hier einmal der Fall ein, dass der Exhaustor aus irgend welcher Ursache stehen bleibt, ohne dass Jemand zugegen ist, so kann das grösste Unglück geschehen. Man sichert sich dadurch, dass man den Ein- und Ausgang mittelst eines sogenannten Clegg'schen Wechselhahnes herstellt, und die Glocke desselben durch Gegengewichte so regulirt, dass sie sich hebt, wenn der Druck im Eingangsrohr auf 2 bis 3″ steigt. Die Einrichtung des Clegg'schen Hahnes wird in einem späteren Capitel beschrieben werden, hier sei nur so viel erwähnt, dass derselbe für diesen Zweck aus einem mit Wasser gefüllten gusseisernen Bassin mit 4 senkrechten Röhren besteht, in welches Bassin eine unten offene und oben geschlossene Blechglocke eintaucht. Die Blechglocke hat eine senkrechte Scheidewand, die bis zur halben Tiefe derselben hinabreicht. Wenn sie unten aufsteht, so veranlasst sie, dass die vier Röhren des Bassins je nach ihrer Stellung nur paarweise mit einander communiciren, während die Verbindung zwischen dem einen Paar und dem anderen aufgehoben ist. Von den vier Röhren ist das erste mit dem Zuleitungsrohr von den Retorten her, das zweite mit dem Eingang zum Exhaustor, das dritte mit dem Ausgang vom Exhaustor, das vierte mit dem Ableitungsrohr zu den Reinigungsapparaten verbunden. Je nach der Stellung der Scheidewand der Glocke strömt das Gas entweder durch den Exhaustor oder es ist der Exhaustor abgestellt. Ist die Regulirung einmal für einen gewissen Druck hergestellt, so muss sich die Glocke jedesmal heben und das Gas ungehindert durchlassen, sobald dieser Druck überschritten wird; man ist für den Fall, dass der Exhaustor in's Stocken geräth, sicher.

Der Regulator, welcher oben bei dem Glocken-Exhaustor beschrieben worden ist, wird mit gewissen Modificationen noch heute vorzugsweise angewendet. Man lässt meist die Gegengewichte weg, und entlastet die Glocke durch Luftkasten. Das Adjustiren geschieht dann durch Auflegen von Gewichten. Das im muffenförmig erweiterten Ausgangsrohr spielende Kegelventil wird unten glockenförmig abgerundet, und schlägt gegen einen auf dem Rohr liegenden mit Leder ausgepolsterten Ring. Auf der Glocke sitzt eine vertikale Führungsstange, welche einmal durch Rollen und dann oben durch eine Messingbüchse geht, und den senkrechten Gang der Glocke bewirkt.

Bei den neueren Regulatoren, die S. Elster liefert, hat derselbe in höchst sinnreicher Weise eine selbstthätige Umgangsvorrichtung mit dem Regulator selbst verbunden. Der Apparat, dem der Fabrikant den Namen Bypass-Regulator giebt, ist auf Tafel XLII abgebildet, und besteht hier im Wesentlichen aus 2 Theilen; der obere mit dem 4 zölligen seitlichen Eingangsrohr H enthält die Regulatorglocke, die mittelst Luftkasten so regulirt ist, dass man einen Unterdruck bis zu Minus 2 Zoll mit ihr herstellen kann, der untere Theil mit dem im Boden angebrachten Ausgangsrohr G enthält das Umgangsrohr E, und steht überdies durch das Ventil A mit dem oberen Theil in Verbindung. Das seitliche Rohr D mit dem Hahn B dient zum Füllen und zur Regulirung des Wasserstandes, C ist ein Syphon, durch welchen das überflüssige Wasser abfliesst. Die erste Füllung des Apparates geschieht unter Abschluss des Gases; es wird bei geöffnetem Hahn B so lange Wasser in das obere Regulatorgefäss gegossen, bis dasselbe anfängt, aus dem Syphon C auszulaufen. Man erhält die in Fig. 1 dargestellten Verhältnisse, und schliesst dann den Hahn B. Sollte später durch Zufall Wasser aus dem Apparate entfernt sein, so wird der Hahn B wieder geöffnet, und Wasser nachgefüllt wie früher. Wird die Verbindung des Eingangsrohres H mit dem Exhaustor geöffnet, so herrscht unter der Regulatorglocke F derselbe Druck, wie im Saugerohr des Exhaustors; wir wollen also sagen minus 2 Zoll

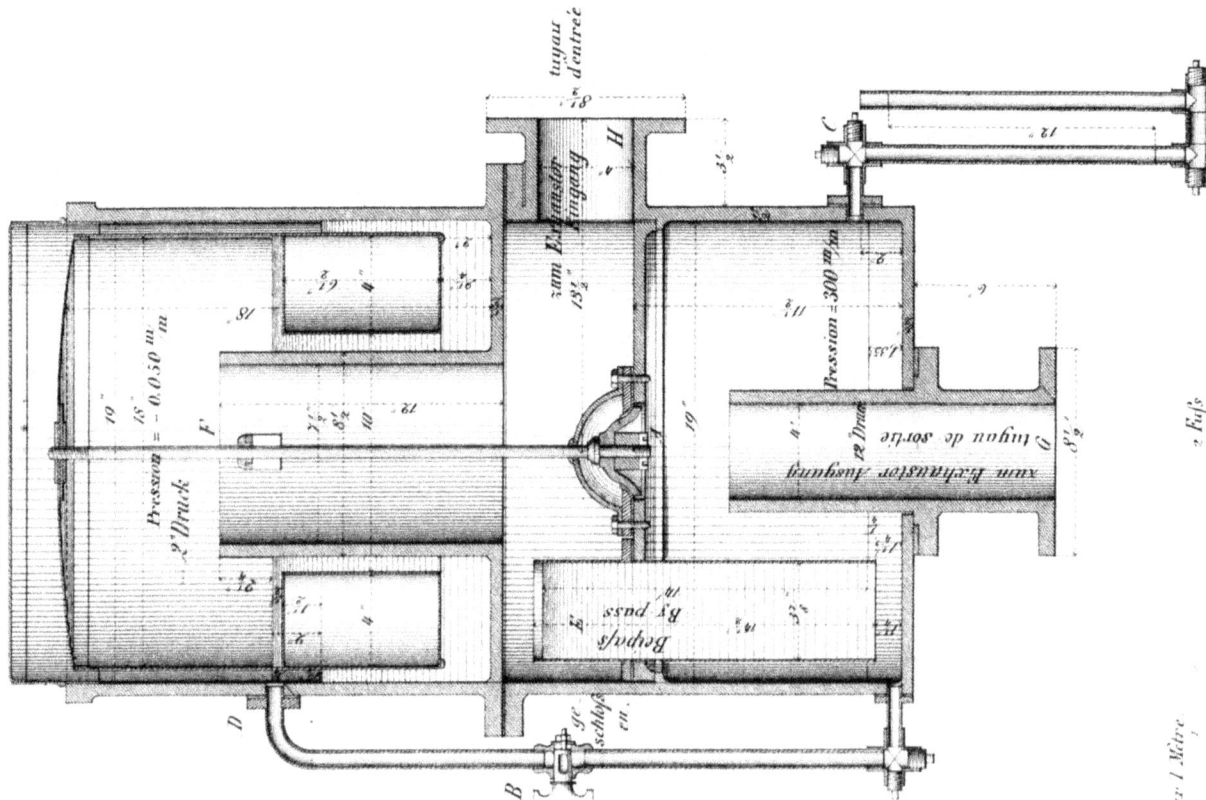

XLII

Fig. 2.

Exhaustor geht.

Exhausteur en marche.

Pression = − 0.050 ^{m}

Beehaß by pass

zum Exhaustor Ausgang
tuyau de sortie

zum Exhaustor Eingang
tuyau d'entrée

Pression = 300 $^{m/m}$

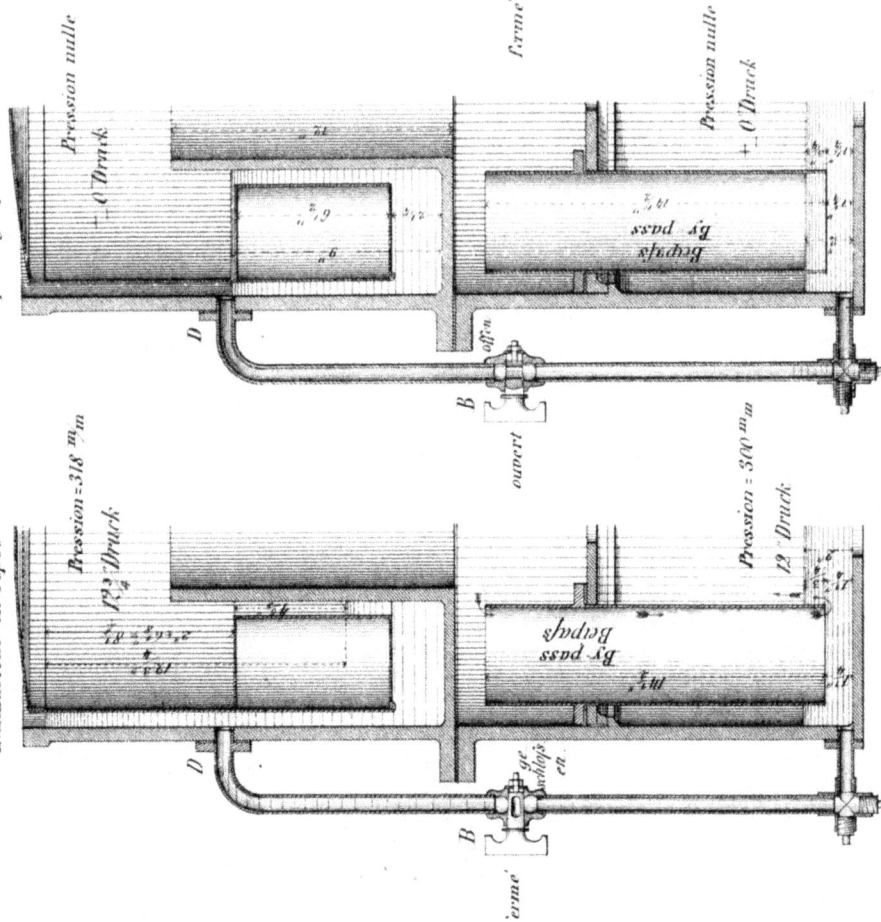

Fig. 1.

Wasserfüllung außer Betrieb.

Remplissage pendant l'arret.

Pression nulle
0 Druck

Pression nulle
0 Druck

Beehaß by pass

offen

ouvert

Pression = 318 ^{m}m

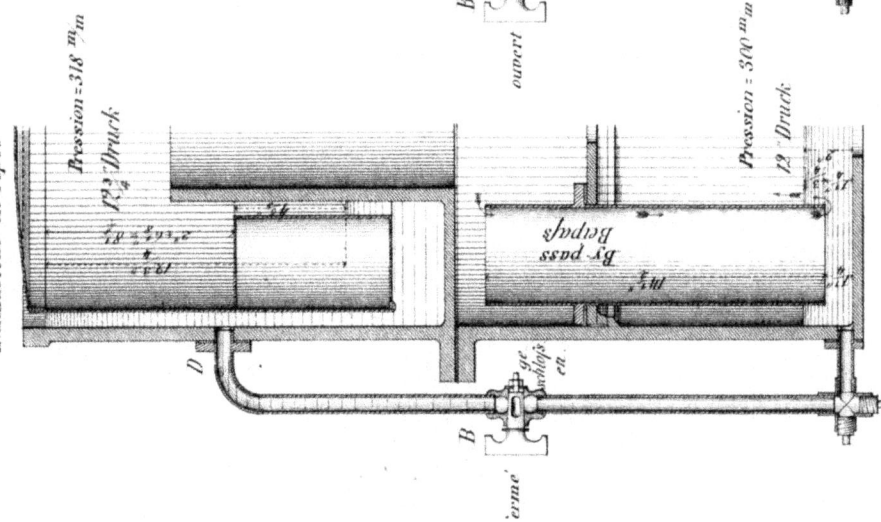

Fig. 3.

Exhaustor steht.

Exhausteur en repos.

Pression = 318 ^{m}m

by pass Beehaß

Pression = 300 $^{m/m}$

ferme

Echelle de c^m 126 pour 1 Mètre

(Fig. 2). Bei den gewöhnlichen Querschnittsverhältnissen sinkt im oberen Theil der äussere Wasserspiegel um 1³/₄ Zoll, während der innere um ¹/₄ Zoll steigt; im unteren Theil, wo derjenige Druck, der im Exhaustor-Ausgange Statt findet und der hier zu 12 Zoll angenommen ist, auf den Wasserspiegel drückt, steigt das Wasser im Umgangsrohr um 11¹/₂ plus 2 Zoll, während der Spiegel im Gefäss um ¹/₂ Zoll sinkt. Fördert der Exhaustor momentan mehr, als gleichzeitig an Gas producirt wird, so nimmt der Druck unter der Glocke F ab, und letztere sinkt etwas herab. Dadurch öffnet sich das Ventil A, und es strömt aus dem unteren Rohr, resp. aus dem Ausgangsrohr des Exhaustors so lange Gas zurück, bis der vorgeschriebene Druck von minus 2 Zoll im Eingangsrohre des Exhaustors wieder hergestellt ist. Der Druck vor dem Exhaustor wird also innerhalb gewisser geringer Schwankungen constant erhalten. Bleibt durch einen Zufall dagegen der Exhaustor stehen, so wächst alsbald der Druck im Exhaustor-Eingange fortwährend an, bis schliesslich der Zustand eintritt, der in Fig. 3 dargestellt ist, und das Umgangsrohr zur Function bringt. Der Wasserstand im Umgangsrohr sinkt, und wenn der Druck im Exhaustoreingange auf 12³/₄ Zoll gestiegen ist, so ist alles Wasser aus jenem ausgetrieben, und das Gas strömt hindurch, zunächst in den unteren Raum des Regulators, und von da in das Ausgangsrohr. Im oberen Theile des Apparates wird der innere Wasserspiegel herabgedrückt, und der äussere bis fast zum oberen Rand gehoben. Das Gas hat also auch für den Fall, dass der Exhaustor stehen bleibt, bei 12³/₄ Zoll Druck einen ungehinderten Durchgang, und man bedarf einer weiteren Sicherheitsvorrichtung nicht mehr.

Ein Regulator von Pauwels & Dubochet ist auf Tafel XXXIX Fig. 3 abgebildet. Derselbe wirkt einmal auf den Strom des Gases durch das Zuführungsrohr und zugleich auch auf das Dampfventil, um den Gang der Maschine zu reguliren. Das Zuführungsrohr hat eine vertikale Abzweigung, die in ein schmiedeeisernes ringförmiges Bassin führt, in welchem sich eine Glocke auf und ab bewegt. Die Glocke hat eine vertikale Geradführung und ist an einem Arm eines Balanciers aufgehängt, an dessen anderem Arm eine längere Stange hängt, die an ihrem unteren Ende mit dem entsprechenden Gewichte beschwert ist, und zugleich die Drosselklappe bewegt, die den Strom des Gases befördert oder zurückhält. Ist das Gewicht so regulirt, dass der Exhaustor genau so viel schafft, als die Drosselklappe durchlässt, so wird die Stellung der Glocke unverändert bleiben. Strömt mehr Gas zu, so wird durch den sich vermehrenden Druck die Glocke gehoben und zugleich das Drosselventil weiter geöffnet, also mehr Gas zum Exhaustor hinzugelassen; wird weniger Gas produzirt, so senkt sich die Glocke, das Drosselventil schliesst sich etwas und es strömt weniger Gas zum Exhaustor. Dieselbe Bewegung, welche dem Ventil im Gasrohr ertheilt wird, überträgt sich auch nach oben auf das Dampfventil, bei vermehrter Production wird auch dieses entsprechend geöffnet und bei verminderter Production geschlossen; im ersten Falle beschleunigt sich der Gang der Maschine, im letzteren Fall wird er zurückgehalten. Die

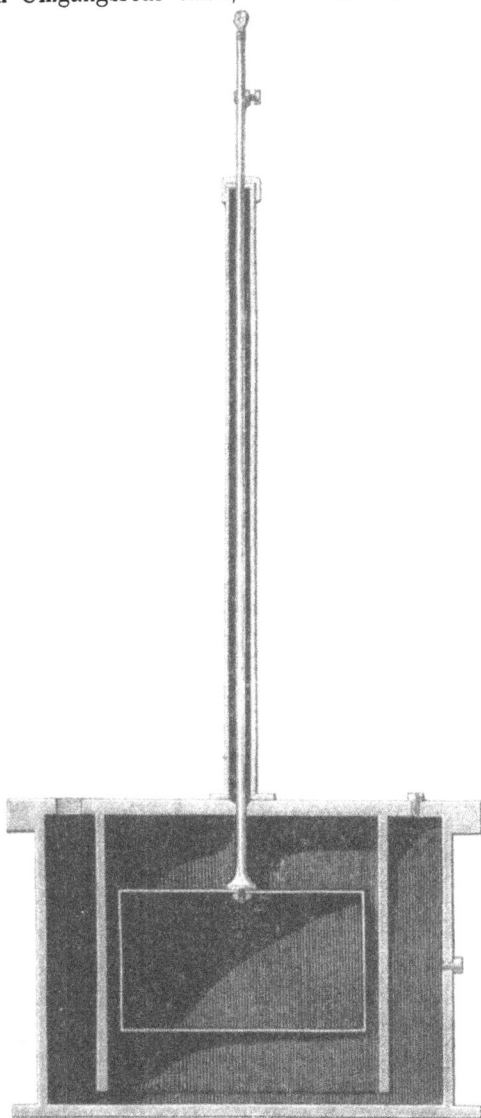

Fig. 116.

Arbeit der Maschine wird also im richtigen Verhältniss zur Production erhalten und der Exhaustor schafft so viel, als produzirt wird. Es lässt sich diesem Apparat eine sinnreiche Anordnung nicht absprechen; aber die Nothwendigkeit zweier Stopfbüchsen und die Schwierigkeit, beide Ventile in völliger Uebereinstimmung mit einander zu erhalten, erregen doch einiges Bedenken uud ich zweifle nicht, dass es besser ist, einen Theil des Gases doppelt zu saugen, als sich auf die genaue Regulirung zu verlassen.

Auch Beale liefert einen Regulator zu seinem Exhaustor, der auf das Dampfventil wirkt und den Gang der Maschine nach der Production des Gases regulirt. Fig. 116 giebt eine Skizze des Apparates. In einem gusseisernen Kasten befindet sich ein Schwimmer mit einer vertikalen Stange, durch welche die Bewegung auf das Dampfventil übertragen wird. Im Deckel links ist die Oeffnung für das Gaszuströmungsrohr, rechts die Füllöffnung für das erforderliche Wasser. Die Seitenschraube dient zur Regulirung des Wasserniveaus.

Achtes Capitel.

Die Reinigungs-Apparate.

Erster Reinigungsapparat von Clegg. Abänderung von Creighton. Neuere nasse Reiniger nach dem Creighton'schen Princip. Tabors Aeusserungen über die trockne Kalkreinigung. Reuben Phillips von Exeter hat zuerst 1817 ein Patent für die trockne Kalkreinigung erhalten. Beschreibung eines Reinigungsapparates üblicher Construction von 12′ im Quadrat. Apparate von Eisenblech und von Holz. Spielhagen's Reinigungskasten von Mauerwerk. Verschiedene Form und Anordnung der Reinigungsapparate. Tiefe der Tasse. Vorrichtungen zur Auflage für die Rosten. Verschiedene Arten von Rosten. Vorrichtungen zum Festhalten des Deckels. Vorrichtungen zum Heben der Deckel. Grosse Reinigungsapparate sind nicht genug zu empfehlen. Calculation für die Grösse derselben. Die Reinigung mit zwei, drei und vier Apparaten.

Es ist bereits Seite 82 erwähnt, dass S. Clegg zum Behuf der Reinigung seines Gases zuerst Kalk in die Gasometergrube brachte. Dies war im Jahre 1806 in der Fabrik von Harris in Coventry. Bereits im folgenden Jahre hatte sich indess die Unzweckmässigkeit dieser Anordnung erwiesen und bei der Errichtung der Anstalt für das Stonyhurst College in Lancashire stellte er einen besonderen Apparat mit Kalkmilch auf, durch den er das Gas leitete, bevor es in den Gasbehälter gelangte. Das war der erste sogenannte nasse Kalkreiniger. Fig. 117 ist eine Skizze dieses Apparates, wie sie uns von dem Sohne des Erfinders aufbewahrt ist. In einem grösseren, geschlossenen Cylinder von Gusseisen ist ein zweiter, engerer und kürzerer Cylinder von Eisenblech so befestigt, dass sein unteres offenes Ende 4″ vom Boden des ersteren absteht. Beide Cylinder sind bis zur halben Höhe etwa mit Kalkmilch gefüllt, die durch ein kleineres Rohr mit trichterförmigem Aufsatz von oben eingebracht wird.

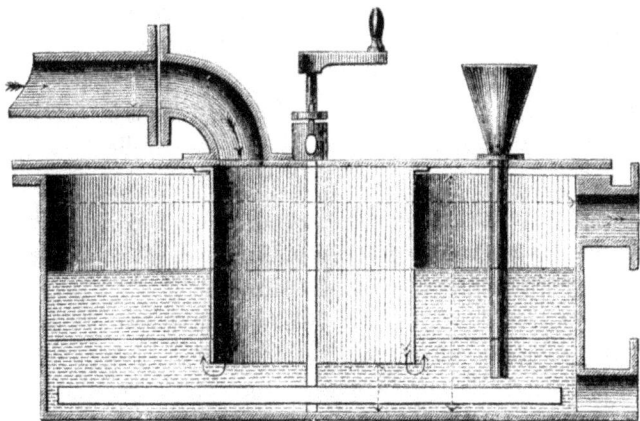

Fig. 117.

27

Durch die Mitte des inneren Cylinders geht eine vertikale Achse, die unten zunächst dem Boden zwei Arme zum Rühren und oben ausserhalb des Kastens eine Kurbel zum Drehen trägt, mittelst welcher Vorrichtung die Kalkmilch fortwährend in Bewegung gehalten wird. Gleichzeitig mündet in den mittleren Cylinder noch das Einlassrohr für das Gas. Beim Durchgang des Gases durch den Apparat überwindet dieses den Druck der innerhalb stehenden Kalkmilch und tritt um den Rand des inneren Cylinders in den äusseren Kasten über. Hier trifft es beim Aufsteigen zunächst noch eine siebartig durchlöcherte Platte, wird dadurch gezwungen, sich möglichst fein zu zertheilen, und wird, nachdem es bis zum oberen Theil des Kastens durchgedrungen ist, aus diesem durch ein seitliches Rohr abgeführt. Das untere seitliche Rohr, was noch in der Skizze zu sehen ist, steht mit einem aufwärts zeigenden Knie von der Höhe des Kalkmilch-Niveaus in Verbindung und dient zum Einbringen von frischem Material, nachdem das alte zuvor durch einen am Boden angebrachten Hahn abgelassen worden ist

Diese Clegg'schen Reinigungs-Apparate scheinen sich mit unwesentlichen Abänderungen bis gegen die zwanziger Jahre hin ausschliesslich behauptet zu haben. Um diese Zeit stellte Creighton in Glasgow eine Maschine auf, die sich im Princip von der Clegg'schen darin unterschied, dass nicht das Gas in der Kalkmilch, sondern die letztere im Gasstrom fein vertheilt wurde, wodurch der wesentliche Vortheil erreicht wurde, dass der Druck, den die frühere Anordnung verursachte, zum grossen Theil aufhörte. Der Creighton'sche Apparat, Fig. 118, besteht aus einem schräge liegenden 2½' weiten Cylinder aus Gusseisen oder aus Holz mit

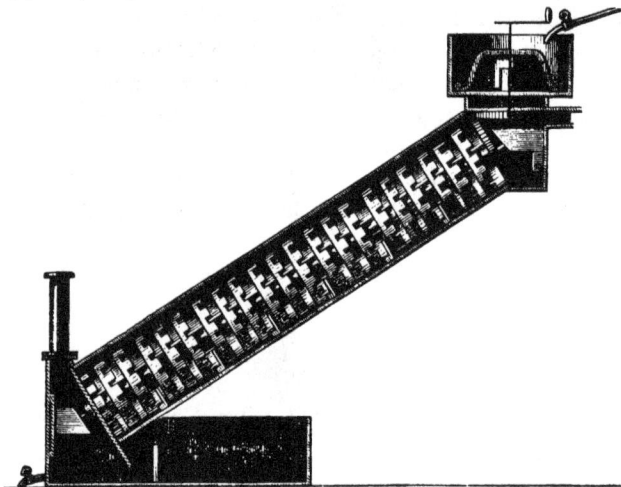

Fig. 118.

eisernen Reifen gebunden, dessen oberes Ende 6' höher liegt, als sein unteres. Unten ist er mit einem Gefäss, was das Einströmungsrohr trägt und von welchem die benutzte Kalkmilch abfliesst, oben mit einem zweiten Gefäss, welches die frische Kalkmilch aufnimmt, die mechanische Vorrichtung zur Bewegung der Achse und das Abflussrohr enthält, luftdicht verbunden. Die Länge des Cylinders ist in sieben gleiche Theile getheilt und in jedem Theilpunkt ist eine Wand wasserdicht eingesetzt, die ein 10'' hohes Segment eines Kreises bildet, der mit dem Cylinder einerlei Durchmesser hat. Wenn nun Kalkmilch oben in den Cylinder gegossen wird, so sammelt sie sich hinter der ersten Wand, fliesst über deren Rand, sammelt sich abermals hinter der zweiten Wand, und so weiter hinter allen Wänden, so bilden sich in dem Cylinder sieben kleine Kalkmilchbehälter. Durch die Mitte des Cylinders geht eine oben und unten mit einem Wellzapfen versehene eiserne Achse, die von oben aus bewegt wird. An dieser Welle sind 21 Kränze befestigt, so dass in jeden Behälter drei Kränze eintauchen. Diese bestehen aus einem 1—1¼'' breiten und 2''' dicken Ring, der mittelst eines Kreuzes an der Welle festsitzt, und auf seiner Fläche eine Anzahl kleiner viereckiger Schöpfgefässe trägt, die oben offen sind und etwa 8 c'' fassen. Wird ein solcher Kranz umgedreht, so tauchen die Gefässe in die in jedem der kleinen Behälter enthaltene Kalkmilch, und füllen sich damit an; sowie sie in die Höhe steigen, giessen sie die Kalkmilch nach und nach wieder aus, und diese fällt dann fein vertheilt in die Behälter wieder zurück.

Die Idee des Creighton'schen Reinigungs-Apparates scheint von späteren Ingenieuren vorzugsweise festgehalten und verfolgt worden zu sein. In mehreren Anstalten Süddeutschlands arbeitete man noch in neuerer Zeit mit Reinigern, die auf demselben Princip beruhen. In einem halbcylinderförmigen gusseisernen Trog, Fig. 119 und 120 liegt ein ebenfalls halbcylinderförmiger gusseiserner Deckel von etwas geringerem Durchmesser, der etwa 9'' in den ersteren hineinreicht und mittelst vier an-

Fig. 119.

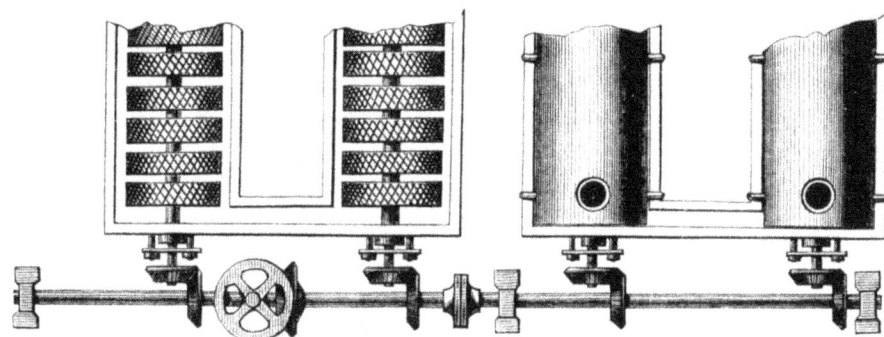

Fig. 120.

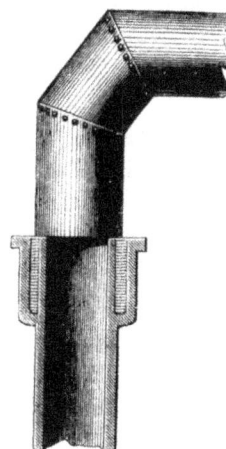

Fig. 121.

gegossener Knacken aufliegt. Im Trog liegt eine Längswelle, die am hinteren Ende in einem eingesetzten Lager läuft, vorne durch eine Stopfbüchse hinaustritt, und ein Stirnrad trägt, das durch eine weitere mechanische Vorrichtung in Bewegung gesetzt wird. Auf der Welle sitzen eine Anzahl, 5 bis 10 Trommeln von Drahtgeflecht, die sich mit der Welle herumdrehen. Ist der Trog mit Kalkmilch gefüllt, so nehmen die sich drehenden Trommeln davon einen Theil mit in die Höhe, und das Gas muss eine Reihe von siebartigen Wänden passiren, die ihm den Kalk in einem sehr fein vertheilten Zustande darbieten, ohne einen wesentlichen Druck zu verursachen. Die Ein- und Ausgangsröhren für das Gas sitzen beide auf dem Deckel, erstere vorne, letztere hinten, und da man stets mehrere Apparate hinter einander anwendet, so verbindet man jedesmal den nächsten Eingang mit dem vorhergehenden Ausgang durch ein leichtes Rohr von Eisenblech, welches man einfach in die Mündungen einsetzt. Diese Mündungen sind dabei so construirt, wie Fig. 121 darstellt, dass sie einen ringförmigen Behälter von etwa 9″ bis 1′ Tiefe und 1 bis 2″ Breite bilden, der mit Wasser oder Theer gefüllt ist, und in den das übergeschobene Blechrohr hineinfasst.

Die nasse Kalkreinigung wird von manchen Ingenieuren noch immer mit besonderer Vorliebe beibehalten, und es ist keineswegs zu leugnen, dass sie energischer wirkt, resp. dass das Reinigungsmaterial vortrefflich ausgenützt wird, sie ist jedoch insoferne lästig für den Betrieb, als man eine besondere Triebkraft braucht, und das Wegschaffen der ausgenutzten Kalkmilch selten mit Bequemlichkeit und ohne die Nachbarschaft oder das Publikum zu geniren vorgenommen werden kann; man giebt desshalb im Grossen und Ganzen der trockenen Reinigung den Vorzug.

Wer eigentlich der Erste war, der die trockne Kalkreinigung zur practischen Anwendung brachte, ist mir nicht sicher bekannt. Tabor in seinem »vollständigen Handbuch der Gasbeleuchtungskunst« aus dem Jahre 1822, Band I Seite 349, sagt:

»Man soll anfänglich in England wirklich die Probe gemacht haben, den gebrannten Kalk in ein feines Pulver zu verwandeln, ihn in einem Gefäss aufzuschichten und das Gas von unten auf durchzutreiben; wenigstens hat mich dies ein junger Gasbeleuchtungskünstler, der sich einige Zeit in England aufgehalten hat, mit dem Beisatz versichert, dass dieses die beste Methode sei, das Gas in dem höchsten Grad der

Reinheit zu erhalten. Ohngeachtet dieses nun mancher Bedenklichkeit unterworfen ist, so verleitete mich doch die Neugierde, den Versuch im Kleinen zu machen. Ich liess einen Gasstrom durch eine 12″ hohe Schicht von gepulvertem, frisch gebrannten Kalk gehen. Da die Schicht locker aufgetragen war, so ging anfänglich einiges Gas ziemlich leicht durch, es dauerte aber gar nicht lange, so war der Druck einer 30″ hohen Wassersäule nöthig, um noch einiges Gas durchzubringen, und von 2 c′ brachte ich kaum 1 c′ durch den Kalk; er fing an sich zu ballen, vermuthlich weil das Gas einige Feuchtigkeit bei sich hatte und das Gas trat rückwärts aus dem Gefäss heraus. Das durchgetriebene Gas war bei Weitem noch nicht rein, was man besonders am Geruch wahrnahm, wenn es brannte. Nicht viel besser war die Wirkung, als man das Gas mit gepulvertem Kalk in einer Flasche anhaltend schüttelte, was ohnehin im Grossen nicht wohl ausführbar wäre. In England wenigstens ist diese Reinigungsmethode, wenn sie anders je angewandt wurde, nicht beibehalten worden. Peckston, 1819, führt die Methode, das Gas durch trockenen Kalk zu reinigen, ebenfalls an und giebt an, dass ein gewisser Reuben Philipps von Exeter ein Patent darüber erhalten habe; er könne aber über den Werth dieser Methode nicht entscheidend urtheilen, weil sie noch nicht im Grossen versucht worden sei und er nicht Gelegenheit gehabt habe, darüber Beobachtungen anzustellen. Er müsse jedoch so viel bemerken, dass es sehr zweifelhaft sei, ob man diese Methode bei der Art, wie das dazu gehörige Reinigungsgefäss zusammengesetzt und eingerichtet sei, mit Sicherheit und Oeconomie im Grossen werde anwenden können.«

In der Specification des Patentes von Philipps aus dem Jahre 1817 heisst es: »Ich nehme gut gebrannten Kalk und giesse so viel Wasser hinzu, dass er zunächst zu Staub zerfällt, und dass dann die einzelnen Partikeln wohl leicht an einander hängen, aber der Luft freien Durchzug gestatten. Diese Mischung wird 6 Zoll tief (mehr oder weniger) auf beweglichen durchlöcherten Platten in einem Gefäss ausgebreitet, und das Gefäss selbst durch einen Deckel mit Wasserverschluss geschlossen.«

Ein Reinigungs-Apparat, wie man ihn mit geringeren oder grösseren Abänderungen in den meisten Gasanstalten findet, ist auf Tafel XLIII bis XLV dargestellt. Fig. 1 ist eine Ansicht von oben, Fig. 2 eine Seitenansicht, Fig. 3 ein vertikaler und Fig. 4 ein horizontaler Durchschnitt. Derselbe besteht der Hauptsache nach aus einem gusseisernen quadratischen Kasten von 12,5′ Seite und 4.6′ Höhe, oben mit einer 1′ tiefen Wasserrinne und im Innern mit schmiedeeisernen Coulissen versehen, auf welchen 6 Lagen ebenfalls schmiedeeiserner Rosten aufliegen. Das 8zöllige Einlassrohr tritt in der Mitte des Kastens von unten ein und ist mit einem schmiedeeisernen Schirm bedeckt, damit kein Reinigungsmaterial in die Oeffnung, die übrigens um etwa 2″ über den Boden hervorragt, hineinfallen kann. Der Ausgang ist in einer Ecke des Kastens angebracht, indem ein gusseisernes Winkelstück von beinahe der Höhe des Kastens dort luftdicht an die zwei Wände angeschraubt ist und unten auf ein kreisrundes Loch im Boden trifft, von welchem aus ein 8zölliges gebogenes Rohr weiter führt. Der Deckel, welcher in die erwähnte Wasserrinne des Kastens hineinfasst, besteht aus Kesselblech mit den nöthigen schmiedeeisernen Verstärkungsrippen versehen, hat in der Mitte einen zweizölligen Lufthahn, an den vier Ecken Ringe zum Aufheben und an zwei Seiten Ueberfallhaken, welche unter den Rand des gusseisernen Kastens fassen und den Deckel gegen den Druck des Gases festhalten. Der Boden besteht aus 9 Platten mit Flanschen nach unten, jede der Seiten aus 3 Platten mit Ver-

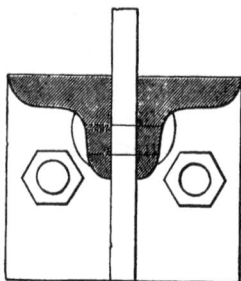

Fig. 122.

stärkungsrippen; die Rinne aus 4 Ecktheilen und 4 langen Mitteltheilen, die mit übergelegten Schienen und versenkten Schrauben verbunden sind. Diese Verbindung ist aus Fig. 2 ersichtlich. Die Stärke der Gussplatten ist durchweg ½″; die Schraubenbolzen sind ⅝″ stark und stehen 7″ von Mitte zu Mitte auseinander. An zwei gegenüberstehenden Innenseiten des Kastens sind Leisten zur Auflage für die Rosten an den Platten angegossen, an den beiden anderen Seiten sind die Coulissen befestigt. Jede der drei Coulissen besteht aus 6 doppelten Winkelschienen, die an beiden Enden an T förmigen Ansätzen festgenietet und auf ihrer Länge durch je drei vertikale Leisten unterstützt sind. Die T förmigen Ansätze sind, wie Fig. 122 zeigt, aus Schmiedeeisen hergestellt und mittelst je zwei Schrauben an der Wand des

Fig. 1.

XLIII.

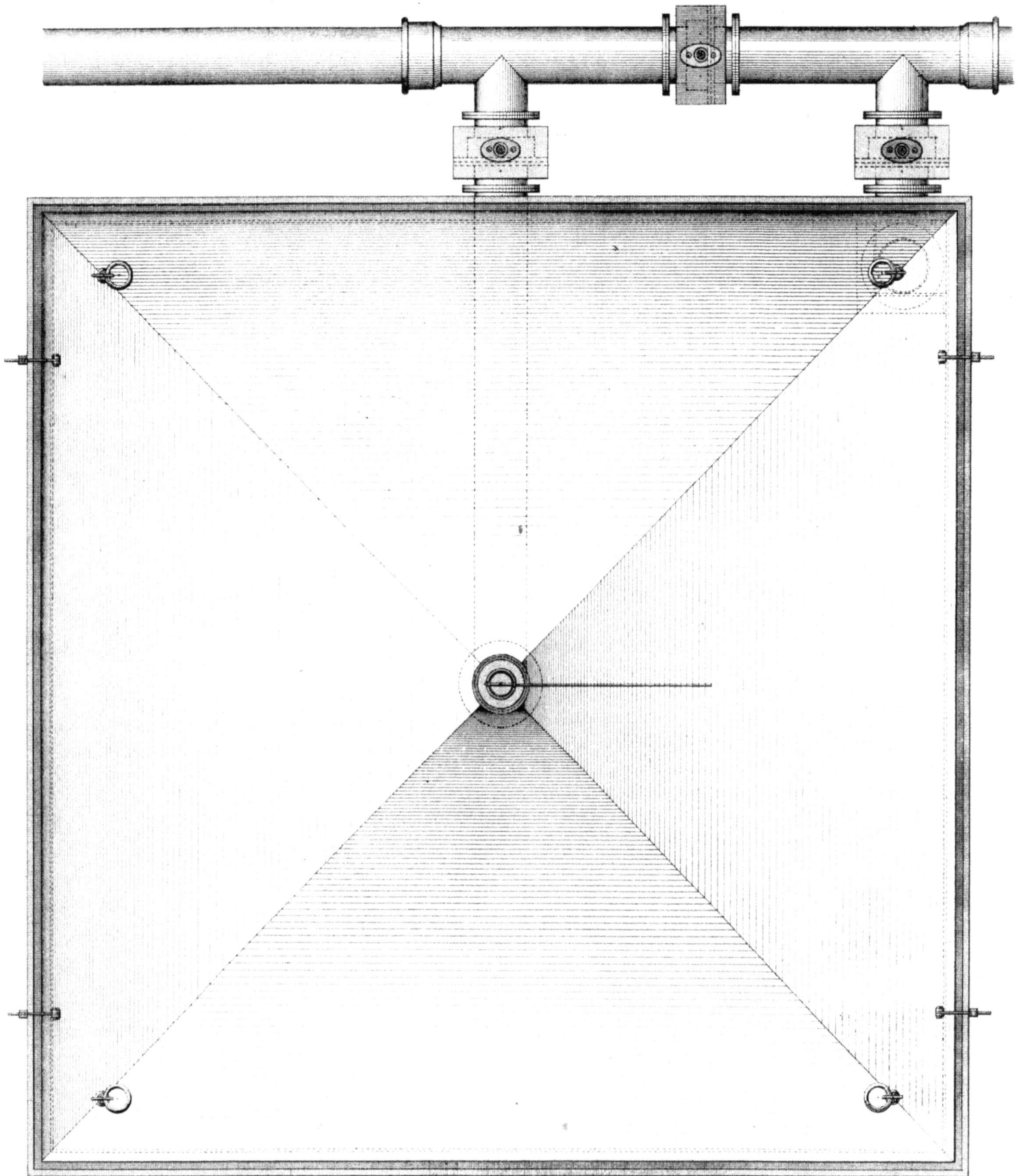

Echelle de 48 Mill. pour 1 Mètre

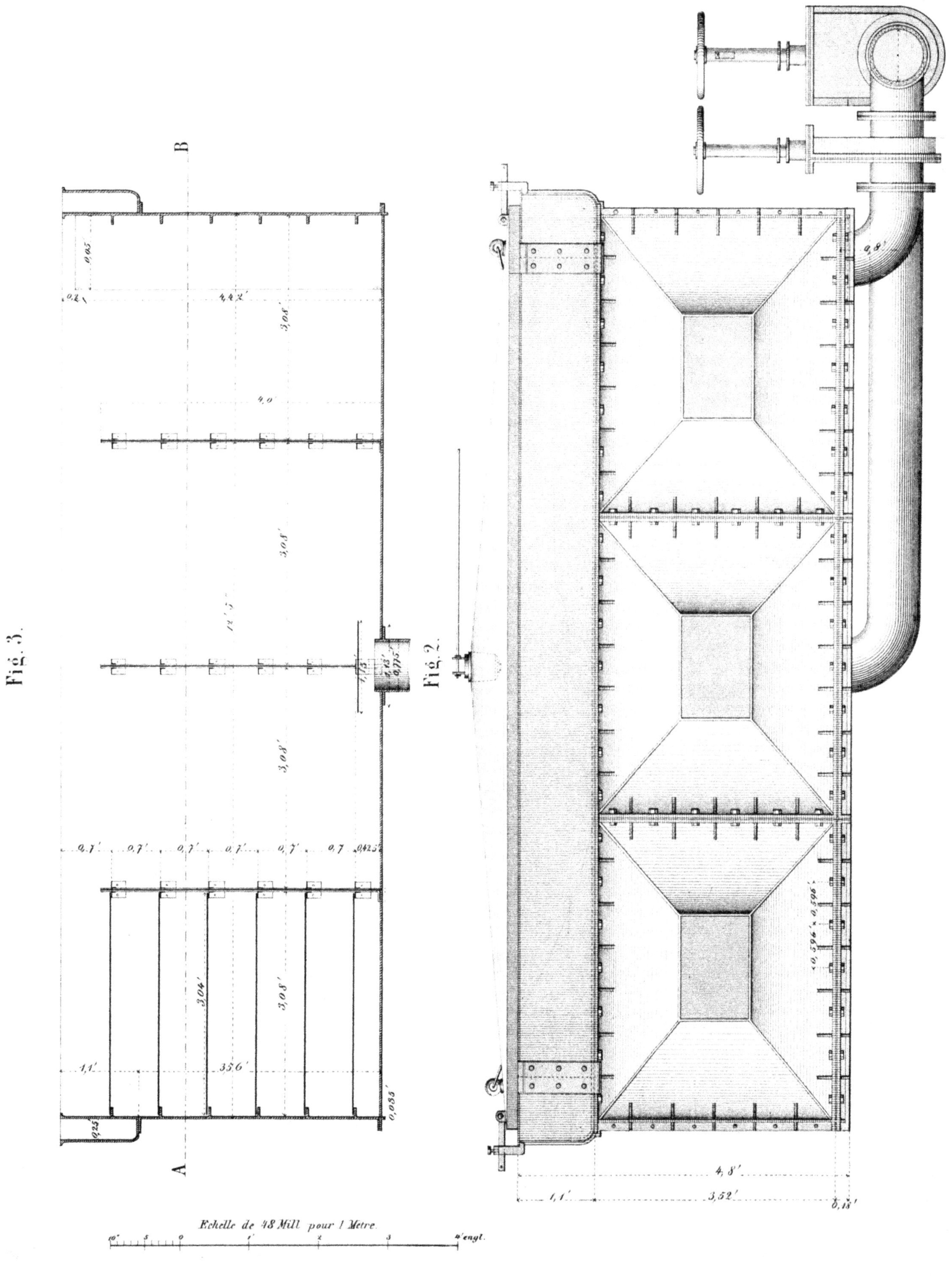

XLIV.

Fig. 3.

B

0,05'
0,2'
4,42'
3,08'
4,0'
3,08'
12,5'
1,5'
4,12'
0,775'
3,08'
0,7' 0,7' 0,7' 0,7' 0,7' 0,7' 0,425'
3,04'
3,08'
1,1' 35,6'
0,25'
0,055'
A

Fig. 2.

0,8'

10,575' x 0,596'

4,8'
1,1' 3,52' 0,18'

Echelle de 48 Mill. pour 1 Mètre.

XLV

Fig. 4.

Querschnitt nach A.B. Fig. 3   Coupe transversale suivant A.B. Fig. 3

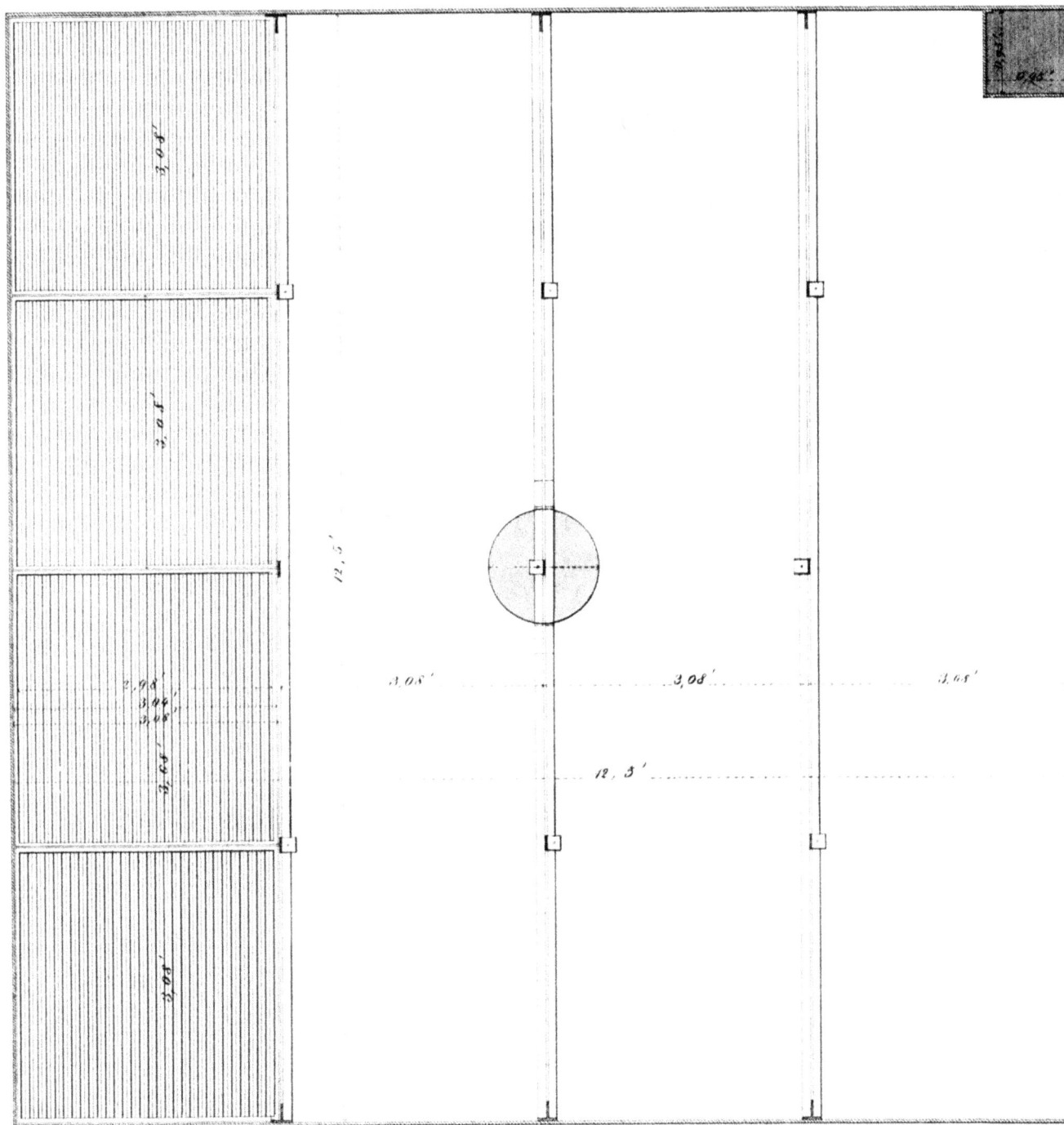

Échelle de 48 Millim. pour 1 Mètre

gusseisernen Kastens befestigt. Der hervortretende Lappen, an den die Winkelschienen festgenietet sind, steht zugleich nach oben etwas vor, um den einzulegenden Rosten einen Anschlag zu bieten. Die vertikalen Leisten sind schmiedeeiserne Plattschienen zwischen den horizontalen Winkelschienen durchgesteckt und mit

Clegg in seinem Werk über Gasbeleuchtung theilt folgende Specification eines Reinigers von 12′ im Quadrat mit, der vor mehreren Jahren auf der Anstalt der Great Central Company in London aufgestellt worden ist:

Bodenplatten: 16 Stück, $3/8$″ dick, im zusammengefügten Zustand ein Quadrat von 12′ Seite bildend, rund herum mit Flanschen $2^3/4$″ breit, mit $5/8$ zölligen Bolzen 6″ von einander entfernt, zusammengebolzt und mit Verstärkungsrippen an den Flanschen versehen, je eine in der Mitte zwischen zwei Bolzen. Eine der Bodenplatten hat ein 14″ weites Loch mit einem Blechdach darüber 9″ entfernt, 24″ im Durchmesser, und befestigt mittelst sechs 15 zölliger Bolzen. Eine andere Platte hat eine Oeffnung, 12″ im Durchmesser, mit Ohren, Bügel und Schraube, ähnlich wie ein Retortenmundstück, was man von unten öffnen kann.

Seitenplatten. 4′ 2″ im Lichten hoch, 16 an der Zahl, mit einer Wasserrinne 8″ breit, 1′ 6″ tief. Die Platten $5/8$″ dick, mit $2^3/4$″ breiten Flanschen und Rippen zwischen den Bolzenlöchern, 6″ von einander entfernt. Zwei Platten haben je ein 14″ weites Auslassrohr mit Flansche, 9″ lang; die Unterkante des Rohrs in derselben Höhe, wie der Boden des Kastens. Eine der Platten hat an der Innenseite zwei Flanschen in ihrer ganzen Höhe $2^1/2$″ breit, 14″ von einander entfernt, mit $3/4$ zölligen Löchern jede 9″ zur Befestigung des Ausgangskastens.

Der Ausgangskasten. 4′ tief und 12″ im Quadrat mit $2^1/2$ zölligen Flanschen am Boden, um ihn am Boden des Apparates zu verbolzen; die Bolzen $5/8$ zöllig und 6″ von Mitte zu Mitte entfernt.

Auflager für die T Schienen, auf denen die Rosten liegen, an die Seitenplatten in gegebener Höhe angegossen, stehen 4″ vor und sind 6″ tief. Zwanzig 4zöllige T-Schienen, jede 12′ lang, liegen lose auf denselben.

Rosten. Vier Lagen, jeder 3′ lang und 3′ breit, also 16 für jede Lage. Bestehen aus $1/2$ zölligem Rundeisen mit $1/2$ zölligen Zwischenräumen, auf einen Rahmen von Flacheisen genietet, 2″ breit und $1/2$″ dick.

Deckel. Ein Rahmen von 3zölligem Winkeleisen, 12′ 10″ im Quadrat mit einem kleineren Rahmen aus 3zölligem Flacheisen, 4′ im Quadrat verbunden durch 3 zöllige T-Eisen mit $1/2$ zölligen Nieten. Acht 1zöllige Ringbolzen, mit einem Ansatz oberhalb der Schraube, durch das Winkeleisen gesteckt und unterhalb mit einer Mutter angezogen. Dieses Gerippe ist bedeckt mit Eisenblech von $1/8$″ Dicke, $1^1/4$″ über einander gelegt, verpackt mit einem im Mennige getauchten Hanfstrick und vernietet mit $3/8$ zölligen rundköpfigen Nieten, $1^1/2$″ von Mitte zu Mitte. Die oberen Platten fassen 2″ auf das Winkeleisen und sind mit $1/2$ zölligen, $1^1/2$″ von einander entfernten, Nieten befestigt. Die Seiten haben $3/16$″ Dicke und fassen ebenso weit auf das Winkeleisen auf, sind auch auf gleiche Weise befestigt. Eine Verstärkungsschiene von $1^1/2$ zölligem halbrundem Eisen ist aussen zunächst an der Unterkante der Seiten mit $1/2$ zölligen Nieten in Entfernungen von 6″ befestigt.

Wasserschluss 16″ tief und 6″ weit.

Gewicht:

Gusseisen:

Bodenplatten	4171 Pfd.
Seitenplatten	8901 „
Ausgangskasten	544 „
	13616 Pfd.

Schmiedeeisen:

T-Schienen	2667 Pfd
64 Rosten	6487 „
Deckel complet	2302 „
Mannlochdeckel u. s. w.	93 „
Bolzen und Nieten	429 „
	11978 Pfd.

Im Ganzen 25594 Pfd.

diesen an jedem Kreuzpunkt vernietet. Unten sind sie rechtwinklig umgebogen und auf dem Boden des gusseisernen Kastens aufgeschraubt. Die Füsse stehen abwechselnd einmal nach rechts, einmal nach links gewendet. Die Rosten bestehen aus $5/16$ zölligem Rundeisen, auf schmiedeeisernen Rahmen festgenietet, mit
$5/16$ zölligen Zwischenräumen — 56 Stäbe in jedem Rost.

Folgendes ist das Gewicht des Apparates:

Gusseisen:

12 Seitenplatten	3873 Pfd.	
9 Bodenplatten	3105 „	
1 Winkelstück für das Ausgangsrohr	134 „	
4 Canäle	1684 „	
4 Winkel zu Canälen	216 „	
		9012 Pfd.

Schmiedeeisen:

Schienen und Stützen zu den Coulissen	870 „	
1 Deckel	1236 „	
96 Röste	4800 „	
		6906 Pfd.

Gesammtgewicht: 15918 Pfd.

Gusseiserne Reinigungskästen sind die allgemeinsten und zweckmässigsten. Schmiedeeiserne sind
durchaus nicht zu empfehlen, indem dieselben in kurzer Zeit durchrosten. In kleinen Anstalten findet man
hie und da hölzerne Apparate. Besser scheinen mir die von Mauerwerk, welche der Ingenieur Spielhagen im Journal für Gasbel. Jahrgang II S. 247 beschreibt. Fig. 1, Tafel XLVI, stellt einen solchen
Apparat im Grundriss dar, Fig. 2 im Längenschnitt nach A B, Fig. 3 Längenschnitt nach C D, Fig. 4 im
Querschnitt nach E F. Wie Fig. 3 im Längenschnitt zeigt, tritt das Gas durch das Zuleitungsrohr A, welches ebenso, wie das Ausgangsrohr B mit einem $1/2$ Stein starken Mantel, Fig. 4, umgeben ist, in den
Raum α; derselbe ist oben $1/2$ Stein stark, Fig 3, überwölbt; das Gas tritt alsdann durch die Oeffnung β,
welche 5" im Lichten und ebenfalls mit einem $1/2$ Stein starken Mantel umgeben ist, in den Reinigungs-
raum. Nachdem das Gas die verschiedenen Abtheilungen, deren hier vier angenommen sind, durchgemacht
hat, entfernt sich dasselbe bei β', Fig. 2, indem das Mauerwerk hier 3" tiefer als die Oberkante des übrigen
Mauerwerks liegt; das Gas tritt dann in den Raum β'' und wird durch das Rohr b abgeleitet. Die Um-
fassungsmauern sind $1/2$ Stein stark, der Boden mit einer Rollschicht, die Fundamente 9" hoch, sämmtlich
aus hart gebrannten Ziegelsteinen in Portland Cement gemauert, angenommen. Der Deckel ist aus Blech
5 Pfd. pro Quadratfuss, Drahtlehre Nr. 11, hergestellt.

Die Form der Reinigungsapparate im Grundriss ist entweder quadratisch oder länglich viereckig, selten rund. Bei den quadratischen tritt das Gas gewöhnlich in der Mitte durch den Boden,
bei den länglich viereckigen durch eine Endplatte zunächst dem Boden ein, um dann in beiden Fällen
aufwärts durch das Reinigungsmaterial zu steigen. Längliche Kasten hat man hie und da durch eine
Scheidewand in zwei Theile getheilt, dass das Gas in der einen Hälfte aufwärts steigt, dann über
die Scheidewand hinübertritt, und in der anderen Hälfte wieder nach unten geführt wird, diese Einrichtung ist indess nicht zu empfehlen. Die Abführung des Gases geschieht entweder, wie bei dem beschriebenen gusseisernen Kasten in einer Ecke, indem ein von oben nach unten führender Canal durch ein
angeschraubtes Winkelstück hergestellt wird, oder ähnlich wie in dem Spielhagen'schen Apparat über eine
Scheidewand hinüber, welche ganz in der Nähe der einen Endplatte gasdicht eingesetzt ist, und die zwischen
sich und dieser Endplatte den Raum bildet, von dem aus das eigentliche Ableitungsrohr zunächst dem Boden
abzweigt. Die Tiefe der Absperrungstasse ist in dem dargestellten Apparat zu 12 Zoll angenommen, unter
dieses Maass hinunter zu gehen, ist nicht rathsam, dagegen findet man vielfach Apparate, die Tassen von

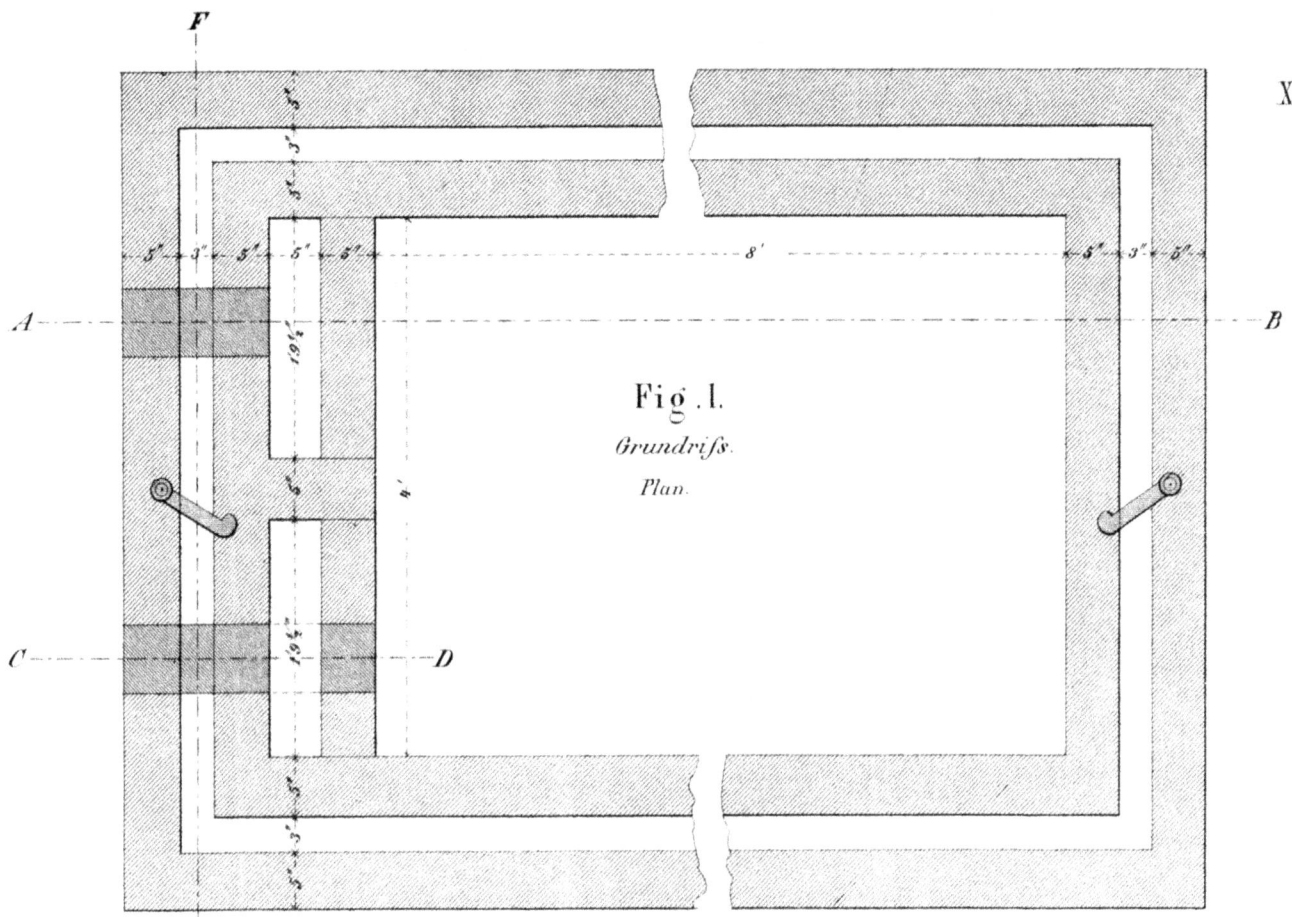

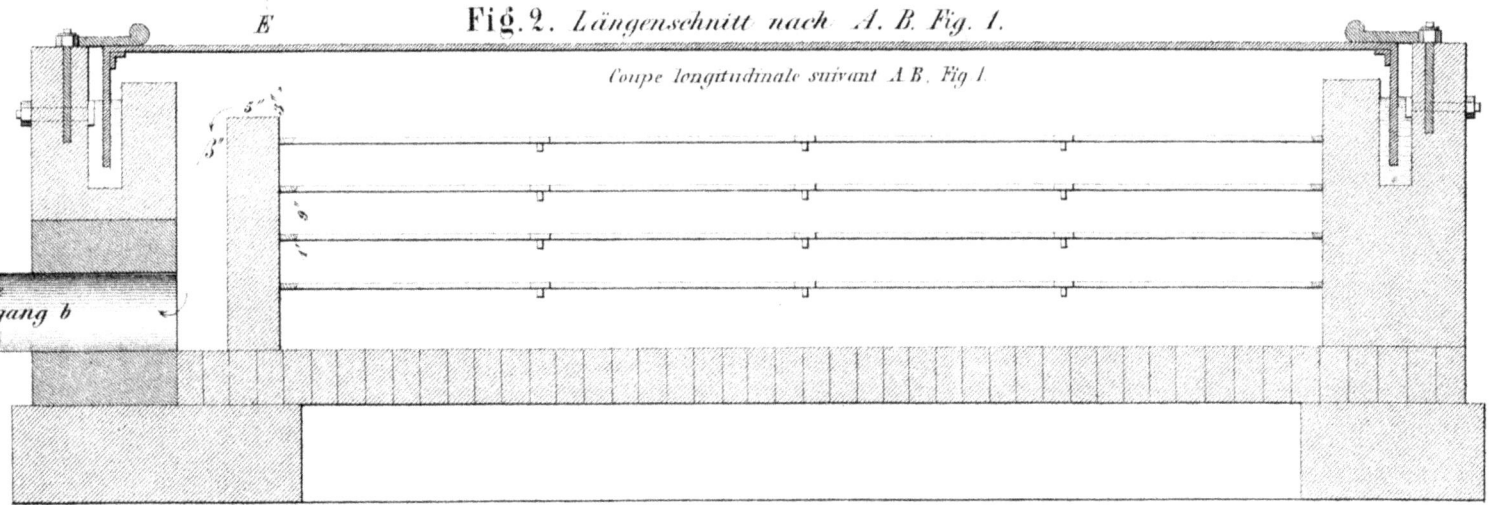

XLVI

Fig. 1.

Grundriſs.

Plan.

A ——————————————————————— B

C —————————————— D

Fig. 2. *Längenschnitt nach A.B. Fig. 1.*

Coupe longitudinale suivant A.B. Fig. 1.

tie
sgang b

Fig. 3.

Coupe longitudinale **Fig. 3.** *suivant C.D. Fig. 1.*

Längenschnitt nach C.D. Fig. 1.

Fig. 4.

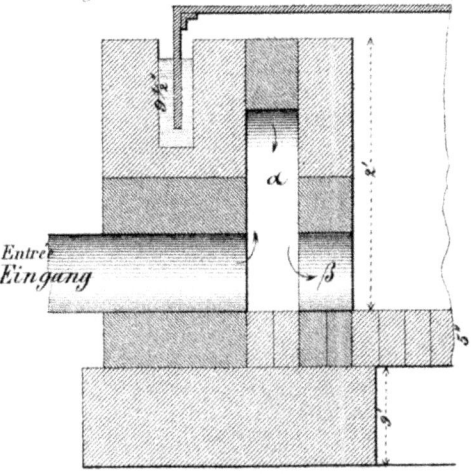

Querschnitt nach E.F. Fig. 1.

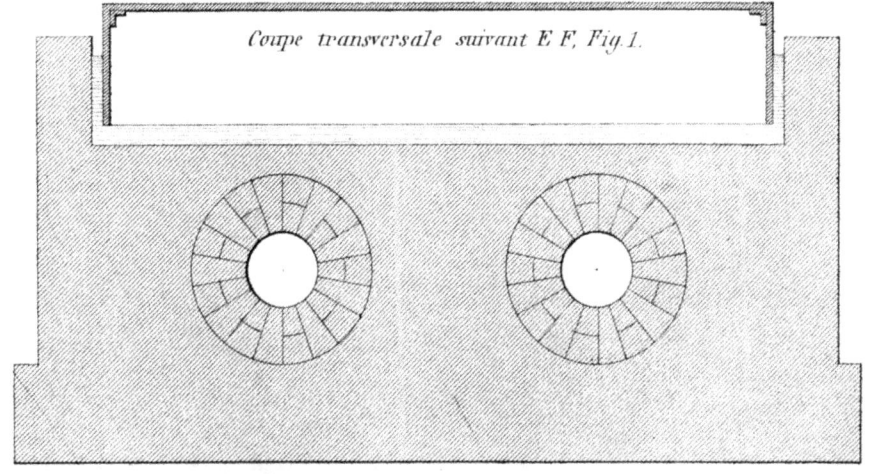

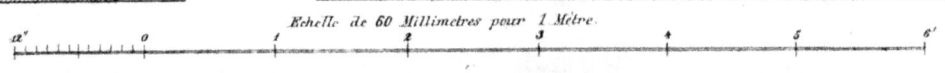

Coupe transversale suivant E.F. Fig. 1.

Entrée
Eingang

α

β

Echelle de 60 Millimetres pour 1 Mètre.

15 bis 18 Zoll Tiefe haben. Verschieden ist die Anzahl der Rostlagen, die man den Apparaten giebt. Sie richtet sich zunächst darnach, ob man mit Kalk oder mit Laming'scher Masse reinigen will. Im ersten Fall, wo man das Material in Schichten von nur etwa 2 bis 3 Zoll Dicke aufträgt, wird die Anzahl der Rostlagen eine grössere, als im letzten Fall, wo man der grösseren Porosität des Materials halber die Lagen 1 bis 2 Fuss stark machen kann. Statt der oben beschriebenen Coulissen zur Auflage für die Rosten oder Horden wendet man bequemer lose ⏟ Schienen an, die an beiden Enden auf Stühlen ruhen. Die Stühle kann man mittelst je 2 Mutterschrauben an den Seitenwänden des Kastens befestigen, die Schienen lassen sich nach Bedürfniss herausnehmen und wieder einlegen. Schmiedeeiserne Rosten sind überall da, wo das Eisen nicht sehr billig ist, besser durch hölzerne zu ersetzen. Es kommen noch hie und da gusseiserne Rosten zur Anwendung, sie sind jedoch sehr schwer, und lassen sich schlecht handhaben. Hölzerne Rosten stellt man einfach auf folgende Weise her. Man schneidet Leisten von der Länge, die der Rost haben soll, etwa ¼ bis ⅝ Zoll breit und 1½ Zoll hoch, hobelt sie dann auf beiden Seiten etwas conisch zu, so dass die untere Breite auf etwa ¼ Zoll reduzirt wird. Dann schneidet man kürzere Stücke von 2 bis 2½ Zoll Länge, und der Breite der Rostspalten, etwa ¼ bis ⁵/₁₆ Zoll. Zwischen je zwei Roststäbe legt man an den Enden zwei von diesen kurzen Hölzern, und stellt so den ganzen Rost aus einzelnen Stücken zusammen. Schliesslich zieht man auf jeder Seite, so dass man die kurzen Hölzer gerade in der Mitte fasst, einen Bolzen von ³/₈ Zoll Stärke und von der Länge des Rostes durch, der an einer Seite einen Kopf trägt und an der andern mit einem Gewinde versehen ist, so dass durch Aufschrauben einer Mutter der ganze Rost fest zusammen gehalten wird. Der Rost ist einfach, fest und namentlich sehr leicht zu repariren, indem man nur die Bolzen herauszuziehen braucht, um schadhafte Hölzer durch andere ersetzen zu können. Statt hölzerner Rosten wendet man auch solche aus Rohrgeflecht oder aus Tauwerk, auf hölzerne Rahmen gespannt, an; sie bieten alle den Vortheil, dass sie leichter sind, als die eisernen Rosten, und dass sie durch das Gas nicht angegriffen werden. Die Grösse, die man den einzelnen Rosten giebt, ist verschieden. Wo man sie mittelst Hebevorrichtung heraushebt, macht man sie gross, wo sie dagegen mit der Hand herausgenommen werden, darf man sie nicht grösser machen, als dass sie von den Arbeitern noch leicht gehandhabt werden können. Um den Deckel des Reinigungskastens gegen den Druck des Gases festzuhalten, wendet man verschiedene Vorrichtungen an. Bei dem weiter oben beschriebenen Apparat Tafel XLIII bis XLV sind am Deckel 4 um Charniere drehbare Ueberfallhaken angebracht, welche über den oberen Rand der Tasse fassen, und in dieser Stellung durch Stellschrauben festgehalten werden. Mitunter construirt man auch die Haken länger, so dass sie unter die Tasse selbst hinunterfassen. Dann hat man eine Befestigungsart mittelst Oesen und Splinten, wo vier am Deckel befestigte Oesen über entsprechende mit durchgehenden Löchern versehene, an der Tasse sitzende vertikale Zapfen greifen, und oberhalb der Oesen durch die Löcher dieser Zapfen Splinte gesteckt werden, welche das Herausgehen verhindern. Weiter wendet man Wirbel an, welche sich um eiserne, an der Tasse befestigte, vertikale Zapfen drehen. Sie werden entweder einfach über den Deckel vorgedreht, oder sie tragen an ihrem Ende nach abwärts gehende Schrauben, durch deren Anziehen mittelst einer oben sitzenden Handhabe der Deckel festgepresst wird. Auch sieht man noch hie und da Oesen an der Tasse befestigt, in welche quer über den Deckel hinüberreichende Hölzer mit ihren beiden Enden hineingesteckt werden.

 Die Vorrichtungen zum Aufheben der Deckel sind gleichfalls sehr mannichfach. Bei kleinen Deckeln bedient man sich noch vielfach der Gegengewichte, welche man an einem Seil oder einer Kette anbringt, die über zwei an der Decke oder dem Balken des Locales befestigte Rollen läuft. Die eine dieser Rollen sitzt oberhalb des Deckels, die andere gewöhnlich zunächst der Wand. Statt der Gegengewichte nimmt man in anderen Anstalten kleine Winden, die an der Wand befestigt werden. Hie und da sieht man auch noch gewöhnliche Flaschenzüge. Bei allen diesen Vorrichtungen bleibt der Deckel, so lange der Kasten offen ist, über demselben frei hängen; will man dies vermeiden, so muss man eine bewegliche Hebevorrichtung anwenden, mittelst deren man den gehobenen Deckel des offenen Apparates über den nächsten geschlossenen Kasten hinfahren und ihn dort niederlassen kann. Eine solche Vorrichtung ist in Fig. 123 dargestellt. Eine

Fig. 123.

Fig. 125.

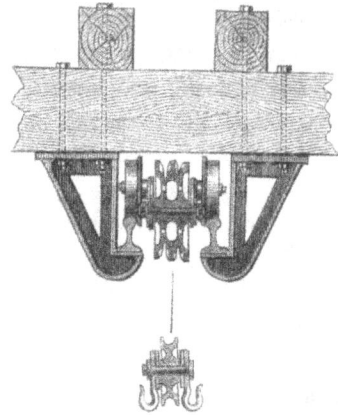

Fig. 124.

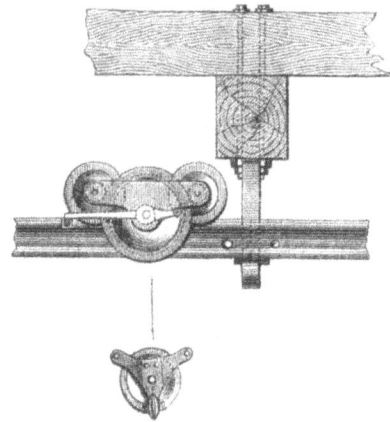

Fig 126.

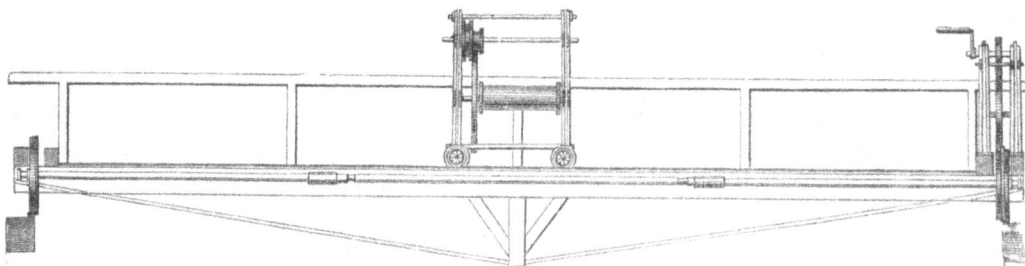

Fig. 127.

englische Winde mit doppelter Uebersetzung und einer losen Rolle für schwere Deckel ist mit 4 Rädern versehen, und lässt sich auf einer Schienenbahn hin und her schieben. Die Reinigungs-Apparate stehen hier in einer Reihe neben einander. Einfacher als die Winde ist der Differenzialflaschenzug Fig. 124 bis 126. Derselbe ist an einem kleinen Wagen angebracht, der sich gleichfalls auf einer Schienenbahn hin und her schieben lässt. Es ist wohl der compendiöseste Apparat der Art, den man haben kann. Ist auch eine seitliche Bewegung erforderlich, so kann man diese erreichen, indem man den Krahn auf eine Schiebebühne stellt, wie dies v. Unruh in seiner Magdeburger Anstalt gethan und wie es in den

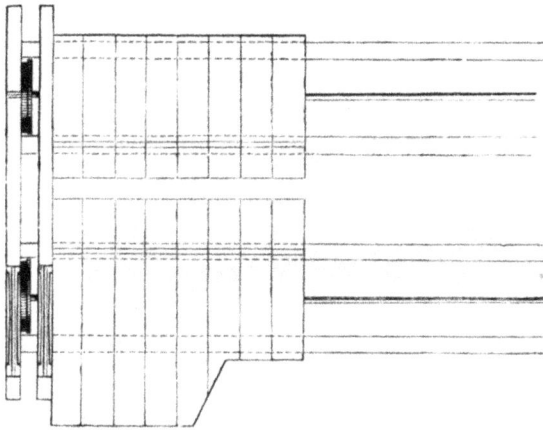

Fig. 128.

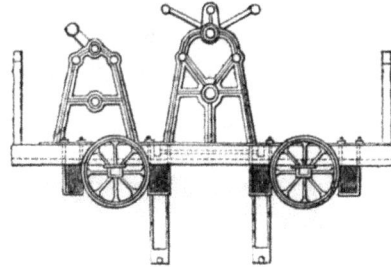

Fig. 129.

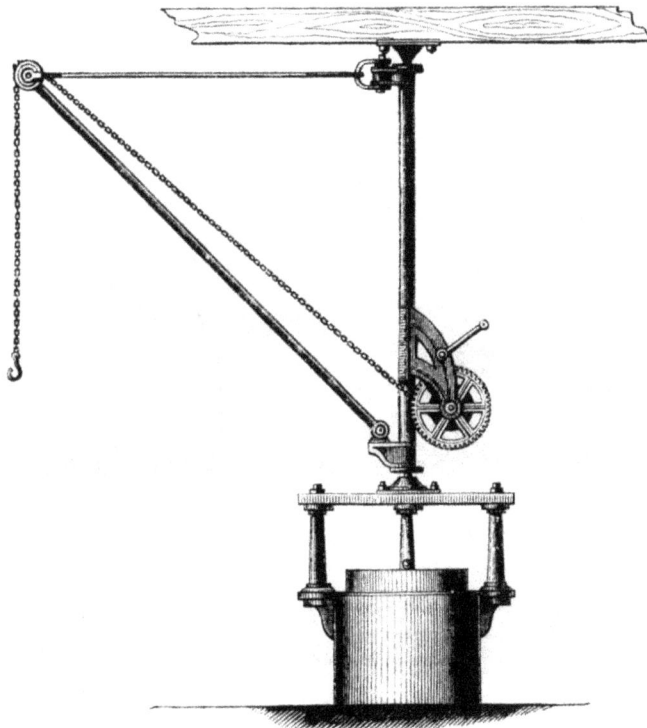

Fig. 130.

Fig. 127 bis 129 dargestellt ist. Fig. 127 giebt einen Längendurchschnitt, Fig. 128 einen Theil vom Grundriss, Fig. 129 den Querschnitt der Vorrichtung. Hier überspannt die Bühne die ganze Breite des Reinigungshauses und man kann den Krahn über jeden beliebigen Punkt desselben hin bringen, also ihn zu allen
Arbeiten benutzen, die überhaupt in dem Local vorfallen. Sehr bequem ist es, einen drehbaren Krahn im
Mittelpuncte von drei oder vier Kasten aufzustellen. In Fig. 130 steht der Krahn auf dem Wechselhahn, der
den Gaszufluss zu den verschiedenen Kasten regulirt, (dessen Einrichtung später beschrieben werden wird)
und ist oben am Gebälk des Reinigungshauses befestigt. Am Kasten des Wechselhahns sind vier Knacken
angegossen, auf denen vier gusseiserne Säulen stehen. Oben sind die Säulen durch ein ebenfalls gusseisernes

starkes Kreuz verbunden, und auf dem Mittelpunct dieses Kreuzes liegt das Zapfenlager für die Krahnsäule. Das Uebrige ergiebt sich aus der Zeichnung. Eine mit dem Reinigungs-Apparat fest verbundene Hebevorrichtung zeigt Fig. 131. Zwei Tragsäulen, durch Gitterbalken oben verbunden, dienen zur Unterstützung von 2 Paar Rollen, über welche die Hebeketten laufen. Die Windevorrichtung ist unten am Kasten befestigt. In Fig. 132 endlich ist eine Vorrichtung dargestellt, bei welcher die Hebung durch Schrauben bewirkt wird.

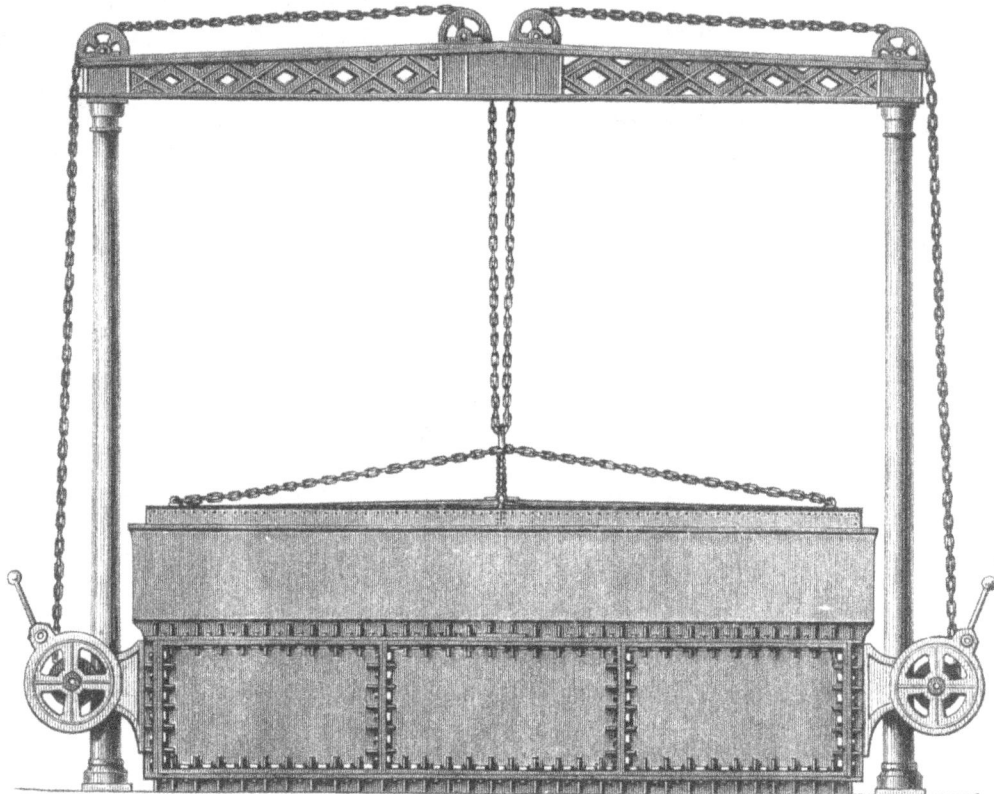

Fig. 131.

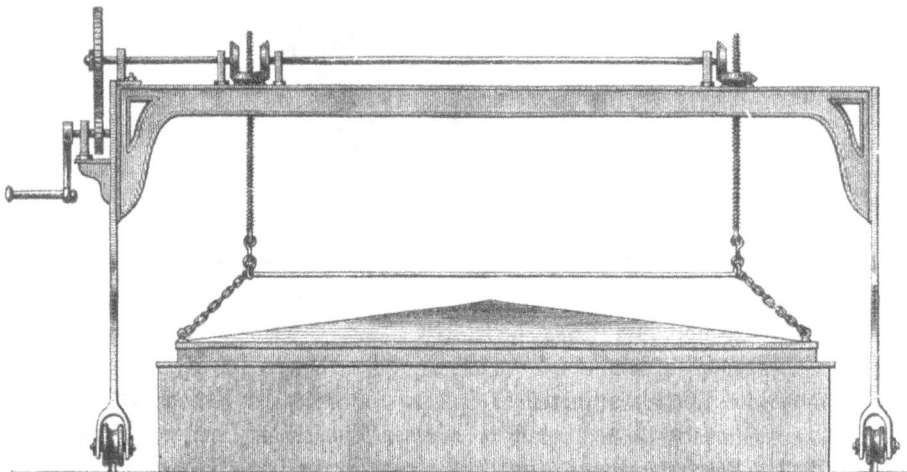

Fig. 132.

Zwei Schrauben, an deren unterem Ende der Deckel hängt, gehen oben durch conische Räder, und je nachdem diese Räder nach rechts oder links gedreht werden, schraubt sich die Schraube hinauf oder hinunter. Die Vorrichtung zum Bewegen der Räder, die aus der Zeichnung ersichtlich ist, wird von einem gusseisernen Bock getragen, dessen vertikale Stützen sich unten gabelförmig theilen und vier mit Rollen versehene Füsse bilden. Dadurch, dass diese Rollen auf einer Schienenbahn laufen, eignet sich die Vorrichtung besonders für Kasten, die in einer Reihe stehen.

Was die Grösse betrifft, die man den Reinigungs-Apparaten zu geben hat, so kann es nicht eindringlich genug empfohlen werden, in diesem Punkte nicht zu sparen. Das Gas muss Ruhe haben, um sich zu reinigen, je geringer die Geschwindigkeit, mit der es sich zu bewegen hat, desto besser die Wirkung. Geräumige Reiniger sind eine Wohlthat für den Betrieb, und jeder Luxus, den man in dieser Beziehung treibt, macht sich durch anderweitige Ersparnisse hundertfältig wieder bezahlt.

Behufs einer Calculation erinnern wir uns zunächst der Erfahrung, dass 1000 c′ Gas zu iherr Reinigung etwa 5 Pfd. kaustischen Kalk gebrauchen. Die deutschen Kohlen sind zwar unter sich wesentlich verschieden, doch dürften sie in Betreff des Reinigungsmaterials, was sie gebrauchen, nicht gerade so sehr von einander abweichen, als dass man nicht für eine annähernde Rechnung das Kalkquantum von 5 Pfund annehmen könnte. Die Dicke der einzelnen Kalklagen ist früher zu 2 bis 3″ angegeben. Arbeitet man mit einem Exhaustor, so kann man die Lagen 3″ dick machen; ohne Exhaustor sind dünne Lagen vorzuziehen. Hiebei kommt jedoch die Anzahl der Lagen in Betracht, die man in einem Kasten anbringt. In Deutschland wendet man meist vier bis sechs Lagen an; je mehr Lagen, desto dünner soll man sie machen.

Ein Kubikfuss Kalkstein, wie er von den Kalkbrennereien geliefert wird, wiegt etwa 60 Pfd.; ein Pfund nimmt also einen Raum von 0,0167 c′ ein; durch das Löschen verdoppelt sich nahezu das Volumen; dasselbe Pfund ergiebt mithin 0,0333 c′ Kalkhydrat oder gelöschten Kalk. Bei 2 Zoll Dicke der Kalkschichten trifft hiernach auf 1 Quadratfuss Hordenfläche ⅙ c′ Kalkhydrat, entsprechend 5 Pfund kaustischem Kalk; man wird also für je 1000 c′ Gas, die man durch einen Apparat reinigen will, 1 Quadratfuss Hordenfläche herstellen müssen. Und da die Reinigungsanlage mindestens so geräumig sein soll, dass beim stärksten Betrieb ein Kasten genügt, um die Production von 24 Stunden zu reinigen, so wird die Anzahl der 1000 c′, die man im Maximum producirt, zugleich die Zahl der Quadratfuss angeben, welche die Rostfläche eines Kastens erhalten muss. Wo man mit Laming'scher Masse reinigt, reicht man mit einer etwas geringeren Rostfläche (etwa ¾ Quadratfuss pro 1000 c′ Gas) aus, vorausgesetzt, dass die Masse etwa 1 Fuss dick eingetragen wird. Die bedeutendere Dicke ist aber Ursache, dass man in dem gleichen Apparate nur eine geringere Anzahl Rostlagen einbringen kann, als bei der Kalkreinigung, die Grösse der Apparate selbst wird sich in beiden Fällen so ziemlich gleich bleiben.

Die geringste Anzahl Reinigungs-Apparate, die eine Anstalt haben kann, sind zwei. Während der eine geht, wird der andere geleert und wieder mit frischem Material beschickt. Hiebei wird aber nur ein sehr geringer praktischer Nutzeffect erreicht. Man ist gezwungen, einen solchen Kasten abzustellen, bevor das Gas anfängt, die ersten Spuren von Unreinheit zu zeigen. Da ist aber noch bei Weitem nicht die ganze Masse ausgenutzt. Das Gas bricht sich immer zuerst an einzelnen Stellen des Kastens Bahn und geht hier lange vorher schmutzig durch, bevor der übrige Theil gleichfalls durchdrungen ist. Man mag die Lagen noch so gleichmässig herstellen, niemals wird man eine gleichmässige Ausnutzung derselben erreichen, und so ist man gezwungen, bei zwei Apparaten immer einen Theil des Materials wegzuwerfen, welches zur weiteren Reinigung noch vollkommen brauchbar gewesen sein würde.

Bei Weitem bessere Resultate erhält man mit drei Apparaten, wenn man dieselben einrichtet, dass man das Gas immer zuerst durch einen schon halb ausgenützten und darauf durch einen frisch beschickten Kasten gehen lässt, während der dritte zur Einbringung von neuem Material sich ausgeschaltet befindet, d. h. wenn man nach einander

28*

Nr. I und Nr. II benutzt, während Nr. III beschickt wird,

„ II „ „ III „ , „ „ I „ „ ,

„ III „ „ I „ , „ „ II „ „ , u. s. f.

Am besten arbeitet man mit vier Apparaten, von denen immer zur Zeit drei gehen, d. h.

Nr. I, Nr. II und Nr. III gehen, während Nr. IV beschickt wird,

„ II, „ III „ „ IV „ , „ „ I „ „ ,

„ III, „ IV „ „ I „ , „ „ II „ „ ,

„ II, „ I „ „ IV „ , „ „ III „ „ , u. s. f.

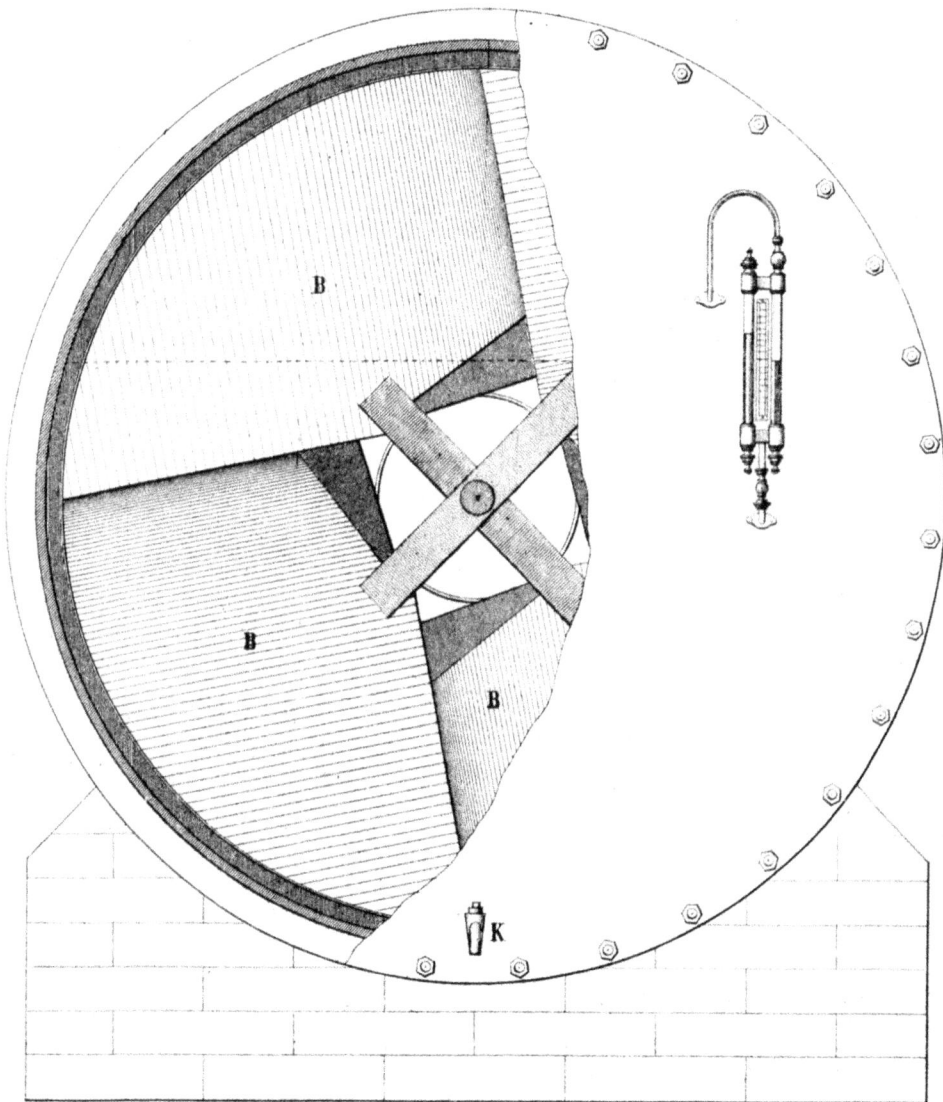

Echelle de 84 Mill. pour 1 Metre.

M : 1/12

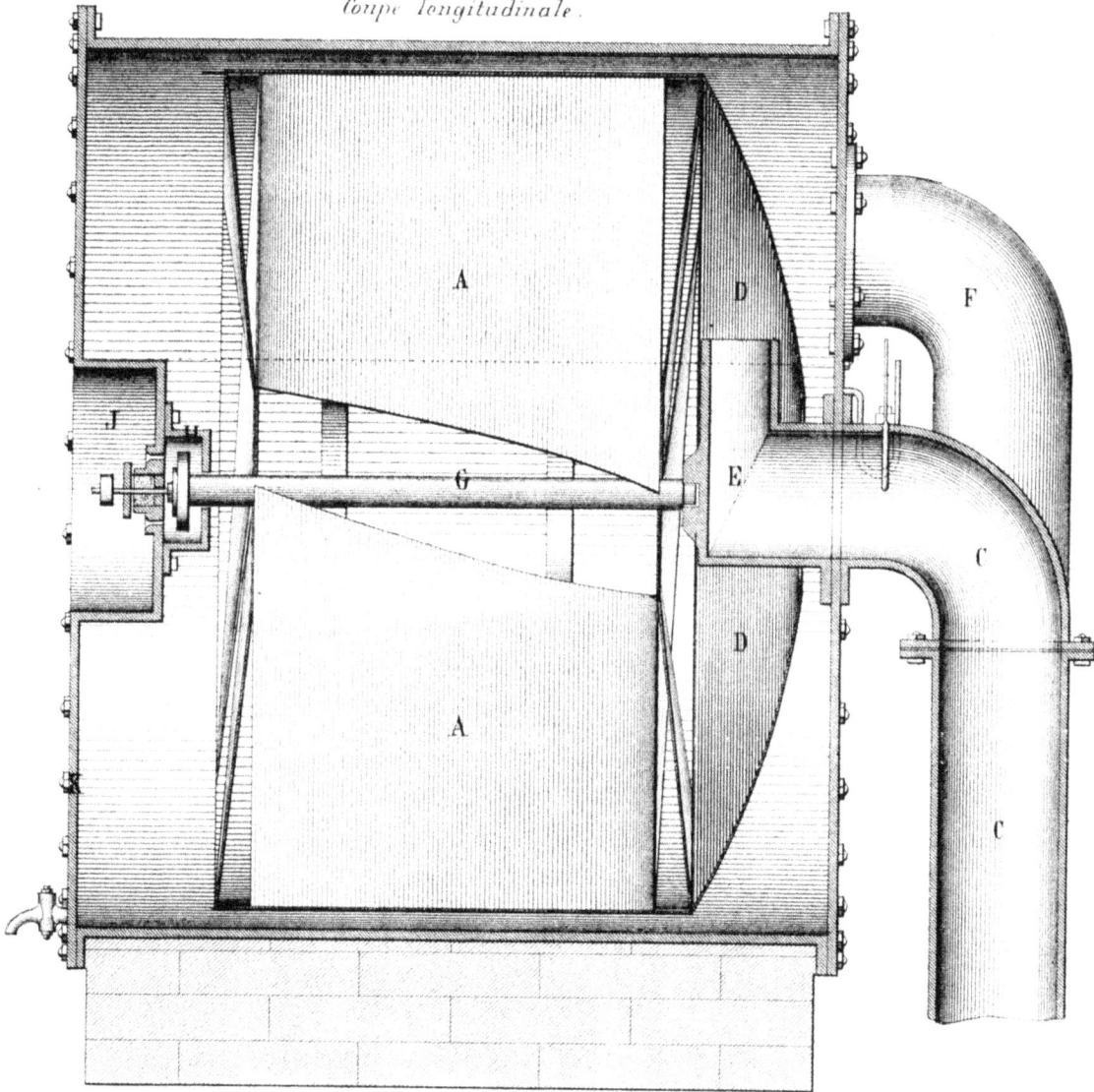

Fig. 2.

Längenschnitt.

Coupe longitudinale.

A

A

D

D

E

F

C

C

G

I

M: ¹⁄₁₂.

Echelle de 84 Millim. pour 1 Metre.

Neuntes Capitel.

Die Fabrikations-Gasuhr.

Einrichtung derselben im Allgemeinen. Einrichtung der Trommel. Das Zählwerk. Die graphische Darstellung der Production. Beobachtung des Wasserstandes und des Drucks. Ueberlaufrohr. Thermometer. Einfluss der Temperatur auf die Messung. Ablasshahn. Beurtheilung der Leistungsfähigkeit einer Uhr.

Von den Gasuhren oder Gasmessern im Allgemeinen wird ein späteres Capitel handeln. Ich beschränke mich hier darauf, wesentlich nur die Eigenthümlichkeiten der Fabrikationsgasuhr (des Stations-Gasmessers) zu besprechen, die in ihrem Princip mit den übrigen nassen Gasuhren übereinstimmt, sich indess durch ihre Dimensionen und einige aus ihrem speciellen Zweck hervorgehende Anordnungen davon unterscheidet. Die Zeichnung einer solchen Uhr ist auf den Tafeln XLVI und XLVII enthalten. Erstere Tafel zeigt mit halb weggenommener Vorderplatte die Vorderansicht der Trommel, letztere ist ein vertikaler Längenschnitt durch die Mitte genommen. Die Trommel, welche das eigentliche Maass abgiebt, ist ein vierfacher Gang einer archimedischen Schraube, und liegt um etwas mehr als bis zur Hälfte horizontal im Wasser. Das Gas gelangt am hinteren Ende in die Schraube hinein, und strömt am vorderen wieder aus. Dies geschieht aber niemals gleichzeitig, denn die Lage der Trommel sei wie sie wolle, die Scheidewände gestatten nicht, dass eine Verbindung zwischen den gegenseitigen Oeffnungen stattfindet. Das einströmende Gas übt einen Druck gegen eine Scheidewand der Trommel aus, dem von der anderen Seite der Gasbehälterdruck entgegenwirkt; ist der erstere stärker als der letztere, d. h. ist die Production im Gange, so dreht sich die Trommel herum. Die einzelnen Gänge füllen und leeren sich nach einander, und es entsteht ein ununterbrochener Gasstrom, dessen Maass durch die Anzahl der Trommelumdrehungen gegeben ist. Die Trommel hat vier Windungen oder Gänge, die aber nicht nach einer Schraubenlinie gekrümmt, sondern der Einfachheit wegen aus drei flachen Stücken zusammengesetzt sind. Die mittleren Stücke A A haben eine gewisse Neigung zur Trommelachse, und sind einerseits durch die Trommeloberfläche begränzt, anderseits auf einem schmiedeeisernen Ringe festgelöthet. Die anderen Stücke B B B verbinden die Mittelscheider mit den Ein- und Ausströmungsöffnungen, die so gestellt sind, dass die einen ganz unter Wasser sind, wenn die anderen sich ausserhalb desselben befinden.

Auf der hinteren Seite der Trommel, wo das Gas durch das Rohr C C einströmt, ist dieselbe durch eine Hülse in Form eines Kugelsegments D D verlängert, damit das Gas genötbigt wird, wirklich in die Trommelfächer einzutreten. Die Hülse hat in der Mitte eine kreisrunde Oeffnung, durch welche die Knieröhre E

eintritt, deren aufwärts stehendes Ende um etwa 2″ über das Wasserniveau hinaufreicht. Nachdem das Gas
die Trommel passirt hat, tritt es am Vorderende in den Raum zwischen dieser und dem Gehäuse aus, und
verlässt von dort aus durch das Ausgangsrohr F den Apparat. Die Achse G der Trommel liegt hinten in
einem Ansatz des Knierohres E, vorne in einem gusseisernen Lager H, welches an der für das Zählwerk
angebrachten Vertiefung in der Vorderplatte festgeschraubt ist. Die Uebertragung der Trommelumdrehungen
auf die Zeiger des Zählwerks ist auf folgende Weise bewerkstelligt. Ein am Vorderende der Trommelachse
befestigtes Zahnrad greift zunächst in ein anderes daneben liegendes Rad von ganz gleicher Construction, dessen
Welle durch eine Stopfbüchse in den für das eigentliche Zählwerk bestimmten vorderen Raum J hineinreicht,
und dort ein zweites Rad trägt. Bei der abgebildeten Uhr beträgt die Anzahl der Zähne an diesem letzteren
Rad 20. Die weitere Anordnung ergiebt sich aus Fig. 133, welche eine Skizze des Zählwerks von hinten

Fig. 133.

angesehen giebt. Das Rad Nr. 1 mit ebenfalls 20 Zähnen wird von dem vorher beschriebenen zunächst in
Bewegung gesetzt; es macht genau so viele Umdrehungen als die Trommel der Uhr. Der vom Gase eingenommene cubische Raum der letzteren beträgt bei einer Umdrehung genau 40 c′; eine Umdrehung des Rades 1
zeigt mithin an, dass 40 c′ Gas durch die Uhr gegangen sind. Rad Nr. 1 greift in Nr. 2 mit 50 Zähnen;
eine Umdrehung von Nr. 2 misst daher $40 \times \frac{50}{20} = 100$ c′ Gas, oder wenn der Umkreis des zu diesem
Rade gehörigen Zifferblattes in 10 Theile eingetheilt ist, so giebt jeder Theilstrich 10 c′ Gas an, die durch
die Uhr gegangen sind. Desshalb nennt man dies Zifferblatt auch dasjenige der Zehner. Die Räder
3 bis 12 incl. haben sämmtlich 60 Zähne, und die Räder 2 bis 6 incl. sämmtlich je ein Trieb mit 6 Zähnen.
Wenn Nr. 2 zehnmal herumgegangen ist, so ist durch Vermittelung des Rades Nr. 8 bei Nr. 3 eine Umdrehung erfolgt, zehn Umdrehungen von Nr. 3 geben eine solche von Nr. 4; zehn von Nr. 4 eine von
Nr. 5 u. s. w. Somit giebt Nr. 3 die Hunderte, Nr. 4 die Tausende, Nr. 5 die Zehntausende, Nr. 6 die
Hunderttausende und Nr. 7 die Millionen an. Die Anzahl Zähne für die ersten Räder ist natürlich bei verschiedenen Uhren verschieden, die Uebersetzung von 1 : 10 dagegen immer dieselbe, so dass bei allen Gasuhren jedesmal das nächstfolgende Zifferblatt das Zehnfache des vorhergehenden anzeigt.

Die Räder Nr. 13 und 14 haben einen anderweitigen Zweck; sie vermitteln eine graphische Darstellung des Ganges der Gasproduction. Für die abgebildete Uhr hat das mit Nr. 14 bezeichnete Rad 90 Zähne. Es erhält seine Bewegung vom Rad 10, welches sich bei 10,000 c′ einmal herumdreht; eine Umdrehung von Nr. 14 zeigt mithin an, dass $10,000 \times \frac{90}{60} = 150,000$ c′ Gas die Uhr passirt haben. Die Achse des Rades tritt durch das Zifferblatt hindurch, und trägt **eine vorne sichtbare** Scheibe, auf der ein Papier

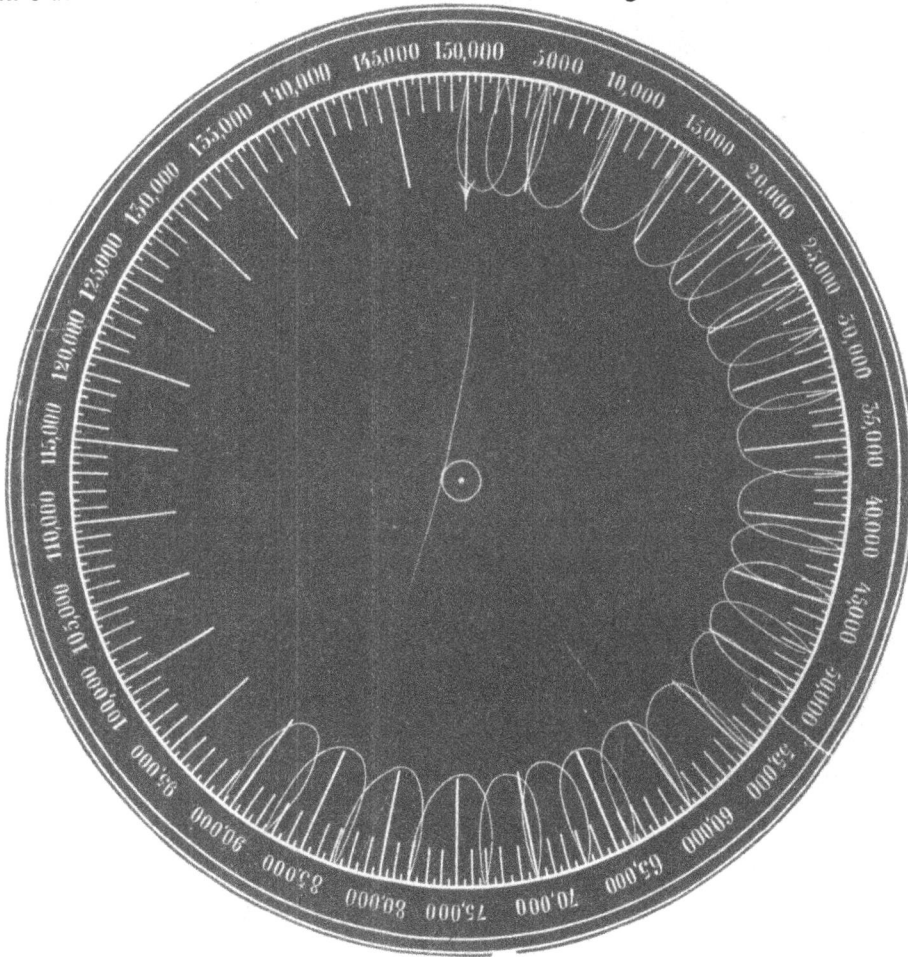

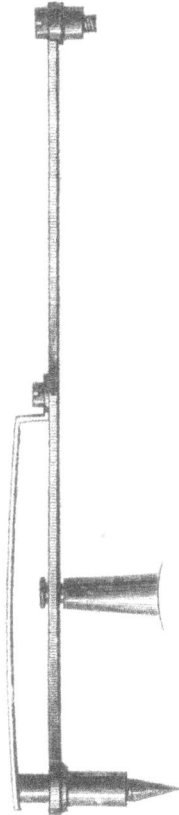

Fig. 134.

Fig. 136.

mit der in Fig. 134 dargestellten Eintheilung (nat. Grösse) festgeklemmt wird. Auf der Scheibe spielt ein Bleistift, der von dem grossen Zeiger einer senkrecht darüber angebrachten gewöhnlichen Stundenuhr bewegt wird, wie in Fig. 135 angegeben ist. Bei jeder vollen Stunde hat der Bleistift seinen höchsten, bei jeder halben seinen niedrigsten Stand, also im Laufe einer Stunde vollendet er jedesmal einen Gang, der sich in Form einer Curve aufzeichnet, je nachdem die Papierscheibe sich mehr oder weniger gedreht hat. Nach der Anzahl Theilstriche, um die der Bleistift vorgerückt ist und nach der Form der Curve kann man den Gang der Production beurtheilen, und da die Papierscheibe dem Arbeiterpersonal verschlossen ist, so erhält man ein Bild, welches zur Controle ganz vortrefflich geeignet ist. Die Stange, welche den Bleistift führt, ist in Fig. 136 abgebildet. In der unteren Hälfte hat sie einen Schlitz, der sich über einen am unteren Rand des Uhren-Zifferblattes befindlichen Stift auf- und abschiebt, eine weiche Feder drückt den Bleistift leicht gegen das Papier. Diese Vorrichtung wurde von dem Ingenieur G. Lowe zuerst im Jahre 1823 auf der Anstalt der Chartered Gas-Company in London angewandt.

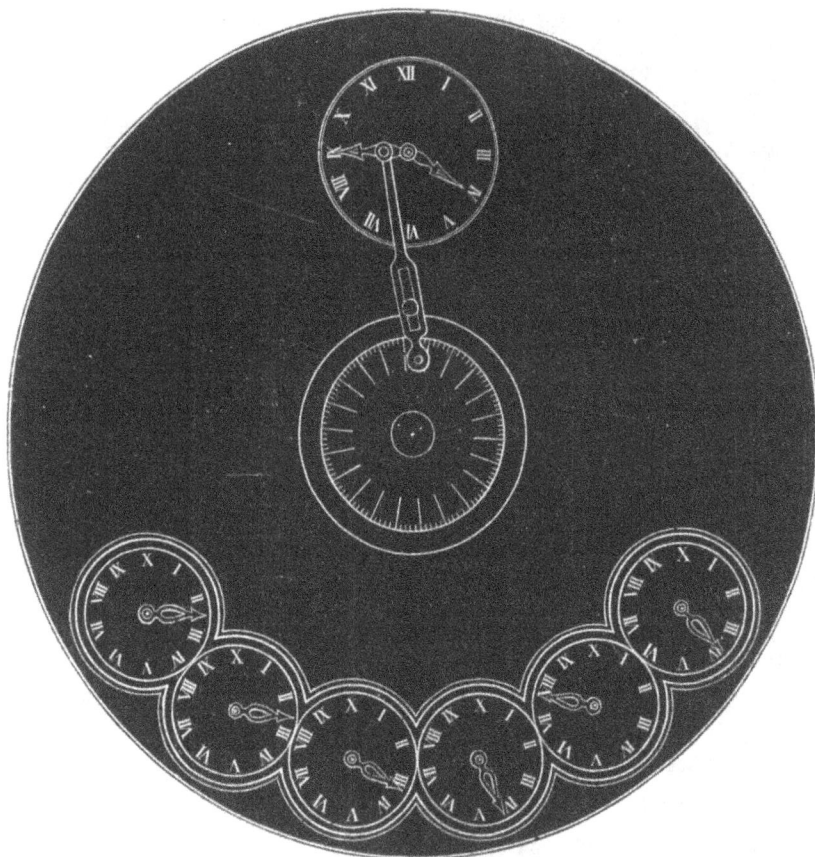

Fig. 135.

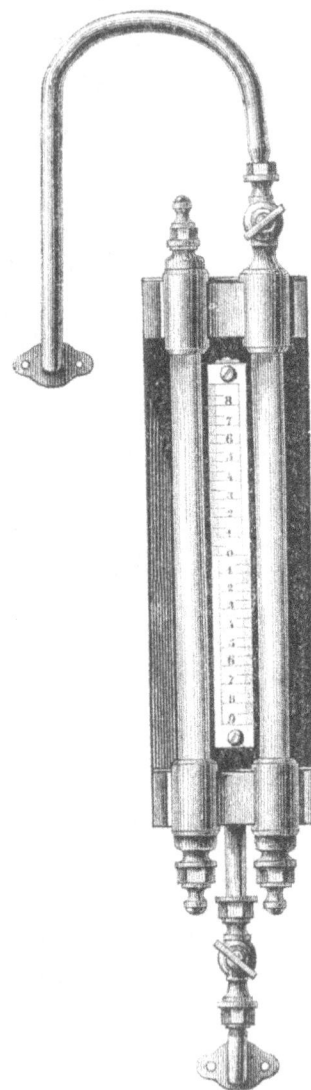

Fig. 137.

Zur Beobachtung des Wasserstandes in der Gasuhr sowie des Druckes, unter welchem sich das Gas in derselben befindet, dient der Apparat Fig. 137. Er ist so angebracht, dass der Nullpunkt der Scala genau in der richtigen Wasserlinie liegt, das untere Rohr communicirt demnach mit dem Wasser, das obere Rohr mit dem Gase in der Uhr. Werden beide Hähne geöffnet, so tritt das Wasser in beiden Glasröhren in die Höhe, auf die Säule rechts drückt das Gas, welches von oben eintritt, auf die Säule links dagegen nur die atmosphärische Luft, da das Kopfstück der linken Röhre durchbohrt ist, und die linke Wassersäule wird sich höher stellen, als die rechte. Die Höhe der rechten Wassersäule giebt den Wasserstand an, der im Innern der Uhr (ausserhalb der Trommel) vorhanden ist, und die Höhen-Differenz der beiden Wassersäulen bezeichnet den Druck des Gases, wie er ebenfalls in der Uhr stattfindet. Der Apparat vereinigt den Wasserstandszeiger mit dem Manometer.

An der hinteren Platte der Uhr ist ein Ueberlaufrohr angebracht, ein doppelt gebogenes Rohr, dessen oberer Rand genau in der Höhe liegt, die man erhält, wenn man zum richtigen Wasserstand noch die

Höhe des Gasbehälterdruckes addirt. Statt des Rohres wendet man auch einen kleinen gusseisernen Kasten an, der an der Rückwand der Gasuhr so angeschraubt wird, dass der richtige Wasserstand etwa in der Mitte seiner Höhe liegt. Durch eine nahe am Boden des Kastens befindliche Oeffnung in der Uhrwand communiciren Uhr und Kasten miteinander, und das Wasser erhält sich in beiden Räumen im Gleichgewicht. Vom oberen Theile des Kastens geht ein Rohr ab, welches mit dem Einlassrohr der Uhr in Verbindung steht, und durch den Boden desselben tritt ein anderes Rohr ein, welches inwendig bis zur Höhe des richtigen Wasserniveaus hinaufreicht. Dadurch, dass der Gasdruck vom Einlassrohr her auf das Wasser wirken kann, hat man dieselben Verhältnisse hergestellt, die inwendig in der Uhr stattfinden, es läuft daher durch das untere Rohr alles Wasser ab, welches über das richtige Niveau hinaus darin vorhanden ist.

In dem Eingangsrohr C befindet sich ein Thermometer eingelassen, um die Temperatur des Gases beobachten zu können. Das Gas dehnt sich für jeden Grad Celsius um 0,00367 seines Volumens aus; je 2,725° Celsius, um welche dasselbe über der mittleren Bodentemperatur (10 bis 12 C.) durch die Uhr geht, giebt also circa 1 Prozent Leckage, d. h. so oft wird 1 Prozent mehr Gas durch die Stationsuhr gemessen, als durch die Uhren der Consumenten nachher zur Berechnung kommt.

Um von Zeit zu Zeit das schmutzige Wasser aus der Uhr ablassen zu können, ist unten in der Vorderplatte noch ein Hahn K angebracht.

Die Grösse einer Uhr für eine gegebene Production beurtheilt man, indem man annimmt, dass sie nicht wohl mehr als 100 Umdrehungen pro Stunde machen soll. Bei der Uhr, die wir beispielsweise in den Zeichnungen betrachtet haben, beträgt der maassgebende Raum der Trommel 40 c'; bei 100 Umdrehungen pro Stunde liefert sie also 4,000 c' pro Stunde, oder 96,000 c' in 24 Stunden. Vom Fabrikanten ist sie für eine Production von 150,000 c' in 24 Stunden geliefert.

Zehntes Capitel.

Die Gasbehälter.

Früheste Construction der Gasbehälter. Schwierigkeiten, als die Verhältnisse der Gasfabrikation sich ausdehnten. Versuche, die Cysternen auf ein Minimum zu beschränken oder ganz zu beseitigen. Nach vielen nutzlosen Bemühungen kam man auf die erste Idee wieder zurück. Grundzüge des gegenwärtigen Gasbehälterbaues im Allgemeinen. Beschreibung eines Gasbehälters von 23′ Durchmesser und 12′ Tiefe mit gemauertem Bassin. Ein Bassin von 29 Fuss Weite und 14 Fuss Tiefe mit geringer Wandstärke. Ein anderes Bassin von 58½ Fuss Weite und 21 Fuss Tiefe. Ein Gasbehälter von 38 Fuss Weite und 16 Fuss Tiefe. Ein solcher von 69 Fuss Weite und 19½ Fuss Tiefe. Ein Gasbehälter von 70 Fuss Durchmesser und 22,4 Fuss Tiefe in Augsburg. Ein Gasbehälter mit gusseisernem Bassin, 88 Fuss weit und 22 Fuss tief von Director B. W. Thurston in Hamburg. Ein anderer Gasbehälter, 100 Fuss weit und 22 Fuss tief mit ringförmigem Bassin von demselben. Gasbehälter auf der Gasanstalt in Stuttgart, 92 Fuss weit und 23 Fuss hoch. Gasbehälter auf der Münchener Anstalt, 120 Fuss weit und 22 Fuss hoch. (Beschreibung desselben. Arbeits- und Lieferungsverträge für denselben. Gewichtsberechnung. Die Ausführung des Bassins und die Aufstellung der Glocke.) Telescop-Gasbehälter auf den Berliner städtischen Gasanstalten vom Betriebsdirector Baumeister Schnuhr. Die Berechnung der Wandstärke massiver Gasbehälterbassins nach der Theorie von Dr. H. Scheffler. Bemerkungen über verschiedene Einzelheiten bei der Anlage und Ausführung von Gasbehältern. Die Grösse, welche man den Gasbehältern zu geben hat. Der Druck, den eine Gasbehälterglocke giebt. Mittel, um das Wasser in den Gasbehälterbassins gegen Einfrieren zu schützen. Naphtalinverstopfungen in den Ein- und Ausgangs-Röhren.

Man erzählt, Murdoch habe bei seinen ersten Versuchen über Gasbeleuchtung als Gasbehälter einen Dampfcylinder gewählt, in den er das Gasrohr von unten eintreten liess, während die durch den oberen Deckel hinausgehende Kolbenstange an einem Balancier aufgehängt war. Es darf nicht vergessen werden, dass diese Versuche auf der Dampfmaschinenfabrik von Boulton & Watt zu Soho ausgeführt wurden; im Uebrigen war Murdoch ein viel zu practischer Mann, als dass er daran gedacht haben könnte, wirkliche Gasbehälter nach diesem Princip zu construiren. In der Anlage beim Buchhändler Ackermann in London bestand der Gasbehälter aus einer schmiedeeisernen Glocke in einem mit Wasser gefüllten gusseisernen Bassin mittelst über Rollen laufender Ketten aufgehängt — also im Wesentlichen schon dieselbe Anordnung, wie wir sie noch heutigen Tages gebrauchen. Die schmiedeeiserne Glocke, freilich von viereckiger Form, hatte ein hölzernes Geripppe, bei welchem die einzelnen Holzrahmen durch schmiedeeiserne Querstangen mit einander verbunden waren. Aehnlich waren die anderen Gasbehälter construirt, die in den ersten Jahren angelegt wurden, nur machte man, je nach der Grösse der Anlage, die Cysternen nicht gerade immer aus Gusseisen, sondern auch aus Holz oder Eisenblech, und stellte sie nicht auf die Erde, sondern vorzugsweise in den oberen Theilen der Fabrikgebäude auf. Als die Gasfabrication grössere Verhältnisse anzunehmen anfing, stiess man auf Schwierigkeiten. Die grosse Menge Wasser, welche die Cysternen enthalten mussten, machte nicht blos eine stärkere und kostspieligere Construction derselben nothwendig, sondern bei ihrem grossen Gewicht erforderten sie ein starkes Fundament, um sie zu tragen. Selbst die grossen Wassermengen herbeizubringen und zu erhalten, verursachte nicht selten Schwierigkeiten. Man denke nur, ruft Tabor in seinem Werke über Gasbeleuchtung aus — einen Gasbehälter, wie neuerlich einer zu Chester in England erbaut wurde, der einen Cylinder von 48′ Durchmesser und 13′ Höhe bildet. Dieser erfordert eine Cysterne, die wenigstens 26,317 c′ Wasser enthält; diese haben ein Gewicht von beinahe 18422 Centnern, und kommen ungefähr 614 rheinischen Stückfass oder 4605 dergleichen Ohmen gleich. Welch eine ungeheure Last! Gegenwärtig besitzt London einen Gasbehälter von 200 Fuss Durchmesser und 80 Fuss Höhe mit einem Inhalt von 2½ Millionen c′, und einen andern mit einer Höhe von sogar 105 Fuss.

Die angedeuteten Schwierigkeiten führten zu einer Reihe von Erfindungen, die zum Zwecke hatten, die Cysternen auf ein Minimum zu beschränken oder ganz entbehrlich zu machen. Es entstanden die Faltengasbehälter, drehbare, doppelte und spiralförmige Behälter, alle sinnreich in ihrer Anordnung, aber im Grossen einer so unbrauchbar, als der andere. Die Faltenbehälter waren theilweise aus biegsamen, zusammenfaltbarem Material (Leder) hergestellt, so dass sie sich nach Bedürfniss ausdehnten und zusammenlegten; die drehbaren Behälter bestanden im Wesentlichen aus einer röhrenförmigen Walze, die um eine horizontale Achse drehbar war, die doppelten Behälter aus einer Glocke von der doppelten Höhe des Bassins mit einer etwas engeren und halb so hohen Glocke im Innern, zwischen denen beiden das Gas ein- und ausströmte. Die spiralförmigen Behälter entstanden aus den drehbaren, indem man diese, archimedischen Schrauben gleich, mit spiralförmigen Wänden versah und einen der so gebildeten Schraubengänge so hoch mit Wasser füllte, dass dieses nach beiden Seiten hin absperrte. Die Unbrauchbarkeit aller dieser Erfindungen für grosse Verhältnisse liegt zu klar auf der Hand, als dass sie weiter nachgewiesen zu werden brauchte; wie es übrigens so häufig in der Technik zu gehen pflegt, es hatte sich einmal die Idee festgesetzt, dass man die grossen Cysternen um jeden Preis vermeiden müsse, und nun arbeitete man in dieser Richtung längere Zeit fort, ohne sich über die Bedeutung der vermeintlichen Schwierigkeit eigentlich klar geworden zu sein.

Nach ungeheuern nutzlosen Opfern von den Abwegen zur ersten Einrichtung zurückgekehrt, hat der Gasbehälterbau seitdem nur verhältnissmässig geringe Abänderungen mehr erfahren. Am häufigsten wendet man einfache cylindrische Glocken mit etwas gewölbter Decke an, und giebt den Cysternen die volle Höhe der Glocken, so dass sich die letzteren frei darin auf und ab bewegen können. Seltener baut man sogenannte Telescop-Gasbehälter, d. h. zwei oder drei Glocken in einander, die sich fernrohrartig ausziehen und nur eine Cysterne von der Hälfte oder einem Drittheil der ganzen Höhe erfordern. Sie sind mit den früheren sogenannten doppelten Behältern zu vergleichen, aber weit einfacher als diese; die Dichtung ist durch einen Wasserverschluss höchst zweckmässig hergestellt. Die Cysternen bestehen entweder aus Mauerwerk oder aus Gusseisen; für unsere deutschen Verhältnisse verdienen die ersteren aus ökonomischen Rücksichten weitaus den Vorzug; selbst im Lande des Eisens, in England, kommen die gusseisernen Cysternen mehr und mehr ab. Hölzerne Bassins von Fassbinderarbeit kommen natürlich nur bei sehr kleinen Anlagen vor. Je nach der Beschaffenheit des Baugrundes legt man die Cysterne entweder ganz oder theilweise in die Erde, in letzterem Falle umgiebt man den hervorragenden Theil mit Erdanschüttungen. Die Glocken fertigt man durchweg aus Eisenblech, und giebt ihnen gewöhnlich ein mehr oder minder starkes schmiedeeisernes Gerippe. Zur Führung dienen mindestens drei am Umfang der Cysterne vertheilte Leitsäulen mit Schienen oder Stangen, an welchen sich die Glocke mittelst entsprechender Rollen auf- und ab bewegt. Die Kopftheile der Säulen sind durch Querschienen oder Traversen mit einander verbunden. Wenn der Druck, den eine Gasglocke ausübt, bedeutend ist, so erleichtert man das Gewicht derselben mitunter noch durch Gegengewichte,

29 *

indem man sie an Ketten aufhängt, die über Rollen laufen. Die Ein- und Ausgangsröhren treten entweder durch den Boden ein, oder sind seltener innerhalb der Seitenwandung in eine Nische eingelassen; vom Boden steigen sie innerhalb der Glocke senkrecht aufwärts bis über den Wasserspiegel, so dass das Wasser nicht in sie hineindringen kann.

Ein Gasbehälter von 23' Durchmesser und 12' Tiefe aus den vierziger Jahren ist auf Tafel XLIX und L dargestellt. Das Bassin ist aus Backsteinmauerwerk durchweg mit Portland-Cement (1 Theil Cement auf 3 Theile scharfen Flusssand) hergestellt, und hat eine lichte Weite von 24' bei 12' 4" Tiefe Die Dicke des Mauerwerks beträgt im obersten Drittheil A der Höhe 2', im mittleren Drittheil B 2½', im untersten Drittheil C 3'; der Boden D ist 2' 3" stark, und dabei nicht gewölbt, wie es häufig zu geschehen pflegt, sondern flach. Der Untergrund besteht aus einer ziemlich wasserreichen Sandschicht; zur unmittelbaren Unterlage für das Bodenmauerwerk ist eine 2' dicke Lehmschicht eingestampft worden. Auch das Seitenmauerwerk ist mit fettem Lehm 2' dick sorgfältig hinterstampft. Eine Nische E dient zur Aufnahme der Ein- und Ausgangsröhren F und G, welche in der Tiefe von 3' unter dem Terrain in die Seitenwand eintreten. In den oberen Rand sind drei Granitsteine H H H von 2½' Breite und 1½' Dicke eingelassen, auf denen die Führungssäulen stehen. Jeder Stein hat vier Löcher, in denen Schraubenbolzen festgegossen sind. Im Boden des Bassins zunächst am Rande desselben sind weitere 6 Granitsteine eingemauert, die 4" hervorstehen, und auf welche die Glocke sich aufsetzt, wenn sie gänzlich niedergeht.

Die Glocke besteht im Deckel aus Eisenblech Nr. 14, 3½ Pfund pro Quadratfuss schwer, und in den Seitenwänden aus Nr. 15 mit 3 Pfund Gewicht pro Quadratfuss. Die Bleche fassen 1" übereinander, und sind mit ¼ zölligen Nieten zusammengenietet, die 1" von Mitte zu Mitte auseinander stehen. Zur Verstärkung dient ein schmiedeeisernes Gerippe, das auf folgende Art zusammengesetzt ist. Ein Kranz J von 3 × 3 × ⅜ zölligem Winkeleisen liegt hinter dem oberen, und ein zweiter Kranz K von derselben Stärke hinter dem unteren Rand der Seitenwandung; beide sind durch 8 vertikale 2 × 2 × ⅜ zöllige T-Eisen L verbunden. Unterhalb des Deckels laufen von dem oberen Rand aus 8 andere 2 × 2 × ⅜ zöllige T-Eisen M nach dem

---

*) Zur Vergleichung mögen hier einige Specificationen von englischen Gasbehälter-Cysternen und Glocken Platz finden, die meist dem Werke von Clegg über Steinkohlengas entnommen sind:

Specification einer Cysterne von Mauerwerk, 31' 6" im Durchmesser und 12' tief.

Erdarbeit: Der Grund ist 14' 6" tief und in solcher Weite und mit solcher Böschung auszugraben. wie dies erforderlich, um gegen jedes Nachschiessen sicher zu sein. Sollte irgend ein Theil der Böschung sich lösen wollen, so ist er augenblicklich zu stützen, und zwar so, dass die Vorrichtung dazu den Bau in keiner Weise genirt. Die Baugrube ist von Wasser frei zu halten, bis der Gasbehälter vollendet und das Gerüst entfernt ist. Der Boden des Bassins ist mit gutem Thon 2' 6" dick auszustampfen; auch sind die Seitenmauern mit Thon zu hinterstampfen, und zwar unten 2' 6" dick dann nach oben zu verjüngend bis zu 1' 6" dick oben am Rand. Sämmtlicher Thon ist sorgfältig zu kneten und mit Erde zu hinterfüllen.

Mauerwerk: Die Steine müssen hart und gut gebrannt, der Mörtel muss aus dem besten hydraulischen Kalk und scharfem Flusssand im Verhältniss von 1 Theil Kalk auf 2 Theile Sand sorgfältig gemischt und bereitet sein. Das Mauerwerk erhält unten einen Sockel von zwei Doppelreihen Steinen, jede Doppelreihe um einen halben Stein vorspringend. Von da an wird der untere Theil 8' 6" hoch, 2 Steine dick, der obere 3' 6" hoch, 1½ Steine dick. Die letzten sechs Schichten werden mit bestem Roman-Cement gemauert. Das Bassin muss vollkommen cirkelrund sein und genau 31' 6" im Durchmesser haben. Zunächst am Umfang und gleichmässig vertheilt sind in demselben 7 Pfeiler aufzuführen und mit unten zu beschreibenden Steinen abzudecken. Drei Pfeiler sind im Mauerwerk des Bassins selbst an den Punkten aufzuführen, wo die Glocke aufgehängt werden soll. Der Hauptpfeiler erhält einen dahinter liegenden Brunnen von 3' 6" Tiefe und 2' 6" Weite aus 9 zölligem Mauerwerk zur Aufnahme des Gegengewichtes. In den drei Pfeilern sind Schraubenbolzen und Platten einzumauern und mit Roman-Cement zu vergiessen. Ausserdem sind noch drei weitere Stützpfeiler dadurch zu bilden, dass das untere stärkere Mauerwerk auf eine Breite von 2' 6" ganz hinaufgeführt wird.

Steinhauerarbeit: Sieben viereckig behauene Steine von 2' Länge, 1' 6" Breite und 6" Dicke sind in Ce-

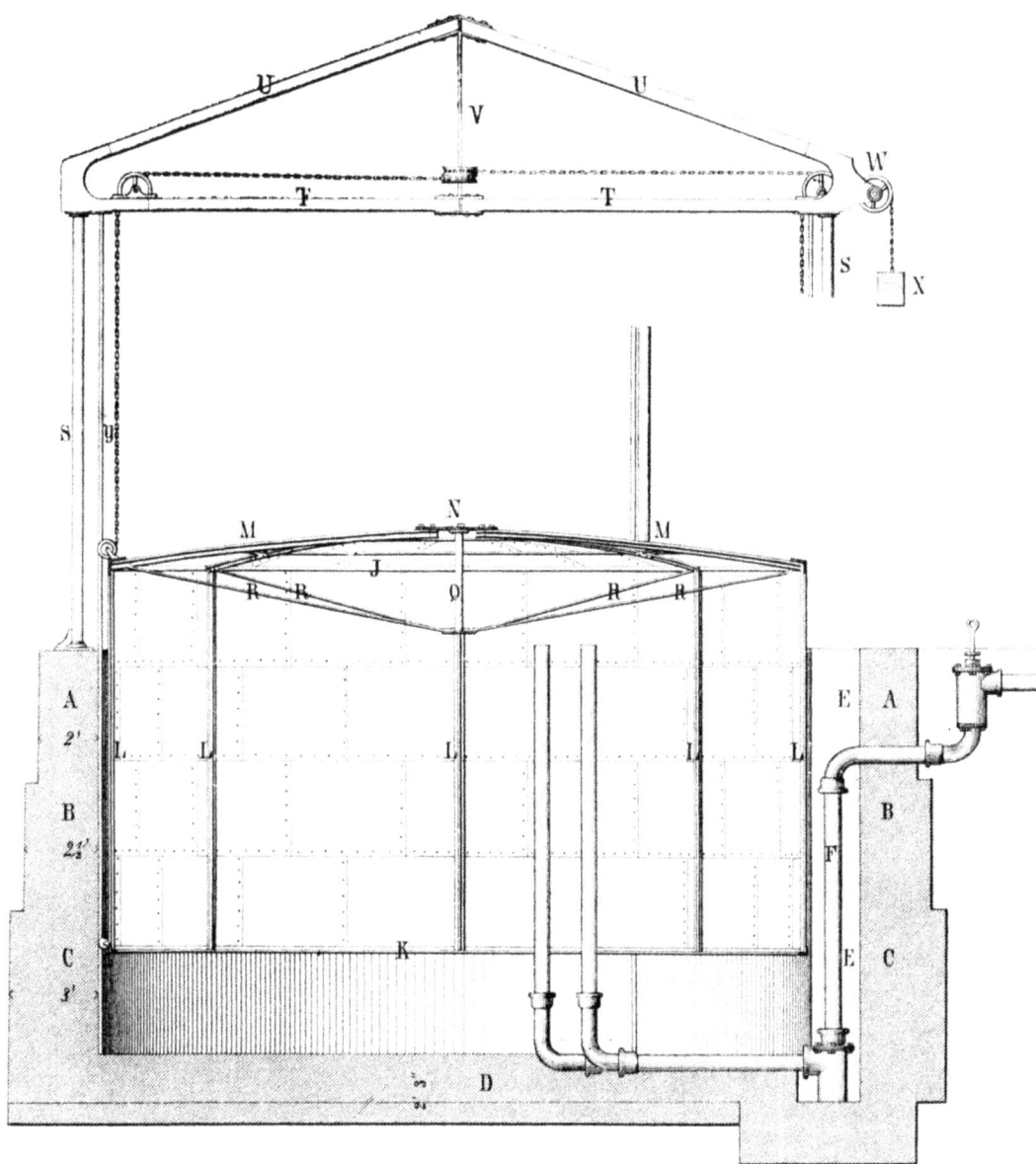

XLIX

Echelle de 5 Centim. pour 1 Metre.

M. 1/24.

L

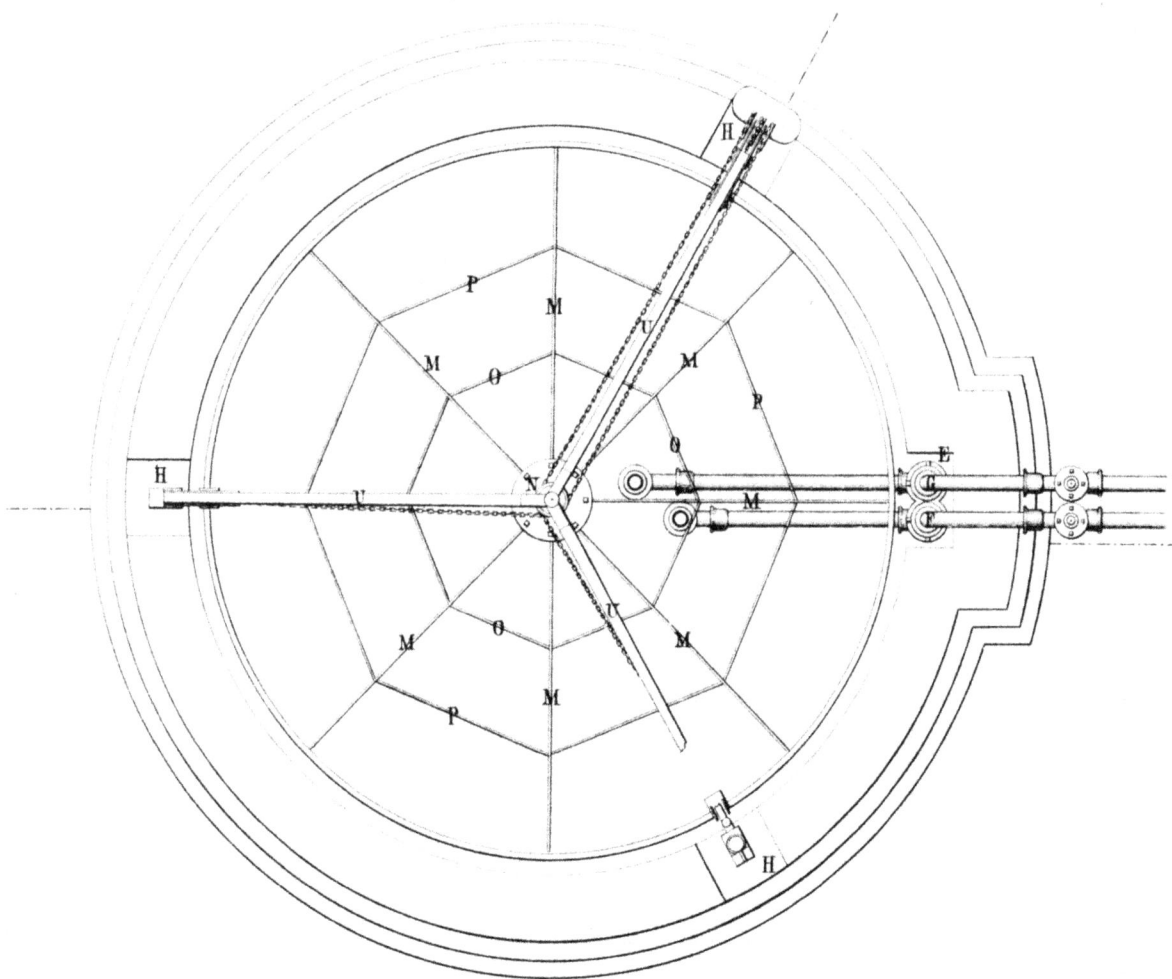

Echelle de 5 Centim. pour 1 Metre.

M: 1/24

Centrum zu, und sind dort mit der 2′ 9″ im Durchmesser haltenden stärkeren Mittelplatte N verschraubt. Diese Sparren haben 2 Reihen zwischengesetzter Streben O und P aus 2 × 2 × ³⁄₄ zölligem T-Eisen, wie sie aus dem Grundriss Taf. L deutlich ersichtlich sind. Vom Centrum der Mittelplatte abwärts geht ein 3½′ langes Rohr Q mit einer breiten Flansche an seinem unteren Ende versehen. An dieser Flansche sind 8 Zugstangen R aus 1 zölligem Rundeisen befestigt, die gleichfalls vom oberen Kranz, resp. von den Enden der Sparren nach der Mitte zu laufen, und durch deren mehr oder minder scharfes Anziehen man dem Deckel oder dem Dachgerippe die erforderliche Wölbung, die hier 1¼′ beträgt, geben kann. Das Dachgerippe bildet sohin ein vollständiges Sprengwerk, dessen oberer Theil aus T-Eisen und Winkeleisen, der untere aus Rundeisen besteht.

Auf den im oberen Rand der Cysterne eingelassenen Granitsteinen stehen die drei gusseisernen 6 zölligen Führungssäulen S. Dieselben haben unten einen Sockel mit Fussplatte von der Breite der Granitsteine. In der Platte sind 4 Löcher, welche mit den vier in jedem Stein festgegossenen 1¼ zölligen Schraubenbolzen correspondiren. Diese werden über die vorstehenden Bolzen übergeschoben, und mittelst Muttern angezogen. Der Kopf jeder Säule trägt einen Schuh von Gusseisen, in welchen je zwei hölzerne Riegel eingeschoben sind, der untere horizontal, der obere schräg aufwärts gehend. Ausserdem tragen die unteren Theile der Schuhe noch die Räder, über welche die zum Aufhängen der Glocke dienenden Ketten laufen. Die Hölzer T und U vereinigen sich in der Mitte, und sind dort durch schmiedeeiserne Beschläge zusammengefasst, so dass sie eine Art Dachstuhl bilden. Die vertikale schmiedeeiserne Welle V trägt zwei horizontale Scheiben, die dazu dienen, die von zwei Säulen herkommenden Aufhängeketten nach der dritten Säule hin abzulenken, wo sie dann mit der dritten Kette zusammen über die an der Hinterseite des Schuhes angebrachten Rollen laufen, und alle drei durch das eine gemeinschaftliche Gewicht angezogen werden. Die Führungsstangen Y der Glocke reichen vom Boden der Cysterne bis zum Kopf der Führungssäulen, sie sind unten in das Mauerwerk eingelassen, und oben in den Schuhen, die von den Säulen getragen werden, befestigt. Ausserdem werden sie am oberen Rand der Cysterne nochmals durch Stifte gehalten, die dort in dem Mauerwerk

ment auf die inneren Pfeiler aufzusetzen. Der Hauptpfeiler für die Führungssäulen ist mit einem Stein von 6′ Länge, 2′ Breite und 1′ Dicke abzudecken, mit einem entsprechenden Ausschnitt für das Gegengewicht und mit Löchern für die Befestigungsbolzen zu versehen. Die beiden anderen Pfeiler für die Führungssäulen sind mit Steinen von 3′ Länge, 2′ 6″ Breite und 1′ Dicke abzudecken, sowie gleichfalls mit den erforderlichen Löchern zu versehen.

Specification einer Cysterne aus Mauerwerk 105′ 9″ im Durchmesser und 26′ 6″ tief.

Der Grund ist auf 25′ tief auszugraben; diese Tiefe umfasst das ganze Mauerwerk, Thon, Concret bis auf 5′, um welche die Cysterne nach ihrer Vollendung über das Terrain hervorragen soll. Der Boden der Cysterne ist durchweg mit gut gestampftem und durchgearbeitetem Thon auf eine Tiefe von 3′ sorgfältig auszustampfen. Das Mauerwerk wird auf der Thonschicht angefangen und zwar 3½ Steine dick auf 6′ Höhe mit einem Fuss von drei doppelten Reihen Steinen, der nach Aussen 9″ vorspringt, nach Innen aber auf einem umgekehrten Bogen auf 14″ Tiefe aufsteht. Der ganze Fuss und der Bogen sind in Roman-Cement zu mauern, der mit hartem, scharfem Sand zu gleichen Theilen angemacht wird. Die beiden obersten Schichten der ersten 6′ Höhe sind ebenfalls in Cement zu mauern. Die nächsten 6′ Höhe sind 3 Steine dick, und sowohl die unterste Schichte, als auch die beiden obersten davon wieder in Cement zu legen. Hierauf kommen 7′ Höhe mit 2½ Steinen Dicke, die beiden untersten und die beiden obersten Schichten in Cement. Der oberste Theil 2 Steine dick, die beiden untersten und die drei obersten Schichten in Cement. Den Schluss bilden Yorkshire Deckplatten von 3″ Dicke und 14″ Breite in Cement zu legen. An der Innenseite sind 198 Steinblöcke von 10 × 9 × 12″ einzulassen, an denen die Leitschienen zur Führung der Glocke befestigt werden.

Zwölf gemauerte Pfeiler, jeder 5′ und 4′ 8″ an der Basis und in 3 Absätzen sich oben auf 4 × 3′ verjüngend werden mit der Ringmauer verbunden und in derselben Weise mit Cement gemauert, wie diese. Acht Fuss von oben wird eine gusseiserne Platte zur Aufnahme der Bolzen eingemauert. Oben wird jeder Pfeiler mit einem Granitblock von 5½ × 3 × 2′ gedeckt. Jeder Granitblock hat 8 durchgehende Löcher mit 1½″ Weite. Das

befestigt sind. Die an der Glocke oben und unten angebrachten Leitrollen sind den Stangen entsprechend ausgehöhlt, und mittelst schmiedeeiserner Lappen und Mutterschrauben an der Glocke fest gemacht. Zur Befestigung der Ketten sind an den Aufhängepuncten der Glocke Haken angeschraubt, in der Weise, dass sie nicht das Blech allein, sondern auch die T förmigen Sparren fassen. Das Gegengewicht X besteht zum Theil aus einem gusseisernen Block, zum Theil aus gusseisernen kleinen Scheiben, die nach Bedürfniss ab- und zugelegt werden können.

Ein kürzlich ausgeführtes Gasbehälterbassin von 29 Fuss Durchmesser und 14 Fuss Tiefe mit geringer Wandstärke ist in Fig. 138 dargestellt. Die Stärke der Umfassungsmauer auf die unteren 8 Fuss

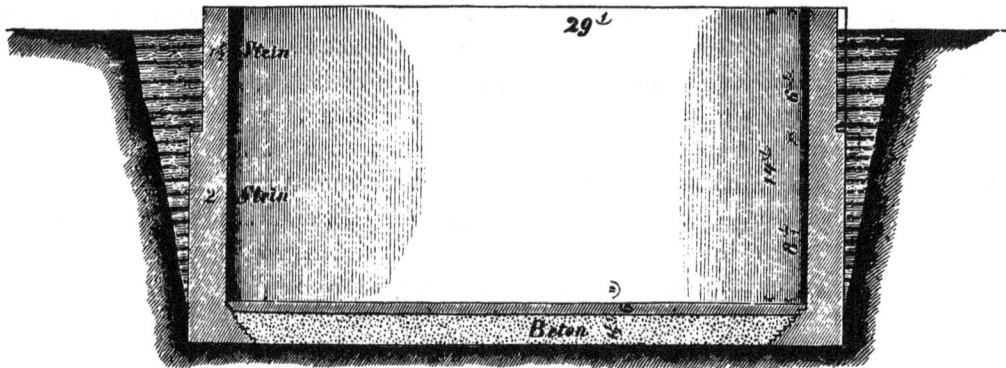

Fig. 138.

Höhe beträgt 2 Ziegelsteine oder 20 Zoll, auf die obersten 6 Fuss Höhe bloss 1½ Steine oder 15 Zoll. Als Mörtel wurde für das ganze Bassin ausschliesslich Portland-Cement des Bonner Bergwerks- und Hüttenvereins zu Obercassel bei Bonn verwendet, und zwar betrug die Mörtelmischung für das Wandmauerwerk auf 1 Tonne

------

Mauerwerk ist mit gut zubereitetem Thon sorgfältig zu hinterstampfen, und zwar erhält dieser Thon unten eine Dicke von 3', oben von 9''. Die Erde dahinter ist gleichfalls sorgfältigst einzustampfen. Der Boden des Bassins wird zuerst mit Thon ausgestampft, hierauf wird noch eine Schicht Concret eingebracht und zwar zunächst an der Ringmauer, wo er an dem umgekehrten Bogen anliegt, 2', in der Mitte 1' dick. Dieser Concret wird bereitet aus gutem groben Kies, der frei von erdigen Theilen sein muss, in dem gewöhnlichen Verhältniss gemischt mit hydraulischem Kalk. Auch unter jedem Pfeiler wird ein Bett von Concret hergestellt, und mit einem Steine von 18'' im Quadrat bedeckt.

Specification einer Cysterne aus Gusseisen von 33' Durchmesser und 15' Tiefe.

Die unterste Plattenreihe ³/₄'' dick, die oberste ½'', alle übrigen ⅝'' dick. Keine Platte darf über 4' in der Länge oder in der Breite haben. Sämmtliche Platten, mit Ausnahme der obersten Reihe haben diagonale Rippen und 3'' breite Flanschen mit Verstärkungsrippen zwischen den Schraubenbolzen. Die Verbindung ist mit Eisenkitt herzustellen und die Entfernung der Schrauben zu höchstens 6'' anzunehmen. Die Schraubenbolzen der drei untersten Reihen müssen ⅝'' dick, die übrigen mindestens ½'' dick sein. Sechs Reifen, von 3'' breitem und ⅝'' dickem Flacheisen müssen die Cysterne von Aussen umspannen. Sechszöllige Ein- und Ausgangsröhren mit 2 Ventilen, einem T-Stück und 2 Knieen sind in solcher Weise anzubringen, dass man den Gasbehälter nach Belieben an- und abstellen kann, und mit Syphons zu versehen.

Specification einer Cysterne aus Gusseisen von 61' Durchmesser und 17' Tiefe.

Der Boden ist 1'' dick zu machen, mit Ausnahme der äussersten Plattenreihe, die 1⅛'' Dicke haben muss. Von den Seitenplatten muss die unterste 1¼'', die zweite 1'', die dritte ⅞'', die vierte ³/₄'' dick sein. Jede

Cement (oder $3^1/_3$ c' im festgepressten Zustande) 10 Cubikfuss Sand. Es entspricht dies im aufgelockerten Zustande des Cements dem Verhältniss von 1 Cement zu $2^1/_4$ Sand. Der Boden besteht aus einer Betonlage von 1 Fuss 6 Zoll Stärke und darüber aus zwei platten Ziegelsteinschichten. Zum Beton wurden Ziegelsteinbrocken verwandt; der zur Ausfüllung der Zwischenräume dienende Mörtel besteht aus 1 Cement zu 4 Sand in der unteren Hälfte und aus 1 Cement zu 3 Sand in der oberen Hälfte. Der Mörtel zu den beiden platten Ziegelsteinschichten ist derselbe wie bei den Seitenwänden. An der Umfassungsmauer wurden zum Tragen der Führungssäulen 3 Verstärkungspfeiler angebracht, 2 Steine breit und $^1/_2$ Stein vorstehend. Der innere Verputz des Bassins ist allenthalben circa $^3/_4$ Zoll stark und besteht aus 1 Cement zu 2 Sand; auf der Oberfläche ist jedoch zur völligen Ausfüllung der Poren zwischen den Sandkörnern etwas reiner Cement aufgetragen und mittelst einer eisernen Reibeplatte glatt verrieben worden. Der obere $1^1/_2$ Stein starke Theil des Ringmauerwerks wurde ausserhalb mit Cementmörtel berappt. An Cement wurde verbraucht für den Beton des Bodens und das Mauerwerk des Bodens und der Seitenwände, inclusive äusseren Rauhverputz

zusammen $150^1/_2$ Tonnen (à 375 Pfd. netto)

für den inneren Verputz 26 „

im Ganzen also $176^1/_2$ „

Besondere Sorgfalt wurde auf die Hinterfüllung des Mauerwerks verwandt. Die Erde zur Ausfüllung des Raumes zwischen der Ringmauer und der Böschung der Baugrube wurde nicht nur lagenweise eingestampft, sondern durch reichlichen Wasseraufguss förmlich eingeschlämmt.

Ein Bassin gleichfalls aus der neuesten Zeit von $58^1/_2$ Fuss Durchmesser und 21 Fuss Tiefe, mit

---

Reihe muss aus 40 Platten bestehen und 4' hoch sein. Zur Verstärkung dienen 4 schmiedeeiserne Umfassungsreife von $3^1/_2$" Breite und $^1/_2$" Dicke mit entsprechend starker Verbindung. Die Schraubenbolzen müssen $^3/_4$□" Querschnitt haben und aus S C-Kroneisen gemacht sein; sie dürfen nicht mehr als 7" von Mitte zu Mitte auseinander stehen und müssen mit gutem Eisenkitt verdichtet sein. Zwischen den Schraubenbolzen sind $^1/_2$zöllige Verstärkungsrippen anzubringen; ebenso sind Knacken zur Unterlage für die Umfassungsreife anzugiessen. Die Flanschen der Bodenplatten müssen nach inwendig, diejenigen der Seitenplatten nach auswendig gerichtet sein; dabei müssen sie sämmtlich um 3" vorstehen und wenigstens $^3/_4$" dick sein.

Specification einer Cysterne aus Gusseisen von 101' Durchmesser und $22^1/_2$' Tiefe.

Die Flanschen an den Bodenplatten müssen nach Innen, diejenigen der Seitenplatten nach Aussen gerichtet sein; zugleich müssen sie sämmtlich wenigstens $3^1/_4$" vorstehen. Der Boden ist durchaus 1" dick bis auf die äusserste Plattenreihe, welche $1^1/_4$", und die Mittelplatte, welche $1^1/_2$" dick zu nehmen ist. Von den Seitenplatten werden die unterste und zweite Reihe $1^1/_4$", die dritte $1^1/_8$", die vierte 1" und die fünfte gleichfalls 1" dick. Jede Reihe besteht aus 75 Platten von 4' $6^1/_2$" Höhe. Fünf Reifen von Schmiedeeisen, 5" breit und $1^1/_4$" dick, müssen die Cysterne von Aussen umspannen. Die Schraubenbolzen sollen aus 1 zölligem Schmiedeisen bestehen und nicht weiter als 7" von Mitte zu Mitte entfernt sein. Die Dichtung ist mit Eisenkitt herzustellen. Eine Säule mit Flanschen zur Unterstützung für die Glocke ist in der Mitte der Cysterne zu befestigen. Das Gewicht der Cysterne, mit Ausschluss von Schraubenbolzen, Eisenkitt, Reifen und Säule beträgt 350 Tons.

Specification einer ringförmigen Cysterne aus Gusseisen von 103' Durchmesser und 22' Tiefe.

Der Boden besteht aus einem Ring von 66 Platten, jede Platte ist 1" dick, die Flanschen und Verstärkungsrippen sind $^3/_4$" dick. Die Löcher für die $^3/_4$zölligen Schraubenbolzen müssen $^7/_8$ □" halten und zwischen 6 und 7" von einander entfernt sein. Die Breite des Ringes beträgt 5'; zu beiden Seiten hat er aufrecht stehende Flanschen von 3" Breite zur Aufnahme der Seitenplatten. An der Innenseite des Ringes wird zunächst eine Plattenreihe von 66 Stück Platten 4' hoch mittelst $^3/_4$ zölligen Schrauben und Muttern angeschraubt. Die Platten sind $^3/_4$" dick und mit denselben Flanschen und Verstärkungsrippen zu versehen, wie die Bodenplatten. Ausserdem sind aber an der Innenseite auch noch 2 Flanschen von $^3/_4$" Dicke anzugiessen mit 3 Rippen an der Unterseite. Auf der anderen Seite der Platten sind 2 Rippen anzugiessen, die am Boden 9" breit sind und sich nach Oben auf Nichts verlaufen. Diese Rippen sollen $^3/_4$" dick sein und unten einen Fuss von 6" Breite und ebenfalls $^3/_4$" Dicke haben. Die äussere Wand soll aus 5 Plattenreihen bestehen, jede von 66 Platten, und einer Mörtelmischung aus Kalk, Sand und Bonner Portland-Cement ausgeführt, zeigt im Durchschnitt Fig. 139. Hier war die Mörtelmischung für die Sohle und das erste Bankett der Umfassungsmauer 2 Theile

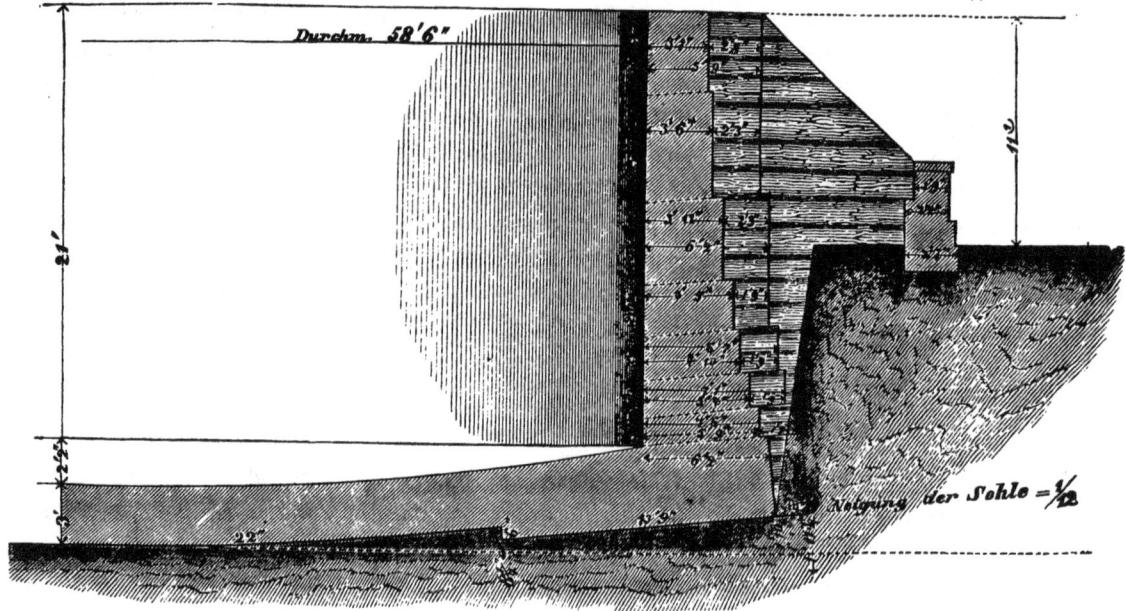

Fig. 139.

Bonner Portland-Cement, 1 Theil schwach hydraulischer Wasserkalk, 5 Theile Sand; für die darauf folgenden 5 Mauerbanketts 3 Theile Bonner Portland-Cement, 2 Theile Wasserkalk, 10 Theile Sand; und für die beiden letzten Banketts 2 Theile Bonner Portland-Cement, 1 Theil Wasserkalk und 6 Theile Sand. Das Bassin hat 6 Verstärkungspfeiler, unten 7 Fuss 1 Zoll und oben 4 Fuss 5 Zoll breit. Dieselben sind ebenso, wie die Ringmauern, in Absätzen aufgeführt und stehen 1 Fuss 9 Zoll, oben 2 Fuss 8 Zoll aus letzterem hervor.

dabei die Bodenreihe $1\frac{1}{4}''$, die zweite $1''$, die dritte $\frac{7}{8}''$, die vierte und fünfte $\frac{3}{4}''$ dick sein. Die unterste Reihe muss Flanschen von $3''$ vorstehender Breite und $1''$ Dicke haben mit Löchern, wie schon oben beschrieben. Ferner sind zwei Flanschen von $3''$ Breite und $1''$ Dicke mit Knacken von $\frac{3}{4}''$ Dicke für die Umfassungsreife anzugiessen. Jede Reihe hat zwei solche Flanschen mit Ausnahme der oberen, welche nur einen Reif erhält. Neun schmiedeeiserne Reifen, vom besten Eisen, der unterste $4\frac{1}{2}''$ breit und $\frac{3}{4}''$ dick, die übrigen $4\frac{1}{2}''$ breit und $\frac{5}{8}''$ dick sind mittelst schmiedeeiserner Splinte anzutreiben. Der Querschnitt der Verbindungsstellen muss gleich dem doppelten Querschnitt des Reifes sein. Die Dichtung wird mit Eisenkitt hergestellt, und sind die Fugen nicht weiter als höchstens $\frac{1}{2}''$ zu machen.

Specification einer Gasglocke von $44'$ $6''$ Durchmesser und $20'$ Höhe mit einem gewölbten Dom von $1'$ $9''$ Höhe.

Die Hauptsparren des Sprengwerks bestehen aus $3 \times 3 \times \frac{3}{8}$ zölligem T-Eisen und werden an einem Ende mit dem äusseren Kranz von Winkeleisen, am andern Ende mit der Mittelplatte und einem schmiedeeisernen Ring von $4 \times \frac{1}{2}''$ durch 1zöllige Schrauben und Muttern verbunden. Die Sparren sind verbunden mit $1\frac{1}{8} \times 1$ zölligen Zugstangen, welche an dem Verbindungsende gabelförmig über das T-Eisen überfassen, und am anderen Ende, wo sie an einer gegossenen Mittelplatte befestigt werden, in Schrauben von $9''$ Länge und $1\frac{1}{4}''$ Durchmesser auslaufen. Die Verbindung mit den Hauptsparren geschieht durch einen 1 zölligen Bolzen. Ferner sind Hängeeisen von $1''$ Dicke anzubringen, und zwar mit den Hauptsparren durch Gabeln und $\frac{3}{4}$ zöllige Bolzen zu verbinden, am unteren Ende mit Schrauben von $9''$ Länge und zugehöriger Mutter zu versehen. Dieses Schraubenende hat nicht nur das zuvor beschriebene Zugeisen aufzunehmen, sondern auch noch ein schräges Strebeisen, welches $\frac{3}{4}''$ stark oben mit dem Hauptsparren mittelst Gabel und $\frac{5}{8}$ zölligen Bolzen, unten mittelst eines Auges mit dem Fuss des Hängeeisens verbunden wird. In der Mitte steht ein Hauptpfosten von $1\frac{3}{4}''$ Durch-

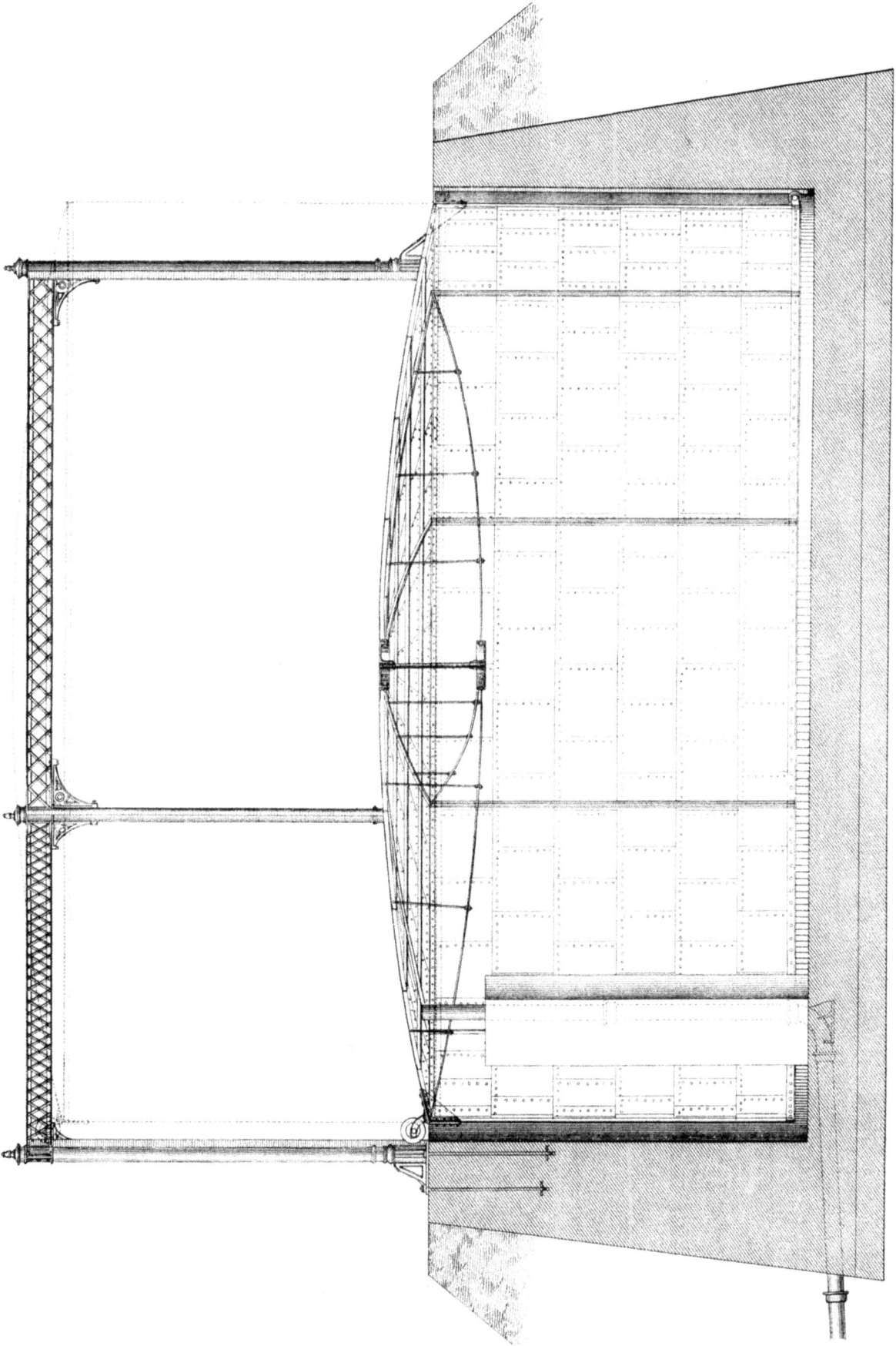

LI

Échelle de 15 Millim. pour 1 Mètre

0 1 2 3 4 5 6 7 8 9 10 11 12   20'

LII

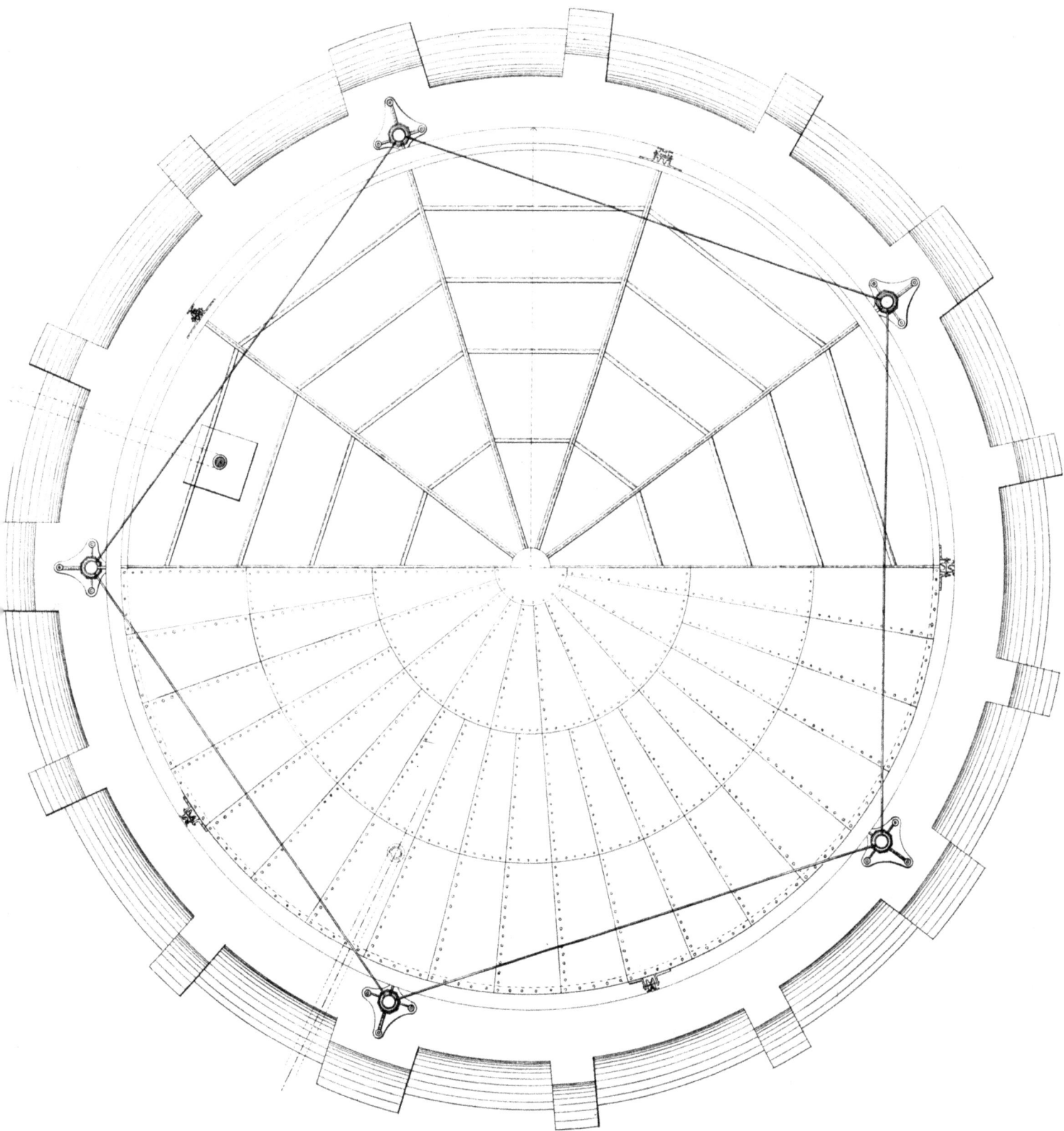

Echelle de 13 Millimetres pour 1 Metre

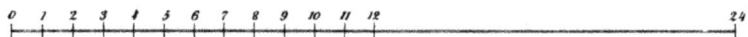

0 1 2 3 4 5 6 7 8 9 10 11 12   24'

Auf Tafel LI und LII ist ein Gasbehälter von 38 Fuss Weite und 16 Fuss Höhe dargestellt, der im Sommer 1864 ausgeführt worden ist. Das Bassin ist aus Backsteinmauerwerk mit Mörtel gleichfalls aus Bonner Portland-Cement hergestellt, und hat $39\frac{1}{2}$ Fuss lichte Weite bei $16\frac{1}{2}$ Fuss lichter Höhe. Das Seiten-Mauerwerk hat oben eine Stärke von 2 Fuss 2 Zoll (2 Steine) und unten eine solche von 4 Fuss 4 Zoll, es unterscheidet sich dadurch von den oben beschriebenen, dass die Verstärkung nicht absatzförmig geschieht, sondern gleichmässig. Man gewinnt den Vortheil, dass die Feuchtigkeit an der äusseren Fläche besser ablaufen kann, und nirgends durch einen Absatz aufgehalten wird, man erhält dagegen andererseits viele Steinbrocken im Mauerwerk, während man bei den Absätzen ausschliesslich mit ganzen und halben Steinen mauert. Der Boden des Bassins ist 2 Fuss 2 Zoll stark, und enthält 6 liegende Schichten und eine obere Rollschicht. Das Mischungsverhältniss für den Mörtel zum Mauerwerk beträgt 1 Theil Bonner Portland-Cement auf 2 Theile reinen scharfen Flusssand. Zur Verstärkung des Seitenmauerwerks sind 5 Hauptpfeiler angebracht, deren jeder 2 Fuss breit ist, und um 1 Fuss vorsteht, ausserdem sind zwischen den Hauptpfeilern noch 8 kleinere Pfeiler, von nur 1 Fuss Breite angeordnet, nemlich dreimal je zwei Pfeiler und zweimal je ein Pfeiler. Das Bassin liegt nemlich in einem geneigten Terrain, und steht auf der unteren Seite um etwa 5 Fuss höher über dem Boden heraus, als an der oberen Seite, desshalb sind nach unten hin mehr Verstärkungspfeiler angebracht, als oben. Der Verputz ist aus einer Mörtelmischung von 1 Theil Bonner Portland-Cement auf $1\frac{1}{2}$ Theile Sand inwendig $\frac{3}{4}$ Zoll stark kergestellt, die äusseren Flächen haben sämmtlich einen Rauhverputz erhalten. Der Raum zwischen den Wänden der Baugrube und dem Bassin ist mit Lehm sorgfältig ausgestampft, auch die ganze Böschung ist mit Lehm hergestellt. Bei der Ausführung ist zuerst die Ringmauer aufgeführt worden, und zwar mit einer Abtrappung der 6 untersten Schichten mit je $\frac{1}{4}$ Stein nach Innen hin, um einen Verband mit dem Bodenmauerwerk zu erhalten. An den Stellen, wo die 6zölligen Ein- und Ausgangsröhren eingeführt werden sollten, wurden zuerst Oeffnungen im Mauerwerk ausgespart, durch welche diese Röhren bequem durchgeschoben werden konnten. Nachdem das Bodenmauerwerk hergestellt, und die Röhren gelegt waren, wurden die beiden Oeffnungen mit Cementbeton aufs Sorgfältigste ausgegossen. Zur Befestigung

messer, oben durch Mutter und Ring mit der Mittelplatte, unten gleichfalls durch Schraube und Mutter mit einer gusseisernen Platte verbunden. Die gusseiserne Platte ist 1" dick und enthält 5 Löcher zur Aufnahme der Enden von den 5 Zugstangen der Hauptsparren. Die gusseiserne Platte ist durch einen schmiedeeisernen Ring von 6" Breite und $\frac{3}{8}$" Dicke verstärkt.

Fünf kleinere Sparren aus $3 \times 3 \times \frac{3}{8}$ zölligem T-Eisen werden an einem Ende gleichfalls mit dem äusseren Kranz von Winkeleisen mittelst 1 zölliger Bolzen und Muttern befestigt, am anderen Ende erhalten sie zwei rechtwinklig gebogene Stücke Flacheisen mit $\frac{5}{8}$ zölligen Nieten angenietet, und stossen gegen die zunächst zu beschreibenden 4×3 zölligen Quereisen, an denen sie mittelst zwei $\frac{3}{4}$ zölliger Bolzen befestigt werden. Ein Kranz von $2\frac{1}{2} \times 2\frac{1}{2} \times \frac{3}{8}$ zölligen Querstangen wird mit jedem Haupt- und Nebensparren durch zwei $\frac{5}{8}$ zöllige Bolzen verbunden, ein zweiter Kranz von 4×3 zölligem Eisen mittelst $\frac{3}{4}$ zölliger Bolzen mit den Hauptsparren. Jede der letzteren Stangen nimmt in ihrer Mitte auf bereits beschriebene Art das Ende des Nebensparren auf. Das ganze Gerippe ist so gebogen, dass es an die Deckplatten des Gasbehälters fest anliegt.

Das Dach selbst besteht aus einer Mittelplatte von $\frac{3}{8}$ zölligem Kesselblech und 3' 6" Durchmesser. Der innerste und der äusserste Ring von Platten ist Nr. 12, die übrigen Ringe Nr. 14 der Birmingham Drahtlehre. Das Dach ist mit den Seiten verbunden durch einen $4 \times 4 \times \frac{3}{8}$ zölligen Ring von Winkeleisen. Der oberste und unterste Ring der Seiten ist Nr 12, die übrigen Nr. 17. Fünf vertikale Stangen von $2\frac{1}{2} \times 2\frac{1}{2} \times \frac{3}{8}$ zölligem T-Eisen sind mit den Hauptsparren des Dachgerippes und mit dem untersten Kranz von Winkeleisen verbunden. Dieser letztere Kranz ist herzustellen aus 2 Winkeleisen von $3 \times 3 \times \frac{3}{8}$", zwischen denen das untere Ende der Blechwand eingelegt ist, und die dann mittelst $\frac{3}{8}$" starker und 1' von einander abstehender Nieten zusammengenietet werden. Die Verbindungen des Eisenblechs mit der Mittelplatte und mit dem Kranz von Winkeleisen sind durch $\frac{3}{8}$ zöllige Nieten in Entfernungen von $1\frac{1}{8}$" von Mitte zu Mitte herzustellen, die übrigen Nieten brauchen für Nr. 12 und 14 Blech $\frac{5}{16}$" und für Nr. 16 Blech $\frac{1}{4}$" Durchmesser zu haben. Keine Blech-

der 5 Führungssäulen sind in dem Seitenmauerwerk, und zwar an den Stellen wo die Hauptpfeiler stehen, je drei Ankerbolzen eingemauert, von denen der eine $4^3/_4$, der zweite 5, der dritte $5^1/_4$ Fuss Länge hat. Jeder Bolzen ist $1^1/_4$ Zoll dick, und steht um $3^1/_2$ Zoll über dem Mauerwerk vor. Unten ist zum Festhalten je eine schmiedeeiserne Platte von $^3/_8$ Zoll Dicke und 6 Zoll im Quadrat übergeschoben, die von einem durch die Bolzenstange durchgesteckten Splint gehalten wird. Nach gänzlicher Vollendung des Bassins und nachdem die Ein- und Ausgangsröhren inwendig bis zu ihrer vollen Höhe aufgestellt waren, wurden diese noch mit Mauerwerk von je 2' Seite umgeben, und das Mauerwerk gleichfalls glatt verputzt.

Die Glocke hat 38 Fuss Durchmesser, 16 Fuss Seitenhöhe und 2 Fuss Deckelwölbung. Das Gerippe derselben besteht aus einem Sprengwerk, welches auf folgende Weise hergestellt ist. In der Mitte der Decke steht ein 4 Fuss langes, $2^1/_4$ Zoll im Lichten weites gusseisernes Rohr, über welches oben und unten zwei gleichfalls gusseiserne Scheiben geschoben sind, Fig 140 bis 142. Beide Scheiben haben an ihrer Peripherie einen Rand von 4 Zoll Höhe, bei der oberen ist der Rand nach unten, bei der unteren nach oben gekehrt. An den Rand der oberen Scheibe sind 10 Sparren aus $2^1/_2 \times 2$ zölligem T-Eisen mittelst $^5/_8$ zölliger Mutterschrauben befestigt, welche von dieser Scheibe aus radial nach der Peripherie des Deckels laufen, und dort mit einem $2^1/_2 \times 2^1/_2$ zölligen Kranz von Winkeleisen gleichfalls durch Mutterschrauben verbunden sind, Fig 143 und 144. Fünf Zugstangen aus $^3/_4$ zölligem Rundeisen sind abwechselnd unter den Sparren angebracht, und sind einerseits mit der unteren mittleren Scheibe, andererseits mit den Enden der betreffenden Sparren verbunden. Jede Zugstange hat ein gabelförmiges Ende Fig. 143 und 144, mittelst dessen sie über den abwärts gerichteten Lappen des T förmigen Sparrens übergreift. Die Befestigung geschieht mittelst eines $^5/_8$ zölligen Schraubenbolzens, welcher durch die zwei Enden der Gabel, sowie durch das T-Eisen hindurchgeht. In der Mitte wird das mit einem Schraubengewinde versehene Ende jeder Zugstange von einem entsprechenden Loch in der unteren Scheibe aufgenommen, und durch eine von Innen aufgeschraubte Mutter festgehalten, Fig. 141 und 142. Jede Zugstange ist mit dem entsprechenden oberhalb liegenden Sparren überdies noch dreimal durch Hängeeisen verbunden, wie dies in Fig. 145 bis 147 näher angegebsn ist. Oben fasst wieder eine Gabel über das T-Eisen, und wird durch eine $^1/_2$ zöllige Mutterschraube festgehalten, das untere mit Schraubengewinde versehene Ende des Hängeeisens ist durch die Zugstange gesteckt, und auf jeder Seite der letzteren mit einer Mutterschraube

platte darf über 3' 6'' Länge und mehr als 2' Breite haben. Auch müssen die Bleche sämmtlich vollkommen gesund und ohne blätterige Stellen sein; ihr Gewicht muss betragen:

für Nr. 12 mindestens 4,3 Pfd. pro Quadratfuss,
„ „ 14 „ 3,23 „ „ „
„ „ 16 „ 2,62 „ „ „

Ein Hanfstrang ist überall bei den Verbindungen einzulegen, sowohl bei den Blechen selbst, als bei den Verbindungen dieser mit den Winkeleisen. Sämmtliches Schmiedeeisen ist einmal mit gekochtem Oel, und alle Verbindungen zweimal mit Mennige und Oel zu streichen. Im Dach sind zwei Mann-Löcher anzubringen, von denen jedes 2 ☐' halten, und einen Messing-Hahn von 2'' im Deckel haben muss.

Die Führung der Glocke besteht aus 5 gusseisernen Säulen, jede 22' lang, 7'' am Boden und $5^3/_4$'' oben stark, und $^{11}/_{16}$'' dick im Eisen. An jeder Säule befindet sich eine Zunge, an welcher die Leitrollen zu laufen haben, und diese müssen daher von durchaus gleichmässiger Stärke, frei von allen Unebenheiten und Windungen hergestellt werden. Der Fuss jeder Säule wird mit 4 schmiedeeisernen Bolzen von $1^1/_4$'' Querschnitt und 16' Länge befestigt; jeder Bolzen hat oben eine 9'' lange und $1^1/_8$'' dicke Schraube und sechseckige Mutter mit Unterlegplatte. Die 5 Säulen stehen auf eben so vielen Platten von 3' $6^1/_4$'' Länge, 3' 6'' Breite und $1^1/_4$'' Dicke. Fünf Leitrollen in Lagerböcken werden mittelst $^5/_8$ zölliger Bolzen an dem oberen Kranz von Winkeleisen befestigt und zugleich mit dem Haupt-Sparren durch Flacheisen von $5 \times ^5/_8$'' und zwei $^3/_4$ zöllige Bolzen verbunden. Auch sind 5 Winkelstreben aus $3 \times 3 \times ^3/_8$ zölligem Winkeleisen zwischen den 5 vertikalen T-Eisen und den 5 Haupt-Sparren anzubringen, und mittelst je zwei $^3/_4$ zölliger Bolzen zu befestigen. Jede Führungssäule ist oben mit einem kleinen ornamentalen Capital zu versehen. Auch sind sie unter einander zu verbinden durch fünf $3 \times 2^1/_2 \times ^3/_4$ zöllige T-Eisen, die im Grundriss ein regelmässiges Fünfeck bilden. Die Verbindung ist

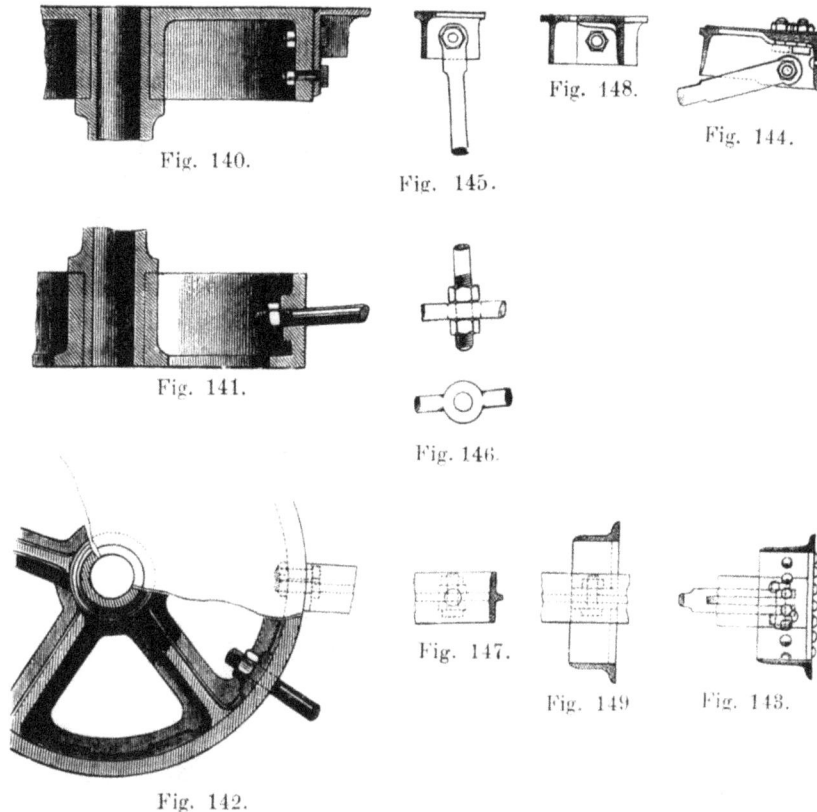

Fig. 140.

Fig. 145.

Fig. 148.

Fig. 144.

Fig. 141.

Fig. 146.

Fig. 147.

Fig. 149.

Fig. 143.

Fig. 142.

versehen. Zwischen der Centrumscheibe und dem äusseren Kranz von Winkeleisen sind an den 10 Sparren noch 4 polygonale Kränze von 2 zölligem Winkeleisen in der durch Fig. 148 und 149 angedeuteten Weise

durch 1 zöllige Bolzen herzustellen. An dem unteren Kranz von Winkeleisen sind in gleichen Abständen 15 gusseiserne Rollen mit schmiedeeisernen Lagerböcken anzubringen und durch je zwei $^5/_8$ zöllige Bolzen und Muttern zu befestigen. Die Rollen erhalten 4″ Durchmesser und 4″ Breite.

Specification einer Gasglocke von 50′ Durchmesser und 16′ Tiefe mit einem Dach von 2′ 6″ Wölbung.

Die Mittelplatte ist 3′ im Durchmesser und $^1/_2$″ dick. Die äusserste und innerste Reihe Blechtafeln sind von Nr. 12, die übrigen Dachtafeln von Nr. 14 der Birmingham Drahtlehre. Die obersten und untersten Seitenplatten Nr. 16. Keine Tafel darf über 8 Quadratfuss Fläche haben.

Alle gewöhnlichen Nieten müssen voll $^1/_4$″ Durchmesser halten, und 1″ von Mitte zu Mitte auseinander stehen. Zur Verbindung der Platten mit den Winkeleisen sind $^3/_8$″ starke Nieten in Entfernungen von $1^1/_2$″, und zur Verbindung des untersten Kranzes $^1/_2$ zöllige Nieten in Entfernungen von 9″ anzuwenden.

Das Dach erhält 10 Sparren aus $3 \times 2^1/_2 \times {}^3/_8$ zölligem T-Eisen nach der Curve des Daches gebogen, und mit Augen an jedem Ende. Die Befestigung an dem oberen Kranz von Winkeleisen einerseits und an der Mittelplatte andererseits geschieht durch 1 zöllige Schraubenbolzen mit sechseckigen Köpfen und Muttern.

Fünf Zugstangen von $1^1/_8$ zölligem runden Kroneisen werden mit Gabeln an einem Ende an den Hauptsparren befestigt, und haben am anderen Ende $1^1/_4$ zöllige Schrauben und Muttern, um sie mit der mittleren Gussplatte zu verbinden. Auch sind sie an den entsprechenden Puncten mit Augen zur Aufnahme der noch zu beschreibenden Hängeeisen und Streben zu versehen. Die Bolzen für die Gabel müssen $^7/_8$″ Durchmesser haben.

Fünf Zug-Hölzer aus 9×3 zölligen nordischen Bohlen werden mittelst je drei Schienen aus Nr. 10 Eisenblech mit den unteren Enden der übrigen 5 Sparren verbunden, und andererseits auf Knacken aufgebolzt, welche an dem mittleren Hauptpfosten festgegossen sind. Hängeeisen gehen durch die Hölzer hindurch, und sind mit Muttern oben und unten versehen.

30*

befestigt. Die Enden der Winkeleisen sind rechtförmig umgebogen und je zwei dieser Lappen mit dem dazwischen liegenden T-Eisen des Sparren mittelst einer ¼ zölligen Mutterschraube zusammengefasst. Der untere Rand der cylindrischen Glockenwand ist gleichfalls durch einen Kranz von Winkeleisen und die Glockenwand selbst durch vertikale T-Eisen verstärkt.

Das Blech der Glocke ist Nro. 14 der Dillinger Blechlehre, die einzelnen Tafeln fassen 1 Zoll über einander. Die Nieten haben ¼ Zoll Durchmesser am Stift und ⅝ Zoll Durchmesser am Kopf; ihre Entfernung von Mitte zu Mitte beträgt 1 Zoll. In jede Fuge ist zur Dichtung ein Streifen von Kautschukleinwand eingelegt. Die Kuppel hat zwei Mannlöcher, eines über dem Eingangsrohr, das andere über dem Ausgangsrohr. Der Deckel derselben ist mit einem Rande von Schmiedeeisen versehen, und mittelst Schrauben so befestigt, dass er leicht abgenommen werden kann. In einem der Deckel dieser Mannlöcher ist ein Ventil mit 1 Zoll Oeffnung angebracht. Zur Führung der Glocke dienen 5 obere und 5 untere Rollen; die ersteren laufen an Schienen, die an den Führungssäulen sitzen, letztere an anderen Schienen, welche an der Bassinwand vertikal befestigt sind. Die ersteren Rollen sind von Gusseisen, 14 Zoll im Durchmesser, mit 3 Zoll tiefen Rinnen, Fig. 150 und 151, so dass sie die an den Führungssäulen angegossenen flachen Leitschienen

   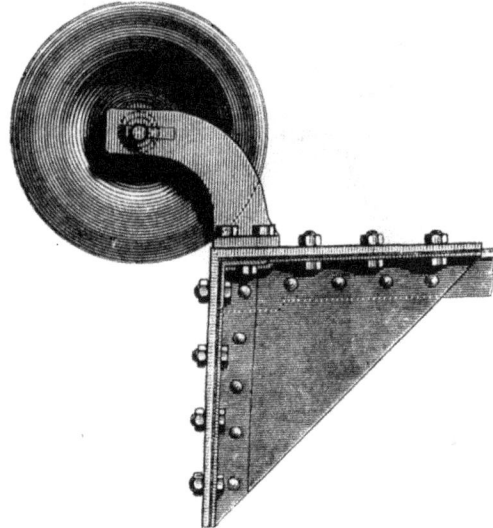

Fig. 150.   Fig. 151.

von beiden Seiten umfassen. Jede Rolle dreht sich um eine schmiedeeiserne Achse, und liegt in einem schmiedeeisernen Lagerbock, welcher mit Mutterschrauben an der Glocke resp. an deren Gerippe befestigt ist. Die Achse der Rolle liegt in einem horizontalen Schlitz, und ist auf 2 Zoll verstellbar, sie wird auf jeder Seite durch eine Mutterschraube in ihrer Stellung festgehalten. Zur Verstärkung der

Zehn Hängeeisen bestehen aus 1¼ zölligem Rundeisen, und sind oben mittelst Gabeln und ⅞ zölligen Bolzen an den Hauptsparren fest gemacht, unten haben sie 1½″ lange Schrauben mit je 2 Muttern.

Zehn Winkelstreben aus ⅞ zölligem Rundeisen haben Augen am gebogenen unteren, und Gabeln am oberen Ende.

Das Mittel-Hängeeisen oder der Hauptpfosten ist ein gusseisernes Rohr von 9′ Länge, 6″ äusserem Durchmesser und ¾″ Eisendicke mit Flanschen von 13″ Durchmesser und 1¼″ Dicke an jedem Ende. Jede Flansche hat 5 Verstärkungsrippen zwischen den Bolzenlöchern. Die Befestigung mit der gusseisernen Platte geschieht durch ¾ zöllige Bolzen. Der Rand dieser Platte wird durch einen heiss umgelegten Ring vom 2 × 1 zölligem Kroneisen verstärkt.

Die Nebensparren zwischen den Hauptsparren bestehen aus 3 × 2½ × ⅝ zölligem T-Eisen, nach der Curve des Daches gebogen, mit Augen an einem Ende zur Verbindung mit dem Kranz von Winkeleisen und T förmig

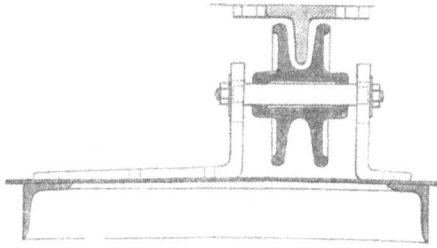

Fig. 152.

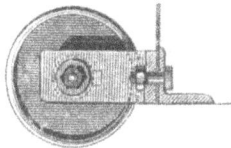

Fig. 153.

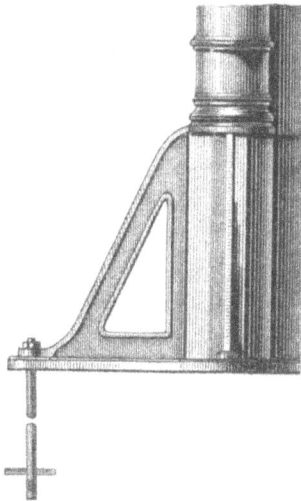

Fig. 154.

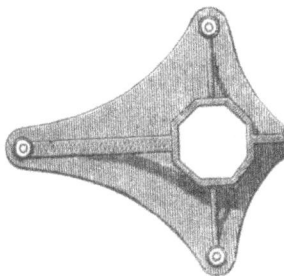

Fig. 155.

Fig. 156.

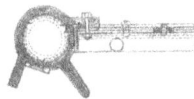

Fig. 157.

Glocke an den Stellen, wo die Rollen sitzen, sind dort noch Winkelstücke von starkem Blech eingesetzt, und sowohl mit den Sparren der Decke, als mit den vertikalen T-Eisen der Seitenwand fest vernietet. Die unteren Rollen Fig. 152 und 153 sind ähnlich wie die oberen, nur kleiner, und an dem unteren Kranz von Winkeleisen befestigt; auch sie sind auf 2 Zoll verstellbar. Zur besseren Führung der Glocke sind sie nicht senkrecht unter den oberen Leitrollen angebracht, sondern immer, in der Mitte zwischen denselben. Die Führungssäulen sind gusseiserne Säulen von 8 Zoll unterem und 6 Zoll oberem Durchmesser mit einem achteckigen Fuss und etwas verzierten Capitäl, wie sich dies aus den Fig. 154 bis 157 näher ergiebt. Der Fuss hat eine Bodenplatte mit drei Lappen; an den Enden dieser Lappen befinden sich die Löcher, durch welche die Enden der im Mauerwerk des Bassins eingemauerten Ankerbolzen durchgesteckt werden. Starke Schraubenmuttern halten die sorgfältig horizontal gerichtete Platte am Mauerwerk fest. Der ganzen Länge nach hat die Säule die flache, 1 bis ¾ Zoll starke und 4½ Zoll vorspringende Leitschiene angegossen, an der sich die oberen Rollen der Glocke führen, ausserdem sind oben an entsprechender Stelle noch zwei weitere angegossene Flügelstücke vorhanden, an denen die schmiedeeisernen Traversen befestigt werden Fig. 156 u. 157. Die Traversen bestehen je aus einem obern und einem untern schwachen Winkeleisen, welche mittelst Flacheisen zu einem gitterförmigen Balken verbunden sind. Die Enden derselben werden mittelst Mutterschrauben an den erwähnten Angüssen der Säulen befestigt. Zur Verstärkung der Verbindung sind noch kleine durchbrochene gusseiserne Winkelstücke unterhalb der Traversen angebracht Fig. 156, welche einerseits an letzteren, andererseits an den Säulen festgeschraubt sind. Das ganze Gewicht der Glocke mit Gerippe beträgt 148 Ctr., das Gewicht der Führungssäulen mit Traversen und der Leitschienen ist 91 Ctr. Die Glocke ist von der mechanischen Werkstätte von L. A. Riedinger in Augsburg geliefert und aufgestellt.

am anderen Ende, wo sie mit dem Hauptkranz der zwischen den Hauptsparren einzusetzenden Streben verbolzt werden.

Der Hauptkranz dieser Streben besteht aus 10 Stangen von $3 \times 3 \times \frac{3}{8}$ zölligem T-Eisen, (in liegender

Auf Tafel LIII und LIV ist ein anderer Gasbehälter von grösseren Dimensionen dargestellt. Das Bassin hat 70' Weite und 20' 4" Tiefe, die Glocke 69' Weite und in den Seitenwänden 19' 6" Tiefe.

Die Ringmauer A A des Bassins ist aus Backsteinmauerwerk aufgeführt, und steht 16½' über den Erdboden hervor. Sie hat von oben nach unten gemessen zunächst einen 1' 6" hohen Kranz aus Sandsteinblöcken, der das Backsteinmauerwerk auf seiner ganzen Breite abdeckt. Darunter folgt das Mauerwerk A A auf 5' 6" Tiefe 2' 6" stark auf weitere 5' Tiefe 3' stark, auf die dritten 5' Tiefe 3' 6" stark und auf die folgenden 9' 6" Tiefe 4' stark. Die letzten 2' Tiefe bildet ein Sockel in zwei Absätzen, von denen der oberste 6', der unterste 8' breit ist, und die beide gleichmässig nach Innen und Aussen vorspringen. Die Gesammthöhe der Mauer beläuft sich auf 24' 6". Zur Verstärkung sind gleichmässig am Umfange vertheilt acht Pfeiler angebracht, die oben 6' Breite haben, 3' nach Aussen vorspringen, und sich nach unten zu in derselben Weise abstufen, wie die Mauer. Als Mörtel ist ausschliesslich hydraulischer Kalk verwendet. Inwendig hat das Bassin einen Verputz von 1" Dicke aus Portland-Cement. Zur Führung der Glocke sind 8

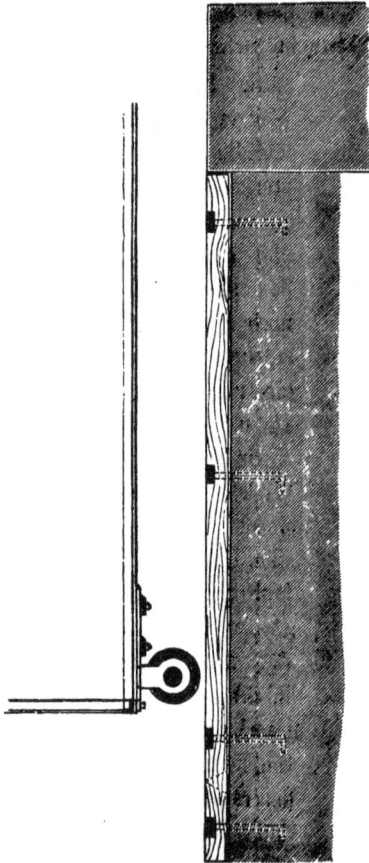

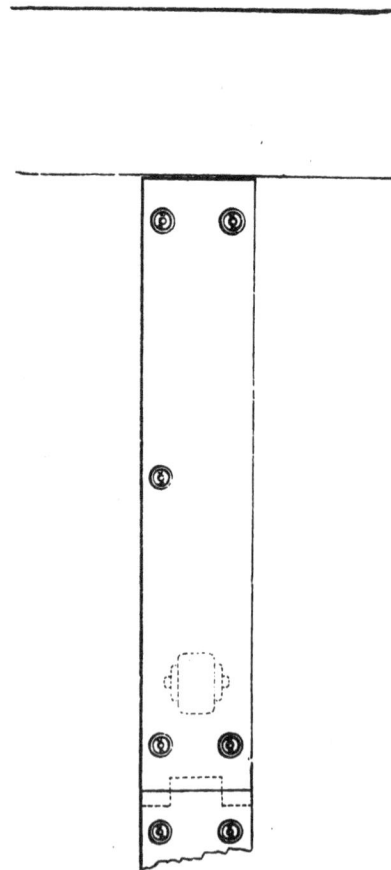

Fig. 158.   Fig. 159.

eichene Bohlen von 1' 3" Breite und 3" Dicke eingelassen, gegen welche die unteren Leitrollen der Glocke laufen. In den Fig. 158 und 159 ist das Nähere dieser Anordnung dargestellt. Der Boden des Bassins ist

_____

Stellung), deren Enden so gebogen sind, dass sie an den Hauptsparren genau anschliessen. Die Nebensparren sind jedesmal in der Mitte dieser Stangen mit denselben durch ⅝ zöllige Bolzen verbunden.

Im Uebrigen sind noch 4 concentrische Kränze solcher Streben von Winkeleisen folgender Dimensionen anzubringen:

LIII

G

F'

G

F

A

B

C

D

A

h

d

c

f

e

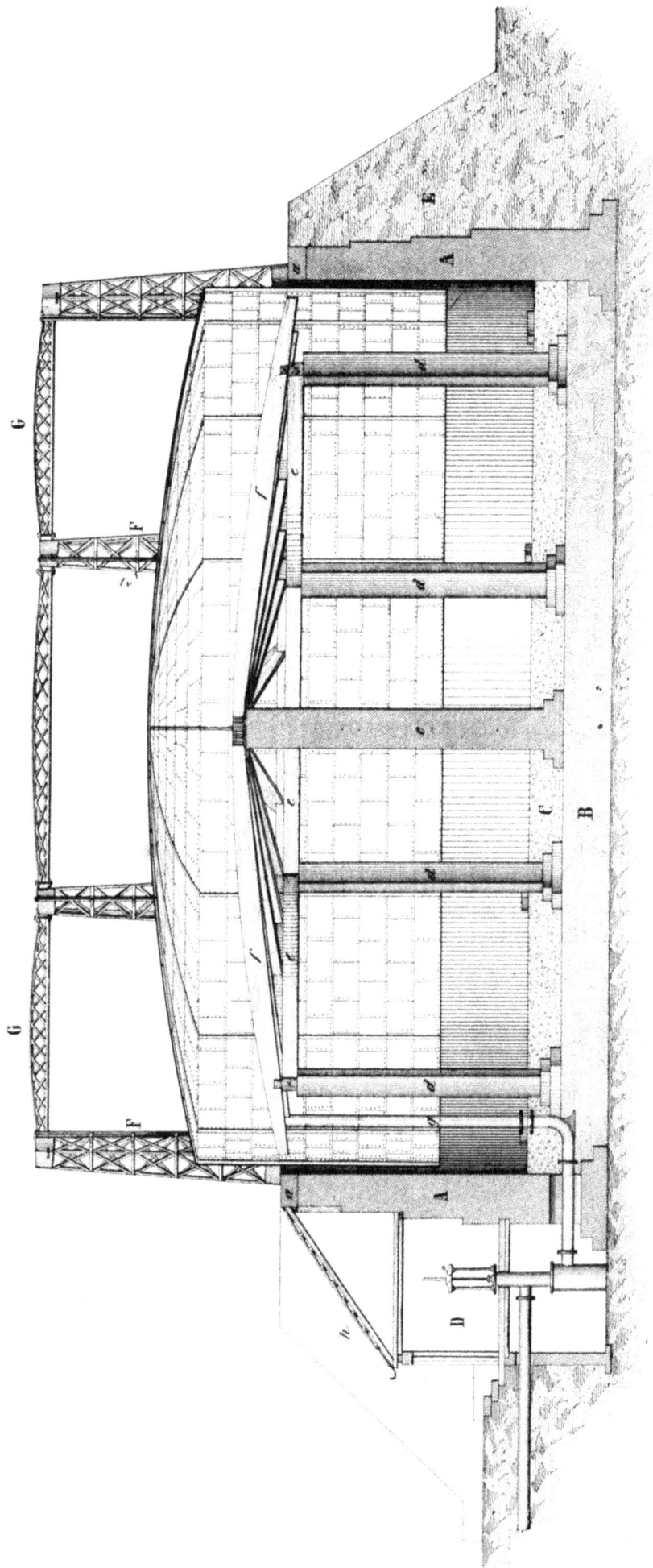

Echelle de 1 Milim. pour 1 Metre.

M. 1/100.ᵉ

18 6 3 0   12   24   36   48 Piells engl.

LIV

Fig: 1.

A

b

A

b

h

D

g

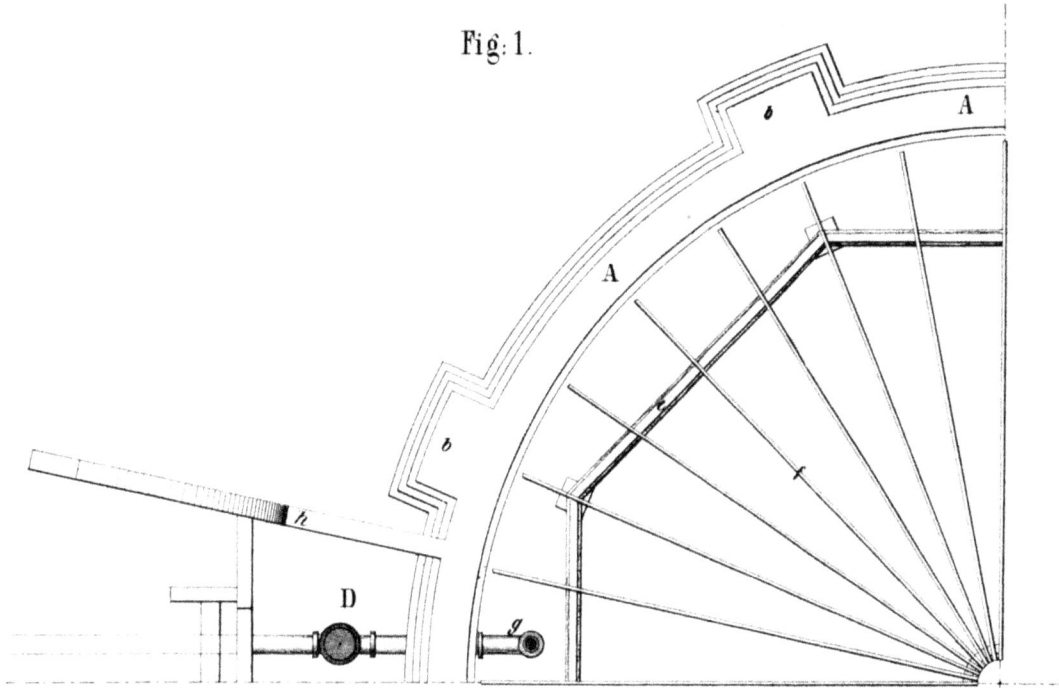

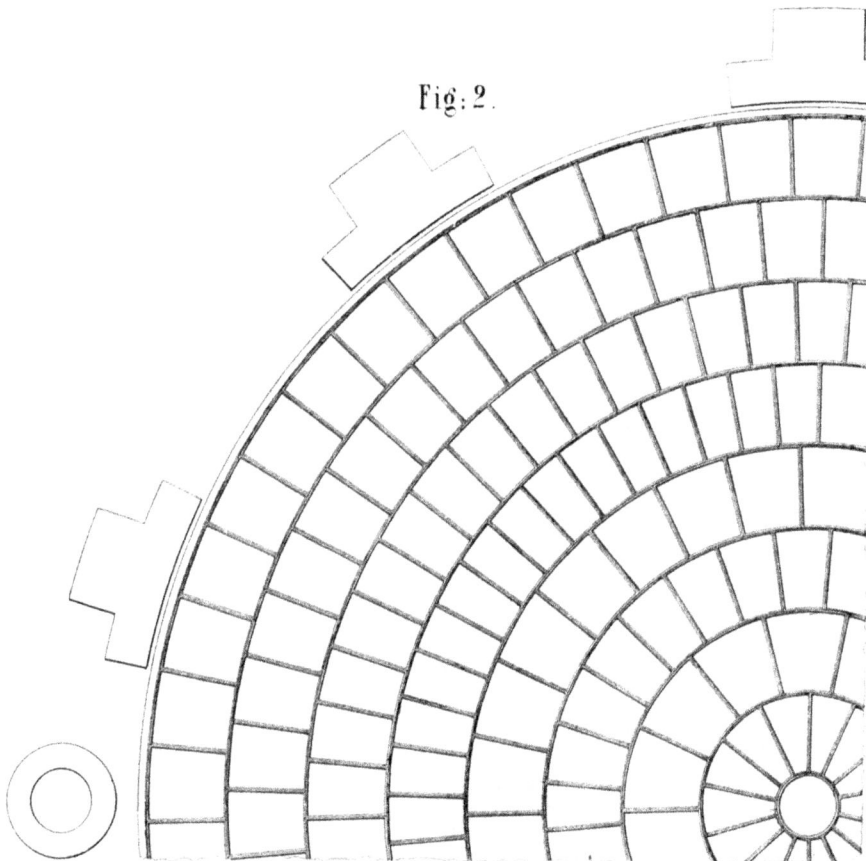

Echelle de 7 Millim pour 1 Metre

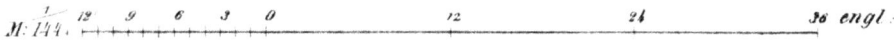

M: 1/144. 12 9 6 3 0   12   24   36 engl.

Fig: 2.

Echelle de 7 Millim pour 1 Metre.

M: 1/144. 10   5   0   10   20   30   40 engl.

aus Lehm und Beton hergestellt. Die untere Schicht B besteht aus fettem Lehm, darauf liegt die Beton-schicht C, aus Cement, Kalk, Sand und zerschlagenen Backsteinen im Verhältniss von 1 : 1 : 4 : 8 gemischt. Im Innern der Cysterne ist ein Gerüst aufgebaut, welches die Glocke trägt, wenn dieselbe leer ist. Das Gerüst besteht aus einem Pfeiler c in der Mitte von 3' Seite, und aus 8 Pfeilern d, in gleichen Entfernungen am Umfang vertheilt, von je 2' Seite. Sämmtliche Pfeiler haben unten einen Sockel mit zwei Absätzen, mit welchem sie auf der Thonschicht aufstehen. Auf den 8 kleineren Pfeilern liegen 12 × 14 zöllige Balken e e auf, welche einen Kranz zur Unterstützung für die sparrenförmigen Träger f f bilden. Diese Träger sind 3 zöllige Bohlen, die auf die hohe Kante gestellt, unten gerade, oben nach einem Bogen geschnitten sind, wie der Deckel der Gasbehälterglocke. Diese Bohlen, 32 an der Zahl, liegen in der Mitte in einer gusseisernen, mit Fächern versehenen Platte, die auf dem Mittelpfeiler befestigt ist, andererseits werden sie durch zwischen-gekeilte Hölzer von 5 × 6″ in ihrer Stellung festgehalten. Die 8 zölligen Ein- und Ausgangsröhren g sind unterhalb der Betonschicht durch das Seitenmauerwerk eingeführt und in ihrem Winkelstück mit einem an-gegossenen Fuss versehen. Nahe oberhalb der Betonschicht befindet sich eine Flansche, auf welche der senkrechte Theil der Röhren aufgesetzt ist. Die Ein- und Auslass-Ventile befinden sich in einem kleinen Häuschen D, welches zwischen zwei Flügelmauern h eingebaut sich mit seinem schrägen Dach an die Mauer des Bassins anlehnt. Die Construction des Häuschens ergiebt sich aus den Zeichnungen. Der übrige Theil des Bassins ist mit einer Erdanschüttung E umgeben. Die Gasbehälterglocke hat einen Durchmesser von 69', eine cylindrische Höhe von 19' 6″ und die Ueberwölbung des Deckels beträgt 4'. Das Gerippe der cylin-drischen Wand besteht aus 8 vertikalen Stangen von 2½ × ⅜ zölligem Flacheisen. Diese sind oben mit einem Kranz von 4 × 4 × ⁷⁄₁₆ zölligem Winkeleisen und unten mit einem gleichen Kranz von denselben Dimensionen verbunden. Zwischen den beiden äussersten Kränzen sind in gleichen Abständen noch 2 fernere Kränze von 2 × 2 × ⅜ zölligem Winkeleisen angebracht. Ausserdem ist 1' vom unteren Rande entfernt ausser-halb der Glocke noch ein fünfter Kranz von 2½ × 2½ × ⅜ zölligem Winkeleisen. Das Gerippe der Kuppel besteht aus vier concentrischen Ringen von 2 × ⅜ zölligem Flacheisen und 8 Stäben aus 3 × 3 × ⅜ zölligem T-Eisen, die symmetrisch vertheilt und mit einander durch Nieten verbunden sind. Die Blechtafeln der cylindrischen Wand haben die Stärke von Nr. 13 der Dillinger Blechlehre, sind 4' lang, 2' 3″ breit und wiegen 2,66 Pfd. pro Quadratfuss. Für das Uebereinandergreifen der Tafeln an den Fugen ist 1″ gerechnet. Die Blechtafeln der Kuppel sind von Nr. 11 der Dillinger Blechlehre und wiegen 3,28 Pfd. pro Quadratfuss. Sie sind genau nach der Oberfläche des Kugelabschnittes zugeschnitten und gelocht. Die Vernietung der Mantelbleche ist durch Nieten Nr. 4, die der Kuppelbleche durch Nr. 5 und die der Bleche mit den Winkel- und T-Eisen durch Nr. 7 hergestellt. Die Entfernung der Nieten von einander beträgt bei den Blechen 1″ von Mitte zu Mitte. In jede Fuge sind zur Dichtung zwei kleine Hanffäden eingelegt, die vorher gut mit Mennige-Kitt getränkt worden. Die Kuppel hat zwei Mannlöcher, eines über dem Eingangsrohr, das andere

Innerer Kranz	.	.	.	.	1½ × 1½ × ¼″;
Zweiter Kranz	.	.	.	.	2 × 2 × ⅜″;
Dritter Kranz	.	.	.	.	2 × 2 × ⅜″;
Aeusserer Kranz	.	.	.	.	2¼ × 2¼ × ⅜″.

Die Enden aller Stangen werden gebogen, so dass sie an den Sparren, mit denen sie durch je einen ½ zöl-ligen Bolzen verbunden werden, genau anliegen.

Der obere Kranz von Winkeleisen hat eine Stärke von 3 × 3 × ⅜″ und wird in seinen einzelnen Stücken durch übergelegte Schienen verbunden.

Der untere Kranz besteht aus zwei 3 × 3 × ¼ zölligen Winkeleisen mit einem dazwischen gelegten Flach-eisen von 6″ Breite und ½″ Dicke, die mit einander vernietet werden. Die Verbindungsstellen müssen ab-wechseln.

Innerhalb der Glocke werden 10 vertikale Stangen von 3 × 3 × ⅜ zölligem T-Eisen angebracht, und zwar werden sie mit den beiden Kränzen von Winkeleisen durch schmiedeeiserne Klammern, mit dem Blech der Glocke über dem Ausgangsrohr, aus Blech 5 Pfd. pro Quadratfuss, mit einem Rand von Schmiedeeisen; eines derselben ist mit einem Ventil aus Messing versehen. Alle Bleche und Eisenstangen sind vor ihrer Verwendung zweimal mit Mennige angestrichen; nach Vollendung der Glocke ist dieselbe inwendig noch dreimal, auswendig zweimal mit Mennige angestrichen. Die Anordnung der unteren Frictions-rollen ergiebt sich aus Fig. 159, die-jenige der oberen aus Fig. 160 und 161.

Fig. 160.

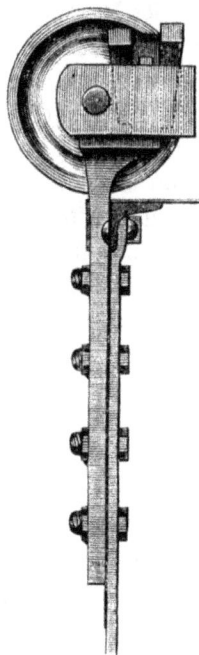

Fig. 161.

Die Vorrichtung zur Führung der Glocke besteht aus Schmiede-eisen, und zwar aus 8 Säulen F, die durch Gitterbalken G oben verbunden sind. Die Säulen sind dreieckig und werden aus drei mit Gitterwerk ver-sehenen $2 \times 2 \times \frac{1}{4}$ zölligen Stangen von Winkeleisen gebildet, die unten 4', oben 2' von einander abstehen. Sie sind sowohl unten als oben mit einer 1' 3" hohen Kappe von $\frac{3}{16}$ zölligem Eisenblech vernietet. Die untere Kappe hat an ihrem unteren Ende einen Kranz von $3 \times 3 \times \frac{3}{8}$ zölligem Winkeleisen, dessen hori-zontaler Lappen nach auswärts gebogen ist, und dazu dient, die ganze Säule auf einem gusseisernen Rahmen von 9" Breite und $\frac{3}{4}$" Dicke zu befestigen. Die Befestigung geschieht durch $\frac{3}{4}$ zöllige Schraubenbolzen und Muttern, die 6" von einander entfernt sind. Auf ihrer Länge zwischen den beiden End-Kappen sind die Stangen durch 4 Bänder aus $2 \times \frac{1}{4}$ zölligem Flacheisen zusammengehalten und durch Kreuze aus demselben Eisen verstärkt. Die Befestigung dieser Bänder und Streben ist durch $\frac{1}{2}$ zöllige Nieten bewerkstelligt. An der nach Innen des Bassins gekehrten Seite einer jeden Säule ist eine vertikale Leitschiene von der Form einer Eisenbahnschiene befestigt, an welcher die zugehörige, am oberen Rand der Glocke angebrachte Leitrolle auf und abläuft. Die Gitterbalken zur Verbindung der einzelnen Säulen bestehen aus zwei Stangen von $2\frac{1}{2} \times 2\frac{1}{2} \times \frac{3}{8}$ zölligem T-Eisen, von denen die unterste gerade, die oberste gebogen ist. Das Gitterwerk derselben ist aus $2 \times \frac{1}{4}$ zölligem Flacheisen hergestellt. Die Höhe des Balkens beträgt in der Mitte 1' 6",

---

selbst aber durch Nieten verbunden, die 12" von einander abstehen und abwechselnd auf der einen und der anderen Seite des T-Eisens liegen.

Zehn Führungs-Augen (Oesen) von $3\frac{1}{2}$" Durchmesser und aus $1\frac{1}{4}$ zölligem Rundeisen hergestellt sind mittelst $9 \times 6 \times \frac{5}{8}$ zölliger Platten und je vier $\frac{5}{8}$ zölliger Bolzen am unteren Rand des Gasbehälters zu befestigen.

Dem entsprechend sind ferner 10 Führungs-Stangen von je 16' 4" Länge und aus $2\frac{1}{4}$ zölligem Rundeisen hergestellt anzubringen. Die unteren Enden dieser Stangen haben Bayonethaken und fassen in gusseiserne Mut-tern, die mittelst Blei im Bodenmauerwerk des Behälters eingelassen sind. Zehn gusseiserne Böcke, ebenfalls mit Blei in dem oberen Mauerwerk des Behälters eingelassen, und mit Klammern und Bolzen versehen, halten die Führungsstangen oben. Am oberen Rand der Gasglocke werden 5 gusseiserne Leitrollen in entsprechenden Böcken angebracht, so dass sie an den Führungssäulen auf und ab laufen. Jeder Bock wird mit vier $\frac{3}{4}$ zöl-ligen Bolzen befestigt. Von Innen werden schmiedeeiserne Schienen gegengelegt. Ausserdem müssen die Böcke so construirt sein, dass die Aufhängekette frei durch die Gabel läuft, in der das Rad sitzt.

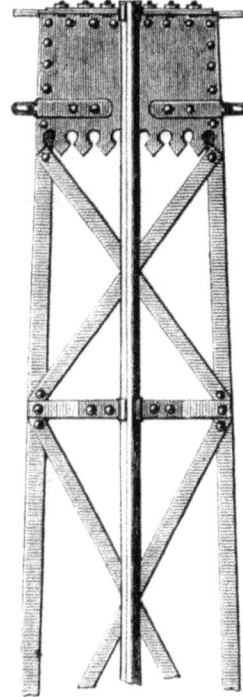

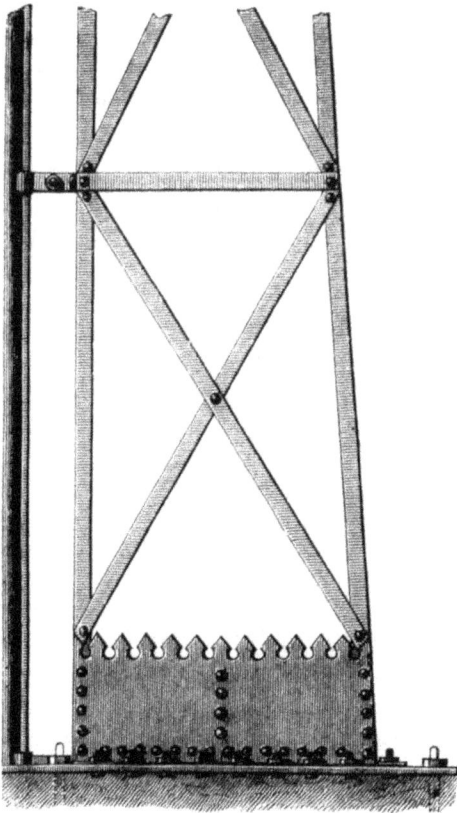

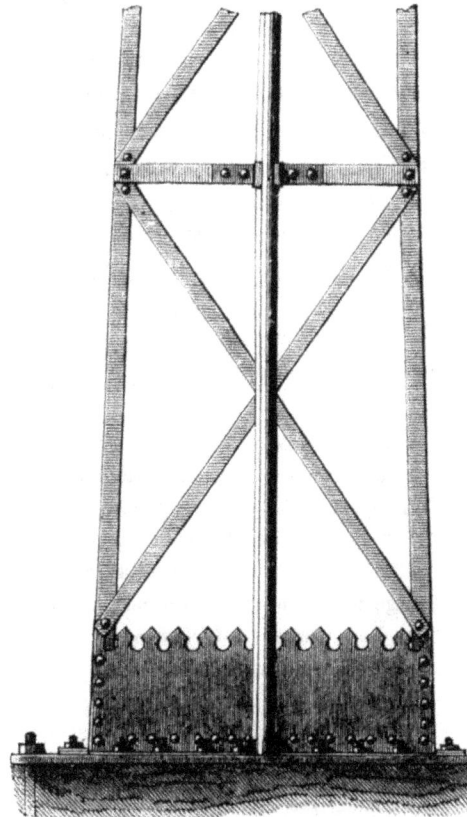

Fig. 162 u. 163.

Fig. 164 u. 165.

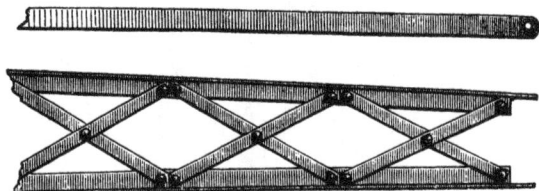

Fig. 166.

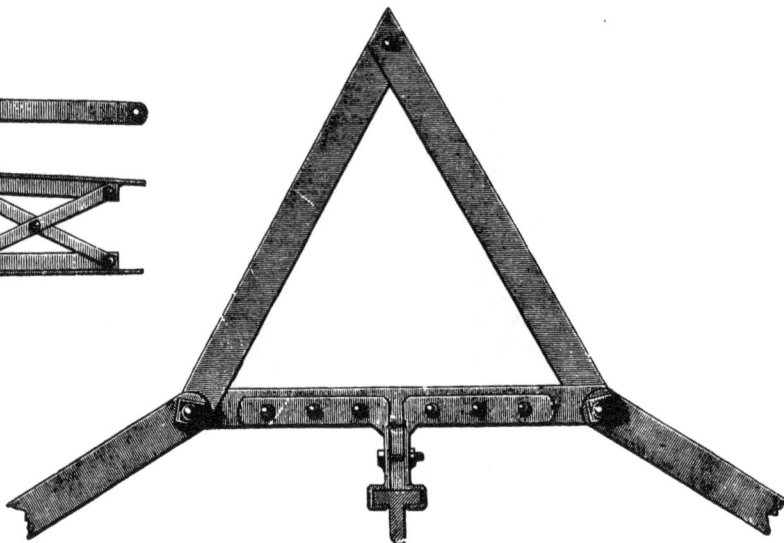

Fig 167.

an den Enden 1'. Die T-Stangen sind an den Enden mit Augen versehen, welche mit anderen correspondiren, die mittelst Lappen an den inneren Kanten der oberen Kappen befestigt sind. Durch diese Augen
wird ein 1 zölliger Schraubenbolzen hindurch gesteckt, und unten mittelst Mutter gehalten, wodurch die Verbindung der Balken mit den Säulen hergestellt ist. Die Befestigung der Säulen auf dem Mauerwerk geschieht durch je drei eingemauerte 1¼ zöllige Bolzen von 8' Länge, die unten mit einer Ankerplatte versehen,
oben an den drei Ecken durch die gusseiserne Fussplatte herausragen, und starke Muttern haben, mittelst deren
die Fussplatte festgeschroben wird. Das Nähere dieser Anordnung ist aus den Fig. 162 bis 167 ersichtlich.

Für eine in Augsburg neuerdings gebaute Glocke von 70' Durchmesser, 22,4 cylindrischer Höhe und
3,4' Ueberwölbung des Deckels wurden vom dortigen Director, Bonnet, folgende Haupt-Dimensionen vorgeschrieben. Das Gerippe der cylindrischen Wand aus 8 Flacheisenstäben, wovon der laufende Fuss engl.
8,87 Pfd. Zollgewicht wiegt; ferner aus

1 Ring	von Winkeleisen,	6,1	Pfd. pro laufenden Fuss engl.			
2 Ringen	,,	,,	4,34	,, ,,	,,	,, ,,
1 Ring	,,	,,	6,1	,, ,,	,,	,, ,,
1 Ring	,,	,,	6,1	,, ,,	,,	,, ,,

Die Führungssäulen werden durch 20 Bolzen von 8' Länge aus 1¼ zölligem Rundeisen mit grobem Schraubengewinde und sechseckigen Muttern festgehalten. Zwanzig Schienen aus 4 × ½ zölligem Flacheisen, 3' lang, mit
correspondirenden Löchern dienen zur Verankerung der Bolzen. Von den 5 Führungssäulen hat jede 18' Länge,
7½" unteren und 5" oberen Durchmesser und ¾" Eisenstärke, unten ist sie mit einem quadratischen Fuss von
2' Seite und 2" Dicke versehen, mit Verstärkungsrippen von der Säule nach jeder der vier Ecken. Die Führungs-
zunge muss sauber gegossen und vollkommen vertikal sein. Fünf gusseiserne Balken dienen den einzelnen Säulen
zur Verbindung. Auf jeder Säule wird ein gusseiserner Bock mit Laufrolle für die Aufhängekette angebracht.
Die Rollen müssen mit gedrehten Achsen und die Böcke mit messingenen Lagern versehen sein. Die 5 Aufhängeketten sind aus ½ zölligem Eisen mit kurzen Gliedern herzustellen, und auf 5 Tons (100 Ctr.) zu probiren.

Die 5 gusseisernen runden Gegengewichte müssen 21" Durchmesser halten, und sind so einzurichten, dass
sich mit ihnen der Gasbehälterdruck bis auf 1" Wasserhöhe reduziren lässt.

Auszug aus der Specification einer Gasglocke von 60' Durchmesser und 17' Höhe.

LV

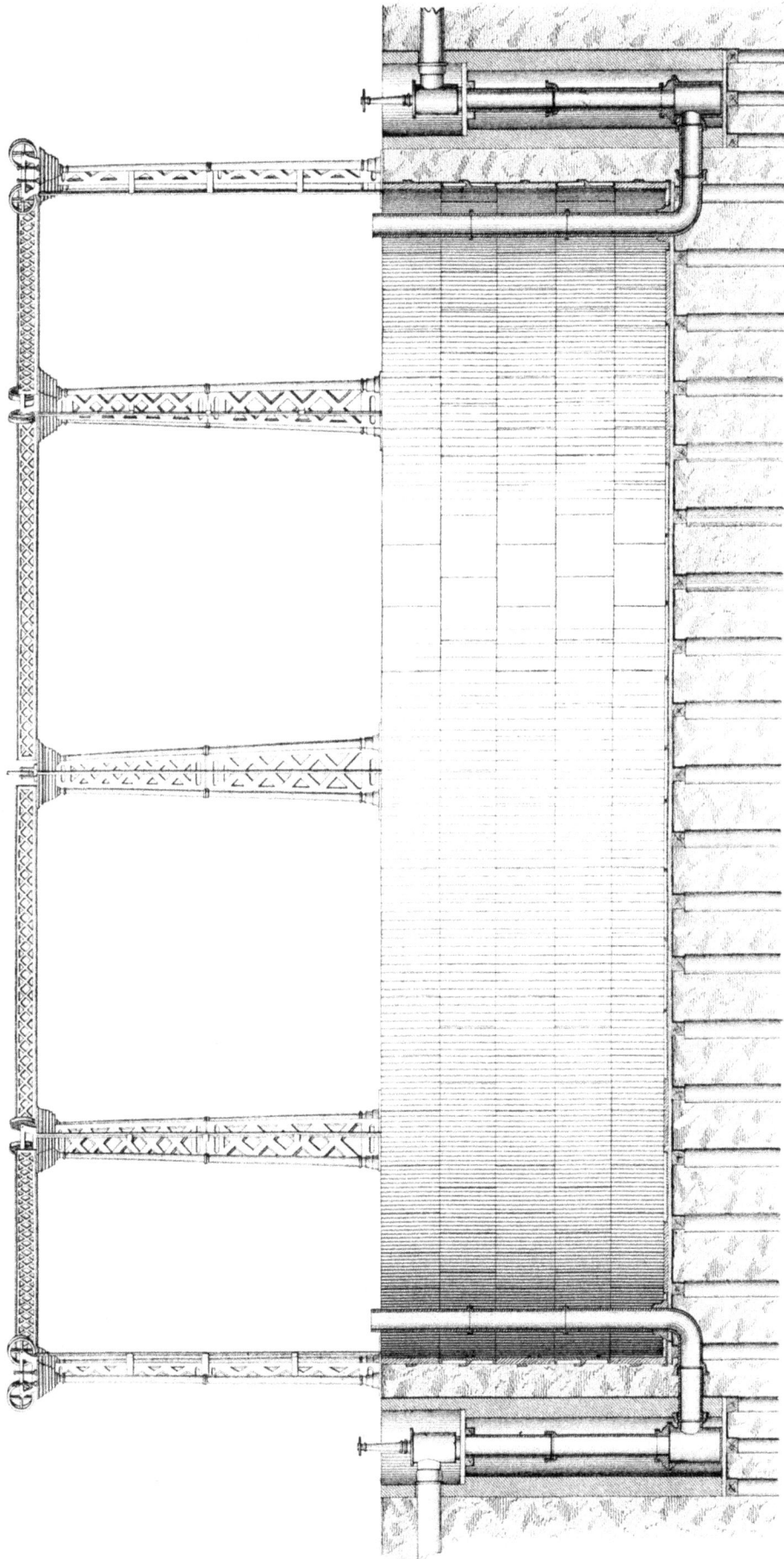

Echelle de 1 Millim pour 1.Mètre

60 Fuß engl.

M. 1:144

Das Gerippe der Kuppel aus 4 Ringen und 8 Stäben von Winkeleisen, 2,84 Pfund pro laufenden Fuss engl. schwer.

Seitenbleche 2,66 Pfd. pro Quadratfuss engl.

Kuppelbleche 3,28 „   „   „   „

Vernietung in doppelten Nietenreihen, zwischen den Fugen Kautschukleinwand-Einlagen.

Ein Gasbehälter, wie derselbe auf der Gasanstalt in Hamburg vom dortigen Director Thurston ausgeführt wurde, ist mit geringen Abänderungen auf Tafel LIV und LV dargestellt.

Das Bassin ist von Gusseisen, 88' im Durchmesser und 22' tief im Lichten, ausschliesslich der Flanschen, welche am Boden nach inwendig, an den Seitenplatten nach auswendig gekehrt sind und durchweg 3" vorspringen Der Boden besteht aus 8 Plattenringen von 1" Dicke ausschliesslich der Mittelplatte, welche 4' im Durchmesser hält, und 1¼" dick ist mit 4 zölligen Flanschen und 1 zölligen Schraubenbolzen. Der erste und zweite Plattenring, von der Mitte aus gerechnet, besteht aus 14 Platten, der dritte und vierte aus 28, die übrigen aus 56 Platten. Die Seiten des Bassins werden durch 5 Plattenreihen gebildet, die erste 1", die zweite und dritte ⅞", die vierte ¾" und die fünfte ⅝" dick. Jeder Ring besteht aus 56 Platten und wird durch ein umgelegtes Band aus Schmiedeeisen zusammengehalten. Dieses Band ist für die untersten beiden Plattenreihen 4½" breit und 1" dick, für die übrigen 4" breit und ⅞" dick. Die einzelnen Platten sind durch ⅞ zöllige Schraubenbolzen in Abständen von 7" und durch zwischengestampften Eisenkitt verbunden. Die Flanschen haben Verstärkungsrippen zwischen den Bolzen.

Das Bassin steht auf einem Pfahlrost aus Pfählen von 27' Länge und 14" oberem und 11 bis 10" unterem Durchmesser. Die Rostbalken sind 12 × 12" stark und die Bohlen 4" dick.

Die Gasbehälter-Glocke ist 86' weit und im Cylinder 22' hoch. Die Kuppel, sowie die oberste und unterste Plattenreihe der Seiten sind aus Nr. 12 der Birmingham Blechlehre, alle übrigen Seitenplatten aus Nr. 14 derselben Lehre hergestellt. Die Kuppel der Glocke ist gewölbt und inwendig durch ein Gerippe von Schmiedeeisen unterstützt. Die Seiten sind durch 20 vertikale 4 × ½ zöllige T-Stangen verstärkt, die von unten nach oben reichen. An der oberen Kante sind 10 gusseiserne Leitrollen mit einem Kranz nach Art der Eisenbahn-Räder befestigt. Am unteren Rand ist ein Kranz aus zwei 4 zölligen Winkeleisen und zwischengelegtem Flacheisen von 6 × ¾" angebracht und an diesem sitzen 20 Leitrollen, die zur unteren Führung der Glocke dienen. Die Blechtafeln haben 4' Länge und 2' 2" Breite, die Nieten sind ¼" stark und in Entfernungen von 1" angebracht. In der Kuppel sind 2 Mannlöcher mit Deckeln, Bügeln und Schrauben genau über den Ein- und Ausgangsröhren. An der oberen Kante der Glocke sind ferner noch 10 doppelte Ringbolzen in gleichen Abständen von einander angebracht, einer bei jeder Leitrolle, an welchen die Ketten zur Balancirung der Glocke befestigt sind.

Das Gerüst zur Führung der Glocke besteht aus 10 doppelten Säulen von 9" unterem und 7½" oberem Durchmesser, unten 3' 9" und oben 1' 9" von einander entfernt und mittelst gitterförmig durchbrochener gusseiserner Füllungen verbunden. Jedes Säulenpaar hat ein Kapitäl mit Rollen für die Gegenge-

---

Die Blechplatten für das Dach bestehen aus Nr. 14 der Birmingham Drahtlehre mit Ausnahme der innersten und äussersten Reihe, welche von Nr. 13 zu nehmen sind. Die Seitenplatten sind Nr. 15 mit Ausnahme der untersten und obersten Nr. 14. Die Mittelplatte hält 4' im Durchmesser und ist ½" dick Die Wölbung des Daches beträgt 3'. Der obere Kranz ist von 4 × 4 × ⁷⁄₁₆ zölligem Winkeleisen mit metallenen Verbindungsschienen. Der untere Kranz besteht aus zwei Winkeleisen von 3 × 3 × ⅜", mit dem Eisenblech dazwischen, vernietet durch ⅜ zöllige Nieten, und aus einem Flacheisen von 6 × ¾" am untersten Ende gleichfalls mit ⅜ zölligen Nieten befestigt. Sechzehn vertikale T-Eisen von 2½ × 2½ × ⅜" sind mit den beiden Kränzen sowohl als mit den Blechplatten durch gleichfalls ⅜ zöllige Nieten zu verbinden, die 12" von einander abstehen. Sechzehn Frictionsrollen von 4" Durchmesser mit gusseisernen Lagerböcken werden unten mit dem Kranz von Winkeleisen verbolzt, und laufen frei gegen die Wände des Gasbehälters. Acht gusseiserne Führungssäulen, 18' lang, unten 6¾ oben 5½" im Durchmesser, und ¾" im Eisen stark, mit Sockeln von 2' im

31*

wichtsketten, an welchem zugleich die Verbindungsbalken befestigt werden. Die Säulen haben 24' Höhe von der Fussplatte bis an das Kapitäl; die Fussplatte ist 7' lang, 3½' breit und 1¼" dick, und mit zwei Schraubenbolzen von 8' Länge aus 1½ zölligem Quadrateisen versehen. Mit den Säulen werden 10 schmiede-eiserne Leitschienen durch je drei Stühle verbunden; die Schienen sind 26' lang und wie Eisenbahnschienen geformt. Die Gegengewichtsketten sind ⅝" stark und am Ende mit schmiedeeisernen Stangen und Scheiben versehen, auf welche die Gewichte aufgelegt werden. Die Gewichte reduziren den Druck des Gasbehälters auf 2½" Wasserhöhe.

Das Einlassrohr ist 15" weit, das Auslassrohr 18". Jedes derselben steht inwendig 4" über den Rand des Bassins hervor und auswendig 6' tiefer als dieser, ausschliesslich der Ventile. Der untere Theil besteht aus einem 15, resp. 18 zölligen Syphon nebst einem entsprechenden Ende horizontalem Rohr. Oben sind zwei Wasser-Ventile mit 12" Wasserverschluss und horizontalen Abgangsröhren angebracht.

Ein etwas anders construirter Gasbehälter, gleichfalls vom Director Thurston auf der Gasanstalt zu Hamburg erbaut, hat folgende Verhältnisse:

Das Bassin ist ringförmig und besteht aus zwei gusseisernen Cylindern, die 4' von einander abstehen und unten verbunden sind. Der äussere Cylinder hat 102', der innere 94' Durchmesser; ersterer ist 22', letzterer 17½' tief, ausschliesslich der Boden-Flanschen. Die Flanschen am Boden stehen nach einwärts, die übrigen nach auswärts, ihre Breite beträgt durchweg 3". Der äussere Cylinder besteht aus 5, der innere aus 4 Plattenreihen, sämmtlich von gleichen Dimensionen. Eine Reihe hält 72 Platten. Die Bodenplatten und die unterste Reihe der Seitenplatten sind 1", die zweite und dritte Reihe ⅞", die vierte ¾" und die fünfte ⅝" dick für den äusseren Cylinder. Beim inneren Cylinder ist die unterste Reihe 1", die zweite und dritte ⅞" und die vierte ¾" dick. Die schmiedeeisernen Schraubenbolzen zur Verbindung der Platten sind für den Boden und die untersten Platten-Reihen 1 zöllig, für die zweite und dritte ⅞ zöllig, und für die vierte und resp. fünfte ¾ zöllig und stehen 7" von einander entfernt. Die Flanschen haben Verstärkungsrippen zwischen allen Schraubenbolzen. Der äussere Cylinder ist mit fünf Ringen gebunden, die untersten beiden 5 × 1", die oberen drei 4½ × ⅞" stark; der innere Cylinder hat fünf 4 × 1 zöllige solche Ringe. Die Ringe liegen auf Ansätzen auf, die an den Platten angegossen sind. Auf der oberen Kante des inneren Cylinders stehen in gleichen Abständen von einander 24 kleine gusseiserne Säulen. In der Mitte des Bassins ist auf einer sicheren Fundirung ein Pfeiler aus Mauerwerk aufgeführt, der 5' Durchmesser hält. Derselbe ist mit zwei gusseisernen Ringen versehen, die 8' 3" von einander abstehen. Auf diesen Ringen einerseits und den 24 kleinen Säulen andrerseits ruht ein Dachgerippe aus Holz, welches der Glocke zur Unterstützung dient, wenn dieselbe ganz leer ist. Dies Gerippe besteht aus 24 Hauptsparren, jeder 1' 6" in der Mitte und 9" an den Enden hoch und 3" dick, an einem Ende mit dem Kopf einer kleinen Säule, an dem anderen mit dem obersten Ring des Mittelpfeilers verbolzt. Ferner sind 24 hölzerne Nebensparren mit den erforderlichen

---

Quadrat und 1¼" dick werden mit einander verbunden durch 3 × 3 × ½ zöllige T-Stangen. Die Leitrollen, 8 in der Zahl, halten 1' 6" Durchmesser.

Specification einer Telescop-Glocke von 44' 6" äusserem und 43' innerem Durchmesser und 16' Höhe.

Das Dach hat 1' 9" Wölbung und ist durch ein Gerippe unterstützt, welches zunächst aus 6 Sparren von T-Eisen besteht, von denen die Hälfte 3 × 3 × ½", die andere Hälfte 3 × 3 × ¾" hält, und die einerseits mit dem oberen Kranz von Winkeleisen durch 1 zöllige Bolzen und Muttern, anderseits mit der Mittelplatte und einem schmiedeeisernen 4 × ½ zölligen Ring verbunden sind. Jeder Sparren ist mittels eines 1 zölligen Schraubenbolzens mit einer 1⅛ bis 1 zölligen Zugstange verbolzt, die desshalb ein gabelförmiges Ende hat; anderseits trägt sie ein 9" langes 1¼ zölliges Schraubengewinde mit zwei Muttern zur Befestigung mit der Mittelplatte. Ferner ist an jedem Hauptsparren mittelst Gabel und ¾ zölliger Schraubenbolzen ein 1 zölliges Hängeeisen angebracht, welches am unteren Ende ein 9" langes 1¼ zölliges Gewinde mit Muttern trägt, um sowohl die Zugstange als auch die Winkelstrebe aufzunehmen. Die Winkelstreben bestehen aus ¾ zölligem

Kreuz - Verbandstücken u. s. w. vorhanden. Die Hauptsparren werden beiderseits durch 5 × ½ zöllige Winkelstreben unterstützt, welche einerseits auf dem Fuss der kleinen Säulen, andrerseits auf dem unteren Ring des mittleren Pfeilers aufstehen. Alles Holzwerk ist durch schmiedeeiserne Winkelbänder u. s. w. gehörig verstärkt, überhaupt sehr solide verbunden. Die innere Fläche des Bassins ist mittelst eingestampften Thons wasserdicht gemacht. Die Fundation für die Cysterne bildet ein ringförmiger, solider Pfahlrost.

Die Gasbehälter-Glocke hat 100′ Durchmesser und 22′ Seitenhöhe. Der obere Kranz von Winkeleisen ist 5 × 5 × 1 zöllig. Der äusserste Plattenring der Kuppel ist ³/₁₆″ stark, der zweite und der innerste Nr. 10, die übrigen Nr. 12 der Drahtlehre. Die oberste und unterste Reihe der Seitentafeln Nr. 11 und die übrigen Nr. 14. Die Mittelplatte der Kuppel hält 5′ im Durchmesser und ist ½″ stark. Die Wölbung der Kuppel ist 4′; sie besitzt übrigens keinerlei schmiedeeisernes Geripppe, wie die bisher beschriebenen Gasbehälter-Glocken. Die Seiten sind durch 36 vertikale 4 × 4 × ½ zöllige schmiedeeiserne T-Eisen verstärkt. Ein Ring aus 4 × ½ zölligem T-Eisen von 94′ Durchmesser ist mit der Kuppel vernietet, und einerseits mit ihm, andrerseits mit den vertikalen Stangen sind 36 sehr starke Winkelstreben von besonderer Construction gleichfalls aus T-Eisen befestigt. Diese Winkelstreben dienen zur Unterstützung der oberen Leitrollen und bestehen aus je 11′ 4 × ½ zölligen T-Eisen und einer schmiedeeisernen Platte von 2½ × 1½′ Fläche und ½″ Dicke. Mit dem oberen Kranz von Winkeleisen sind noch 12 starke Ringbolzen verbunden, um die Glocke, wenn nöthig, daran aufhängen zu können, sowie auch 24 starke schmiedeeiserne Haken, welche dazu dienen, einen gusseisernen Ring zu halten für den Fall, dass es wünschenswerth werden sollte, das Gewicht und damit den Druck der Glocke zu erhöhen. Der untere Kranz von Winkeleisen ist 4″ breit und 1″ dick und trägt 24 Frictionsrollen, während die Zahl der oberen Leitrollen 12 beträgt. Ein Gegengewicht hat die Glocke nicht. Die zwölf Führungssäulen sind je 25′ hoch und von dreieckiger Form. Sie bestehen aus Schmiedeeisen, welches auf einer Bodenplatte von 1½″ Dicke festgenietet ist, und sind mit drei Befestigungsbolzen versehen. Auch die oberen Verbindungsbalken sind aus Schmiedeeisen.

Ein auf der Gasanstalt in Stuttgart 1863 ausgeführter Gasbehälter hat ein Bassin von 93 Fuss württemb. (alle nachstehenden Maasse sind württemb.) lichter Weite und 24 Fuss Höhe, unten 10 Fuss und oben 6 Fuss Wandstärke mit 12 Verstärkungspfeilern. Das Fundamentmauerwerk 11 Fuss breit, 1 Fuss 5 Zoll hoch, besteht aus grossen lagerhaften Werksteinen in schwarzem Kalkmörtel gelegt, der äussere Theil der Ringmauer aus lagerhaften Mauer- und Gewölbsteinen (auch Bruchsteinen) gleichfalls in schwarzem Kalkmörtel gelegt, der innere Theil der Ringmauer dagegen aus Backsteinmauerwerk in Kirchheimer Cementmörtel. Den Boden des Bassins bildet ein Kugelabschnitt, und besteht derselbe von unten nach oben gerechnet aus einem 1 Fuss 5 Zoll dicken Pflaster von Werksteinen und einer Rollschicht aus Backsteinen, beide in schwarzen Kalkmörtel gelegt, und schliesslich aus einer 5 Zoll dicken Rollschicht in Kirchheimer Cement. Das ganze Bassin ist inwendig mit einer 3 Linien dicken Cementschichte verputzt. Die Glocke des Gasbehälters ist 92 Fuss weit, 23 Fuss hoch und hat eine Deckelwölbung von 4 Fuss Höhe. Das Geripppe

---

Rundeisen mit Gabel und ⁵/₈ zölligen Bolzen am Sparren befestigt, und unten mit umgebogenem Ende und entsprechendem Auge für die Schrauben des Hängeeisens. Der Hauptpfosten ist ebenfalls von Schmiedeeisen, 1¾″ dick, oben mit Schraube und Mutter an der mittleren Blechplatte, unten auf dieselbe Weise an der gusseisernen Mittelplatte befestigt. Die gusseiserne Mittelplatte ist 1″ dick und hat 6 Oeffnungen zur Aufnahme der 6 Zugstangen. Ein schmiedeeiserner Ring von 6 × ³/₈″ dient zu ihrer Verstärkung.

Sechs Nebensparren von 3 × 3 × ³/₄ zölligem T-Eisen sind einerseits mit dem oberen Kranz von Winkeleisen mittels 1 zölliger Bolzen und Muttern zu befestigen, andererseits mit zwei Winkeln von Flacheisen zu versehen, deren einer Lappen durch ⁵/₈ zöllige Nieten mit dem Sparren vernietet wird, während der andere gegen eine 4 × 3 zöllige Querstange liegt, und mit dieser durch ³/₄ zöllige Bolzen verbunden wird. Ein Ring von 2½ × 2½ × ³/₄ zölligen Querstangen ist mit dem Haupt- und Nebensparren durch ⁵/₈ zöllige Bolzen an jedem Ende zu verbinden. Ein anderer Ring von 2 × 2 × ³/₄″ wird auf dieselbe Weise angebracht. Ein dritter

der cylindrischen Wand besteht aus 24 senkrechten Stützen von Winkeleisen, wovon der laufende württemb. Fuss 8,4 Pfd. wiegt, einem oberen Ring von Winkeleisen derselben Stärke und einem unteren Tassenringe im Innern der Glocke (um die letztere durch eingelegtes Eisen zu beschweren) gebildet durch zwei Winkeleisen, wovon der lfd. Fuss 4,7 und 3,7 Pfd. wiegt. Das Gerippe des Daches besteht aus 24 radialen Sparren von Winkeleisen, wovon 12 durch Hängewerk derart verstärkt sind, dass sich die Decke frei trägt. Erstere 12 dieser Sparren wiegen 8,4 Pfd. per lfd. Fuss, letztere zwölf 4,7 Pfd. Ferner hat das Dachgerippe 5 concentrische Ringe von Winkeleisen, wovon die beiden äusseren 4,7 Pfd., die drei inneren 3,2 Pfd. per lfd. Fuss wiegen. Ein sechster concentrischer Ring zunächst der Mitte der Decke ist aus Flacheisen construirt. Das Blech der Kuppel wiegt 3,5 Pfd. per württemb. Quadratfuss, das Blech der cylindrischen Wand 3,0 Pfd. pr. Quadratfuss. Der cylindrische Mantel hat 66 Platten im Umfange und 11 in der Höhe. Die Kuppel hat eine Centrumplatte von 4 Fuss Durchmesser, 6 concentrische Plattenringe; die radiale Eintheilung dieser Ringe ist derart, dass die einzelnen Platten an ihren breitesten Köpfen eine Breite von 3¼ bis 3³/₄ Fuss haben. Die Ueberdeckung der einzelnen Bleche beträgt 25,5 Millimeter. Die Nieten haben 7½ Millimeter Durchmesser am Stift und 16 Millimeter am Kopf. Die Entfernung derselben beträgt 25 Millimeter von Mitte zu Mitte. Die oberen Führungsrollen haben 15 Zoll Durchmesser, die unteren 8 Zoll, sind aus Gusseisen hergestellt und liegen in schmiedeeisernen Lagerböcken. Die oberen Rollen sind um 1 Zoll verstellbar. Zur Führung dienen 12 Führungssäulen oder Ständer mit Traversen verbunden, alles aus Schmiedeeisen ausgeführt; die Führungsschienen sind aus Flacheisen. Das Gesammtgewicht der Glocke nebst Führung beträgt nahezu 100000 Pfund.

Im Jahre 1863/64 habe ich in München einen Gasbehälter gebaut Taf. LVI und LVII, dessen Bassin eine lichte Weite von 121½ Fuss bayer. und eine Höhe von 22 Fuss 7 Zoll bayer. besitzt. Die Glocke hat 120 Fuss bayer. im Durchmesser, und 22 Euss bayer. Seitenhöhe, bei 4½ Fuss Deckelwölbung, mithin einen nutzbaren Raum von etwa 220,000 c'. Das Mauerwerk des Bassins ist stärker gemacht, als es sonst üblich zu sein pflegt, und als es in den meisten Fällen auch nöthig ist, und zwar aus folgenden Gründen. Einmal hatte man zur Hinterfüllung der um etwa 14 Fuss über den Boden herausstehenden Ringmauer kein gutes Material (Lehm), sondern loses Kiesgerölle, sodann waren gerade zu jener Zeit die Backsteine in München von einer ausserordentlich schlechten Beschaffenheit, so dass man schon aus diesem Grunde die Stärke des Mauerwerks weit grösser nehmen musste, als wenn man ein gutes Material gehabt hätte; schliesslich wurde auch principiell von dem Grundsatz ausgegangen, dass beim Bassin in keiner Weise gespart werden sollte, weil die Erfahrung zur Genüge bestätigt hat, dass Ersparungen an diesen Bauten vielfach zu grossen nachträglichen Ausgaben und Calamitäten geführt haben. Das Mauerwerk des Bassins ist also theilweise als inneres eigentliches wasserdichtes Bassinmauerwerk, theilweise als äusseres Verstärkungsmauerwerk anzusehen.

Ring von 1½ × 1½ × ¼" wird zwischen den Hauptsparren mittelst ½ zölliger Bolzen, und ein starker Ring von 3 × 3 × ³/₈" mittelst ³/₄ zölliger Bolzen befestigt.

Das Ganze bildet das Gerippe für das Blechdach, und muss so gebogen sein, dass es an dieses genau anliegt. Die Mittelplatte des Daches hat 3' 6" Durchmesser, und besteht aus ³/₈ zölligem Kesselblech. Die innerste und äusserste Blechreihe sind Nr. 12 und die übrigen Nr. 14 der Drahtlehre. Das Dach wird mit den Seiten verbunden durch einen Kranz von 4 × 4 × ³/₄ zölligem Winkeleisen; von den Seitenplatten sind die oberste und unterste Tafelreihe Nr. 12, die übrigen Nr. 16 der Drahtlehre.

Sechs vertikale Stangen von 2½ × 2½ × ³/₈ zölligem T-Eisen werden mit den Hauptsparren und dem untersten Kranz von Winkeleisen verbunden. Unten an den Seitenplatten wird eine Rinne für den hydraulischen Verschluss angebracht, und zwar wird diese Rinne hergestellt aus zwei Ringen von 2½ × 2½ × ⁵/₁₆ zölligem Winkeleisen, die mit Nr. 8 Blechplatten als Boden verbunden werden, und einer Seitenwand von Nr. 10 mit einem Ring aus 1¼ × ½ zölligem halbrunden Eisen als Verstärkung.

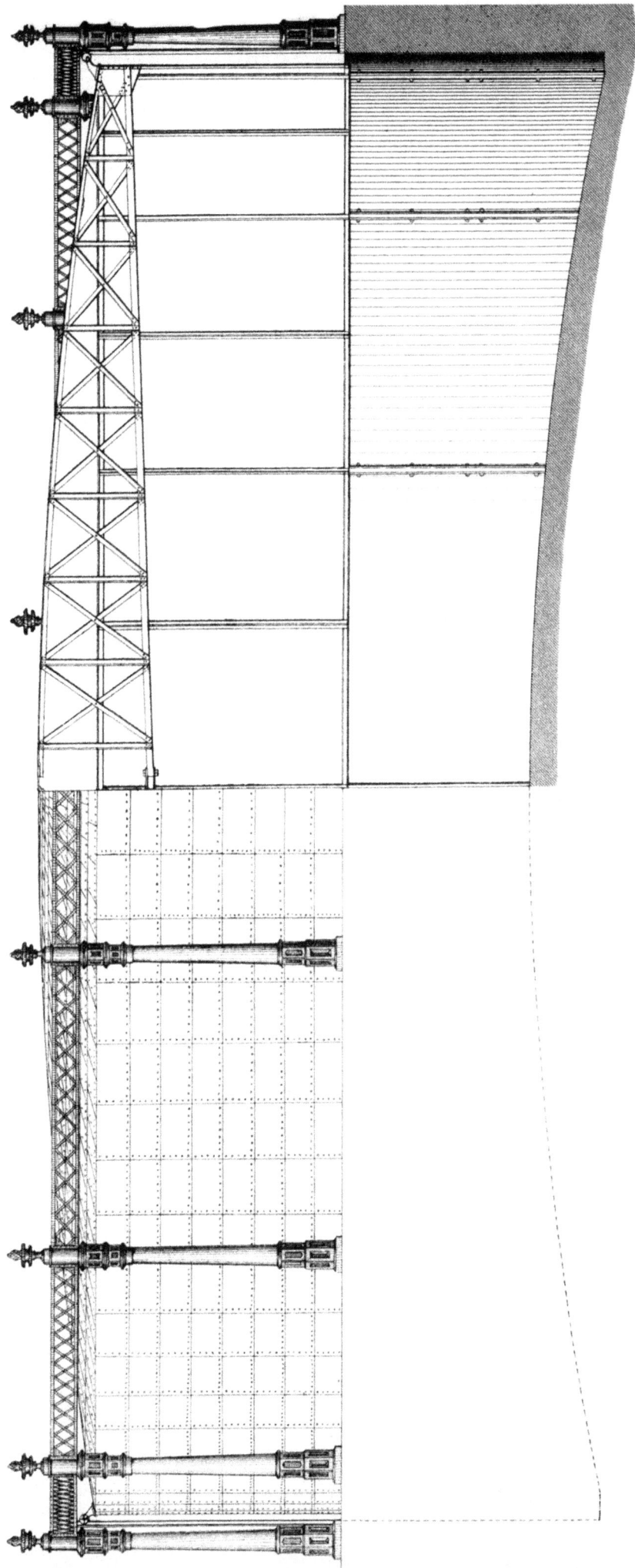

LVI

Echelle de 3·4 Millim. pour 1 Metre.

LVII

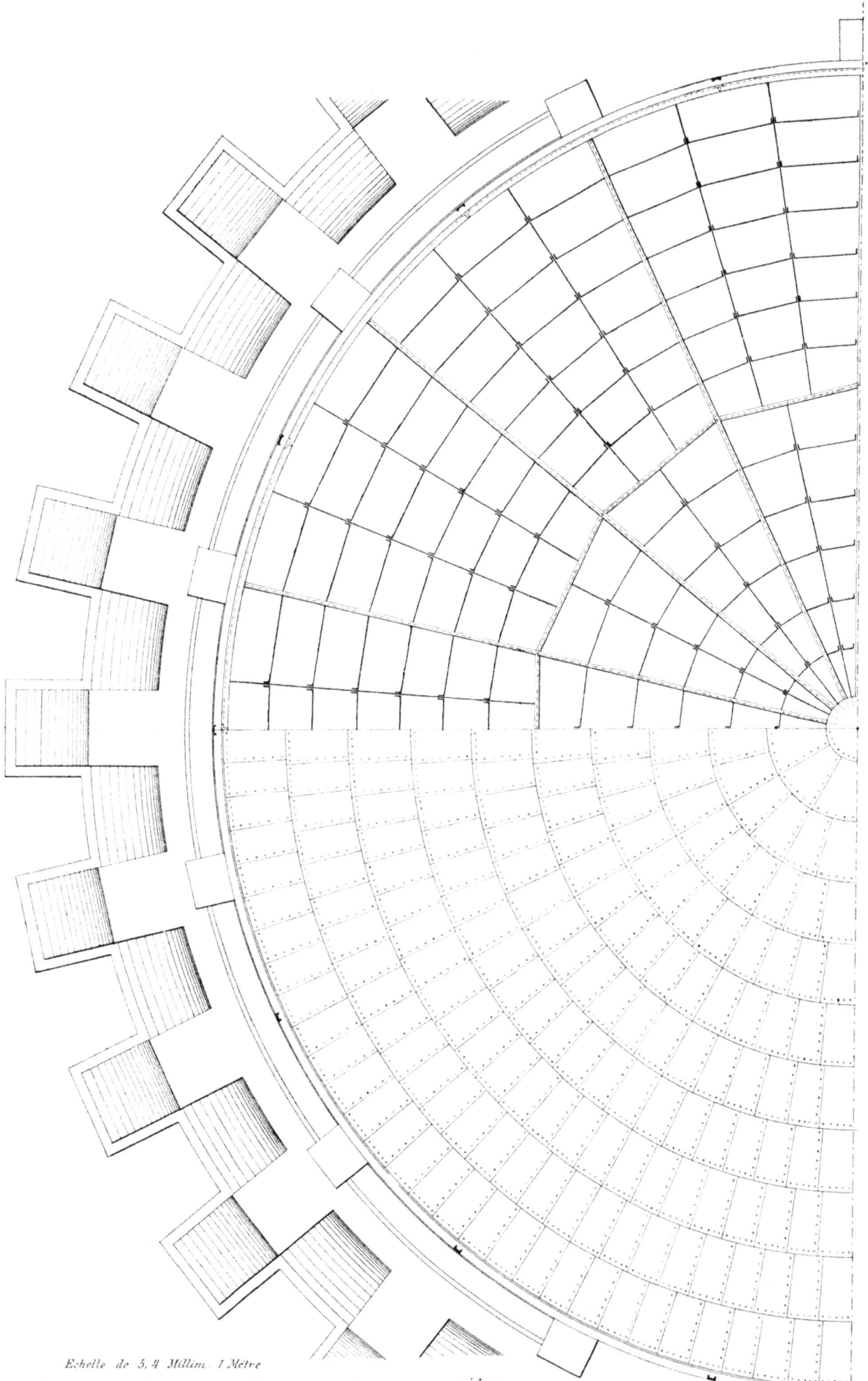

Echelle de 5,4 Millim. 1 Mètre

10' | 5 | 0 | 10 | 20 | 30 | 40' bayr.

10' | 4 | 0 | 10 | 20 | 30 | 40' engl.

Das letztere wurde zuerst, und zwar im Sommer 1863 ausgeführt. Es besteht aus einer Ringmauer in gewöhnlichem Kalkmörtel von 2 Fuss 6 Zoll oberer und 9 Fuss 4 Zoll unterer Stärke, wozu noch ein äusserer Sockel von 1 Fuss Stärke auf 3 Fuss 3 Zoll Höhe von unten kommt. Die äussere Seite dieser Ringmauer hat eine glatte Böschung, die innere Seite ist mit Verzahnung senkrecht aufgemauert. Aussen sind 28 Verstärkungspfeiler von 6 Fuss 9 Zoll Dicke in der Richtung des Radius und 7 Fuss tangentialer Breite angebracht, deren jeder gleichfalls wieder mit einem Sockel von 1 Fuss Stärke versehen ist. Das innere wasserdichte Mauerwerk ist 2 Fuss 4 Zoll stark, innen und aussen glatt, und steht um 5 Zoll von dem zuerst beschriebenen Verstärkungsmauerwerk ab. Es wurde im Frühjahr 1864 aufgeführt, und zwar mit Cement von Gebrüder Leube in Ulm. Auf 3 Fuss 3 Zoll von unten wurde es nach Innen zu abgetrappt, um nachher den Verband mit dem Bodenmauerwerk zu bekommen. Der erwähnte Zwischenraum von 5 Zoll wurde mit Beton von Leube'schem Cement sorgfältig ausgegossen. Oben ist die ganze Ringmauer mit einer Rollschicht abgedeckt. die durchweg in Cement gemauert ist. Der gewölbte Boden ist im Ganzen 3 Fuss 3 Zoll stark, und besteht von unten nach oben gerechnet aus 2 Fuss Mauerwerk in Leube'schem Cement, aus 6 Zoll Beton von dem gleichen Material, aus einer liegenden Schicht und einer oberen Rollschicht in Bonner Portland-Cement. Das ganze Innere des Bassins hat einen $3/4$ Zoll starken Verputz von Bonner Portland-Cement, auch die obere Rollschicht der Ringmauer ist mit diesem Cement abgeputzt. Ich lasse hier den Vertrag folgen, den ich mit dem Maurermeister über die Ausführung des Bassins abgeschlossen hatte.

§. 1. Dieser Vertrag umfasst alle Lieferungen und Arbeiten zur Herstellung eines Gasbehälter-Bassins von 121 Fuss 6 Zoll bayerisch lichtem Durchmesser und 22 Fuss 6 Zoll bayer. lichter Höhe mit Ausschluss einiger in den nachstehenden §§. benannten Eisentheile, welche dem Uebernehmer auf den Bauplatz geliefert, und von diesem nur vermauert werden.

§. 2. Die Arbeiten werden nach Plänen und Detailzeichnungen ausgeführt, welche dem Uebernehmer vom Director der Gesellschaft vorgelegt werden. Falls ausser den in diesen Plänen und Zeichnungen bezeichneten Arbeiten noch Extraarbeiten von der Direction gefordert werden sollten, so muss der Uebernehmer dieselben zu den in diesem Vertrage vereinbarten Preisansätzen ausführen, oder im Falle eine Verringerung der contractlich festgestellten Arbeiten gefordert würde, wird dieselbe nach derselben Preistabelle in Abzug gebracht, doch wird keine Extrarechnung irgend einer Art gestattet, es sei denn, die betreffende Extraarbeit wäre schriftlich von der Direction gefordert worden. Jede Bestimmung, die in den Zeichnungen oder in diesem Vertrage enthalten ist, wird angesehen, als wäre sie in beiden enthalten, und für den Uebernehmer ebenso bindend betrachtet. Im Falle etwa eine Verschiedenheit in Betreff der Pläne, Profile, Massstäbe oder

Der obere Rand der äusseren Gasglocke ist ähnlich gebildet aus zwei Ringen von $2\frac{1}{2} \times 2\frac{5}{8} \times \frac{5}{10}$ zölligem Winkeleisen, verbunden durch Nr. 8 Platten und mit einer Seite von Nr. 10 Platten, verstärkt durch einen Ring von $1\frac{1}{4} \times \frac{1}{2}$ zölligem halbrunden Eisen. Sechs vertikale Stangen von T-Eisen haben $2\frac{1}{2} \times 1\frac{1}{2} \times \frac{3}{8}$". Ein doppelter Kranz von Winkeleisen wird unten an der Glocke befestigt, und zwar der äussere von $3 \times 3 \times \frac{3}{8}$" der innere von $3 \times 2 \times \frac{3}{8}$". Die oberste und unterste Reihe bestehen aus Nr. 12 Platten, die übrigen aus Nr. 16. Sämmtliche Nieten an den Winkeleisen oder dem halbrunden Eisen müssen $\frac{3}{4}$" halten, und dürfen nicht weiter als $1\frac{1}{8}$" auseinander stehen; die Platten Nr. 12 und 14 erhalten $\frac{5}{16}$ zöllige Nieten, die Nr. 16 nur $\frac{1}{4}$ zöllige. Keine Platte darf über 3' 6" lang und 2' breit sein, auch dürfen sie keinerlei fehlerhafte Stellen haben.

Nr. 8 Platten müssen mindestens				6,64	Pfd. pro ☐' wiegen,			
Nr. 10	„	„	„	5,5	„	„	„	„
Nr. 12	„	„	„	4,3	„	„	„	„
Nr. 14	„	„	„	3,23	„	„	„	„
Nr. 16	„	„	„	2,62	„	„	„	„

der eingeschriebenen Dimensionen sich herausstellen sollte, sind desshalb bei dem Director die betreffenden Erkundigungen einzuziehen, und ist dessen Entscheidung oder Bestimmung allemal als maassgebend anzunehmen. Sollte bei Ausführung dieses Contractes irgend ein streitiger Fall oder eine Meinungsverschiedenheit entstehen, sei es hinsichtlich des Materials, der Ausführung oder des Fortschreitens der Arbeiten, so soll das Urtheil des Directors als entscheidend betrachtet werden, und wird keine andere Auslegung oder Appellation gestattet.

§. 3. Herr . . . . . übernimmt mit den Mauerarbeiten zugleich die erforderlichen Terrain-Ausgrabungen. Die Tiefe der Ausgrabungen wird vom Director der Gesellschaft bei Beginn der Arbeiten bestimmt, da es die Absicht ist, die Cysterne so tief zu legen, als die Verhältnisse des Grundwassers es erlauben. Bei den Ausgrabungen ist einbegriffen:

1. Absonderung der Dammerde von dem übrigen Material, und Lagerung der ersteren auf einem abgesonderten Platz.

2. Einfüllen und Stampfen der Grube, sowie Aufführung der Erdanschüttung, welche eine Böschung von 1 : 1 zu erhalten hat.

Die abgegrabene Dammerde ist, soweit sie reicht, nach Angabe des Directors der Gesellschaft wieder auf der Anschüttung zu verwenden und zu vertheilen.

§. 4. Alle zu verwendenden Backsteine müssen das volle Maass von $14 \times 7 \times 3$ Zoll haben, bester Qualität, schön geformt, ohne Poren, hart und vollkommen ausgebrannt und hellklingend sein. Gebrochene oder gespaltene Steine werden dabei so wenig als möglich geduldet.

§. 5. Die Mörtelbereitung muss ohne Beimischung von Wasser zum gelöschten Kalk geschehen. Der Mörtel soll nicht flüssig und dünn, sondern ein vollständig gemengter Brei sein, ohne Beimengung erdiger oder anderer fremdartiger Bestandtheile. Der Kalk dazu muss gut gebrannt, rein von Steinen und anderen nicht gebrannten Stoffen, und weder durch Feuchtigkeit noch durch Zutritt der Luft verändert sein. Er wird nur mit so viel Wasser abgelöscht, als hiezu gerade nöthig ist, ohne Ueberschuss. Der Mauersand wird aus der Isar bezogen, muss rein, von gleichmässigem scharfem Korn sein, und darf keinen Rückstand von Schlamm und Staub zeigen, wenn er in's Wasser geschüttet wird. Im Augenblicke des Gebrauches soll er möglich trocken sein. Das Mischungsverhältniss für den Mörtel besteht aus 1 Theil ungelöschtem Kalk auf 3 Theile Sand. Der Kalk muss sogleich nach dem Löschen verwendet werden, und es darf stets nur für das Bedürfniss eines Tages Mörtel angemacht werden. Niemals darf Mörtel vom vorhergehenden Tage oder noch älterer zu diesem Mauerwerke gebraucht werden.

§. 6. Der Cementmörtel wird theils aus bestem Cement von Gebrüder Leube in Ulm, und zwar im Verhältniss von 2 Volumtheilen Cement auf 1 Volumtheil gesiebten Isarsand, theils aus Portland-Cement von der Fabrik des Bonner Bergwerks- und Hüttenvereins zu Obercassel bei Bonn, im Verhältniss von

---

Ein Hanfstrang wird bei allen Verbindungen zwischengelegt. Alles Schmiedeeisen erhält einen Anstrich von gekochtem Oel, alle Verbindungen werden zweimal mit Mennige und Oel gestrichen.

Das Dach erhält zwei Mannlöcher, jedes von 2 ☐' und mit einem messingenen Hahn.

Beide Gasglocken werden an drei Puncten aufgehängt und geführt. Die innere Glocke erhält 6 Leitrollen in Lagerböcken, die durch zwei $^5/_8$ zöllige Bolzen mit dem oberen Kranz von Winkeleisen und durch einen angegossenen Lappen und zwei $^3/_4$ zöllige Bolzen mit den Hauptsparren verbunden werden. Auch werden drei Winkelstreben von $3 \times 3 \times ^3/_4$ zölligem Winkeleisen zwischen den Hauptsparren und den vertikalen T-Stangen angebracht, jede mit zwei $^3/_4$ zölligen Bolzen befestigt.

An dem äusseren Kranz von Winkeleisen, der die Rinne der inneren Gasglocke bildet, werden 20 gusseiserne Rollen mit schmiedeeisernen Lagern in gleichen Entfernungen von einander angebracht, und mit je zwei $^5/_8$ zöl-

1 Volumtheil Cement auf 1 Volumtheil gesiebten Isarsand bereitet. Der Ulmer Cement wird in kleinen Handkübeln zuerst mit Wasser zu einem Brei angerührt, dann der Sand zugesetzt, und mit der Mauerkelle tüchtig durchgearbeitet; er muss frisch vermauert werden, weil er sehr rasch erhärtet. Der Bonner Cement wird in ähnlicher Weise, aber in etwas grösseren Mengen auf einmal in Trögen angemacht. Es wird keinenfalls gestattet, dass der Mörtel, sowohl der eine wie der andere, im gemischten Zustande längere Zeit stehe, und alsdann noch zum Vermauern angewendet werde, vielmehr ist solcher abgestandene Mörtel augenblicklich wegzuwerfen, und alles Mauerwerk, welches etwa mit abgestandenem oder wiederholt mit Wasser durchgearbeitetem Mörtel gemacht wäre, ist sofort abzubrechen und durch gutes contractmässiges Mauerwerk zu ersetzen. Von jedem Fass oder Sack Cement, welches geliefert wird, soll vor dem Verarbeiten eine Handvoll herausgenommen, zu Teig angemacht, und in's Wasser gelegt werden; was nicht im Wasser erhärtet, wird zurückgewiesen.

§. 7. Der Gussmörtel oder Beton für den Boden und für die Zwischenfüllung der Ringmauern soll aus 2 Volumtheilen bestem Cement von Gebrüder Leube in Ulm, 1 Volumtheil Isarsand und 2 Volumtheilen durchgeworfener Riesel von höchstens ½" grossen Steinchen bestehen. Die Bereitung und Verwendung soll unter denselben Vorsichtsmaassregeln geschehen, wie dies vom Ulmer Cementmörtel im §. 6 verlangt worden ist. Auf den Boden muss der Gussmörtel in zwei Lagen von je 3 Zoll aufgegossen und mit Latten abgestrichen werden, auch darf nicht mehr als 2 bis höchstens 3 Cubikfuss Mörtel zur Zeit angemacht werden. Dabei ist jede Stelle, welche nicht schnell erhärtet, sogleich wieder wegzureissen und hinauszuwerfen. Die fertigen Stellen sind mit Wasser zu begiessen, bis sie hart sind.

§. 8. Der Verputz soll aus 1 Volumtheil bestem Portland-Cement aus der Fabrik des Bonner Bergwerks- und Hüttenvereins zu Obercassel bei Bonn und 1 bis höchstens 1½ Volumtheil reinem scharfen Sand bestehen. Er ist zuerst mit einem Reibebrett aus Holz gut abzureiben, und dann mit einer eisernen Platte auf das Sorgfältigste zu glätten. Der fertige Verputz ist jede Stunde mit Wasser zu begiessen, bis er vollständig erhärtet ist.

§. 9. Die beiden Oeffnungn im Seitenmauerwerk, durch welche die Ein- und Ausgangsröhren gehen, werden mit purem Cement ohne Sand vergossen, wobei innen und aussen ein provisorischer kleiner Schacht aufzumauern ist, damit der Cement unter einem hydrostatischen Druck von 3 bis 4 Fuss Höhe in den Canal eindringt. Die Schachtmauern sind nachher wieder zu entfernen.

§. 10. Die Lieferung der erforderlichen Gerüsthölzer, Bauhütten, Geräthe und Werkzeuge, oder was sonst zu diesem Contracte erforderlich ist, in derjenigen Güte und Festigkeit, welche der Director der Gesellschaft für die contractliche Arbeit erforderlich hält, ist Sache des Uebernehmers. Auch hat der Uebernehmer für das nöthige Wasser selbst zu sorgen, falls der vorhandene Brunnen nicht ausreichend Wasser geben sollte.

---

ligen Bolzen und Muttern befestigt. Zwanzig gleiche Rollen werden oben auf dem Rande der äusseren Glocke an deren innerem Kranz von Winkeleisen angebracht, so dass sie an der inneren Glocke auf und ab laufen.

Der untere Kranz der äusseren Glocke erhält 15 gusseiserne Rollen mit gleichfalls schmiedeeisernen Lagern, und zwar ebenso in gleichen Abständen und mit je zwei ⅝ zölligen Bolzen und Muttern befestigt. Der Durchmesser dieser Rollen beträgt 4" und die Breite derselben auch 4." Der Zwischenraum zwischen den Rollen und den Platten, gegen welche dieselben laufen, muss ½" betragen.

Sechs Leitrollen mit Lagerböcken werden oben auf dem Rand der äuseren Glocke nach Aussen zu angebracht. Diesen entsprechen 6 Führungsstangen von 2½" Durchmesser und 33' Länge, die mit den Säulen verbunden werden und unten in eisernen Schuhen stehen. Zur Befestigung der Säulen dienen für jede 4 Bolzen von 1¼ zölligem Quadrateisen mit 9" langen 1¼ zölligen Schrauben und sechseckigen Muttern, 16' lang. Sechs ¼ zöllige Platten von 6' Länge und 3' Breite bilden die Verankerung der Bolzen. Die 6 Säulen haben unten 12" und oben 10" äusseren Durchmesser bei einer Eisendicke von 1": In diese unteren Säulen passen 6 andere

§. 11. Alle Backsteine sind, bevor sie vermauert werden, auf Kosten des Uebernehmers, dort wo sie verwendet werden, so lange in Wasser zu legen, dass sie nicht anders als völlig gesättigt vermauert werden. Bei der Mauerung müssen die Steine stets in kunstgerechten Verband gelegt. und in allen inneren Seiten und Kanten mit Mörtel dicht und voll umschlossen werden, und zwar dadurch, dass beim Eindrücken des Steins in den untergebreiteten Mörtel sämmtliche Fugen von unten auf vollgedrängt werden. Es wird nicht gestattet, die inneren Fugen von oben zuzumachen, und noch weniger werden hohle Fugen geduldet. Sollte es sich finden, dass an irgend einem Theile des Mauerwerks die Schichten nicht ganz waage-recht und mit gleich dicken Fugen gelegt sind, so hat der Uebernehmer auf seine Kosten alle, vom Waage- oder Senkrechten abweichenden oder sonst mangelhaft befundenen Theile des Baues herunterzunehmen, und dem Plane sowie den Bedingungen gemäss wieder aufzubauen, ohne dass eine Verlängerung des Ablieferungs-Termines wegen jener Umarbeit stattfindet. Es darf bei dem Mauerwerk keine Fuge weder in der Höhe noch in der Breite, die Dicke von $\frac{1}{2}$ Zoll übersteigen.

§. 12. Die Mauern des Gasbehälter-Bassins müssen der gleichen Senkung wegen während der Ausführung stets in gleicher Höhe gehalten werden.

§. 13. Der Uebernehmer ist für den Schutz der Gasbehälter-Mauern gegen Nässe und Frost während des ersten Winters verantwortlich und hat die Arbeit der Bedeckung derselben mit Brettern ohne besondere Vergütung zu verrichten. Die Anschaffung der Bretter ist seine Sache.

§. 14. Der Uebernehmer hat besonders zu berücksichtigen, dass, wenn irgend ungehörige und mangelhafte Materialien oder Arbeiten bei diesem Baue angewendet werden, oder wenn nach Urtheil der Di-rection die Arbeit nicht auf eine rasche und statthafte Weise Fortgang hat, derselben zu jederzeit das Recht zusteht, die Arbeit einzustellen, sämmtliche auf der Baustelle befindlichen Materialien und Werkzeuge des Unternehmers in Beschlag zu nehmen, und auf seine Rechnung die ganze noch übrige Arbeit ausführen zu lassen, wie sie es für gut finden wird. Die daraus erwachsenden Kosten werden von dem Gelde, welches der Unternehmer den contractlichen Bedingungen gemäss zu empfangen hat, abgezogen, und falls dies nicht ausreicht, werden die Kosten von dem Uebernehmer eingetrieben. Die Parliere und Gesellen oder andere Arbeiter, welche die vom Director der Gesellschaft gegebenen Anordnungen auszuführen sich weigern oder sich ungebührlich betragen, sind augenblicklich von dem Uebernehmer fortzuschaffen und bei dieser Contract-arbeit nicht wieder anzustellen.

§. 15. Der Uebernehmer ist für alle Unfälle verantwortlich, welche während oder in Folge der Ausführung seiner Arbeiten vorkommen sollten, gleichviel ob sie seine angestellten Leute oder andere Personen betreffen, und muss derselbe jede Vorsicht treffen, einen Unfall der Art zu verhüten, auch hat er die Direction und ihre Beamten gegen alle Folgen, die eine nachlässige oder fehlerhafte Ausführung dieser Ar-

----

mit genau abgedrehten Zapfenenden hinein, die unten $11\frac{1}{2}''$ und oben $10''$ äusseren Durchmesser haben. Diese sind oben mit Krönungen und Deckplatten versehen.

Die Brücke zum Aufhängen der innern Glocke wird gebildet durch drei Paar doppelte Verbindungsbalken und drei Streben. Dazu gehören 3 Blöcke mit $\frac{5}{8}$ zölliger schmiedeeiserner Kette, erstere haben metallene Lager. Jedes Paar Verbindungsbalken ist in der Mitte durch einen zwischengesetzten Bock mit vier Paar Keilen und Setzschrauben verbunden. Drei Paar Balken und 6 Blöcke mit $\frac{1}{2}$ zölliger Kette dienen zum Aufhängen der äusseren Glocke.

Das Gegengewicht für die innere Glocke beträgt 3 Tons, für die äussere gleichfalls 3 Tons. Ersteres ist $18''$ im Durchmesser und $2''$ dick; letzteres $12''$ im Durchmesser und ebenfalls $2''$ dick. Beide Glocken erhalten die erforderlichen Ringbolzen zur Befestigung der Ketten.

Specification einer Telescopglocke auf der Anstalt der Chartered Gas Company zu Brick Lane mit 2 Kesseln, der äussere $102'$, der innere $100'$ weit und $22'$ bis $22'\,6''$ hoch Inhalt $= 346000$ c'.

Die obersten und untersten Seiten-Blechtafeln für die äussere Glocke sind Nr. 11, die übrigen Nr. 13 der

beit haben könnte, zu schützen und schadlos zu halten, wie auch gegen alle Prozesse, Kosten-Entschädigungen und Ausgaben, welche hiedurch entstehen könnten, zu sichern; zugleich giebt der Uebernehmer zu, dass im Fall durch die Folgen von Handlungen, Fehlern u. dgl. des Unternehmers oder seiner Leute und Arbeiter, irgend eine Person oder Personen Schaden zugefügt sein sollte, er solchen Personen diejenige Entschädigung gewähren wolle, welche die Direction angemessen erachten wird, und im Falle dieselbe solche bezahlt, der Betrag von der Summe gekürzt werde, die der Uebernehmer nach diesen Bedingungen zu gewärtigen hat oder nöthigenfalls von dem Uebernehmer auf solche Art eingezogen wird, wie es der Direction zweckmässig erscheint.

§. 16. Der Uebernehmer hat am 1. August d. Js. mit dem Baue zu beginnen, und denselben, soweit es das gewöhnliche Kalkmörtel-Mauerwerk betrifft, innerhalb 3 Monaten, also bis ulto. October zu vollenden. Die Herstellung des Cementmauerwerkes, der Betonausfüllungen und des Cementverputzes erfolgt im Frühjahr nächsten Jahres nach Aufhören des Frostes, und muss jedenfalls bis ulto. Juni 1864 vollendet sein, so dass mit diesem Termin das Gasbehälter-Bassin in allen Theilen vollendet, von allen Gerüsten befreit und zur Aufnahme der eisernen Glocke bereit dasteht. Die Anschüttung der äusseren Erdböschung hat noch im Laufe des Herbstes gegenwärtigen Jahres vor Eintritt des Frostes zu erfolgen, damit das Erdreich sich den Winter über lagern kann.

Wenn der Uebernehmer die genannten Arbeiten nicht in der vertragsmässigen Zeit vollendet, ist er einer Geldbusse von je 300 fl. (Dreihundert Gulden) für jede Woche der Verzögerung unterworfen. Es ist dem Uebernehmer stricte untersagt, die Nachtarbeit zu Hülfe zu nehmen, um seine Contractzeit inne zu halten.

§. 17. Die Direction wird dafür sorgen, dass der Uebernehmer durch Arbeiten anderer Meister, wie Zimmer- und Schmiedearbeit, die mit der Mauerarbeit in Verbindung stehen, nicht aufgehalten wird. Die Einmauerung der eisernen Bolzen zur Befestigung der Führungssäulen geschieht ohne besondere Extravergütung, und ist Alles nach Angabe der Zeichnungen und der Direction auszuführen.

§. 18. Als Einheits-Preise für die verschiedenen Arbeiten werden festgestellt:
(Folgen die Preise, die ich, da sie nur localen Werth haben, weglasse).

Beim Ausmaass der Arbeiten wird das reine Flächen- oder Cubikmaass, dessen Einheit der bayerische Fuss ist, gemessen. Obige Preise gelten nur von der ganz vollendeten und als gut und fertig angenommenen Arbeit und in diesen Preisen ist die Anschaffung aller Transportkosten und Arbeitslöhne u. s. w. einbegriffen, so dass die Direction der Gasgesellschaft keine Nachforderungen hierüber, sondern nur das reine Ausmaass, multiplicirt mit obigen Preisen der Maass-Einheiten zu bezahlen hat.

§. 19. Der Uebernehmer kann unter keinerlei Vorwand Entschädigung ansprechen für Verluste wegen Nichtausführung von einzelnen Theilen der projectirten Arbeiten, wegen gemachter Bedingungen oder

Drahtlehre. Das Winkeleisen für den oberen Rand hat $3 \times 3 \times \frac{3}{8}''$, die Verbindungs-Blechplatte ist Nr. 7 der Drahtlehre, und am unteren Ende ist ein $1\frac{1}{2} \times \frac{3}{4}$ zölliges halbrundes Eisen mit $\frac{1}{4}$ zölligen Nieten auf jede 6'' Entfernung zur Verstärkung angenietet. Der Rand ist 8'' breit und reicht 15'' abwärts. Der untere Rand der Glocke wird mit einem doppelten Kranz von Winkeleisen verstärkt, welches $3\frac{1}{2} \times 3\frac{1}{2} \times \frac{5}{8}''$ stark, mit dem Blech inzwischen, durch $\frac{1}{2}$ zöllige Nieten befestigt wird. An den Wandungen werden 20 Stück verticale $3 \times 3 \times \frac{1}{2}$ zöllige T-Stangen angebracht und oben und unten durch passende schmiedeeiserne Klammern befestigt. Auch mit dem Blech werden sie durch $\frac{3}{4}$ zöllige Nieten in Abständen von je 12'' verbunden. An der Aussenseite der Glocke werden 20 Stangen, $6 \times \frac{3}{4}$ zöllige Flacheisen, oben und unten befestigt, gegen welche die Rollen laufen, die am Gasbehälterbassin angebracht werden. Sie correspondiren mit den T-Stangen an der Innenseite. An dem unteren Kranz von Winkeleisen werden 20 Rollen, 4'' im Durchmesser und 4'' breit, befestigt und mit passenden Lagerböcken versehen, so dass sie gegen die Seiten des Bassins laufen. Zwanzig ähnliche Rollen von 6'' Durchmesser und 4'' Breite laufen gegen die Flacheisen an der inneren Glocke,

32*

Befehle, die ihm zugestellt wurden, sowie auch nicht für Verluste wegen fehlerhafter Anordnungen, ungeschickter Anstalten, unrichtiges Messen oder Mangel an Aufsicht und Schutz seiner Arbeiter.

§. 20. Der Uebernehmer ist verpflichtet, sich bei seiner Abwesenheit vom Bauplatze durch einen Parlier vertreten zu lassen, der von ihm gehörig bevollmächtigt sein muss, um die Befehle der Direction entgegen zu nehmen und zu vollziehen.

§· 21. Der Uebernehmer darf ohne schriftliche Erlaubniss keinen Theil seiner übernommenen Arbeiten an Andere abtreten.

§ 22. Bis zur Vollendung und definitiven Annahme aller Arbeiten ist Herr . . . . . allein verantwortlich für die Erhaltung der Bauten und er muss sie auf eine Weise beaufsichtigen und bewachen lassen, dass alle Beschädigungen verhindert werden.

Ferner übernimmt der Uebernehmer für die von ihm ausgeführte Arbeit, sowohl was das Material, als was die Arbeit selbst betrifft, eine Garantie in der Weise, dass das Bassin im Laufe eines Jahres, nachdem es gefüllt ist, kein Wasser durchlassen darf, und wird derselbe von vorneherein darauf aufmerksam gemacht, dass jede etwaige Undichtigkeit als nur durch seine Schuld veranlasst angenommen wird. Jede Ausrede, dass die Schuld an der Construction, oder überhaupt auf Seite der Direction der Gesellschaft liege, ist unstatthaft.

§. 23. Als Garantiesumme für die Erfüllung gegenwärtiger Vertrags-Bedingungen werden von der Direction zwanzig Procent des Betrages der gefertigten Arbeiten ohne Zinsvergütung für die Zeit von einem Jahre nach Vollendung aller Arbeiten und Füllung des Bassins mit Wasser zurückbehalten.

Sollte übrigens diese Summe nicht ausreichen, um den entstehenden Schaden zu decken, so wird das Fehlende von dem Uebernehmer eingetrieben.

§. 24. Die Bezahlung geschieht in Abschlagszahlungen in Terminen von sechs zu sechs Wochen nach dem jedesmaligen Ausmaasse aller vorher und bis zu einem solchen Termine gefertigten Arbeiten. Von dem nach dem Ausmaasse berechneten Werthe der Arbeiten wird nach §. 23 zwanzig Prozent oder ein Fünftel als Garantie abgezogen, die übrigen vier Fünftel werden dem Uebernehmer baar ausbezahlt. Das Ausmaass der Arbeiten wird von dem Dirctor und dem Uebernehmer gemeinschaftlich oder von ihren beiderseitigen Stellvertretern vorgenommen und es wird auf jeden Zahlungs-Termin ein vollständiger Situations-Etat der Maurerarbeit schriftlich abgefasst.

§. 25. Der Uebernehmer anerkennt Herrn . . . . . Director der Gasbeleuchtungs-Gesellschaft als Repräsentanten und Bevollmächtigten der Gesellschaft für Alles, was die materielle Vollziehung dieses Contractes anlangt. Bei Abwesenheit vom Bauplatze kann sich Herr . . . . . durch eine von ihm zu bestimmende Person vertreten lassen, und ihr alle seine Vollmachten übertragen.

---

20 Rollen, 6″ im Durchmesser und 6″ breit, sitzen am oberen Rand des Gasbehälterbassins und laufen gegen die Flacheisen an der äusseren Glocke, und 10 Leitrollen mit Lagerböcken sind auf dem oberen Rand der Glocke aufgebolzt. Soweit die äussere Glocke.

Die innere Glocke erhält ihre oberste und unterste Tafelreihe von Nr 13, den Rest von Nr. 17 Blech. Die Wasscrrinne ist 8″ weit und 15″ tief, und wird ebenso construirt, wie der Rand der äusseren Glocke. Unmittelbar unterhalb dem halbrunden Eisenrand werden in Entfernungen von 2′ Löcher von 1″ Durchmeser eingeschlagen. Zwanzig Rollen $2\frac{1}{2}$″ im Durchmesser und 5″ breit mit passenden Böcken werden am Boden der Rinne befestigt, so dass sie gegen die äussere Glocke laufen. Zwanzig Schienen von $6 \times \frac{3}{4}$ zölligem Flacheisen reichen von oben bis hinunter für die Rollen an der äusseren Glocke. Zwanzig Stangen T-Eisen $4 \times 4 \times \frac{1}{2}$″ haltend, werden vertikal an den Seiten der Glocke aufgestellt und oben so gebogen, dass sie mit dem Kranz von Winkeleisen verbunden werden können. Auch mit den Hauptsparren des Dachgerippes sind die T-Schienen durch 2 zöllige Bolzen und Muttern verbunden. Das Winkeleisen für den oberen Kranz hat $4 \times 4 \times \frac{3}{8}$′.

Gegenwärtiger Vertrag ist in zwei gleichlautenden Exemplaren ausgefertigt, von beiden Contrahenten unterzeichnet, und Jedem derselben ein Exemplar zur Darnachachtung eingehändigt worden.

München, den 1. Juli 1863.

In Betreff der Ausführung des Mauerwerks bleibt nur Weniges hinzufügen. Nachdem der Grund ausgegraben war, wurde im Centrum ein solider Holzpfahl von der Höhe des Bassins eingegraben, und in den Kopf desselben ein runder schmiedeeiserner Zapfen geschlagen. Um diesen Zapfen drehte sich eine steife hölzerne Latte von hinreichender Länge, um alle für den Bau maassgebenden Radien darauf abstecken zu können, horizontal herum. Dieselbe war in der Mitte mit einer passenden schmiedeeisernen Oese über den Zapfen gesteckt, und schleifte zur weiteren Unterstützung auswärts auf einem leichten Gerüst herum, welches nahe an der Ringmauer aufgerichtet war. Auf der Latte wurden die Maasse genau abgemessen, und an den betreffenden Punkten Senkel aufgehängt, die als Richtschnur für die Maurer dienten. Nachdem das Mauerwerk mit gewöhnlichem Mörtel bis auf die obere Rollschicht hergestellt war, wurde eine Chablone aus Brettern gefertigt, deren innere Kante dem Kreise von 121 Fuss 8 Zoll, d. h. der lichten Weite des wasserdichten Mauerwerks entsprach, und wurde diese Chablone auf Hölzern befestigt, welche auf dem fertigen Mauerwerwerk radial auflagen, und um etwa 5 Fuss nach Innen vorstanden. Die Hölzer waren, wo sie auf dem Mauerwerk lagen, mit Mauersteinen beschwert, um sie in ihrer Situation festzuhalten. An diesen Hölzern, die etwa 10 Fuss von einander entfernt lagen, wurden noch vertikale Latten derart befestigt, dass die Aussenkante dieser Latten der Innenkante der Chablone entsprach, und dass sie die Richtlatten für das innere Mauerwerk abgaben. Auf den Latten wurden die Mauerschichten aufgezeichnet, und numerirt, so dass den Maurern für die horizontale Richtung der Schichten ihr Anhalt gegeben war. Für das zwischen den Latten aufzuführende Mauerwerk erhielten sie nach dem Kreisbogen geschnittene Richtscheite. Die wesentlichste Bedingung für ein gutes wasserdichtes Gasbehälterbassin ist natürlich immer ein guter Cement und die richtige Verarbeitung desselben. Der Ulmer Cement von Gebrüder Leube ist ein guter Roman-Cement, muss aber sehr sorgfältig behandelt werden, da er ausserordentlich rasch anzieht. Man darf ihn, wie bereits im Vertrag angegeben, nur in kleinen Handkübeln anmachen, indem man zuerst den Cement mit Wasser zu einem Brei anrührt, und dann den Sand zusetzt. Nachdem die Mischung mit der Kelle tüchtig durchgearbeitet ist, muss sie augenblicklich vermauert werden, indem man den Mörtel ausgiesst, und die zu vermauernden Steine, die vorher mit Wasser vollständig gesättigt sein müssen, satt eindrückt, so dass der Mörtel aus den Fugen herausquillt. Bei trockner Witterung ist der Mörtel in 5 Minuten schon angezogen, und ist desshalb ein Verrücken und Richten der Steine, oder das Ausschmieren der Fugen ganz unstatthaft. Der Bonner Portland-Cement gehört in die Reihe der künstlichen Portland-Cemente, welche die Romancemente an Dichtigkeit weit übertreffen, und hat sich sowohl in diesem Fall, als bei den anderen Bauten, deren bereits Erwähnung geschehen ist, vortrefflich bewährt. Er ist in Betreff seiner Verarbeitung weit weniger difficil, als der Ulmer Cement,

---

Am oberen Rand der Glocke werden 10 gusseiserne Leitrollen mit Lager-Böcken befestigt, welche gegen die Führungssäulen laufen. Die Böcke sind mit dem oberen Winkeleisen verbolzt.

Das Dachgerippe besteht zunächst aus 20 Hauptsparren von $5 \times 5 \times \frac{1}{2}$ zölligem T-Eisen deren eines Ende mit den vertikalen T-Eisen der Seitenwände, das untere mittelst Augen und $1\frac{1}{2}$ zölliger Bolzen und Muttern mit der Mittelplatte des Daches verbunden ist. Zwischen den Hauptsparren wird ein Kranz von $5 \times 5 \times \frac{1}{2}$ zölligen T-Stangen befestigt und von diesem aus bis an den Kranz von Winkeleisen reichen ebenso viele Nebensparren aus $4 \times 4 \times \frac{1}{2}$ zölligem T-Eisen, die mit diesem durch $1\frac{1}{4}$ zöllige Bolzen und Muttern verbunden sind. Jeder Hauptsparren erhält eine Zugstange von $1\frac{1}{2}$ zölligem Rundeisen, und von der Mitte jeder solchen Zugstange führt eine andere $2\frac{1}{2}$ zöllige Rundeisen-Stange zur Mittelplatte. Die mittleren Hängeeisen werden aus je zwei Stangen, $4 \times 4 \times 1\frac{1}{2}$ zölligem T-Eisen zusammengenietet und erhalten oben gabelförmige Enden, unten $1\frac{1}{2}$ zöllige Schrauben mit entsprechenden Muttern. Ausserdem erhält jeder Hauptsparren noch zwei Hängeeisen aus $1\frac{1}{2}$ zölligem Rundeisen, oben mit Augen und $\frac{3}{4}$ zölligen Schraubenbolzen, unten mit der Zug-

indem er langsamer anzieht, es ist übrigens auch hier immer erst der Cement mit Wasser angerührt, und nachher der Sand zugesetzt, sowie auf die frische Verarbeitung des bereiteten Mörtels sorgfältig gesehen worden. In den oberen Theil des Ringmauerwerks sind die Ankerbolzen eingemauert worden, welche die Fussplatten der Führungssäulen festhalten. Jeder Anker ist 9 Fuss lang und $1^1/_2$ Zoll stark, und hat unten eine gusseiserne Platte, durch welche er hindurch gesteckt, und mit einem Splint festgehalten ist. Die Einmauerung der Anker geschah vorläufig nicht vollständig; es wurde nur die Platte und das unterhalb der Platte befindliche Ende jedes Ankers fest in Cement eingebettet, um den eigentlichen Anker selbst wurde ein Loch von 4 Zoll Quadrat ausgespart, welches später, nachdem der Gasbehälter vollkommen fertig und betriebsfähig aufgestellt war, mit Cement ausgegossen wurde. Durch die beiden an entsprechender Stelle im Mauerwerk ausgesparten Oeffnungen in der Ringmauer wurden, nachdem das Mauerwerk des Bodens soweit vorgerückt war, das 12zöllige Eingangsrohr und das 15zöllige Ausgangsrohr eingebracht, und der Rest der Oeffnungen mit Ulmer Cement sorgfältig ausgegossen. Die Verbindung dieser Röhren ist mit Eisenkitt gemacht, und zwar sind diejenigen Verbindungsstellen, die im Mauerwerk liegen, schon lange vorher gemacht worden, um sicher zu sein, dass der Kitt gut erhärtet. Bevor zum Verputz geschritten wurde, sind die sämmtlichen Fugen des Mauerwerks mit dem Spitzhammer ausgehauen und die Steine aufgerauht worden. Die Fugen wurden mit dem Besen sorgfältig ausgekehrt und mit Wasser ausgespühlt. Schon während das Mauerwerk des Bodens hergestellt wurde, wurde die Ringmauer heruntergeputzt, und auf diese Arbeit ganz besondere Sorgfalt verwendet. Die Mörtelmischung für den Verputz war im Vertrag zu 1 bis höchstens $1^1/_2$ Theile Sand auf 1 Theil Cement angegeben, die grössere Sandmischung wurde aber nur für den untersten Bewurf genommen, für die folgenden Schichten wurde immer weniger Sand zugesetzt, und die vorläufig glatt gestrichene Oberfläche schliesslich mit einem dünnen Ueberguss von purem Cement mittelst eiserner Reibeplatten vollständig dicht und glatt abgerieben. In der unteren Ecke, wo die Ringmauer auf den Boden aufstösst, wurde der Cementverputz dicker aufgetragen und abgerundet. Nachdem das ganze Bassin inwendig vollendet war, wurden die 4 Fuss von einander entfernt stehenden Ein- und Ausgangsröhren in einen Mauerklotz von 4×7 Fuss Querschnitt eingemauert, und zwar bis über die oberste Verbindung der Röhren hinauf. Dieses Mauerwerk wurde ganz in Bonner Cement ausgeführt und mit demselben Cement eben so sorgfältig abgeputzt, wie das Bassin selbst. Die oberen Mündungen der beiden Röhren sind trichterförmig erweitert, weil man die Erfahrung gemacht hat, dass sich bei dieser Form das Naphtalin dort weniger leicht absetzt, als wenn die Röhren cylindrisch auslaufen. Das Hahnenhäuschen ist zwischen zwei Pfeilern der Ringmauer eingebaut, und enthält die Syphons, die Aufsteigeröhren und die Absperrungsventile für Ein- und Ausgangsrohr. (Fig. 168). Die Syphons sind im Querschnitt viereckig, und enthalten an ihrer vom Bassin weggewendeten Seite je eine mit einem Deckel verschlossene Oeffnung, für den Fall, dass man die Röhren

stange mittelst Ringen und Bolzen verbunden. Weitere Winkelstreben von 1 zölligem Rundeisen vervollständigen die Construction des Hauptsprengwerks. Die Nebensparren erhalten Hängeeisen aus zwei Stangen von $3 \times 3 \times 1/_2$ zölligem T-Eisen, die mit dem Rücken an einander genietet werden, ebenso befestigt wie die Hängeeisen der Hauptsparren. Im Weiteren werden noch drei Ringe von Quersstreben aus $2^1/_4 \times 2^1/_4 \times 1/_4$ zölligem Winkeleisen angebracht und mit Haupt- und Nebensparren durch $5/_8$ zöllige Bolzen und Muttern verbunden. Die Wölbung des Daches beträgt 4'; die Mittelplatte hält 5' im Durchmesser und ist $5/_8$" stark. Unter der Platte wird ein schmiedeeiserner Ring von 5" Breite und $1^1/_4$" Dicke untergelegt, und mit diesem und der Platte die Hauptsparren durch $1^1/_2$ zöllige Bolzen und Schrauben verbolzt. Die erste Reihe Platten an der Mittelplatte besteht aus Nr. 9, die nächste Reihe aus Nr. 11, die äusserste Reihe aus Nr. 11 und die übrigen Platten aus Nr. 12 Blech. Die Nieten dürfen nicht weiter als 1" auseinander stehen. Zwischen alle Verbindungen wird ein Hanfstrang eingelegt. Die Verbindungen der Zugstangen werden gänzlich aus 2 zölligem Schmiedeeisen hergestellt und mit Augen versehen, durch welche die Hängeeisen hindurch gehen. Alle Platten und das Schmiede-Eisen sind mit Mennige und gekochtem Oel zu streichen, alle Verbindungen erhalten zweimaligen Anstrich.

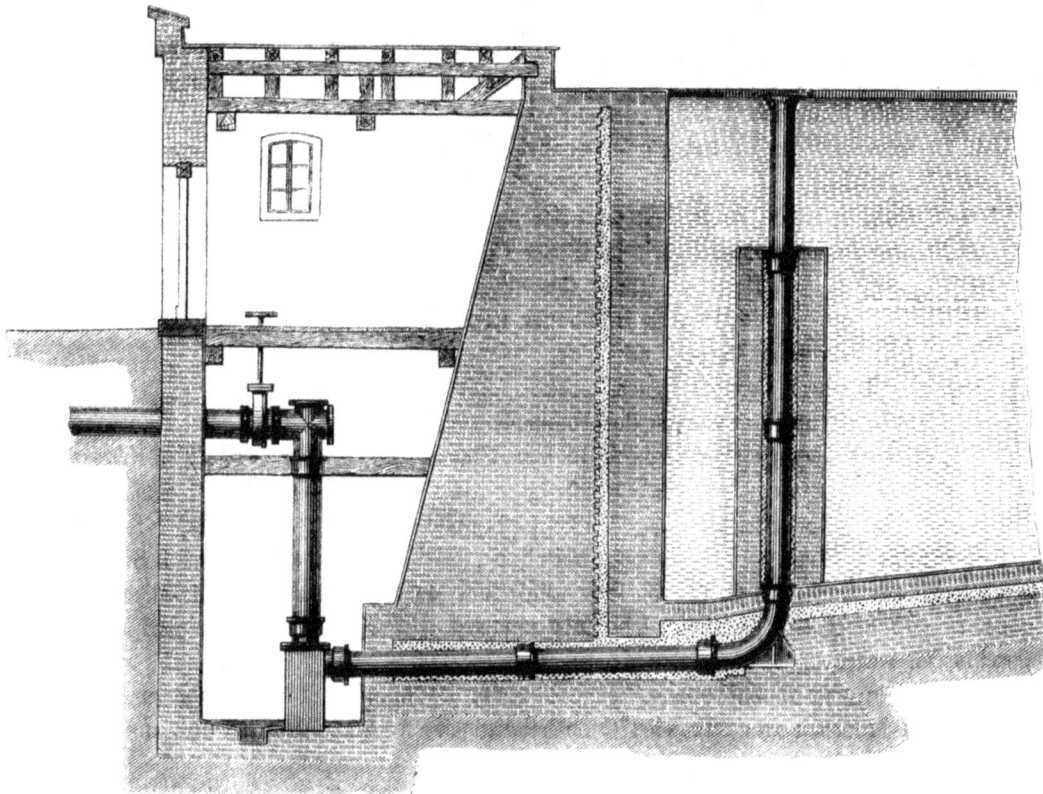

Fig. 168.

reinigen will. Oben sind statt einfacher Bögen Kreuzstücke angebracht, um die Anlage dort gleichfalls zugänglich zu machen. Der Boden, auf dem die Syphons stehen, ist nach der Mitte zu geneigt, um etwa sich ansammelndes Wasser aus einer dort angebrachten Vertiefung leicht ausschöpfen zu können. Auf den Boden des Bassins wurden schliesslich noch 56 harte Steine gleichmässig zunächst der Peripherie vertheilt derartig angebracht, dass die Glocke, wenn sie niedergeht, auf dieselben aufsitzt, damit, wenn sich im Laufe der Zeit am eigentlichen Boden des Bassins Schmutz ansammelt, die Glocke beim Niederlassen nicht in diesen Schmutz einsinken und sich dort etwa festsetzen kann. Die Steine sind 2 Zoll hoch, 1 Fuss lang und $\frac{1}{2}$ Fuss breit, und nur an ihrer unteren Fläche mit Cement am Verputz so zu sagen festgeheftet. Die Krone des Ringmauerwerks ist erst später nach Vollendung des gesammten Behälters abgeputzt worden, weil sonst der Verputz beim Aufstellen der Glocke und der Säulen wieder beschädigt worden

Der Hauptpfosten (Hängeeisen) ist 14' lang, hat 12" äusseren Durchmesser und 1" Eisenstärke. Oben ist er durch 1 zöllige Bolzen und Muttern mit der Mittelplatte verbunden, nach unten zu hat er eine Scheibe zur Aufnahme der Zugstangen aussen mit zwei Ringen von 2 × 1 zölligem Schmiedeeisen verstärkt Das unterste Ende ist eine Flansche von 3' Durchmesser mit 6 Verstärkungsrippen, die auf dem Boden des Behälters aufsteht, sobald die Glocke ganz leer ist.

Zur Führung der Glocken werden 10 Säulen mit Verbindungsbalken etc. aufgestellt Jede Säule besteht aus vier Stücken, die mit $\frac{3}{4}$ zölligen Schrauben verbunden sind, und hält unten 1' 6" oben 1' 2" äusseren Durchmesser bei $1\frac{1}{4}$" unterer und $\frac{3}{4}$" oberer Wandstärke Jede Säule erhält oben eine Krönung von 2' 3" im Quadrat aus Gusseisen und unten einen Sockel von 3' 6" im Quadrat und 2" Dicke mit Verstärkungsrippen. Der Sockel bekommt 4 Löcher in Entfernungen von 3', die mit den Löchern in der Verankerungsplatte correspondiren. Diese letztere Platte ist von Gusseisen, 4' 6" im Quadrat und $1\frac{1}{2}$" dick. Zur Befestigung der Säulen dienen je 4 Bolzen von 8' Länge aus 2 zölligem Quadrateisen, deren eines Ende mit Schraube und Mutter versehen wäre. Das Mauerwerk mit gewöhnlichem Kalkmörtel war, wie schon erwähnt, im Sommer 1863 innerhalb reichlich 3 Monaten aufgeführt worden, das Cementmauerwerk und der Verputz nahm im Frühjahr 1864 weitere 3 Monate in Anspruch, Ende Juli des letzteren Jahres stand das Bassin zur Aufnahme der Glocke fertig da. Die gesammte Mauerarbeit belief sich auf

1048,79 Schachtruthen (à 100 c') Mauerwerk mit gewöhnlichem Mörtel.
   4,92   „   „   am Hahnenhäuschen.
 196,08 Quadratruthen Rauhverputz an der äusseren Fläche des Bassins.
 500,20 Schachtruthen Mauerwerk in Ulmer Cement.
 109,26   „   Beton in Ulmer Cement.
  94,31   „   Mauerwerk in Bonner Cement.
 261,16 Quadratruthen Verputz mit   „   „
  75,00 Cbfss purer Cementverguss.
   2,70 Quadratruthen Ausfugen des Hahnenhäuschens.
1 Schachtruthe Mauerwerk erforderte 15 Ctr Ulmer Cement. (2 Cement, 1 Sand).
1   „   Beton   „   20 „   „   „   (2 Cem., 1 Sand, 2 Riesel).
1   „   Mauerwerk   „   13 „ Bonner Cement. (1 Cement, 1 Sand).
1 Quadratfuss Verputz   „   5 Pfd. „   „   (1 Cement 1 Sand).

Die Glocke des Gasbehälters ist von der Kölnischen Maschinenbau-Actien-Gesellschaft in Bayenthal bei Köln geliefert und aufgestellt worden. Ich lasse zunächst wieder den Vertrag folgen, den ich mit dieser Fabrik abgeschlossen hatte.

§. 1. Die Kölnische Maschinenbauactiengesellschaft übernimmt die Lieferung und Aufstellung der auf der Gasanstalt zu München zu erbauenden Gasbehälterglocke fix und fertig montirt und gedichtet, überhaupt zum Gebrauch vollständig hergestellt.

§. 2. Die Glocke erhält 111 Fuss 7 Zoll rheinisch oder 120 Fuss bayerisch Durchmesser und 20 Fuss 5 Zoll rheinisch oder 22 Fuss bayerisch Seitenhöhe mit 4¼ Fuss Deckelwölbung. — Der Deckel hat in der Mitte eine Centrumplatte von 5 Fuss Durchmesser und 5 Zoll Dicke und ausserdem Plattenringe von Nr. 8 der Dillinger Blechlehre 4,77 Pfund per Quadratfuss rheinisch mit Ausnahme des äussersten Ringes zunächst der Seitenwand, welcher von Nr. 6 der Dillinger Lehre (5,69 Pfund per Quadratfuss rheinisch) zu nehmen ist.

Die Seitenwand besteht aus Nr. 9 der Dillinger Lehre (4,39 Pfund per Quadratfuss rheinisch) bis auf den obersten Ring, der von Nr. 8 (4,77 Pfd. per Quadratfuss rheinisch) zu nehmen ist.

Die Anordnung der Platten ergiebt sich aus den diesem Vertrage anliegenden von beiden contrahirenden Parteien genehmigten und unterschriebenen Zeichnungen.

Für das Uebereinandergreifen der Tafeln an den Fugen wird Ein Zoll an jedem Rande gerechnet. Die Nieten erhalten ⁵⁄₁₆ Zoll Durchmesser am Stift und ⅝ Zoll Durchmesser am Kopf. Sie werden in Entfernungen von Ein Zoll von Mittel zu Mittel in den Blechtafeln angebracht und mit Sorgfalt kalt vernietet. In jede Fuge werden zur Dichtung zwei feine Hanffäden eingelegt, welche gut in Mennigkitt getränkt sind.

---

ist, während das andere durch Mutter oder Splint unterhalb der Ankerplatte festgehalten wird. Die Führungsstangen bestehen für jede Säule aus 4 Längen und sind mit diesen durch ³⁄₄ zöllige Schrauben in Abständen von 2' verbunden. Sie sind so anzuordnen, dass die Verbindungsstellen in die Mitte zwischen den Verbindungen der Säule treffen. Die Verbindungsbalken für die Säulen sind in der Mitte 2' 3" tief mit Flanschen von 6" Breite und 1¼" Dicke, nach den Enden zu sich verjüngend zu 3" Breite und 1" Dicke Sie sind ringförmig durchbrochen, doch darf kein Ring über 3" Durchmesser halten, an den Enden sind sie ³⁄₄", in der Mitte 1" dick.

Das Gerippe der cylindrischen Wand besteht aus 14 senkrechten Stützen von doppeltem 4 × 4 zölligen Winkeleisen (je 15¼ Pfund pro laufenden Fuss rheinisch) und aus 14 desgleichen Stützen von 3¾ × 3¾ zölligem T-Eisen (11,45 Pfd. pro laufenden Fuss rheinisch), welche Stützen oben und unten mit je einem Kranze von Winkeleisen verbunden sind. Das Winkeleisen für den oberen Kranz hat 5 × 4 Zoll (16 Pfd. pr. lfd. Fuss rheinisch). Der untere Kranz besteht aus zwei 4 × 4 zölligen Winkeleisen (je 15¼ Pfund pro lfd. Fuss rheinisch.) Das Gerippe der Kuppel besteht aus 14 radialen Hauptsparren von 5 × 5¾ zölligem T-Eisen (16,9 Pfund pro lfd. Fuss rheinisch), welche einerseits mit dem obern Kranze von Winkeleisen, andererseits mit der Centrumplatte verbunden sind und aus einem poligonalen Ringe von 5 × 5¾ zölligem T-Eisen (16,9 Pfund pro lfd. Fuss rheinisch), welcher in gleichem Abstande zwischen dem äusseren Kranze und der Centrumplatte liegt.

Zwischen je 2 Hauptsparren wird im mittleren Theil der Kuppel ein Nebensparren von 3½ × ¾ zölligem Flacheisen (8¾ Pfund pro lfd. Fuss rheinisch) eingelegt und einerseits mit dem Kranze von T-Eisen, andererseits mit der Centrumplatte verbunden; auf ähnliche Weise werden im äusseren Theile der Kuppel zwischen je zwei Hauptsparren zwei Nebensparren von 3½ × ¾ zölligem Flacheisen (8¾ Pfund pro lfd. Fuss rheinisch) eingelegt und an beiden Enden mit den betreffenden Kränzen verbunden.

Die Sparren werden durch ein Streb- und Hängewerk derartig unterstützt, dass sich die leere Glocke frei und sicher trägt. Jeder Hauptsparren erhält ein Zug- oder Gurteisen von 6 × ⅝ zölligem Flacheisen (17⅜ Pfund pro lfd. Fuss rheinisch) und ist durch je 8 Streben von 2¼ zölligem Winkeleisen (4¼ Pfund pr. lfd. Fuss rheinisch), sowie durch ein Gitterwerk von 3 × ⅜ zölligem Flacheisen (3,7 Pfund pro lfd. Fuss rheinisch) mit demselben verbunden. Die 14 Gurteisen sind in der Mitte an 4 Spannplatten von je 3 Fuss Durchmesser und 1 Zoll Dicke befestigt; an den äusseren Enden sitzen die Hauptsparren wie die Gurteisen und die verticalen Stützen an Strebplatten, welche 2 Fuss Breite und ½ Zoll Dicke haben. Die Sparren des Dachgerippes werden noch durch 11 poligonale Ringe von 3 × ⅜ zölligem Flacheisen (3,7 Pfund pr. lfd. Fuss rheinisch) in seitlicher Richtung versteift. Die Nieten, welche die Blechtafeln der Kuppel und der Seitenwand mit dem oberen Kranze von Winkeleisen verbinden, sind in gleichen Abständen zu schlagen wie die Nieten an den übrigen Fugen der Tafeln. Die Nieten des unteren Kranzes von Winkeleisen werden in Abständen von 1¼ Zoll von Mittel zu Mittel geschlagen.

Die Kuppel erhält 2 kreisrunde Mannlöcher, deren Situation sich aus den Zeichnungen näher ergiebt, von 2 Fuss rheinisch Durchmesser. Der Deckel derselben muss mit einem Rande von Schmiedeeisen versehen und mittelst Schrauben leicht zu befestigen und abzunehmen sein. In einem der Deckel dieser Mannlöcher wird ein Ventil von Gusseisen und Messing mit einer Durchlassöffnung von 1 Zoll angebracht.

Die Blechtafeln sind gebeizt und in Oel abgebrannt zu liefern und vor dem Gebrauche auf hiesigem Platze zweimal mit Mennigfarbe zu streichen. Das Blech muss elastisch, ohne Spalten und Abblätterungen von gleichmässiger Stärke und nicht verbrannt sein.

Folgendes ist die Specification des grossen Telescop Gasbehälters der Phönix-Gasanstalt in Kennington Oval, London, den der Ingenieur Z. Colburn in seinem Werk „The Gasworks of London" beschreibt.

Die äussere Glocke hat 160 Fuss, die innere 157¾ Fuss Durchmesser. Der Rand der äusseren Glocke hat 9 Zoll Breite und 1¼ Fuss Höhe. Dieselbe Breite und Höhe hat die Tasse der inneren Glocke. Die Führung besteht aus 16 Säulen aus Schmiedeeisen, jede von 73 Fuss Höhe. Die Säulen sind von Mittel zu Mittel 32,67 Fuss von einander entfernt, und stehen auf einem Kreise von 166,79 Fuss Durchmesser. Sie haben 3¼ Fuss Durchmesser an der Basis und 2½ Fuss an ihrem oberen Ende, jede derselben ist aus 3 Blechtafeln zusammengesetzt. Die beiden unteren Tafeln haben 4 Linien, die oberen 2½ Linien Dicke. Am unteren Ende jeder Säule ist ein Kranz von Winkeleisen angenietet, mittelst dessen dieselbe mit 16 Schraubenbolzen auf eine gusseiserne Platte aufgeschraubt ist. Die Platte wird durch 4 Ankerbolzen gehalten, welche 16 Fuss lang und 2½ Zoll dick sind. Ein dorisches Capitäl schmückt den obern Theil jeder Säule. Die Verbindung der ein-

Die oberen und unteren Führungsrollen der Glocke werden aus Gusseisen und ihre Zapfenlager aus Schmiedeeisen gemacht. Die Achsen der oberen Rollen müssen auf 2 Zoll verstellbar sein, damit der Zwischenraum bis an die Leitstangen stets genau auf einen halben Zoll gehalten werden kann.

Der Raum zwischen der Glocke und dem Bassin des Gasbehälters beträgt 9 Zoll bayerisch, indem das letztere einen Durchmesser von 121 Fuss 6 Zoll bayerisch hat.

Die Glocke erhält 14 Führungssäulen von Eisenblech mit gusseisernen Sockeln und Kapitälen. Der Durchmesser der Säulen beträgt unten 16 Zoll rheinisch und oben 13 Zoll rheinisch. Die Blechstärke beträgt $^7/_{16}$ Zoll. Die Säulen werden durch schmiedeeiserne Traversen verbunden, die aus Winkeleisen und Flacheisen construirt sind. Für die Führung der Glocke im Bassin werden 14 gusseiserne Führungen geliefert, welche im Mittel zwischen den oberen Säulen angebracht werden. Das Detail aller dieser vorstehenden Constructionen ergiebt sich aus den Zeichnungen.

§. 3. Die Kölnische Maschinenbau-Actien-Gesellschaft anerkennt die vorstehend beschriebene und in den Zeichnungen näher specificirte Construction sowohl im Ganzen, wie auch in Bezug auf die Stärke der einzelnen Theile als vollkommen zweckmässig, solide und dauerhaft und übernimmt dafür, sowie für die gute Ausführung die Garantie bis zur gänzlichen Abnutzung der Glocke.

§. 4. Die Herstellung und Entfernung der erforderlichen Gerüste geschehen auf Kosten der Gasbeleuchtungs-Gesellschaft, doch ist die Anordnung derselben durch die Uebernehmerin zu besorgen und übernimmt die Gasbeleuchtungs-Gesellschaft weder für ihre Zweckmässigkeit noch für die Solidität oder für die rechtzeitige Vollendung derselben eine Verantwortlichkeit.

§. 5. Das Gesammtgewicht der Glocke, nebst den Führungsrollen ist auf 179,000 Pfund Zollgewicht, dasjenige der 14 Führungssäulen mit Traversen und den 14 Führungen im Bassin, inclus. Verankerung u. s. w. complet auf 156,700 Pfund Zollgewicht festgesetzt. Eine Gewichtsdifferenz von 2 Prozent ist gestattet. Ein Mehrgewicht über 2 Procent wird nur mit . . . . . pro tausend Pfund vergütet, während bei einem Mindergewicht unter 2 Procent nur das wirkliche Gewicht bezahlt wird. Der Menniganstrich hat erst nach der Gewichtsbestimmung zu geschehen, für welche der Befund auf der Brückenwaage der Gasfabrik München allein maassgebend ist.

§. 6. Die Kölnische Maschinenbau-Actien-Gesellschaft übernimmt die Ausführung der Glocke nebst der vollständigen Führung um den Preis von . . . . . pro tausend Pfund Zollgewicht. In diesem Preise ist die Anschaffung aller nöthigen Eisentheile, der Transport der Materialien und zweimaliger Menniganstrich inbegriffen.

Die Gasbeleuchtungs-Gesellschaft stellt nur das nöthige Gerüste zum Aufbau der Glocke im Bassin her und übernimmt ausser dem festen Accordpreise keinerlei Nachzahlungen und Nebenkosten.

§. 7. Die Kölnische Maschinenbau-Actien-Gesellschaft verpflichtet sich, die Verankerungsbolzen und

zelnen Säulen ist oben und in der Mitte durch Rundeisen hergestellt. Jede Säule trägt vorne die T förmige eigentliche Führungsschiene, welche sich bis zum Boden des Bassins fortsetzt. Der untere Rand der weiteren Gloke hat einen Ring, der aus zwei Theilen besteht. Einer derselben ist ein gegossenes Winkeleisen 7 Zoll $\times$ 6 Zoll und $^1/_8$ Zoll dick, dasselbe hat die erforderliche Krümmung, um sich innen an die Glocke anzulegen. Die hohe Seite des Winkels liegt vertikal, die kürzere Seite horizontal. Der äussere Theil des Ringes bildet eine Rinne aus Gusseisen, 6$^1/_2$ Zoll hoch, 4 Zoll breit und $^3/_8$ Zoll dick. Die Segmente von 11,81 Fuss Länge sind so angeordnet, dass die Stösse abwechseln, und zur Verbindung sowohl unter sich als mit dem inwendigen Ring dienen Schraubenbolzen von $^5/_8$ Zoll Stärke. Der obere Rand hat Winkeleisen von 3 $\times$ 2$^1/_2$ Zoll und 18 Fuss Länge mit übergreifender Verbindung von 2 Fuse 10 Zoll Länge. Die Decke des Randes besteht aus Blech von $^3/_4$ Zoll Dicke in möglichst langen Streifen von 7 Zoll Breite. Diese Bleche greifen an den Verbindungsstellen 6 Zoll übereinander. Der innere Theil des Randes besteht aus Blech von $^1/_4$ Zoll Stärke, er

Platten sofort nach Abschluss des Vertrages, die Führungen im Bassin nebst Zubehör bis 1. Januar 1864 zu liefern; die Aufstellung des Gasbehälters nebst Säulen und allem Zubehör aber am 1. Juli 1864 zu beginnen und am 15. September desselben Jahres zu vollenden, so dass an diesem Tage mit dem Einpumpen des Wassers begonnen werden kann. Für jeden Tag Verzögerung ist eine Conventional-Strafe von . . . . . festgesetzt, welche bei der Abrechnung in Abzug gebracht wird.

§. 8. Die Zahlung erfolgt in 3 Raten und zwar zu Ein Drittel beim Beginn der Arbeiten auf dem Bauplatze in München, zu Ein Drittel bei Vollendung der Glocke und zu Ein Drittel, nachdem sich die Glocke einen Monat lang als vollkommen tadelfrei betriebsmässig bewährt hat und zwar jedesmal entweder in Baar oder in kurzsichtigen Rimessen auf Wechselplätze zum Tagescours.

§. 9. Von der im §. 8 festgesetzten dritten Restzahlung werden auf die Dauer von 6 Monaten Ein Tausend Thaler als Caution zurückgehalten und wird diese Summe erst nach Ablauf der angegebenen Frist und dem guten Befunde der Gasbehälterglocke ausbezahlt.

§. 10. Etwa entstehende Streitigkeiten, welche auf den Vollzug oder in Folge dieses Vertrages entstehen sollten, werden an ein Schiedsgericht verwiesen, welches dieselben mit Begründung des Urtheils auf gegenwärtige Vertragsbedingnisse entscheidet; dazu wählt jede Parthei einen Sachverständigen, die von sich aus einen dritten als Obmann bezeichnen. Gegen die Entscheidung dieses Schiedsgerichtes giebt es keine Appellation.

Von gegenwärtigem Vertrage wurden zwei gleichlautende Exemplare ausgefertigt und nach geschehener Genehmigung und Unterzeichnung jedem der Contrahenten ein Exemplar ausgehändigt.

München den 20. October 1863.

Es dürfte nicht ohne Interesse sein, hieran die Gewichtsberechnung anzuschliessen, welche dem §. 5 des Vertrages zu Grunde liegt:

A. Die Gasbehälterglocke.

Deckelblech 9974 ☐' à 4,77 Pfd.	46576 Pfd.
Aeusserer Plattenring der Decke 636 ☐' à 5,69 Pfd. . . .	3618 ,,
Mantelblech 6894 ☐' à 4,39 Pfd.	30265 ,,
Oberer Ring des Mantelblechs 696 ☐' à 4,77 Pfd.	3320 ,,
1 Centrumplatte 5' Durchmesser, ⅝ Zoll dick	490 ,,
14 Strebeplatten, ½ Zoll dick	1960 ,,
2 Mannlochplatten. 2½ Fuss Durchm, ½ Zoll dick . . .	296 ,,
4 Spannplatten. 3 Fuss Durchm. 1 Zoll dick	1120 ,,
Blech	87645 Pfd.

ist am unteren Ende auf beiden Seiten mit halbrundem Eisen von 3 Zoll Höhe und ½ Zoll mittlerer Dicke eingefasst. Die Blechtafeln nächst dem oberen und unteren Rande haben ¼ Zoll Dicke, die beiden folgenden ⅕ Zoll, die folgenden beiden sind von Nr. 12 und die übrigen von Nr. 14 der Birmingham Blechlehre. Die äussere Glocke hat an den Rollen, wo sie mit den Führungssäulen correspondiren, zur Verstärkung hochkantig gestellte Bleche von 2 Fuss Breite und ³/₁₆ Zoll Dicke. Ausserdem dienen zur Verstärkung noch 48 vertikale Eisen von 6 × 3 Zoll, und zwar 16 Paar davon den Führungssäulen gegenüber, die übrigen 16 gleichmässig dazwischen vertheilt.

Diese Eisen sind oben und unten mit den Ringen verbolzt, sowie auch mit den Blechen, welche die Wand der Glocke bilden. Die Führung der äusseren Glocke wird unten mittelst 16 Rollen von 5 Zoll Durchmesser und 6 Zoll Breite vermittelt, und oben mittelst der gleichen Anzahl Rollen, welche 12 Zoll im Durchmesser und 6 Zoll Breite haben. Sie laufen an einem Rundeisen, welches um 3 Zoll gegen das Bassin vorsteht. Die in-

Oberer ∟ Eisenring 350 lfde Fuss ∟ $^4/_5$" à 16 Pfd. . . . . 5600 Pfd.

14 Laschen dazu 28 lfd. Fuss ∟ $^5/_8$" à 18 Pfd. . . . . 504 ,,

Unterer ⌐∟ Eisenring 700 lfd. Fuss ∟ $^4/_4$" à 15¼ Pfd. . . . 10675 ,,

28 senkrechte Stützen ∟ $^4/_4$" 574 lfd. Fuss à 15¼ Pfd. . . . 8754 ,,

224 ∟ Eisen zur Versteifung der Decke 1484 lfd. Fuss. ∟ 2¼ Zoll à
    4¼ Pfd. . . . . 6307 ,,

28 Laschen zum unteren Ringe ∟ 3½" 56 lfd. Fuss à 10¼ Pfd. . . 574 ,,

                                          ∟ Eisen   32414 Pfd.

14 senkrechte Stützen 3$^3/_4$" ⊤ Phönix Nr. 5. 287 lfd. Fuss à 11,45 Pfd. . 3312 Pfd.

14 Hauptsparren 5" ⊤ Phönix Nr. 3. 777 lfd. Fuss à 16,9 Pfd. . . 13132 ,,

14 Polygonringstücke 5" ⊤ Phönix Nr. 3. 182 lfd. Fuss à 16,9 Pfd. . 3076 ,,

                                          ⊤ Eisen   19520 Pfd.

42 Zwischensparren 3½ × $^3/_4$". 1176 lfd. Fuss à 8$^3/_4$ Pfd. . . . 10290 Pfd.

14 untere Gurtungen zu den Trägern, Flacheisen 6 × $^5/_8$ Zoll 777 lfd. Fuss
    à 17$^3/_8$ Pfd. . . . . 9828 ,,

Flacheisen zu den Gitterstäben der Träger 3 × $^3/_8$ Zoll 2072 lfd. Fuss
    à 3,7 Pfd. . . . . 7666 ,,

28 Laschen zur unteren Gurtung, Flacheisen 6 × ½ Zoll 54 lfd. Fuss à 10 Pfd. 540 ,,

28 Laschen zu den Hauptsparren 4½ × 1 Zoll, 54 lfd. Fuss à 15 Pfd. . 810 ,,

14 Schrauben im Centrum der Kuppel . . . . . 84 ,,

2254 lfd. Fuss Flacheisen zur Decke 3 × $^3/_8$ Zoll à 3,7 Pfd. . . . 8340 ,,

2 Mannlochkränze mit Schrauben dazu . . . . . 250 ,,

Schrauben und Bolzen zu 14 oberen und 14 unteren Rollen . . . 520 ,,

Für diverse kleine Futterstücke und Schrauben . . . . . 500 ,,

                                Schmiedeeisen   38828 Pfd.

14000 lfd. Fuss Näthe; dazu 168000 Nieten . . . . . 3950 Pfd.

3000 Nieten $^5/_8$ Zoll Durchmesser pr. 1000 Stck. 25 Pfd. . . . 750 ,,

                                        Nieten   4700 Pfd.

14 obere Rollen à 188 Pfd. . . . . 2632 Pfd.

14 untere Rollen à 50 Pf. . . . . 700 ,,

                                        Gusseisen   3332 Pfd.

nere Glocke hat oben einen Kranz von Winkeleisen von 6 × 3$^1/_8$ Zoll bei einer Dicke von $^5/_8$ Zoll, der zunächst des Kranzes befindliche Blechring des Deckels hat gleichfalls $^5/_8$ Zoll Dicke, die obersten und untersten Reihen der seitlichen Blechtafeln haben $^3/_4$ Zoll Dicke, die folgenden $^3/_{16}$ Zoll und die übrigen sind von Nr 12 der Birmingham Blechlehre. Die Tasse ist genau so construirt, wie der obere Rand der äusseren Glocke. Die Armatur der inneren Glocke besteht aus 32 Eisen, die einen mit den Führungssäulen correspondirend, die andern gleichmässig dazwischen vertheilt; die ersteren haben 12 × 3 Zoll Stärke und liegen je zwischen 2 Winkeleisen von 4 × 3 Zoll und ½ Zoll Dicke. Die letzteren sind 9 × 3 Zoll stark. Winkelstreben (3 × 3 × ½ Zoll) sind einerseits mit den vertikalen Eisen, andererseits mit dem Blech verbunden, welches den äussersten Ring des Deckels bildet. Der Deckel besteht aus concentrischen Blechringen, die in ihrer Dicke von aussen nach innen folgendermassen aufeinander folgen: $^3/_8$ Zoll, ¼ Zoll, $^1/_8$ Zoll, Nr. 10 und Nr. 12 der Birmingham Blechlehre. Der Deckel war ursprünglich vollkommen flach projektirt, aber die geringe Ausdehnung

Mennige . . . . . 400 Pfd.

Theerschnüre . . . 160 Pfd.

Beizen und Oelen der Bleche:

Gewichtsverlust durch Beizen und Oelen

= 18200 × 1,2778 Loth = 23256 Loth . . . . . 775 Pfd.

Consum an Oel 18200 × 0,7085 Loth = 12894 Loth . . . 430 „

Arbeitslohn und 5 Prozent für Säureverlust.

Zweimaliger Menniganstrich.

264000 ⊓ Fuss Blech zweimal zu streichen pr. Fuss 5 Pfennige.

Recapitulation.

87650 Pfund Blech.

19520 „ ⊤ Eisen.

32411 „ ⌊ Eisen.

38830 „ Schmiedeeisen.

4700 „ Nieten.

3330 „ Gusseisen.

400 „ Mennige.

160 „ Theerschnüre.

179001 Pfund.

B. Führungsgerüst mit Schienen im Bassin und Anker.

14 schmiedeeiserne Säulen mit gusseisernen Füssen und Kapitälen unten 16 Zoll und oben 13 Zoll im Durchmesser

1040 ☐ Fuss Blech ⁷/₁₆ Zoll à 17½ Pfd. . . . . . . 18200 Pfd.

Flacheisen zum Verlaschen, Ringe zu den Säulen und Schrauben . . 5316 „

Nieten . . . . 650 „

⊤ Eisen . . . . 12600 „

14 Fussplatten, Füsse, Kapitäle, Säulenknöpfe, Vasen mit Flammen . . 84000 „

14 Gitterträger

1512 lfd. Fuss ⌊ Eisen 3½" in 10¼ Pfd. . . . . . . 15500 „

56 ☐ Fuss Blech ⁵/₁₆" dick à 12½ Pfd. . . . . . 700 „

1140 lfd. Fuss Flacheisen 3 × ⁵/₁₆" à 3,1 Pfd. . . . . 3534 „

1400 Nieten ⁵/₈ Zoll pro 100 Stück 25 Pfd. . . . . . 350 „

14 Gussschienen im Bassin . . . . 9200 „

welche sich beim Vernieten ergab, hat in Wirklichkeit eine Erhöhung der Mitte um 4 Fuss ergeben. Ein Mannloch von 5 Fuss Weite ist im Centrum des Deckels angebracht. Der Rand besteht aus Blech von ½ Zoll Dicke mit einem Kranz von Winkeleisen von 2½ × 2½ × ¾ Zoll Stärke, der Deckel, der aus Blech von ¼ Zoll Dicke besteht, ist mit halbzölligen Schrauben, die 3 Zoll von Mitte zu Mitte auseinander stehen, festgeschraubt. Die Dichtung ist mit Hanfstrick und Mennig hergestellt. Die Führung der inneren Glocke ist bewerkstelligt einmal durch 16 kleine Rollen, welche an der Aussenseite der Tasse, und dann durch 16 Räder von 3 Fuss Durchmesser, welche am oberen Kranz von Winkeleisen befestigt sind. Die Dichtung der Bleche ist mittelst Hanfschnüre hergestellt, welche zu beiden Seiten der Nieten eingelegt sind. Alle Bleche sind vor der Verarbeitung in Leinöl abgebeizt und die Verbindungsstellen mit Mennig angestrichen. Nach der Aufstellung ist die ganze Glocke inwendig und auswendig mit einem zweimaligen Anstrich versehen, und mit comprimirter Luft probirt worden.

56 gusseiserne Ankerplatten dazu à 40 Pfd.	2240 Pfd.
56 Anker zu den Säulen 9′ lang 1½″ Durchm.	3360 „
168 Mauerbolzen zu den Schienen im Bassin à 6 Pfd	1008 „

Recapitulation.

18900 Pfd.	Blech.
13218 „	Schmiedeeisen
12600 „	$\top$ Eisen.
15500 „	$\llcorner$ Eisen.
1000 „	Nieten.
95440 „	Gusseisen.
156658 Pfd.	

Das wirklich gelieferte Gewicht hat betragen :

A. Die Gasbehälterglocke.

1204 Mantelbleche	84128 Pfd.
14 Deckenträger	39908 .,
42 Zwischensparren	12920 „
14 Polygonsparren	2820 „
28 Diagonalflacheisen	958 „
1 Centrumplatte	648 „
2 Paar Spannplatten	810 „
Winkelringe	15222 „
18 Winkellaschen	628 „
36 Winkel mit Laschen	7970 „
28 Futterstücke und diverse Nieten . .	2942 „
28 Winkel und 14 $\top$ Streben . . .	12086 „
Schrauben und Nieten	418 „
Mannlochdeckel etc.	370 „
14 Führungsrollen	940 „
14 Rollenböcke	5292 „
	188060 Pfd.

B. Führungsgerüst mit Schienen im Bassin und Anker.

14 complete Führungssäulen . . .	99126 Pfd.
14 Fussplatten und 28 Bassinschienen .	29190 „
168 Steinschrauben der Bassinschienen .	452 „
56 Ankerschrauben mit Platten .	6668 „
56 Fussschrauben der Führungssäulen .	566 „
14 obere Verbindungsträger . .	19640 „
	155642 Pfd.

Die Construction der Glocke ist durch das Vorstehende, mit Zuhülfenahme der Zeichnungen Tafel LVI und LVII fast vollständig beschrieben. Vor ihrer Aufstellung wurden, wie noch bemerkt werden muss, die Führungsschienen für die unteren Leitrollen im Bassin befestigt. Jede Schiene ist aus 2 Hälften zusammengesetzt, und jede solche Hälfte hat unten, oben und in der Mitte zwei angegossene mit Löchern ver-

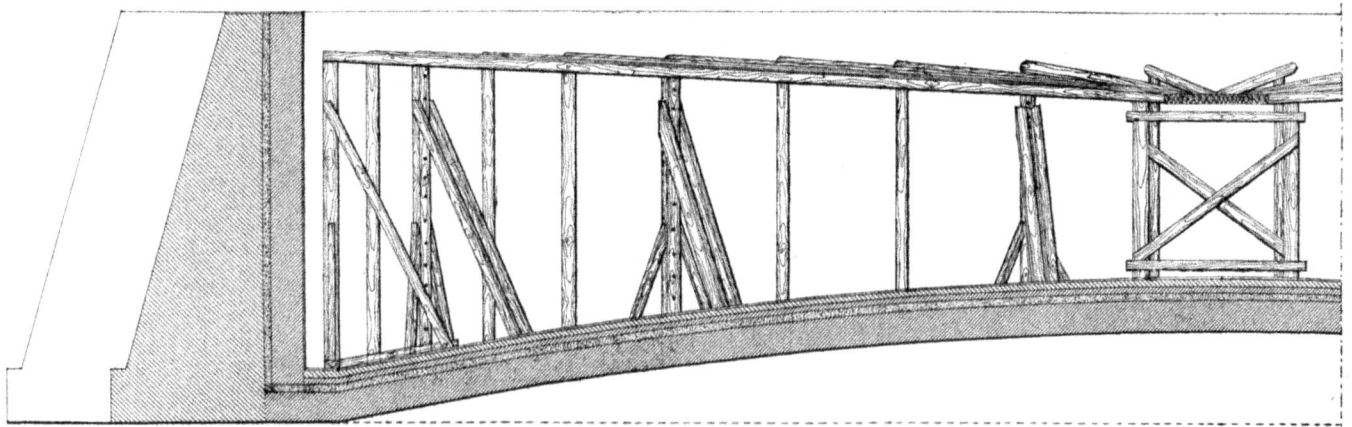

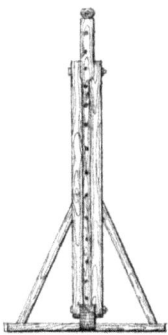

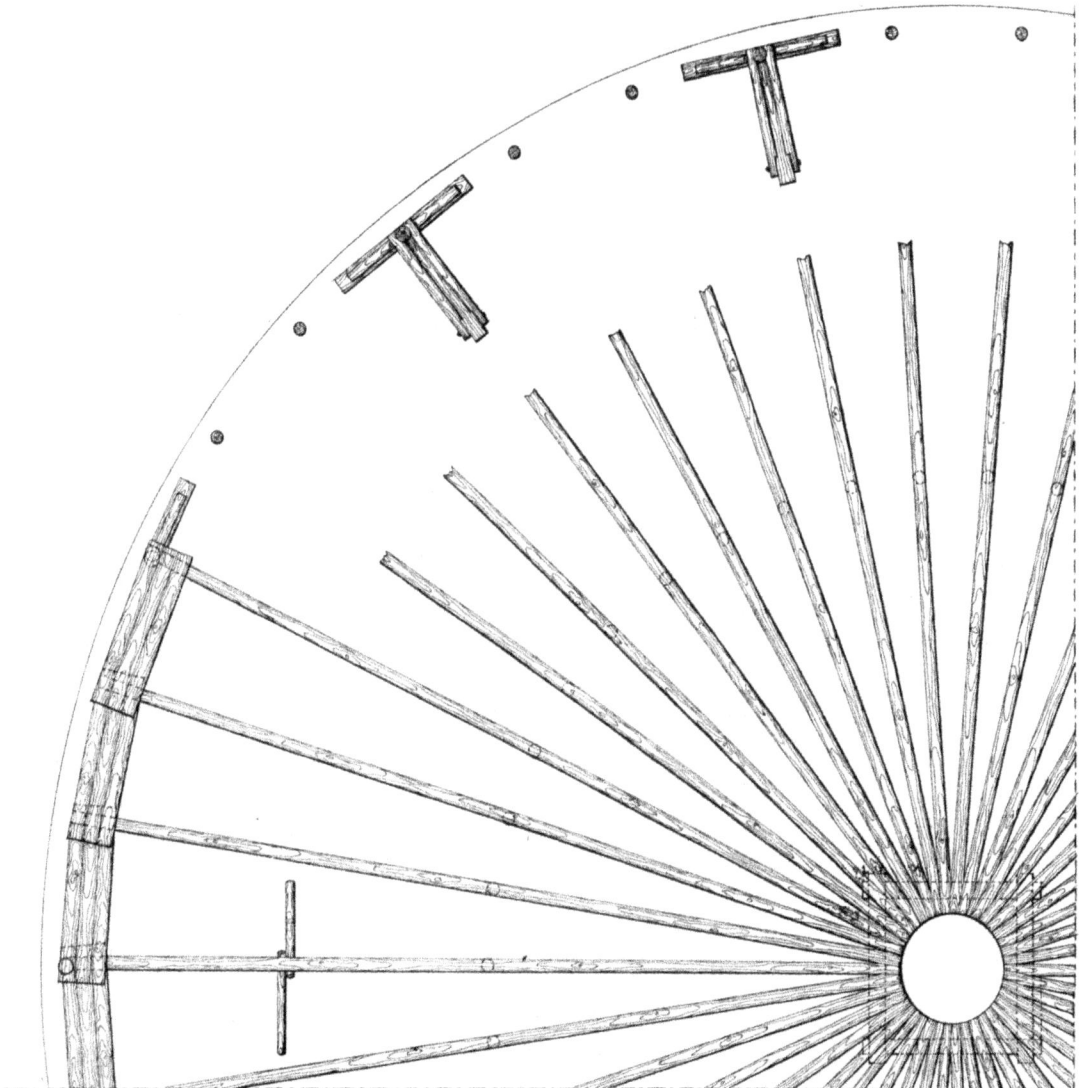

LVIII

Echelle de 5,4 Millim. pour 1 Mètre.

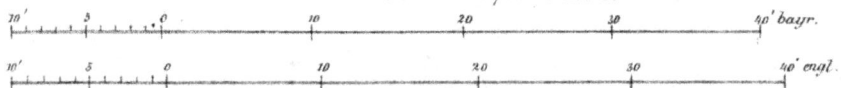

sehene Ohren. Für jede ganze Schiene waren also 12 Bolzen in das Mauerwerk des Bassins einzulassen. Die Löcher dafür wurden sauber ausgebohrt, und die Bolzen sorgfältig mit Bonner Portland-Cement vergossen. Erst nachdem der Cement vollständig getrocknet war, wurden die Schienen über die Bolzen geschoben, und mit Schraubenmuttern befestigt. Die über den Rand der Schienen vorstehenden Schrauben wurden hinterher abgeschnitten. Um die Glocke aufzustellen, ist ein hölzernes Gerüst gebaut, dessen An-

Fig. 169.

ordnung auf Taf. LVIII abgebildet ist. Dasselbe besteht zunächst aus 14 Böcken, welche gleichmässig vertheilt 1¼ Fuss von der Bassinwand entfernt, an der Peripherie aufgestellt sind, und eigentlich zum Tragen der Glocke dienen. Die 10 × 12 zölligen Ständer dieser Böcke sind in der Richtung des Bassinradius in Abständen von je 1 Fuss mit 2¼ zölligen Löchern versehen, und zwar so, dass die gleichzähligen Löcher bei allen Böcken gleichweit vom Boden entfernt sind. Durch die Löcher werden 2 zöllige Rundeisen hindurchgesteckt, auf denen der untere Rand der Glocke beim Aufstellen aufruht. Zwischen je 2 Böcke sind zur weiteren Unterstützung des Gerüstes noch zwei vertikale Tragständer aufgestellt, auf ihnen, und auf den Böcken, liegen die äusseren Enden der oberen radialen Hölzer auf, während deren innere Enden von einem in der Mitte des Bassins stehenden festgezimmerten Stuhl aufgenommen werden.

Jedes der langen radialen Hölzer ist in der Mitte nochmals entweder durch zwei gegen einander gestellte Sprenghölzer oder durch einfache vertikale Hölzer unterstützt. Sämmtliche Gerüsthölzer bestehen bis auf den mittleren Stuhl und die 14 äusseren Böcke aus unbearbeitetem föhrenen Rundholz und sind bloss durch eiserne Klammern an einander befestigt. Bei der Aufstellung sind sie zuerst, soweit als erforderlich, durch angeheftete Bretter gegen das Umfallen gesichert, später ist das Ganze durch 1½ zöllige Dielen vollständig abgedeckt. Der so gebildete feste Gerüstboden ist nach der Mitte zu geneigt, an der Peripherie liegt er 3 Fuss 1 Zoll, in der Mitte 4 Fuss 10 Zoll unter der oberen Kante des Bassins. Um den unteren Kranz von Winkeleisen auflegen, und die untere Tafelreihe befestigen zu können, sind auf dem beschriebenen eigentlichen Gerüst in Entfernungen von 9 Fuss noch weitere kurze Hölzer in der Richtung des Bassinradius angeordnet worden, und zwar derart, dass das äussere Ende derselben auf dem Mauerwerk aufliegt, während das innere Ende mit 2 Füssen auf dem Gerüst aufsteht. Fig. 169. Der untere Kranz, der aus zwei aneinander liegenden Winkeleisen besteht, zwischen denen die unterste Tafelreihe der Glocke festgehalten wird, ist so gelegt, dass die Stösse der inneren Winkeleisen immer auf die Mitte der äusseren treffen, und umgekehrt. Zur Verbindung wurde über jeden Stoss eine Lasche gelegt, und diese auf jeder Seite mit drei starken ½ zölligen Nieten vernietet. Die Blechtafeln, welche immer je 4 zusammengenietet von der Fabrik geliefert waren, wurden erst provisorisch mit kleinen Mutterschrauben an einander geheftet, und dann mit dazwischen gelegtem doppeltem Hanffaden vernietet. Nach Vollendung des untersten Plattenringes (resp. Ringes von 2 Platten Höhe) musste dieser Ring um so viel in das Bassin hinunter gelassen werden, dass die Aufsetzung und Befestigung des nächsten Doppelringes wieder bequem von der Krone des Bassins aus vorgenommen werden konnte. Zu diesem Ende wurden an 14 Stellen, und zwar immer in der Mittellinie der für die Führungssäulen bestimmten Ankerbolzen Löcher in die äusseren Winkeleisen gebohrt. Auf die Krone des Mauerwerks wurden genau in derselben Mittellinie der Ankerbolzen radiale Hölzer von 10 × 12 Zoll Stärke gelegt, die in ihrem vorderen über den Rand des Bassins vorstehenden Theile Löcher von 3 Zoll Weite hatten, durch welche eben so viele Schrauben mit flachem Gewinde hindurchgesteckt wurden. Fig. 170. Diese Schrauben wurden oben durch eine starke messingene Mutter mit sehr grosser Unterlegscheibe gehalten, unten waren sie mit einem Haken versehen. Die Hölzer wurden hinten durch starke schmiedeeiserne Bügel festgehalten, Fig. 171, welche quer über die Hölzer gelegt auf jeder Seite mit einem Loch über die oberen Enden der hinteren Anker- bolzen fassten, und dort mit den zu diesen Bolzen gehörigen Muttern niedergeschraubt wurden. Um

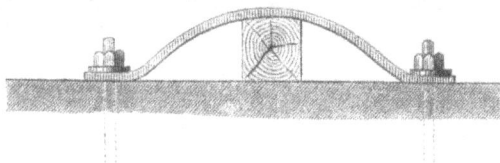

Fig. 171

den noch auf den oberen kleinen Böcken ruhenden Kranz der Glocke erst in das Bassin hinunter zu bringen, wurden die oben beschriebenen Schrauben ganz in die Höhe geschraubt, und unter die Hölzer, in denen sie steckten, zunächst der Bassinkante Klötze untergelegt, so dass die Schraubenhaken in die in den äusseren Kranz von Winkeleisen ge- bohrten Löcher hineinfassten. Durch noch etwas weiteres Anziehen der Schrauben wurde der Kranz von seiner Unterlage abgehoben, und konnte die letzere entfernt werden. Das Herablassen geschah dann durch Nachlassen der Schrauben. An jede Schraube wurde ein Mann gestellt und diese Arbeiter mussten auf ein gegebenes Zeichen die Muttern gleichmässig drehen. Um eine möglichst vollkom- mene Gleichmässigkeit zu erzielen, waren an jeder Schraube in Entfernungen von etwa 6 Zoll Zeichen angebracht, und jedesmal, wenn die Mutter ein solches Zeichen erreichte, wurde Halt gemacht.

Fig. 170.

So konnte der Glockenring tief genug herabgelassen werden, dass er auf den durch die obersten Löcher der grossen Tragböcke hindurchgesteckten Rundeisen ruhte. Nun wurden die Schrauben von den Winkeleisen losgemacht und die Klötze, die unter den Schraubenhölzern steckten, entfernt. Durch die Löcher im Winkeleisenkranz wur- den hakenförmig gebogene Eisen durchgesteckt und unten mit Muttern befestigt. Die grossen Schrauben wur- den wieder nach aufwärts zurückgeschraubt und dann an jedem Aufhängepunct eine Kette mit grossen Glie- dern eingehängt. Fig. 170. Das unterste Glied wurde in den am Winkeleisenkranz befestigten Haken, und ein anderes Glied in den Haken der grossen Schraube eingehängt. Die Glieder aller Ketten hatten genau gleiche Länge. Indem man die grossen Schrauben noch etwas anzog, konnte man den Glockenring wieder von den eisernen Stützen heben, die Stützen aus den Böcken herausziehen, und durch Nachlassen der Schrauben wurde dann die Glocke vollends soweit niedergelassen, dass der oberste Tafelring nur noch etwa um 1 Fuss über das Bassin vorstand. Hier hatte man die eisernen Stützen wieder durch die entsprechenden Löcher in den Tragböcken durchgesteckt, so dass der Winkeleisenkranz auf diesen wieder aufruhte. Das Aufsetzen der zweiten Doppelplattenreihe geschah ähnlich, wie bei der erst beschriebenen, und zum weiteren Herablassen der Glocke war es nur nöthig, ein anderes Glied der Kette in die Haken der grossen Schrauben einzuhängen, um diese wieder zurückschrauben zu können. So wurde die ganze Seitenwand der Glocke von der Krone des Bassins aus bequem aufgestellt, vernietet und herunter gelassen. Nachdem noch der obere einfache Kranz von Winkeleisen zusammengesetzt und mit dem Mantelblech verbunden war, wurden die vertikalen Streben, welche zur Versteifung der Seitenwand dienen, eingebracht, und oben und unten mit den Winkeleisen verbunden. Es waren dies 14 doppelte Winkeleisenstreben (und zwar diese an den Stellen, wo die Gitterträger der Decke hinkommen sollten) und 14 T-Schienen. Dann wurde der ganze Mantel soweit herabgelassen, dass der obere Rand noch 3 Fuss über dem Gerüstboden vorstand, und zwar wurde er dies letzte Mal nicht mehr auf die eisernen Bolzen der Böcke gelegt, sondern auf etwa 40 kleine Holzblöcke, welche

Fig. 172.

Fig. 174.

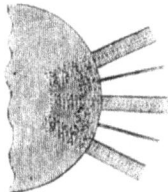
Fig. 173.

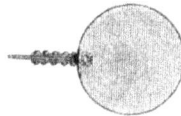
Fig. 175.

auf den Boden des Bassins zu seiner Unterstützung gleichmässig vertheilt, aufgestellt waren. Die grossen Gitterträger (jeder Träger für den halben Durchmesser der Glocke gerechnet) waren je in zwei Hälften von der Fabrik geliefert worden, und brauchten nur zusammengesetzt zu werden. Zuerst wurden die äusseren Stücke aufgestellt, dann die inneren, letztere wurden an der oberen Centrumplatte und den unteren Spannplatten befestigt, und nachdem das Ganze genau gerichtet, wurde das Verschrauben und Vernieten der definitiven Verbindungen ausgeführt. Bei den Spannplatten ist zu bemerken, dass dieselben, 4 an der Zahl, so gelegt sind, dass die Fasern des Eisens in jeder Platte eine andere Richtung haben. Die Details der Verbindungen sind in den Figuren 172 bis 175 dargestellt. Nach Vollendung des ganzen Dachgerippes, also der Zwischensparren, polygonalen Ringe u. s. w. wurden die Deckelbleche aufgebracht und vernietet; die ganze Decke ist übrigens nur an dem äusseren Kranze

Fig. 176.

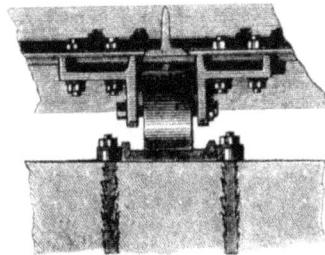
Fig. 177.

Fig. 178.

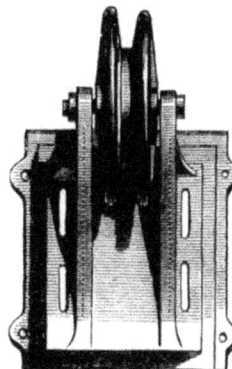
Fig. 179.

Fig. 180.

von Winkeleisen festgenietet, und steht im übrigen mit dem Gerippe in gar keiner festen Verbindung. Die beiden Mannlöcher liegen über dem Ein - und Ausgangsrohr. Die Construction und Befestigung der oberen und unteren Führungsrollen ergiebt sich aus den Fig. 176 bis 180. Die letzteren wurden nach Vollendung der Glocke, die ersteren später nach Aufstellung der Führungssäulen angeschraubt. Für die Führungssäulen wurden zunächst die Fussplatten gelegt. Dieselben sind starke gusseiserne Platten mit gehobelter oberer Fläche, und mit 4 Löchern für die Ankerbolzen, die sie am Mauerwerk festhalten, sowie ferner mit 4 Schlitzen für die Schrauben, mittelst deren die Säulen auf ihnen befestigt werden. Die letzteren 4 Schrauben werden von unten durch die Schlitze durchgesteckt, so dass die Köpfe derselben unter der Platte sitzen. Die Richtung der Schlitze in der Fussplatte ist tangential zum Bassin, die Säulen selbst dagegen haben Schlitze in radialer Richtung, man kann also nach Festlegung der Fussplatte die Säule immer noch nach beiden Richtungen hin verschieben. Die Säulen Fig. 181 bestehen

Fig. 181.

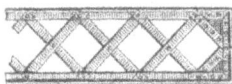

Fig. 182.

Fig. 183.

zunächst aus einem gusseisernen Fuss, und aus einem Schaft von $\frac{7}{16}$ zölligem Blech. Auf diesen Schaft ist das gusseiserne Capitäl aufgeschoben, und wird unten durch einen aufgenieteten Ring gehalten. Oben auf jeder Säule steht eine leichte gusseiserne Vase mit Deckel dessen Knopf eine Flamme vorstellt. Die T-förmige schmiedeeiserne Leitschiene ist mittelst vier kleiner Stühle an der Säule befestigt. Sämmtliche Säulen waren mit Leitschienen complet montirt von der Fabrik geliefert worden, und hatten ein Gewicht von nahezu 71 Centner per Stück. Ihre Aufstellung geschah auf folgende Weise. Nachdem sie auf die Krone des Bassins gebracht worden waren, wurde ein Baum von etwas grösserer als ihrer Höhe aufgestellt, und mittelst 4 oder 5 Seilen, die von seinem oberen Ende nach verschiedenen Richtungen hin ausgespannt wurden, festgehalten. Sodann wurde ein Flaschenzug angehängt, die Säule etwas oberhalb ihrer halben Höhe gepackt, und mittelst einer Winde aufgezogen. Wenn einmal der Hebebaum gestellt und befestigt war, so war das Aufwinden einer Säule Sache einer Viertelstunde. Jedesmal, wenn zwei Säulen standen, und unten durch Aufschrauben der betreffenden Muttern befestigt waren, wurde der dazwischen gehörige Gitterträger Fig 182, der genau in der Mitte gefasst wurde, in gleicher Weise bis auf die gehörige Höhe gehoben, und daselbst mittelst Schrauben an den Führungssäulen befestigt, Fig. 183. Diese letzteren Schrauben wurden von Innen durch die Säulen gesteckt und aussen mit Muttern angezogen. Während der Aufstellung der Führung und Befestigung der oberen Rollen war das Gerüst aus dem Innern des Bassins durch eine Oeffnung herausgeschafft worden, welche durch Auslassung einer Tafel im Deckel nächst der Peripherie hergestellt war. Es stand also nunmehr die Glocke zum Abschwimmen fertig, und konnte mit dem Einpumpen des Wassers begonnen werden. Um die Holzstützen, auf denen die Glocke ruhte, später aus dem Bassin herauszubringen, wurden dieselben an Schnüren befestigt, und sämmtliche Schnüre durch ein in der Mitte der Decke angebrachtes kleines Loch, was durch einen Deckel lose gedichtet war, herausgeführt. Nachdem das alsbald eingepumpte Wasser die Glocke etwas gehoben hatte, wurden die Klötze, die nicht von selbst aufgetrieben waren, durch die Schnüre heraufgezogen, und alsdann mittelst einer weiteren Schnur nach dem inzwischen geöffneten Mannloch gezogen, wo sie herausgenommen wurden. Das Einpumpen des Wassers geschah mittelst einer Dampfspritze von Maffei in München durch eine 6zöllige Rohrleitung in der Zeit von 66 Stunden. Die Aufstellung der Glocke beanspruchte 7 Wochen, das Aufstellen der Führung 14 Tage.

Der Betriebs-Director der städt. Gasanstalten in Berlin, Baumeister A. Schnuhr, hat auf der Anstalt in der Seller-Strasse daselbst in diesem Jahre einen Telescop-Gasbehälter ausgeführt, der auf Tafel LIX und LX dargestellt ist. Der Gasbehälter hat 2 Glocken, jede von 24' Seitenhöhe (sämmtliche Maasse sind rheinisch), die untere Glocke von 130½' Weite, die obere von 128' Durchmesser und 10' Deckelwölbung.

Der Gasbehälter steht in einem kreisrunden Gebäude von 138' 6'' Durchmesser, dessen unterer Theil das Bassin von 24½' Höhe bildet. Die ganze Höhe vom Boden des Bassins bis an das Dach ist 72'. Das Dach ist eine nach einer cubischen Parabel konstruirte Kuppel mit 24 Sparren von Schmiedeeisen und mit einer Laterne in der Mitte von 20' Weite.

Der Boden des Bassins ist horizontal und besteht aus 3 übereinander liegenden Schichten. Die unterste 4' 6'' starke Schichte besteht aus festgerammten kleinen Steinstücken, darauf folgt eine 1½' starke Schicht von Bruchsteinen in Cementmörtel aus Berliner Fabriken, die oberste, ebenfalls 1½' starke Schicht ist Backsteinmauerwerk in Cementmörtel aus der englischen Fabrik von White and sons in London.

Die Ringmauer besteht aus Backsteinmauerwerk in Cementmörtel aus derselben Fabrik, erhielt zuletzt wie auch der Boden einen ½'' starken Cementputz und hat unten eine Stärke von 11'. Bis auf 3½' von der Oberkante verjüngt sie sich auf 3' und ist dann in der gleichen Stärke vollends aufgeführt; über Wasser ist die Ringmauer des Gebäudes auf halbe Höhe zwei Stein stark und dann nur 1½ Stein stark mit 24 Stück im Aeussern vorgelegten Pfeilern.

Ein- und Ausgangsrohr liegen nebeneinander und haben 30'' lichte Weite. Um die Führungsschienen für die Glocke zu befestigen, sind an der Ringmauer in der ganzen Höhe des Gebäudes 12 gemauerte Pfeiler aufgeführt, welche je um 3' 1'' nach Innen vorspringen. Auf die gleiche Breite von 3' 1'' sind auch 3 Gallerien um das ganze Gebäude inwendig herumgeführt, und zwar die unterste auf der Höhe der Bassin-Oberkante, die zweite um 21' 7'' höher als diese und die dritte um 22' 9'' über den mittleren. Wo die Gallerieen auf die Pfeiler treffen, sind diese auf 2' Weite von der Wand ab durchbrochen.

Das eiserne Dach ist von dem Regierungs- und Baurath W. Schwedler konstruirt und besteht zunächst aus einem mittleren aus Gitterbalken construirten Zwölfeck für die Laterne, von dessen Ecken radial 12 Sparren ausgehen, welche je aus 4 einzelnen Gitterbalken zusammengesetzt sind. Zwischen den Hauptsparren sind weitere 12 ebenso construirte Nebensparren angebracht, welche jedoch um einen Gitterbalken nach der Mitte zu gerechnet kürzer sind als die Hauptsparren.

Die Verbindung zwischen den Enden der Nebensparren und dem Zwölfeck wird hergestellt durch die doppelte Zahl von Gitterbalken, welche einerseits mit den Enden der ersteren, anderseits mit den beiden zunächstliegenden Ecken des Polygons verbunden sind. Zur seitlichen Verstrebung der Sparren sind die einander zunächst liegenden Verbindungsstellen derselben durch starke T-Schienen mit einander verbunden, und sind auf diese Weise 3 polygonale Ringe hergestellt. Die Enden der Sparren stehen in schmiedeeisernen Schuhen, die durch vier vertikale zum Stellen eingerichtete Schrauben auf gusseisernen Platten auf der Mauer aufliegen und sind durch einen 9'' breiten, 1'' starken Ring von Flacheisen mit einander verbunden, welcher den Gesammtschub der Last des Daches und etwaiger zufälliger Belastung auszuhalten hat.

Eine weitere Verspannnung gegen einseitige Belastung einzelner Sparren ist noch dadurch hergestellt, dass von jeder Verbindungsstelle nach der Mitte des betreffenden Feldes Diagonal-Stangen geführt sind

welche in der Mitte durch Spannringe zusammengefasst werden. Das ganze Dachgerippe ist bis auf die äussersten Gitterbalken unten im Bassin zusammengestellt und genietet, dann vermittelst der auf Tafel LIX punctirt
gezeichneten Rüstung und eiserner Hebeladen, die in Fig. 184 bis 187 näher dargestellt sind, 84′ hoch, in der

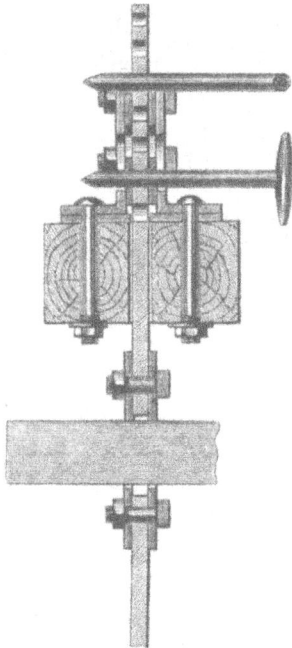

Fig. 184.

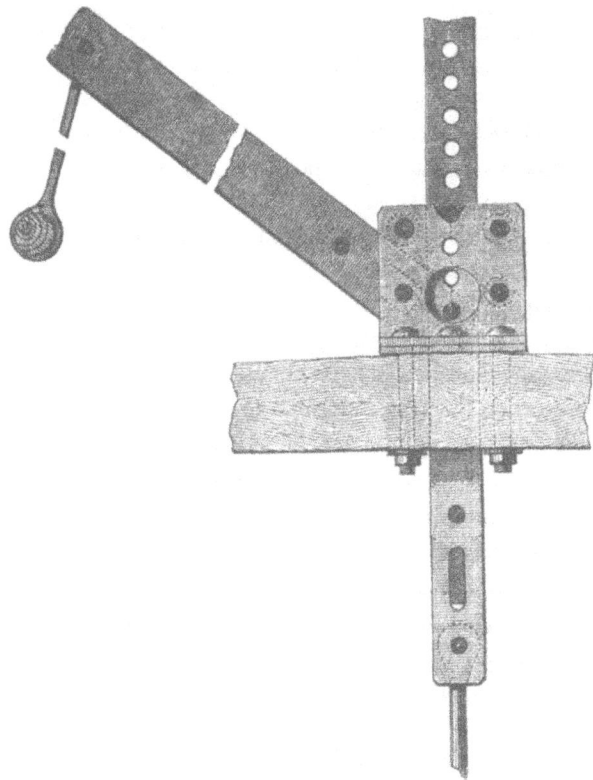

Fig. 185.

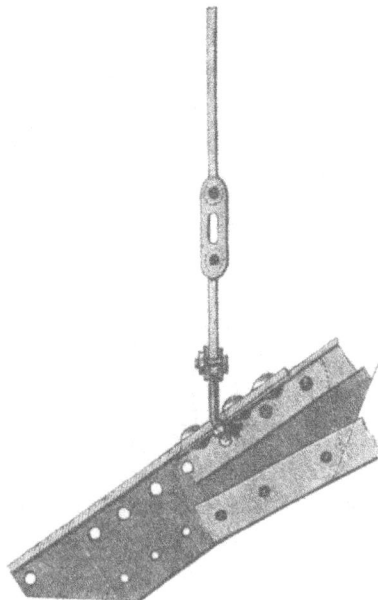

Fig. 186.

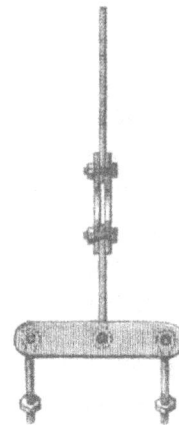

Fig. 187.

Zeit von 8 Stunden durch 48 Arbeiter gehoben und dann durch Annieten der Endstücke gegen den eisernen Ring auf der Mauer fertig gemacht. Das Gesammtgewicht des eisernen Dachstuhls beträgt 86480 Pfd.

Die innere Glocke hat wie schon erwähnt einen Durchmesser von 128', eine Seitenhöhe von 24' und eine Deckelwölbung von 10'. Die Deckelbleche haben ein Gewicht von 4 Pfd. pr. $\square$ Fuss, die Seitenbleche von $3\frac{1}{2}$ Pfd. pr $\square$ Fuss. Das Gerippe des Deckels besteht aus 36 Sparren, welche einerseits an der Centrumplatte, anderseits an einem Ring von 13 Quadratzoll Querschnitt, bestehend aus einem Winkeleisen von $\frac{1}{2}'' \times 4'' \times 4''$ und zwei daran genieteten Blechringen von $\frac{1}{2}''$ Stärke und 9'' Breite befestigt sind. Die $\frac{1}{2}''$ starke Centrumplatte besteht aus 2 Theilen; die eigentliche Mittelplatte, welche als Mannloch dient, hat 5' Durchmesser und fasst 2'' über die anschliessende Ringplatte über, welche eine Breite von $1\frac{1}{2}'$ hat, und ist auf dieselbe mit Schrauben befestigt. 6'' vom Rand der äusseren Platte ist dieselbe unten mit einem Ring von $3'' \times 3'' \times \frac{1}{2}''$ Winkeleisen und einem daran liegenden Ring von 5'' breitem und $\frac{3}{8}''$ starkem Flacheisen verstärkt. Gegen diesen Ring stossen die Enden der Hauptsparren und sind mit diesem durch je 2, mit dem überstehenden Rand der Platte durch je 3 Nieten verbunden, Fig. 188 und 189. Jeder Sparren besteht aus 2 aneinanderliegenden $2'' \times 2'' \times \frac{1}{4}''$ Winkeleisen mit dazwischengelegtem $5'' \times \frac{1}{4}''$ Flacheisen. Seitlich sind diese Sparren durch 5 Ringe verstrebt, welche gleichfalls aus ebenso starken je 2 Winkeleisen mit dazwischengelegtem Flacheisen bestehen, sowie durch ein System diagonaler Streben von $3'' \times 2'' \times \frac{1}{4}''$ Winkeleisen. Ueber jede Verbindungsstelle ist ein $\frac{1}{4}''$ starkes Blech gelegt mit dem die darunterliegenden Eisen vernietet sind. Die Letzteren sind an diesen Stellen um die Stärke des Bleches nach abwärts gekröpft. In den Fig. 190 bis 193 sind die Verbindungen näher dargestellt. Fig. 190 zeigt die Verbindung

Fig. 188.

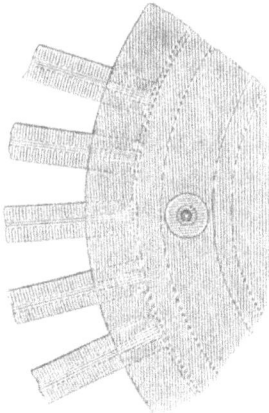

Fig. 189.

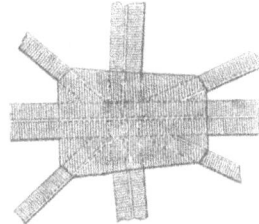

Fig. 190.

Fig. 191.

Fig. 192.

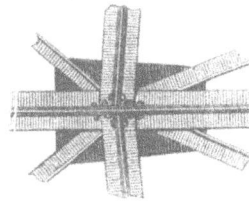

Fig. 193.

zwischen einem Hauptsparren und dem äussersten Ringe an einer Stelle, wo zwei Diagonalstreben auslaufen. Fig. 191 bis 193 die Verbindung zwischen demselben Hauptsparren und dem zweiten Zwischenringe mit 4 Diagonalstreben, und zwar Fig. 191 von oben gesehen, Fig. 192 im Vertikaldurchschnitt und Fig. 193 von unten gesehen. Zur Verstärkung des cylindrischen Theils der Glocke dienen 36 T-Eisen von 4″ × 3″ × ½″, die oben mit dem bereits erwähnten Kranze von Winkeleisen und unten mit einem gleichen Kranze verbunden sind. Diese T-Eisen sind mit den Sparren noch durch eingesetzte Eckstücke versteift.

An ihrem unteren Rande hat die obere Glocke eine Tasse Fig. 196 aus ¼″ starkem Bleche deren innere Seite eine Höhe von 20″, die äussere Seite eine Höhe von 14″ hat und deren Breite 10″ beträgt. Während man früher diese Tassen gewöhnlich aus 3 Theilen, 2 seitlichen und einem Boden herstellte, die auf 2 Ringe von Winkeleisen aufgenietet wurden, stellt man dieselben in neuerer Zeit wie es hier geschehen dem Querschnitt nach aus einem Stück her. Die innere Seite der Tasse ist mittelst Nieten an den T-Schienen befestigt, welche die Verstrebung des Mantels bilden.

Die untere Glocke oder eigentlich der untere cylindrische Theil der Glocke mit einem Durchmesser von 130½′ und einer Höhe von 24′ besteht aus Blech von 3½ Pfd, per □ Fuss. Sie ist unten verstärkt durch einen Kranz von 4″ × 4″ × ½″ Winkeleisen, und der Höhe nach durch 36 Stück 4″ × 3″ × ½″ T Eisen. Am oberen Ende ist ein Blechkranz Fig. 196 von ¼″ starkem Blech in umgekehrter U-Form angenietet, welcher mit seinem nach Innen gerichteten Rand in die Tasse der oberen Glocke eingreift, und den Verschluss zwischen beiden bildet. Dieser Blechkranz ist ganz ähnlich construirt, wie die erwähnte Tasse, hat eine Breite von 10″ und der eingreifende Rand derselben eine Höhe von 14″. An diesen letzteren Rand ist, um einen höheren Wasserabschluss zu erzielen, noch ein ¾″ starker Blechring angenietet, der um 6″ über den Rand vorsteht, die Tasse der Glocke hat auf diese Weise einen hydraulischen Verschluss von 20″.

Die Führung der unteren Glocke geschieht durch 12 Rollen an ihrem unteren und ebensoviele an ihrem oberen Rand. Diese Rollen, wie auch die äusseren Führungsrollen der oberen Glocke laufen an Eisenbahnschienen, welche an den bei der Beschreibung des Baues erwähnten vorspringenden Pfeilern angebracht sind. Die Construction der unteren Rollen ist in den Fig. 194 und 195 dargestellt, die der oberen Rollen in den Fig. 196 und 197. Da die obere Glocke sich in der unteren auf und ab bewegt, so bedürfen dieselben auch einer innern Führung; diese wird theils hergestellt durch Winkelbleche, welche an der Aussenseite der an der oberen Glocke befindlichen Tasse befestigt, über die T-Schienen übergreifen, welche die verticale Verstärkung der unteren Glocke bilden, theils durch Rollen, welche auf denselben Böcken aufsitzen, wie die oberen Führungsrollen der unteren Glocke und an T-Schienen laufen, die an der Aussenseite der oberen Glocke befestigt sind. Die obere Führung der oberen Glocke ist in den Fig. 198 und 199 dargestellt. Das ganze Gewicht des Gasbehälters inclusive der Führungsrollen beträgt 337,000 Pfd. Ausgeführt ist er von der Kölnischen Maschinenbau-Actien-Gesellschaft in Köln.

Auf der zweiten Berliner städtischen Gasanstalt am Hellweg ist zu derselben Zeit ein zweiter ganz ähnlich construirter Gasbehälter nebst Gebäude erbaut von denselben Höhenverhältnissen, aber von 10 Fuss geringerem Durchmesser. Dieser eiserne Gasbehälter ist von Plagge in Berlin ausgeführt und hat ein Gewicht

Fig. 194.

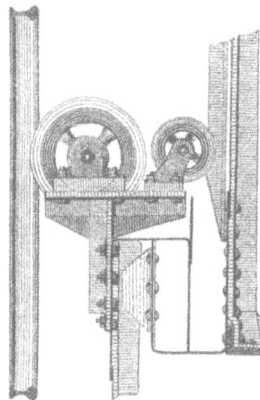

Fig. 196.

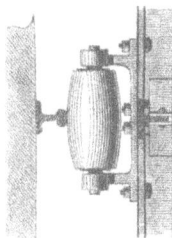

Fig 195.

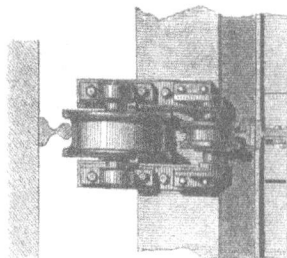

Fig. 197.

Fig. 198.

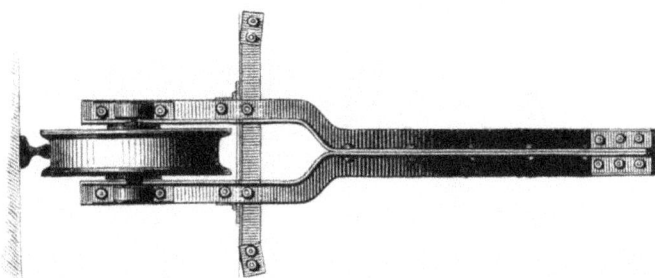

Fig. 199.

von 292000 Pfd. Die ebenfalls als Kuppel ausgeführte eiserne Dachkonstruktion von 130 Fuss Durchmesser hat ein Gewicht von 75200 Pfd.

Die vorstehenden Beispiele zusammen geben ein ziemlich vollständiges Bild des gegenwärtigen Gasbehälter-Baues, und es bleiben nur noch einige allgemeine Bemerkungen hinzuzufügen.

Was die Wandstärke betrifft, welche man den gemauerten Bassins zu geben hat, so hat Director, Baumeister Schnuhr darüber kürzlich folgende Theorie von Dr. H. Scheffler im Journal für Gasbel. veröffentlicht:

Es wird ein Riss in den Wandungen von Wasserbassins stets eher in senkrechter, d. h. mit der Axe des Bassins paralleller, als in darauf normaler erfolgen; einer solchen Trennung des Verbandes, welche sofort eine Undichtheit des Bassins, ein Ausströmen des Wassers in mehr oder minderer Menge zur Folge hat, wirkt nur die absolute Festigkeit der ringförmigen Wandung entgegen; denn die durch das Gewicht und die Form des Querschnitts der Wand, sowie durch den etwa von aussen auf dieselbe einwirkenden Erddruck hervorgebrachte Stabilität der Umfassungswand des Bassins wird erst dann in Anspruch genommen,

wenn bereits ein Reissen in der Wandung, also eine Ueberwindung der absoluten Festigkeit des Wandmaterials, stattgehabt und der Durchfluss des Wassers durch die entstandenen Risse begonnen hat. Dann hat aber das Gasbehälterbassin bereits aufgehört, betriebsfähig zu sein. Diese Eigenschaft beruht eben auf der vollkommenen Wasserdichtheit, welche durch die Stabilität der Bassinwandung nicht erreicht werden kann, sondern nur dadurch, dass die absolute Festigkeit des Materials derselben stärker ist, als der innere Wasserdruck. Es ergiebt sich hieraus, dass für jedes Material ein Grenzwerth des innern Drucks vorhanden ist, der in keinem Falle überschritten werden darf, wie gross auch die Wanddicke und wie klein die innere Weite auch sei. Dieser Grenzwerth ist eben die absolute Festigkeit des Materials. Ueberschreitet der innere Druck diesen Grenzwerth, so wird das Material von der inneren Wandfläche aus, selbst bei unendlicher Wanddicke zerreissen; für die Praxis wird man nur einen gewissen Theil dieses Grenzwerthes der Sicherheit wegen in Anspruch nehmen. Wenn also bei der Berechnung der Wandstärke massiver Gasbehälterbassins nur auf die absolute Festigkeit des Materials der ringförmigen Wand Rücksicht zu nehmen ist, nicht aber auf deren Stabilität, welche bei der Construktion der Form des Querschnitts als bestimmend zu beachten ist, so müssen für jedes Stück der Wandung die Elasticitätskräfte des Materials, welche einer Ausdehnung desselben, eventuell einem Riss in einer durch die Axe gelegten Ebene widerstehen, normal auf der Bruchebene gedacht werden; die ausdehnenden Kräfte sind also die auf dieser Ebene normalstehenden Componenten der innern und äussern Pressungen, welche im Innern vom Wasser, im Aeussern von der umgebenden Erde herrühren. Für ein kreisrundes Bassin werden dieselben für jede Bruchebene gleiche Grösse haben, also auch der Querschnitt der Wandung in jeder gleich sein müssen. Die Summe aller in einer Bruchebene wirkenden und auf derselben normalstehenden Componenten der inneren Pressungen ist, wenn r_i den Radius des Bassins im Lichten und p_i den auf den innern Umfang wirkenden Druck pro Quadrat-Einheit bezeichnet, gleich dem normalen Druck auf die innere lichte Durchschnittsfläche des Bassins $= 2\,r_i\,p_i$. Ebenso ist die Summe der in derselben Bruchebene aber entgegengesetzt wirkenden und auf derselben normalstehenden Componenten der äusseren Pressungen, wenn r_{ii} und p_{ii} ähnliche Bezeichnungen sind, gleich dem normalen Druck auf die ganze Durchschnittsfläche des Bassins $= 2\,r_{ii}\,p_{ii}$; also die Summe der innern und äussern Componenten zusammen $= 2\,(r_i\,p_i - r_{ii}\,p_{ii})$. Da nun bei gemauerten Bassinwänden die in dem Material durch den Druck hervorgerufene Spannung s_i am innern und s_{ii} am äussern Umfang nicht, wie bei aus Metall z. B gefertigter Wandung, als gleich angenommen werden kann, — wo man die Summe der widerstrebenden Elasticitätskräfte $= 2\,(r_{ii} - r_i)\,s$ also $s = \dfrac{r_i\,p_i - r_{ii}\,p_{ii}}{r_{ii} - r_i}$ erhalten würde — sondern der Unterschied derselben bei gleichen Druckverhältnissen, d. h. also bei gleicher Wassertiefe, mit der Weite der Bassins wächst, so muss man die an irgend einem Punkt in der Wandung entstehende Spannung s als Funktion des zugehörigen Radius r betrachten, und erhält dann für die Durchschnitte der ringförmigen Schale von der unendlich geringen Stärke $d\,r$ mit der Bruchebene die zugehörige Spannung der zu überwindenden Elasticitätskräfte $= 2\,s\,d\,r$, daher die Summe der Spannungen der Elasticitätskräfte aller Schalen

$$= 2 \int_{r_i}^{r_{ii}} s\,d\,r = 2\,(r_i\,p_i - r_{ii}\,p_{ii}).$$

Gewöhnlich nimmt man an, die Vermehrung des Volumens bei der Dehnung der Wandung sei proportional der Längenzunahme der concentrischen Schalen und die Dicke der Wand bleibe hierbei unverändert: Dies ist jedoch nicht der Fall. In dem Punkt für den Radius r wird das in der Richtung desselben liegende Element $d\,r$ unter dem Druck p pro Quadrat-Einheit comprimirt und daher in dem Verhältniss dieses Druckes zu dem zugehörigen Elasticitätsmodulus E in seiner Länge verkürzt werden, also um $\dfrac{p}{E}\,d\,r$; wenn nun ρ die Ortsveränderung des vorderen Punktes des Elementes $d\,r$ darstellt, so ist $\rho - \dfrac{p}{E}\,d\,r$ die des hintern Punktes des Elementes $d\,r$ und daher $\rho + d\rho = \rho - \dfrac{p}{E}\,d\,r$, also $\dfrac{d\rho}{d\,r} = -\dfrac{p}{E}$. Wenn aber für dies unendlich kleine Element die Vermehrung des Volumens bei der Dehnung proportional der Längenzunahme angenommen werden kann, so erhält man die durch die Dehnung in Wirksamkeit getretene Elasticitätskraft $s = \dfrac{\rho}{r}\,E$, also $\rho = \dfrac{r\,s}{E}$; dies nach r differenzirt, gibt $\dfrac{d\rho}{d\,r} = \dfrac{r\,d\,s + s\,d\,r}{E\,d\,r} = \dfrac{1}{E}\left(r\,\dfrac{d\,s}{d\,r} + s\right) = -\dfrac{p}{E}$, wie vorher gefunden, woraus $p = -\left(r\,\dfrac{d\,s}{d\,r} + s\right)$ und dies nach r differenzirt, gibt $\dfrac{d\,p}{d\,r} = -\left(r\,\dfrac{d^2s}{d\,r^2} + 2\,\dfrac{d\,s}{d\,r}\right)$; ferner aus der Gleichung $s = \dfrac{r_i\,p_i - r_{ii}\,p_{ii}}{r_{ii} - r_i}$ entsteht $s = -\dfrac{r\,d\,p}{d\,r} - p$ wenn man darin r_i setzt für r, r_{ii} für $r + d\,r$, p_{ii} für $p + d\,p$ und p_i für p; setzt man nun die gefundenen Werthe für $\dfrac{d\,p}{d\,r}$ und für p ein, so erhält man $\dfrac{d^2s}{d\,r^2} = -\dfrac{3}{r}\,\dfrac{d\,s}{d\,r}$ oder wenn man $\dfrac{d\,s}{d\,r} = s^1$ setzt, $\dfrac{d\,s^1}{d\,r} = -\dfrac{3}{r}\,s^1$ oder $\dfrac{d\,s^1}{s} = -3\,\dfrac{d\,r}{r}$; also zwischen den untern Grenzen r_i und s_i und den obern r und s integrirt, gibt $\log\dfrac{s^1}{s_i^1} = \log\dfrac{r_i^3}{r^3}$ also $\dfrac{s^1}{s_i^1} = \dfrac{r_i^3}{r^3}$ und $s^1 = \dfrac{r_i^3\,s_i^1}{r^3} = \dfrac{d\,s}{d\,r}$ oder $d\,s = \dfrac{r_i^3\,s_i^1}{r^3}\,d\,r$, zwischen den untern Grenzen r_i und s_i und den obern r und s integrirt, gibt $s -$

$$s_{,} = \frac{r_{,}^3 s_{,}^{1}}{2} \left(\frac{1}{r_{,}^2} = \frac{1}{r^2} \right) \text{ oder da } \frac{ds}{dr} = s^{1} = - \frac{s+p}{r} \text{ war, auch } s_{,}^{1} = - \frac{s_{,} + p_{,}}{r_{,}} \text{ also } s =$$

$$\frac{s_{,} - p_{,}}{2} + \frac{s_{,} + p_{,}}{2} \left(\frac{r_{,}}{r} \right)^{z} \text{ Dies in die oben gefundene Gleichung } 2 \int_{r_{,}}^{r_{,,}} s \, dr = 2 \, (r_{,} p_{,} - r_{,,} p_{,,}) \text{ einge-}$$

setzt, gibt $\int_{r_{,}}^{r_{,,}} \left(\frac{s_{,} - p_{,}}{2} + \frac{s_{,} + p_{,}}{2} \left(\frac{r_{,}}{r} \right)^z \right) \, dr = r_{,} p_{,} - r_{,,} p_{,,} \text{ also } \frac{s_{,} - p_{,}}{2} (r_{,,} - r_{,}) +$

$\frac{s_{,} + p_{,}}{2} r_{,}^{z} \left(\frac{1}{r_{,,}} - \frac{1}{r_{,}} \right) = r_{,} p_{,} - r_{,,} p_{,,}$, daher die Spannung in der innern Wandfläche $s_{,} =$

$\frac{(r_{,,}^{z} - r_{,}^{z}) p_{,} - 2 r_{,,}^{z} p_{,,}}{r_{,,}^{z} - r_{,}^{z}} = \frac{((b + r_{,})^z + r_{,}^z) p_{,} - 2 (b + r_{,})^z p_{,,}}{(b + r_{,})^z - r_{,}^z}$ worin b die Wandstärke sei, daher

$b = r_{,} \left(\sqrt{\frac{s_{,} + p_{,}}{s_{,} - p_{,} + 2 p_{,,}}} - 1 \right)$ und wenn die für die Praxis zulässige Spannung des Materials $= f$ ist,

$b = r_{,} \left(\sqrt{\frac{f + p_{,}}{f - p_{,} + 2 p_{,,}}} - 1 \right)$ oder wenn der äussere Druck gleich Null ist oder ausser Acht gelassen wird,

$b = r_{,} \left(\sqrt{\frac{f + p_{,}}{f - p_{,}}} - 1 \right)$ wie gewöhnlich bei Gasbehälterbassins, welche grösstentheils über dem Terrain stehen.

Schnuhr fügt noch hinzu, dass er den Coeffizienten der absoluten Festigkeit von reinem Ziegel-Cementmauerwerke zwischen 60 und 100 Pfd. pro Quadratzoll rhein. annehme, je nach der Festigkeit der Ziegel und der Güte des Cements. Den Verband des Mauerwerks lässt Schnuhr abwechselnd so fertigen, dass die Stossfugen gegen die innere Wandung einen Winkel von 45° etwa bilden, weil dann sämmtliche Steine des Querschnitts bei einem entstehenden Riss durchgerissen werden müssen, und derselbe nicht den Fugen folgen kann.

Man hört hie und da die Ansicht aussprechen, und kann sie auch mehrfach gedruckt lesen, dass es unmöglich sei, ein gemauertes Bassin mit Cement vollkommen wasserdicht herzustellen. Um eine solche Behauptung zu widerlegen, würde nichts weiter nöthig sein, als eine Anzahl bestehender Bassins auf ihre Dichtigkeit zu untersuchen, und man würde finden, dass die allermeisten derselben vollkommen dicht sind. Nichts destoweniger darf übrigens an dieser Stelle die Bemerkung nicht übergangen werden, dass allerdings auch manche schlimme Erfahrungen gemacht worden sind, und dass die Vorsicht im Bau der Bassins kaum zu weit getrieben werden kann. Man darf weder in der Mauerstärke sparen, noch in der Wahl und Güte der Materialien, und muss die Ausführung der Arbeit mit der grössten Sorgfalt überwachen. Bei der Vervollkommnung, welche die Fabrikation der Cemente seit Jahren in Deutschand verlangt hat, steht uns eine Auswahl von wasserdichtem Material zu Gebot, wie wir es nicht besser wünschen können. Es dürfte vielleicht die Zeit nicht mehr fern sein, wo wir unsere Bassins ganz aus Cement resp. aus Cementbeton, herstellen, und auf Wandstärken zurückgehen können, die weit geringer sind, als die gegenwärtig üblichen. Hie und da ist es noch üblich, das Bassinmauerwerk mit schmiedeisernen Ringen zu ergeben, ich halte es jedoch für besser, die volle Solidität durch eine etwas grössere Mauerstärke zu erreichen, als einen anderen ganz heterogenen Körper zur Verstärkung anzuwenden. Keineswegs empfehlenswerth ist es ferner, die Führungssäulen auf einzelne starke Werksteine zu setzen, die tief in das Backsteinmauerwerk eingreifen, denn mit der Zeit werden durch das fortwährende Rütteln der Glocken die Werksteine leicht lose, so dass zwischen ihnen und dem Backsteinmauerwerk Wasser durchsickert. Die beste Befestigung der Säulen geschieht durch die eingemauerten Ankerbolzen. Früher bediente man sich zur Führung der Glocken vielfach hölzerner Säulen, doch hat sich ihre Unzuverlässigkeit durch die Praxis genügend dargethan, so dass man gegenwärtig fast ausschliesslich auf gusseiserne oder schmiedeiserne Führungen übergegangen ist. Ueber die Gerippe, welche man den

Glocken zu geben hat, sind die Ansichten der Ingenieure getheilt. Das Gerippe hat den Zweck, den Deckel der Glocke für den Fall zu tragen, wenn kein Gasdruck im Innern stattfindet, wo die Glocke also geöffnet ist. Man hat die Wahl, statt das Gerippe in der Glocke selbst anzubringen, ein Gerüst im Bassin aufzustellen, auf welches sich der Deckel auflegt, wenn die Glocke ganz herunter geht. Gegen diese Anordnung, die in den angeführten Beispielen näher dargestellt ist, spricht aber Folgendes: Einmal bedarf man, um einen Deckel ohne Gerippe herzustellen, ein viel genaueres und complicirteres Baugerüst, als wenn man ihn auf dem Gerippe vernieten kann; es ist mithin die Ersparung, wenn man die Mehrkosten dieses Baugerüstes und den Betrag des Gerüstes im Bassin gegen die Kosten des Gerippes in Anschlag bringt, eine unwesentliche. Ferner kommt es nicht selten vor, dass durch Ansammlung von Schmutz oder dgl. am Boden des Bassins mit der Zeit die Glocke verhindert wird, ganz hinunter zu sinken, dann wird sich der Deckel überhaupt nicht mehr auf das feststehende Gerüst auflegen, und wenn er auch nicht ganz durchschlägt, so wird er doch Falten werfen, die ihm sehr schädlich sind. Dazu kommt, dass bei der colossalen Grösse, die man den Glocken in neuester Zeit zu geben anfängt, eine solche Glocke ohne Gerippe nicht das erforderliche Gewicht erhält, um den nöthigen Druck zu geben, man würde also eine künstliche Belastung anwenden müssen, während die Anbringung eines inwendigen Gerippes diese Belastung ohnehin giebt. Ich bin der Ansicht, dass es im Allgemeinen gerathen ist, die Deckel der Glocken mit einem derartigen Gerippe zu versehen, dass sie sich ohne weitere Unterstützung frei und sicher tragen. In England hat man angefangen, statt der gewölbten Deckel flache anzuwenden, was insoferne als ein Fortschritt zu bezeichnen ist, als man dadurch den für den Betrieb todten Raum vermeidet, den die gewölbten Deckel bieten. Es scheint indess diese Neuerung ihre Bedenken zu haben. Kein flacher Deckel bleibt flach, sobald Gas in die Glocke gelassen und diese durch den Druck des Gases gehoben wird. Wir lesen von einem Gasbehälter in Liverpool von 120 Fuss Durchmesser, dessen flach construirter Deckel sich sofort bei der Füllung um $2\frac{1}{2}$ Fuss wölbte. Wenn aber die Bleche, die nach der flachen Kreisfläche geschnitten und genietet sind, die Wölbung einer Kugeloberfläche annehmen, so werden dieselben an ihren verschiedenen Stellen auch ganz verschieden gespannt, und ein solcher Deckel ist der Gefahr ausgesetzt, dass er reisst, zumal im Laufe der Zeit, wenn erst der Rost ihn mehr oder weniger geschwächt hat. Man sollte jeden Deckel genau nach dem Radius der Kugel construiren, deren Wölbung er später, wenn er in Betrieb ist, annimmt. Eine ähnliche Bewandtniss hat es mit dem Festnieten der Glocke am Gerippe Es war namentlich früher üblich, die Glocke mit dem Gerippe fest zu verbinden. Eine solche Glocke erleidet gleichfalls eine sehr ungleiche Spannung, und es ist daher unbedingt vorzuziehen, dieselbe nur am äusseren Rand mit dem Winkeleisen zu vernieten, und sie im Uebrigen ohne Verbindung mit dem Gerippe zu lassen. Man hat die Frage erörtert, ob es statt der bisher üblichen Ein- und Ausgangsröhren nicht genüge, ein einziges Rohr in den Gasbehälter zu führen? Wo man viele Gasbehälter und überhaupt einen grossen Betrieb hat, mag es sein, dass man das zweite Rohr sparen kann, für kleinere Anstalten dagegen ist es durchaus nothwendig, die bisherige Anordnung beizubehalten. Man braucht sich nur die Vorgänge deutlich zu vergegenwärtigen. Ist die Production grösser als der Consum, so geht ein Theil der ersteren direct zur Stadt, ein anderer Theil in den Gasbehälter, sind Production und Consum gleich, so geht sämmtliches erzeugte Gas direct in die Stadt und der Gasbehälter ist ausser Function, ist die Production kleiner als der Consum, so wird ausser der ersteren auch ein Theil des Vorraths vom Gasbehälter zur Stadt gehen. Nun ist aber, namentlich bei kleineren Anstalten, die Qualität des Gases nicht zu allen Stunden gleich, und der Gasbehälter hat nicht nur den Zweck, Gas aufzuspeichern, sondern auch die Qualität aus den verschiedenen Destillationsperioden auszugleichen. Diesen letzten Zweck aber erfüllt der Gasbehälter mit einem einzigen Rohr nur theilweise während derjenigen Abendstunden, wo der Consum bedeutend grösser ist, als die Production; für alle Zeiten, wo sich Consum und Production gleich sind, oder wo erstere geringer ist, als letztere, wird die Qualität des Gases in der Stadt fortwährend schwanken. Es ist sogar von Wichtigkeit, bei kleinen Gasanstalten Ein- und Ausgangsrohr nicht nebeneinander zu legen, sondern dieselben entweder von entgegengesetzter Seite oder wenigstens um 90° gegen einander einzuführen, damit das einströmende Gas sich mit dem Vorrath des Behälters gehörig mischt, bevor es in das Ausgangsrohr gelangt.

Was die Grösse betrifft, die man den Gasbehältern zu geben hat, so darf man als Regel annehmen, dass sie im Stande sein müssen mindestens die Hälfte desjenigen Consumes zu fassen, welcher in der längsten Winternacht stattfindet. Bei diesem Verhältniss muss schon mit sehr grosser Aufmerksamkeit fabricirt werden, wenn man in keine Verlegenheit gerathen will. In einigen Städten ist der Consum regelmässiger als in anderen; dieser Umstand lässt kleine locale Abweichungen von der Regel zu, aber in den meisten Fällen muss man schon bei dem angegebenen Verhältniss zu Reserveöfen seine Zuflucht nehmen, und in der Nacht forcirt produciren, während am Tage ein Theil leer geht. Und dass dieses Verfahren mancherlei Verluste und Nachtheile herbeiführen muss, liegt auf der Hand.

Der Druck, den eine Gasbehälterglocke giebt, resp. auf das darin enthaltene Gas ausübt, hängt einerseits von ihrem absoluten Gewicht, andererseits von ihrem Durchmesser ab. Er wird gemessen durch die Höhe einer Wassersäule, deren Gewicht und Querschnitt demjenigen der Glocke gleich ist. Bezeichnet

p = die Höhe der Wassersäule, resp. das Maass für den Druck, in Zollen,

W = das Gewicht der Glocke in Pfunden,

d = den Durchmesser derselben in Fussen, so ist

$$56{,}6 \; \frac{d^2 \, \pi}{4} \times \frac{p}{12} = W$$

$$\text{oder } p = \frac{0{,}848 \, W}{d^2 \, \pi} = 0{,}27 \; \frac{W}{d^2}$$

wobei angenommen ist, dass der englische c' Wasser 56,6 Pfd. Zollgewicht wiegt.

Beträgt z. B. das Gewicht einer Glocke von 50' Durchmesser 244 Ctr., so ist der Druck, den sie giebt

$$p = 0{,}27 \; \frac{24400}{2500} = 2 \tfrac{6}{10}''.$$ I

Hier ist freilich nicht berücksichtigt, dass die Gasglocke durch ihr Eintauchen in Wasser etwas an Gewicht verliert. Der Druck, den die Formel giebt, ist, strenge genommen, nur für den Fall gültig, dass die Glocke sich ganz ausserhalb des Wassers befindet. Je weiter sie eintaucht, desto leichter wird sie. Die Gewichtsabnahme ist gering, so dass man sie für die Praxis in den meisten Fällen vernachlässigen kann; will man sie jedoch in Berechnung ziehen, so geschieht das auf folgende Weise:

Ein c' Schmiedeeisen wiegt 441 Pfd.

Ein c' Wasser wiegt 57 Pfd.

1 Pfd. Schmiedeeisen verliert also im Wasser $\frac{57}{441} = 0{,}13$ Pfund.

Bezeichnet

S = das Gewicht der Seiten von der Gasbehälterglocke in Pfunden,

H = die ganze Höhe der Seiten,

h = die Höhe derselben über Wasser,

so ist der Ausdruck für den Gewichtsverlust des eingetauchten Theils

$$\frac{S \, (H - h)}{H} \times 0{,}13.$$

Nun verhält sich das ganze Gewicht der Glocke zum ganzen Druck, wie der Gewichtsverlust derselben zum Verlust an Druck, d. h.

$$W : \frac{0{,}27 \, W}{d^2} = \frac{0{,}13 \, S \, (H - h)}{H} : x$$

also

$$x = \frac{0{,}27 \, W \times 0{,}1 \; S \, (H - h)}{d^2 \, H}$$

$$x = \frac{0,035\ S\ (H - h)}{d^z\ H} \qquad\qquad\qquad II$$

Ausser diesem ist noch ferner zu berücksichtigen, dass das Gas als specifisch leichterer Körper im Vergleich zur Luft schon vermöge seiner Natur einen Druck nach aufwärts ausübt, welcher ebenfalls von dem durch Formel I gefundenen Druck p abgezogen werden muss

Ein c' Luft   wiegt 0,07256 Pfd.

Ein c' Gas vom durchschnittl. spec. Gewicht = 0,4   „   0,02902   „

Jeder c' Gas drückt also mit der Differenz dieses Gewichtes, d. h. mit 0,04354 Pfd. aufwärts. Sonach wird das Gewicht der Glocke bei dem Stande über Wasser = h verringert um

$$0,04354\ h \times \frac{\pi\ d^z}{4} = 0,034\ h\,d^z$$

Es verhält sich aber wieder das ganze Gewicht der Glocke zu dem ganzen Druck, wie der Gewichtsverlust zu dem Druckverlust; d. h.

$$W : \frac{0,27\,W}{d^z} = 0.034\ h\ d^z : x^1$$

$$x^1 = \frac{0,27 \times 0,034\ W\,h\,d^z}{W\ d^z}$$

$$x^1 = 0,009\ h \qquad\qquad\qquad III$$

Unter Berücksichtigung dieser beiden vorstehenden vermindernden Einflüsse ergiebt sich als Formel für den corrigirten Druck

$$p = \frac{0,27\,W}{d^z} - \left(\frac{0,035\ S\ (H - h)}{d^z\,H} + 0,009\,h \right) \qquad\qquad IV$$

Für das oben gewählte Beispiel der Gasbehälterglocke von 50' Durchmesser und 244 Ctr. Gewicht ergiebt sich statt des gefundenen Druckes von 2,6'' hiernach der corrigirte Druck, wenn dieselbe 20' hoch und halb voll ist und das Gewicht der Seiten 108 Ctr. beträgt.

$$p = 2,6 - \left(\frac{0,035 \times 10800 \times 10}{2500 \times 20} + 0,009 \times w \right)$$

$$p = 2,6 - (0,0756 + 0,09)$$

$$p = 2,4344''.$$

In mehreren Gasanstalten Deutschlands findet man die Gasbehälter mit geschlossenen Gebäuden umgeben, namentlich die Telescop-Gasbehälter; die meisten stehen jedoch frei, und haben gegen die Kälte keinen weiteren Schutz, als dass man sie entweder mit Stroh oder Dünger verpackt oder dass man ein Dampfrohr nahe unter der Oberfläche des Wassers in dieselben einlegt. In kalten Wintern hat die Eisbildung in den Gasbehälterbassins schon mancherlei Schaden angerichtet. Dasjenige Eis, welches sich zwischen der Bassinwand und der Glocke bildet, also von aussen zugänglich ist, lässt sich leicht entfernen, man kann es zerstossen und herausschöpfen. Anders ist es aber mit demjenigen Eise, was sich im Innern der Glocke bildet. Es kommt namentlich bei kleineren Behältern vor, dass das Wasser im Innern über den ganzen Querschnitt der Glocke friert, und dass die von der Oberfläche aus sich bildende Eisdecke eine beträchtliche Dicke erreicht. An der Peripherie wird sie durch die beständig auf oder abgehende Glocke zwar gewöhnlich soweit abgerieben, dass der Gang der Glocke nicht gestört wird; sobald jedoch etwa durch eine geringe Veränderung des Wasserstandes die Eismasse in ihrer Lage im Geringsten gestört wird, so kann leicht der Fall eintreten, dass die Ein- und Ausgangsröhren, wenn sie nicht gehörig geschützt sind, abbrechen oder in ihren Verbindungen gelockert werden. Das Wasser läuft dann in diese Röhren hinein, und unterbricht nicht allein den Betrieb des Behälters, sondern mitunter sogar den Betrieb der ganzen Anstalt. Auf der Versammlung der Gasfachmänner in Braunschweig wurde von einem Fall erzählt, wo das Eis die Glocke selbst in der Art beschädigt hatte, dass der Mantel derselben von unten bis oben gerissen war. Die Ein- und Ausgangsröhren sind jedenfalls

der Beschädigung am meisten ausgesetzt, und aus diesem Grunde ist es sehr rathsam nicht allein sie gut zu ver-
ankern, sondern sie vollständig einzumauern, und das Schutzmauerwerk gerade so sorgfältig und so glatt abzu-

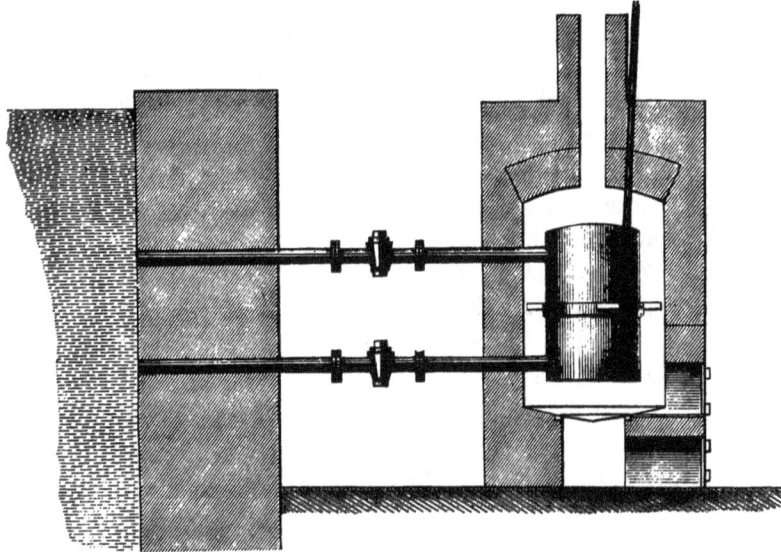

Fig. 200.

putzen, wie das Bassin selbst. Wo man ohnehin einen Dampfkessel auf der Fabrik hat, ist die Einleitung von
Dampf in das Wasser ohne Schwierigkeit zu bewerkstelligen. Für kleine Anstalten, die ohne Dampfkessel sind,
haben die Gebrüder Sels in Neuss kürzlich eine Vorrichtung angegeben, die ihrer Einfachheit wegen empfohlen zu
werden verdient. Sie besteht aus einem kleinen Kessel von Eisenblech, Fig 200, beispielsweise 2 Fuss weit
und 3 Fuss hoch, mit entsprechender Heizvorrichtung versehen, die an der Seite des Gasbehälterbassins auf
gestellt wird; das Einströmungsrohr für das kalte Wasser befindet sich 4 Fuss, das Ausströmungsrohr für

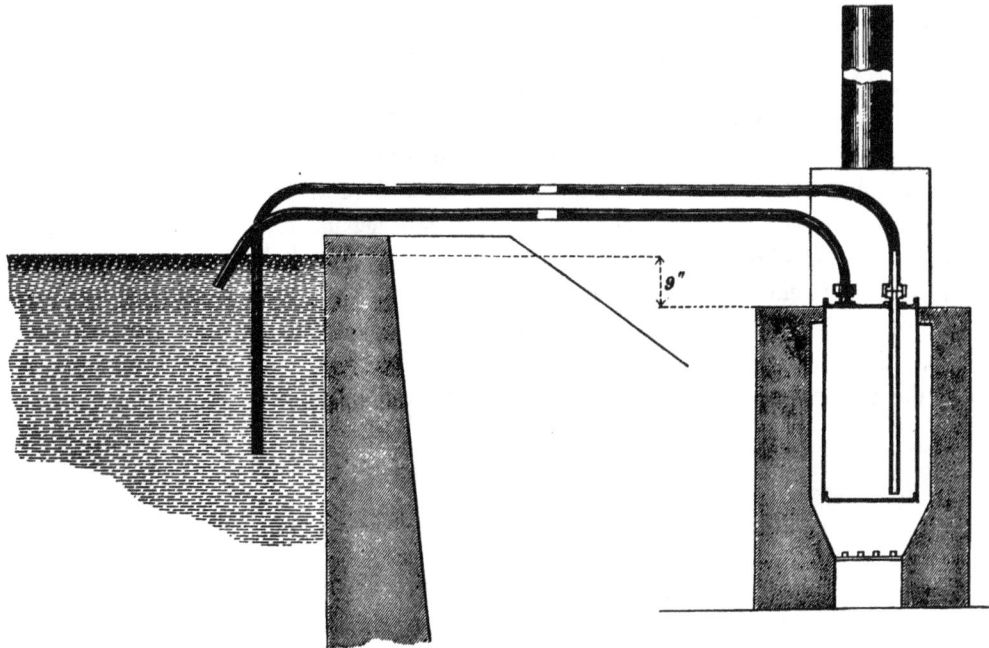

Fig. 201.

das warme Wasser 3 Fuss unter dem Wasserspiegel des Bassins. Beide Röhren sind mit Absperrhähnen, und der Kessel mit einem Sicherheitsrohre versehen. Den einzigen Uebelstand dieser Anordnung, dass man in das Mauerwerk des Bassins zwei Löcher schlagen muss, beseitigt F r a n k e in Saarlouis dadurch, dass er die beiden Röhren von oben in das Wasser des Bassins einführt. Fig. 201. Er wendet einen ähnlichen Kessel von 18 Zoll Weite und 36 Zoll Höhe an, und leitet vom oberen Theil dieses Kessels zwei Bleiröhren von 1¼ Zoll Weite ab, die er über den Rand des Bassins führt, und von denen das Kaltwasserrohr etwa 3 Fuss, das Warmwasserrohr etwa 6 Zoll unter der Wasseroberfläche mündet. Das Kaltwasserrohr ist rückwärts durch den Deckel hindurch bis beinahe auf den Boden des Kessels geführt. Ist der kleine Kessel vollständig mit Wasser gefüllt, und wird Feuer gemacht, so bleibt der Apparat, ohne dass die Röhren vorher mit Wasser gefüllt sind, ohne Unterbrechung und besondere Aufmerksamkeit in Thätigkeit. Es steigt das warme Wasser ins Bassin und kaltes Wasser zieht zurück. Dabei ist es jedoch natürlich nothwendig, dass der Deckel des Kessels niedriger liegen muss, als die Wasseroberfläche im Bassin. Zu starkes Feuer treibt aus beiden Röhren warmes Wasser, ohne dass kaltes zufliessen kann, man mindert dann das Feuer, und in einigen Minuten tritt der richtige Gang wieder ein. Nimmt man die Mündung des Warmwasserrohres über die Oberfläche im Bassin heraus, so sieht man das voll ausfliessende warme Wasser, ohne dass der Gang des Apparates gestört wird.

Eines anderen Umstandes soll hier schliesslich noch Erwähnung geschehen, der beim Betrieb eines Gasbehälters auch unter Umständen lästig werden kann, der Ablagerung von Naphthalin in den Ein- und Ausgangsröhren. Es hätte dieser Naphthalinablagerungen schon früher gedacht werden können, denn es ist keinenfalls gesagt, dass dieselben nur bei den Gasbehältern vorkommen. Sie finden sich an verschiedenen Stellen der Fabrik, von den Aufsteigeröhren an bis zu den Regulatoren, ja sie gehen über die Grenzen der Fabrik hinaus, und können in den Röhrenleitungen der Stadt eine wahre Calamität bilden, aber am häufigsten werden sie doch an der oben bezeichneten Stelle, und zwar meist in den Eingangsröhren der Gasbehälter beobachtet. Ueber die Ursachen der Naphthalinablagerungen ist man nicht im Klaren. Es scheint, dass die Qualität der Kohlen, der Hitzegrad in den Oefen, der Gang der Fabrikation, namentlich die Abkühlung des Gases, die Weite der Röhren u. s. w. mehr oder weniger von Einfluss ist, man hat jedoch die Art dieses Einflusses noch nicht soweit erkannt, dass man in Stand gesetzt wäre, den Uebelstand zu beseitigen. Das Vorhandensein einer Naphthalinablagerung erkennt man, wenn nicht anders, an der Zunahme des Druckes, der zwischen den Oefen und der betreffenden Stelle eintritt. Um das Naphthalin zu entfernen, hat man verschiedene Mittel in Vorschlag gebracht. Man leitet Wasserdampf ein, oder spült die Röhren mit heissem Wasser, ich habe jedoch weder von dem einen noch von dem andern Verfahren eigentlichen Erfolg gehabt. Man leitet ferner Benzindampf ein, welcher das Naphthalin auflöst, das ist zu kostspielig. Das einfachste und wirksamste Mittel besteht nach meiner Erfahrung darin, dass man die Röhren öffnet, und mit der Rohrbürste, einer das Rohr ausfüllenden Bürste putzt. An allen Stellen der Fabrik ist freilich diese Manipulation leichter auszuführen, als am Gasbehälter, denn dieser muss geöffnet werden, um Zugang zu dem oberen Ende des verstopften Rohres zu erhalten. Ich befestige lange Streifen von Bandeisen an jeder Seite der Bürste, bringe das eine Ende eines Streifens von oben in das Rohr ein, bis ich es unten fassen kann, und führe dann die Bürste so oft hin und her, bis das Rohr vollständig rein ist.

Eilftes Capitel.

Regulator und Druckmesser.

Regulator von C l e g g erfunden. Einrichtung desselben. Seine Bedeutung. Beschreibung eines gewöhnlichen Regulators.

Druckmesser. Einfachste Anordnung desselben. Manometer mit dem Gaszufluss von unten. Concentrischer Druckheber von S S c h i e l e. Manometer von G. M. S. B l o c h m a n n jun. Manometer mit geneigtem Schenkel. Manometer von Dr. C. L i s t. Multiplicirender Druckmesser. Druckmesser von S. E l s t e r. Druckmesser von N. H. S c h i l l i n g. Registrirende Druckmesser. Weckerapparate.

Wie man fast keine einzige Räumlichkeit einer Gasanstalt durchwandern kann, ohne an den genialen C l e g g erinnert zu werden, so begegnet man auch im Regulator einer Erfindung von ihm, die Bewunderung verdient. Der Regulator besteht im Princip aus einem mit einer Gasbehälterglocke verbundenen Kegelventil, welches sich selbstthätig schliesst oder öffnet, je nachdem momentan zu viel oder zu wenig Gas zufliesst, und dadurch einen bestimmten Druck aufrecht erhält. Man denke sich in einem kleinen Gasbehälter die Oeffnung des entsprechend erweiterten Einströmungsrohres durch eine Platte abgeschlossen. Diese Platte hat in der Mitte eine nach unten abgeschrägte runde Oeffnung und in der Oeffnung spielt ein Kegel, der mit seiner oberen Spitze beweglich in der Mittellinie der Gasbehälterglocke befestigt ist. So giebt es eine Stellung der Glocke, bei welcher durch die ringförmige Oeffnung am Kegel so viel Gas eintritt, als erforderlich ist, um bei einem constanten Consum aus dem Ausströmungsrohr einen gewissen bestimmten Druck unterhalb der Glocke, resp. in den Leitungsröhren zu erhalten. Diese Stellung erreicht man dadurch, dass man der Glocke ein bestimmtes Gewicht giebt, d. h. im Fall sie von vornherein durch einen Schwimmkasten oder durch Gegengewicht entlastet war, dass man so viel Gewicht auflegt, bis der gewünschte Druck im Manometer am Ausgangsrohr eintritt. Verändert sich nun der Druck oder die Geschwindigkeit im Eingangsrohr, so wird momentan durch die Oeffnung ein grösseres Quantum Gas unter die Glocke treten, als dem normalen Druck entspricht. Dabei wird aber die Glocke gehoben, der Querschnitt der Einströmung verengt, und erstere tritt soweit wieder zurück, bis sich Druck und Gewicht der Glocke wieder ins Gleichgewicht gesetzt haben. Vermehrt sich der Consum, d. h. vermindert sich der Druck im Ausgangsrohr, so tritt der entgegengesetzte Fall ein. Die Glocke sinkt herab, die Einströmungsöffnung vergrössert sich, und es strömt so viel mehr Gas nach, als erforderlich ist, um den normalen Druck, d. h. denjenigen Druck, welcher der Belastung der Glocke entspricht, wieder herzustellen. Unter allen Umständen kommt der Druck immer wieder von selbst auf das normale Verhältniss zurück, welches der Belastung der Glocke entspricht, und man hat es in der Hand, jeden Druck, der geringer ist, als derjenige der grossen Gasbehälter, constant herzustellen, indem man einfach das Gewicht der Regulatorglocke nach einem am Ausgangsrohr befindlichen Manometer regulirt.

In den ersten Jahren der Gasbeleuchtung, als man den Druck in der Rohrleitung noch ausschliesslich an den grossen Gasbehältern reguliren musste, verursachte dieser Umstand grosse Schwierigkeiten. Besonders war es bei dem bedeutenden Eigengewicht der damaligen Glocken nicht leicht, die Druckdifferenzen aufzuheben, die sich ergaben, je nachdem dieselben tiefer oder weniger tief eintauchten. Man erfand verschiedene Vorrichtungen, selbstregulirende Gegengewichte, aber bei den erforderlichen Dimensionen der Maschinereen wurde der Uebelstand nur theilweise gehoben. Es gab fortwährend Klagen über die Beschaffenheit des Lichtes, über seine übermässige Stärke oder Schwäche, über öfteres gänzliches Verschwinden desselben u. s. w., dass dadurch die ganze Sache beinahe in Misscredit gerathen wäre, und es gehörten, wie ein früherer Schriftsteller sich ausdrückt, wirklich englische Beutel und englische Beharrlichkeit dazu, um alle diese Hindernisse zu überwinden. Clegg trat zuerst im Jahre 1816 mit seiner neuen Erfindung auf, aber erst einige Jahre später, nachdem noch mehrere kleine mechanische Unvollkommenheiten beseitigt worden waren, gelangte sie zur Anerkennung.

Ein Regulator, wie er gegenwärtig meist angewandt wird, ist in Fig. 202 dargestellt. In einem gusseisernen cylindrischen Bassin bewegt sich eine Glocke aus Eisenblech auf und ab. Die Geradführung der Glocke geschieht theils durch zwei an derselben vertikal angebrachte Schienen, welche in zwei am Bassin befestigten Rollen laufen, theils durch eine auf der Glocke genau centrisch angebrachte Stange, welche in

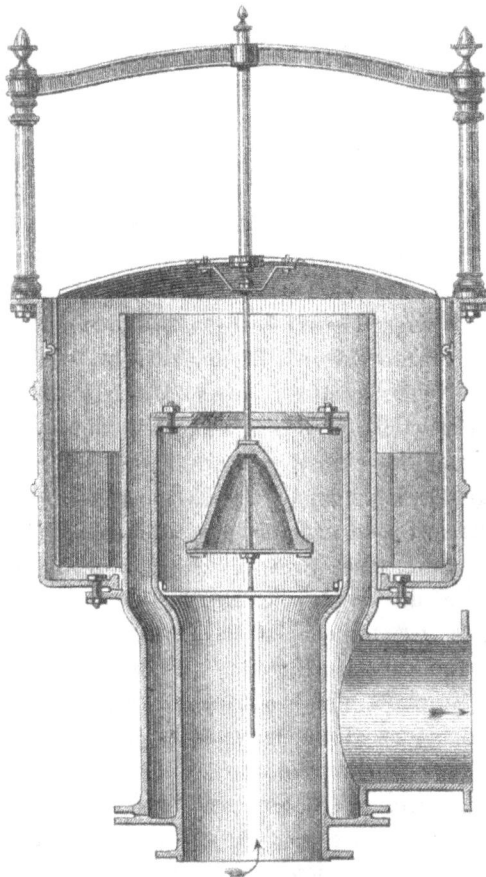

einer im oberen Bügel befindlichen Führung geht. Das Gewicht der Glocke ist durch einen am untern Rande derselben befindlichen Schwimmkasten so balancirt, dass sie gerade schwimmt, wenn sie bis zu ihrem oberen Rande eintaucht. Das Einströmungsrohr steht im Ausgangsrohr, um den Apparat möglichst compendiös zu machen, und trägt auf seinem oberen, erweiterten Theil einen aufgeschraubten Ring, welcher die Oeffnung für das Spiel des Regulirungskegels bildet. Zwischen dem Ring und dem Rohr ist eine sorgfältig präparirte anschliessende Lederscheibe eingelegt, welche bei vollständigem Abschluss als Dichtungsscheibe dient. Der Kegel, der natürlich sehr sorgfältig abgedreht sein muss, hat eine durchgehende Stange, welche theils zum Aufhängen, theils zur Führung des Kegels dient.

Die Stange geht oben durch einen an der Glocke befestigten Bügel, in welchem sie durch zwei Schraubenmuttern festgehalten wird, unten durch eine genau im Centrum des Apparates befindliche Oeffnung einer Führungsschiene, welche beiderseits an der Wand des Rohres festgeschraubt ist. Es versteht sich von selbst, dass der Apparat sehr sorgfältig gearbeitet und eben so sorgfältig aufgestellt werden muss, wenn er exact arbeiten soll. Ein guter Regulator muss auch bei sehr geringem Druck im Ausgangsrohr, unter $\frac{1}{2}$ Zoll, noch genau spielen, und vollständig abschliessen.

Fig. 202.

Zur Beobachtung des Druckes bedient man sich des Manometers, einer zweischenkligen, unten communicirenden Glasröhre, deren eines oberes Ende mit dem Gase in Verbindung steht, während das andere offen und der atmosphärischen Luft zugänglich ist. Das Gas drückt auf das Wasser, mit welchem die Röhre bis zu einer gewissen Höhe gefüllt ist, und drückt dasselbe einerseits um ein gewisses Maass hinunter, andererseits um dasselbe Maass hinauf; auf einer Scala liest man die Niveaudifferenz als Maass für den Druck ab. Eine gewöhnliche Anordnung des Manometers ist in Fig. 203 dargestellt. Das gebogene Glasrohr ist mit seinem linken Schenkel oben in einen Messingwinkel eingekittet, und wird durch eine Verschraubung mit dem Gasrohr in Verbindung gebracht, der rechte Schenkel ist oben offen. Die Scala, deren Nullpunkt in der Mitte

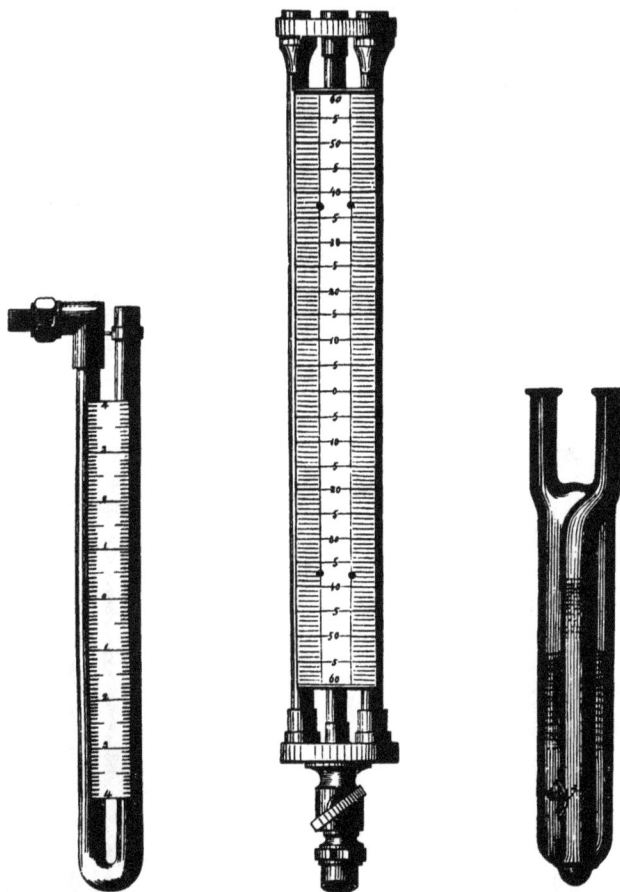

Fig. 203.　　　Fig. 204.　　　Fig. 205.

liegt, und die nach oben 4 Zoll und nach unten 4 Zoll, also im Ganzen 8 Zoll umfasst, liegt vor dem Glas, und ist durch zwei Federn hinten gehalten. Ein anderes Manometer, in welches das Gas von unten eintritt, zeigt Fig. 204. Hier sind zwei gerade Glasröhren oben und unten in Messingfassungen eingekittet, und findet die Communication zwischen beiden durch einen in der unteren Fassung angebrachten Canal Statt. Das Gas gelangt, nachdem es von dem Zuleitungsrohr aus einen in der unteren Fassung befindlichen vertikalen Canal passirt hat, durch ein zwischen beiden Glasschenkeln liegendes Rohr nach aufwärts, und trifft in der oberen Fassung wieder einen nach links führenden Canal, der mit der oberen Oeffnung der linken Glasröhre in Verbindung steht. Oberhalb des rechten Glasrohres ist die Fassung, sowie die Verschluss-Schraube vertikal durchbohrt, so dass hier die Communication mit der atmosphärischen Luft hergestellt ist. Director S. Schiele in Frankfurt a. M. wendet einen sogenannten „concentrischen Druckheber" an, wie er in Fig. 205 dargestellt ist. In das weite Glasrohr, das oben mit einem angeschmolzenen dünnen Halse versehen, ist ein dünneres Glasrohr, das in seinem oberen Theile doppelt abgebogen, im unteren Theile aber durchlocht ist, oben und unten luftdicht eingeschmolzen. Der obere Theil des dünneren Rohres ragt parallel mit dem Halse des weiten Rohres aus dem letzteren gleich hoch hervor. Stellt man mittelst eines Kautschukrohres die Verbindung zwischen der Gasleitung und dem Halse des weiten Rohres her, so steigt die Flüssigkeit in dem inneren engen Rohr in die Höhe, und die Grösse des Druckes wird an einem an das Glas gehaltenen Maassstabe abgelesen.

Alle diese Manometer sind in Betreff ihrer Genauigkeit für die Zwecke des gewöhnlichen Betriebes völlig ausreichend. Es giebt indessen mancherlei Fälle, wo es wünschenswerth ist, mit grösserer Schärfe zu beobachten, und zu dem Ende hat man entweder an den oben beschriebenen Manometern weitere Vorrichtungen angebracht, oder man bedient sich anderer sogenannter multiplicirender Manometer, die theilweise auch im Princip von den vorigen verschieden sind. Commissionsrath B l o c h m a n n jun. stellt zwei fein zugespitzte Drähte auf die innere Fläche des Meniskus ein, und liest die Stellung der Drähte ab. Sein Apparat Fig. 206 und 207 besteht aus einem gusseisernen Fuss, welcher durch drei Schrauben nach einer im

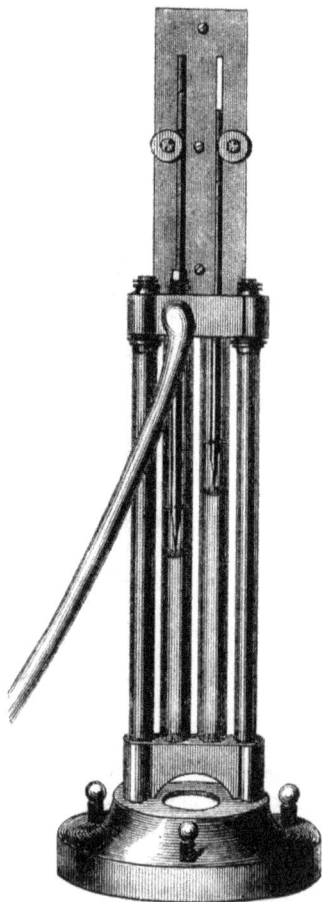 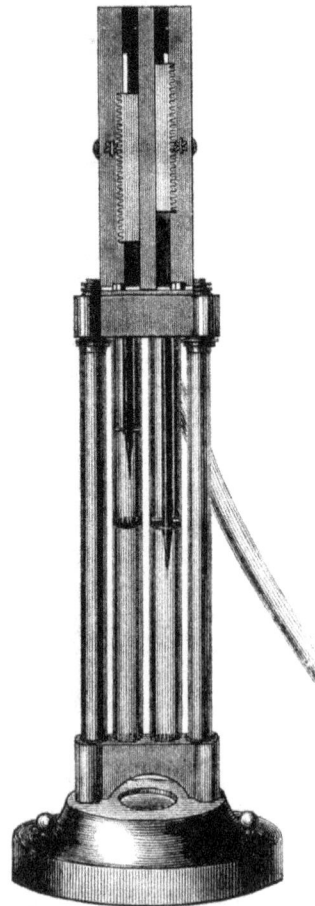

Fig. 206.   Fig. 207.

Centrum versenkt angebrachten Dosenlibelle horizontal gestellt wird, ferner aus dem eigentlichen auf dem Fuss befestigten Manometer — ähnlich wie die bereits beschriebenen — und der Scalenvorrichtung mit den verschiebbaren zugespitzten Drähten, welche in die beiden Manometerröhren hineinreichen. Das linke Rohr ist für das Gas, und wird durch einen Kautschukschlauch, der über einen Ansatz der oberen Fassung geschoben wird, mit der Gasleitung in Verbindung gebracht, der verstellbare Draht ist durch eine Stopfbüchse in dieses Rohr eingeführt; das rechte Manometerrohr dagegen communicirt mit der Luft, und der Draht reicht frei in dasselbe hinein. Beide Drähte sitzen oben an Zahnstangen, die in vertikalen Schlitzen geführt, und mittelst kleiner Triebe auf und ab bewegt werden. Die auf den Zahnstangen angebrachten Scalen gestatten eine genaue Ablesung der Niveaudifferenz.

Um den Weg des Wassers für gleichen Druck zu verlängern, hat man auch die eine Röhre des Manometers geneigt, doch ist die Ablesung auf diesen Manometern keine sehr scharfe. Zweckmässiger ist eine von Dr. C. List in Hagen angegebene Anordnung, bei welcher der Weg gemessen wird, den die Flüssigkeitstheile in einem langen und engen horizontalen Verbindungsstück zwischen den zwei vertikalen communicirenden Röhren von grösserem Querschnitt durchlaufen. Fig. 208 ist eine Abbildung des Apparats.

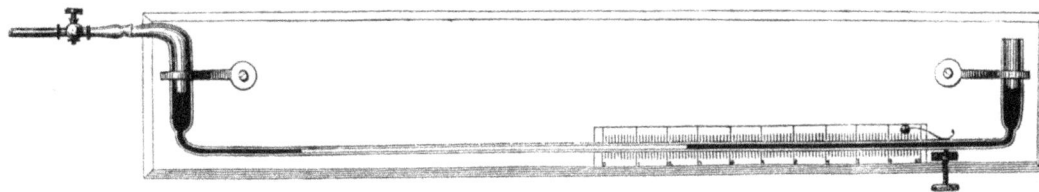

Fig. 208.

Die untere horizontale Glasröhre hat eine Länge von 3 Fuss und eine Weite von etwa $\frac{1}{16}$ Zoll, die vertikalen Röhren sind bedeutend weiter, das linke Rohr ist rechtwinklig umgebogen, mit einem Hahn versehen, und steht mit der Gasleitung in Verbindung, das rechte ist oben offen. Der ganze Apparat ist auf einem Brette befestigt, und kann durch eine Schraube so gestellt werden, dass das untere lange Rohr genau horizontal liegt. Zur Füllung ist Steinöl genommen, welches vorher durch Alkanna roth gefärbt wurde. Und zwar ist diese Füllung so ausgeführt, dass in der unteren Röhre zwichen der Flüssigkeit eine Luftblase von etwas grösserer Länge als die Scala stehen geblieben ist, und das vordere Ende der Blase bei horizontaler Stellung des unteren Rohres genau mit dem Mittelpunct der Scala zusammentrifft. Wird die linke Seite des Apparates mit dem Gasrohr in Verbindung gebracht, so wird die linke Flüssigkeitssäule heruntergedrückt, die rechte dagegen gehoben, und die Luftblase wird über die Scala vorgeschoben, wobei die Länge des Weges, den sie zurücklegt, bedeutend grösser ist, als der Weg, um den die Flüssigkeit in dem vertikalen Schenkel herabgedrückt wird. Verhalten sich die Durchmesser wie 5 : 1, so wird die Länge 25 mal so gross. Die Theilung der Scala ist dadurch erhalten, dass man den Apparat mit einem anderen genauen Manometer (von Elster) zusammenstellte, und den Druck in beiden von $\frac{1}{10}$ Zoll zu $\frac{1}{10}$ Zoll steigerte. Der Hahn, welcher den Apparat von der Gasleitung trennt, ist ein Dreiweghahn, und stellt auch die Verbindung des Apparates mit der atmosphärischen Luft her. Will man den Apparat benutzen, so entfernt man den Druck aus demselben durch diese Stellung des Hahnes, und sieht, ob das Ende der Blase auf den Nullpunct der Scala zurücktritt. Geschieht dies nicht, so steht der Apparat nicht horizontal, und man hilft durch die Stellung der dafür bestimmten Schraube nach. Lässt man dann das Gas ein, so liest man auf der Scala den Druck mit der durch den verschiedenen Querschnitt der Röhren bedingten Genauigkeit ab. Will man den Apparat benutzen, um den Zug der Oefen zu messen, so muss die Leitung mit dem rechten Schenkel in Verbindung gebracht, oder die Scala umgedreht werden. Wegen des Näheren möge auf die Beschreibung des Erfinders im Journ. für Gasbel. Jahrg. 1864, S. 59 verwiesen sein.

Ein anderer sogenannter multiplicirender Druckmesser ist in Fig. 209 dargestellt. In einem niedrigen geschlossenen cylindrischen Gefässe und mit diesem verbunden, steht ein höherer und engerer Cylinder, der unten offen ist, und beinahe bis auf den Boden des erstern reicht. Indem dieser bis zu einer gewissen Höhe mit Wasser gefüllt wird, dringt das Wasser bis zu der gleichen Höhe in den kleinen Cylinder ein, und die zwei Cylinder entsprechen auf diese Weise den zwei Schenkeln eines Manometers. Im kleinen Cylinder befindet sich ein Schwimmer, der an einem über ein Rad laufenden Faden aufgehängt,

36*

und durch ein kleines Gegengewicht balancirt ist. Durch ein auf dem grossen Cylinder sitzendes und mit einem Hahn versehenes Ansatzrohr, welches durch einen Kautschukschlauch mit der Gasleitung in Verbindung gebracht wird, tritt das Gas in den Apparat ein, drückt das Wasser im grossen Cylinder hinunter, und im kleinen hinauf. Es hebt sich demzufolge in Letzterem auch der Schwimmer, und mit dem Rad, über welches dieser aufgehängt ist, dreht sich ein mit dem Rad verbundener Zeiger, der auf einer Scala den Druck ablesen lässt. Wenn kein Druck im Apparat Statt findet, muss jedesmal der Zeiger auf den Nullpunct der Scala zurückfallen. Auf dem grossen Cylinder sitzt noch ein zweites Rohr mit einem Brenner, die Horizontalstellung des Ganzen geschieht mittelst Stellschrauben.

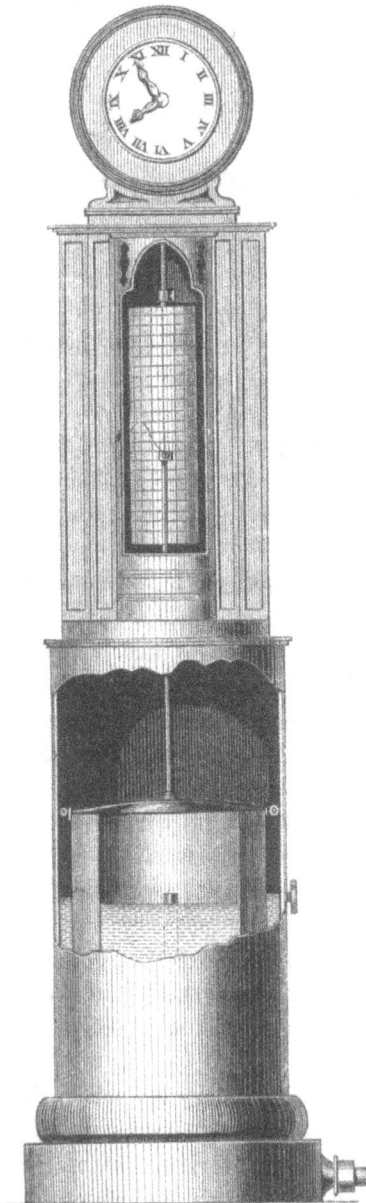

Fig. 209.

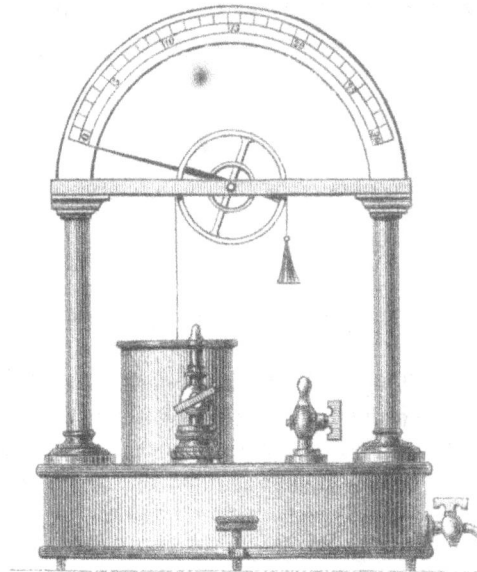

Fig. 210.

Ein von S. Elster construirter sehr empfindlicher Druckmesser ist bereits S. 55, und ein anderer von mir S. 53 näher beschrieben, und kann hier auf das bereits Gesagte verwiesen werden.

Ferner zu erwähnen sind die selbstregistrirenden Druckmesser, die den Druck nicht nur momentan ablesen lassen, sondern ihn continuirlich in Form von Curven selbstthätig verzeichnen. Ein solcher Apparat, erfunden von S. Crosley 1824, und zuerst angewandt von G. Lowe auf der Anstalt der Chartered Gas-Company in London ist in Fig. 210 abgebildet. In dem cylinderförmigen unteren Theil, der bis zur Höhe der seitlich angebrachten Schraube mit Wasser gefüllt ist, erblickt man eine kleine Gasbehälterglocke, die durch einen mantelförmigen Luftkasten so balancirt ist, dass sie — bei Null Druck im Innern — bis zu ihrem oberen Rande eintauchend im Wasser schwimmt. Tritt Gas unter einem gewissen Drucke in dieselbe ein, was durch das in der Zeichnung angegebene Rohr geschieht, so steigt sie in die Höhe, und zwar so weit, bis dieser Druck durch das vermehrte Gewicht der Glocke wieder ausgeglichen wird. Die Zunahme des Gewichts bei der Glocke steht in geradem Verhältniss mit der Steigung derselben, desshalb giebt die letztere einen sehr einfachen Maassstab für erstere, resp. für den Druck des Gases ab, welcher dieser

Gewichtszunahme entspricht. Man hat es in der Hand, das Gewicht und die Dimensionen der Glocke so anzuordnen, dass man für jede Druckzunahme eine grössere oder geringere Steigung, somit eine weitere oder
engere Scala erhält; bei den mir bekannten Apparaten entspricht jede Linie Druckzunahme einer Steigung von
nahezu ½″, also ist die Scala eine sechsmal vergrösserte. Die Vertikalführung geschieht durch Rollen, die am
oberen und unteren Rand der Glocke angebracht sind, und durch Leitschienen, gegen welche diese Rollen laufen.
Auf dem Deckel ist im Mittelpunct eine Messingstange aufgeschraubt, die aus dem unteren Gehäuse herausragt und
an ihrem oberen Ende eine Schreibvorrichtung trägt. Das Nähere der Schreibvorrichtung zeigt Fig. 211 in grösserem Maassstabe. In einem aufgeschraubten Messingsattel mit zwei aufrecht stehenden Platten ruht eine dünne

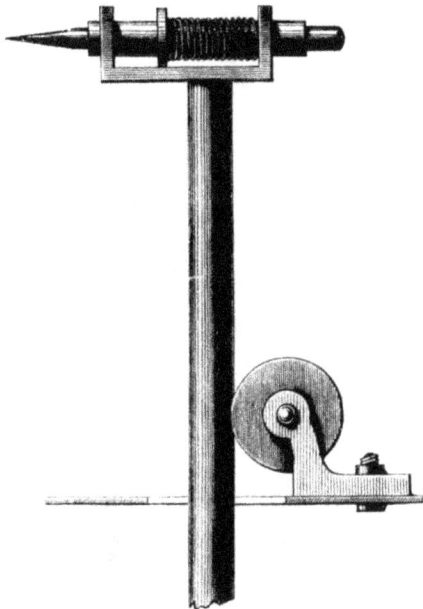

Fig. 211.

Blechbüchse, welche den zum Schreiben dienenden Bleistift fest umschliesst, und zugleich in der Mitte ihrer Länge mit einem vorspringenden Rand versehen ist. Zwischen diesem Rand und der
hinteren vertikalen Platte des Sattels ist eine übergeschobene feine
Spiralfeder eingelegt, durch welche die Spitze des Bleistifts sanft
gegen den Cylinder, resp. das Papier angedrückt wird, auf welchem
der Druck verzeichnet werden soll. Die Feder darf nicht stark
sein, weil sonst die entstehende grössere Reibung zwischen Papier
und Bleistift einen nachtheiligen Einfluss auf das Spiel der Glocke
ausüben würde. Zur genauen Führung der Stange ist hinter derselben auf der Deckplatte am unteren Theile des Apparates noch
eine Leitrolle angebracht, gegen welche sie angedrückt wird. Die
Darstellung der Zeichnung geschieht auf einem dazu eingetheilten
Papier, welches über einen mittelst Uhrwerkes in 24 Stunden rotirenden vertikalen Cylinder gespannt wird. Der Cylinder aus
Messingblech, etwa 4″ im Durchmesser, befindet sich in dem mittleren zurücktretenden Theil des Apparates und steht mit seinem
unteren Zapfen in einem entsprechenden Lager, während das obere
Ende seiner Welle durch eine Kuppelung mit dem Werke der darüber angebrachten gewöhnlichen Uhr in Verbindung steht. Das
Papier, dessen Länge genau dem Umfange des Cylinders entspricht, ist durch Vertikalstriche in 24 gleiche
Theile eingetheilt, welche eben so viele Stunden bedeuten, weil während der Zeitdauer einer Stunde der Cylinder genau um einen solchen Theilstrich hinter dem Bleistift durch die Uhr fortbewegt wird. Die Theilstriche nach der Höhe des Papieres bedeuten den Druck; sie bezeichnen meistens Linien oder Zehntel-Zolle,
und richten sich nach der Steigung der Glocke. Zur Befestigung des Blattes bedient man sich sehr bequem
zweier Gummiringe, von welchen man den einen oben, den anderen unten umlegt. Will man den Apparat
in Gang setzen, so stellt man zuerst den richtigen Wasserstand für die Glocke her, indem man das Gehäuse
bis zur Seitenschraube füllt, dann befestigt man das Papier so, dass der Bleistift der leeren Glocke genau
auf Null der Papierscala zeigt, dreht den Cylinder soweit herum, dass der hinter dem Bleistift stehende
Vertikalstrich genau dem Stande der oberen Stundenuhr entspricht, schraubt die Verkuppelung fest an und
richtet den Bleistift, dass er mit hinreichender Kraft gegen das Papier gedrückt wird, um einen deutlichen
Strich auf demselben hervorzubringen.

Eine andere Anordnung dieses Apparates zeigt Fig. 212. Hier ist statt des rotirenden Cylinders
eine rotirende Scheibe angewandt. Die Scheibe ist mit einer entsprechenden Eintheilung versehen, und wird
durch eine Uhr, welche in der Zeichnung nicht sichtbar ist, weil sie an der Rückseite der Scheibe sitzt, in
24 Stunden einmal herumbewegt. Die im untern Theil des Apparates sitzende Glocke trägt die zwischen
vier Frictionsrädern geführte Stange und an deren oberem Ende ist der Bleistift angebracht, der auf der
Scheibe die Druckcurve verzeichnet.

Noch verdienen hier die Apparate erwähnt zu werden, die nicht sowohl zur Beobachtung als zur Ueberwachung des Druckes dienen, indem sie mittelst einer Glocke das Zeichen geben, sobald der Druck gewisse Grenzen, die man bestimmt, überschreitet. Ein solcher Weckerapparat, wenn ich nicht irre, von Prof. H e e r e n, ist in Fig. 213 dargestellt. Zwei Glascylinder, die durch ein Fussstück mit einander com-

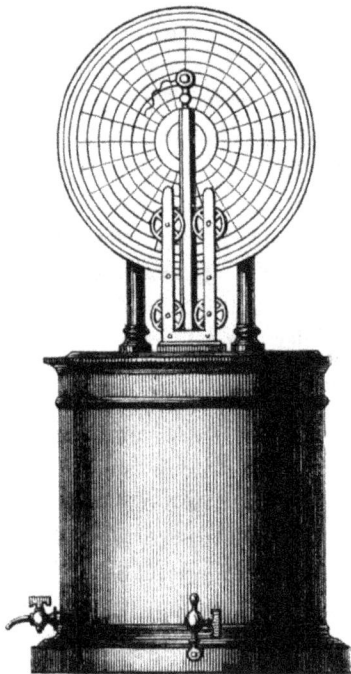

Fig. 212.

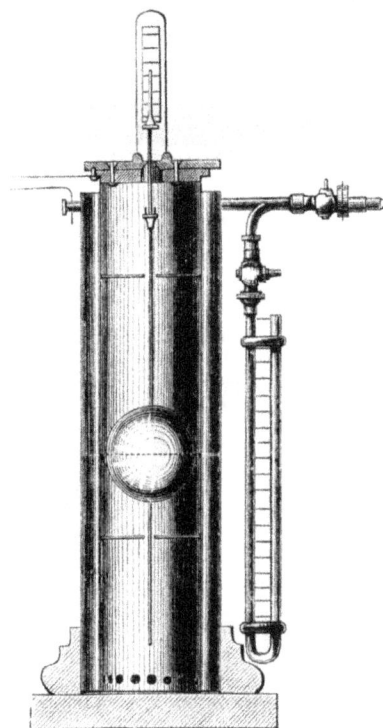

Fig. 214.

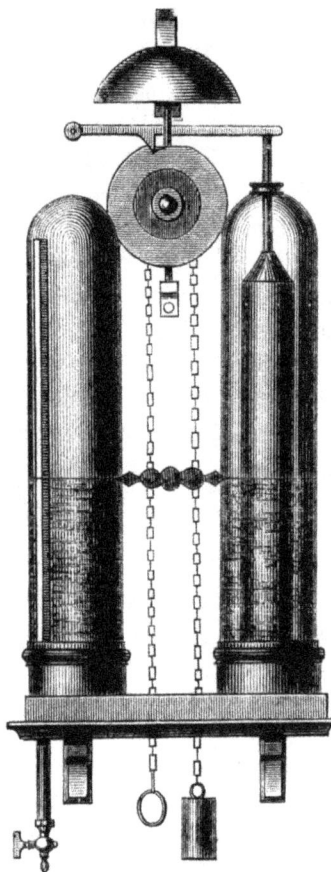

Fig. 213.

municiren, bilden die beiden Schenkel eines Manometers. Sie sind bis zu einem bestimmten, durch einen Zeiger markirten Punkt mit Wasser gefüllt, in den linken Schenkel ist ein kleines Rohr von unten luftdicht eingeführt, durch welches das Gas über dem Wasserniveau eintritt, der rechte Schenkel, der oben offen ist, trägt einen Schwimmer, der sich mit dem Wasserniveau hebt und senkt. Der Schwimmer ragt mit einer an demselben befestigten Stange aus dem Glascylinder heraus, steigt das Wasser im rechten Schenkel über ein gewisses Maass hinauf, so löst der Schwimmer einen gewöhnlichen Wecker aus, dieser läuft ab, und giebt das Zeichen, dass der Druck die bestimmte Grenze überschreitet.

Einen anderen Weckerapparat von F. J. E v a n s, den dieser beim Betrieb seiner Exhaustoren verwendet, und der im „Journal of Gas Lighting" beschrieben ist, zeigt Fig. 214. In einem äusseren weiteren Cylinder befindet sich ein zweiter engerer, der mit ersterem durch die an seinem unteren Ende angebrachten seitlichen Oeffnungen communicirt. In diesem inneren Cylinder befindet sich eine Schwimmkugel mit einer vertikalen Führung nach oben und unten. Derselbe Cylinder ist mit einer Messingplatte geschlossen, welche durch eine zweite untergelegte Holzplatte isolirt ist. An der oberen Führungsstange des Schwimmers sind an zwei Stellen kleine Platinspitzen festgelöthet, welche bei der höchsten und niedrigsten Stellung, die der Schwimmer einnehmen darf, gegen die Messingdeckplatte stossen. Und diese Messingplatte einerseits, sowie der äussere Cylinder andererseits, sind durch Kupferdrähte mit den Polen einer kleinen Batterie verbunden. Tritt eine Berührung zwischen den Platinspitzen und der Messingplatte ein, so ist der Strom geschlossen, und es tritt ein Electromagnet in Thätigkeit, der das Glockensignal so lange ertönen lässt, als die metallische Berührung dauert. Das Gaszuleitungsrohr befindet sich am oberen Rande des äusseren Cylinders.

Zwölftes Capitel.

Hähne und Ventile.

Die Abschlussvorrichtungen im Allgemeinen. Gewöhnliche metallene Hähne. Lufthähne für Reinigerdeckel. Hahn von Ertel. Das gewöhnliche Schieberventil. Verbessertes Schieberventil von Ch. Walker & Sons. Wechsel-Ventil von B. Krüger. Einfache Wasserventile Wasserventile für die Ein- und Ausgangsröhren der Gasbehälter. Der Clegg'sche Wechselhahn. Anordnung desselben für einen, für zwei, drei und vier Apparate. Hahn von Cockey & Sons.

Zum Ein- und Ausschalten sowie zum sonstigen Betrieb der verschiedenen in den vorstehenden Capiteln beschriebenen Apparate bedarf man der Hähne und Ventile. Es giebt eine grosse Mannigfaltigkeit in der Anordnung derselben, im Grossen und Ganzen lassen sie sich jedoch auf zweierlei Arten zurückführen, der Verschluss wird entweder durch aufeinander geschliffene Metallflächen oder durch Wasser bewirkt. Zu den ersteren gehören die eigentlichen Hähne und Schieberventile, zu den letzteren die einfachen sogenannten Wasserventile und die Clegg'schen Wechselhähne.

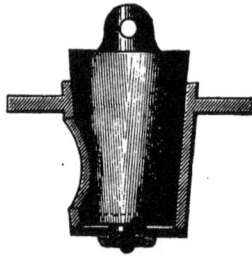

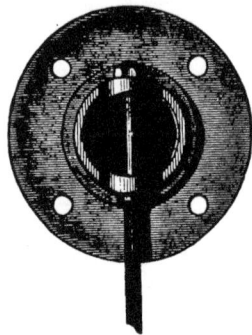

Die eigentlichen metallenen Hähne haben gewöhnlich eine auf der Axe des abzusperrenden Rohres senkrecht stehende conische Hülse, in der sich ein eingeschliffener durchbohrter Zapfen (das Küken) bewegt. Diese Hähne werden jedoch meist nur in kleinen Dimensionen ausgeführt, und kommen bei den Fabrikapparaten wenig vor, wesshalb sie auch später in dem Capitel über die Beleuchtungs-Apparate näher behandelt werden sollen. Als eine für ihren speciellen Zweck etwas modificirte Art der Hähne will ich nur die Lufthähne für Reinigerdeckel, Fig. 215, hier anführen, wie L. A. Riedinger sie gewöhnlich mit 2 bis 3 Zoll Oeffnung auszuführen pflegt, und die dazu dienen, beim Anstellen eines neuen Reinigungskastens die atmosphärische Luft aus demselben auszulassen. An einer horizontalen Platte ist abwärts die unten offene conische Hülse des Hahns angegossen, die eine seitliche runde Oeffnung von 2 Zoll Durchmesser hat. In die Hülse eingeschliffen ist der Zapfen, der inwendig hohl, und unten und an den Seiten bis auf eine gleiche 2zöllige Oeffnung geschlossen ist. Wenn der Hahn so gestellt ist, dass die Oeffnung im Zapfen auf die Oeffnung in der Hülse trifft, so ist der Weg für das Gas frei, indem es in das Innere des Zapfens und von da nach oben ins Freie ge-

Fig. 215.

LXI.

Fig.1.

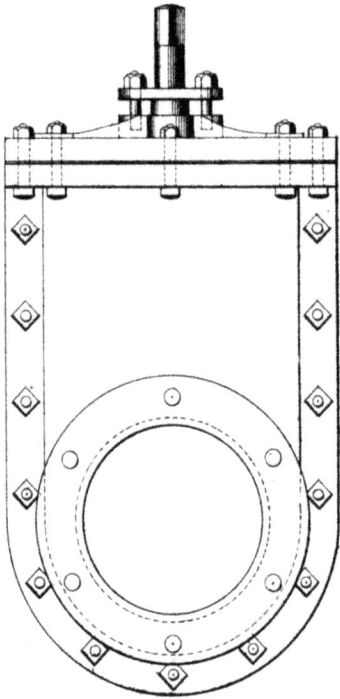

Fig.5.

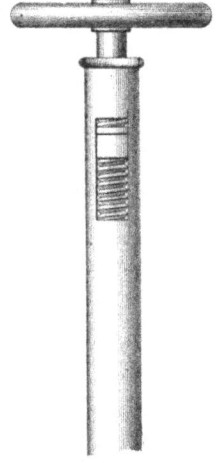

Fig.2.

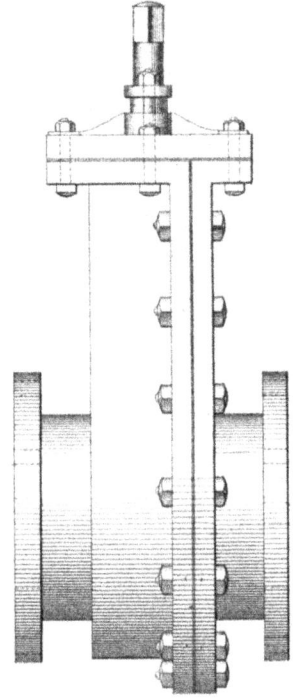

Fig.6.

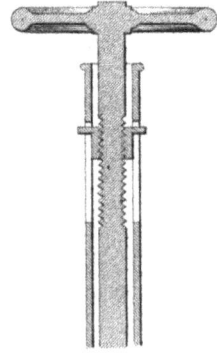

Fig.3.

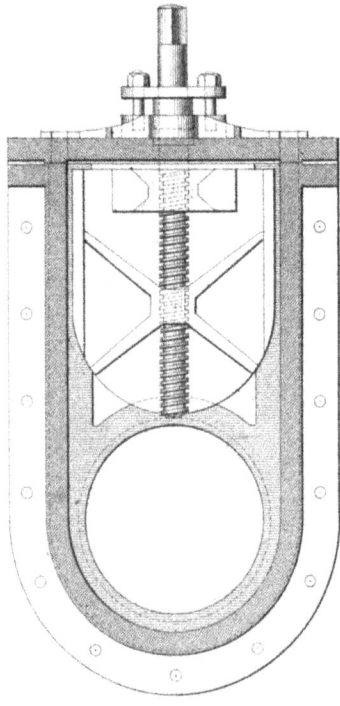

Fig.4.

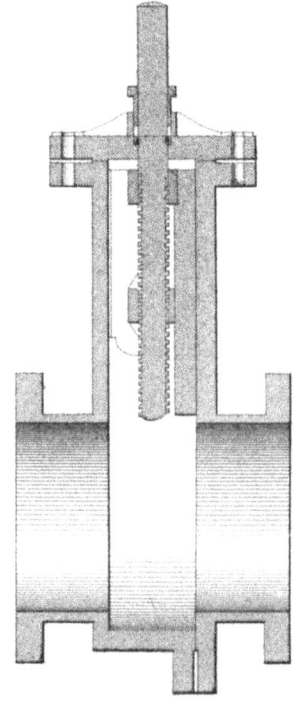

Fig. 1.

Fig. 7.

Fig. 2.

Fig. 8.

Fig. 3. LXII.

Fig. 9.

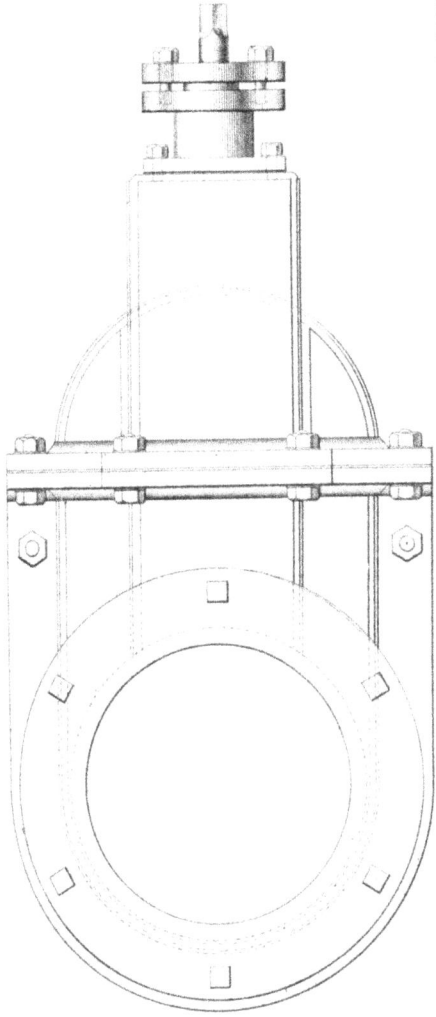

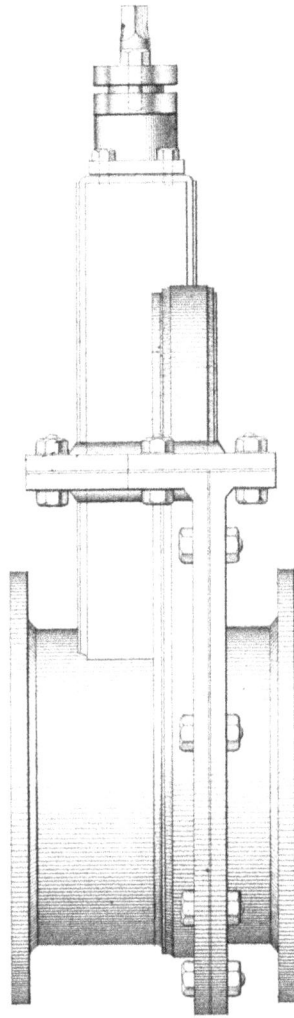

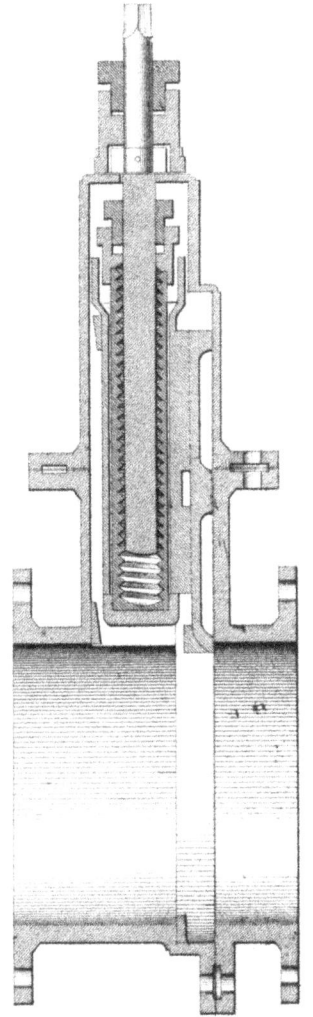

Fig. 4.

Fig. 5.

Fig. 6.

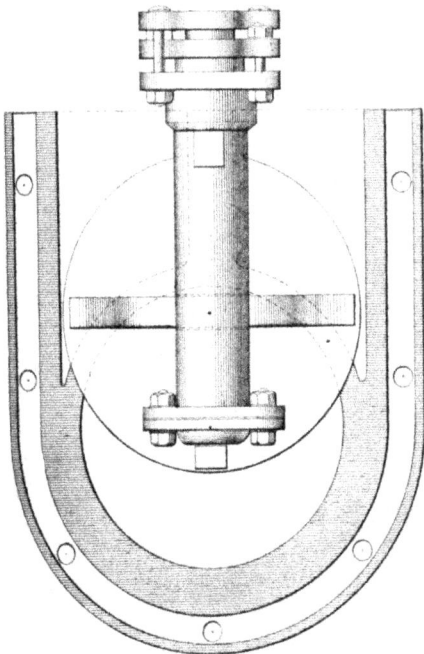

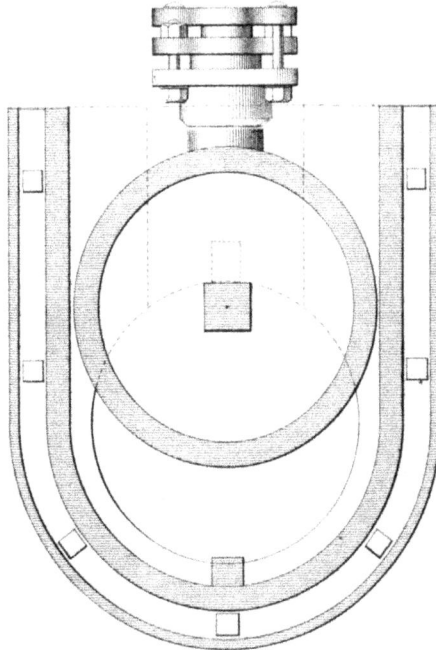

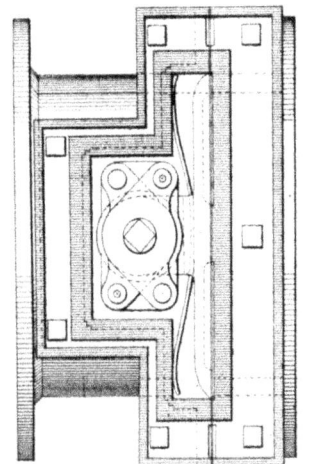

langen kann. Unten hat der Zapfen einen ½ zölligen Stift, der mit Gewinde versehen ist. Ueber den Stift wird eine Platte geschoben, welche auf den Rand des Gehäuses fasst, und wird durch eine Mutter der Zapfen angezogen und festgehalten. Oben hat derselbe zwei angegossene Ohren, durch dessen Löcher die Stange gesteckt ist, welche zum Stellen des Hahns dient. Das Ganze wird an der oberen horizontalen Platte oder Flansche mittelst 4 Schrauben auf dem Deckel festgeschraubt.

Einen Hahn von Ertel in München, der für Röhren bis zu 15 Zoll Durchmesser ausgeführt ist,

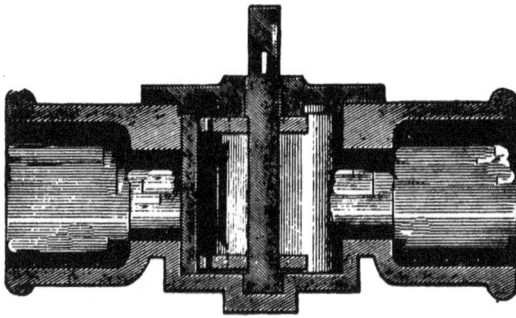

Fig 216.

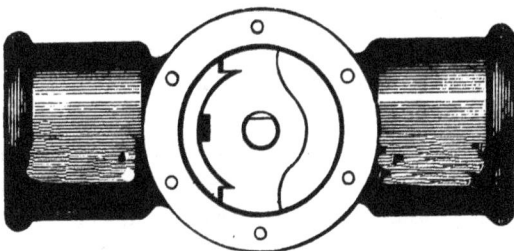

Fig. 217.

zeigen die Fig. 216 und 217. Fig. 216 ist ein vertikaler Längendurchschnitt, Fig. 217 eine Ansicht von oben mit abgenommener Deckplatte. Der gegossene, genau ausgedrehte Cylinder mit angegossenem Ein- und Ausgangsrohr bildet das Gehäuse des Hahns. Der Boden desselben ist geschlossen und in der Mitte mit einem versenkten Zapfenlager versehen, die obere Oeffnung wird nachträglich mit einem aufgeschraubten Deckel verschlossen. Die Absperrung der Ein- und Ausgangsöffnung geschieht durch eine cylinderförmig gekrümmte Messingplatte, deren äussere Fläche genau derjenigen des Gehäuses entspricht, und die von solcher Grösse ist, dass sie eine der abzusperrenden Oeffnungen gut bedeckt. In der Mitte des Hahns ist ein drehbarer Zapfen befindlich, auf welchem zwei der Abschlussplatte zur Führung dienende Scheiben aufsitzen. Die eine der Scheiben sitzt oben unter dem Deckel, die andere unten am Boden. Eine hinter der Abschlussplatte liegende Feder drückt diese fest an das Gehäuse des Hahnes an.

Die am allgemeinsten verbreitete Vorrichtung zum Absperren der Fabrikapparate ist das Schieberventil. Ein solches ist auf Tafel LXI näher dargestellt. Fig. 1 und 2 sind Ansichten und Fig. 3 und 4 die entsprechenden Durchschnitte desselben. In einer aus zwei Theilen bestehenden Hülse mit angegossenen Ein- und Ausgangsröhren und aufgeschraubter Deckplatte bewegt sich ein vertikaler Schieber. Schieber und Gehäuse haben vortretende Ränder und Schienen, die genau auf einander geschliffen sind und luftdicht schliessen. Hinter dem Schieber, also zwischen diesem und der Rückseite des Gehäuses liegen eine oder zwei Federn, die den ersteren fest andrücken. Gleichfalls an der Rückwand des Schiebers befinden sich über einander zwei Schraubenmuttern befestigt, durch welche die Schraube geht, die durch eine auf der Deckplatte sitzende Stopfbüchse mit ihrem Kopf nach Aussen hinausreicht und durch deren Drehung nach rechts oder links der Schieber abwärts oder aufwärts bewegt wird. Die Drehung der Schraube geschieht entweder mittelst eines aufgesetzten Schlüssels, oder bequemer mittelst eines horizontalen Rades, wie es in Fig. 5 und 6 dargestellt ist. Hier ist zugleich noch eine Vorrichtung angebracht, welche den jedesmaligen Stand des Schiebers anzeigt. Auf der verlängerten Stange der Schraube ist in einiger Höhe noch ein zweites Gewinde mit Mutter, von welch letzterem zwei hervorragende Zapfen durch die Schlitze einer umgebenden Hülse heraustreten und den Stand der Mutter sichtbar machen. Wird die Schraube gedreht, so bewegen sich diese Zapfen auf und ab, entsprechend dem Schieber unten; sind sie unten im Schlitz, so ist das Ventil geschlossen; sind sie oben, so ist es offen.

Eine verbesserte, aber auch bedeutend kostspieligere Art dieser Ventile von Ch. Walcker & Sons in London zeigt Tafel LXII. Fig 1 und 2 sind Ansichten desselben, Fig. 3 ein Durchschnitt, Fig. 4 und 5 zeigen den Schieber von beiden Seiten nebst dem dahinter liegenden halben Gehäuse, Fig. 6 ist eine Ansicht von oben mit abgenommenem Kopftheil, Fig. 7 bis 9 Details. Der Hauptvorzug dieser Ventile liegt

darin, dass sie statt einer langen Schraube und kurzen Mutter umgekehrt eine kurze Schraube und lange
Mutter haben. Dadurch ist es möglich, die ganze Bewegungsvorrichtung in eine Hülse zu legen und sie
gegen jeden schädlichen Einfluss zu schützen. Wir sehen die Hülse an der Rückseite des Schiebers befestigt;
in ihr steckt die messingene Schraubenmutter von der Länge des Weges, den der Schieber zu machen hat;
die Schraube hat nur wenige Gänge und befindet sich bei der gezeichneten Stellung des Schiebers ganz
unten, ihre Spindel geht durch eine am oberen Ende der Hülse sitzende Stopfbüchse. Bei einer Drehung
der Schraube bewegt sich mit dem Schieber der ganze Apparat auf und ab und Schraube, wie Mutter sind
vor jedem äusseren nachtheiligen Einfluss geschützt. Der Schieber wird durch eine hintergelegte Feder angedrückt, wie das auch bei dem einfachen Ventil der Fall ist. Ausserdem sieht man hier noch Keile angebracht, mittelst welcher er angeklemmt wird, wenn man ihn ganz schliesst.

Ein von B. Krüger, Constructeur in der Maschinenfabrik von Gebr. Merkel in Chemnitz con-
struirtes, und im Journ. f. Gasbeleuchtung, Jahrg. 1863, S. 274 beschriebenes Ventil hat den Zweck, irgend
einen Apparat, den das Gas durchströmen soll, in die Leitung ein- und auszuschalten, ohne erst drei einzelne Ventile und Umgangsleitung anwenden zu müssen, und zwar erfolgt die Ein- und Ausschaltung durch
Bewegung einer einzigen Ventilspindel. Das Ventil ist auf Tafel LXIII in einem Vertikalschnitt Fig. 1, in einer
Vertikal-Ansicht Fig. 2, in einem Horizontaldurchschnitt Fig. 3, und im Grundriss Fig. 4 dargestellt.

Das ganze Ventilgehäuse besteht aus den 3 Gusstheilen A, B und C, die mittelst der Flanschen
aa und bb zusammengedichtet sind. Das mittelste Stück A ist cylindrisch und ist diametral gegenüber mit
2 zuerst weiteren, dann engeren Stutzen D und E mit den Flanschen dd und ee zur Einschaltung in die
Rohrleitung versehen. Oben und in der Mitte befinden sich die beiden ringförmigen Ventilverschlussflächen
αα und ββ; die dritte den Raum M nach unten zu abschliessende Ventilsitzfläche wird von dem Gussstücke
C gebildet, das je nach der Anwendung in einen geraden oder gebogenen Stutzen mit Flansche ausläuft. Der
Stutzen D ist von dem Raum N durch eine Zwischenwand getrennt, dagegen mit dem Raum M durch eine
halbkreisförmige Oeffnung, deren Flächeninhalt dem Querschnitt der Rohrleitung gleich ist, verbunden, während umgekehrt der Stutzen E mit dem untern Raum N communicirt und vom oberen Raume N getrennt ist.

Das obere Gussstück B, welches den Raum K über der Ventilsitzfläche αα umschliesst, bildet die
Fortsetzung des Cylinders gg hh; die obere Deckelfläche trägt nach oben einen Ansatz zur Aufnahme der
Stopfbüchse s und nach unten einen ähnlichen zur Befestigung der Messingmutter m. Nach der Seite zu
ist ein Stutzen L mit Flansche angesetzt. Durch die Axe des Ventilgehäuses geht eine Ventilspindel S S';
an welcher die drei Ventilscheiben O, P und Q in folgender Weise befestigt sind: Die oberste O legt sich
gegen den Bund u und wird durch 2 halbkreisförmige Platten p und p', die in die Nuth v fassen, in seiner
Höhe gehalten; sie kann sich um die Spindel drehen und ist gegen den Bund u mit einer Lederscheibe
abgedichtet. Die zweite Ventilscheibe P ist in gleicher Weise befestigt und gegen den auf die Spindel aufgedich-
teten Stellring ebenfalls durch eine Lederscheibe abgedichtet. Die dritte Ventilscheibe Q wird durch eine
kurze starke Spiralfeder gegen die Mutter l gepresst, die Dichtung auf der Spindel erfolgt durch einen Lederring, der die Spindel scharf umfasst und durch eine aufgeschraubte Blechplatte befestigt wird. Die Ventilscheiben bestehen aus einfachen gusseisernen Scheiben, auf welche mittelst schmiedeiserner Scheiben, die bei
O und P, wie schon erwähnt, aus zwei Hälften bestehen, starke Lederscheiben befestigt sind, die den Verschluss auf den ringförmigen eben gearbeiteten Sitzflächen bewirken. Bei t ist die Spindel mit Gewinde versehen, das durch die Messingmutter m geht; oben hat sie ein Handrad r r. Die Verschiebbarkeit der Ventilscheibe Q ist desshalb nothwendig, damit bei Niederschraubung der Spindel die beiden Ventile O und Q
sicher schliessen. Das Gas tritt in den Raum D und m, geht von da, wenn der betreffende Apparat eingeschaltet, also die Ventilspindel gehoben ist, durch den Raum K und den Stutzen L in den Apparat. Nachdem es denselben durchströmt hat, tritt es durch den Stutzen C, der direct oder durch ein kurzes Zwischen-
rohr mit der Ausgangsöffnung des Apparates verbunden ist, wieder in das Wechselventil ein, und kann nun

ungehindert wieder durch den Stutzen E in die Rohrleitung gelangen. Soll dagegen der Apparat ausgeschaltet werden, so schraubt man die Ventilspindel herunter, dadurch öffnet man das Ventil P und verschliesst die beiden Ventile O und Q; das Gas muss in Folge dessen sofort aus dem Raume M in den Raum N treten und geht daher durch das Wechselventil direct durch. Bei der Anwendung des Ventils besteht die einfache Aufgabe darin, die beiden Stutzen B und C mit der Ein-, resp. Ausgangsöffnung des einzuschaltenden Apparates in Verbindung zu setzen, dies kann in allen Fällen durch ein einfaches Zwischenstück erreicht werden. Die Stutzen D und E werden direct mit der Rohrleitung verbunden und es wird in der Regel nur nothwendig werden, dieselbe an der Stelle, wo das Wechselventil zu stehen kommt, durch zwei S förmige Rohrstücke höher zu legen.

Die einfachen Wasserventile, welche den Zweck haben, einzelne Rohrleitungen durch hydraulischen Verschluss abzusperren, haben im Allgemeinen die Einrichtung, dass das betreffende Leitungsrohr unterbrochen, eines der beiden Enden (oder beide) aufwärts geführt, mit Wasser umgeben, und mit einer beweglichen Kappe versehen ist, welche man in das Wasser einsenken, und wieder herausheben kann. Auf Tafel LXIV sind zwei solche Ventile gezeichnet, wie man sie vielfach für die Ein- und Ausgangsröhren der Gasbehälter anwendet. Das Ventil Fig. 1 und 2 besteht aus einem unten offenen, oben geschlossenen Deckel B, der über das Rohr A geschoben werden kann, und mindestens 12″ tief in eine mit Wasser gefüllte Rinne taucht, die dadurch gebildet ist, dass das Rohr A mit einem weiteren Kasten C umgeben ist, dessen Boden es 12″ unterhalb seines Randes umfasst. Dieser äussere Kasten ist oben mit einer Deckplatte geschlossen und seitwärts mit dem Ausgangsrohr C für das Gas versehen. Die Stange E geht durch eine im Deckel befindliche Stopfbüchse F und hat oberhalb dieser ein Schraubengewinde von solcher Länge, dass sie dem erforderlichen Hub des Deckels entspricht. Das Rad G hat die entsprechende Mutter und durch ein Drehen desselben nach rechts und links lässt sich die Schraube, resp. der Deckel heben und senken. Das Rad wird von der Hülse H getragen und in seiner Stellung festgehalten, womit die Schraube und der obere Theil der Stange umgeben ist. Die zur Führung des Deckels dienende Querschiene ist aus Fig. 2 ersichtlich.

Ein anderes Wasserventil zeigen die Fig. 3 und 4. Hier bildet der obere Theil der Hebestange eine gezahnte Stange a, in die das Rad b eingreift, welches mittelst der Kurbel c gedreht wird. Der Rücken der Zahnstange wird durch eine Scheibe geführt, welche in punktirten Linien angedeutet ist. Rad und Scheibe liegen in einem gusseisernen Bock d, welcher auf zwei Säulen ruht, deren flanschenartiger Fuss auf der Deckplatte des Ventils festgeschraubt ist. Die Führung des Deckels e wird nicht durch Schienen, sondern durch drei Rollen fff, Fig. 4, bewirkt.

Eine sehr hübsche Verbindung mehrerer hydraulischer Verschlüsse ist der sogenannte Clegg'sche Wechselhahn — so genannt nach seinem Erfinder, dem Altmeister im Gaswesen, S. Clegg. Derselbe hat im Allgemeinen den Zweck, eine gewisse Anzahl Apparate derart mit einander zu verbinden, dass man einzelne oder mehrere davon nach Belieben ausschalten kann, und dass das Gas durch die übrigen in einer bestimmten Reihenfolge geht. Dieser Zweck wird dadurch erreicht, dass die Verbindungsrohre sämmtlich mit ihren aufwärts gebogenen Enden durch den Boden des mit Wasser oder Theer bis zu einer gewissen Höhe gefüllten Gefässes hindurchgehen und hier bis über das Niveau der Flüssigkeit vorstehen. In das Gefäss taucht die Glocke von Eisenblech derart ein, dass sie über sämmtliche Röhren überfasst und den hydraulischen Verschluss nach Aussen hin herstellt. Im Innern der Glocke befinden sich mehrere vertikale Scheidewände, die aber nicht so tief hinabreichen, als die Aussenwand, so dass man bei einer theilweisen Hebung der Glocke dieselbe drehen kann, ohne den Abschluss nach Aussen aufzuheben. Durch die Scheidewände wird der Raum der Glocke in mehrere Kammern getheilt, und je nachdem man diese oder jene Röhren in je eine Kammer vereinigt, wird der Gasstrom verschieden geleitet und verschiedene Apparate mit einander in Communication gebracht.

Die einfachste Form des Clegg'schen Wechselhahns ist diejenige, deren man sich zur Ein- und Ausschaltung eines einzigen Apparates bedient, die also dieselbe Function versieht, wie das oben beschriebene

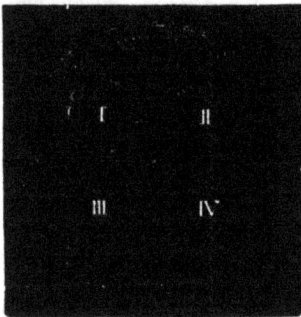

Fig. 218.

Krüger'sche Wechselventil. Fig. 218 stellt die Grundzüge eines solchen Wechsels dar. Vier Röhren münden in den Apparat ein, nämlich Rohr I, welches das Gas zuführt, Rohr II, welches dasselbe in den betreffenden Apparat leitet, Rohr IV, durch das es wieder zurückströmt und Rohr III, durch welches es weiter geführt wird. Die Glocke umfasst mit ihrem cylindrischen Mantel, der bis auf den Boden des Apparates reicht, alle 4 Röhren, und hat nur eine Scheidewand, welche wenn die Glocke heruntergelassen ist, die Röhren zu zwei und zwei von einander trennt. Wie die Stellung der Scheidewand gezeichnet ist, ist der Apparat eingeschaltet, das Gas tritt von I nach II über, durchströmt den Apparat, kömmt durch IV zurück und geht durch III weiter. Denkt man sich die Glocke um 90° gedreht, so dass die Scheidewand vertikal steht, so würde der Apparat ausgeschaltet sein, das Gas würde direct von I nach III übergehen. Will man zwei Apparate mit einem Clegg'schen Wechselhahn ein- und ausschalten, so erhält derselbe 6 Röhren, und eine Glocke von etwas complicirterer Eintheilung. In den Fig. 219 bis 222 sind die Grundzüge eines solchen Wechsels scizzirt, bei dem fünf Röhren an der Peripherie

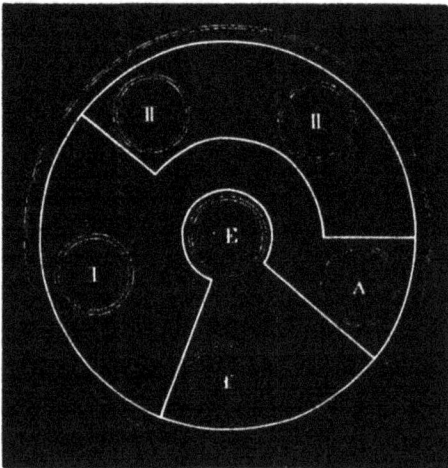

Fig. 219.

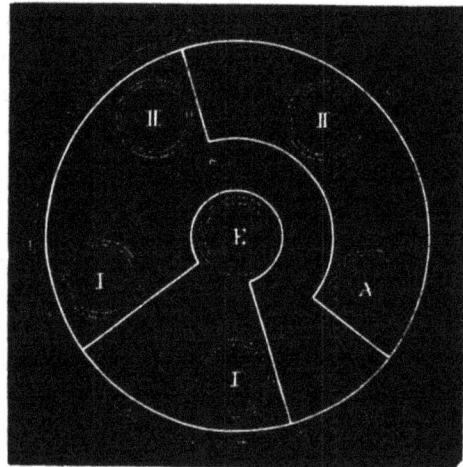

Fig. 220.

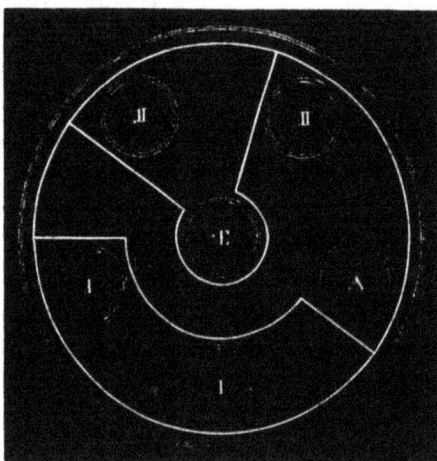

Fig. 221.

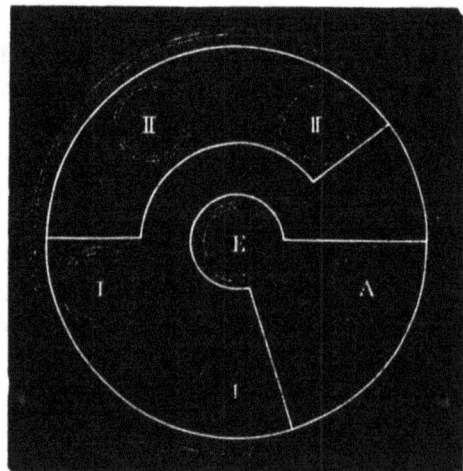

Fig. 222.

Fig.1.

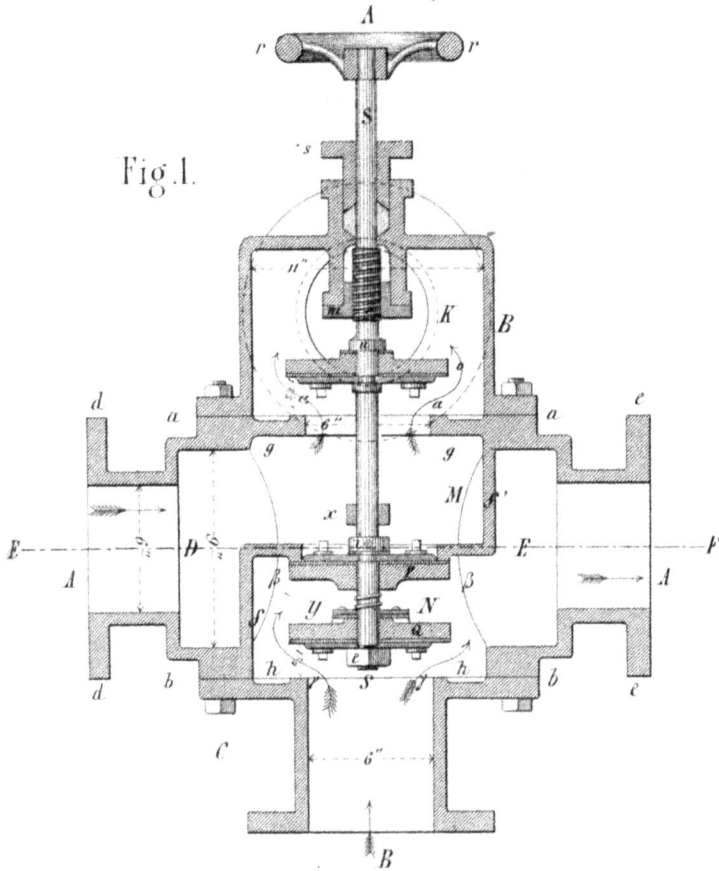

Fig.2.

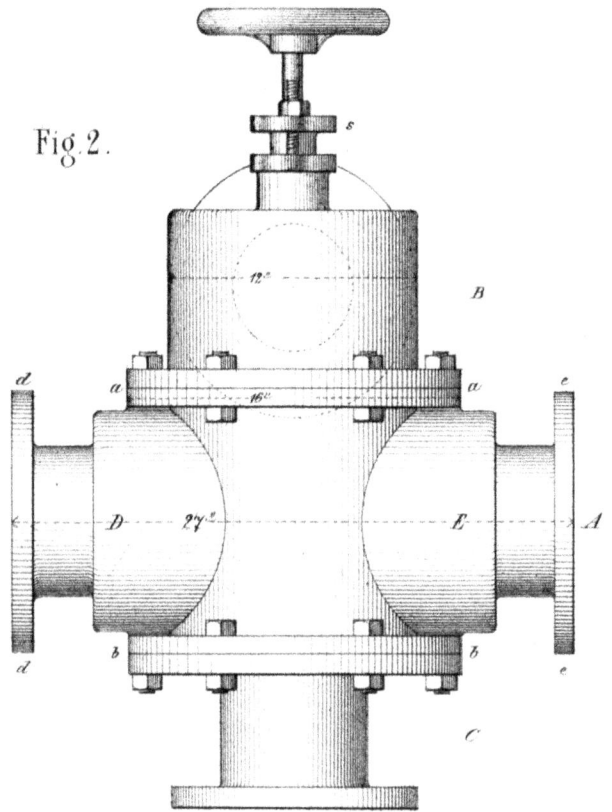

Fig.3.

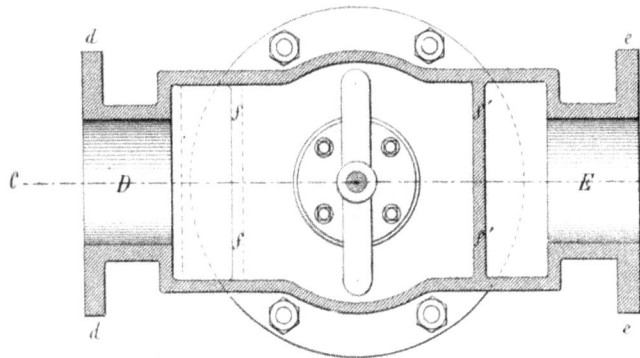

Coupe *EF.*

Durchschnitt *EF.*

Fig.4.

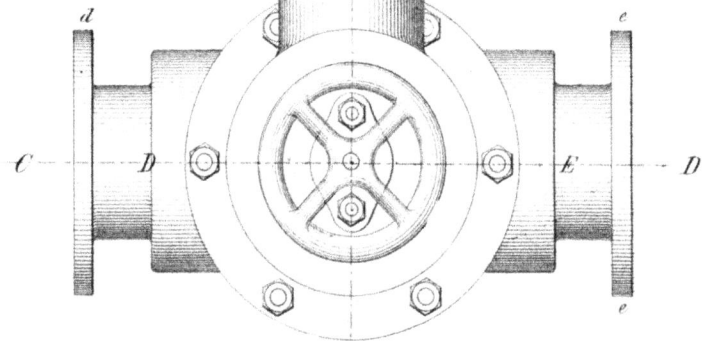

B

Plan

Grundrifs.

¼ nat Gr.

Echelle de 83 Millim. pour 1 Mètre.

LXIV.

Fig. 3.

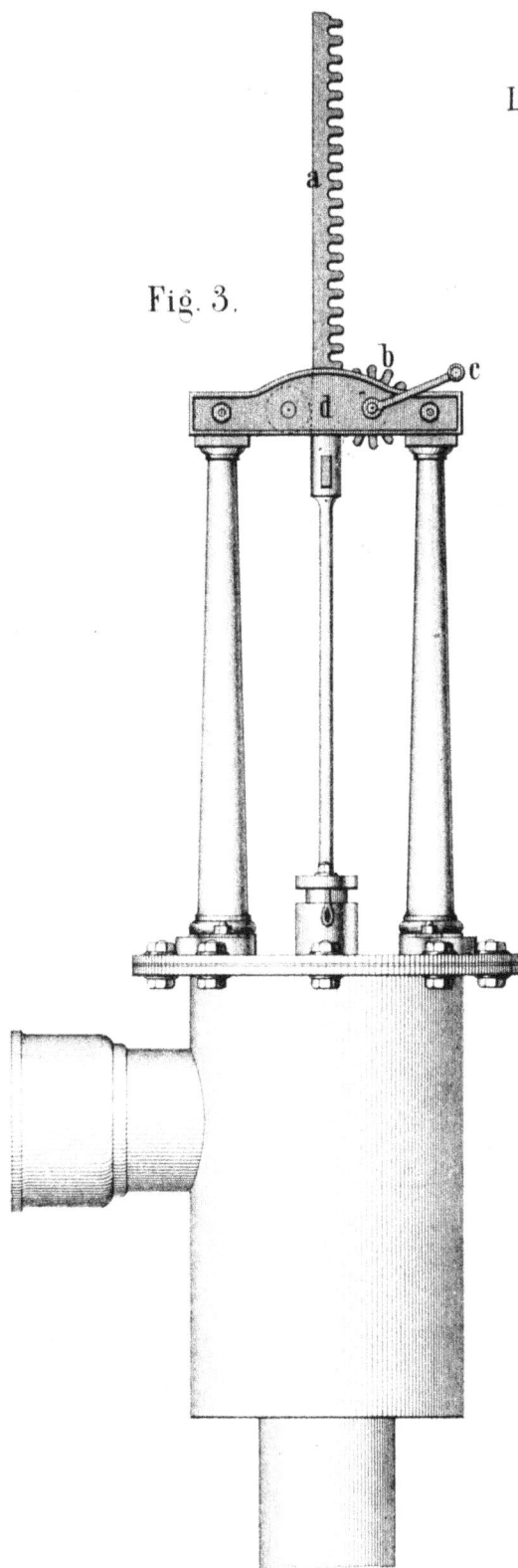

Fig. 1.

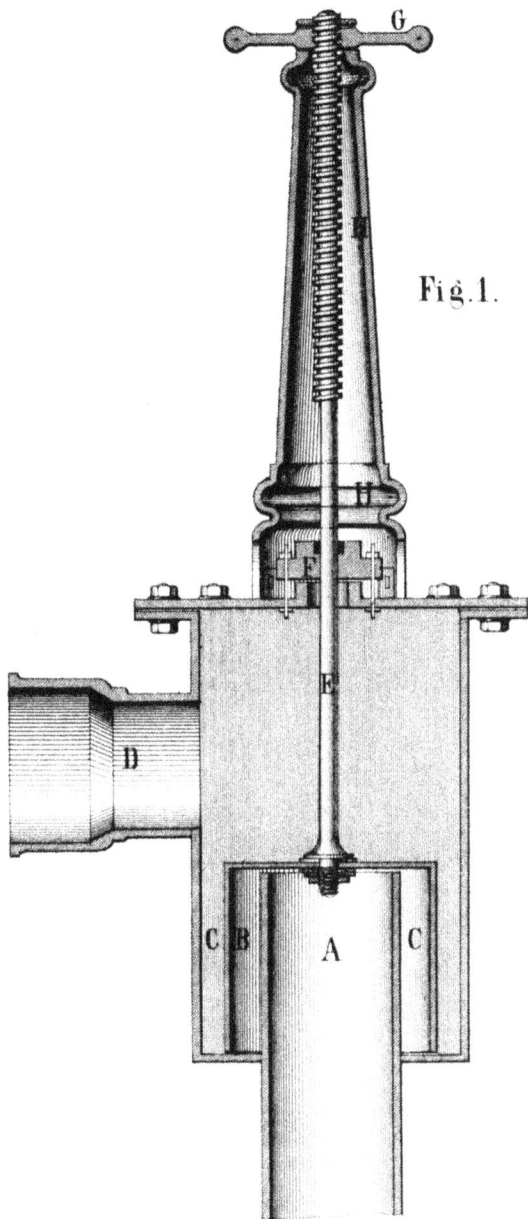

Fig. 2.

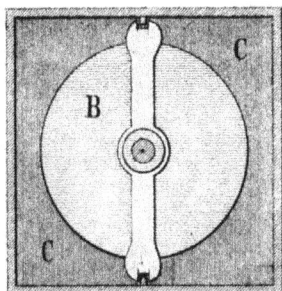

Fig. 4.

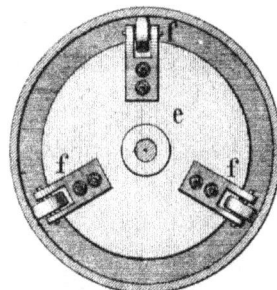

Echelle de 64 Millim. pour 1 Mètre.

des Apparates gleichmässig vertheilt sind, während das **Eingangsrohr in der Mitte steht. Bei der** in Fig. 219 angedeuteten Stellung geht das Gas vom Eingangsrohr E in das mit I bezeichnete **Eingangsrohr zum Reini**gungskasten Nr. I, tritt durch das Ausgangsrohr desselben Kastens zurück, und gelangt zum Ausgangsrohr A des Wechsels, durch welches es den Apparat verlässt. Der Reinigungskasten Nr. II ist ausgeschaltet. Bei der in Fig. 220 gezeichneten Stellung ist wieder zunächst der Kasten Nr. I in Funktion, von dem Ausgangsrohr I gelangt das Gas aber dann zum Eingangsrohr II, durchströmt auch den Reinigungskasten Nr. II und geht erst vom Ausgang des Kastens II in das Ausgangsrohr A des Apparats über. Es sind also beide Reiniger hinter einander angestellt. In Fig. 221 ist der Reiniger II eingeschaltet, der Reiniger I ausgeschaltet, in Fig. 222 endlich sind beide Reiniger ausser Thätigkeit, und das Gas geht von dem Eingang E des Apparates direct zum Ausgang A desselben über. Man kann also mit diesem Wechsel jeden Apparat einzeln arbeiten, man kann beide hinter einander anstellen, und kann beide ausschalten, d. h alle Stellungen erreichen, welche für den Betrieb mit zwei Apparaten überhaupt erforderlich sind.

In den Fig. 223 und 224 sind die Grundzüge für einen etwas abweichend construirten Wechselhahn zu drei Apparaten dargestellt. In der Mitte des Apparats mündet das Rohr ein, welches das gereinigte Gas fortleitet Zwischen diesem und einem zweiten weiteren concentrischen Rohre ist eine Wasserrinne befindlich, in welche eine cylindrische Scheidewand des Deckels hineinpasst, die das Auslassrohr gegen Aussen abschliesst. Ein drittes noch weiteres concentrisches Rohr umschliesst wieder das zweite; der ringförmige Raum zwischen beiden steht unten mit dem Rohr in Verbindung, durch welches das Gas in den Apparat eintritt. Eine zweite cylindrische Scheide-

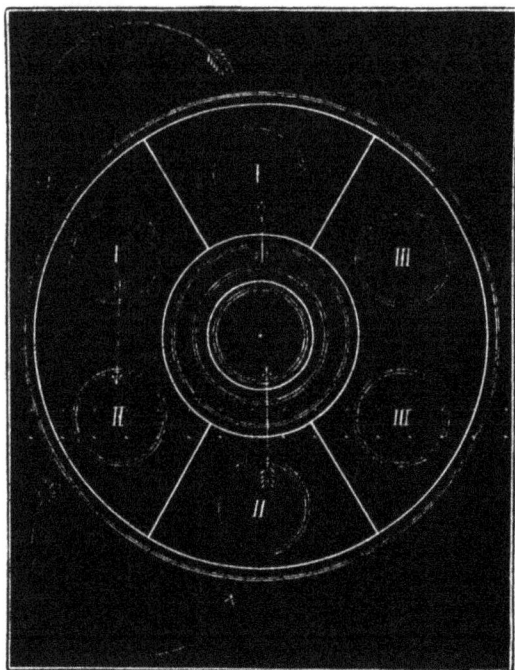

Fig. 223.

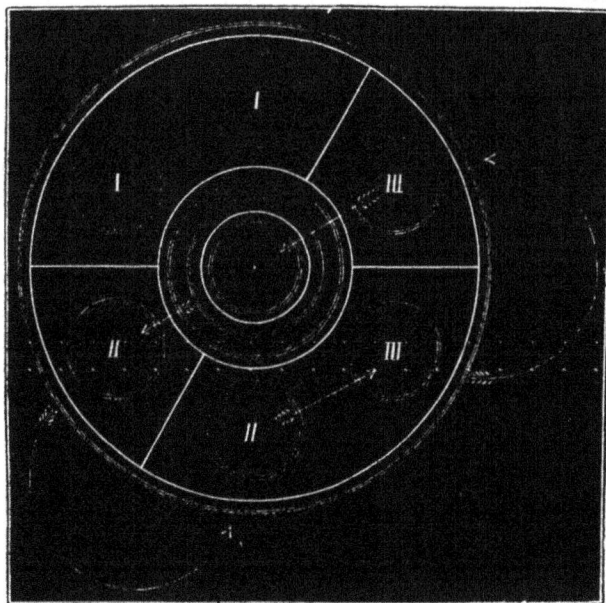

Fig. 224.

wand des Deckels fasst über dieses Rohr und taucht in die zwischen ihm und der äusseren Wandung des Bassins stehende Sperrflüssigkeit, so dass auf diese Weise auch das Einlassrohr abgeschlossen ist. In dem übrigen Raum des Bassins stehen symmetrisch vertheilt die sechs Röhren, welche mit den drei Reinigungskasten communiciren. Die äussere Wand des Deckels taucht zunächst der Wand des Bassins in dieses ein und reicht bis auf den Boden, ebenso wie die cylindrischen Scheidewände. Schliesslich sind noch vier radiale Scheidewände angebracht, und zwar in der Weise, dass abwechselnd eine und zwei Röhren von ihnen einge-

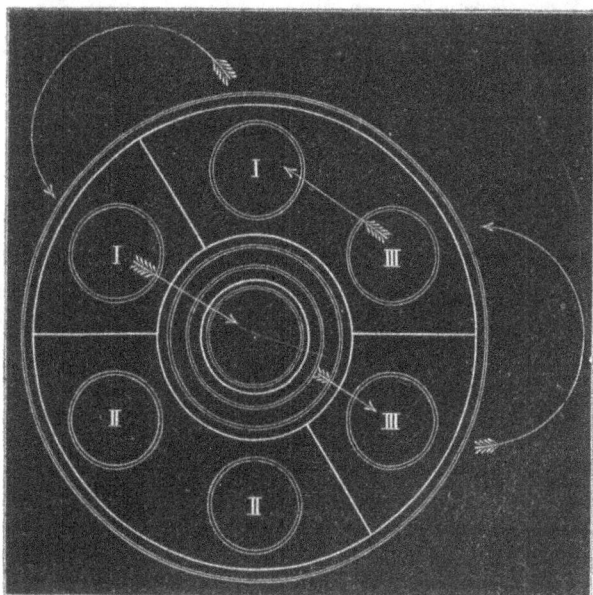

Fig. 225.

schlossen werden. Eine der kleinen Kammern steht mit der ringförmigen Einlassöffnung in Verbindung. Hat die Glocke die in Fig. 223 mit dicken Strichen gezeichnete Stellung, so geht das Gas nach einander durch die Reiniger I und II, während Nr. III ausgeschaltet ist. Wie die Stellung in Fig. 224 gezeichnet ist, stehen II und III nacheinander im Gebrauch, und I ist ausgeschaltet. Fig. 225 endlich zeigt die dritte Stellung, nach welcher III und I hintereinander im Gebrauch sind, während II ausgeschaltet ist.

Ein Wechselhahn für vier Reiniger endlich ist auf Tafel LXV dargestellt. Derselbe ist im Wesentlichen nach einem Muster gezeichnet, welches vom Director der Gasanstalt in Stettin, W. Kornhardt, s. Z. für die Magdeburger Anstalt construirt worden ist, und worüber v. Unruh folgende Beschreibung giebt: Das Gas tritt durch das Rohr E ein und durch A aus. An der Peripherie herum münden innerhalb des Hahns 8 Rohre, von denen je 2 zu einem Reinigungskasten gehören. Bei der Stellung, wie auf der Tafel LXV gezeichnet, befindet sich das Rohr E und ein Rohr aus dem Kasten III in einer und derselben Kammer. Das Gas geht also nach dem Kasten III, dessen zweites Rohr mit einem Rohr vom Kasten II in einer Abtheilung liegt. Daher strömt das Gas aus dem Kasten III nach dem Kasten II; auf dieselbe Weise von II nach I und aus I nach IV. Das zweite Rohr des Kastens IV befindet sich aber mit dem Ausgangsrohr A in einer Kammer. Es passirt also das Gas alle IV Kasten und zwar in der Reihenfolge III, II, I, IV und gelangt dann weiter in die Gasbehälter. Wird die Glocke gehoben, so lässt sich dieselbe drehen und wieder senken und dadurch in 14 verschiedene Stellungen bringen, welche in kleinem Maassstabe gezeichnet sind. Die dabei stehenden Zahlen geben die Nummern und Reihenfolge der Kasten an, durch welche das Gas in den verschiedenen Stellungen geht. Die Kasten, deren Nummern dabei fehlen, sind ausgeschaltet, können geöffnet, geleert und mit frischem Reinigungsmaterial gefüllt werden. Darnach gestattet dieser Hahn, das Gas gehen zu lassen

durch Kasten I   allein,

„   „   II   „ ,

„   „   III   „ ;

oder durch I   und II,

„   „   II   „   III,

„   „   III „   IV,

„   „   IV, III, II,

„   „   III, II, I,

„   „   II, I,   IV;

„   „   IV, III, II, I,

„   „   III, II, I, IV,

„   „   II, I,   IV, III,

„   „   I,   IV, III, II.

Die beiden Stellungen IV allein und IV und I combinirt gehen dadurch verloren, dass die eine Scheidewand in der Glocke auf das Ausgangsrohr A trifft.

In der Regel werden beim Betriebe nur die vier Variationen zu drei Kasten benutzt, welche so

Fig. 1.

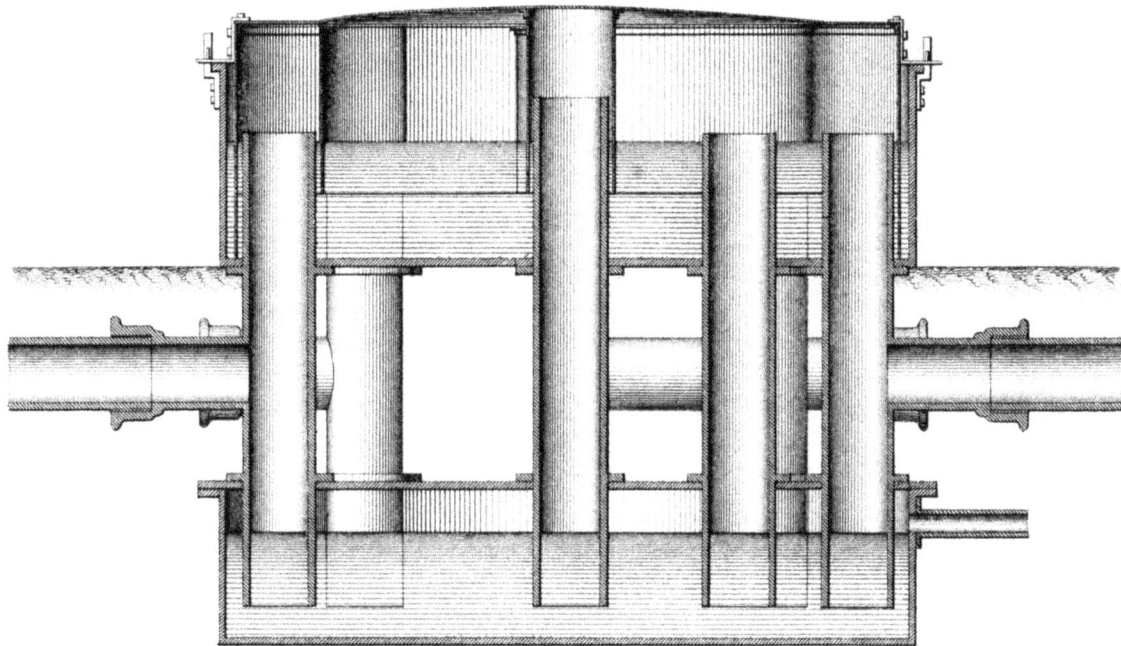

Fig. 2.

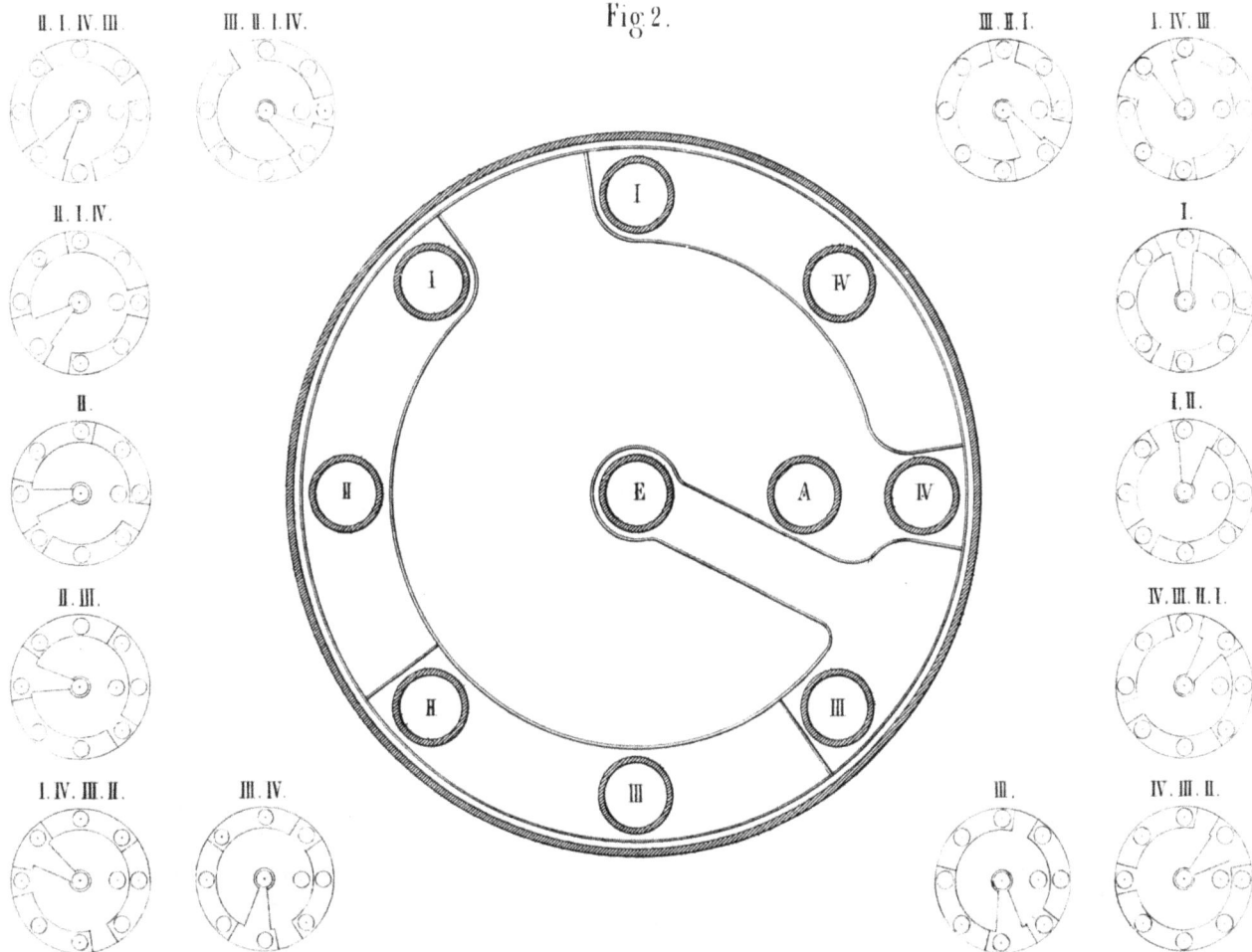

combinirt sind, dass das Gas den ausgeschaltet gewesenen und frisch gefüllten Kasten zuletzt passirt. Bei jeder folgenden Variation rückt dieser Kasten um eine Nummer vor, und es wird stets derjenige Kasten ausgeschaltet, welcher am längsten benutzt ist. Will man sich hierauf beschränken, so können die Scheidewände der Glocke erheblich einfacher eingerichtet werden. Es haben indessen die Variationen zu vier Elementen ihren practischen Nutzen. Es werden nemlich gewöhnlich nur bei Tageslicht die Kasten mit frischem Material gefüllt, weil beim Oeffnen eines abgenutzten Kastens Gas entweicht, und das Reinigungsgebäude desshalb nur von Aussen durch die Fenster erleuchtet wird. Der bei Tage zuletzt gefüllte Kasten bleibt so lange in Reserve stehen, bis die Gasprobe anzeigt, dass seine Einschaltung erforderlich ist. Geschieht dies dann ohne einen Kasten auszuschalten, so geht das Gas den andern Theil der Nacht durch alle vier Kasten, wodurch das Reinigungsmaterial möglichst ausgenutzt wird. Auch die Combination zu zwei Kasten kann in Anwendung kommen, wenn an einem Kasten oder dessen Rohren eine Reparatur erforderlich ist, oder durch Verstopfung eines Abwässerungsrohres ein Kasten für kurze Zeit unbrauchbar wird, und ein anderer in der Füllung begriffen ist. Es kommt wesentlich darauf an, wie hoch die Rohrenden über dem Boden des Bassins vorstehen, und wie tief der Rand der Glocke im gehobenen Zustande derselben, sowie die Scheidewände im gesenkten Zustande in den Theer eintauchen. Ist eines dieser Maasse im Verhältniss zur Spannung des Gases zu gering, so wird das Gas entweder beim Heben der Glocke am Rande hervorquellen, und im Gebäude frei werden, oder beim tiefsten Stande der Glocke aus einer Kammer in die andere treten, also den beabsichtigten Weg nicht gehen, und auch durch den zur frischen Füllung geöffneten Kasten in das Gebäude gelangen. Bei der Bestimmung der Dimensionen darf man nicht vergessen, dass es unzulässig ist, das Bassin bis zum oberen Rande der Rohrenden mit Theer oder Wasser zu füllen, weil die Flüssigkeit in den verschiedenen Kammern verschiedene Höhe einnimmt, je nachdem das Gas die Kammern passirt, oder dieselbe mit dem ausgeschalteten und geöffneten Kasten in Verbindung steht. Die Differenz des Wasser- oder Theerspiegels entspricht genau dem Ueberdruck des Gases gegen die Atmosphäre. Man wird also die entsprechende Höhe von der Rohrhöhe im Bassin und noch etwas für Schwankungen des Theerspiegels abziehen müssen, welche namentlich bei etwas zu schnellem Heben oder Senken des Hahns, zu raschem Lüften der Deckel der Reinigungskasten u. s. w. eintreten. Auch das Flächenverhältniss der verschiedenen Kammern des Hahns muss berücksichtigt werden, um zu bestimmen, welche Höhe die Flüssigkeit in jeder Kammer einnimmt, wie tief also die Scheidewände hinunter reichen müssen und wie hoch der über diese nach unten vortretende Rand der Glocke sein muss. Sind z. B. drei Kasten eingeschaltet, so wird im grössten Theil der Glocke Gas, also Ueberdruck vorhanden sein, der Theerspiegel also nur sehr wenig sinken, um in der zum ausgeschalteten Kasten gehörigen Kammer so viel zu steigen, als dem Ueberdruck entspricht. Ist dagegen nur ein Kasten eingeschaltet, so muss der Theer in drei Kammern steigen; er wird dadurch in den anderen Räumen desto mehr fallen. Man kann leicht einen allgemeinen Ausdruck für die zu einem bestimmten Ueberdruck erforderliche Länge der Röhren und für die Höhe des unteren Randes der Glocke finden, wobei auch die Fläche des Ringes zwischen der Glocke und dem Bassin in Rechnung gebracht werden muss. Macht man sich aber klar, dass die äusserste Grenze des Steigens und Fallens des Theerspiegels bei dem ungünstigsten Flächenverhältniss die volle Druckhöhe, zusammen also die doppelte Druckhöhe niemals erreichen kann, so kommt man aus, wenn man den Glockenrand, welcher über die Scheidewände hinaustritt, so hoch macht, als die doppelte Druckhöhe nach Maassgabe aller sonstigen Anordnungen betragen kann, die Röhren dagegen der vierfachen Druckhöhe gleich. Es wird dann bei richtiger Füllung des Bassins der Rand der Glocke bei gehobenem Zustande noch soviel eintauchen, als die Druckhöhe beträgt, und eben soviel die Scheidewände in gesenktem Zustande.

Zur Entfernung der sich etwa noch sammelnden Condensationsflüssigkeiten sind die acht in den Wechselhahn einmündenden Röhren unten mit T-förmigen Ansätzen versehen, die unten offen, in ein gemeinsames, mit Sperrflüssigkeit theilweise gefülltes gusseisernes Bassin eintauchen. Dieses Bassin ist mit einer Deckplatte versehen, kann übrigens auch offen sein und hat ein seitliches Abflussrohr zur Fortleitung der Producte.

Dem Clegg'schen Hahn nachgebildet ist ein anderer Wechselhahn von Cockey & Sons, der im Journal für Gasbeleuchtung Jahrgang I Seite 92 näher beschrieben ist. Derselbe besteht aus zwei mit Kammern versehenen gusseisernen Theilen, die auf einander geschliffen sind, und von denen der obere um eine durch die Mitte gehende Achse auf dem unteren herumgeschoben wird. Dieser Hahn bedarf keiner Sperrflüssigkeit, erfordert aber, dass nicht nur die äusseren Ränder, sondern auch die Scheidewände gasdicht schliessen.

Im Jahrg. 1862 des Journ. für Gasbel. S. 376 hat Director Baumeister Kühnell in Berlin einen verbesserten Cockey'schen Hahn beschrieben, den er in der Gasanstalt zu Riga in Anwendung gebracht hat, und wegen dessen hier auf die betreffende Mittheilung verwiesen sein möge.

Dreizehntes Capitel.

Die Fabrikgebäude und die Disposition der Apparate in denselben.

Allgemeine Bedingungen für die Situation und Grösse der Fabrik. Die Zufuhr des Rohmaterials muss möglichst leicht gemacht sein. Die Fabrik muss möglichst am tiefsten Punct des Terrains liegen. Rücksichten gegen das Publikum, sowie auf localen Gasconsum. Die Grösse der Anstalt muss nicht nur der nächsten Zukunft entsprechen, sondern auch auf eine weitere Entwickelung berechnet sein. Calculation des wahrscheinlichen Consums für eine neue Anstalt. Strassenflammen und deren Consum. Anzahl und Consum der Privatflammen. Indem man zum Consum einen Prozentsatz für Leckage rechnet, schliesst man auf die Production. Die Production in der längsten und in der kürzesten Nacht. Hiernach richtet sich die Grösse und Anordnung der Oefen und Apparate. Das Retortenhaus. Leistung einer Retorte in 24 Stunden. Calculation der erforderlichen Retorten für die längste und kürzeste Nacht. (Maximum und Minimum). Reserve. Vertheilung der Retorten in den Oefen. Grössenverhältnisse des Retortenhauses aus der Grösse und Zahl der Oefen abgeleitet. Feuersicherheit des Retortenhauses. Ventilation desselben. Cokekeller. Reservoirs für Wasser. Arbeiterzimmer. Querschnitt eines Retortenhauses. Der Schornstein. Zweck des Schornsteins. Theoretische Ausflussgeschwindigkeit der Verbrennungsproducte. Umstände, welche eine Verringerung des theoretischen Nutzeffectes bedingen. Ueber die Dimensionen eines Schornsteins lassen sich keine eigentlichen Vorschriften geben Temperatur, mit denen die Gase in den Schornstein eintreten. Zweckmässige Geschwindigkeit der Gase im Schornstein. Relation zwischen Schornsteinweite und Rostfläche bei mehreren bestehenden Anstalten. Schluss daraus. Abmessungen von Redtenbacher. Allgemeine Bemerkung über enge und weite Schornsteine. Höhe der Schornsteine. Die kreisrunde Form ist die vorzüglichste. Wo mehrere Rauchcanäle in einen gemeinschaftlichen Schornstein münden, müssen sie unter einem möglichst spitzen Winkel vereinigt werden. Verbindung eines Ventilationsschachtes mit dem Schornstein. Der Kohlenschuppen. Grösse des Kohlenvorraths, den eine Gasanstalt zu halten hat. Raum, den 1 Centner Kohlen einnimmt. Im Freien darf man keine Kohlen lagern. Die Selbstentzündung der Kohlen. Die vortheilhafteste Lage der Kohlenschuppen. Das Löschen nud Lagern der Kohlen auf der Gasanstalt in Hamburg. Die Räumlichkeiten für die Condensations- und Reinigungsapparate, sowie für den Exhaustor. Condensationsapparate sollen unter Dach stehen. Das Reinigungslocal muss von den übrigen Localitäten getrennt sein. Beleuchtung und Heizung desselben. Das Röhrennetz ist frei zu legen. Grösse und Form des Reinigungslocales nach Zahl, Grösse und Anordnung der Apparate verschieden. Ein Reinigungshaus mit 4 Apparaten und Schieberventilen. Reinigungsanlage mit Clegg'schem Hahn. Der beste Platz für den Exhaustor ist zwischen Condensator und Scrubber. Motoren zum Treiben der Exhaustoren. Dampfkessel im Rauchcanal. Man soll den Kessel nicht mit der Maschine und dem Exhaustor in einem und demselben Local aufstellen. Beschreibung einer bestehenden Exhaustor-Anlage. Die übrigen Baulichkeiten der Gas-Fabrik. Aufstellung von Gasuhr und Regulator. Die Theergrube. Betriebsbureau, Werkstätten, Schuppen, Wohnungen, Brückenwaage, Gas- und Wasserleitung.

Beschreibung der Gasanstalt in Eger. Beschreibung der neuen Gasanstalt in Frankfurt a. M. von S. Schiele.

Es kann nicht die Absicht des vorliegenden Buches sein, auf die rein architectonischen Fragen einzugehen, welche bei der Construction und Ausführung der Fabrikgebäude zu beantworten sind. Die Fundirung, die Dimensionen des Mauerwerks, die Anordnung der Facaden, die Construction der Dachstühle u. s. w.
sind Gegenstände, die dem Architecten zukommen; der Gasingenieur hat speciell die Rücksichten ins Auge
zu fassen, die für die Betriebführung von Wichtigkeit sind, und dem Architecten die Bedingungen anzugeben,
denen der Bau entsprechen muss, um den Zweck, für den er aufgeführt wird, so vollkommen als möglich,
zu erfüllen. Diese Bedingungen sollen hier näher ins Auge gefasst werden.

    1) Allgemeine Bedingungen für die Situation und Grösse der Fabrik. Dieselben
lassen sich in wenig Worten dahin zusammenfassen: Man muss einer Gasfabrik diejenige Lage zu geben
suchen, die den Betrieb derselben möglichst bequem und vortheilhaft macht, man muss sie zugleich in Rücksicht auf ihre Grösse so anlegen, dass sie nicht allein dem Bedürfniss der Gegenwart genügt, sondern dass
sie sich auch dem voraussichtlich grössten Bedarf der Zukunft entsprechend mit Leichtigkeit erweitern lässt.
Was die Lage betrifft, so sind namentlich folgende Punkte ins Auge zu fassen:

    a) Die Zufuhr des Rohmaterials, der Steinkohlen, muss möglichst leicht gemacht sein. Kommen
die Kohlen mit der Eisenbahn, so liegt die Fabrik am besten am Bahnhof und wird ein separates Geleise
von letzterem auf den Fabrikhof, resp. in den Kohlenschuppen geführt. Dadurch ist jedes Umladen der Kohlen und die Ausgabe für Fuhrwerk vermieden. Kommen die Kohlen zu Wasser, so wird man auch die Fabrik ans Wasser zu legen suchen, so dass die Schiffe direct am Fabrikplatz gelöscht werden können.

    b) Wir haben gesehen, dass der Druck des Gases durch die Reibung an den Wandungen der Leit-
ungsröhren von der Fabrik aus gegen das Ende der Röhrenanlage zu abnimmt, dass dann dieser Druck durch
Terrainsteigungen im Verhältniss von fast $\frac{1}{10}$ Zoll Wassersäulenhöhe auf je 10 Fuss erhöht wird; hat man
daher eine Stadt zu beleuchten, welche auf einem Terrain von ungleicher Höhenlage erbaut ist, so wird man
trachten, die Fabrik am niedrigsten Puncte, oder doch wenigstens nahezu daselbst, zu erbauen, weil man
dann unter den möglichst günstigen Druckverhältnissen arbeiten kann. Der Einfluss der Reibung und der
Einfluss der Terrainsteigungen werden sich theilweise ausgleichen, man wird nicht nöthig haben, auf der
Fabrik einen übermässig starken Druck zu geben, und wird dadurch den Gasverlust, einen sehr wesentlichen
Factor des Betriebes, möglichst beschränken.

    c) Wenn auch die Gasanstalten nicht eigentlich zu den Fabriken gerechnet werden können, welche
durch ihre Nachbarschaft wesentliche Belästigungen mit sich bringen, so ist ein gewisser Geruch, namentlich
bei grossem Betriebe, doch nicht wohl ganz zu vermeiden, und man thut gut, auch hierauf bei der Anlage
in soferne Rücksicht zu nehmen, dass man keinen Platz wählt, der innerhalb einer bebauten Strasse oder
in unmittelbarer Nähe von Anstalten liegt, die in Betreff der Reinheit der Luft ganz besonders difficil sein
müssen. Es ist zwar Thatsache, dass das Publicum an vielen Orten in dieser Beziehung viel ängstlicher ist,
als nothwendig, denn der Geruch, den eine rationell betriebene Gasanstalt verbreitet, ist nicht allein unbedeutend, sondern auch nicht im Geringsten schädlich, aber man wird immer gut thun, der Aengstlichkeit des Publikums soviel als irgend möglich Rechnung zu tragen, wenn man nicht allerlei Maassregeln und
Vorschriften ausgesetzt sein will, die mit der Zeit lästig und kostspielig werden können. Man wird also
einen etwas isolirten Platz zu wählen suchen, man wird diejenige Seite der Stadt vorziehen, wo die herrschenden Winde die Luft von der Stadt entfernen, und wird endlich, wenn man ein fliessendes Wasser hat,
dasselbe nicht oberhalb sondern unterhalb der Stadt zu benutzen suchen. Alle diese Rücksichten sind, wie
gesagt, mehr Concessionen an die Aengstlichkeit oder die Vorurtheile des Publikums, als eigentlich durch
die Natur der Sache unbedingt geboten. Es giebt viele Gasanstalten, die dem nicht entsprechen, und doch
ohne Belästigung des Publikums betrieben werden.

    d) hat man endlich voraussichtlich den überwiegend grössten Consum an Gas in einem bestimm-
ten Theile der Stadt zu erwarten, so ist es auch noch wünschenswerth, diesem Umstande Rechnung zu tragen, und die Fabrik möglichst in der Nähe dieses Stadttheiles anzulegen.

Was die Grösse betrifft, die man einer zu erbauenden Gasanstalt zu geben hat, so muss man sich vor allen Dingen über zwei Punkte klar zu werden suchen. Einmal muss man — und diess ist die leichtere Aufgabe — den Gasbedarf zu ermitteln suchen, den die Stadt in den nächsten Jahren haben wird, und dann muss man ferner die Grenze bestimmen, bis zu welcher man die mögliche Erweiterung der Anstalt vorauszusehen hat, damit sie im Stande ist, auch den Anforderungen der späteren Zukunft genügen zu können. Diese Ausdehnungsfähigkeit ist der Punkt, der mitunter schwierig zu beurtheilen, und bei manchen, namentlich bei den älteren Gasanstalten, in mangelhafter Weise berücksichtigt worden ist.

Der Consum einer Stadt setzt sich zusammen aus dem Consum der Strassenflammen und aus dem Consum der Privatflammen. Die Anzahl der aufzustellenden Strassenlaternen ist meist von vorneherein festgesetzt, und wenn auch gewöhnlich schon in der ersten Zeit eine Vermehrung derselben einzutreten pflegt, so ist diese Vermehrung doch selten so bedeutend, dass sie einen wesentlichen Einfluss auf den Gasconsum ausübt. Für jede Laterne wird ferner auch von vorneherein der Gasconsum, den dieselbe beansprucht, festgestellt, indem man die Anzahl der Brennstunden und den Consum pro Stunde gewöhnlich zu 4 bis 5 c' im Vertrag zu normiren pflegt. Hier kommt es allerdings vor, dass die Anzahl der Brennstunden anfänglich zu niedrig gegriffen wird, und dass man sich bald zu einer reicheren Beleuchtung entschliesst, welche dann auch für den Gasbedarf mehr oder minder von Einfluss wird. 800 bis 1000 Brennstunden im Jahr kann man wohl als die unterste Grenze ansehen, bis zu der man die Strassenbeleuchtung in kleinen Orten beschränken kann; man wird sich indess auf die Dauer damit selten begnügen, in grösseren Orten wird man 1500 Brennstunden per Jahr als Minimum annehmen dürfen, in unseren grössten Städten erreicht die Brennzeit factisch eine Höhe von fast 4000 Stunden jährlich. Nach den Angaben der Statistik der deutschen Gasanstalten vom Jahre 1862 hatten damals von 172 Städten

34 Städte 800 bis 1000 Brennstunden per Jahr für jede Strassenflamme
46   „   1000 „ 1200.   „   „ „ „   „   „
50   „   1200 „ 1500   „   „ „ „   „   „
21   „   1500 „ 2000   „   „ „ „   „   „
 8   „   2000 „ 2500   „   „ „ „   „   „
 3   „   2500 „ 3000   „   „ „ „   „   „
 3   „   3000 „ 3500   „   „ „ „   „   „
 7   „   3500 „ 4000   „   „ „ „   „   „

Um den Consum der Privatflammen zu bestimmen, gilt es zunächst die Anzahl dieser Flammen annähernd zu ermitteln, und sodann für jede derselben den voraussichtlichen Durchschnittsconsum per Jahr anzunehmen. Ueber die Betheiligung der Privaten pflegt man sich bei neuen Anlagen zunächst durch Umfrage zu unterrichten, das Ergebniss dieser Umfrage ist jedoch kaum annähernd maassgebend, denn es liegt in der Natur der Sache, dass das Publikum sich einer ihr neuen Einrichtung gegenüber zurückhaltend zeigt. Man sucht die Zurückhaltung wohl theilweise dadurch zu überwinden, dass man denjenigen Consumenten, die sich von vorneherein zum Beitritt bereit erklären, besondere Begünstigungen zugesteht, z. B. unentgeltliche Herstellung des Zuleitungsrohrs, allein man wird auch hiemit nicht zu einem genauen Resultat gelangen. Wenn sich auch mehr Private zur Gasabnahme bereit erklären, als dies sonst der Fall sein würde, so zeichnen sie doch wieder nicht die volle Anzahl Flammen, die sie später wirklich einrichten lassen, und man wird auf eine wesentliche nachträgliche Ausdehnung Rechnung machen müssen. Die grossen Etablissements des Ortes, die Fabriken, Bahnhöfe, Hotels u. s. w. sind immer diejenigen, für welche sich die Zahl der Flammen am leichtesten vorausbestimmen lässt. Wenn man nun die Flammenzahl mit möglichster Umsicht calculirt hat, bleibt noch der zweite sehr unsichere Factor zu bestimmen übrig, der durchschnittliche Jahresconsum, der für jede dieser Flammen angenommen werden muss. Man hat keinen weiteren Anhaltspunkt, als die Verhältnisse anderer ähnlicher Städte, wie sie sich aus den betreffenden statistischen Zusammenstellungen ergeben. Es giebt Orte, in welchen auf 1 Privatflamme kaum 1000 c' per Jahr kommen, während sich in anderen Städten der Jahresconsum einer solchen Flamme bis über 3000 c′ erhebt. Unter allen Umständen erfordert es eine ausgedehnte Erfahrung im Gasfach, um sich ein einigermassen zutreffendes Urtheil zu bilden, und es ist nicht genug zu empfehlen, den Consum lieber zu hoch als zu niedrig zu greifen. Die spätere Entwicklung einer Anstalt hängt natürlich aufs Engste mit der Entwicklung des Ortes selbst zusammen. Aus den bestehenden industriellen, commerziellen, gesellligen Verhältnissen lassen sich Anhaltspuncte gewinnen, es giebt jedoch eine Menge Umstände, die sich der Berechnung entziehen, und es ist, wie gesagt, wichtig, die Anlage so einzurichten, dass sie einer bedeutenden Ausdehnung fähig ist, ohne einer eigentlich organischen Umgestaltung zu bedürfen.

Ist man nun in Betreff des Consums, und zwar sowohl desjenigen für die nächsten Jahre, als desjenigen für die spätere Zukunft zu einem Resultat gekommen, so leitet man hieraus zunächst die entsprechende Production ab, indem man 10 Prozent für Verlust hinzurechnet, und ermittelt alsdann diejenigen beiden Zahlen, welche als Basis für die ganze weitere Calculation zu dienen haben, nämlich die Production für die längste Nacht und diejenige für die kürzeste Nacht. Unter Berücksichtigung etwaiger maassgebender localer Umstände legt man dafür das Verhältniss zu Grunde, zu welchem die bisherige Praxis die Anhaltspuncte giebt.

Nachstehende Tabelle zeigt die Verhältnisse, wie sie sich aus den Angaben der Statistik vom Jahre 1862 ergeben:

Es betrug damals, ausgedrückt in Prozenten der Jahresproduction

die Maximalproduction in 24 Stunden

von 0,40 bis 0,45 Prozent bei 2 Städten
„ 0,45 „ 0,50 „ „ 7 „
„ 0,50 „ 0,55 „ „ 12 „
„ 0,55 „ 0,60 „ „ 16 „
„ 0,60 „ 0,65 „ „ 15 „
„ 0,65 „ 0,70 „ „ 9 „
„ 0,70 „ 0,75 „ „ 6 „
über 0,75 „ „ 5 „

die Minimalproduction in 24 Stunden

unter 0,05 Prozent bei 4 Städten
von 0,05 bis 0,07 Prozent bei 16 Städten
„ 0,07 „ 0,09 „ „ 20 „
„ 0,09 „ 0,11 „ „ 12 „
„ 0,11 „ 0,13 „ „ 8 „
„ 0,13 „ 0,15 „ „ 6 „
über 0,15 „ „ 6 „

Man sieht hieraus, dass man in den meisten Fällen die Production für die längste Nacht zu etwa 0,5 bis 0,7 Prozent, und die Production für die kürzeste Nacht zu 0,05 bis 0,1 Prozent der Jahresproduction annehmen darf.

Der Production für die längste Nacht muss nun die Anstalt mit Bequemlichkeit genügen können, und zwar wird man die Oefen und einen Theil der Apparate so ausführen, dass sie der längsten Nacht der nächsten Jahre entsprechen, die Gebäude und Röhren dagegen so, dass sie die für die späteren Jahre erforderliche Vermehrung der Oefen und Apparate noch gestatten, ohne umgebaut oder umgelegt werden zu müssen. Die Production für die kürzeste Nacht giebt die unterste Grenze für die Disposition der Retorten an. Ausserdem ist noch darauf Rücksicht zu nehmen, dass für Wohn- und Administrationsgebäude, Lagerschuppen, Hofräume etc. etc. der erforderliche Platz übrig bleibt, und kann hier nur wiederholt empfohlen werden, auch in dieser Beziehung beim Ankauf und bei der ersten Einrichtung nicht zu sparsam zu sein.

2) Das Retortenhaus.

Eine Retorte mittlerer Grösse liefert, je nach der Sorte Kohlen, mit welcher man arbeitet, in 24 Stunden 4500 bis 6000 und darüber engl. Cbfuss Gas. Arbeitet man mit Exhaustor, so kann man wohl 5000 c' per 24 Stunden selbst bei Zwickauer Kohlen als unterste Grenze annehmen. Indem man nun mit der Zahl, welche die Production einer Retorte in 24 Stunden darstellt, einmal in die Production für die längste Nacht und das zweite Mal in die Production für die kürzeste Nacht dividirt, erhält man das Maximum und das Minimum der Anzahl Retorten, welche man für die erste Anlage bedarf.*) Dem Maximum ist allerdings noch eine Reserve von etwa 30 Prozent bei kleinen Anstalten und von etwa 20 Prozent bei grossen Anstalten hinzuzufügen, um auch für den Fall gesichert zu sein, dass für die Zeit des stärksten Betriebes an dem einen oder anderen Ofen eine Reparatur nothwendig wird. Eine Zusammentellung der statistischen Angaben über die deutschen Gasanstalten aus dem Jahr 1862 ergab von den auf 293 Anstalten vorhandenen etwa 7337 Retorten ohngefähr 5556 oder 75 Prozent in Betrieb und 1781 oder 25 Proz. in Reserve.

Die nächste Aufgabe ist die Vertheilung der Retorten in den Oefen. Für grosse Anstalten wählt man natürlich Oefen mit 7, 6 oder 5 Retorten, welche bei vollem Betrieb absolut den besten Nutzeffect geben, für kleine Anstalten dagegen muss man auch kleinere Oefen anwenden, um beim Sommerbetrieb keine Retorten leer feuern zu müssen, und dem allmähligen Steigen und Fallen des Consums während des Herbstes und Frühjahrs möglichst bequem folgen zu können.

Der Raum, den ein Ofen braucht, ist durch die Länge und Anordnung der Retorten gegeben. Die Breite desselben erhält man, wenn man zum eigentlichen inneren Ofenraum die doppelte Stärke des Ofengewölbes (d. i. die Dicke der Scheidewand) addirt. Die Länge des Ofens ist gleich der Länge der zu verwendenden Retorten plus der Stärke der Hinterwand. Bei einer einfachen Ofenreihe nimmt man die letztere zu etwa 9 bis 18 Zoll an, und legt den Rauchcanal hinter die Oefen. Setzt man die Oefen in doppelter Reihe, so hat man die Züge entweder in der dazwischen liegenden Scheidewand, oder in den seitlichen Längs-Wänden angebracht; im ersteren Falle giebt man der Scheidewand, wenn die Züge nach oben gehen, eine Dicke bis zu 3 Fuss, Taf. LXVI. Bei durchgehenden Retorten ist natürlich die Länge des doppelten

---

*) Redtenbacher calculirt die Retorten auf folgende Weise:

Ladung der Retorten für jeden Quadratmeter der inneren Fläche 23 Kilogr.

Gasproduction in 24 Stunden durch einen Quadratmeter der inneren Retortenflächen . . . . 30 Cubikmeter.

Gewöhnliche Abmessungen der Retorten

Länge . . . . 2,5 Meter
Weite . . . . 0,4 „
Höhe . . . . 0,3 „
Innere Fläche . . . . . . 3,25 Quadratmeter.

Summe der inneren Flächen aller Retorten des Gaswerks $F = \frac{BqT}{30}$ Quadratmeter.

In dieser Formel bezeichnet

B die Anzahl der Brenner;

q den Gasverbrauch in Cubikmetern eines Brenners in einer Stunde. Gewöhnlich ist q = 0,1 Cubikmeter oder nahe 4 c' engl.;

T die Beleuchtungszeit am kürzesten Tage. Für Städtebeleuchtungen ist in der Regel T = 12 Stunden;

F die Summe der inneren Flächen aller Retorten, welche erforderlich sind, um für B Brenner die hinreichende Gasmenge zu liefern.

Ofens gerade die Länge der ganzen Retorte. Am Ende einer Ofenreihe macht man das Schlussmauerwerk 4 bis 6 Fuss dick, um die äussersten Oefen gegen Abkühlung möglichst zu schützen. Vor jeder Ofenreihe braucht man zur Bedienung einen Platz von mindestens 14 bis 16 Fuss Breite. Bei einfacher Ofenreihe muss hinter derselben soviel Raum sein, dass man bequem hinzu kann, im Fall es wünschenswerth wird, von dort aus an den Oefen etwas vorzunehmen. So addirt sich für einfache Ofenreihen eine Breite des Hauses von etwa 30 Fuss, für doppelte Ofenreihen, wenn die Fronte derselben mit der Längenseite des Hauses parallel läuft, mindestens 50 Fuss. Bei grossen Retortenhäusern kommt es nicht selten vor, dass man statt der Doppelreihe in der Mitte zwei einfache Ofenreihen an den beiden Längenseiten des Hauses errichtet, so dass der Raum zur Bedienung derselben in der Mitte liegt. Hier muss aber dieser Raum breiter sein, als er zur Bedienung einer einzelnen Ofenreihe erforderlich sein würde, weil man für das Material der beiden Reihen mehr Platz braucht, und weil namentlich sonst die Arbeiter durch die Hitze zu sehr leiden. Man giebt solchen Häusern eine Breite von gleichfals etwa 50 Fuss und darüber. Endlich kommt es auch vor, dass man die Oefen in einzelnen Doppelreihen aufstellt, deren Fronte senkrecht auf der Längenseite des Gebäudes stehen. Jede einzelne Doppelreihe hat dann meist ein besonderes Kamin. Die Höhe der Retorten nimmt man zweckmässig zu wenigstens einigen 20 Fuss an; Hohe Häuser sind insoferne angenehmer, als die beim Bedienen der Retorten sich entwickelnden Dämpfe und Gase schneller aus dem unteren Theile entweichen.

Nächst der entsprechenden Grösse ist eine weitere Bedingung für ein gutes Retortenhaus, dass es gegen Feuersgefahr gesichert sein muss. Dieser Bedingung genügt man einfach dadurch, dass man die Wände aus solidem Mauerwerk, den Dachstuhl aus Eisen und die Bedachung von Schiefer, Zink oder auch von Eisen herstellt. Es giebt zwar auch hölzerne Dachstühle, doch sind dies Ausnahmen, und dürfte die Anwendung derselben im Allgemeinen wohl nicht zu empfehlen sein.

Auch muss in einem guten Retortenhause für Ventilation gesorgt sein. Beim Beschicken der Retorten und Ablöschen der ausgezogenen Coke entwickeln sich Dämpfe und Gase, die einen besonderen Abzug verlangen. Daher bringt man überall auf den Retortenhäusern ein sogenanntes Laternendach an, d. h. über den First des eigentlichen Daches in einiger Entfernung davon ein zweites kleines Dach, so dass zwischen beiden der Länge nach ein offener Raum bleibt, zugleich aber doch der Zweck der gänzlichen Eindeckung erreicht ist. Einzelne Gasanstalten haben auch für Ventilation noch anderweitig gesorgt, indem sie den oberen Theil des Retortenhauses mittelst Abzugskanälen mit einem eigens zu diesem Zweck erbauten Ventilationsschacht in Verbindung gesetzt haben. Das Zweckmässige dieser Maassregel kann nicht bestritten werden, aber eigentlich nothwendig erscheint sie durchaus nicht, denn es ist noch nirgends nachgewiesen worden, dass die Arbeiter in den gewöhnlichen Retortenhäusern durch die betreffenden Dünste und Gase gelitten hätten.

Man hat mehrfach unter den Retortenhäusern Coke-Keller angelegt, so dass die Coke durch Oeffnungen vor den Oefen hinuntergeworfen, und unten gelagert wird. Diese Anordnung hat offenbar nur da einen Sinn, wo man nicht nöthig hat, die Coke mühsam aus dem Keller wieder hervorzuholen, sondern wo man etwa ein abhängiges Terrain benützen kann, um horizontal auszufahren.

In jedem Retortenhause müssen noch an geeigneten Stellen Reservoirs mit fliessendem Wasser angelegt werden, um das zum Ablöschen der Coke nöthige Wasser bei der Hand zu haben. Auch sind Bänke anzubringen, auf denen die zum Verschluss der Retorten nöthigen Deckel bestrichen und bereit gelegt werden.

In manchen Gasanstalten befinden sich neben dem Retortenhause und von diesem aus zugänglich Zimmer für die Arbeiter, worin sich diese während der Zeit aufhalten können, wo sie nicht durch den Dienst in Anspruch genommen sind. Solche Zimmer haben ihre Schattenseiten, sie führen gar leicht zur Verabsäumung des Dienstes und zu allerlei sonstigen Unordnungen; ich bin der Meinung, dass es die Arbeiter in einem ordentlichen Retortenhause recht gut aushalten können, und wenn sie auch zwischen den einzelnen

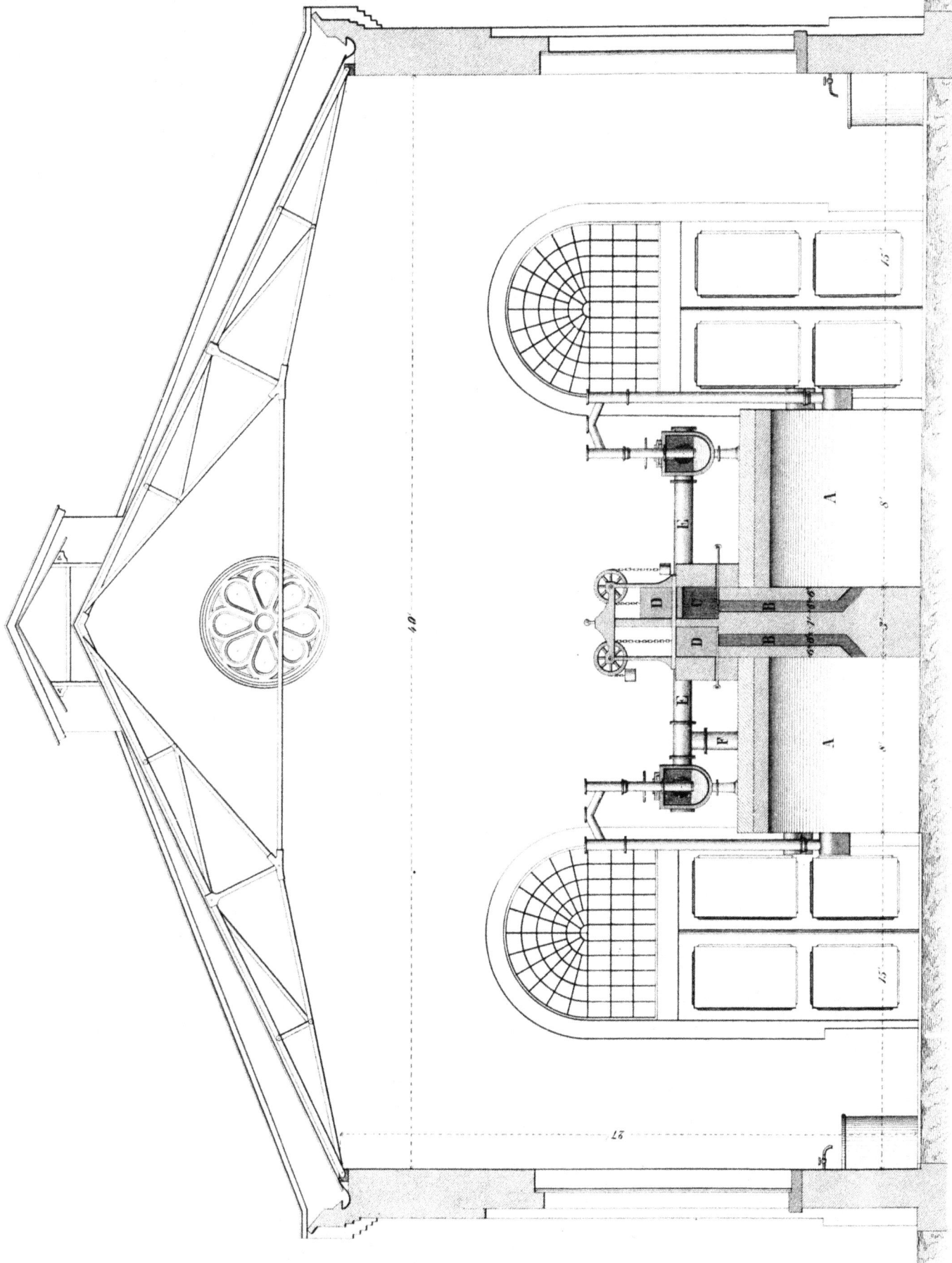

LXVI

Échelle de 1 Millim. pour 1 Mètre.

M.¹/₁₂ 2'6 0 1 2 3 4 5 6

Ladungen ausruhen können, so ist es immerhin nöthig, dass sie die Oefen beständig unter Augen behalten. Man kann nicht wissen, was vorkommt, und für solche Fälle sollen die Leute sofort bei der Hand sein.

Auf Tafel LXVI ist der Querschnitt eines Retortenhauses für 60 Retorten dargestellt. Die Retorten liegen in zwei Reihen Oefen, von denen jeder 5 nach der bereits beschriebenen Anordnung enthält. Der Durchschnitt ist durch einen leer stehenden Ofenraum A A genommen, man sieht die Füchse B B und die Rauchcanäle C oben auf dem Ofen nebst den Registern D D zur Regulirung des Zuges. Die Vorlage ist gleichfalls durchschnitten, am Ende derselben ist auf jeder Seite ein Ventil angebracht, von dem man nur den oberen Theil und das Stellrad sieht; hinter ihnen setzt sich das Abzugsrohr fort, und mündet in ein Verbindungsrohr E E, von welchem aus die Destillationsproducte durch das Rohr F weiter geliefert werden. Vor jeder Ofenreihe ist 15 Fuss Platz. Die Länge des Hauses beträgt 80 Fuss, die Breite 49 Fuss; die Höhe der Längswände ist 27 Fuss. Der von den Oefen eingenommene Raum ist 19 Fuss breit und 60 Fuss lang.

3) Der Schornstein.

Zur Herstellung des für die Heizung der Retorten erforderlichen natürlichen Luftzuges dient der Schornstein. In so ferne von einem richtig geleiteten Verbrennungsprozess wesentlich der Effect der Destillation abhängt, beansprucht der Schornstein einen der wichtigsten Plätze in der Reihe der Fabrikanlagen.

Wenn ein Feuer an der offenen Luft brennt, so werden die heissen Verbrennungsproducte wegen ihres verringerten spec. Gewichtes aufwärts gedrückt und an ihre Stelle tritt kalte Luft aus der nächsten Umgebung wieder an das Feuer hinan. Steigen die heissen Gase nicht frei, sondern in einem Schornstein auf, so dass dieselben sich nicht mit der kälteren Luft mischen, und von dieser abgekühlt werden können, so erhält man eine Bewegung von grosser Lebhaftigkeit, und diese bildet den für die Verbrennung erforderlichen Luftzug.

Denkt man sich eine Luftsäule von der Temperatur der heissen Luft im Schornstein und von ihrer Höhe, so kann man berechnen, um wie viel Fuss sich dieselbe verkürzen würde, wenn sie eine Abkühlung bis zur äusseren Temperatur erlitte.

Ist t die Differenz der Temperaturen (Cels.)
H die Höhe des Schornsteins in Fussen
x die gesuchte Verkürzung,

so ist unter Berücksichtigung des Umstandes, dass die Luft sich für jeden Grad Celsius um 0,00367 ihres Volumens ausdehnt

$$x = H\left(-\frac{1}{1+0,00367\ t}\right) = 0,00367\ H\ t.$$

d. h. man multiplicirt die Differenz der Temperaturen mit dem Ausdehnungs-Coefficienten, und dieses Product mit der Höhe des Schornsteins.

Nun kann man offenbar diese Verkürzung als Fallraum eines frei fallenden Körpers betrachten, und dessen Endgeschwindigkeit nach der Formel $v = \sqrt{2gh}$ berechnen, worin v die gesuchte Geschwindigkeit, 2g die Intensität des Falles eines Körpers im freien Raume, und h die Verkürzung bezeichnet. Substituirt man für die letztere ihren Ausdruck 0,00367 H t, so erhält man als Ausflussgeschwindigkeit

$$v = \sqrt{2g \times 0,00367\ H.\ t}$$

oder, wenn man auch für 2g seinen Werth 64,3 setzt

$$v = 0,485\ \sqrt{H.\ t}.\ \text{Fuss pro Secunde.}$$

Aus dieser Formel ergiebt sich allgemein, dass der Theorie gemäss der Zug in einem Schornstein wächst nicht allein mit der Höhe des letzteren, sondern auch mit dem Unterschied der Temperaturen, welche inner- und ausserhalb Statt finden. Die Formel zeigt aber zugleich, dass der Zug schon des letzteren Umstandes wegen in einem gegebenen Schornstein ausserordentlich grossen Schwankungen unterworfen sein muss.

Die theoretische Geschwindigkeit wird in der Praxis niemals erreicht. Die Reibung der Gase an den Wandungen des Schornsteins, der Widerstand, den sie durch die atmosphärische Luft beim Ausströmen erleiden, die Abkühlung, die sie im Verlaufe ihres Aufsteigens erfahren, alle diese Umstände wirken zusammen, um den theoretischen Effect zu vermindern. Und diese Beeinträchtigung ist gleichfalls in hohem Grade schwankend. Die Reibung an den Wänden wächst mit dem Verhältniss des Umfangs zum Querschnitt. Sie ist anders beim kreisförmigen, anders beim rechteckigen, anders beim polygonalen Querschnitt, am geringsten jedenfalls bei dem ersteren, weil die Kreisfläche bei gleichem Inhalt den kleinsten Umfang besitzt. Der Widerstand, den die Gase bei ihrem Austritt aus dem Schornstein erleiden, verändert sich im höchsten Grade je nach der Richtung und Stärke des herrschenden Windes. Während er bei ruhiger Atmosphäre gering zu sein scheint, kann er bei gewissen Winden so gross werden, dass der Zug im Schornstein, wo nicht ganz gestört, so doch in hohem Grade beeinträchtigt wird. Die Abkühlung der Gase auf ihrem Weg ist verschieden je nach der äusseren Temperatur, nach dem Material, nach der Form des Schornsteins. Mit einem Wort, die Umstände, welche auf die Verminderung des Zuges im Kamin influiren, schwanken innerhalb so weiter Grenzen, dass sich eine eigentliche Berechnung nicht wohl anstellen lässt.

Hieraus geht hervor, dass man auch über die Dimensionen, welche einem Schornstein zu geben sind, im Grunde keine sichern Angaben zu machen im Stande sein kann. Man hat Anhaltspuncte, die sich grösstentheils unmittelbar aus den obigen Andeutungen ergeben, eigentliche bestimmte Relationen giebt es nicht.

Die Weite eines Schornsteins muss derart sein, dass der Schornstein ein gegebenes Volumen Verbrennungsproducte mit der vortheilhaftesten Geschwindigkeit abführt. Aber welches ist das Volumen, was die Verbrennungsproducte bei ihrem Eintritt in den Schornstein einnehmen, und welches die vortheilhafteste Geschwindigkeit? Wir kennen die Quantität Brennmaterial, die wir in einer gegebenen Zeit zu verbrennen haben. Nehmen wir den Feuerungsconsum für einen Ofen in 24 Stunden zu 10 Centner Coke an, so giebt das für eine Secunde 0,0116 Pfund. Diese 0,0116 Pfund Coke werden etwa 3 Cubikfuss atmosphärische Luft gebrauchen. Die Luft dehnt sich aber durch die Wärme im Ofen aus, und zwar um 0,00367 für jeden Grad. Welches ist nun der Wärmegrad, mit welchem die Verbrennungsproducte in den Schornstein gelangen? An dieser Frage scheitert schon unsere ganze Berechnung. Und was die Geschwindigkeit betrifft, so suchen wir auch für diese umsonst nach Auskunft über ihre zweckmässigsten Verhältnisse. In dem technischen Wörterbuch von Karmarsch und Heeren Band II Seite 234 heisst es: „Nach diesen Daten wird man den auch durch Erfahrung vielfach bestätigten Grundsatz feststellen können, dass einem Schornsteine ein solcher Durchmesser zu geben sei, wie sich dieser mit einer mässigen Geschwindigkeit des aufsteigenden Luftstromes von etwa 3' in der Secunde verträgt." Schinz behauptet in seiner „Wärme-Messkunst" S. 126, „eine Geschwindigkeit von 6' sei das richtige Maass." Diese Angaben sind gerade um 100 Prozent von einander abweichend.

Der Schornstein der Hamburger Gasanstalt ist nach dem Entwurfe des Ingenieurs Wm. Lindley für 120 Oefen berechnet und hat einen Durchmesser von 12'. Das ergiebt für jeden Ofen einen Querschnitt von 0,94 □', oder die Rostfläche jedes Ofens zu 2 □' gerechnet

für 1 □' Rostfläche = 0,47 □' Schornsteinquerschnitt.

Der Schornstein der Münchener Gasanstalt hat für 24 Oefen einen Durchmesser von 6', oder

für 1 □' Rostfläche = 0,59 □' Querschnitt.

Die Western Gasanstalt in London hat für 60 Feuer einen Schornstein von 6¼' Durchmesser. Der Querschnitt sämmtlicher Rosten beträgt 100 □'. Das giebt

für 1 □' Rostfläche = 0,033 □' Querschnitt.

Hienach scheint man für jeden Quadratfuss Rostfläche etwa ⅓ bis ½ □' Schornsteinquerschnitt annehmen zu müssen, jedenfalls relativ etwas mehr bei engeren, als bei weiteren Schornsteinen.

Redtenbacher führt in seinen „Resultaten des Maschinenbaues" folgende Abmessungen freistehender Kamine an, die sich freilich auf Steinkohlenfeuerung beziehen, aber doch einen ohngefähren Anhalt zu bieten im Stande sind.

Höhe des Kamins Meter	Untere lichte Weite Meter	Obere lichte Weite Meter	Obere Mauerdicke Meter	Untere Mauerdicke Meter	Steinkohlen per Stunde Kilogramm
12	0,48	0,32	0,18	0,36	26,4
13	0,52	0,35	0,18	0,38	32,1
14	0,56	0,38	0,18	0,40	38,7
15	0,60	0,41	0,18	0,42	45,9
16	0,64	0,43	0,18	0,43	54,0
17	0,68	0,46	0,18	0,45	63,0
18	0,72	0,49	0,18	0,46	72,0
19	0,76	0,51	0,18	0,48	83,1
20	0,80	0,54	0,18	0,49	94,5
21	0,84	0,57	0,18	0,51	106,8
22	0,88	0,59	0,18	0,52	120,0
23	0,92	0,62	0,18	0,54	134,1
24	0,96	0,65	0,18	0,55	148,8
25	1,00	0,68	0,18	0,57	165,0
26	1,04	0,70	0,18	0,58	182,1
27	1,08	0,72	0,18	0,60	200,4
28	1,12	0,75	0,18	0,61	219,3
29	1,16	0,78	0,18	0,63	240,6
30	1,20	0,81	0,18	0,64	260,7
31	1,24	0,84	0,18	0,66	282,6
32	1,28	0,86	0,18	0,67	300,0
33	1,32	0,89	0,18	0,69	327,0

Unter übrigens gleichen Verhältnissen wird die Geschwindigkeit in einem Schornstein in demselben Verhältniss abnehmen wie das Quadrat seines Durchmessers wächst. In einem Schornstein von 10′ Durchmesser wird sich dasselbe Luftquantum mit dem vierten Theil der Geschwindigkeit bewegen, wie in einem anderen von 5′ Durchmesser. Zugleich bietet der weitere Schornstein der umgebenden Atmosphäre eine grössere Abkühlungsfläche dar. Es könnte daher erscheinen, als ob es zweckmässig sein müsse, den Schornstein so eng als möglich zu machen. Anders gestaltet sich die Sache, wenn man die Reibung in Betracht zieht. Nach den Versuchen von d'Aubuisson de Voisins vermehrt sich die Reibung im quadratischen Verhältniss mit der Zunahme der Geschwindigkeit. Wenn sich also die Luft in dem 5′ weiten Schornstein viermal so schnell bewegt, als in dem 10′ weiten, so wird die Reibung an den Wänden sich in beiden Fällen verhalten, wie 16 zu 1. Diese Verhältnisse sprechen entschieden zu Gunsten der weiten Schornsteine. Man hat sich übrigens auch zu hüten, hier die Grenzen zu überschreiten, denn in sehr weiten Schornsteinen, in denen die Luft sich sehr langsam bewegt, entstehen leicht Wirbel und Stockungen durch den Einfluss der Winde.

Ausser der Weite kommt zunächst die Höhe der Schornsteine in Betracht. Die Theorie sagt, dass ein hoher Schornstein besser zieht, als ein niedriger. Im Allgemeinen giebt man auch den Schornsteinen der Gasanstalten, wie überhaupt den Fabrikschornsteinen eine ziemlich beträchtliche Höhe. Man geht selbst bei kleinen Anstalten gewöhnlich nicht unter 50 bis 60 Fuss herab; grosse Anstalten haben theils bedeutend mehr — der Hamburger Schornstein z. B. 256′ Hamb. = 240½′ engl. Höhe über dem Terrain. Dagegen giebt es wieder Anstalten, die statt eines einzigen hohen Schornsteins, für jeden einzelnen Ofen oder für jede kleine Gruppe von Oefen einen besonderen Schornstein haben, also eine Menge Schornsteine, die sich theilweise nur wenig über das Retortenhausdach erheben, theilweise sogar nicht einmal über das Dach hinausreichen. Ich habe versuchsweise auch einige Oefen der Münchener Gasanstalt mit solchen kleinen Schornsteinen, und zwar aus Eisenblech, versehen. Jeder Sechserofen hat zwei Füchse von ½ □ Fuss Querschnitt und zwar links und rechts in der Scheidemauer der Oefen, es kommen also bei den doppelten Ofenreihen in der Mitte jeder Scheidemauer nebeneinander 4 solche Füchse herauf. Diese sind nun je zwei und zwei zusammengefasst, und oben mit 2 Kaminen aus Eisenblech von je 14 Zoll Durchmesser versehen. Das Ende der Kamine ragt um etwa 1 Fuss über das Dach hinaus. Ich finde, dass der Zug, den ich auf diese Weise in den Oefen erhalte, für eine Production von 5500 c′ engl. pro Retorte in 24 Stunden aus Saarbrücker Kohlen vollkommen ausreicht, und dass die Einrichtung gegen die grossen Kamine auch keine sonstigen Unbequemlichkeiten und Nachtheile darbietet; will ich dagegen die Production über 5500 c′ per Retorte steigern, so gelingt dies nur selten, während bei Benutzung des grossen, 120 Fuss hohen Kamins eine Production von 6000 c′ leicht und sicher zu erreichen ist. Ein Unterschied im Brennmaterialverbrauch ist nicht zu bemerken.

Die kreisrunde Form der Schornsteine ist aus mehrfachen Gründen allen übrigen vorzuziehen. Sie bietet die geringste Reibung, die geringste Abkühlung, sie ist für den Einfluss der Winde am wenigsten empfänglich, und gewährt zugleich die grösste Stabilität. Ihr zunächst steht die polygonale Form, weniger vortheilhaft ist die quadratische.

Von grosser Wichtigkeit ist es, überall, wo man mehrere Rauchcanäle in einen gemeinsamen Schornstein zu leiten hat, dieselben so zu legen, dass die ausströmenden Gase nicht auf einander stossen. Am besten würde man für jeden Rauchcanal, resp. für jedes einzelne Retortenhaus einen besonderen Schornstein bauen, wo dies aber aus ökonomischen Rücksichten nicht thunlich ist, muss man die verschiedenen Ströme von Verbrennungsproducten unter möglichst spitzen Winkeln mit einander vereinigen.

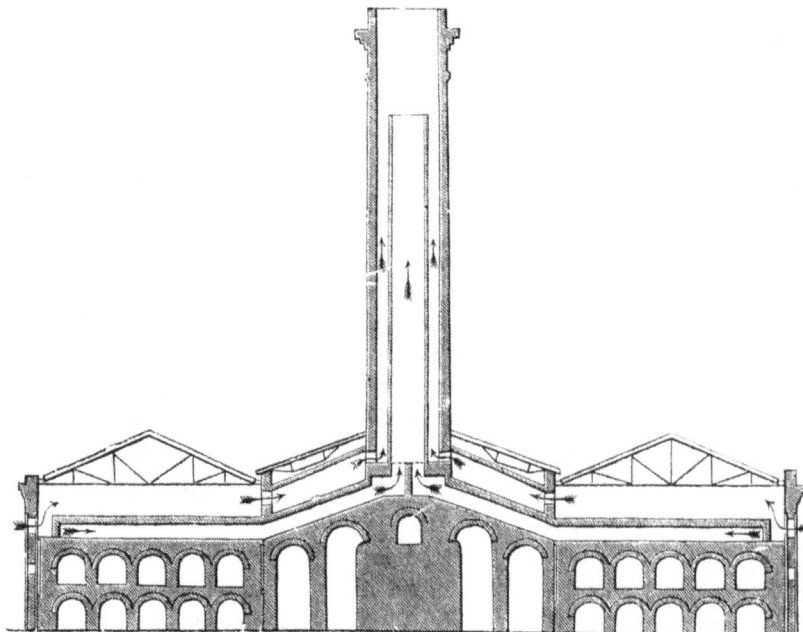

Fig. 226.

In manchen Anstalten hat man einen Ventilationsschacht mit dem Schornstein verbunden, eine Anordnung die ohne Zweifel Empfehlung verdient. Um den eigentlichen Schornstein wird ein zweiter weiterer Schacht aufgeführt, und der zwischen beiden entstehende ringförmige Raum, der zugleich die Verbrennungsproducte im Schornstein vor Abkühlung schützt, nimmt die abzuführende schlechte Luft auf. Eine vortreffliche Einrichtung der Art sah ich auf der Fabrik der Western Gas Company in London, von der Fig. 226 eine Skizze giebt. Das Retortenhaus ist ein Zwölfeck von beiläufig 150′ Durchmesser, mit dem Schornstein in der Mitte. Die Retortenöfen liegen radial in 6 Reihen zwischen Schornstein und Aussenmauer. Der innere eigentliche Schornstein ist 6½′ im Lichten weit und 81′ hoch, der äussere Mantel 12′ weit und 106′ hoch mit einer leichten Kappe aus Gusseisen versehen. Die schlechte Luft wird, wie aus der Skizze ersichtlich ist, aus dem oberen Theile des Retortenhauses abgeführt, und die Ventilation ist in der That so kräftig, dass selbst bei schlechtem Wetter das Beschicken der Retorten ohne die geringste Belästigung vor sich geht. Auch in der Hamburger Gasanstalt ist der eigentliche Schornstein — von 13½′ äusserem und 12′ innerem Durchmesser — mit einem thurmförmigen Mantel von 35′ äusserem Durchmesser umgeben; doch sind beide auf die gleiche Höhe von 256′ geführt. Die Rauchzüge von den Retortenhäusern gehen unter der Erde in gemauerten Canälen in den Schornstein; die Lüftungscanäle liegen auf den Deckgewölben der Retortenhauskeller, auch vom Keller des Reinigungshauses, der zum Kalklöschen dient, sowie von den Sielen- und Water-Closets ziehen die Gase durch den unterirdischen Lüftungsschacht ab.

4) Die Kohlenschuppen.

Der Vorrath Kohlen, den eine Gasanstalt zu halten hat, wird zumeist durch Localverhältnisse bedingt. Die Lage des Ortes und die Art des Bezuges sind von entscheidendem Einfluss, und allgemeine Vorschriften lassen sich wenig geben. Gewöhnlich ist es rathsam, in der guten Jahreszeit für den Winter vorzusorgen, besonders wo man zu Schiff bezieht, oder bei weiteren Transporten keine Vorrichtungen treffen kann, die Kohlen gegen Nässe zu schützen. Andererseits thut es den meisten Kohlen keinen Vortheil, wenn sie lange lagern; frisch verarbeitet geben sie den grössten Ertrag. Der geringste Vorrath muss unter allen Umständen noch hinreichend sein, die Anstalt gegen alle Eventualitäten sicher zu stellen, die den Kohlenbezug etwa stören oder unterbrechen, und dadurch den regelmässigen Fabrikbetrieb in Frage stellen können. Hoffentlich ist die Zeit nicht mehr fern, wo auch in Deutschland auf allen Eisenbahnen regelmässige geschlossene Kohlenzüge mit entsprechenden Frachtsätzen eingeführt werden, die ununterbrochen von den Gruben bis an die Orte des Bezugs laufen.

Ein Kubikfuss Steinkohlen, wie er lagert, kann im Gewicht durchschnittlich zu etwa 50 Pfund angenommen werden*); hat man sich über das Quantum Kohlen, welches man lagern will, entschieden, so ergiebt sich hiernach der Inhalt, den man einem Kohlenschuppen zu geben hat, ohne Weiteres.

Es bedarf kaum der Erwähnung, dass es unstatthaft ist, Kohlen ohne Schutz im Freien zu lagern, übrigens sind über die Verwitterung der Kohlen specielle Versuche vom Lehrer Grundmann in Tarnowitz (Journ. f. Gasbel. 1863. S. 247) angestellt worden, die über den nachtheiligen Einfluss des freien Lagerns nähere Nachweise geben, und auf die hier verwiesen sein möge. Bei solchen Steinkohlen, die Neigung zum Erhitzen und zur Selbstentzündung haben, ist es gut, in den Kohlenschuppen für Luftzug zu sorgen, indem man einerseits bei der Construction des Gebäudes darauf Rücksicht nimmt, andererseits beim Aufschütten

---

*) 1 preuss. Last = 18 preuss. oder hamb. Tonnen = 60 bis 65 Ctr. = circa 125 c′.
   1 hamb. Last = 12 hamb. oder preuss. Tonnen = 40 bis 55 Ctr. = circa 85 bis 90 c′.
   1 Berliner Scheffel = circa 0,92 Ctr. = circa 1,8 c′.
   1 Dresdener Scheffel = circa 1,75 Ctr. = circa 3,5 c′.
   1 Zwickauer Lowry = 9 bis 10 Grubenkarren = circa 90 Ctr. = circa 180 c′.
   1 Englische Ton = circa 21 Ctr. = circa 42 c′.

kleine aus Lattenwerk construirte senkrechte Luftschachte einfügt, durch welche die Luft Gelegenheit erhält, auch in das Innere des Haufens einzudringen. Von westphälischen und englischen Kohlen sind mir Selbstentzündungen bekannt, von Saarbrücker und Zwickauer Kohlen nicht. Unter allen Umständen thut man gut, die Kohlen nicht höher als etwa 10 Fuss zu schütten, und dafür zu sorgen, dass etwa nass gewordene Lieferungen nicht unten hin gelagert werden.

Die vortheilhafteste Lage für einen Kohlenschuppen ist offenbar diejenige, bei welcher das Ein- und Ausbringen der Kohlen die geringsten Unkosten verursacht, also einerseits in der Nähe des Bahnhofes, wenn die Kohlen auf der Eisenbahn zugeführt werden oder in der Nähe des Landungsplatzes, wenn die Kohlen zu Schiff kommen, andererseits in der Nähe des Retortenhauses, wo die Kohlen verarbeitet werden sollen. Man führt entweder ein separates Geleise in den Schuppen, so dass man die Eisenbahnwaggons im Schuppen selbst entladen kann, oder man hebt die Kohlen mittelst Krahnvorrichtungen aus den Schiffen, und bringt sie auf kleine Schienenbahnen, welche den Schuppen der Länge nach und in solcher Höhe durchlaufen, dass die Kohlen nur ausgestürzt zu werden brauchen, um in den Lagerraum hinunter zu fallen, und den Schuppen ohne weitere Beihilfe zu füllen. Dabei lässt man die Kohlenschuppen meist unmittelbar an die Retortenhäuser anstossen, damit die Zufuhr vor die Oefen möglichst erleichtert wird, und die Arbeiter nicht nöthig haben, über den freien Hof zu fahren.

In Hamburg, wo die Gasanstalt an der Elbe liegt, ist seit mehreren Jahren von dem Director B. W. Thurston eine Anlage zum Löschen und Lagern der Kohlen hergestellt worden, die sowohl an Grossartigkeit, wie an Zweckmässigkeit ihres Gleichen sucht*). Früher wurden die Kohlen, welche in Segelschiffen von Newcastle an die Stadt kamen, von den Matrosen dieser Schiffe in Leichterschiffe, sogenannte Schuten, übergeladen und in diesen so nahe als möglich an die Lagerräume der Anstalt gebracht. Hier wurden sie von Arbeitern in Körbe gefüllt und in diesen ausgetragen. Dieses Verfahren war zeitraubend und kostspielig, kurz mangelhaft für ein so grosses Quantum Kohlen, wie es die Anstalt jährlich braucht (circa 40,000 Tons oder 20,000 hamb. Last). Ueberdies trifft oft der Umstand ein, dass die Elbe im Winter fünf Monate lang durch Eis gesperrt ist, und ist es nothwendig, die ganze Kohlenquantität während der sieben Sommermonate auf's Lager zu schaffen. Es wurde daher ein hydraulischer Krahn nach Armstrong's Patent nebst erforderlicher Dampfmaschine, Kessel, Pumpen, Accumulator u. s. w. aufgestellt, und eine Landungsbrücke mit Schienengeleisen zum Transport in die verschiedenen Schuppen angelegt.

Eine kleine Hochdruck-Dampfmaschine von 6 Pferdekräften mit horizontalem Cylinder setzt 3 Druck-Pumpen in Bewegung, welche das Wasser durch ein 4 zölliges Rohr in einen sogenannten Accumulator treiben. Dieser Accumulator besteht aus einer mittleren, senkrechten, hohlen Säule mit einem massiven Kolben; unter diesen Kolben tritt das von den Druckpumpen gelieferte Wasser. Am oberen Ende des Kolbens ist ein Querstück befestigt. Zwei Cylinder von Schmiedeeisen, einer im andern, und etwa 2 Fuss von einander entfernt, umschliessen die Säule und sind mit dem am Kolben sitzenden Querstück fest verbunden, so dass sie mit dem Kolben auf- und absteigen. Der Zwischenraum zwischen beiden Cylindern ist mit altem Eisen und anderem schweren Material ausgefüllt; das Gewicht der Cylinder selbst beträgt circa 40 Centner, dasjenige des alten Eisens circa 73 Centner, also die ganze Belastung circa 113 Centner. Das Wasser von den Pumpen tritt am Boden der hohlen Säule ein, und drückt mit solcher Kraft gegen den Kolben derselben, dass er diesen sammt den Beschwerungs-Cylindern zu heben vermag. Es besitzt auf diese Weise zugleich Druck genug, um am Ende der Landungsbrücke den Krahn zu treiben, und die Kohlen auf die erforderliche Höhe zu heben. Ein Druckrohr steht mit der eben beschriebenen hohlen Säule in Verbindung und führt das Wasser von dem Accumulator nach dem Krahn.

---

*) Ueber das Löschen und Lagern der Kohlen auf der Gansanstalt zu Hamburg von B. W. Thurston, technischem Director. Journal für Gasbeleuchtug, Jahrg. II., S. 53.

Der Krahn besteht zunächst aus einer hohlen Säule von Gusseisen, die den unteren festen Theil desselben bildet, und auf eine höchst solide Weise mit dem Holzwerk der Brücke verbunden ist; in dieser Säule steht der obere Theil des Krahns und lässt sich frei auf derselben herumbewegen. Der vertikale Theil des oberen Krahns ist ebenfalls von Gusseisen, inwendig hohl, und gegen das Ende hin sich etwas verjüngend, der Arm und die Stangen desselben sind von Schmiedeeisen.

Mit dem Boden der unteren Säule ist ein schräge liegender Cylinder verbunden, in welchem sich ein Kolben hin und her bewegt. An dem Vorderende des Kolbens sitzen drei Scheiben, welche mit drei anderen am Fuss der unteren Säule sitzenden Scheiben correspondiren. Eine $^9/_{16}$ zöllige Kette geht über die 6 Scheiben, durch die hohle Säule des Krahns und über den Arm und Kopf des letzteren, und bildet die zum Heben der Kohlenwagen dienende Zugkette. Das vom Druckrohr zugeführte Wasser tritt in den Cylinder am unteren Ende der Säule unter den Kolben, und drückt diesen vor sich hin; dadurch wird die über die 6 Scheiben laufende Kette verkürzt und der mit Kohlen gefüllte Wagen vom Schiff auf die Eisenbahn gehoben; sobald das Druckrohr abgeschlossen wird, kehrt der Kolben in seine anfängliche Position zurück, die Kette verlängert sich, und der leere Wagen wird von der Bahn auf das Schiff hinuntergelassen. An der Stelle, wo die obere bewegliche Säule auf der unteren festen ruht, sind noch zwei Cylinder mit Kolben angebracht, die dazu dienen, dem Krahn eine horizontale Drehung zu geben. Ein Cylinder befindet sich an der rechten, ein zweiter an der linken Seite der Krahnsäule; die Kolben werden in ähnlicher Weise durch den Wasserdruck bewegt, wie derjenige des Hebecylinders, und indem sie gleichzeitig arbeiten, drehen sie den Krahn entweder nach rechts oder nach links mit Hülfe einer Kette, die mit dem Kolben verbunden, und zugleich um die bewegliche Krahnsäule geschlungen ist. Um den Wasserzufluss zu dem Hebecylinder und den Drehcylindern zu reguliren und zu controlliren, sind in den Druckröhren Ventile angebracht, und diese Ventile mit Hebel versehen, welche von einem Arbeiter in einem kleinen Häuschen auf der Brücke gehandhabt werden. Die Benutzung des Krahns geschieht auf folgende Weise: Der in das Schiff hinuntergelassene Wagen wird mit Kohlen gefüllt, und auf ein gegebenes Signal lässt der bei den Ventilhebeln postirte Arbeiter das Wasser in den Hebecylinder eintreten. Der Kolben wird wieder vorwärts gedrückt, und der Wagen gehoben. Sobald der volle Wagen die erforderliche Höhe erreicht hat, schliesst der Arbeiter langsam das Hebeventil und öffnet das Drehventil, so dass der Arm des Krahns sich bis über die Landungsbrücke dreht. Darauf wird der Wagen niedergesetzt, ein leerer Wagen wieder angehängt, der Krahn zurückgedreht, das Hebeventil geschlossen, so dass der Kolben im Cylinder zurückgeht, und der Wagen zur Füllung in das Schiff hinabgelassen.

Der Krahn hebt 20 Centner 45 Fuss hoch in Zeit von einer halben Minute. Von diesen 20 Centnern kommen 8 Centner auf den eisernen Wagen mit Zubehör und 12 Centner auf die Kohlen. Von dem Landungsplatz führt eine Eisenbahn zu den verschiedenen Kohlenschuppen. Die Gesammtlänge dieser Bahn sammt den Abzweigungen in die 5 vorhandenen Schuppen beträgt circa 1600 Fuss hamb. Die Hauptbahn hat ein doppeltes Geleise, Drehscheiben u. s. w.

Um die Einrichtung vollständig zu machen, sind zwei grosse Schrauben-Dampfschiffe gebaut, von denen jedes durchschnittlich 600 Tons oder 300 Last Kohlen trägt. Jedes Schiff ist mit direct wirkenden Maschinen von 70 Pferdekräften versehen, und so construirt, dass es auf der Rückfahrt nach England Wasser als Ballast einnimmt. Die erforderliche Zeit, um die Ladung eines dieser Dampfschiffe zu löschen, beträgt circa 20 Stunden, oder für 30 Tons eine Stunde, und man kann sich von der Quantität Kohlen, die die Schiffe zu bringen im Stande sind, einen Begriff machen, wenn man erfährt, dass sie häufig im Sommer von Hamburg mit Ballast weggehen, nach England fahren, dort ihre Kohlenladung einnehmen, nach Hamburg zurückkehren und hier ihre Ladung löschen, innerhalb 6 Tagen jedes Schiff.

5) Die Räumlichkeiten für die Condensations- und Reinigungsapparate, sowie für den Exhaustor.

Condensationsapparate pflegte man früher vielfach im Freien aufzustellen, doch ist dies Verfahren nicht zu empfehlen, da die Temperatur der Atmosphäre selbst an schattigen Plätzen zu verschieden ist, als dass man zu jeder Zeit eine zweckmässige Abkühlung erwarten könnte. Im Sommer bringt man die Temperatur des Gases weitaus nicht auf den Grad hinunter, den man zu erreichen suchen soll, und im Winter muss man bei strenger Kälte die Apparate einpacken, um sie gegen das Einfrieren zu schützen. Es ist wünschenswerth, ein möglichst gleichmässig kühles Local zu wählen, bei welchem man geeignete Ventilationsvorrichtungen anbringt, um die erwärmte Luft schnell abzuführen. Ich habe in München das Condensationshaus, welches an das Retortenhaus angebaut ist, durchweg mit Jalousiethüren und Fenstern, und oben mit einem kleinen Laternendach versehen, so dass ich sowohl die Zuführung der kühlen als die Ableitung der erwärmten Luft möglichst in der Hand habe.

Die Scrubber und Waschapparate, namentlich aber die Reinigungsapparate sind in einem besonderen Local aufzustellen, welches nicht mit dem Retortenhause in unmittelbarer Verbindung stehen darf. Einerseits werden diese Apparate theilweise häufig geöffnet, wobei sich leicht explosive Gasmischungen bilden, andererseits sind sie mit hydraulischen Verschlüssen versehen und bei plötzlich eintretendem stärkeren Druck leicht der Gefahr ausgesetzt, dass das Absperrwasser herausgeschleudert wird, und dass das Gas frei in das Local ausströmt. Steht nun das letztere durch eine Thür oder ein Fenster mit dem Retortenhause in Verbindung, wo sich stets Feuer befindet, so ist die Möglichkeit gegeben, dass sich das Gas an dem Feuer entzündet, und eine Explosion veranlasst. Es sind schon mehrfache Unfälle derart vorgekommen. Aus gleichem Grund soll man auch vermeiden, Flammen zur Beleuchtung im Innern solcher Räume anzubringen, oder das Local durch einen Ofen von Innen zu heizen. Zur Heizung wendet man eine Dampf- oder Warmwasser-Heizung an. Zur Abführung der beim Leeren der Apparate sich entwickelnden übelriechenden Gase kann man Ventilationsvorrichtungen anwenden. Bequem ist es noch, das ganze Röhrennetz im Reinigungshause frei und zugänglich liegen zu haben, und versieht man zu diesem Ende das ganze Haus zweckmässig mit niedrigen Kellerräumen.

Die Grösse und Form eines Reinigungshauses oder Reinigungslocales richtet sich nach der Zahl, Grösse und Anordnung der Apparate, die darin aufgestellt werden sollen. Die geringste Zahl Reinigungskasten, die man in einer Fabrik haben kann, sind zwei, zweckmässiger ist der Betrieb mit drei Kasten, gewöhnlich nimmt man deren vier, oder richtet wenigstens die Anlage so ein, dass man den vierten Kasten jederzeit hinzufügen kann. Ueber die Grösse der Reinigungsapparate ist bereits im achten Capitel dieses Buches das Nöthige gesagt worden. Die Anordnung derselben ist in so ferne verschieden, als man sie entweder in einer einzigen Reihe oder in einer Doppelreihe, oder um einen gemeinschaftlichen Mittelpunct gruppirt, aufstellt.

Ein Beispiel der ersten Art ist auf Tafel LXVII dargestellt. Die 4 Reiniger von je 12 Fuss im Quadrat sind in einer einzigen Reihe aufgestellt, und die 12 zölligen Verbindungsröhren werden durch Schieberventile geöffnet und geschlossen. Jeder Kasten steht frei auf 8 gemauerten Pfeilern, auf denen 4 durchgehende starke Hölzer aufliegen, der Fussboden liegt etwas höher, $2^3/_4$ Fuss unter der oberen Kante der Kasten, um die letzteren bequemer beschicken zu können, die Röhren und Ventile sind unter dem Fussboden frei und zugänglich. Jeder Kasten hat seinen Eingang am Boden in der Mitte, das Gas gelangt dahin von einem Rohr aus, welches an einer Seite an sämmtlichen 4 Kasten vorübergeführt, und mit 4 entsprechenden mit Schieberventilen a_1 a_2 a_3 a_4 versehenen Abzweigungen versehen ist. Die Ausgangsröhren liegen an der entgegengesetzten Seite der Kasten, und sind so eingerichtet, dass man von jedem Apparat das Gas nach Belieben entweder in den nächstfolgenden Apparat, oder direct weiter zu der Fabrikationsgasuhr fortleiten kann. Die Ventile b_1 b_2 b_3 b_4 vermitteln die Verbindung mit den nächstfolgenden Kasten, die Ventile c_1 c_2 c_3 c_4 diejenige mit dem Ableitungsrohr, welches unter dem letzten Kasten hindurch zur Fabrikationsgasuhr führt. Man kann mit dieser Einrichtung die Apparate einzeln, dann zu je zwei, zu je drei und zu je vier hinter einander benutzen, wie es der Betrieb erfordert. Bei der Anordnung der Verbindungsröhren ist namentlich darauf gesehen, dass sich dieselben nirgends kreuzen, weil sonst bei den 12 zölligen Röhren der Raum unter den Reinigungskasten sehr tief werden würde. Alle Enden von Röhren sind mit Flanschendeckeln geschlossen, welche man leicht ab-

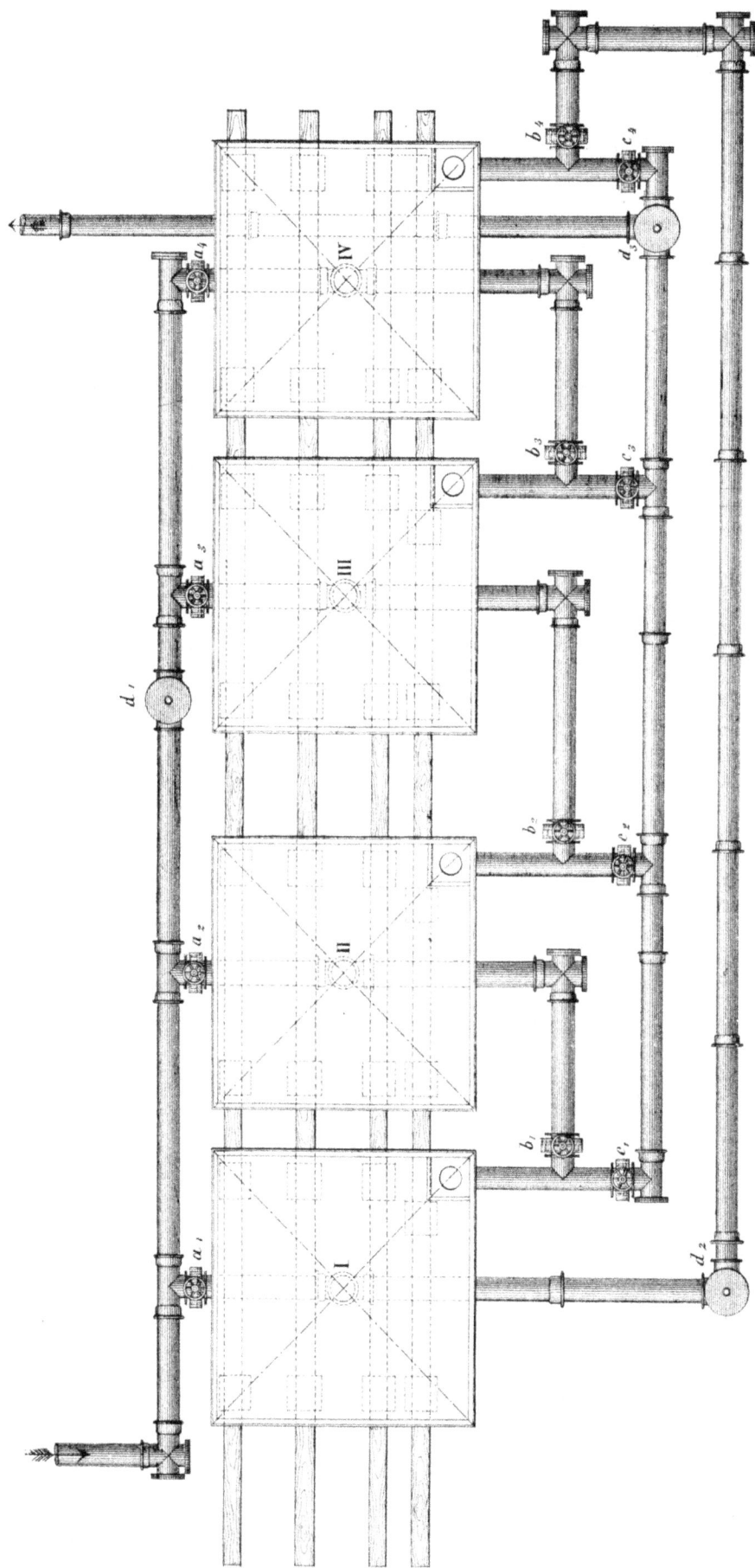

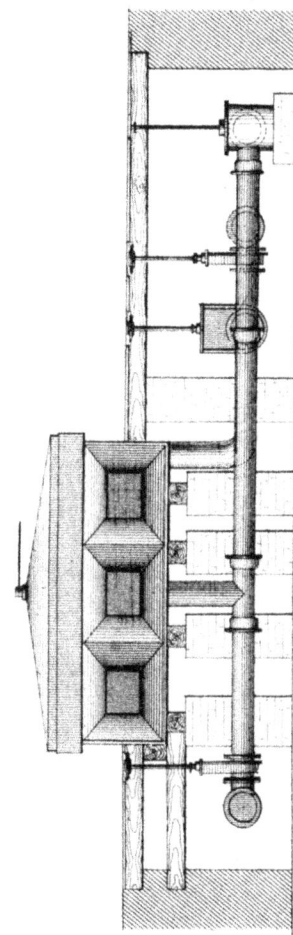

LXVII

LXVIII

Fig 1.

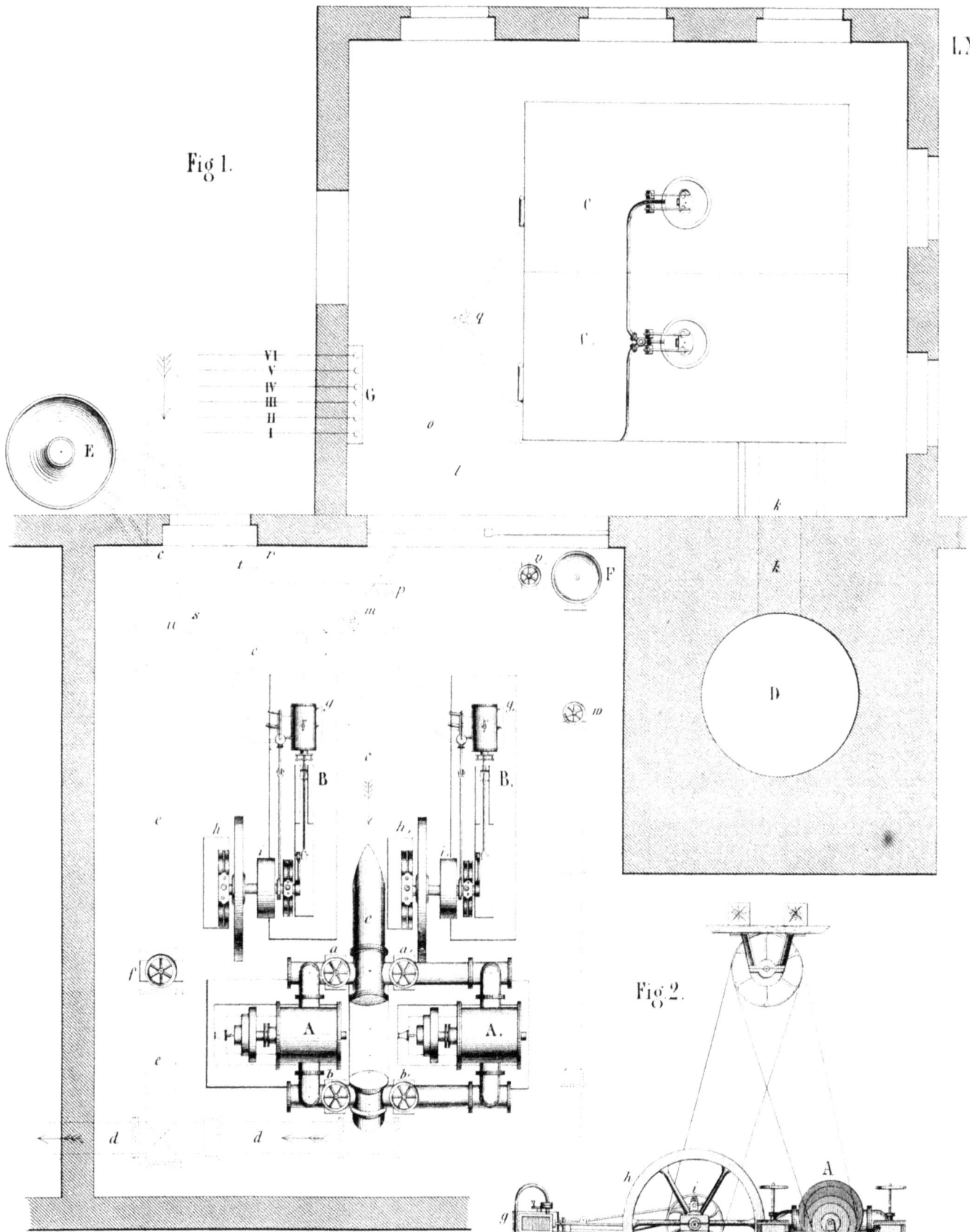

Fig. 2.

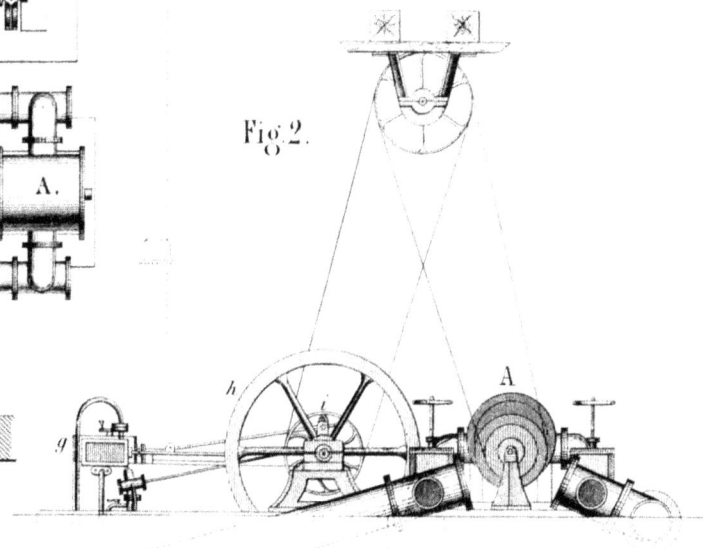

M: 1/60

12" 6 0 1 2 3 4 5 6 7 8 9 10' engl.

Echelle de 16 Millim. pour 1 Metre.

nehmen kann, wenn die Röhren geputzt werden müssen, die Syphons d, d, d, vermitteln das erforderliche Gefälle, über der Mitte der Kasten läuft ein (in der Zeichnung nicht angegebener) Differenzialflaschenzug (Fig. 124 bis 126) auf einer am Gebälke befestigten Schienenbahn, so dass man die Deckel über alle 4 Kasten beliebig hin und herfahren kann.

Eine ähnliche Anlage für 3 oder 2 Kasten ist nur eine Vereinfachung der eben beschriebenen Anlage, und ergiebt sich aus dieser von selbst.

Wo man die Kasten in zwei Reihen oder um einen Mittelpunct herum gruppirt aufstellt, hat man die Wahl, statt der festen Schieberventile die hydraulischen Wechselhähne von Clegg anzuwenden. Man stellt dann die Hähne zwischen den Kasten auf, und verbindet die Ein- und Ausgangsröhren derselben auf geeignete Weise mit den zugehörigen Ein- und Ausgängen der Kasten, indem man zugleich dafür Sorge trägt, dass die Condensationsproducte den erforderlichen Abfluss haben. Es ist nicht zu läugnen, dass die Clegg'schen Hähne billig in der Anschaffung und in einiger Beziehung bequem im Betrieb sind, sie werden auch sehr viel und gerne angewandt, ich persönlich muss gestehen, dass ich kein Freund derselben bin, weil ich es im Interesse der Sicherheit für wesentlich halte, jeden Wasserverschluss zu vermeiden, wo es irgend möglich ist. Nachdem die Clegg'schen Hähne selbst im zwölften Capitel näher beschrieben sind, hat die Art ihrer Aufstellung keine Schwierigkeit, und bedarf hier keiner weiteren Besprechung.

Den Exhaustor stellt man gewöhnlich zwischen dem Condensator und dem Scrubber, oder zwischen dem Scrubber und den Reinigern, selten zwischen dem Condensator und der Hydraulik auf. Zu einer completen Exhaustoranlage gehört der Dampfkessel, die Dampfmaschine, der Exhaustor selbst, der Regulator und das Umgangsrohr. Wo es die Verhältnisse gestatten, Wasserkraft zum Treiben des Exhaustors zu verwenden, fällt natürlich die Dampfmaschine und der Kessel weg, mir ist indess kein Fall derart bekannt. Die Anwendung der Lenoir'schen Gasmaschine scheint ebenfalls bis jetzt keinen Eingang zu finden, die von Prof. Munker in Ansbach angeregte Luftturbine im Schornstein ist eine Spielerei. Wo es möglich ist, den Dampfkessel in den Rauchcanal zu legen und ihn mit der abgehenden Wärme der Oefen zu heizen, erspart man die Heizung, und ist diese Anordnung namentlich in kleineren Anstalten vielfach ausgeführt. Wo man einen besonderen Kessel aufstellen muss, bringt man denselben etwa im Retortenhaus oder in einem besonderen passenden Local an, es ist nicht rathsam, ihn mit der Maschine und dem Exhaustor in demselben Raum aufzustellen, weil sich, abgesehen von der dadurch veranlassten Gefahr, diese Apparate sonst schlecht sauber halten lassen. Es bestehen übrigens für die Aufstellung von Dampfkesseln allerorts noch besondere Regierungsvorschriften, die berücksichtigt werden müssen. Maschine, Exhaustor und Regulator kann man zusammen in einem Local aufstellen, und es ist wohl zu empfehlen, diesem Local eine gewisse Eleganz zu geben, wie es meistens zu geschehen pflegt, weil gerade hier die äusserste Ordnung dem Betrieb ganz besonders zu Gute kommt.

Beispielshalber und zur Erläuterung will ich eine Exhaustoranlage, wie sie auf einer unserer grösseren Anstalten besteht, etwas näher beschreiben. Dieselbe ist auf Tafel LXVIII abgebildet, und besteht aus 2 Dampfkesseln, 2 Dampfmaschinen, 2 Exhaustoren, Regulator, Umgangsrohr nebst Transmission und den erforderlichen Verbindungsröhren und Wechseln. Was über dem Fussboden steht, ist vollständig gezeichnet, was dagegen unter dem Fussboden liegt, ist nur punctirt. A A, sind zwei Beal'sche Exhaustoren von 24 Zoll Durchmesser, 24 Zoll Länge mit der auf Seite 204 angegebenen Construction, die bei etwa 70 Umdrehungen per Minute 20,000 c' Gas per Stunde schaffen. Sie stehen auf Werksteinen in solcher Höhe, dass die Fussplatte gerade über dem Fussboden vorsteht. Die 8 zölligen Ein- und Ausgangsröhren liegen gleichfalls auf dem Fussboden, und sind mit den Eingangsventilen a a, und den Ausgangsventilen b b, versehen, gebogene Abgänge stellen die Verbindung mit den Oeffnungen der Exhaustoren her. Die Röhren a a, führen in das gemeinschaftliche 12 zöllige Zuleitungsrohr c, welches stark geneigt ist, und bald unter den Fussboden hinunter tritt, ebenso führen die Röhren b b, in das 12 zöllige Ableitungsrohr d; das Rohr e verbindet die beiden Röhren c und d mit einander und bildet das Umgangsrohr, welches mittelst des Ventils f geschlossen wird. Man kann also das von Aussen durch c eintretende Gas entweder durch einen der beiden Exhaustoren, oder durch beide Exhaustoren gemeinschaftlich oder endlich mit Umgehung der Exhaustoren direct vom Condensator zum Scrubber leiten. Alle Rohrenden sind zugänglich und mit Flanschen verschlossen, so dass man sie leicht reinigen kann, falls es nöthig wird. Jeder Exhaustor hat drei verstellbare Riemenscheiben. B und B, sind zwei ganz gleiche liegende Dampfmaschinen, jede von 4 Pferdekräften, ebenfalls auf Werksteinen derart aufgestellt, dass ihre Fussplatten gerade über dem Fussboden vorstehen. g g, sind die Dampfcylinder, h h, die Schwungräder, i i, die Riemenscheiben, letztere wieder verstellbar. Die Bewegung der Maschinen wird mittelst einer an der Decke des Locales angebrachten Transmission auf die Riemenscheiben der Exhaustoren übertragen (Fig. 2); man kann mit jeder Maschine jeden Exhaustor einzeln oder auch beide Exhaustoren gemeinschaftlich treiben. C und C, sind zwei Dampfkessel, welche den für die Maschinen erforderlichen Dampf liefern. Sie stehen ganz frei in einem besonderen Local, welches mit dem Maschinen- und Exhaustor-Raum nur durch eine schiebbare Glasthür communizirt. Die Verbrennungsproducte entweichen durch den Canal k in den grossen Fabrik-Schornstein D. Es ist die Einrichtung getroffen, dass man mit jedem Kessel nach Belieben jede Maschine speisen kann. Das Dampfrohr l verzweigt sich mittelst des Dreiweghahnes m nach jeder Maschine, mittelst eines gleichen Hahnes bei n kann es mit jedem der beiden Kessel in Verbindung gesetzt werden, so dass man von jedem Kessel den Dampf in jede Maschine lassen kann. Aehnlich ist das Speiserohr o mit den Hähnen p und q angeordnet. E ist der Vorwärmer, welcher das Wasser für die Speisepumpen durch die Röhren r und s liefert, während der abgehende Dampf der Maschinen durch die Röhren t und u zu ihm hingeführt wird. F ist der Bypass-Regulator für die Exhaustoren, der durch eine vierzöllige Röhrenleitung und die Ventile v und w einerseits mit dem Gasrohr c vom Condensator her, andererseits mit dem Gasrohr zwischen Reinigern und Gasuhr in Verbindung steht. Im gewöhnlichen Betriebe lässt er reines Gas in das Rohr c zurück, für den Fall, dass die Exhaustoren einmal ihren Dienst versagen, dringt umgekehrt ungereinigtes Gas von c aus direct in die Gasuhren und in die Gasbehälter. Eigentlich ist diese Anordnung nicht richtig. Das Rohr w sollte nicht hinter den Reinigungsapparaten, sondern vor denselben angeschlossen sein, dann würde auch beim Stillstehen des Exhaustors das direct durch den Bypass strömende Gas in die Reinigungsapparate gelangen, und kein schmutziges Gas den Gasbehälter erreichen. Bei dieser Anordnung jedoch würde man den Regulator und die Röhren fortwährend voll Theer und Schmutz haben, die Maschinen und Apparate laufen an, dass man sie schlecht sauber halten kann; und wenn man bedenkt, dass das Stillstehen des Exhaustors oft viele Jahre lang nicht vorkömmt, und dass stets ein Maschinenwärter zur Hand ist, der augenblicklich das Ventil f öffnet, so hat man die eigentlich unrichtige Röhrenverbindung vorgezogen. Ausserdem befindet sich in dem Kesselgebäude noch der Manometerschrank G, d. h. eine Vorrichtung mit 6 neben einander angebrachten Manometern, welche durch Rohrleitungen mit den verschiedenen Apparaten der Fabrik in Verbindung stehen. Die Leitung I führt Gas von der Hydraulik her, II ist zwischen Condensator und Exhaustor abgeleitet, III zwischen Exhaustor und Scrubber, IV zwischen Scrubber und Reiniger, V zwischen Reiniger und Gasuhr, VI zwischen Gasuhr und Gasbehälter. Eine Vergleichung der verschiedenen Manometerstände ergiebt sofort eine Uebersicht über den Gang des Betriebes, und der Maschinenwärter kann von einem Punct aus mit der grössten Bequemlichkeit die ganze Fabrik überwachen.

6) Die übrigen Baulichkeiten der Gasfabrik.

Hierüber bleibt nur mehr Weniges hinzuzufügen. Gasuhren und Regulator stellt man natürlich gleichfalls in einem vom Retorten- und Reinigungshause abgesonderten Local auf. Die Bedingungen, denen ein Photometerzimmer entsprechen muss, sind bereits früher erörtert worden. Die Theergrube ist so zu placiren, dass alle Abflüsse aus den Apparaten möglichst selbstthätig in dieselbe abfliessen. Sie ist mit Sorgfalt wasserdicht in Cement zu mauern und inwendig mit Cement zu verputzen. Man wendet mitunter grosse hölzerne Bottiche an, kann sich jedoch weit weniger darauf verlassen, namentlich wenn sie bloss in die Erde eingegraben sind. Eiserne Bassins sind besser, aber für unsere deutschen Verhältnisse zu

SCHUPPEN
Hangar

30'

10'

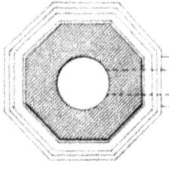

KOHLENSCHUPPEN.
Halle à charbon

30'

Condenseurs
CONDENSATOR-HAUS

10'

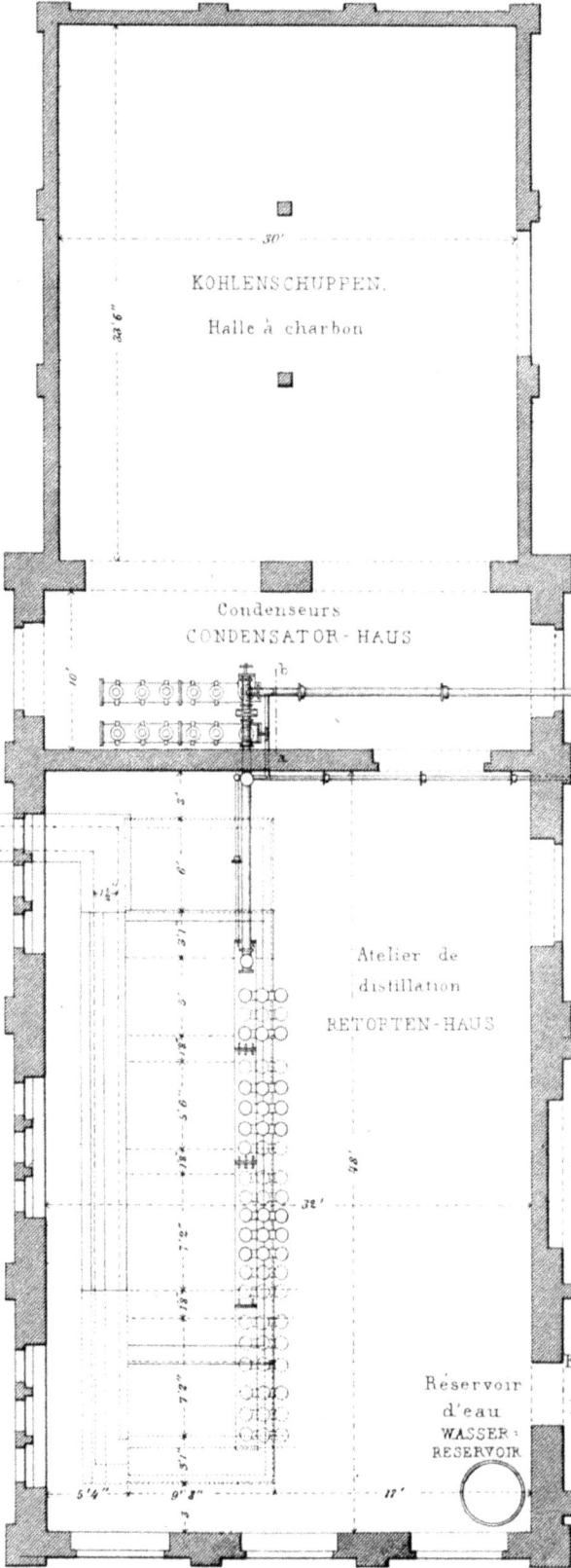

Atelier de
distillation
RETORTEN-HAUS

48'

32'

Fosse à goudron

THEERGRUBE.

10'

Forge
SCHMIEDE

12'

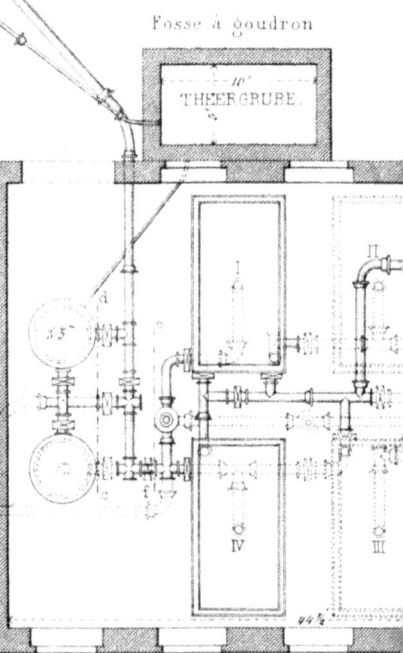

EXHAUSTOR u
MASCHINE
Exhausteur
et
Machine

Réservoir
d'eau
WASSER-
RESERVOIR

5'4" 9'8" 17'

10'   5   0   10   20

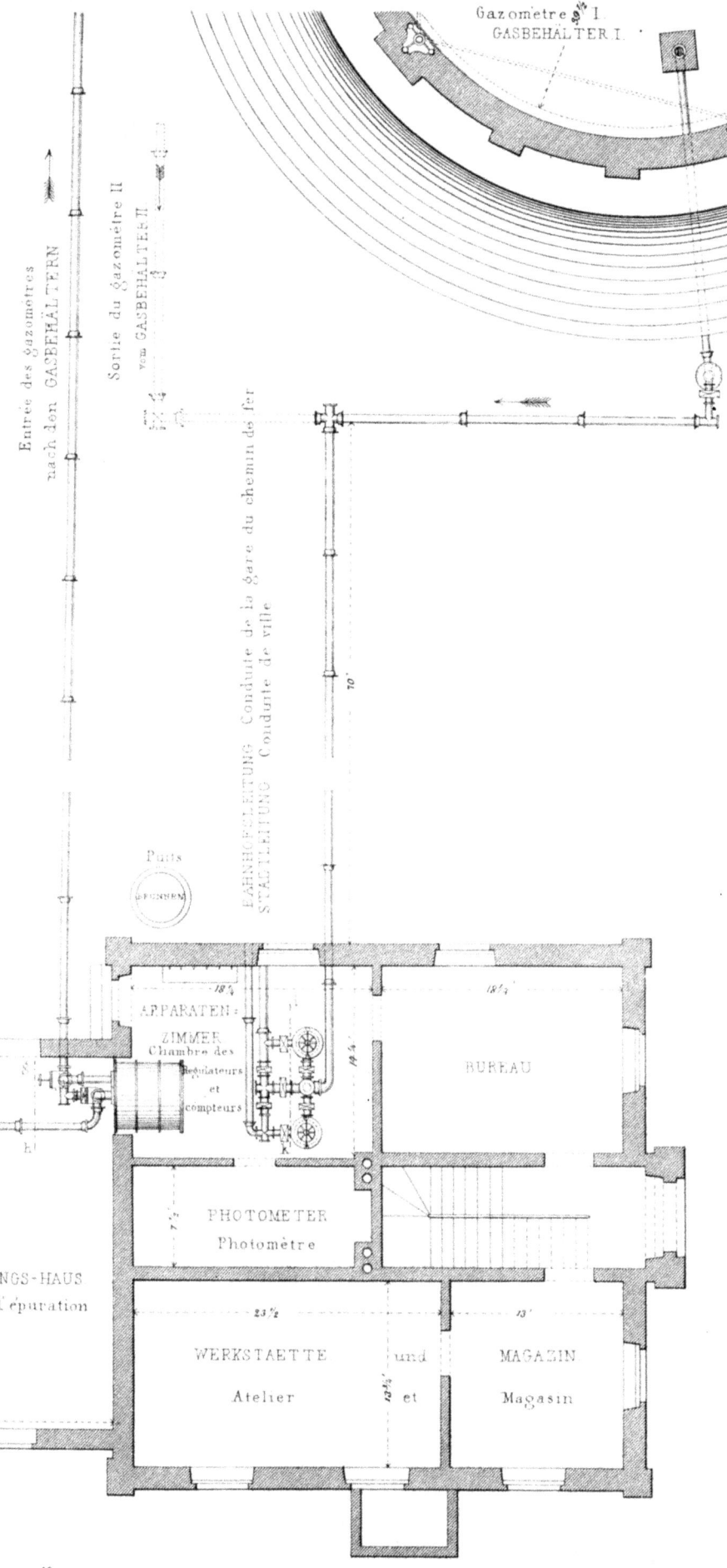

LXIX.

Gazometre I.
GASBEHALTER I.

Entrée des Gazomètres
nach den GASBEHÄLTERN

Sortie du Gazomètre II
vom GASBEHÄLTER II

BAHNHOFLEITUNG Conduite de la gare du chemin de fer
STADTLEITUNG Conduite de ville

70'

Puits

APPARATEN=
ZIMMER
Chambre des
Régulateurs
et
compteurs

BUREAU

18½

18½

19½

PHOTOMETER
Photomètre

7½

UNGS-HAUS
d'épuration

23½

13'

WERKSTAETTE
Atelier

und
et

MAGAZIN
Magasin

12½'

70   50

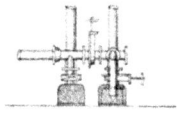

CONDENSATOR
nach a b

Condenseurs
suivant a b

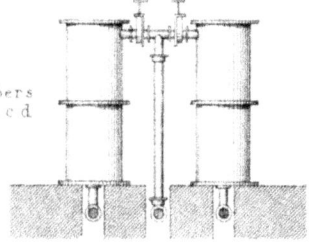

SCRUBBER
nach c d

Scrubbers
suivant c d

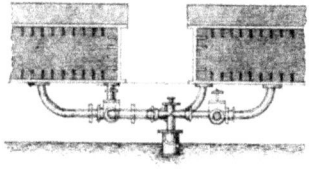

REINIGER
nach e f

Epurateurs
suivant e f

GASUHR
nach g h

Compteur
suivant g h

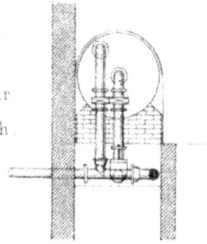

REGULATOREN
nach i k.

Régulateurs
suivant i k

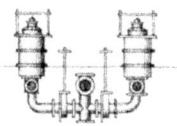

theuer. Mitunter stellt man auch hölzerne Bottiche frei in gemauerten Cysternen auf, so dass man jede Undichtigkeit der ersteren sofort beobachten kann, eine doppelte Vorsicht, die überflüssig ist, sobald man die
Cysterne mit gehöriger Sorgfalt herstellt. Eine gut in Cement gemauerte Theergrube erfüllt ihren Zweck
vollkommen, es ist indess von Wichtigkeit, ihrer Ausführung besondere Aufmerksamkeit zu widmen, denn
der Theer und das Ammoniakwasser, was in den Boden hineingelangt, wird durch das Grundwasser mit
fortgeführt, und giebt namentlich durch Verunreinigung benachbarter Brunnen gerechte Ursache zu Beschwer-
den. Die Grösse, die man den Theergruben zu geben hat, hängt natürlich ganz davon ab, |in welcher Weise
man Gelegenheit hat, den Inhalt zu verwerthen.

Es bleiben nur noch das Betriebs-Bureau, die Werkstätten, die Schuppen zur Lagerung der Materialien, die Wohnung für Director und Werkführer u. s. w. übrig, lauter Baulichkeiten, die sich ohne
Schwierigkeit ergeben, und bei denen mehr localen Verhältnissen, als allgemeinen Rücksichten Rechnung zu
tragen ist. Das Betriebsbureau liegt am besten in der Nähe des Fabrikeingangs, so dass Alles, was ein-
und ausgeht, an demselben vorüber muss, auch die Wohnungen der Betriebsbeamten sucht man so zu legen,
dass die Uebersicht leicht ist, an Lagerschuppen muss man soviel herstellen, dass man alle Producte und
Materialien (mit Ausnahme von gusseisernen Röhren und sonstigen groben Gusswaaren) unter Dach aufbewahren kann. Die Anschaffung einer Brückenwaage ist bei einem Betrieb von einiger Bedeutung sehr zu
empfehlen, Gas- und Wasserleitung verstehen sich von selbst.

Ich will nun noch, zur Illustration des Vorstehenden, die Beschreibung von zwei Gasanstalten, was die Disposition der Baulichkeiten und Apparate betrifft, folgen lassen. Die eine kleinere Anstalt ist im vorigen Jahre von mir in Eger gebaut worden, die zweite grössere ist die neue Gasfabrik in
Frankfurt am Main, deren Zeichnung und Beschreibung ich dem Erbauer und jetzigen Director der Anstalt,
S. Schiele zu verdanken habe. Diese Fabrik hat zugleich die Eigenthümlichkeit, dass sie für ein Mischgas eingerichtet ist, welches früher aus Boghead und Holz, gegenwärtig aus Boghead und gewöhnlichen Steinkohlen hergestellt wird, und welches bei einem stündlichen Verbrauche von 2 c' eine Leuchtkraft von etwa
10 Wallrathkerzen (deren jede in der Stunde ein halbes Zoll-Loth Wallrath consumirt) giebt.

Die Gasanstalt in Eger. (Tafel LXIX.)

Eger ist eine Stadt von gegen 12000 Einwohnern, und hatte bisher keine Gasbeleuchtung. Ausserhalb jeder Eisenbahnverbindung gelegen, blieb es während der letzten Jahrzehnte in seiner Entwicklung
zurück. Gegenwärtig ist es der Knotenpunct von drei Bahnen geworden, zwei weitere Bahnen stehen in Aussicht, man nimmt daher an, dass Handel und Industrie den Ort bald beleben, und das Bedürfniss nach Gas um
ein sehr Bedeutendes steigern werden. Die Flammenzahl, welche der ersten Calculation zu Grunde lag, war folgende:

100 Strassenflammen mit 5 c' Gasconsum per Stunde vom Magistrat garantirt . . . .   500,000 c'
600 Flammen in Privathäusern zu 1700 c' Durchschnittsconsum per Jahr . . . . . . 1,020,000 „
600 Flammen in den Bahnhöfen à 2000 c' Consum . . . . 1,200,000 „

$$\text{Consum} \quad 2{,}720{,}000 \ c'$$
$$\text{Hiezu Verlust } 10\% \quad 272{,}000 \ c'$$
$$\text{Production} \quad 2{,}992{,}000 \ c'$$

Die Anstalt wurde demnach eingerichtet für die Minimalproduction von 3 Millionen c' per Jahr.
Ferner wurde angenommen, dass sich die Production bald auf 5 Millionen c' per Jahr heben werde, dass aber für
die weitere Entwicklung eine Production von 10 Millionen c' per Jahr in Aussicht genommen werden müsse.
Einer Jahresproduction von 3 Millionen c' per Jahr entspricht eine

Maximalproduction in 24 Stunden von etwa 18,000 c'
Minimalproduction „ „ „ „ „ 3,000 c'

Einer Jahresproduction von 5 Millionen c′ per Jahr entspricht eine

Maximalproduction in 24 Stunden von etwa 30,000 c′

Minimalproduction „ „   „   „   „   5,000 c′

Einer Jahresproduction von 10 Millionen c′ per Jahr entspricht eine

Maximalproduction in 24 Stunden von etwa 60,000 c′

Minimalproduction „ „   „   „   „   10,000 c′

Bei Anwendung von Zwickauer Kohlen, auf welche man in Eger angewiesen ist, kann man auf eine Ausbeute von 4000 c′ engl. Gas per Retorte rechnen. Für die Minimalproduction von 3000 c′ genügt also 1 Retorte, für die in Aussicht genommene Maximalproduction von 60,000 c′ würden 15 Retorten erforderlich sein. Ich habe es vorgezogen, statt des Ofens mit einer Retorte einen solchen mit zwei Retorten zu bauen, einmal weil dieser nahezu mit demselben Heizmaterial gefeuert werden kann als der Einer-Ofen, dann weil man für die kurze Zeit im Sommer, wo wirklich der Minimalconsum Statt findet, bei der dem Zweier-Ofen gegebenen Construction durch Schliessen der Schieber die eine Retorte fast gänzlich abstellen kann, und weil schliesslich angenommen werden darf, dass die Zeit, wo sich die Minimalproduction über 4000 c′ erheben wird, nicht fern liegt. Es sind also für den Anfang angelegt

1 Ofen mit 2 Retorten

2 Oefen mit je 3 Retorten.

Damit ist einer Production bis zu 5 Millionen c′ per Jahr oder 30,000 c′ in 24 Stunden genügt. Nun sind aber die Oefen so eingerichtet, dass der Zweierofen in einen Dreierofen, der eine Dreierofen in einen Fünfer-, der andere Dreierofen in einen Sechserofen verwandelt werden kann, so dass man auf demselben Raum und ohne etwas Anderes als den inneren Ausbau der Oefen verändern zu müssen, 14 Retorten erhält, wo jetzt 8 liegen. Jeder Ofen hat ein doppeltes Gewölbe, ein definitives grösseres von 1 Steindicke für den späteren Ausbau, ein kleineres inneres von ½ Steindicke für die gegenwärtige beschränkte Retortenzahl, Vorlage, Aufsteigeröhren u. s. w. sind gleichfalls für den späteren Ausbau sämmtlich vorgerichtet. Ausserdem ist noch Platz für einen weiteren Sechserofen vorgesehen, so dass die Anstalt mit Bequemlichkeit auf 20 Retorten gebracht werden kann, ohne dass die Baulichkeiten des Hauses die geringste Abänderung zu erleiden haben. Zwanzig Retorten entsprechen aber vollständig der Jahresproduction von 10 Millionen c′ oder der Maximalproduction in 24 Stunden von 60,000 c′, denn es genügen 15 Retorten, um 60,000 c′ Gas zu erzeugen, und man behält somit noch 5 Stück in Reserve.

Die lichte Weite des (späteren) Dreierofens ist . . . . 5′ —″

„ „   „   „   „ Fünferofens ist . . . . 5′ 6″

„ „   „   „   „ Sechserofens ist . . . . 7′ 2″

„ „   „   „   „ Reservesechserofens ist . . . . 7′ 2″

Hiezu kommen 3 Pfeilerstärken, 2 Steine stark, à 1′ 8″ ist . . . . . . 5′ —″

„ „ 2 Widerlagerstärken 1 Stein stark à 10″ ist . . . . . . 1′ 8″

Extra-Verstärkungsmauerwerk an jedem Ende, gewöhnliche Ziegel in Lehm

2 × 2¼′ ist . . . . 4′ 6″

Platz für einen später anzulegenden Dampfkessel . . . . 6′ —″

Freier Platz an den Enden . . . . 6′ —″

Länge des Retortenhauses 48′ —″

Länge der Retorten . . . . . 8′ —″

Für Hinterwand und Rauchcanal . 4′ —″

Raum hinter den Oefen . . . . 3′ —″

Raum vor den Oefen . . . . . 17′ —″

Breite des Retortenhauses 32′ —″

Demgemäss ist auch das Retortenhaus ausgeführt, 48′ lang und 32′ breit, in verputztem Backsteinbau mit einem Sockel von Granitsteinen. Das Dach ist ein Laternendach von Schmiedeeisen mit gewelltem Eisenblech eingedeckt, der Fussboden ist mit grossen Granitplatten gepflastert. Die Höhe des Hauses beträgt in den Seitenwänden 20′.

Die Fuchsöffnungen für die Oefen sind angenommen, wie folgt:

$$\text{für 2 Oefen mit je 6 Retorten} \quad 4 \times 6'' \times 12'' = 288 \;\square''$$
$$\text{„ 1 Ofen „ „ 5 „} \quad 2 \times 6'' \times 9'' = 108 \;''$$
$$\text{„ 1 „ „ „ 3 „} \quad 1 \times 6'' \times 12'' = 72 \;''$$
$$\text{zusammen } 468 \;\square''$$
$$\text{oder reichlich } 3 \;\square'$$

Der Hauptrauchcanal ist demgemäss im Lichten 2 Fuss hoch und 1½ Fuss weit angelegt, und liegt am Boden hinter den Oefen. Er ist mit Platten abgedeckt, und jederzeit leicht zugänglich; die Schieber für die Füchse liegen auf demselben.

Als Rostflächen für die Oefen sind angenommen:

$$\text{Für 2 Oefen mit je 6 Retorten} \quad 2 \times 12'' \times 36'' = 864 \;\square''$$
$$\text{„ 1 „ „ 5 „} \quad 10'' \times 36'' = 360 \;,,$$
$$\text{„ 1 „ „ 3 „} \quad 9'' \times 30'' = 270 \;,,$$
$$1494 \;\square''$$

$^1/_3$ dieser Fläche ist 498 $\square''$, was einem Durchmesser von 25¼'' entspricht
$^1/_2$ „ „ „ 747 $\square''$, „ „ „ „ 30¾'' „

Die Weite des Schornsteins wäre hienach 2½ bis 2 Fuss. Ich habe in der Ausführung dem Schornstein 3 Fuss untere und 2 Fuss obere Weite gegeben bei einer Höhe von 60 Fuss über dem Rauchcanal.

Die Weite der Hydraulik ist folgendermassen gerechnet:
20 Stück 5 zöllige Eintauchröhren haben eine lichte Weite von

$$20 \times 19{,}635 = 392{,}7 \;\square''$$

hievon soll der freie Raum der Hydraulik mindestens das zehnfache betragen, also

$$10 \times 392{,}7 = 3927 \;\square''$$

Die Eintauchröhren nehmen einen Platz ein von

$$20 \times 28{,}274 = 565{,}48 \;\square''$$

Dies zu obigen 3927 $\square''$ addirt, ergiebt als Gesammtfläche der Hydraulik

$$3927 \times 566 = 4493 \;\square''$$

Die Länge der Hydraulik beträgt ohngefähr 33′ = 396'',
es würde also die Breite derselben betragen müssen $\dfrac{4493}{396} = 11\frac{1}{2}''$.

Ich habe eine U förmige Hydraulik gewählt, und derselben bei einer Tiefe von 15'' auch eine Breite von 15'' gegeben, mehr, als die Rechnung ergiebt.

Für die Condensation rechnet man mindestens 50 Quadratfuss Kühlfläche pro 1000 c′ Production in der Stunde. Für die Maximalproduction von 60,000 c′ in 24 Stunden oder 2500 c′ in einer Stunde werden somit erforderlich sein:

$$2{,}5 \times 50 = 125 \;\square' \text{ Kühlfläche.}$$

Ich habe einen Röhrencondensator ausgeführt, der abgesehen von dem Unterkasten und den oberen Verbindungsröhren aus 88 lfd. Fuss 7 zölligen Röhren besteht, derselbe hat also eine genügende Röhrenoberfläche von

$$88 \times 1{,}833' = 161 \;\square'.$$

Der Condensator ist unter Dach in einer Verlängerung des Retortenhauses zwischen diesem und dem Kohlenschuppen aufgestellt. Das Local von 32 Fuss Länge (der Retortenhausbreite) und 10 Fuss Breite

40*

ist vorne und hinten mit Thüren und Fenstern versehen, kann also nach Bedarf gelüftet werden, sollte die Gasanstalt sich später einmal noch über die angenommene Maximalproduction von 10 Millionen c' per Jahr ausdehnen, so findet sich noch hinreichend Platz, um einen weiteren Condensationsapparat aufstellen zu können.

An den Condensationsraum schliesst sich der Kohlenschuppen an. Rechnet man für einen Centner Steinkohlen 2 c', so kann man in dem 33½ Fuss langen und 30 Fuss breiten Schuppen bei 10 Fuss hoher Schüttung reichlich 5000 Ctr. Kohlen lagern. Bei einer Maximalproduction in den Wintermonaten, die sich zwischen 40000 und 60000 c' per 24 Stunden bewegt, also zu 50000 c' durchschnittlich angenommen werden soll, macht der tägliche Kohlenverbrauch (zu 450 c' pr. Ctr. gerechnet) 112 Ctr. aus, man würde somit den Vorrath von nahezu 45 Tagen oder 1½ Monaten lagern können, was bei der Nähe der Kohlengruben völlig ausreichend erscheint. Der Schuppen hat nach der dem Fabrikhofe zugekehrten Seite ein breites Thor, ausserdem sind in den Mauern unmittelbar unterhalb des vorstehenden Daches Luftlöcher angebracht, so dass stets ein lebhafter Luftwechsel in dem Raum stattfindet, ohne dass der ¡Regen in denselben hineindringen kann.

Zur weiteren Reinigung des Gases sind nach dem Condensator zunächst zwei Scrubber von je 8 Fuss Höhe und 3 Fuss Durchmesser angenommen, von denen vorläufig einer ausgeführt ist, der bis zu 5 Millionen c' Jahresproduction vollkommen ausreicht. Die Röhrenanlage ist derartig angeordnet, dass der zweite Apparat unmittelbar an dieselbe angeschlossen werden kann, ohne dass ein einziges Rohr verändert zu werden braucht.

Was die Reiniger betrifft, so erinnern wir uns, dass die Rostfläche eines Kastens so viele Quadratfuss enthalten soll, als man 1000 c' im Maximum pro 24 Stunden produzirt, damit ein Kasten mindestens zur Reinigung für 24 Stunden ausreicht. Bei einer Maximalproduction von 60,000 c' würden also 60☐' Rostfläche erforderlich sein. Ich habe die Reinigerkasten 10 Fuss lang, 5 Fuss breit und 4 Fuss 10 Zoll tief construirt, es reicht also schon fast eine einzige Rostlage aus, um die ganze Maximalproduction von 60,000 c' zu reinigen. Bei 3 Rostlagen wird ein Kasten mindestens 2 × 24 Stunden aushalten. Vorläufig sind 2 solche Kasten aus Gusseisen aufgestellt, zwei weitere sind für die Erweiterung in Aussicht genommen, und die Rohranlage nebst Ventilen ist gleich wieder so eingerichtet, dass man die späteren Apparate ohne die geringste Veränderung des Bestehenden unmittelbar anschliessen kann. Die Tassen der Apparate sind 15 Zoll tief. Die Deckel aus Blech sind mit 2 zölligen Luftventilen und Vorrichtungen zur Befestigung versehen, zum Aufziehen der Deckel dient ein Differenzialflaschenzug, der auf einer Eisenbahn- Schiene läuft.

Das Local, in welchem die Reiniger und der Scrubber aufgestellt sind, ist 44½ Fuss lang und 27 Fuss breit, von den angrenzenden Localitäten vollständig abgeschlossen, und nur von der Hofseite durch 2 Thüren zugänglich. Es enthält nicht allein den Raum für die Apparate selbst, sondern auch hinreichend Platz zur Regenerirung der Reinigungsmasse, es ist ganz mit Brettern gedichtet, die Röhren liegen unter dem Fussboden, die Stellräder der Ventile reichen bis oben über den Fussboden hervor, zahlreiche Fenster machen das Local sehr hell, und gestatten die erforderliche Lüftung.

Zwischen dem eben beschriebenen Reinigungshause und dem Retortenhause, eigentlich als eine Fortsetzung des ersteren, aber doch gänzlich von ihm abgeschlossen, sind zwei Localitäten angebracht, von denen die erstere später zur Aufstellung einer Exhaustoranlage, die zweite zur Schmiede bestimmt ist. Der Exhaustor ist für den Zeitpunkt projectirt, wo die Production 5 Millionen c' per Jahr überschritten haben wird, in der Anordnung nach Beale soll er nebst Dampfmaschine und Regulator in dem in Rede stehenden Raum aufgestellt werden, während der Dampfkessel im Retortenhaus neben den Retortenöfen (vielleicht auch auf dem Rauchkanal) seinen Platz finden soll. Das Exhaustorlocal ist nur von dem Retortenhause aus zugänglich und wird von dem Oberheizer bedient und beaufsichtigt.

Die Schmiede ist vom Hofe aus zugänglich, und mit einem vollständigen Inventar ausgestattet. Der Exhaustorraum hat eine Grösse von 12 × 12 Fuss, die Schmiede eine solche von 14 × 12 Fuss.

An der dem Fabrikhofe zugekehrten Längsseite des Reinigungshauses liegt die Theergrube, eine 10 Fuss lange, 5 Fuss breite und 7 Fuss tiefe Grube aus Backsteinmauerwerk in Bonner Cement, und mit Bonner Cement verputzt. Der Kranz der Grube ist von Granitplatten und ist dieselbe mit Bohlen abgedeckt. Der Theerabfluss von der Hydraulik, von dem Condensator und dem Scrubber entleert sich selbstthätig durch 3 zöllige gusseiserne Röhren in die Grube.

Ein weiteres an das Reinigungshaus sich anschliessendes grösseres Gebäude enthält parterre das Apparatenzimmer, das Photometerzimmer, das Betriebsbureau, eine Werkstätte und Magazin. Im Apparatenzimmer, welches eine Länge von $18\frac{1}{4}$ Fuss bei einer Breite von $14\frac{1}{4}$ Fuss hat, steht die Fabrikationsgasuhr, die Regulatoranlage und der Manometertisch.

Die Stationsgasuhr ist genau dieselbe, welche im neunten Capitel dieses Buches ausführlich beschrieben ist, welche also bei 100 Umdrehungen pro Stunde 96,000 c′ in 24 Stunden liefert. Da die Maximalproduction auf 60,000 c′ pro 24 Stunden angenommen ist, so ist mithin die Uhr um mehr wie 50 % grösser, als sie eigentlich zu sein nöthig hätte.

Die Regulatoranlage umfasst zwei Regulatoren, und zwar einen mit 6 zölligen Röhren für die Stadtleitung, den zweiten mit 5 zölligen Röhren für die Bahnhofsleitung. Es muss hier eingeschaltet werden, dass die sämmtlichen Rohrleitungen in der Fabrik bis in den Gasbehälter hinein 6 Zoll Weite haben. Man rechnet wenigstens 5 □″ Rohrweite für jede 1000 c′, welche im Maximo pro Stunde fabrizirt werden, das wäre bei 60,000 c′ in 24 Stunden, oder 2500 c′ pro Stunde

$$\frac{2500 \times 5}{1000} = 12\frac{1}{2} \;\square'' \;\text{ d. h. ein Rohr von 4 Zoll Weite.}$$

Ich habe, wie gesagt, 6 Zoll Weite, also mehr wie den doppelten Querschnitt für die Fabrikröhren gewählt. Das Ausgangsrohr aus dem Gasbehälter ist von der Stelle an, wo später der zweite Gasbehälter einmünden soll, sogar 8 zöllig gemacht, und so führt denn auch das 8 zöllige Rohr das Gas in das Apparaten-Zimmer zu den Regulatoren, wo es sich in ein 6 zölliges Rohr für die Stadt und in ein 5 zölliges Rohr für den Bahnhof theilt.

Der Manometertisch hat 6 Manometer, welche durch schmiedeeiserne Leitungen mit den wichtigsten Puncten der Fabrikleitung in Verbindung stehen. Das erste Manometer steht mit der Leitung zwischen Hydraulik und Condensator in Verbindung, das zweite ist zwischen Condensator und Reinigern abgezweigt, das dritte zwischen den Reinigern und der Stationsgasuhr, das vierte zwischen der Gasuhr und den Gasbehältern, das fünfte von der Stadtleitung, das sechste von der Bahnhofsleitung.

Die Apparate des sogenannten Apparatenzimmers stehen symmetrisch über dem Fussboden, die Rohrleitungen liegen unter letzterem zugänglich, die Stellrädchen der Ventile stehen etwas über dem Fussboden vor. Dem Ganzen ist in der äusseren Ausstattung eine besondere Aufmerksamkeit gewidmet.

Das Photometerzimmer liegt neben dem Apparatenzimmer und ist von diesem aus zugänglich, gänzlich abgeschlossen vom Tageslicht, sobald die Eingangsthüre geschlossen wird. Es enthält einen Photometertisch, eine Experimentirgasuhr, ein Bunsen'sches Photometer, mit Verbindungen zum Betrieb, zum Gasbehälter und zur Stadt, eine Secundenuhr und die übrigen kleinen Requisiten zu den photometrischen Versuchen. Das Zimmer ist $18\frac{1}{4}$ Fuss lang und $7\frac{1}{2}$ Fuss breit.

Das Betriebsbureau ist $18\frac{1}{4}$ Fuss lang und $13\frac{3}{4}$ Fuss breit. Es liegt der Strasse und dem Fabrikeingange zugekehrt und enthält die erforderliche Bureaueinrichtung.

Vom Betriebsbureau durch den Hauseingang und Treppenplatz getrennt liegen auf der andern Seite desselben Hauses eine Werkstatt, $13\frac{3}{4}$ Fuss lang und 13 Fuss breit, mit der nöthigen Werkstatteinrichtung für das Installationsgeschäft, sowie ein dazu gehöriges Materiallager von $23\frac{1}{2}$ Fuss Länge und $13\frac{1}{4}$ Fuss Breite.

Im ersten Stock desselben Gebäudes befindet sich die Wohnung des Geschäftsführers. Dieselbe umfasst

2 Zimmer, jedes 18½ Fuss lang und 14 Fuss breit,
1 Kammer, 14 Fuss lang und 9 Fuss breit,
1 Küche, 14 Fuss lang und 8½ Fuss breit,
1 Gastzimmer, 13½ Fuss lang und 13 Fuss breit,
1 Abtritt, 14 Fuss lang und 4½ Fuss breit,
1 abgeschlossenen Vorplatz, 17 Fuss lang und 7 Fuss breit,
und darüber einen vollständigen Bodenraum.

Ein Keller konnte der Bodenbeschaffenheit wegen unter dem Wohnhause nicht angebracht werden, er ist desshalb unter einen Theil des Kohlenschuppens gelegt worden.

Dieses Haus ist, wie das Retortenhaus und Reinigungshaus in verputztem Backsteinbau (anfangs war Backsteinrohbau projectirt, doch halten nach den vorliegenden Erfahrungen im dortigen Klima die Ziegel nicht aus) mit Sockel von Granitsteinen und Fenstergurten und Fensterbänken von Sandsteinen ausgeführt worden.

Der Gasbehälter fasst 18,000 c' Gas und ist genau von der auf Seite 233 bis 237 beschriebenen Construction. Wir wissen, dass der Gasbehälterraum einer Fabrik überhaupt mindestens gleich der halben Maximalproduction in 24 Stunden sein muss, der vorhandene Behälter wird also bis zu einer solchen Maximalproduction von 30,000 c' in 24 Stunden, d. h. bis zu einer Jahresproduction von 5 Millionen c' vollkommen ausreichen. Für die weitere Ausdehnung ist ein zweiter Gasbehälter von derselben Grösse projectirt, so dass die beiden Behälter zusammen der Jahresproduction bis zu reichlich 10 Millionen c' entsprechen.

Als Lagerschuppen ist auf dem Hofe noch ein leichtes Gebäude von 30 Fuss Länge und 10 Fuss Breite aufgeführt.

An Syphons stehen auf der Anstalt
1 Syphon zwischen Condensator und Scrubber,
1   „   zwischen Scrubber und Reiniger,
1   „   zwischen Reiniger und Gasuhr,
1   „   am Eingang zum Gasbehälter,
1   „   am Ausgang vom Gasbehälter,
1   „   hinter dem Regulator zur Stadt.
6 Syphons.

Ein gegrabener und ausgemauerter Brunnen liefert der Anstalt das nöthige Wasser. Er ist mit einer eisernen Pumpe versehen, die durch schmiedeeiserne Rohrleitungen mit den nöthigen Reservoirs in Verbindung steht.

Die Gasleitung der Fabrik umfasst mit den äusseren Laternen im Ganzen 22 Flammen.

Die Einfriedigung der Anstalt besteht aus einer 7 Fuss hohen, dicht schliessenden Bretterplanke mit aussen aufgenagelten Latten und Tropfbrett.

Die Fabrik ist, wie sich aus Vorstehendem und aus der Zeichnung ergiebt, so angelegt, dass sie — die vorläufige kleine Jahresproduction von 3 Millionen c' gestattend — bis zu 5 Millionen c' Jahresproduction keinerlei Veränderung bedarf, dass sie durch den vollen Ausbau der Oefen, und Hinzufügung der vorläufig weggelassenen Apparate bis auf eine Jahresproduction von 10 Millionen c' gebracht wird, und dass selbst eine Erweiterung über 10 Millionen c' per Jahr keine Schwierigkeiten verursachen würde.

Das neue Gaswerk in Frankfurt am Main. (Taf. LXX.)

Das Gaswerk, Eigenthum der Neuen Frankfurter Gasbereitungs-Gesellschaft wurde im Jahre 18⁶²⁄₆₃ nach den eigenen Plänen von Simon Schiele auf einem Grundstücke von 226,000 englischen Quadratfuss Fläche erbaut. Es liegt etwa ⅕ deutsche Meile von den ehemaligen Stadtthoren (von den westlichen Eisenbahnhöfen) in westlicher Richtung von der Stadt entfernt. Für das mitten im Felde erbaute Werk mussten, um

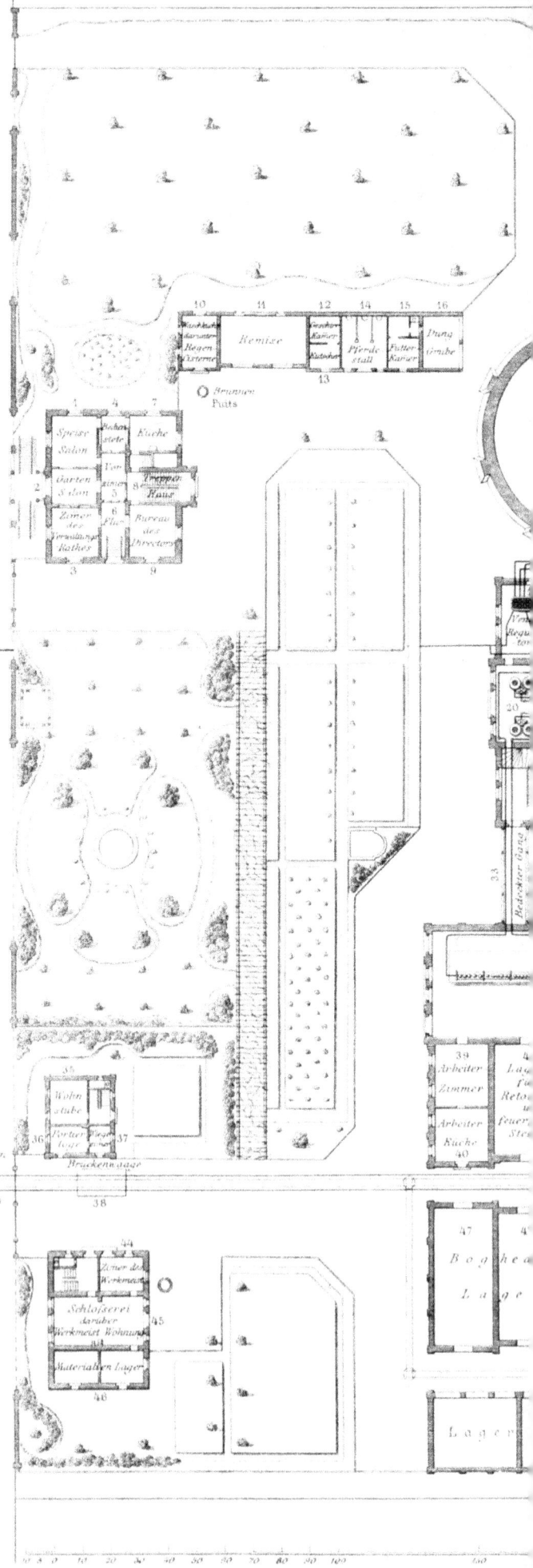

Nouvelle usine à gaz de Frankfort.

Capacite = m. c.

Später auszuführender Gasbehalter
Inhalt = 200.000 c.

Gazomètre projeté
de 5600 m. c

1000 m. c.

0.000 c²

Capacite = 2000 m. c

Inhalt 70.000 c

19
Photometer
u
Laboratorium

Waescher

Reiniger

23
Dampf
maschine

Dampf
pumpe
24

26

27

Regeneratorraum

Therothur

Thereisteern

Apparat
zur Verarbeitung der
Ammoniak wasser

Raum

vorzeichen für

Staube

Dampfmaschine

Kühle

Retorten-
34

42 43 42 42

k t - L a g e r

Löch Bophead
48 48

Lager

B â t i m e n t

R a u m

p r o j e t e s

v o r g e s e h e n

f u r

p o u r l e s

a g r a n d i s s e m e n t s u l t é r i e u r s

E r w e i t e r u n g s B a u t e n

ohre ulebedenes

200   kf Werkm.   50 0 10 20 30 40 50 60 70 80 90 100   150   200

30   50   60   70   80   90   100 metres

die Hauptröhrenleitung auf dem geradesten Wege nach der Stadt führen zu können, erst neue Strassenver-
bindungen hergestellt werden.

Bei Anlage des Werkes waren folgende Gesichtspuncte maassgebend:

Die Rohmaterialien, theils auf dem südlich von dem Werke vorüberziehenden Wasserwege (dem
Main), grösstentheils aber auf den östlich von der Anstalt gelegenen Eisenbahnwegen herkommend, wurden
am Geeignetsten gleich an der Ostseite des Werkes niedergelegt und aufbewahrt. Hier musste auch die
Brückenwaage (für ein- und ausgehendes Material) angebracht und dem Portier eine Wohnung zur Ueberwachung der Thore und der Waage eingeräumt werden. Die Brückenwaage ist mit einem Hauptschienen-
geleise versehen, auf welchem die Waggons vom Bahnhofe können direct bis vor die Lagerräume zum Entladen gebracht werden. Ein Pferdebahngeleise, gleichfalls über die Brückenwaage führend, gestattet
das Anbringen der noch zu Wasser ankommenden Güter. Die Centesimalbrückenwaage hat 600 Centner
Tragfähigkeit.

Die Werkmeisterwohnung, unter welcher die Schmiede- und Schlosser-Werkstätte und ein
Eisenlager angeordnet wurden, erhielt der Mitcontrole des Einganges und der Höfe wegen seine Stelle auf
der südöstlichen Ecke des Grundstückes; ihr entgegengesetzt kam die Directorwohnung an die süd-
westliche Ecke zu liegen, so dass das ganze Werk immer von zwei Seiten gleichzeitig kann beobachtet werden.

Nach dem Ortsgebrauche sind zwischen die genannten Gebäulichkeiten und vor die Fabrikräumlich-
keiten der ganzen Breite der Anstalt nach Gartenanlagen hergestellt.

Die Lagerräume für die Rohmaterialien (jedes 34 Fuss lang, 21 Fuss breit und 14 Fuss
hoch) sind rings um einen Hof angelegt, welcher zum Ablöschen der Coke, zum vorläufigen Ablagern der
Schlacken und zum Auslesen der Cokestücke aus diesen, sowie zum Auslöschen der Bogheadschieferrück-
stände bestimmt ist, und welcher fünf Gruben zur Aufbewahrung von gelöschtem Kalke und trockenem Lehm
enthält. Jede dieser Gruben hat 7 Fuss Länge und 6 Fuss Breite und Tiefe.

Der südlichste Theil der Lagerräume ist zu Aufenthaltsräumen für die Arbeiter (von zusammen 40′ Länge, 18′ Breite und 12′ Höhe) und für eine Arbeiterküche (von 18′ Länge, 17′ Breite
und 12′ Höhe) bestimmt. Ein Theil des Bodens unter den Aufenthaltsräumen ist als Regenwasser-
Cisterne zum Gebrauche der Arbeiter hergerichtet. Ein schmaler, gangartiger Raum zwischen den Lagerräumen (von 34′ Länge, 10′ Breite und 14′ Höhe) stellt erstens die Verbindung von dem Hofe aus
mit dem Retortenhause her und dient zweitens als Reinigungs- und Schmierplatz für die Retortendeckel. Zu diesem Zwecke sind rechts und links lange mit gusseisernen Platten belegte Tische
angebracht. In diesem Raume werden auch die Deckelwägen zum gleichzeitigen Transport von sieben
Deckeln (für einen Ofen) aufbewahrt. Dieser Raum ist, wie das Retortenhaus ganz mit gusseisernen
Platten beflurt.

Westlich von den Lagerräumen ist das Retortenhaus. Es ist im Lichten (alle angegebenen
Maasse sind lichte Maasse) 157 Fuss lang, 34 Fuss breit und 30 Fuss hoch und mit ganz eisernem Dache
versehen. Alle Thüren nach den Lagerräumen zu sind eiserne Schiebethüren. Die fünfzehn Retortenöfen,
welche dasselbe enthält, stehen nach allen Seiten frei in dem Hause. Jeder der Oefen (von 7′ 9″ Weite und
5′ 10½″ Höhe über Rostfläche) ist zur Aufnahme von 7 Retorten eingerichtet. Die Vorlage (Hydraulik =
24 Zoll breit und 20 Zoll hoch) mit Putzvorrichtungen hat 138 Fuss Gesammtlänge und liegt auf der Ofenreihe in drei von einander getrennten Längen. Es war diese Anordnung durch den Holzbetrieb, für welchen
das Werk zur Hälfte ursprünglich mit Rücksicht auf den späteren Uebergang zum Steinkohlenbetriebe angelegt war, bedingt. Die Oefen können $15 \times 7 = 105$ Retorten im Ganzen aufnehmen. In jedem Ofen
liegen 5 ⌒ Thon-Retorten (19″ breit und 12½″ hoch) und 2 ovale Thonretorten (20¼″ breit und 12½″
hoch), alle 8 Fuss lang; sie sind mit der Vorlage durch 6 zöllige Aufsteige-, Brücken- und Tauch-Röhren
verbunden. Der Theer wird aus den Vorlagen am nördlichen Ende des Retortenhauses durch 6 zöllige

Röhren direct nach den Theergruben geführt. Das Gas zieht durch 2 Röhrenstränge von 9 Zoll Weite nach dem westlich vom Retortenhause gelegenen Reinigungshause.

Die abgehende Wärme wird durch einen hinter den Retortenöfen in dem Fussboden liegenden Haupt-Canal (Fuchs von 30″ Breite und Höhe) nach dem Schornsteine (Kamin) gebracht. Dieser (unten 51 Zoll, oben 35 Zoll weit und 105 Fuss hoch) steht nebst dem Dampfkesselhause und dem zum Verarbeiten des Gaswassers bestimmten Hause (jedes 36 Fuss lang, 20 Fuss breit und 15 Fuss hoch), sowie dem Abtrittshause (12′ lang, 9′ breit und 10′ hoch) für die sämmtlichen Arbeiter zwischen dem Retorten- und Reinigungshause.

Die Füchse (Feuerabzüge) der Retorten sind so geleitet und mit Schiebern versehen, dass alle von den Retortenöfen abgehende Hitze kann unter die Dampfkessel geleitet und zu deren Erwärmung benutzt werden.

Das Reinigungshaus enthält in seinem südlichen Theile ausser der Haupttreppe einen Maschinen-, Exhaustoren-, und Pumpen-Raum (von 41′ Länge, 24′ Breite und 18′ Höhe), das Kühl- und Wascherhaus (von 60′ Länge, 24′ Breite und 38′ Höhe), den Regulator- und Gasmesser-Raum (38′ lang, 24′ breit, 18′ hoch) und ein chemisches Laboratorium (24′ lang, 19′ breit und 18′ hoch) mit Bibliothek und photometrischen Apparaten; in seinem mittleren Theile (von 97′ Länge, 44′ Breite und 24′ Höhe) die Reinigerkasten und deren Wechsler und in seinem nördlichen Theile (46′ lang, 44′ breit und 24′ hoch) den Raum zur Bereitung, Aufbewahrung und Regenerirung des Reinigungszeuges. Dieser letzte Theil ist ganz unterkellert und birgt 8 Theergruben (jede von 22′ Länge, 10′ Breite und 8′ Tiefe), die so mit einander verbunden sind, dass in den letzten derselben sich das Gaswasser und in den ersten (in welchen die Zuführungsröhren einmünden) der Theer ausscheidet und ansammelt.

Die Verbindung von Retortenhaus und Reinigungshaus ist durch einen überdeckten Gang bewirkt, unter dessen Dach die Verbindungsröhren der Retortenöfen mit den Reinigungs-Apparaten eingelegt sind.

Alle Apparate des Werkes von der Vorlage bis zu den Gasuhren sind durch 9 zöllige Röhren unter einander verbunden. Die Gasströmung geht in der Hauptrichtung bis zu den Gasbehältern von Osten nach Westen, so dass östlich die Rohmaterialien eingebracht, und westlich das fertige Gas in den Behältern aufbewahrt wird. Von hier aus geht es vor dem ganzen Werke vorüber in der Hauptröhrenleitung nach der Stadt.

Die Gasbehälter, welche die ganze westliche Seite des Grundstückes einnehmen und von sehr verschiedener Grösse sind, haben 10 zöllige Ein- und Ausgangsröhren. Zwischen je zwei Behältern ist ein überbauter Röhrenbrunnen von 10 Fuss Weite und der Gasbehältercisterne entsprechender Tiefe (Häuschen = 17½′ lang, 10′ breit und 12′ hoch) angebracht, in welchem die Syphons und die Pumpe zu deren Entleerung aufgestellt sind.

Das Hauptrohr nach der Stadt ist bis zu den Eisenbahnhöfen 18 zöllig und vertheilt sich von da in 12 und 8 zöllige Stränge.

Die ursprünglich gegebene Bedingung, das zu liefernde Mischgas (von 0,62 spec. Gew.) zur Hälfte aus Holz, zur anderen Hälfte (dem Raume nach) aus Boghead-Cannel-Schiefer zu machen und das Werk doch so einzurichten, dass es ohne andere Abänderung als die der Retortenöfen auch könne (was jetzt geschieht) für Steinkohlen- und Boghead-Schiefer-Gas (in gleichen Mischungsverhältnissen wie oben) gebraucht werden, zwang zu einer Trennung aller Apparate bis hinter die Werk-Gasometer.

Da die Nebenprodukte des Holzes sauer, die des Bogheadschiefergases aber alkalisch sind, und da besonders die Theere beider Rohstoffe sich nicht mischen lassen, ohne unverwerthbar zu werden, so musste diese Trennung, die jetzt aufgehoben ist, überall durchgehalten werden. So sind denn alle Apparate paarweise neben einander gruppirt.

Zwei Kühler-Reihen stehen, um die Kühlungstemperatur (bis auf circa 15° C.) genauer in der Hand zu haben und um besonders im Winter eine zu grosse Abkühlung des Gases zu vermeiden, auch gleichzeitig die von den Kühlern abgegebene Wärme zu Erwärmungszwecken zu benutzen, rechts und links in dem Kühlhause. Jede Reihe enthält sechs Kühlständer mit äusserer und innerer Kühlfläche. Jeder Kühlständer hat 36″ äusseren, 24″ inneren Durchmesser und ist 19 ½ Fuss hoch.

Ueber den Kühlern stehen 6 Wasserkasten von je 12 Fuss Länge, 4 Fuss Breite und 3 Fuss Tiefe zur Versorgung des ganzen Werkes mit dem nöthigen Wasser. Sie haben einen Gesammtinhalt von 860 Cubikfuss.

Wascher, hier gleichzeitig Scrubber, sind für jede Abtheilung 2 vorgesehen, aber erst je Einer ausgeführt. Jeder derselben hat 5 Fuss Durchmesser und 19½ Fuss Höhe. Die Wascher enthalten in ihrem unteren Theile schräge Scheiben. Die abwechselnd an deren innerer und äusserer Kante gelassenen ringförmigen Oeffnungen entsprechen dem doppelten Querschnitte des Hauptrohres im Werke. Das Gas wird genöthigt, in schlangenförmiger Bewegung unter den Scheiben und über dieselben abwechselnd wegzustreichen. Ueber der obersten Scheibe liegt ein Rost und der ganze freie Raum des Waschers über diesem ist mit fest eingetretenem Weissdornreissig ausgestampft. Das von oben zulaufende Wasser vertheilt sich auf diesem, während langer Jahre nicht zu erneuernden, Reissig sehr gleichförmig und es wird eine gute Scrubbung und Waschung gleichzeitig erzielt. (Man vergleiche S. 193). Will man den Wascher arbeiten (schlagen oder rauschen) hören, was bei diesem Werke nicht erforderlich erschien, so darf man nur das kurze Eingangsrohr des Gases mit einer entsprechenden, am unteren Rande gezackten oder geschlitzten Kappe bedecken und den Flüssigkeitsstand am Boden des Waschers durch die Höhe der Wasserablaufröhren entsprechend regeln, es wird alsdann das Waschgeräusch alsbald hörbar.

Von den Kühlern und Waschern fliessen die Condensations- und Waschflüssigkeiten in kleine Vorlagen und von diesen durch zwei 6zöllige, mit Putzöffnungen versehene, Röhren durch das Reinigerhaus nach den Theergruben. Die in den tiefer liegenden Leitungsröhren sich sammelnden Flüssigkeiten werden in grossen Vorlagen aufgefangen und von Zeit zu Zeit durch, an den Längswänden des Hauses angebrachte Pumpen direct in die Theerabzugsröhren gefördert.

Die mit den Wechslerstellungen übereinstimmend numerirten Reinigerkasten (jeder 18 Fuss lang, 9 Fuss breit, 4 Fuss tief mit 24zölligem Wasserverschlusse) gehören je 4 und 4 gruppenweise zusammen. Drei derselben sind stets im Gange und werden zu etwa ⅔ mit Deicke'scher Masse*), zu etwa ⅓ (da Nachreiniger nicht vorgesehen sind, weil früher ausschliesslich sollte mit Kalk gereinigt werden) mit Kalkhydrat angefüllt. Später sollen in dem anzubauenden Theile des Reinigungshauses zwei Nachreiniger für Kalk ihren Platz finden. In den vorhandenen wird alsdann nur Deicke's Masse verwendet. Das sämmtliche Reinigungsmaterial ist auf Holzhorden eingelagert, deren jeder Kasten vier Reihen besitzt. Die Reinigerkasten haben keine Scheidewände, das Gas tritt am Boden derselben ein und unter dem Deckel wieder aus. Das Heben der 32 Centner schweren Reinigerdeckel erfolgt durch bewegliche Kettenwinden (Kabel), deren je eine auf einem Schienengeleise an der äusseren Wand des Reinigungshauses kann hin und hergeschoben werden. Die Hebung der Wechslerglocken (jede von etwa 8 Centner Gewicht) geschieht sehr bequem und sicher durch Differenzialflaschenzüge, welche sich für die Reinigerdeckel nicht bewährt haben.

Während des Aushebens und Füllens der Reinigerkasten werden die Deckel auf grosse, auf Rollen verschiebbare Böcke gelegt, um jede Gefahr des Niederfallens zu beseitigen.

Das völlig gereinigte Gas geht nach den Werkgasmessern, deren jede Abtheilung einen hat. Sie sind in der Grösse verschieden und für stärkeren Betrieb keinenfalls ausreichend. Da aber hier, wie bei den übrigen Apparaten, Brauchbares aus dem alten (1827 erbauten und 1863 niedergelegten) Werke sollte

---

*) Dr. Deicke in Mühlheim a/d. Ruhr hat neuerdings eine sehr einfache Methode zur Verbesserung des Laming'schen Reinigungsverfahrens angegeben, durch welche eine Ersparniss an Reinigungsmaterial und eine Steigerung der Reinigungsfähigkeit der Masse erzielt wird. Das Verfahren bewährt sich vollkommen, wird aber vom Erfinder bis jetzt noch nicht öffentlich bekannt gegeben.   Der Verf.

verwendet werden, so wurden auch die Gasmesser, die vorläufig ausreichten, mit herübergenommen. Hinter denselben liegt ein Mischer, der den Gasmischern für Verbrennung der Hochofengase ähnlich construirt ist. Jede Gasart strömt in denselben einzeln in eine besondere Kammer ein, concentrisch und gemeinschaftlich mit Rücksichtnahme auf möglichste Vertheilung, dann durch viele kleine Oeffnungen in eine dritte Kammer, die durch schräge Flächen begrenzt ist und ein starkes Durcheinanderwirbeln der Gase, ein vollkommenes Mischen, wie es sich erprobt hat, bewirkt. Der Apparat hatte nur so lange Werth, als Holz- und Boghead-Gas getrennt mussten erzeugt und behandelt werden. Jetzt, wo Steinkohlengas und Bogheadgas in ein und denselben Retorten gemacht werden, hat er eigentlich keinen Zweck mehr, ist aber, weil er nicht stört, doch noch im Gange geblieben.

Das Gas wird von dem Mischer aus in einem 12 zölligen Rohre nach dem Ventilkasten für die Eingangsröhren der Gasbehälter geleitet. Dieser Ventilkasten, welcher gleich für vier Gasbehälter eingerichtet wurde, hat, wie alle übrigen grossen Abschlüsse im Werke nur Wasserverschluss. Die Ventile sind Kappen, welche durch flache Schraube und horizontale Radmutter leicht auf und ab zu bewegen sind. Die Verbindung nach den drei Gasbehältern mit einem Gesammtinhalte von 220,000 Cubikfuss wird durch 10 zöllige Röhren hergestellt. Die Gasbehälter sind am höchsten und niedrigsten Puncte ihrer an den Führungssäulen angebrachten Inhaltsscalen mit elektrischen Signal-Apparaten versehen, welcher, ehe sich die Glocken ganz füllen oder entleeren, ein Läutewerk in dem Retortenhause in Gang setzen. Aus den Behälhältern kommend strömt das Gas in den Ventilkasten für die Ausgangsröhren, welcher ausser den 4 Kappen für die Gasbehälterröhren 4 weitere für 12 zölliges Rohr einschliesst, von denen je eine das Rohr nach den Regulatoren des 18 zölligen Rohres (von denen aber erst einer aufgestellt ist) und je die andere ein 12 zölliges Umgangsrohr des Regulators abschliesst. Es sind auch für später zwei parallele Hauptröhrenzüge von 18 Zoll Weite bei der Anlage in Aussicht genommen.

Da das Werk bei seiner Inbetriebnahme ohne Gasbehälter arbeiten musste, so verbindet die Ventilkästen der Ein- und Ausgangsröhren ein, durch ein Kegelventil abgeschlossenes 12″ Rohr, welches die directe Förderung des Gases aus den Apparaten (ohne Vermittelung der Gasbehälter) nach dem Strassenröhrennetze führt. Ausser diesem ist durch einen 3 zölligen Quecksilberregulator, der auf 0,7 Zoll Druck eingerichtet wurde, eine Nothverbindung hergestellt. Sie hat den Zweck, Gas selbstthätig aus den Apparaten nach den Strassenröhren zu lassen, sobald in diesen der Druck unter 0,7 Zoll sinkt, d. h. sie soll ein Erlöschen der Flammen in der Stadt selbst für den Fall verhüten, dass ein Arbeiter aus Nachlässigkeit einen Behälter sich ganz entleeren lässt, ehe er einen gefüllten in Thätigkeit gesetzt hat. Bei absichtlicher Herstellung dieses Falles hat der Quecksilberregulator seinen Dienst vollständig erfüllt.

Dem grossen Druckregulator mit 12 zölliger Scheibenöffnung für den Kegel wird nicht durch Auflegen von Metallscheiben das richtige Druckgewicht gegeben, sondern durch Zulassen von Wasser in ein auf seinem Deckel stehendes mit vielen Kränchen (je eins für ¹⁄₁₀ Zoll Wassersäule) versehenes kupfernes Gefäss, umgekehrt bei Druckabnahme durch Ablassen von Wasser aus demselben Gefässe. Der Grund zu dieser Anordnung war der, dass bei dem ohnedies schwachen Drucke, dessen das schwere Gas bei seiner Verbrennung bedarf, dieser Druck nur ganz langsam, ganz allmälich, kaum merkbar für die ruhig brennende Flamme zu und abnehmen darf.

Neben dem grossen Regulator ist ein kleiner mit nur 3″ Oeffnung angebracht, welcher den Dienst bei Tag und mit nur ganz schwachem Drucke versieht. Mit dem grossen Regulator war die Regulirung für so kleine Gasmengen, wie der Tagesverbrauch sie abnimmt, nicht fein und regelmässig genug zu bewirken.

In dem gleichen Raume mit den vorgenannten Apparaten befindet sich noch das Druckheber- Manometer-) Brett zur gleichzeitigen Beobachtung der Spannung in den einzelnen Apparatgruppen, während an jedem einzelnen Apparate wiederum ein besonderer Druckheber angebracht ist.

Die Behandlung des Werkes ist bei der Uebersichtlichkeit seiner Anlage eine leichte und bequeme, sowie durch die Höhe der Räume und deren Ventilirung für den Arbeiter eine gesunde und nicht anstrengende.

Das neue Gaswerk war auf eine Erzeugungsfähigkeit von 30 Millionen Cubikfuss im Jahre ursprünglich erbaut; es ist ohne Erweiterung der Bauten, nur durch Vermehrung der Oefen und Vervollständigung der Apparate auf eine solche von 45 Millionen jährlich gebracht. Der Platz aber lässt bei systematischer Durchführung des ersten Planes (bei Erweiterung nach den punktirten Linien) seine Leistungsfähigkeit ohne neuen Grunderwerb auf 90 bis 100 Millionen Cubikfuss in einem Jahre steigern.

Die Berechnungs-Verhältnisse, welche dem Entwurfe des ganzen Werkes als Grundlage dienten, an welchen aber nicht ängstlich festgehalten, von denen vielmehr je nach Umständen geringe Abweichungen nützlich oder nach den lokalen Verhältnissen sogar erforderlich erschienen, waren die Folgenden:

Als Gasverbrauch in der längsten Nacht wurde $\frac{1}{150}$ des Jahresverbrauches angenommen; als Gasverbrauch der kürzesten Nacht $= \frac{1}{2}$ des Verbrauches in der längsten Nacht. Letzte Zahl diente zur Bestimmung der geringsten Zahl Retorten in einem Ofen. Die stärkste Stunde in der längsten Nacht verbraucht $\frac{1}{5}$ bis $\frac{1}{4}$ des gesammten Gasverbrauches in der Nacht; nach ihr ist die Weite des Hauptrohres mit Rücksichtnahme auf seine Länge und den zu erzielenden Druck, sowie die Regulatoröffnung bestimmt. Diese Verhältnisse haben sich auch vollkommen bewährt.

Eine Retorte liefert in 24 Stunden, je nach deren Hitze und der Materialausbeute 4500 bis 5000 Cubikfuss Gas.

Die aufsteigenden Röhren sollen ein Verstopfen, das besonders bei schweren Kohlensorten stark ist, thunlichst vermeiden; sie sind desshalb 6 Zoll weit genommen, mit ihnen die Sattel- und Tauchrohre. Für die Vorlage (Hydraulik) ist angenommen, dass sie unter den Tauchröhren mindestens 8 — 10 Zoll Theerhöhe haben, $1\frac{1}{2}$ Zoll Tauchung gestatten und so breit sein soll, dass wenn der Theer durch eine Spannung in allen Tauchröhren 20 Zoll hoch aufsteigt, dennoch der Theerstand in der Vorlage nicht mehr als um einen Zoll sinkt und noch mindestens ein halber Zoll Tauchung für den Abschluss der Röhren bleibt. Der freie Querschnitt der Vorlage über der Flüssigkeitsfläche und abzüglich des Tauchrohrquerschnittes bleibt noch grösser als der Querschnitt des Hauptverbindungsrohres der Apparate im Werke.

Das Verbindungsrohr der Apparate im Werke (das Hauptrohr), welches die höchste stündliche Gaserzeugung ohne eine stärkere Druckvermehrung als $\frac{1}{2}$ Zoll bis zu den Werkgasmessern zu führen im Stande sein soll, erhielt 5 ☐ Zoll Querschnitt für jede 1000 Cubikfuss, welche im Maximum in einer Stunde durch dasselbe zu streichen haben.

Die Kühlerfläche hat 1 ☐ Zoll für jeden Cubikfuss Gas, welcher bei der stärksten Gaserzeugung in 24 Stunden hindurchgeht.

Der Scrubber und Wascher erhielt den etwa 40 fachen Querschnitt des Hauptrohres im Werke, um eine recht langsame Strömung des Gases in demselben zu erzielen.

Für die Sauger (Exhaustoren), sowie die Werkgasmesser ist die Leistungsfähigkeit von $\frac{1}{20}$ bis $\frac{1}{18}$ der stärksten Erzeugung in 24 Stunden zu Grunde gelegt, wegen der Ungleichförmigkeit der Gasentwicklung in den einzelnen Stunden.

Für die Reinigerkasten ist angenommen, dass auf jede 1000 Cubikfuss bei der stärksten Production sich ergebenden Gases 1,4 ☐ Fuss Hordenfläche im Ganzen erforderlich sind, bei einer Schichtung von 3—4 Zoll des Materials auf jede Horde und bei nur einmaliger Umfüllung eines Kastens innerhalb 24 Stunden. Sollen zwei oder mehr Kasten in gleicher Zeit umgefüllt werden, so braucht selbstverständlich die Gesammtfläche und darnach die Reinigerkastengrösse auch nur entsprechend kleiner zu sein.

Bei den Vorbereitungsräumen für das Reinigungsmaterial ist davon ausgegangen worden, dass sie am besten die Hälfte der Gesammthordenfläche aller vorhandenen Reinigerkasten als Bodenfläche erhalten und dabei gross und recht luftig sein müssen.

Bei den Gasbehältern ist gerechnet, dass sie für einen regelmässigen Betrieb der Sicherheit und eines Reserveinhaltes wegen nicht unter 70 bis 75 % der Gasabgabe während der längsten Nacht mit dem stärksten Verbrauche haben sollen.

41*

Die Lagerräume der Rohmaterialien richten sich nach der Möglichkeit des Bezuges derselben in den verschiedenen Jahreszeiten. Hier wurde die auf einmal zu lagernde Menge zu 60% des Jahresbedarfes angenommen und für jeden Centner Kohle oder Bogheadschiefer 2 Cubikfuss Lagerraum und 8 füssige Schichtung gerechnet

Die Lagerräume für Nebenproducte bestimmt in ihrer Grösse die Art des Absatzes. Hier wurden für Coke 30% der Jahreserzeugung als im Maximum zu lagern festgehalten und für jeden Centner Coke = 4¾ Cubikfuss nöthiger Raum mit 10 füssiger Schichtung.

Für Theer und Ammoniakwasser wurde ein Lager (Cisternenraum) von 50% der Jahreserzeugung angesetzt und per 100 Pfund der Stoffe = 1¾ Cubikfuss Raumbedarf bei 8 Fuss Grubentiefe.

Die Bogheadschiefer-Rückstände werden gleich weggeschafft und sind daher keine Lager-Räume dafür in Anschlag gebracht.

Die Wasserbehälter sind bei beständigem Gang der Pumpe mit $\frac{1}{10}$ des Tagesbedarfs im Winter ausreichend gross; sie wurden aber, weil sie zu Bau-Zwecken sollten mitbenutzt werden, beträchtlich grösser ausgeführt. Bei dem Steinkohlengasbetriebe sind in Allem im Werke auf 1000 Cubikfuss erzeugten Gases 4 Cubikfuss Wasser erforderlich.

Die Dampfkessel, wenn sie neben dem geringen Dampfbedarf der Maschinen auch im Winter die Erwärmung des Wassers der Gasbehältercisternen mit übernehmen sollen, müssen pr. 100 □' Wasser-Oberfläche oder pr. 100 □ Fuss Querschnitt der Gasbehältercisterne 5 bis 6 □ Fuss Heizfläche haben. Sie reichen bei diesem Verhältniss in den strengsten Wintern aus.

Zur Berechnung des Schornsteines (Kamines) endlich wurden für 1 Stunde und 1 Retortenofenfeuer 45 Pfd. Steinkohlen oder Coke angenommen und die Verhältnisse so reichlich gegriffen, dass selbst 60 Pfd. pr. Stunde und Rost können verbrannt werden.

Vierzehntes Capitel.

Die Leitungsröhren.

A. Die Hauptröhren. Bedingungen, denen eine Röhrenleitung überhaupt entsprechen muss. Formel zur Berechnung der Röhrenweiten. Tabellen. Verschiedene Einflüsse, die bei der Bestimmung der Röhrendimensionen ausserdem noch zu berücksichtigen sind. Disposition für die Herstellung ganzer Röhrennetze. Materialien, aus denen man die Hauptröhren herstellt. Maasse und Gewichte für gusseiserne Röhren. Das Probiren der Röhren auf ihre Dichtigkeit. Besondere Gussstücke, die man bei Hauptrohranlagen braucht (Bögen, Abgänge, Kreuzstücke, Verkleinerungsröhren, Syphons, Doppelmuffen). Das Probiren dieser Gussstücke. Verbindung der gusseisernen Röhren. Das Verdichten mit Theerstricken und Blei. Verbindung der Röhren mit abgedrehten Enden und ausgebohrten Muffen. Gummidichtung. Asphaltröhren. Die Ausführung der Hauptrohranlagen. Das Aufgraben. Das Gefälle der Röhren. Das Legen und Verdichten. Das Einfüllen. Collision mit Canälen und sonstigen unterirdischen Anlagen. Röhren über Brücken. Röhren auf der Zugbrücke in Thorn. Röhren unter Wasser in Hamburg, Berlin, Rotterdam, Amsterdam, London, Rochester, Weymouth und Portsmouth. Die Inbetriebsetzung neuer Rohranlagen. Dichtigkeitsprobe mittelst der Gasuhr oder mittelst des Regulators. Das Ausblasen der atmosphärischen Luft. Arbeiten an Rohrleitungen, die in Betrieb stehen. Das Absperren der Röhren mittelst Blasen. Getheilte Muffen für Reparaturen. Keine Röhrenleitung bleibt im Verlaufe der Zeit so dicht, wie sie anfangs war. Einwirkung der Temperatur. Einfluss der Bodenerschütterungen durch den Verkehr. Gefährliche Feinde der Gasrohrleitungen sind die Canalbauten u. s. w. Das Entdecken der Undichtigkeiten im Rohrsystem. Die Gaskrankheit der Alleebäume. Das Verderben der Pumpbrunnen. Allgemeine Bemerkungen über Leckage.

B. Die Zuleitungsröhren. Material, aus dem man Zuleitungsröhren herstellt. Gusseiserne Röhren sind am besten. Verbindung der gusseisernen Zuleitungen mit den Hauptröhren durch Abgänge oder Sattelmuffen. Das Anbohren der Hauptröhren. Man soll keine Löcher mit dem Meissel einschlagen. Uebergang von einem gusseisernen Zuleitungsrohr auf ein schmiedeeisernes. Vorzüge und Nachtheile des Schmiedeeisens für Zuleitungsröhren. Verbindung der schmiedeeisernen Röhren mit den Hauptröhren. Gewindebohrer. Bohrapparat von Cordier. Schattenseiten des Verfahrens, die Röhren einzuschrauben. Syphons für schmiedeeiserne Röhren. Zuleitungsröhren von Blei. Verbindung derselben mit den Hauptröhren. Syphons für Bleiröhren. Dimensionen der Zuleitungen. Anordnung derselben für verschiedene Zwecke. Haupthähne in den Zuleitungsröhren für Privatleitungen.

C. Die Privat-Gasleitungen. Material, aus dem die Röhren für Privat-Gasleitungen gemacht werden. Vorzüge und Nachtheile der schmiedeeisernen und bleiernen Röhren. Verzinkte schmiedeeiserne Röhren. Messing- und Kupferröhren. Das Gewinde der schmiedeeisernen Röhren. Wandstärke und Gewicht derselben. Verschiedene Stücke, die man zu ihrer Verbindung gebraucht (Langgewinde, Bögen, Winkel, Abgänge, Kreuzstücke, Verschlusskappen, Pflöcke, gerade Muffen und Verkleinerungsmuffen). Das Verschrauben. Rohrzangen, die man dazu gebraucht. Schneidezeug. Das Abschneiden der Röhren. Die im Handel vorkommenden Bleiröhren, ihre Wandstärke und ihr Gewicht. Das Verlöthen derselben. Messing- und Kupferröhren und ihre Verbindung. Die Kappenverschraubung. Erforderliche Weite der Röhren für verschiedene Flammenzahlen. Versuche. Tabelle. Die Ausführung der Anlagen. Manometer zur Beobachtung der

Dichtigkeit. Vorschriften über den Weg, den eine Leitung zu nehmen hat. Gefälle und Syphons.   Zugänglichkeit
der Leitung. Befestigung der Röhren mittelst Haken und Bänder.   Vorrichtungen zum Anschrauben der Lampen —
Deckenscheiben, Wandscheiben, Winkelstücke, Rosetten. — Nach Vollendung der Leitung muss die Dichtigkeitsprobe nochmals wiederholt werden.   An manchen Orten findet eine amtliche Prüfung Statt.

Von der Fabrik aus wird das Gas mittelst Röhren in die Stadt und an alle die Beleuchtungsapparate,
in denen es zur Verwendung kommen soll, hingeführt.   Die sogenannten Hauptröhren leiten die Vorräthe
der Gasbehälter durch die Strassen und Plätze der Stadt; durch die von ihnen abzweigenden Seitenröhren
oder Zuleitungsröhren werden die Strassenlaternen und die Einrichtungen der Privatconsumenten einzeln
mit Gas versorgt.   Die gesammte Röhrenanlage bildet ein systematisch zusammenhängendes Netz, welches
einerseits mit den Gasbehältern, andererseits mit den im nächsten Capitel zu besprechenden Beleuchtungs-
Apparaten zusammenhängt, und welches so den Uebergang von der Production zum Consum vermittelt.

A. Die Hauptröhren.

Die beiden wesentlichsten Bedingungen, denen eine gute Hauptröhrenleitung entsprechen muss, sind
folgende:

1) Das Gas muss sich an allen Puncten derselben unter einem möglichst gleichen Druck bewegen;

2) Der Gasverlust muss ein Minimum betragen.

Für die erste Bedingung sind namentlich zwei Puncte ins Auge zu fassen, die Dimension und
die Höhenlage der Röhren; der Gasverlust hängt einestheils von der Dichtigkeit der Röhren selbst, anderntheils von der Solidität der Verbindungen ab.

Betrachten wir zunächst die Kräfte, welche auf die Bewegung des Gases in horizontalen Röhren
von Einfluss sind, so haben wir als fördernde Kraft einzig und allein den Druck, der von der Fabrik aus
durch die Gasbehälter auf dasselbe ausgeübt wird, als hemmende Kräfte dagegen wesentlich zwei, die Reibung an den Wandungen und den Stoss an den Biegungsstellen der Röhren.   Erstere Kraft ist für das
ganze Röhrennetz dieselbe, und die Relation zwischen ihr und den Ausströmungsmengen bei verschiedenem
Querschnitt der Röhren lässt sich durch eine einfache algebraische Formel ausdrücken.   Die letzteren Kräfte
dagegen sind an allen Stellen der Leitung verschieden, und ihr Einfluss lässt sich einer genauen Berechnung
nicht unterwerfen.   Man hat wohl versucht, die allgemeine Beziehung, in welcher die Reibung zu der Länge
der Röhren, zur Reibungsfläche, zur Geschwindigkeit und zum specifischen Gewicht steht, sowie die Abhängig-
keit des Stosses von der Grösse des Biegungswinkels in Rechnung zu bringen, und Erfahrungscoeffizienten
einzuführen, aber man ist gleichwohl nur zu annäherungsweise maassgebenden Ausdrücken gelangt.

Im Allgemeinen ist, wenn man alle Dimensionen in Fussen, alle Gewichte in Pfunden ausdrückt
und ferner mit

p den Druck, mit welchem das Gas in die Röhre einströmt in Pfunden auf den Quadratfuss, mit

S das Gewicht in Pfunden von 1 c′ Gas, bezeichnet

nach dem Satz, dass unter Vernachlässigung der Reibung die Bewegungsgeschwindigkeit gleich ist der Fall-
geschwindigkeit eines Körpers, der mit der Höhe des drückenden Fluidums fällt, die Höhe der Gassäule,
welche den Druck p hervorbringt

$$= \frac{p}{S}.$$

Bezeichnet ferner v die Geschwindigkeit in Fussen pro Secunde und g die Beschleunigung $=$ 32,19, so ist

$$v^2 = 2 g \frac{p}{S} \qquad\qquad\qquad\qquad \text{I}$$

$$\text{oder } p = \frac{S}{2 g} v^2. \qquad\qquad\qquad\qquad \text{II}$$

Hieraus berechnet sich die Geschwindigkeit für einen gegebenen Druck und umgekehrt.

Um die Reibung in Betracht zu ziehen, welche an den Wandungen der Röhre stattfindet, geht man von folgenden Sätzen aus:

1) die Reibung zwischen Flüssigkeiten und festen Körpern ist unabhängig von dem hydrostatischen Druck, unter welchem sich die Flüssigkeit befindet;

2) Die Reibung ist proportional der Reibungsfläche, so dass, wenn l die Länge der Röhre, und c ihren inneren Umfang bezeichnet, die Reibung proportional c l ist;

3) die Reibung wächst mit der Geschwindigkeit, aber es scheint noch nicht bestimmt entschieden, in welchem Verhältniss. Man nimmt in der Praxis gewöhnlich an, dass das Verhältniss sich mit dem Quadrat der Geschwindigkeit, also mit v^2 ändert;

4) Die Reibung steht im Verhältniss zum specifischen Gewicht des Fluidums, also zu S.

Bezeichnet demnach F die Kraft, welche zur Ueberwindung der Reibung erforderlich ist für Gas im Gewicht von S Pfund pro c′ mit einer Geschwindigkeit v in einer Röhre von 1 Fuss Länge und c Fuss innerem Umfange, bezeichnet ferner M einen bestimmten Coeffizienten, den sogenannten Reibungscoeffizienten, so ist

$$F = M. \, l. \, c. \, S. \, v^2. \qquad\qquad\qquad\qquad \text{III}$$

Diese Kraft wird erzeugt durch einen Ueberdruck im Reservoir, der in Pfunden pro Quadratfuss mit p′ bezeichnet werden mag. Nennt man ferner a den Querschnitt der Röhre, so ist diese Kraft in der Röhre $=$ a p

$$\text{also } a \, p' = M. \, l. \, c. \, S. \, v^2.$$

$$\text{oder } p' = M. \, l. \, \frac{c}{a} \, S. \, v^2. \qquad\qquad\qquad\qquad \text{IV}$$

Hienach ist der Total-Druck, der mit P bezeichnet werden mag

$$P = p + p' = \frac{S}{2 \, g} v^2 + M l \, \frac{c}{a} \, S. \, v^2$$

$$\text{oder } P = \left(\frac{1}{2 \, g} + M. \, l \, \frac{c}{a} \right) S \, v^2 \qquad\qquad\qquad\qquad \text{V}$$

Und nennt man d den Durchmesser der Röhre

$$\text{so ist } c = d \, \pi$$

$$\text{und } a = \frac{1}{4} \, \pi \, d^2,$$

$$\text{also } \frac{c}{a} = \frac{4}{d},$$

welches in die Formel V substituirt, und für g zugleich dessen Werth $=$ 32,19 gesetzt, ergiebt

$$P = S \, v^2 \, (4 \, M \frac{l}{d} + 0{,}0156). \qquad\qquad\qquad\qquad \text{VI}$$

Zur Ermittelung des Reibungswiderstandes sind Versuche angestellt worden von Young, Schmidt, Lagerhjelm, Koch, d'Aubuisson, Buff, Saint-Venant, Wantzel, Pequeur, Blochmann und Anderen.

Leider sind die meisten dieser Versuche unter Verhältnissen gemacht, welche denen der grossen Praxis nicht vollkommen entsprechen, und findet unter den Resultaten nicht die Uebereinstimmung statt, welche zu wünschen wäre. Nach einer Arbeit von Pole über die Bewegung des Gases in Röhrenleitungen (Cleggs Practical treatise on the manufacture and distribution of coal gas) ergiebt sich der Reibungscoefficient M nahezu übereinstimmend aus zwei Versuchen, von denen der eine von Girard mit atmosphärischer Luft im St. Ludwigs-Hospital zu Paris, der andere auf den Chartered Gas-Works zu London mit Leuchtgas angestellt worden ist.

Im ersten Fall betrug der Druck 0,002488 Metres Quecksilber = 6,93 Pfd. pro $\square'$; der Durchmesser der Röhre betrug 0,01579 Metres = 0,0518'; die Länge variirte bei den verschiedenen Versuchen zwischen 6 und 128 Metres. Bei 85,06 Metres = 279' Länge war die Ausflussmenge 0,000409 Cubikmetres pro Secunde, was einer Geschwindigkeit von 6,86' pro Secunde entspricht. Ein Cubikfuss Luft wiegt 0,0696 Pfd. Die Formel VI heisst also

$$6,93 = 0,0696 \times (6,86)^2 \times (4\,M\,\frac{279}{0,0518} + 0,0156)$$

und hieraus M = 0,0000975.

Der zweite Versuch ergab, dass eine 18" weite und 1 englische Meile lange Gasröhre bei einem Druck von 1" Wasser (= 5,2 Pfd. pro $\square'$) pro Stunde 66,000 c' Gas lieferte. Die Dichtigkeit des Gases war 0,4 von derjenigen der atmosphärischen Luft, so dass 1 c' desselben 0,0278 Pfd. wog. Die Ausströmungsgeschwindigkeit ergiebt sich zu 10,4' pro Secunde. Also hiernach wird die Formel VI

$$5,2 = 0,0278 \times (10,4)^2 \times (4\,M\,\frac{5280}{1,5} + 0,0156)$$

und hieraus M = 0,0000996.

Hiemit wäre die Formel für die Praxis anzuwenden, doch kann man sie noch etwas bequemer umgestalten.

Der Druck wird meistens ausgedrückt durch die Höhe einer Wassersäule, die vom Gase getragen wird, nicht nach dem Gewicht pro $\square'$. Bezeichnet h diese Wasserhöhe in Zollen, so ist

$$P = 56,69\,\frac{h}{12} = 4,72\,h$$

Ferner drückt man die Dichtigkeit des Gases nicht durch sein Gewicht pro Cubikfuss, sondern durch sein spec. Gewicht aus. Nennt man das spec. Gewicht des Gases s, so ist sein absolutes Gewicht pro Cubikfuss

$$S = 0.0696 \,.\, s.$$

Dies in die Formel VI substituirt und M = 0,0000975 gesetzt, ergiebt nach entsprechender Umgestaltung der Eormel

$$v = 417\,\sqrt{\frac{h\,d}{s\,(1 + 40\,d)}} \qquad\qquad \text{VII}$$

wo die Dimensionen der Röhre in Fussen, die Geschwindigkeit in Fussen pro Secunde verstanden ist.

Will man die Ausflussmenge wissen, so braucht man nur die Geschwindigkeit mit dem Querschnitt zu multipliciren

$$Q = \frac{\pi\,d^2}{4} \,.\, v$$

Und stellt man als die üblichsten Bezeichnungen auf:

Q = Ausflussmenge in Cubikfussen pro Stunde,
l = Länge der Röhren in Fussen,
d = Durchmesser der Röhren in Zollen,

h = Druck in Zollen Wasserhöhe,

s = spec. Gewicht des Gases (Luft = 1),

so ergiebt sich

$$Q = \frac{3{,}1415 \frac{d^2}{144}}{4} \times 3600 \times 417 \sqrt{\frac{h \frac{d}{12}}{s\left(1 + \frac{40}{12} d\right)}}$$

$$\text{oder } Q = 2363\, d^2 \sqrt{\frac{h\, d}{s\,(1 + 3\frac{1}{3} d)}}$$

und bei Vernachlässigung von 3⅓ d im Nenner bei beträchtlichen Längen

$$Q = 2363\, d^2 \sqrt{\frac{h\, d}{s\, l}} \qquad\qquad VIII$$

oder wenn man den Durchmesser des Rohres sucht

$$d^5 = \frac{Q^2\, s\, l}{(2363)^2\, h} = 0{,}000000179 \frac{Q^2\, s\, l}{h} \qquad\qquad IX$$

Nach diesen Formeln sind nun die nachfolgenden Tabellen berechnet worden, welche für einen Druck resp. für einen Druckverlust von 0,1 Zoll bis 0,5 Zoll die Ausflussmengen in c′ pro Stunde für die verschiedenen Weiten und Längen der Leitungsröhren enthalten. Das spec. Gewicht des Gases ist bei diesen Berechnungen zu 0,4 angenommen worden.

Die Benutzung der Tabellen ist sehr einfach.

Will man z. B. wissen, wie viel Gas liefert ein 6 zölliges Rohr auf 1500 Fuss, wenn der Druck am Endpuncte der Leitung nur um 2 Linien geringer sein soll, als am Anfangspuncte, so sucht man in der zweiten Tabelle die Ausflussmenge bei 0,2 Zoll Wasserdruck, und findet (Vertikalcol. 7 und Horizontalcol. 12) die Zahl 3804 c′ pro Stunde.

Oder will ich z. B. wissen, welche Rohrdimension brauche ich, um 6000 c′ Gas per Stunde auf 1250 Fuss Länge liefern zu können, wenn ich dabei nicht mehr als 1 Linie Druck verlieren will, so suche ich in der ersten Tabelle in der Horizontalcolumne für die Länge von 1250 Fuss die Zahl 6000 und finde, dass ein 8 zölliges Rohr schon 6049 c′ liefert. Würde ich 0,2 Zoll Druck verlieren dürfen, so würde ein 7 zölliges Rohr genügen.

Oder will ich z. B. wissen, wie viel Druck verliere ich, wenn ich 40,000 c′ Gas per Stunde auf eine Entfernung von 2000 Fus durch ein 15 zölliges Rohr liefere, so finde ich auf Tafel 3 für 39875 c′ Ausflussmenge 0,3 Zoll Druckverlust, auf Tafel 4 für 46044 c′ 0,4 Zoll Druckverlust; ich werde also in dem vorliegendem Fall reichlich 0,3 Zoll Druck verlieren.

Tabelle I.

Ausflussmengen in c′ pro Stunde bei 0,1 Zoll Wasserdruck und 0,4 spec. Gewicht des Gases.

Länge der Röhren in Fuss	Lichte Weite der Röhren in Zollen													
	1½ Zoll	2 Zoll	3 Zoll	4 Zoll	5 Zoll	6 Zoll	7 Zoll	8 Zoll	9 Zoll	10 Zoll	12 Zoll	15 Zoll	18 Zoll	24 Zoll
100	325	668	1841	3780	6604	10418	15317	21387	28710	37362	58936	102985	162410	333397
200	230	471	1302	2673	4670	7367	10830	15123	20301	26419	41675	72802	114841	235747
300	188	385	1063	2182	3813	6015	8843	12348	16576	21571	34027	59443	93768	192486
400	162	334	920	1890	3302	5209	7658	10693	14355	18681	29468	51479	81205	166698
500	145	298	823	1690	2953	4659	6850	9564	12839	16708	26357	46044	72632	149099
600	132	272	752	1543	2696	4254	6253	8731	11721	15253	24060	42032	66304	137685
700	123	252	696	1429	2496	3938	5789	8083	10851	14121	22276	38914	61385	126012
800	115	236	651	1326	2335	3684	5415	7561	10150	13832	20837	36400	57420	117873
900	108	222	613	1260	2201	3472	5105	7129	9570	12454	19645	34320	54137	111132
1000	102	211	582	1195	2088	3294	4843	6763	9079	11815	18637	32558	51358	105428
1250	92	189	520	1069	1868	2946	4332	6049	8120	10567	16671	29121	45936	94298
1500	84	172	475	976	1705	2690	3954	5522	7413	9646	15217	26583	41934	86082
1750		159	440	903	1578	2490	3661	5112	6863	8931	14088	24612	38823	79697
2000		149	411	846	1476	2329	3425	4782	6419	8354	13178	23022	36316	74550
2500		133	368	756	1320	2083	3063	4277	5742	7472	11787	20590	32482	66679
3000		122	336	690	1205	1902	2796	3904	5241	6820	10760	18797	29652	60870
3500			311	639	1116	1761	2589	3615	4852	6315	9962	17402	27452	56354
4000			291	597	1044	1647	2421	3381	4539	5907	9318	16280	25679	52715
4500			274	563	984	1553	2283	3188	4279	5569	8785	15348	24210	49700
5000			260	534	934	1473	2166	3024	4060	5283	8335	14560	22968	47149
6000			237	488	852	1345	1977	2761	3706	4823	7608	13392	20967	43539
7000				452	789	1245	1830	2556	3431	4460	7044	12305	19411	39849
8000				423	738	1164	1712	2391	3209	4177	6590	11510	18158	37275
9000				398	696	1098	1614	2254	3026	3938	6212	10852	17119	35143
10,000				378	660	1042	1531	2138	2871	3736	5893	10295	16241	33339

Tabelle II.

Ausflussmengen in c′ pro Stunde bei 0,2 Zoll Wasserdruck und 0,4 spec. Gewicht des Gases.

Länge der Röhren in Fuss	Lichte Weite der Röhren													
	1½Zoll	2 Zoll	3 Zoll	4 Zoll	5 Zoll	6 Zoll	7 Zoll	8 Zoll	9 Zoll	10 Zoll	12 Zoll	15 Zoll	18 Zoll	24 Zoll
100	460	945	2604	5346	9340	14734	21661	30246	40602	52838	83349	145605	229683	471494
200	325	668	1841	3780	6604	10418	15317	21387	28710	37362	58936	102958	162410	333397
300	265	545	1503	3087	5392	8506	12506	17462	23442	30506	48121	84065	132604	272217
400	230	471	1302	2673	4670	7367	10830	15123	20301	26419	41675	72802	114841	235747
500	205	422	1164	2391	4177	6589	9687	13524	18158	23630	37274	65116	102717	210858
600	188	385	1063	2182	3813	6015	8843	12348	16576	21571	34027	59443	93768	192486
700	174	357	984	2020	3430	5569	8187	11432	15346	19971	31503	55033	86812	178204
800	162	334	920	1890	3302	5209	7658	10693	14355	18681	29468	51479	81205	166498
900	153	315	868	1782	3113	4911	7220	10082	13534	17612	27783	48535	76561	157164
1000	145	298	823	1690	2953	4659	6850	9564	12839	16708	26357	46044	72632	149099
1250	130	267	736	1512	2641	4167	6198	8564	11484	14944	23574	41183	64964	133360
1500	118	244	672	1380	2401	3804	5593	7809	10471	13642	21520	37595	59304	121739
1750	110	225	622	1278	2232	3522	5178	7230	9705	12631	19924	34806	54904	112693
2000	102	211	582	1195	2088	3294	4843	6763	9079	11815	18637	32558	51358	105428
2500	92	189	520	1069	1868	2946	4332	6049	8120	10567	16670	29121	45936	94298
3000	84	172	475	976	1705	2690	3954	5522	7413	9646	15217	26583	41934	86082
3500		159	440	903	1578	2490	3661	5912	6863	8931	14088	24612	38822	79697
4000		149	411	846	1476	2329	3425	4782	6419	8354	13178	23022	36316	74550
4500		140	388	797	1392	2196	3229	4508	6052	7876	12424	21705	34239	70286
5000		133	368	756	1320	2083	3063	4277	5742	7472	11787	20590	32482	66670
6000			336	690	1205	1902	2796	3904	5241	6820	10760	18797	29652	60870
7000			311	639	1116	1761	2589	3615	4852	6315	9962	17402	27452	56354
8000			291	597	1044	1647	2421	3381	4539	5907	9318	16280	25679	52715
9000			274	563	984	1553	2283	3188	4279	5569	8785	15348	24210	49700
10000			260	534	934	1473	2166	3024	4060	5283	8335	14560	22968	47149

42*

Tabelle III.

Ausflussmengen in c′ pro Stunde bei 0,3 Zoll Wasserdruck und 0,4 spec. Gewicht des Gases.

Länge der Röhren in Fuss	Lichte Weite der Röhren.													
	1½ Zoll	2 Zoll	3 Zoll	4 Zoll	5 Zoll	6 Zoll	7 Zoll	8 Zoll	9 Zoll	10 Zoll	12 Zoll	15 Zoll	18 Zoll	24 Zoll
100	563	1157	3119	6548	11440	18045	26530	37044	49728	64713	102080	178330	281300	577460
200	398	818	2255	4630	8270	12740	18760	26194	35163	45760	72183	126090	198910	408320
300	325	648	1841	3780	6604	10418	15317	21387	28710	37362	58936	102958	162410	333397
400	281	593	1595	3274	5719	9022	13265	18522	24864	32356	51040	89164	140650	288730
500	252	517	1426	2928	5116	8070	11864	16566	22249	28940	45653	79751	125800	258240
600	230	471	1302	2673	4670	7367	10830	15123	20301	26419	41675	72802	114841	235747
700	213	437	1205	2475	4323	6820	10025	13999	18795	24460	38584	67402	106200	218250
800	199	409	1127	2315	4044	6380	9379	13097	17581	22880	36092	63048	99456	204160
900	188	385	1063	2182	3813	6015	8843	12348	16576	21571	34027	59443	93768	192486
1000	178	366	1008	2070	3617	5706	8389	11714	15707	20464	32243	56393	88956	182600
1250	159	327	902	1852	3235	5104	7503	10477	14065	18303	28873	50440	79564	163330
1500	145	298	823	1690	2953	4659	6850	9564	12839	16708	26357	46044	72632	149099
1750	134	276	762	1565	2734	4313	6342	8855	11887	15470	24402	42630	67246	138040
2000	126	258	713	1460	2558	4035	5932	8283	11120	14470	22826	39875	62900	129130
2500	112	231	631	1309	2287	3609	5306	7408	9945	12942	20416	35665	56260	115490
3000	102	211	582	1195	2088	3294	4843	6763	9079	11815	18637	32558	51358	105428
3500	95	195	539	1106	1933	3050	4484	6261	8405	10938	17255	30143	47550	97608
4000	89	183	504	1035	1808	2853	4194	5857	7862	10232	16180	28196	44478	91304
4500	84	172	475	976	1705	2690	3954	5522	7413	9646	15217	26583	41934	86082
5000		163	451	926	1617	2552	3751	5238	7032	9151	14436	25220	39782	81665
6000		149	411	846	1476	2329	3425	4782	6419	8354	13178	23022	36316	74550
7000		138	380	782	1367	2156	3171	4427	5943	7734	12200	21314	33622	69020
8000		129	356	732	1279	2017	2966	4141	5560	7235	11256	19936	31450	64562
9000		122	336	690	1205	1902	2796	3904	5241	6820	10760	18797	29652	60870
10000		115	319	654	1144	1804	2634	3704	4972	6471	10208	17833	28130	57746

Tabelle IV.

Ausflussmengen in c' pro Stunde bei 0,4 Zoll Wasserdruck und 0,4 spec. Gewicht des Gases.

Länge der Röhren in Fuss	Lichte Weite der Röhren.													
	1½Zoll	2 Zoll	3 Zoll	4 Zoll	5 Zoll	6 Zoll	7 Zoll	8 Zoll	9 Zoll	10 Zoll	12 Zoll	15 Zoll	18 Zoll	24 Zoll
100	651	1330	3680	7560	13200	20830	30630	42770	57420	74720	117870	205900	324820	666700
200	460	945	2604	5346	9340	14734	21661	30246	40602	52838	83349	145605	229683	471494
300	375	771	2126	4365	7626	12030	17686	24496	33152	43142	68054	118880	187530	380560
400	325	668	1841	3780	6604	10418	15317	21387	28710	37362	58936	102958	162410	333397
500	291	597	1647	3381	5907	9318	13700	19130	25680	33417	52714	92088	145246	298190
600	265	545	1503	3087	5392	8506	12506	17462	23442	30506	48121	84065	132604	272217
700	246	505	1392	2858	4992	7875	11578	16167	21803	28243	44552	77830	122770	252020
800	230	471	1302	2673	4670	7367	10830	15123	20301	26419	41675	72802	114841	235747
900	217	445	1227	2520	4403	6945	10210	14258	19140	24908	39291	68638	108270	222260
1000	205	422	1164	2391	4177	6589	9687	13524	18158	23620	37294	65116	102717	210858
1250	184	378	1041	2138	3736	5893	8664	12098	16241	21135	33340	58242	91873	188590
1500	168	345	951	1952	3410	5380	7909	11044	14826	19294	30435	53167	83868	172160
1750	155	319	880	1807	3157	4981	7323	10225	13726	17862	28177	49223	77647	159190
2000	145	298	823	1619	2953	4659	6850	9564	12839	16708	26357	46044	72632	149099
2500	130	267	736	1512	2641	4167	6198	8564	11484	14944	23574	41183	64964	133360
3000	118	244	672	1380	2411	3804	5593	7809	10471	13642	21520	37595	59304	121739
3500	110	225	622	1278	2232	3522	5178	7230	9705	12631	19924	34806	54904	112693
4000	102	211	582	1195	2088	3297	4873	6763	9079	11815	18637	32558	51358	105428
4500	97	199	549	1127	1992	3106	4566	6376	8559	11140	17570	30696	48420	99400
5000	92	189	520	1069	1868	2946	4532	6049	8120	10567	16670	29121	45936	94298
6000	84	172	475	976	1705	2690	3954	5522	7413	9646	15217	26583	41934	86082
7000	77	159	440	903	1578	2490	3661	5112	6863	8931	14088	24612	38822	79697
8000	72	149	411	846	1476	2329	3425	4782	6419	8354	13178	23022	36316	74550
9000	68	140	388	797	1392	2196	3229	4508	6052	7876	12424	21705	34239	70286
10000	65	133	368	756	1320	2083	3063	4277	5742	7472	11787	20590	32482	66670

Tabelle V.

Ausflussmengen in c′ pro Stunde bei 0,5 Zoll Wasserdruck und 0,4 spec. Gewicht des Gases.

Länge der Röhren in Fuss	\multicolumn{14}{c}{Lichte Weite der Röhren}
	1½ Zoll	2 Zoll	3 Zoll	4 Zoll	5 Zoll	6 Zoll	7 Zoll	8 Zoll	9 Zoll	10 Zoll	12 Zoll	15 Zoll	18 Zoll	24 Zoll
100	728	1444	4118	8454	14768	23296	34250	47824	64198	83544	131780	230220	330160	745500
200	514	1250	3554	7286	12727	20077	29517	41215	55326	71999	113570	198405	288223	642475
300	420	1056	2990	6118	10686	16858	25184	34606	46454	60454	95360	166590	246284	539450
400	364	862	2424	4950	8645	13639	20451	27997	37582	48909	77150	154675	204349	436425
500	325	668	1841	3780	6604	10418	15317	21387	28710	37362	58936	102958	162410	333397
600	291	629	1734	3559	6214	9808	14420	20135	27028	35174	55484	96927	152897	313867
700	275	590	1627	3338	5827	9198	13523	18883	25346	32986	52032	90896	143384	294937
800	257	551	1520	3117	5440	8588	12626	17631	23654	29798	48580	84865	133871	274807
900	242	512	1413	2896	5053	7978	11729	16379	21972	27610	45128	78834	124358	255277
1000	230	471	1302	2673	4670	7367	10830	15123	20301	26419	41675	72802	140841	235747
1250	205	422	1164	2391	4177	6589	9687	13524	18158	23630	37274	65116	102517	210858
1500	188	385	1063	2182	3813	6015	8843	12348	16576	21571	34027	59443	93568	192486
1750	174	357	984	2020	3430	5569	8187	11432	15346	19971	31503	55033	84812	178204
2000	162	334	920	1840	3302	5209	7658	10693	14355	18681	29468	51479	81205	166698
2500	145	298	823	1690	2953	4659	6850	9564	12839	16708	26357	46044	72632	149099
3000	132	272	752	1543	2696	4254	6253	8731	11721	15253	24060	42032	66304	137685
3500	123	252	696	1429	2496	3938	5789	8083	10851	14121	22276	38914	61385	126012
4000	115	236	651	1336	2335	3688	5415	7561	10150	13832	20837	36400	57420	117873
4500	108	222	613	1260	2201	3472	5105	7929	9570	12454	19645	34320	54137	111132
5000	102	211	582	1195	2088	3294	4843	6763	9079	11815	18637	32558	51358	105428
6000	94	198	548	1125	1966	3101	4560	6367	8587	11123	17545	30651	47690	99253
7000	87	185	514	1055	1844	2908	4277	5971	8095	10431	16453	28644	44022	93073
8000	81	172	480	985	1722	2715	3984	5575	7603	9739	15361	26737	40354	86898
9000	76	159	446	910	1600	2522	3701	5179	7111	9037	14269	24830	36686	80723
10,000	72	144	411	845	1476	2329	3425	4782	6419	8354	13178	23022	33016	74550

Es ist bereits Eingangs darauf aufmerksam gemacht worden, dass die hier entwickelten Formeln nur annäherungsweise den wirklichen Verhältnissen der Praxis entsprechen, und man wird immerhin gut thun, bei der Ausführung einer Röhrenanlage die Dimensionen etwas weiter zu wählen, als sie sich nach den Formeln, resp. nach den Tabellen ergeben. Abgesehen davon, dass der Reibungscoefficient, den die Formeln enthalten, aus einzelnen wenigen Versuchen hergeleitet ist, und dass diese Versuche, eigends zu dem Zweck angestellt, in ihren Resultaten nicht völlig übereinstimmen, — hat man bei der Herstellung einer wirklichen Röhrenanlage noch auf manche besondere Umstände Rücksicht zu nehmen, die sich durch eine Formel überhaupt nicht ausdrücken lassen, und für die sich nur aus der allgemeinen Erfahrung einige Anhaltspunkte finden lassen. Zunächst sind die Bewegungshindernisse, die sich an den Biegungen der Röhren durch den Stoss, den der Gasstrom dort erleidet, ergeben, in den Formeln nicht berücksichtigt. Je mehr Biegungen eine Rohrleitung macht und je schärfer die Winkel sind, unter welchen die Biegungen Statt finden, desto bedeutender sind die Hindernisse, die daraus für die Bewegung des Gases erwachsen, desto mehr verliert der Gasstrom an lebendiger Kraft. Ja selbst bei ganz geraden Rohrstrecken erleidet das Gas ausser der Reibung an den Wandungen noch Stösse, indem die Fugen an den Verbindungsstellen nicht alle so glatt und eben sind, als sie strenge genommen sein sollten, und als sie sich bei Leitungen, die man zum Zwecke von Versuchen mit besonderer Sorgfalt herstellt, wohl machen lassen. Kommt hiezu etwa noch, dass an einzelnen Fugen etwas Dichtungsmaterial (Theerstricke) in die Röhren hineingetrieben wird, dass bei Anzapfungen das Zuleitungsrohr nicht genau mit der inneren Fläche des Hauptrohres abschneidet, sondern nach Innen etwas vorsteht, so ergeben sich daraus ebensoviel neue Hindernisse für die Bewegung des Gastroms. Wenn auch alle Röhren von vorneherein mit entsprechendem Gefälle gelegt werden, so dass die sich etwa ansammelnde Flüssigkeit nach den Syphons hin abläuft, so ist an manchen Stellen im Laufe der Jahre der Boden doch so namhaften Niveauveränderungen unterworfen, dass hie und da das richtige Gefälle gestört wird, und Flüssigkeit in den Röhren stehen bleibt, die den Querschnitt verengt. Naphthalinablagerungen geben zu weiteren namhaften Verengungen des Röhrenquerschnitts Veranlassung. Genug, es giebt eine Menge Umstände, welche ausser der in den Formeln berücksichtigten Reibung die Bewegung des Gases in den Röhrenleitungen beinträchtigen, namentlich wenn die letzteren längere Zeit liegen, dass es nicht genug zu empfehlen ist, die Dimensionen der Röhren etwas weiter zu wählen, als sie sich aus der Rechnung ergeben.

Nichtsdestoweniger sind die Formeln, resp. Tabellen, für die Calculation der Röhrenweiten von grossem Nutzen, und es kann kein Röhrennetz zweckmässig hergestellt werden, ohne dass man dabei von diesen Rechnungen ausgeht. Wir haben im vorigen Capitel gesehen, wie sich das Quantum Gas, welches eine Anstalt zu liefern hat, aus dem Consum der Strassenflammen und demjenigen der Privatflammen zusammensetzt. Es lässt sich also berechnen, wie viel Gas die Anstalt in maximo pro Stunde in die Stadt zu schicken hat. Das Hauptrohr, welches von der Fabrik aus bis an die Stadt resp. bis an das eigentliche Röhrennetz (die Fabriken sind meist etwas ausserhalb der Städte gelegen) zu führen ist, muss dieses Quantum durchlassen.

Angenommen, es sei eine Stadt von 1200 Strassenflammen à 5 c′ Consum pro Stunde und von 16000 Privatflammen à 4 c′ Consum pro Stunde von einer Anstalt aus zu versorgen, die 2000′ vom Röhrennetz, d. h. von demjenigen Punct, an welchem sich die Röhren verzweigen, entfernt ist, so hat man (für den Consum von 12400 c′ pro Stunde) nach der Formel IX, wenn man den Druckverlust zu $\frac{1}{10}$ Zoll, und das specifische Gewicht des Gases zu 0,4 annimmt

$$d^5 = 0,000000179 \, \frac{(12400)^2 \times 0,4 \times 2000}{0,1}$$

$$d = 11,71 \text{ oder rund 12 Zoll.}$$

(Die Tabelle I giebt übereinstimmend für 12 Zoll Rohrweite und 2000 Fuss Länge 13178 c′ pro Stunde.)

Für die weitere Verzweigung der Röhren ist es nun nöthig, zuvor sowohl einen Situationsplan als eine Höhenkarte des Ortes sich zu verschaffen, und in den ersteren eine übersichtliche Darstellung des Consums, der für die einzelnen Strassen in Aussicht genommen werden soll, zu verzeichnen. Hieraus ergiebt sich, wie viele Hauptzweige man zu legen hat, und wie viel des Gesammtconsums auf jeden derselben trifft. Es bilden sich, so zu sagen, natürliche Districte, in welchen nach der verschiedenen Bedeutung der Strassen jedem Hauptzweigrohr seine bestimmte Richtung angewiesen wird. Ist man soweit klar, so lässt sich die Dimension jedes Rohres wiederum nach der obigen Formel bestimmen. Doch kommt hier nun wesentlich auch die Höhenlage in Betracht. Legt man die Annahme zu Grunde, dass man z. B. bis an den äussersten Endpunct der Leitung $^5/_{10}$" Druck verlieren will, so ist aus der Höhenkarte nachzusehen, ob die natürliche Höhenlage der Strasse den Druck vermehrt oder vermindert, und je nachdem dies der Fall ist, die Weite der Röhren zu verkleinern oder zu vergrössern. Hätte eine Strasse z. B. 24' Steigung, so würde dies einen Druckzuwachs von $^2/_{10}$" veranlassen; man würde also dem Rohr eine Weite zu geben haben, wie sie die Formel für einen Druck von 5 + 2 d. i. für $^7/_{10}$" angiebt. Hätte eine andere Strasse dagegen 12' Gefälle, so würde man die dadurch entstehende Druckverminderung von $^1/_{10}$" durch eine grössere Weite des Rohrs wieder ersetzen, und diejenige Dimension wählen müssen, welche die Formel für 5—1 d. i.: für $^4/_{10}$" Druck angiebt. Hat man einmal die Hauptzweige richtig festgelegt, so ergiebt sich das Uebrige von selbst. Man geht je nach der Bedeutung der verschiedenen Nebenstrassen allmählig auf die kleineren Dimensionen, und zwar bis auf 2 oder mindestens 1½ Zoll herunter, verbindet die Röhren überall mit einander, wo sie sich begegnen, und bringt die erforderlichen Ventile an, über deren Zweck zur Druckregulirung bereits Seite 103 bis 105 das Nöthige gesagt ist.

Die zweite Anforderung, welche Eingangs dieses Capitels an eine gute Hauptröhrenleitung gestellt worden ist, betrifft die Dichtigkeit derselben, und führt uns zur Betrachtung erstens der Röhren selbst, zweitens der Art und Weise ihrer Verbindung.

Das Material, aus welchem die Gasröhren für Strassenleitungen allgemein hergestellt werden, ist Gusseisen. Man hat versucht, thönerne, hölzerne, gläserne, papierne Röhren (Asphaltröhren) zu legen, aber im Grossen und Ganzen kann nur von gusseisernen Hauptröhren die Rede sein. Dieselben sollen von gutem grauen Eisen mit höchstens 20 Prozent gutem altem Bruch-Zusatz stehend gegossen sein, durchaus gleichmässig starke Wandungen haben und dürfen keine mit Kitt verschmierten oder mit Eisenstiften verstemmten Sandlöcher, Windblasen u. dgl. enthalten. Die üblichen Dimensionen und Gewichte sind in folgender Tabelle zusammengestellt:

Lichte Weite Zoll	Baulänge excl. Muffe Fuss	Tiefe der Muffe Zoll	Weite der Muffe Zoll	Gewicht pro Rohr Pfund
1½	6	3½	2¾	28—30
2	6	3½ bis 4	3¼	35—40
2½	6 (auch 7½)	4	3⅞	48—52
3	9	4	4½	93—100
4	9	4	5½	121—132
5	9	4	6½	158—170
6	9	4	7¾	210—220
7	9	4½	8¾	260—275
8	9	4½	10	320—335
9	9	4½	11	376—390
10	9	4½	12	420—436
12	9	5	14¼	540—570
15	9	6	17¼	780—830

Von der Dichtigkeit der Röhren überzeugt man sich am besten dadurch, dass man sie unter Wasser mittelst atmosphärischer Luft prüft. Man verschliesst die beiden Enden der Röhren, und presst, nachdem man sie in einen Kasten mit Wasser gelegt hat, so dass das Wasser sie vollkommen bedeckt, mittelst einer Compressionspumpe solange atmosphärische Luft hinein, bis diese eine bestimmte, durch ein Manometer angezeigte Spannung erreicht hat. Sind irgendwie undichte Stellen im Rohr vorhanden, so entweicht die atmosphärische Luft, und zeigt sich durch die aufsteigenden Blasen, welche sie im Wasser bildet, sofort dem Auge an. Die Vorrichtung zum Röhrenprobiren ist mit Ausnahme der Pumpe in Fig. 227, und zwar im

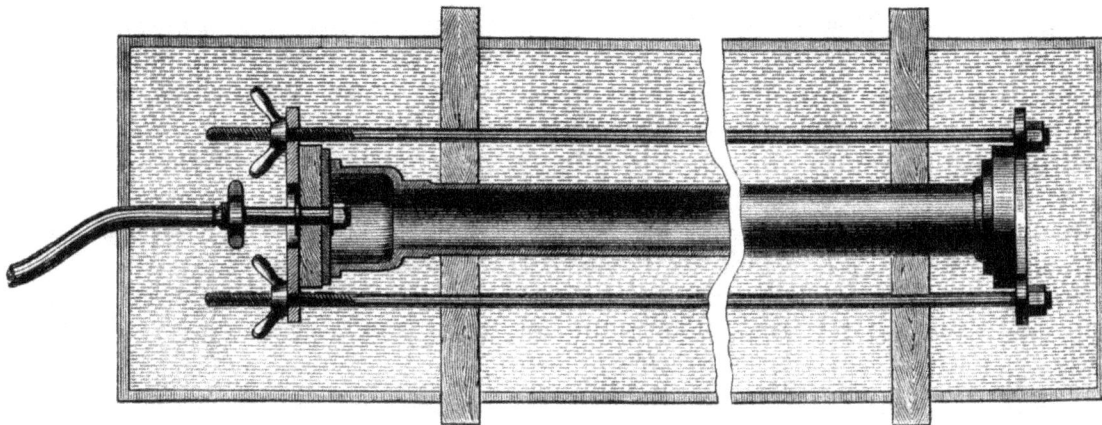

Fig. 227.

Grundriss dargestellt. Vor den Enden der Röhre liegen zwei Scheiben, die in diesem Falle aus hartem Holz bestehen, die aber eben so häufig aus Gusseisen angefertigt werden. Die Scheiben sind inwendig, d. h. gegen das Rohr hin, mit Gummikissen gepolstert, in welche sich die Rohrenden beim Anpressen hineinlegen. Auf der Rückseite sind die Scheiben mit schmiedeeisernen Bügeln versehen, durch deren Enden die Zugstangen hindurchgesteckt werden. Das eine Ende jeder Zugstange ist mit einem kürzeren, das andere mit einem längeren Schraubengewinde versehen, und von den Muttern haben diejenigen, welche zu den längeren Gewinden gehören, je zwei Handhaben, so dass sie von den Arbeitern leicht mit der Hand gedreht werden können. Durch die linke der beiden Holzscheiben reicht ferner ein Rohr hindurch, welches die Communication des Rohrinnern mit der Luftpumpe vermittelt. Dasselbe wird an der Aussenseite der Scheibe durch einen Ring gehalten, und innen durch eine Mutter mit guter Verpackung luftdicht angeschraubt. An dem nach Aussen vorstehenden Ende trägt das Rohr eine Verschraubung, um es mit dem von der Compressionspumpe herführenden Schlauche zu verbinden. Die Compressionspumpen hat man in verschiedener Anordnung. Bequem sind diejenigen, welche von der mechanischen Werkstätte von L. A. Riedinger in Augsburg geliefert werden. Sie bestehen aus einer einstiefeligen 3 zölligen Pumpe mit 6 Zoll Hubhöhe auf einem soliden Untergestell, die mittelst einer Kurbel in Bewegung gesetzt wird, und mit einem Schwungrad von 2 Fuss 4 Zoll Durchmesser versehen ist. Sie pumpt die Luft zunächst in einen aus starkem Blech construirten und mit einem Federmanometer versehenen Windkessel von 20 Zoll Durchmesser und 32 Zoll Höhe. Ein Dreiweghahn stellt zwischen Pumpe, Windkessel und Rohr die nöthigen Verbindungen her. Der Preis für den ganzen Apparat, Pumpe, Windkessel, Manometer, Dreiweghahn, Gummischlauch und Mundstück beträgt 220 fl. Die Manipulation des Probirens besteht einfach in Folgendem. Nachdem man den Kasten hinreichend voll Wasser gefüllt hat, legt man über den oberen Rand desselben zwei leichte Hölzer, die dem Spannzeug und dem Rohr vorläufig zur Unterstützung dienen. Die Hölzer haben in der Mitte einen runden Ausschnitt von solcher Form, dass das zu probirende Rohr, wenn es hineingelegt wird, mit seiner Mittellinie nahezu in der Mittellinie der beiden Verschlussscheiben liegt. Die vorderen Schraubenmuttern sind etwas zurückgeschraubt, so dass das Rohr bequem in das Spannzeug eingelegt werden kann; ist dieses geschehen, so werden sie fest angezogen, die beiden Hölzer bei Seite geschoben und das eingespannte Rohr ins Wasser gelegt. Es ist gut, im Kasten zwei Bügel anzubringen, auf welche das Rohr aufliegt, und es nicht auf den Boden zu legen. Man lässt die Luft aus dem Windkessel mit 1 bis 2 Atmosphären Spannung eintreten, und beobachtet genau, ob Blasen aufsteigen. Ist das letztere der Fall, so ist das Rohr undicht, und darf nicht zur Verwendung kommen. Für Röhren von verschiedenen Weiten braucht man natürlich Scheiben und Gummipolster von verschiedener Grösse, ebenso bedarf man zweierlei Zugstangen, je nachdem die Röhren 6 Fuss oder 9 Fuss Länge haben.

Ein sorgfältiges Probiren der Röhren ist nicht genug zu empfehlen, wenn man ein dichtes Rohrsystem haben will. Es wird zwar schon eine Probe der Röhren auf den Giessereien vorgenommen, allein man wendet dort meist ein anderes Verfahren an, indem man die Röhren statt mit Luft mit Wasser füllt, und dies unter einen Druck von mehreren Atmosphären bringt. Eine solche Wasserprobe ist wohl vortrefflich geeignet, die Festigkeit und Haltbarkeit der Rohre zu ermitteln, aber in Betreff der Dichtigkeit ist die Luftprobe viel schärfer. Es ist daher nothwendig, auf der Gasanstalt die letztere immer noch vorzunehmen, und kein Rohr zum Gebrauch zuzulassen, was sich hiebei nicht als dicht erweist. Bevor man die Röhren legt, ist es gut, dieselben noch zur weiteren Conservirung mit einem Theeranstrich zu versehen, und zwar in der Weise, dass man sie über einem auf der Erde ausgebreiteten Cokefeuer erwärmt, und dann den Theer mit der Bürste aufträgt. Dieser Anstrich darf aber immer erst dann geschehen, wenn die Röhren zuvor ihre Probe bestanden haben.

Ausser den bis jetzt besprochenen geraden Röhren bedarf man zur Herstellung einer Rohranlage noch verschiedene andere Faconröhren und besondere Gussstücke, als Bogenröhren, Abgangsröhren (Teestücke), Kreuzröhren, Verkleinerungsröhren, Syphons (Wassertöpfe), Ventile und Doppelmuffen. Was die Bogenröhren betrifft, so braucht man je nach der Grösse des Krümmungswinkels, die man mit einer Rohrfahrt herstellen soll, mehr oder weniger stark gekrümmte Bögen. Stumpfere Winkel als solche von 150° stellt man gewöhnlich ohne Bogenrohre überhaupt her, indem man entweder unter den gewöhnlichen Röhren einige aussucht, die nicht ganz gerade sind, oder indem man ein gerades Rohr etwas krümmt. Man kann bis zu 5 Zoll Weite Röhren biegen, indem man sie im Feuer eines Retortenofens erhitzt, und dann frei zwischen zwei Stützen an beiden Enden auflegt. Röhren schief in einander zu stecken und so die Biegungen herzustellen, ist nicht rathsam, da die Verbindungen nicht solide werden. In der Praxis beschränkt man sich meistens auf dreierlei Sorten Bogenröhren, die man nicht nach dem Krümmungswinkel, sondern nach dem Ablenkungswinkel bezeichnet, nemlich solche für 30° (flache Bögen Fig. 228), für 45° (halbe Bögen Fig. 229) und für 90° (ganze Bögen Fig. 230). Man versieht die Bögen, wie die Röhren, an einem Ende mit einer Muffe, und macht sie etwa 3 bis 4 Fuss lang.

Fig. 228.   Fig. 229.   Fig. 230.

Die Abgangsröhren (Tee-Stücke Fig. 231) sind gewöhnliche Röhren von meistens 2 bis 3 Fuss Länge mit einem seitlichen Abgang für solche Stellen, wo von einer geraden Leitung eine Seitenleitung ab- zweigen soll. Gewöhnlich besteht der seitliche Ab- gang aus einem kurzen Muffenansatz, welcher recht- winklig auf der Mittellinie des Rohres steht, wenn übrigens die Leitungen einen wesentlich abweichenden Winkel bilden, so lässt man auch den Muffenansatz diesem Winkel entsprechend angiessen. Als eine Art Abgangsröhren lassen sich auch die sogenannten Gabel- röhren betrachten, die man anwendet, wenn eine Rohr-

Fig. 231.

leitung sich gabelförmig in zwei von der Hauptrichtung ablenkende Aeste theilt. Dieselben müssen eben- sowohl, wie die schiefwinkligen Abgangsröhren, den Giessereien jedesmal speciell aufgegeben werden.

Wo von einem Hauptrohrstrang gleichzeitig zwei Seitenröhren nach entgegengesetzter Richtung ab- zweigen sollen (bei Strassenkreuzungen), bedient man sich der sogenannten Kreuzstücke, Abgangsröhren mit zwei einander entgegengesetzten kurzen Muffenabgängen.

Verkleinerungsröhren (Uebergangsröhren) Fig. 232 sind conische Röhren, welche den Uebergang von einer Röhrendimension zu einer anderen vermitteln.

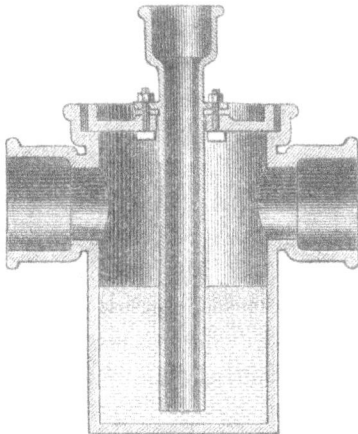

Fig. 233.

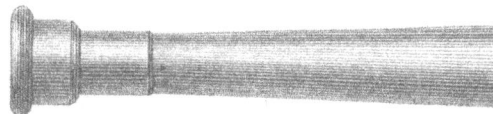

Fig. 232

Syphons (Siphons, Wassersammler) Fig. 233 werden überall an den tiefsten Puncten der Röhren- leitung angebracht, um die sich etwa ansammelnden Condensationsproducte aufzunehmen. Sie bestehen aus einem cylindrischen oder conischen gusseisernen Behälter mit zwei muffenförmigen Ansätzen nahe unter dem oberen Rand, oben durch einen ebenfalls gusseisernen Deckel geschlossen. Bei einem Röhrendurchmesser von

1½ Zoll giebt man dem Syphon etwa					9	Zoll Weite und	12	Zoll Tiefe		
bei 2 und 2½ „	„	„	„	„	„	10½ „	„	„	16	„ „
„ 3, 4 und 5 „	„	„	„	„	„	12	„	„	18	„ „
„ 6, 7 und 8 „	„	„	„	„	„	14	„	„	20	„ „
„ 9, 10 u 12 „	„	„	„	„	„	15	„	„	22	„ „
„ 15 und 18 „	„	„	„	„	„	18	„	„	24	„ „

In der obenstehenden Zeichnung hat der Deckel einen aufstehenden Rand, und wird in das muffenförmig erweiterte obere Ende des Syphons mit Blei fest gegossen. Ich halte diese Verbindung für die solideste, man wendet indess wohl eben so häufig die Flanschenverbindung an, indem man dem oberen Ende des Sy- phons eine Flansche giebt und den platten Deckel mittelst Schrauben aufsetzt. Als Dichtungsmaterial dient

43*

Eisenkitt, Cement, Mennigkitt u. s. w., der Eisenkitt ist vorzuziehen. Jeder Syphon muss ein Pumprohr besitzen, welches bis nahe an die Oberfläche der Strasse hinaufgeführt wird, und durch welches man die unten angesammelte Flüssigkeit auspumpen kann. In der Zeichnung ist ein 2 zölliges gusseisernes Rohr angenommen, welches mit einer angegossenen Flansche auf dem Syphondeckel befestigt wird. Es reicht nach unten fast bis auf den Boden des Syphons, oben hat es eine Muffe, in welcher ein gewöhnliches 2 zölliges Rohr zur weiteren Verlängerung bis an die Strassendecke befestigt werden kann. Statt der Flanschenbefestigung wählt man häufig eine Muffenverbindung, Fig. 234, indem man oben an den Deckel eine passende Muffe an-

Fig. 234.

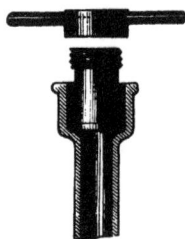

Fig. 235.

giesst, das Pumprohr hindurchsteckt, und mit Blei verdichtet. Diese Verbindungsart hat den Nachtheil, dass sie sich durch das unvermeidliche Rütteln am Rohr, welches beim Gebrauch Statt findet, leichter lockert als die Flansche. Bei allen gusseisernen Pumpröhren macht man diese so weit, dass sie eigentlich nur als Hülsen für die schmiedeeisernen Pumpröhren dienen, welche man an die Pumpe selbst anschraubt, und welche man durch die ersteren in den Syphon einführt. Zum gewöhnlichen Verschluss der gusseisernen Syphonröhren an der Strassenoberfläche dient die Vorrichtung Fig. 235. Dieselbe besteht aus einem kurzen Rohrstück von der Stärke des Syphonrohres, welches in die nach oben gerichtete Muffe des letzteren eingebleit wird und oben mit einem äusseren Gewinde versehen ist. Ueber dies Gewinde fasst eine gleichfalls gusseiserne Kappe mit entsprechendem inneren Gewinde und zwei äusseren Handhaben, in welche zur besseren Dichtung noch eine Lederscheibe eingelegt wird, und welche man auf das Rohr aufschraubt. Vielfach wendet man statt der gusseisernen Pumprohre (Syphonrohre), auch ³/₄ zöllige oder 1zöllige schmiedeeiserne an, die dann oben zunächst der Strassendecke mit einem Gewinde versehen sind, und auf welche man die Syphonpumpe unmittelbar aufschraubt. Der Deckel der Syphons hat in der Mitte eine kleine Verstärkung, und wird in der Weite des Pumprohres durchbohrt und das gewöhnliche Rohrgewinde eingeschnitten; das für das Innere des Syphons bestimmte Rohrstück wird von unten durchgeschraubt, so dass das Gewinde über dem Deckel vorsteht, hierüber wird eine Muffe geschraubt, und dann in dieser das obere Rohrstück befestigt. Für gewöhnlich verschliesst man die schmiedeeisernen Pumprohre zunächst der Strassendecke mit einer schmiedeeisernen Kappe, die oben einen viereckigen Kopf hat, um einen Schlüssel aufstecken zu können. Die Schattenseite dieser schmiedeeisernen Röhren besteht darin, dass sich die Gewinde hie und da losdrehen. Mitunter umgiebt man die Syphons mit gemauerten Schachten, die man bis zur Strassendecke hinaufführt, und oben mit eiserner Klappe verschliesst, andernfalls muss man wenigstens den oberen Theil des Pumprohrs durch einen kleinen verschliessbaren gusseisernen Führungsschacht zugänglich erhalten. Der Kopf des Syphon-Verschlusses steht einige Zoll unter der inneren Deckelseite des Schachtes; er darf nie fest anliegen, weil sonst durch die Wägen, die über den Deckel wegfahren, ein Druck auf den Syphon und auf die Rohrleitung ausgeübt wird.

Die Abschlussventile, welche man zum Absperren von Rohrleitungen anwendet, sind bereits im zwölften Capitel ausführlich beschrieben worden. Da sie, zumal die gewöhnlichen Schieberventile, meist mit Flanschen geliefert werden, so bedarf man kurzer Rohransätze mit einseitiger Flansche, um sie in die Leitungen einzufügen.

Doppelmuffen sind kurze Röhren von etwa 1 Fuss Länge, welche die Muffenweite derjenigen Röhren besitzen, für welche sie benutzt werden sollen. Man wendet sie in den Fällen an, wo man zwei Rohrenden ohne angegossene Muffe mit einander zu verbinden hat. Sie werden zuerst über eines der beiden Röhren übergeschoben, dann werden beide Rohrenden zusammengestossen und die Doppelmuffe über die Fuge so vorgeschoben, dass sie gleichweit über beide Röhren überfasst.

Alle die eben beschriebenen besonderen Faconröhren und Gussstücke müssen eben sowohl wie die geraden Röhren auf ihre Dichtigkeit geprüft werden. Man verschliesst zu diesem Zweck die Enden derselben durch gusseiserne Platten mit unterlegten Gummischeiben, die man mittelst besonderer Bügel anpresst. Fig. 236. Es sind hier zweierlei Bügel dargestellt, die einen aus einem Stück geschmiedet, für alle

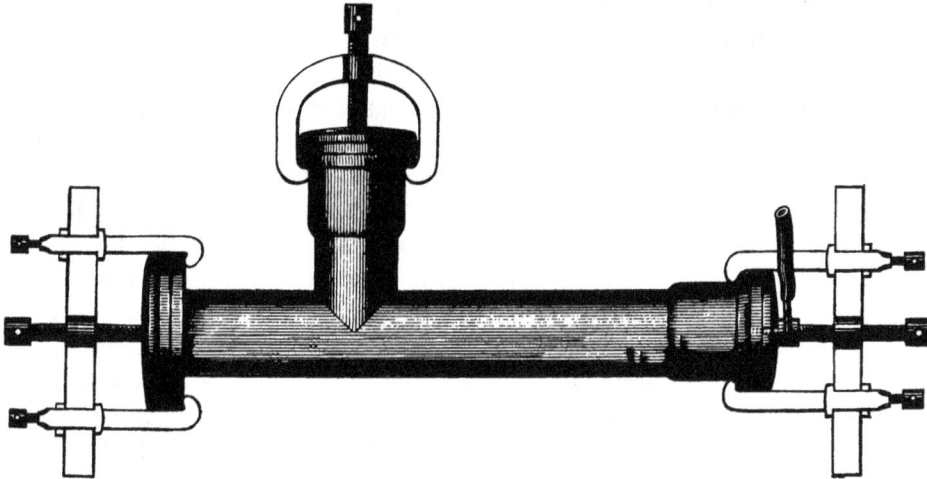

Fig. 236.

Röhrendimensionen verschieden, die anderen verstellbar, bei welcher sich auf einer flachen Schiene die zwei Haken verschieben und mittelst Stellschrauben feststellen lassen. Einer der Verschlussdeckel ist mit einer durchgehenden Oeffnung und einem nach Aussen sich fortsetzenden Rohrzapfen versehen, über welchen das von der Luftpumpe herkommende Rohr geschoben und befestigt wird. Man pumpt, wie bei den geraden Röhren, unter Wasser Luft in das Innere des Gussstückes hinein, bis man den Druck von 1 bis 2 Athmosphären erreicht hat, beobachtet das etwaige Aufsteigen von Luftblasen u. s. w. Alle Stücke, welche die Dichtigkeitsprobe nicht bestehen, sind nicht zu verwenden.

Von den Röhren selbt wenden wir jetzt unser Augenmerk auf die Verbindung derselben.

Man stellt die Verbindung der Röhren im Wesentlichen auf dreierlei Art her:

1) Durch Theerstricke und Blei, wobei zwischen der Muffe und dem eingesteckten Rohrende ein Platz von $^3/_8$ bis $^1/_2$ Zoll vorhanden sein muss;

2) Durch Eintreiben mit Mennige, wobei die Röhren conisch abgedrehte Enden und ausgebohrte Muffen haben;

3) Durch Gummiringe.

Das erste Verfahren ist am allgemeinsten verbreitet, und auch namentlich ausdrücklich von dem Verein der Gasfachmänner Deutschlands in seiner Versammlung zu Berlin 1862 als das zuverlässigste zu allgemeinem Gebrauche erklärt worden*). Die Verbindungsstellen haben hiebei entweder die in Fig. 237 oder die in Fig. 238 scizzirte Form. Im ersteren Fall hat das Rohrende aussen einen Bund, der sich in

Fig. 237.

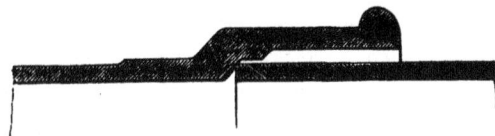
Fig. 238.

die gleichmässig weite Muffe hineinschiebt, und das hintere Ende derselben nahezu ausfüllt. Im zweiten Fall ist das Ende des Rohres glatt, und die Muffe hat gegen den Boden hin einen Falz, in welchen sich

*) Journ. f. Gasbel. Jahrg. 1862. S. 400.

das glatte Ende fast anschliessend hineinschiebt. Man hat zu Gunsten der letzteren Anordnung geltend machen wollen, dass sie die Ausdehnung und Zusammenziehung bei wechselnder Temperatur im Boden besser vertragen könne. Das Dichtungsmaterial bleibe fest an der Muffe sitzen und das glatte Rohrende könne sich aus und einschieben, ohne dass die Dichtigkeit darunter leide, während bei den anderen Röhren der Bund das Material mit herausziehe, und es beim Zurückgehen in der vorgeschobenen Stellung sitzen lasse, wodurch eine permanente Undichtigkeit entstehe. Director L i e g e l von Stralsund hat in der diessjährigen Versammlung der Gasfachmänner zu Braunschweig diese Frage behandelt und darauf hingewiesen, dass eine Undichtigkeit überhaupt nur dann entstehen könne, wenn die Muffen conisch seien und dass die conische Form der Muffen durchaus nur ausnahmsweise vorkomme. Die Form der Muffen sei cylindrisch, dagegen ereigne es sich nicht selten, dass bei den gefalzten Muffen das glatte Rohrende nicht in den Falz hineinpasse, weil entweder das Rohr zu dick oder der Falz zu eng sei. Auch müsse das einzudichtende Rohr ausserordentlich fest in das vorletzte eingedrückt werden, wenn die Rohrleger nicht Theerstricke in das Rohr hineintreiben sollen. Die Kanten des Falzes seien meist immer rundlich, wodurch das Eintreiben der Stricke in das Rohr begünstigt werde. Habe das Rohr dagegen einen Bund, so müssen die Stricke zweimal um die Ecke, ehe sie in das Rohr hinein gelangen können. Ich schliesse mich der Ansicht des Direktor L i e g e l vollkommen an, selbst wenn ich gar kein Gewicht darauf legen will, dass bei kleinen Krümungen die glatten Rohrenden in den Falz gar nicht mehr hineingehen, und ein directes Loch zum Durchtreiben der Stricke offen lassen, während das mit einem Bund versehene Rohrende, selbst wenn es etwas schräge in die glatte Muffe hineingesteckt wird, noch immer einen ziemlich guten Verschluss gegen die Stricke abgiebt. Der Zwischenraum zwischen Rohrende und Muffe wird in beiden Fällen mit Theerstricken und Blei ausgefüllt. Der Theerstrick ist ein aus weissem Hanfgarn lose geflochtener und in Holztheer gekochter Strick von Fingerdicke. Man bezieht ihn in Ballen oder Rollen, er wird vor der Verwendung in etwa drei Fuss lange Stücke zerschnitten und an einer trockenen Stelle dem Luftzug ausgesetzt. Nachdem der Rohrleger die zu verbindenden Röhren in ihre richtige Lage gebracht hat, so dass der Zwischenraum zwischen Muffe und Rohrende überall gleich weit ist, wird ein Theerstrick umgelegt, und mit dem sogenannten Strickeisen eingestemmt. Fig. 239. Dieses Einstemmen muss so sorgfältig geschehen, dass schon durch den Strick allein nahezu eine

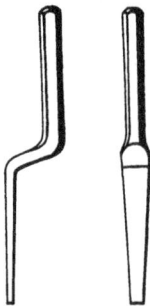

gasdichte Verbindung erlangt wird. Dann erfolgt die Vergiessung mit Blei. Um dieselbe vernehmen zu können, macht man zunächst Thon zu einer plastischen Masse an, bildet daraus auf einem glatten Brettstück eine runde Rolle von reichlich der Länge des Rohrumfangs, die man durch Aufstossen eckig macht, und legt diese vor der Muffe um das Rohr. Alsdann drückt man sie noch mit den Fingern rundherum an, bis auf eine Stelle oben, die man für den Einguss abstehen lässt. Die Arbeiter müssen darauf achten, dass die Röhren, ehe das Blei eingegossen wird, trocken abgewischt werden, da sonst das Blei stark umher spritzt, und sie leicht beschädigen kann; bei Regenwetter, wo dies nicht thunlich ist, giesst man einige Tropfen Oel oder Fett an die Eingussöffnung, wodurch das Spritzen bedeutend verringert wird. Die Form des Thonkranzes ist von wesentlicher

Fig. 239.   Bedeutung für eine gute Bleidichtung. Die innere Fläche des Kranzes muss nemlich

nicht senkrecht mit dem Muffenende abschneiden, sondern sich schräge gegen das Rohr vorziehen, so dass nach dem Vergiessen ein im Durchschnitt dreieckiger Bleikranz vor der Muffe vorsteht. Das Blei wird in einem dazu geeigneten Ofen, Fig. 240, geschmolzen. Der Ofen besteht aus einem auf drei Füssen stehenden Cylinder von Eisenblech, der unten einen Rost und an der Seite zunächst über dem Rost eine oder zwei Reihen von Löchern hat. Oben trägt der Ofen einen Bügel, durch dessen Mitte eine mit einem Haken versehene Schraube geht, in diesem Haken hängt der gusseiserne Schmelzkessel. Die Heizung des Ofens geschieht mit Coke, die man mit Holz oder einem anderen leicht brennbaren Material in Gang setzt. Ist das Blei gut heiss, so schöpft man mit einem eisernen Löffel mit langem Stiel davon heraus, und giesst es in das für den Einguss gelassene Loch ein. Die ganze Muffe muss auf einmal voll gegossen werden,

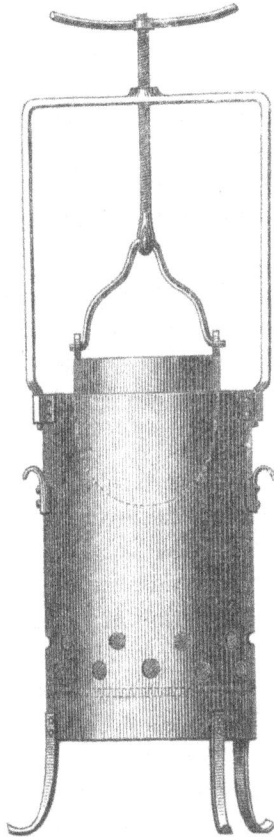

Fig. 240.

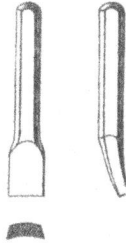

Fig. 241.

wenn bei grossen Röhren ein Löffel voll nicht reicht, so muss man gleich den zweiten bereit halten, damit das Blei nicht erst Zeit hat zu erkalten. Auch soll man soviel Blei eingiessen, bis es oben über den Rand des Eingusses überzulaufen anfangen will, d. h. einen Aufguss machen, weil dadurch das Blei in der Muffe dichter wird. Ist diess geschehen, so nimmt man den Thon ab, und richtet ihn für die nächste Verbindung wieder her, dann schlägt man mit einem Meissel den Aufguss weg, und fängt an das Blei zu verstemmen. Zum Verstemmen bedient man sich der sogenannten Bleisetzer (Stemmeisen, Kalfateisen Fig. 241) die man in verschiedener Form und Grösse vorräthig hat, und die sich der Form der Röhren anpassen müssen. Sie sind kürzer und dicker wie die Strickeisen, und werden mit eisernen Hämmern geschlagen, die eine viereckige etwas convexe Bahn und einen kurzen Stiel haben. Das Blei muss so fest in die Muffe hineingetrieben werden, dass es sich nicht mehr zusammentreiben lässt, der vor der Muffe anfänglich vorstehende Bleirand verschwindet dadurch allmählig und das Blei schneidet mit der Muffe ab. Die für verschiedene Rohrweiten erforderliche Stärke des Bleiringes, sowie das Gewicht des Bleies in Pfunden ist in folgender Tabelle zusammen gestellt.

Durchmesser der Röhren	Stärke des Bleiringes	Gewicht des Bleies
1½ Zoll	1¼ Zoll	2 Pfund
2 ,,	,, ,,	2,3 ,,
2½ ,,	1½ ,,	3,3 ,,
3 ,,	,, ,,	3,8 ,,
4 ,,	1¾ ,,	5,4 ,,
5 ,,	,, ,,	6,6 ,,
6 ,,	,, ,,	8,0 ,,
7 ,,	2 ,,	13,0 ,,
8 ,,	,, ,,	15,0 ,,
9 ,,	,, ,,	16,5 ,,
10 ,,	,, ,,	18,0 ,,
12 ,,	,, ,,	21,6 ,,
15 ,,	,, ,,	26,3· ,,

Ausser Theerstricken und Blei wird von manchen Ingenieuren noch ein Kitt zur Verdichtung der Röhren angewandt, der den Zweck haben soll, eine gewisse Elasticität der Verdichtung dauernd zu erhalten. Nach Jahn (dessen Werk über Gasbeleuchtung S. 76) bereitet man den Kitt, indem man 10 Gewichtstheile gepulverten Hammerschlag, 4 Gewichtstheile zu Staub gelöschten Kalk, 5 Gewichtstheile gepulverte Chamotte und 5 Gewichtstheile Ziegelmehl oder 4 Ziegelmehl, 4 gepulverte Chamotte, 3 gepulverte Steinkohlenschlacke,

2 gepulverten Thon und 2 zu Staub gelöschten Kalk mit einander mengt und mit Leinölfirniss zu einer stark plastischen Masse verarbeitet. Beim Eindichten der Muffen schlägt man zuerst eine Lage Theerseil ein, dann legt man eine Rolle Kitt ein, schlägt wieder eine Lage Theerseil darauf und lässt oben an der Muffe noch 1 bis 1¼ Zoll Raum für das Blei übrig. Ist das Blei verstemmt, so streicht man den Winkel am Rohr und der Muffe noch mit demselben Kitt aus, drückt ihn fest ein und überstreicht ihn zuletzt noch mit Firniss. Ich muss gestehen, dass ich nach meinen Erfahrungen die Röhren lieber ohne Kitt lege, namentlich auf das Verstreichen der Bleifuge mit Kitt kein Vertrauen habe, es wird das Verfahren indess von tüchtigen Technikern empfohlen und angewandt.

Bei Röhren von kleinem Caliber dichtet man meistens je zwei Röhren ausserhalb des Grabens auf der sogenannten Stemmbank zusammen, und bringt sie dann zusammen in den Graben hinunter. Die Stemmbank besteht aus einem kastenförmigen Holzgestell mit drei festen und einem verschiebbaren sattelförmigen Riegel, in deren passenden Ausschnitten die beiden zu verdichtenden Röhren vollkommen gerade liegen. Röhren von grösserem Durchmesser verdichtet man einzeln unten im Graben.

Die zweite Art Röhrenverbindungen, welche im Allgemeinen weniger als die soeben beschriebene, aber doch in einigen Städten z. B. in Hamburg üblich ist, geschieht durch Eintreiben der conisch abgedrehten Rohrenden in die entsprechend ausgebohrten Muffen mit Mennige. Die Verbindungsstellen haben hiebei die in Fig. 242 skizzirte Form. Wenn die Röhren eine dichte Verbindung geben sollen, so müssen sie vollkommen genau in einander passen und schon ohne ein weiteres Bindemittel schliessen. Das Legen geschieht auf folgende Art.

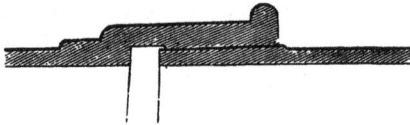
Fig. 242.

Man wischt sowohl die Muffe als das Rohrende mit Werg sorgfältig rein, wobei es sich von selbst versteht, dass keines von beiden durch Rost angefressen sein darf, trägt dann beiderseits mit einem Pinsel eine dünne Lage von Mennigekitt auf, den man aus 2 Theilen Mennige und 1 Theil Bleiweiss herstellt und wobei man sich sorgfältig in Acht nimmt, dass derselbe ohne jede harte körnige Bestandtheile ist, steckt dann das Rohrende in die Muffe, und treibt es mittelst eines hölzernen Schlägels sorgfältig ein, bis es völlig fest ist. Glaubt man, diesen Punct erreicht zu haben, so steckt man einen hölzernen Hebebaum in das offene Rohrende, und lüftet dies sehr behutsam in die Höhe, wobei man sofort in der Hand spürt, ob das Rohr feststeckt, oder ob es sich bewegt. Eine Vorsicht, die man bei dieser Verbindungsart gebrauchen muss, besteht darin, dass man, bevor man die ausgegrabene Erde wieder einfüllt, immer noch die letzten 4 bis 6 Verbindungsstellen wieder untersuchen muss, da es nicht selten vorkommt, dass beim Eintreiben mehrere Röhren rückwärts noch eine Muffe springt.

Ueber die dritte Art der Röhrenverbindungen durch Gummiringe habe ich selbst keine Erfahrung, doch ist in den Versammlungen deutscher Gasfachmänner darüber Manches mitgetheilt worden *).

Angeregt durch die Fabrikanten Makintosh & Co. in London waren die ersten Versuche mit Gummiverbindungen für eiserne Röhren von der Worcester Gasfabrik im Jahre 1847 an einem 6″ Röhrenzug gemacht worden, worüber im September des folgenden Jahres sehr zufriedenstellende Berichte erschienen. Zu gleicher Zeit hatte der Ingenieur Thomas Wicksteed in London durch ausführliche Proben ermittelt, dass derartige Verbindungen einem Wasserdrucke von 900 bis 1330′ Höhe oder 30 bis 40 Atmosphären widerstehen, dass auch unter Berücksichtigung aller Verhältnisse die Kautschukverbindungen gegen solche mit Blei eine Kostenersparniss von 22 Proc. ergäben.

---

*) Commissionsbericht von S. Schiele 1860. Journ. für Gasbel. Jahrg. 1860. S. 307, dann Commissionsbericht von G. M. S. Blochmann 1861. Journ. f. Gasbel. Jahrg. 1861 S. 223; ferner Commissionsbericht von O. Kreusser 1862. Journ. f. Gasbel. 1862 S. 316.

In Deutschland wurde auf S c h i e l e's Anregung vom Besitzer der Gasanstalt in Hanau, H. F. Z i e g l e r, im Jahre 1850 der erste Versuch im grossen Massstabe gemacht, indem die dortige Gasleitung in einer Gesammtlänge von 41300' durchweg mit Kautschukverbindungen gelegt wurde.

Die Arten, auf welche die Röhren bei Anwendung von Kautschukdichtungen mit einander verbunden wurden, sind folgende:

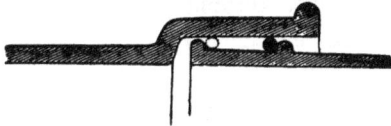   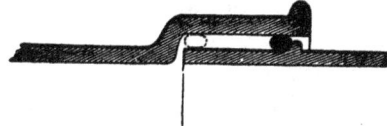

Fig. 243.   Fig. 244.

Fig. 243 alte in Hanau angewandte Verbindung nach englischem Muster;

Fig. 244 von Z i e g l e r verbesserte Verbindung nach den in Hanau gemachten Erfahrungen, die jedenfalls der ersteren vorzuziehen, weil durch das Wegfallen des vorderen Eisenringes die Leitung an Beweglichkeit gewinnt, auch der conische Theil des hinteren Eisenringes den Gummiring fester gegen die Innenwände der Muffe presst.

Die Anstalt in Frankfurt a/M. führte seit dem Jahre 1854 ihre Erweiterungen im Röhrensystem (bis zum Jahre 1861 etwa 100,000 Fuss) in Gummidichtung aus. Im Jahre 1855 verlegte S m y e r s W i l l i q u e t 25000 Fuss Röhren mit Gummidichtung in Crimmitzschau, 1857 folgte Kaiserslautern mit einem Rohrsystem von 32000 Fuss, 1858 Aschaffenburg mit 30000 Fuss, Lahr mit 22750 Fuss und 1860 Schaffhausen. Im Ganzen betrugen die bis 1861 so verlegten Röhrenstrecken etwas über 13 deutsche Meilen.

Ein unbestreitbarer Vorzug der Gummidichtung vor der Bleidichtung ist ihre Billigkeit. S. S c h i e l e stellt folgende Preis-Vergleichung auf, nach welcher sich die Ersparniss für das Material allein auf 37,83 Proc. berechnet, ohne Rücksicht auf Arbeitslöhne und auf den Wegfall der Kosten für Bleiheizung. Das Blei ist mit fl. 13¹/₆ pro 100 Pfund, Theerstricke mit 11¹/₃ kr. pro Pfund und Kautschukringe mit fl. 2. per Pfund berechnet.

	Bleiverbindungen.			Kautschukverbindungen.			
Rohrweite.	Theerstricke.	Blei.	Summa.	Maximum.	Minimum.	Mittel.	% Ersparniss
	kr.	kr.	kr.	kr.	kr.	kr.	
9″	7,28	130,8 =	138	62	62	62	55
8″	6,20	112,6 =	119	60	60	60	49¹/₂
6″	5,32	78,3 =	83¹/₂	—	—	--	—
5″	2,84	39,3 =	42	34¹/₂	30	33	21¹/₂
4″	2,05	39,24 =	41¹/₄	30	28¹/₂	29¹/₄	29
3″	1,93	31,99 =	34	25¹/₂	20	24¹/₄	37¹/₂
2¹/₂″	1,48	23,88 =	24¹/₃	—	—	—	—
2″	1,36	18,99 =	20¹/₃	17¹/₄	10	13	36
1¹/₂″	1,06	17,10 =	18	12	10	11¹/₂	36¹/₃
1″	0,46	9,93 =	10¹/₃	—	—	—	—

Die Hauptfrage übrigens, ob die Gummidichtungen so haltbar und zuverlässig für die Dauer sind, als die Bleidichtungen, ist noch als eine offene zu betrachten, denn hier gehen die Ansichten der Fachmänner weit auseinander. In Hanau machte man sehr günstige Erfahrungen, indem der jährliche Durchschnittsverlust der Anstalt sich nicht höher als auf 3,17% stellte. Aehnlich äussern sich andere, und zwar die meisten anderen Fachgenossen, welche Gelegenheit hatten, ihre Leitungen längere Zeit zu beobachten. Es liegen jedoch auch gegentheilige Erfahrungen vor. Man hat beobachtet, dass die Gummiringe dort, wo die Erdfeuchtigkeit auf sie einwirken kann, erhärten, und ihre Elasticität verlieren, so dass sie bei kleinen Bewegungen mehr oder weniger tiefe Risse bekommen, ähnlich dem vulkanisirten Gummi, der längere Zeit in feuchter Luft gelegen. In Crimmitzschau hatte sich (freilich unter ungewöhnlich ungünstigen Umständen, da die Röhren nicht mit Muffen, sondern mit Flanschen versehen waren) eine ganz entschiedene Zerstörung des Gummi gezeigt, indem derselbe zuerst an den äusseren Flächen eine gelbe und braune Färbung annahm, und dabei allmählig weich, mitunter klebrig wie Vogelleim wurde. In Offenbach, wo 1000 Fuss 6 zöllige Röhren in Gummidichtung gelegt waren, ist von einer weiteren Anwendung des Gummi wieder Abstand genommen worden; in Coburg, wo ein alter mit Gummiringen gedichteter Röhrenstrang herausgenommen wurde, fand man die Ringe in sichtlicher Zersetzung, leicht zu zerreissen oder abzubrechen, und wurde beschlossen auf Bleidichtung überzugehen. Man hat gefunden, dass die Gummiringe aus verschiedenen Fabriken von sehr verschiedener Güte sind, man besitzt aber kein Mittel, durch welches der Arbeiter, der die Ringe verwenden soll, im Augenblick sehen kann, ob er einen guten oder schlechten Ring in der Hand hält. Alle diese Umstände zusammengenommen zeigen, dass man für die Dichtung der Röhren mit Gummiringen im Allgemeinen mindestens noch nicht die hinreichenden Garantieen besitzt, die man bedarf, um sie mit voller Beruhigung und Sicherheit anzuwenden, und die oben erwähnte grössere Billigkeit allein, welche doch immer nur einen kleinen Bruchtheil der Totalkosten einer Gasanlage berührt, kann dem bestehenden Risico gegenüber wenigstens vorläufig, bis nicht langjährige Erfahrungen ihr zu Hülfe kommen, keinen eigentlichen Werth haben.

Einzelne Versuche, Gasleitungen aus Asphaltröhren auszuführen, haben wohl gezeigt, dass man solche Rohrleitungen wirklich für den Augenblick vollkommen dicht herstellen kann; wie sie sich aber auf die Dauer halten, lässt sich um so weniger voraussagen, als man hier in Erwägung zu ziehen hat, ob nicht das Material der Röhren selbst durch das Gas angegriffen wird. Man stellt die Asphaltröhren aus endlosem Papier her, welches durch eine vollständige Sättigung und Tränkung mit Asphaltmasse luftdicht gemacht ist, und das man in vielfachen Lagen zu einem hohlen Cylinder zusammenrollt. Die Röhren haben gewöhnlich 5 Fuss Länge, und werden in der Art aneinandergefügt, dass man das Muffenende inwendig mittelst eines heissen Eisens erwärmt, das anzuschiebende Rohrende dagegen in geschmolzenen Asphalt eintaucht oder bestreicht und dann einschiebt.

Dem, was in Vorstehendem über die Hauptröhren (deren Dimension, Dichtigkeit und Verbindungsarten) gesagt worden ist, bleibt betreffs der Vorgänge bei der Ausführung von Röhrenanlagen noch Einiges hinzuzufügen übrig. Nachdem der Ingenieur mit Zuhülfenahme der Situations- und Höhenpläne des Ortes die Dimensionen der Röhren berechnet, die Syphons vertheilt, die Facon- und sonstigen besonderen Gussstücke ausgemittelt, und soweit es nicht courante Artikel sind, gezeichnet, nachdem er über die Lage und Richtung der bereits bestehenden Wasserleitungen, Kanäle und sonstiger unterirdischer Hindernisse, auf die er beim Aufgraben treffen wird, möglichst genaue Erkundigungen eingezogen, nachdem er alsdann alle zu verwendenden Röhren und sonstigen Stücke mit der Luftpumpe als dicht erprobt und getheert, endlich die zur Verdichtung erforderlichen Materialien, sowie alles Arbeitsgeräthe an Ort und Stelle hat, beginnt er mit der eigentlichen Ausführung der Rohrleitung. Das Aufgraben der Baugrube, sowie das nachherige Einfüllen und Pflastern derselben wird gewöhnlich an einen Uebernehmer veraccordirt, und ein Vertrag mit diesem abgeschlossen. Der Uebernehmer hat die Ausgrabungen in der jedesmal erforderlichen Breite und Tiefe, und in solcher Länge herzustellen, dass dem Bedarf für die Röhrenlegung vollkommen genügt wird. Die Breite des Grabens kann man für kleine Röhren bis 4 Zoll Durchmesser zu 2 Fuss, für grössere Röhren zu 2½ Fuss an der Sohle annehmen, bei nicht sehr fester Bodenbeschaffenheit sind die Wände nicht senkrecht, sondern mit einer entsprechenden Böschung herzustellen, damit dieselben bei Regenwetter nicht einstürzen. Die Tiefe der Grube wird im Allgemeinen so angenommen, dass die Oberkante der Röhren an den höchsten Puncten noch wenigstens 2 Fuss, an den tiefsten Puncten nicht mehr als 4 Fuss unter der Strassenoberfläche zu liegen kommt, sie wird dem Uebernehmer der Erdarbeiten jedesmal durch den höchsten und tiefsten Punct, und wo diese weit von einander entfernt liegen, durch einen oder mehrere Zwischenpuncte bestimmt, und hat der Uebernehmer dafür aufzukommen, dass nach diesen Puncten die Sohle vollkommen eben hergestellt wird. Die meisten Ingenieure legen ihre Röhren unmittelbar auf die Grabensohle, andere dagegen halten es für nöthig, sie auf Steine zu legen, die vorher mit dem Stössel fest eingestossen werden. Jedes Rohr erhält dann zwei Steine, einen hinter der Muffe, den andern in der Mitte des Rohrs. Zuerst setzt man in der richtigen Tiefe des Grabens den ersten und letzten Stein einer geraden Strecke von gleichem Gefälle, dann legt man mittelst Visirkreuzen die Zwischensteine hinein. Die Steinsetzer müssen dem Röhrenleger um wenigstens 10 bis 12 Rohrlängen voraus sein. Alle Röhren müssen vor dem Legen mit der Rohrbürste sorgfältig gereinigt werden, und muss der Rohrleger nach dem Ausbürsten nochmals durch das Rohr sehen, um sich sicher zu überzeugen, dass es vollkommen rein ist. Der Durchmesser der Bürste muss etwas grösser als der Durchmesser des Rohres sein. Die offenen Enden der Rohrleitung muss man durch conisch abgedrehte Holzpflöcke gegen das Eindringen von Staub und Schmutz geschlossen halten, strenge zu untersagen ist es, diesen Verschluss mit Werg herzustellen, wie es viele Arbeiter in der Gewohnheit haben, denn die Wergpfropfen werden gar leicht herauszunehmen vergessen. Die Holzpflöcke müssen so weit heraus vorstehen, dass es unmöglich ist, weiter zu legen, ohne dass sie herausgenommen werden. Jedes Rohr ist, bevor man zur Verdichtung desselben schreitet, vorher in Betreff des Gefälles zu controlliren. Man bedient sich dazu der Richtscheite und Setzwaagen oder Wasserwaagen. Das geringste Gefälle, was man einer Leitung geben soll, beträgt $^3/_4$ Zoll per Rohrlänge, besser ist es, 1 Zoll Gefälle zu geben. Wenn man mit dem Richtscheit arbeitet, so befestigt man an dem einen Ende desselben unten einen Holzklotz von der Stärke des Gefälles, welches man geben will. Die obere Seite muss dann horizontal liegen, d. h. die Setzwaage oder Wasserwaage muss einspielen, wenn das Rohr seine richtige Lage hat. Jedesmal wenn 4 bis 6 Röhren gelegt und verdichtet sind, hat der Vorarbeiter oder Aufseher sich noch einmal genau zu überzeugen, ob die Bleifugen fest verstemmt sind, ob keine Muffe während des Verstemmens gesprungen ist, und ob die Röhren fest auf ihrer Unterlage liegen. Zersprungene Muffen dürfen niemals durch Verschmieren gedichtet werden, sondern man muss sie ausschmelzen und durch neue ersetzen. Diejenigen Verbindungen, die bei kleinen Röhren ausserhalb der Baugrube gemacht werden, müssen in der Baugrube nochmals nachgestemmt werden. Beim Einfüllen des Grabens wird zunächst Erde sorgfältig mit der Schaufel unter die Röhren gestopft, und eine Schicht von 2 bis 3 Zoll mit flachen Stösseln beigestampft. Ist diese Schichte fest, so wird eine zweite von derselben Stärke eingefüllt, gleichfalls festgestampft, dann eine dritte, vierte u. s. f., bis der Graben ausgefüllt ist. Dabei darf jedoch niemals auf dem Rohr selbst gestampft werden. Das Unterfüllen und Einstampfen bis zur Höhe der Rohroberkante lässt man gewöhnlich in Regie ausführen; hat man das übrige Zufüllen, Pflastern etc. etc. in Accord gegeben, so muss der Uebernehmer für die gute Ausführung seiner Arbeiten verantwortlich gemacht werden. Er muss eine Garantie in der Weise übernehmen, dass alle Ansprüche, welche die Behörden des Orts etwa wegen mangelhafter Wiederherstellung der Strassen und Wege erheben kann, nicht die Gasanstalt, sondern ihn treffen. Es ist dafür zu sorgen, dass jeden Abend die gelegte Röhrenleitung eingefüllt wird, dass die Enden der Rohrleitung beim Aufhören der Arbeit gut verschlossen und gegen Beschädigung geschützt werden, dass der Verkehr sowenig als möglich Störung erleidet, und dass die Arbeitsstelle Nachts eine entsprechende Beleuchtung erhält.

Die Richtung, welche die Röhren in den verschiedenen Strassen einzuhalten haben, wird gewöhnlich durch die Baubehörde des Orts bestimmt; man pflegt den Gasröhren die eine Seite der Strasse, den Wasserröhren die andere Seite, und den gemauerten Canälen (Sielen) die Mitte anzuweisen. Eine Collision zwischen den Gasröhren und den Canälen namentlich ist in vielen Fällen nicht zu umgehen. Man kann dann auch die oben gegebene Regel, dass die Röhren nicht tiefer als 4 Fuss unter das Pflaster gelegt werden sollen, nicht immer einhalten, sondern ist mitunter gezwungen, tiefer zu gehen. In allen Fällen ist es rathsam die Röhren weder unmittelbar auf einen Canal, noch unmittelbar unter einen Canal zu legen, sondern es sollen wenigstens einige Zoll Platz dazwischen bleiben, damit bei einer etwaigen Senkung das Rohr nicht bricht. Noch wichtiger ist es aus dem gleichen Grunde, kein Rohr durch einen Canal hindurch zu führen;

44*

wo es absolut unvermeidlich ist, soll man suchen, das Rohr an der Stelle mit einem anderen Rohrstück von grösserer Weite zu umgeben, und so eine Hülle zu bilden, innerhalb welcher dem ersteren ein gewisser Raum zur Bewegung gegeben ist.

Das Ueberführen der Röhren über Brücken ist mitunter nicht ohne Schwierigkeit. Bei steinernen Brücken findet sich gewöhnlich noch soviel Platz unter dem Pflaster, dass die Röhren daselbst in der gewöhnlichen Weise eingelegt werden können. Selbst wenn man eine etwas geringere Erddecke, als die oben als Regel angegebenen 2 Fuss erhält, ist es rathsam, diesen Weg zu wählen. Wo absolut die hinlängliche Höhe nicht vorhanden ist, legt man die Röhren an der Seite der Brücke auf schmiede-eiserne Träger und umgiebt sie mit soliden hölzernen Kasten, die man mit Asche, Sägespähnen oder anderen schlechten Wärmeleitern ausfüllt. Man umwindet auch wohl solche Röhren dick mit geflochtenen Strohseilen. Bei hölzernen Brücken bedient man sich gleichfalls gewöhnlich fest gezimmerter Holzkästen, in welche man die Röhren einlegt. Die Kästen werden entweder am äussersten Längsbalken oder zwischen zwei solchen mittelst passender eiserner Träger befestigt. Wo die Brücken nicht sehr solide gebaut und beim Befahren merklichen Schwankungen ausgesetzt sind, ist es bedenklich Bleiverbindungen anzuwenden. Hier sind Gummi-dichtungen am Platz, auch sind bei kleinen Röhrendimensionen schmiedeiserne Röhren den gusseisernen vor-zuziehen. Bei sehr langen Brücken, wo die Temperaturdifferenzen, denen die Rohrleitung ausgesetzt ist, eine merkliche Längenveränderung bedingen, kann es erforderlich werden, dass man Stopfbüchsen in der Leitung anbringt, in welchen sich dieselbe gasdicht aus- und einschieben kann. Immer ist es gut, die Rohrüber-gänge über Brücken, wenn sie nicht unter dem Pflaster liegen, möglichst zugänglich und unter der Controle zu halten. Da sie der Kälte sehr exponirt sind, so bohrt man sie an den höchsten Stellen an, um im Falle einer Eis- oder Naphthalin-Bildung Spiritus oder Aether eingiessen zu können. Wo von ihnen die ausschliess-liche Versorgung ganzer Districte abhängt, sollte man nicht versäumen ein Reserverohr zu legen.

Die schwierigsten Rohrübergänge bieten die Zug- und Drehbrücken. Hier hat man die Wahl, ent-weder eine Construction zu treffen, bei welcher das Rohr der Hebung oder Drehung der Brücke folgt, oder das Rohr unter Wasser zu versenken. Eine Anordnung ersterer Art ist beispielsweise in Thorn ausgeführt (Journ. f. Gasbel. Jahrg. 1864. S. 142.) Zu beiden Seiten des Aufzuges befindet sich im Rohr ein Schieber-ventil, welche beide während des Durchfahrens der Schiffe geschlossen werden. An diese Schieberventile sind $2\frac{1}{2}$ Fuss lange Gummiröhren befestigt und an letztere 2 Stück 13 Fuss lange schmiedeeiserne Röhren von $4\frac{1}{2}$ Zoll Durchmesser (die übrige Leitung ist 4zöllig), die mit ihren anderen Enden in der Mitte des Aufzuges zusammentreffen. Hier ist das eine Rohr mit einer Flansche versehen, auf welcher eine 1 Zoll starke Gummiplatte liegt, das andere Rohr hat eine Erweiterung, deren vorderer Rand abgedreht ist, und der vermittelst eines doppelten excentrischen Hebels in die Gummiplatte des ersteren hinein gepresst wird, hiedurch ist ein vollständiger Schluss hergestellt. Wird der Hebel aufgehoben und entfernt, so ist das Rohr an dieser Stelle getheilt. Auf jedem der beiden 20 Fuss hohen Aufzugsportale liegt ein 24 Fuss langer Hebel, welcher mit Zapfen versehen in Lagern ruht. Diese Hebel sind einerseits durch 20 Fuss lange Ketten mit den schmiedeeisernen Röhren verbunden, andererseits mit Contregewichten versehen, vermittelst der-selben werden die beiden Röhren am Aufzuge von einem Arbeiter mit leichter Mühe hochgehoben und nehmen diese eine senkrechte Stellung ein, wobei die vorerwähnten Gummiröhren als Gelenke dienen. In dieser Stellung bleiben die Röhren, so lange die Aufzugklappen der Brücke geöffnet sind; nachher werden sie wieder herunter gelassen, der excentrische Hebel eingesetzt, die Luft ausgeblasen und die Ventile geöffnet.

Meistens legt man die Röhren unter Wasser. In Hamburg wurde im Sommer 1855 ein Gasrohr an der Sandthorbrücke, welche damals wegen Erweiterung des Hafens in eine Zugbrücke verwandelt wurde, unter Wasser gelegt. Ein 30′ langes horizontales Rohr führte 7′ unter dem Nullpunct der Elbe quer über die Durchlassöffnung, und von seinem Ende aus stiegen vertikale Röhren an dem Holzwerk der Brücke auf-wärts bis zur Höhe der Träger, an welchen entlang dann wieder horizontale Röhren auf beiden Seiten bis ans Ufer geführt waren. Die Röhren bestanden aus $\frac{3}{16}$″ starkem Kesselblech. An den Enden des unteren horizontalen Rohres waren ebenfalls schmiedeeiserne Syphons befestigt und auf dem oberen Theile dieser Syphons waren die vertikalen Röhren aufgeschroben, die an ihren oberen Enden passende Kopfstücke aus Gusseisen trugen, von denen aus seitwärts die Röhren an den Brückenträgern weiter ans Land geführt waren. Zur Verstärkung waren unten doppelte Winkelverstrebungen angebracht. Die Versenkung wurde auf folgende Art ausgeführt. Zunächst wurde die Stelle, welche für die Aufnahme der Röhren bestimmt war, bis auf die erforderliche Tiefe ausgebaggert. Darauf wurden die Röhren in drei Längen, nemlich das untere Rohr mit den Syphons an den beiden Enden angeschroben und beide senkrechte Röhren, die bis soweit vorher auf dem Lande hergestellt und in Bezug auf Dichtigkeit sorgfältig geprüft waren, auf einem Fahrzeug an die Brücke gelegt. Das Holzwerk der Brücke gab gute Gelegenheit zur Befestigung der erforderlichen Flaschenzüge. Das horizontale Rohr wurde in zwei starken dreischeibigen Blöcken aufgehängt, deren Taue über zwei auf dem Fahrzeug befindliche Winden gingen, die vertikalen Röhren wurden durch andere Blöcke aufgestellt in die richtige Lage gebracht und auf den Syphons des unteren Rohrs aufgeschroben; dann wurden die schmiedeeisernen Streben zwischengesetzt, und das Ganze an den beiden zuerst genannten Blöcken auf den Grund hinunter gelassen. Zur weiteren Sicherung wurden die aufrechten Röhren jede zweimal durch starke schmiedeeiserne Klammern mit dem Holzwerk der Brücke verbunden, und nachher mit einer dicken Holzverschalung umgeben, während das untere Rohr bis auf 6' unter Null mit Erde beworfen wurde.

Vor mehreren Jahren sind aus ähnlicher Ursache auch die Hauptspeiseröhren — drei 24 zöllige Röhren — in der Nähe der Fabrik unter Wasser gelegt worden.

Ueber eine in Berlin vom Betriebsdirector Baumeister S c h n u h r ausgeführte Rohrlegung unter Wasser theilt die Erbkamsche Zeitschrift für Bauwesen Folgendes mit: Das Rohr wurde durch den Schiffscanal neben der Militärbrücke zu Berlin gelegt, hatte 52 Fuss Länge, 17 Zoll Weite und bestand aus $^{1}/_{2}$ Zoll starkem Kesselblech. Dasselbe wurde fast horizontal, mit einer Neigung von 9 Zoll auf die ganze Länge nach dem Sammelkasten für die sich aus dem Gase niederschlagenden tropfbaren Flüssigkeiten angeordnet. An diesen Kasten, wie an das entgegengesetzte Ende des Hauptrohrs schloss sich unter einem Winkel von 135° ein 24 zölliges Rohr ebenfalls aus Eisenblech an, von dessen hochliegenden Enden aus sich die weiteren Leitungen aus gusseisernen Röhren fortsetzen sollten. In dem an den Sammelkasten stossenden 24 zölligen Rohr war die bis dicht über die Sohle des ersteren reichende Pumpvorrichtung zur Abführung der Niederschläge angebracht. Für die Wahl dieser Anordnung war der Umstand maassgebend, dass weder eine mittelst Fangdämme trocken zu legende Baugrube hergestellt noch auch die Schifffahrt unterbrochen werden durfte. Es musste also die sonst übliche Verbindung der einige Fuss unter der Erdoberfläche liegenden Rohre mit dem unter die Sohle des Bettes zu versenkenden Stücke durch verticale Zwischenrohre vermieden werden, wenn man nicht die ganze Construction über Wasser verbinden und versenken wollte, was wegen des bedeutenden Gewichtes der Röhren nicht nur sehr schwierig, sondern auch gefährlich gewesen wäre. Bei der gewählten Construction verminderte sich mit dem Gewicht (der laufende Fuss der Röhre wog 1,40 Ctr.) auch die Gefahr der Beschädigung der Röhren. Zu beiden Seiten der für die Versenkung zu bildenden Rinne wurden Spundwände geschlagen, die jedoch den mittleren Theil des Canals auf 34 Fuss für die Schifffahrt frei liessen. Auf diesen Spundwänden, sowie auf parallel mit denselben gerammten Pfählen wurden vier Rüstungen angebracht, auf denen die schweren Constructionstheile verbunden und ausserdem vier Winden zum Versenken der ganzen Verbindung aufgestellt wurden. Zur Verstärkung der Flanschen für die Zeit der Versenkung waren immer auf beiden Rohren hinter den Flanschen je 8 bis 12 Winkeleisen correspondirend mittelst aufgetriebener eiserner Ringe befestigt, deren vortretende Arme durch starke Bolzen zusammengehalten wurden. Nachdem die Rinne bis zur erforderlichen Tiefe ausgebaggert war, erfolgte die Zusammensetzung der ganzen Construction in einem Zeitraume von 5 Stunden, und zwar Abends von 6 bis 11 Uhr. Die Flanschenverbindungen wurden durch Kautschukplatten mit Hanfeinlage gedichtet.

In Rotterdam finden sich vielfach Gasröhren unter Wasser. Man hat denselben dort zur Erreichung einer grösstmöglichen Stabilität eine hohe ⌒ Form gegeben, im Uebrigen keine weiteren Vorsichtsmassregeln zu ihrem Schutze getroffen, sondern sie unmittelbar auf den Grund versenkt. Die Verbindungen sind mit Flanschen hergestellt.

In Amsterdam liegt ebenfalls eine sehr bedeutende Anzahl Röhren unter Wasser. Hier sind sie theilweise auf Pfahlwerk fundirt. Gewöhnliche Pfähle von entsprechender Länge und Stärke werden nahe an ihrem oberen Ende mit einander gegenüber sitzenden Knaggen versehen, und nachdem der Grund an der entsprechenden Stelle zuvor ausgehoben ist, in der Linie des zu legenden Rohres paarweise so eingetrieben, dass die Knaggen sämmtlich in der Längenrichtung, und mit ihrer Oberkante genau in einer Ebene liegen. Auf diese Knaggen werden dann hölzerne Sättel aufgelegt, und auf diesen ruhen die Röhren, die in gewöhnlicher Weise mit Blei vergossen, und an ihren Enden am Ufer mit Syphons versehen sind.

In London kommen Röhren unter Wasser bei den Docks vor, wo sie unter verschiedenen Schleusen hindurchgeführt sind. In den sogenannten „London Docks" ist zu ihrer Aufnahme die Schleuse mit einem senkrechten Schacht in jeder Seitenwand, und mit einem damit in Verbindung stehenden Tunnel unterhalb des Bodenmauerwerks versehen, so dass das Gasrohr gänzlich in einem gemauerten, jederzeit zugänglichen Canal liegt, der mit dem Mauerwerk der Schleuse unmittelbar zusammenhängt, oder eigentlich einen Theil desselben bildet. Aehnlich ist es in anderen Docks, auch in Liverpool und anderen Städten Englands. In Hull soll man Röhren angewandt haben, welche in entsprechenden Nischen an den inneren Seitenwänden und auf dem Boden der Schleuse liegen, und durch gänzliche Leerung der letzteren zugänglich gemacht werden können.

In Rochester, wo im Jahre 1856 zwei dicht neben einander erbaute Brücken über den Medway-Fluss erbaut worden sind, welche an einem Ufer eine 50' weite Schleusenöffnung mit einarmiger Drehbrücke haben, ist ein 10zölliges Gasrohr fest und ohne Umhüllung in Concret unter den Boden der Schleuse gelegt, und von den beiden Enden aus steigt es schräge durch das Brückenmauerwerk in die Höhe, so dass es völlig unzugänglich ist.

In Weymouth liegt das 6zöllige Gasrohr, welches den ganzen Ort versorgt, auf eine Länge von circa 1000' etwa 25 tief unter dem Wasserspiegel des Hafens. Unmittelbar vom Gaswerk aus, welches hart an der Hafenbucht liegt, geht das Rohr auf den Grund des Wassers, und läuft dort eine beträchtliche Strecke, soweit der Grund flach ist, frei und ohne Schutz hin. Dann gelangt es an einen kleinen Thurm, der vom Grunde aufgemauert, etwa 10' über den Wasserspiegel hervorragt, und den Kopf des Schachtes bildet, in welchem das Rohr hinunter unter das Bett des Hafens geführt wird. Ein wagerechter Tunnel von 5 × 7' Weite unter dem Hafenbette verbindet diesen Schacht mit einem zweiten, ähnlichen, auf der Stadtseite, und von letzterem aus läuft das Rohr noch wieder eine kurze Strecke frei auf dem Grund entlang bis an's Ufer. Der Grund besteht aus einem sehr festen Thon, der jede weitere Vorrichtung zur Abhaltung des Wassers unnöthig machte, nachdem man einmal die Schachte bis auf den Grund geführt hatte. Der Tunnel ist auf bergmännische Art hergestellt, und sein Mauerwerk nur einen Stein dick. Die Röhren liegen auf kleinen gemauerten Sockeln frei und zugänglich.

In Portsmouth sind Gasröhren durch die Gräben hindurch geführt, welche die Festungswerke von der übrigen Stadt absperren. Diese Gräben bestehen aus grossen etwa 100' breiten Canälen, welche für gewöhnlich leer, und aus mittleren schmalen Gräben, welche noch um etwa 10' tiefer sind, und stets voll Wasser gehalten werden. Unter diesen kleinen Gräben weg liegen die Gasröhren. Es ist keine besondere Vorkehrung zu ihrem Schutze getroffen, sondern sie liegen im Erdreich, wie gewöhnliche Strassenröhren, und haben an den Enden Syphons, um etwa sich sammelndes Wasser auspumpen zu können. Wenn die grossen Gräben gefüllt sind, steht ein Wasserdruck von 20 bis 30' auf den Röhren.

Jede neu gelegte Röhrenleitung muss, bevor sie dem Betrieb übergeben wird, ausgeblasen, d. h. von der atmosphärischen Luft befreit werden, die sie enthält, und dabei noch einer Dichtigkeitsprobe unterworfen werden, die man entweder mit einer Gasuhr oder mit dem Regulator der Fabrik anstellt. Wenn es sich um eine von der Anstalt ausgehende durchaus neue Anlage handelt, so verfährt man etwa in folgender Weise. Man untersucht zunächst nochmals, ob die sämmtlichen Enden der Leitungen gut verschlossen sind, ob die Syphons alle mit Wasser aufgefüllt sind, ob, wenn schon die Laternen und die Privatleitungen mit den Hauptröhren verbunden, die Laternenhähne und die Haupthähne vor den Gasuhren geschlossen sind, ob überhaupt Stellen vorhanden sind, die zu einer abnormen Gasausströmung Veranlassung geben könnten; dann stellt man neben dem Ausgangsventil des Gasbehälters oder neben dem Umgangsventil beim Regulator eine Gasuhr in der Weise auf, dass man den Eingang der Uhr mit dem von den Gasbehältern kommenden Rohr, den Ausgang der Uhr dagegen mit der zur Stadt führenden Leitung verbindet. Bei geschlossenem Ventil muss das Gas, was zur Stadt geht, die Uhr passiren. Im Zuführungsrohr bringt man einen Hahn an, durch welchen man die Uhr an und abstellen kann; auch ist es rathsam aus der Uhr den Schwimmer mit dem Einlassventil vorher zu entfernen, weil es sonst leicht vorkommt, dass beim ersten Stoss, welchen das einströmende Gas auf das Ventil ausübt, sich dieses schliesst, und die Uhr nicht geht. Ist also Alles vorbereitet, so öffnet man den Hahn zur Gasuhr, und beobachtet deren Bewegung. Man erkennt sofort, ob ein mehr als zulässiger Gasverlust Statt findet oder nicht. Statt der Gasuhr kann man auch die Glocke des Regulators anwenden. Man öffnet nemlich das Ausgangsventil des Regulators und lässt alsdann für einen Augenblick durch das Umgangsventil Gas eintreten, so dass im Regulator und in der ganzen Röhrenleitung der volle Gasbehälterdruck hergestellt wird; dann schliesst man das letztere Ventil wieder zu. Sind Undichtigkeiten im Röhrensystem vorhanden, so beginnt sofort das Entweichen des Gases resp. der in den Röhren noch enthaltenen Luft. Mit diesem Entweichen tritt aber auch, da kein Zufluss vom Gasbehälter her mehr Statt findet, sofort eine continuirliche Abnahme der Spannung ein, und wenn die Spannung so weit abgenommen hat, dass sie dem Gewicht der Regulatorglocke, welches man vorher auf etwa 1 Zoll Wasserhöhe regulirt hat, nicht mehr das Gleichgewicht halten kann, so fängt die letztere an zu sinken. Diesen Moment beobachtet man. Während des Sinkens der Regulatorglocke wird die ganze Rohrleitung aus ihr gespeist, und aus der Zeit, welche die Glocke zu ihrem Niedergange braucht einerseits, aus den Dimensionen derselben andererseits kann man ermitteln, wie viel in einer gewissen Zeit aus der Röhrenleitung verloren geht. Der Verlust bezieht sich allerdings nur auf die atmosphärische Luft, die vorläufig noch in den Röhren ist, der Gasverlust ist grösser, weil das Gewicht des Gases weit geringer ist, als das der Luft.

Hat man sich nun auf die eine oder andere Weise überzeugt, dass keine abnorme Undichtigkeit Statt findet, so kann das Ausblasen der Luft vorgenommen werden. Man hat zu diesem Zweck die verschiedenen Enden der Röhrenleitung bloss gelegt, und jedesmal im letzten Rohr ein aufrechtstehendes schmiedeeisernes Rohr von 1 Zoll Weite angebracht, welches etwa 4 Fuss über den Boden herausragt und in der Mitte der Höhe einen Hahn trägt. An jeder solchen Stelle sind 2 Mann aufgestellt. Zu einer verabredeten Stunde wird der Ausgang vom Gasbehälter geöffnet, und darauf auch die Wechsel an den Ausblaseröhren. Zuerst strömt Luft aus, bald kommt auch Gas, hat dieses etwa 5 oder 10 Minuten angehalten, wovon man sich durch den Geruch überzeugt, so zündet man das Gas an, und lässt dasselbe so lange brennen, bis die Flamme nicht mehr die blaue, sondern eine gelbe Farbe zeigt. Ist dies Letztere eingetreten, so schliesst man den Hahn. Nachdem die Hauptröhren auf diese Weise von Luft geleert sind, werden die Hähne an den Laternen geöffnet, und auch dort die Luft ausgelassen. Zuletzt werden die Privatleitungen vorgenommen, indem man nach Oeffnung des Haupthahnes die Luft aus den Lampen ausblasen lässt, bis auch hier die Flammen vollständig schön gelb brennen.

Erst, nachdem das ganze Rohrsystem mit reinem Gas gefüllt ist, kann man die Grösse des Gasverlustes genau bestimmen. Zu einer Stunde, wo man sicher ist, dass nirgends in der Stadt Flammen brennen, nimmt man die oben beschriebene Probe mit der Gasuhr oder mit dem Regulator nochmals vor, und zwar giebt man alsdann dem Regulator diejenige Belastung, die man im regelmässigen Betrieb später durchschnittlich zu geben gedenkt. Man wiederholt die Probe mehrmals täglich, und sieht bald an der Regelmässigkeit der Resultate, ob man keinen Fehler gemacht hat.

Absolut dicht ist gar kein Rohrsystem. Um einen richtigen Ausdruck für den Verlust zu haben, wäre es gut, wenn man denselben jedesmal auf die innere Röhrenoberfläche bezöge, wenn man also sagen würde, auf eine Röhrenfläche von so und so viel Quadratfuss beträgt der Verlust so und so viel Cubikfuss. Das geschieht aber wohl selten. Meistens berücksichtigt man nur die Röhrenlänge, und da ist es ein günstiges Resultat, wenn man auf 1000 Fuss Röhren nicht mehr als 1 Cbfuss Gasverlust pro Stunde hat. Es sind, wie sich aus den im Journ. für Gasbel. veröffentlichten Prüfungsprotokollen verschiedener Anstalten ergiebt, schon bessere Resultate erreicht worden, aber man nimmt im Allgemeinen keinen Anstand, einen Verlust bis zu 2 Cbfuss pro 1000 Fuss Röhren als unbedenklich zu erklären.

Fortsetzungen von Röhrenanlagen prüft man gleichfalls mittelst einer Gasuhr auf ihre Dichtigkeit, indem man, bevor man den neuen Rohrstrang oder das neue Rohrsystem mit dem bereits bestehenden verbindet, eine Gasuhr an der Verbindungsstelle aufstellt, so dass die Einströmung der Uhr mit der alten, die Ausströmung mit der neuen Leitung in Verbindung steht. Man lässt dann durch die Uhr Gas übergehen, und nachdem sich erst der Druck auf beiden Seiten ausgeglichen hat, zeigt die Uhr den Verlust an, der in der neuen Anlage Statt findet. Es ist gut, wenn man die Dichtigkeitsprobe schon im Verlaufe der Arbeit öfters wiederholt; für den Fall, dass wirklich wesentliche Undichtigkeiten vorkommen, erfährt man, innerhalb welcher Strecken dieselben ohngefähr liegen müssen, und das Nachsuchen ist dadurch erleichtert. Statt der Gasuhr kann man sich zu solchen vorläufigen Proben auch der Luftpumpe und des Manometers bedienen, indem man die Luft in den Röhren comprimirt, und beobachtet, ob der Druck im Manometer constant bleibt, oder ob er fällt. An der Geschwindigkeit, mit welcher das Wasser im Manometer fällt, schätzt man ohngefähr die Grösse des Gasverlustes ab.

Wo man Arbeiten an Rohrleitungen auszuführen hat, die mit Gas gefüllt sind, muss man das Gas auf beiden Seiten von der Arbeitsstelle absperren. Dies geschieht gewöhnlich entweder durch thierische Blasen oder durch Gummiballons. Man bohrt Löcher von 1 bis 2 Zoll Weite, je nach der Grösse der Blase, bringt dann die letzteren in leerem zusammengelegten Zustand durch diese Löcher in das Rohr ein, so dass nur der Hals der Blase, der mit einem Hahn versehen sein muss, vorsteht, und bläst entweder mit dem Mund, mit einem Kautschuk Blasebalg oder einer Luftpumpe die Blase auf, so dass sie den ganzen Querschnitt des Rohres vollständig ausfüllt. Röhren bis zu 8 Zoll lichter Weite kann man mit Thierblasen absperren, man muss übrigens in allen Fällen eine oder zwei Blasen in Reserve halten, da dieselben hie und da platzen. Auch muss man abgedrehte Holzpflöcke vorräthig haben, mit denen man die Rohrenden nach dem Abhauen während der Dauer der vorzunehmenden Arbeit besser verschliesst, da man sich auf die Blasen allein nicht verlassen kann. Mit dem Abhauen der Röhren muss man namentlich bei Leitungen, die in Betrieb sind, vorsichtig sein; man haut dieselben entweder mit dem Kreuzmeissel rund herum ein, so dass etwa noch $\frac{1}{4}$ der Wandstärke stehen bleibt, oder man bohrt sie zuerst ab, indem man in Entfernungen von etwa $\frac{3}{4}$ bis 1 Zoll von Mitte zu Mitte $\frac{3}{8}$ zöllige Löcher bohrt, die Bohrlöcher mit Holzstöpseln wieder verschliesst, und dann die dazwischen stehen gebliebenen Stellen mit dem Meissel einhaut. Ist das Rohr auf solche Weise vorbereitet, und die Seite desselben, die stehen bleiben soll, noch mit Holz fest unterkeilt, so kann man es an der anderen Seite mit dem Vorschlaghammer zerschlagen, und es wird jedesmal glatt abspringen.

Ausser den Doppelmuffen, von welchen schon weiter oben, S. 340, die Rede war, bedarf man für Reparaturen an Rohrleitungen hie und da auch noch der getheilten Muffen. Die Doppelmuffen kann man nemlich nur da verwenden, wo man die Rohrleitung so weit aus einander nimmt, dass man die Muffe überschieben kann; wo dies nicht der Fall ist, muss man die Muffen aus zwei Hälften construiren, die mit Flanschen versehen sind, so dass man sie von Aussen um das Rohr umlegen und mit Schraubenbolzen zusammenschrauben kann. Je nachdem man sie um das Rohr selbst, oder um die Rohrmuffe umlegen will, ist die Form derselben verschieden. Sie finden hauptsächlich da Anwendung, wo man einen Sprung im Rohr oder in einer Rohrmuffe zu dichten hat.

Keine noch so sorgfältig hergestellte Röhrenleitung bleibt mit der Zeit so dicht, als sie es Anfangs war. Es wirken verschiedene Ursachen zusammen, die ihren nachtheiligen Einfluss geltend machen. Zunächst bringt die Verschiedenheit der Bodentemperatur in dem die Röhren umgebenden Erdreich insoferne eine Lockerung der Verbindungen hervor, als sich im Sommer bei der Wärme die Röhren ausdehnen, im Winter dagegen zusammenziehen. Gusseisen dehnt sich bei einer Temperaturdifferenz von Null bis 100 Grad Celsius um $1/_{901}$ seiner Länge aus, und da man die Temperaturdifferenz des Erdbodens in der Tiefe der Gasröhren etwa zu 10 bis 12 Grad Cels. annehmen kann, so wird sich beispielsweise eine gerade fortlaufende gusseiserne Rohrleitung von 9000 Fuss Länge unter ungünstigen Verhältnissen während eines Jahres um einen Fuss verlängern und wieder verkürzen müssen Dass die ofte Wiederholung dieser Bewegung der Dichtigkeit der Rohrleitungen nicht förderlich sein kann, liegt auf der Hand.

Ein anderer nachtheiliger Einfluss auf die Dichtigkeit der Röhren ist die fortwährende Erschütterung des Strassenkörpers durch das Befahren desselben mit schwer beladenen Wagen. Selbst wo der Boden an und für sich fest ist, macht sich die durch das Fuhrwerk erzeugte Vibration an den Rohrleitungen bemerklich. In Städten, die auf wasserreichem, leicht beweglichem Alluvialboden oder Moorgrund erbaut sind, kommt noch die Bewegung des Bodens an und für sich hinzu, die namentlich nach Hochwassern ganz beträchtlich werden kann. In Hamburg z. B. haben in den Strassen der unteren Stadt mehrfach Rohrleitungen ganz umgelegt werden müssen, weil sich in Folge von Hochwassern die Niveaulage so total verändert hatte, dass das ursprüngliche Gefälle der Röhren verloren gegangen war.

Gefährliche Feinde der Gasrohrleitungen sind die Canal- oder Sielbauten, wie überhaupt alle tiefergehenden Strassenbauten, die fast in allen Städten nach und nach zur Ausführung gelangen. Bei einem Canalbau wird die Strasse meist immer auf eine beträchtliche Tiefe ausgehoben. Dadurch wird das Material der Strasse aufgelockert, die frisch wieder eingefüllte Erde setzt sich noch lange Zeit, bis sie wieder vollständig zur Ruhe gelangt. Ja, selbst derjenige Theil der Strasse, der nicht aufgegraben war, nimmt mehr oder weniger an der Bewegung Theil, namentlich in so ferne durch die in den Hauptcanal einmündenden Seitencanäle auch wieder seitliche Aufgrabungen veranlasst werden. Ist die Strasse vollständig wieder aufgefüllt, so kommen vielleicht gar noch die schweren Strassenwalzen, und drücken das Erdreich zusammen, drücken aber gleichzeitig die in ihrer Elasticität ohnehin schon stark in Anspruch genommenen Röhren vollständig ab. Wo eine durch Aufgraben gelockerte Strasse gewalzt wird, darf man auf Rohrbrüche fast mit Sicherheit rechnen. In Hamburg wurden im Jahre 1855 nicht weniger als 76 Rohrbrüche reparirt, die in Folge von Canalbauten entstanden waren.

Die Anfangs- und Endpuncte von Brücken sind oftmals auch schlimme Stellen für die Gasröhren, was seinen Grund darin hat, dass das Erdreich neben den Brücken sich setzt, während sie selbst, als fundirte Bauwerke, feststehen.

Alle angeführten und noch andere locale und zufällige Umstände wirken zusammen, um die Gasleitungen zu beschädigen, und eine fortwährende Ueberwachung und Unterhaltung derselben nothwendig zu machen. Die Entdeckung der Undichtigkeiten geschieht fast ausschliesslich dadurch, dass das ausgeströmte Gas sich durch den Geruch zu erkennen giebt. Besteht der Strassenkörper aus einem ziemlich lockeren Material, so gelangt das Gas bald an die Oberfläche und wird bemerkt, ist dagegen die obere Decke ziemlich fest und undurchdringlich, so kann eine Undichtigkeit längere Zeit bestehen, bevor sie entdeckt wird. Namentlich im Winter, wenn die Strassendecke gefroren ist, kommt das Gas schwer zu Tage, es zieht sich weit unter der Decke hin, und sucht sich mitunter einen Ausweg in die Keller und Parterrelocalitäten der anliegenden Häuser. Eine weitere Aeusserung einer Gasausströmung kann auch das Absterben von Alleebäumen sein. Die sogenannte Gaskrankheit an Bäumen äussert sich nach den bisherigen Erfahrungen in folgender Weise. Die Wurzeln eines durch Gas angegriffenen Baumes sind im faulenden Zustande, und zwar in einem um so höheren Grade, je näher den Spitzen zu. Durch die Nahrung, welche aus den Wurzeln aufsteigt, fault der Bast, und zwar von unten nach oben, darauf fällt die Rinde ab, dann fault der Bast der Aeste u. s. f., und schliesslich geht der Baum ganz aus. Wenn die Gasausströmung stark ist, so ist die Zerstörung der Bäume eine äusserst rasche, es sind mehrfach grosse Bäume, namentlich Ulmen, in 14 Tagen abgestorben. Auch den Pumpbrunnen können die Gasausströmungen schädlich werden. Dringt Gas in grösseren Quantitäten in einen Brunnen ein, so nimmt das Wasser allmählig den Geruch und den Geschmack davon an, und der Brunnen wird für so lange unbrauchbar, bis die Undichtigkeit beseitigt, der Gasgeruch aus dem Boden verflüchtigt und der Brunnen durch fortgesetztes Auspumpen gereinigt ist.

Bei der grossen Ausdehnung, welche das Röhrennetz einer Stadt hat, ist es für die Verwaltung der Gasanstalt sehr schwer, jeden Gasgeruch oder jede andere Erscheinung, durch welche eine Undichtigkeit in der Röhrenleitung angezeigt wird, sofort zu beobachten. Das gesammte Personal muss angewiesen sein, fortwährend ein wachsames Auge auf die einschlägigen Umstände zu haben, namentlich auch die Lampenanzünder müssen in dieser Beziehung strenge instruirt werden. Ausserdem aber ist es auch gut, wenn das Publikum insoferne an der Controlle theilnimmt, dass es jeden Gasgeruch, den es bemerkt, sofort am Bureau der Gasanstalt zur Anzeige bringt.

Das Verfahren, wie man den wirklichen Gasverlust mittelst einer Gasuhr oder mittelst der Regulatorglocke bestimmt, is bereits ausführlich besprochen worden. In der gewöhnlichen Praxis pflegt man indess unter dem Ausdruck Verlust oder Leckage nicht nur den wirklichen Verlust zu begreifen, sondern man bezeichnet damit meistens das ganze Gasquantum, was mehr produzirt, als verkauft wird. Diese Differenz zwischen Production und bezahltem Consum fasst aber Mancherlei in sich. Erstens wird immer noch ein Theil der im Gase enthaltenen Bestandtheile in den Röhrenleitungen condensirt, namentlich im Winter, zweitens ist die Temperatur, mit welcher das Gas in der Fabrikationsgasuhr gemessen wird, nicht dieselbe, mit welcher es die kleinen Gasuhren bei den Consumenten passirt, drittens wird ein gewisses Quantum Gas in den Fabrik- und Bureaulocalitäten der Anstalt verbraucht, welches vielfach nicht als verkauft in Rechnung gebracht wird, viertens consumiren die Strassenflammen nicht genau das Quantum, welches man dafür berechnet, fünftens kommt jeder Mangel, der etwa an den Gasuhren bei den Privaten vorkommt, und der ein Stillstehen der Uhren verursacht, der Anstalt zum Nachtheil, sechstens endlich entweicht ein weiterer Theil wirklich aus den Undichtigkeiten in den Rohrleitungen und Laternen. Alles das Gas nun, was auf diese und andere Weise nicht bezahlt wird, nennt man, wie gesagt, in der gewöhnlichen Praxis „Leckage", und der durchschnittliche Betrag der Leckage wird bei Anstalten, die schon längere Zeit bestehen, auf etwa 10 Proc. der Production angenommen. Es giebt viele Anstalten, welche unterhalb dieser 10 Proc. bleiben, namentlich wo das Rohrnetz im Verhältniss zum Consum nicht sehr gross ist, manche Anstalten haben auch mehr. Im Allgemeinen sind die deutschen Anstalten in dieser Beziehung solider, als die englischen, bei denen sich die Leckage bis auf 20 bis 30 Proc. steigert.

B. Die Zuleitungsröhren.

Von den Hauptleitungsröhren zweigen die Seitenröhren oder Zuleitungsröhren ab, welche das Gas den Strassenflammen und den Häusern zuführen. Sie sind entweder von Gusseisen, von Schmiedeeisen oder von Blei. Gusseisen ist für alle Leitungen, die im Boden liegen, das beste Material, da es am wenigsten angegriffen wird, schmiedeeiserne Röhren rosten in manchem Boden sehr schnell und auch Bleiröhren werden unter Umständen bald angegriffen. Bei den gusseisernen Röhren darf man nicht zu kleine Dimensionen anwenden, weil sie sonst zu leicht brechen. Viele Anstalten legen keine engeren Röhren als 1½-zöllige, unter 1 Zoll Weite soll man aber in keinem Fall herunter gehen. Um ein gusseisernes Rohr von dem Hauptrohr abzuzweigen, ist es am besten, in letzteres einen Abgang einzulegen, und in die seitliche Muffe das Zuleitungsrohr mit Theerstrick und Blei einzudichten. Soweit man bei Herstellung einer neuen Hauptrohr-Anlage die Stellen voraussehen kann, an welchen Zuleitungsröhren abzuzweigen sein werden, nimmt man gleich von vorne herein darauf Bedacht, dass man die betreffenden Abgänge einlegt, aber es lassen sich eben nur die wenigsten Stellen auf diese Weise im Voraus bestimmen und vorrichten. Nachher hat man die Wahl, entweder nachträglich Abgänge einzuschalten oder die Röhren anzubohren. Bei Hauptröhren von geringem Durchmesser, d. h. wo die Weite des Hauptrohres nicht mehr als etwa die doppelte Weite des Zuleitungsrohres beträgt, ist das erstere rathsam. Man haut, nachdem man den Gaszufluss von der Arbeitsstelle abgesperrt hat, aus dem Hauptrohr ein Stück von reichlich der Länge des Abganges exclusive Muffe heraus, steckt den Abgang hinein, bringt eine Doppelmuffe, die man schon vorher übergeschoben hat, über die Fuge, und verdichtet wie gewöhnlich mit Theerstrick und Blei. Grössere Röhren werden angebohrt. Zum Anbohren bedient man sich einer Vorrichtung, wie sie in den Fig. 245 und 246

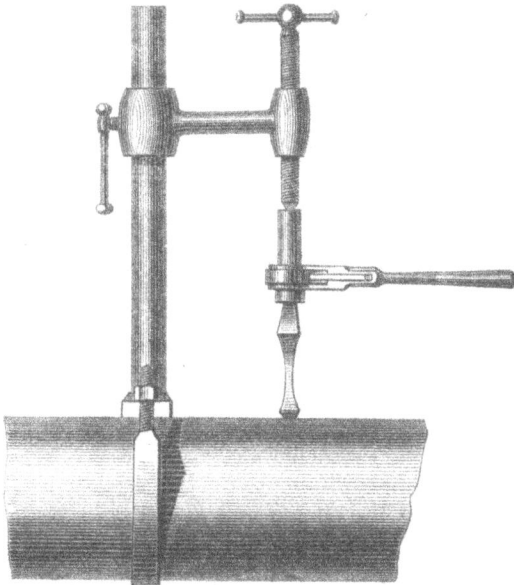

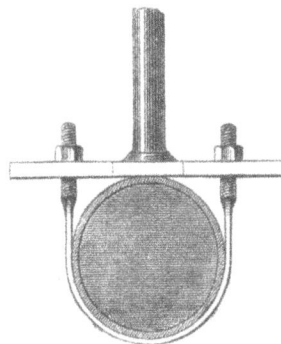

Fig. 245.   Fig. 246.

dargestellt ist. Eine etwa 18 Zoll lange und 4 Zoll breite, mit Schlitzen versehene Eisenplatte wird mittelst eines durch die Schlitze fassenden Schraubenbügels an das anzubohrende Rohr festgeschraubt. Auf der Platte festgenietet steht eine kräftige Stange, an welcher sich ein Querstück auf- und abschiebt, und mittelst Stellschraube festgeklemmt werden kann, was zum Festhalten des Bohrers gegen das Rohr dient. Der Bohrer steckt in der sogenannten Bohrknarre, mittelst deren er gedreht wird, indem ein Handhebel mit Sperrkegel in ein an der Bohrspindel sitzendes Zahnrad fasst, und liegt gegen eine durch das Querstück reichende Schraube, welche vom Arbeiter mit der linken Hand angezogen wird, während die rechte Hand den Hebel der Knarre führt. Die Bügel zum Festklemmen des Gestelles am Hauptrohr richten sich in ihrer Grösse nach der Dimension des Rohres, und muss man dieselben in allen Grössen vorräthig haben. Hat man das Loch von der Weite des zu legenden Zuleitungsrohres durchgebohrt, so bringt man eine Sattelmuffe darüber. Es ist dies eine gusseiserne Rohrmuffe, Fig. 247 und 248, die an einem sattelförmigen, das Hauptrohr halb umfassenden und am Ende mit

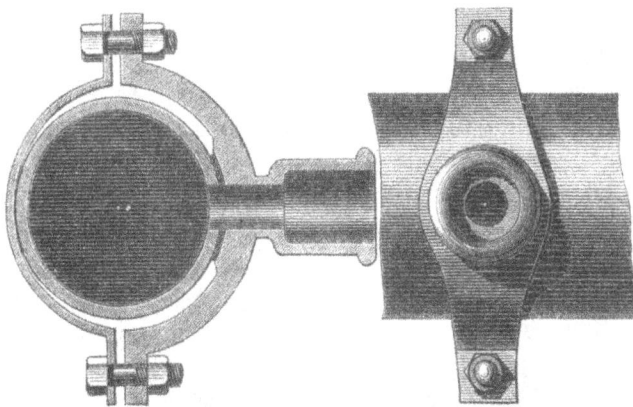

Fig. 247.   Fig. 248.

45*

Flanschen versehenen Bügel sitzt. Zur Dichtung legt man zwischen Rohr und Bügel am besten eine in dünnen Mennigkitt gekränkte und mit dickem Kitt nachher bestrichene Pappscheibe, — manche Ingenieure wenden auch Filzplatten in Leinöl getränkt, Gummiplatten oder bloss Mennigkitt an. Die Befestigung geschieht in der Weise, dass auch um die hintere Hälfte des Rohres ein Bügel, und zwar von Schmiedeeisen, gelegt wird, dessen gleichfalls mit Flanschen versehene Enden ³/₄ bis 1 Zoll von den Flanschen des vorderen Bügels abstehen. Durch die beiderseitigen Flanschen werden Schraubenbolzen gesteckt, und durch Anziehen der letzteren der ganze Ring fest an das Rohr geklemmt.

Manche Rohrleger haben es in der Gewohnheit, die Löcher in die Hauptröhren mit dem Meissel zu schlagen, anstatt zu bohren; das Verfahren ist jedoch nicht empfehlenswerth, denn die Löcher bekommen nicht genau die Grösse, die sie haben sollen, und werden auch nicht so sauber, als die gebohrten.

Hat man den Abgang hergestellt, so erfolgt das weitere Verlegen des gusseisernen Zuleitungsrohrs in gewöhnlicher Weise mittelst Theerstrick und Blei, und giebt man demselben soweit als möglich das Gefälle nach dem Hauptrohr zu, ohne jedoch mit dem höchsten Punct höher als etwa 1¼ Fuss unter dem Pflaster zu kommen. Wo man einen Syphon braucht, giebt man diesem eine ähnliche Einrichtung, wie sie bei den Hauptröhren beschrieben worden ist. In denjenigen Fällen, wo eine gusseiserne Leitung mit schmiedeeisernem Rohr fortgesetzt wird, schliesst die erstere mit einem kurzen Rohrstück, dessen Ende ein kleiner viereckiger Kopf mit eingeschnittenem Gewinde bildet, so dass man das schmiedeeiserne Rohr unmittelbar einschrauben kann. Das Eingiessen eines schmiedeeisernen Rohres mit Blei ist nicht zweckmässig.

Schmiedeeiserne Zuleitungsröhren besitzen wohl eine weit grössere Elastizität, als die gusseisernen, aber sie werden leicht angegriffen, und sind dann bald zerfressen. Ich habe in meiner Praxis manche Fälle erlebt, dass solche Röhren, namentlich in aufgefülltem Boden, im Zeitraum von wenig Jahren völlig durchgefressen waren, ja ich erinnere mich eines Falles, wo ich stellenweise gar kein Rohr mehr fand, sondern nur mehr das Loch im festen Thonboden, wo das Rohr einmal gelegen hatte. Ueber die schmiedeeisernen Röhren selbst und die Art ihrer Verbindung unter sich wird bei den Privatgaseinrichtungen ausführlicher die Rede sein, hier wollen wir nur ihre Verbindung mit den Hauptröhren etwas näher ins Auge fassen. In den meisten Fällen schraubt man sie ein. Man bohrt zuerst in bereits beschriebener Weise ein glattes Loch in das Hauptrohr und schneidet dann mit dem Gewindebohrer das Gewinde nach. Bequem ist es, die Lochbohrer und die Gewindebohrer in einem Stück zu haben, so dass, wenn das glatte Loch durchgebohrt ist, der Bohrer bis zum etwas höher sitzenden Gewinde nachfällt, und nun sofort das Schneiden des Gewindes beginnt. Es geht hier weniger Gas verloren, als wenn man das Werkzeug auswechseln muss.

Es giebt auch einen Bohrapparat von Cordier in Paris, bei welchem der Gasverlust fast gänzlich vermieden ist. Fig. 249. Den unteren Theil dieses Apparates bildet der gusseiserne Fuss A, welcher auf dem anzubohrenden Rohre B mittelst des eisernen Kuppelringes a und zweier Bolzen a' befestigt, und mittelst eines eingelegten Gummiringes b gedichtet wird. Dieser untere Theil des Apparates ist natürlich für jede Rohrweite eine andere. Auf dem Fusse steht der Cylinder C, welcher durch das Schieberventil D zur Hälfte abgeschlossen werden kann; dieser Schieber wird von Aussen durch den Stiel d und den Griff d' bewegt. Der Cylinder C wird mit dem Fusse A durch vier eingelassene Schrauben verbunden und die Verbindung durch eine Lederscheibe c gedichtet. Oben ist der Cylinder C durch einen Deckel E mit der Stopfbüchse e gedichtet, durch welche der Stiel des Bohrers F hindurchgeht. Der bewegliche Bügel G über dem Deckel C enthält die Schraube g, welche auf dem Bohrer steht, und ihm als Achse dient. Der Apparat wird fest auf die betreffende Stelle des Hauptrohrers aufgesetzt; man befestigt in dem Stiel F mittelst eines Keils den passenden Bohrer, setzt den Deckel E auf, zieht die Schraube an und führt nun die Bohrung mittelst des Sperrhebels H aus. Ist das Loch fertig, so füllt das Gas den Cylinder aus. Nun wird der Bügel G umgelegt, der Stiel F durch die Stopfbüchse e herausgezogen, dann wird der Schieber D geschlossen und so die Verbindung des Haupt-Rohres mit dem oberen Theil des Cylinders abgesperrt. Hierauf wird wieder der Deckel geöffnet und an

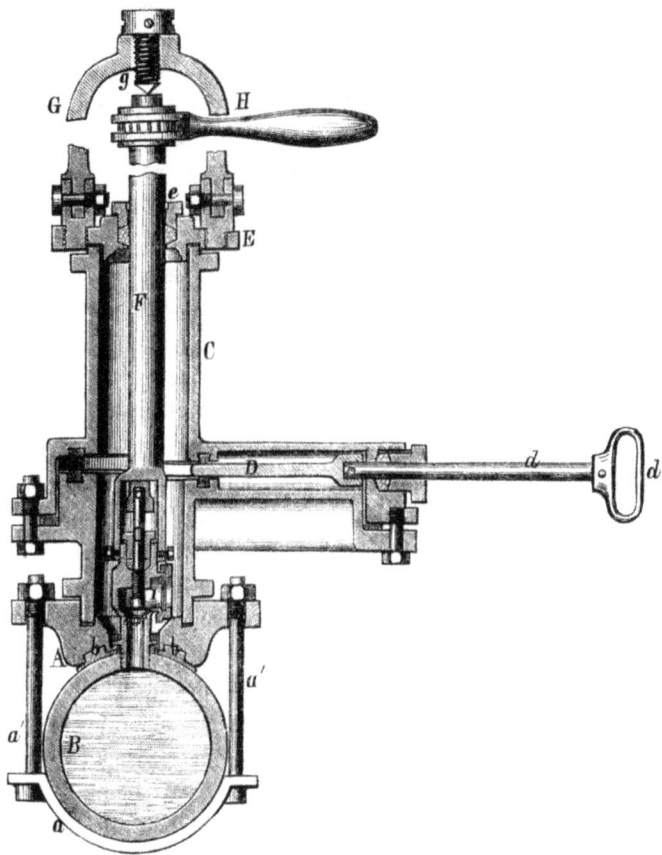

Fig. 249.

die Stelle des Lochbohrers der Gewindebohrer eingesetzt, der Deckel geschlossen, die Schieber geöffnet und der Stiel F soweit hinuntergeschoben, bis der Bohrer in das gebildete Loch eintritt. Ist das Gewinde eingeschnitten, so setzt man in derselben Weise an die Stelle des Gewindebohrers einen Hahn J oder einen Pflock ein, und entfernt den Apparat.

Ist das Gewinde geschnitten, so wird das Zuleitungsrohr eingeschraubt. Eigentlich soll das Ende des Letzteren genau mit der inneren Kante des Hauptrohres abschneiden, und nicht nach Innen vorstehen, weil es sonst den Querschnitt des Hauptrohres verengt. Das ist aber bei schmiedeeisernen Zuleitungsröhren practisch nicht zu erreichen. Einmal ist das Ende des Zuleitungsrohrs gerade abgeschnitten, es schneidet also auch im Hauptrohr immer nach der Sehne und nicht nach dem Bogen des Loches ab; das Segment des Querschnitts, was dadurch verloren geht, wird um so grösser, je kleiner das Hauptrohr und je grösser das Zuleitungsrohr ist. Dann aber wird auch das Schneiden der Gewinde und das Einschrauben derselben in der Praxis nicht mit der Genauigkeit ausgeführt, dass der Arbeiter genau weiss, wie weit sein Rohr hineinreicht. Das Einschrauben ist immer eine schwache Befestigungsart, namentlich wenn die Hauptröhren dünne Wandungen haben oder ungleich gegossen sind, und man zufällig auf eine schwache Stelle derselben trifft; dadurch aber, dass man die wenigen Gänge, welche die Rohrwand überhaupt bietet, auch benützen will, um es überhaupt zu befestigen, wird man veranlasst es lieber zu tief einzuschrauben als zu flach, und so stehen die meisten Zuleitungen auch aus diesem Grunde nach Innen vor.

Um ein schmiedeeisernes Zuleitungsrohr später einmal wieder vom Hauptrohr trennen zu können, setzt man gewöhnlich zunächst des Hauptrohrs ein sogenanntes Langgewinde ein, d. h. ein Rohrstück, welches an seinem vom Hauptrohr abstehenden Ende ein Gewinde von doppelter Länge hat, so dass man die Muffe, mittelst welcher es mit dem weiter führenden Rohr verbunden ist, ganz auf dies Gewinde zurückschraubt, und dann das Stück auch, nachdem man das anliegende Rohrende bei Seite gebogen hat, aus dem Hauptrohr herausnehmen kann. Das Loch im Hauptrohr wird mittelst eines schmiedeeisernen Pflockes (siehe Fig. 265), der das betreffende Gewinde hat, verschlossen.

Kommt in einem schmiedeeisernen Zuleitungsrohr ein Syphon vor, so kann man denselben ähnlich construiren, wie die Syphons der gusseisernen Röhren, nur dass man statt der seitlichen Muffen Ansätze mit eingeschnittenem Gewinde hat. Man wendet übrigens auch viereckige Kästen an, in deren oberen Seite ein T-Stück von der Weite des Zuleitungsrohres eingeschraubt ist. Zum Ablassen des Wassers haben sie entweder einen Hahn oder ein U förmig gebogenes Rohr, oder oben ein Pumprohr in ähnlicher Weise wie die grossen Syphons.

Zuleitungsröhren von Blei scheinen wohl etwas länger zu dauern, als schmiedeeiserne, unterliegen jedoch auch der Oxydation, und haben ausserdem noch mancherlei Schattenseiten, die ihre Anwendung nicht empfehlen. Sie sind leicht zusammendrückbar, sie sind so wenig steif, dass sie von vorneherein auf Unterlagen (gewöhnlich hölzerne Latten) gelegt werden müssen, wird die Unterlage verrückt oder verfault dieselbe, so verlieren sie leicht ihr richtiges Gefälle, sie sind überdiess äusseren Beschädigungen im hohen Grade ausgesetzt, so dass bei Aufgrabungen in den Strassen es fast unvermeidlich ist, sie zu verletzen. Ihre Verbindung mit den Hauptröhren geschieht in der Fig. 250 und 251 dargestellten Weise. In das Hauptrohr ist zuerst ein glattes Loch von der Weite des Zuleitungsrohrs eingebohrt. Das einzufügende Bleirohr hat etwa ¾ Zoll von seinem Ende entfernt eine angelöthete Bleiflansche, hinter diese Flansche wird noch eine Bleischeibe gelegt, und hinter der Scheibe umfasst das Bleirohr eine Rohrschelle, welche an das Hauptrohr gelegt, und mittelst eines Schraubenbolzens fest angezogen wird. Bevor man die Schelle umlegt, ist das vordere Ende des Bleirohrs so zugeschnitten, dass es möglichst genau mit der inneren Kante des Hauptrohrs abschneidet, die Bleiplatte und Flansche wird beim Anschrauben der Schelle mittelst eines Hammers fest an das Rohr

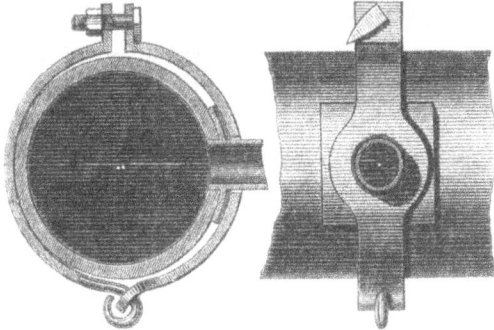

Fig. 250.   Fig. 251.

geschlagen. Die Verbindung lässt Nichts zu wünschen übrig, man pflegt sie übrigens wohl noch mit einer dicken Lage Cement zu umgeben. — Syphons für Bleiröhren fertigt man gewöhnlich auch aus Blei, sie sind, ähnlich wie bei den schmiedeeisernen Röhren, viereckige Kästen aus Blei mit zwei im oberen Theil eingelötheten gebogenen Bleiröhren, von denen die eine mit dem einführenden, die andere mit dem abgehenden Rohr verbunden wird. Das Wasser wird entweder durch einen Hahn oder durch ein U förmiges Rohr abgelassen.

Bei den gusseisernen Zuleitungsröhren ist bereits erwähnt worden, dass man dieselben nicht enger als 1⅓ Zoll oder höchstens 1 Zoll legt, weil engere Röhren zu leicht brechen. Bei schmiedeeisernen oder bleiernen Zuleitungsröhren geht man bis auf ¾ Zoll Weite herunter. Im Allgemeinen legt man zweckmässig

für 1 bis   5 Flammen ¾ zöllige Zuleitungsröhren
„   6 „   15   „   1   „   „
„ 16 „   25   „   1¼   „   „
„ 26 „   40   „   1½   „   „
„ 41 „ 100   „   2   „   „
„ 101 „ 150   „   2½   „   „
„ 151 „ 200   „   3   „   „ u. s. f.

Hier ist jedoch auch die Länge der Röhren mit in Betracht zu ziehen.

Für Strassenflammen auf freistehenden Candelabern oder Holzpfosten legt man gusseiserne Zuleitungsröhren nur bis an den Fuss des Candelabers, und schraubt in das Endstück derselben das schmiedeeiserne Rohr ein, welches inwendig im Candelaber oder bei Holzpfosten mitunter auch in einer aussen eingehauenen Nuth in die Höhe geführt wird. Es ist zweckmässig eine derartige Nuth bei eichenen Pfosten mit Pech auszugiessen, weil sonst die Gerbsäure des Holzes das Metall oxydirt. Aussen wird die Nuth mit aufgenagelten schmalen Blechstreifen verkleidet. Bei Strassenflammen auf Consolen lässt man das gusseiserne Zuleitungsrohr eben über den Boden herausstehen, und führt von da aus die schmiedeeiserne Fortsetzung am Hause in die Höhe. Gewöhnlich wird das schmiedeeiserne Rohr in das Mauerwerk des Hauses eingelassen, in diesem Fall darf das Loch in der Mauer erst dann wieder zugeputzt werden, wenn Gas in die Leitung eingelassen ist, und man sich überzeugt hat, dass keine Undichtigkeit am Rohr stattfindet. Auch ist darauf Rücksicht zu nehmen, dass man das Rohr nicht schräge, sondern in geschmackvollen Linien am Hause in die Höhe führt. Bei Privatgasleitungen führt man das gusseiserne Zuleitungsrohr meist nur bis an das Haus, selten durch die Mauer hindurch, und macht die Fortsetzung auch hier aus Schmiedeeisen. Wo es thunlich ist, die Gasuhr im Keller aufzustellen, führt man das schmiedeeiserne Rohr gerade durch die Mauer hindurch, muss die Uhr im Parterre aufgestellt werden, so führt man das Rohr mit zwei Biegungen entweder inwendig in die Höhe, oder man legt es aussen in die Mauer hinein. Es frei zu legen, ist bei den Einwirkungen des Frostes nicht rathsam.

Jedes Zuleitungsrohr zu einer Privatgasleitung erhält wenigstens einen sogenannten Haupthahn zunächst der Gasuhr, mittelst dessen man den Gaszufluss jederzeit von der Uhr und der Leitung absperren kann. An manchen Orten wird es für nöthig gehalten, noch einen zweiten Hahn auf der Strasse anzubringen, um das Gas auch vom Hause abhalten zu können, ohne das letztere selbst betreten zu müssen. Nach meinen Erfahrungen sind die Strassenhähne nicht zu empfehlen. Die Feuchtigkeit des Erdreichs oxydirt sie, und wenn man sie brauchen will, so lassen sie sich nicht drehen. Bei gusseisernen oder schmiedeeisernen Zuleitungen erscheinen sie mir auch ohnehin überflüssig. Bei einem Brandunglücke genügt es, den Haupthahn bei der Uhr zu schliessen, namentlich wenn derselbe zunächst der Hauptmauer angebracht ist, wo die Zuleitung ins Haus eintritt. Es wird selten oder nie der Fall vorkommen, dass man nicht mehr rechtzeitig an diesen Hahn hingelangen kann. Und wenn man den weiteren Zweck erreichen will, die Gasanstalten gegen unzeitigen oder unrechtmässigen Verbrauch ihres Gases zu sichern, so ist dafür der Strassenhahn wiederum nur schlecht geeignet, denn es giebt kein practisches Mittel, ihn dem Publikum wirklich unzugänglich zu machen. Bleirohrleitungen gewähren allerdings keine Sicherheit gegen Feuersgefahr.

Für Zuleitungsröhren bis zu 2 Zoll Weite nimmt man gewöhnlich messingene Haupthähne, für grössere Dimensionen besser Schieberventile. In Fig. 252 bis 255 sind zwei Arten von Haupthähnen dargestellt, die sich durch die Art und Weise von einander unterscheiden, in welcher das Küken in der Hülse festgehalten wird. Sie bestehen, wie die Hähne im Allgemeinen, beide aus einer verticalen, etwas conischen, sauber ausgedrehten Hülse mit zwei horizontalen Ansätzen für die Ein- und Ausgangsröhren und aus einem genau in die Hülse eingeschliffenen Zapfen (Küken), welches mit einer horizontal durchgehenden Oeffnung von gleichem Querschnitt,

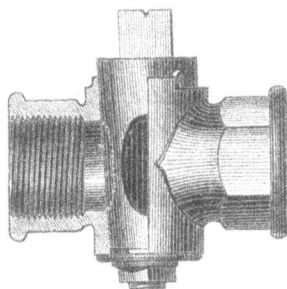

Fig. 252.

Fig. 253.

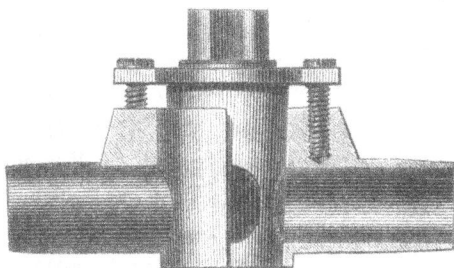

Fig. 254.

Fig. 255.

wie die Röhren versehen ist, und durch dessen Drehung um je 90° der Hahn geöffnet und geschlossen wird. Die conische Form der Hülse und des Kükens ist desshalb gewählt, weil bei dieser Form der dichte Verschluss am besten gesichert ist, indem man das Küken beliebig gegen die Hülse anpressen kann. Bei Fig. 252 und 253 geschieht das Anpressen von unten. Das Küken hat unten einen mit Gewinde versehenen Zapfen, der aus der Hülse vorsteht. Ueber diesen Zapfen wird zunächst eine auf den unteren Rand der Hülse geschliffene Scheibe geschoben und dann eine Mutter aufgeschraubt, durch die das Küken nach Belieben angezogen wird. Bei Fig. 254 und 255 wird das Küken oben durch einen übergelegten Ring gefasst, und dieser Ring durch zwei Schrauben, rechts und links, gegen die Hülse angedrückt. Jedes Küken hat oben einen kleinen seitlichen Eisenstift, mit welchem es in einem Ausschnitt des oberen Hülsenrandes (Fig. 252) oder des aufgeschobenen Ringes (Fig. 254) herumschleift, und welcher verhindert, dass das Küken mehr als eine Viertelwendung machen kann. Den obersten Theil des Kükens bildet der Kopf oder Zapfen desselben, von viereckigem oder beliebig anderen Querschnitt, an welchem mittelst eines aufgesteckten passenden Schlüssels die Drehung bewerkstelligt wird. Auf der oberen Fläche des Kopfes ist eine Kerbe in der Richtung der Durchlassöffnung des Kükens eingeschnitten, so dass man an der Kerbe den Stand der Oeffnung sehen kann. Der Durchlass des Kükens ist entweder rund oder oval, letztere Form ist vorzuziehen, weil dabei das Küken weniger geschwächt wird, in allen Fällen muss aber der Durchlass mindestens den Querschnitt der Röhren haben, für welche der Hahn bestimmt ist. Je nachdem die Röhren von Schmiedeeisen oder von Blei sind, sind auch die seitlichen Ausgänge verschieden. Der Hahn Fig. 252 und 253 ist für schmiedeeiserne Röhren zum Einschrauben, derjenige Fig. 254 und 255 für Bleiröhren zum Einlöthen.

C. Die Privat-Gasleitungen.

Zu den Leitungen im Innern der Häuser verwendet man schmiedeeiserne und bleierne Röhren, selten solche aus Gusseisen, Messing, Kupfer oder Zinn. Schmiedeeiserne Röhren sind am allgemeinsten in Gebrauch, und verdienen in Bezug auf Sicherheit gegen Beschädigung und Feuersgefahr unbedingt den Vorzug, Bleiröhren haben dagegen das für sich, dass sie sich inwendig sehr rein halten, dass sie bequem zu legen sind, und dass sich auch spätere Abänderungen sehr leicht daran vornehmen lassen. In manchen Städten sind Bleiröhren durchaus verboten, an anderen Orten dagegen werden sie ohne Bedenken angewandt; ich habe 9 Jahre lang ausschliesslich mit eisernen, und 6 Jahre ausschliesslich mit Bleileitungen zu thun gehabt, ich muss gestehen, dass ich keine Erfahrungen gemacht habe, die eigentlich ein Verbot der letzteren motiviren könnten. Wenn man die Vorsicht gebraucht, am Anfang einer jeden Leitung, d. h. da wo sie von der Strasse ins Haus eintritt, einen jederzeit zugänglichen Hahn anzubringen, und wenn man das Zuleitungsrohr bis dahin aus Eisen herstellt, so kann es in Betreff der Feuersgefahr ziemlich gleichgültig sein, aus welchem Material die Leitung im Innern besteht. Wenn man den Haupthahn abschliessen kann, so dass kein Gas von der Strasse aus nachfliesst, so wird das geringe Gasquantum, was sich in den etwa schmelzenden Röhren aufhält, keinen wesentlichen Schaden verursachen können. Aeussere Beschädigungen an Bleileitungen kommen zwar vor, und es ist zur Verhütung derselben durchaus nicht genügend, dass man sie in den Verputz der Wände einlässt, (denn es sind schon durch Einschlagen von Nägeln in die Wand Bleiröhren verletzt worden) derartige Vorkommnisse werden jedoch sofort entdeckt, und ich weiss keinen Fall, wo sie zu einem weiteren Unglücke geführt hätten. In solchen Localitäten, wo sich Ratten aufhalten, soll man Bleiröhren nicht verwenden, denn diese fressen die Röhren an, und zwar natürlich gerade an solchen Stellen, wo sie schwer zugänglich sind, und wo das entweichende Gas sehr leicht Schaden anrichten kann, unter den Fussböden. Gezogene Zinnröhren sind weit härter und schwerer schmelzbar, als Bleiröhren, sie sind aber auch bedeutend theurer. Kupferröhren und Messingröhren werden ihrer Kostspieligkeit wegen nur zu kleinen Ableitungen für einzelne Flämmen oder Lampen, nicht zu grösseren Leitungen benützt. Messingröhren haben die grosse Schattenseite, dass sie sehr leicht in ihrer Naht platzen, wenn sie gebogen werden, weil die Naht stumpf ist. Diesen Fehler besitzen die Kupferröhren, die eine übereinandergelegte Naht haben, nicht so sehr. Dagegen werden diese vom Gas, wenn solches nicht von Ammoniak ganz rein ist, stark angegriffen, in der Weise, dass sich sehr feine Löcher bilden, aus denen das Gas, so zu sagen, ausschwitzt, ohne dass man einen eigentlichen Leck sofort entdecken könnte. Auch bildet sich durch Ammoniak in Kupferröhren ein explosives Gemenge, nach Prof. Böttcher Kupferkohlenhydrür, in welchem der Kohlenwasserstoff als zusammengesetztes Radical, ähnlich dem Cyan bei anderen explodirenden Körpern wirkt. Es hat die Gestalt dunkelbrauner glänzender Schuppen, giebt beim Zerreiben ein rothes Pulver, das mit einem Hammer auf einem Ambos geschlagen unter Funkensprühen explodirt, und wenn es mit einem rothglühenden Eisen berührt wird, so brennt es wie Schiesspulver ab. In New-York soll diese Masse zur Explosion gekommen sein, als ein Arbeiter einige Kupferröhren herausnahm, und durch eine derselben hindurchblies, um sich zu überzeugen, ob sie verstopft sei.

Um das Oxydiren der schmiedeeisernen Röhren zu verhüten, hat man sie neuerdings innen und aussen galvanisch verzinkt. In Stuttgart werden sie seit 4 Jahren ausschliesslich angewandt, und man ist dort mit ihnen sehr zufrieden (Journ. f. Gasbeleuchtung Jahrg. 1865, S. 82.), im Uebrigen scheinen sie noch keine grosse Verbreitung gefunden zu haben, was natürlich theilweise auch wohl ihrem etwa 20% höherem Preise zugeschrieben werden muss.

Schmiedeeiserne Röhren werden gewöhnlich in Weiten von 2 Zoll bis zu $\frac{1}{4}$ Zoll herunter und in Längen von 8 bis 12 Fuss geliefert, sie sind an beiden Enden mit Gewinden versehen, und über das eine Ende ist eine Muffe geschraubt, Fig. 256. Das Gewinde, bekannt unter dem Namen „Gasgewinde"

Fig. 256.

ist von allen Röhren-Fabriken angenommen, so dass man Röhren von beliebigen Lieferanten unmittelbar mit einander zusammenschrauben kann. Es hat folgende Abmessungen:

Innerer Durchmesser der Röhren in Zollen	Aeusserer Durchmesser der Schraube	Tiefe des Schrauben-Ganges	Zahl der Gänge auf 1 Zoll
$\frac{1}{4}$ Zoll	$\frac{1}{2}$ Zoll	$\frac{1}{32}$ Zoll	19
$\frac{3}{8}$ „	$\frac{5}{8}$ „	$\frac{1}{32}$ „	19
$\frac{1}{2}$ „	$\frac{13}{16}$ „	$\frac{1}{24}$ „	14
$\frac{5}{8}$ „	$\frac{27}{32}$ „	$\frac{1}{24}$ „	14
$\frac{3}{4}$ „	$1\frac{1}{32}$ „	$\frac{1}{24}$ „	14
1 „	$1\frac{1}{4}$ „	$\frac{1}{16}$ „	11
$1\frac{1}{4}$ „	$1\frac{5}{8}$ „	$\frac{1}{16}$ „	11
$1\frac{1}{2}$ „	$1\frac{27}{32}$ „	$\frac{1}{16}$ „	11
2 „	$2\frac{5}{16}$ „	$\frac{1}{16}$ „	11

Das Gasgewinde wird nach dem inneren Röhrendurchmesser bezeichnet, während z. B. das sogenannte Messinggewinde nach dem äusseren Röhrendurchmesser bezeichnet wird. Die Wandstärke und das Gewicht der schmiedeeisernen Röhren giebt folgende Tabelle:

Innerer Durchmesser der Röhren in Zollen	Aeusserer Durchmesser in Zollen	Gewicht von 1 lfd. Fuss Rohr Pfd.
$\frac{1}{4}$ Zoll	$\frac{9}{16}$ Zoll	0,43 Pfd.
$\frac{3}{8}$ „	$\frac{5}{8}$ „	0,50 „
$\frac{1}{2}$ „	$\frac{13}{16}$ „	0,62 „
$\frac{5}{8}$ „	$\frac{14}{16}$ „	0,73 „
$\frac{3}{4}$ „	$1\frac{1}{16}$ „	1,13 „
1 „	$1\frac{5}{16}$ „	1,70 „
$1\frac{1}{4}$ „	$1\frac{11}{16}$ „	2,40 „
$1\frac{1}{2}$ „	$1\frac{15}{16}$ „	3,25 „
2 „	$2\frac{5}{16}$ „	3,90 „

Ausser den langen Röhren sind zur Herstellung einer Leitung noch eine Anzahl besonderer Stücke erforderlich, die in Fig. 257 bis 265 dargestellt sind. Fig. 257 ist ein sogenänntes „Langgewinde", von dem

schon bei den Zuleitungsröhren die Rede gewesen ist Es wird an passenden Stellen in die Leitung eingefügt, um letztere, wenn es einmal erforderlich sein sollte, bequem auseinander nehmen zu können Ein Lang-

Fig. 257.

gewinde ist ein Rohrstück von etwa 2 Fuss Länge, an der einen Seite mit einem doppelt langen Gewinde und einer Muffe, welche fast die doppelte Länge einer gewöhnlichen Muffe hat. Während bei den gewöhnlichen Rohrverbindungen die beiden zu verbindenden Rohrenden innerhalb der übergeschraubten Muffen fest an einander stossen, stehen sie in dieser langen Muffe beim Langgewinde um etwas mehr als die Rohrdicke auseinander. Man braucht also nur die Muffe über das lange Gewinde zurückzuschrauben, so ist das nächste Rohr frei und man kann es herausnehmen. Fig. 258 und 259 sind zwei Bögen,

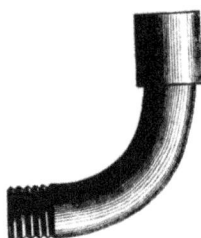 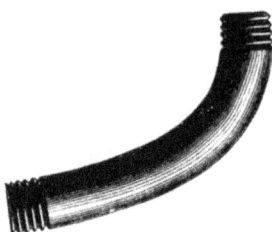

der eine für einen rechten, der andere für einen stumpfen Winkel, (um von einem mit Gefälle liegenden Rohr aus senkrecht in die Höhe zu gehen). Fig. 260 ist ein Winkelstück, Knie- oder Elbogenstück für scharfe Biegungen, wo die Anwendung von Bogenstücken aus Geschmacks-Rücksichten unthunlich ist. Es ist übrigens nicht nöthig, jede Biegung in der Rohrleitung überhaupt mit einem besonderen Stück herzustellen, sondern in den meisten Fällen giebt man dem Rohr selbst die erforder-

Fig. 258.   Fig 259

liche Biegung. Dies geschieht, indem man es an der betreffenden Stelle rothglühend macht, und es dann entweder im Schraubstock oder über eine an der Arbeitskarre vorhandene besondere Biegevorrichtung sorgfältig biegt, wobei darauf zu achten ist, dass man es nicht platt drückt, und dass es keine Risse nach seiner Längenrichtung bekommt. Fig. 261 ist ein Abgang (Tee-stück) und Fig. 262 ein Kreuzstück, deren

Fig. 260   Fig 261.   Fig. 262.   Fig. 263.   Fig. 264.   Fig. 265.

Zweck keiner weiteren Erläuterung bedarf. Diese Stücke werden nicht allein mit gleichmässig weiten, sondern auch mit verschiedenen Oeffnungen hergestellt, um alle möglichen Combinationen von Rohrweiten, die bei Abzweigungen in der Praxis vorkommen, ausführen zu können. Fig. 263 ist eine Verschlusskappe für äussere Gewinde. Fig. 264 ist ein Pflock zum Verschluss für innere Gewinde. Fig. 265 ist eine gewöhnliche Muffe, deren Länge etwa gleich der doppelten Rohrstärke sein soll, gleich weit an beiden Enden. Diese Muffen werden auch mit verschiedenen Ausgängen geliefert (Verkleinerungsmuffen). Es giebt noch einige andere Stücke, die jedoch selten zur Verwendung kommen. Man sieht, dass ein ziemlich complicirtes Lager von Verbindungstheilen erforderlich ist, um Leitungen in Schmiedeeisen auszuführen.

Das Verschrauben der schmiedeeisernen Röhren geschieht in der Weise, dass man zunächst das Gewinde einölt, und etwa 5 bis 6 Gänge einschraubt, dann legt man einen feinen Faden Flachs mit Mennigkitt getränkt in den Schraubengang ein, und dreht so fest, als dies ohne besondere Kraftanstrengung geschehen kann. Zu fest darf man nicht anziehen, weil man sonst die Muffe leicht sprengt, auch darf man während des Einschraubens nicht biegen. Man spannt das Rohr in den Schraubstock oder der Hülfsarbeiter fasst es mit der Rohrzange, und der andere Arbeiter (Installateur, Fitter) dreht die Muffe mit Hülfe einer zweiten Zange sorgfältig an. Es ist Regel, dass jedes Rohr etwa um die Länge seines Durchmessers eingeschraubt werden soll. Rohrzangen giebt es im Wesentlichen zweierlei; die erste Art für grössere Röhren ist Fig. 266, die zweite Art (Reifzangen, Kappenzangen, Plyers) für kleinere Röhren Fig 267 dargestellt. Von beiden hat man für verschiedene Rohrweiten auch verschiedene Sorten. Zum Schneiden der Gewinde bedient man sich der Schneidekluppen und zwar gewöhnlich in dreierlei Grössen, die kleineren haben Backen für ¼ zöll. bis ½ zölliges Gewinde, die mittleren für ½, ¾ und 1 zölliges Gewinde, die grösseren für 1¼, 1½ und 2 zölliges Gewinde. Um die Gewinde anzuschneiden, spannt man die Röhren in den Schraubstock. Das Abschneiden der Röhren auf die richtige Länge erfolgt gewöhnlich dadurch, dass man es rund herum so weit einfeilt, bis es bei einem mässigen Schlag abspringt. Wenn eine Verschraubung in der beschriebenen Weise ausgeführt ist, so muss sie vollständig gasdicht sein. Nachlässige Arbeiter haben die Gewohnheit, die Verbindungsstellen auswendig noch mit Kitt zu verschmieren, es bedarf kaum der Erwähnung, dass das durchaus nicht geduldet werden darf.

Bleiröhren kommen im Handel in ähnlichen Weiten vor, wie die schmiedeeisernen, nur werden sie in grösseren Längen geliefert. Man rollt sie, ähnlich wie Tauwerk, auf, und umwickelt die Rollen behufs der Verpackung mit Strohseilen. Folgende Tabelle giebt die Wandstärken, das Gewicht und die Länge der Röhren für die verschiedenen Dimensionen, und zwar hier nach rheinischem Maass, näher an.

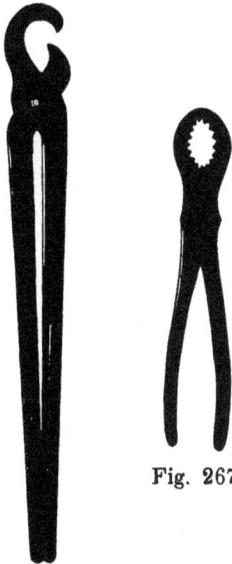

Fig. 267.

Fig. 266.

Lichtweite in Zollen rhein.	Bleistärke in Linien (¹/₁₂ Zoll) rhein.	Gewicht pro lfd. Fuss	Ungefähre Länge der Röhren
¼ Zoll rhein.	¾	0,31 Pfd.	200 Fuss rhein.
⅓ ,, ,,	¾	0,56 ,,	150 ,, ,,
½ ,, ,,	¾	0,71 ,,	80 ,, ,,
⅔ ,, ,,	⅞	1,12 ,,	55 ,, ,,
¾ ,, ,,	1	1,36 ,,	50 ,, ,,
1 ,, ,,	1¼	1,84 ,,	30 ,, ,,
1¼ ,, ,,	1¼	2,50 ,,	20 ,, ,,
1½ ,, ,,	1⅜	3,60 ,,	36—40 ,, ,,
2 ,, ,,	1½	5,00 ,,	—

Röhren mit geringeren Wandstärken, resp. von geringerem Gewicht anzuwenden, ist unzweckmässig, auch ist sehr darauf zu sehen, dass die Wandstärke eine gleichmässige ist.

Die Verbindung der Bleiröhren unter sich geschieht ohne besondere Verbindungsstücke, bloss durch Verlöthung. In fortlaufenden Leitungen werden die Stösse in der Weise hergestellt, dass man das Ende des einen Rohrs vermittelst eines conischen Dorns trichterförmig etwas aufweitet, das Ende des anderen Rohres dagegen entsprechend zuschärft, und letzteres in das erste hineinschiebt. Die Berührungsflächen müssen rein und blank geschabt sein, die Verlöthung geschieht in gewöhnlicher Weise mit Zinn, und zwar entweder mit dem Löthkolben oder mittelst der Löthlampe. Bei Abzweigungen schneidet man in das grössere Rohr ein entsprechendes etwas conisches Loch, setzt in dieses das zugeschärfte Ende des Zweigrohrs ein, so dass die Schnittflächen fest aneinander liegen, und löthet wieder beide Theile zusammen. Will man von einer schmiedeeisernen Leitung Ableitungen mit Blei machen, so löthet man gewöhnlich an das Ende des Bleirohres ein kurzes Stück Eisenrohr in derselben Weise, als wenn es Blei wäre, d. h. man feilt das Ende des Eisenrohres zu, steckt es in das aufgeweitete Ende des Bleirohres und verlöthet. Das andere Ende des Eisenrohres wird eingeschraubt.

Messing- und Kupferröhren kommen, wo sie gebraucht werden, meist nur in den kleineren Dimensionen vor, auch wird die Dimension derselben nicht wie bei den schmiedeeisernen oder Bleiröhren nach

46*

dem lichten Durchmesser, sondern nach dem äusseren Durchmesser der Röhren bezeichnet. Das Gewicht solcher Röhren beträgt für

$\frac{1}{2}$ zöllige Röhren 0,2 Pfund pro lfd. Fuss

$\frac{3}{8}$ „ „ 0,16 „ „ „ „

$\frac{1}{4}$ „ „ 0,12 „ „ „ „

Ihre Verbindung geschieht durch Verschraubung, und bedient man sich zu diesem Zweck ähnlicher Stücke, wie bei den schmiedeeisernen Röhren. Nur ist das Gewinde ein feineres, es hat 26 Gänge auf 1 Zoll und eine Tiefe des Schraubenganges von $\frac{1}{32}$ Zoll.

Eine sehr bequeme Verschraubung für alle Röhren-Verbindungen, die man leicht auseinander nehmen kann, ohne die Röhren selbst zu drehen, ist die sogenannte Kappenverschraubung (cap and lining) Fig. 268 und 269. Dieselbe besteht aus einem oder zwei kurzen Messingröhren und einer darüber fassenden

Fig. 268.

Schraubenkappe. Das eine Messingrohr wird in das eine der zu verbindenden Rohrenden entweder eingelöthet (wenn es Bleirohr ist) oder eingeschraubt. Im ersten Fall ist es verzinnt, damit die Löthung besser haftet. Nahe an seinem anderen Ende ist es mit einem Bund versehen, mit welchem es gegen das zweite zu verbindende Rohr, wenn es ein Eisenrohr, Messing- oder Kupferrohr ist, anliegt; zwischen den Bund und das Rohrende legt man einen Lederring zur Dichtung. Die Schraubenkappe fasst hinter den Bund und wird auf das zu verbindende Rohr fest aufgeschraubt. Will man zwei Bleiröhren mittelst dieser Verschraubung verbinden, so muss man in das zweite Rohr das zweite Messingstück mit äusserem Gewinde einlöthen, über welches die Schraubenkappe geschraubt wird.

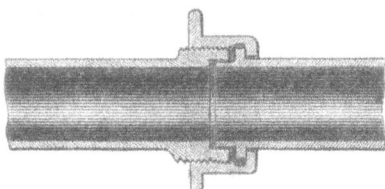

Fig. 269.

Nachdem wir nun das Material kennen gelernt haben, welches zur Herstellung der Privat-Gasleitungen dient, sowie die verschiedenen üblichen Verbindungsarten, wenden wir uns zur Ausführung der Leitungen selbst. Die erste Frage, die uns hier entgegen tritt, betrifft die Dimension der Röhren, wie man sie für verschiedene Flammenzahlen und verschiedene Längen zu wählen hat.

Vor Jahren hatte ich Gelegenheit, zur Feststellung einer „Instruction für die zur Anlegung von Gasleitungen in Hamburg admittirten Mechaniker" über die Gasmengen, welche verschiedene Rohrweiten wirklich liefern, eine kleine Reihe von Versuchen anzustellen. Ich schrob Röhren in Längen von je 10' hamb. an einander, und zwar nicht in gerader Linie, sondern zurückkehrend, mittelst halbkreisförmig gebogener Stücke, um dadurch die in den Röhren-Anlagen vorkommenden Biegungen mit in Rechnung zu bringen, und brachte das eine offene Ende der Röhren mit einem graduirten Gasbehälter in Verbindung, während das andere Ende zur Regulirung der Ausströmung mit einem Hahn versehen war. Zur Ablesung des Druckes wandte ich die S. 52 u. f. beschriebenen Druckmesser an, von denen einer am Anfang, der andere am Ende der horizontal liegenden Röhren angebracht, und einerseits durch Regulirung des Gewichtes am Gasbehälter, andererseits durch Regulirung des Hahnes an der Ausströmungsöffnung, der erstere genau auf $\frac{5}{10}$, der letztere auf $\frac{4}{10}$" eingestellt wurde. Die Beobachtung an der Scala des Gasbehälters ergab die Quantität, welche in einer gewissen Zeit ausströmte. Die Wahl der Zahlen 5 und 4 rührt daher, weil sich einerseits aus einer vorausgegangenen Untersuchung ergeben hatte, dass die meisten Brennersorten zu ihrem normalen Brennen einen durchschnittlichen Druck von $\frac{4}{10}$" gebrauchen, und weil andererseits als Grundsatz festgestellt worden war, dass durch die Leitung von der Gasuhr bis zum Brenner nicht mehr als $\frac{1}{10}$" in Anspruch genommen werden sollte. Folgende Tabelle enthält eine Zusammenstellung der gewonnenen Resultate

Dimension.	10' ohne Biegungen.	20' mit Biegungen. 2	30' mit Biegungen. 4	40' mit Biegungen. 6	50' mit Biegungen. 8	60' mit Biegungen. 10	70' mit Biegungen. 12	80' mit Biegungen. 14	100' mit Biegungen. 18
Innerer Durchmesser der Röhren.	c' pro Stunde.								
1/4"	5,7	3,8	1,95						
3/8"	28,25	15,3	9,6	6,36	3,56				
1/2"	72,6	39,6	31,8	24,5	16,2	11,4	5,4		
3/4"	—	94,2	—	52,2	—	31,7	—	24,1	14,1

Mit Zugrundelegung dieser Resultate ist die folgende Tabelle über die für verschiedene Flammenzahlen und Röhrenlängen zu wählenden Röhrenweiten entworfen, welche wie erwähnt, in die polizeiliche Instruction aufgenommen worden ist. Jede Flamme in derselben ist zu 5 c' Consum pro Stunde angenommen, und für die Verengerung der Röhren durch Ablagerungen etc., sowie für Zuwachs an Flammen von etwa 25% ein Abzug gemacht worden.

Innerer Durchmesser der Röhren	Länge der Röhren.									
	10'	20'	30'	40'	50'	60'	70'	80'	90'	100'
	Flammen.									
1/4"	1	—	—	—	—	—	—	—	—	—
3/8"	4	3	2	1	—	—	—	—	—	—
1/2"	10	7	5	4	3	2	1	—	—	—
3/4"	25	14	10	8	6	5	4	3	3	2
1"	60	38	26	19	15	12	10	8	7	6
1 1/4"	100	64	42	32	25	20	16	13	10	8
1 1/2"	150	95	65	48	37	30	25	20	16	13
2"	350	228	156	114	90	70	60	50	40	25

Aus dieser Tabelle kann jeder Mechaniker, unter Berücksichtigung des weiteren Einflusses, den die Steigungsverhältnisse ausüben und der etwa $1/10''$ für jede 11 bis 12' Niveaudifferenz beträgt, unmittelbar ablesen, welche Dimensionen er für die von ihm zu legenden Röhren zu wählen hat.

Mit dem Legen der Röhren fängt man gewöhnlich an der Stelle an, wo die Gasuhr zu stehen kommt. Man lässt zwischen dem Zuleitungsrohr und der Leitung so viel Platz frei, dass die Gasuhr mit den Verbindungsröhren nachher bequem zwischengesetzt werden kann. Gleich am Anfang des ersten Leitungsrohrs befestigt man ein Manometer, welches bis zur gänzlichen Vollendung der Leitung dort sitzen bleibt, und mittelst dessen sich der Arbeiter von Zeit zu Zeit von der Dichtigkeit seiner Leitung überzeugt. Dieses Manometer Fig. 270 besteht aus einem blechernen Gefässe, welches auf seinem Deckel zwei nach entgegengesetzter Richtung rechtwinklig abgebogene und mit Hähnen versehene $1/2$ zöllige Röhren hat, und in welches ferner eine etwa 20 Zoll lange bis nahezu auf den Boden des Gefässes reichende Glasröhre gasdicht eingesetzt ist. Das eine Rohr wird durch irgend ein passendes Stück mit dem Anfang des ersten Leitungsrohres verbunden, und das Gefäss des Manometers mit Wasser nahezu gefüllt. So oft der Arbeiter beim Legen der Leitung die offenen Rohrenden mit Kappen zuschraubt, kann er durch das zweite Rohr des Manometers mittelst Einblasens die Luft in der Leitung comprimiren, und den Stand des Wassers im Glas-

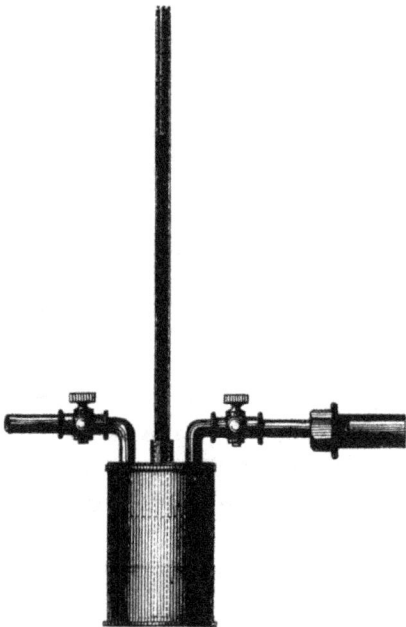

Fig. 270.

rohr in die Höhe treiben. Bleibt das Wasser, nachdem er zu blasen aufgehört, und den Hahn geschlossen hat, unverändert' in gleicher Höhe stehen, so weiss er, dass seine Leitung dicht ist, fällt dagegen das Wasser herunter, so zeigt ihm dies an, dass in demjenigen Stück der Leitung, welches er zwischen dieser und der letztvorhergehenden Probe gelegt hat, eine undichte Stelle befindlich ist. Manche Arbeiter begnügen sich damit, die Röhren anzusaugen, und sie, wenn sie an der Zunge haften bleiben, zu verlegen, dies ist jedoch ungenügend; es ist nicht genug zu empfehlen, das Manometer anzuwenden, und die Dichtigkeitsprobe während der Arbeit recht oft zu wiederholen.

Der Weg, den eine Rohrleitung zu machen hat, ist im Wesentlichen durch die Localität vorgezeichnet, für welche sie bestimmt ist; es sind indess auch einige darauf bezügliche allgemeine Regeln zu beobachten. Zunächst soll man eine Leitung möglichst so führen, dass sie ein ununterbrochenes Gefälle nach der Gasuhr hin bekommt. Ist die Leitung ausgedehnt, so ist das in vielen Fällen nicht ausführbar, und man muss dann zur Einschaltung von Syphons schreiten. An jeder tiefsten Stelle wird ein kurzes Abfluss-Rohrstück abwärts geführt und an dasselbe unten entweder ein U förmig gebogenes mit einem Hahne versehenes Rohr oder ein eigentlicher Syphon befestigt. Der Syphon besteht aus einem unten und oben geschlossenen cylindrischen Gefäss (Rohrstück), in welches hinein das Abflussrohr bis nahezu auf den Boden geführt wird. Das Gefäss wird 3 bis 4 Zoll vom Boden entfernt mit einem kleinen Ablasshahn versehen. Anfänglich füllt man es einige Zoll hoch mit Wasser. Der Wechsel ist in beiden Fällen für gewöhnlich geschlossen, und wird nur dann geöffnet, wenn man das Wasser ablassen will. Manche Mechaniker haben es in der Gewohnheit, gar keinen Wasserverschluss anzubringen, sondern das Abflussrohr einfach mit einem Wasserhahn oder mit einer Wasserschraube endigen zu lassen; dies Verfahren ist jedoch nicht zu empfehlen.

Ferner soll bei der Herstellung einer Privatgasleitung darauf Rücksicht genommen werden, dass sie möglichst leicht zugänglich gelegt wird. Es lässt sich zwar nicht behaupten, dass eine sichtbare Röhrenanlage einem Hause zur Zierde gereicht, und es giebt manche Localitäten, wo man nicht wohl umhin kann, sie in den Verputz der Wände und Decken hineinzulegen, allein man kann bei der Disposition recht wohl Rücksicht darauf nehmen, dass man für den Weg der Röhren, namentlich der grösseren, möglichst solche Räumlichkeiten zu wählen sucht, die ohnehin auf Eleganz keinen Anspruch machen, als Kellerräume, Kammern, Treppenhäuser u. s. w.; in den Zimmern sucht man möglichst die Ecken und Gesimse zu benützen, wo die Röhren, wenn sie mit der entsprechenden Farbe angestrichen werden, wenig auffallen. Wo man sie in den Verputz einlassen muss, soll man sie wenigstens nicht eher einputzen, als bis man sich von ihrer Dichtigkeit vollkommen überzeugt hat. In diesem Falle müssen sie auch vorher mit Oelfarbe angestrichen sein. Stets verschlossene unzugängliche Zwischenräume sind möglichst zu vermeiden. Auch soll man, wenn man irgend anders kann, nicht von warmen Localitäten wieder in kalte hinausgehen. Wo es nicht zu vermeiden ist, soll man wenigstens das Gefälle vom kalten in das warme Local zurückführen. Wo Röhren unter den Fussboden gelegt werden müssen, ist dahin zu sehen, dass die das Rohr bedeckenden Dielen, namentlich an den Verbindungsstellen, leicht weggenommen werden können. An solchen Stellen, wo, wie z. B. beim Durchgehen durch eine Wand, durch ein Setzen des Gebäudes, ein Brechen des Rohrs bewirkt werden könnte, ist es gut, demselben den erforderlichen Spielraum zu lassen. Wo es der Beschädigung durch äussere Gewalt besonders ausgesetzt ist, soll man es durch eine Verkleidung schützen. Durch Schornsteine darf es nie hindurch geführt, sondern müssen diese jedesmal umgangen werden, selbst wenn das Rohr von Eisen ist. Wo eine schmiedeeiserne Leitung von horizontaler Richtung auf lange Strecken aufwärts geführt wird, wie dies z. B. häufig der Fall ist, wenn sie vom Keller oder Parterre aus ein Treppenhaus hinaufsteigt, soll man den Uebergang nicht durch einen Winkel oder Bogen, sondern durch ein T-Stück oder Kreuzstück herstellen, so dass man die Leitung an dieser Stelle jederzeit öffnen kann. Wenn sich im Laufe der Zeit Rost in der vertikalen Röhre bildet, so fällt derselbe hinunter und verengt oder verstopft unten in der Biegung das Rohr. Da muss man öffnen, und den Schmutz herausfallen lassen können, wenn man nicht jedesmal zu umständlichen Arbeiten gezwungen sein will. Ueberhaupt ist es gut, überall wo es thunlich, an den Biegungen mittelst T-Stücke oder Kreuzstücke, in geraden Röhren mittelst Langgewinde solche Stellen herzustellen, wo man die Leitung öffnen, und wenn nöthig reinigen kann. Dass es unzulässig ist, Röhren, namentlich wo sie sichtbar sind, in krummen Linien oder schräge an Wänden und Decken hinzuführen, bedarf kaum der Erwähnung; ist das Mauerwerk krumm, so muss man für die Röhren ein gerades Lager herrichten, an Wänden müssen sie genau senkrecht und an den Decken winkelrecht auf die Wände gelegt werden.

Zur Befestigung der Röhren bedient man sich der Rohrhaken (Kloben). Man hat dieselben entsprechend den verschiedenen Rohrdimensionen in verschiedenen Grössen und schlägt sie bei Eisenrohr in Entfernungen von etwa 3 bis 4 Fuss, bei Bleiröhren alle Fuss abwechselnd zu beiden Seiten des Rohrs. Bei Bleiröhren ist namentlich darauf zu sehen, dass dieselben nicht durch zu starkes Eintreiben der Rohrhaken zusammengedrückt werden. In Zimmern werden von manchen Technikern statt der Haken Rohrbänder verwandt.

Die Ausläufer der Privatgasleitungen endigen in der Regel an den Zimmerwänden oder an den Zimmerdecken, je nachdem man als Beleuchtungsapparate Wandarme oder Hängelampen verwenden will. Es sind noch die Vorrichtungen zu erwähnen, die man anwendet, um eine solide Verbindung zwischen der Leitung und den Lampen herzustellen. Besteht die Leitung aus Bleiröhren, so löthet man an die Enden derselben sogenannte Deckenscheiben oder Wandscheiben, die in Holz befestigt werden, und auf welche man die Beleuchtungsapparate aufschraubt. Eine solche Deckenscheibe ist eine messingene Scheibe von mindestens 2 Zoll Durchmesser mit drei Löchern für die Holzschrauben und einem Rohrzapfen mit äusserem oder innerem Gewinde und durchgehender Oeffnung. Das Bleirohr wird schräge abgeschnitten, und auf der Rückseite unmittelbar über der Oeffnung sorgfältig festgelöthet. Soll die Scheibe auf dem Mauerwerk einer Wand befestigt werden, so wird in letzteres zuvor ein sogenannter Dübel eingelassen, d. i. ein keilförmiger Holzpflock von entsprechender Grösse, der mit seinem dicken Ende nach der Innenseite der Mauer gerichtet, sorgfältig in Gyps oder Cement eingesetzt wird, und dessen dünnes Ende mit der äusseren Fläche der Mauer bündig abschneidet. An Zimmerdecken muss man Acht geben, dass man mit den Holzschrauben die Latten trifft, hat man übrigens Lüster von bedeutendem Gewicht anzubringen, so darf man sich auf die Latten allein nicht verlassen, sondern man muss dann sehen, dass man eine solidere Holzunterlage für die Schrauben herstellt. Deckenscheiben für Eisenröhren haben meist eine seitliche Einführung mit innerem Gewinde, in welche das Ende des Eisenrohrs eingeschraubt wird, und zwar liegt die Einführung entweder hinter oder vor der Scheibe, je nachdem das Rohr eingelassen ist oder frei liegt. Bequem sind die Deckenscheiben mit vierseitigem Körper, wo man eine oder mehrere der vier Seiten nach Belieben anbohren und als Einführung verwenden kann, von denen aus sich auch leicht Verlängerungen der Röhrenleitung ausführen lassen. Deckenscheiben für grössere Röhren stellt man vielfach aus Gusseisen her. Wo man an einem fortlaufenden Rohr eine Lampe anbringen will, bedient man sich bei schmiedeeisernen Leitungen auch der Deckenscheiben mit zwei seitlichen Ausgängen, der Combination eines förmlichen T-Stückes mit einer Scheibe. Statt der Wandscheiben wendet man auch Winkel (resp. T-Stücke) an, die nur mit Ohren an beiden Seiten versehen sind, und nur zwei Löcher für die zur Befestigung dienenden Holzschrauben haben. Gewöhnlich werden die Scheiben und Winkelstücke des besseren Aussehens halber mit sogenannten Rosetten verkleidet, die man aus Holz drechseln und poliren, oder auch aus Messingblech pressen oder in Messing giessen lässt. Fig. 271 und 272 zeigt eine Verbindungsstelle für einen Wandarm. Das eiserne Leitungsrohr kommt von oben herunter, und

ist in ein messingenes Winkelstück eingeschraubt, welches mit Ohren versehen und mit Holzschrauben be-
festigt ist. Darüber fasst eine Rosette aus gepresstem Messingblech, die fest an der Wand anliegt. Der
Zapfen des Winkelstückes, auf welchen nachher die Lampe aufgeschraubt wird, steht vor der Rosette vor. Eine
Verbindungsstelle für eine Hängelampe ist in Fig. 273 und 274 dargestellt. In eine Deckenscheibe mit an-

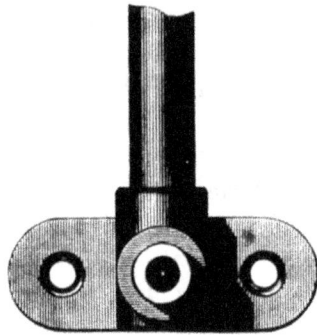

Fig. 271.

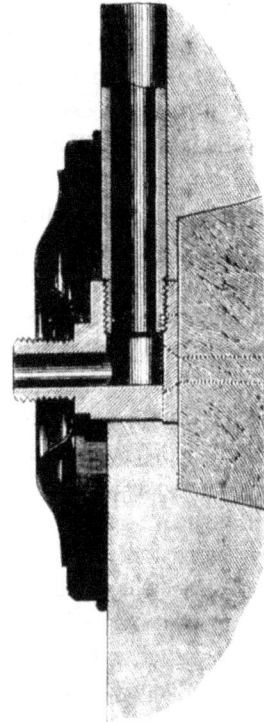

Fig. 272.

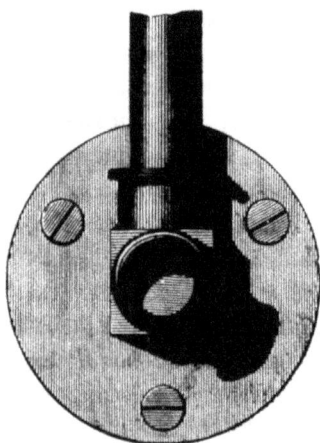

Fig. 273.

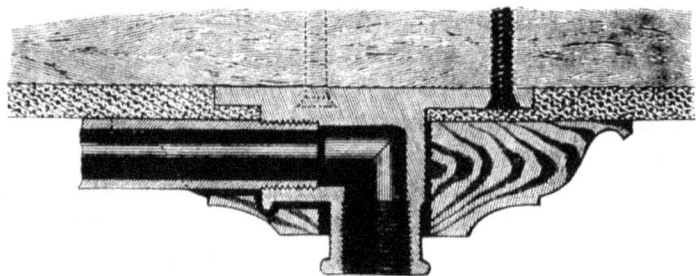

Fig. 274.

gegossenem vorliegenden Winkelstück ist das eiserne Leitungsrohr eingeschraubt, die Verkleidung ist durch eine
Holzrosette bewirkt, vor welche der vertikale Zapfen der Deckenscheibe, der zur Aufnahme der Lampe mit
innerem Gewinde versehen ist, vorsteht.

Ist eine Privatgasleitung mit Einschluss der Deckenscheiben und Wandscheiben fertig hergestellt, so werden die letzteren mittelst Kapseln oder Pflöcken verschlossen, und wird die Dichtigkeitsprobe mit dem Manometer nochmals für die ganze Leitung wiederholt. Es ist dies zunächst die Controlle für den Arbeiter; erst dann, wenn die Leitung die Probe besteht, wird sie ihm als fertig abgenommen, erst dann erhält er, wenn er — wie es gewöhnlich geschieht — in Accord gearbeitet hat, seine Bezahlung, ist dagegen die Leitung nicht dicht, so muss er so lange nachsuchen, bis er den Fehler gefunden und gebessert hat. An vielen Orten wird die Dichtigkeitsprobe auch von amtlicher Seite vorgenommen, wie überhaupt die Revision der ganzen Anlage, und dies ist eine Einrichtung, die nicht genug zu empfehlen ist, denn sie gewährt dem Publikum die Beruhigung, dass keine Gasleitung in Betrieb kommt, die nicht solide ausgeführt ist. Zwei der betreffenden ortspolizeilichen Erlasse sind im Journal f. Gasbel. mitgetheilt.*)

Nachdem die Leitung ihre Probe bestanden, wird das Manometer abgeschraubt, die Gasuhr aufgestellt und einerseits mit dem Zuleitungsrohr, andererseits mit der Leitung verbunden, es werden die Lampen befestigt, und der Inbetriebsetzung steht Nichts mehr im Wege.

---

*) Instruction für die zur Anlegung von Gasleitungen in Hamburg admittirten Mechaniker. Jahrg. 1858. S. 115.
Regulativ über Ausführung von Gasrohrleitungen und Gasbeleuchtungsanlagen in Leipzig. Jahrg. 1863. S. 231.

Fünfzehntes Capitel.

Die Beleuchtungs-Apparate.

A. Beleuchtungs-Apparate für die Strassen-Beleuchtung. Allgemeine Vertheilung der Strassen-Flammen. Candelaber. Aufstellung derselben. Verschiedene Methoden zur Befestigung der Laternen. Holzpfosten. Mehr-armige Candelaber. Consolen. Befestigung derselben. Leitung des Gases. Befestigung der Laternen auf den Consolen. Laternen von Blech und von Eisen. Sechseckige und viereckige Laternen und deren Aufstellung. Grösse der Laternen. Construction und Zweck der Bodenthüren. Das Brennerrohr mit dem Laternenhahn und dem Regulirhahn. Hähne mit vertikaler und solche mit horizontaler Bewegung. Verschiedene Methoden, um das Brennerrohr mit dem Zuleitungsrohr zu verbinden. Brenner für die Strassen-Beleuchtung. Anzünderlampen Sonstige Requisiten für die Anzünder.

B. Beleuchtungs-Apparate für die Privat-Beleuchtung. Allgemeines. Die Wandlampen. Wand-gelenke, Zwischengelenke und Hähne derselben Einfache und verzierte Arme. Bouquets. Die einfachen Hängelampen. Steifrohre, Korkzüge, Stopfbüchsenzüge und Wasserzüge. Deckengelenke und Kugelbewegungen. Obere und untere Rohr-Schrauben. Lyras. Ampeln und Flurlampen. Die doppelarmigen Hängelampen. Corpus derselben. Die Lüster oder Kronleuchter. Stehlampen (Werkstattleuchter). Gummischläuche. Zimmer-Candelaber. Die offenen Brenner. Brenner-Aufsätze und Brennerwinkel. Triangel. Glasschalen und Glaskolben. Bougies. Manschetten Hängelaternen und Wand-laternen. Die Argandbrenner (gerade und Winkel-). Zuggläser. Schirme und Glaskugeln. Rauchfänge.

Unter Beleuchtungs-Apparaten versteht man alle jene Vorrichtungen, welche dazu dienen, den Ueber-gang des Gases von den im letzten Capitel behandelten Leitungsröhren zu den Brennern, resp. zu den Flammen zu vermitteln. Während der Gasingenieur bei allen bis hieher behandelten Apparaten und Ein-richtungen wesentlich nur die Zweckmässigkeit und Solidität derselben ins Auge zu fassen hatte, tritt bei den Beleuchtungs-Apparaten noch eine dritte Forderung an ihn heran, das ist die decorative Ausstattung derselben. Schon bei den Strassencandelabern und Consolen mit ihren Laternen ist es wesentlich, dass ihre Form und Anordnung gefällig sei, so dass diese Gegenstände auch bei Tage keine Unzierde für die Stadt bilden, in weit höherem Grade aber kommen die Rücksichten des Geschmacks bei den Lampen und Lüstern in Betracht, welche die Zimmer und Salons der Privathäuser und öffentlichen Gebäude zieren sollen, hier gilt es, dieselben im Style des Locales, für welches sie bestimmt sind, auszuführen, und ihnen denjenigen Grad der Eleganz zu geben, der mit der übrigen Ausstattung an Reichthum harmonirt. Es kann natürlich nicht die Aufgabe dieses Buches sein, auf die Fragen des Geschmackes hier speciell einzugehen, das beste Hülfsmittel, was dem Gasingenieur dafür zu Gebote steht, sind die Musterbücher guter Lampen-Fabriken;

ich beschränke mich hier wesentlich darauf, das Constructive der üblichsten Apparate näher in's Auge zu fassen, und die vorkommenden rein technischen Fragen zu erörtern, so dass der Gasingenieur im Stande ist, die Musterbücher der Lampen-Fabriken zu verstehen, und die Beleuchtungsapparate selbst richtig zu verwenden.

A. Beleuchtungs-Apparate für die Strassen-Beleuchtung.

Wenn man eine gute Strassenbeleuchtung erhalten will, so muss vorausgesetzt werden, dass die Flammen zunächst richtig und zweckmässig in den Strassen vertheilt sind. Bei einer Entfernung von 90 bis 100 Fuss von Laterne zu Laterne erhält man mit Flammen von 4½ bis 5 c′ Gasconsum pro Stunde eine gute Beleuchtung. Ueber eine Entfernung von 150 Fuss sollte man selbst in den unbedeutendsten Strassen nicht hinausgehen. Wo beide Seiten der Strasse bebaut sind, bringt man gewöhnlich auch die Laternen abwechselnd auf beiden Seiten an. Wo von einer Strasse eine andere abgeht, sucht man die Laternen so einzutheilen, dass eine derselben entweder an einer der beiden Ecken, oder der abgehenden Strasse gegenüber zu stehen kommt, so dass die Flamme in zwei Strassen zugleich hinein leuchtet. Wo sich zwei Strassen kreuzen, benutzt man ebenfalls eine oder zwei der Ecken zur Anbringung von Laternen. Auf Plätzen beleuchtet man vielfach nur die Passage an den Häusern, sind die Plätze gross oder ist ein grosser Verkehr auf denselben, so ist es jedoch wünschenswerth, dass auch die Mitte entweder durch mehrere vertheilte einflammige Candelaber oder durch einen Candelaber mit mehreren Flammen, den man etwa mit einem Brunnen u. s. w. in Verbindung bringen kann, beleuchtet werde. Sind die Strassen schmal, so sucht man die Laternen möglichst auf Consolen (Wandarmen) anzubringen, die man an den Häusern etc. befestigt, sind die Strassen breiter, und haben sie Trottoirs, so nimmt man Candelaber, die man am besten auf den Trottoirs unmittelbar hinter den Randsteinen aufstellt. Die beste Höhe der Flammen ist 11 bis 12 Fuss über dem Boden.

Die Anforderungen, denen ein guter Strassencandelaber entsprechen muss, sind, abgesehen von einer geschmackvollen Form, folgende: Er muss an sich stark genug sein und einen in die Erde hinreichend tief hinabreichenden Fuss haben, um das Anlegen einer Leiter und das Hinaufsteigen des Laternenwärters, sowie die gewöhnlichen Erschütterungen denen er durch den Verkehr auf der Strasse ausgesetzt ist, aushalten zu können, ohne abzubrechen oder locker zu werden; er muss ferner dem Gasrohr einen entsprechenden Weg bieten, und eine bequeme und solide Befestigung der Laterne gestatten. Im Allgemeinen bestehen die Candelaber aus einer hohlen gusseisernen Säule mit einem durchbrochenen Fuss von etwa 2 bis 3 Fuss Länge. Sie sind aus zwei, drei und noch mehr Theilen zusammengesetzt, haben eine Länge von etwa 9½ bis 11 Fuss über dem Boden und ein Gewicht von etwa 3 bis 5 Centner. Unter 3 Centner herunter zu gehen, ist nicht rathsam, weil sie sonst zu schwach werden, über 5 Ctr. werden sie plump. Der Fuss eines Candelabers hat, wie schon erwähnt, eine Länge von 2 bis 3 Fuss und je nach der Form der Säule einen viereckigen, runden oder polygonalen Querschnitt von 9 bis 12 Zoll Weite. Unten ist er oftmals zur Vergrösserung der Basis mit einer nach Aussen gewendeten horizontalen Flansche von 1½ bis 3 Zoll Breite versehen. Die meisten Gasingenieure graben den Fuss ohne Weiteres in den Boden ein, manche geben ihm einen gemauerten Sockel und mauern ihn auch fast bis zur Höhe des Strassenpflasters vollständig ein. An der Seite ist der Fuss durchbrochen und durch eine Oeffnung desselben tritt das Zuleitungsrohr hinein, um inwendig im Candelaber senkrecht in die Höhe zu steigen. Der Kopf des Candelabers muss so angeordnet sein, dass die Laterne bequem und solide darauf befestigt werden kann. Die Fig. 275 bis 279 zeigen vier verschiedene Methoden, wie man diese Befestigung ausführt. In Fig. 275 ist in den Kopf des Candelabers eine passende gusseiserne Büchse eingesetzt und mit einer Setzschraube festgehalten, deren Obertheil eine sorgfältig abgedrehte horizontale Flansche bildet. Der Fuss der Laterne besteht aus einem entsprechenden, an der unteren Fläche sorgfältig abgedrehten Ring, von dem aus drei Arme als Träger schräge nach den Ecken der Laterne aufsteigen und mit der Laterne selbst fest vernietet sind. Der Ring wird mittelst dreier

47 *

Fig. 275.

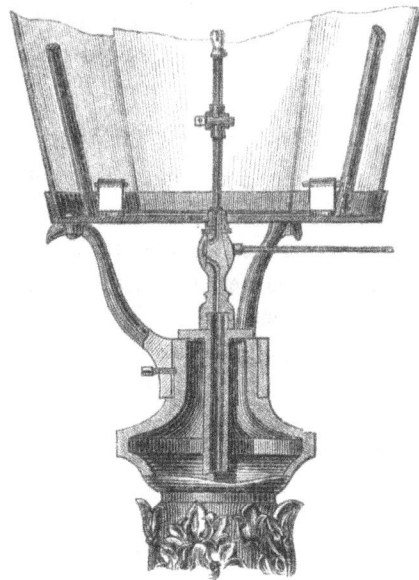

Fig 276.

Setzschrauben auf die horizontale Flansche der Büchse aufgeschraubt. Die mittlere Oeffnung in Ring und Flansche ist hinreichend gross, um das Zuleitungsrohr des Candelabers durchzulassen. In Fig. 276 ist der Fuss der Laterne nicht mit einem flachen, sondern mit einem etwa 2 Zoll hohen ausgebohrten Ring versehen, der über das abgedrehte Ende des Candelabers übergeschoben, und mittelst einer Setzschraube festgehalten wird. In Fig. 277 hat der Pfosten wieder eine eingesetzte Büchse und zwar aus Messing. Der Fuss für die Laterne (Laternenkreuz) ist von Schmiedeeisen, und über den oberen Schraubenzapfen der Büchse

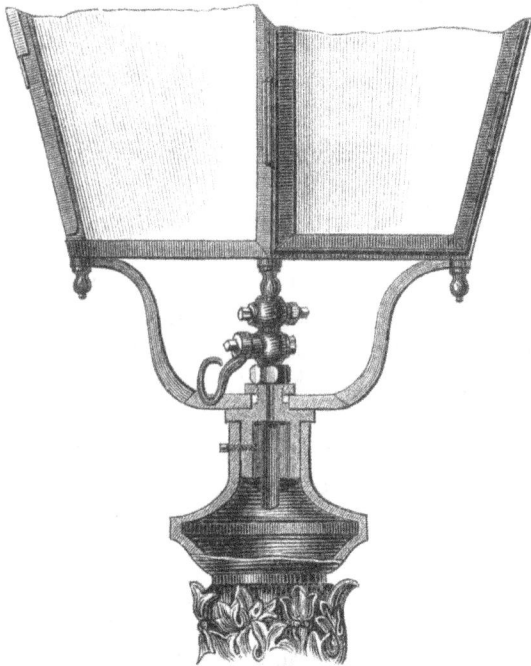

Fig. 277.

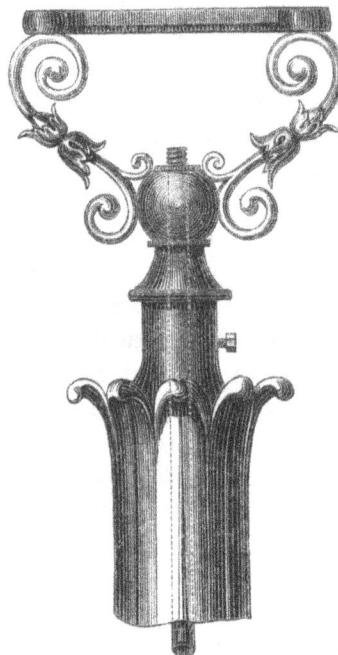

Fig. 278.

Fig. 279.

übergeschoben, wo er durch eine starke Schraubenmutter festgehalten wird. Derselbe Zapfen der Büchse ragt noch über die Mutter vor, und nimmt auch noch die Verschraubung des Brennerrohres auf. Unten ist ein Stück Messingrohr in die Büchse eingeschraubt, über welches das Bleirohr des Candelabers festgelöthet ist. Die Laterne hat an ihren vier Ecken kleine Schraubenzapfen, welche durch die am Ende der Arme des Kreuzes befindlichen Löcher hindurchgesteckt und unten durch kleine verzierte Muttern festgehalten werden. In Fig. 278 und 279 endlich steht die Laterne auf einem gusseisernen Rahmen, der auf ein gleichfalls guss-eisernes Untertheil aufgenietet ist. Das Untertheil steckt mit seinem unteren Ende im Candelaber und ist durch eine Setzschraube festgehalten. Die Befestigung der Laterne ist dieselbe wie in Fig. 277.

Zuweilen versieht man die Candelaber nach oben hin mit einem oder zwei Armen, zum Anlegen der Leiter, zur Schönheit des Candelabers tragen die Arme übrigens nicht bei. Hölzerne Candelaber pflegt man vielfach in Nebenstrassen anzubringen, weil sie bedeutend billiger zu stehen kommen, als die gusseisernen. Man macht sie aus Eichenholz, führt das Zuleitungsrohr meistens in einer aussen eingestemmten Nuth, die man mit Blech verkleidet, selten durch die Mitte des Pfostens aufwärts, und bringt die Laterne entweder auf einem kleinen Capital oder auf einer Console an, die am oberen Theile des Pfostens befestigt wird. Mehrarmige Candelaber, wie man sie auf Marktplätzen u. s. w. aufstellt, bieten in constructiver Beziehung nichts Weiteres zu erwähnen. Sie werden meistens auf einem Steinsockel befestigt, die Anbringung der Laterne geschieht wie bei den gewöhnlichen Candelabern.

Die Consolen für Strassenlaternen hat man gewöhnlich in zwei oder drei verschiedenen Grössen, je nachdem man die Laternen mehr oder weniger weit von den Gebäuden etc. abstehen haben will. Die Entfernung der Flamme von der Mauer beträgt von 2½ bis 4 Fuss. Im Allgemeinen sind die Haupterfordernisse, denen eine gute Console entsprechen muss, dieselben wie beim Cande-laber; sie muss an und für sich die nöthige Stärke haben, muss sich dabei solide befestigen lassen, dem Gase einen zweckmässigen Weg gestatten, und eine solide Verbindung mit der Laterne gewähren. Die Be-festigung der Consolen geschieht im Wesentlichen auf zweierlei Weise, entweder sie haben Zapfen (Klauen), die ins Mauerwerk eingelassen werden, oder sie haben Platten (Rosetten), welche mittelst Schraubenbolzen am Mauerwerk befestigt werden. Die letztere Anordnung ist unbedingt die solideste. Man lässt eichene Holzdübel, die vorher vollständig ausgetrocknet sein müssen, mit Gyps oder Cement sorgfältig in die Mauer ein, und schraubt auf diese die Platte mittelst ⅝ zölliger Holzschrauben fest. Wo Consolen an Mauerecken zu befestigen sind, wendet man winkelförmige Platten an, die nach beiden Seiten der Ecke überfassen. Da-bei ist dann die Richtung der Console so, dass sie den Winkel der Platte halbirt. Was den Weg be-trifft, den das Gas bei den Consolen zu nehmen hat, so ist die zweckmässigste Anordnung diejenige, bei welcher das Leitungsrohr oben auf der Console liegt, und zwar mit einem Gefälle von 1 bis 2 Zoll gegen die Mauer hin, so dass die sich etwa absetzenden Condensationsproducte selbstständig ablaufen. Bei dieser Anordnung hat die Console oben meist eine angegossene Leiste, auf welcher das ¾ zöllige oder 1 zöllige schmiedeeiserne Leitungsrohr aufliegt, und mittelst Bänder solide befestigt ist. Wo das Leitungsrohr hinten in die Mauer eintritt, ist es rechtwinklig gebogen, und die abwärts führende Fortsetzung desselben hat eine solche Länge, dass es unter der Platte vorsteht. Hier trägt es ein Gewinde mit einer Muffe, so dass es mit dem vom Boden an der Mauer heraufgeführten Zuleitungsrohr zusammen geschraubt werden kann. Wo man die Consolen ohne Platten mit Mauerzapfen verwendet, pflegt man das horizontale Leitungsrohr etwa 6 bis 9 Zoll rückwärts in die Mauer hinein zu verlängern, und es auf diese Weise zugleich auch als Mauerzapfen zu verwenden. An der Stelle, wo das vertikale Zuleitungsrohr eingeschraubt werden soll, setzt man einen Abgang ein und verlöthet die Verbindungsstellen. Manche Consolen sind so eingerichtet, dass das Leitungs-rohr eingegossen ist, oder durchgezogen wird, diese Anordnung ist indess nicht so zweckmässig, weil die Röhren nicht zugänglich sind. Unter allen Umständen ist es wünschenswerth, den Leitungen ein natürliches Gefälle nach der Mauer hin zu geben. Wo dies nicht thunlich ist, muss man an dem tiefsten Punct eine Syphonschraube anbringen, um etwaige Condensationsproducte ablassen zu können. Die Verbindung der Laternen mit den Consolen ist in den Fig. 280 bis 282 dargestellt. In Fig. 280 ist das auf der Console liegende Rohr an seinem Ende aufwärts gebogen, und trägt eine aufgelöthete horizontale Flansche, auf welche der Fuss der Laterne ebenso, wie bei Fig. 275 beschrieben, aufgeschraubt wird. In Fig. 281 trägt die Con-

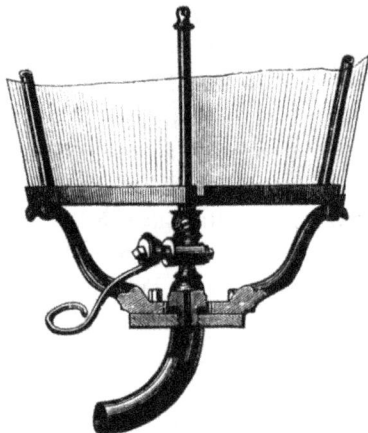

Fig. 280.

Fig. 281.

Fig. 282.

sole an ihrem vorderen Ende einen aufgegossenen vertikalen Zapfen mit einem Ausschnitt für das Leitungsrohr. Ueber den Zapfen fasst der Ring des Laternenfusses genau in der bei Fig. 276 beschriebenen Weise. Das Leitungsrohr ist vorne aufwärts gebogen, und steht um etwas über den Ring vor. Eine Setzschraube hält den Ring auf dem Zapfen in seiner Stellung fest. Fig. 282 ist die in Fig. 277 dargestellte Laternenverbindung auf Consolen angewandt. Die messingene Büchse hat eine seitliche Muffe, in welche das Laternenrohr eingeschraubt und gelöthet ist. Die in Fig. 281 und 282 gezeichneten unteren Knöpfe dienen entweder blos als Verzierung, oder in letzterem Fall, wo das Laternenrohr kein Gefälle nach der Mauer hin hat, als Syphon.

Fig. 283.

Jede zur Strassenbeleuchtung dienende Flamme wird mit einer Laterne umgeben, um sie vor Wind und Wetter zu schützen. Man fertigt die Laternen theilweise aus Blech, theilweise aus Gusseisen (mit schmiedeeisernen Stäben) an, und macht sie dabei theils viereckig, theils sechseckig. Eine viereckige Blechlaterne ist in Fig. 283 dargestellt. Der untere Theil derselben, der eigentliche Körper der Laterne, besteht aus einem kleineren unteren und einem grösseren oberen Rahmen, die beide durch vier Seitenstäbe mit einander verbunden, und durch 4 seitliche und eine Boden-Glastafel ausgefüllt sind. Um die Glastafeln befestigen zu können, sind keine Nuthen angebracht, sondern hinten an den Rahmen kleine Winkel aus Messingblech oder Zinkblech angelöthet, die, nachdem die Glasscheibe gegen den Rahmen gelegt ist, aufgebogen und angedrückt werden. Auf diese Weise braucht man die Gläser gar nicht einzukitten, was namentlich im Herbst und Winter bei schlechtem Wetter seine Schattenseiten hat, sie halten ohne Weiteres in den umgebogenen Plättchen fest. Von den 4 Seitentafeln ist die eine in einen besonderen losen Rahmen eingesetzt, der durch Charniere mit dem festen Laternen-Rahmen verbunden ist, und die Thür der Laterne bildet. Die vier Seitenstäbe der Laterne sind Blechwulsten, in welche je ein Eisendraht von etwa ¾₁₆ Zoll Dicke eingelegt ist. Diese Drähte stehen nach unten vor, und haben Gewinde angeschnitten; sie werden, wie bereits oben beschrieben, durch die Löcher des Rahmen hindurch gesteckt, welcher der Laterne als Fuss zu dienen hat, und durch Aufschrauben einer Gegenmutter auf diesem befestigt. Das Dach der Laterne besteht aus zwei Theilen, zunächst aus einem Rahmendach mit 4 Glastafeln und darüber aus einem zweiten Dach ganz aus Blech. Zwischen beiden Dächern ist ein durchbrochener vertikaler Aufsatz angebracht, dessen Zweck darin besteht, die Verbrennungsproducte aus der Laterne hinauszulassen. Das obere Dach steht soweit über diesen Aufsatz vor, dass der Regen nicht in die Laterne hineinfallen kann. Den obersten Theil bildet ein Knopf, der hier aus gepresstem Zinkblech angefertigt ist. Ein Uebelstand dieser Blechlaternen ist der, dass der obere Theil derselben sehr bald zerstört wird, man fertigt ihn desshalb an manchen Orten aus Gusseisen; ein weiterer Missstand besteht darin, dass ihre Rahmen, namentlich die Seitenstäbe, einen bedeutenden Schatten auf die Strasse werfen.

Weit zweckmässiger sind die gusseisernen Laternen, d. h. die Laternen, bei denen die gusseisernen unteren und oberen Rahmen nur durch einen oder zwei schmiedeeiserne Rundstäbe zusammen gehalten werden. Fig. 284 stellt eine solche Laterne von sechseckiger Form dar. Sowohl der untere als der obere

Fig. 284.

Rahmen hat einen rechtwinklig umgebogenen Rand, dieser Rand ist jedoch an 4 Ecken unterbrochen, so dass man die Glasscheiben von Aussen hineinschieben kann. Inwendig aufgenietete Blechwinkel dienen wieder dazu, die Scheiben gegen den Rahmen festzuhalten. Dabei werden die Scheiben so geschnitten, dass sie aussen etwa um ¼ Zoll vor einander vorstehen. Die Verbindungsrundstäbe sind oben und unten festgenietet und liegen hinter den Glasscheiben innerhalb der Laterne. Der Boden besteht aus zwei Theilen, die eine Hälfte hat eine fest eingelegte Scheibe, die andere bildet eine nach oben aufschlagende Thür. Ein loser Rahmen aus leichtem Schwarzblech zusammengenietet dreht sich um zwei in der Mitte der Laterne sitzende Charniere; dabei ist der Rahmen so construirt, dass man das Glas in denselben hineinschieben kann. Der grösseren Festigkeit wegen hat der Bodenrahmen in der Mitte noch einen reichlich 1 Zoll breiten Steg mit zwei Ansätzen zur Aufnahme der beiden Rundstäbe und einem Loch für das Brennerrohr. Der gusseiserne Fuss, mit welchem die Laterne auf dem Candelaber oder der Console befestigt wird, ist ebenfalls an den unteren Rahmen festgenietet. Das Dach der Laterne besteht auch hier wieder aus zwei Theilen, zwischen denen die Verbrennungsproducte ihren Abzug haben. Der untere Theil besteht aus zwei Rahmen, von denen der untere mit einem abwärts gebogenen Rand über den oberen Rahmen der eigentlichen Laterne übergreift, und durch ein starkes Charnier mit demselben verbunden ist, so dass sich das ganze Dach aufklappen lässt. Sechs dünne Rundeisenstäbchen verbinden den grossen Rahmen mit dem zugehörigen oberen kleinen Rahmen, dessen abwärts stehender Rand wieder an den Ecken unterbrochen ist, so dass die Glasscheiben unter denselben hineingeschoben werden können. Am grossen Rahmen sind die Blechwinkel, welche die Scheiben halten, aussen aufgenietet, so dass dort die Scheiben oben auf dem Rahmen liegen, und zwar desshalb, weil sonst das ablaufende Wasser sich zwischen Scheibe und Rahmen hineinsetzt, und in die Laterne hineinläuft. Ueber das oben beschriebene erste Dach fasst ein zweites kleineres gusseisernes Dach über, und bildet mit dem kleinen oberen Rahmen des ersteren, mit dem es durch drei Füsse im Abstand von etwa 1 Zoll verbunden ist, ein Gussstück. Den obersten Theil der Laterne bildet ein Knopf, der zu seiner Befestigung einen Stift von Rundeisen hat, der durch den oberen Theil des Daches hindurch reicht und in einem Kreuz festgeschraubt ist, welches in dem kleinen oberen Rahmen des unteren Daches sitzt.

Die sechseckigen gusseisernen Laternen wendet man gewöhnlich für Candelaber an, während man für die Consolen viereckige Laternen nimmt. Letztere haben auch zwei Rundstäbe, aber man macht den einen davon gewöhnlich stärker, als den andern, und stellt die Laterne dann so, dass der stärkere Stab gegen die Mauer gewendet ist, damit der Schatten, der nach der Strasse fällt, möglichst gering wird. Das Thürchen im Boden kommt links von der Console zu liegen. Die sechseckigen Candelaberlaternen stellt man so, dass die beiden Rundstäbe quer auf der Strassenrichtung stehen. Auch hier soll das Laternenthürchen immer nach einer und derselben Seite liegen, damit der Anzünder es nachher leicht zu finden weiss. Blechlaternen wendet man fast immer nur in viereckiger Form (für Candelaber wie Consolen) an, weil die sechseckigen gar zu viel Schatten werfen. Man stellt sie winklig mit der Strassenlinie, und kehrt die Thür nach der Strasse zu.

Die Grösse, welche man den Laternen giebt, ist verschieden, kleine Laternen haben den Nachtheil, dass die Gläser leicht springen. Acht bis 9 Zoll untere Weite, 14 bis 16 Zoll obere Weite (bei den sechseckigen Laternen von Ecke zu Ecke, bei den viereckigen die Seitenlänge gemessen) und 14 bis 15 Zoll Höhe (mit Ausschluss des Daches, welches mit dem Knopf noch wieder eine Höhe von 13 bis 14 Zoll bekommt) sind zweckmässige Verhältnisse.

Wo die Laternen mit Bodenthüren versehen sind, kann man die Strassenflammen mittelst besonderer, an langen Stielen befestigter Anzünderlampen von der Strasse aus anzünden, ohne erst eine Leiter anlegen und hinaufsteigen zu müssen. Die gewöhnlichen Bodenthüren schlagen, wie oben beschrieben, nach Innen auf, so dass der Anzünder sie beim Hinauffahren mit seiner Lampe öffnet; zieht er nach dem Anzünden seine Stange wieder zurück, so fällt die Thür durch ihr eigenes Gewicht wieder zu. In Berlin lässt man die Thüren nach Unten aufschlagen, und wendet zum Verschluss einen Haken an Fig. 285, der oben in einem Charnier hängt, und unten durch eine Kugel beschwert ist. Drückt der Anzünder mit seiner Laternenstange die Kugel zurück, so fällt die Thür aus dem Haken heraus nach unten auf, ist die Flamme angezündet, so wird die Thür wieder hinaufgedrückt, und hier von dem Haken, der mittlerweile in seine vertikale Stellung zurückgekehrt ist, gefasst und gehalten. (Journ. f. Gasbel. Jahrg. 1865. S. 218.) Dass man die Bodenthüren ebenso gut in Blechlaternen als in eisernen anbringen kann, versteht sich von selbst. Auch kann man statt einer einzigen Thür ebenso gut zwei anbringen, indem man auch die andere Hälfte des Bodens als Thür einrichtet. Wo man die Strassenflammen nicht von unten anzündet, hat man die Bodenthüren überhaupt nicht nöthig. Dort werden die Seitenthüren (Fig. 283) mit der Hand geöffnet und geschlossen.

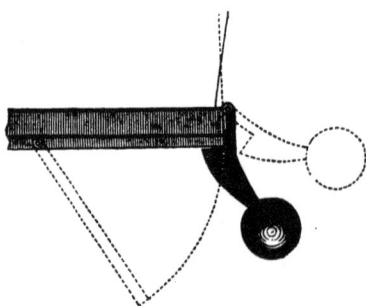

Fig. 285.

Es bleibt nun noch übrig, die innere Einrichtung der Laternen, das Brennerrohr und dessen Verbindung mit dem Candelaber- oder Consol-Rohr, die Laternenhähne und die Brenner näher ins Auge zu fassen. Die Flammen müssen nahezu in der halben Höhe der Laterne (d. h. der eigentlichen unteren Laterne mit Ausschluss des Daches) zu stehen kommen, die Länge des Brennerrohrs ist also hiernach einzurichten. Das Brennerrohr selbst ist meist ein Messingrohr von ³/₈ bis ½ Zoll Weite, es reicht abwärts bis eben durch den Boden der Laterne hindurch, und ist dort in den doppelten Hahn eingeschraubt, mittelst dessen der Zufluss des Gases zum Brenner theils abgesperrt, theils regulirt wird. Unterhalb des Hahnes sitzt eine Verschraubung, mit welcher das Ganze auf das schmiedeeiserne Zuleitungsrohr des Candelabers oder der Console verschraubt wird. Der Doppelhahn ist eine Combination von zwei gewöhnlichen Hähnen, von denen der obere als „Regulirhahn" so gestellt wird, dass bei gänzlich geöffnetem unteren Hahn die Flamme ihre richtige Grösse erhält. Der untere Hahn ist am Kopf mit einem etwas verlängerten Zapfen versehen, über welchen ein schmiedeeiserner Schlüssel gesteckt, und mittelst eines vorgesteckten Stiftes befestigt ist. Der Schlüssel (Fig. 275 und 277) steht bei geschlossenem Hahn vertikal nach abwärts, bei geöffnetem Hahn horizontal, eine grössere Drehung wie 90° kann der Zapfen des Hahns überhaupt nicht machen. Der Laternenanzünder hat also, um den Hahn zu öffnen, den herabhängenden

Schlüssel hinaufzudrehen, und beim Schliessen den Schlüssel, der zu diesem Zwecke mit einer Oese endigt herunterzuziehen. Die beiden Hähne stehen rechtwinklig oder in entgegengesetzter Richtung über einander, zur Laterne werden sie so gerichtet, dass, wenn man vor der Laterne steht, der Schlüssel auf der vorderen Seite derselben rechts steht, während die Bodenklappe, wie schon weiter oben bemerkt, links liegt. Anstatt die beiden Hähne unmittelbar über einander zu legen, hat man auch an manchen Orten dieselben getrennt, der Hahn zum Schliessen liegt mit seinem Schlüssel unterhalb der Laterne, der Regulirhahn liegt in derselben. Ein wesentlicher Uebelstand aller Hähne, die sich in vertikaler Richtung drehen, besteht darin, dass sie, wenn der Zapfen etwas locker wird, leicht von selbst zufallen. Man hat durch Anbringung von Gegengewicht am Schlüssel abzuhelfen gesucht, besser aber sind die von Raupp (Journ. f. Gasbel. Jahrg. 1859 S. 293) empfohlenen Hähne mit horizontaler Bewegung, die seitdem vielfach in Aufnahme gekommen sind. Bei diesen Hähnen Fig. 276 dreht sich nicht der durchbohrte Zapfen in der mit der Rohrleitung verbundenen Hülse, sondern der in seiner Längenrichtung gebohrte Zapfen bildet das Gasrohr, und um ihn dreht sich die aufgeschliffene Hülse herum. Die Bohrung des Zapfens ist nicht durchgehend, sondern unterhalb der Hülse seitwärts nach der Peripherie zu geführt, so dass dort dicht neben einander zwei Canäle ausmünden, von denen der eine mit dem unteren Theil und dem Zuleitungsrohr, der andere mit dem oberen Theil und dem Brenner in Verbindung steht. In der innern Wand der Hülse ist eine schaalenförmige Vertiefung von solcher Grösse angebracht, dass sie bei einer gewissen Stellung des Hahns über beide Oeffnungen überfasst, und die Communication zwischen denselben herstellt, d. h. den Hahn öffnet. Bei jeder anderen Stellung sind die Oeffnungen von einander isolirt, der Hahn also geschlossen. Die Hülse hat aussen gerade gegenüber der schaalenförmigen Vertiefung einen Anguss, in welchen ein schmiedeeiserner Stift oder Hebel eingeschraubt wird, um die Hülse drehen zu können. Der Hahn wird so gestellt, dass er offen ist, wenn der Stift bei Consolen in der Richtung dieser Consolen, oder bei Candelabern in der Richtung der Strasse steht.

Die Art, wie man das Brennerrohr mit dem Zuleitungsrohr im Pfosten oder in der Console verbindet, ist in den Fig. 275 bis 282 dargestellt. In den Fig. 275, 276, 278 und 281 steht das mit einem Schraubengewinde versehene Ende des Zuleitungsrohrs um Etwas über den Fuss der Laterne vor, und wird das Brennerrohr mit seiner unteren erweiterten Muffe mit innerem Gewinde unmittelbar aufgeschraubt. Damit das Zuleitungsrohr immer gleichweit vorsteht, und damit es nicht hin- und herschlottern kann und das Brennerrohr überall genau in die Mitte zu stehen kommt, ist es etwas unterhalb seines Endes mit einer angelötheten Flansche versehen. In Fig. 277 und 282 ist die Stelle des Zuleitungsrohres durch den oberen Zapfen der Messingbüchse vertreten, in Fig. 280 hat das Brennerrohr unten ein äusseres Gewinde, und ist in die aufgelöthete Flansche des Zuleitungsrohres eingeschraubt.

Als Brenner wendet man für Strassenbeleuchtung nur Schnitt- und Lochbrenner an. Auf einen Vorzug der letzteren, dass sie bei veränderlichem Druck einer geringeren Schwankung in der Flammengrösse und im Consum unterworfen sind, als die Schnittbrenner, habe ich bereits früher S. 97 aufmerksam gemacht. Im Uebrigen besteht unter beiden Sorten wohl kaum ein anderer Unterschied, als dass die Flamme des Lochbrenners mehr in die Höhe, diejenige des Schnittbrenners mehr in die Breite geht. Früher fertigte man die Brenner meist aus Eisen an, dieselben haben den Nachtheil, dass sie bald oxydiren und durchbrennen. Besonders beliebt sind die Specksteinbrenner, die aus einem Speckstein (wasserhaltigen Bittererdesilicat) von Göpfersgrün bei Wunsiedel angefertigt werden. Das Material wird zuerst durch Brennen entwässert, dann werden die Brenner abgedreht, in kochendes Oel eingesetzt und polirt. Sie sind sehr unempfindlich gegen die Einwirkung der Flamme, aber zerbrechlicher als die eisernen und müssen besonders beim Reinigen sorgfältig behandelt werden. Bei den sogenannten Graphitbrennern besteht der obere eigentliche Brennerkopf aus Graphit, und ist dieser in eine Hülse von Eisen, Messing oder Zink eingesetzt. Die Brenner haben entweder an ihrem unteren Ende ein Schraubengewinde, mit welchem sie in das Brennerrohr oder in einen besonderen Brenneraufsatz eingeschraubt werden, oder sie laufen conisch zu, und werden in das entsprechend ausgebohrte Rohr

bloss eingesetzt. Man unterscheidet darnach „Schraubenbrenner" und „Pflockbrenner." Jeden Brenner in
den Strassenlaternen stellt man so, dass die Flamme parallel zur Strassenrichtung zu stehen kommt.

Das Anzünden der Strassenflammen geschieht, wie schon erwähnt, entweder mit der Handlaterne,
wobei der Anzünder eine Leiter anlegen, und die Seitenthür der Laterne öffnen muss, oder gewöhnlich mit
der Stangenlaterne, mit welcher er von der Strasse aus durch die Bodenthür der Laterne zum Brenner hinaufreicht. Das Anzünden mit der Handlaterne ist ohne Zweifel das mühsamere, und nur in wenig Städten mehr
in Gebrauch, es hat übrigens einen Vortheil, der darin besteht, dass die Anzünder jede Nacht wenigstens
zweimal mit ihrer Nase an die Laterne kommen, und Gasausströmungen, die an den Laternenhähnen oder
sonst oben Statt haben, bald bemerken, während beim Anzünden mit der Stange der Arbeiter nicht anders
zur Laterne hinaufkommt, als wenn er sie putzt. Die Handlaternen, im Uebrigen von der allgemein üblichen Form, haben die Eigenthümlichkeit, dass ihr Boden und das darüber stehende Oelgefäss in der Mitte
eine runde Oeffnung haben, so dass das Brennerrohr bequem hindurchgeht. Im Oelgefäss liegen zu beiden
Seiten der Oeffnung je ein Docht, die Lampe hat also zwei kleine Flammen, an denen sich das Gas, wenn
die Lampe über den Brenner geschoben wird, entzündet. Solche Laternen, die mit der Hand bedient werden, haben auch selten einen Doppelhahn, sondern nur einen gewöhnlichen einfachen Lampenhahn, weil der
Anzünder, der den Hahn öffnet, diesen zugleich so stellt, dass die Flamme richtig regulirt ist. Eine Stangen-
lampe zum Anzünden vom Boden aus ist in Fig. 286 abgebildet. Das Oelgefäss hat etwa $1\frac{1}{4}$ Zoll Weite

und $1\frac{3}{4}$ Zoll Höhe; in seinem oberen Theil ist ein messingener Dochthalter für einen platten
Docht von $\frac{1}{4}$ Zoll Breite eingeschraubt. Der Docht lässt sich auf gewöhnliche Weise mittelst
eines anliegenden Rädchens, dessen durchgehende Welle auswendig einen Knopf trägt, auf
und nieder schrauben. Ueber den Dochthalter ist zum Schutz der Flamme ein Mantel aus
Eisen- oder Kupferblech von 5 bis 6 Zoll Länge geschoben, dessen oberer Theil sowohl zum
Abzug der Verbrennungsproducte als zum Eindringen des Gases, welches sich an der Flamme
entzünden soll, mit vielen Löchern versehen ist. Zum Zulassen der atmosphärischen Luft zur
Oelflamme ist auch der Fuss unterhalb des Oelgefässes mit Löchern versehen. Dieser Fuss
endigt mit einer Blechhülse, welche sich nach unten um ein Geringes erweitert, und über die
hölzerne Stange übergeschoben wird. Zum Festhalten des Mantels auf dem Oelgefäss dient
eine Art Bajonettverschluss. Das Oelgefäss ist mit einer Nuth versehen, welche einem am
unteren Rand des Mantels befindlichen nach inwendig gerichteten Haken entspricht, der Haken
wird in dieser Nuth hinunter geschoben, und sobald er unten ist, wird der ganze Mantel um
90° gedreht, so dass der Haken unter den unteren Rand des Oelgefässes fasst und das Ganze
festhält. Oben am Mantel befindet sich noch ein seitlicher Stift von 1 Zoll Länge, mit diesem
fasst der Anzünder beim Löschen der Flamme in die Oese des Hahnenschlüssels und zieht
diesen abwärts. Beim Anzünden stösst er den Hahnenschlüssel mit der Lampe aufwärts, fährt
durch die Bodenthür in die Laterne hinein und hält die Lampe in die Nähe des Brenners, so
dass das ausströmende Gas durch den Mantel an die Oelflamme dringt und sich entzündet.

Ausser der Anzünderlaterne und der Leiter, welche letztere unten mit zwei guten Spitzen
und oben mit zwei Bügeln zum Einhängen versehen sein muss, bedarf jeder Anzünder zur Bedienung seiner Strassenlaternen noch einer Brennerzange, einer Alkoholflasche, einer Chablone
für die Grösse der Flammen, eines Putzzeuges und einer Uhrfeder, wenn die Brenner Schnitt-

Fig. 286.
brenner, oder einer Nadel, falls es Lochbrenner sind. Die Brennerzange ist ganz ähnlich wie
die Rohrzange Fig. 267, nur dass sie ausser dem Maul für die Röhren noch eine zweite kleinere Oeffnung
zum Fassen der Brenner hat, die Alkoholflasche ist für den Winter zum Auflösen etwa sich ansetzenden
Eises oder Naphthalins. Ich habe gefunden, dass das Naphthalin sich nirgends leichter ansetzt, als in der
Oeffnung des Regulirhahns. Dieser Hahn ist nemlich nie ganz geöffnet, die Schneide des Zapfens steht mehr
oder weniger im Brennerrohr vor, und an dieser Schneide, an der sich das Gas stösst, setzt sich das Naph-

thalin ab. Einige Blättchen sind hinreichend, um die Oeffnung fast ganz zu verstopfen; das sogenannte „Zuduften" der Laternen ist meistens nichts anderes, als solcher Naphtalinabsatz, und selbst das, was man im Winter mit dem Einfrieren bezeichnet, ist in vielen Fällen Naphtalin. Alkohol oder noch besser Aether löst es leicht auf. Da die Strassenflammen nicht nach Gasuhren brennen, so regulirt man sie nach der Chablone, deren Grössenverhältnisse man am Photometer ermittelt, und wovon man jedem Anzünder ein Exemplar in Blech giebt. Man hat es versucht, Gasuhren für Strassenflammen im Fuss der Candelaber und in der Mauer zunächst der Consolen anzubringen, aber die Maassregel hat keinen Sinn, denn die Chablone reicht zur Controlle des Consums vollkommen aus, und die Kosten für die Anschaffung und Unterhaltung der Gasuhren sind so gross, dass man dafür eine etwa noch gewünschte Verbesserung in der Beleuchtung jedenfalls bestreiten kann. Ein in England probirtes Verfahren, jede zwölfte Laterne mit einer Uhr zu versehen, und den auf diese Weise gemessenen Consum auch für die übrigen Flammen anzunehmen, ist vollständiger Unsinn. Uhrfedern braucht man zum Reinigen der Schnittbrenner, Nadeln für die Lochbrenner, es bedarf aber kaum bemerkt zu werden, dass diese Arbeiten mit grosser Behutsamkeit vorgenommen werden müssen, wenn man nicht die Brenner beschädigen will.

B. Beleuchtungs-Apparate für die Privat-Beleuchtung.

Die meisten der zur Privat-Beleuchtung dienenden Apparate werden entweder an den Zimmerwänden, oder an den Decken befestigt, oder sie sind bis zu einem gewissen Grade transportabel, indem man sie mittelst Kautschukröhren mit der Gasleitung in Verbindung setzt. Die erstere Art sind die Wandlampen, die zweiten die Hängelampen (Lyren, Ampeln, Kronleuchter), die dritte die transportablen Stehlampen. Feststehende Candelaber werden nur verhältnissmässig selten angewendet, ebenso die rein decorativen Figuren, Blumenstücke u. s. w. Cigarrenfeuer können nicht wohl eigentlich als Beleuchtungsapparate betrachtet werden, ebensowenig die Apparate, die man zu verschiedenen häuslichen, technischen und wissenschaftlichen Zwecken sonst etwa noch gebraucht, und die hier nicht näher behandelt werden sollen. Man fertigt die Lampen aus Eisenrohr oder Messingrohr, die Verzierungen derselben aus Eisen-, Messing- oder Zinkguss, aus Messingblech, sowie aus Glas und Porzellan u. s. w., dabei werden die Lampen theils polirt, theils bronzirt, theils unecht oder echt vergoldet.

Eine Wandlampe ist ein mit einem Hahn versehenes, mehr oder weniger verziertes Rohr, welches einerseits ein Gewinde zum Aufschrauben auf die Wandscheibe, andererseits eine Vorrichtung zur Aufnahme des Brenners hat. Gewöhnlich bildet den hinteren Theil des Armes eine Scheibe oder Rosette, mit einem inneren Gewinde, mittelst dessen sie auf den Zapfen der Wandscheibe aufgeschraubt wird. Vor der Rosette sitzt dann meist der Hahn, der nach demselben Prinzip construirt wie der Hahn Fig. 252, aber mit einem Griff an seinem Küken versehen ist, so dass man ihn bequem mit der Hand ohne Schlüssel öffnen und schliessen kann. Rosette und Hahn sind entweder einfach gehalten oder mehr oder weniger verziert, je nach und in Uebereinstimmung mit der übrigen Ausstattung der Lampe. Soll die Lampe eine Bewegung der Flamme in horizontaler Ebene gestatten, so schliesst sich an den Hahn ein Gelenk an, und es ist dann meist, wie in Fig. 287, die Scheibe mit der Hahnenhülse und der unteren Gelenkhülse ein Gussstück. Die letztere Hülse hat, anschliessend an die durch den Hahn gehende Durchlassöffnung eine horizontal um ihren ganzen inneren Umfang herumlaufende ausgedrehte Nuth von gleichem Querschnitt, wie die Oeffnung im Hahn, so dass, wenn der conische Zapfen des Gelenkes in die Hülse gesteckt ist, das vom Hahn herkommende Gas in der Nuth frei um den Zapfen herum passiren kann. Der Zapfen, der in die

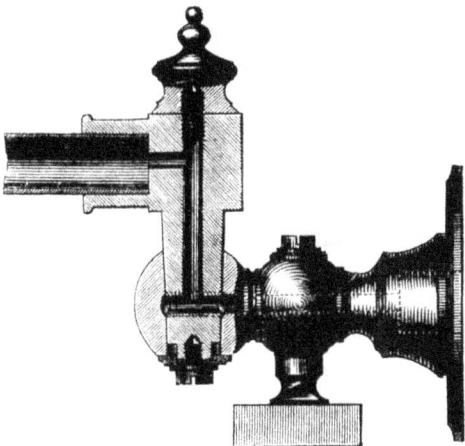

Fig. 287.

48*

Hülse eingeschliffen ist, hat genau in der Höhe der Nuth eine durchgehende horizontale Bohrung, das Gas gelangt also von der Nuth aus in diese Bohrung hinein. Von der Mitte der horizontalen Bohrung geht eine zweite vertikale Bohrung aufwärts in der Längsaxe nach dem Obertheil des Zapfens, und hat dort eine seitliche Abzweigung, welche in einer zur Aufnahme des weiteren Lampenrohrs dienenden Muffe ausmündet. Das Gas hat also bei jeder Stellung des Zapfens einen freien Weg vom Hahn durch das Gelenk bis in das oben anschliessende weitere Lampenrohr. Die vertikale Bohrung ist durch einen Schraubenzapfen mit entsprechend verziertem Kopf geschlossen, unten ist der Zapfen durch eine Gegenschraube mit vorgelegter Scheibe gehalten. Die Lampenfabriken liefern diese Gelenke als „Wandgelenke" oder „Hinterbewegungen" mit oder ohne Hahnen und Scheibe, einfach und verziert für Messingrohrgewinde von $^3/_8$" bis $^5/_8$" oder Eisenrohrgewinde von $^1/_8$" bis $^3/_8$." Die Wandlampen, welche mit dieser Hinterbewegung versehen sind, nennt man „einfache Gelenklampen." Nicht selten giebt man den Lampen eine doppelte oder dreifache Bewegung, so dass man auch den Abstand der Flamme von dem Wandgelenk vergrössern oder verkürzen kann. Die sogenannten „Zwischengelenke" sind ganz ähnlich construirt, wie die Wandgelenke, nur dass sie nicht an einen Hahn anschliessen, sondern unten wie oben horizontale Muffen tragen zur Aufnahme der Lampenröhren. Sollen die Wandlampen auch eine Bewegung in vertikaler Richtung gestatten, so construirt man einen Arm derselben als Parallelogramm mit vier vertikalen Gelenkbewegungen. Die beiden hinteren Drehpuncte liegen fest in vertikaler Richtung übereinander, es bleibt also auch das vordere kurze Rohr stets in seiner vertikalen Richtung gehalten, gleichviel, welche Stellung die langen Seiten des Parallelogramms einnehmen. Von dem vertikalen vorderen Rohr geht mit einer Horizontalbewegung der zweite Arm aus, der vorne den Brenner trägt, und seine horizontale Richtung bei jeder Stellung des Armes beibehält. Der eigentliche Arm der Wandlampen wird von glatten, gewundenen oder façonirten Röhren gebildet, die bei den schöneren Sorten mehr oder weniger umfangreiche Verzierungen erhalten. Schwere Muster giesst man in Eisen oder in Zink, leichtere in Messing, je nach ihrem Zweck und ihrer Ausstattung. Das vordere Ende jeder Wand-Lampe ist zur Aufnahme des Brenners mit einem Gewinde (Rohrschraube) versehen, auf welches entweder der Brenner selbst, oder die Brennerhülse aufgeschraubt wird. Aus den Lampenfabriken bezieht man übrigens alle Lampen ohne Brenner, und werden die letzteren mit ihrem Zubehör besonders berechnet. Sollen an einem Wandarm mehr als eine Flamme angebracht werden, so erhält derselbe ein sogenanntes „Bouquet", d. h. eine Verzierung, die sich in so viele Arme theilt, als man Flammen haben will.

Eine Hängelampe besteht im Wesentlichen aus einem von der Decke herabhängenden Rohr mit einem armförmigen Untertheil, an dessen Ende der Brenner befestigt wird. Das Lampenrohr ist entweder ein „Steifrohr", ein „Korkzug", ein „Stopfbüchsenzug" oder ein „Wasserzug". Unter Steifrohr versteht man ein meist $^1/_2$ bis $^3/_4$ zölliges steifes Messingrohr, seltener ein schmiedeeisernes Rohr, welches oben entweder in eine Rohrschraube oder in ein Gelenk mit Scheibe oder in eine Kugelbewegung eingelöthet wird. Die Rohrschraube ist ein kurzes rohrförmiges Gussstück, welches unten mit einer Muffe zur Aufnahme des Lampenrohrs, oben mit einem äusseren oder inneren Gewinde endigt, je nachdem der Zapfen der Deckenscheibe ein inneres oder äusseres Gewinde hat. Eine Lampe, die mit der Rohrschraube unmittelbar an die Deckenscheibe angeschraubt wird, gestattet derselben keine Bewegung. Will man ihr eine Bewegung in einer vertikalen Ebene geben, so wendet man statt der Rohrschraube ein Gelenk an, welches ganz so construirt ist, wie die Gelenke bei den Wandarmen. An dem Gelenk, welches hier natürlich keinen Hahn hat, sitzt oben gewöhnlich eine Scheibe mit innerem Gewinde, welches auf den Zapfen der Deckenscheibe aufgeschraubt wird. Soll die Lampe eine Bewegung nach jeder Vertikalebene gestatten, so wendet man statt des Kniegelenkes ein Kugelgelenk oder eine Kugelbewegung an. Fig. 288. Ein Rohrzapfen mit äusserem (oder innerem) Gewinde hat unten eine kugelförmige Erweiterung. Er ist hohl und die Erweiterung hat unten eine Oeffnung von etwas mehr als dem Durchmesser des Rohrs. Die Kugel wird von einer aus zwei Theilen bestehenden Hülse umfasst, welche sich unten zu einer Rohrschraube fortsetzt, und in welcher das Lampenrohr befestigt wird. Der obere Theil der Hülse bildet den eigentlichen Verschluss, derselbe ist sauber auf der

Kugel aufgeschliffen, und wird durch das Gewicht der Lampe angezogen. Der untere Theil steht um soviel von der Kugel ab, dass eine Lederkappe zwischengelegt werden kann, auch in der Fuge zwischen den beiden Theilen liegt zur weiteren Dichtung ein Lederring. Die Bewegungstheile sind mit Fett gut eingeschmiert, und die beiden Theile werden so fest zusammengeschraubt, dass gerade der richtige Grad der Beweglichkeit erreicht ist.

Will man die Hängelampen so einrichten, dass sie auch eine Bewegung der Flamme auf- und abwärts gestatten, so bedient man sich der sogenannten Züge. Der einfachste, aber auch unzuverlässigste Zug ist der „Korkzug." In einem weiteren an der Decke auf eben beschriebene Art befestigten Rohr schiebt sich ein zweites engeres Rohr, an welchem unten die Lampe befestigt ist, auf und ab, und die Dichtung zwischen den beiden Röhren ist durch Kork vermittelt. Es ist nemlich, wie Fig. 289 zeigt, ein durchbohrter

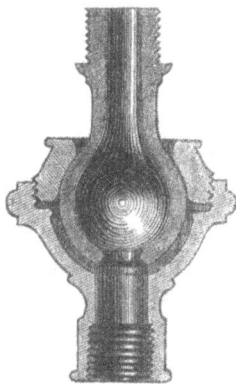

Fig. 288.

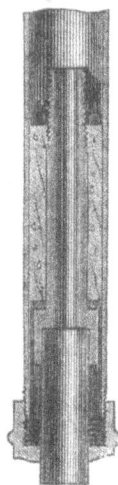

Fig. 289.

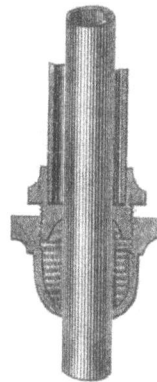

Fig. 290.

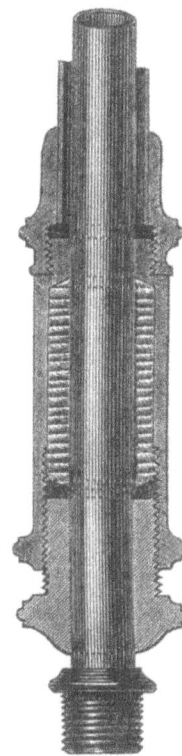

Fig. 291.

Korkcylinder von reichlich dem lichten Durchmesser des weiteren Rohrs über das Endstück des engeren Rohres geschoben, dieser Kork hat $1^1/_2$ bis 2 Zoll Länge; stösst unten gegen die Muffe des Endstückes, hinter der gewöhnlich zunächst noch eine Lederscheibe liegt, und wird oben durch eine aufgeschraubte Mutter mit vorgelegter Platte gehalten. Da sich das engere Rohr nicht gänzlich aus dem weiteren herausziehen lassen darf, so ist über das letztere unten eine Kappe geschroben, welche mit einer entsprechenden Oeffnung für das enge Rohr versehen ist. Der Kork ist gut mit Fett eingerieben. Bei dem „Stopfbüchsenzug" schiebt sich ebenfalls ein engeres Rohr in einem weiteren auf und ab, die Dichtung aber ist durch eine Stopfbüchse bewerkstelligt. Fig. 290 stellt eine Stopfbüchse kleinerer Art, Fig. 291 eine solche grösserer Art dar. Die erstere besteht aus zwei Theilen. Den oberen Theil bildet eine Art Rohrschraube, in deren Muffe das weitere Lampenrohr eingelöthet ist, während sie unten conisch ausgedreht ist, so dass sich die Verpackung beim Anschrauben des unteren Theiles fest in den keilförmigen Ring zwischen der conischen Fläche und dem inneren Lampenrohr hineinpresst. Der untere Theil ist eine becherförmige Hülse, welche mit dem Verpackungsmaterial, ölgetränkter Wolle oder Baumwolle, gefüllt, auf den oberen Theil aufgeschraubt wird, und durch dessen mehr oder weniger festes Anziehen man es in der Hand hat, die Verdichtung der Lampe fester oder lockerer zu machen. Das obere Ende des inneren Rohres ist umgebörtelt, so dass es nicht durch die Stopfbüchse herausgezogen werden kann. Die grössere Stopfbüchse Fig. 291 hat drei Theile, die obere Rohrschraube, die mittlere cylindrische Büchse mit dem Dichtungsmaterial, und die untere innere Schraube, durch welche die Verpackung angepresst wird. Vor der letzten Schraube liegt noch ein keilförmiger Ring, der die Pressung nach der Mitte gegen das engere Rohr richten soll. Sowohl die Korkzüge als die Stopfbüchsenzüge werden aus ⅝ und ¾" (schwache Züge), ¹¹/₁₆ und ⁷/₁₆" (mittlere Züge) oder ¾ und ½ zölligen Messingröhren (starke Züge) hergestellt, je nach der Grösse und dem Gewicht der übrigen Lampenbestandtheile, dem inneren Rohr giebt man gewöhnlich nur einen Theil der Länge vom äusseren Rohr, jenachdem man die Flamme mehr oder weniger hoch auf und abschieben will. „Wasserzüge" nennt man die Züge mit hydraulischem Verschluss Fig. 292. Hier besteht der untere Theil, anstatt aus einem einzigen inneren, aus zwei Röhren, deren Zwischenraum mit Wasser ausgefüllt ist, und das obere Rohr schiebt sich zwischen diese beiden Röhren hinein. Da der untere Theil hier nicht durch Reibung festgehalten wird, so ist er in Ketten über Rollen aufgehängt und durch Gewichte contrebalancirt. Die Rollen sitzen an einem Ring, welcher über das obere Rohr geschoben und nahe unter dem oberen Ende desselben festgeschraubt ist. Die Ketten laufen entweder von Innen nach Aussen, und die Gewichte hängen einzeln frei herunter, oder sie laufen von Aussen nach Innen, und das gesammte Gegengewicht bildet ein Ring, der sich auf der Lampe selbst auf- und abschiebt. Die geringste Zahl Aufhängepuncte, also Rollen und Ketten, die man einer Wasserzuglampe giebt, sind zwei, erhält die Lampe drei oder mehr Flammen (Lüster), so entspricht die Zahl der Aufhängungen, Rollen, Ketten und einzelnen Gegengewichte der Zahl dieser Flammen. Die Lampenfabriken haben die üble Gewohnheit, die Dimensionen der Röhren bei den Wasserzügen meist sehr eng zu nehmen. Da sich drei Röhren in einander schieben, so wird die Weite des äusseren Rohres ohnehin grösser als bei den übrigen Zügen, und um nun der Lampe kein plumpes Aussehen zu

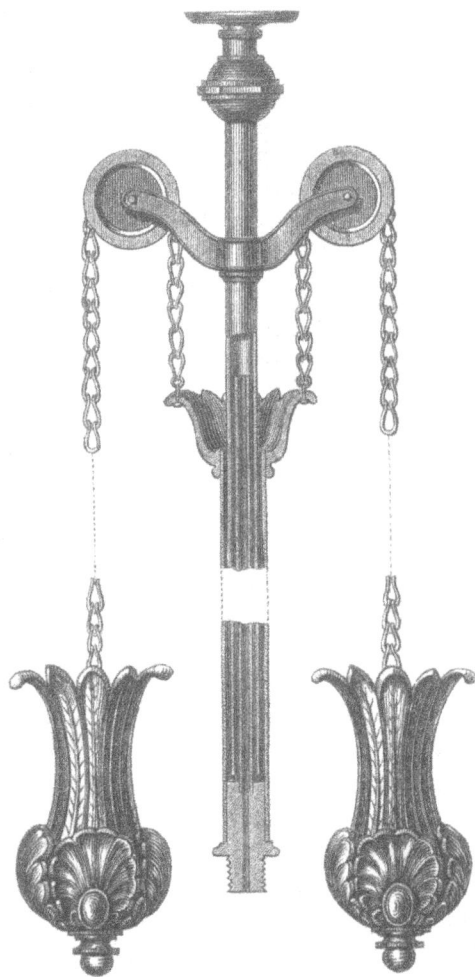

Fig. 292.

geben, geht man mit dem innersten Rohr meist auf ¹/₄ oder gar ¹/₄ Zoll herunter, während man für mehrere Flammen mindestens ³/₄ Zoll und höchstens für zwei Flammen ¹/₄ Zoll nehmen sollte. Uebrigens geben die Wasserzüge den Lampen ein äusserst reiches, elegantes Aussehen, und sind sehr beliebt. Sie erfordern nur eine gewissenhafte Aufsicht, denn wenn man das Sperrwasser zu weit verdunsten lässt, ohne nachzufüllen, so wird der hydraulische Verschluss aufgehoben, und es strömt Gas frei ins betreffende Local aus. Man kann das Verdunsten wohl bedeutend beschränken, wenn man eine Schichte Oel auf das Wasser giesst oder statt Wasser Glycerin anwendet, es ist aber nichts desto weniger immer eine gewissenhafte Aufsicht erforderlich, die Zahl der durch solche Ausströmungen namentlich in England veranlassten Explosionen ist nicht gering.

Um an das Lampenrohr das Untertheil der Lampe anschrauben zu können, ist ersteres unten gewöhnlich mit einer Rohrschraube versehen, welche oben eine Muffe zum Einlöthen des Rohrs, unten einen Zapfen mit äusserem Gewinde trägt, wie dies in Fig. 291 dargestellt ist. Bei den einfachen Hängelampen schliesst sich gewöhnlich zunächst an das Lampenrohr der Hahn an, und in diesen ist das armförmig gebogene eigentliche Untertheil eingelöthet, dessen vorderes Ende den Brenner trägt. Bei den verzierten Lampenuntertheilen wird der Hahn auch vielfach zunächst am Brenner, oder sonst an einer anderen Stelle des Armes der Verzierung entsprechend angebracht, dann wird die Verbindung mit dem Lampenrohr meist durch eine rosettenförmige Verzierung mit innerem Gewinde hergestellt. Da ein einseitiges, armförmiges Untertheil trotz aller Verzierungen eigentlich nie ein recht geschmackvolles Aussehen erlangen kann, so ist man darauf bedacht gewesen, auch für einzelne Flammen symmetrische Untertheile anzuwenden, und das hat die sogenannten „Lyras" gegeben. Der Name schon bezeichnet die Form, nach welcher diese Untertheile construirt sind, man hat sie einfach aus Röhren gebogen und mehr oder weniger verziert; zu ihrer Verbindung mit dem Lampenrohr oben, sowie zum Befestigen des Brenners unten dienen eingefügte geeignete Gusstheile, die in der Mittellinie des Apparates liegen. Ein Nachtheil der Lyra's besteht darin, dass sie mehr Schatten werfen, als die Hängelampen, für decorative Zwecke eignen sie sich dagegen sehr gut. Aehnlich den Lyras sind auch die sogenannten „Ampeln" oder „Flurlampen" symmetrisch angeordnete einfache Hängelampen, bei denen die Flamme mit einer Glas-Schale oder Kugel (der Ampel) umgeben ist, während die Schnüre der alten Ampel durch Röhren ersetzt sind, die gewöhnlich zur weiteren Imitation strickartig gewunden, und wie Schnüre angeordnet sind.

Die doppelarmigen Hängelampen unterscheiden sich von den einfachen nur im Untertheil, welches statt aus einem einfachen Arme hier aus einem Doppelarm besteht. Das mittlere Stück eines jeden solchen Doppelarmes wird durch ein Gussstück „Corpus", „Gaskasten" gebildet, ein hohler Messingkörper von rundem, vier- oder achteckigem Querschnitt mit einer oberen Oeffnung zur Verbindung mit dem Lampenrohr und zwei seitlichen Oeffnungen für die Arme. Sehr häufig schliesst man die Hähne für die Lampenarme gleich seitlich an das Mittelstück an, und werden die Arme selbst dann in die Hähne eingelöthet. Bei anderen, namentlich bei den reichverzierten Mustern, setzt man auch die Hähne in die Nähe der Brenner.

Hängelampen mit mehr als zwei Armen nennt man Lüster oder Kronleuchter. Eine so unendlich reiche Verschiedenheit dieselben in decorativer Beziehung bieten, so beschränkt sich doch ihre Construction im Wesentlichen auf die bereits bekannten Details. Als Lampenröhren dienen entweder Steifstangen oder Wasserzüge (selten Stopfbüchsen und noch seltener Korkzüge) mit oder ohne Knie- oder Kugelgelenk an der Decke, unten an das Lampenrohr schliesst sich ein mehr oder weniger grosses Mittelstück an, und von diesem aus gehen die Arme symmetrisch auseinander. Das Uebrige ist meist Decoration.

Eine Imitation der gewöhnlichen Oellampen bilden die sogenannten „Stehlampen", transportable Lampen mit einem Fuss, auf dem sie frei stehen, und die mittelst eines Gummischlauchs mit der Gasleitung in Verbindung gesetzt werden. Der Brenner ist entweder am oberen Ende der Lampe fest oder zum Ausschieben oder am Ende eines horizontalen Armes angebracht, welcher sich an der Lampe auf und ab schieben und stellen lässt. Der Zapfen für den Gummischlauch liegt entweder am Fuss der Lampe oder am hinteren Ende des verschiebbaren Armes. Für Werkstätten hat man sehr einfache Stehlampen aus Eisen unter der Bezeichnung „Werkstattleuchter."

Gummischläuche (Kautschukschläuche) werden entweder aus reinem vulkanisirten Kautschuk, oder mit Hanfeinlagen oder mit Spiralfedereinlagen und lackirt geliefert, es giebt aber leider keine Art, die vollständig gasdicht ist. Der Verein der Gasfachmänner hat in seiner diesjährigen Versammlung zu Braunschweig die Herstellung eines Kautschuks, aus dem sich für Gas undurchdringliche Röhren herstellen lassen, ohne dass sie die Vortheile der seither in Gebrauch befindlichen Schläuche entbehren, als Preisaufgabe ausgeschrieben. Um die Gummischläuche mit der Gasleitung zu verbinden, hat man sogenannte Schlauchhähne, die an der einen Seite einen Zapfen zum Ueberschieben des Schlauchs besitzen, während sie mit der anderen Seite auf den Zapfen der Wandscheibe etc. aufgeschraubt werden.

Feststehende Candelaber auf Tischen, Ladentischen, Arbeitspulten u. s. w. werden verhältnissmässig selten gebraucht. Sie haben die Gaseinführung von unten, und die Flammen oben, mitunter auch mehrere Flammen an Armen, die vom Obertheil des Candelabers symmetrisch abzweigen. Figuren, Blumenstücke u. s. w., die man hie und da statt der Candelaber, oder Figuren, die man statt kleiner Wandarme als Cigarrenfeuer benutzt, bieten nur ein rein decoratives Interesse.

Die Brenner, welche sämmtliche Lampen zu erhalten haben, sind entweder sogenannte offene oder Argand-Brenner. Die offenen Brenner werden in sogenannte „Brenneraufsätze, Brennertüllen" eingeschraubt oder eingesetzt, wo die Lampe in vertikaler Richtung ausläuft, oder in „Brennerwinkel, Brennerkniee", wo die Lampe in horizontaler Richtung endigt. Das innere Gewinde des Aufsatzes oder des Winkels muss mit dem äusseren Gewinde der Lampe übereinstimmen, was leider bei den verschiedenen Lampenfabriken nicht immer der Fall ist. Will man die Flamme mit einer Glasschale umgeben, so wird über den Aufsatz oder über das vertikal stehende Ende des Winkels ein „Triangel" geschraubt, und müssen zu diesem Ende erstere mit äusserem Gewinde versehen sein. Ein Triangel besteht aus einem dreiarmigen leichten Messinggussstück mit einer mittleren Oeffnung, die über den Brenneraufsatz passt und ein Gewinde zum Festschrauben hat. Zwei von den Armen haben an ihren Enden aufrechtstehende Haken, der dritte Arm ein glattes aufrechtstehendes Stück, durch welches eine von Aussen drehbare Schraube hindurchreicht. Die Haken und die Schraube fassen hinter den nach Aussen umgebogenen unteren Rand der Glasschale, die Schraube wird, nachdem die Schale aufgesetzt ist, vorgeschroben, und die Schale selbst auf diese Weise vollständig festgehalten. Will man die offene Flamme statt mit einer Schale, mit einem Glaskolben, einer tulpenförmigen grösseren Glasglocke umgeben, so bedient man sich statt der Triangel becherförmiger Halter, in welche der untere ziemlich enge Hals der Glocke gerade hineinpasst. Weiter finden bei den offenen Brennern noch die imitirten Kerzen Anwendung. Die Kerzen (Bougies) sind hohle Opalglascylinder vom Durchmesser einer Kerze und 4 bis 10 Zoll Länge, die so über den Brenneraufsatz geschoben werden, dass die Flamme gerade vollständig über der Kerze vorsteht. Es versteht sich, dass der Aufsatz eine dem entsprechende Länge haben muss. Wenn nicht die Lampe selbst an ihrem vorderen Ende eine Manschette hat, welche der Kerze als Unterstützung dienen kann, so wendet man Brenneraufsätze oder Brennerwinkel mit einem vorstehenden ringförmigen Rand an, stellt auf den Rand eine Glasmanschette und in diese hinein die Kerze. Laternen kommen für einzelne Zwecke der Privatbeleuchtung, wo man offene Flammen vor Zug zu schützen hat, in Anwendung, und zwar meist entweder als Hängelaternen oder als Wandlaternen. Bei den Hängelaternen hängt die Laterne an dem Gasrohr, und setzt sich letzteres in die Laterne hinein an der Seitenwand fort; Wandlaternen sind, so zu sagen, halbe Laternen, deren hintere Seite, mit welcher sie an die Mauer anliegen, aus einer Blechwand besteht. Der Brenner wird auf einem kleinen Wandarm angebracht.

Ueber die Argandbrenner ist bereits Seite 100 u. f. Einiges gesagt, und verschiedene Sorten derselben sind in den Fig. 36 bis 41 dargestellt. Sie haben ihre Gaseinführung theils von unten (gerade Brenner), theils von der Seite (Winkelbrenner), jenachdem die Lampen, für die sie verwendet werden sollen, in vertikaler oder in horizontaler Richtung auslaufen. Der eigentliche Brennerkörper ist entweder aus Metall, Porzellan oder Speckstein hergestellt, die Porzellan-Argandbrenner sind die beliebtesten. Um das für diese Brenner erforderliche Zugglas aufsetzen zu können, ist bei den meisten über den eigentlichen Brennerkörper eine Gallerie geschoben, mitunter auch festgeschraubt, in welche der Glascylinder gerade hineinpasst. Die Gallerie ist zugleich so durchbrochen, dass einzelne Theile derselben horizontal nach Auswärts gebogen werden können, um ein Schirmgestell oder eine Glaskugel darauf zu stellen. Man umgiebt die Argandbrenner nemlich fast immer mit Schirmen oder Glaskugeln, je nach den Zwecken, für die man sie verwendet. Die Schirme sind von Papier, von Blech oder von Milchglas. Papierschirme — und zwar die gewöhnlichen aussen grün und innen weiss — hängt man meist über Drahtgestelle aus feinem Eisendraht, die entweder unten mit einem Fuss zum Aufstellen auf die Brennergallerie oder oben mit Haken zum Einhängen in das Zugglas versehen sind. Auch befestigt man sie mittelst einer Gallerie von Messingblech, welche inwendig drei eingelöthete Federn hat, die sich fest an den Glascylinder anpressen. Blechschirme haben entweder einen Fuss, wie die Papierschirm-Gestelle, oder sie haben oben auch drei angelöthete Metallfedern. Glasschirme haben Träger, die meist oben mit einer Gallerie versehen sind, in welche der Schirm genau hineinpasst. Will man die Zimmerdecken vor dem Schwarzwerden schützen, so bringt man über den Flammen noch Rauchfänge (Rauchschalen) an, gewöhnlich gläserne Schalen, die man entweder an einer passenden Vorrichtung der Lampe oder an der Zimmerdecke selbst aufhängt. Man hat sie auch von Messingblech, und steckt sie auf die Zuggläser. Zweckmässig und weniger unschön sind die Rauchfänge von Glimmer.

Sechzehntes Capitel.

Die Gasuhren.

Wichtigkeit der Gasuhren. S. Clegg ist ihr Erfinder. Dessen Patent von 1816. Verbesserung durch Malam 1819. Weitere Verbesserung durch Crosley. Die grosse Zahl anderweitiger Erfindungen betrifft meist unwesentlichere Bestandtheile. Beschreibung einer Uhr, wie sie gegenwärtig gebraucht wird. Tabelle über die üblichen Trommel-Dimensionen. Uhren mit hohen und niedrigen ⊔-Röhren. Syphon-Schraube und Seitenschraube. Schwimmer. Verschiedene Anordnung desselben. Zählwerk. Sperrhaken. Vorrichtungen zur Constanthaltung des Wasserstandes. Darauf bezügliche Schwimmervorrichtung. Füllreservoirs mit pneumatischer Schöpfvorrichtung. Schwimmende Trommeln. Reparaturen an Gasuhren. Die Uhr geht schwer oder sie registrirt nicht. Prüfung der Gasuhren auf ihre Richtigkeit. Probirapparat und dessen Benutzung. Die Uhren müssen horizontal aufgestellt und gegen Frost geschützt werden. Spiritus und Glycerin. Verschiedene Maasse und Gewichte von Uhren.

Trockne Gasuhren sind nie eigentlich in Gebrauch gekommen. Mängel derselben. Erste trockene Gasuhr von J. Malam 1820. Zweite Uhr von Bogardus. Weitere Verbesserungen von Edge. Patent von Sullivan. Defries war der erste, der seine Uhr in die Praxis brachte. Nach ihm erzielte noch Croll wesentliche Erfolge. Beschreibung einer Croll'schen Uhr.

Die Wichtigkeit der Gasuhren oder Gasmesser für den Gasbetrieb im Allgemeinen ist bekannt. Es giebt keine zuverlässigeren, unbestechlicheren Rechnungsbeamten, als sie. Sie vermitteln unpartheiisch zwischen Publikum und Anstalt und gewähren nach beiden Seiten hin gleiche Sicherheit. Bevor man sie kannte, berechnete man den Consum nach der Grösse und Brennzeit der Flammen, aber das war ein kläglicher Nothbehelf, unbequem für's Publicum und unzuverlässig für die Anstalten; die ausgedehnteste Controlle war nicht im Stande, das Interesse der letzteren genügend zu schützen, und Conflicte und Processe gehörten zur Tagesordnung. Die Ausdehnung der Gasbeleuchtung wäre ohne Zweifel noch bei Weitem nicht zu ihrer gegenwärtigen Entwickelung gediehen, hätten wir nicht die Gasuhren.

Und wem verdanken wir diese wichtige Erfindung? Wieder und immer wieder demselben Manne, dem wir im Gebiete unserer Industrie mit jedem Schritte begegnen, S. Clegg. Seine erste Gasuhr aus dem Jahre 1815 bestand aus zwei Gasbehältern, die sich abwechselnd füllten und leerten. Diese Anordnung wurde jedoch sehr bald verlassen, und schon im Jahre 1816 entstand der Apparat, welcher seitdem allen späteren zum Muster gedient hat. Das Princip desselben besteht darin, dass ein in Kammern getheilter cylindrischer Behälter, die Trommel, im Wasser derart rotirt, dass die Kammern oberhalb des Wassers sich von einer Seite

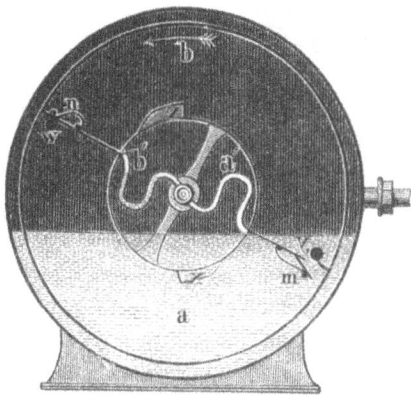

her mit Gas füllen und nachher beim Eintauchen sich nach der anderen Seite hin wieder entleeren. Fig. 293 giebt die Skizze der Clegg'schen Gasuhr, wie sie in der Specification seines Patentes von 1816 enthalten ist. Die Trommel ist in zwei Kammern a und b eingetheilt, und dreht sich um eine horizontale hohle Welle, die einerseits in einem, im Innern des Gehäuses befindlichen Zapfenlager läuft, andererseits durch eine Stopfbüchse nach Aussen hinaustritt. An diesem letzteren Ende findet der Eintritt des Gases statt, welches demnach zunächst in die hohle Achse gelangt, und von dort aus durch eine der beiden doppelt gebogenen Röhren a' b' in eine der zugehörigen Kammern geleitet wird. Die Röhre b' ist nach der Zeichnung theilweise mit Wasser gefüllt, in diesem Zustande ist das Gas verhindert, in die Kammer b einzutreten; die Röhre a' dagegen ist

Fig. 293.

offen und dem Gase der Eintritt in die Kammer a gestattet. In den Scheidewänden, welche die beiden Kammern von einander trennen, befinden sich zwei Klappenventile m und n, die mittelst leichter Federn angedrückt sind, und sich öffnen, sobald sie durch das Wasser gezogen werden, sich dagegen schliessen, sobald sie wieder aus dem Wasser heraustreten. Durch die Oeffnungen w und y gelangt das Gas aus den Kammern in den Raum zwischen der Trommel und dem Gehäuse, und von da durch ein seitliches Auslassrohr weiter. Zwei kleine Kästchen x und z sind nahe an den Mündungen der gebogenen Einströmungsröhren a' und b' auf der innern cylindrischen Trommelwand festgelöthet, und haben den Zweck, die besagten Röhren abwechselnd mit Wasser zu füllen.

So wie die Figur steht, tritt das Gas durch die hohle Achse und das Rohr a' in die Kammer a ein, und vermöge des Druckes, den es nach allen Seiten hin, also auch auf die Scheidewand nach aufwärts ausübt, wird diese gehoben und die Trommel in eine rotirende Bewegung nach der Richtung des Pfeiles versetzt. Durch diese Bewegung wird dasjenige Gas, was sich auf der linken Seite derselben Kammer noch zwischen dem Wasser und der Scheidewand befindet, durch die Oeffnung w hinausgetrieben. Das Ventil m schliesst sich, sobald die Scheidewand auf seiner Seite aus dem Wasser heraustritt, denn es wird durch die dahinter liegende Feder angedrückt. Das Ventil n dagegen öffnet sich, sobald auf seiner Seite die Scheidewand unter Wasser tritt, das Wasser tritt in den Raum b ein, und das Gas wird durch die Oeffnung y hinausgedrückt. Während dessen ist der Kasten x, der in der Figur unten gezeichnet ist, nach oben gelangt, und sowie er die Stellung erreicht, die der Kasten z in der Figur einnimmt, giesst er seinen Wasserinhalt in das Einströmungsrohr a', wodurch dieses abgesperrt wird, gerade so wie die Figur es bei dem Rohr b' zeigt. Die Absperrung des einen Rohrs geschieht genau in demselben Moment, wo das andere offene Rohr aus dem Wasser heraustritt, der Eintritt des Gases wird also nach der einen Kammer hin abgesperrt, in demselben Augenblick, wo er nach der andern Kammer hin beginnt, und da die Ausströmung nach Aussen hin auch aus der einen Kammer noch kurze Zeit fortdauert, wenn schon die Ausströmungsöffnung der anderen Kammer frei geworden ist, so folgt, dass trotz der Trennung beider Kammern von einander der Strom des Gases ein continuirlicher ist. Das durchgehende Gas wird dabei durch den räumlichen Inhalt der Kammern gemessen, und dieses Maass dadurch angegeben, dass die Umdrehungen der Trommel von der Achse aus auf ein entsprechendes System von Rädern und Zifferblättern übertragen werden.

Wir bewundern die sinnreiche Anordnung des Apparates, aber seine Mängel liegen auf der Hand. Die Ventile m und n konnten unmöglich lange dicht und gut bleiben, die Stopfbüchse musste eine bedeutende Reibung geben, und bei dem Ausgiessen des Wassers aus den kleinen Kasten x und z mussten jedesmal alle von der Uhr abhängigen Flammen in Vibration gerathen.

Ueber die nächsten wesentlichen Veränderungen, welche die Gasuhr erleiden musste, um in die Praxis Eingang finden zu können, ist man nicht einig, ob dieselben gleichfalls von Clegg herrühren, oder ob sie dem Ingenieur John Malam, der nach Clegg in Diensten der Chartered Gas Company in London stand,

49 *

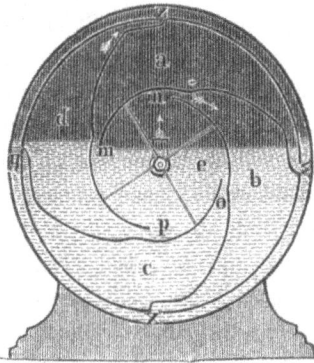 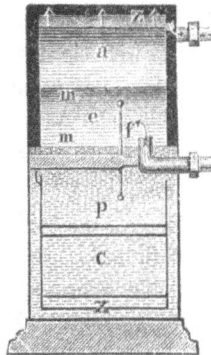

Fig. 294.   Fig. 295.

zugeschrieben werden müssen. Letzterer legte am 10. März 1819 der Society of Arts eine Schrift vor, in welcher er seine Uhr in nachstehender Weise beschrieb.

Fig. 294 ist ein Querschnitt und Fig. 295 ein Längenschnitt des Apparats. Die Trommel besteht aus 4 gleichen Kammern und einer cylinderförmigen Abtheilung in der Mitte. Die Kammern a b c d communiciren einerseits durch die schlitzförmigen Oeffnungen m n o p mit dem mittleren Raum, andrerseits durch die ähnlichen Oeffnungen w x y z mit dem Raum zwischen der Trommel und dem äusseren Gehäuse. Die Schlitze sind so angebracht, dass sich niemals diejenigen zwei, welche zu einer Kammer gehören, gleichzeitig ausserhalb des Wassers befinden können. Jede Kammer überspannt desshalb nahezu einen Halbkreis von einer Oeffnung bis zur andern. Der Mittelraum hat in einer seiner Seitenplatten eine Oeffnung, durch welche ein gebogenes Rohr zum Einlassen des Gases hindurchgeführt ist. Die Trommelachse läuft einerseits in einem Lager, welches am äusseren Gehäuse sitzt, andrerseits in einem Ansatz an diesem gebogenen Rohr; es kann daher die Trommel frei rotiren, ohne durch das Rohr gehindert zu sein. Der ganze Apparat wird hinreichend hoch mit Wasser gefüllt, um die Oeffnung, durch welche das Rohr eingeführt ist, abzusperren, aber das offene Ende der Röhre ragt noch um Etwas über das Wasser hervor. Das Gas, welches durch das gebogene Einlassrohr in den mittleren cylindrischen Raum e der Trommel gelangt, hat keinen anderen Weg weiter, als in diejenigen Kammern, deren innere Schlitze sich ausserhalb des Wassers befinden. In der gezeichneten Stellung tritt es durch den Schlitz n in die Kammer b und bringt vermöge seines Druckes die Trommel in der Richtung von Rechts nach Links zur Drehung, wobei das Wasser aus dem Schlitz x ausfliest. Ist eine Viertel-Drehung vollendet, so taucht der Schlitz n in das Wasser ein und o erhebt sich über dasselbe, so dass das Gas dann durch letzteren in c einströmt, und das Wasser durch y abfliesst. Sowie überhaupt ein Schlitz aus dem Wasser herauftaucht, tritt das Gas durch denselben in die zugehörige Kammer ein und das Wasser verlässt den von ihm eingenommenen Raum durch den äusseren Schlitz derselben Kammer. Während dess geschieht jedesmal das Umgekehrte in der anstossenden linken Kammer; sie nimmt Wasser durch den mittleren Schlitz ein und giebt Gas durch den äusseren Schlitz aus. So wird ein durch den Rauminhalt der Trommelkammern gemessener continuirlicher Gasstrom gebildet, der dann von dem Raum zwischen Trommel und Gehäuse durch ein Ausgangsrohr weiter geführt, und dessen Maass durch ein Räderwerk auf Zifferblättern in Cubikfussen angegeben wird.

Ein sehr wesentlicher Vorzug dieser Gasuhr vor der beschriebenen Clegg'schen besteht darin, dass die Stopfbüchse und mit ihr ein grosser Theil der Reibung in Wegfall gebracht ist. Diese Verbesserung macht Malam Niemand streitig. Aber auch die Vermeidung der Ventilklappen und der gekrümmten Einströmungsröhren mit ihrem complicirten Wasserverschluss, die damit zusammenhängende Anordnung von mehr Kammern, als zwei, sind nicht weniger wichtige Abänderungen, und von diesen scheint es ungewiss, ob nicht schon Clegg früher als Malam sie angebracht hat. Wenigstens trat Clegg gegen Malam's Ansprüche auf. Die Society of Arts setzte ein Untersuchungs-Comité nieder und diese gab nach achtstündiger Sitzung ihr Urtheil dahin ab, dass der Malam'sche Gasmesser neu, sinnreich und besser als alle anderen Gasmesser sei, auch dem Publikum zum grössten Nutzen gereiche, worauf ihm die Gesellschaft die goldene Isis-Medaille für diese Erfindung zusprach. Wiederholter Einspruch konnte das Urtheil des Comité nicht umstossen. Freilich heisst es in der Specification des Clegg'schen Patentes wörtlich: man kann die Sperrung des Gases auf verschiedene Art bewirken, entweder durch Klappen oder durch Röhren, die mit Wasser verschlossen werden, und wenn das Comité dies zur Grundlage für sein Urtheil nahm, so ist es allerdings möglich, dass es ihm ebenso sehr Unrecht gethan hat, als kürzlich die Jury dem Laming, dem sie die

Erfindung der Eisenreinigung abgesprochen hat, obgleich es festgestellt war, dass er sie factisch zuerst anwandte.

Die wichtigste Verbesserung nach Malam brachte Crosley an, der später das Clegg'sche Patent als Eigenthum erwarb. Die Malam'sche Einrichtung hatte zwar schon eine bedeutende Verminderung der Reibung veranlasst, aber der Druck, der zu einer solchen Uhr von 9" Trommeldurchmesser erforderlich war, betrug immer noch durchschnittlich $^3/_{10}$" und variirte bei verschiedenen Stellungen der Trommel um nicht weniger als $^2/_{10}$", so dass auch die Flammen unruhig brannten.

Crosley war der Erste, der die schlitzförmigen Ein- und Ausgangsöffnungen in die beiden Endplatten der Trommel verlegte und den Scheidewänden eine schräge Stellung gegen die Achse gab, so dass sie beim Durchgang durch das Wasser nur mehr eine geringe Reibung veranlassten. Der zur Bewegung der Trommel erforderliche Druck verminderte sich auf $^1/_{10}$" und die Schwankung war am Manometer kaum mehr wahrzunehmen. Das ⊔ förmige Einströmungsrohr wurde nicht mehr in die Trommel selbst hineingeführt, sondern in eine Vorkammer, welche durch einen kugelsegmentförmig gewölbten Boden gebildet wurde, mit dem Crosley das eine Ende der Trommel verlängerte. Der Boden hatte in der Mitte eine Oeffnung, durch welche das Einströmungsrohr hindurch ging, auch wurde letztere neben der Achse angebracht und die Achse reichte durch die ganze Trommel hindurch.

Bezeichnen die angeführten Momente auch die Hauptentwicklungsepochen der Gasuhr, so ist damit der Zahl nach doch nur der allergeringste Theil der Verbesserungen angedeutet, die im Laufe der Zeit daran angebracht worden sind. Es würde hier zu weit führen, auf eine ausführliche Darstellung der Einzelnheiten einzugehen, von manchen Bestandtheilen dürfte es auch schwer zu ermitteln sein, wer wirklich der Erste war, der sie zur Anwendung brachte. Die Trommel, das Hauptstück des Apparates, ist nach der Crosley'schen Anordnung unverändert beibehalten worden. Die übrigen Verbesserungen zielen meist auf die Regulirung, Beobachtung, und Constanthaltung des Wasserstandes, auf Verhütung von Defraudationen u. dgl. hin, viele derselben sind niemals in der grossen Praxis zur Anwendung gekommen, andere haben Anerkennung gefunden und diese sind es, die wir unter etwas modificirten Formen in allen Uhren wiederfinden, wie zahlreich auch die Namen der Patentinhaber sein mögen, die sich etwas darauf zu Gute zu thun wissen, wesentlich Neues erfunden und eingeführt zu haben.

Eine Gasuhr üblicher Construction ist in den Fig. 296 bis 300 näher dargestellt. Fig. 296 zeigt die Einrichtung der Trommel, von welcher der äussere cylindrische Mantel abgenommen ist. Dieselbe besteht aus 4 Stücken, deren mittlerer Theil jedesmal die eigentliche Scheidewand bildet, während die beiden flügelartigen Stücke Theile der kreisförmigen Seitenwände sind. Die Flügel liegen nicht fest auf einander, sondern lassen die schlitzförmigen Oeffnungen zwischen sich, welche dem Gase zum Ein- und Ausströmen dienen. Alle 4 Stücke werden von dem cylinderförmigen Mantel, an dem sie festgelöthet sind, zusammengehalten. An der Achse sind die einzelnen Kammern nicht geschlossen, sondern nur durch Wasser abgesperrt, welches in denselben frei communiciren kann. An der Vorderseite der Trommel, wo das Gas einströmt, ist dieselbe mit einer Vorkammer in Form eines Kugelsegmentes versehen, wie dies bereits bei der Crosley'schen Anordnung beschrieben ist. Die Trommelachse läuft hinten in einem an dem Gehäuse befestigten Lager, vorne reicht sie durch die Wand des Gehäuses hindurch in einen viereckigen Kasten hinein, in welchem sich die zur Controlirung und Regulirung des Wasserstandes bestimmten Vorrichtungen befinden. Hier trägt sie eine Schraube ohne Ende, welche in ein horizontales Zahnrad eingreift, und die vertikale Welle dieses Zahnrades tritt nach oben in einen kleineren Kasten, in welchem das eigentliche Zählwerk angebracht ist. Das Gas gelangt, um die Uhr zu

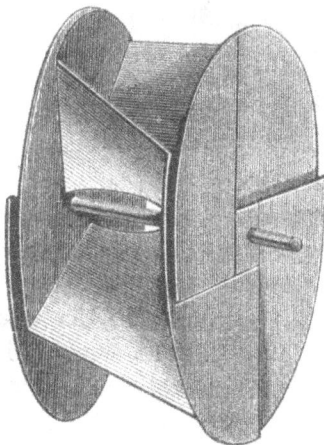

Fig. 296.

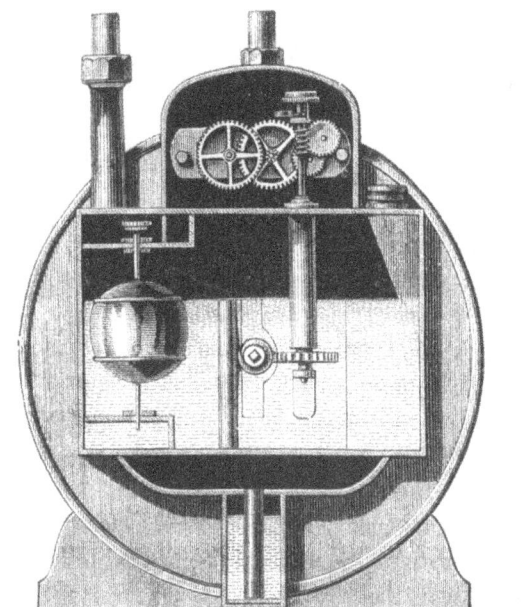

Fig. 297.

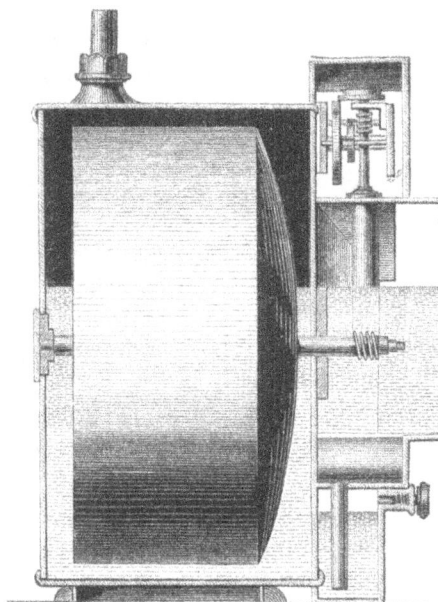

Fig. 298.

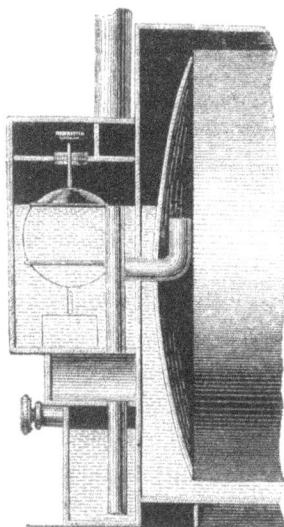

Fig. 299.

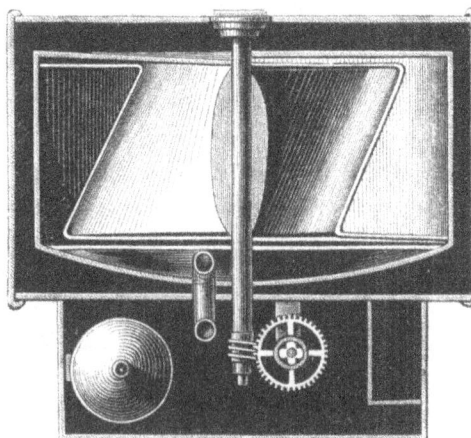

Fig. 300.

passiren, durch das links auf dem Vorderkasten sitzende Einlassrohr zunächst in einen kleinen abgeschlossenen Raum, der nur durch eine mit einem Kegelventil versehene Oeffnung mit dem eigentlichen Raum des Vorderkastens in Verbindung steht. Das Kegelventil wird von einem Schwimmer getragen, der sich mit dem Wasser in der Uhr hebt und senkt. Fällt das Wasser tiefer herunter, als es zulässig ist, ohne das Maass der Uhr wesentlich zu beeinträchtigen, so fällt auch das Ventil auf seinen Sitz und sperrt den Zustrom des Gases zur Uhr ab, so dass die durch die Uhr gespeisten Flammen erlöschen. In den eigentlichen Vorderkasten hineingelangt, findet das Gas seinen Weg weiter durch das ⊔ förmige Rohr, welches unter Wasser durch die Wand des Trommelgehäuses und durch die kugelförmig gewölbte Vorplatte der Trommel hindurch geht, und dann in der Vorkammer der Trommel bis über das Wasserniveau wieder in die Höhe steigt. Dieses Rohr sitzt unmittelbar neben der Trommelachse, und die Oeffnungen, durch welche es hindurch geht, werden beide vom Wasser verschlossen. Von der Vorkammer der Trommel tritt das Gas in die Kammern ein, deren Einströmungs-öffnungen sich oberhalb des Wassers befinden, und bringt durch den Ueberdruck, den es auf die Scheide-wände ausübt, die Trommel zur Drehung*). Sowie sich eine Kammer von der einen Seite allmählig mit Gas

---

*) Ueber die Bewegung der Messtrommel in der nassen Gasuhr haben ausführliche Erörterungen zwischen den Professoren Pettenkofer, Seidel, Walther und Uhlherr Statt gefunden (Journ. f. Gasbel. Jahrg. 1862 S. 133, 186, 212, 244, 273, 320, 380, 440), die durch die Behauptung Pettenkofers veranlasst wurden, dass der ungleiche Wasserstand in den verschiedenen Kammern der Trommel, der in den meisten Beschreibungen der Gasuhr gar nicht, in einigen ganz nebenbei erwähnt werde, von fundamentaler Bedeutung für die Erklärung der Bewegung der Trommel erscheine, und dass die Kraft des Gasdruckes zunächst zur Bewegung des Wassers in einem Theile der Trommel verwendet, die Trommel aber erst durch das verdrängte Wasser in Bewegung gesetzt werde, auf welches das Gas die hiefür erforderliche Druckkraft übertragen habe. Die Trommel sei eine Art Tretrad. in welchem der Druck des Gases dazu diene, das Wasser beständig von einer Seite auf die andere zu legen, so dass die letztere verhältniss-mässig schwerer werde, und die Trommel selbst zum beständigen Fallen, resp. zum Rotiren gelange.

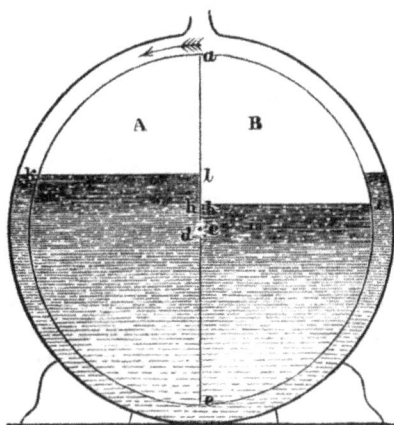

Man denke sich eine einfache cylindrische Trommel, die sich um ihre Achse c drehen kann und mit zwei Scheidewänden a b und d e, die zunächst der Achse eine Oeffnung für die Communication des Wassers lassen, versehen ist. Die Trommel werde zunächst bis etwas über b hinauf mit Wasser gefüllt, und das Gas in den auf diese Weise von einander getrennten Kammern A und B stehe unter gleichem Druck. So wird das Gleichge-wicht nicht gestört und die Trommel bewegt sich nicht. Bringt man aber das Gas in dem Raume b unter einen höheren Druck, so wird sich die Trommel nach der durch den Pfeil angedeuteten Richtung drehen, gleich-zeitig wird der Wasserspiegel in B herabgedrückt und derjenige in A um ebensoviel gehoben. Es entstehen die Wasserstände h i und k l. Dabei befinde sich die Trommel in einem Gehäuse, welches genau bis zur Höhe k l voll Wasser steht, und in dessen oberem Theil ein Gasdruck Statt findet, der genau demjenigen in A gleichkommt.

Denkt man sich nun die Trommel arretirt, so betrachtet Prof. Pettenkofer die Kräfte, die wirksam sind, etwa in folgender Weise: Auf beiden Seiten der Trommel wirkt der Gasdruck sowohl gegen die obere Scheidewand a b, als auch durch das Wasser hindurch auf die untere Wand d e, die gleichen und sich entgegen wirkenden Kräfte heben sich auf, es resultirt also aus dem direkten Gasdruck im Innern der beiden Kammern auf ihre Wände keine drehende Kraft. Der Wasserdruck in beiden Kammern hebt sich bis zur Höhe h i auf beiden Seiten auf, es bleibt also nur noch auf der Seite A der Wasserüberdruck von der Höhe h l, der in Folge der Niveaustörung Statt findet, übrig, um die Drehung der Trommel zu bewirken.

Dieser Anschauungsweise gegenüber steht die andere, welche nicht die einzelnen Trommelhälften, sondern die einzelnen Scheidewände betrachtet. Bezeichnet

h die Höhe von einem Punkte der Wand d e bis zum Niveau h i,

$h_{,}$ die Höhe von demselben Punkt bis zum Niveau k l,

γ das Gewicht einer Cubikeinheit Wasser,

p den Gasdruck auf ein Flächenelement in A,

$p_{,}$ den Gasdruck auf ein Flächenelement in B,

so ist die Kraft, welche von A her auf ein Flächenelement der Wand d e wirkt =

$$= h_{,} \, \gamma + p \text{ oder } h \, \gamma + (h_{,} - h) \, \gamma + p.$$

Hier lässt sich statt des Gewichtes $(h_{,} - h) \, \gamma$ auch der Druck $p_{,} - p$ substituiren, denn dieser Ueberdruck $p_{,} - p$ ist es, welcher der Wassersäule von der Höhe $h_{,} - h$ das Gleichgewicht hält. Es wird dadurch die Kraft, welche von A her auf ein Flächenelement der Wand d e wirkt

$$= h \, \gamma + (p_{,} - p) + p = h \gamma + p_{,}.$$

füllt, tritt das Wasser auf der anderen Seite aus und die Ausströmungsöffnung tritt nicht eher aus dem Sperrwasser heraus, bis die Einströmungsöffnung sich bereits wieder unter Wasser befindet. Ist dieser Punct eingetreten, so ist der Vorgang ein umgekehrter, durch die Einströmungsöffnung tritt Wasser ein, und durch die Ausströmungsöffnung entweicht das Gas in den Raum zwischen Trommel und Gehäuse, von wo es dann den Apparat verlässt. Der obere Rand des ⊔ Rohres liegt genau in der richtigen Wasserlinie, für welche das Maass der Uhr adjustirt ist. Alles Wasser, was über dieses Maass hinaus in die Uhr gelangt, fliesst in das ⊔ Rohr hinein, und von diesem aus durch ein abwärts geführtes Abflussrohr in ein unter dem Vorderkasten angebrachtes Reservoir, von wo es abgelassen wird. Um dies bewerkstelligen zu können, ohne zugleich dem Gase einen Weg zu öffnen, ist ein Syphon angebracht, ein enges Abflussrohr, welches in ein weiteres unten und oben geschlossenes Rohr eintaucht. Am oberen Ende des letzteren befindet sich die Abflussöffnung mit einer von Aussen zu lösenden Schraube, so dass das Wasser stets den Raum des weiteren Rohres bis zur Schraubenhöhe gefüllt halten muss, und einen hydraulischen Verschluss für das Gas bildet. Damit das Gas aus dem Vorderkasten nicht in den für das Zählwerk bestimmten oberen Raum eindringen kann, ist die vertikale Uebertragungswelle mit einer an der oberen Deckplatte des Vorderkastens angelötheten Blechhülse umgeben, deren unteres Ende in das Wasser eintaucht. Ausserdem läuft übrigens dieselbe Welle auch noch durch eine leichte Stopfbüchse, um die Feuchtigkeit von den Rädern abzuhalten. Das Zählwerk selbst besteht in Folgendem: An der vertikalen Welle sitzt eine Schraube ohne Ende, welche in ein vertikales Zahnrad eingreift, und die von der Trommelachse überkommene Bewegung auf dieses überträgt. Beträgt das Gasquantum, welches die Trommel bei einer Umdrehung durchlässt, z. B. ¼ c′, wie dies bei Uhren für 3 Flammen der Fall ist, so hat das untere horizontale Rad im Vorderkasten 40 Zähne, es dreht sich dieses also einmal, sobald 5 c′ Gas durch die Uhr gegangen sind. Das Zahnrad, in welches die am oberen Ende der vertikalen Achse sitzende Schraube eingreift, hat wiederum 40 Zähne, es dreht sich dieses also für je 200 c′ einmal herum. An der Achse dieses Rades sitzt ein Getriebe von 6 Zähnen, welches in ein Rad von 30 Zähnen eingreift. Dieses Rad dreht sich für je 1000 c′ einmal herum und trägt einen Zeiger, der sich vor einem von 1 bis 10 eingetheilten Zifferblatte dreht, so dass die Zahlen auf diesem Zifferblatte jedesmal Hunderte Cubikfusse angeben, die durch die Uhr gegangen sind. Nun wird die Bewegung

---

Dieselbe Kraft h γ + p, wirkt aber auf dasselbe Flächenelement der Wand d e von der Seite B her, die Wand wird also in diesem, und ebenso in jedem andern Element von zwei gleichen Kräften gedrückt, und da die Kräfte einander entgegenwirken, so heben sie sich auf, und es entsteht keine Bewegung.

Betrachtet man dagegen irgend ein über Wasser liegendes Element der Scheidewand ab, so findet sich als darauf wirksam

von der Seite A her der Gasdruck p
von der Seite B her der Gasdruck p,

Die Kraft p, ist grösser als p, und da sich beide entgegen wirken, so bleibt ein Kraftüberschuss p, — p von B her, welcher das Element nach der Richtung des Pfeiles zu bewegen sucht. Jedes über Wasser befindliche Element der Wand a b wird von denselben Kräften gedrückt, erleidet also den gleichen Ueberdruck p, — p von B her, für die ganze Wand ergiebt sich daher ein Kraftmoment (und zwar ein Kraftmoment, welches um ein Geringes grösser ist, als die Summe aller Reibungen, die in der ganzen Uhr Statt haben) für die in der Richtung des Pfeiles vor sich gehende Drehung der Trommel. Was hier von der Scheidewand d e nachgewiesen ist, gilt von jeder unter Wasser befindlichen Scheidewand, ihre Lage mag sein wie sie wolle. Sie wird von beiden Seiten gleich stark gedrückt, und kann keine Bewegung veranlassen. Was dagegen von der Wand a b gesagt ist, gilt jedesmal von derjenigen über Wasser befindlichen Wand, welche die Einströmungskammer von der Ausströmungskammer trennt. Unter Zugrundelegung des obigen Falles kommt man daher für die wirkliche Trommel einer nassen Gasuhr zu dem Schlusse, dass der Ueberdruck des einströmenden Gases (p, — p) die Kraft ist, welche eine Drehung der Trommel hervorbringt, indem sie direct auf diejenige Scheidewand wirkt, welche die Einströmungskammer von der zunächst liegenden Ausströmungskammer trennt. Die Verschiedenheit der Wasserstände in den verschiedenen Kammern ist nach dieser Anschauungsweise nur Bedingung für den Gleichgewichtszustand im unteren Theil der Trommel.

weiter von je einem Getriebe mit 6 Zähnen auf ein Rad mit 60 Zähnen übertragen, so dass letzteres sich einmal herumdreht, wenn das vorhergehende zur rechten Hand zehnmal herumgegangen ist. Die Zahlen auf den Zifferblättern zeigen also ausser den Hunderten die Tausende, Zehntausende, Hunderttausende, Millionen u. s. w. an, fortlaufend von Rechts nach Links jedesmal das nächstfolgende das Zehnfache von dem vorhergehenden. Dabei drehen sich die Zeiger einmal von Rechts nach Links, beim nächsten Zifferblatt von Links nach Rechts, und dem entsprechend läuft auch die Theilung, was beim Ablesen zuerst wohl beachtet werden muss. Um erforderlichen Falls auch noch kleinere Gasquantitäten ablesen zu können, als Hunderte von Cubikfussen, wie sie das Zifferblatt rechts angiebt, ist die vertikale Welle an ihrem oberen Ende mit einer horizontalen Scheibe versehen, deren Rand eingetheilt ist, und einzelne Cubikfusse, ja sogar Bruchtheile desselben angiebt. Wir haben gesehen, dass sich die Welle für je 5 c′ einmal herumdreht, demnach ist auch der Rand der Scheibe in 5 Theile, welche die Cubikfusse bezeichnen, und beliebige weitere Unterabtheilungen eingetheilt. Als Zeiger dient ein kleiner vertikaler Stift, der an der Zifferplatte befestigt ist, und hinter welchem sich die Trommel dreht. Zur Versorgung der Uhr mit Wasser ist oben rechter Hand auf der Deckplatte des Vorderkastens eine, mittelst einer Messingschraube zu verschliessende, Oeffnung angebracht, in welche man einen kleinen Trichter einsetzen und das Wasser eingiessen kann. Damit aber das Gas verhindert wird, aus dieser Oeffnung auszuströmen, ist sie inwendig mit einer dicht angelötheten Hülse versehen, welche sich abwärts bis beinahe auf den Boden des Vorderkastens fortsetzt, und einen hydraulischen Verschluss bildet. Das Ausströmungsrohr, durch welches das Gas die Uhr verlässt, sitzt oben auf dem Trommelgehäuse angebracht.

Verschiedene Fabrikanten weichen in Einzelheiten der Anordnung natürlich mehr oder weniger von einander ab. Was die Trommel betrifft, so liegt der Unterschied meist in den Dimensionen und in der Güte des Materials. Die üblichsten Maassverhältnisse sind nach Clegg in folgender Tabelle zusammengestellt.

	Anzahl der Flammen, für welche die Uhr eingerichtet ist:											
	2	3	5	10	20	30	45	50	60	80	100	150
Durchmesser der Trommel in Zollen	9,00	9,00	12,30	14,75	17,14	19,47	21,50	23,00	23,00	24,80	27,55	31,90
Tiefe derselben in Zollen . . .	3,30	4,50	4,90	6,70	9,60	11,00	12,40	12,75	15,50	17,75	19,10	22,45
Durchmesser des Wasserverschlusses in Zollen	2,50	2,50	3,00	3,45	4,35	5,00	5,30	5,90	5,90	6,50	7,45	9,98
Mittelöffnung in Zollen	1,20	1,20	1,70	1,92	2,70	3,03	3,28	3,72	3,72	4,00	4,90	6,00
Wölbung der Vorkammer in Zollen	0,90	1,06	0,84	1,05	1,00	1,30	1,60	1,70	1,70	2,05	2,17	2,49
Tiefe der Einlassöffnungen in Zollen	0,28	0,30	0,39	0,57	0,58	0,62	0,82	0,95	0,98	0,98	1,50	1,78
Tiefe der Auslassöffnungen in Zollen	0,43	0,50	0,65	0,90	0,90	1,05	1,22	1,20	1,26	1,50	1,70	2,00
Quantität welche bei einer Trommelumdrehung geliefert wird in Cubkf.	0,0833	0,125	0,25	0,50	1,00	1,5151	2,00	2,5	3,0303	4,00	5,00	7,6923

Die Tiefe der Ein- und Auslassöffnungen ist unmittelbar am Rand der Trommel gemessen.

Das ⎵ förmige Rohr, welches das Gas vom Vorderkasten in die Trommel führt, wird von manchen Fabrikanten in der Art angebracht, dass die offenen Schenkel um Etwas über den richtigen Wasserstand vorstehen. In diesem Fall dient es dann nicht zugleich zur Regulirung des Wasserstandes, sondern es ist für diesen Zweck eine Schraube in der Seitenwand angebracht, deren Unterkante im Niveau des richtigen Wasserstandes liegt, und die geöffnet wird, um das überflüssige Wasser abzulassen. Bei den niedrigen Röhren ist eine Ueberfüllung der Uhr mit Wasser unmöglich, es kann der normale Raum der Uhr nicht verkleinert werden, was offenbar bei den hohen Röhren geschehen kann, und zwar in dem Maasse, je nachdem diese mehr oder weniger hoch über dem normalen Niveau vorstehen. Die Folge einer Raumverkleinerung ist die, dass nicht soviel Gas durch die Trommel geht, als vom Zählwerk angezeigt wird, sowie eine Raumvergrösserung durch zu niedrigen Wasserstand das Gegentheil zur Folge hat. Zu hoher Wasserstand bringt dem

Consumenten Nachtheil, sowie zu niedriger Wasserstand der Anstalt Verlust bringt. Es ist nun allerdings sehr schön, dass das Publicum bei den niedrigen Röhren gegen jede Uebervortheilung gesichert ist, aber dabei kommt die Gasanstalt zu Schaden, falls nicht auch zugleich dafür gesorgt ist, dass der richtige Wasserstand erhalten bleibt. Gewöhnlich werden die Gasuhren abseiten der Gasanstalten jeden Monat einmal nachgesehen, und der Wasserstand adjustirt. Unmittelbar nach der Aufnahme beginnt mit wenigen Ausnahmen das Wasser zu verdunsten, das Niveau sich zu senken, dies setzt sich den ganzen Monat hindurch fort, und während aller dieser Zeit geht bei gleichem Gange des Zählwerks immer mehr Gas durch die Uhr, als im Anfang. Ist also im Anfang der Wasserstand richtig gewesen, so wird er von da an zu niedrig, und während des ganzen Monates geht die Uhr zum Nachtheil der Gasanstalt. Es ist das Publikum nicht allein gegen Uebervortheilung geschützt, sondern in Vortheil gebracht, und die Anstalt leidet Schaden. Anders ist es bei den hohen Röhren. Hier beobachtet man leicht, wie viel Wasser jedesmal beim Nachsehen der Uhren bis zum richtigen Niveau fehlt, d. h. wie viel Wasser man aufgiessen muss, bis es aus der Seitenschraube herausläuft, und ein genau halb so grosses Quantum giesst man nach geschlossener Seitenschraube noch dazu. Dann geht in der ersten Hälfte des Monats die Uhr genau um eben so viel zum Vortheil der Gasanstalt, wie sie in der zweiten Hälfte zum Vortheile der Consumenten geht; die Schwankungen gleichen sich aus, und das Resultat ist richtig. Gasuhren mit niedrigem Rohre dürfen nach meiner Ueberzeugung nicht anders angewandt werden, als wenn sie zugleich mit Vorrichtungen zur Constanthaltung des Wasserstandes versehen sind, von denen weiter unten die Rede sein wird.

Obwohl das ⊔Rohr in den Uhren, wo es über den richtigen Wasserstand vorsteht, nicht den eigentlichen Zweck hat, überflüssiges Wasser aus der Uhr zu entfernen, so muss es gleichwohl auch da mit einem

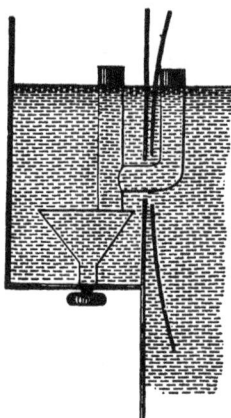

Fig. 301.

Abfluss nach Unten versehen sein, weil es doch durch Ueberfüllen vorkommen kann, dass Wasser in das Rohr hineingelangt, und man ohne das Ablaufrohr in Verlegenheit sein würde, dasselbe daraus wieder zu entfernen. Fig. 301 zeigt eine Vorrichtung, wie sie vielfach in Gasuhren angebracht wird. Der vordere Schenkel des ⊔Rohres setzt sich nach unten fort, und erweitert sich dort, um eine etwas grössere Wassermenge aufnehmen zu können, zu einem kleinen Reservoir, von welchem aus dann ein rohrförmiger Ausgang durch den Boden des Vorderkastens geht, und mittelst einer Zinnschraube von unten geschlossen wird. Ist kein Wasser im Rohr vorhanden, so strömt Gas aus, man erkennt also an diesem Umstande sofort, ob das Rohr leer ist, überhaupt, ob alle Oeffnungen und Leitungen, die das Gas bis zum Vorderkasten der Uhr zu passiren hat, in so weit in Ordnung sind, als es nöthig ist, um den Gasstrom unter entsprechendem Drucke durchzulassen. Es ist desshalb diese Schraube auch die Stelle, die man zuerst untersucht, wenn irgendwo die Flammen erlöschen, wo man namentlich über den Zustand des von der Strasse herführenden Zuleitungsrohres die erste Auskunft erhält. Andererseits hat diese Anordnung wieder ihre Schattenseiten. Einmal muss man stets sorgfältig darauf achten, dass die Schraube dicht wieder eingeschoben wird, zweitens ist es gewissenlosen Consumenten möglich, durch diese Oeffnung Gas zu entwenden.

Die Seitenschraube, welche für die Uhren mit hohem ⊔Rohr nothwendig, ist unter allen Umständen vom Gasstrom abgesperrt, und dazu mit einer Vorrichtung verbunden, die man mit dem Namen Wasserregulator bezeichnet. Ein solcher Regulator, wie er in den meisten Uhren vorkommt, besteht aus einem länglichen cylinderförmigen oder viereckigen Gefässe, welches mit seiner oberen Kante genau in der richtigen Wasserlinie angebracht ist. Dies Gefäss ist durch eine Scheidewand der Länge nach in zwei Fächer getheilt, welche unten mit einander in Verbindung stehen, von denen jedoch nur das innere oben offen ist, während das äussere, welches durch die verschliessbare Seitenöffnung mit der atmosphärischen Luft in Verbindung steht, oben geschlossen ist. Das überflüssige Wasser läuft in den offenen Theil des Regulators hinein, tritt dann unten in den anderen Theil desselben über, und gelangt durch die Seitenschraube in's Freie. Zur raschen und genauen Regulirung der Uhr ist die Hülse der Auslassschraube mit einer Platte versehen, welche einen in der Seitenwand des viereckigen Blechkastens angebrachten vertikalen Schlitz bedeckt, und sich mit dem ganzen Regulator in diesem auf und ab schieben lässt. Erst, wenn durch Probirung der Uhr der richtige Wasserstand genau ermittelt und der Regulator darnach gestellt ist, wird diese Platte festgelöthet. Um etwaige Defraudationen durch die Seitenschraube zu verhüten, hat man schwimmende Ventile in dem Regulator angebracht, die auf ihren Sitz fallen, sobald das Wasser aus demselben abgezogen wird, diese Maassregel hat sich indess in der Praxis meines Wissens niemals Eingang verschafft.

Für das ⊔Rohr ist es noch von Wichtigkeit, dass dasselbe hinreichend weit sei, um das Gas ohne wesentliche Reibung durchzulassen. Dieser Punct ist bei manchen der vorkommenden Uhren nicht genügend berücksichtigt.

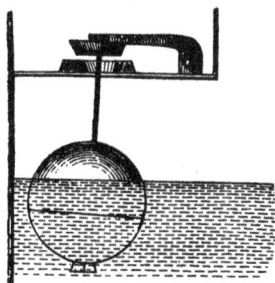

Fig. 302.

Fig. 303.

Der Schwimmer mit dem Ventil im Eingangskasten ist im Wesentlichen auf zweierlei Art eingerichtet. Entweder hat derselbe eine vertikale Führung, und trägt das Ventil auf einer Stange, wie es in Fig. 297 gezeigt ist, oder das Ganze ist an einem Hebelarm befestigt, der sich um ein Charnier dreht, wie Fig. 302 darstellt. Es dürfte schwer zu sagen sein, ob die eine Anordnung vor der anderen Vorzüge besitzt oder nicht, ich habe sie beide Jahre lang in Gebrauch gehabt, und keinen Unterschied bemerkt. Wohl aber ist es nicht gleichgültig, wie das Ventil construirt ist. Ich habe Tellerventile gehabt, die auf scharfkantigen Sitzen auflagen. Diese haben sich schlecht bewährt. Sie schlossen selten vollkommen, sondern liessen häufig noch soviel Gas durch, dass man eine oder einige Flammen ungehindert brennen konnte. Die besten sind Kegelventile von der Form Fig. 303. Unter den Schwimmern haben sich nach meiner Erfahrung die kugelförmigen am besten bewährt, andere werden leichter eingedrückt. Im Winter nemlich, wo die Uhren hie und da einfrieren, und man heisses Wasser eingiesst, um sie aufzuthauen, pflegen die Arbeiter zur Beschleunigung der Arbeit die Uhren zu schütteln und dabei drücken die hin und herfallenden Eisstücke sehr leicht die Schwimmer ein.

Die Einrichtung des Zählwerkes ist fast bei allen Uhren dieselbe, wie sie bereits oben beschrieben und in Fig. 297 und 298 dargestellt ist. Nur Th. Edge und Andere, die ihm nachahmen, haben eine abweichende Anordnung. Während sich gewöhnlich die Zeiger auf den Zifferblättern bewegen, bewegen sich bei ihnen die Zifferblätter hinter kleinen runden, mit Glas bedeckten Oeffnungen, so dass man nur die Zahl, wie sie vor Augen steht, abzulesen hat. Jede Zifferblattwelle trägt ein Rad mit 10 Zähnen und einem Daumen, so dass dieselbe bei einer ganzen Umdrehung die nächstfolgende Welle um einen Zahn fortbewegt. Der erste Daumen sitzt an einer Welle mit einem Rad, in welches die Schraube ohne Ende der vertikalen Welle eingreift. Die Bewegung der Zifferblätter geschieht also nicht perpetuirlich, sondern ruckweise, die Zahlen springen über. Damit aber jedesmal nur ein einziger Zahn fortgeschoben wird, sind Federn angebracht, welche sich auf die Räder legen. In der Vergänglichkeit der Federn oder eigentlich in ihrer Veränderung liegt der Mangel, der sich dieser Einrichtung vorwerfen lässt; die Art der Ablesung ist unstreitig sehr bequem.

Noch ist einer kleinen Vorrichtung nicht gedacht worden, die den Zweck hat, zu verhindern, dass die Trommel eine Bewegung rückwärts machen kann. Dieselbe besteht in vielen Uhren aus einem kleinen Sperrhaken, welcher auf dem horizontalen Rad im Vorderkasten herumgeschleift wird und bei einer rückgängigen Bewegung sich gegen einen Zahn des Rades stemmt. Ich habe diese Einrichtung unpractisch gefunden. Wenn der Haken nicht vollkommen glatt ist, so hakt er beim Herumschleifen hinter die Zähne und verursacht häufig ein Erlöschen der Flammen. Besser ist es, hinten an der Trommelachse ein eigenes Sperrad mit Haken anzubringen, welches von viel kleinerem Durchmesser, als das Rad im Vorderkasten, und gegen derartige Ungenauigkeiten weit weniger empfindlich ist. Am besten scheint es mir, die Vorrichtung an der Trommel anzubringen. An dem oberen Theil des Trommelgehäuses wird ein um ein Charnier bewegliches viereckiges Stück angelöthet, welches bei richtiger Drehung der Trommel auf dieser herumschleift, bei

50*

verkehrter Drehung indess gegen einen auf dieser befindlichen Stift stösst und sie zum Stillstehen zwingt. So geringfügig diese Vorrichtung erscheinen mag, so war sie doch Ursache, dass eine Parthie Uhren von mehr als 100 Stück wieder auseinander genommen und verändert werden musste.

Man hat an den Gasuhren, bei denen, wie vorstehend beschrieben, der Vorderkasten vom Trommel-Gehäuse durch eine Scheidewand getrennt ist, die Ausstellung gemacht, dass sie für den Fall, wenn die Scheidewand durchrostet, einen mehr oder weniger grossen Theil des Gases ungemessen durchlassen, ohne dass es sofort bemerkt werden könne, und hat desshalb Uhren construirt, bei denen die Scheidewand fehlt und das Gas durch ein gebogenes Rohr bis in die Trommel-Vorkammer geführt wird. Eine solche Gasuhr ist beispielsweise im Journ. f. Gasbel. Jahrg. 1862 S. 211 beschrieben, es ist mir jedoch nicht bekannt, dass dieselbe bis jetzt eine namhafte Verbreitung gefunden hat.

Die Vorrichtungen zur Constanthaltung des Wasserstandes haben in neuerer Zeit die Aufmerksamkeit der Fabrikanten auf sich gelenkt und zu mancherlei Erfindungen Veranlassung gegeben. Man kann wesentlich dreierlei Anordnungen unterscheiden. Entweder wird der Raum, den das verdunstende Wasser verlässt, durch einen festen Körper, einen Schwimmer, ausgefüllt oder das Wasser wird aus einem besonderen Reservoir selbstthätig wieder ersetzt, oder endlich lässt man die Trommel im Wasser schwimmen, so dass sie sich mit diesem zugleich hebt und senkt. Bei der ersteren Einrichtung hat der Schwimmer die Form eines kurzen Halbcylinders, der um eine Drehachse beweglich, bei leerer Uhr, also ohne Wasser mit der Cylinderfläche nach unten hängt. Wird Wasser eingegossen, so hebt er sich an einem Ende empor, und ist der Wasserstand normal, so steht die Cylinderfläche nach oben. Die Form und das Gewicht des Schwimmers, sowie der Aufhängepunkt sind so gewählt, dass der Raum des verdunsteten Wassers genau vom Schwimmer wieder eingenommen wird. Als Platz dient ein Raum hinter der Trommel, den man dadurch gewinnt, dass man das Trommelgehäuse nach hinten verlängert, also der Uhr etwas mehr Tiefe giebt. Der Gang des Schwimmers hängt mit dem Gang der Uhr in keiner Weise zusammen, deren Einrichtung von der gewöhnlichen in Nichts abweicht. Wenn der Schwimmer durch irgend einen Zufall ausser Thätigkeit gerathen sollte, so wird mithin der Gang der Uhr nicht alterirt, sondern diese geht fort, als wenn sie keine Compensations-Vorrichtung hätte. Der Erfinder ist, meines Wissens, ein Engländer Sanders, in Deutschland hat S. Elster in Berlin dieses System für seine Uhren angenommen.

Verbreiteter als die Schwimmer sind die Füllreservoirs, d. h. Reserve-Wasserbehälter, deren Inhalt nach Bedürfniss selbstthätig in die Uhr hineingeführt wird. Ob letztere zweckmässiger sind, wage ich bei der Neuheit der Sache nicht zu beurtheilen. Das Einführen des Wassers in die Uhr geschieht wesentlich auf zweierlei Weise. Entweder benutzt man den Druck der Luft, wobei man das ganz geschlossene Reservoir oberhalb des Wasserspiegels der Uhr anbringt und ein unten offenes Ablaufrohr bis auf diesen hinunter führt. Dann bleibt das Wasser oben so lange durch den Druck der Luft getragen, bis durch Senkung des Wasserspiegels in der Uhr die Mündung des Ablaufrohres freigelegt wird. Sobald dies geschicht, steigt die Luft in Blasen in das Reservoir hinein und Wasser tritt dafür heraus, so lange, bis der richtige Wasserstand, resp. der Wasserverschluss wieder hergestellt ist. Oder man bringt das Reservoir tiefer an, und lässt das Wasser durch eine von der Uhr selbst in Thätigkeit gesetzte Schöpfvorrichtung in den eigentlichen Uhren-Raum überschöpfen, wobei alles überflüssige über die zwischen beiden Räumen befindliche Scheidewand, die genau auf der Höhe des richigen Wasserstandes abgeschnitten ist, zurückläuft. Uhren der ersteren Art sind diejenigen von Defries, von Esson (Journal für Gasbeleuchtung, Jahrgang II Seite 387), von Allan (ebendaselbst Seite 348), von Schäffer & Walcker (ebendaselbst Jahrgang III Seite 280) u. a. m.; zu der letzteren Art gehören die Uhren von Scholefield (ebendaselbst Jahrgang II Seite 314), von Siry, Lizars & Comp. (ebendaselbst Jahrgang III Seite 50) u. s. w.

Die wenigste Verbreitung haben bis jetzt die Uhren mit schwimmenden Trommeln gefunden, wie z. B. sich eine solche Clegg hat patentiren lassen (Journal für Gasbeleuchtung, Jahrgang I Seite 86). Es scheinen mechanische Schwierigkeiten vorhanden zu sein, denndem Princip nach dürfte diese Uhr den Vorzug vor allen übrigen verdienen.

Bei den gewöhnlichen Reparaturen, die an Gasuhren vorkommen, sind von vorneherein zwei Fälle zu unterscheiden. Entweder die Uhr geht nur schwer, das Licht ist schlecht, oder die Uhr registrirt nicht. Wenn die Uhr schwer geht, so ist sie entweder schmutzig, oder das Ventil ist schwer, oder es ist eine grössere Reibung im Mechanismus vorhanden, als sein soll. Einige practische Uebung lässt gewöhnlich schon am Licht erkennen, wo der Fehler liegt, und es braucht entweder die Uhr nur gründlich ausgespühlt zu werden, oder sie muss geöffnet und der schadhafte Theil reparirt werden.

Unter allen möglichen Fällen, in welchen das Registriren der Uhren aufhören kann, kommen vorzüglich zwei vor: die Schuld liegt entweder am Schwimmer oder am Räderwerk. Hiebei ist freilich vorausgesetzt, dass die Uhr vollkommen horizontal aufgestellt ist, denn beim Vorüberhängen tritt das Nichtregistriren sehr leicht ein.

Sobald der Schwimmer in Ordnung ist, geht, wie wir wissen, das Licht aus, wenn das Wasser zu tief steht. Nun aber kommt es vor, dass der Schwimmer in seiner vertikalen Bewegung gehindert wird, wenn die Stangen, welche zur Geradführung desselben dienen, verbogen sind; die Folge kann sein, dass das Ventil nicht schliesst, wenn auch das Wasser viel zu tief steht, und dass Gas durchströmt, ohne die Trommel und die Zeiger zu bewegen. Dieser Fehler ist oft schwer zu entdecken. Am Anfange eines Monats wird der Wasserstand regulirt und die Uhr geht richtig. Nach einiger Zeit ist das Wasser gefallen, der Schwimmer aber stecken geblieben, das Ventil bleibt offen und der Consument brennt ruhig fort, ohne dass das durchgehende Gas registrirt wird. Wenn man nun nicht am Ende des Monats durch den Vergleich des Consums mit dem Consum der vorigen Monate oder mit dem desselben Monats im Jahr vorher auf den Fehler in der Uhr aufmerksam wird, so wird wieder Wasser aufgegossen, die Uhr geht wieder so lange, bis derselbe Fall eintritt, und die Gasanstalt berechnet sich nur einen Theil des Consums, der wirklich durch die Uhr gegangen ist. Es ist sehr wichtig, darauf zu halten, dass schon beim Nachsehen der Uhren, bevor der Wasserstand regulirt ist, die erwähnten Consums-Vergleichungen angestellt werden.

Liegt bei einer nicht registrirenden Uhr der Fehler am Räderwerk, so ist gewöhnlich ein Zahn ausgebrochen.

Im Uebrigen bestehen die ersten Reparaturen, die man an Gasuhren vorzunehmen hat, gewöhnlich darin, dass man das Gehäuse repariren muss, wenn anders dies nicht aus Gusseisen besteht. Löcher in der Trommel kommen selten vor, wenn das Material, woraus dieselben gemacht sind, gut ist. Bei allen etwa vorkommenden Beschädigungen und Störungen aber — und dies ist wohl zu merken — ist niemals das Publicum, sondern jedesmal die Gasanstalt benachtheiligt. Die Uhr kann stehen bleiben, das Licht kann erlöschen, wenn aber die Uhr geht, so kann sie niemals einen grösseren Gasverbrauch anzeigen, als wirklich stattfindet, sondern nur Gas durchlassen, ohne es anzuzeigen, und dieser Schaden trifft die Anstalt.

Bevor eine Gasuhr in Gebrauch genommen wird, unterwirft man sie in Betreff ihrer Richtigkeit einer Probe. Diese Probe wird jedesmal in der Fabrik vorgenommen, bevor sie diese verlässt; in vielen Ländern ist ausserdem noch eine zweite Probe durch die Aichbehörden vorgeschrieben, und darf keine Uhr benutzt werden, die nicht von dieser Behörde für gut erklärt und mit deren Stempel versehen ist. Das Prüfungsverfahren besteht einfach darin, dass man aus einem genau graduirten Gasbehälter atmosphärische Luft durch die Uhr strömen lässt, und die Angaben der Uhr mit derjenigen der Scala vergleicht. Der Probirapparat, wie ihn die preussische Regierung vorgeschrieben, ist im Journal für Gasbeleuchtung, Jahrgang II Seite 276 dargestellt, ein Probirapparat von Schäffer u. Walcker ist ebendaselbst Jahrgang III Seite 347, beschrieben. Nachstehender ist der in England übliche Apparat, der in Norddeutschland vielfach Verbreitung gefunden hat, der z. B. in Hamburg und in Hannover angewandt wird.*) Fig. 304 ist eine Ansicht und Fig. 305 ein Durchschnitt desselben. In einem mit Wasser gefüllten Bassin von Eisenblech geht

*) Nach einer Mittheilung von Prof Dr. Rühlmann in den Mittheilungen des Gewerbe-Vereins für das Königreich Hannover 1859, Heft 6.

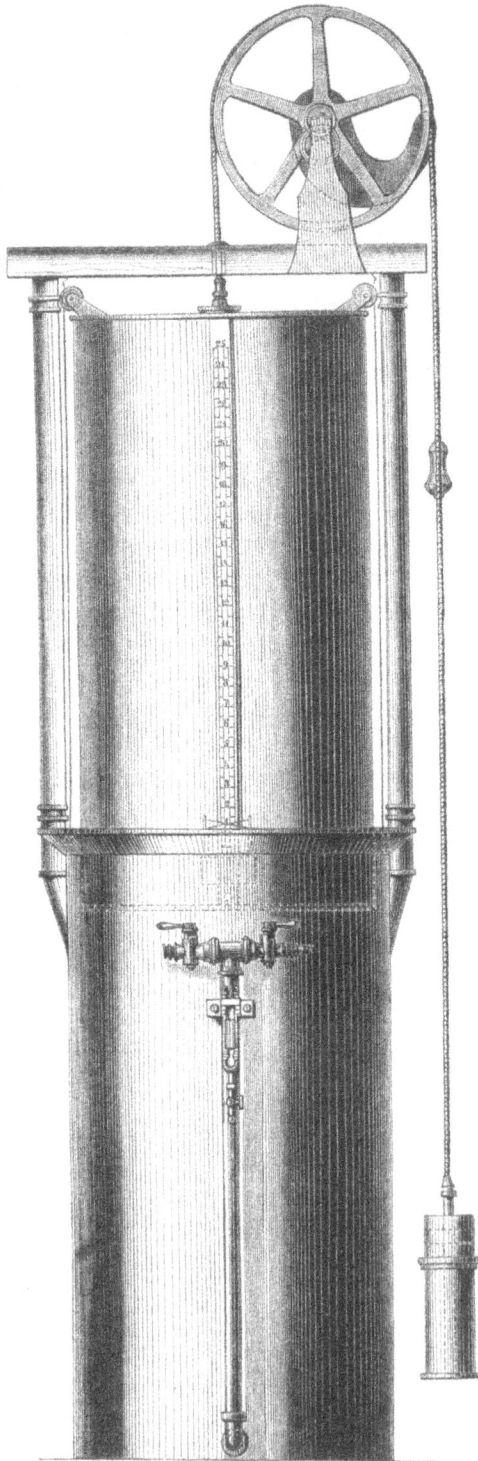

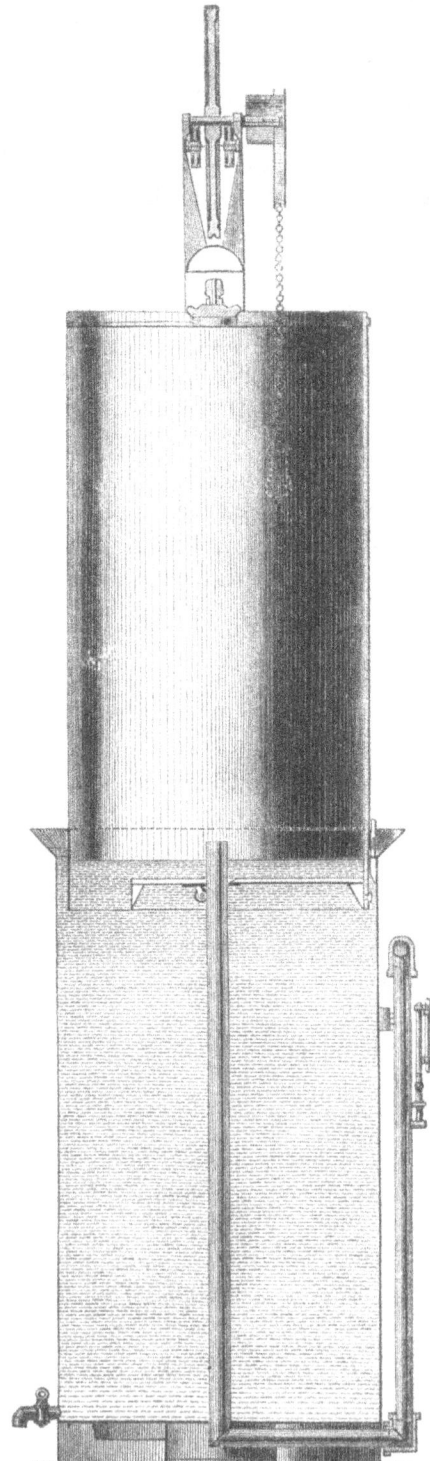

Fig. 304.   Fig. 305.

eine genau cylindrisch gearbeitete Gasbehälterglocke auf und ab, deren Inhalt 25 c′ beträgt. Die Geradführung wird theils oben an Leitsäulen, theils unten am Ein- und Ausströmungsrohr bewerkstelligt. An
zwei einander gegenüber liegenden Stellen des Bassins sind nehmlich hohle Blechständer befestigt, die oben
durch einen halbcylindrischen hohlen Querbalken mit einander verbunden sind. Die inneren, eben gestalteten
Begrenzungsflächen der Ständer sind mit vorspringenden metallenen Leisten versehen, an welchen zwei am
oberen Rande der Glocke befestigte Leitrollen auf und ab gleiten. Ausserdem erhält die Glocke noch eine
zweite Führung innerhalb an dem Ein- und Ausströmungsrohr. An dem unteren Rand der Glocke sind drei
radial gerichtete Arme angebracht, die in der Mitte einen Ring tragen, auf welchem drei Frictionsrollen befestigt sind, die sich entsprechend gegen den äusseren Umfang des Rohres legen, und beim Auf- und Niedergange daran fortrollen. Damit die Glocke bis zum Boden des Bassins herabgehen kann, hat man das
Rohr durch den Boden eintreten lassen, und dort dasselbe nochmals an einem Ring befestigt, der durch sechs
radiale Arme gehalten wird, die gleichzeitig zur Verstärkung des Bassinbodens dienen. Der Deckel der
Glocke ist ebenfalls durch sechs radiale Blechstreifen verstärkt, und trägt in seiner Mitte eine Büchse, in
welcher ein Seil gehörig befestigt ist. Dies Seil tritt frei durch eine Oeffnung im Querbalken, ist weiter über
eine feste Rolle von 2′ Durchmesser geschlagen und endlich am anderen Ende mit einem constanten gusseisernen Gewichte belastet, dessen Grösse durch scheibenförmige Zulege-Gewichte vermehrt werden kann. Der
Umfang der Rolle beträgt 6,28′, so dass dem ganzen Wege der Glocke beim Auf- und Absteigen (circa 5′)
keine volle Umdrehung der Rolle entspricht.

Die Achse der Rolle läuft auf Frictionsrollen, die von Ständern getragen werden, welche auf dem Querbalken befestigt sind. Um den Gewichtsverlust auszugleichen, den die Glocke beim Eintauchen in das Sperrwasser während ihres Niederganges erfährt, ist auf der Welle der Rolle noch ein spiralförmiger Arm befestigt und
an dessen äusserstem Ende ein kleines Gewicht an einer Kette aufgehangen, welche sich beim Niedergange
der Glocke um die Spirale wickelt und dabei das Gewicht höher hebt. *) Das Leitungsrohr für die atmosphärische Luft, welche beim Niedergange der Glocke nach den zu aichenden Gasuhren ausgetrieben werden
soll, ist an einem der beiden Enden des T-förmigen Rohres beliebig zu befestigen. Wird es rechts angebracht, und will man die Glocke mit atmosphärischer Luft füllen, so schliesst man den Hahn rechts, öffnet
den Hahn links, und legt soviel Gewicht auf, dass die Luft einströmt. Ist die Glocke auf der beabsichtigten
Höhe angelangt, so schliesst man den Hahn links, und entfernt soviel Zulegegewicht, bis das am Abflussrohre befindliche Manometer den gewünschten Druck im Innern anzeigt. Um die nach Oeffnen des Hahnes
rechts aus der Glocke entweichende Luftmenge nach Cubikfussen ablesen zu können, ist an der Glocke eine
Scala und am Rand des Bassins ein fester Index angebracht. Zum Ablassen des Wassers ist unten am
Bassin ein Ablasshahn befestigt.

Die Benutzung des Apparates ist sehr einfach. Man füllt zuerst die Glocke, und regulirt, bei
geschlossener Ausflussöffnung, durch Beachtung des Nullpunctes der Scala, und durch Auflegen oder Abnehmen
von Gewichten den Druck der eingeschlossenen Luft derartig, dass das Manometer denjenigen Stand einnimmt,
der vorgeschrieben und in Preussen z. B. auf 1¹/₂″ Höhe bestimmt ist. Die zu prüfenden Gasuhren werden
auf eine horizontale Tischplatte gestellt, durch Gummiröhren mit dem Ausflussrohre der Luft vom Apparate
in Verbindung gebracht, das Zählwerk über der Uhr auf Null gestellt, und die Uhr bis zur normalen Höhe
mit Wasser gefüllt. Hierauf öffnet man den Ausflusshahn, lässt Luft durch die Uhren strömen, beobachtet
an der im Zählkasten derselben sitzenden horizontalen Scheibe, schliesst den Ausflusshahn, wenn 20 c′ Luft
durchgegangen sind, und liest die Angabe der Scala ab, woraus sich die Abweichung der Uhr in Procenten
ergiebt. Eine Abweichung bis zu 2⁰/₀ ist an den meisten Orten als zulässig angenommen.

Beim Aufstellen der Gasuhren ist darauf zu sehen, dass dieselben genau horizontal zu stehen kommen.
Man stellt sie am liebsten auf den Boden, indem man nur ein kleines Stück Holz unterlegt, wo sie höher an

---

*) Ueber diese Anordnung ist zu vergleichen: J. H. Schilling, die Contrebalance bei Gasometern; Journal für
Gasbeleuchtung, Jahrgang III Seite 119.

einer Wand angebracht werden müssen, darf man nicht versäumen, eine solide Console herzustellen, die sie trägt. Auch soll man, wo möglich einen Platz wählen, wo die Uhr dem Frost nicht ausgesetzt ist. Wo dies nicht thunlich, füllt man sie im Winter, anstatt mit Wasser, mit Spiritus oder mit Glycerin. Letzteres Mittel wurde zuerst von dem Director der Augsburger Gasfabrik, C. Bonnet empfohlen, und ist seitdem sehr allgemein zur Anwendung gekommen. Folgendes ist eine Relation zwischen dem specifischen Gewicht und dem Gefrierpunkt des Glycerins bei verschiedenem Wassergehalt nach Fabian:

Specifisches Gewicht bei + 14° Reaumur Temperatur	Grade nach Beck.	Grade nach Beaumé.	Gewichtsprocente an reinem Glycerin (von 1,26 specifischem Gewichte.)	Gefrierpunct.
1,024	4°	3,5°	10	— 1° Reaumur
1,051	8°	7,0°	20	— 2° R.
1,075	12°	10,0°	30	— 5° R.
1,105	16°	14,0°	40	— 14° R
1,117	18°	15,5°	45	— 21° R.
1,127	19°	17,0°	50	— 25 bis 27° R.
1,159	23°	20,0°	60	
1,179	26°	22,0°	70	bei — 28° R. noc nicht gefrierend
1,204	29°	25,0°	80	
1 232	32°	28,0°	90	
1,241	33°	29,0°	94	

Man hat hie und da nachtheilige Erfahrungen mit der Glycerinfüllung gemacht, indem die Trommeln der Uhren von dem Material zerfressen wurden*), es scheint indess, dass dies nur dann Statt gefunden hat, wenn das Glycerin sauer war. Selbst in dem Fall, wenn Glycerin anfänglich neutral oder basisch reagirt, ist es möglich, dass sich durch Zersetzung eine organische Säure bildet, welche das Metall angreift, eine solche Zersetzung zeigt sich jedoch bald, und es ist gerathen, das Glycerin vor seiner Verwendung etwa ½ Jahr liegen zu lassen, und es dann nochmals zu untersuchen. Zeigt es alsdann keine saure Reaction, und gebraucht man dann noch die weitere Vorsicht, durch Zusatz von etwas Natron eine intensiv alkalische Reaction herzustellen, so dürfte nach der mir bekannten bisherigen Erfahrung keine nachtheilige Einwirkung mehr zu befürchten sein. Das von G. A. Bäumer in Augsburg gelieferte Glycerin hat meines Wissens noch nirgends zu Klagen Veranlassung gegeben.

Ausser den bereits oben mitgetheilten Maassverhältnissen der Trommeln sind noch einige weitere Dimensionen der Uhren von Interesse, die desshalb nebst dem Gewicht derselben in folgender Tabelle zusammengestellt sind. Die Uhren sind von dem Londoner Fabrikanten W. Smith ohne Vorrichtung zur Constanthaltung des Wasserstandes.

	Uhren für Flammen:									
	2	3	5	10	20	30	50	60	100	150
Gewicht in Zollpfund	7¾	9¼	13½	23¼	34	46½	64	—	135	—
in engl. Zollen. Durchmesser des Ein- und Auslassrohres	9/16	9/16	11/16	⅞	1⅛	1⅜	1¾	2¼	2½	2¾
Durchmesser des Trommelgehäuses	9¼	10¼	13½	16	19¼	21¼	23½	25	30	34
Tiefe des Trommelgehäuses	5¼	6	7¼	9	12	14½	16½	19	24½	27½
Tiefe des Vorderkastens	2¼	2½	2¾	3	3¼	3¼	3¼	3½	3⅝	3¾
Tiefe der Uhr	7½	8½	10	12	15¼	17¾	19¾	22½	28⅛	31¼
Höhe der Uhr, incl. ½ Verschraubung	10¾	12	15¼	18	21¾	24	26¼	29	37½	38

*) Vergleiche Journ. f. Gasbel. Jahrg. 1865. S. 50. 111. 186. 225.

Es ist bis jetzt nur von den nassen Gasuhren die Rede gewesen. In Deutschland werden meines Wissens nur in einer einzigen Stadt andere angewandt und wenn in England und anderswo noch trockene Uhren in ausgedehntem Maassstabe im Gebrauche sein sollten, so werden sie wahrscheinlich nach und nach wieder verschwinden. Die trockenen Gasuhren gewähren zwar den Vortheil, dass sie nicht einfrieren, aber dies wird durch ihre anderweitigen Nachtheile weitaus wieder überwogen. Sowie die trockenen Faltengasbehälter mit zusammenfaltbaren Lederwandungen sich unpractisch erwiesen haben, so ist auch die Benützung des Leders für Gasuhren unzweckmässig. Leder verliert seine Biegsamkeit und die Uhren geben bald ein sehr ungleiches Licht, die Verbindung zwischen Leder und Metall wird undicht und es geht Gas durch die Uhr, was nicht gemessen wird, — das sind nach meiner Erfahrung zwei Uebelstände, die schon allein genügt haben, um ihre allgemeine Einführung zu verhindern. Dazu kommt, dass man sich von dem Zustand einer trockenen Gasuhr nicht anders überzeugen kann, als wenn man sie losnimmt und mittelst des Probirapparates prüft, während man an einer nassen Gasuhr nur ein Paar Schrauben zu lösen braucht, um in den meisten Fällen sofort zu wissen, ob sie in Ordnung ist oder nicht. Man hat keine Controlle über die trockenen Gasuhren, und wo diese fehlt, ist kein rationeller Betrieb möglich.

Aus diesen Gründen halte ich es für überflüssig, auf die Einrichtung der trockenen Gasuhren hier speciell einzugehen. Ihre Construction ist ohne Zweifel äusserst sinnreich, und es ist durchaus nicht gesagt, dass nicht die Zukunft im Stande sein werde, die gegenwärtigen Schwierigkeiten zu überwinden. Bis jetzt aber haben sie für die Praxis keine eigentliche Bedeutung.

Die erste trockene Gasuhr, von welcher wir bestimmte Nachricht haben, stammt von John Malam aus dem Jahre 1820. Sie bestand aus 6 Blasebälgen, die radial um eine hohle Welle herum angebracht waren. Das Ein- und Ausströmen des Gases wurde durch schlitzförmige Oeffnungen in der Welle bewerkstelligt, die mittelst Ventile geschlossen wurden. Diese Uhr ist jedoch niemals aus den Patentarchiven herausgekommen.

Im Jahre 1833, also 13 Jahre später, wurde eine von Berry patentirte Uhr von Amerika eingeführt, dieselbe soll jedoch von einem Arbeiter Bogardus erfunden worden sein. Der Raum der Uhr ist durch eine bewegliche Wand in zwei Kammern getheilt, welche mittelst eines Vierweghahnes abwechselnd mit dem Zuströmungs- und mit dem Abflussrohr in Verbindung gebracht werden. Die Scheidewand bewegt sich frei von der einen Seite nach der andern hinüber, es füllt sich jedesmal die eine Kammer, während die andere entleert wird. Die Steuerung des Hahns geschieht durch den Apparat selbst. Die Bewegungen der Zwischenwand werden durch einen einfachen Mechanismus auf ein Zeigerwerk übertragen und gemessen.

Dieses Patent wurde in England von Edge gekauft und ging später an die Dry-Meter-Company über. Es geschah viel, um den Apparat aus seinem ursprünglichen rohen Zustand heraus zu bringen, man wandte für die Scheidewand statt der präparirten Seide, die vom Gase bald zerstört wurde, Leder an, und führte statt des Vierweghahnes Schieber ein, aber man scheiterte doch an den Schwierigkeiten und gelangte zu keinem practischen Resultat.

Der nämliche Bogardus veränderte nachher seine Erfindung und liess sie in England im Jahre 1836 von Sullivan patentiren. Statt der einen beweglichen Scheidewand brachte er deren zwei an, also vier Kammern, und zur Regulirung des Zu- und Abflusses ein rotirendes Ventil, welches seine Bewegung vermittelst einer Hebelvorrichtung wieder von den hin und her gehenden Wänden erhielt. Auf diese Uhr wurden manche tausend Pfund Sterling verwendet, aber man brachte sie trotzdem niemals zur practischen Brauchbarkeit.

Defries war der Erste, der seine Erfindung zu einiger practischer Bedeutung zu erheben wusste. Er construirte seine Wände aus 4 dreieckigen Metallplatten, die, wenn sie in einer vertikalen Ebene liegen, beinahe den Querschnitt der Uhr ausfüllen, die aber mit Leder verbunden sind und sich dadurch nach beiden Seiten dachförmig ausbiegen können. Die wesentliche Verbesserung scheint darin gelegen zu haben, dass er bei dieser Einrichtung den grössten Theil der Lederwand durch Blech ersetzte.

Einen weiteren Schritt in derselben Richtung that 1844 Croll in Verbindung mit Richards, indem er statt der 4 dreieckigen Blechstücke eine Scheibe von etwas geringerem Durchmesser als das Uhrgehäuse anwandte und den Rand dieser Scheibe durch Leder mit dem Gehäuse verband. Um sich von der Ausdehnung und Zusammenziehung des Leders, wodurch die Genauigkeit der früheren Uhren wesentlich beeinträchtigt worden war, ganz unabhängig zu machen, wurden genau adjustirte metallene Arme angebracht, deren Länge den Gang der beweglichen Wände nach beiden Seiten hin bestimmt und constant erhielt. Das Leder wurde nur verwandt, um die freie Bewegung zu gestatten, aber es hatte keinen Theil an der Messung des Gases.

Nach dieser Zeit sind noch verschiedene andere Verbesserungen patentirt worden, die darauf abzielen, entweder die Kosten der Fabrikation zu ermässigen oder die Dauerhaftigkeit des Apparates zu vergrössern.

Das Patent von Croll aus dem Jahre 1858 betrifft eine Veränderung des Schieberventils, wodurch dessen Reibung vermindert und die Ansetzung von Schmutz beseitigt werden soll*).

Um das Nähere der Einrichtung einer trockenen Gasuhr überhaupt zu veranschaulichen, ist eine Croll'sche Uhr in den Fig. 306 bis 310 dargestellt. Der viereckige Raum derselben ist durch eine vertikale Mittelwand in zwei Theile getheilt. An dieser Mittelwand ist auf jeder Seite ein Blechring festgelöthet, und mit letzteren mittelst Leder je eine Metallscheibe von gleichem Durchmesser gasdicht so verbunden, dass sie sich bis auf eine gewisse Entfernung von der Mittelwand bewegen kann. Auf diese Weise entstehen vier gasdicht von einander abgesonderte Kammern, zwei innere und zwei äussere. Die Führung der Scheiben geht aus den Zeichnungen hervor. Die vertikalen Wellen, welche die horizontalen Führungsarme tragen, gehen durch Stopfbüchsen in den abgesonderten oberen Raum der Uhr, in welchem die Uebertragung der Bewegung auf Ventile und Zählwerk stattfindet. Die Ventile sind Schieberventile nach demselben Princip, wie sie bei Dampfmaschinen angewandt werden. Ihre Schlitten haben je drei neben einander liegende Oeffnungen, von denen die nach Innen gekehrten mit den inneren Kammern, die mittleren mit dem Ausströmungsrohr, und die nach Aussen gekehrten mit den äusseren Kammern der Uhr in Verbindung stehen. Die Wände zwischen den Oeffnungen haben genau dieselbe Breite, wie die Oeffnungen selbst. Jeder Schieber hat die Länge von ⅗ der Länge des Schlittens und überspannt mit seiner Oeffnung entweder zwei Oeffnungen im Schlitten und eine Zwischenwand, oder zwei Zwischenwände und eine Oeffnung, während er die zunächst liegenden Oeffnungen oder Wände bedeckt hält. Fig. 309 stellt das Ventil im Durchschnitt dar. Schieber und Schlitten sind genau auf einander geschliffen, ersterer wird durch eine Stangenführung stets in seiner richtigen Lage erhalten. Die Bewegung der Schieber wird durch eine Kurbelwelle vermittelt, auf welche mittelst eines Hebelwerkes die Bewegung der Blechwand vom unteren Raum der Uhr übertragen wird. In Fig. 310 ist der ganze Gang dieser Bewegung durch vier mit 1, 2, 3, 4 bezeichnete Positionen dargestellt. Die beiden inneren Uhrkammern seien durch B und C, die beiden äusseren durch A und D bezeichnet. In der Stellung 1 beginnt durch Ventil I die Kammer B mit dem Ausströmungsrohr, und A mit dem Einströmungsrohr, resp. mit dem oberen Raum, in welchem die Ventile liegen, in Verbindung zu treten, durch das Ventil II communicirt C mit dem Auslass-, D mit dem Einlassrohr; diese Communication hat aber bereits ihren äussersten Stand erreicht, und beginnt zurückzugehen. In der Stellung 2 hat das Ventil I denselben Stand erreicht, den das Ventil II in der Stellung 1 hatte; letzteres hat jetzt die Leerung der Kammer C und die Füllung von D vollendet, und es beginnt nunmehr C mit dem Einlass-, D mit dem Auslassrohre in Verbindung zu treten. In der Stellung 3 hat Ventil I denselben Stand, wie Ventil II bei Stellung 2; B ist leer und A voll; es beginnt nun die Communication zwischen B und dem Einlass-, wie zwischen A und dem Auslassrohr. Bei Ventil II hat die Communication zwischen C und dem Einlassrohr, wie zwischen D und dem Auslassrohr die äusserste Grenze erreicht. Bei Stellung 4 ist Ventil I auf demselben Stand, wie Ventil II bei Stellung 3, die äusserste Verbindung von B mit dem Einlass- und A mit dem Auslassrohr ist hergestellt. Ventil II hat denselben Stand wie Ventil I bei Stellung 1, die Füllung von C und die Leerung von D ist vollendet, es beginnt nun die Leerung von C

*) Man vergleiche die Specification des Patents im Journal für Gasbeleuchtung Jahrgang II Seite 155.

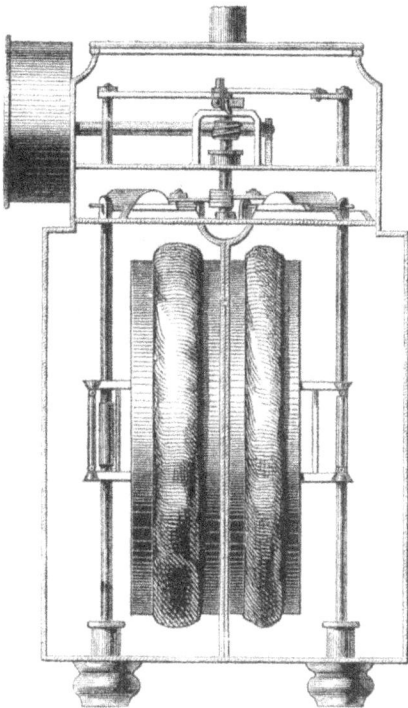
Fig. 306.

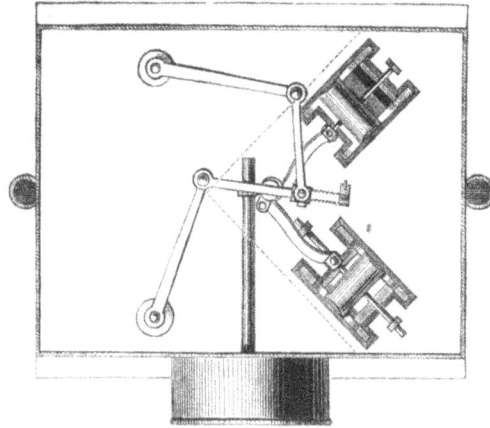
Fig. 308.

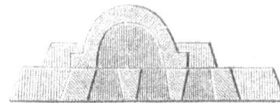
Fig. 309.

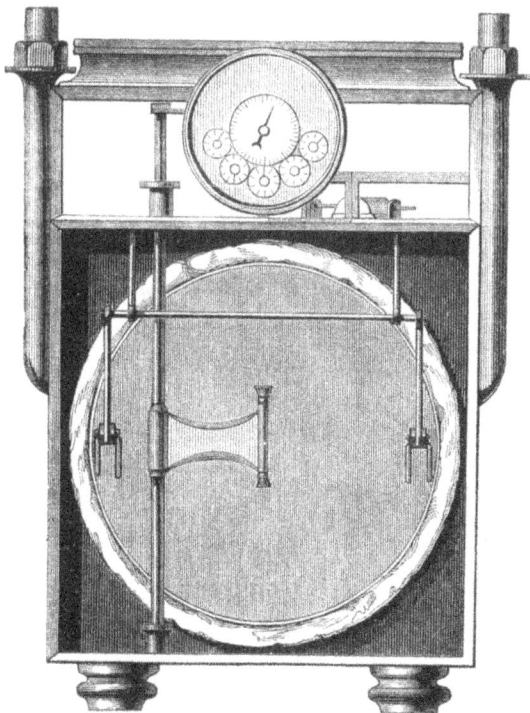
Fig 307.

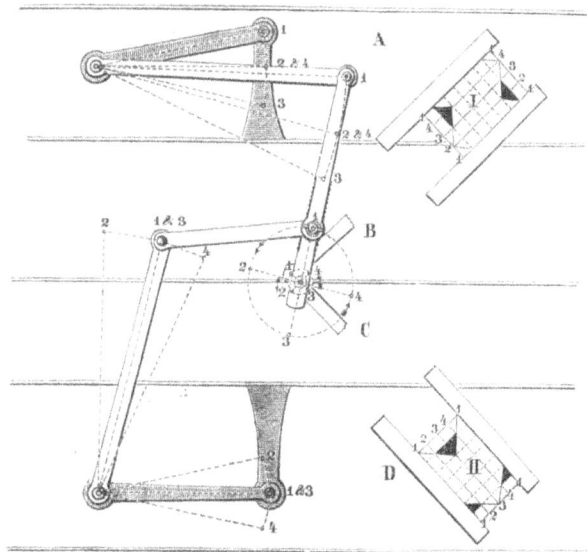
Fig. 310.

und die Füllung von D. Nach der nächsten Vierteldrehung erreichen beide Ventile dieselbe Stellung wieder, die unter 1 beschrieben ist. Durch das Ventil I. wird die Füllung von A und die Leerung von B zwischen den Stellungen 3 und 1, dagegen umgekehrt die Leerung von A und die Füllung von B zwischen den Stellungen 1 und 3 besorgt, während durch das Ventil II sich C füllt und D leert zwischen den Stellungen 2 und 4, dagegen C leert und D füllt zwischen den Stellungen 4 und 2. Das Ventil II ist stets um eine Stellung hinter I zurück. Durch diesen Umstand ist das erreicht, dass der Uebergang vom Füllen zum Leeren und umgekehrt auf beiden Seiten niemals gleichzeitig eintritt, und dass demnach der Strom des Gases keine Unterbrechung erleidet. Die Uebertragung der Bewegung auf das Zählwerk geschieht ähnlich, wie bei der nassen Gasuhr, mittelst zweier Schrauben ohne Ende, die in Zahnräder greifen, und nachheriger Uebersetzung der Räder von 1 : 10. Um nicht den ganzen Bewegungs-Mechanismus der Einwirkung des Gases aussetzen zu müssen, sind die Ventile und die Oeffnung, die mit dem Zuleitungsrohr in Verbindung steht, nochmals durch einen besonderen Kasten von dem übrigen oberen Raum der Uhr abgeschlossen, und geht auch die Kurbelwelle, von der die Bewegung der Schieber ausgeht, durch eine Stopfbüchse, so dass dann 3 Stopfbüchsen in der Uhr überhaupt vorkommen. Ein- und Ausgangsröhren sind an zwei entgegengesetzten Seiten der Uhr angebracht; ein auf den oberen Krummzapfen wirkender Sperrhaken verhindert deren Verwechslung resp. das Rückwärtsgehen der Uhr.

Druck von Dr. C. Wolf & Sohn in München.

www.ingramcontent.com/pod-product-compliance
Lightning Source LLC
Chambersburg PA
CBHW081437190326
41458CB00020B/6230